건축기사실기완벽대비서

2025
산업인력공단의 최신 출제기준을 반영한
건축기사 실기

임근재 · 김진우 공저

1권 1과목 건축시공
과년도 기출문제

Engineer Architecture

합격지원 카페 운영
NAVER
합격하자 건축기사 검색

- 학습 동영상 제공
- 빠르고 정확한 답변
- 수험정보 제공

멘토스

건축기사실기완벽대비서

2025 미듬

산업인력공단의
최신 출제기준을 반영한

건축기사 실기

임근재 · 김진우 공저

1권 1과목 건축시공
과년도 기출문제

Engineer Architecture

멘토스

정오표 바로가기

미듬 건축기사 실기는 학습자의 편의를 위하여 수시로 정오표를 업로드하고 있습니다. QR 코드를 스캔하여 바로 정오표를 확인하세요!

합격 ROAD MAP

《 START

- **한 눈에 보기** ······· 한 눈에 보기를 통해 핵심 내용과 키워드를 확인합니다.

- **용어 미리보기** ······· 학습 전 용어를 확인하고 기출연도를 통해 빈도를 파악합니다.

- **Day별 학습** ······· Day별 학습진도를 통해 플랜을 세우고 꾸준히 학습을 합니다.

- **핵심 기출문제** ······· 핵심 기출문제를 통해 학습 내용을 점검하고 문제유형을 파악합니다.

- **과년도 기출문제** ······· 과년도 기출문제와 풀이를 통해 학습을 최종 마무리합니다.

PASS 》

머리말

최근 산업의 발전과 생활수준의 향상으로 건축물 또한 대형화, 고층화, 다양화되어 가고 있으며, 이에 따라 시공기술에 대한 중요성도 점차 부각되고 있다. 다시 말해 한 사람의 건축가가 전체 프로젝트를 총괄하던 과거와는 달리, 디자인, 환경, 시공기술 등 건축 전반에 걸쳐 전문화·세분화가 급속히 진행되면서 새로운 기술과 공법들을 필요로 하고 있는 것이다.

이러한 시대적 요구에 따라 자격증 시험에서도 그러한 변화가 나타나고 있으며, 시험을 준비하는 수험생들은 이에 대한 적극적 대비가 필요하다. 이 책은 오랫동안 학생들을 가르쳐 온 강의 경험과 현장에서의 실무 경력을 바탕으로 최근의 흐름을 정확히 분석하여 효율적인 시험 준비를 위한 최적의 교재를 목표로 기획되었다.

이 책의 특징

1. 새로운 출제경향에 맞게 최근의 기출문제를 추가하여 내용을 정리하였다.
2. 전체 내용을 한눈에 파악할 수 있도록 요약하였다.
3. 효과적인 학습을 위해 챕터에 해당하는 용어를 미리 파악할 수 있도록 하였다.
4. 시공은 나열식 구성을 피하고 가급적이면 모든 내용을 표로 만들어 한눈에 파악할 수 있도록 정리하였다.
5. 공정은 답안지를 외워서 작성하는 형식이 아니라 정확한 데이터를 분석하여 규칙에 맞는 공정표를 작성할 수 있도록 하였다.
6. 내용을 100% 이해하고 정확한 답안을 작성하도록 매 문제마다 실전처럼 풀이과정을 수록하고 최종답안을 작성할 수 있는 체계를 구축하였다.
7. 공기단축은 단축순서마다 변화되는 공정표를 모두 수록하여 공기단축 과정 전체를 파악할 수 있도록 하였다.
8. 최근의 공정관리에 해당하는 EVMS기법을 자세히 수록하여 최근 경향에 대비하였다.
9. 적산은 풀이방법을 공식화하여 다양한 문제에 대한 적응력과 빠른 시간에 문제를 풀 수 있는 능력, 그리고 검산이 가능하도록 하였다.
10. 보다 많은 그림을 삽입하여 수험생의 이해를 극대화하였다.
11. 모든 문제에 출제된 연도와 회차를 표시하여 출제빈도를 파악할 수 있도록 하였다.
12. 유사문제 및 출제예상문제도 수록하여 폭넓은 문제 구성이 되도록 하였다.

이 책이 수험생들에게 건축기사 자격증 취득이라는 선물과 실무에 초석이 될 수 있도록 최대한의 노력과 정성을 들이느라 애썼다. 그러나 미흡한 부분이 없지 않을 것이며, 이에 대해서는 지속적으로 보완하여 더 좋은 교재가 되도록 노력할 것을 약속드린다.

부디 건축기사 실기를 준비하는 수험생들에게 요긴한 길잡이가 되길 바라며, 출간을 위해 애써주신 모든 분들께 감사드린다.

시험정보

세세항목은 생략하였으며 큐넷 홈페이지(http://www.q-net.or.kr)에서 확인할 수 있습니다.

직무분야	건설	중직무분야	건축	자격종목	건축기사	적용기간	2025. 1. 1. ~ 2029. 12. 31.
○ 직무내용 : 건축시공 및 구조에 관한 공학적 기술이론을 활용하여, 건축물 공사의 공정, 품질, 안전, 환경, 공무관리 등을 통해 건축 프로젝트를 전체적으로 관리하고 공종별 공사를 진행하며 시공에 필요한 기술적 지원을 하는 등의 업무를 수행하는 직무이다.							
○ 수행준거 : 1. 견적, 발주, 설계변경, 원가관리 등 현장 행정업무를 처리할 수 있다.							
2. 건축물 공사에서 공사기간, 시공방법, 작업자의 투입규모, 건설기계 및 건설자재 투입량 등을 관리하고 감독할 수 있다.							
3. 건축물 공사에서 안전사고 예방, 시공품질관리, 공정관리, 환경관리 업무 등을 수행할 수 있다.							
4. 건축 시공에 필요한 기술적인 지원을 할 수 있다.							
실기검정방법	필답형			시험시간				3시간

실기 과목명	주요항목	세부항목
건축시공실무	1. 해당 공사 분석	1. 계약사항 파악하기　2. 공사내용 분석하기 3. 유사공사 관련자료 분석하기
	2. 공정표작성	1. 공종별세부공정관리계획서 작성하기 2. 세부공정내용 파악하기 3. 요소작업(Activity)별 산출내역서 작성하기 4. 요소작업(Activity) 소요공기 산정하기 5. 작업순서관계 표시하기 6. 공정표 작성하기
	3. 진도관리	1. 투입계획 검토하기　2. 자원관리 실시하기 3. 진도관리계획 수립하기　4. 진도율 모니터링하기 5. 진도 관리하기　6. 보고서 작성하기
	4. 품질관리 자료관리	1. 품질관리 관련자료 파악하기 2. 해당 공사 품질관리 관련자료 작성하기
	5. 자재 품질관리	1. 시공기자재보관계획수립하기　2. 시공기자재검사하기 3. 검사·측정시험장비관리하기
	6. 현장환경점검	1. 환경점검계획수립하기　2. 환경점검표작성하기 3. 점검실시 및 조치하기
	7. 현장착공관리(6수준)	1. 현장사무실개설하기　2. 공동도급관리하기 3. 착공관련인·허가법규검토하기　4. 보고서작성/신고하기 5. 착공계(변경)제출하기
	8. 계약관리	1. 계약관리하기　2. 실정보고하기 3. 설계변경하기

	9. 현장자원관리	1. 노무관리하기	2. 자재관리하기
		3. 장비관리하기	
	10. 하도급관리	1. 발주하기	2. 하도급업체선정하기
		3. 계약/발주처신고하기	4. 하도급업체계약변경하기
	11. 현장준공관리	1. 예비준공검사하기	2. 준공하기
		3. 사업종료보고하기	4. 현장사무실철거및원상복구하기
		5. 시설물인수·인계하기	
	12. 프로젝트파악	1. 건축물의 용도파악하기	
	13. 자료조사	1. 사례조사하기	2. 관련도서검토하기
		3. 지중주변환경조사하기	
	14. 하중검토	1. 수직하중검토하기	2. 수평하중검토하기
		3. 하중조합검토하기	
	15. 도서작성	1. 도면작성하기	
	16. 구조계획	1. 부재단면 가정하기	
	17. 구조시스템계획	1. 구조형식 사례검토하기	2. 구조시스템 검토하기
		3. 구조형식 결정하기	
	18. 철근콘크리트 부재	1. 철근콘크리트 구조 부재 설계하기	
	19. 강구조 부재설계	1. 강구조 부재 설계하기	
	20. 건축목공시공계획수립	1. 설계도면검토하기	2. 공정표작성하기
		3. 인원투입계획하기	4. 자재장비투입계획하기
	21. 검사하자보수	1. 시공결과확인하기	2. 재작업검토하기
		3. 하자원인파악하기	4. 하자보수계획하기
		5. 보수보강하기	
	22. 조적미장공사시공계획수립	1. 설계도서검토하기	2. 공정관리계획하기
		3. 품질관리계획하기	4. 안전관리계획하기
		5. 환경관리계획하기	
	23. 방수시공계획수립	1. 설계도서검토하기	2. 내역검토하기
		3. 가설계획하기	4. 공정관리계획하기
		5. 작업인원투입계획하기	6. 자재투입계획하기
		7. 품질관리계획하기	8. 안전관리계획하기
		9. 환경관리계획하기	
	24. 방수검사	1. 외관검사하기	2. 누수검사하기
		3. 검사부위손보기	
	25. 타일석공시공계획수립	1. 설계도서검토하기	2. 현장실측하기
		3. 시공상세도작성하기	4. 시공방법절차검토하기
		5. 시공물량산출하기	6. 작업인원자재투입계획하기
		7. 안전관리계획하기	

26. 검사보수	1. 품질기준확인하기	2. 시공품질확인하기
	3. 보수하기	
27. 건축도장시공계획수립	1. 내역검토하기	2. 설계도서검토하기
	3. 공정표작성하기	4. 인원투입계획하기
	5. 자재투입계획하기	6. 장비투입계획하기
	7. 품질관리계획하기	8. 안전관리계획하기
	9. 환경관리계획하기	
28. 건축도장시공검사	1. 도장면의 상태 확인하기	2. 도장면의 색상 확인하기
	3. 도막두께확인하기	
29. 철근콘크리트시공계획수립	1. 설계도서검토하기	2. 내역검토하기
	3. 공정표작성하기	4. 시공계획서작성하기
	5. 품질관리계획하기	6. 안전관리계획하기
	7. 환경관리계획하기	
30. 시공 전 준비	1. 시공상세도 작성하기	2. 거푸집 설치 계획하기
	3. 철근가공 조립계획하기	4. 콘크리트 타설 계획하기
31. 자재관리	1. 거푸집 반입·보관하기	2. 철근 반입·보관하기
	3. 콘크리트 반입검사하기	
32. 철근가공조립검사	1. 철근절단가공하기	2. 철근조립하기
	3. 철근조립검사하기	
33. 콘크리트양생 후 검사보수	1. 표면상태 확인하기	2. 균열상태검사하기
	3. 콘크리트보수하기	
34. 창호시공계획수립	1. 사전조사실측하기	2. 협의조정하기
	3. 안전관리계획하기	4. 환경관리계획하기
	5. 시공순서계획하기	
35. 공통가설계획수립	1. 가설측량하기	2. 가설건축물시공하기
	3. 가설동력 및 용수확보하기	4. 가설양중시설 설치하기
	5. 가설환경시설 설치하기	
36. 비계시공계획수립	1. 설계도서작성검토하기	2. 지반상태확인보강하기
	3. 공정계획작성하기	4. 안전품질환경관리계획하기
	5. 비계구조검토하기	
37. 비계검사점검	1. 받침철물기자재설치검사하기	2. 가설기자재조립결속상태검사하기
	3. 작업발판안전시설재설치검사하기	
38. 거푸집동바리시공 계획수립	1. 설계도서작성검토하기	2. 공정계획작성하기
	3. 안전품질환경관리계획하기	4. 거푸집동바리구조검토하기
39. 거푸집동바리검사점검	1. 동바리설치검사하기	2. 거푸집설치검사하기
	3. 타설 전·중 점검보정하기	

	40. 가설안전시설물설치 점검해체	1. 가설통로설치점검해체하기 3. 방호선반설치점검해체하기 5. 낙하물방지망설치점검해체하기 7. 안전시설물해체점검정리하기	2. 안전난간설치점검해체하기 4. 안전방망설치점검해체하기 6. 수직보호망설치점검해체하기
	41. 수장시공계획수립	1. 현장조사하기 3. 공정관리계획하기 5. 안전환경관리계획하기	2. 설계도서검토하기 4. 품질관리계획하기 6. 자재인력장비투입계획하기
	42. 검사마무리	1. 도배지검사하기 3. 보수하기	2. 바닥재검사하기
	43. 공정관리계획수립	1. 공법 검토하기 3. 공정표작성하기	2. 공정관리계획하기
	44. 단열시공계획수립	1. 자재투입양중계획하기 3. 품질관리계획하기	2. 인원투입계획하기 4. 안전환경관리계획하기
	45. 검사	1. 육안검사하기 3. 화학적 검사하기	2. 물리적 검사하기
	46. 지붕시공계획수립	1. 설계도서확인하기 3. 공정관리계획하기 5. 안전관리계획하기	2. 공사여건분석하기 4. 품질관리계획하기 6. 환경관리계획하기
	47. 부재제작	1. 재료관리하기 3. 방청도장하기	2. 공장제작하기
	48. 부재설치	1. 조립준비하기 3. 조립검사하기	2. 가조립하기
	49. 용접접합	1. 용접준비하기 3. 용접후검사하기	2. 용접하기
	50. 볼트접합	1. 재료검사하기 3. 체결하기	2. 접합면관리하기 4. 조임검사하기
	51. 도장	1. 표면처리하기 3. 검사보수하기	2. 내화도장하기
	52. 내화피복	1. 재료공법선정하기 3. 검사보수하기	2. 내화피복시공하기
	53. 공사준비	1. 설계도서 검토하기 3. 품질관리 검토하기	2. 공작도 작성하기 4. 공정관리 검토하기
	54. 준공 관리	1. 기성검사준비하기 3. 준공검사하기	2. 준공도서작성하기 4. 인수 · 인계하기

출제 경향과 학습 전략

건축시공

출제경향
① 각 공사별 공법재료 및 사용재료의 특징(장·단점) 기입
② 공사방법에 대한 순서
③ 용어정리
④ 제품, 공법의 종류
⑤ 그림에 따른 명칭

학습전략
① 특징을 정리하여 기입할 때에는 비교대상을 찾아서 대표적인 특징을 쓸 수 있도록 한다.
② 공사순서의 문제는 부분점수를 기대할 수 없으므로 정확히 이해하여 완벽한 답안을 작성하도록 한다.
③ 용어정리에 대한 문제는 정확한 Key-Word가 기재될 수 있도록 한다.
④ 재료별, 공법별 종류를 정확하게 분류하여 정리한다.
⑤ 그림의 형태에 대한 모양과 그에 대한 명칭을 정확하게 기재할 수 있도록 한다.

공정관리

출제경향
① 공정의 일반사항
② 공정표에 사용되는 용어
③ 네트워크 공정표 작성
④ 공정관리(공기단축)
⑤ 공정관리(EVMS)
⑥ 공정관리(자원배당)

학습전략
① 공정의 개념을 명확히 이해한다.
② 공정표의 종류와 특징 및 용어를 정리한다.
③ 공정표 작성에 관하여 정확한 기법을 숙달한다.
④ 일정계산을 하여 주공정선의 표시와 더불어 정확하게 작성하는 연습까지 하여야 한다.
⑤ 공정의 배점은 8점 내외이나 반드시 득점할 수 있도록 한다.

INFORMATION

품질관리

출제경향
① 시공기술 품질관리
② 데이터 정리 방법
③ 자재 품질관리

학습전략
① 품질관리 개념, 데밍의 사이클, 순서 등을 이해한다.
② 평균값($\bar{x}$), 중위수($\tilde{x}$), 표본표준편차(σ), 표본분산, 변동계수(CV)를 구할 수 있어야 한다.
③ 각 자재별 시험방법 및 합격 유무 판단을 할 수 있어야 한다.

건축적산

출제경향
① 적산의 일반사항
② 각 공사별 재료량 산출

학습전략
① 적산기준에 대하여 이해한다.
② 8~14점 정도의 배점이지만 반드시 득점해야 하는 부분이다.
③ 산출근거를 명시하여 답안지를 작성하는 연습까지 한다.
④ 최종의 소수위, 단위 등을 확인한다.

구조

출제경향
① 용어 정의
② 계산 문제

학습전략
① 용어 정의에 대한 문제는 핵심용어(Key-Word)가 표현될 수 있도록 한다.
② 계산 문제는 다음 사항에 주의하여 작성하도록 한다.
  • 대괄호, 중괄호, 소괄호를 적절히 활용하여 풀이 과정을 일목요연하게 정리한다.
  • 힘의 단위와 길이의 단위 등은 전체적으로 통일하여 적용한다.
  • 답란에는 반드시 단위를 기입한다.

수험자 유의사항

1. 시험문제지를 받는 즉시 응시하고자 하는 종목의 문제지가 맞는지 여부를 확인하여야 합니다.
2. 시험문제지 총면수·문제번호 순서·인쇄상태 등을 확인하고, 수험번호 및 성명을 답안지에 기재하여야 합니다.
3. 부정행위 방지를 위하여 답안작성(계산식 포함)은 흑색 또는 청색 필기구만 사용하되, 동일한 한가지 색의 필기구만 사용하여야 하며, 흑색, 청색을 제외한 유색 필기구 또는 연필류를 사용하거나 2가지 이상의 색을 혼합 사용하였을 경우 그 문항은 0점 처리됩니다.
4. 답란에는 문제와 관련 없는 불필요한 낙서나 특이한 기록사항 등을 기재하여서는 안 되며, 부정의 목적으로 특이한 표식을 하였다고 판단될 경우에는 모든 득점이 0점 처리됩니다.
5. 답안을 정정할 때에는 반드시 정정부분을 두 줄로 그어 표시하여야 하며, 두 줄로 긋지 않은 답안은 정정하지 않은 것으로 간주합니다.
6. 계산문제는 반드시 계산과정과 답 란에 계산과정과 답을 정확히 기재하여야 하며 계산과정이 틀리거나 없는 경우 0점 처리됩니다.(단, 계산연습이 필요한 경우는 연습란을 이용하여야 하며, 연습란은 채점대상이 아닙니다.)
7. 계산문제는 최종 결과 값(답)에서 소수 셋째 자리에서 반올림하여 둘째 자리까지 구하여야 하나 개별 문제에서 소수 처리에 대한 요구사항이 있을 경우 그 요구사항에 따라야 합니다.(단, 문제의 특수한 성격에 따라 정수로 표기하는 문제도 있으며, 반올림한 값이 0이 되는 경우는 첫 유효숫자까지 기재하되 반올림하여 기재하여야 합니다.)
8. 답에 단위가 없으면 오답으로 처리됩니다.(단, 문제의 요구사항에 단위가 주어졌을 경우는 생략되어도 무방합니다.)
9. 문제에서 요구한 가지 수(항수) 이상을 답란에 표기한 경우에는 답란기재 순으로 요구한 가지 수(항수)만 채점하여 한 항에 여러 가지를 기재하더라도 한 가지로 보며 그중 정답과 오답이 함께 기재되어 있을 경우 오답으로 처리됩니다.
10. 한 문제에서 소문제로 파생되는 문제나, 가지 수를 요구하는 문제는 대부분의 경우 부분배점을 적용합니다.
11. 부정 또는 불공정한 방법으로 시험을 치른 자는 부정행위자로 처리되어 당해 시험을 중지 또는 무효로 하고, 3년간 국가기술자격시험의 응시자격이 정지됩니다.
12. 복합형 시험의 경우 시험의 전 과정(필답형, 작업형)을 응시하지 않은 경우 채점대상에서 제외됩니다.
13. 저장용량이 큰 전자계산기 및 유사 전자제품 사용 시에는 반드시 저장된 메모리를 초기화한 후 사용하여야 하며 시험 위원이 초기화 여부를 확인할 시 협조하여야 합니다. 초기화되지 않은 전자계산기 및 유사 전자제품을 사용하여 적발 시에는 부정행위로 간주합니다.
14. 시험위원이 시험 중 신분확인을 위하여 신분증과 수험표를 요구할 경우 반드시 제시하여야 합니다.
15. 시험 중에는 통신기기 및 전자기기(휴대용 전화기 등)를 지참하거나 사용할 수 없습니다.
16. 문제 및 답안(지), 채점기준은 일체 공개하지 않습니다.
17. 국가기술자격 시험문제는 일부 또는 전부가 저작권법상 보호되는 저작물이고, 저작권자는 한국산업인력공단입니다. 문제의 일부 또는 전부를 무단 복제. 배포. 출판, 전자출판 하는 등 저작권을 침해하는 일체의 행위를 금합니다.

※ 수험자 유의사항 미준수로 인한 채점상의 불이익은 수험자 본인에게 책임이 있음

국가기술자격검정 실기시험 문제 및 답안지

2023년도 기사 일반 검정 제1회

자격종목(선택분야)	시험시간	수험번호	성명	형별	감독위원 확인란
건축기사				A	

* 다음 물음의 답을 해당 답란에 답하시오.

1. 흙막이 공법에서 구체공법의 종류 4가지만 쓰시오. [배점 4]
   - 가. _____
   - 나. _____
   - 다. _____
   - 라. _____

2. 흙막이가 붕괴되는 여러 가지 원인들 중 히빙, 보일링, 파이핑을 제외한 대책을 4가지만 쓰시오. [배점 4]
   - 가. _____
   - 나. _____
   - 다. _____
   - 라. _____

3. 다음 용어를 설명하시오. [배점 4]
   - 가. 압밀 :
   - 나. 다짐 :
   - 다. 사운딩 :
   - 라. 주상도 :

구성과 특징

한눈에 보기
전체를 한눈에 파악할 수 있도록
핵심 내용을 도안으로 정리

용어 미리보기
본문 내용 파악이 용이하도록
단원별 용어와 출제빈도 정리

Daily 공부량 표시
전체의 공부 일정을 파악하기 쉽도록
Daily 공부량 표시

회독 표기란
반복학습이 가능하도록
회독 표기란 표시

CONSTRUCTION & CHARACTER

보충 내용 및 출제빈도

본문 좌우에 기출문제 유형과 빈도를 표기하여 핵심을 쉽게 찾을 수 있도록 정리

보충 예제

본문의 내용에 맞는 유형의 문제로 숙달과정을 익히도록 구성

핵심 기출문제 및 해설

핵심 기출문제를 통해 학습내용을 점검하고 중요 내용을 다시 한번 복습하도록 구성

목 차

PART 01 건축시공

제1장 총론	1-3
한눈에 보기	1-4
용어 미리보기	1-7
제1절 개요	1-9
● 핵심 기출문제	1-11
제2절 관리기법	1-14
● 핵심 기출문제	1-18
제3질 시공방식(공사실시방식)	1-24
● 핵심 기출문제	1-29
제4절 입찰 및 계약	1-34
● 핵심 기출문제	1-40
제5절 시공계획 및 관리	1-45
● 핵심 기출문제	1-49
제2장 가설공사	1-53
한눈에 보기	1-54
용어 미리보기	1-54
제1절 개요	1-55
제2절 측량	1-56
제3절 기준점과 규준틀	1-57
제4절 가설 건축물	1-58
제5절 환경(비산먼지 발생대책)	1-59
제6절 비계 및 비계다리	1-60
제7절 안전설비	1-65
● 핵심 기출문제	1-66
제3장 토공사	1-71
한눈에 보기	1-72
용어 미리보기	1-75
제1절 지반의 구성 및 흙의 성질	1-77
● 핵심 기출문제	1-80
제2절 지반조사(지하탐사)	1-84
● 핵심 기출문제	1-86
제3절 토질시험	1-89
● 핵심 기출문제	1-92
제4절 지반개량	1-95
● 핵심 기출문제	1-99

제5절 터파기	1-103	**제7장 조적공사**	1-333
● 핵심 기출문제	1-113	한눈에 보기	1-334
제6절 토공사용 장비	1-123	용어 미리보기	1-336
● 핵심 기출문제	1-126	제1절 벽돌공사	1-337
		제2절 블록공사	1-343
제4장 지정공사	1-131	제3절 석공사	1-347
한눈에 보기	1-132	제4절 타일공사	1-351
용어 미리보기	1-132	제5절 ALC(Autoclaved Lightweight Concrete)	1-354
제1절 기초	1-133	● 핵심 기출문제	1-356
제2절 지정	1-134		
제3절 보통지정	1-134	**제8장 목공사**	1-371
제4절 말뚝지정	1-135	한눈에 보기	1-372
제5절 깊은 기초 지정	1-141	용어 미리보기	1-373
● 핵심 기출문제	1-142	제1절 재료	1-375
		제2절 성질	1-376
제5장 철근콘크리트공사	1-151	제3절 제재 및 공학 목재	1-377
한눈에 보기	1-152	제4절 가공	1-378
용어 미리보기	1-156	제5절 접합(부재가공, 보강철물, 접착제)	1-379
제1절 철근공사	1-161	제6절 세우기(목조건물)	1-381
● 핵심 기출문제	1-169	제7절 수장	1-382
제2절 거푸집 공사	1-177	제8절 경골 목구조	1-382
● 핵심 기출문제	1-187	● 핵심 기출문제	1-384
제3절 콘크리트 공사 – 재료	1-198		
● 핵심 기출문제	1-203	**제9장 방수공사**	1-391
제4절 콘크리트 공사 – 배합/성질	1-214	한눈에 보기	1-392
● 핵심 기출문제	1-224	용어 미리보기	1-393
제5절 콘크리트 공사 – 시공	1-235	제1절 방수공사 분류	1-395
● 핵심 기출문제	1-241	제2절 지하실 방수	1-395
제6절 콘크리트 공사 – 종류	1-249	제3절 침투성 방수(시멘트 모르타르계 방수)	1-396
● 핵심 기출문제	1-265	제4절 아스팔트 방수	1-397
		제5절 합성 고분자계 시트 방수	1-401
제6장 철골/PC/커튼월	1-281	제6절 개량형 아스팔트 시트 방수	1-402
한눈에 보기	1-282	제7절 도막 방수	1-403
용어 미리보기	1-284	제8절 멤브레인 방수 영문 표시 기호	1-404
제1절 철골공사	1-287	제9절 시일재 방수	1-405
제2절 PC(Pre – Cast) 공사	1-303	제10절 인공지반녹화 방수방근 공사	1-406
제3절 커튼월	1-304	제11절 기타 방수	1-407
● 핵심 기출문제	1-307	● 핵심 기출문제	1-408

제10장 지붕공사 및 홈통공사　　　　　1-415
용어 미리보기　　　　　1-416
제1절 지붕공사　　　　　1-417
제2절 홈통공사　　　　　1-421
● 핵심 기출문제　　　　　1-422

제11장 창호 및 유리공사　　　　　1-423
한눈에 보기　　　　　1-424
용어 미리보기　　　　　1-425
제1절 창호공사　　　　　1-427
제2절 유리공사　　　　　1-432
● 핵심 기출문제　　　　　1-437

제12장 마감공사　　　　　1-443
한눈에 보기　　　　　1-444
용어 미리보기　　　　　1-446
제1절 미장공사　　　　　1-449
제2절 도장공사　　　　　1-455
제3절 합성수지공사　　　　　1-459
제4절 금속공사　　　　　1-460
제5절 단열공사　　　　　1-462
제6절 수장공사　　　　　1-465
● 핵심 기출문제　　　　　1-466

APPENDIX 과년도 기출문제 및 해설

2024년 기출문제 및 해설
　제1회 기출문제 및 해설　　　　　2
　제2회 기출문제 및 해설　　　　　14
　제3회 기출문제 및 해설　　　　　26

2023년 기출문제 및 해설
　제1회 기출문제 및 해설　　　　　36
　제2회 기출문제 및 해설　　　　　47
　제4회 기출문제 및 해설　　　　　58

2022년 기출문제 및 해설
　제1회 기출문제 및 해설　　　　　72
　제2회 기출문제 및 해설　　　　　82
　제4회 기출문제 및 해설　　　　　92

2021년 기출문제 및 해설
　제1회 기출문제 및 해설　　　　　104
　제2회 기출문제 및 해설　　　　　114
　제4회 기출문제 및 해설　　　　　124

건축자격증전문가가 설계한
더 쉽고 빠른 합격전략서!

PART 01

건축시공

CONTENTS

- 01장 총론
- 02장 가설공사
- 03장 토공사
- 04장 지정공사
- 05장 철근콘크리트공사
- 06장 철골/PC/커튼월
- 07장 조적공사
- 08장 목공사
- 09장 방수공사
- 10장 지붕공사 및 홈통공사
- 11장 창호 및 유리공사
- 12장 마감공사

미듬 건축기사 실기
cafe.naver.com/ikaiscom

Engineer Architecture

CHAPTER 01
총 론

CONTENTS

제1절 개 요	9
제2절 관리기법	14
제3절 시공방식(공사실시방식)	24
제4절 입찰 및 계약	34
제5절 시공계획 및 관리	45

한눈에 보기

01 개요

02 관리기법

용어 미리보기

용어	Keyword	출제연도
Genecon	프로젝트 발굴에서 설계·시공 및 유지관리에 이르는, 건축물 생애 전반의 과정을 일괄 추진할 수 있는 능력을 갖춘 종합건설업	18④
EC화	기존의 단순시공에서 벗어나 기획, 설계, 시공, 유지관리로까지 업무영역을 확대하는 것	07② · 05②,③
VE	최적의 비용으로 공사에 요구되는 품질, 공기, 안전성 등의 기능을 충족시키는 공사비 절감 개선방안	20③ · 15① · 10④ · 02②
LCC	건물의 기획에서부터 계획, 설계, 시공, 유지관리, 철거의 단계까지 총체적인 과정에서 사용되는 비용을 분석하여 원가관리하는 기법	22① · 20③ · 19④ · 16① · 12④ · 10④,① · 07②,③
CM for fee	관리자가 발주자에게 자문 업무를 수행하는 형태	20④ · 19④ · 10② · 07① · 04②
CM at risk	관리자가 직접 계약까지에 참여하여 시공에 대한 책임을 지는 방식	20④ · 19④ · 10② · 07① · 04②
CALS	(Continuous Acquisition & Life Cycle Support) 건축물이 생산되는 전 과정을 정보화하여 건설 관련 이용자가 누구나 이용할 수 있는 정보통합전산망	10① · 07② · 05③ · 01③
PMIS	건축물이 생산되는 전과정을 정보화하여 프로젝트 참여자가 이용할 수 있는 정보통합전산망	
CIC	(Computer Integrated Construction) Computer를 이용한 건축 전 생산활동을 능률적으로 처리하고자 하는 기법	10②
파트너링	발주자가 직접 공사에 참여하고 프로젝트 관련자들이 상호 신뢰를 바탕으로 프로젝트의 성공과 이익을 공동목표로 하여 관리하는 방식	16①,④ · 08③
Paper Joint	서류상으로는 공동도급 형태를 취하지만, 실질적으로는 한 회사가 수주공사 전체를 수행하며 나머지 회사는 하도급의 형태 또는 단순이익의 배당을 받는 일종의 담합형태	23④ · 13② · 07③ · 00④
실비정산 보수가산식 도급	공사의 실비를 건축주와 도급자가 확인 청산하고, 건축주는 미리 정한 보수지급방법에 따라 도급자에게 그 보수액을 지불하는 방식	23④ · 03③ · 00⑤ · 98①
BOT	건설된 공공시설물을 투자자가 일정기간 소유, 운영한 뒤 시설물의 소유권을 발주자에게 이전하는 방식	21①,④ · 20① · 19② · 17① · 16①,④ · 14①,④ · 11② · 10④ · 08③ · 07② · 04① · 03② · 00④
BTO	건설된 공공시설물의 소유권을 발주자에게 먼저 이전하고, 투자자는 일정기간 동안의 운영권을 갖는 방식	19② · 15④ · 10④ · 08① · 07②
BLT	공공시설물을 완공한 후 일정기간 임대하고, 그 임대료로 투자자금을 회수하고 발주자에게 양도하는 방식	
BTL	공공시설물을 완공하고 소유권을 이양하지만 약정된 기간 동안 임대료를 받아 공사비를 회수하는 방식	24① · 20④,⑤ · 17②,④ · 13④
BTO-rs	(Risk Sharing) 정부와 민간 기업이 사업의 시설투자비와 운영비용을 부담하고 초과수익이나 손해가 발생하면 이를 공유하는 형태	

용어	Keyword	출제연도
특명입찰 (수의 계약)	건축주가 가장 적격한 건설회사 하나를 선정하여 공사조건에 대한 협의를 통하여 공사계약을 체결	18② · 10② · 05③ · 05②
공개경쟁입찰	최소한의 자격을 가진 건설회사가 참여하여 조건 중 건축주가 가장 좋은 조건을 제시한 건설회사와 공사계약을 체결하는 입찰 방식	18② · 11④ · 10②
지명경쟁입찰	건축주가 공사수행에 가장 적합하다고 인정되는 3~7개 건설회사를 선정하여 경쟁입찰을 하는 방식	18② · 11④ · 10②
성능발주방식	설계단계에서 시공법을 결정하지 않고 요구성능만을 시공자에게 제시하여 시공자가 재료나 시공방법을 선택하여 제시하는 방식	10④ · 08① · 07③ · 98①
순수내역입찰	입찰자가 물량을 산출하여 단가를 적용한 다음 입찰금액을 산정하는 방식	
대안입찰	최초 설계된 기본방침 범위 내에서 해당 추정공사비용 및 공기를 벗어나지 않으면서도 동등 이상의 기능과 효과를 가진 방안을 시공자가 제시할 경우 이를 건축주가 채택할 수 있는 방식	20② · 15② · 11① · 06②
부대입찰	공사입찰 시 하도급 업체의 견적서와 계약서를 입찰서류에 첨부하여 입찰하는 제도	20② · 11①
적격낙찰제도	비용 이외에 기술능력, 공법, 시공경험, 품질능력, 재무상태 등 공사 이행능력을 종합심사하여 공사에 적격하다고 판단되는 입찰자에게 낙찰시키는 제도	24① · 23②
종합심사낙찰제도	입찰제 개선과 시공 품질 제고, 적정 공사비 확보를 정착시키기 위해 가격과 공사수행능력 및 사회 책임의 점수를 합산하여 높은 점수의 입찰자를 낙찰자로 선정하는 제도	24① · 23②
PQ	(PQ ; Pre-Qualification) 입찰 참가자격 사전심사제로서 발주자가 공사의 특성 및 전문성을 고려하여 시공·경험실적, 기술력, 경영상태, 신인도 등을 종합평가하여 시공자를 결정하는 방식	02② · 08③
TES	(TES ; Two Envelope System) 공사 입찰 시 기술제안서와 가격제안서를 따로 받아 기술능력 우위업체 중 예정가격 내에서 협상이나 입찰에 의해 낙찰하는 방식	07③
기능식 조직	(Functional Organization) 업무를 기능 중심으로 나누어 각각의 전문적인 책임자가 작업을 지시하는 조직형태	06③
조합식 조직	(Line & Staff Organization) 전문적인 사업관리지식을 갖춘 관리자(Staff)들의 지원을 받는 조직형태	
전담반 조직	사업의 성격이 구체적이고 분명하지만 그 내용이 복잡한 경우 관리자를 필두로 각 분야의 전문가들이 모여서 사업수행 기간 동안 운영되는 한시적 조직	10④
패스트 트랙	설계와 시공을 분리하여 진행하지 않고 공기단축을 위하여 n차수로 나누어서 병행하여 진행하는 공법	23①
WBS	작업의 공종별 분류 체계(WBS ; Work Breakdown Structure)	17①
실행 예산	실제공사를 행하기 위해 공사현장조건, 내역서, 계약조건, 설계도서를 기준으로 작성된 공사비 내역서	99②

총론

제1절 개요

01 건축시공의 의의

기능·구조·미의 3요소를 갖춘 건축물을 최저 공비로 최단기간 내에 구현시키는 건축 축조기술로, 건축시공을 구속하는 공사속도와 경제에 따른 효과 및 희생의 비교, 토대 위에서 최대의 생산 결과를 제시하는 것이 건축시공의 목적이다.

02 건축의 현대성(근대화)

① 시공의 기계화
② 재료의 건식화
③ 건축 부품의 단순화, 규격화, 전문화
④ 관리기법의 개선

03 건축생산의 3S화

① 단순화(Simplification)
② 규격화(Standardization)
③ 전문화(Specialization)

●07① · 01③ · 99③
(종류) 건축시공의 현대화 방안에 있어서 건축생산의 3S System을 쓰시오.

04 공사관계자

1. 건축주 (Owner)	① 공사 시행의 주체(발주자) ② 건설공사를 시공자에게 도급하는 자
2. 설계자 (Designer)	① 설계도서 작성자 ② 일반적으로 설계사무소에서 수행
3. 감리자 (Inspector)	① 발주자의 입장에서 감독기능을 보완 ② 계약서, 설계도서, 관련 법규대로 시공하는지를 확인 ③ 공사 중 발생되는 문제 지도, 조언 ④ 공사의 진도 파악 및 공사비 내역명세의 조사
4. 시공자	① 발주자로부터 건설공사를 도급받은 건설업자(하도급업자 포함) ② 재료, 노무관리 및 공사추진 등 공사 일체를 책임지고 수행 ③ 도급 시 계약이행의 의무자
5. 담당원	① 발주자가 지정한 감독관 / 보조 감독관 ② 건설기술관리법, 주택법에 의한 책임감리원

●06②
(용어) 감리자

● 00①

고용형태로 분류한 건설노무자에 대한 설명이다. ( ) 안에 알맞은 용어를 쓰시오.

① 원도급업자에게 직접 고용되어 임금을 받는 노무자로서 잡역 등 미숙련자가 많다. (   )
② 직종별 전문업자 혹은 하도급업자에 상시 종속되어 있는 기능노무자로서 출역일수에 따라 임금을 받는다. (   )
③ 날품 노무자로서 보조 노무자이고, 임금도 싸다. (   )

05 건설노무자

1. 고용형태	① 직용노무자 • 원도급자에게 직접 고용되어 임금을 받는 노무자 • 잡역 등 미숙련 노무자가 많다. ② 정용노무자 • 주로 전문건설업체에 소속되어 출역일수로 임금을 받는다. • 기능공의 역할을 수행한다. ③ 임시고용노무자 : 주로 단순노동력을 제공하는 보조노무자
2. 임금형태	① 정액 임금제 : 출역에 따라 임금을 지불한다. ② 기성고 임금제 : 작업효율에 따라 임금을 지불한다.

● 98③ · 06②

다음 ( ) 안에 알맞은 용어를 쓰시오.

건설공사를 완성하고 그 대가를 받는 영업을 (㉮)이라 하고, 건축주와 직접 도급계약을 한 시공업자를 (㉯)업자라 하며, 이 도급공사의 전부를 건축주와는 관계없이 다른 시공자에게 도급을 주어 시행하는 것을 (㉰)이라 하며, 부분적으로 분할하여 제3자에게 도급을 주어 시행하는 것을 (㉱)이라 한다.

06 도급자

1. 원도급	건축주와 직접 계약을 체결한 자
2. 하도급	건축주와 관계없이 원도급자와 도급공사 일부를 수행하기로 계약한 자
3. 재도급	건축주와 관계없이 원도급자와 도급공사 전부를 수행하기로 계약한 자

● 05① · 98⑤

순서 프로젝트 진행

07 프로젝트 진행순서

타당성 조사/분석 → 설계 → 계약(구매·조달) → 시공 → 시운전 및 완공 → 인도

CHAPTER 01 핵심 기출문제

01 건축시공의 현대화 방안에 있어서 건축생산의 3S System을 쓰시오.

가. _____ 나. _____
다. _____

정답 건축생산의 3S System
가. 전문화(Specialization)
나. 단순화(Simplification)
다. 규격화(Standardization)

02 대형 건축물 프로젝트의 추진과정에서 순서에 맞게 빈칸을 채우시오.

가. 프로젝트 착상 및 타당성 분석
나. _____
다. 구매 및 조달
라. _____
마. 시운전 및 완공
바. _____

정답 대형 건축물 프로젝트 진행
나. 설계(Design)
라. 시공(Construction)
바. 유지관리 또는 인도(Turn over)

03 다음 설명에 해당되는 용어를 쓰시오.

가. 건축주와 직접 계약을 체결한 자 ( )
나. 건축물이 설계도서대로 시공되는지의 여부를 확인 및 감독하는 자 ( )
다. 건설프로젝트의 전 과정에 CM업무를 수행하는 자 ( )

정답 용어
가. 원도급자
나. 감리자
다. 건설사업 관리자(CMr)

04 다음 ( ) 안에 도급공사에 관계되는 용어를 쓰시오.

건설공사를 완성하고 그 대가를 받는 영업을 (가)라(이라) 하고, 건축주와 직접 도급계약을 한 시공업자를 (나)라(이라) 하며, 이 도급공사의 전부를 건축주와는 관계없이 다른 공사자에게 도급주어 시행하는 것을 (다)라(이라) 하고, 부분적으로 분할하여 제3자인 전문건설업자에게 도급을 주어 시행하는 것을 (라)라(이라) 하는데, 현 건설업법에서는 위의 설명 중 (마)는(은) 금지되어 있다.

정답 **도급공사 용어**
가. 건설업 나. 원도급자
다. 재도급 라. 하도급
마. 재도급

가. _____ 나. _____
다. _____ 라. _____
마. _____

05 고용형태로 분류한 건설노무자에 대한 설명이다. ( ) 안에 알맞은 용어를 쓰시오.

가. 원도급업자에게 직접 고용되어 임금을 받는 노무자로서 잡역 등 미숙련자가 많다. ( )
나. 직종별 전문업자 혹은 하도급업자에 상시 종속되어 있는 기능노무자로서 출역일수에 따라 임금을 받는다. ( )
다. 날품노무자로서 보조노무자이고, 임금도 싸다. ( )

정답 **노무자**
가. 직용노무자
나. 정용노무자
다. 임시고용노무자

06 다음 설명을 읽고 그 설명이 뜻하는 용어를 적으시오.

가. 공공공사에서 신기술, 신공법을 적용하여 공사비의 절감, 공기단축의 효과를 가져온 경우 계약금액을 감액하지 못하도록 하는 제도 ( )
나. 공사계약자와 발주자 간 공사계약사항의 실행을 보증회사(제3자)가 일정 수수료를 받고 보증해 주는 것 ( )
다. 발주기관이 설계와 시공에 필요한 공사기일을 표준화하여 무리한 공기 단축과 부실시공을 방지하기 위한 방안 ( )
라. 재입찰 후에도 낙찰자가 없을 때 최저 입찰자 순으로 교섭하여 계약을 체결하는 것 ( )
마. 건설업의 고부가가치를 추구하기 위해 종래의 단순시공에서 벗어나 설계, 엔지니어링, Project 전반 사항을 종합·관리·기획하는 업무영역의 확대를 뜻하는 용어 ( )

정답 **용어**
가. 기술개발보상제도
나. 건설보증제도
다. 표준공기제도
라. 수의계약
마. EC화(Engineering Construction화)

07 브레인스토밍의 4원칙을 쓰시오.

가.

나.

다.

라.

정답 브레인스토밍의 4원칙
가. 자유 발언 : 자유로운 분위기에서 편안한 마음으로 발언한다.
나. 대량 발언 : 발언 내용의 질에 관계없이 많이 발언한다.
다. 수정 발언 : 다른 사람의 발언을 수정하거나 덧붙여 설명해도 좋다.
라. 비판 금지 : 다른 사람의 발언에 대해 좋고, 나쁨을 판단하지 않는다.

08 설계와 시공의 의사소통 개선방법을 계약이나 제도 또는 기법 측면에서 5가지 기술하시오.

가.
나.
다.
라.
마.

정답 설계와 시공의 의사소통 개선
가. 시공성 향상 프로그램(Constructability)
나. Turn Key Base 방식
다. 성능발주방식
라. CM(Construction Management) 제도
마. Partnering Agreement 방식

09 건축물의 유지관리를 위한 정기적인 검사방법을 3가지 쓰시오.

가.
나.
다.

정답 유지관리 정기검사
가. 초기점검
나. 정기점검
다. 정밀점검

10 경영전략 수립을 위한 건설산업의 환경분석은 기회요소와 위협요소에 대한 표출작업이라 할 수 있다. 이를 대비하여 조사하여야 할 항목을 3가지만 쓰시오.

가.
나.
다.

정답 건설산업의 환경분석
가. 정부의 투자계획 및 제도
나. 건설수요 예상물량
다. 자원공급 현황

제2절 관리기법

01 E.C화(Engineering Construction)

1. 정의	① 기존의 단순시공에서 벗어나 기획, 설계, 시공, 유지관리로까지 업무영역을 확대하는 것 ② 건설수요 고도화, 다양화, 복잡화에 따라 보다 높은 종합화, 시스템화 필요 ③ 국내 건설시장 개방에 따른 대응으로 고부가가치 추구
2. 영역	Soft: Project – 기획 – 타당성 조사 – 기본설계 – 본설계 Hard: 시공 Soft: 시운전 – 인도 – 사용 협의의 시공
3. 특성	① 생산능력 확보 ② 지식의 집약화, 고부가가치화 ③ 건설산업의 System화 ④ 건설기술능력의 향상 ⑤ 입찰방식의 개선 유도
4. 종합 건설업제도	프로젝트 발굴에서 설계·시공 및 유지관리에 이르는, 건축물 생애 전반의 과정을 일괄 추진할 수 있는 능력을 갖춘 종합건설업

02 VE(Value Engineering : 가치공학)

1. 정의	최적의 비용으로 공사에 요구되는 품질, 공기, 안전성 등의 기능을 충족시키는 공사비 절감 개선방안으로 공사 초기(설계 단계)에 적용한다.
2. 가치공식	VE는 각 공종의 기능을 철저히 분석해서 원가절감의 요소를 찾아내는 데 있으며 효과적인 VE는 Life Cycle Cost가 최저일 때이다. $$V = \frac{F}{C} = \frac{Function}{Cost} = \frac{기능}{비용}$$
3. 향상방안	F(기능): =, ↗, ↗, ↗, ↘ C(비용): ↘, =, ↘, ↗, ↘ ① 기능 유지 비용 낮춤 ② 기능 높임 비용 일정 ③ 기능높임 비용 낮춤 ④ 기능 많이 높임 비용 약간 낮춤
4. FAST (기능계통도)	정의된 개개의 기능들을 기능 상호 간의 관련성으로 연결하여 체계화한 그림(Functional Analysis System Technique)
5. 사고방식	① 고정관념 제거 ② 발주자, 사용자 중심의 사고 ③ 기능 중심의 접근 ④ 조직적 노력(Team Design)
6. 효과	① 원가절감 ② 기술력 향상 ③ 기업체질 개선 ④ 급격한 외부환경의 변화에 대응

●07② · 05②,③
(용어) E.C화

●18④
(용어) 종합건설업제도(Genecon)

●20③ · 15① · 10④ · 02②
(용어) VE

●22① · 15④ · 09② · 00② · 98④
(식) VE 수법에서 각 기호가 의미하는 것을 쓰시오.

●08①
(가치향상) VE 가치를 향상시키는 방법 4가지

●20③ · 14④ · 11④ · 98①
(사고방식) VE의 사고방식 4가지

●15①
(적용단계)

7. 적용대상	① 수량이 많거나 반복효과가 큰 것 ② 원가절감액이 큰 것 ③ 공사내용이 복잡하고 원가절감효과가 큰 것 ④ 장시간 숙달되어 개선에 의한 효과가 큰 것 ⑤ 그 공사에 특수한 개선효과가 있는 것 ⑥ 하자가 빈번한 요소	

	기본단계	상세 순서
8. 순서	1. 대상선정	방침과 계획 – 대상의 선정 – 프로젝트 계획
	2. 기능정의	정보수집 – 기능의 정의
	3. 기능평가	기능의 평가 – 기능에 비용 배분 – 가치의 평가
	4. 아이디어 발상	
	5. 아이디어 구체화	아이디어 구체화 – 테스트와 증명(평가)
	6. 제안	제안 – 심사
	7. 실시	

● 13② · 07②
(순서) VE 추진절차 4단계

```
정보 수집        탐색          분석         제안
• 활동준비    → • 기능 정의  → • 기능 평가 → 제안
• 테마의 설정    • 기능 정리    • 대체안의
• 팀(Team) 구성                   구체화
```

● 22④ · 17④ · 08③ · 01③ · 00④
(순서) VE의 기본추진절차를 순서대로 나열하시오.

(가) 정보수집
(나) 기능정리
(다) 아이디어 발상
(라) 기능정의
(마) 대상선정
(바) 제안
(사) 기능평가
(아) 평가
(자) 실시

03 사업관리방식(Construction Management ; CM)

1. 정의	관리자(Manager ; CMr)가 건축주의 입장에서 건설공사의 기간, 범위, 비용, 품질 등을 조정하기 위한 목적으로 계획, 설계 및 공사의 시작과 완공에 이르기까지 적용되는 전문적인 관리과정으로서 공사의 적정품질을 유지하면서 공기와 공사비를 최소화하는 역할을 한다.	
2. 유형	비용	① CM for Fee 방식 : 관리자가 발주자에게 자문 업무를 수행하는 형태 ② CM at Risk 방식 : 관리자가 직접 계약에 참여하여 시공에 대한 책임을 지는 방식
	업무	① A(Agency)CM : 설계단계부터 CM ② X(eXtended)CM : 기획부터 CM ③ O(Owner)CM : 발주자 자체 CM ④ GMP(Guaranteed Maximum Price)CM : 계약참여

	장 점	단 점
3. 특성	① 설계자와 시공자 간의 의사교환 조정 가능 ② 프로젝트의 모든 단계에 걸쳐 공법 및 기술의 활용 다양화 ③ 최선의 결정을 내리는 데 도움 ④ 공기단축, 원가절감, 품질향상	① 공사비 증가 위험 수반 ② 전반적인 공사관리능력 필요 ③ 관리인 전문성 결여에 따른 부실 시공

● 08③ · 07③ · 06② · 02② · 98①
(용어) CM

● 20④ · 19④ · 10② · 07① · 04②
(용어) CM for fee

● 20④ · 19④ · 10② · 07① · 04②
(용어) CM at risk

● 07①
(용어) CM업무 유형

● 06①
(특징) CM의 장·단점

● 03③ · 00③
〔종류〕 CM의 주요업무 5가지

● 02①
〔종류〕 CM의 단계적 역할

4. 주요업무	Pre-Design (기획) 단계	① 공사일정 계획 ② 공사예산 분석 ③ 현지상황 파악	① 설계부터 공사관리까지 전반적인 지도·조언 관리업무 ② 부동산 관리업무 ③ 입찰 및 계약 관리업무 ④ 원가 관리업무 ⑤ Genecon 관리업무 ⑥ 현장조직 관리업무 ⑦ 공정관리업무
	Design (설계) 단계	① 설계도면 검토 ② 관리기법 확인 ③ 초기 구매 활동	
	Pre-Construction (발주) 단계	① 입찰자 자격심사 ② 입찰서 검토분석 ③ 시공자 선임	
	Construction (시공) 단계	① 현장조직 편성 ② 공사계획 관리 ③ 공사감리	
	Post-Construction (추가적 업무) 단계	① 분쟁(Claim) 관리 ② 유지관리 ③ 하자보수관리	

04 LCC(Life Cycle Cost)

● 22① · 20③ · 19④ · 16① · 12④
   · 10④.① · 07②.③
〔용어〕 LCC

1. 정의	건물의 기획에서부터 계획, 설계, 시공, 유지관리, 철거의 단계까지 총체적인 과정에서 사용되는 비용을 분석하는 원가관리기법
2. 방법	$LCC = \dfrac{초기시설비 + 운전관리비 + 유지관리비 + 폐각비}{건물수명}$

05 전산화

● 10②
〔용어〕 CIC

● 10① · 07② · 05③ · 01③
〔용어〕 CALS

● 10④
〔용어〕 PMIS

1. CIC	(Computer Integrated Construction) Computer를 이용한 건축 전 생산활동을 능률적으로 처리하고자 하는 기법
2. CALS	(Continuous Acquisition & Life Cycle Support) 건축물이 생산되는 전 과정을 정보화하여 건설 관련 이용자가 누구나 이용할 수 있는 정보통합전산망
3. PMIS	(Project Management Information System) 프로젝트에 연관된 사람들이 이용할 수 있는 통합정보전산망

06 린건설(Lean Construction)

1. 정의	선·후행작업의 적정한 연계성을 파악하고, 후행작업의 요구에 따라 선행작업이 진행됨으로써 낭비(재고, 시간, 원가, 품질)를 최소화하는 가장 효율적인 건설생산체계
2. 원리	① 가치의 구체화 ② 가치의 흐름 확인 ③ 흐름생산 ④ 당김생산 ⑤ 완벽성 추구

용어 ● 07① JIT(린건설)

07 기타

1. Brain Storming	① 여러 사람이 모여 자유분방하게 이야기하면서 아이디어를 창출하는 기법 ② 4원칙(자유발언, 대량발언, 수정발언, 비판금지)
2. Toolbox Meeting	작업 전 또는 후에 작업공구함 주위에서 그날의 작업이나 문제점에 대하여 간단히 토론하는 모임

종류 ● 07① 브레인스토밍 4원칙

CHAPTER 01 핵심 기출문제

01 다음 설명이 가리키는 용어를 쓰시오.

> 건설업의 고부가가치를 추구하기 위해 종래의 단순시공에서 벗어나 설계, 엔지니어링, 프로젝트 전반 사항을 종합, 관리, 기획하는 업무영역의 확대를 말한다.

정답 용어
EC화(Engineering Construction화)

02 종합건설업제도(제네콘)에 관하여 간단히 설명하시오.

정답 종합건설업(제네콘)
프로젝트 발굴에서 설계, 시공 및 유지·관리에 이르는, 즉 건축물 생애 전반의 과정을 일괄 추진할 수 있는 능력을 갖춘 종합건설업

03 VE 기법에 대해 설명하고 효율적인 적용단계를 쓰시오.

가. 용어 :

나. 효율적인 적용단계 :

정답 VE 기법
가. 용어 : 최적의 비용으로 공사에 요구되는 품질, 공기, 안전성 등의 기능을 충족시키는 공사비 절감 개선방안으로 공사 초기에 적용한다.
나. 효율적인 적용단계 : 초기설계 단계

04 건축생산을 비롯한 공업생산의 원가관리 수법의 하나인 VE(Value Engineering) 수법에서 물건 또는 서비스의 가치를 정의하는 식을 쓰시오.

정답 VE
$$Value(가치) = \frac{F(기능)}{C(비용)}$$

05 Value Engineering 개념에서 $V = \dfrac{F}{C}$ 식의 각 기호를 설명하시오.

가. V :

나. F :

다. C :

정답 가치공학(VE)
가. V(value) : 가치
나. F(function) : 기능
다. C(cost) : 비용

06 원가절감기법인 VE(Value Engineering)의 가치를 향상시키는 방법 4가지를 쓰시오.

가.
나.
다.
라.

정답 VE 가치 향상방법
가. 기능을 일정하게 하고 비용을 절감하는 방법
나. 비용을 일정하게 하고 기능을 향상시키는 방법
다. 비용을 절감하고 기능을 향상시키는 방법
라. 기능의 가치 하락보다 비용의 가치 절감을 더 크게 하는 방법

07 VE의 사고방식 4가지를 쓰시오.

가.
나.
다.
라.

정답 VE의 사고방식
가. 고정관념의 제거
나. 발주자, 사용자 중심의 사고방식(고객본위)
다. 기능 중심의 접근
라. 조직적 노력(Team Design)

08 가치공학(Value Engineering)의 기본추진절차를 4단계로 구분하여 쓰시오.

가.
나.
다.
라.

정답 가치공학의 기본추진절차
가. 정보수집단계
나. 기능분석단계
다. 대체안 개발단계
라. 실시단계

09 아래 〈보기〉에서 가치공학(Value Engineering)의 기본추진절차를 순서대로 나열하시오.

가. 정보수집	나. 기능정리	다. 아이디어 발상
라. 기능정의	마. 대상선정	바. 제안
사. 기능평가	아. 평가	자. 실시

( ) → ( ) → ( ) → ( ) → ( ) → ( ) → ( ) → ( ) → ( )

정답 VE 순서
마 → 가 → 라 → 나 → 사 → 다 → 아 → 바 → 자

10 다음 설명이 가리키는 용어명을 쓰시오.

가. 설계에서부터 각종 공사 정보의 활용성 및 시공성을 고려하여 원가절감 및 공기단축을 꾀할 수 있는 설계와 시공의 통합 시스템은?
(　　　　　　　)

나. 발주자가 요구하는 성능, 품질을 보장하면서 가장 싼값으로 공사를 수행하기 위한 수단을 찾고자 하는 체계적이고 과학적인 공사방법은?
(　　　　　　　)

다. 건설업체의 공사 수행능력을 기술적 능력, 재무능력, 조직 및 공사능력 등 비가격 요인을 검토하여 가장 효율적으로 공사를 수행할 수 있는 업체에 입찰참가자격을 부여하는 제도는?
(　　　　　　　)

정답 용어
가. 건설사업관리(C.M)
나. VE기법
다. 입찰자격 사전심사제도(PQ제도)

11 다음 설명이 가리키는 용어를 쓰시오.

가. 건설업체의 공사 수행능력을 기술적 능력, 재무능력, 조직 및 공사능력 등 비가격적 요인을 검토하여 가장 효율적으로 공사를 수행할 수 있는 업체에 입찰참가자격을 부여하는 제도는?
(　　　　　　　)

나. 설계에서부터 각종 공사정보의 활용성을 고려하여 원가절감 및 공기 단축을 꾀할 수 있는 설계와 시공의 통합시스템은?
(　　　　　　　)

정답 용어
가. PQ(Pre-Qualification) : 입찰 참가자격 사전심사제도
나. CM(Construction Management)

12 CM 계약의 장점과 단점을 2가지씩 쓰시오.

가. 장점 : ① _____
② _____

나. 단점 : ① _____
② _____

정답 CM 계약의 장단점
가. 장점
① 설계자와 시공자의 통합관리로 조정 가능, 의사소통 개선, 마찰감소
② VE/단계적 발주로 원가절감, 공기 대폭 단축 가능
나. 단점
① 프로젝트의 성패가 상당부분 CM 관리자의 능력에 좌우됨
② 대리인형 CM인 경우 공사품질에 책임이 없어 문제 발생 시 책임소재 불명확

13 사업관리(CM)란 건설의 전 과정에 걸쳐 프로젝트를 보다 효율적이고 경제적으로 수행하기 위하여 각 부문의 전문가들로 구성된 통합된 관리기술을 건축주에게 서비스하는 것을 말하는데, 그 주요업무를 5가지 쓰시오.

●03③·00③·00①

가. _____
나. _____
다. _____
라. _____
마. _____

> **정답** CM의 주요업무
> 가. 사업관리 일반
> 나. 계약관리
> 다. 사업비관리
> 라. 공정관리
> 마. 품질관리, 안전관리

14 다음의 공사관리 계약방식에 대하여 쓰시오. ●20④·19④·10②·07①·04②

가. CM for Fee 방식 : _____

나. CM at Risk 방식 : _____

> **정답** 공사관리 계약방식
> 가. CM for Fee 방식 : 관리자가 발주자의 대행인으로서 공사관리 업무를 수행하는 방식
> 나. CM at Risk 방식 : 관리자가 직접 계약에 참여하여 시공에 대한 책임을 지는 방식

15 CM 계약유형에 따른 분류 4가지를 쓰시오. ●07①

가. _____
나. _____
다. _____
라. _____

> **정답** CM계약의 유형
> 가. ACM(Agency CM)
> 나. XCM(Extended CM)
> 다. OCM(Owner CM)
> 라. GMPCM(Guaranteed Maximum Price CM)

16 다음은 건설사업관리(CM)의 단계적 역할을 설명한 것이다. 해당 단계를 〈보기〉에서 골라 기호로 쓰시오. ●02①

① Design 단계	② Pre-Construction 단계
③ Pre-Design 단계	④ Post-Construction 단계
⑤ Construction 단계	

가. 비용의 분석 및 VE기법의 도입, 대안공법의 검토단계 ( )
나. 설계도면, 시방서에 따른 공사진행 검사 및 검토단계 ( )
다. 사업의 타당성 검토 및 사업수행의 구체적 계획수립단계 ( )

> **정답** CM의 단계적 업무
> 가. ① 나. ⑤ 다. ③

17 다음 설명하는 용어를 〈보기〉에서 골라 번호를 쓰시오. •07②

| ① CIC | ② EC | ③ CALS |
| ④ VE | ⑤ PMIS | ⑥ LCC |

가. 건설산업의 설계·입찰·시공·유지관리 등 전 과정에서 발생하는 정보를 발주청, 설계·시공업체 등 관련 주체가 정보통신망을 활용하여 교환·공유하는 시스템이다. (　　)

나. 종래의 단순시공에서 벗어나 고부가가치를 추구하기 위해 사업발굴에서 유지관리에 이르기까지 사업(Project) 전반에 대한 업무영역의 확대를 말한다. (　　)

다. 건물의 기획에서부터 계획·설계·시공·유지관리·철거의 단계까지 총체적인 과정에서 사용되는 비용을 말한다. (　　)

정답 용어
가. ③ 나. ② 다. ⑥

18 Life Cycle Cost(LCC)에 대해 간단히 설명하시오.
•22① · 19④ · 16① · 12④,① · 07②,③

정답 LCC
건축물의 초기 기획단계에서 설계, 시공, 유지관리, 해체에 이르는 일련의 과정에 소요되는 비용을 분석하는 원가관리기법

19 다음 용어를 설명하시오. •20③ · 12④ · 10④

가. LCC(Life Cycle Cost) :

나. VE(Value Engineering) :

다. Task Force 조직 :

정답 용어
가. LCC(Life Cycle Cost) : 건축물의 초기투자비용과 설계, 시공, 유지관리, 해체 전 과정에 필요한 제 비용을 합한 전 생애 주기 비용을 말함
나. VE(Value Engineering) : 발주자가 요구하는 기능, 성능을 보정하면서 가장 저렴한 비용으로 공사를 수행하는 대안 창출을 통한 원가절감기법(가치공학)
다. Task Force 조직 : 건축공사, 중요공사에서 전문가들이 모여 사업수행 기간 동안만 한시적으로 운영하는 건설관리조직을 말함

20 건설사업통합전산망 CALS(Computer Aided acquisition and Logistic Support)에 관하여 기술하시오.
• 10① · 05③ · 01③

정답 CALS
건설사업의 설계 · 입찰 · 시공 · 유지관리 등 전 과정에서 발생되는 정보를 발주청, 설계 · 시공업체 등 관련 주체가 초고속 정보통신망을 활용하여 정보를 실시간으로 교환, 공유하는 건설 분야의 통합정보통신 시스템을 말한다.

21 PMIS(Project Management Information System)에 대해 설명하시오.
• 10④

정답 PMIS
사업의 전 과정에서 건설 관련 주체 간 발생되는 각종 정보를 체계적 · 종합적으로 관리하여 최고 품질의 사업목적물을 건설하도록 지원하는 전산시스템

22 Just in Time에 대해 설명하시오.
• 07①

정답 Just in Time
즉시생산시스템으로 조립에 필요한 양만큼만 제조 · 생산하여 조달하는 시스템
가. 공기단축 및 공사비 절감
나. 현장 작업장 면적 감소
다. 노무인력 감소
라. 가설재 감소

23 CIC(Computer Integrated Construction)를 설명하시오.
• 10②

정답 CIC
컴퓨터를 통한 건설통합 System으로서 컴퓨터, 정보통신 및 자동화 조립기술을 토대로 건설생산에 기능, 인력들을 유기적으로 연계하여 각 건설업체의 업무를 각 사의 특성에 맞게 최적화하는 개념

제3절 시공방식(공사실시방식)

종류) 공사실시방식 ●08②

Ⅰ. 전통 계약방식

01 공사실시방식에 따른 분류

(1) 직영공사

1. 정의	건축주가 직접 공사에 관한 계획을 세우고 재료 구입, 노무자 고용, 시공기계, 가설재 등을 확보하여 공사를 시행하는 것을 말한다.
2. 적용	① 건축주가 공사에 관련된 능력이 있을 때 ② 단순, 간단한 공사의 경우 ③ 준공기일에 여유가 있을 때 ④ 재료와 노동력 조달이 특별히 용이할 때 ⑤ 일반도급으로 단가를 정하기 곤란하거나, 실험 연구 등의 과정이 필요할 때

	장 점	단 점
3. 특성	① 양질의 공사 가능 ② 임기응변 처리 가능 ③ 발주계약 등의 수속 절감	① 공사비 증가 ② 규모가 커지면 시공관리 곤란

(2) 일식도급

1. 정의	총도급이라고도 불리며, 대상공사 전부를 도급자에게 맡겨 현장 시공업무 일체를 일괄하여 시행하는 것으로 가장 일반적인 형태이다.	
2. 특성	장 점	단 점
	① 공사의 책임한계 명확 ② 계약, 감독이 간단 ③ 전체 공사 관리가 원활 ④ 가설재의 중복비용이 없음 ⑤ 공사비 선정, 공정관리 용이	① 하도급 단계가 많을수록 공사 조잡 우려 ② 공사비 증대 우려

(3) 분할도급

1. 정의	재료와 노무를 구분하여 도급하거나 대상공사를 공정 또는 기능별로 구분하여 도급하는 방법이다.		
2. 특성	장 점		단 점
	① 우량시공 기대(전문업자 시공) ② 건축주와 시공자와의 의사소통 원활 ③ 중소업자에게도 공사기회 확대		① 공사의 전체적 통제에 어려움 발생 ② 공사감독자 업무 증대 ③ 가설, 장비비 중복투자로 비용 증대
3. 종류별 특성	공구별 분할도급	① 대규모 공사에서 영역(지역)별로 분할 ② 업체 상호 간의 경쟁효과(공기단축, 기술개발)	
	공정별 분할도급	① 공사의 순서별로 분할(토, 구체, 마무리 공사 등) ② 공정별로 예산이 확보되었을 때 편리	
	전문공종별 분할도급	① 설비나 전기공사를 건축공사와 분리 계약 ② 전문성 높은 양질의 공사 기대 ③ 공사의 전체적 통제 관리 곤란	
	직종별, 공종별 분할도급	① 전문직종별 또는 각 공종별로 발주 ② 건축주의 의도를 철저히 반영시키고자 할 때	

[용어] 공구별 분할도급

(4) 공동도급(Joint Venture)

1. 정의	대규모 공사에 대하여 시공자의 기술, 자본 및 위험의 부담을 감소시킬 목적으로 여러 개의 건설회사가 공동출자 기업체를 조직하여 한 회사의 입장에서 공사를 수급, 시공하는 방식이다.	
2. 특성	장 점	단 점
	① 융자력의 증대 ② 위험의 분산 ③ 기술의 확충 · 강화 및 경험의 증대 ④ 시공의 확실성	① 업체 간 책임소재가 불분명 ② 단일회사 운영 시보다 경비가 증대 ③ 각 회사의 경영방식 차이에서 오는 능률저하 우려 ④ 사무관리, 현장관리의 혼란 우려

[용어] 공동도급

[특징] 공동도급

3. 이행방식	공동이행방식 (Sponsorship)	수 개의 기존 건설회사가 출자하여 조직한 새로운 건설회사의 책임하에 시공하는 방식으로 손익계산은 출자비율에 따른 공동책임으로 한다.
	분담이행방식 (Consortium)	대상공사를 분할하여 기존의 건설회사가 분할된 공사(공정)에 대한 책임을 갖고 시공하는 방식이다.
4. 종류	주계약자형 관리방식	공사비율이 가장 높은 업체를 주계약자(Leading Company)로 선정하며, 주계약자는 자신의 분담공사뿐만 아니라 전체공사의 계획, 관리, 조정 및 책임을 갖고 시행하는 방식으로 다음과 같은 효과가 있다. ① 분쟁(Claim) 감소 ② 공기 및 비용 절감 ③ 품질향상
	파트너링 (Partnering Agreement)	발주자가 직접 공사에 참여하고 프로젝트 관련자들이 상호 신뢰를 바탕으로 프로젝트의 성공과 이익을 공동목표로 하여 관리하는 방식
	페이퍼조인트 (Paper Joint)	서류상으로는 공동도급 형태를 취하지만, 실질적으로는 한 회사가 수주공사 전체를 수행하며 나머지 회사는 하도급의 형태 또는 단순이익의 배당을 받는 일종의 담합형태이다.

02 공사비 지불방식에 따른 분류

(1) 정액 도급(Lump sum Contract)

1. 정의	공사비 총액을 확정하여 계약하는 방식으로 공사관리업무가 간편하고, 도급업자는 공사원가를 절감하려는 노력을 할 수 있으나 공사변경에 따른 도급액의 증감이 곤란하다.	
2. 특성	장 점	단 점
	① 공사관리업무 간편 ② 총액 확정으로 자금, 공사계획 등의 수립이 명확	① 공사금액 확정시 까지 상당한 기간 및 노력 소요 ② 공사 변경에 따른 도급금액의 증감이 곤란하므로 설계변경이 많은 공사에는 부적당 ③ 공사비가 적을 경우 부실공사 우려

(2) 단가 도급(Unit Price Contract)

1. 정의	공사금액을 구성하는 물량 또는 단위공사에 대한 단가만을 확정하고 공사가 완료되면 실시 수량의 확정에 따라 청산하는 방식이다.	
2. 특성	장 점	단 점
	① 공사의 신속한 착공 ② 설계변경으로 인한 수량증감의 계산이 용이 ③ 간단한 계약 가능	① 공사비 예측의 어려움 및 공사비 증대 우려 ② 자재, 노무비 절감의욕의 저하 ③ 대형공사에서는 부적합

(3) 실비정산 보수가산식 도급(Cost Plus Fee Contract)

1. 정의	공사의 실비를 건축주와 도급자가 확인 청산하고, 건축주는 미리 정한 보수지급방법에 따라 도급자에게 그 보수액을 지불하는 방식이다.	
2. 특성	장 점	단 점
	① 양심적 시공 기대 ② 공사품질 향상 ③ 양질의 공사 기대	① 공사기간 연장의 우려 ② 공사비 절감노력 결여 ③ 공사비 증대 우려
3. 종류	구 분	내 용
	① 실비정산정액 보수가산식 　총공사비 = A + F 　(A : 실비, F : 정액보수)	실비가 얼마나 소요될 것인지를 불문하고 미리 계약한 일정액의 수수료를 보수로서 지급하는 것이다.
	② 실비정산비율 보수가산식 　총공사비 = A + Af 　(f : 비율)	공사의 진척에 따라 일정한 시기에 공사에 사용된 실비와 함께 보수로서 사용된 실비에 미리 계약된 비율을 곱한 금액을 시공자에게 지급하는 방법이다.
	③ 실비한정비율 보수가산식 　총공사비 = A′ + A′f 　(A′ : 한정된 실비)	실비비율 보수가산식의 일종이나 시공자는 제한된 금액 이내에서 공사를 완성하여야 한다.
	④ 실비정산준동률 보수가산식 　㉮ 비율보수인 경우 　　총공사비 = A + Af′ 　㉯ 정액보수인 경우 　　총공사비 = A + (f − Af′) 　　(f′ : 준동률 보수)	실비를 미리 금액에 따라 여러 단계로 구분한 뒤, 지급 공사비는 각 단계 금액 증감에 따라 비율보수 또는 정액보수를 적용한다.

●23④ · 03③ · 00⑤ · 98①
(종류) 실비정산 보수가산식 도급

●18② · 07③ · 99①
(용어) 실비정산 보수가산식 도급

●11②
(기호표시) 실비정산 보수가산식 도급 기호로 표시

●13① · 09②
(계산식) 실비정산비율 보수가산식 도급의 도급비용 계산하기

Ⅱ. 업무범위에 따른 계약방식

01 일괄수주방식(Turn Key Contract)

1. 정의	건설업자가 대상계획의 기업, 금융, 토지조달, 설계, 시공, 기계·기구 설치 등 주문자가 필요로 하는 모든 것을 조달하여 주문자에게 인도하는, 모든 요소를 포괄한 도급계약방식이다.
2. 특성	**장 점** ① 책임시공 ② 설계, 시공 간의 의사소통 원활 ③ 공사비 절감 ④ 공기단축 ⑤ 창의성, 기술개발 용이 **단 점** ① 건축주의 의도 반영이 불충분 ② 설계, 견적기간이 짧다. ③ 최저낙찰 시 공사의 질 저하 우려 ④ 중소업체에게 불리

●99①
(용어) Turn Key 도급계약제도

●12① · 11①
(특징) Turn Key Base의 장·단점을 각각 3가지씩

02 공사관리방식(Project Management ; PM)

1. 정의	건설사업의 기획에서 조사, 설계, 시공, 유지관리, 해체 등 건축물의 Life Cycle 전 과정에 대한 최소의 투자와 최대의 효과를 얻기 위한 목표를 설정하고 관리하는 종합관리기술을 말한다.
2. 관리 영역	① 제안단계(Proposal) ② 착수단계(Preimplementation) ③ 실행단계(Execution) ④ 인도단계(Turn over) ⑤ 보증단계(Warranty)

03 민간자본 유치방식

1. 정의		민간자본(Social Overhead Capital ; SOC)에 의한 공공시설물의 건설을 촉진하는 방안으로 투자자는 건설된 공공시설물을 일정기간 경영함으로써 투자비를 회수하는 시공방식이다.
2. 종류	BOT	건설된 공공시설물을 투자자가 일정기간 소유, 운영한 뒤 시설물의 소유권을 발주자에게 이전하는 방식이다.
	BOO	공공시설사업의 시행, 운영, 소유까지 투자자가 행사하며, 발주자는 사업시행에 대한 통제를 한다.
	BTO	건설된 공공시설물의 소유권을 발주자에게 먼저 이전하고, 투자자는 일정기간 동안의 운영권을 갖는 방식이다.
	BLT	공공시설물을 완공한 후 일정기간 임대하고, 그 임대료로 투자자금을 회수하고 발주자에게 양도하는 방식
	BTL	공공시설물을 완공하고 소유권을 이양하지만 약정된 기간 동안 임대료를 받아 공사비를 회수하는 방식
	BTO-rs	(Risk Sharing) 정부와 민간 기업이 사업의 시설투자비와 운영비용을 부담하고 초과수익이나 손해가 발생하면 이를 공유하는 형태
	BTO-a	(Adjusted) 정부가 최소한의 운영비용 수준의 위험을 부담하되 초과이익이 발생하면 이를 공유하는 방식

●21①,④ · 20① · 19② · 17① · 16①,④ · 14①,④ · 11② · 10④ · 08③ · 07② · 04① · 03② · 00④
(용어) BOT

●20① · 11②
(용어) BOT 방식

●19② · 10④ · 08①
(용어) BOO

●19② · 15④ · 10④ · 08① · 07②
(용어) BTO

●24① · 20④,⑤ · 17②,④ · 13④
(용어) BTL

CHAPTER 01 핵심 기출문제

● 전통 계약방식

01 도급공사의 설명을 읽고 해당되는 도급명을 쓰시오. •99①

> 가. 대규모 공사의 시공에 있어서 시공자의 기술·자본 및 위험 등의 부담을 분산, 감소시킬 수 있다.
> 나. 양심적인 공사를 기대할 수 있으나 공사비 절감 노력이 없어지고 공사기일이 연체되는 경향이 있다.
> 다. 모든 요소를 포괄한 도급계약으로, 주문자가 필요로 하는 모든 것을 조달 및 완수한다.
> 라. 도급업자에게 균등한 기회를 주며, 공기단축·시공기술 향상 및 공사의 높은 성과를 기대할 수 있다.
> 마. 공사비 총액을 확정하여 계약하는 방식으로, 공사발주와 동시에 공사비가 확정되고 관리업무를 간편하게 한다.

가. _____ 나. _____
다. _____ 라. _____
마. _____

정답 도급계약의 종류
가. 공동도급
나. 실비정산 보수가산식 도급
다. 턴키도급
라. 공구별 분할도급
마. 정액도급

02 다음 도급계약방식의 분류를 설명한 것 중 ( ) 안에 들어갈 내용을 써 넣으시오. •08②

> 도급공사는 공사실시방식에 따라 공동도급, 분할도급, (가)으로 분류하며 공동도급의 운영방식은 공동이행방식, (나), 주계약자형 공동도급방식으로 분류된다.

가. _____ 나. _____

정답 공사 시공방식
가. 일식도급
나. 분담이행방식

03 공동도급의 장점과 단점을 각각 2개씩 서술하시오. •98⑤

가. 장점 : ① _____
          ② _____
나. 단점 : ① _____
          ② _____

정답 공동도급의 특징
가. 장점
   ① 위험의 분산
   ② 자본금의 증가
나. 단점
   ① 공통경비(공사비)의 증가
   ② 책임소재 불분명

정답 공동도급의 장점
가. 융자력 증대
나. 위험의 분산
다. 시공의 확실성
라. 상호기술의 확충

04 공동도급의 장점을 4가지 쓰시오. • 18④ · 11④ · 09④

가. _____
나. _____
다. _____
라. _____

정답 공동도급의 종류
가. 주계약자 관리형
나. 페이퍼 조인트
다. 파트너링(파트너십)

05 공동도급의 종류 3가지를 쓰시오. • 18①

가. _____
나. _____
다. _____

정답 페이퍼 조인트
서류상으로는 여러 회사의 공동도급 형태이지만 실제로는 한 회사가 공사를 주도적으로 진행하고 다른 건설사는 하도급 형태로 이루어지거나, 단순한 이익배당에만 관여하는 공사도급형태이다.

06 컨소시엄(Consortium) 공사에 있어서 페이퍼 조인트(Paper Joint)에 관하여 기술하시오. • 23④ · 13② · 07③ · 00④

_____
_____
_____
_____

정답 용어
실비정산 비율 보수가산식

07 건축주와 시공자가 공사실비를 확인 정산하고 정해진 보수율에 따라 시공자에게 보수를 지급하는 도급방식을 무엇이라고 하는가? • 23④ · 18②

_____

정답 실비정산 보수가산식 도급방식
가. 실비정산 비율 보수가산식
나. 실비정산 정액 보수가산식
다. 실비정산 한정비율 보수가산식
라. 실비정산 준동률 보수가산식

08 공사비 지불방식에 따른 도급방식 중 실비정산 보수가산도급에서 공사비 산정방식의 종류를 4가지 쓰시오. • 03③ · 00⑤ · 98①

가. _____
나. _____
다. _____
라. _____

09 아래에 표기된 실비정산 보수가산방식의 종류를 보기에 주어진 기호를 사용하여 적절히 표기하시오.   •11②

> A : 공사실비   A′ : 한정된 실비   f : 비율보수   F : 정액보수

가. 실비비율 보수가산식 :
나. 실비한정비율 보수가산식 :
다. 실비정액 보수가산식 :

정답 실비정산 보수가산식 도급
가. A+A×f
나. A′+A′×f
다. A+F

10 다음 용어를 설명하시오.   •07③

가. 성능발주방식 :

나. CM :

다. LCC :

라. 실비정산 보수가산 도급 :

정답 용어
가. 성능발주방식 : 발주자는 설계에서 시공까지 건물의 요구 성능만을 제시하고 시공자가 자유로이 재료나 시공방법을 선택하여 요구 성능을 실현하는 방식
나. CM : 건축주를 대신하여 설계자와 시공자를 관리하는 조직으로 설계에서부터 각종 공사의 활용성 및 시공성을 고려하여 원가절감 및 공기단축을 꾀할 수 있는 설계와 시공의 통합시스템이다.
다. LCC : 건물의 기획에서부터 계획, 설계, 시공, 유지관리, 철거의 단계까지 총체적인 과정에서 사용되는 비용을 말한다.
라. 실비정산 보수가산 도급 : 공사비의 실비를 3자(건축주, 감독자, 시공자) 입회하에 확인 청산하고, 건축주는 미리 정한 보수율에 따라 공사비를 지급하는 방법이다.

11 실비정산비율 보수가산 도급비용을 계산하시오.   •13① · 09②

> 가. 제한금액 : 1억 원   나. 공사비 : 9천만 원   다. 보수율 : 5%

정답 도급비용
실비한정비율 보수가산식
(A′+A′f)으로 계산
(A′ : 한정된 실비, f : 보수비율)
도급비용 = 90,000,000 +
(90,000,000 × 0.05)
= 94,500,000
∴ 도급비용 : 94,500,000원

12 설계시공 일괄계약(Design-Build Contract)의 장점을 3가지 기술하시오.

가.
나.
다.

> **정답** 설계시공 일괄계약(T/K)
> 가. 설계와 시공의 의사소통 개선
> 나. 책임시공으로 책임한계 명확
> 다. 공기단축 및 공사비 절감노력 왕성

● **업무범위에 따른 계약방식**

13 파트너링 방식 계약제도에 관하여 설명하시오.

> **정답** 파트너링 방식 계약제도
> 파트너링 방식 계약제도는 발주자가 직접 설계와 시공에 참여하여 발주자, 설계, 시공자와 프로젝트 관련자들을 하나의 팀으로 조직하여 공사를 완성하는 방식이다.

14 다음 설명이 뜻하는 계약방식의 용어를 쓰시오.

가. 사회간접시설의 확충을 위해 민간이 자금조달과 공사를 완성하여 투자액의 회수를 위해 일정기간 운영하고 시설물과 운영권을 발주 측에 이전하는 방식
( )

나. 사회간접시설의 확충을 위해 민간이 자금조달과 공사를 완성하여 소유권을 공공부문에 먼저 이양하고, 약정기간 동안 그 시설물을 운영하여 투자금액을 회수하는 방식
( )

다. 사회간접시설의 확충을 위해 민간이 자금조달과 공사를 완성하여 시설물의 운영과 함께 소유권도 민간에 이전되는 방식
( )

라. 발주자는 설계에서 시공까지 건물의 요구성능만을 제시하고 시공자가 재료나 시공방법을 선택하여 요구성능을 실현하는 방식
( )

> **정답** 용어
> 가. BOT(Build-Operate-Transfer) 방식
> 나. BTO(Build-Transfer-Operate) 방식
> 다. BOO(Build-Operate-Own) 방식
> 라. 성능발주방식

15 BOT 방식과 BTO 방식을 비교하여 설명하시오.

> **정답** BOT 방식과 BTO 방식
> BOT는 건설된 시설물을 투자자가 일정기간 소유, 운영한 뒤 시설물의 소유권을 발주자에게 이전하는 방식이며, BTO는 건설된 시설물의 소유권을 발주자에게 먼저 이전하고, 투자자는 일정기간 동안의 운영권을 갖는 방식이다.

16 BOT(Build – Operate – Transfer contract) 방식을 설명하시오.

• 21①,④ · 19② · 17① · 16①,④ · 14①,④ · 11② · 04① · 03② · 00④

정답 BOT

공공시설물의 건축을 활성화하기 위하여 민간자본을 유지하기 위한 방안으로써 민간자본에 의하여 건설된 시설물을 투자자가 일정기간 소요 · 운영한 뒤 시설물의 소유권을 발주자에게 이전하는 방식이다.

---

17 BOT(Build – Operate – Transfer contract) 방식을 설명하고 이와 유사한 방식을 3가지 쓰시오.

• 20① · 11②

가. BOT 방식 :

나. 유사한 방식 :

정답 용어

가. 공공시설물의 건축을 활성화하기 위하여 민간자본을 유지하기 위한 방안으로써 민간자본에 의하여 건설된 시설물을 투자자가 일정기간 소요 · 운영한 뒤 시설물의 소유권을 발주자에게 이전하는 방식이다.
나. BTO 방식, BOO 방식, BTL 방식

---

18 BTO(Build – Transfer – Operate) 방식을 설명하시오.

• 15④ · 10④ · 08① · 07②

정답 BTO(Build – Transfer – Operate)

사회간접시설 확충을 위해 민간 투자금으로 건설하고 발주처에 소유권을 미리 이전하고 약정기간 동안 운영하여 투자금을 회수하는 방법

---

19 민간이 자금조달을 하여 시설을 준공한 후 소유권을 정부에 이전하되, 정부의 시설임대료를 통해 투자비를 회수하는 민간투자사업 계약방식의 명칭을 쓰시오.

• 24① · 20④,⑤ · 17②,④ · 13④

정답

BTL

제4절 입찰 및 계약

01 입찰의 종류

(1) 특명입찰

1. 정의	건축주가 가장 적격한 건설회사 하나를 선정하여 공사조건에 대한 협의를 통하여 공사계약을 체결하는 수의계약에 의한 방식이다.	
2. 특성	장 점	단 점
	① 공사의 기밀을 유지 ② 입찰업무가 간단 ③ 우량공사가 기대	① 공사비 증대 ② 초기공사금액 결정이 어려움 ③ 시공자 독선 우려

(2) 일반공개입찰

1. 정의	복수의 참여 건설회사가 제시한 공사조건 중 건축주가 가장 좋은 조건을 제시한 건설회사와 공사계약을 체결하는 방식이다.	
2. 특성	장 점	단 점
	① 균등한 기회를 부여 ② 공사비를 절감 ③ 담합의 우려가 적음	① 과다경쟁 ② 부적격자 낙찰 우려 ③ 입찰업무 번잡

(3) 지명경쟁입찰

1. 정의	건축주가 공사수행에 가장 적합하다고 인정되는 3~7개 건설회사를 선정하여 경쟁입찰을 하는 방식이다.	
2. 특성	장 점	단 점
	① 부적격자 배제 ② 시공상 신뢰도 향상	① 담합(Combination) 우려 ② 공사비 상승 우려

02 입찰의 순서

1. 설계도서	① 설계도면 ② 시방서 ③ 현장설명서 ④ 질의응답서 ⑤ 공사내역서(공사비 1억 이상 추정 공사)

2. 현장설명 시 언급사항	① 도급자의 결정방법
	② 공사기간
	③ 공사비 지불방법
	④ 대지 주변 여건
	  • 현장 인접도로, 대지, 가옥 상황
	  • 입목, 농작물 상황
	  • 동력, 수도, 우물 등 공급원
	⑤ 그 지역의 노무, 식량, 자재 수급 여건

3. 입찰보증금	① 입찰 금액의 5~10%를 입찰등록 시 예치 ② 낙찰 후 응찰자 계약 포기 시 건축주에게 귀속
4. 입찰	**방법** ① 우편입찰 : 특수우편, 등기우편 등을 이용하여 작성된 입찰서를 조달청의 입찰담당자에게 입찰집행개시일시 전에 도착하게 하여 입찰하는 방법 ② 전자입찰 : 현장설명장소에 방문할 필요 없이 internet 등 WEB 환경을 통하여 하는 입찰 ③ 상시입찰 : 입찰 개시 3일 전부터 입찰서를 투입할 수 있음 **내용** ① 총액입찰 : 공사비 총액만 제출 ② 내역입찰 : 단가가 기입된 물량내역서 제출(물량은 발주자가 제시) ③ 순수내역입찰 : 입찰자가 물량을 산출하여 단가를 적용한 다음 입찰금액을 산정하는 방식
5. 재입찰	재입찰은 개찰 결과 입찰가격이 내정가격을 초과했을 때에 일정한 시간을 주고 입찰자 중에서 희망자로 하여금 재입찰시킨다. 그러나 다시 초과할 때에는 희망자와 수의계약을 하거나 설계변경을 하여 다시 입찰에 부친다.
6. 패스트 트랙	설계와 시공을 분리하여 진행하지 않고 공기단축을 위하여 n차수로 나누어서 병행하여 진행하는 공법

● 17② · 08①
(순서) 공개경쟁입찰의 순서를 쓰시오.

● 99②
(종류) 현장설명사항

● 05②
(용어) 우편입찰제도

● 23①
(용어) 패스트 트랙

03 입찰제도의 합리화 방안

1. 성능발주 방식	정의	설계단계에서 시공법을 결정하지 않고 요구성능만을 시공자에게 제시하여 시공자가 자유로이 재료나 시공방법을 선택하게 하는 방식이다.	
	특성	장 점	단 점
		① 창의적 시공 기대 ② 설계와 시공의 일원화 ③ 시공자의 기술 향상 ④ 공사품질 향상	① 성능확인 곤란 ② 성능표현 곤란 ③ 공사비 증대
2. 대안입찰	정의	최초 설계된 기본방침 범위 내에서 해당 추정공사비용 및 공기를 벗어나지 않으면서도 동등 이상의 기능과 효과를 가진 방안을 시공자가 제시할 경우 이를 건축주가 채택할 수 있는 방식이다.	
	특성	장 점	단 점
		① 기술 축적 ② 부실시공 방지 ③ 건설업체의 기술개발 및 견적 능력 향상 ④ 공사비 절감	① 채택되지 않을 경우의 기준 모호 ② 입찰기간 장기화 ③ 심의, 시간소요
3. 부대입찰		공사입찰 시 하도급할 업체의 견적서와 계약서를 입찰서류에 첨부하여 입찰하는 제도	
4. 내역입찰		입찰 시 입찰자로 하여금 총공사비에 대한 재료명세, 단가 등 필요한 사항을 기입한 산출내역서를 제출하게 하는 방식이다.	
5. 제한 경쟁입찰		참가자격을 지역별, 공사경험 유무 등으로 제한하여 자격 있는 건설회사만을 입찰하게 하는 방식이다.	
6. 사전자격 심사제	정의	(PQ ; Pre-Qualification) 입찰 참가자격 사전심사제로서 발주자가 공사의 특성 및 전문성을 고려하여 시공 경험실적, 기술력, 경영상태, 신인도 등을 종합평가하여 시공자를 결정하는 방식이다.	
	특성	장 점	단 점
		① 부실시공 방지 ② 부적격업체 사전 배제 ③ 효과적인 경쟁유도 ④ 기술·경영 등 종합적인 평가 가능	① 시공경험 위주의 심사 ② 공정한 전문 심사기준 미흡 ③ 신규 참여업체에게 불리
7. 선기술 후가격 분리제도		(TES ; Two Envelope System) 공사 입찰 시 기술제안서와 가격제안서를 따로 받아 기술능력 우위업체 중 예정가격 내에서 협상에 의해 낙찰하는 방식	
8. 적격 낙찰제도		비용 이외에 기술능력, 공법, 시공경험, 품질능력, 재무상태 등 공사 이행능력을 종합심사하여 공사에 적격하다고 판단되는 입찰자에게 낙찰시키는 제도	

● 10④ · 08① · 07③ · 98①
용어 성능발주방식

● 20② · 15② · 11① · 06②
용어 대안입찰제도

● 20② · 11①
용어 부대입찰

● 21④
용어 지역제한 경쟁입찰

● 02② · 08③
용어 PQ

● 10① · 02②
특징 PQ의 장점 3가지

● 07③
용어 TES

● 24① · 23② · 20①
용어 적격낙찰제도

9. 기술제안 입찰제도	발주자가 제시한 실시 설계서 및 입찰 안내서에 따라 입찰자가 공사비 절감, 공기단축, 공사관리 방안 등에 관한 기술 제안서를 작성하여 입찰서와 함께 제출하는 입찰 방식	
10. 최고 가치 낙찰제도	LCC의 최소화로 투자의 효율성을 얻기 위해 입찰가격과 기술능력을 종합적으로 평가하여 발주처에 최고 가치를 줄 수 있는 업체를 낙찰자로 선정하는 제도	●24①,② · 23② · 21① (용어) 종합심사낙찰제도
11. 종합심사 낙찰제도	입찰제 개선과 시공 품질 제고, 적정 공사비 확보를 정착시키기 위해 가격과 공사수행능력 및 사회 책임의 점수를 합산하여 높은 점수의 입찰자를 낙찰자로 선정하는 제도	

04 낙찰자 선정방법

1. 최저가 낙찰제	입찰자가 제시한 공사금액 중 가장 낮은 금액으로 결정되는 방식이나 Dumping에 의한 부실공사의 원인을 제공할 수 있다.	●06② (종류) 낙찰자 선정방식 4가지
2. 제한적 최저가 낙찰제	공사예정가의 확정비율(90%) 이상의 금액 중 가장 낮은 금액을 공사가격(낙찰가)으로 결정하는 방식이다.	
3. 저가심의 최저가 낙찰제	건축주가 결정(심의)한 비율금액 이상의 금액 중 가장 낮은 금액을 낙찰가로 결정하는 방식이다.	
4. 부찰제	예정가의 85% 이상, 100% 이내의 응찰가에 대한 평균 금액에 가장 가까운 직상의 금액을 낙찰가로 한다.	

05 계약

1. 계약 관련 서류		●99⑤ (종류) 도급계약서 첨부서류 3가지
2. 도급계약 명시사항	① 설계도와 시방서 ② 도급금액 ③ 공사 착수시기와 준공시기 ④ 공사비의 지불방법과 지불시기 ⑤ 설계변경과 공사 중지 시의 손해부담방법 ⑥ 사용검사와 인도시기 ⑦ 채무 불이행의 손해배상 ⑧ 공사 지체 보상금 약정 등	●00① · 98④ (종류) 건축주와 도급자의 당사자 간 계약체결 시 포함되어야 할 계약내용에 대하여 4가지만 쓰시오.

06 시방서

1. 정의	설계도면만으로는 나타낼 수 없는 부분에 대하여 기재한 공사 설명 문서로서 설계단계에서 작성한다.	
2. 종류	표준	대한 건축학회에서 발행된 공통 시방서
	특기	표준시방서에 기재되지 않은 특수재료, 특수공법 등을 설계자가 작성(해당 공사의 특수사항을 기재한다.)
	기술	건축물의 요구품질, 시공방법 등을 지시한 시방서
	일반	공사기일 등 공사 전반에 걸친 비기술적 사항에 대한 규정
	공사	설계도면과 함께 특정공사별 공사진행의 지침서로 활용
	안내	공사시방서를 작성하는 데 안내 및 지침이 되는 시방서
	재료	자재 생산자가 작성하는 시방서
	성능	목적하는 최종결과와 성능만을 규정한 시방서
3. 기재 내용	① 재료에 관한 사항 ② 공법, 공사 순서에 관한 사항 ③ 시공 기계, 기구에 관한 사항 ④ 시공에 대한 주의사항 ⑤ 보양, 청소 정리에 관한 사항	
4. 기재 시 주의사항	① 공사 전반에 걸쳐 누락 없이 세밀하게 기재한다. ② 간단명료하게 작성한다. ③ 재료의 품종, 공법의 정도 및 마무리 정도를 규정한다. ④ 도면의 표시가 불충분한 부분은 충분히 보충 설명한다. ⑤ 오자, 오기가 없어야 한다.	
5. 우선순위	시방서와 설계서에 표시된 사항이 다를 때 또는 시공상 부적당할 때 현장 책임자는 공사감리자와 협의하고 즉시 알려야 한다. 건축물의 설계도서 작성기준에서 시방서나 설계도서의 중요도는 아래와 같다. 공사시방서 – 설계도면 – 전문시방서 – 표준시방서 – 산출내역서 – 승인된 상세시공도면 – 관계법령의 유권해석 – 감리자의 지시사항	

07 공사분쟁(Claim)

1. 정의	계약 당사자 간의 계약조건에 대한 요구 또는 주장이 불일치되어 양 당사자에 의해 해결될 수 없는 것을 말한다.
2. 발생요인	① 계약에 없는 추가작업 요구 ② 공기지연 ③ 당초 예상한 것과 다른 방식과 방법으로 수행토록 요구하는 작업 ④ 계약체결 후 변경, 수정, 개정, 과장 혹은 해명된 계약도서의 작업 ⑤ 설계도서의 불충분한 상태로 야기된 예상 밖의 작업 ⑥ 발주자 공급재의 지연, 불량, 부적합 ⑦ 파업
3. 대책	① 합리적인 계약서류 작성 ② 계약서류의 철저한 파악 ③ 각종 수신, 발신 서류의 편철화 ④ 철저한 공사계획 수립 및 수정 ⑤ 시공과정상의 회의록, 일지, 대화 등의 문서화
4. 해결방안	① 협상(Negotiation) ② 조정(Mediation) ③ 중재(Adjudication) : 중재 + 소송
5. 계약변경 요인	① 설계의 하자 ② 시방서나 도면에 표시된 지정품의 시장부재 ③ 발주자의 요구조건 변동 ④ 미공개된 기존 조건의 공개 ⑤ 공사의 원래 의도와 모순된 계약서 및 도서내용 ⑥ 법규, 사용상의 요구와 같은 외적인 요소의 변경

●05①
(종류) 클레임 발생원인

●05③·02②
(종류) 계약분쟁 해결방안 3가지

●03③·99①
(종류) 공사의 수행 중 계약변경의 요인 3가지

CHAPTER 01 핵심 기출문제

● 입찰

01 다음의 입찰 방법을 간단히 설명하시오. •18② · 11④

가. 공개경쟁입찰 :

나. 지명경쟁입찰 :

다. 특명입찰 :

정답 용어
가. 최소한의 자격을 가진 모든 업체가 참여할 수 있는 입찰방식
나. 3~7개 업체를 지명하여 입찰하는 방식. 부적격자의 사전제거로 공사의 신뢰성 확보 가능, 담합의 우려가 있음
다. 1개의 업체와 협의하여 계약하는 방식. 공사기밀 유지가능, 공사비 상승 우려

02 아래 설명에 맞는 입찰 방법을 기재하시오. •22①

가. 최소한의 자격의 가진 모든 업체가 참여할 수 있는 입찰 방식 (   )
나. 3~7개의 업체를 지명하여 입찰하는 방식 (   )
다. 1개의 업체와 협의하여 계약하는 방식 (   )

정답 용어
가. 공개 경쟁 입찰
나. 지명 경쟁 입찰
다. 특명입찰(수의 계약)

03 특명입찰(수의계약)의 장단점을 2가지씩 쓰시오. •17② · 13④ · 05②

가. 장점 : ①
       ②
나. 단점 : ①
       ②

정답 특명입찰(수의계약)의 장단점
가. 장점
   ① 양질의 시공 기대
   ② 입찰 수속 간단
나. 단점
   ① 공사비 증대
   ② 시공자의 독선 우려

04 우편입찰제도에 관하여 기술하시오. •05②

정답 우편입찰제도
소정의 입찰서식을 이용하여 작성된 입찰서류를 특수우편·등기우편을 이용하여 조달청의 입찰 담당자에게 입찰서 제출 마감일 이전에 도착시켜 입찰에 응하는 방법을 말한다.

05 공개경쟁 입찰의 순서를 보기에서 골라 번호로 나열하시오. •17② · 08①

> ① 입찰　　② 현장설명　　③ 낙찰
> ④ 계약　　⑤ 견적　　⑥ 입찰등록
> ⑦ 입찰공고

( ) → ( ) → ( ) → ( ) → ( ) → ( ) → ( )

정답 공개경쟁 입찰 순서
⑦ → ② → ⑤ → ⑥ → ① → ③ → ④

---

06 입찰과정에서 현장 설명 시 필요한 사항을 4가지 쓰시오. •99②

가. _____
나. _____
다. _____
라. _____

정답 입찰현장 설명 시 필요사항
가. 대지조건(교통, 용수 등)
나. 현장조건(지하매설물 등)
다. 도급자 결정방법
라. 공사비 지불방법

---

07 입찰제도 중 공사비로 낙찰자 선정방식의 종류를 4가지만 적으시오. •06②

가. _____
나. _____
다. _____
라. _____

정답 낙찰자 선정방식
가. 최저가 낙찰제
나. 적격심사 최저가 낙찰제도
다. 제한적 최저가 낙찰제
라. 부찰제

---

08 패스트 트랙 공법 설명을 간단히 설명하시오. •23①

정답 패스트 트랙 공법
설계와 시공을 분리하여 진행하지 않고 공기단축을 위하여 n차수로 나누어서 병행하여 진행하는 공법

---

09 다음 용어를 간단히 설명하시오. •98①

가. 성능발주 : _____

나. 콘스트럭션 매니지먼트(Construction Management) : _____

정답 용어
가. 설계단계에서 시공법을 결정하지 않고 요구성능만을 시공자에게 제시하여 시공자가 재료나 시공방법을 선택·제시하는 방식이다.
나. 공사관리자(Manager ; CMr)가 건축주의 입장에서 건설공사의 기간, 비용, 품질 등을 조정하기 위한 목적으로 계획·설계 및 시공과정을 일괄하는 통합관리 방식이다.

정답 대안입찰제도

처음 설계된 내용(원안)보다 기본 방침의 변경 없이 공사비를 낮추면서 동등 이상의 기능과 효과를 갖는 방안(대안)을 시공자가 제시할 경우 이를 검토하여 채택하는 입찰제도

10 대안입찰제도에 대하여 설명하시오. ●15② · 11① · 06②

정답 용어

가. 하도급업체의 보호육성 차원에서 입찰자에게 하도급자의 계약서를 입찰서에 첨부하도록 하여 하도급의 계열화를 유도하는 입찰방식

나. 처음 설계된 내용보다 기본방침의 변경 없이 공사비를 낮추면서 동등 이상의 기능과 효과를 갖는 방안을 시공자가 제시할 경우 이를 검토하여 채택하는 입찰방식

11 다음 용어를 간단히 설명하시오. ●20② · 11①

  가. 부대입찰제도 :

  나. 대안입찰제도 :

정답 PQ제도의 장점

가. 부실시공을 방지
나. 무자격자나 자격미달업체 배제
다. 입찰자가 감소되므로 입찰시간과 비용을 절감

12 PQ(Pre Qualification) 제도의 장점에 대하여 3가지만 쓰시오. ●10① · 02②

  가.
  나.
  다.

정답 PQ제도

가. 장점
  ① 부실시공 방지
  ② 기업의 경쟁력 확보
  ③ 입찰자 감소로 입찰 시 소요시간과 비용 감소
나. 단점
  ① 자유경쟁 원리에 위배
  ② 대기업에 유리한 제도
  ③ 평가의 공정성 확보 문제
  ④ 신규참여 업체에 장벽으로 간주
  ⑤ PQ 통과 후 담합 우려

13 건설공사 입찰과정에서 실시하는 PQ제도의 장점과 단점을 각각 3가지씩 쓰시오. ●10① · 02②

  가. 장점 ①
       ②
       ③
  나. 단점 ①
       ②
       ③

14 제한경쟁입찰의 종류로서 지정된 지역 내에 있는 업체만 참여시키는 입찰방법을 무엇이라 하는지 쓰시오. • 21④

> **정답** 입찰의 종류
> 지역제한경쟁입찰

15 T.E.S(Two Envelope System : 선기술 후가격 협상제도)에 대하여 설명하시오. • 07③

> **정답** TES(선기술 후가격 협상제도)
> 공사 입찰 시 기술제안서와 가격제안서를 따로 받아 기술능력 우위업체와 예정가격 내에서 협상하거나 경쟁시켜 낙찰하는 방식

16 입찰 방식 중 적격낙찰제도에 대하여 간단히 설명하시오. • 24① · 23② · 20①

> **정답** 적격낙찰제도
> 비용 이외에 기술능력, 공법, 품질관리 능력, 시공경험, 재무상태 등 공사 이행능력을 종합심사하여 공사에 적격하다고 판단되는 입찰자에게 낙찰시키는 제도

17 종합심사낙찰제도에 관하여 간단히 설명하시오. • 24①,② · 23② · 21①

> **정답** 종합심사낙찰제도
> 입찰제 개선과 시공품질 제고, 적정 공사비 확보를 정착시키기 위하여 가격과 공사수행능력 및 사회책임의 점수를 합산하여 높은 점수의 입찰자를 낙찰하는 제도

● 시방서

18 시방서와 설계도의 내용이 서로 달라서 시공상 부적당하다고 판단될 때 현장책임자는 공사감리자와 협의하고 즉시 알려야 한다. 다음 〈보기〉에서 건축물의 설계도서 작성기준에서 시방서와 설계도서의 우선순위를 중요도에 따라 나열하시오. • 23②

〈보기〉
가. 공사(산출)내역서   나. 설계도면   다. 공사시방서
라. 표준시방서   마. 전문시방서

> **정답** 시방서와 설계도서의 우선순위
> 공사시방서 – 설계도면 – 전문시방서 – 표준시방서 – 산출내역서 – 승인된 상세시공도면 – 관계법령의 유권해석 – 감리자의 지시사항
> ∴ 다 – 나 – 마 – 라 – 가

● **계약 & 클레임**

19 건축주와 도급자 당사자 간 계약 체결 시 포함되어야 할 계약내용에 대하여 4가지만 쓰시오.   ●00① · 98④

가. _____
나. _____
다. _____
라. _____

> **정답** 건축주와 도급자 간의 계약 내용
> 가. 도급금액
> 나. 공사기간
> 다. 건물의 인도시기 및 검사일
> 라. 공사금액 지불시기 및 방법

20 공사의 수행 중에 발생할 수 있는 "계약변경의 요인" 3가지를 쓰시오.   ●03③ · 99①

가. _____
나. _____
다. _____

> **정답** 계약변경 요인
> 가. 계약사항의 변경
> 나. 설계도면이나 시방서의 하자
> 다. 상이한 현장조건

21 현행 건설계약 제도상 자주 사용되는 보증금의 종류를 3가지만 적으시오.   ●06② · 03②

가. _____
나. _____
다. _____

> **정답** 계약상 보증금의 종류
> 가. 입찰보증금
> 나. 계약보증금
> 다. 하자보증금

22 계약서류 조항 간의 문제점이나 계약서류와 현장조건 또는 시공조건의 차이점에 의해 발생되는 문제점에 대해 발주자나 시공자가 이의를 제기하여 발생하는 클레임의 유형 4가지를 쓰시오.   ●05①

가. _____
나. _____
다. _____
라. _____

> **정답** 클레임의 종류
> 가. 공사지연(공기지연)
> 나. 현장 공사조건의 변경
> 다. 공사비 지불지연
> 라. 도면과 시방서의 불일치

22 건설공사에서 계약분쟁의 해결방법 3가지를 쓰시오.   ●05③ · 02②

가. _____
나. _____
다. _____

> **정답** 계약분쟁 해결방법
> 가. 상호합의에 의한 해결(합의)
> 나. 조정 및 중재에 의한 해결 (조정, 중재)
> 다. 재판에 의한 해결(소송)

제5절 시공계획 및 관리

01 시공계획

(1) 시공계획

1. 정의	공사의 목적이 되는 건축물을 설계도면 및 시방서에 따라 소정의 공사기간 내에 예산에 맞게 최소의 비용으로 안전하게 시공할 수 있는 조건과 방법을 세우는 것이다.
2. 원칙	① 작업량의 최소화 ② 기계화 시공 도입 ③ 장비, 설비의 효율적 이용 ④ 공사 관계자와의 의견 수립
3. 사전조사 사항	① 계약조건의 검토(설계도서 포함) ② 작업장소, 시공기계의 설치장소 ③ 운반로의 상황 ④ 노무자 및 관계 직원 숙소 ⑤ 현지 조달 자재 및 노무 수 ⑥ 용수 및 전기 가설비 ⑦ 시공기계의 사용·용량·수량 ⑧ 선행될 공사 종목과 공사량 ⑨ 자재, 노무 조달과 공급 실지 가격 ⑩ 외주 부분의 공사량
4. 공사계획의 순서	① 현장원 편성 ② 공정표 작성 ③ 실행 예산의 편성과 조성 ④ 하도급자의 선정 ⑤ 가설준비물의 결정 ⑥ 재료의 선정 및 노력의 결정 ⑦ 재해 방지
5. 공기 지배요소	① 1차 지배요소 : 건축물 구조, 용도, 규모 ② 2차 지배요소 : 도급자의 능력, 기후조건, 자금능력 ③ 3차 지배요소 : 건축주의 요구조건, 설계 변경사항, 설계의 타당성 여부, 감리능력

● 01① · 99⑤ · 98①
(순서) 공사계획의 순서

(2) 친환경 시공계획서

1. 저에너지 건물 조성기술	고단열·고기능 외피구조, 기밀 설계, 일조 확보, 친환경 자재 사용 등을 통해 건물의 에너지 및 환경부하를 절감하는 기술
2. 고효율 설비기술	고효율 열원설비, 최적 제어설비, 고효율 환기설비 등을 이용하여 건물에서 사용하는 에너지량을 절감하는 기술
3. 신·재생 에너지 이용기술	태양열, 태양광, 지열, 풍력, 바이오매스 등의 신·재생 에너지를 이용하여 건물에서 필요한 에너지를 생산·이용하는 기술
4. 외부환경 조성기술	자연지반의 보존, 생태면적률의 확보, 미기후의 활용, 빗물의 순환 등 건물 외부의 생태적 순환기능의 확보를 통해 건물의 에너지 부하를 절감하는 기술
5. 에너지 절감 정보기술	건물 에너지 정보화 기술, LED 조명, 자동제어장치 및 지능형 전력망 연계기술 등을 이용하여 건물의 에너지를 절감하는 기술

● 20⑤ · 18④
(종류) 친환경 시공계획서 포함 내용

(3) 건설조직

1. 직계식 조직	정의	(Line Organization) 건설사업에서 전통적으로 사용되어 온 방식으로서 지휘명령 계통이 완전히 하나가 되는 가장 단순한 조직형태이다.	
	특성	장 점	단 점
		① 설계와 시공이 완전히 분리된 공사에 적합 ② 각자 책임 권한이 분명 ③ 운영상 경비 감소	① 거대 규모, 고도 기능, 복잡한 프로젝트에 부적합 ② 횡적인 업무협조 곤란 ③ 비전문화 업무수행에 따른 효용 저하
2. 기능식 조직	정의	(Functional Organization) 업무를 기능 중심으로 나누어 각각의 전문적인 책임자가 작업을 지시하는 조직 형태이다.	
	특성	장 점	단 점
		① 전문화로 업무능률 향상 ② 직능별 업무 할당 ③ 전문적 지도·감독 기능	① 지휘명령 계통의 혼란 우려 ② 권한다툼 및 책임전가 ③ 업무조정의 어려움
3. 조합식 조직	정의	(Line & Staff Organization) 직계식 조직에 전문적인 사업관리지식을 갖춘 관리자(Staff)들의 지원을 받는 조직형태이다.	
	특성	장 점	단 점
		① 조직 전체에 방침의 일관성 유지 ② Staff의 권고·조언으로 조직의 독선 방지 ③ Staff에 의한 업무의 객관적 평가	① Staff의 월권행위 우려 ② Staff에 너무 의지하거나 반대로 Staff를 활용하지 않는 경우 효율성 저하
4. 기타 조직	전담반 조직 (Task Force 조직)	① 사업의 성격이 구체적이고 분명하지만 그 내용이 복잡한 경우 관리자를 필두로 각 분야의 전문가들이 모여서 사업수행 기간 동안 운영되는 한시적 조직이다. ② 긴급공사·중요공사나 일정한 기간 내에 완수해야 하는 경우 또는 상호 의존적 기능을 요하는 경우 효과적인 역할을 한다.	
	매트릭스 조직	① 단일공사로는 추진하기 어려운 지하철, 공항 건설, 고속도로, 발전소 등과 같은 대규모 사업에 적합한 구조로서 기능조직과 전담반 조직을 결합한 형태이다. ② 최적의 자원 및 각 부분의 전문가들을 효과적으로 배치할 수 있는 장점이 있다.	

[용어] 기능식 조직

●06③

[용어] Task Force

●10④

02 공사관리

(1) 시공관리

1. 정의	시공계획과 이에 의거한 실제시공의 기능상의 조정을 도모하는 것이다.
2. 목적	① 공정관리 – 공기단축　② 품질관리 – 양질의 공사 ③ 원가관리 – 비용절감　④ 안전관리 – 재해방지 ⑤ 환경관리 – 저공해 공사
3. 대상	**6M**　　　　　　　　　　　　**5R** ① 인력관리(Men)　　　　　① Right Product : 적정한 생산관리 ② 재료관리(Material)　　　② Right Quality : 적정한 품질관리 ③ 기계설비관리(Machine)　③ Right Quantity : 적정한 자재, 물량관리 ④ 자금관리(Money)　　　　④ Right Time : 공정관리(적기 생산관리) ⑤ 시공법의 관리(Method)　⑤ Right Price : 회계관리(적정 가격관리) ⑥ 자료의 축적(Memory)

● 04① · 01①
시공관리 3대 목표

(2) 원가관리

1. 정의	주어진 예산과 일정을 토대로 품질, 원가, 공기 등의 목표를 위하여 제반자원의 소요비용을 효율적으로 관리하고 통제하는 것이다.
2. 원가 관리 요소	① 원가산정 : 건설공사의 소요비용 예측 ② 원가계획 : 원가절감을 위한 실행계획 수정 ③ 원가통제 : 계획된 일정에 따른 원가흐름 통제 ④ 원가회계 : 자금의 수입과 지출을 계정으로 정리

(3) 공정관리

1. 정의	지정된 공사기간 내에 공사예산에 맞추어 정밀도가 높은 양질의 시공을 위한 관리를 말한다.
2. 순서	① 수순계획(Planning) ② 일정계획(Scheduling) ③ 진도관리(Monitoring) ④ 통제(Control)
3. 분류체계	① 작업분류체계 : 작업의 공종별 분류 　(WBS ; Work Breakdown Structure) ② 조직분류체계 : 관리조직별 분류 　(OBS ; Organization Breakdown Structure) ③ 원가분류체계 : 공사비 내역별 분류 　(CBS ; Cost Breakdown Structure)

● 16② · 12② · 05②
(종류) 분류체계(Breakdown Structure)

● 22① · 17①
(용어) WBS

(4) 품질관리

1. 정의	설계도서가 요구하는 품질을 확보하고 하자 발생을 최소화함으로써 산업 경쟁력을 확보하며 소비자의 만족도를 높인다.	
2. 순서	① 계획(Plan) ② 실시(Do) ③ 검토(Check) ④ 시정(Action)	① 품질관리 항목 선정 ② 품질기준 결정 ③ 교육 및 작업 실시 ④ 품질시험 및 검사 ⑤ 공정의 안전성 검토 ⑥ 이상 원인 조사 및 조치 ⑦ 관리한계선의 재결정
3. 품질경영의 영역	① 1단계 : 품질관리(Quality Control) ② 2단계 : 품질보증(Quality Assurance) ③ 3단계 : 품질인증(Quality Verification)	
4. 품질문제 해결순서	품질문제 모집단 구성 → 표본의 추출 → 데이터 분석처리 검토 → 모집단의 정도 → 의사결정 관측 → 조치행동	

(5) 안전관리

1. 정의	건설공사에서 발생되는 산업재해의 원인을 분석하여 재해 및 결함을 사전에 예방함으로써 생산성 향상을 기대함을 목적으로 한다.
2. 대책(3E)	① 기술(Engineering) : 안전공학 ② 교육(Education) : 안전교육 ③ 규제(Enforcement) : 안전규제

(6) 공사 보고 주기

일보 → 주보 → 순보 → 월보 → 분기보 → 연보

(7) 착공 전 준비서류

1. 착공신고서	① 현장기술자 지정신고서 ② 공사공정예정표 ③ 안전 환경 및 품질관리계획서	④ 공정별 인력 및 장비투입계획서 ⑤ 착공 전 현장사진 ⑥ 기타 발주자가 지정한 사항
2. 시공계획서	공사개요, 공사공정예정표, 주요장비 동원계획, 주요자재 반입계획, 인력동원계획, 긴급 시의 체제, 품질관리계획 또는 품질시험계획, 안전·환경·교통관리계획, 가설계획, 수목 가이식장계획, 민원처리계획서, 관계기관과의 협의계획서, 기타 발주자가 지정한 사항	
3. 유해위험 방지계획서	공사 착공 시 산업안전보건법에 의거한 일정 규모 이상의 건축물	
4. 안전관리 계획서	건설기술진흥법에 의한 일정 규모 이상의 건축물	

02 공사관리

(1) 시공관리

1. 정의	시공계획과 이에 의거한 실제시공의 기능상의 조정을 도모하는 것이다.
2. 목적	① 공정관리 – 공기단축 ② 품질관리 – 양질의 공사 ③ 원가관리 – 비용절감 ④ 안전관리 – 재해방지 ⑤ 환경관리 – 저공해 공사
3. 대상	**6M** ① 인력관리(Men) ② 재료관리(Material) ③ 기계설비관리(Machine) ④ 자금관리(Money) ⑤ 시공법의 관리(Method) ⑥ 자료의 축적(Memory) **5R** ① Right Product : 적정한 생산관리 ② Right Quality : 적정한 품질관리 ③ Right Quantity : 적정한 자재, 물량관리 ④ Right Time : 공정관리(적기 생산관리) ⑤ Right Price : 회계관리(적정 가격관리)

●04① · 01①
시공관리 3대 목표

(2) 원가관리

1. 정의	주어진 예산과 일정을 토대로 품질, 원가, 공기 등의 목표를 위하여 제반자원의 소요비용을 효율적으로 관리하고 통제하는 것이다.
2. 원가 관리 요소	① 원가산정 : 건설공사의 소요비용 예측 ② 원가계획 : 원가절감을 위한 실행계획 수정 ③ 원가통제 : 계획된 일정에 따른 원가흐름 통제 ④ 원가회계 : 자금의 수입과 지출을 계정으로 정리

(3) 공정관리

1. 정의	지정된 공사기간 내에 공사예산에 맞추어 정밀도가 높은 양질의 시공을 위한 관리를 말한다.
2. 순서	① 수순계획(Planning) ② 일정계획(Scheduling) ③ 진도관리(Monitoring) ④ 통제(Control)
3. 분류체계	① 작업분류체계 : 작업의 공종별 분류 　(WBS ; Work Breakdown Structure) ② 조직분류체계 : 관리조직별 분류 　(OBS ; Organization Breakdown Structure) ③ 원가분류체계 : 공사비 내역별 분류 　(CBS ; Cost Breakdown Structure)

●16② · 12② · 05②
(종류) 분류체계(Breakdown Structure)

●22① · 17①
(용어) WBS

(4) 품질관리

1. 정의	설계도서가 요구하는 품질을 확보하고 하자 발생을 최소화함으로써 산업 경쟁력을 확보하며 소비자의 만족도를 높인다.	
2. 순서	① 계획(Plan) ② 실시(Do) ③ 검토(Check) ④ 시정(Action)	① 품질관리 항목 선정 ② 품질기준 결정 ③ 교육 및 작업 실시 ④ 품질시험 및 검사 ⑤ 공정의 안전성 검토 ⑥ 이상 원인 조사 및 조치 ⑦ 관리한계선의 재결정
3. 품질경영의 영역	① 1단계 : 품질관리(Quality Control) ② 2단계 : 품질보증(Quality Assurance) ③ 3단계 : 품질인증(Quality Verification)	
4. 품질문제 해결순서	품질문제 모집단 구성 → 표본의 추출 → 데이터 분석처리 검토 → 모집단의 정도 → 의사결정 관측 → 조치행동	

(5) 안전관리

1. 정의	건설공사에서 발생되는 산업재해의 원인을 분석하여 재해 및 결함을 사전에 예방함으로써 생산성 향상을 기대함을 목적으로 한다.
2. 대책(3E)	① 기술(Engineering) : 안전공학 ② 교육(Education) : 안전교육 ③ 규제(Enforcement) : 안전규제

(6) 공사 보고 주기

일보 → 주보 → 순보 → 월보 → 분기보 → 연보

(7) 착공 전 준비서류

1. 착공신고서	① 현장기술자 지정신고서 ② 공사공정예정표 ③ 안전 환경 및 품질관리계획서	④ 공정별 인력 및 장비투입계획서 ⑤ 착공 전 현장사진 ⑥ 기타 발주자가 지정한 사항
2. 시공계획서	공사개요, 공사공정예정표, 주요장비 동원계획, 주요자재 반입계획, 인력동원계획, 긴급 시의 체제, 품질관리계획 또는 품질시험계획, 안전·환경·교통관리계획, 가설계획, 수목 가이식장계획, 민원처리계획서, 관계기관과의 협의계획서, 기타 발주자가 지정한 사항	
3. 유해위험 방지계획서	공사 착공 시 산업안전보건법에 의거한 일정 규모 이상의 건축물	
4. 안전관리 계획서	건설기술진흥법에 의한 일정 규모 이상의 건축물	

용어 유해위험방지계획서

관련법 안전관리계획서

CHAPTER 01 핵심 기출문제

01 시공관리의 3대 목표를 쓰시오. • 04① · 01①

가. _____

나. _____

다. _____

정답 시공관리 3대 목표
가. 원가관리
나. 공정관리
다. 품질관리

02 건축시공 기술을 분류할 때 해당되는 관리항목을 3가지씩 쓰시오. • 04②

가. 하드웨어 기술 : _____

나. 소프트웨어 기술 : _____

정답 관리항목
가. 재료, 기계, 자금
나. 계획, 관리, 운영

03 공사내용의 분류방법에서 목적에 따른 Breakdown Structure(분류체계)의 3가지 종류를 쓰시오. • 12② · 05②

가. _____

나. _____

다. _____

정답 Breakdown Structure
가. 작업분류체계(WBS ; Work Breakdown Structure)
나. 조직분류체계(OBS ; Organization Breakdown Structure)
다. 원가분류체계(CBS ; Cost Breakdown Structure)

04 통합공정관리 용어 중 WBS의 정의를 쓰시오. • 22① · 17①

_____

_____

정답 WBS의 정의
프로젝트의 모든 작업 내용을 계층적으로 분류한 작업분류체계

05 공사계획의 일반적인 순서를 〈보기〉에서 골라 쓰시오. • 01② · 99⑤ · 98①

〈보기〉
가. 공정표 작성   나. 하도급자의 선정   다. 재료선정
라. 현장원 편성   마. 실행예산 편성   바. 가설준비물 결정
사. 재해방지

( ) → ( ) → ( ) → ( ) → ( ) → ( ) → ( )

정답 공사계획 순서
라 → 가 → 마 → 나 → 바 → 다 → 사

06 다음이 설명하는 건설관리조직의 명칭을 쓰시오.

> 건설사업에서 전통적으로 사용되어 온 것으로, 사업성격이 분명하고 단순하며 각 업무가 분절되어도 서로 큰 영향을 미치지 않은 경우에 적합하지만 CM 등이 적용되는 대규모 공사에서는 부적합하고 자칫 관료적이 되기 쉬운 건설관리조직

정답 건설조직

기능식 조직(Functional Organization)

07 다음 설명이 의미하는 시방서명을 쓰시오.

가. 공사기일 등 공사 전반에 걸친 비기술적인 사항을 규정한 시방서 ( )

나. 모든 공사의 공통적인 사항을 건설교통부가 제정한 시방서 ( )

다. 특정공사별로 건설공사 시공에 필요한 사항을 규정한 시방서 ( )

라. 공사시방서를 작성하는 데 안내 및 지침이 되는 시방서 ( )

정답 시방서의 종류

가. 일반시방서
나. 표준시방서
다. 공사시방서
라. 안내시방서

08 다음 용어를 설명하시오.

가. 기술시방서(Descriptive Specification) :

나. 성능시방서(Performance Specification) :

정답 용어설명

가. 건축물의 요구품질, 시공방법 등을 지시한 시방서
나. 목적하는 최종결과와 성능만을 규정한 시방서

09 다음 예와 같이 설계도면과 시방서상에 상이점이 발생한 경우 어느 것이 우선하는가를 쓰시오.

> 가. 설계도면과 공사시방서에 상이점이 있을 때
> 나. 표준시방서와 전문시방서에 상이점이 있을 때
> 다. 도면 중에서 기본도면(1/100, 1/200 축척)과 상세도면(1/30, 1/50 축척)에 상이점이 있을 때

가.
나.
다.

정답 시방서와 도면의 우선순위

가. 공사시방서
나. 전문시방서
다. 상세도면

10 공사목적물을 계약된 공기 내에 완성하기 위하여, 공사손익을 사전에 예시하고 이익계획을 정확히 하여 합리적이고 경제적인 현장운영 및 공사수행을 도모하도록 사전에 작성되는 예산을 무엇이라 하는가? •99②

정답 용어
실행예산

11 건설공사 현장의 보고(報告) 중 주기가 짧은 것부터 긴 것을 〈보기〉에서 골라 번호를 쓰시오. •98③

〈보기〉
가. 순보 나. 분기보 다. 일보
라. 월보 마. 주보

( ) → ( ) → ( ) → ( ) → ( )

정답 현장의 보고 주기
다 → 마 → 가 → 라 → 나

12 건설재료 중에서 구조재료가 갖추어야 할 조건 3가지를 쓰시오. •02③

가. _____
나. _____
다. _____

정답 구조재료의 조건
가. 소요강도 충족
나. 내구성이 클 것
다. 변형이 적을 것

13 친환경 시공계획서에 포함되어야 할 내용 4가지를 기입하시오. •20⑤ · 18④

가. _____
나. _____
다. _____
라. _____

정답 친환경 시공계획서
가. 저에너지 건물 조성기술
나. 고효율 설비기술
다. 신·재생에너지 이용기술
라. 외부환경 조성기술
마. 에너지절감 정보기술

14 다음은 공사착공 전에 하여야 할 내용이다. ( ) 안에 적당한 계획서의 이름을 기재하시오. •24③

공사 착공 시 산업안전보건법에 의거하여 일정 규모 이상의 건축물은 (가)계획서와 건설기술진흥법에 의한 일정 규모 이상의 건축물은 (나)계획서를 작성하여야 한다.

가. _____
나. _____

정답 공사착공 전 계획서
가. 유해위험방지계획서
나. 안전관리계획서

미듬 건축기사 실기

멘토스는 당신의 쉬운 합격을 응원합니다!

Engineer Architecture

CHAPTER 02
가설공사

CONTENTS

제1절	개요	55
제2절	측량	56
제3절	기준점과 규준틀	57
제4절	가설 건축물	58
제5절	환경(비산먼지 발생대책)	59
제6절	비계 및 비계다리	60
제7절	안전설비	65

한눈에 보기

용어 미리보기

용어	Keyword	출제연도
기준점(벤치마크)	공사를 진행할 때 높이의 기준이 되는 원점	21① · 20③ · 18① · 16④ · 13④ · 14① · 10① · 07③ · 04③
베이스 플레이트 (Base Plate)	강관비계나 틀비계 하부에 전체 비계를 지지하기 위하여 설치된 판형철물	15①
달비계	상부에서 와이어로프 등으로 매달린 형태의 비계	24②
말비계	주로 건축물의 천장과 벽면의 실내 내장 마무리 등을 위해 바닥에서 일정한 높이의 발판을 설치하여 사용하는 기계	24②
방호선반	개구부 및 비계 외부 안전통로 출입구 상부에 수평으로 설치하는 목재 또는 금속 판재	21① · 13④ · 10①

CHAPTER 02 가설공사

제1절 개요

01 개요

1. 정의		가설공사는 건축공사 기간 중 임시로 설치하여 공사를 완성할 목적으로 쓰이는 제반시설 및 수단의 총칭으로, 공사가 완료되면 해체, 철거, 정리하게 되는 성질의 것이다.
2. 요구성능		① 가설재의 반복사용 고려 ② 가설재의 고강도화 ③ 시공 용이성(고정설비화) ④ 안전성, 효율성 ⑤ 경제성, 전용성
3. 가설건축물 축조신고	신고대상	공사에 필요한 규모의 범위 안에서의 공사용 가설건축물
	구비서류	① 가설건축물 축조신고서 ② 가설건축물 배치도, 평면도 ③ 건축허가서, 시공자 각서 ④ 토지사용 허가서

●03③
(주의사항) 가설계획 시 유의사항

●16①
(구비서류) 가설건축물 축조 시

02 공통가설공사와 직접가설공사

1. 공통가설공사	① 대지경계 측량, 대지정리 ② 가설진입로, 가설울타리(Fence), 가설건물(현장 사무실, 초소) ③ 공사용 동력용수, 급·배수설비, 기계, 기구설비 ④ 시험 설비 : 재료시험, 토질시험, 기타 ⑤ 운반 : 재료의 반입·운반·보관, 현장 내의 소운반 기재반송, 잔물처리 운반 ⑥ 인접건물 보상, 보양 : 도로면 포장, 지하 매설물, 수채, 가공선, 수목, 인접 가옥 보호 및 원상 복구
2. 직접가설공사	① 규준틀 설치 ② 비계 설치 ③ 안전시설(낙하물 방지망, 보호막) 설치 ④ 줄쳐보기 및 먹매김 ⑤ 건축물 보양

●00④
(종류) 공통가설비 항목을 5가지

●00②
(종류) 공통가설과 직접가설 항목

03 가설울타리

1. 높이	① 1.8m 이상(지반면이 공사현장 주위의 지반면보다 낮은 경우에는 공사현장 주위의 지반면에서의 높이 기준)으로 설치 ② 야간에도 잘 보이도록 발광 시설을 설치 ③ 차량과 사람이 출입하는 가설울타리 진입구에는 시건장치가 있는 문을 설치 ④ 공사장 부지 경계선으로부터 50m 이내에 주거·상가건물이 집단으로 밀집되어 있는 경우에는 높이 3m 이상으로 설치
2. 구조	① 공사현장 주위의 지반면에서 높이 1.8m 이상 ② 기둥은 75mm의 각재 또는 통나무 끝마구리 직경 70mm 이상의 것을 간격 1.8m 이내로 배치 ③ 가로대 또는 가시철선의 간격은 200mm 이내 ④ 가시철선을 사용할 때에는 각 기둥 사이에 가새를 대고, 끝 또는 모서리의 기둥은 버팀기둥으로 한다.
3. 환경 피해 저감	공사현장의 비산먼지로 인한 환경 피해발생을 위하여 필요시 가설울타리 상부에 방진망을 추가로 설치(방진망 높이는 울타리 높이에서 제외)
4. 가설 출입구	고려사항 ① 자재를 적재하고 필요한 곳까지 가깝게 이동할 수 있는지 동선 확인 ② 승강기 자재와 같이 부피가 크고 중량이 있는 자재를 승강로 주변까지 이동할 수 있는지 확인 ③ 자재를 수직 이동할 수 있는 곳까지 편리하게 이동할 수 있는지 확인 ④ 편하게 토사 반출을 하기 위해서는 6m 폭의 게이트가 필요

●23② 고려사항 출입구 설치 시

제2절 측량

01 평판측량

●06③ 종류 평판측량에 필요한 기구 5가지

1. 사용기구	평판, 삼각대, 앨리데이드(Alidade), 구심기, 다림추, 자침기, 폴(Pole)
2. 평판의 설치	① 정치(정준) : 앨리데이드의 수준기를 이용하여 평판이 수평이 되도록 한다. ② 치심(구심) : 구심기와 다림추를 이용하여 평판의 측점을 표시하는 위치가 지상측점과 일치하도록 한다. ③ 정위(표정) : 앨리데이드와 자침기를 이용하여 평판이 일정한 방향과 방위를 유지하도록 한다.
3. 장점	① 측량 소요시간 절약 ② 야장(측량기록표) 불필요 ③ 측량기기 간단(운반 편리)
4. 단점	① 가시거리 제약(50cm 정도) ② 일기에 영향을 받음(건습에 의한 기기의 신축오차 발생) ③ 작업정밀도 부족 ④ 축척이 다른 지도 작성 곤란

02 고저(수준) 측량

1. 정의	지반면의 각 지점 간의 고저차를 측정하여 기준점(Bench Mark)으로부터 높이를 파악하는 것을 말하며, 현장에서 많이 사용한다.
2. 측량법	미지점 표고(H) = 기지점 표고(h) + [후시(Back Sight) − 전시(Fore Sight)]
3. 경계측량	내 대지와 인접대지 또는 도로 경계선을 구분하기 위해서 실시하는 측량으로 공사착공 전에 실시한다.
4. 현황측량	대지 내 시설물의 위치 등을 표시하여 준공검사 시 사전허가와 비교하기 위하여 실시하는 측량

●06③
구분 평판측량, 레벨측량기구

제3절 기준점과 규준틀

01 기준점

1. 정의	건축물 각 부위의 위치, 높이, 폭 등의 시공기준 원점을 설정하기 위한 것으로서 이동, 변형이 없도록 견고하게 설치해야 한다.
2. 설치 요령	① 기준점(Bench Mark)은 바라보기 좋고 공사에 지장이 없는 곳에 설정한다. ② 건물의 각부에서 헤아리기 좋도록 2개소 이상 여러 곳에 표시해 둔다. ③ 기준점은 공사 착수 전에 설정하여 공사 완료 시까지 존치하여야 한다. ④ 기준점은 대개 지정 지반면에서 0.5~1m 위에 두고 그 높이를 기준표 밑에, 또한 현장기록부에 기록하여 둔다.
3. 시기	착공과 동시에 설치하여 준공 시까지 유지(담당원 승인)

●22② · 21① · 20③ · 18① · 16④
· 13④ · 14① · 10① · 07③ · 04③
용어 기준점

●22② · 21④ · 18① · 17① · 11②
· 07③ · 04③
주의사항 기준점 설치 시

02 수평규준틀과 세로규준틀

1. 수평 규준틀	종류	① 평규준틀 : 모서리가 아닌 부위에 설치한다. ② 귀규준틀 : 모서리 부위, 기둥 등에 설치한다.
	설치	① 건물의 주위 모서리, 칸막이벽, 또한 필요한 곳에선 벽에서 약 1~2m 떨어진 곳에 설치한다. ② 규준틀 말뚝은 변형을 빨리 발견하기 위하여 엇빗형 또는 오늬형으로 자른다.
	기입 사항	① 터파기의 위폭, 밑폭 ② 잡석지정폭 ③ 기초판 · 주각폭 ④ 건물의 각부 위치
2. 세로 규준틀	설치	① 건물의 모서리 등 기준이 될 수 있는 곳 ② 면이 긴 경우 중앙부, 기타 요소에 설치한다.
	기입 사항	① 개구부 위치, 치수 ② 쌓기 단수 ③ 줄눈의 위치 ④ 앵커, 매립철물의 위치 ⑤ 테두리보, 인방보의 위치

●15② · 12①
목적 수평규준틀

●16④
종류 세로규준틀에 기입사항 4가지

[수평규준틀]　　[세로규준틀]

제4절 가설 건축물

1. 현장사무실	① 최소면적 : 3.3m²/인 ② 구대(Over Bridge) : 대지가 협소한 경우 인근 보도의 상부에 설치하거나 필로티 형식으로 현장 사무소를 축조하는 구조물
2. 시멘트 창고	① 간단한 나무 구조로 하되 기밀하게 하여 통풍이 안 되게 한다. ② 마루 높이는 지면에서 30cm 이상 높여 방습 처리에 유의한다. ③ 시멘트 창고의 창은 채광용으로 설치한다.(여름철의 습기, 외기의 침입을 막기 위해 환기창은 설치하지 않는다.) ④ 시멘트의 쌓기 높이는 13포 이하로 한다.(단, 장기간 저장 시에는 7포 이하) ⑤ 시멘트는 반입한 순서대로 먼저 반입된 것부터 꺼내 쓰도록 한다. ⑥ 제조일로부터 3개월 이상이 경과한 시멘트는 재시험하여 사용한다.

● 13① · 08②

(주의사항) 시멘트 창고의 관리방법 4가지

제5절 환경(비산먼지 발생대책)

항목	내용
1. 야적	• 야적 물질 1일 이상 보관 시 방진덮개 설치 • 공사장 경계 높이 1.8m 방진벽 설치 • 야적 물질로 인한 비산먼지 발생 억제를 위하여 살수시설 설치
2. 싣기, 내리기	• 고정식 또는 이동식 살수시설 설치 운영 • 풍속이 평균 8m/sec 이상일 경우 작업 중지
3. 채광, 채취	• 발파 작업 시 살수시설 등 설치, 젖은 가마니 등 방지시설 설치
4. 수송	• 덮개를 설치하고 적재함 상단 5cm까지만 적재 • 자동식 세륜시설과 측면 살수시설 설치 • 공사장 안 차량통행 20km/h 이하 운행 • 통행차량 운행기간 중 통행도로 1일 1회 이상 살수
5. 야외절단, 연마	• 집진시설, 간이 칸막이 설치 • 풍속이 평균 8m/sec 이상일 경우 작업 중지
6. 건축물 내 작업	• 바닥 청소, 내화피복, 벽체연마, 절단, 분사식 도장 작업 등은 해당 측에 방진막 설치 • 철구조물의 분사방식에 의한 도장 시 방진막 설치
7. 비산먼지 방지시설	• 방진망, 방진벽, 방진막, 방진덮개, 세륜시설

●17① (종류) 야적 시 대책

●21④ (종류) 비산먼지 방지시설

제6절 비계 및 비계다리

01 개요

(1) 구조계산 해야 하는 경우

① 높이 31m 이상인 비계구조물
② 브라켓 비계
③ 높이 10m 이상에서 외부작업용 작업발판 및 안전시설물을 일체화하여 설치하는 가설 구조물
④ 공사현장에서 제작, 조립·설치하는 복합형 가설구조물

(2) 종류

	재료별	형태별	지지방식별
1. 비계의 종류	① 통나무 ② 강관비계 ③ 강관틀비계	① 외줄비계 ② 겹비계 ③ 쌍줄비계	① 지주비계 ② 달비계 ③ 말비계

[외줄비계] [겹비계] [쌍줄비계]

비계발판 ← 기둥 ← 장선 ← 띠장

용어	달비계	●24②
용어	말비계	●24②

2. 용어	① 강관비계 : 단관비계용 강관을 강관조인트와 클램프 등으로 조립하여 설치한 비계 ② 강관틀비계 : 주틀, 교차가새, 띠장틀 등을 현장에서 조립하여 세우는 형태의 비계 ③ 달비계 : 상부에서 와이어로프 등으로 매달린 형태의 비계 ④ 말비계 : 주로 건축물의 천장과 벽면의 실내 내장 마무리 등을 위해 바닥에서 일정 높이의 발판을 설치하여 사용하는 비계 ⑤ 시스템 비계 : 수직재, 수평재, 가새재 등 각각의 부재를 공장에서 제작하고 현장에서 조립하여 사용하는 조립형 비계로 고소작업에서 근로자가 작업장소에 접근하여 작업할 수 있도록 설치하는 작업대를 지지하는 가설 구조물 ⑥ 달기체인 : 바닥에서부터 외부 비계 설치가 곤란한 높은 곳에 작업공간을 확보하기 위한 달비계를 설치하기 위한 체인 형식의 금속제 인장부재 ⑦ 달기틀 : 달비계의 작업발판을 지지하는 부재 ⑧ 발바퀴(Caster) : 이동식 비계의 기둥재 밑둥에 조립하여 수평으로 이동이 가능하도록 하기 위하여 사용하는 바퀴 ⑨ 선반 브라켓 : 구조물의 돌출 부위 등으로 인해 작업공간을 별도로 설치하여야 할 필요가 있을 때 또는 외줄비계의 경우 비계기둥에 부착하여 작업발판을 설치할 목적으로 사용되는 브라켓 형태의 부재

(3) 비계매기

치수	강관틀비계의 세로틀은 수직방향 ( )m, 수평방향 ( )m 내외의 간격으로 건축물의 구조체에 긴결해야 하며 높이는 원칙적으로 ( )m를 초과할 수 없다.	●17④ · 08① · 98②
용어	베이스 플레이트	●15①
치수	파이프비계의 기둥간격은 띠장방향으로 ( )m, 장선방향으로 ( )m로 설치하고, 기둥과 기둥 사이의 적재하중은 ( )kN, 기둥 한 개에 부담되는 적재하중은 ( )kN 이하로 한다.	●08① · 98②
종류	강관비계틀 수직, 수평, 경사방향으로 연결 또는 이음 고정시킬 때 사용하는 부속철물의 명칭 3가지를 쓰시오.	●15① · 07① · 00③

구 분	단관비계		틀비계
1. 비계 기둥 간격	• 띠장 방향 : 1.85m 이하 • 장선 방향 : 1.5m 이하 • 31m 넘는 밑부분 2본 이하 • 1개에 작용하는 하중 7kN • 구조물과의 거리 300mm 이내	1. 주틀	• 40m 초과금지 • 20m 초과 중량 작업 → 틀높이 2m 이하 주틀의 간격 1.8m 이하 • 하중한도 ① 주틀 사이 : 4.0kN(1.8m 간격) ② 주틀기둥 1개당 : 24.5kN
2. 띠장	• 수직간격 2m 이하 • 이음 : 겹침이음 • 이음간격거리 : 100mm 이내 • 이음위치 : 300mm 이상 • 하중한도 : 4kN(1.85m 간격)	2. 교차 가새	• 각단, 각 스팬마다 설치
		3. 벽이음	• 수직 6m, 수평 8m 이내
3. 장선	• 내 · 외측 모든 비계 결속 • 간격 : 1.85m 이하 • 띠장으로 50mm 이상 돌출	4. 보강재	• 띠장 방향으로 길이 4m 이하 • 높이 10m 마다 띠장 방향으로 버팀기둥 설치
4. 가새	• 수평면에 대해 40~60° • 배치간격 : 10m		
5. 벽이음	• 수직, 수평 5m 이하		

02 일반사항 및 시공

1. 일반사항	① 작업발판, 통로 및 계단에는 근로자가 안전하게 통행할 수 있도록 75lux 이상의 채광 또는 조명시설 설치 ② 사용 중이거나 작업 중일 때에는 비계를 수평으로 이동하거나 변경 금지 ③ 동결지반 위에는 비계 설치 금지 ④ 도괴 방지와 비계기둥의 좌굴 보강을 위하여 벽이나 구조물에 벽 연결철물로 고정 ⑤ 구조체에서 300mm 이내로 떨어져 쌍줄비계로 설치하되, 별도의 작업발판을 설치할 수 있는 경우에는 외줄비계로 할 수 있다. ⑥ 높이 31m 이상인 비계구조물은 구조계산서를 확인
2. 지반	① 비계가 설치되어 있는 동안에 전체 비계 구조물을 지지 ② 콘크리트, 강재 표면 및 단단한 아스팔트 등과 같은 지반은 깔목을 설치하지 않은 상태에서 받침 철물만을 사용하여 지지 ③ 연약지반은 비계기둥이 침하하지 않도록 다지고 두께 45mm 이상의 깔목을 소요폭 이상으로 설치하거나 콘크리트를 타설 ④ 비계기둥 3개 이상을 밑동잡이로 연결 ⑤ 경사진 지반의 경우에는 피봇형 받침 철물을 사용하거나 수평을 유지
3. 벽 이음재	① 풍하중 및 수평하중에 의해 영구 구조체의 내·외측으로 움직임을 방지하기 위해 설치하는 부재 ② 수직재와 수평재의 교차부에서 비계면에 대하여 직각이 되도록 하여 수직재에 설치 ③ 벽 이음재는 전체를 한 번에 풀지 않고, 부분적으로 순서에 맞게 해체 ④ 띠장에 부착된 벽 이음재는 비계기둥으로부터 300mm 이내에 부착 ⑤ 벽 이음재로 사용되는 앵커는 비계 구조체가 해체될 때까지 유지 ⑥ 벽 이음재 종류 • 박스형 벽 이음재(Box Ties) • 립형 벽 이음재(Lip Ties) • 관통형 벽 이음재(Through Ties) • 창틀용 벽 이음재(Reveal Ties)
4. 안전난간	① 추락의 위험이 있는 곳에는 높이가 0.9m 이상인 안전난간을 설치 ② 중간 난간대는 상부 난간대와 바닥면의 중간에 설치하여야 한다. 다만, 높이가 1.2m를 초과하는 경우에는 수평난간대 간의 간격이 0.6m 이하가 되도록 중간 난간대를 추가로 설치 ③ 안전난간의 설치가 곤란한 곳에서는 추락 방호망을 설치 ④ 안전난간은 예상되는 수평하중 및 충격하중에 대하여 저항할 수 있도록 설치 ⑤ 안전난간과 작업발판 사이에는 재료, 기구 또는 공구 등이 떨어지는 것을 방지할 수 있도록 발끝막이판을 설치
5. 해체 및 철거	① 해체 및 철거는 시공의 역순으로 진행 ② 비계에 결함이 발생했을 경우에는 정상적인 상태로 복구한 후에 해체 ③ 규칙적이고 계획적으로 진행되어야 하며, 수평부재부터 차례로 해체 ④ 모든 분리된 부재와 이음재는 비계로부터 떨어뜨리지 말고 내려야 하며, 아직 분해되지 않은 비계부분은 안정성을 유지 ⑤ 해체된 부재들은 비계 위에 적재해서는 안 되며, 해체된 부재들은 지정된 위치에 보관 ⑥ 벽 이음재는 가능하면 나중에 해체

5. 해체 및 철거	⑦ 비계를 해체할 경우에는 다음 사항에 주의 　• 모든 벽 이음재를 한 번에 제거하지 말 것 　• 모든 가새를 먼저 제거하지 말 것 　• 모든 중간매개체와 발판 끝의 장선을 제거하지 말 것 　• 모든 중간 난간대를 한 번에 제거하지 말 것 ⑧ 해체된 비계 부재를 취급하거나 보조장치를 설치할 경우에는 건물의 마감에 손상을 주지 않도록 할 것 ⑨ 비계기둥의 이음부에서 비계기둥, 띠장 등을 해체할 경우에는 이음 위치와 해체 순서를 확인 ⑩ 공사가 완료될 때까지는 모든 공사용 비계 철거

03 강관(단관) 파이프 비계

구 분		강관(Pipe) 비계	
1. 강관(단관) 비계	정의	강관으로 현장에서 조립하여 설치하는 비계	
	특성	장점	단점
		① 조립·해체가 용이하다. ② 사용횟수가 목재 비계보다 많다. ③ 재료강도가 커 고층 건축 시공에 유리하다. ④ 작업장이 미관상 좋다.	① 최초 구입비가 비싸다. ② 조립기능을 요구한다.
	설치 순서	Base Plate 설치 → 비계기둥 설치 → 띠장 설치 → 가새 및 버팀대 설치 → 장선 설치 → 발판	
2. 비계기둥, 간격		• 31m 넘는 밑부분 2본 이상 • 띠장 방향 : 1.5~1.8m • 장선 방향 : 0.9~1.5m	
3. 띠장		• 1.5m(제1띠장 : 2m 이하) • 띠장을 연속해서 설치할 경우에는 겹침이음 • 겹침이음을 하는 띠장 간의 이격거리는 순간격이 100mm 이내 • 각각의 띠장끼리 최소 300mm 이상 엇갈리게	
4. 장선		• 장선은 비계의 내·외측 모든 기둥에 결속 • 장선 간격은 1.5m 이하 • 작업 발판의 내민 부분이 100mm~200mm의 범위가 되도록 간격을 정하여 설치 • 장선은 띠장으로부터 50mm 이상 돌출하여 설치	
5. 하부 고정		Base Plate 설치	
6. 최대 적재 하중	기둥 1본	7.0kN	
	기둥 사이	4.0kN(기둥간격 1.8m 이내일 경우)	
7. 벽 이음재		수직 : 5m 내외, 수평 : 5m 이하	

8. 결속선 및 결속재	① Coupler(＋, －, 45°) ② Coupling ③ Clamp
9. 가새, 수평재	수평 10m 내외 간격으로 40~60°로 설치

04 강관틀 비계

구분		강관틀 비계
1. 주틀의 간격, 높이		• 40m를 초과할 수 없으며, 높이가 20m를 초과하는 경우 또는 중량작업을 하는 경우에는 내력상 중요한 틀의 높이를 2m 이하로 하고 주틀의 간격을 1.8m 이하 • 연결용 통로, 출입구 및 개구부 등에서 내력상 충분히 안전한 경우에는 주틀의 높이 및 간격을 전술한 규정보다 크게 할 수 있다.
2. 띠장틀 또는 수평틀		• 주틀의 최상부와 다섯단 이내마다 띠장틀 또는 수평재를 설치
3. 하부 고정		• Base Plate 설치 • 주틀의 바닥에 고저차가 있을 경우에는 조절형 받침철물을 사용하여 각 주틀을 수평과 수직으로 유지
4. 최대 적재 하중	주틀 한개	24.5kN
	주틀 사이	4.0kN(주틀의 간격 1.8m 이내일 경우)
5. 벽 이음재		수직 : 6m 내외, 수평 : 8m 이하
6. 교차 가새		각 단, 각 스팬마다 설치하고 결속 부분은 진동 등으로 탈락하지 않도록 이탈방지
7. 보강재		• 띠장방향으로 길이 4m 이하이고, 높이 10m를 초과할 때는 높이 10m 이내마다 띠장방향으로 유효한 보강틀을 설치 • 보틀 및 내민틀(캔틸레버)은 수평가새 등으로 옆 흔들림을 방지할 수 있도록 보강

05 시스템 비계

1. 수직재	① 본체와 접합부가 일체화된 구조, 양단부에는 이탈방지용 핀구멍 ② 접합부는 수평재와 가새가 연결될 수 있는 구조 ③ 접합부 종류는 디스크형, 포켓형 ④ 디스크형 4개 또는 8개의 핀구멍 설치
2. 수평재	① 본체와 접합부가 일체화된 구조 ② 본체 또는 결합부에는 가새재를 결합시킬 수 있는 핀구멍 ③ 일체형 작업 발판 장점 　• 공장생산으로 균일한 품질 확보 　• 작업자의 안정성 확보 　• 재래식에 비해 넓은 편이라 작업성 향상
3. 가새재	① 본체와 연결부가 일체화된 구조 ② 고정용, 길이 조절용 ③ 외관에 내관을 연결하는 구조
4. 연결조인트	① 삽입형과 수직재 본체로 된 일체형 ② 연결조인트와 수직재와의 겹침 길이는 100mm 이상
5. 설치	① 수직재와 수평재는 직교 ② 가새 40~60° ③ 수직재와 받침 철물의 연결 길이는 받침철물의 전체 길이 1/3 이상이 되도록 설치

●20②
(장점) 일체형 발판

06 통로 및 사다리

1. 통로	① 작업 발판	② 작업계단	③ 경사로
2. 사다리	① 고정 사다리	② 이동 사다리	③ 연장 사다리

제7절 안전설비

01 용어

1. 낙하물 방지망	작업 도중 자재, 공구 등의 낙하로 인한 피해를 방지하기 위하여 개구부 및 비계 외부에 수평방향으로 설치하는 망
2. 방호선반	상부에서 작업 도중 자재나 공구 등의 낙하로 인한 재해를 방지하기 위하여 개구부 및 비계 외부 안전통로 출입구 상부에 설치하는 낙하물 방지망 대신 설치하는 목재 또는 금속 판재
3. 수직 보호망	가설구조물의 바깥면에 설치하여 낙하물 및 먼지의 비산 등을 방지하기 위하여 수직으로 설치하는 보호망
4. 안전난간	추락의 우려가 있는 통로, 작업발판의 가장자리, 개구부 주변 등의 장소에 임시로 조립하여 설치하는 수평난간대와 난간기둥 등으로 구성된 안전시설
5. 추락 방호망	고소작업 중 근로자의 추락 및 물체의 낙하를 방지하기 위하여 수평으로 설치하는 보호망. 다만, 낙하물 방지 겸용 방망은 그물코 크기가 20mm 이하일 것
6. 수직형 추락방망	건설현장에서 근로자가 위험장소에 접근하지 못하도록 수직으로 설치하여 추락의 위험을 방지하는 방망
7. 발끝막이판 (Toeboard)	근로자의 발의 미끄러짐이나, 작업 시 발생하는 잔재, 공구 등이 떨어지는 것을 방지하기 위하여 작업발판이나 통로의 가장자리에 설치하는 판재
8. 개구부 수평보호 덮개	근로자 또는 장비 등이 바닥 등에 뚫린 부분으로 떨어지는 것을 방지하기 위하여 설치하는 판재 또는 철판망
9. 안전대 부착설비	추락할 위험이 있는 높이 2m 이상의 장소에서 근로자에게 안전대를 착용시킨 경우 안전대를 안전하게 걸어 사용할 수 있는 설비
10. 낙하물 투하설비	높이 3m 이상인 장소에서 낙하물을 안전하게 던져 아래로 떨어뜨리기 위해 설치되는 설비

● 21① · 13④ · 10①
(용어) 방호선반

02 안전시설

1. 추락 재해 방지시설	① 추락 방호망 ② 안전 난간 ③ 개구부 수평보호 덮개 ④ 리프트 승강구 안전문 ⑤ 엘리베이터 개구부용 난간틀 ⑥ 수직형 추락방망 ⑦ 안전대 부착설비
2. 낙하물 재해 방지시설	① 낙하물 방지망 ② 방호 선반 ③ 수직 방호망

● 00① · 00②
(종류) 안전설비

CHAPTER 02 핵심 기출문제

● 개 요

01 가설설비계획의 입안 시 유의해야 할 사항을 3가지 쓰시오.

가. _____ 나. _____
다. _____

정답 가설설비계획 입안 시 유의점
가. 전용성 고려
나. 경제성 고려
다. 시공성 고려

02 가설건축물 축조신고 시 구비서류를 3가지만 쓰시오.

① _____
② _____
③ _____

정답 가설건축물 축조신고 시 구비서류
① 가설건물축조 신고서
② 토지주의 사용허가서
③ 건축물 현황도

03 다음 〈보기〉에서 직접가설비와 간접가설비를 구분하여 기호로 쓰시오.

① 양중·하역설비	② 숙소
③ 급·배수 설비	④ 운반설비
⑤ 현장사무소	⑥ 공사용 전기설비
⑦ 안전설비	⑧ 기자재 창고

가. 직접가설비 : _____
나. 간접가설비 : _____

정답 가설공사 항목
가. 직접가설비 : ①, ⑦
나. 간접가설비 : ②, ③, ④, ⑤, ⑥, ⑧

04 가설공사 항목 중 공통가설과 직접가설 항목을 〈보기〉에서 골라 기호로 쓰시오.

① 가설건물	② 규준틀	③ 용수설비
④ 공사용 동력	⑤ 방호선반	⑥ 먹매김
⑦ 운반	⑧ 콘크리트 양생	

가. 공통가설 : _____
나. 직접가설 : _____

정답 가설공사 항목
가. 공통가설 : ①, ③, ④, ⑦
나. 직접가설 : ②, ⑤, ⑥, ⑧

05 가설출입구 설치 시 고려할 사항 3가지를 쓰시오.

가. _____

나. _____

다. _____

정답 가설출입구 설치 시 고려할 사항
가. 자재를 적재하고 필요한 곳까지 가깝게 이동할 수 있는지 동선 확인
나. 승강기 자재와 같이 부피가 크고 중량이 있는 자재를 승강로 주변까지 이동할 수 있는지 확인
다. 자재를 수직 이동할 수 있는 곳까지 편리하게 이동할 수 있는지 확인
라. 편하게 토사 반출을 하기 위해서는 6m 폭의 게이트가 필요

● **공통가설공사**

06 시멘트 창고 관리방법 4가지를 쓰시오.

가. _____

나. _____

다. _____

라. _____

정답 시멘트 창고 관리방법
가. 마루 높이는 지면에서 30cm 이상 높여 방습처리에 유의한다.
나. 창은 채광용으로 두고 여름철의 습기·외기의 침입을 막기 위해 환기창은 두지 않는다.
다. 반입구와 반출구는 별도로 두고 반입 순서대로 사용한다.
라. 지붕은 경사지붕으로 하고, 창고 주위에 배수도랑을 설치한다.

● **직접가설공사**

07 기준점(Bench Mark)의 정의 및 설치 시 주의사항을 3가지 쓰시오.

가. 정의 : _____

나. 주의사항 :
① _____
② _____
③ _____

정답 기준점(Bench Mark)
가. 정의 : 공사 중에 높낮이의 기준이 되는 점으로 건축물 인근에 설치한다.
나. 주의사항
① 이동의 염려가 없는 곳에 설치한다.
② 현장 어디서나 바라보기 좋고 공사에 지장이 없는 곳에 설치한다.
③ 최소 2개소 이상 설치한다.
④ 지면에서 0.5~1m 정도 위치에 설치하는 것이 좋다.
⑤ 착공과 동시에 설치하고 완공 시까지 존치시킨다.

정답 수평규준틀 설치 목적
가. 건물의 위치 설정
나. 건물의 각부 위치 결정
다. 터파기 폭 기준

정답 수평규준틀 설치 목적
가. 달비계 : 상부에서 와이어로프 등으로 매달린 형태의 비계
나. 말비계 : 주로 건축물의 천장과 벽면의 실내 내장 마무리 등을 위해 바닥에서 일정한 높이의 발판을 설치하여 사용하는 기계

정답 비계 구성
① 기둥 ② 띠장
③ 장선 ④ 가새

정답 강관비계 이음고정 부속철물
가. 커플러(Coupler)
나. 커플링(Coupling)
다. 클램프(Clamp)

정답 강관 파이프 비계 철물
가. 연결철물 종류 : 자재형 클램프, 고정형 클램프
나. 기둥 하단 설치 철물 : 베이스 플레이트

---

08 수평규준틀 설치 목적 2가지를 쓰시오. • 15② · 12①

가. _____
나. _____

09 다음 용어에 대하여 간단히 설명하시오. • 24②

가. 달비계 : _____

나. 말비계 : _____

10 다음 설명을 읽고 (　) 안에 들어갈 적당한 부재 명칭을 쓰시오.
• 08① · 98②

> 가. 단관비계에서 (①)은 띠장방향으로 1.85m, 장선방향으로 1.5m 정도 벌려서 세우고 최고 높이가 31m를 넘으면 두 개를 합쳐서 세워야 한다. (②)은 수직간격 2m로 하고, 이음 띠장 간 이격거리는 100mm 이내, 이음위치는 300mm 이상 엇갈려서 설치한다.
> 나. 단관비계나 통나무비계에서 (③)의 간격은 1.85m 이내로 배치하고 ①과 ②에 결속한다. (④)은 수평면에 대해 40~60° 각도로 설치하며 배치간격은 10m 이내마다 한다.

① _____ ② _____
③ _____ ④ _____

11 강관비계를 수직 수평 경사 방향으로 연결 또는 이음 고정시킬 때 사용하는 부속철물의 명칭을 3가지 쓰시오. • 07① · 00③

가. _____ 나. _____
다. _____

12 강관 파이프 비계의 연결철물 종류와 기둥 하단 설치 철물을 쓰시오. • 15①

가. 연결철물 종류 : _____
나. 기둥 하단 설치 철물 : _____

13 강관틀비계의 설치에 관한 다음 설명 중 ( ) 안에 적합한 숫자를 적으시오.
• 17④ · 08① · 98②

> 세로틀은 수직방향 (가)m, 수평방향 (나)m 내외의 간격으로 건축물의 구조체에 견고하게 긴결해야 하며, 높이는 원칙적으로 (다)m를 초과할 수 없다.

가. _____ 나. _____
다. _____

정답 비계 연결대
가. 6
나. 8
다. 40

● **안전설비**

14 가설공사 시 추락, 낙하, 비산방지를 위한 안전설비의 종류를 3가지 쓰시오.
• 00①, ②

가. _____
나. _____
다. _____

정답 가설공사 안전설비
가. 추락방호망
나. 방호선반
다. 낙하물 방지망

15 다음 용어를 설명하시오.
• 22① · 21① · 14① · 13④ · 10①

가. 기준점 : _____

나. 방호선반 : _____

정답 용어
가. 건축물 시공 시 기준위치를 정하는 원점으로 공사 중 높이의 기준이 되는 것
나. 주출입구 및 리프트 출입구 상부 등에 수평으로 설치한 낙하방지 안전시설

16 가설공사 등에 쓰이는 일반볼트의 경우, 너트의 풀림을 방지할 수 있는 방법에 대하여 3가지를 쓰시오.
• 04④ · 99③

가. _____
나. _____
다. _____

정답 너트 풀림 방지
가. 이중너트 사용
나. 스프링 워셔 사용
다. 너트 용접

● 측량

17 평판측량과 레벨측량의 기구를 〈보기〉에서 각각 골라 기호를 쓰시오.

• 06③

〈보기〉
① 앨리데이드　　② 평판　　③ 구심기
④ 다림추　　⑤ 자침기　　⑥ 레벨
⑦ 스태프(Staff)

가. 평판측량 : _____

나. 레벨측량 : _____

정답 측량기구
가. 평판측량 : ①, ②, ③, ④, ⑤
나. 레벨측량 : ⑥, ⑦

● 환경

18 비산먼지 발생 억제를 위한 방진시설을 할 때 야적(분체상 물질을 야적하는 경우에 한함) 시 조치사항 3가지를 쓰시오.

• 17①

가. _____

나. _____

다. _____

정답 비산먼지 방지대책
가. 야적 물질 1일 이상 보관 시 방진덮개 설치
나. 1.8m 이상의 높이로 방진벽 설치
다. 비산먼지의 발생을 억제하기 위한 살수시설 설치

19 비산먼지 방지시설의 종류 2가지를 쓰시오.(예시 : 방진막, 예시는 제외)

• 21④

① _____

② _____

정답 비산먼지 방지시설
① 방진덮개
② 방진벽
③ 방진망
④ 세륜시설

Engineer Architecture

CHAPTER 03
토공사

CONTENTS

제1절	지반의 구성 및 흙의 성질	77
제2절	지반조사(지하탐사)	84
제3절	토질시험	89
제4절	지반개량	95
제5절	터파기	103
제6절	토공사용 장비	123

한눈에 보기

01 흙의 성질

- 공식
  - 전단강도
    - 종류
    - 식
  - 간극비
  - 간극률
  - 함수비
  - 함수율
  - 포화도
  - 예민비
    - 용어
    - 식
- 용어
  - 압밀
  - 압밀침하
  - 액상화
  - 딕소트로피
- 아터버그(한계)
  - 액체 ↓ 액성한계
  - 소성 ↓ 소성한계
  - 반고체 ↓ 수축한계
  - 고체
- 모래/점토
  - 시험
  - 성질
  - 투수성
  - 압밀
  - 예민비
  - 동결 · 건조수축

02 지반조사

- 순서
  - 사전
  - 예비
  - 본
  - 추가
- 지하탐사법
  - 터파보기
  - 탐사간 꽂아보기
  - 물리적 지하탐사
  - 보링
    - 회전식(정확 : 사질토 X)
    - 충격식(굳은지층)
    - 오우거(연약점토)
    - 수사식(연질층)
- 주상도
  - 지층의 구성
  - 토질의 입자
  - 토질의 깊이
  - 지하수위
  - N치
  - 작성자, 작성일시

03 토질시험

- 사운딩
  - 정의
  - 종류
    - 베인테스트
    - 표준관입시험 — 63.5kg / 75cm
    - 콘시험
    - 스웨덴식 — 30cm
- 용어
  - 평판재하
    - 예정기초저면
    - 재하판 지름 300mm
    - 재하
    - 침하량 측정
    - 장기허용지내력
    - 단기=장기×2 ※ 지내력 계산하기
    - 일반적인 허용지내력
  - 말뚝재하
    - 동재하
    - 정재하

04 지반개량

- 목적
  - 지내력 확보
  - 부동침하 방지
  - 터파기시 안정성
  - 인접건물 보강
- 연약지반
  - 상부
    - 건물길이 짧게
    - 인접건물과 이격거리 멀게
    - 자중감소
  - 하부
    - 보강(지정)
    - 기초면적 크게
    - 지반개량
- 개량공법
  - 점토
    - 치환
    - 압밀
      - 선행재하
      - 사면선단 재하
      - 압성토 공법
    - 탈수
      - 샌드 드레인
      - 페이퍼 드레인
      - 생석회 공법
    - 고결
      - 소결
      - 동결
    - 동치환
    - 전기침투
  - 모래
    - 진동다짐
    - 모래다짐 말뚝
    - 전기충격
    - 폭파다짐
    - 다짐말뚝
    - 약액주입(JSP, LW)
    - 동다짐
- 배수공법
  - 깊은우물
  - 집수정
  - 웰포인트

Thinking Map

용어 미리보기

용어	Keyword	출제연도
피압수	불투수층의 토질 밑에 고여 있는 지하수	03③ · 01③
예민비	함수비가 변화가 없는 상태의 이긴시료에 대한 자연시료의 강도의 비	19④ · 18② · 15② · 12① · 07③ · 03①
압밀침하	압밀침하란 외력에 의하여 간극 내의 물이 빠져 흙입자의 사이가 좁아지며 지반이 침하되는 현상	03③ · 01③
소성한계	흙의 함수율이 감소하여 소성성질을 상실하는 한계점	
액성한계	흙의 함수율이 감소하여 액체성질을 상실하는 한계점	
회전식 보링	비트(Bit)를 회전시켜 굴착하는 방법으로 지하를 탐사하는 공법	21④ · 16④ · 13② · 11④ · 11② · 10② · 09②
주상도	지질 단면을 그린 그림으로 지층의 형성, 깊이, 제물질 상태 등을 축척으로 표시한 그림	
사운딩 시험	지반에 저항체를 관입, 회전, 인발등으로 지반의 연경도를 파악하는 토질시험	21④ · 19① · 00①
베인 테스트 (Vane Test)	+자 날개형의 베인테스터를 지반에 관입한 후 회전시켜 그 저항력으로서 진흙의 점착력을 파악하는 토질시험	17④ · 09④
표준관입시험 (Standard Penetration Test)	스플릿 스푼 샘플러(Split Spoon Sampler)를 지반에다 30cm 관입하는 데 소요된 타격횟수(N) 값으로 지반의 밀도를 파악하는 토질 시험	10①
지내력시험	지반에 하중을 가했을 때 지반 내부에서 작용하는 허용내력을 파악하는 시험	19④ · 07③
샌드 드레인	연약점토층이 깊은 경우 연약점토층에 모래말뚝을 박아 배수거리를 짧게 하여 압밀을 촉진시키는 방법	21①,② · 20② · 17④ · 16① · 14④ · 12④ · 12② · 10① · 07① · 99⑤
페이퍼 드레인	합성수지로 된 Card Board를 땅속에 박아 압밀을 촉진시키는 공법	20③ · 10④
생석회 공법	생석회의 수분 흡수 시 체적이 2배로 팽창하는데, 이때 탈수, 압밀 등을 이용하여 개량하는 공법	20③ · 10④
웰 포인트 공법	모래지반에 세로관을 박아넣고 가로관을 연결하여 모터의 압으로 지하수를 빼내는 배수공법	21① · 07① · 99⑤
흙의 휴식각	중력에 대하여 흙의 입자간의 마찰력만으로 정지하고 있는 사면각도	12④ · 01① · 98②
히빙	하부 지반이 연약할 때 토압에 의해 저면흙이 붕괴되고 흙막이 바깥흙이 안으로 밀려 파기저면부가 볼록하게 솟아나는 현상	21④ · 19④ · 13④ · 12④ · 10② · 08② · 05① · 00③ · 00②
보일링	투수성이 좋은 사질지반에서 유동지하수(피압수)에 의해 저면의 모래지반이 공동화되어 지지력이 상실되어 터파기 저면이 볼록하게 솟아나는 현상	13④ · 12④ · 10② · 08② · 05① · 00③ · 00②

용어	Keyword	출제연도
파이핑	흙막이벽의 부실공사로써 흙막이벽의 뚫린 구멍 또는 방축널의 이음부위를 통하여 흙탕물이 새어나오는 현상	13④ · 12④ · 10② · 08② · 05① · 00③ · 00②
아일랜드 컷공법	흙파기면에 따라 널말뚝을 박은 다음 널말뚝 주변부의 흙을 남겨가면서 중앙부의 흙을 파고, 그 부분에 기초 또는 지하구조체를 축조한 후, 이에 흙막이 버팀대를 가설하여 널말뚝 주변부를 굴착하는 공법	21① · 17② · 13② · 12④
트렌치 컷 공법	흙파기면에 따라 2중 널말뚝을 박은 다음 널말뚝 사이를 먼저 굴착하여 건축물의 바깥공사(지하옹벽)를 먼저 축조한 후 중앙부 흙을 나중에 굴착하는 공법	21① · 13②
어스앙카(앵커)	흙막이널에 지지대(Anchor)를 설치하여 앵커 주변의 인발력(마찰력)으로 흙막이널에 작용되는 측압(토압 + 수압)에 대항하는 공법	19① · 12④ · 98⑤
트레미관	수중 콘크리트를 타설하기 위하여 하부가 막혀있는 타설관	03③
가이드 월	지하연속벽에서 지반에서 1m 정도로 형성하는 벽	03③
영구 구조물 스트러트 공법	(SPS ; Strut as Permanent System) 가설버팀재 대신 보나 슬라브를 버팀대로 활용하는 영구 버팀대 공법	15①
언더 피닝	기존 건물 가까이에서 건축공사를 할 때 지하수위의 저하 또는 터파기 공사 등에 따른 인접 지반의 지내력 약화에 대한 지반 및 기초 보강공법	19④ · 18④ · 14② · 08③ · 07① · 03②
배수판(드레인보드)	영구배수공법의 일종으로 롤 형태의 보드를 옹벽 뒤에 부착하여 시공하는 배수 자재	23④

토공사

회독 CHECK!
1회독 ☐   월   일
2회독 ☐   월   일
3회독 ☐   월   일

제1절 지반의 구성 및 흙의 성질

01 지반의 구성

(1) 지반

지반은 구성 토립자의 크기에 따라 다음과 같이 분류한다.

1. 토질				2. 암석	
콜로이드		모래		자갈	바위
점토	실트	고운 모래	굵은 모래		

(2) 지하수

1. 간극수		토립자 사이의 간극 내에 있는 지하수
2. 지하수	자유수	지하수위를 가지고 있으며 수량에 따라 지하수위가 높고 낮아지는 지하수
	피압수	불투수층의 토질 밑에 고여 있는 지하수

●03③ · 01③

용어 피압수

02 흙의 성질

(1) 전단강도와 투수성

1. 전단강도	기초의 극한 지지력을 파악할 수 있는 흙의 가장 중요한 역학적 성질로서 전단력에 대한 쿨롱의 법칙은 다음과 같다. $$\tau = C + \sigma \tan\phi$$ 여기서, τ : 전단강도 C : 점착력 $\tan\phi$: 마찰계수 ϕ : 내부마찰각 σ : 파괴면에 수직인 힘 ① 점토 : $\tau \fallingdotseq C\,(\because \phi=0)$ ② 모래 : $\tau \fallingdotseq \sigma\tan\phi\,(\because C=0)$
2. 투수성	① 다르시의 법칙(Darcy's Law) **침투유량 = 수두경사 × 단면적 × 투수계수** ② 투수계수의 성질 ㉠ 투수계수가 큰 것을 투수량이 크고 모래는 진흙보다 크다. ㉡ 투수계수가 클수록 압밀량이 작아진다. ㉢ 투수계수가 지중온도 점성계수에 반비례하며 간극비·포화도·밀도 및 토립자 크기의 제곱에 비례한다.

(2) 공식

1. 간극비	$\dfrac{\text{간극(물+공기)의 용적}}{\text{순토립자의 용적}}$
2. 간극률	$\dfrac{\text{간극의 용적}}{\text{전체 토립자(흙+물+공기)의 용적}} \times 100(\%)$
3. 함수비	$\dfrac{\text{물중량}}{\text{순토립자의 중량}}$
4. 함수율	$\dfrac{\text{물중량}}{\text{전체 토립자(흙+물)의 중량}} \times 100(\%)$
5. 포화도	$\dfrac{\text{물의 용적}}{\text{간극의 용적}} \times 100(\%)$
6. 예민비	$\dfrac{\text{자연 시료의 강도}}{\text{이긴 시료의 강도}}$ ※ 모래는 예민비가 작고(≒1) 점토는 크다.

(3) 용어

압밀	외력에 의하여 흙입자 사이의 간극수가 제거되며 지반이 수축되는 현상
압밀침하	압밀침하란 외력에 의하여 간극 내의 물이 빠져 흙입자의 사이가 좁아지며 지반이 침하되는 현상
예민비	함수율 변화가 없는 상태에서 이긴 시료에 대한 자연시료의 강도의 비
간극수압	지중 토립자 사이의 수압으로 배수공법 및 탈수공법의 선택기준이 되며 피에조미터(Piezometer)로 측정한다.
액상화	느슨하고 포화된 고운 모래층이 충격을 받으면, 지반의 수축으로 간극수압이 발생하여 전단강도가 떨어지는 현상. 즉 지중수가 상승하여 일시적으로 지내력이 감소되는 현상
딕소트로피 (Thixotropy)	점토층에 일시 충격이 가해지면 팽창에 의해 강도가 일시 저하되는 현상 (시간 경과에 따라 본래의 강도로 되돌아간다.)

(4) 연경도(Atterberg's Limit : 흙의 함수량 변화상태)

(5) 모래와 점토의 특성 비교

구분	점토	모래
시험	베인테스트	표준관입시험
투수성	작다.	크다.
압밀량(성)	크다.	작다.
압밀속도	느리다.	빠르다.
예민비	크다.	작다.

CHAPTER 03 핵심 기출문제

정답 흙의 전단강도
$[\tau = C + \tan\phi \cdot \sigma]$
C : 흙의 점착력
σ : 전단면에 따라 작용하는 수직응력
$\tan\phi$: 흙의 마찰계수
ϕ : 내부마찰각(°)

01 흙의 전단강도 식을 쓰고 기호가 나타내는 것을 쓰시오. ● 15① · 08② · 99②

가. 식 :

나. 기호 :

정답 용어
가. 외력에 의하여 간극 내의 물이 빠져 흙 입자 간의 사이가 좁아지며 침하되는 것
나. 지반의 불투수층 사이에서 정수압에 비하여 높은 압력을 갖는 지하수

02 다음 용어를 정의하시오. ● 12① · 03③ · 01③

가. 압밀침하 :

나. 피압수 :

정답 용어
예민비

03 점토에 있어서 자연시료는 어느 정도의 강도가 있으나 이것의 함수율을 변화시키지 않고 이기면 약해지는 성질이 있다. 이러한 흙의 이김에 의해서 약해지는 정도를 표시하는 것을 무엇이라 하는가? ● 12① · 03①

정답 예민비
가. 식 : $\dfrac{\text{자연시료의 강도}}{\text{이긴 시료의 강도}}$
나. 용어 : 함수율의 변화가 없는 상태에서의 이긴 시료의 강도에 대한 자연시료의 강도의 비

04 흙의 성질 중 예민비의 식과 용어를 기재하시오. ● 22② · 18②

가. 식 :

나. 용어 :

05 다음 용어를 설명하시오. • 19④ · 07③

가. 예민비 :

나. 지내력시험 :

다. 지내력시험의 종류 :

정답 용어
가. 예민비 : 함수율의 변화가 없는 상태에서의 이긴 시료에 대한 자연시료의 강도비
나. 지내력시험 : 지반면에 직접 하중을 가하여 기초지반의 지지력을 추정하는 시험을 말한다.
다. 지내력시험의 종류 : 평판재하시험, 말뚝재하시험

06 다음 용어를 설명하시오. • 15②

가. 예민비 :

나. 압밀 :

정답 용어
가. 예민비 : 함수율의 변화가 없는 상태에서의 이긴 시료에 대한 자연시료의 강도의 비
나. 압밀 : 흙에 하중을 가하여 간극수가 빠져나가면서 흙이 수축되는 현상

07 흙은 일반적으로 물을 포함하고 있으며 그 함수량의 변화에 따라 아래와 같이 그 성질이 변화한다. ( ) 속에 알맞은 표현을 쓰시오. • 11① · 08③

전건상태 - (가) - 소성상태 - (나) - 질컥한 액성의 상태

가.   나.

정답 흙의 함수상태
가. 소성한계
나. 액성한계
※ 답이 중복 가능한 문제

08 흙의 함수량 변화와 관련하여 ( ) 안을 채우시오. • 21① · 15② · 11①

흙이 소성상태에서 반고체상태로 옮겨지는 경계의 함수비를 (가)라 하고, 액성상태에서 소성상태로 옮겨지는 함수비를 (나)라고 한다.

가.   나.

정답 용어
가. 소성한계
나. 액성한계

09 다음 토질과 관계하는 자료를 참조하여 간극비와 함수율을 구하시오.

● 03① · 00①,②

- 토립자만의 용적 = 2m³
- 물만의 용적 = 0.5m³
- 공기만의 용적 = 0.5m³
- 전체 흙의 중량 = 4.5ton
- 순토립자만의 중량 = 4ton
- 물만의 중량 = 0.5ton
- 전체 흙의 용적 = 3m³

가. 간극비 :

나. 함수율 :

정답 토질의 성질

가. 간극비 : $\dfrac{0.5+0.5}{2} = 0.5$

나. 함수율 : $\dfrac{0.5}{4.5} \times 100 = 11.1\%$

10 자연시료의 강도가 8, 이긴 시료의 강도가 5일 때 예민비를 구하시오.

● 23① · 17②

계산과정 :

정답 예민비 구하기

$\dfrac{\text{자연시료의 강도}}{\text{이긴 시료의 강도}} = \dfrac{8}{5} = 1.6$

11 점토의 흐트러뜨리지 않은 공시체의 밀도시험과 함수비시험을 행한 결과 아래 표와 같은 시험 결과를 얻었다. 이 결과를 근거로 함수비, 간극비, 포화도를 쓰시오.

● 03① · 00①,②

시험의 종류	시험결과
토립자 밀도	토립자의 체적 : 11.06cm³
함수비	흙과 용기의 질량 : 92.58g
	건조한 흙과 용기의 질량 : 78.95g
	용기의 질량 : 49.32g
습윤밀도	흙의 체적 : 26.22cm³

가. 함수비 :

나. 간극비 :

다. 포화도 :

정답 토질의 성질

토립자만의 질량 = 78.95 − 49.32
= 29.63(g)
물만의 질량 = 92.58 − 78.95
= 13.63(g)

가. 함수비
: $\dfrac{13.63}{29.63} \times 100 = 46\%(\%)$

나. 간극비
: $\dfrac{26.22-11.06}{11.06} = 1.37$

다. 포화도
: $\dfrac{13.63}{26.22-11.06} \times 100$
= 89.91

12 흙은 흙입자·물·공기로 구성되며, 도식화하면 다음 그림과 같다. 그림에 주어진 기호로 아래의 각종 용어를 표기하시오.

가. 간극비 :

나. 함수비 :

다. 포화도 :

제2절 지반조사(지하탐사)

01 지반조사 분류와 절차(순서)

1. 분류	물리적 시험	함수량시험, 투수시험, 입도시험, 비중시험, 연경도시험(액성한계, 소성한계, 수축한계시험)
	역학적 시험	다짐시험, 전단시험, 압밀시험, 일축압축시험, 삼축압축시험
	현장시험	표준관입시험, 지내력도시험, 베인테스트, 양수시험, 지하수위 측정시험
2. 절차 (순서)	사전조사	예비지식(자료, 문헌 등의 참조)으로 지반의 개략적 현황을 파악한다.
	예비조사	① 설계자에게 건물의 배치, 지반지지층, 기초구조 등의 윤곽을 결정할 수 있는 자료를 제공한다. ② 본조사의 기본자료가 되며 표준관입시험, 보링 등을 이용한다.
	본조사	지반의 물리적·역학적 성질을 본격적으로 조사한다.
	추가조사	본조사의 보완 또는 재조사의 필요성이 있을 경우에 실시한다.

02 지하탐사법

1. 터파보기	직경 60~90cm, 깊이 1.5~3m, 간격 5~10m로 구멍을 파 생땅의 위치, 얕은 지층의 토질, 지하수위를 파악하는 방법이다.
2. 탐사 간 짚어보기	지름 9mm 정도의 철봉을 인력으로 꽂아 손짐작으로 얕은 지층의 생땅의 위치(지반의 견고성)를 파악하는 방법이다.
3. 물리적 탐사	전기저항식, 탄성파식, 강제진동식 등이 있으며 지반의 구성층은 파악할 수 있으나 지반의 역학적 성질 판별은 곤란하다. ※ 탄성파시험 : 토층의 평균 전단파속도(V_s.soil)는 탄성파시험 결과가 있을 경우 이를 우선적으로 적용한다. 이때 탄성파시험은 시추조사를 바탕으로 가장 불리한 시추공에서 행하는 것을 원칙으로 한다.
4. 보링	정의	지중에 보통 10cm 정도의 구멍을 뚫어 토사를 채취하는 방법으로 지중의 토질분포, 토층의 구성, 주상도를 개략적으로 파악할 수 있다.
	목적	① 지층의 구성상태 파악　② 흙의 샘플링 추출 ③ 지층의 토질 분석　④ 주상도 작성 ⑤ 지하수위 파악　⑥ 각 토질의 깊이 파악
	종류	오우거식 (Auger)	연약 점토층에서 인력 또는 기계력으로 깊이 10m 정도 오거를 이용하여 시추한다.
		수세식 (Wash jet)	물을 주입하여 흙과 물을 같이 배출시켜 침전된 상태로 지층의 토질을 판별하는 법으로 깊이 30m 정도의 연질층에 적당하다.
		충격식 (Percussion)	토사, 암석을 파쇄하여 천공하는 방법으로 구멍벽의 붕괴 및 침수방지를 위하여 황색점토 또는 벤토나이트액 등의 이수액을 사용하여 구멍에 불침투수막을 형성해 가면서 비교적 굳은 지층까지 깊이 뚫어 보는 방법이다.

		회전식 (Rotary)	비트(Bit)를 회전시켜 굴진하는 방법으로 토사를 분쇄하지 않고 연속으로 채취할 수 있으므로 가장 정확하나, 사질토에서는 채택이 어렵다.
4. 보링	종류 구성품	① Rod(지지 연결대) ② Bit(굴삭 날) ③ Casing(토공벽 보호 철판) ④ Core Tube(시료 채취기)	

03 샘플링(Sampling)

1. 정의	보링에 의거하여 시료를 채취하는 방법
2. 종류	① 신월(Thin Wall) 샘플링 : 오우거 보링 연약점토의 채취에 알맞은 얇은 살로 된 샘플러를 사용한다. ② 콤포지트(Composite) 샘플링 : 수세식 보링 굳은 진흙, 약간 단단한 모래 채취에 알맞은 살이 두꺼운 샘플러를 사용한다. ③ 덴션(Dension) 샘플링 : 충격식 보링 경질점토 채취용으로 외관을 송수하면서 회전시켜서 판다. ④ 포일(Foil) 샘플링 : 회전식 보링 연약 점토층 시험 시 전체 깊이에 대한 불교란 시료를 채취할 수 있는 거의 완전한 토질시험이다.

04 주상도

1. 정의	지질 단면을 그린 그림으로 지층의 형성, 깊이, 제물질 상태 등을 축척으로 표시한 그림
2. 기입 내용	① 조사지역 ② 조사 일자 및 작성자 ③ 보링방법 ④ 지하수위 ⑤ 지층의 구성 및 두께 ⑥ 토질의 깊이 ⑦ 표준관입 N치

CHAPTER 03 핵심 기출문제

1회독 ☐ 월 일
2회독 ☐ 월 일
3회독 ☐ 월 일

01 큰 부류의 지반조사 방법을 열거한 다음 항목의 빈칸에 알맞은 말을 써 넣으시오.   •07②

가. (   )   나. (   )
다. 본조사   라. (   )

정답 지반조사
가. 사전조사
나. 예비조사
라. 추가조사

02 다음 지반조사의 방법 중 지하탐사법에 의한 것을 모두 골라 쓰시오.   •01②

가. 터파보기	나. 철관 박아넣기	다. 베인테스트
라. 탐사간	마. 시료채취	바. 대개시료채취
사. 관입시험	아. 하중시험	자. 물리적 탐사법

정답 지하탐사법
가, 라, 자

03 다음 (   ) 안에 공통적으로 들어가야 하는 단어를 적으시오.   •24③

토층의 평균 전단파속도(V_s, soil)는 (   )시험 결과가 있을 경우 이를 우선적으로 적용한다. 이때 (   )시험은 시추조사를 바탕으로 가장 불리한 시추공에서 행하는 것을 원칙으로 한다.

정답 용어
탄성파

04 보링의 목적 3가지를 쓰시오.   •18①

가. _____
나. _____
다. _____

정답 보링의 목적
가. 지층의 구성상태 파악
나. 흙의 샘플링 추출
다. 지층의 토질 분석
라. 주상도 작성
마. 지하수위 파악
바. 각 토질의 깊이 파악

05 지반조사 시 실시하는 보링(Boring)의 종류를 3가지만 쓰시오.

가.
나.
다.

정답 지반조사 시 보링의 종류
가. 오우거 보링
나. 충격식 보링
다. 회전식 보링

06 보링의 공법 중 수세식 보링과 회전식 보링의 공법을 설명하시오.

가. 수세식 보링 :

나. 회전식 보링 :

정답 용어 설명
가. 수세식 보링 : 케이싱에 물을 넣어 흙과 물을 같이 배출시켜 침전된 상태로 지층의 토질을 판단하는 지하탐사법
나. 회전식 보링 : 비트를 회전시켜 굴착하는 방법으로 토사를 분쇄하지 않고 채취할 수 있어 가장 정확한 지하탐사법

07 다음의 지반조사법 중 보링에 대한 설명이다. 알맞은 용어를 쓰시오.

가. 비교적 연약한 토사에 수압을 이용하여 탐사하는 방식
( )

나. 경질층을 깊이 파는데 이용되는 방식
( )

다. 지층의 변화를 연속적으로 비교적 정확히 알고자 할 때 사용하는 방식
( )

정답 보링의 종류
가. 수세식 보링(Wash Boring)
나. 충격식 보링 (Percussion Boring)
다. 회전식 보링(Rotary Boring)

08 다음은 지반조사법 중 보링에 대한 설명이다. 각 내용에 해당하는 보링의 종류를 쓰시오.

> 가. 충격날을 60~70cm 정도 낙하시키고 그 낙하충격에 의해 파쇄된 토사를 퍼내어 지층상태를 판단하는 방법
> 나. 충격날을 회전시켜 천공하므로 토층이 흐트러질 우려가 적은 방법
> 다. 오거를 회전시키면서 지중에 압입, 굴착하고 여러 번 오거를 인발하여 교란 시료를 채취하는 방법
> 라. 깊이 30cm 정도의 연질층에 사용하며, 외경 50~60mm관을 이용, 천공하면서 흙과 물을 동시에 배출시키는 방법

가. _____
나. _____
다. _____
라. _____

정답 보링공법
가. 충격식
나. 회전식
다. 오우거식
라. 수세식

09 지반조사 방법 중 보링(Boring)의 정의와 종류 4가지를 쓰시오.

가. 정의 : _____

나. 종류 : ① _____
② _____
③ _____
④ _____

정답 보링
가. 지반을 천공하고, 토질의 시료를 채취하여 지층상황을 판단하는 방법
나. ① 오우거 보링(Auger Boring)
② 수세식 보링(Wash Boring)
③ 충격식 보링(Percussion Boring)
④ 회전식 보링(Rotary Boring)

제3절 토질시험

01 사운딩 시험

1. 정의	로드의 선단에 붙은 스크류 포인트를 회전시켜서 압입하기나 원추 콘을 정적으로 압입하여 흙의 경도나 다짐상태를 조사하는 방법이다.
2. 특성	① 기동성·간편성이 좋다. ② 기능 및 시험의 정밀도는 떨어진다.

3. 종류	베인테스트	(Vane Test) 보링구멍을 이용하여 +자 날개형의 베인테스터를 지반에 관입한 후 회전시켜 그 저항력으로서 진흙의 점착력을 판별한다.
	표준관입시험	(Standard Penetration Test) Rod 선단에 샘플러를 부착하고, Rod 상단에 63.5±0.5kg의 해머로 760mm±10mm 높이에서 타격하여 Rod 끝의 표준관입시험용 샘플러 부분을 300mm 관입시키는 데 필요한 타격횟수 N치를 구하여 지반의 밀도를 파악하는 시험
	Cone 관입시험	원추형 Cone을 지반에 압입할 때의 관입저항으로 토질의 경연, 다짐상태 또는 토층구성을 판정한다.
	스웨덴식 사운딩	스웨덴식 시험기를 사용하여 하중을 5, 15, 20, 50, 75, 100kg으로 점차적으로 증가시켜 그 관입량을 계측하고, 100kg에서 멈춘 이후는 핸들로 회전시켜 반회전에 따른 관입량을 계측하여 판정한다.
	네덜란드식 관입시험	네덜란드식 관입시험기를 사용하여 저면적 10cm^{2}인 맨틀콘이 5cm 관입될 때의 관입저항치를 측정한다.

4. N값에 따른 지반 밀도	사질토	N치	0~4	4~10	10~30	30~50	50 이상
		상태	대단히 연함	연함	중간	밀실	대단히 밀실
		상대 밀도	0.2 이하	0.2~0.4	0.4~0.6	0.6~0.8	0.8 이상
	점토	N치	2 이하	2~4	4~8	8~15	15~30
		상태	대단히 연함	연함	중간	굳음	대단히 밀실

●10④·04①·98⑤

(연결) 다음의 토질에 있어 적당한 토질시험법을 골라 짝을 지으시오.

① 굳은 진흙에 있어서 시료 채취
② 사질토의 밀도 측정
③ 점토질의 점착력 파악
④ 투수계수 파악

(가) Darcy's Law
(나) Vane Test
(다) Composite Sampling
(라) Penetration Test

●21④·19①·00①

(용어)(종류) 사운딩을 간략히 설명하고, 탐사방법을 3가지 쓰시오.

●17④·09④

(용어) 베인테스트

●10①

(용어) 표준관입시험

●24②·01②

(수치) ( ) 안에 맞는 내용을 기재하시오.

Rod 선단에 샘플러를 부착하고, Rod 상단에 63.5±(가)kg의 해머로 (나)±10mm 높이에서 타격하여 Rod 끝의 (다) 부분을 (라) 관입시키는 데 필요한 타격횟수 N치를 구하여 지반의 밀도를 파악하는 시험

●01②

(순서) 표준관입시험 순서 3단계

●16①

(수치) 모래 상대밀도

[표준관입시험]   [베인테스트]

[원추형 Cone]

① 핸들
② 줄(10kg×2.25kg×3)
③ 재하용 줄램프(5kg)
④ 저판
⑤ 롯트(φ19, 1,000mm)
⑥ 스크류 포인트용 롯트(φ19, 800mm)
⑦ 스크류 포인트

[스웨덴식 사운딩]

[네덜란드식 사운딩]

02 지내력 시험

1. 정의	건물의 하중을 가했을 때 지반 내부에서 작용하는 허용내력을 파악하는 시험		
2. 종류	평판 재하 시험	순 서	내 용
		① 예정기초 저면에서 실시	기초 밑면까지 터파기
		② 재하판 설치	지름 300mm(두께 25mm)를 표준
		③ 재하	• 최대 재하 하중은 지반의 극한지지력 또는 예상되는 설계 하중의 3배 • 재하는 8단계로 나누고 누계적으로 동일 하중을 가함
		④ 하중/침하량 곡선 작성	각 단계 재하마다 침하량을 측정하여 작성
		⑤ 장기 허용지내력	아래의 값 중 작은 값 • 항복 하중의 1/2 • 극한 하중의 1/3
		⑥ 단기 허용지내력	장기 허용지내력의 2배
		[반력을 이용한 재하방법] [직접재하 시험방법]	
	말뚝 재하 시험	① 정재하 시험 ② 동재하 시험 : 항타 시 말뚝 몸체에 발생하는 응력과 속도를 분석·측정하여 말뚝의 지지력을 결정하는 방법	

용어 지내력 시험

수치 ( )에 적당한 사항을 채우시오.

① 시험은 ( )에서 행한다.
② 하중시험용 재하판은 지름 ( )를 표준으로 한다.
③ 최대 재하하중은 ( ) 또는 예상되는 설계하중의 ( )배로 한다.
④ 재하는 ( )단계로 나누고 누계적으로 동일 하중을 가한다.

03 지반의 허용지내력도(단위 : kN/m²)

지반의 종류	장기	단기
경암반	4,000	장기값의 1.5배
연암반	2,000	
자갈	300	
자갈 + 모래	200	
모래	100	
모래 + 점토	150	
점토	100	

종류 지내력 시험

순서 지내력이 큰 순서

수치 지반의 허용응력도

CHAPTER 03 핵심 기출문제

01 지반조사방법 중 사운딩을 간략히 설명하고 탐사방법을 3가지 쓰시오.

● 21④ · 19① · 00①

가. 사운딩 :

나. 탐사방법 : ①
②
③

정답 사운딩
가. 사운딩 : 저항체를 땅속(지중)에 삽입하여 관입, 회전, 인발저항으로 지층의 연·경도를 파악하는 시험
나. 탐사방법
① 표준관입시험 (Standard Penetration Test)
② 베인테스트(Vane Test)
③ 스웨덴식 사운딩

---

02 다음 설명하는 용어를 쓰시오.

● 17④ · 09④

가. 보링 구멍을 이용하여 +자 날개를 지반에 때려 박고 회전하여 그 회전력에 의하여 지반의 점착력을 판별하는 지반조사 시험 (   )

나. 지반면에 직접하중을 가하여 기초지반의 지지력을 파악하는 토질시험
(   )

정답 용어
가. 베인 테스트(Vane Test)
나. 지내력 시험

---

03 다음은 표준관입시험에 대한 설명이다. (   ) 안에 맞는 내용을 기재하시오.

● 24② · 01②

> Rod 선단에 샘플러를 부착하고, Rod 상단에 63.5±(가)kg의 해머로 (나)±10mm 높이에서 타격하여 Rod 끝의 (다) 부분을 (라) 관입시키는 데 필요한 타격횟수 N치를 구하여 지반의 밀도를 파악하는 시험

가. 　　　　　　　　　　　나.
다. 　　　　　　　　　　　라.

정답 표준관입시험
가. 0.5kg
나. 760mm
다. 표준관입시험용 샘플러
라. 300mm

04 표준관입시험 순서를 3단계로 나누어 간략하게 쓰시오.   •01②

가. _____

나. _____

다. _____

> **정답** 표준관입시험 순서
> 가. 스플릿 스푼 샘플러를 보링로드의 선단에 부착한다.
> 나. 로드 상단에 63.5kg의 추를 설치하고 76cm 높이에서 자유낙하시킨다.
> 다. 샘플러를 30cm 관입할 때 소요되는 타격 횟수 N치를 구하여 지반의 상대밀도 판별

05 표준관입시험에서 표준 샘플러를 관입량 30cm에 달하는 데 요하는 타격횟수 N 값이 답란과 같을 때 추정할 수 있는 모래의 상대밀도를 ( )에 써 넣으시오.   •16①

N 값	모래의 상대밀도
0~4	(①)
4~10	(②)
10~30	(③)
50 이상	(④)

① _____   ② _____
③ _____   ④ _____

> **정답** N치에 따른 지반밀도
> ① 0.2 이하
> ② 0.2~0.4
> ③ 0.4~0.6
> ④ 0.8 이상

06 시험에 관계되는 것을 〈보기〉에서 골라 그 번호를 쓰시오.   •24① · 19④ · 10④ · 04① · 98⑤

| ① 신월 샘플링(Thin Wall Sampling) ② 베인시험 |
| ③ 표준관입시험 ④ 정량분석시험 |

가. 진흙의 점착력 (   )   나. 지내력 (   )
다. 연한 점토   (   )   라. 염분   (   )

> **정답** 시험방법
> 가. ②
> 나. ③
> 다. ①
> 라. ④

07 다음에 알맞은 토질시험법을 〈보기〉에서 골라 번호로 쓰시오.   •03①

| ① Darcy's law   ② Vane test |
| ③ Composite sampling ④ Standard penetration test |

가. 굳은 진흙에 있어서 시료채취 (   )
나. 사질토의 밀도 측정   (   )
다. 점토질의 점착력 파악   (   )
라. 투수계수 파악   (   )

> **정답** 토질시험법
> 가. ③
> 나. ④
> 다. ②
> 라. ①

정답 지내력 시험방법
가. 평판재하시험(PBT)
나. 말뚝재하시험

08 지내력 시험방법 2가지를 쓰시오.   • 15② · 12④ · 07③,① · 04①

가. _____
나. _____

정답 지내력 시험
가. 기초저면
나. 300mm
다. 지반의 극한 지지력, 3
라. 8

09 다음은 지내력시험(재하시험)에 대한 설명이다. ( ) 안에 적당한 사항을 채우시오.   • 10② · 00⑤

가. 시험은 예정 ( )에서 행한다.
나. 하중시험용 재하판은 지름 ( )의 것을 표준으로 한다.
다. 최대 재하는 ( ) 또는 예상되는 설계하중의 ( )배로 한다.
라. 재하는 ( ) 단계로 나누고 누계적으로 동일하중을 가한다.

정답 지내력 순서
다 → 마 → 가 → 나 → 라 → 바

10 다음 〈보기〉의 지반 중에서 지내력이 큰 것부터 순서를 기호로 쓰시오.   • 04①

| 가. 자갈 | 나. 자갈, 모래 반섞임 | 다. 경암반 |
| 라. 모래 섞인 진흙 | 마. 연암반 | 바. 진흙 |

( ) → ( ) → ( ) → ( ) → ( ) → ( )

정답
가. 장기 허용지내력도
　① 경암반 : 4,000kN/m²
　② 연암반 : 2,000kN/m²
　③ 자갈과 모래의 혼합물 : 200kN/m²
　④ 모래 : 100kN/m²
나. 단기 허용지내력도
　= 장기 허용지내력도×1.5배

11 토질의 종류와 지반의 허용응력도에 관하여 ( ) 안을 알맞은 내용으로 채우시오.   • 14④ · 10②

가. 장기 허용지내력도
　① 경암반 : ( )kN/m²
　② 연암반 : ( )kN/m²
　③ 자갈과 모래의 혼합물 : ( )kN/m²
　④ 모래 : ( )kN/m²
나. 단기 허용지내력도 = 장기 허용지내력도×( )

제4절 지반개량

01 연약지반과 부동침하

1. 연약지반	정의	지내력이 작거나, 예민비가 크거나, 액상화 현상의 우려가 있는 지반	
	대책	상부	① 건물의 경량화 및 중량 분배를 고려한다. ② 건물의 강성을 높이며 평면의 평균길이를 짧게 한다. ③ 이웃하는 건물과의 거리를 띄운다.
		하부	① 기초 유효면적을 크게 한다. ② 지정 등으로 보강한다. ③ 지반 개량한다.
2. 부동침하	① 지반이 연약한 경우 ② 연약층의 두께가 상이한 경우 ③ 이질지정을 하였을 경우 ④ 일부지정을 하였을 경우 ⑤ 건물이 이질지층에 걸쳐 있을 경우 ⑥ 건물이 낭떠러지에 접근되어 있을 경우 ⑦ 부주의한 일부 증축을 하였을 경우 ⑧ 지하수위가 변경되었을 경우 ⑨ 지하에 매설물이나 구멍이 있을 경우 ⑩ 지반이 메운땅일 경우		
	① 연약층 ② 경사지반 ③ 이질지층 ④ 낭떠러지 ⑤ 증축 ⑥ 지하수위 변경 ⑦ 지하구멍 ⑧ 메운 땅 ⑨ 이질지정 ⑩ 일부지정		

●12② · 06② · 02①

종류) 건물의 부동침하를 방지하기 위한 대책을 각각 2가지씩 쓰시오.
(1) 기초구조물에 대한 대책
(2) 상부구조물에 대한 대책

●23② · 20① · 17② · 15① · 12④ · 06②

종류) 부동침하 기초 대책 4가지

종류) 부동침하의 원인 6가지

02 지반개량

(1) 개요

1. 목적	① 지반의 지지력 강화 ② 지하 굴착 시 안전성 확보 ③ 부동침하 방지 ④ 시공생산성 향상		
2. 공법 종류	치환	양질의 토량으로 바꾸는 공법	
	탈수(압밀)	흙속의 간극수를 제거하여 지반을 개량하는 공법	
	다짐	흙속의 공기를 제거하여 지반을 개량하는 공법	
	주입	간극에 모르타르, 콘크리트, 약품 등을 넣어 개량하는 공법	
	동결	흙을 얼려서 개량하는 공법	
	소결	흙에 화기를 가하여 지반을 개량하는 공법	
3. 점토지반 모래지반		점토지반	모래지반
		① 치환공법 ② 강제압밀공법 ③ 탈수공법 ④ 고결공법 ⑤ 동다짐공법	① 진동다짐공법 ② 다짐모래말뚝공법 ③ 폭파공법 ④ 전기충격법 ⑤ 약액주입공법

(2) 점성토 지반개량공법

1. 치환		연약점토층을 사질토로 치환하여 지지력을 증가하는 공법
2. Preloading		구조물 축조 전에 인위적으로 재하하여 구조물 하중에 의한 지반의 압밀을 미리 유도하는 방법
3. 탈수	샌드 드레인	연약점토층이 깊은 경우 연약점토층에 모래말뚝을 박아 배수거리를 짧게 하여 압밀을 촉진시키는 방법
	페이퍼 드레인	합성수지로 된 Card Board를 땅속에 박아 압밀을 촉진시키는 공법
	생석회	생석회의 수분 흡수 시 체적이 2배로 팽창하는데, 이때 탈수, 압밀, 건조화학 반응 등을 이용하여 지반을 처리하는 공법
4. 전기침투		간극수 (+)극에서 (−)극으로 흐르는 전기침투현상에 의하여 (−)극에 모인 물을 배수시켜 전단저항과 지지력을 향상시키는 공법
5. 침투압공법		점토층에 반투막 중공원통을 넣고 그 안에 농도가 큰 용액을 넣어서 점토분의 수분을 빨아내는 방법

(3) 사질토 지반개량 공법

1. 다짐말뚝 공법	RC, PC 말뚝을 땅속에 박아서 말뚝의 체적만큼 흙을 배제하여 압축하는 공법
2. 다짐모래 말뚝공법	충격, 진동타입에 의하여 지반에 모래를 압입하여 모래말뚝을 만드는 공법
3. Vibro Floatation	수평으로 진동하는 봉상의 Vibro Float로 살수와 진동을 동시에 일으켜 지중공극을 모래나 자갈로 채우는 방법 ① Vibro Floatation 공법 ② Vibro Composer 공법 ③ Vibro Compaction 공법
4. 폭파다짐	인공지진, 다이너마이트 발파로 느슨한 사질지반을 다지는 공법
5. 전기충격	지반을 포화상태로 한 후 지중에 삽입한 방전전극에 고압전류를 일으켜 생긴 충격에 의해 다지는 공법
6. 약액주입	지반 속에 응결제를 주입하여 지반을 고결시키는 공법(Cement Grout, Asphalt 사용) [판정 방법] 가. 굴착 후 육안에 의한 확인 나. 지반조사 및 시험을 통한 확인 다. 물리탐사에 의한 비파괴 확인 라. 주입상황이나 기록에 의한 간접 확인
7. 동결공법	동결판을 땅속에 박고 액체질소 같은 냉각제를 흐르게 하여 주위 흙을 동결시키는 공법

● 05①
(종류) 지반다짐 공법 2가지

● 06③ · 01③ · 99⑤ · 98⑤
(종류) 진동다짐 압입공법의 종류를 3가지

● 22②
(종류) 약액주입 후 지반 양호 판단 방법

(4) 혼합공법(Mixing Method)

1. 정의		다른 흙, 자갈, 깬 돌 등을 더해 입도조정을 하거나 시멘트 · 화학약제를 혼합하는 공법
2. 종류	입도조정	안전성 및 투수성을 개량하기 위해 다른 흙, 자갈, 깬 돌 등을 더하여 혼합하고 다지는 공법
	Soil Cement	분쇄한 흙에 Cement Paste를 혼합하여 다져서 보양한 혼합처리 공법
	화학약제 혼합법	소석회, 염화석회, 물유리, 합성수리 계면 활성제 등의 화학약제를 혼합하여 지반을 개량하는 공법

03 배수 공법

1. 정의		지표하의 지하수위를 낮춰 터파기 공사를 효율적으로 하기 위함이며, 지반의 안정성을 확보한다.
2. 종류	중력 배수	① 집수정 공법(Pit 또는 Sump) : 스며 나온 물을 수채통에 모아 펌프로 배수하는 공법 ② 깊은 우물공법(Deep Well) : 지름 30cm 정도의 케이싱을 박아 깊은 우물을 만들어 고인 물을 펌프로 배수하는 공법

	강제 배수	① 웰 포인트 공법 : Well Point라는 흡수관을 지중에 여러 개 타입하여 지하수위를 저하시켜 건조시공(Dry Work)을 하기 위한 공법
		② 진공 깊은 우물공법(Vacuum Deep Well)
		  • 깊은 우물(Deep Well) 공법에 진공펌프를 설치한 공법이다.
		  • 깊은 터파기 또는 침수량이 많을 때 적용하나 비용이 비싸다.

3. 배수판		드레인보드라고도 하며 영구배수공법의 일종으로 롤 형태의 보드를 옹벽 뒤에 부착하여 시공하는 배수 자재

●21① · 07① · 99⑤
(용어) 웰 포인트 공법

●13④ · 07④ · 01③
(종류) 사질토와 점성토의 대표적인 탈수공법 1가지

●23④
(용어) 배수판(드레인보드)

핵심 기출문제

1회독 □   월   일
2회독 □   월   일
3회독 □   월   일

01 지반개량의 목적과 지반개량의 공법을 각각 3가지만 쓰시오. •00①

가. 지반개량의 목적
① _____
② _____
③ _____

나. 지반개량의 공법
① _____
② _____
③ _____

정답 지반개량공법
가. 지반개량의 목적
① 기초의 부동침하 방지
② 터파기 시 안정성 확보
③ 인접건물의 기초보강 (침하방지)
나. 지반개량의 공법
① 다짐법
② 탈수법
③ 치환법

02 압밀과 다짐을 비교하여 설명하시오. •23① · 20①

_____
_____

정답 압밀과 다짐의 비교
압밀은 지반에 하중을 가하여 지반 내의 간극수를 빼내서 개량하는 공법이고, 다짐은 지반 내에 공기를 제거하여 지반을 개량하는 공법이다.

03 연약지반 개량공법 3가지를 쓰시오. •23② · 19④

가. _____ 나. _____
다. _____

정답
가. 치환   나. 다짐
다. 탈수   라. 주입

04 지반개량공법에 대한 설명이다. ( ) 안에 올바른 용어를 채우시오. •04③

> 연약층의 흙을 양질의 흙으로 교체하는 방법을 (가)공법이라고 하며, 지반에 파이프를 박고 액체질소나 프레온가스를 주입하여 지하수를 동결시켜 차단하는 것을 (나)공법이라고 한다. 또한 구조물에 상당하는 무게를 미리 연약지반 위에 일정기간 방치하여 압밀시키는 것을 (다)공법이라고 한다.

가. _____ 나. _____
다. _____

정답 지반개량공법
가. 치환
나. 동결
다. 선행재하(성토)

정답 지반개량공법 중 탈수공법
가. 샌드 드레인 공법
나. 페이퍼 드레인 공법
다. 생석회 공법

05 지반개량공법 중 탈수공법의 종류를 3가지 쓰시오. • 13② · 08① · 04② · 99①

가. _____
나. _____
다. _____

정답 점토지반 개량공법
가. 샌드 드레인 : 점토질 지반의 대표적인 탈수공법으로서 지반 지름 40~60cm의 구멍을 뚫고 모래를 넣은 후, 성토 및 기타 하중을 가하여 점토질 지반을 압밀함으로써 탈수하는 공법
나. 페이퍼 드레인

06 점토지반 개량공법 두 가지를 제시하고, 그중에서 1가지를 선택하여 간단히 설명하시오. • 16② · 11①

가. _____
나. _____

정답 용어
샌드 드레인 : 점토질 지반의 대표적인 탈수공법으로서 지반 지름 40~60cm의 구멍을 뚫고 모래를 넣은 후, 성토 및 기타 하중을 가하여 점토질 지반을 압밀함으로써 탈수하는 공법

07 지반개량공법 중 샌드 드레인 공법을 간단히 설명하시오. • 21②

_____

정답 Sand Drain 공법
가. 목적 : 연약점토층의 간극수를 제거하여 지반의 경화개량을 도모하는 공법
나. 방법
① 지름 40~60cm 정도의 철관을 적당한 간격으로 때려박는다.
② 철관 속에 모래를 다져 넣어 모래말뚝을 형성한다.
③ 지표면에 성토하중을 가하여 모래말뚝을 통해서 간극수를 제거한다.

08 Sand Drain 공법의 목적을 설명하고 방법을 쓰시오.
• 20② · 17④ · 16① · 14④ · 12② · 10① · 09② · 08③

가. 목적 : _____

나. 방법 : ① _____
② _____
③ _____

09 연약지반의 지내력을 강화시키기 위하여 지반개량을 실시하는데, 지반개량의 공법 중에서 다짐공법의 종류 2가지를 쓰시오.

가. _____
나. _____

정답 지반개량공법 중 다짐공법
가. 바이브로 플로테이션 공법
나. 다짐모래말뚝공법

10 지반개량공법에서 진동다짐 압입공법의 종류를 나열하시오.

가. _____
나. _____
다. _____

정답 진동다짐 압입공법
가. 바이브로 플로테이션 (Vibro Flotation) 공법
나. 바이브로 컴포저 (Vibro Compozer) 공법
다. 바이브로 컴팩션 (Vibro Compaction) 공법

11 다음에서 설명하는 내용을 보고 무엇인지 기재하시오.

가. 점토지반에 모래말뚝을 형성하여 간극수를 제거하는 지반개량공법
( )

나. 직경 20cm 특수파이프를 상호 2m 내외 간격으로 관입시켜 모래를 투입한 후 가로관으로 연결하고 펌프를 이용하여 지하수를 빼내는 배수공법
( )

정답 용어
가. 샌드 드레인 공법
나. 웰 포인트 공법

12 탈수공법 중 다음 공법에 대하여 기술하시오.

가. 페이퍼 드레인(Paper Drain) 공법 : _____

나. 생석회 말뚝(Chemico Pile) 공법 : _____

정답 용어
가. 페이퍼 드레인(Paper Drain) 공법 : 모래 대신 합성수지로 된 카드보드를 지반에 삽입하여 점토지반의 배수를 촉진하는 지반개량 압밀공법
나. 생석회 말뚝(Chemico Pile) 공법 : 모래대신 석회를 넣어 탈수 및 지반압밀을 증진시키는 점토지반 개량공법

13 약액주입공법 후 주입재가 지반에 양호하게 되었는지 판단하는 방법 3가지를 쓰시오.

가. _____
나. _____
다. _____
라. _____

정답 약액주입공법 판정 방법
가. 굴착 후 육안에 의한 확인
나. 지반조사 및 시험을 통한 확인
다. 물리탐사에 의한 비파괴 확인
라. 주입상황이나 기록에 의한 간접 확인

14 건물의 부동침하를 방지하기 위한 기초구조물과 상부구조물에 대한 대책을 각각 2가지씩 쓰시오. •02①

가. 기초구조물에 대한 대책
　　① _____
　　② _____

나. 상부구조물에 대한 대책
　　① _____
　　② _____

> **정답** 부동침하 방지대책
> 가. 기초구조물에 대한 대책
> 　① 기초를 경질지층에 지지할 것
> 　② 마찰말뚝을 사용하여 보강할 것
> 나. 상부구조물에 대한 대책
> 　① 건물의 경량화와 길이를 축소할 것
> 　② 중량 배분을 고려할 것

15 기초구조물의 부동침하 방지대책을 4가지만 적으시오.
•23② · 17② · 15① · 12④ · 06②

가. _____
나. _____
다. _____
라. _____

> **정답** 부동침하 방지대책
> 가. 기초를 경질층에 지지시킬 것
> 나. 마찰 말뚝을 사용하여 보강할 것
> 다. 지하실을 설치할 것
> 라. 복합기초를 사용할 것

16 부동침하 방지대책으로 기초 구조 부분에서 할 수 있는 방법 2가지를 쓰시오.
•20①

가. _____
나. _____

> **정답** 부동침하 방지대책
> 가. 기초의 유효 면적을 넓힌다.
> 나. 지정으로 보강한다.
> 다. 기초를 경질 지반에 지지할 것

제5절 터파기

Open cut	흙막이 공법		구조체 흙막이	
• 수직터파기 • 경사터파기	• 어미말뚝식 • 당겨매기식 • 버팀대공법	• 트렌치컷 공법 • 아일랜드 공법 • 어스앙카 공법	• MIP • SCW • 지하연속벽	• Top-down • 영구 버팀대 • 잠함

01 Open cut

1. 정의	① 지표면에서부터 순차적으로 굴착하는 방법으로서, 흙의 휴식각을 이용한 비탈면(경사)파기와 방축널공사를 병행한 수직파기가 있다. ② 휴식각 : 흙입자 간의 응집력, 부착력을 무시한 때, 즉 마찰력만으로 중력에 대하여 정지하는 흙의 사면 각도이다.
2. 단면 계획	① 흙파기각 : 휴식각의 2배 이내 ② 파기말뚝 : 기초판폭+(20~30)cm ③ 파기위폭 : 파기밑폭+(0.3H)×2(H : 파기깊이) ④ 파기깊이 : 지표면으로부터 잡석지정의 밑면까지
3. 되메우기	모래로 되메우기를 실시할 경우 물다짐을 실시하고 일반 흙으로 되메우기를 할 경우 300mm마다 다짐밀도 95% 이상으로 다진다.

흙의 종별	흙의 상태	중량(kg/cm³)	휴식각(°)	파기경사각	부피증가율(%)
모래	건조상태 습윤상태 젖은상태	1,500~1,800 1,600~1,800 1,800~1,900	20~35 30~45 20~40	40~70 60~90 40~80	15
흙	건조상태 습윤상태 젖은상태	1,300~1,600 1,300~1,600 1,600~1,900	20~45 25~45 25~30	40~90 50~90 50~80	20~25
진흙	건조상태 습윤상태	1,600 1,200	40~50 20~25	80~ 40~50	25
자갈		1,600~2,200	30~48	60~96	15
모래·진흙 섞인 자갈		1,600~1,900	20~37	40~74	30

● 13④
(종류) 구체흙막이

● 12④·01①·98②
(용어) 휴식각

● 24①·17①
(수치) 되메우기 ( )넣기

● 99⑤·98②
(순서) 굴착에 의한 토량이 증가하는 순서

02 흙막이

(1) 구성 부재

1. 어미말뚝	H형강이 주로 사용된다.
2. 널	(1) 목재(H : 4m까지) 　① 낙엽송, 소나무 등의 생목 　② 널말뚝 두께는 길이의 1/60 또는 5cm 이상 　③ 널말뚝 너비는 두께의 3배 또는 25cm 이하 (2) 철근콘크리트재 　① Pre-Cast 콘크리트 널말뚝 　② 너비 40~50cm, 두께 5~15cm (3) 철재(Steel Sheet Pile) 　① 깊은 터파기 또는 송출량이 많은 곳에서 사용 　② 종류
3. 띠장	휨 모멘트에 대항하는 부재이므로 이음은 버팀대 간 간격의 1/4 지점에서 덧판이나 볼트 수를 충분히 하여야 하며, 토압의 작용 중심점에 설치한다.
4. 버팀대	① 압축력을 받으므로 재축의 직각방향으로 좌굴된다. ② 측압력, Heaveing력의 영향(상향력)으로 받침기둥이 떠오르는 현상이 나타나며, 이에 대비해 처음부터 중앙부를 1/100~1/200 정도 밑으로 처지게 설치한다.

(2) 흙막이 작용하는 토압

1. 측압	토압+수압 : 주변지반 위에 재하물이 없을 때는 지표면에서의 깊이에 비례
2. 주동토압	옹벽 또는 흙막이의 뒷면에 작용하는 토압
3. 수동토압	벽 후방으로 변위가 일어나는 토압
4. 반력	버팀대와 띠장에서 작용하는 힘

(가) 수동토압
(나) 정지토압
(다) 주동토압
(라) 버팀대의 하중
(마) 버팀대의 반력
(바) 지하수압

P_A : 주동토압　P_B : 수동토압　R : 띠장의 반력
[수평버팀대에 작용하는 응력]

(3) 흙막이 붕괴

1. 히빙	정의	하부 지반이 연약할 때 토압에 의해 저면흙이 붕괴되고 흙막이 바깥흙이 안으로 밀려 파기저면부가 불룩하게 솟아나는 현상
	대책	① 지반개량 ② 흙막이벽의 밑이 양질 지반 속까지 깊게 밑둥 넣기 ③ 이중 흙막이 설치
2. 보일링	정의	투수성이 좋은 사질지반에서 유동지하수(피압수)에 의해 저면의 모래지반이 공동화되어 지지력이 상실되는 현상
	대책	① 지하수위를 낮춘다. ② 수밀성의 흙막이를 불투수성 점토질 지층까지 밑둥 넣기
3. 파이핑	정의	흙막이벽의 부실공사로써 흙막이벽의 뚫린 구멍 또는 방축널의 이음부 위를 통하여 흙탕물이 새어나오는 현상으로 인접지 지반 약화의 원인이 된다.
	대책	① 방축널의 수밀재 시공 ② 지하수위 저하

(종류) 지반 침하 원인
● 21④ · 19④ · 13④ · 12④ · 10②
 · 08② · 05① · 00③ · 00②
(용어) 히빙

● 24③ · 20③ · 17① · 13②
(종류) 히빙 대책

● 13④ · 12④ · 10② · 08②
 · 05① · 00③ · 00②
(용어) 보일링

● 20③ · 13② · 09② · 01②
(종류) 보일링 대책

● 13④ · 12④ · 10② · 08②
 · 05① · 00③ · 00②
(용어) 파이핑

● 19④
(도해) 히빙

●19② · 12④

[히빙]　　　　[보일링]

※ 추가 요소
1) 흙막이 배면 뒤채움 불량
2) 흙막이 강성 부족

03 터파기 공법

벽체 형식	지지 구조 형식	흙막이 벽 배면의 지반보강 그라우팅
① 엄지말뚝 + 흙막이판 벽체 ② 강널말뚝(Steel Sheet Pile) 벽체 ③ 소일시멘트 벽체(Soil Cement Wall) ④ CIP(Cast In Placed Pile) ⑤ 지하연속벽체	① 자립식 ② 버팀구조 형식 ③ 지반앵커 형식 ④ 네일링 형식 ⑤ 경사고임대 형식	① JSP 공법 ② LW 공법 ③ SGR 공법 ④ 숏크리트 공법

(1) 어미말뚝식 공법

|---|---|---|---|

1. 정의	어미말뚝 기둥을 1.5~2m 간격으로 박고, 그 사이에 6cm 두께의 널을 가로로 대거나 또는 띠장을 대고 널(토류판)을 세로로 대어 방축널을 지지하는 공법 			
2. 특성	장점	① 시공 용이 ② 경제성	단점	① 차수성 부족 ② 주변지반 침하 우려 ③ 진동, 소음 발생

(2) 당겨매기식(Tie Rod) 공법

1. 정의	온통파기 또는 지반이 연약하여 빗버팀대로 지지하기 곤란한 대지에 있어서 널말뚝을 연결대 또는 로프로 인접지반에 지지시키는 공법 			
2. 특성	장점	① 버팀대를 필요로 하지 않는다. ② 대형장비 동원이 가능하다. ③ 굴착작업이 수월하다. ④ 공기단축이 가능하다.	단점	① 시공비가 높다. ② 주변지반 침하 우려

(3) 버팀대(Strut) 공법

1. 빗 버팀대	정의	① 줄파기와 규준띠장을 설치하고 그 사이에 널말뚝을 박은 후 중앙부와 주변의 흙을 차례로 파낸다. ② 넓고 얕은 기초파기 시 이용한다.
	순서	줄파기 → 규준대 설치 → 널말뚝 박기 → 1단계 흙파기 → 띠장 설치 → 2단계 흙파기 → 버팀대 설치
2. 수평 버팀대	정의	① 중앙부의 흙을 파고 중간 지주말뚝을 관입하고 띠장, 버팀대를 댄 후 휴식각에 따라 낮은 흙을 굴착한다. ② 좁고 깊은 기초파기 시 이용한다. ③ Heaving, Boiling 현상 발생이 우려된다.
	순서	줄파기 → 규준대 설치 → 널말뚝 박기 → 흙파기 → 받침기둥 박기 → 띠장 및 버팀대 설치 → 중앙부 굴착 → 주변부 굴착

[빗버팀대식 흙막이]

[수평버팀대식 흙막이]

(4) 아일랜드 컷(Island Cut) 공법

1. 정의	흙파기면에 따라 널말뚝을 박은 다음 널말뚝 주변부의 흙을 남겨가면서 중앙부의 흙을 파고, 그 부분에 기초 또는 지하구조체를 축조한 후, 이에 흙막이 버팀대를 가설하여 널말뚝 주변부를 굴착하는 공법이다.
2. 특성	**장점** ① 넓은 대지 전체에 건축물의 건축이 가능 ② Heaving, Boiling 방지 ③ 지보공(버팀대 등) 절감 **단점** ① 연약지반의 경우에는 깊은 굴착 불리 ② 굴착 및 지하구조체 공사를 2회에 걸쳐서 하므로 공기 지연
3. 순서	흙막이 설치 → 중앙부 굴착 → 중앙부 기초구조물 구축 → 버팀대 설치 → 주변부 굴착 → 지하구조물 완성

●21① · 17② · 13② · 12④
(용어) 아일랜드 컷 공법

●18① · 09② · 05②
(순서) 아일랜드식 터파기 공법

(5) 트렌치 컷(Trench Cut) 공법

1. 정의	흙파기면에 따라 2중 널말뚝을 박은 다음 널말뚝 사이를 먼저 굴착하여 건축물의 바깥공사(지하옹벽)를 먼저 축조한 후 중앙부 흙을 나중에 굴착하는 공법이다.
2. 특성	**장점** ① Heaving을 최소화 ② 주변의 토압변위를 최소화 ③ 연약지반에서도 채택 가능 **단점** ① 공기지연 ② 널말뚝 소요 공비 증대
3. 순서	흙막이 설치 → 외곽부 굴착 → 외곽부 기초구조 축조 → 버팀대 설치 → 중앙부 굴착 → 지하구조물 완성

●21① · 13②
(용어) 트렌치 컷

●09②
(순서) 트렌치 컷 공법

(6) 어스앵커(Earth Anchor) 공법

1. 정의	흙막이널에 지지대(Anchor)를 설치하여 앵커 주변의 인발력(마찰력)으로 흙막이널에 작용되는 측압(토압+수압)에 대항하는 공법
2. 특성	① 버팀대와 지주를 필요로 하지 않는다. ② 대형 토공장비 투입이 가능하다. ③ 부정형 파기에서도 유효하다. ④ 부분 굴착시공도 가능하며 공기가 단축된다. ⑤ 시공비가 높으며, 앵커의 인발시험을 정확히 하여야 한다.
3. 순서	Earth Anchor 시공순서 / 케이블 매입순서 ① 어미말뚝 설치 / ① 굴착(천공) ② 흙파기 / ② PC강선 삽입 ③ 토류판 설치 / ③ 1차 그라우팅(정착장) ④ 어스 드릴로 구멍 천공 / ④ 양생 ⑤ PC 케이블 삽입 후 그라우팅 / ⑤ PC강선 인발 및 인장정착 ⑥ 띠장 설치 / ⑥ 2차 그라우팅(자유장) ⑦ 앵커 긴장 및 정착

[용어] 어스앵커 공법 ●19① · 12④ · 98⑤

[특징] 어스앵커 공법 특징 4가지 ●24① · 17② · 11④

[순서] 어스앵커 공법 ●03③ · 99②

(7) 지하연속벽(Slurry Wall)

1. 정의	벤토나이트 이수액 등으로 굴착벽면의 붕괴를 방지하면서 지중을 벽 형태로 굴착한 후 철근망을 삽입하고 콘크리트를 타설하여 만든 철근콘크리트벽으로 지중연속벽을 축조한다. 1. 가이드월의 설치 2. 굴착 (안정액을 관리하면서 굴착함) 3. 슬라임 제거 4. 인터로킹 파이프 설치 5. 지상조립 철근을 삽입 6. 콘크리트 타설(트레미 관을 통하여) 7. 인터로킹 파이프 빼기 (콘크리트 응결상태 확인하면서 뺌)
2. 특성	**장점** ① 소음과 진동이 낮아 도심지공사에 적당하다. ② 벽체의 강성이 높아 대규모 건물에 이용된다. ③ 차수성이 우수하여 주변지반에 대한 영향이 적다. ④ 지반조건에 좌우되지 않고, 임의의 치수와 형상을 선택할 수 있다. ⑤ 구조물 본체로 사용 가능하다. **단점** ① 고가의 장비소요에 따른 시공비 상승이 우려된다. ② 고도의 기술과 경험이 필요하다. ③ Slime 처리 미흡 시 침하가 우려된다.
3. 시방 기준	① G : 13~25mm ② 공기량 : 4.5±1.5% ③ 설계기초강도 : 20.6~29.4 ④ 단위시멘트량 : 350kgf/m³ ⑤ W/C : 50% ⑥ S/L : 180~210 ⑦ 배합설계 : 설계강도 125% 이상 ⑧ 벽 두께 : 0.6~1.5m 이상
4. 가이드월 역할	① 표토의 붕괴 방지 ② 규준대 역할(지중벽 두께, 위치, 수평 정밀도) ③ 정확한 콘크리트 타설
5. 안정액 역할	① 굴착 벽면의 붕괴를 막는 기능 ② 안정액 속의 슬라임 부유물의 배제 역할 ③ 굴착토를 구분하여 지상으로 방출하는 기능 ④ 굴착 부분의 마찰 저항을 감소 ⑤ 지하수의 유입을 막는 차수효과 성능

※ 슬라임(Slime) : 지반굴착 시 흙의 고운 입자가 벤토나이트 이수액과 혼합되어 굴착공 밑바닥에 가라앉은 침전 퇴적물로서 안정액의 기능과 콘크리트의 강도를 감소시킨다.

● 03③ · 01②
(용어) 물, 이수 중의 콘크리트 치기를 할 때 보통 안지름 25cm 이상으로 하고 관선단이 항상 채워진 콘크리트 중에 묻히도록 하여 콘크리트 타설을 용이하게 하기 위한 관을 무엇이라 하는가?

● 19② · 16④
(괄호넣기) 슬러리월 설명

● 20② · 14④ · 10② · 00② · 98①
(특징) 지중연속벽 공법 특징(장 · 단점)

● 15② · 03②
(목적) 슬러리월 공법에 대하여 서술하고 Guide Wall의 설치 목적을 2가지

● 03③
(용어) 가이드월

● 23①,④ · 20④ · 10④ · 02③ · 99⑤
(종류) 안정액의 역할

(8) 역타설(Top Down) 공법

1. 정의 및 시공순서	공기단축의 효과를 얻기 위하여 기존 토공 방법과는 달리 건물 본체의 바닥 및 보를 먼저 축조한 후, 이에 흙막이 벽에 걸리는 토압을 부담시키며, 지하 구조체를 상부에서 하부로 축조해 가는 공법이다. [가설지주 세움] / [1층 바닥 콘크리트 공사] / [터파기 · 지상 철골공사] (본체 1층 바닥, 현장 타설 말뚝, 흙막이 벽, 구체역타 이음부)	
2. 특성	장점	① 지하와 지상을 동시에 작업할 수 있어서 공기단축에 효과적이다. (전천후 작업) ② 인접 건물 및 도로 침하를 방지 · 억제하는 가장 완전한 지하 터파기 공법이다.(흙막이 안전성이 높다) ③ 방축널로서 강성이 높게 되므로 주변 지반에 대한 악영향력이 적다. ④ 부정형인 평면 형상이라도 굴착이 가능하다. ⑤ 1층 바닥을 먼저 축조한 후 그곳을 작업바닥으로 유효하게 이용할 수 있으므로 대지에 여유가 없는 경우에 유리하다. ⑥ 지보공에 대한 가설비용이 절감된다.
	단점	① 정밀한 시공계획이 필요하다. ② 지하공사 시 환기, 전기시설이 필수적이다. ③ 공사비 증가가 우려된다. ④ 수직부재와 수평부재의 이음부가 취약하다.
3. 공기 단축 가능 이유	① 지하와 지상의 구조물을 동시에 작업 ② 1층 바닥판이 먼저 축조되어 우천 시에도 작업 가능 ③ 터파기와 구조체 작업이 병행	

● 22② · 21② · 19② · 17④ · 16② · 11① · 09② · 06③ · 02① · 01② · 00② · 98③
특징 역타설 공법의 장점을 4가지

● 20⑤ · 17② · 12② · 06②
종류 협소해도 가능한 이유

● 05①
종류 톱다운 공법이 공기 단축을 할 수 있는 이유

(9) 영구 구조물 스트러트 공법(SPS ; Strut as Permanent System)

1. 정의	① Top Down 공법에서 가설 Strut(버팀대) 공법의 성능을 개선하여 본구조체인 기둥, 보를 흙막이 버팀대로 활용하는 공법이다. ② SPS(Strut as Permanent System : 영구 구조물 흙막이) 공법은 Top Down 공법의 문제점인 지하공사 시 조명 및 환기 부족을 개선하여 개발된 공법으로 근래에 시공빈도가 가장 높은 공법이다.	
2. 특징	환기 · 조명	• 지하공사 시 철골보만 설치하여 아래로 진행하므로 환기 양호 • 최소한의 조명 시설로 작업 가능하며, 나머지는 자연채광 이용 • Top Down 공법에 비해 지하 작업장의 환기 · 조명이 양호
	구조적 안정	• 철골과 RC Slab가 띠장의 역할을 하므로 구조적으로 안정 • 가설 Strut 해체 시 발생하는 지반 이완현상 감소 • 가설 띠장 해체 시 발생하는 지반 균열 방지
	시공성	• 구조체 철골 간격이 가설재의 간격보다 넓어 작업공간 확보 • 굴착공사용 장비의 작업성 향상
	공기	• 기초 완료 후 지상과 지하 동시 시공 가능 • 가설 Strut의 해체 과정 생략으로 공기 감소
	원가	• 가시설 공사비가 필요 없음 • 공기 단축 및 시공성 향상으로 원가 절감
	환경친화적	• 인접 지반에 대한 피해 감소 • 폐기물 발생 저감
3. 시공 순서	① 흙막이 벽 구축 ② 기둥부위 천공 ③ 철골기둥 삽입 ④ 기둥하부 Con'c 타설(기둥 기초) ⑤ 1층 보(Beam, Girder) 설치(버팀대 역할) ⑥ 지하층 굴착 후 지하층 보(슬래브) 설치 ⑦ 하부까지 반복 후 지하 기초 완성 ⑧ 지하구조물과 지상구조물 동시 축조(Up and Up)	

● 15①

용어) SPS ; Strut as Permanent System

● 20① · 14② · 12① · 05①

특징) SPS 공법 특징 4가지

(10) SCW(Soil Cement Wall) 공법

1. 정의	지반을 오거 등으로 굴착하고 시멘트액과 H형강, 강관 등을 넣어 차수성 있는 벽을 축조하여 파기면의 붕괴를 방지하는 방법이다.
2. 특성	① 무소음, 무진동 공법 ② 임의의 형상 치수 가능 ③ 자체 토류벽으로 이용 가능 ④ 이동방법이 빠르고 작업능률 향상 ⑤ 차수 성능이 큼

●03③

(특징) SCW 공법의 특징을 5가지 쓰시오.

(11) 언더 피닝(Under Pinning)

1. 정의	기존 건물 가까이에서 건축공사를 할 때 지하수위의 저하 또는 터파기 공사 등에 따른 인접 지반의 지내력 약화에 대한 지반 및 기초 보강공법이다.
2. 공법 종류	① 2중널말뚝 공법 : 인접 건물과의 사이에 거리가 있을 때 흙막이 널말뚝의 외측에 2중으로 널말뚝을 박아 흙과 물의 이동을 막는 공법이다. ② 현장타설 콘크리트말뚝 공법 : 인접 건물의 기둥, 벽(또는 목조)의 토대 밑에 우물 모양의 구멍을 파고 현장타설 콘크리트말뚝을 설치하는 공법이다. ③ 강제 말뚝 공법 : 현장타설 콘크리트말뚝 공법 대신에 강제말뚝을 지지층까지 박고 기초 또는 기둥을 이 말뚝 위에서 잭(Jack)에 의해 지지시키는 공법이다. ④ 모르타르 및 약액주입 공법 : 사질토인 널말뚝 외부에 모르타르 또는 약액을 주입하여 지반을 고결시키는 공법이다. ⑤ 갱피어 : 인접건물 하부에 큰 기초를 구축하는 공법이다.

●19④ · 18④ · 14② · 08③ · 07① · 03②

(용어) 기존 건축물 가까이 신축공사를 할 때 기존 건물의 지반과 기초를 보강하는 공법의 명칭은?

●22④ · 18①

(종류) 언더피닝 해야 하는 경우

●19④ · 18④ · 15① · 14② · 11④ · 10① · 08③ · 07① · 03②

(종류) 언더피닝 공법의 종류 4가지

04 부상 방지

1. 정의	지하구조물은 지하수위에서 구조물 밑면까지의 깊이만큼 부력을 받으며 건물의 자중이 부력보다 적으면 건물이 부상하게 된다.
2. 대책	① 락앙카 공법 ② 고정하중 증가(상 · 하부 정원, 지하 2중 슬라브 설치) ③ 부력 감소(자연배수, 강제영구배수, 시공 중 배수)

●23①,② · 22④ · 20① · 14① · 12① · 09② · 04③

(종류) 건물부상 방지대책 4가지

CHAPTER 03 핵심 기출문제

● 흙막이

01 다음 ( ) 안에 알맞은 용어를 〈보기〉에서 골라 기호를 쓰시오.
● 12④ · 01① · 98②

① 압축력   ② 마찰력   ③ 중력
④ 응집력   ⑤ 지내력

흙의 휴식각이란 흙입자 간의 부착력, (가)을 무시한 때, 즉 (나)만으로서 (다)에 대하여 정지하는 흙의 사면각도이다.

가. .... 나. .... 다. ....

정답 흙의 휴식각
가. ④
나. ②
다. ③

02 다음은 건축공사표준시방서의 규정이다. ( ) 안에 적당한 수치를 쓰시오.
● 24①

터파기 공사에서 모래로 되메우기를 실시할 경우 충분한 물다짐을 실시하고, 일반 흙으로 되메우기를 할 경우 ( )mm마다, 다짐밀도 95% 이상으로 다진다.

정답 건축공사표준시방서 규정 – 되메우기
300

03 철재 널말뚝의 종류를 4가지 쓰시오.
● 01① · 99② · 99①

가. .... 나. ....
다. .... 라. ....

정답 철재 널말뚝의 종류
가. 테레루즈(Terres Rouges)식
나. 심플렉스(Simplex)식
다. 라르센(Larssen)식
라. 랜섬(Ransom)식

04 다음 흙막이벽 공사에서 발생되는 현상을 쓰시오.
● 13④ · 12④ · 12① · 10② · 08② · 05① · 00③ · 00②

가. 시트 파일 등의 흙막이벽 좌측과 우측의 토압차로써 흙막이 일부의 흙이 재하하중 등의 영향으로 기초파기하는 공사장 안으로 흙막이벽 밑을 돌아서 미끄러져 올라오는 현상   ( )

정답 흙막이 붕괴현상
가. 히빙 현상
나. 보일링 현상
다. 파이핑 현상

나. 모래질 지반에서 흙막이 벽을 설치하고 기초파기할 때의 흙막이벽 뒷면 수위가 높아서 지하수가 흙막이 벽을 돌아서 지하수가 모래와 같이 솟아오르는 현상 (　　　　　)

다. 흙막이 벽의 부실공사로서 흙막이 벽의 뚫린 구멍 또는 이음새를 통하여 물이 공사장 내부바닥으로 스며드는 현상 (　　　　　)

05 수평버팀대의 흙막이에 작용하는 응력이 아래의 그림과 같을 때 번호에 알맞은 말을 보기에서 골라 기호로 쓰시오.　●22① · 16① · 09① · 00②

㉮ 수동토압　㉯ 정지토압
㉰ 주동토압　㉱ 버팀대의 하중
㉲ 버팀대의 반력　㉳ 지하수압

① _____
② _____
③ _____

정답 흙막이 작용 토압
① – ㉲
② – ㉰
③ – ㉮

06 히빙파괴에 대해 간략히 쓰고 간단한 도식으로 표현하시오.
●21④ · 19④ · 12④,① · 10②

가. 히빙파괴 : _____
_____

나. 도해

정답 히빙파괴
가. 흙막이벽 좌우측의 토압차이 때문에 흙막이 뒷부분 흙이 공사장 안으로 흙막이벽 밑을 돌아서 미끄러지면서 파괴되어 불룩하게 되는 현상
나.

07 흙막이 벽에 발생하는 히빙파괴 방지대책을 3가지 쓰시오. ●24③·17①

가. _____
나. _____
다. _____

정답 히빙파괴 방지대책
가. 흙막이벽의 근입장을 증가
나. 터파기 저면 지반개량
다. 이중 흙막이널 설치

08 다음에 설명한 용어를 써 넣으시오. ●12④,①·08②

> 흙막이 벽을 이용하여 지하수위 이하의 사질토 지반을 굴착하는 경우에 생기는 현상으로 사질토 속을 상승하는 물의 침투압에 의해 모래가 입자 사이의 평형을 잃고 액상화되는 현상으로 인하여 하부 흙이 솟아오르는 현상

정답 용어
보일링(Boiling) 현상

09 굴착지반 안전성 검토에서 보일링(Boiling)과 히빙(Heaving) 파괴의 대책 3가지를 쓰시오. ●13②·09②·01②

가. _____
나. _____
다. _____

정답 보일링과 히빙파괴 대책방법
가. 흙막이 벽의 밑둥을 깊게 넣는다.
나. 지하수위를 낮춘다.
다. 지반개량을 통해서 지반을 고결시킨다.

10 다음 〈보기〉의 토질 중에서 굴착에 의한 토량이 가장 크게 증가하는 것부터 순서대로 그 번호를 쓰시오. ●99⑤·98②

> 〈보기〉
> ① 점토
> ② 점토, 모래, 자갈의 혼합토
> ③ 모래 또는 자갈
> ④ 암석

( ) → ( ) → ( ) → ( )

정답 굴착 시 토량 증가 순서
④ → ② → ① → ③
· 경암 : 70~90%
· 연암 : 30~60%
· 자갈+점토 : 35%
· 점토+자갈+모래 : 30%
· 점토 : 20~45%
· 모래 : 15~20%
· 자갈 : 5~15%

● 터파기

11 흙막이는 토질, 지하출수, 기초깊이 등에 따라 그 공법을 달리하는데 흙막이의 형식을 4가지만 쓰시오. ●03②

가. _____ 나. _____
다. _____ 라. _____

정답 흙막이 형식
가. 어스앵커 공법
나. 엄지말뚝설치 공법
다. 지하연속벽 공법
라. 버팀대설치 공법

12 흙막이 공법 그 자체가 지하구조물이면서 흙막이 및 버팀대 역할을 하는 공법을 〈보기〉에서 모두 골라 기호로 쓰시오. •13④

〈보기〉
가. 지반정착(Earth Anchor) 공법   나. 개방잠함(Open Caisson) 공법
다. 수평버팀대 공법   라. 강재널말뚝(Sheet Pile) 공법
마. 우물통(Well) 공법   바. 용기잠함(Pneumatic Caisson) 공법

정답 구체 흙막이
나, 마, 바

13 다음 설명에 해당하는 흙파기공법의 명칭을 쓰시오. •21① · 13②

가. 구조물 위치 전체를 동시에 파내지 않고 측벽이나 주열선 부분만을 먼저 파내고 그 부분의 기초와 지하구조체를 축조한 다음 중앙부의 나머지 부분을 파내어 지하구조물을 완성하는 공법

나. 중앙부의 흙을 먼저 파고, 그 부분에 기초 또는 지하구조체를 축조한 후, 이것을 지점으로 하여 흙막이 버팀대를 경사지게 또는 수평으로 가설하여 널말뚝 부근의 흙을 마저 파내는 공법

정답 흙파기 공법
가. 트렌치 컷 공법
나. 아일랜드 공법

14 다음 흙파기 공법의 시공순서를 쓰시오. •09② · 05②

가. 아일랜드 컷 공법 : 흙막이 설치-(①)-(②)-(③)-(④)-지하구조물 완성
나. 트렌치 컷 공법 : 흙막이 설치-(①)-(②)-(③)-(④)-지하구조물 완성

가. ①
   ②
   ③
   ④
나. ①
   ②
   ③
   ④

정답 흙파기 공법의 시공순서
가. ① 중앙부 굴착
   ② 중앙부 기초구조물 축조
   ③ 버팀대 설치
   ④ 주변부 흙파기
나. ① 주변부 흙파기
   ② 주변부 기초 구조물 축조
   ③ 버팀대 설치
   ④ 중앙부 굴착

15 아일랜드식 터파기 공법의 시공순서에서 번호에 들어갈 내용을 쓰시오.

• 18① · 05②

흙막이 설치 – (가) – (나) – (다) – (라) – 지하구조물 완성

가. _____ 나. _____
다. _____ 라. _____

정답 아일랜드식 터파기
가. 중앙부 굴착
나. 중앙부 기초
다. 버팀대 설치
라. 주변 흙 파고 주변부 기초건축물 축조

16 어스앵커 공법에 대하여 설명하시오.

• 19① · 17② · 12④ · 98⑤

정답 어스앵커 공법
흙막이 벽 설치 시 토류관 배면을 어스드릴로 천공 후 인장재와 Mortar를 주입 경화시킨 후 버팀대 대신 강재의 인장력을 이용하여 흙막이 배면의 토압을 지지하게 하는 방식

17 흙막이 공사에 사용하는 어스앵커 공법의 특징을 4가지 쓰시오.

• 24① · 17② · 11④

가. _____
나. _____
다. _____
라. _____

정답 어스앵커 공법
가. 버팀대가 불필요하여 깊은 굴착 시 버팀대공법보다 경제적이다.
나. 넓은 작업장 확보가 가능하다.
다. 부분굴착이 가능하고, 공구분할이 용이하다.
라. 지반변화에 따른 설계변경이 용이하다.
※ 굴착공간이 넓어 기계화 시공이 가능하다. 정착부위의 토질이 불확실할 경우 위험하다.

18 토류벽을 이용한 수직터파기 공법의 순서를 〈보기〉에서 골라 번호를 쓰시오.

• 03③ · 99②

① 앵커용 보링   ② 엄지말뚝 박기   ③ 인장시험
④ 띠장 설치   ⑤ 앵커그라우팅   ⑥ 흙막이 벽판 설치

( ) → ( ) → ( ) → ( ) → ( ) → ( )

정답 흙막이 순서
② → ⑥ → ① → ⑤ → ④ → ③

19 다음은 슬러리월(Slurry Wall) 공법에 관한 설명이다. ( ) 안에 알맞은 용어를 각각 쓰시오.

• 19② · 16④

특수 굴착기와 공벽붕괴방지용 (①)을(를) 이용, 지중굴착하여 여기에 (②)을(를) 세우고 (③)을(를) 타설하여 연속적으로 벽체를 형성하는 공법이다. 타 흙막이 벽에 비하여 차수효과가 높으며 역타공법 적용 시나 인접 건축물에 피해가 예상될 때 적용하는 저소음, 저진동 공법이다.

① _____ ② _____ ③ _____

정답 슬러리월
① 벤토나이트 안정액
② 철근망
③ 콘크리트

20 주열식 지하연속벽 공법의 특징 4가지를 쓰시오.

가. _____
나. _____
다. _____
라. _____

정답 주열식 지하연속벽 공법의 특징
가. 저소음, 저진동공법이다.
나. 강성과 차수성이 우수하다.
다. 임의형상, 치수가 가능하다.
라. 대지의 영향을 받지 않는다.

21 지하연속벽(슬러리 월 공법)의 장점, 단점을 각각 2가지씩 쓰시오.

가. 장점 : ① _____
② _____

나. 단점 : ① _____
② _____

정답 지하연속벽의 장·단점
가. 장점
① 소음과 진동이 낮아 도심지 공사에 유리
② 벽체의 강성이 높아 대규모 건물에 이용
③ 차수성이 우수하여 주변 지반에 대한 영향이 적음
④ 지반 조건에 좌우되지 않고 임의의 치수와 형상이 자유로움
⑤ 구조물 본체로 사용 가능
나. 단점
① 고가의 장비소요에 따른 시공비 상승 우려
② 고도의 기술과 경험이 필요
③ 슬라임 처리 미흡 시 침하의 우려
④ 다른 흙막이 공법에 비하여 공기가 긺

22 슬러리 월(Slurry Wall) 공사에서 사용되는 벤토나이트 용액의 사용목적에 대하여 2가지를 쓰시오.

가. _____
나. _____

정답 벤토나이트 용액의 사용 목적
가. 굴착공 내의 붕괴 방지
나. 지하수 유입 방지(차수역할)

23 흙막이공사의 지하연속벽(Slurry Wall) 공법에 사용되는 안정액의 기능 2가지만 쓰시오.

가. _____
나. _____

정답 안정액 기능
가. 굴착공 내의 붕괴 방지
나. 지하수 유입장지(차수역할)
다. 굴착부의 마찰저항 감소
라. Slime 등의 부유물 배제, 방지효과

24 슬러리 월(Slurry Wall) 공법에 대하여 서술하고, Guide Wall의 설치목적을 2가지 쓰시오. ●03②

가. 슬러리 월 공법 : _____

나. Guide Wall 설치목적
　① _____
　② _____

정답 지하연속벽
가. 슬러리 월 공법 : 격막벽 공법이라고도 하며 벤토나이트 슬러리의 안정액을 사용하여 지반을 굴착하고 철근망을 삽입하여 콘크리트를 타설하고 지중에 지하연속벽을 구성하는 공법
나. Guide Wall 설치목적
　① 굴착 시 굴착기 충격에 의해 붕괴되기 쉬운 표토층 보호와 충격방지
　② 철근 삽입 트레미관의 받침대 역할과 end pipe 인발 시 지지대 역할

25 슬러리 월 공법에서 가이드 월(Guide Wall)을 스케치하고 설치 목적 2가지를 쓰시오. ●15②

가. 스케치 :

나. 설치 목적 : ① _____
　　　　　　　② _____

정답 슬러리 월 공법
가. 스케치

나. 설치 목적
　① 흙막이 역할
　② 초기공벽 보호

26 기존의 공법은 기초를 축조하여 상부로 시공해 나가는 공법이지만, 톱다운 공법(Top-down Method)은 지하구조물의 시공순서를 지상에서부터 시작하여 점차 깊은 지하로 진행하여 완성하는 공법으로서 여러 장점을 갖고 있다. 이 장점 중 기상변화의 영향이 적어 공기단축을 꾀할 수 있는데 그 이유를 설명하시오. ●05①

정답 톱다운 공법
1층 바닥 슬래브가 선시공되어, 슬래브 밑에서 굴토공사를 진행하므로 동절기 및 우천 시에도 시공이 가능하기 때문이다.

27 톱다운 공법(Top-Down Method)은 지상이 협소한 대지에서 작업공간이 부족하여도 공간을 활용하여 작업을 행할 수 있는데 그 이유를 기술하시오.
●20⑤ · 17② · 12② · 06②

정답 톱다운 공법
역타공법은 1층 바닥판을 선시공하여 이것을 작업장으로 활용하므로 협소한 대지에서도 효율적인 공간 활용이 가능한 공법이다.

정답 역타설공법의 장점
가. 지하와 지상층의 공사병행으로 공기단축이 가능하다.
나. 1층 바닥판 선시공으로 작업공간 활용(확보)이 가능하다.
다. 주변지반과 건물에 악영향이 없는 안정적 공법이다.
라. 기후와 무관한 전천후 작업이 가능하다.

28 역타설공법(Top-Down Method)의 장점을 4가지 쓰시오.
● 22② · 21② · 19② · 17④ · 16② · 11① · 09② · 06③ · 02① · 01② · 00② · 98③

가. _____
나. _____
다. _____
라. _____

정답 SPS 공법
영구버팀대(Strut as Permanent System)

29 흙막이지지 Strut를 가설재로 사용하지 않고 영구 철골 구조물로 활용하는 공법을 쓰시오.
● 15①

_____

정답 SPS 공법 특징
가. 가설재(버팀재) 감소
나. 채광, 환기 등이 불필요
다. 공기 단축(지하, 지상 동시 작업)
라. 굴착작업이 용이

30 SPS(Strut as Permanent System) 공법의 특징을 4가지 쓰시오.
● 20① · 14② · 12① · 05①

가. _____
나. _____
다. _____
라. _____

정답 언더피닝 공법
가. 기존 건축물 가까이에서 신축공사를 할 때 기존 건물의 지반과 기초를 보강하는 공법
나. ① 하부에 약액이나 모르타르를 주입하여 보강
② 기성말뚝(강재, RC)으로 보강
③ 갱 피어 설치하여 보강

31 언더피닝 공법을 시행하는 이유(목적)와 그 공법의 종류를 2가지 쓰시오.
● 19④ · 18④ · 14② · 08③ · 07① · 03②

가. 공법의 목적 : _____

나. 공법의 종류
① _____
② _____
③ _____

정답 언더피닝
가. 터파기 인접건물의 침하를 방지하고자 할 때
나. 경사진 건물을 바로 잡고자 할 때
다. 기존 건축물의 기초를 보강하고자 할 때
라. 기존 건축물의 새로운 기초를 축조하고자 할 때

32 언더피닝을 해야 하는 경우 3가지를 쓰시오.
● 22④ · 18①

가. _____
나. _____
다. _____

33 지하구조물 축조 시 인접구조물의 피해를 막기 위해 실시하는 언더피닝(Under Pinning) 공법의 종류를 4가지 적으시오. •15① · 11④ · 10①

가. _____
나. _____
다. _____
라. _____

정답
가. 이중 널말뚝 설치공법
나. 현장타설 콘크리트 말뚝설치보강공법
다. Mortar 및 약액주입법 등 지반안정공법
라. 강제말뚝보강공법

34 SCW(Soil Cement Wall) 공법의 특징을 5가지만 기술하시오. •03③

가. _____
나. _____
다. _____
라. _____
마. _____

정답 SCW 공법의 특징
가. 인접건물에 근접시공이 가능하다.
나. 소음, 진동이 적다.
다. 형상, 치수가 자유롭다.
라. 차수성이 크다.
마. 흙막이 벽보다 강성이 크다.

35 다음에서 설명하는 건축 관련 용어를 (   ) 안에 쓰시오. •03③

가. 지하연속벽(Slurry Wall) 시공 시 굴착작업에 앞서 굴착구 양측에 설치하는 것으로 굴착구 인접지반의 붕괴를 방지하고 굴착기계의 진입을 유도하는 가설벽은? (   )
나. 수중콘크리트 타설에 이용되는 상단부의 머리부분에 구멍을 가진 수밀성이 있는 관은? (   )
다. 철근의 단면을 산소-아세틸렌 불꽃 등을 사용하여 가열하고, 기계적 압력을 가하여 맞댄이음하는 것은? (   )
라. 불투수성 피막을 형성하여 방수하는 공사를 총칭하며 아스팔트방수층, 시트방수 및 도막방수가 여기에 해당된다. 이를 나타내는 용어는? (   )

정답 용어
가. 가이드월(Guide Wall)
나. 트레미관(Tremie Pipe)
다. 가스압접
라. 멤브레인(Membrain) 방수 공법

36 아래 그림에서와 같이 터파기를 했을 경우, 인접 건물의 주위 지반이 침하할 수 있는 원인을 5가지만 쓰시오.(단, 일반적으로 인접하는 건물보다 깊게 파는 경우)

● 19② · 12④ · 98②

가. ....
나. ....
다. ....
라. ....
마. ....

정답 터파기 시 인접건물 침하 원인
가. Heaving 파괴에 의한 경우
나. Boiling 파괴에 의한 경우
다. Piping에 의한 침하
라. 널말뚝의 저면타입 깊이를 작게 했을 경우
마. 뒤채움 불량에 의한 침하

● **부상 방지**

37 지하 구조물은 지하수위에서 구조물 밑면까지의 깊이만큼 부력을 받아 건물이 부상하게 되는데, 이것에 대한 방지대책을 4가지 기술하시오.

● 23①,② · 22④ · 20① · 14① · 12① · 09② · 04③

가. ....
나. ....
다. ....
라. ....

정답 건물부상 방지대책
가. 자중(옥상정원 등) 증가
나. 락-앵커 사용
다. 유입 지하수 배수 철저
라. 이중 지하실 설치하여 지하수 채움

제6절 토공사용 장비

01 개요

고려사항	기계 경비			
① 토질의 종류 ② 굴착 깊이 ③ 흙의 반출거리 ④ 공사기간 ⑤ 기계의 용량	기계손료	① 감가상각비	② 정비비	③ 관리비
	운전경비	① 노무비	② 연료유지비	③ 소모품비
	운송비			
	조립해체비			

●17② · 03②
(종류) 장비선정 시 고려사항 4가지

02 계측관리

1. 정의	구조물 설계자료와 거동 예측자료, 현장 계측자료를 비교·검토하여 시공 중 안전상태 파악 및 위험예측 시 보강대책을 수립할 수 있게 정량적 수치자료를 제공하는 공정이다.
2. 목적	① 안전성 확보 ② 공사비 절감(과다 설계 수정) ③ 공정 조절 가능 ④ 기술 향상 유도
3. 종류 및 위치	① 지중수평변위계(경사계, Inclinometer) : 굴착지반이 연약하여 지반변위가 예상되는 곳 ② 지하수위계(Water Level Meter) : 굴착공사와 관련 지하수의 변화가 예상되는 곳 ③ 변형률 측정계(Strain Gauge) : 버팀보, 엄지말뚝, 중간말뚝, 띠장, 복공구간의 H-beam ④ 지표 침하계(Surface Settlement) : 굴착심도가 깊고 지하수 유출에 따른 지반 침하가 예상되거나, 벽체의 변위에 따른 배면지반의 침하가 예상되는 곳 ⑤ 지중침하계(Extensometer) : 연약지반 굴착공사 인접하여 중요한 지중 구조물이 매설된 경우 적용 ⑥ 건물경사계(Tiltmeter) : 굴착공사로 인한 지반변위의 영향범위 내에 위치한 건물이나 구조물의 부등침하 발생에 기인된 구조물의 기울기 변화를 측정하는 곳에 적용 ⑦ 균열측정계(Crack Meter) : 구조물에 발생된 균열의 변화를 측정하는 곳에 적용 ⑧ 간극수압계(Piezo Meter) : 흙막이 내면에 설치, 간극 수압의 변화를 측정하는 곳에 적용

●20④ · 18① · 14④ · 12② · 06③
(종류) 계측기 종류

●24③
(용어) 지하수위계

●17② · 14① · 11② · 09① · 08②
 · 05① · 04② · 99④
(용어) 간극수압기, 토압측정기

●15④ · 14④ · 04③ · 01②
(연결) 지하 토공사 중 계측관리

●24③
(용어) 지중침하계

●21② · 13①
(위치) 계측기 설치

● 13①
(설치위치) 토압계, 하중계, 경사계, 변형률계

[토공사 시 계측관리]

● 18②
(특징) 다음 토공작업에 필요한 장비명을 쓰시오.
① 좁은 곳 수직굴착 :
② 지반보다 높은 곳 굴착 :
③ 토량 상차 작업 :
④ 수평거리 50~60m 정도 배토작업 :
⑤ 지반보다 낮은 곳 굴착 :

● 00④
(특징) 다음 각종 장비가 유효하게 쓰일 수 있는 장비명을 〈보기〉에서 골라 쓰시오.
① 스크레이퍼 :
② 그레이더 :
③ 셔블 로더 :
④ 백호 :
⑤ 클램쉘 :

〈보기〉
가. 토사 적재
나. 깊은 우물통 파기
다. 도랑파기
라. 다지기
마. 정지작업
바. 토사운반
사. 배토작업

03 건설장비(토공사용)

1. 굴착 장비	파워셔블 (Power Shovel)	① 버킷용량 0.6~1.0m³ ② 굴착깊이 지반 밑으로 2m ③ 기계가 서 있는 위치보다 높은 곳의 굴착에 적당하다. ④ 선회각 90° ⑤ 굴착높이 : 1.5~3m
	드래그 라인 (Drag Line)	① 굴착깊이 : 8m ② 선회각 : 110° ③ 넓은 면적을 팔 수 있으나 파는 힘이 강력하지 못하다.
	백호 (Back Hoe)	① 기계가 서 있는 지반보다 낮은 곳의 굴착에 좋고 굴착력도 크다. ② 굴착깊이 : 5~8m, 굴착폭 : 8~12m, 버킷 용량 : 0.3~1.9m³, boom의 길이 : 4.3~7.7m
	클램쉘 (Clamshell)	① 사질지반의 굴착에 적당 ② 굴착깊이 : 최대 18m ③ 버킷 용량 : 2.45m³ ④ 좁은 곳의 수직 굴착에 좋다.
	트랙터 셔블 (Tractor Shovel)	기계보다 상향 굴착에 유효하며 8ton급 덤프트럭과 조합시키면 능률적이다. 연암, 비탈흙 굴착 싣기, 또는 자갈, 모래의 굴착 및 싣기, 기초 굴착, 습지 작업 등 광범위하게 사용할 수 있다.

2. 정지 장비	도저 (Dozer)	① 운반거리 60m(최대 100m) 이내의 배토 작업용 ② 종류 : 스트레이트 도저, 앵글 도저, 틸트 도저, 레이크 도저, 습지 불도저
	모터 그레이더 (Motor Grader)	① 도로변의 끝손질, 옆도랑 파기 등의 정지 작업용 ② 종류 : Blade의 길이에 의하여 대형(3.7m), 중형(3.1m), 소형(2.5m)으로 나뉘는데, 보통 대형을 많이 사용
	스크레이퍼 (Scraper)	굴착, 정지, 운반용으로 대량의 토사를 고속으로 원거리(500~2,000m) 운송을 할 수 있다.
3. 다짐 장비	롤러	① 로드 롤러(Road Roller) 　• Macadam Roller 　• Tandem Roller ② 타이어 롤러(Tire Roller) 　• Turn Foot Roller 　• Sheep Foot Roller ③ 탬핑 롤러(Tamping Roller) 　• Grid Roller 　• Tapper Foot Roller ④ 진동 롤러(Vibrating Roller)
	다짐기계	① 충격식 다지기 　• Rammer 　• Frog – rammer ② 진동식 다지기 　• Soil Compactor 　• Vibro Compactor
4. 운반 장비		① 덤프트럭 ② 트랙터 ③ 트럭 애지테이터 ④ 자주식 스크레이퍼
5. 크레인 부착		① 기중기 ② 파일드라이버 ③ 클램쉘 ④ 드래그라인

●10④
(종류) 정지장비 종류 및 특성용도

●00②
(특징) 줄기초 공사에 있어서 되메우기 흙의 다짐에 적합한 장비를 고르시오.
① Drag Shovel
② Rammer
③ 소형 진동 Roller
④ Loader
⑤ Plate Compactor
⑥ Scraper

●01②
(종류) 운반공사에 사용되는 자주식 장비를 3가지

●98④
(종류) 크레인에 부착할 수 있는 장비를 3가지

(종류) 건설장비 중 수직인양기구를 5가지

CHAPTER 03 핵심 기출문제

● 계측관리

01 다음 계측기의 종류에 맞는 용도를 골라 번호로 쓰시오. • 14④ · 04③ · 01②

종 류	용 도
가. Piezometer	① 하중 측정
나. Inclinometer	② 인접건물의 기울기도 측정
다. Load cell	③ Strut 변형 측정
라. Extensometer	④ 지중 수평 변위 측정
마. Strain gauge	⑤ 지중 수직 변위 측정
바. Tilt meter	⑥ 간극수압의 변화 측정

가. _____ 나. _____
다. _____ 라. _____
마. _____ 바. _____

정답 계측기의 종류
가. ⑥ 나. ④
다. ① 라. ⑤
마. ③ 바. ②

02 흙막이의 계측관리 시 계측에 사용되는 측정기 중 3가지를 쓰시오.
• 20④ · 18① · 12② · 06③

가. _____
나. _____
다. _____

정답 흙막이 계측관리 측정기
가. Inclino meter
나. Load cell
다. Strain gauge

03 다음 설명에 맞는 계측기기를 쓰시오. • 24③

> 가. 굴착공사와 관련 지하수의 변화가 예상되는 곳에 설치하여 지하수위 측정
> 나. 연약지반 굴착공사 인접하여 중요한 지중 구조물이 매설된 경우 적용

가. _____ 나. _____

정답 계측기기
가. 지하수위계
나. 지중침하계

04 토공사에 사용되는 계측기기의 설치위치를 기재하시오. • 21②

가. 토압계 :
나. 하중계 :
다. 변형률계 :
라. 경사계 :

정답 토공사 계측기기 설치위치
가. 토압계 : 흙막이 배면
나. 하중계 : 버팀대 단부
다. 변형률계 : 버팀대, 띠장
라. 경사계 : 인접건물

05 지하 토공사 중 계측관리와 관련된 항목을 골라 번호를 쓰시오.
• 15④ · 13① · 04③ · 01②

| ① Strain Guage | ② 경사계(Inclino Meter) |
| ③ Water Level Meter | ④ Level and Staff |

가. 지표면 침하 측정 ( )
나. 지중 흙막이벽 수평변위 측정 ( )
다. 지하수위 측정 ( )
라. 응력 측정(엄지말뚝, 띠장에 작용하는 응력 측정) ( )

정답 토공사 계측기기
가. ④ 나. ②
다. ③ 라. ①

06 다음 측정기별 용도를 쓰시오. • 17② · 14① · 11② · 09① · 08② · 05① · 04② · 99④

가. Washington Meter :
나. Piezo Meter :
다. Earth Pressure Meter :
라. Dispenser :

정답 측정기기
가. 콘크리트 내의 공기량 측정기구
나. 간극수압 측정기구
다. 토압측정기구
라. AE제의 계량장치

● 토공사용 장비

07 토공장비 선정 시 고려해야 할 기본적인 요소 4가지를 기술하시오.
• 17② · 03②

가.   나.
다.   라.

정답 토공장비 선정 시 고려사항
가. 굴착깊이
나. 흙의 종류
다. 공사기간
라. 굴착된 흙의 반출거리

08 연관 있는 것끼리 줄로 연결하시오.
　•00④

　가. 드래그 셔블(백호우)　•　　•① 기계보다 높은 곳을 판다.
　나. 클램쉘　　　　　　　　•　　•② 기계보다 낮은 곳을 판다.
　다. 파워셔블　　　　　　　•　　•③ 일정한 폭의 구덩이를 연속으로 판다.
　라. 드래그 라인　　　　　　•　　•④ 낮은 곳의 흙을 좁고, 깊게 판다(지하연속벽 공사에 사용).
　마. 트렌처　　　　　　　　•　　•⑤ 지반보다 낮은 연질의 흙을 긁어 모으거나 판다.

정답 토공사 장비
가-②　나-④　다-①
라-⑤　마-③

09 다음은 토공사에 사용되는 기계 기구의 설명이다. ( ) 안에 알맞은 장비명을 기재하시오.
　•18②
　가. 장비가 서 있는 곳보다 높은 곳의 굴착　　　　(　　　)
　나. 장비가 서 있는 곳보다 낮은 연질의 흙을 긁어모으거나 판다.
　　　　　　　　　　　　　　　　　　　　　　　(　　　)

정답 터파기 장비
가. 파워 쇼벨
나. 드래그 라인

10 다음 설명하는 굴착장비명을 기재하시오.
　•20⑤
　가. 장비가 서 있는 지반보다 높은 곳의 굴착　　　(　　　)
　나. 장비가 서 있는 곳보다 낮은 곳의 흙을 좁고 깊게 판다.
　　　　　　　　　　　　　　　　　　　　　　　(　　　)

정답 굴착 장비명
가. 파워 쇼벨
나. 클램쉘

11 아래의 단면도와 같은 줄기초 공사에 있어서 되메우기 흙의 다짐에 적합한 기계장비를 〈보기〉에서 모두 골라 기호로 쓰시오.
　•00②

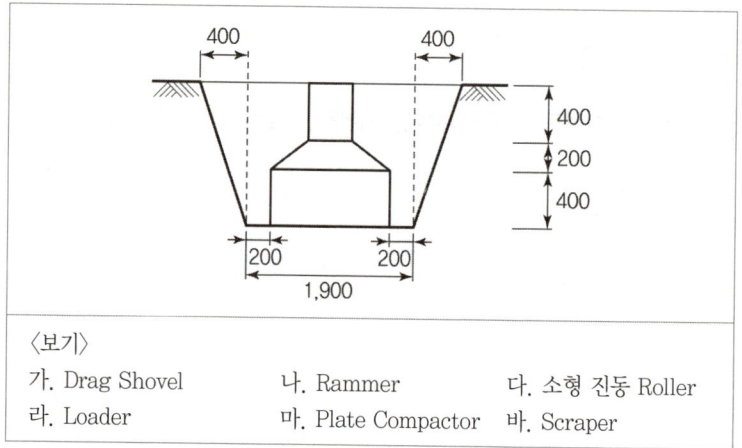

〈보기〉
가. Drag Shovel　　나. Rammer　　다. 소형 진동 Roller
라. Loader　　　　마. Plate Compactor　　바. Scraper

정답 다짐 장비
나, 다, 마

12 운반공사에 사용되는 자주식 장비를 3가지 기재하시오.

가.
나.
다.

정답 운반공사 시 자주식 장비
가. 트랙터(Tractor)
나. 덤프트럭(Dump truck)
다. 자주식 스크레이퍼(Scraper)
라. 트럭 에지테이터

13 건설장비 중 크레인에 부착할 수 있는 장비에 대하여 3가지만 쓰시오.

가.
나.
다.
라.

정답 크레인 부착장비
가. 기중기
나. 파일 드라이버
다. 클램쉘
라. 드래그 라인

14 토공사용 기계 중 정지용 기계장비의 종류 3가지를 들고 특성 및 용도에 대해 간단히 설명하시오.

가.
나.
다.

정답 정지장비
가. 불도저(Bulldozer) : 운반거리 50~60m, 최대 100m 정도의 배토, 운반용
나. 그레이더(Grader) : 정지작업, 도로정리 등에 사용
다. 스크레이퍼(Scraper) : 최대 1,500m 거리의 중장거리 배토, 정지, 운반용 기계

미듬 건축기사 실기

멘토스는 당신의 쉬운 합격을 응원합니다!

Engineer Architecture

CHAPTER 04
지정공사

CONTENTS

제1절	기초	133
제2절	지정	134
제3절	보통지정	134
제4절	말뚝지정	135
제5절	깊은 기초 지정	141

한눈에 보기

용어 미리보기

용어	Keyword	출제연도
기초	하중을 지반 또는 지정에 전달시키기 위해 설치된 건축물 최하단부의 구조부	20④ · 19① · 13② · 12④ · 06②
복합기초	2개 이상의 기둥을 한 기초판이 지지하는 기초	00①
베노토 공법	강철 Casing Tube를 땅속에 압입한 후 Benoto 굴삭기로 Casing 내부 토사를 굴착한 후 콘크리트를 타설하면서 Casing Tube를 끌어 올리며 말뚝을 형성하는 공법	09② · 03③ · 98③
역순환(RCD)공법	지하수위보다 2m 이상 물을 채워 정수압(2tf/m^2)으로 공벽면을 안정시키고, 비트를 회전시켜 굴착 후 철근망을 삽입하고 트레미관을 통하여 콘크리트 말뚝을 형성하는 공법	03③
강관충진콘크리트	원형 또는 사각형의 강관 기둥 내부의 고성능 콘크리트를 충진하여 만든 콘크리트	
CIP공법	어스 오거로 굴착한 후에 철근을 넣고 모르타르 주입관을 삽입한 다음 자갈을 충전한 후에 모르타르를 주입하여 만든 지지말뚝	24③
마이크로 말뚝	지반을 천공하여 철근 또는 강봉 등을 삽입하고 그라우팅하여 형성된 직경 300mm 이하의 소구경 말뚝	24③

CHAPTER 04 지정공사

회독 CHECK!
- 1회독 □ 월 일
- 2회독 □ 월 일
- 3회독 □ 월 일

제1절 기초

1. 정의	기둥, 벽, 토대 및 동바리 등으로부터 작용하는 하중을 지반 또는 지정에 전달시키기 위해 설치된 건축물 최하단부의 구조부를 말한다.
2. 종류	① 독립기초 : 하나의 기초판이 하나의 기둥을 지지 ② 복합기초 : 2개 이상의 기둥을 한 기초판이 지지 ③ 연속기초(줄기초) : 연속된 기초판이 내력벽 또는 수 개의 기둥을 지지 ④ 온통기초 : 건축물의 최하층 바닥을 기초판으로 사용

● 20④ · 19① · 13② · 12④ · 06②
(용어) 기초와 지정

●00①
(용어) 복합기초

[독립기초]   [연속(줄)기초]

[복합기초]   [온통기초] 모래깔기

（종류） 지정말뚝의 종류를 3가지

（용어） 다음에 해당하는 말뚝 명칭을 쓰시오.
(1) 연약층이 깊어 굳은 층에 지지할 수 없을 때 말뚝과 지반의 마찰력에 의하는 말뚝은?
(2) 연약지반을 관통하여 굳은 지반에 도달시켜 말뚝 선단의 지지력에 의하는 말뚝은?

（순서） 잡석지정의 시공

（목적） 잡석지정을 시공하는 목적 3가지

（용어） 다음 지정을 설명하시오.
(1) 잡석지정
(2) 모래지정
(3) 자갈지정
(4) 긴주춧돌지정
(5) 밑창콘크리트지정

제2절 지정

1. 정의	기초를 보강하거나 지반의 지지력을 보강하기 위한 구조		
2. 종류	보통지정	말뚝지정	깊은 기초(심초)
	① 모래지정 ② 자갈지정 ③ 잡석지정 ④ 긴주춧돌지정 ⑤ 버림콘크리트지정	① 나무말뚝 ② 기성콘크리트 말뚝 ③ 제자리콘크리트 말뚝 ④ 강재말뚝 ⑤ 강관충진 콘크리트 말뚝(CFT)	① 우물통 기초 ② 잠함 • 개방잠함 • 용기잠함

제3절 보통지정

1. 잡석지정	① 지름 10~30cm 정도의 깬돌을 가장자리에서 중앙쪽으로 옆세워 깐다. ② 사춤자갈량은 잡석량의 30%로 한다. ③ 시공순서 　기초 굴토 → 잡석깔기 → 사춤자갈깔기 → 다짐 → 밑창 콘크리트 타설 ④ 목적 　㉠ 이완된 지표면을 다짐 　㉡ 콘크리트와 흙이 섞이지 않게 함 　㉢ 콘크리트의 두께 절약
2. 밑창 콘크리트 지정	① 1 : 3 : 6 배합의 무근 콘크리트를 두께 5cm 정도로 잡석(자갈)지정 윗면에 타설한다. ② 기초의 심먹자리, 기초 콘크리트의 물·시멘트비 유지 등의 효과가 있다. ③ 목적 　㉠ 거푸집, 철근의 먹매김 용이 　㉡ Con'c와 흙이 섞이지 않게 함 　㉢ 바깥 방수의 바탕
3. 모래지정	① 지반이 연약하고 건물자중이 가벼운 경우에 시공한다. ② 모래 두께 30cm마다 물다짐을 한다.
4. 자갈지정	5cm 정도의 자갈을 5~10cm 정도의 두께로 잡석지정과 같은 방법으로 깐다.
5. 긴주춧돌 지정	굳은 지층이 비교적 깊이 있을 때 기초 파기 밑부분에 잡석다짐을 한 위에 화강석 또는 콘크리트로 긴 주춧돌을 세운다.

제4절 말뚝지정

01 개요

1. 선택 기준	① 동일 건물에서는 말뚝 길이를 달리하거나 나무 말뚝과 콘크리트 말뚝, 콘크리트 말뚝과 기타 다른 종류의 말뚝을 혼용하지 않는 것이 좋다. ② 시험말뚝은 기초 면적이 1,500m² 까지는 2개, 3,000m² 까지는 3개로 한다. ③ 말뚝 하나의 지지력에는 한도가 있으므로 길이는 비교적 작게 하고 수량을 많이 한다. ④ 지질에 따라서 무리 말뚝의 지지력은 단일 말뚝의 지지력보다 감소한다.
2. 간격	① 말뚝의 중심간격(Pitch)은 말뚝 지름의 2.5배 이상이나 보통 4배로 하며 말뚝 재질에 따른 최솟값은 다음과 같다. | 구분 | 나무 말뚝 | 기성 콘크리트 말뚝 | 제자리 콘크리트 말뚝 | |---|---|---|---| | mm | 600 | 750 | D+1,000 | | D | 2.5D | 2.5D | 2.0D | ② 말뚝 중심으로부터 기초판 끝까지의 거리(연단 거리)는 Pitch 값의 1/2 이상으로 한다.
3. 박기 요령	① 말뚝의 위치는 정확히 수직으로 박는다. ② 말뚝박기는 중단하지 않고 최종까지 계속적으로 박는다. ③ 관입이 잘 안 되어도 소정 위치까지 박는 것을 원칙으로 한다. ④ 5회 타격에 총관입량이 6mm 이하인 경우 말뚝은 박히는 데 거부현상이 있는 것으로 본다. ⑤ 예정 위치에 도달하여도 소기의 최종 관입량 이상일 때에는 말뚝 이어박기, 수량증가 또는 기초 저면을 변경하여 안전하게 하여야 한다. ⑥ 말뚝은 그 지지력이 증가되도록 주위 말뚝을 먼저 박고 점차 중앙부의 말뚝을 박는 순서로 계획한다.
4. 시험 항목	① 최종관입깊이 ② 지지력 확인 ③ 편심 정도 ④ 이음 여부 및 품질 ⑤ 말뚝머리 파손 여부

● 05③ · 98②
(수치) 시험말뚝박기 ( )넣기

● 16① · 13①
(수치) 기성 콘크리트 말뚝 간격

● 24①
(종류) 공사 후 검사 항목

02 기성 콘크리트 말뚝

[표시] 기성 말뚝재에 표시되는 다음의 표기가 의미하는 바를 쓰시오.

PHC - A · 450 - 12
 ①   ②   ③

●00②
●14②

[특징] 디젤해머

●15① · 10② · 04③ · 02③ · 01① · 00②

[종류] 기성 콘크리트 말뚝을 사용한 기초공사에서 사용 가능한 무소음, 무진동 공법을 4가지

●03① · 01② · 00⑤ · 98② · 98①

[종류] 기성 콘크리트 말뚝의 이음방법 3가지

●03①

[종류] 기초에 사용되는 압밀공법에서 채용되는 말뚝은 단부형태에 따라 구분되며, 말뚝길이가 지지기반까지 이르지 못할 경우 이어서 사용하게 되는데 이음방법도 구분된다. 이들의 종류를 각각 2가지씩
(1) 선단부 형상의 종류
(2) 말뚝이음의 종류

●03①

[종류] 말뚝 선단부 형태

1. 표시 형식	재질 - 직경(mm) - 길이(m) 예 PHC - A · 450 - 12 RC : 일반콘크리트, PC : 프리스트레스트 콘크리트 PHC : 고강도 프리스트레스트 콘크리트	
2. 시공	타격(관입공법)	드롭 해머, 디젤 해머, 스팀 해머로 타격 관입하는 공법
	압입공법	유압 잭, 진동압입기(Vibro Hammer)로 관입하는 공법
	프리보링 공법	어스 오거를 사용하여 지반을 미리 천공하여 말뚝을 압입하는 공법
	프리보링 병용 타격 공법	어스 오거를 사용하여 일정한 깊이까지 굴착한 후에 말뚝을 압입하고 타격하여 지지층까지 도달시키는 공법
	수사법 (Water Jet)	기성 콘크리트 말뚝의 선단이나 말뚝에 병행하여 제트 파이프를 박아 넣어 고압수를 분출시켜 지반을 고르게 해가면서 말뚝을 타격 또는 압입시키는 공법
	중굴공법	말뚝의 가운데 비어 있는 부위에 오거를 삽입하여 말뚝 선단부를 굴착해 가면서 매설하는 공법
	회전압입공법	말뚝 선단에 추를 붙여 오거를 대신하여 말뚝 전체를 회전시켜 가면서 압입하는 공법
3. 이음	[충전식] [볼트식] [용접식] [장부식]	
4. 말뚝 선단부 형상	[연필형] [V형] [역 V형] [편평형] [일부개방형] [전면개방형]	

03 제자리 콘크리트 말뚝

(1) 개요

1. 적용	대규모 건축에 쓰이며 굳은 층이 지하 깊이 있고 장대한 말뚝박기가 곤란할 때 사용한다.(최대길이 : 30m)	
2. 특징	장점	① 소요길이, 크기를 자유로이 할 수 있다. ② 하부에 큰 혹(Pedestal)을 만들어 기초판의 역할도 가능하다. ③ 재료의 운송비를 절약할 수 있다. ④ 소음이 없다.
	단점	① 기성 콘크리트 말뚝보다 압축강도가 적다. ② 콘크리트 경화 중에 피해를 볼 수 있다. ③ 완성된 상태를 확인할 수 없다.
3. 종류	① 관입공법 : 페데스털, 심플렉스, 프랭키, 컴프레솔, 레이몬드 ② 굴착공법 : 베노토, 어스 드릴, RCD공법 ③ Prepacked 공법 : CIP, PIP MIP	
4. 공벽 보호	① 보호 철관을 댄다.(Casing) ② 이수액을 주입한다.(벤토나이트액, 시멘트 현탁액, Grouting) ③ 비중이 큰 액체를 넣어 수압을 유지한다.(Reverse Circulation)	

(2) 관입공법

1. 심플렉스 파일 (Simplex)	굳은 지반에 외관을 쳐 박고 콘크리트를 추로 다져 넣으며 외관을 뽑아내는 형식으로 제자리 콘크리트 말뚝을 형성한다.
2. 레이몬드 파일 (Raymond)	내ㆍ외관을 소정의 깊이까지 박은 후에 내관을 빼내고, 외관에 콘크리트를 부어넣어 지중에 콘크리트 말뚝을 형성시킨다.
3. 프랭키 파일 (Franky)	심대 끝에 주철제 원추형의 마개 달린 외관을 2~2.6ton의 추로 내려쳐 마개와 외관을 지중에 박고 소정의 깊이에 도달하면, 내부의 마개와 추로 다져 구근을 만들면서 외관만을 빼내며 콘크리트 말뚝을 형성한다.
4. 컴프레솔 파일 (Compressol)	1~2ton 정도의 세 가지 추를 사용하여 끝이 뾰족한 추로 천공하고, 속에 넣은 콘크리트를 끝이 둥근 추로 다져 넣은 다음 평면진 추로 다지는 제자리 콘크리트 말뚝이다.
5. 페데스탈 파일 (Pedestal)	외관과 내관의 2중관을 소정위치까지 관입한 다음 내관을 빼내고 외관 내에 콘크리트를 부어넣은 후 내관을 넣어 다지면서 외관을 천천히 뽑아 올리며, 콘크리트 구근형 말뚝을 형성한다.

종류 〈보기〉의 공법들을 아래의 분류에 따라 골라 쓰시오.
(1) 제자리 콘크리트 말뚝 공법
(2) 지반개량 공법

① 칼 웰드 공법
② 샌드 드레인 공법
③ 베노토 공법
④ 동결 공법
⑤ 그라우팅 공법
⑥ 이코스 공법

●16④ · 09② · 05② · 04①

종류 제자리 콘크리트 말뚝

종류 제자리 콘크리트 말뚝 시공 시 공벽토사의 붕괴 방지법

●06③

용어 다음 설명에 맞는 제자리 콘크리트 말뚝은?
(1) 끝이 뾰족한 추로 천공하고, 속에 넣은 콘크리트를 끝이 둥근 추로 다진 후에 평면 추로 다진다.
(2) 굳은 지반에 외관을 쳐 박고 콘크리트를 추로 다져 넣으며 외관을 빼낸다.
(3) 얇은 철판의 외관에 심대를 넣어 쳐 박은 후 심대를 빼내고 콘크리트를 다져 넣는다.

●06② · 02② · 98②

순서 페데스탈 말뚝의 시공을 4단계

(3) 굴착공법

1) Earth Drill(Carlweld) 공법

1. 정의	이수액 또는 Casing으로 공벽을 보호하며 Earth Drill(굴삭기)로 굴착을 한 후 철근망을 삽입하고 트레미(Tremie)관을 사용하여 콘크리트 말뚝을 형성한다.	
	장점	단점
2. 특성	① 시공설비 간단 ② 공비 저렴 ③ 굴착속도가 빠름 ④ 소음·진동이 작음	① 경질지반 굴착 곤란 ② Slime 제거 곤란
3. 시공 순서	1. 스탠드파이프 설치 → 2. 굴착 → 3. 선조립 철근 삽입 → 4. 트레미관 설치 → 5. 콘크리트 타설 → 6. 스탠드파이프 인발 완료	

●03③
용어 어스드릴

2) Benoto(All Casing) 공법

●09② · 03③ · 98③
용어 베노토 공법

1. 정의	강철 Casing Tube를 땅속에 압입한 후 Benoto 굴삭기로 Casing 내부 토사를 굴착한 후 콘크리트를 타설하면서 Casing Tube를 끌어 올리며 말뚝을 형성하는 공법으로 무진동·무소음이며 대규모 구조물에 사용된다.	
	장점	단점
2. 특성	① 시공 정밀도 우수(Slime 제거 유리) ② 지반 이완이 작음 ③ 밀실한 콘크리트 타설 가능	① 공사비 고가 ② 시공속도 느림 ③ 시공설비 복잡
3. 시공 순서	1. 케이싱 → 2. 케이싱을 이어 가면서 그래브버킷으로 굴착 → 3. 선조립 철근 삽입 → 4. 트레미관 설치 → 5. 콘크리트 타설 케이싱 인발 → 6. 완료	

●00④ · 00①
순서 베노토 공법의 시공순서를 〈보기〉에서 골라 쓰시오.
( ) → 굴착 → ( ) → ( ) → 콘크리트 타설 → ( )

① Tremie관 삽입
② 철근망 조립
③ 레미콘 주문
④ Casing Tube 인발
⑤ 철근망 넣기
⑥ Casing Tube 세우기

3) 역순환(Reverse Circulation Drill) 공법

1. 정의	지하수위보다 2m 이상 물을 채워 정수압(2tf/m²)으로 공벽면을 안정시키고, 비트를 회전시켜 굴착 후 철근망을 삽입하고 트레미관을 통하여 콘크리트 말뚝을 형성한다.	
2. 특성	장점	단점
	① 대구경, 깊은 심도의 공사 가능 ② 시공속도 빠르며, 수중공사 가능 ③ 작업효율 양호, 경사굴착 가능	① 공벽붕괴 우려 ② 피압수 상승 시 굴착 곤란 ③ 이수순환장치 설치용 공간 필요

●03③
용어) RCD
●00②
수치) 제자리 콘크리트 말뚝공법 중 굴착구멍의 붕괴를 방지하기 위하여 물을 채우는 대표적인 공법은 ( )이며, 이 공법은 지하수위보다 ( )m 이상 높게 물을 채워서 ( )tf/m² 이상의 정수압을 유지해야 한다.

4) BH(Boring Hole) 공법

1. 정의	① 보링 기계를 사용하고, 드릴 로드를 회전시켜 굴착을 한다. ② 공벽의 보호를 위해 안정액을 사용하고, 굴착된 흙은 안정액과 함께 배출시킨다.	
2. 특성	장점	단점
	① 시공 장비가 소형 ② 협소한 부지에 사용 가능 ③ 대형 건설기계 반입 불가능한 경우에 사용	① 시공 능률이 낮음 ② Slime 침전 우려
3. 시공순서	(그림: 1. 스탠드파이프, 2. 굴착, 3. 에어 리프트로 슬라임 제거, 4. 선조립 철근삽입, 5. 트레미관 설치, 6. 콘크리트 타설, 7. 완료)	

●06①
순서) 프리보링 작업

(4) 프리팩트 파일(Prepacked Pile)

1. CIP (Cast-in- Place Pile)	어스 오거로 굴착한 후에 철근을 넣고 모르타르 주입관을 삽입한 다음 자갈을 충전한 후에 모르타르를 주입하여 지지말뚝으로 만든다.
2. PIP (Packed-in- Place Pile)	지중에 스크루 오거를 삽입하여 소정의 깊이까지 굴착한 후 흙과 오거를 뽑아 올리면서 오거 중심부에 있는 선단을 통하여 모르타르나 콩자갈 콘크리트를 주입하여 말뚝을 만드는 공법이다.
3. MIP (Mixed-in- Place Pile)	로터리 드릴(Rotary Drill) 선단에 윙 커터(Wing Cutter)를 장치하여 흙을 뒤섞으며 지중을 굴착한 다음, 파이프 선단으로 모르타르를 분출시켜 흙과 모르타르를 혼합시켜 소일 콘크리트 말뚝을 만든다.

●24③
용어) CIP
●16① · 09①
종류) 프리팩트 콘크리트 말뚝의 종류를 3가지
●03① · 99③
순서) CIP 공법의 시공순서

(1) 철근 조립
(2) 모르타르 주입용 파이프 설치
(3) 모르타르 주입
(4) 자갈 다져 넣기

[CIP 말뚝] [MIP 말뚝] [PIP 말뚝]

04 강재말뚝

1. 종류	① 강관말뚝 ② H형강 말뚝
2. 특징	① 경량이고 강하다. ② 용접 등으로 이을 수 있어 길이조정이 용이하다. ③ 관입성이 양호하며 말뚝 상부의 파손이 없다. ④ 부식의 우려가 있다.

● 20② · 01①
(특징) 강관말뚝 지정의 특징(장점) 3가지

05 강관충진 콘크리트(CFT ; Concrete Filled Tube)

1. 정의	① 콘크리트 채움 강관이란 원형 또는 사각형의 강관 기둥 내부의 고성능 콘크리트를 충진하여 만든 기둥을 말하며, 충진강관 콘크리트라고도 한다. ② 강관을 기둥의 거푸집으로 하며, 강관 내부에 콘크리트를 채운 합성구조로서 좌굴방지 · 내진성 향상 · 기둥단면 축소 · 휨강성 증대 등의 효과가 있으므로, 초고층 건물의 기둥구조물에 유리하다.
2. 특징	① 좌굴 방지 ② 공기단축 ③ 내진성 향상 ④ 거푸집공사의 생략 ⑤ 기둥 단면 축소 ⑥ 내화성 향상 ⑦ 휨 강성 증대 ⑧ 경제성 확보 ⑨ 고품질 콘크리트 사용요구 ⑩ 콘크리트 시공 확인 어려움

● 21④ · 17④ · 16① · 12①
(용어) CFT

● 16① · 12①
(특징) CFT 장 · 단점 2가지씩

06 마이크로 말뚝(Micro Pile)

1. 정의	지반을 천공하여 철근 또는 강봉 등을 삽입하고 그라우팅하여 형성된 직경 300mm 이하의 소구경 말뚝
2. 특징	① 시공 시 주변 지반 최소 교란 ② 시공 조건과 토질에 관계없이 시공 가능 ③ 대형 말뚝 시공차량의 진입이 어려운 곳에 사용 가능 ④ 협소한 작업공간에서 사용 가능 ⑤ 부상방지용, 기존 기초의 보강용으로 활용 가능 ⑥ 기존 구조물 보강 시 특수한 천공 장비 필요

●24③ · 20⑤
(정의)(특징) 마이크로 말뚝

제5절 깊은 기초 지정

1. 우물기초	① 피어 기초는 경질지반에 도달시키는 것이 원칙이다. ② 최소 지름은 90cm 이상으로 하고, 전 길이는 최소 지름의 15배 이하로 한다. ③ 각 단면의 중심과 설계 하중의 합력과의 편심거리가 피어 길이의 1/60 이상 또는 꼭대기 지름의 1/10이 넘을 때는 철근으로 보강한다.	
2. 잠함	개방잠함	건축물의 지하층을 미리 지상에서 축조하여 이를 지중에 내려 앉히며, 지하실의 내부 중앙부분을 갓둘레 부분보다 먼저 파서 균일한 침하를 유도하는 것으로서 그 특성은 다음과 같다. ① 잠함의 외부벽이 흙막이의 역할을 하므로 공기단축을 기대한다. ② 인접지반의 이완이 방지되고 말뚝박기를 하지 않으므로 소음발생이 없다. ③ 건물 내부에서 작업하므로 기후의 영향을 적게 받는다. ④ 시공순서 ㄱ. 지하구조체 지상 축조 ㄴ. 하부 중앙 흙 굴착 후 침하 ㄷ. 중앙부 기초 축조 ㄹ. 외곽부 기초 축조
	용기잠함	지하수가 많거나 토사의 유입이 심할 때 잠함 속에 3kg/cm² 이하의 압축공기를 넣어 물·토사의 유입을 방지하며 시공한다. 단, 수심 30m 이상에서는 채택이 곤란하다.

●08①
(순서) 개방잠함 기초의 시공순서

CHAPTER 04 핵심 기출문제

● 개 요

01 아래 용어를 간단히 설명하시오. ●20④·19①·13②·12④·06②

가. 기초 : _____

_____

나. 지정 : _____

정답 **용어**
가. 건축물의 하중을 안전하게 지반에 전달하는 목적으로 지중에 설치된 구조
나. 기초를 보강하는 구조

02 기초공사 시 Floating Foundation에 관하여 설명하시오. ●06①

_____
_____
_____
_____

정답 **Floating Foundation**
지면하의 배토중량과 건축물 중량이 균형을 이루도록 만든 기초

03 지정 및 기초공사에서 지정말뚝의 종류를 3가지 쓰시오. ●99⑤

가. _____
나. _____
다. _____

정답 **지정말뚝의 종류**
가. 나무 말뚝
나. 기성 콘크리트 말뚝
다. 제자리 콘크리트 말뚝

04 다음에 설명하는 말뚝의 용어명을 쓰시오. ●99⑤

가. 연약층이 깊어 굳은 층에 지지할 수 없을 때 말뚝과 지반의 마찰력에 의하는 말뚝은? ( )
나. 연약지반을 관통하여 굳은 지반에 도달시켜 말뚝 선단의 지지력에 의하는 말뚝은? ( )

정답 **용어**
가. 마찰말뚝
나. 지지말뚝

05 다음 ( ) 안에 알맞은 숫자를 써 넣으시오. •16① · 13①

> 기성 콘크리트 말뚝을 타설할 때 그 중심 간격은 말뚝머리지름의 (가)배 이상 또한 (나)mm 이상으로 한다.

가. _____ 나. _____

정답
가. 2.5
나. 750

---

06 무리말뚝에 있어서 말뚝박기는 지지력이 증가하도록 (가)을 먼저 박고 점차 (나)을 박는 순서로 진행된다. •98④

가. _____ 나. _____

정답 무리말뚝 시공 순서
가. 주변
나. 중앙

---

07 무리말뚝 기초공사에 관한 사항이다. 일반적인 시공순서를 〈보기〉에서 골라 기호로 쓰시오. •03②

> 가. 수평규준틀 설치   나. 중앙부 말뚝박기
> 다. 가장자리 말뚝박기   라. 말뚝중심잡기
> 마. 표토 걷어내기   바. 말뚝머리 정리

( ) → ( ) → ( ) → ( ) → ( ) → ( )

정답 무리말뚝 순서
마 → 가 → 라 → 다 → 나 → 바

● **강재말뚝**

08 강관말뚝 지정의 특징을 3가지 쓰시오. •01①

가. _____
나. _____
다. _____

정답 강관말뚝 지정의 특징
가. 큰 타격력에도 견디고 내력이 있는 깊은 지지층까지 박을 수 있어 큰 지지력도 기대할 수 있다.
나. 휨 모멘트에 대한 저항성이 크며, 큰 수평력이 작용하는 구조물의 기초에도 사용될 수 있다.
다. 콘크리트말뚝에 비하여 가볍고 운반, 시공도 용이하나 고가이다.

---

09 강재말뚝의 장점을 3가지 쓰시오. •20②

가. _____
나. _____
다. _____

정답 강재말뚝의 장점
가. 경량이고 강하다.
나. 용접 등으로 이을 수 있어 길이 조정이 용이하다.
다. 관입성이 양호하며, 말뚝 상부의 파손이 적다.

10 강재말뚝의 부식을 방지하기 위한 방법을 2가지 쓰시오. • 05③ · 01③

가. _____

나. _____

> **정답** 강재말뚝 부식 방지법
> 가. 판 두께를 증가시키는 방법
> 나. 방청도료를 도포하는 방법

● **기성 콘크리트 말뚝**

11 PHC 파일을 만드는 과정에서 (가) 양생을 하고, (나)을 적용시켜 만든다. ( ) 안에 알맞은 말을 쓰시오. • 06①

가. _____

나. _____

> **정답** PHC 생산방식
> 가. 고온고압증기
> 나. 프리텐션방식

12 기성 말뚝재에 표시되는 다음의 표기가 의미하는 바를 쓰시오. • 00②

PHC	−	A · 450	−	12
가		나		다

가. _____

나. _____

다. _____

> **정답** 기성 콘크리트 말뚝
> 가. 프리스트레스트 방식의 고강도 콘크리트 말뚝
> 나. 말뚝지름 450mm
> 다. 말뚝길이 12m

13 기성 콘크리트 말뚝 지정공사의 시험말뚝박기에 대한 다음 설명 중 ( ) 안에 적합한 숫자를 쓰시오. • 05③ · 98②

> 가. 타격회수 (①)회에 총관입량이 (②)mm 이하인 경우의 말뚝은 박히는 데 거부현상을 일으킨 것으로 본다.
> 나. 기초면적이 (③)m² 까지는 2개의 단일시험말뚝을 설치하고, (④)m² 까지는 3개의 단일시험말뚝을 설치한다.

가. ① _____ ② _____

나. ③ _____ ④ _____

> **정답** 말뚝박기 시험
> 가. ① 5
>   ② 6
> 나. ③ 1,500
>   ④ 3,000

14 기초에 사용되는 압입공법에서 채용되는 말뚝은 단부형태에 따라 구분되며, 말뚝길이가 지지지반까지 이르지 못할 경우 이어서 사용하게 되는데 이음방법도 구분된다. 이들의 종류를 각각 2가지씩 나열하시오. •03①

가. 선단부 형상의 종류
① _____
② _____

나. 말뚝이음의 종류
① _____
② _____

정답 기성 콘크리트 말뚝
가. 선단부 형상의 종류
① 연필형(Pencil Type)
② 편평형(Flat Type)
나. 말뚝이음의 종류
① 용접식 이음법
② Bolt식 이음법

---

15 말뚝의 시공방법 중 무소음·무진동 공법을 3가지 쓰고 설명하시오. •10②

가. _____
나. _____
다. _____

정답 용어
가. Pre-Boring 공법 : 말뚝구멍을 선 굴착 후 말뚝을 매입하거나 타입, 압입을 병용하는 방법
나. 압입공법 : 유압 Jack을 이용하여 회전압입·진동압입 등으로 말뚝을 눌러 매입하는 방법
다. 중굴공법 : 말뚝의 가운데 빈 부분을 이용하여 굴착하고, 말뚝을 매입하는 방법
※ 기타
수사식 공법 : 물을 고속 분사하여 지반을 무르게 하고 타입, 압입하여 말뚝을 지중에 매입하는 방법

---

16 기성 콘크리트 말뚝을 기초로 사용하고자 할 때, 도심지에서 사용할 수 있는 무소음, 무진동 공법을 〈보기〉에서 모두 골라 기호로 쓰시오.

•04③ · 02③ · 01① · 00②

가. Steam Hammer 공법	나. 압입(회전압입) 공법
다. Vibro Floatation 공법	라. 중공굴삭(중굴) 공법
마. Pre Boring 공법	바. Diesel Hammer 공법
사. 수사법(Water Jet)	

정답 말뚝 무소음, 무진동 공법
나, 라, 마, 사

정답 기성 콘크리트 말뚝사용 무소음·무진동 공법
가. Pre-Boring 방식
나. 중굴식 굴착방식
다. 회전식과 유압식 방식 혼용
라. 수사식과 진동압입식 방식 혼용

17 기성 콘크리트 말뚝을 사용한 기초공사에 사용 가능한 무소음·무진동 공법 4가지를 쓰시오.   ● 15① · 04③ · 02③ · 01① · 00②

가. _____
나. _____
다. _____
라. _____

18 프리보링공법 작업순서를 〈보기〉에서 골라 기호로 쓰시오.   ● 06①

〈보기〉
① 어스오거드릴로 구멍 굴착   ② 소정의 지지층 확인
③ 기성콘크리트 말뚝 경타   ④ 시멘트액 주입
⑤ 기성콘크리트 말뚝 삽입   ⑥ 소정의 지지력 확보

( ) → ( ) → ( ) → ( ) → ( ) → ( )

정답 프리보링 작업순서
① → ② → ④ → ⑤ → ③ → ⑥

정답 기성 콘크리트 말뚝의 이음 방법
가. 장부식 이음
나. 볼트식 이음
다. 용접식 이음

19 기성 콘크리트 말뚝의 이음방법 3가지를 쓰시오.   ● 01② · 00⑤ · 98② · 98①

가. _____   나. _____
다. _____

정답 디젤해머 특징
가. 장점
 ① 큰 타격력이 얻어지며 시공능률이 우수
 ② 말뚝 두부 손상이 적다.
 ③ 타격의 정밀도가 우수하다.
 ④ 장비의 조립·해체가 용이하다.
나. 단점
 ① 해머(램)의 낙하고 조절이 어려움
 ② 소음, 진동이 크고 기름, 연기의 비산 등 공해가 큼
 ③ 연약지반에서는 시공능률이 떨어짐

20 기성말뚝 타격공법 중 주로 사용되는 디젤해머(Diesel Hammer)의 장점 또는 단점을 3가지 쓰시오.   ● 14②

가. 장점 ① _____
     ② _____
     ③ _____
나. 단점 ① _____
     ② _____
     ③ _____

정답 기성 콘크리트 말뚝 공사 후 검사 항목
가. 최종관입깊이
나. 지지력 확인
다. 편심 정도
라. 이음 여부 및 품질
마. 말뚝머리 파손 여부

21 기성 콘크리트 말뚝 공사 후 검사 항목 3가지를 쓰시오.   ● 24①

가. _____
나. _____
다. _____

● **제자리 콘크리트 말뚝**

22 제자리 콘크리트 말뚝공법을 5가지 쓰시오. •16④·09②·05②·04①

가. _____
나. _____
다. _____
라. _____
마. _____

> **정답** 제자리 콘크리트 말뚝공법
> 가. 컴프레솔 파일(Compressol Pile)
> 나. 심플렉스 파일(Simplex Pile)
> 다. 레이몬드 파일(Raymond Pile)
> 라. 페데스탈 파일(Pedestal Pile)
> 마. 프랭키 파일(Franky Pile)
> 바. 베노토 공법

23 〈보기〉에 열거한 공법들을 아래 분류에 따라 골라 번호를 쓰시오. •05②·04①

〈보기〉
① 칼웰드 공법   ② 샌드 드레인 공법   ③ 베노토 공법
④ 동결 공법   ⑤ 그라우팅 공법   ⑥ 이코스 공법

가. 제자리 콘크리트 말뚝 공법 : _____
나. 지반개량 공법 : _____

> **정답** 제자리 말뚝/지반개량 공법
> 가. ①, ③, ⑥
> 나. ②, ④, ⑤

24 제자리 콘크리트 말뚝을 제작하기 위하여 지반에 구멍을 판 후 벤토나이트 용액을 넣어주는 목적을 3가지 쓰시오. •10④·02③·99⑤

가. _____
나. _____
다. _____

> **정답** 벤토나이트 용액
> 가. 굴착공(구멍)내의 붕괴 방지
> 나. 지하수 유입 방지
> 다. 굴착부분의 마찰저항 감소 목적

25 다음에 설명하는 현장타설 콘크리트 말뚝의 종류를 쓰시오. •09①

가. 1.0~2.5ton의 3가지 추를 사용하여 잡석과 콘크리트를 교대 투입 후 추로 다짐하여 콘크리트 말뚝을 만드는 공법   ( )

나. 철관을 쳐서 박아 넣고 그 속에 콘크리트를 부어 넣고 중추로 다짐하여 외관을 뽑아내는 공법   ( )

다. 외관에 심대(Core)를 넣고 박아 심대를 뽑고 콘크리트를 넣은 후 다짐을 실시하여 외관이 땅속에 남은 유곽 파일   ( )

> **정답** 관입공법
> 가. 컴프레솔 말뚝
>   (Compressol Pile)
> 나. 심플렉스 말뚝(Simplex Pile)
> 다. 레이몬드 말뚝(Raymond Pile)

26 페데스탈 말뚝의 시공 순서를 〈보기〉에서 골라 순서대로 나열하시오.

• 06② · 02② · 98②

〈보기〉
가. 내관을 빼낸다.
나. 외관 내에 콘크리트를 넣는다.
다. 내관을 넣어 콘크리트를 다지며 외관을 서서히 빼 올리며 콘크리트를 구 근형으로 다진다.
라. 외관과 내관의 2중관을 동시에 소정위치까지 박는다.

( ) → ( ) → ( ) → ( )

정답 페데스탈 말뚝 순서
라 → 가 → 나 → 다

27 제자리 콘크리트 말뚝에 관한 공법의 명칭을 기록하시오.

• 09②

가. 회전식 Drilling Bucket에 의해 지중에 필요 깊이까지 굴착하고, 그 굴착공에 철근을 삽입하여 콘크리트를 타설하여 말뚝을 조성하는 공법
( )

나. 특수비트의 회전으로 굴삭된 토사를 Drill Rod 내의 물과 함께 공외로 배출하여 침전지에 토사를 침전시킨 후 물을 다시 공 내에 환류시키면서 굴착한 후 철근망을 삽입하고 트레미관에 의해 콘크리트를 타설하면서 말뚝을 조성하는 공법
( )

다. 특수 고안된 Casing Tube를 좌회전과 우회전 운동의 반복에 의해 요동시키면서 지반의 마찰저항을 감소시켜 유압 잭으로 압입하면서 공벽 파괴를 방지하고 Hammer Grab로 굴착 후 철근을 삽입하고 콘크리트를 충전하면서 Casing Tube를 빼내면서 말뚝을 조성하는 공법 ( )

정답 용어
가. 어스드릴 공법
나. 리버스 서큘레이션 공법
다. 베노토 공법

28 ( ) 안에 알맞은 말을 쓰시오.

• 00②

제자리 콘크리트 말뚝공법 중 굴착구멍의 붕괴를 방지하기 위하여 물을 채우는 대표적인 공법은 (가)공법이며, 이 공법은 지하수위보다 (나)m 이상 높게 물을 채워서 (다)t/m² 이상의 정수압을 유지해야 한다.

가.
나.
다.

정답 R.C.D 공법
가. 리버스 서큘레이션
　　(Reverse Circulation Drill 공법)
나. 2
다. 2

29 베노토 공법(Benoto Method)에 대하여 쓰시오. • 09② · 03③ · 98③

정답 베노토 공법
특수장치에 의해 케이싱 튜브를 지중에 요동압입하면서 해머글래브로 굴착 후 철근망을 삽입하고 Casing을 뽑아올리면서 콘크리트를 타설하여 현장말뚝을 조성하는 All Casing 공법이다.

30 제자리 콘크리트 말뚝의 기계굴삭 공법 중에서 베노토 공법(Benoto Method)의 시공순서이다. 다음 〈보기〉를 보고 ( ) 안에 적합한 공정명을 고르시오. • 04② · 00①

① 트레미(Tremie)관 삽입
② 철근망 조립
③ 레미콘 주문
④ 케이싱튜브(Casing Tube) 인발
⑤ 철근망 넣기
⑥ 케이싱튜브(Casing Tube) 세우기

( ) → 굴착 → ( ) →
( ) → 콘크리트 타설 → ( )

정답 베노토 공법
(⑥) → 굴착 → (⑤) →
(①) → 콘크리트 타설 → (④)

31 대구경 제자리 말뚝을 시공하는 공법 중 베노토 공법의 시공순서 5단계를 순서대로 기술하시오. • 04② · 00①

가.
나.
다.
라.
마.

정답 베노토 공법의 시공순서
가. Casing tube를 사용하여 굴착
나. 철근망 넣기
다. 트레미관 삽입
라. 콘크리트 타설
마. 케이싱 튜브 인발

● **프리팩트 콘크리트 말뚝**

32 프리팩트 콘크리트 말뚝의 종류를 3가지 쓰시오. • 16① · 09①

가.
나.
다.

정답 프리팩트 콘크리트 말뚝의 종류
가. CIP 파일
나. MIP 파일
다. PIP 파일

33 지정공사 중 CIP공법의 정의를 쓰시오. • 24③

정답 CIP공법
어스 오거로 굴착한 후에 철근을 넣고 모르타르 주입관을 삽입한 다음 자갈을 충전한 후에 모르타르를 주입하여 만든 지지말뚝

34 CIP 공법으로 콘크리트 말뚝 지정을 실시할 경우 시공순서를 기호로 쓰시오.

• 03① · 99③

| 가. 자갈 다져 넣기 | 나. 모르타르 주입 |
| 다. 철근 주입 | 라. 모르타르 주입용 Pipe 설치 |

( ) → ( ) → ( ) → ( )

정답 CIP 공법 순서
다 → 라 → 가 → 나

● 기타

35 마이크로 말뚝의 정의와 장점 두 가지를 기재하시오.

• 24③ · 20⑤

가. 정의 : _____
나. 장점
① _____
② _____

정답 마이크로 말뚝
가. 정의
　지반을 천공하여 철근 또는 강봉 등을 삽입하고 그라우팅하여 형성된 직경 300mm 이하의 소구경 말뚝
나. 장점
① 시공 시 주변 지반 최소 교란
② 시공 조건과 토질에 관계없이 시공 가능
③ 대형 말뚝 시공차량의 진입이 어려운 곳에 사용 가능
④ 협소한 작업공간에서 사용 가능

● CFT

36 콘크리트 충진 강관(CFT) 구조를 설명하고 장·단점을 2가지씩 쓰시오.

• 21④ · 17④ · 16① · 12① · 08①

가. 정의 : _____
나. 장점 : ① _____
② _____
단점 : ① _____
② _____

정답 CFT(강관충진 콘크리트)
가. 원형 또는 사각형의 강관기둥 내부에 고성능 콘크리트를 충진하여 만든 구조
나. 장점
① 휨 강성 증대
② 거푸집 불필요로 인한 공사비 감소
단점
① 고품질 콘크리트 요구
② 콘크리트 시공 확인이 어려움

● 잠함

37 개방 잠함 기초의 시공순서를 보기에서 골라 쓰시오.

• 08①

| 가. 주변 기초 구축 | 나. 지하구조체 지상 구축 |
| 다. 중앙부 기초 구축 | 라. 하부 중앙흙 파내기 |

( ) → ( ) → ( ) → ( )

정답 개방 잠함 기초
나 → 라 → 다 → 가

Engineer Architecture

CHAPTER 05
철근콘크리트공사

CONTENTS

제1절	철근공사	163
제2절	거푸집공사	179
제3절	콘크리트공사 – 재료	200
제4절	콘크리트공사 – 배합/성질	216
제5절	콘크리트공사 – 시공	237
제6절	콘크리트공사 – 종류	251

한눈에 보기

01 철근공사

- **공작도**
  - 정의
  - 종류
- **종류**
  - 원형(∅)
  - 이형(D)
  - 고강도(HD)
    - 직경↓
    - 철근량↓
    - G의 크기↑
    - 공기↓
    - 가공이 어렵다
  - 피아노선(강성)
- **가공**
  - 절단
  - 구부리기
    - 밴트
    - 후크
      - 원형철근
      - 이형(기둥, 보, 굴뚝)
      - 대근, 늑근
- **이음**
  - 직접이음
    - 용접
    - 압접 ─ 강도상이 ┐
            재질상이 ├ 시공불가
            지름 6mm 차이 ┘
  - 간접이음 ─ 결속선이음
  - 기계적 이음
    - 슬리브 압착
    - 슬리브 충진
    - 나사식
    - Cad Welding
    - G-loc splice
    - Easy coupler
  - 주의
    - 응력↓ 위치
    - 1/2 이상 ×
    - 엇갈려서 시공
- **정착**
  - 위치
  - 도해
- **간격**
  - 25mm 이상 ┐ 중 큰 값
  - 1.0D 이상 ┘
- **피복두께**
  - 목적
    - 내구성(중성화)
    - 내화성
    - 시공성
    - 부착강도↑
- **시공순서**
  - 일반 : 기초-기둥-벽-보-바닥-계단
  - 기초철근
    - 먹줄(거푸집설치)
    - 간격표시
    - 직교철근
    - 대각철근
    - 스페이서설치
    - 기둥주근
    - 대근감기
- **방청**
  - 원인
    - 중성화
    - 건조수축
    - 염분
    - 단면크기↓
  - 대책
    - 피복두께
    - 염분허용량 준수
    - W/C↓
    - 마감재
    - 방청도료

02 거푸집

- **짜기시 주의사항**
  - 소요강도 충족
  - 변형×
  - 시멘트풀×
  - 조립, 해체용이
  - 전용성↑
- **구성부재** ─ 널, 띠장, 장선, 보, 지주, 캠버
- **부속재료**
  - 간격재(스페이서) ─ 간격/피복두께 ─ 철재 ┐
  - 긴결재(폼타이)   Con'c ├ 종류
  - 격리재(세퍼레이터)   모르타르│
  - 박리재   플라스틱┘
- **설계(고려하중)**
  - 수평 : 생콘크리트 중량, 작업하중, 충격하중
  - 수직 : 생콘크리트 중량, 측압
  - ※ Con'c Head-용어
  - ※ 요인 : 단면적×높이, 속도↑, 강도↑
           철근량↓, 투수성↓
- **존치기간**
  - 수평 ─ 14MPa
         ─ 설계기준강도 2/3 이상 / 설계기준강도 이상
  - 수직 ─ 5MPa
         ─ 재령

	조강	보통
20℃ 이상	2	4
10-20℃ 미만	3	6

- **순서**
  - 일반 : 기초-기둥-벽-계단-보-바닥
  - RC 1개층
    - 기초판 거푸집
    - 기초판 철근배근
    - 기둥철근 기초판 정착
    - 기초판 콘크리트 타설
    - 기둥 철근배근
    - 기둥 거푸집
    - 벽의 한편 거푸집
    - 벽 철근배근
    - 벽의 딴편 거푸집
    - 바닥, 보 거푸집
    - 바닥, 보 철근배근
    - 콘크리트 타설
- **종류**
  - 벽전용
    - 대형패널 ─ 대형화
    - 갱폼 ─ 특수한 모양/거푸집/가설물 일체
      - 장점 : 시간단축
              가설비, 노무비 절감
      - 단점 : 초기투자비↑
              대형 양중장비 필요
  - 바닥전용
    - 테이블폼 ┐
    - 플라잉폼 ┘ 일체식 거푸집
    - ※ 특징 ─ 조립분해 × : 시간단축
             ─ 처짐량 ×
             ─ 전용률↑
             ─ 초기투자비↑
  - 벽+바닥 ─ 터널폼
  - 무지주공법
    - 보우빔
    - 페코빔
  - 이동
    - 슬라이딩
    - 트레블링
  - 바닥판식
    - 워플 : 무량판구조
    - 하프슬라브
    - ※ V.H 분리타설

Thinking Map

03 시멘트

- **종류**
  - 포틀랜드 시멘트
    - 보통
    - 조강
    - 중용열
    - 저열
    - 내황산염
  - 혼합시멘트
    - 고로
    - 플라이애쉬
    - 포졸란
    - ※특징 — 장기강도↑, 시공연도↑
            — 내구성↑, 발열량↓
  - 폴리머시멘트
    - 경량화
    - 내열성↓
    - 접착성↑
    - 내약품성↑
- **시험**
  - 비중 : 르샤델리에 비중병
  - 분말도 : 브레인법 / 마노미터액
  - 응결 / 경화 : 비이카장치 / 길모아장치
  - 강도 : 공시체
  - 안정성 : 오토 클레이브 팽창체
- **응결**
  - 이중응결
  - 영향요소

04 골재

- **종류**
  - 크기
    - 잔골재
    - 굵은골재
  - 비중
    - 경량 2.0 이하
    - 보통 2.65
    - 중량 2.7이상 : 중정석, 자철광(4.0) 방사선 차단 목적
  - 생성
    - 천연
    - 쇄석
- **품질**
  - 소요강도
  - 입형↑
  - 입도↑
  - 불순물 ✕
  - 재료분리 ✕
- **함수**
  - 절건 기건 표건내포 습윤
  - 유효흡수량
  - 흡수량 표면수량
  - 함수량
- **조립률**
  - 식
  - 그래프
  - 판정
  - 혼합조립률 계산
  - ※ 혼탁비색법
- **불순물**
  - 유기불순물 : 강도, 내구성↓
  - 염화물 : 중성화
  - 잔토 : 부착↓
  - 당 : 응결지연

05 혼화재료

- **종류**
  - 혼화제 — 소량(시멘트 중량 5% 이하) ∥ 배합무시
          — 종류
  - 혼화재 — 다량(시멘트 중량 5% 이상) ∥ 배합고려
          — 종류
- **AE제** — 특징
  - 수밀성↑
  - 동결융해저항성↑
  - 워커빌리티↑
  - 재료분리↓
  - 단위 수량↓
  - 블리딩↓   ※블리딩
  - 발열량↓   레이턴스 — 용어
- **공기**
  - 종류
    - 엔트랩트에어(자연공기)
    - 엔트레인드에어(인위적 공기)
  - 량
    - 4.5%   5.5%   ±1.5
    - 보통   경량   허용오차
  - ※모세관공극 — 용어

06 배합

- **표시법(종류)**
  - 중량
  - 표준계량용적
  - 절대용적
  - 현장용적
- **순서**
  - 소요강도(설계기준강도)
  - 배합강도
  - ←〈시멘트강도〉
  - 물-결합재비
  - 슬럼프치 결정
  - G최대치수
  - S/A
  - W량
  - 시빙배합 ⎫
  - 현장배합 배합 ⎬ 배합
- **W/C**
  - 강도
  - 내구성(보통P)
  - 수밀성
  - 균열저항성
- ※물이 증가
  - 강도↓
  - 재료분리↑
  - 건조수축↑
  - 내구성↓
  - 블리딩↑
  - 균열↑

07 성질

굳지않은 콘크리트

- 종류
  - 시공연도 : 단위수량
  - 유동성 : 水량
  - 성형성 : 거푸집
  - 마감성 : G크기
  - 다짐성
  - 압송성
- 시공연도
  - 정의
  - 요인
    - 재료 — C량, 水량, 입도, 입형, 혼화재료
    - 배합
    - 운반
    - 타설
    - 다짐
  - 시험
    - 슬럼프 테스드 — 시험방법
    - 구관입시험
    - 비비
    - 낙하
    - 다짐계수
    - 플로우 시험
- 균열
  - 침강(침하)
  - 건조수축(플라스틱 균열)
- 재료분리 (균열의 원인)
  - 水량↑
  - G크기↑
  - 골재량 多
  - 타설 H↑
  - 다짐시간↑
  - 비빔시간↑

굳은 콘크리트

- 강도
  - 압축강도 20m → 1회, 매일
  - 인장강도
  - 파괴반응
    - 고강=급속파괴
    - 보통=보통파괴
    - 저강도=천천히 파괴
    - 최대 강도
  - 비파괴시험 — 슈미트해머 — 보정방법 — 타격각도
    - 공진법
    - 인발법
    - 방사선투과법
    - 재령
    - 압축응력
- 균열
  - 종류 — 크리프
    - 피로
  - 보수보강 — 주입
    - 표면처리
    - 강판붙임
    - 앙카접착
- 내구성
  - 중성화
    - 정의(식) Ca[OH]$_2$ + CO$_2$ → CaCO$_3$ + H$_2$O
    - 요인 : CO$_2$, Cl⁻, 유기불순물
    - 대책 — 수밀 콘크리트
      - 피복두께 증가
      - 허용 염화물량 준수
      - 마감재 사용
      - 철근 방청
  - 알칼리 골재 반응
    - 정의 : C의 알칼리 성분 + 반응성 골재 → 겔 생성
    - 대책 — 저알칼리 시멘트 사용
      - 무반응 골재 사용
      - 포졸란 반응 촉진

08 시공

- 계량 — 배처플랜트 — 배처플랜트
  - 변형 X
- 비빔 — 다시비빔
  - 되비빔
- 운반 — 비빔-적재-운반-대기-타설
- 타설
  - 펌프 — 피스톤식
    - 짜내기식
    - 압축식
  - ↓
  - 大 = 거리한계
    - 막힘
    - 재료분리
    - 슬럼프 손실
  - 부어넣기 — 수평
    - H↓
    - 재료분리 X
  - 이어붓기 — 주의 — 응력↓
    - 길이 짧게
    - 일체
    - 단면 : 수직, 수평
  - 면처리 — 이물질 제거
    - 레이턴스 제거
    - 물축임
    - 표면거칠게
  - 위치 — 슬라브 – 중앙 / 수직
    - 작은보 – 보너비 2배 / 수직
    - 벽 – 개구부 주위 / 수직, 수평
    - 기둥 – 바닥판위 / 수평
    - 아치 – 아치축 / 직각
    - 캔틸레버, 내민보 – 금지
  - 줄눈
    - 시공줄눈 : 이어붓기
    - 조절줄눈 : 건조수축 / 균열방지
    - 신축줄눈 : 부동침하, 온도팽창 / 균열방지
    - 줄눈대
    - 슬립 joint
    - Cold joint — 영향 — 강도↓
      - 균열↑
      - 내구성↓
      - 부착↓
      - 전단력↓
    - 방지 — 타설시간 준수
      - 이어붓기 시간 준수
      - 응결지연제 사용
- 다짐
  - 표면진동
  - 거푸집진동
  - 내부진동기 — 50cm 간격
    - 수직
    - 철근에 닿지 않게
    - 서서히 빼내기
    - 응결시작 콘크리트 사용금지
- 응결
  - 습윤양생-제강도
  - 증기양생-조기강도
  - 전기양생-한중콘크리트
  - 피막양생-면적이 큰 경우

Thinking Map

09 종류

서중콘크리트
- 정의
- 대책
  - AE제 : 시공연도
  - 재료냉각
  - 중용열 시멘트
  - 시간단축

한중콘크리트
- 정의
- 대책
  - AE제
  - 보온양생
  - W/C ↓
- 보온방법
  - 단열
  - 가열
  - 피복

AE 콘크리트

쇄석 콘크리트

유동화 콘크리트
- 정의
- 제조(종류)

폴리머 콘크리트
- 비용↑, 내화성↓
- 수밀성↑
- 접착성↑
- 약품, 마모, 충격저항↑

섬유보강 콘크리트
- 종류 : 합성섬유, 유리, 강/탄소섬유

경량콘크리트
- 경량골재
- 골재 X
- 발포제
- 기포제 흡입
- ALC

매스콘크리트
- 정의
- 대책
  - 저열시멘트
  - 프리쿨링
  - 파이프쿨링
  - 시멘트량 ↓

진공(버큠)콘크리트

쇼트크리트
- 정의
- 종류
  - 시멘트건
  - 본닥터
  - 제트크리트
- 특징
  - 시공성↑
  - 가설비↓
  - 건조수축
  - 균열
  - 숙련공

프리스트레스트
- 정의
- 종류
  - 프리텐션
  - 포스트텐션
- 정착법
  - 쐐기
  - 나사
  - 용접
  - 루프
- 순서
  - 프리텐션
    - 거푸집설치
    - PS강재 긴장
    - 콘크리트 타설
    - 프리스트레스 부여
  - 포스트텐션
    - 쉬스관 설치
    - 콘크리트 타설
    - PS강재 쉬스관 내 설치 및 긴장
    - 그라우팅
    - 프리스트레스 부여

프리패브(PC)
- 순서
  - 거푸집 설치
  - 창호 설치
  - 철근 배근
  - 매입철물 설치
  - 검사
  - 콘크리트 타설 및 표면마무리
  - 양생
  - 거푸집 탈형

레디믹스트 콘크리트
- 표시 : G크기 – 강도 – 슬럼프치
- 종류
  - 센추럴
  - 슈링크
  - 트랜싯

외장용 노출 콘크리트
- 정의
- 목적
  - 미추구
  - 경량
  - 간소함
  - 마감공정 X

고성능 콘크리트
- 고강도
- 고내구성
- 고유동성

해양 콘크리트
- 해상대기
- 해중
- 물보라지역

용어 미리보기

1. 철근공사

용어	Keyword	출제연도
이형철근	원형철근 표면에 마디와 리브를 붙여 부착력을 강화한 철근	18①
온도조절 철근 (수축·온도 철근)	콘크리트의 건조수축, 온도변화, 기타의 원인에 의하여 콘크리트에 일어나는 인장응력에 대하여 가외로 더 넣는 보조적인 철근	15② · 09①
배근용 철근	콘크리트가 인장력을 받는 곳에 설치한 배근	
조립용 철근	철근의 조립에서 정확한 철근의 위치나 간격, 피복두께 등의 위치 확보를 위하여 쓰이는 보조적인 철근	
와이어 클리퍼	철선 절단용 기구	13① · 09④ · 01②
가스압접	철근을 서로 맞대어 불꽃으로 가열하고 압력을 가한 맞댄이음	
피복두께	콘크리트 외면에서부터 첫 번째 나오는 철근의 표면까지의 거리	10② · 01②
배력근	슬래브에서 주근과 직교되어 장방향으로 배근되는 철근	18①

2. 거푸집공사

용어	Keyword	출제연도
잭 서포트	하중이나 진동이 큰 부분에 설치하는 지주	24① · 15④
솟음(Camber)	보, 슬래브 및 트러스 등에서 그의 정상적 위치 또는 형상으로부터 처짐을 고려하여 상향으로 들어 올리는 것	23④ · 22①
격리재 (Separator)	거푸집이 오무라드는 것 방지하는 부속재료	18④ · 17④ · 13① · 11② · 09④ · 07① · 01③
폼타이긴결재 (Form tie)	거푸집이 벌어지는 것 방지하는 부속재료	18④ · 17④ · 13① · 11② · 09④
스페이서	철근간격이나 피복두께를 유지하기 위하여 사용되는 부속재료	21① · 13②
박리제	콘크리트와 거푸집의 박리를 용이하게 하는 부속재료	11② · 07① · 01③
컬럼밴드	기둥거푸집의 고정과 측압버팀용으로 사용되는 보강 재료	17④ · 11②
콘크리트 헤드 (Con'c head)	수직거푸집에서 타설된 콘크리트 윗면으로부터 최대측압이 발생하는 수직의 거리	24① · 23② · 16① · 15① · 11④ · 09① · 07③ · 01③
갱(Gang) 폼	특수한 벽체를 만드는 벽전용 거푸집	07① · 01③ · 99④
터널(Tunnel) 폼	벽과 바닥을 일체로 제작하기 위한 벽 바닥 전용 거푸집	20⑤ · 18② · 16② · 14④ · 12④ · 11① · 10① · 08② · 04① · 01②
슬라이딩/슬립 (Sliding) 폼	수평적 또는 수직적으로 반복된 구조물을 시공이음이 없이 균일한 형상으로 시공하기 위하여 거푸집을 연속적으로 이동시키면서 콘크리트를 타설하여 구조물을 시공하는 거푸집	20⑤ · 18①,④ · 16② · 15② · 14④ · 09①,③
페코 빔 (Pecco Beam)	간격(간사이) 조정을 위한 신축이 가능한 빔을 이용한 무지주 공법	12④ · 11① · 08② · 04①

Terminology

용어	Keyword	출제연도
워플 폼	무량판 구조에서 2방향 장선 슬래브 공사 시 사용되는 기성재 거푸집	18① · 14④ · 12④ · 11① · 08② · 07① · 06① · 04① · 01③
데크 플레이트 (Deck Plate)	아연도 철판을 절곡 제작하여 거푸집으로 사용하여 콘크리트 타설 후 사용 철판을 바닥하부 마감재로 사용하는 공법	21① · 18① · 16④ · 13②
V.H 분리타설	수직부재와 수평부재를 분리하여 타설하는 공법	
토핑 콘크리트	하프 슬라브를 설치하고 그 위에 타설하는 콘크리트	23④

3. 콘크리트 – 재료/배합

용어	Keyword	출제연도
고로 슬래그	철강 제조시 발생하는 철광석의 돌성분과 석회석이 합해진 부산물	96③
플라이애쉬(애시)	화력발전소 석탄을 대운 구형입자의 재	96③
실리카 흄(퓸)	실리콘 혹은 페로 실리콘 등의 규소합금의 제조 시에 발생하는 폐가스를 집진하여 얻어지는 부산물의 일종으로 비정질의 이산화규소(SiO_2)를 주성분으로 하는 초미립자	16① · 13④
헛응결	가수 후 20분 정도 지나면 응결이 진행되는 것처럼 보이나 다시 묽어지는데 이응결을 말함	17① · 11④ · 03①
골재 – 절대건조상태	골재를 100~110℃의 온도에서 중량변화가 없어질 때까지(24시간 이상) 건조한 상태	13④ · 04④ · 99②
골재 – 기건상태	골재를 공기 중에 건조하여 내부는 수분을 포함하고 있는 상태	13④ · 09④ · 99②
골재 – 습윤상태	골재의 내부는 이미 포화상태이고, 표면에도 물이 묻어 있는 상태	13④ · 09④
골재 흡수량	표면건조 내부 포수상태의 골재 중에 포함되는 물의 양	19④ · 13④ · 09④ · 05① · 99② · 98②
골재 표면수량	함수량과 표면건조 내부 포수 상태의 골재 내에 함유된 수량의 차(함수량 – 흡수량)	13④ · 09④ · 99② · 98②
골재 함수량	습윤상태 골재의 내·외부에 함유된 전수량	19④ · 05① · 99② · 98②
골재 유효흡수량	흡수량과 기건상태의 골재 내에 함유된 수량과의 차	12② · 09① · 99②
표면건조 내부포수상태	골재표면은 마른 상태이고 내부에 물이 포화된 상태	
잔골재율	전골재 안에 포함된 잔골재의 용적 백분율	11①
굵은골재의 최대 치수	중량으로 90% 이상 통과시키는 체눈의 크기	20①
조립률(FM)	(Finess Modulus) 체가름 시험을 통해 골재의 입도를 간단한 수치로 나타낸 것	21② · 15② · 11① · 09② · 07①
샌드벌킹	모래에서 함수율 8~10일 때 부피가 최대로 된 상태	
혼화제	약품의 성질로 콘크리트 성질을 개선하는 혼화재료	13② · 07③
혼화재	시멘트와 반응하여 콘크리트의 성질을 개선하는 혼화재료	13② · 07③
AE제	콘크리트 속에 인위적으로 공기를 생성하는 혼화제	12④ · 08① · 05① · 99①
엔트랩트 에어	콘크리트에 자연적으로 함유된 공기	17② · 12② · 08③ · 07① · 06② · 01③ · 98⑤
엔트레인드 에어	약품투입 등으로 콘크리트에 인위적으로 함유된 공기	17②,④ · 07① · 06② · 01③ · 98⑤

용어	Keyword	출제연도
포졸란 반응	시멘트와 물이 만나 생성된 수산화칼슘과 상온에서 콘크리트 내부의 물질이 반응하여 겔을 형성하는 반응	96③
모세관 공극	콘크리트 내의 재료들 입자 사이에 물이 모세관현상이 발생한 뒤 모세관수가 증발하여 생긴 공극	10②
물시멘트비	모르타르나 콘크리트에서 골재가 표면 건조 포화 상태에 있을 때에 반죽 직후 물과 시멘트의 질량비	23④ · 15① · 10② · 09①
물-결합재비	모르타르나 콘크리트에서 골재가 표면 건조 포화 상태에 있을 때에 반죽 직후 물과 시멘트와 혼화재료의 질량비	23④
슬럼프 플로	아직 굳지 않은 콘크리트의 유동성 정도를 나타내는 지표로, 콘크리트의 슬럼프 시험방법에 규정된 방법에 따라 슬럼프콘을 들어올린 후에 원모양으로 퍼진 콘크리트의 직경(최대 직경과 이에 직교하는 직경의 평균)을 측정한 값	21② · 15② · 09②
배처 플랜트(Batcher Plant)	콘크리트를 제조하는데 재료를 자동으로 계량하고 자동으로 비비는 설비	17④ · 08③
워싱턴미터(Washington Meter)	굳지 않은 콘크리트 내 공기량을 측정하는 기기	17② · 14① · 11②
디스펜서(Dispenser)	콘크리트 내 AE제를 계량하는 기기	17② · 14① · 11② · 01②
이넌데이터(Inundater)	모래의 습윤상태와 절건상태의 부피가 같은 성질을 이용하여 모래를 계량하는 장치	07③

4. 콘크리트의 성질

용어	Keyword	출제연도
시공연도(Workability)	반죽질기 여하에 따르는 작업의 난이 정도 및 재료의 분리에 저항하는 정도	21① · 06② · 02③ · 99④
유동성(반죽질기)(Consistency)	콘크리트의 움직이는 성질	21① · 09① · 06② · 02③ · 99④
성형성(Plasticity)	콘크리트가 거푸집에 잘 채워지는 정도	06② · 02③ · 99④
마감성(Finishability)	골재의 최대치수에 따르는 콘크리트 표면정리의 난이 정도	06② · 02③ · 99④
블리딩	콘크리트 타설 후 생콘크리트의 자중압에 의해 콘크리트 내 수분이 상승하는 현상	18④ · 14④ · 12④ · 99④
레이턴스	블리딩으로 인한 잉여수가 증발된 뒤 콘크리트 표면에 남는 하얀 이물질	20① · 14④ · 10② · 07③
침강균열	콘크리트를 타설하고 다짐하여 마감작업을 한 이후에도 계속되어 발생되는 콘크리트의 침하현상에 따라 생기는 균열	03①
소성수축균열	콘크리트는 외기와 접하면서 건조하기 시작하고 건조된 콘크리트의 외부는 줄어들게 되나 내부는 아직도 수분을 많이 함유하고 있으므로 외부의 수축 작용으로서 발생되는 균열(소성수축균열)	14①
균열보수법 주입공법	주입부위 천공 후 에폭시를 주사기를 이용 20~30cm 간격으로 주입	16④ · 10① · 06① · 03① · 02① · 01②

Terminology

용어	내용	출제연도
크리프	하중의 증가 없이 일정한 하중(고정하중 등)이 지속될 때 나타나는 소성 변형	23④ · 20① · 15④ · 11①② · 09② · 98③
중성화	공기 중의 탄산가스의 작용을 받아 콘크리트 중의 수산화칼슘이 서서히 탄산칼슘으로 되어 콘크리트의 알칼리성이 상실되는 현상	07② · 05③ · 03① · 01① · 00④ · 00①
알칼리 골재반응 (Alkali Aggregate Reaction)	시멘트의 알칼리 성분과 골재 중의 Silica, 탄산염 등의 광물이 화합하여 알칼리 Silica Gel이 생성되어 팽창되면서 콘크리트에 균열, 조직붕괴가 일어나는 현상	17④ · 15④ · 10① · 08③ · 04③ · 01② · 00① · 99④
염해	콘크리트 중의 염화물에 의하여 강재가 부식되어 콘크리트 구조물이 손상되는 현상	00④

5. 콘크리트 – 시공

용어	Keyword	출제연도
다시비빔	콘크리트가 재료 분리가 일어났을 때 재 비빔	10④ · 09① · 03③ · 99②
되비빔	콘크리트가 응결이 시작된 뒤 재 비빔	10④ · 09① · 03③ · 99②
시공줄눈 (Construction Joint)	거푸집의 측압을 고려하여 계획적으로 이어 붓기에 의해 형성되는 줄눈	24① · 20① · 07③ · 98
신축줄눈 (Expansion Joint)	건축물의 온도에 의한 신축팽창, 부동침하 등에 의하여 발생하는 건축물의 전체적인 불규칙 균열을 한 곳에 집중시키도록 설계 및 시공 시 고려되는 줄눈	23④ · 20① · 18② · 07③ · 03② · 02① · 98③
조절줄눈(Control Joint)	지반 등 안정된 위치에 있는 바닥판이 건조수축에 의하여 표면에 균열을 방지하기 위하여 설치하는 줄눈	23② · 19① · 18② · 17④ · 15② · 11② · 07③ · 02① · 98③
줄눈대(Delay Joint)	장스판 구조물에서 신축줄눈을 설치하지 않고, 건조수축을 감소시키기 위해서 구간을 두어 설치하는 줄눈	16② · 02①
콜드조인트(Cold Joint)	콘크리트 시공과정 중 휴식시간 등으로 응결하기 시작한 콘크리트에 새로운 콘크리트를 이어칠 때 일체화가 저해되어 생기게 되는 줄눈	24① · 18②④ · 17④ · 14① · 12④ · 10② · 07③ · 07① · 02① · 99④ · 98③
양생(보양)	콘크리트 타설후 제강도가 발현되도록 보호하는 행위	06②

6. 콘크리트 – 종류

용어	Keyword	출제연도
서중 콘크리트	하루 평균기온이 25℃를 초과하는 경우에 시공되는 콘크리트	21② · 08③ · 05② · 02③
한중 콘크리트	하루 평균기온이 4℃ 이하가 예상되는 조건일 때 시공되는 콘크리트	23④ · 08③ · 05③ · 02③
서모콘(Thermo – Con)	자갈, 모래 등의 골재를 사용하지 않고 시멘트 물 그리고 발포제를 배합하여 만든 일종의 경량 콘크리트	17① · 10① · 02①
차폐용 콘크리트	주로 생물체의 방호를 위하여 X선, γ선 및 중성자선을 차폐할 목적으로 사용되는 콘크리트	19④ · 10①
유동화 콘크리트	미리 비빈 베이스 콘크리트에 유동화제를 첨가하여 유동성을 증대시킨 콘크리트	08③ · 05③ · 02③

용어	설명	출제
레디믹스트 콘크리트	레미콘 공장에서 콘크리트를 제조·운반하여 현장에서 타설되는 콘크리트	07②
센트럴믹스트 콘크리트 (Central mixed concrete)	믹싱 플랜트의 고정믹서에서 비빔이 완료된 콘크리트를 현장으로 운반되는 콘크리트	08①
슈링크믹스트 콘크리트 (Shrink mixed concrete)	믹싱 플랜트의 고정 믹서에서 어느 정도 비빈 것을 운반 도중에 완전히 비빈 콘크리트	16① · 09② · 08①
트랜싯믹스트 콘크리트 (Transit mixed concrete)	트럭 믹서에 모든 재료가 공급되어 운반 도중에 완전히 비벼지는 콘크리트	08①
폴리머 함침 콘크리트	결합재로 시멘트와 시멘트 혼화용 폴리머(또는 폴리머 혼화재)를 사용한 콘크리트	16② · 09②
프리스트레스트 콘크리트	긴장재를 설치하고 콘크리트를 타설 후 스트레스트 부여하여 인장 능력을 향상시킨 콘크리트	09① · 06①
프리텐션	강현재에 미리 인장력을 가한 상태로 콘크리트를 타설, 완전 경화 후 강현재 단부에서 스트레스트를 부여하는 공법	20② · 18④ · 17② · 12② · 09② · 05① · 00①
포스트 텐션	콘크리트를 부어 넣기 전에 덕트(쉬스관)를 묻어 두고 콘크리트를 부어 넣은 후 쉬스 구멍에 강현재를 통하여 긴장시키고 그라우팅 후 스트레스트를 부여하는 공법	20② · 18④ · 17② · 13④ · 12② · 08② · 05① · 00①
덕트(쉬스관)	포스트텐션 공법에서 긴장재를 삽입하기 위하여 설치하는 관	13④
매스(Mass) 콘크리트	구조물의 부재치수는 일반적인 표준으로서 넓이가 넓은 평판구조의 경우 두께 0.8m 이상, 하단이 구속된 벽체의 경우 두께 0.5m 이상인 콘크리트	15④ · 08③ · 08② · 05③ · 05① · 03① · 02③ · 00③
진공(Vacuum) 콘크리트	콘크리트가 경화하기 전에 진공 매트(Vacuum Mat)로 수분과 공기를 흡수하고, 대기의 압력으로 콘크리트를 다진 콘크리트	17① · 10① · 02① · 00③
쇼트 크리트	컴프레서 혹은 펌프를 이용하여 노즐 위치까지 호스 속으로 운반한 콘크리트를 압축공기에 의해 시공면에 뿜어서 만든 콘크리트	19① · 14② · 11④ · 09① · 07③ · 04① · 01①
고강도 콘크리트	설계기준강도가 보통 콘크리트는 40MPa 이상, 경량콘크리트는 27MPa 이상인 콘크리트	15④ · 08② · 05① · 03① · 00③
폭렬현상	화재 시 콘크리트 내부가 고열로 인하여 생성된 수증기가 밖으로 분출되지 못하여 생긴 수증기의 압력으로 콘크리트가 떨어져 나가는 현상	23① · 20②,⑤ · 19① · 18① · 17④ · 14①
그라우팅(grouting)	프리팩트콘크리트나 포스트텐션 공법에서 덕트(쉬스관) 등에 모르타르 주입하는 공법	09②
긴장재	프리스트레스트 콘크리트에 사용되는 강재(강선, 강연선, 강봉)를 잡아 늘린 상태의 재료	08③
외장용 노출 콘크리트	외장마감 처리를 하지 않고 타설된 콘크리트 자체가 최종 마감면으로 활용되는 콘크리트	
선행 냉각(pre-cooling)	매스 콘크리트의 시공에서 콘크리트를 타설하기 전에 콘크리트의 온도를 제어하기 위해 얼음이나 액체질소 등으로 콘크리트 원재료를 냉각하는 방법	23④ · 20④ · 19② · 09④
관로식 냉각(post-cooling)	매스 콘크리트의 시공에서 콘크리트를 타설한 후 콘크리트의 내부온도를 제어하기 위해 미리 묻어 둔 파이프 내부에 냉수 또는 공기를 강제적으로 순환시켜 콘크리트를 냉각하는 방법	19② · 09④
프리플레이스트 콘크리트	미리 거푸집 속에 특정한 입도를 가지는 굵은골재를 채워놓고, 그 간극에 모르타르를 주입하여 제조한 콘크리트	06①

철근콘크리트공사

제1절 철근공사

01 개요

(1) 종류/시험

1. 형태	원형철근	철근의 지름을 φ로 표시한다.
	이형철근	① 철근의 지름을 D로 표시한다. ② 원형철근 표면에 마디와 리브를 붙여 부착력을 강화한 것(40% 정도)
	P.S 긴장재	① 피아노선(Piano Wire) : 철근 강도의 5배인 고강도 철선 ② PC 강선(Prestressing Wire) ③ PC 강연선(Prestressing Wire Stand) ④ PC 강봉(Prestressing Steel Bar)
	용접철망	① 철선을 간격 15cm 정도로 직교시키고 교차점은 용접한다. ② 넓은 바닥판, 도로포장에 이용한다.
2. 용도	배근용 철근	Con'c가 인장력을 받는 곳에 설치한 배근으로 콘크리트의 단점을 보완하기 위하여 사용된 철근
	수축·온도 철근	콘크리트의 건조수축, 온도변화, 기타의 원인에 의하여 콘크리트에 일어나는 인장응력에 대하여 가외로 더 넣는 보조적인 철근
	조립용 철근	철근의 조립에서 정확한 철근의 위치나 간격, 피복두께 등의 위치 확보를 위하여 쓰이는 보조적인 철근
3. 시험	① 인장강도 ② 휨강도	

●18①
(용어) 이형철근

●16① · 10② · 05①
(종류) PS 콘크리트 긴장재 종류 3가지

●15② · 09①
(용어) 온도조절 철근

●20⑤ · 11④
(목적) 온도철근 배근

●12①
(종류) 철근시험

[순서] 철근공사 ●87③

[용어] [종류] 공작도 정의, 종류 ●93④·94④

(2) 작업순서

1. 순서	① 공작도 작성 ② 재료반입 ③ 재료 검사 및 시험 ④ 저장	⑤ 가공(절단, 구부리기) ⑥ 조립(이음, 정착, 간격, 피복두께) ⑦ 조립부 검사
2. 공작도	정의	구조 계산에 의거하여 철근의 절단, 구부리기 등을 현장에서 정확히 작업하기 위해 현장에서 철근의 모양, 치수, 지름, 길이, 이음위치·가공 등을 명확히 작성한 도면
	종류	① 기초 상세도 ② 기둥과 벽의 상세도 ③ 보 상세도 ④ 바닥판 상세도
3. 저장		① 철근은 지름, 길이별로 구분하고 종류별로 정돈하여 불합격품과 섞이지 않게 한다. ② 철근은 직접 땅바닥에 놓지 않으며, 장기간 우로에 노출되지 않게 한다. ③ 철근은 먼지, 진흙, 기름 등이 묻지 않도록 한다. ④ 철근은 가공 조립 순서에 맞춰 정리해 둔다.

02 철근의 가공

(1) 개요

1. 가공 온도	① 직경 25mm 이하는 상온에서 가공 ② 직경 28mm 이상은 가열해서 가공
2. 종류	① 절단 ② 구부리기 　㉠ 중간부 구부리기(Bent) 　㉡ 말단부 구부리기(Hook)
3. 공구	① 구부리기용 : 후커(Hooker), 바벤더(Bar-bender) ② 철근 절단용 : 모루, 용접기, 쇠톱 ③ 철선 절단용 : 와이어 클리퍼(Wire Clipper)

[용어] 와이어 클리퍼 ●13①·09④·01②

(2) Hook(단부 구부림)

1. 설치 장소	① 원형철근의 말단부는 원칙적으로 훅(Hook)을 둔다.(부착력에 대한 고려) ② 이형철근은 원칙적으로 훅을 생략할 수 있으나 다음의 경우에는 훅을 두어야 한다. 　㉠ 기둥 및 보의 외곽부 철근 　㉡ 굴뚝근, 대근, 늑근 및 고정근 　㉢ 도면에서 지시된 부분 　㉣ 시공이음부

[종류] Hook 설치하는 경우 3가지 ●13②·05③

	구부림각 180°	구부림각 135°	구부림각 90°
2. 종류 및 기준	(그림) 연장길이	(그림) 연장길이	(그림) 연장길이

3. 주철근 연장길이	180°	4d 이상, 또한 60mm 이상
	90°	12d 이상

4. 스트럽 띠철근 연장길이	180°	D16 이하	6d 이상
		D19, D22 및 D25	12d 이상
	135°		6d 이상

5. 구부림의 최소 내면 반지름	D10~D25	3d
	D29~D35	4d
	D38 이상	5d

03 철근의 이음

(1) 일반사항

1. 종류	① 직접이음 : 용접, 가스압접 ② 간접이음 : 용접, 결속선 이음(겹침이음) ③ 기계적(슬리브 : Sleeve) 이음 　㉠ 슬리브 압착　　　　㉡ 슬리브 충진 　㉢ 그립 – 조인트　　　㉣ 나사 이음 　㉤ Cad Welding　　　㉥ G – loc Splice
2. 위치	① 철근이음의 위치는 가급적 응력(인장력)이 적게 발생하는 곳으로 한다. ② 아울러 한 위치에서 철근수의 1/2 이상을 하지 않으며, 상호 엇갈려서 잇는다. ③ 기둥은 기둥높이의 2/3 이하에서, 보는 압축을 받는 곳에서 잇는 것이 좋다.
3. 도해	대체로 중앙부에서 휨모멘트가 0이다. 일반 기둥의 휨모멘트　　　일반 기둥의 이음 위치 $\frac{H}{4}$, H, $\frac{H}{4}$ 이음해도 좋은 위치 / 이음 가능 위치

●20④ · 16① · 13① · 05③ · 02③ · 99④
(종류) 철근 이음방법 4가지

●02③ · 05③
(종류) 철근 이음방법 (　) 넣기

●24①
(이음위치) 기둥 이음

4. 주의 사항	① 상세도 원칙 ② 상세도에 표기되지 않은 사항은 구조 설계기준에 의거, 위치와 방법 결정 ③ D35 이상은 겹친 이음 금지 ④ D35 이상의 철근과 D35 미만의 철근의 이음 시 압축력을 받는 곳에서는 겹친 이음 가능 ⑤ 장래 이음에 대비하여 철근을 미리 삽입하는 경우 노출부위에 부식이나 손상 방지 조치 ⑥ 용접, 가스압접, 슬리브이음 등은 사전 성능시험 실시 ⑦ 가스압접 및 기계적 이음은 재축에 직각으로 가공하여 실시 ⑧ 가스압접은 압접부위를 압접 당일 연마하여 유해물 제거 ⑨ 용접이음 시 이물질은 화염청소로 제거
5. 이음 길이	① 보통 겹침이음에서 발생하며 압축과 인장에 따라 달리 발생하며, Hook을 두는 경우 Hook의 길이는 이음길이에 산입하지 아니한다. ② 인장이음 : 30cm 이상, $\dfrac{f_y}{\sqrt{f_{ck}}} \times 0.6d$ 이상 ③ 압축이음 : 30cm 이상, $0.072f_y \cdot d$ 이상

주의사항 이음위치 선정 시 ●99③

(2) 겹침이음

주의 사항	① 이음길이는 갈고리 중심 간 길이로 한다. ② 겹침 철근의 직경(d)이 다를 경우에는 작은 쪽 철근 직경을 기준으로 한다. ③ 이음부위는 #18~#20 철선으로 2개소 이상 묶는다. ④ D35 이상의 철근은 겹침이음을 하지 않는다.

(3) 가스압접

용어 가스압접 ●03③

1. 정의	철근을 서로 맞대어 불꽃으로 가열하고 압력을 가한 맞댄 이음
2. 특징	장점 ① 콘크리트를 부어넣기가 용이하다. ② 잔토막도 유효하게 이용된다. ③ 겹침이음 길이가 필요 없다. ④ 내력이 증가된다. [압접부의 부풀음] (d, 1.5d 이상) 단점 ① 공정상, 작업상 복잡화 ② 용접 부위의 검사 곤란 ③ 기상의 영향(풍우, 저온 시) ④ 숙련공에 대한 의존도가 높다.

특징 용접이음의 장점 ●99②

3. 시공 시 주의사항	① 접합온도 : 1,200~1,300℃ ② 압접소요시간 : 1개소에 3~4분 ③ 압접 압력 : 3kgf/mm² 이상, 개선면 간격 3~4mm ④ 압접 작업은 철근을 조립하기 전에 행한다. ⑤ 철근의 지름이나 종류가 같은 것을 압접하는 것이 좋다. ⑥ 축심의 엇나감(틀어짐)은 철근 지름의 1/5 이하가 되어야 한다.	
4. 금지	① 철근의 지름 차이가 6mm를 초과하는 경우 ② 철근의 재질이 서로 다른 경우 ③ 항복점 강도가 서로 다른 경우	

● 17④ · 13② · 09① · 02②
(종류) 가스압접을 해서는 안 되는 경우

(4) 기계적(Sleeve) 이음

1. 특징	① 전기나 Gas를 사용하지 않으므로 화재 염려가 적다. ② 기후에 관계없이 시공할 수 있다. ③ 별도의 철근 마무리 작업이 필요 없다. ④ 이음 속도가 빠르다. ⑤ 철근 규격이 상이하면 채택이 어렵다. ⑥ 접합상태는 시각적인 검사가 어렵다.	
2. 종류	슬리브 압착	슬리브의 길이를 철근 지름의 5~8배 정도로 현장에서 유압 프레스로 압착하여 이음
	슬리브 충진	슬리브 내부에 약액을 충진시켜 철근을 이음
	그립 조인트	슬리브를 한쪽에서 서서히 압착하여 철근을 이음
	나사이음	내부에 나사가 처리된 커플러 사용
	Cad-Welding	철근과 Sleeve 사이에 발파제 및 Cad-Weld 금속분을 넣고 발파시켜 용융으로 이음
	G-loc Splice	깔때기 모양의 G-loc sleeve를 이용하며 철근의 지름이 다를 때는 Reducer insert를 이용하여 철근을 이음

04 철근의 정착

	구분	정착위치
1. 위치	기둥의 주근	기초
	보의 주근	기둥
	작은 보의 주근 보 밑에 기둥이 없을 때	보 상호 간
	지중보의 주근	기초 또는 기둥
	벽철근	기둥, 보 또는 바닥판
	바닥철근	보 또는 벽체
2. 주의 사항	① 부재 중심을 넘겨 정착 ② 정착길이에 Hook의 길이는 포함되지 않음 ③ 허용오차는 10% 내외	

● 06②
(위치) 정착위치

도해 정착도해 ●99⑤·99②	3. 정착 도해 [보와 기둥] 일반층 보의 단부 (헌치가 있는 경우) / 일반층 보의 단부 (헌치가 없는 경우) / 최상층 보의 단부

05 철근의 조립

(1) 간격

●22②·14①·13④·12②·10① ·07②·03① 목적 철근의 간격 유지 이유	1. 목적	① 콘크리트의 유동성(시공성) 확보 ② 재료분리 방지 ③ 소요강도 유지 및 확보
●00① 용어 철근의 간격재 ●23②·16②·09④ 수치 철근의 간격 ( ) 넣기 ●07③·04③ 수치 보철근 배근 가능 개수	2. 최소 간격	① 철근 사이의 수평 순간격 • 25mm 이상 • 철근의 공칭 지름 이상 ② 상단과 하단에 2단 이상으로 배치된 경우 상하 철근의 순간격은 25mm 이상 ③ 나선철근 또는 띠철근이 배근된 압축부재에서 축방향 철근의 순간격은 40mm 이상, 철근 공칭 지름의 1.5배 이상 ④ 벽체 또는 슬래브에서 휨 주철근의 간격은 벽체나 슬래브 두께의 3배 이하로 하여야 하고, 450mm 이하

(2) 피복두께

●10②·01② 용어 피복두께	1. 정의	콘크리트 외면에서부터 첫 번째 나오는 철근의 표면까지의 거리		
●20②·10②·08①·06②·02② 목적 피복두께 이유 3가지	2. 목적	① 내구성(중성화 방지) ② 내화성 확보 ③ 시공성(Con'c 타설) 증대 ④ 부착력 증대		
	3. 기준 두께	① 보통 콘크리트		
		구분	피복두께(단위 : mm)	
		수중 콘크리트	100	
		흙(영구)	75	
		흙+공기 노출	D19 이상	50
			D16 이하	40
		슬래브, 벽체, 장선	D35 초과	40
			D35 이하	20
		보, 기둥	40	
		쉘, 절판	20	

3. 기준 두께	② 특수 환경에 노출되는 콘크리트		
	구분		피복두께(단위 : mm)
	벽체, 슬래브		50
	기타 부재	노출등급 EC1, EC2	60
		노출등급 EC3	70
		노출등급 EC4	80

4. 도해	[철근 순간격과 피복두께]

(도해) 피복두께 ●20②

(계산) 보폭의 최솟값 구하기 ●13② · 07③ · 04③

(3) 조립순서

1. RC조	기초 → 기둥 → 벽 → 보 → 슬래브 → 계단
2. SRC	기초 → 기둥 → 보 → 벽 → 슬래브 → 계단
3. 기초철근	① 거푸집 먹줄치기 ② 간격표시 ③ 직교철근 배근 ④ 대각철근 배근 ⑤ 스페이서 설치 ⑥ 기둥 주근 배근 ⑦ 대근 감기

(순서) 일반철근의 조립(부재별) ●24② · 18② · 99② · 98⑤

(순서) 기초철근의 조립 ●05③ · 00②

(4) 철근 선조립(Pre-fab) 공법

1. 정의	기둥, 보, 바닥, 벽체 등 부위별로 공장 또는 현장작업에서 철근 또는 연강선재를 기계적 이음이나 전기저항 용접하여 유닛화된 철근 조립부재와 구조용 용접철망 및 철근 격자망을 현장에서 크레인 등을 이용, 조립하는 공법을 말한다.
2. 특징	① 시공정밀도가 높아 안전율이 높다. ② 철근의 피복이 정확하다. ③ 굵은 철근의 사용이 가능하여 고층건물에 유리하다. ④ 재료량 및 노무량을 절감할 수 있다. ⑤ 콘크리트의 연속타설이 가능하여 공기를 단축할 수 있다.

(특징) 철근 선조립 공법의 시공측면 장점 3가지 ●14②

종류 철근 부식원인 5가지 ●99①

● 22④ · 20④ · 18④ · 13① · 09①
· 06③ · 05① · 03① · 03② · 01③
· 99③ · 98③

종류 철근의 방청법

06 철근의 방청

1. 원인	① 중성화(CO_2, Cl^-) ② 염분 ③ 전기로 인한 부식(전식) ④ 건조수축
2. 방지대책	① 수밀한 콘크리트 ② 마감재 사용 ③ 염분허용량 준수 ④ W/C 최소화 ⑤ 방청도료

CHAPTER 05 핵심 기출문제

● 철근공사

01 다음 용어를 정리하시오.

가. 이형철근 :

나. 배력근 :

정답 용어 - 이형철근, 배력근
가. 이형철근 : 콘크리트와의 부착력을 증가시키기 위해 표면에 리브와 마디를 설치해서 만든 철근
나. 배력근 : 슬래브에서 주근과 직교되어 장방향으로 배근되는 철근

02 온도조절 철근이란 무엇인지 간단히 쓰시오.

정답 온도조절 철근
온도 변화와 콘크리트 수축에 의한 균열 저감을 위해 배근되는 철근

03 온도철근의 배근 목적에 대하여 설명하시오.

정답 온도철근
온도 변화에 따라 콘크리트의 수축으로 생기는 균열을 방지하기 위하여 배근하는 철근

04 현장에서 반입된 철근은 시험편을 채취한 후 시험을 하여야 하는데, 그 시험의 종류 2가지를 쓰시오.

가.

나.

정답
가. 인장강도 시험
나. 휨강도 시험

05 철근콘크리트 기둥에서 띠(Hoop)철근의 역할 2가지를 쓰시오.

가.

나.

정답 띠철근의 역할
가. 콘크리트의 가로방향 변형 방지
나. 기둥의 좌굴방지

● 가공

06 철근의 단부에 갈고리(Hook)를 설치해야 하는 경우를 3가지 쓰시오.

가. _____
나. _____
다. _____

> **정답** 철근 단부에 갈고리(Hook) 설치
> 가. 원형철근
> 나. 이형철근의 기둥, 보, 굴뚝의 주근
> 다. 늑근, 대근, 띠철근인 경우

07 철근의 단부에 갈고리(Hook)를 만들어야 하는 철근을 모두 골라 번호를 쓰시오.

① 원형철근　　　　② 스터럽
③ 띠철근　　　　　④ 지중보의 돌출부 부분의 철근
⑤ 굴뚝의 철근

> **정답** 갈고리(Hook) 설치 철근
> ①, ②, ③, ⑤

● 이음

08 철근공사에 있어 이음위치의 선정 시 주의할 사항을 3가지만 쓰시오.

가. _____
나. _____
다. _____

> **정답** 철근 이음위치 선정
> 가. 큰 응력을 받는 곳은 피한다.
> 나. 동일 장소에 이음이 반수 이상 집중되지 않도록 한다.
> 다. 상호 엇갈리게 잇는다.

09 철근의 이음방법을 4가지 쓰시오.

가. _____
나. _____
다. _____
라. _____

> **정답** 철근의 이음방법
> 가. 결속선이음(겹침이음)법
> 나. 용접이음법
> 다. 기계적 이음
> 라. 가스압접

10 철근의 이음방법에는 콘크리트와 부착력에 의한 (가) 외에 (나) 또는 연결재를 사용한 (다)이 있다.

가. _____　　나. _____
다. _____

> **정답** 철근의 이음
> 가. 겹침이음
> 나. 가스압접이음
> 다. 기계적 이음

11 철근공사 시 이음을 겹침이음으로 하지 않고 용접이음으로 한 경우 장점을 3가지 쓰시오. • 99②

가. _____
나. _____
다. _____

정답 용접이음의 장점
가. 콘크리트 타설 시 시공성 확보
나. 강재량 절약
다. 이음부위 강도 확보 가능

12 철근콘크리트 공사에서 철근이음을 하는 방법으로 가스압접이 있는데, 가스압접으로 이음을 할 수 없는 경우를 3가지 쓰시오. • 17④ · 13② · 09① · 02②

가. _____
나. _____
다. _____

정답 철근이음
가. 철근의 지름 차이가 6mm를 초과하는 경우
나. 철근의 재질이 서로 다른 경우
다. 항복점 강도가 서로 다른 경우

13 다음의 그림은 라멘조 철근콘크리트 기둥의 일부이다. 기둥 주철근을 횡방향으로 이음하려고 할 때, 기둥 주철근의 이음 위치가 가장 적절한 곳의 번호를 고르고, 해당 번호의 이음구간을 선정한 이유를 작성하시오.(왼쪽의 번호는 이음의 위치를 구분하기 위한 구간이다.) • 24①

가. _____
나. _____

정답 라멘구조 기둥의 주철근 이음 위치
가. ③
나. 중앙 부분이 휨응력이 가장 작기 때문이다.
$\sigma_b = M/Z$
※ 기둥의 주철근(수직철근)은 휨모멘트에 저항하므로(전단력은 띠철근이 저항함) 일반적으로 기둥 부재의 휨모멘트가 0이 되는 중앙부 위치에서 이음을 하는 것이 가장 적절하다.

● 정착

14 기둥주근은 (가), 큰 보의 주근은 (나), 작은 보 주근은 (다), 직교하는 단부보 하부에 기둥이 없을 때 보 상호 간에, 바닥철근은 보 또는 (라)에 정착한다. (   ) 안에 알맞은 것을 〈보기〉에서 골라 쓰시오.
● 06②

| ① 벽체 | ② 기초 | ③ 큰 보 |
| ④ 기둥 | ⑤ 지붕 | |

가. _____ 나. _____
다. _____ 라. _____

정답 철근의 정착
가. 기초
나. 기둥
다. 큰 보
라. 벽체

15 아래 그림을 보고 철근의 정착길이에 해당되는 부분을 굵은 선으로 표시하시오.
● 99⑤

정답 철근의 정착 도해

● 간격

16 철근콘크리트공사를 하면서 철근 간격을 일정하게 유지하는 이유를 3가지 쓰시오.
● 22② · 14① · 13④ · 12② · 10① · 07② · 03①

가. _____
나. _____
다. _____

정답 철근 간격 유지 이유
가. 콘크리트의 유동성(시공성) 확보
나. 재료분리 방지
다. 소요의 강도 유지 및 확보
라. 철근의 부착력 확보

17 철근콘크리트공사에서 철근의 간격재(Spacer)를 3가지 쓰시오.
● 00①

가. _____
나. _____
다. _____

정답 철근 간격재
가. 모르타르 재료의 간격재
나. 철판을 절곡시킨 간격재
다. 철근을 조립한 간격재

18 다음 용어를 간단히 설명하시오.

가. 스페이서(Spacer) :

나. 온도조절 철근 :

> **정답** 용어 - 철근
> 가. 스페이서(Spacer) : 철근의 간격이나 피복두께를 유지하기 위하여 설치하는 부속재
> 나. 온도조절 철근 : 일방향 슬래브에서 온도 변화에 따른 콘크리트의 수축으로 생긴 균열을 최소화하기 위한 철근

19 다음 건축공사 표준 시방서에 따른 철근의 간격에 대한 설명 중 ( ) 안에 알맞은 내용을 쓰시오.

> 철근 사이의 수평 순간격은 (가)mm 이상, 공칭직경 (나)배 이상으로 한다. 상단과 하단에 2단으로 배치된 경우 상·하 철근의 순간격은 (다)mm 이상으로 한다.

가. _____ 나. _____
다. _____

> **정답** 철근 간격
> 가. 25mm
> 나. 1.0배
> 다. 25mm

20 다음 그림과 같은 철근콘크리트 T형보에서 하부의 주근 철근이 1단으로 배근될 때 배근 가능한 개수를 구하시오.(단, 보의 피복두께는 3cm이고, 늑근은 D10-@200이며, 주근은 D16을 이용하고, 사용 콘크리트의 굵은골재의 최대 치수는 20mm이며, 이음정착은 고려하지 않는 것으로 한다.)

> [유사문제]
> • D-25 1열 배근(4개)
> • 피복 40mm
> • G최대 치수 18mm
> • 스트럽 D10

> **정답** 철근 개수
> 1) 철근의 최소 간격
>   ① 25mm 이상 ⎱ 중 가장 큰 값
>   ② 1.0D 이상 ⎰
>   ∴ ① 25mm 이상
>   ② 1.0×16=16mm
>   ∴ 철근의 간격 25mm
> 2) 철근의 개수(n)
>   ① 400-(30×2+10×2)
>   =320
>   ② 320=16×n+(n-1)×25
>   ∴ n=8.41 → 8개

● 피복두께

21 철근콘크리트조 건축물에서 철근에 대한 콘크리트의 피복두께를 유지하여야 하는 주요 이유를 3가지 쓰시오.   ● 08① · 06② · 02②

가.
나.
다.

정답 피복두께 유지 이유
가. 철근의 부식방지
나. 소요 내화성 확보
다. 콘크리트 부착력 확보

22 피복두께의 정의와 유지 목적을 적으시오.   ● 10②

가. 정의 :

나. 유지 목적
①
②
③

정답 피복두께
가. 정의 : 콘크리트 표면에서 단면 내 가장 근접한 철근의 표면까지의 순간격
나. 유지 목적
① 내구성 확보
② 내화성 확보
③ 시공성 확보

23 피복두께의 정의를 보의 단면으로 나타내며, 스트럽근과 인장철근까지의 그림으로 도시하고 목적 2가지를 쓰시오.   ● 20②

가. 도해

나. 목적 : ①
         ②

정답 피복두께
가. 도해

나. 목적
① 콘크리트 내구성 확보
② 콘크리트 시공성 확보
③ 콘크리트 내화성 확보
④ 콘크리트와의 부착력 확보

24 콘크리트 내부의 철근이 부식되기 위해 필요한 3요소는 무엇이며, 이에 대한 대책은 이들 3요소를 억제하거나 콘크리트 중으로의 침투를 막으면 된다. 이를 위한 방법 3가지는 무엇인가?   ● 09① · 06③ · 05① · 03① · 01③ · 99③ · 98③

가. 강재피해의 요소
①
②
③

나. 피해 방지대책
① _____
② _____
③ _____

정답 철근 방청
가. ① 물 ② 공기 ③ 염분
나. ① 피복두께를 두껍게 한다.
② 콘크리트의 물시멘트비를 작게 한다.
③ 염분의 허용량 준수한다.

● 철근의 방청

25 콘크리트 배합 시 잔골재를 세척 해사로 사용했을 때 콘크리트의 염화물 함량을 측정한 결과 염소이온량이 0.3~0.6kg/m³이었다. 이때 철근콘크리트의 철근부식 방지에 따른 유효한 대책을 4가지 쓰시오.
● 22④ · 20④ · 18④ · 09① · 06③ · 05① · 03①,② · 01③ · 99③ · 98③

가. _____
나. _____
다. _____
라. _____

정답 철근 방청법
가. 철근에 아연도금하거나 에폭시 코팅철근 사용
나. 콘크리트에 방청제 혼입
다. 골재에 제염제 혼합사용
라. 철근피복두께 확보

26 콘크리트 내 철근의 내구성에 영향을 주는 위험인자를 억제할 수 있는 방법을 4가지 쓰시오.
● 13① · 09① · 06③ · 05① · 03①,② · 01③ · 99③ · 98③

가. _____
나. _____
다. _____
라. _____

정답 철근 방청법
가. 충분한 피복 두께 확보
나. Con'c 수밀성 증가
다. 마감재 사용
라. 염분의 허용량 준수

27 철근콘크리트 구조물에 균열이 발생하고 철근이 녹스는 원인을 5가지만 쓰시오.
● 99①

가. _____
나. _____
다. _____
라. _____
마. _____

정답 철근의 녹발생 원인
가. 건조수축 균열
나. 중성화
다. 소요단면 부족
라. 부동침하
마. 염분과다 사용으로 철근부식

● 시공

28 일반적인 건축물의 철근 조립순서를 〈보기〉에서 골라 쓰시오.
• 24② · 18② · 99② · 98⑤

〈보기〉
① 기둥철근   ② 기초철근   ③ 보철근
④ 바닥철근   ⑤ 계단철근   ⑥ 벽철근

조립순서 : (　) → (　) → (　) → (　) → (　) → (　)

정답 철근 조립순서
② → ① → ⑥ → ③ → ④ → ⑤

29 철근콘크리트 구조에서 기초 철근의 조립순서를 기호로 나열하시오.
• 05③ · 00②

가. 직교철근 배근   나. 거푸집위치 먹줄치기
다. 대각선 철근 배근   라. 철근간격 표시
마. 기둥주근 설치   바. 스페이서 설치

조립순서 : (　) → (　) → (　) → (　) → (　) → (　)

정답 기초 철근 조립순서
나 → 라 → 가 → 다 → 바 → 마

30 철근공사에서 철근선조립공법의 시공적 측면에서의 장점을 4가지 쓰시오.
• 14②

가. _____
나. _____
다. _____
라. _____

정답 철근선조립공법
가. 시공 정밀도가 높아 안전율이 높다.
나. 철근의 피복이 정확하다.
다. 재료량 및 노무량을 줄일 수 있다.
라. 굵은 철근의 사용이 가능하여 고층 건물에 유리하다.

제2절 거푸집공사

01 거푸집 구성

(1) 개요

1. 역할	① 콘크리트의 단면 형상 유지 ② 콘크리트의 초기 보양 ③ 철근에 대한 피복 콘크리트 두께 유지 ④ 콘크리트 표면 마감의 품질 확보
2. 요구성능	① 안정성 : 외력에 충분히 견딜 수 있는 강성확보 ② 정밀성 : 형상, 치수의 정확성 ③ 시공성 : 조립, 해체가 용이 ④ 수밀성 : 시멘트 풀이 새지 않게 치밀시공 ⑤ 경제성 : 반복 사용이 가능한 많은 재질 선택

(목적) 거푸집 역할 3가지 ●92④

(성능) 거푸집이 갖추어야 할 구비조건 3가지 ●96③ · 06②

(2) 재료

1. 구성 재료		① 널　　② 띠장, 장선　　③ 멍에 ④ 지주(서포트) : 거푸집 및 콘크리트의 무게와 하중을 지지하기 위하여 설치하는 부재 또는 높은 작업 장소 발판, 재료운반이나 위험물 낙하 방지를 위해 설치하는 임시 지지대 　● 강관 　● 시스템화 지주 ⑤ 잭 서포트(Jack Support) : 하중이 큰 부분에 설치하는 지주 　● 슬래브 스팬의 중앙에 설치 　● 보의 중앙에 설치 ⑥ 솟음(Camber) : 보, 슬래브 및 트러스 등에서 그의 정상적 위치 또는 형상으로부터 처짐을 고려하여 상향으로 들어 올리는 것 또는 들어 올린 크기
2. 부속 재료	격리재 (Separator)	거푸집 상호 간의 간격을 유지, 측벽 두께를 유지하기 위한 것으로 볼트를 사용한다.
	긴결재 (Form Tie)	기둥이나 벽체 거푸집과 같이 마주보는 거푸집에서 거푸집 널을 일정한 간격으로 유지시켜 주는 동시에 콘크리트 측압을 최종적으로 지지하는 역할을 하는 인장부재로 매립형과 관통형으로 구분된다.
	간격재 (Spacer)	철근과 거푸집 간격을 유지하기 위한 것으로 재질상 다음과 같이 구분된다. ① 철근재 ② 철판재 ③ 파이프재(PVC재) ④ 모르타르재
	박리제 (Form Oil)	중유, 석유, 동·식물유, 아마유, 파라핀, 합성수지 등을 사용, 콘크리트와 거푸집의 박리를 용이하게 하는 것

(용어) 지주(동바리) ●22①

(용어) 잭 서포트 설치장소 ●24① · 15④

(용어) 솟음(Camber) ●23④ · 22①

(용어) 세퍼레이터(격리재) ●18④ · 17④ · 13① · 11② · 09④ · 07① · 01③

(용어) 폼타이(긴결재) ●18④ · 17④ · 13① · 11② · 09④

(용어) 스페이서(간격재) ●18④ · 17④ · 13① · 11② · 09④

(종류) 철근간격재 종류 3가지 ●00①

(용도) 스페이서(간격재) ●21① · 13②

(용어) 박리제 ●11② · 07① · 01③

3. 기타 구성품	연결대	받침기둥 길이의 1/2~1/3 위치에서 기둥 간을 연결하여 횡력에 대항하는 부재로 받침기둥의 길이가 4.5m 이상이면 2단으로 설치한다.
	가새	수평력에 대항하기 위하여 45° 좌우대칭으로 설치한다.
	와이어클리퍼 (Wire Clipper)	콘크리트 경화 후 거푸집 긴장철선을 절단하는 절단기이다.
	꺾쇠 (Clamp)	철제 멍에를 고정하기 위한 양끝이 구부러진 꺾쇠 모양의 철물로서 주로 긴장재에 연결된다.
	컬럼밴드 (Column Band)	기둥거푸집의 고정과 측압버팀용으로 사용되는 것으로 주로 합판거푸집에서 사용된다.

●13① · 09④
(용어) 와이어클리퍼

●17④ · 11②
(용어) 컬럼밴드

02 거푸집 설계

(1) 고려하중

●03①
(종류) 거푸집 설계 시 고려하중

1. 개요	① 구조물의 종류, 규모, 중요도, 시공조건, 환경조건 고려 ② 연직하중, 수평하중, Con'c 측압 등에 대해 고려 ③ 강도뿐만 아니라 변형에 대해서도 고려
2. 하중종류	① 연직하중 = 고정하중 + 활하중 　㉠ 고정하중 : 철근콘크리트 중량 + 거푸집 중량(0.4kN/m²) 　　　철근콘크리트 중량 : • 보통 콘크리트 24kN/m³ 　　　　　　　　　　　　 • 제1종 경량골재 콘크리트 20kN/m³ 　　　　　　　　　　　　 • 제2종 경량골재 콘크리트 17kN/m³ 　㉡ 활하중 : 수평투영면적당 2.5kN/m² 　㉢ 연직하중 : 5kN/m²(슬래브 두께와 무관) ② 수평하중 　㉠ 동바리는 고정하중과 공사 중 발생하는 활하중 고려 　㉡ 고정하중의 2%와 상단 수평방향 1.5kN/m² 중 큰 값 고려 　㉢ 거푸집 = 0.5kN/m² 　㉣ 풍압, 유수압, 지진 등은 별도 고려
3. 부재별 고려하중	① 수평부재 : 생콘크리트 중량, 작업하중, 충격하중 ② 수직부재 : 생콘크리트 중량, 측압

(2) 측압

1. 계산식			(단위 : t/m²)				
	타설속도 (m/h)		10 이하의 경우		10을 초과 20 이하의 경우		20을 초과하는 경우
	H(m)		1.5 이하	1.5를 초과 4.0 이하	2.0 이하	2.0을 초과 4.0 이하	4.0 이하
	부위	기둥	$W_0 H$	$1.5 W_0 + 0.6 W_0 \times (H-1.5)$	$W_0 H$	$2.0 W_0 + 0.8 W_0 \times (H-2.0)$	$W_0 H$
		벽 길이 ≤3m		$1.5 W_0 + 0.2 W_0 \times (H-1.5)$		$2.0 W_0 + 0.4 W_0 \times (H-2.0)$	
		벽 길이 >3m		$1.5 W_0$		$2.0 W_0$	

비고 1. H는 아직 굳지 않은 콘크리트 헤드(m)
　　　(측압을 구하는 위치에서 그 상부의 콘크리트 타설높이)
　 2. W_0는 생콘크리트의 단위 체적중량(t/m³)

2. 증가 요인
① 사용철근·철골량이 적을수록
② 온도가 낮을수록
③ 분말도가 작을수록
④ 단위사용 시멘트량이 작을수록
⑤ 슬럼프가 크고 배합이 좋을수록
⑥ 벽두께가 두꺼울수록
⑦ 부어 넣기 속도가 빠를수록
⑧ 시공연도가 좋을수록
⑨ 다지기가 충분할수록(진동기 사용 시 30% 증가)

3. Con'c head
수직거푸집에서 타설된 콘크리트 윗면으로부터 최대 측압이 발생하는 수직의 거리
① 기둥 : 위에서부터 1m 밑에 측압은 2.5t/m²
② 벽 : 위에서부터 0.5m 밑에 측압은 1t/m²

[콘크리트 타설 시작]　[하부는 콘크리트 경화 시작]

[최대 측압 높이]

03 거푸집 시공(조립)

(1) 거푸집과 동바리 시공

1. 거푸집	① 비계와 같은 가설물에 연결 금지 ② 보, 바닥판은 처짐 변형을 감안하여 1/300 정도 솟음(Camber) 설치 ③ 조임재 시공 시 Con'c 표면에서 25mm 이내에 있는 강재는 거푸집 해체 후 구멍을 뚫어 제거한 후 고품질 모르타르로 때움 ④ 거푸집 해체한 면에서 구멍과 기타 결함이 있는 곳 땜질로 보수 ⑤ 6mm 이상 돌기물 제거
2. 동바리	① 동바리 지지 바닥의 소요지지력 확보 ② 곡면 거푸집 설치 시 거푸집 변형대책 수립 ③ 침하방지, 전용 연결철물 사용, 상하 반전 사용금지 ④ 강관동바리 2개 이상 금지 ⑤ 높이가 3.5m 이상인 경우 2m마다 수평연결재 2개 방향으로 설치 ⑥ 동바리 하부의 받침목 또는 받침판 2단 이상 금지

주의사항: 거푸집 짜기 시 ●07② · 06③ · 06②

(2) 허용오차

1. 수직	① 높이 30m 미만 : 25mm 이하 ② 높이 30m 이상 : $\dfrac{H}{1,000}$ 이하, 150mm 이하
2. 수평	① 슬래브, 보밑 : 25mm 이하 ② 슬래브의 개구부 : 13mm 이하
3. 부재 단면 치수	① 슬래브 제물바탕 : 19mm 이하 ② 부재 단면 치수 • 300mm 미만 : +9mm, −6mm • 300 이상~900mm 미만 : +13mm, −9mm • 900mm 이상 : +25mm

(3) 조립순서

1. 부재별	① 기초 → 기둥 → 벽 → 계단 → 보 → 바닥 ② 기초 → 기둥 → 내벽 → 계단 → 큰보 → 작은 보 → 바닥 → 외벽
2. RC조 독립 기초	① 잡석다짐　　　　　　　　　　② 밑창 콘크리트 타설 ③ 먹매김(거푸집, 철근)　　　　　④ 기초 거푸집 설치 ⑤ 기초판 철근배근　　　　　　　⑥ 기둥 철근 기초에 정착 ⑦ 콘크리트 타설　　　　　　　　⑧ 양생
3. RC조 1개층	① 기초 거푸집　　　　　　　　　② 기초판 철근배근 ③ 기둥 철근 기초에 정착　　　　④ 기초판 콘크리트 타설 ⑤ 기둥 철근배근　　　　　　　　⑥ 기둥 거푸집 벽의 한편 거푸집 ⑦ 벽 철근배근　　　　　　　　　⑧ 벽의 딴편 거푸집 ⑨ 보 · 슬래브 거푸집　　　　　　⑩ 보 · 슬래브 철근배근 ⑪ 콘크리트 타설(기둥＋벽＋보＋슬래브)

순서: 일반 거푸집 조립(부재별) ●05③

순서: RC조 1개층 시공 ●04③

04 거푸집 존치기간

1. 수직재	기초, 보 옆, 기둥 및 벽 거푸집 널 ① 콘크리트 압축강도 5MPa 이상일 때 ② 평균기온 10℃ 이상일 때는 아래 표와 같다.				
	시멘트의 종류 평균기온	조강 포틀랜드 시멘트	보통포틀랜드시멘트 고로슬래그시멘트(1종) 포틀랜드포졸란시멘트(1종) 플라이애시시멘트(1종)		고로슬래그시멘트(2종) 포틀랜드포졸란시멘트(2종) 플라이애시시멘트(2종)
	20℃ 이상	2	4		5
	20℃ 미만 10℃ 이상	3	6		8
2. 수평재	단층	바닥판 밑, 지붕판 밑, 보 밑 거푸집 널 ① 설계기준 강도의 2/3 이상 콘크리트 압축강도가 얻어질 때 ② 또한 최소 콘크리트 압축강도 14MPa 이상			
	다층	설계기준 강도 이상			
3. 받침기둥	① 수평재 거푸집 존치기간 경과 시까지 ② 큰보 – 작은 보 – 바닥판의 순으로 바꾸어 댄다.				

(종류) 존치기간 영향요소 ●04①

●24②·23②·20②·19①·18①
·17①·15①·12②·09②·09①
·07②·04①·98④
(수치) 거푸집 존치기간

●93③
(순서) 받침기둥 바꾸어 세우기

●92①
(용어) 강재거푸집

05 거푸집 종류

(1) 재료별 특성

1. 강재 거푸집	정의	① 거푸집의 사용재를 철재로 하여 규격화(Moulding)된 건축물에서 표준타입의 거푸집을 변형시키지 않고 조립함으로써, 인력의 감소와 생산성 향상을 증대시킨다. ② 가장 초보적인 단계의 시스템화 거푸집이다.
	특성	① 조립성이 간단하다. ② 전용성이 높다. ③ 콘크리트면이 평활하여 정밀도가 높다. ④ 메탈 폼의 녹이 콘크리트 표면과 내부에 묻게 된다. ⑤ 초기 투자비가 크다.
2. 섬유재 거푸집	정의	타설 콘크리트의 잉여수를 조기에 제거하기 위하여 거푸집널 내부에 섬유재를 부착한 거푸집
	특성	① 경화시간의 단축 ② 표면강도의 증가 ③ 동결융해 저항성의 향상 ④ 중성화 속도의 지연, 염분 침투성의 저감 등 내구성 향상 ⑤ 물곰보 방지로 미관 향상

3. 유로폼	정의	① 코팅합판과 강재틀로 된 규격화된 거푸집 ② 규격화된 거푸집으로 Modular Form이라고 함	
	특성	① 구조가 간단하며 전용률 증대(경제성) ② 조립·해체작업이 간단(공기단축) ③ 현장가공이 불가능 ④ 목재거푸집과 혼용 가능	
4. 알루미늄 합금 거푸집	정의	알루미늄 합금을 거푸집 프레임으로 사각틀을 구성하고 알루미늄 Panel을 코팅하여 전용회수를 증가시킨 거푸집	
		장점	단점
	특성	① 중량감소 ② 공기단축 ③ 전용률이 높다. ④ 비강도가 크고 강성이 크다. ⑤ 복잡한 모양 성형 가능 ⑥ 거푸집 해체 시 소음감소 ⑦ 해체 시 안정성 ⑧ 골조품질(수직도, 수평도) 우수 ⑨ 견출작업이 감소	① 고가 ② 초기투자비가 높다. ③ 전문인력이 필요

[특징] 알루미늄거푸집 ●21①

● 특수거푸집 종류

벽전용	바닥전용	벽·바닥 전용
① 대형패널 ② 갱(Gang) 폼 ③ 클라이밍(Climbing) 폼	① 테이블 폼 ② 플라잉 폼	터널 거푸집
무지주 공법	이동거푸집	바닥판식
① 보우빔 ② 페코빔	① 슬라이딩/슬립 폼 ② 트래블링	① 데크플레이트 ② 하프슬래브 ③ 워플 폼

(2) 벽 전용 거푸집

[종류] 벽 전용 거푸집 ●23④·10②

1. 갱(Gang) 폼	정의	① 거푸집을 사용할 때마다 작은 부재의 조립, 분해를 반복하지 않고 대형화, 단순화하여 한 번에 설치하고 해체하는 거푸집 시스템이다. ② 주로 특수한 모양의 벽체용 거푸집으로 사용한다.	
		장점	단점
	특성	① 인력 및 비용절감 ② 콘크리트 이음부위 감소로 마감 단순화 ③ 기능공의 기능도 영향 미약	① 설치장비 필요 ② 초기 투자비 과다 ③ 거푸집 조립시간 필요

[용어] 갱폼 ●07①·01③·99④

[특징] 갱폼 ●19②·15①·13②·11④·10②·09①·03②·01③·00④

2. 클라이밍 (Climbing) 폼	정의	① 벽체용 거푸집으로서 거푸집과 벽체 마감공사를 위한 비계틀을 일체로 조립하여 한꺼번에 인양시켜 거푸집을 설치하는 공법이다. ② 수직적으로 반복되거나 높이가 높은 건축물 또는 구조물에 적용된다.
	특성	① 비계설치 불필요 ② 고소작업 시 안전성 증대 ③ 콘크리트면의 품질 양호 ④ 인력절감 및 시공속도 빠름 ⑤ 초기 투자비 증대

●05② · 02①
(특징) 클라이밍 폼 장점 3가지

(3) 바닥전용 거푸집

테이블 (Table) 폼	정의	① 거푸집판, 장선, 멍에, 받침기둥 등을 일체로 제작하여 사용이 용이하게 된 바닥용 거푸집 공법이다.(플라잉 폼과 같다) ② 반복 모듈을 가진 수직재 및 수평재에 적용된다.
	특성	① 조립분해 과정의 생략(설치기간 단축) ② 거푸집 처짐량 최소 ③ 초기 투자비 증대 ④ 장비필요

●19④ · 05③ · 99④
(용어) 테이블 폼

●05② · 04④ · 02①
(특징) 테이블 폼

(4) 벽과 바닥전용 거푸집

터널(Tunnel) 폼	정의	① 벽식 철근콘크리트 구조를 시공할 경우 벽과 바닥의 콘크리트 타설을 한 번에 가능하게 하기 위하여, 벽체용 거푸집과 슬래브 거푸집을 일체로 제작하여 한 번에 설치하고 해체할 수 있도록 한 거푸집이다. ② 1개 실내의 거푸집이 일체로 제작되는지 또는 2개 이상의 조각으로 제작되는지에 따라 트윈 셸(Twin Shell)과 모노 셸(Mono Shell)로 구분한다.
	특성	① 병원, 호텔과 같이 같은 크기가 반복되는 구조에 적용 ② 거푸집 일체성 ③ 조립해체 공정감소와 공사비 절감 ④ 트윈 셸은 Joint 발생 ⑤ 인양 장비 필요

●20⑤ · 18② · 16② · 14④ · 12④ · 11① · 10① · 08② · 04① · 01②
(용어) 터널 폼

(5) 이동 거푸집

1. 슬라이딩/슬립 (Sliding) 폼	정의	① 수평적 또는 수직적으로 반복된 구조물을 시공이음이 없이 균일한 형상으로 시공하기 위하여 거푸집을 연속적으로 이동시키면서 콘크리트를 타설하여 구조물을 시공하는 거푸집 공법이다. ② 거푸집 높이는 약 1.2m이고 하부가 약간 벌어진 원형 철판 거푸집을 요크(Yoke)로 서서히 끌어올리는 공법으로 사일로(Silo) 공사 등에 적당하다.
	특성	① 내외비계 발판이 필요 없음 ② 공기가 1/3 단축 ③ 연속성 확보 ④ 조립·해체가 없음 ⑤ 돌출부위가 있는 구조물 사용 불가
2. 트래블링 (Traveling) 폼	정의	① 한 구간의 콘크리트를 타설한 후 거푸집을 낮추고 다음에 콘크리트를 타설하는 구간까지 구조물을 따라 거푸집을 이동시키면서 콘크리트를 계속적으로 타설하는 거푸집 공법이다. ② 수평적으로 연속된 구조물에 적용한다.
	특성	① 최대한의 거푸집 전용 가능 ② 시공정밀도의 향상 ③ 공사비의 절감 ④ 공기단축 가능 ⑤ 관리의 용이성 및 안전성 제고

(6) 무지주 공법

1. 정의	거푸집 공사 시 층고가 높거나, 간이 경량 건축물일 때 상판 거푸집을 지지하는 수직재(Support)를 사용하지 않고, 수평보로 지탱하는 공법
2. 종류	① 보우 빔(Bow Beam) : 철근의 장력을 이용하여 만든 조립보 ② 페코 빔(Pecco Beam) : 간격(간사이) 조정을 위한 신축이 가능한 조립보

(7) 바닥판식

1) Deck Plate

● 22④ · 21① · 18① · 16④ · 13②
(용어) Deck Plate

1. 데크 플레이트 (Deck Plate)	정의		0.8mm 정도의 아연도 철판을 절곡 제작하여 거푸집으로 사용하여 콘크리트 타설 후 사용 철판을 바닥하부 마감재로 사용하는 공법이다.
	특성		① 바닥판과 보의 일체성 증대 ② 공기 및 공사비 감소 ③ 비계설치 필요 ④ 작업 중 소음 발생
	종류	Deck Plate	① 거푸집용 : 하중에 무관하고 거푸집 대용 ② 구조체용 : 구조체 일부로 보고 Con'c 강도와 일체가 되게 하여 사용하며, 내화피복이 필요
		Key Stone Plate	Deck Plate의 발전된 형태로 냉간 Roll 성형법에 의해 제조한 골형 Plate로 Slab 거푸집과 외벽 및 지붕에도 사용가능하다.
		Composite Deck Plate (합성데크)	① 압축응력을 콘크리트가 부담하고 인장응력은 철근 대신 여러 가지 형상으로 만들어진 Deck Plate가 부담한다. ② 철근이 불필요하며, 내화피복이 필요하다.
2. 페로 데크 (Ferro Deck)	정의		① 철근과 거푸집을 동시에 Pre-Fab화한 복합화 공법 ② 거푸집 대용 Plate와 Slab 철근 주근을 공장에서 조립하고 현장에서 배력근만 설치하고 Con'c를 타설하는 공법
	특성		① 공기단축 ② 공사비 절감 ③ 시공단순 및 정밀도 향상 ④ 안전성 높음

2) 워플(Waffle) 폼

● 22②,④ · 18① · 14④ · 12④,① · 08② · 07① · 06① · 04① · 01③
(용어) 워플 폼

● 01②
(용어) 무량판 구조

1. 정의	무량판 구조에서 2방향 장선 슬래브 공사 시 사용되는 기성재 거푸집
2. 특성	① 거푸집 조립에 소요되는 시간 단축 ② 무량판 구조에 적용 ③ 초기 투자비 증대

3) 하프(Half) 슬래브

1. 하프 슬래브	정의	① 트러스형의 철근을 매입시킨 PC판을 외부형틀로 하고, 그 안쪽을 현장 콘크리트로 일체화시키는 공법이다. ② 종래의 전체 PC 부재에 의해 조립하는 데 따른 단점을 보완할 목적으로 전 부재의 반을 공장 PC 부재로 제작하고 나머지는 현장 타설 Topping Concrete로 시공하는 콘크리트 공법이다.
	특성	① 공기단축 ② 거푸집·동바리 등의 가설재 절감 ③ 접합부 일체성 확보 ④ 공인된 구조설계 구조 미비 ⑤ 설계소요시간 증대
2. V.H 분리타설	정의	보통 Half Slab 공법과 병행하여 적용되는 공법으로 기둥·벽 등 수직부재를 먼저 타설하고 PC판과 맞물려 Topping Concrete를 타설한다.
	특성	① 공기단축 ② 인건비 절감 ③ 타설 접합면의 일체화 ④ 하층의 작업공간 확보 ⑤ Slab 거푸집 불필요 ⑥ 공인된 구조설계기준 미흡 ⑦ 작업공정의 증가

(용어) V.H 분리타설 ●11②·05②

(종류) 작업발판 일체형 거푸집 ●22①

> **참고** Reference
>
> **작업발판 일체형 거푸집**
> - 갱폼
> - 슬립폼
> - 클라이밍폼
> - 터널폼

CHAPTER 05 핵심 기출문제

● 개요

01 콘크리트 공사 중 거푸집 짜기 시공상 주의사항에 대하여 5가지를 쓰시오.

가. _____
나. _____
다. _____
라. _____
마. _____

정답 거푸집 짜기의 시공상 주의사항
가. 소요 자재가 절약되고, 반복 사용이 가능해야 한다.
나. 형상, 치수가 정확하고, 처짐·배부름·뒤틀림 등의 변형이 없어야 한다.
다. 시멘트풀이 새지 않게 수밀해야 한다.
라. 외력에 대해 충분히 안전해야 한다.
마. 조립·해체 시 파손, 손상이 되지 않아야 한다.

02 거푸집에서 시멘트 페이스트의 누출을 발견하였을 때 현장에서 취할 수 있는 조치를 쓰시오.

정답 시멘트풀 누출 시 조치
넝마, 천 등으로 시멘트로 누출 부위를 메운 후 각목, 판자, 철판 등으로 보강한다.

03 다음 설명하는 내용을 기재하시오.

가. 보, 슬라브 및 트러스 등에서 그의 정상적 위치 또는 형상으로부터 처짐을 고려하여 상향으로 들어 올리는 것 (   )
나. 거푸집 및 콘크리트의 무게와 시공하중을 지지하기 위하여 설치하는 부재 또는 작업 장소가 높은 경우 발판, 재료 운반이나 위험물 낙하 방지를 위해 설치하는 임시 지지대 (   )

정답 솟음(캠버)과 동바리
가. 솟음(캠버)
나. 동바리

04 건설공사에서 사용되는 잭 서포트를 간단히 설명하고 설치 위치 2개소를 쓰시오.

가. 용어 : _____

나. 설치 장소
① _____
② _____

정답 잭 서포트(Jack Support)
가. 용어 : 거푸집 및 콘크리트의 큰 무게와 하중을 지지하기 위하여 설치하는 부재 또는 높은 작업 장소 발판, 재료 운반이나 위험물 낙하방지를 위해 설치하는 임시 지지대
나. 설치 장소
① 슬래브 스팬 중앙
② 빔이나 거더의 중앙

● 거푸집 부속재

05 다음은 거푸집공사에 관계되는 용어설명이다. 알맞은 용어를 쓰시오.
• 18④ · 13① · 09④

가. 슬래브에 배근되는 철근이 거푸집에 밀착하는 것을 방지하기 위한 간격재 (굄재) ( )

나. 벽거푸집이 오므라지는 것을 방지하고 간격을 유지하기 위한 격리재 ( )

다. 거푸집 긴장철선을 콘크리트 경화 후 절단하는 절단기 ( )

라. 콘크리트에 달대와 같은 설치물을 고정하기 위하여 매입하는 철물 ( )

마. 거푸집의 간격을 유지하며 벌어지는 것을 막는 긴장재 ( )

> **정답** 용어
> 가. 스페이서(Spacer)
> 나. 세퍼레이터(Separator)
> 다. 와이어 클리퍼(Wire Clipper)
> 라. 인서트(Insert)
> 마. 폼타이(Form Tie)

06 다음 설명이 의미하는 거푸집 관련 용어를 쓰시오.
• 17④ · 11②

가. 철근의 피복두께를 유지하기 위해 벽이나 바닥 철근에 대어주는 것 ( )

나. 벽 거푸집 간격을 일정하게 유지하여 격리와 긴장재 역할을 하는 것 ( )

다. 기둥 거푸집의 고정 및 측압 버팀용으로 주로 합판 거푸집에서 사용되는 것 ( )

라. 거푸집의 탈형과 청소를 용이하게 만들기 위해 합판 거푸집 표면에 미리 바르는 것 ( )

> **정답** 용어
> 가. 스페이서(Spacer)
> 나. 세퍼레이터(Separator)
> 다. 칼럼밴드(Column Band)
> 라. 박리제

07 스페이서의 용도를 쓰시오.
• 21①

가.

나.

> **정답** 스페이서의 용도
> 가. 철근의 피복두께 유지
> 나. 철근의 간격 유지

08 다음 설명하는 내용을 아래의 〈보기〉에서 골라 쓰시오.
• 07①

〈보기〉
① 박리제   ② 격리제   ③ Gang Form
④ Pecco Beam   ⑤ 콘크리트 헤드

가. 사용할 때마다 작은 부재의 조립, 분해를 반복하지 않고 대형화·단순화하여 한 번에 설치하고 해체하는 거푸집 시스템 ( )

나. 거푸집을 쉽게 떼어낼 수 있도록 거푸집면에 칠하는 약제 ( )

다. 거푸집 간격을 유지 (　　)
라. 타설된 콘크리트 윗면으로부터 최대 측압면까지의 거리 (　　)
마. 신축이 가능한 무지주 공법 (　　)

정답 용어
가. ③　　나. ①
다. ②　　라. ⑤
마. ④

● 설계 시 고려하중

09 다음의 거푸집을 계산할 때 고려하여야 할 것을 〈보기〉에서 모두 골라 번호를 쓰시오. • 03①

〈보기〉
① 적재하중　② 생콘크리트 중량　③ 작업하중
④ 안전하중　⑤ 충격하중　⑥ 생콘크리트 측압력
⑦ 고정하중

가. 보, 슬래브 밑면 :
나. 벽, 기둥, 보 옆 :

정답 거푸집 고려하중
가. ②, ③, ⑤
나. ②, ⑥

10 콘크리트 헤드(Concrete Head)에 대해 설명하시오.
• 23② · 16① · 15① · 11④ · 09① · 07③ · 01③

정답 콘크리트 헤드
수직부재에서 최종 타설된 콘크리트 면으로부터 최대 측압이 발생하는 곳까지의 수직거리

11 수직 거푸집을 설치하고 콘크리트를 타설할 때 거푸집에 작용하는 측압을 도식화하시오. • 20⑤

가. 1차 타설　　나. 2차 타설

정답 거푸집 측압
가. 1차 타설

나. 2차 타설

12 콘크리트 이어붓기 속도가 10~20m/h, 높이=3.6m인 무근 콘크리트 기둥의 측압을 구하시오.(단, 무근콘크리트의 비중=2.3, 측압에 영향을 미치는 다른 요소는 고려하지 않는다.)
● 00⑤

> **정답** 거푸집 측압 산정
> 측압 = 2.3(t/m³)×2(m)
>   +{2.3(t/m³)×0.8×1.6(m)}
>   = 7.54(t/m²)

13 거푸집 측압에 영향을 주는 요소를 4가지 적으시오.
● 20② · 17④ · 15④ · 12② · 10① · 07① · 06① · 98⑤

가.
나.
다.
라.

> **정답** 거푸집 측압에 영향을 주는 요소
> 가. 콘크리트 타설 속도
> 나. 콘크리트 타설 높이
> 다. 시멘트량
> 라. 사용 철근량
> ※ 증가·감소 원인 기재 시 부연설명이 필요함

14 다음 ( ) 안에 알맞은 말을 〈보기〉에서 골라 번호를 쓰시오.
● 10① · 07① · 06① · 98⑤

① 높을	② 낮을	③ 빠를
④ 늦을	⑤ 두꺼울	⑥ 얇을
⑦ 클	⑧ 작을	

생콘크리트의 측압은 슬럼프가 (가)수록, 벽두께가 (나)수록, 부어 넣기 속도가 (다)수록, 대기습도가 (라)수록 크다.

가.
나.
다.
라.

> **정답** 콘크리트 측압
> 가. ⑦
> 나. ⑤
> 다. ③
> 라. ①

● **존치기간**

15 거푸집 존치기간에 영향을 미치는 것을 4가지 쓰시오.

• 09①,② · 07② · 04① · 98④

가. _____
나. _____
다. _____
라. _____

> **정답** 거푸집 존치기간에 영향을 미치는 요인
> 가. 부재의 종류, 위치
> 나. 콘크리트의 강도
> 다. 시멘트의 종류
> 라. 평균온도(기온)

16 다음 ( ) 안에 적합한 숫자를 쓰시오.

• 15① · 09①,② · 07② · 04① · 98④

> 기초, 보 옆, 기둥 및 벽의 거푸집 널의 존치기간은 콘크리트의 압축강도가 최소 (가)MPa 이상에 도달한 것이 확인될 때까지로 한다. 다만, 거푸집널 존치기간 중의 평균기온이 20℃ 미만 10℃ 이상인 경우에 보통 포틀랜드시멘트를 사용한 콘크리트는 그 재령이 최소 (나)일 이상 경과하면 압축강도시험을 하지 않고도 거푸집을 떼어낼 수 있다.

가. _____
나. _____

> **정답** 거푸집공사
> 가. 5
> 나. 6

17 건축공사표준시방서에 거푸집널 존치기간 중 평균기온이 10℃ 이상인 경우에 콘크리트의 압축강도 시험을 하지 않고 거푸집을 떼어낼 수 있는 콘크리트의 재령(일)을 나타낸 표이다. 빈칸에 알맞은 숫자를 표기하시오.

• 24② · 23② · 20② · 19① · 18① · 17①

시멘트 종류 평균 기온	조강포틀랜드 시멘트	보통포틀랜드 시멘트/ 고로슬래그 시멘트(1종)	고로슬래그 시멘트(2종)/ 포졸란 시멘트(2종)
20℃ 이상	①	③	5일
20℃ 미만 10℃ 이상	②	6일	④

> **정답** 콘크리트별 재령일
> ① 2일   ② 3일
> ③ 4일   ④ 8일

18 콘크리트의 압축강도를 시험하지 않을 경우 수평거푸집의 존치기간을 쓰시오.(재령에 의한 경우)
• 12② · 09①,② · 07② · 04① · 98④

정답 수평거푸집의 존치기간

단층	① 설계기준강도 2/3 이상 ② 또한 최소 Con'c 압축강도 14MPa 이상
다층	설계기준강도 이상

● 시 공

19 철근콘크리트 공사에서 형틀(거푸집) 가공조립은 정밀하고 견고하게 완성되어야 설계도 형상에 의하여 콘크리트 구조체를 형성할 수 있다. 〈보기〉의 구조부위별 형틀(거푸집) 조립작업 순서를 맞게 그 기호순으로 나열하시오. • 05③

| 가. 보받이 내력벽 | 나. 외벽 | 다. 기둥 |
| 라. 큰 보 | 마. 바닥 | 바. 작은 보 |

( ) → ( ) → ( ) → ( ) → ( ) → ( )

정답 거푸집 설치 순서
다 → 가 → 라 → 바 → 마 → 나

20 RC조 지상 1층 건축물의 골조공사에 관한 사항이다. 시공순서를 〈보기〉에서 골라 그 기호를 쓰시오. • 04③

〈보기〉
가. 기둥철근 기초에 정착   나. 보 및 바닥판 철근 배근
다. 기둥철근 배근   라. 벽한편 거푸집 및 기둥 거푸집 설치
마. 콘크리트 치기   바. 벽 철근 배근
사. 기초판, 기초보 철근 배근 아. 보 및 바닥판 거푸집 설치
자. 기초판 및 기초보 콘크리트 치기 차. 기초 및 기초보 옆 거푸집 설치
카. 벽딴편 거푸집 설치

( ) → ( ) → ( ) → ( ) → ( ) → ( ) →
( ) → ( ) → ( ) → ( ) → ( )

정답 RC조 1개층 시공순서
차 → 사 → 가 → 자 → 다 → 라 → 바 → 카 → 아 → 나 → 마

● 종류

21 알루미늄 거푸집을 합판 거푸집과 비교하여 골조 품질과 거푸집 해체 시 소음 발생에 대하여 설명하시오.

가. 골조 품질 :

나. 해체 :

정답 알루미늄 거푸집
가. 골조 품질 : 골조의 수직, 수평의 정밀도가 우수하며, 면처리(견출) 작업이 감소된다.
나. 해체 : 거푸집 해체 시 소음이 저감되며, 해체작업의 안정성이 향상된다.

22 갱폼의 장단점을 2가지씩 기술하시오.

가. 장점
①
②

나. 단점
①
②

정답 갱폼의 장단점
가. 장점
① 조립·해체작업이 간편하므로 시간과 인력의 단축 가능
② 가설설비가 불필요하므로 가설비, 노무비의 절약 가능
나. 단점
① 중량물이므로 대형 양중장비가 소요
② 거푸집 제작비용이 크므로 초기 투자비용이 증가

23 사용할 때마다 작은 부재의 조립, 분해를 반복하지 않고 대형화·단순화하여 한 번에 설치하고 해체하는 거푸집을 총칭하여 시스템거푸집이라고 한다. 이 시스템거푸집 중 거푸집판, 멍에, 서포트 등을 일체로 제작하여 수평, 수직방향으로 이동하는 바닥 전용 거푸집을 무엇이라고 부르는가?

정답 용어
플라잉 폼(Flying Form) 혹은 테이블 폼(Table Form)

24 시스템 거푸집 중에서 플라잉 폼(Flying Form)의 장점을 3가지 쓰시오.

가.
나.
다.

정답 플라잉 폼의 장점
가. 조립과 분해작업이 생략되므로 설치 시간이 단축된다.
나. 거푸집의 처짐량이 적고 외력에 대한 안정성이 높다.
다. 재료의 전용률이 크다.

정답 테이블 폼의 장점
가. 거푸집 조립, 해체, 설치시간이 단축되므로 공기단축이 가능하다.
나. 비교적 넓은 구획의 수평이동이 용이하다.
다. 주로 강재를 사용하므로 정밀도가 우수하고 처짐, 외력에 대한 안전성이 확보된다.

25 대형 시스템 거푸집 중에서 테이블 폼(Table Form)의 장점을 3가지 쓰시오.

● 05② · 04④ · 02①

가. _____
나. _____
다. _____

26 대형 System 거푸집 중 터널 폼(Tunnel Form)을 설명하시오.

● 20⑤ · 18② · 16② · 14④ · 12④ · 11① · 10① · 08② · 04① · 01②

정답 터널 폼
대형 형틀로서 슬래브와 벽체의 콘크리트 타설을 일체화하기 위한 것으로 한 구획 전체의 벽판과 바닥판을 ㄱ자형 또는 ㄷ자형으로 짜서 아파트 공사 등에 사용하는 거푸집

27 거푸집의 종류 중 슬라이딩 폼에 관하여 간략히 설명하시오.

● 20⑤ · 16② · 15② · 14④ · 09②

정답 슬라이딩 폼(Sliding Form)
콘크리트를 부어 넣으면서 거푸집을 연속적으로 끌어올려 Silo, 굴뚝 등 단면 형상의 변화가 없는 구조물에 사용되는 거푸집

28 다음 거푸집을 간단히 설명하시오.

● 18④ · 15②

가. 슬립폼 : _____

나. 트래블링폼 : _____

정답 용어
가. 슬립폼 : 시공이음 없이 연속으로 콘크리트를 타설하기 위한 수직 활동 거푸집 공법으로 Silo 등의 시공에 사용
나. 트래블링폼 : System 폼으로서 한 구간 콘크리트 타설 후 다음 구간으로 수평이동이 가능한 거푸집 공법

29 무지주공법의 수평지지보에 대하여 간단히 기술하고, 수평지지보의 종류를 2가지 쓰시오. •01①

가. 수평지지보 : _____

나. 종류 : ① _____
② _____

> **정답** 무지주 공법
> 가. 수평지지보 : 받침기둥 없이 보를 걸어서 거푸집을 지지하는 방식
> 나. 종류 : ① 보우빔(Bow beam)
> ② 페코빔(Pecco beam)

30 다음에 설명된 공법의 명칭을 쓰시오. •10②

가. 사용할 때마다 창문 부재의 조립, 분해를 반복하지 않고 대형화·단순화하여 한번에 설치하고 해체하는 거푸집 시스템 ( )

나. 벽체용 거푸집으로 거푸집과 벽체 마감공사를 위한 비계틀을 일체로 조립하여 한꺼번에 인양시켜 실시하는 공법 ( )

다. 바닥에 콘크리트를 타설하기 위한 거푸집으로서 거푸집판, 장선, 멍에, 서포트 등을 일체로 제작하여 부재화한 거푸집공법 ( )

라. 수평적 또는 수직적으로 반복된 구조물을 시공이음이 없이 균일한 형상으로 시공하기 위하여 거푸집을 연속적으로 이동시키면서 콘크리트를 타설하여 구조물을 시공하는 거푸집공법 ( )

> **정답** 거푸집의 종류
> 가. 대형 Panel Form
> 나. 클라이밍 폼
> 다. 테이블 폼
> 라. 이동 거푸집

31 시공이 빠르고 이음이 없는 수밀한 콘크리트 구조물을 완성할 수 있는 벽체 전용 System 거푸집의 종류를 4가지 쓰시오. •23④·10②

가. _____ 나. _____
다. _____ 라. _____

> **정답** 벽체 전용 거푸집
> 가. 갱폼(Gang Form)
> 나. 클라이밍폼(Climbing Form)
> 다. 대형 패널폼
> 라. 셔터링폼

32 다음 설명이 가리키는 용어를 쓰시오. •12④·11①·08②·04①

> 가. 신축이 가능한 무지주공법의 수평지지보
> 나. 무량판 구조에서 2방향 장선 바닥판구조가 가능하도록 된 특수상자 모양의 기성재 거푸집
> 다. 한 구획 전체의 벽판과 바닥판을 ㄱ자형 또는 ㄷ자형으로 짜는 거푸집

가. _____
나. _____
다. _____

> **정답** 용어
> 가. 페코 빔(Pecco Beam), 보우 빔(Bow Beam)
> 나. 워플 폼(Waffle Form)
> 다. 터널 폼(Tunnel Form)

정답 거푸집 용어
가. 슬라이딩 폼 : 유닛 거푸집을 설치하여 요크로 거푸집을 끌어 올리면서 연속해서 콘크리트를 타설 가능한 수직 활동 거푸집
나. 워플 폼 : 무량판 구조에서 2방향 장선 바닥판 구조가 가능하도록 된 특수상자 모양의 기성재 거푸집

33 다음 거푸집을 간단히 설명하시오. •22②

가. 슬라이딩 폼 : _____

나. 워플 폼 : _____

34 다음에 설명된 공법의 명칭을 쓰시오. •22④ · 18①

> 가. 무량판 구조에서 2방향 장선 바닥판 구조가 가능하도록 된 특수상자 모양의 기성재 거푸집
> 나. 시스템거푸집으로 한 구간 콘크리트 타설 후 다음 구간으로 수평 이동이 가능한 거푸집 공법
> 다. 유닛 거푸집을 설치하여 요크로 거푸집을 끌어 올리면서 연속해서 콘크리트를 타설 가능한 수직활동 거푸집
> 라. 아연도 철판을 절곡 제작하여 거푸집으로 사용하여 콘크리트 타설 후 사용 철판을 바닥하부 마감재로 사용하는 공법

가. _____ 나. _____
다. _____ 라. _____

정답 거푸집 종류
가. 워플 폼
나. 트래블링 폼
다. 슬라이딩 폼
라. 데크 플레이트

35 다음 설명에 해당하는 용어를 쓰시오. •01②

가. RC조 구조방식에서 보를 사용치 않고 바닥슬래브를 직접 기둥에 지지시키는 구조방식을 무엇이라고 하는가? ( )

나. 대형 형틀로서 슬래브와 벽체의 콘크리트 타설을 일체화하기 위한 것으로 Twin Shell Form과 Mono Shell Form으로 구성되는 형틀은? ( )

다. 콘크리트 표면에서 제일 외측에 가까운 철근의 표면까지의 치수를 말하며 RC조의 내화성·내구성을 결정하는 중요한 요소는? ( )

정답 용어 정리
가. 무량판구조
나. 터널 폼(Tunnel Form)
다. 피복두께

36 콘크리트 구조체 공사의 VH(Vertical Horizontal) 타설공법에 관하여 기술하시오. •11② · 05②

정답 VH(Vertical Horizontal) 분리 타설
침하균열을 방지하기 위하여 기둥·벽 등 수직부재를 먼저 타설하고 수평부재를 나중에 분리하여 타설하는 방법으로 보통 하프슬래브 공법과 병행하여 적용되는 공법이다.

37 다음 용어에 대하여 간단히 설명하시오. • 23④

가. 솟음 : ＿＿＿＿＿＿＿＿＿＿＿＿＿＿＿＿＿＿＿＿＿

나. 토핑 콘크리트 : ＿＿＿＿＿＿＿＿＿＿＿＿＿＿＿＿

정답 용어
가. 솟음 : 보, 슬래브 및 트러스 등에서 그의 정상적 위치 또는 형상으로부터 처짐을 고려하여 상향으로 들어 올리는 것
나. 토핑 콘크리트 : 하프 슬라브를 설치하고 그 위에 타설하는 콘크리트

38 다음 설명에 해당하는 용어를 쓰시오. • 21① · 13②

① 바닥(Slab) 콘크리트 타설을 위한 슬래브 하부 거푸집판이다.
② 아연도 철판을 절곡하여 제작하며 별도의 해체작업이 필요 없다.
③ 작업 시 안전성 강화 및 동바리 수량 감소로 원가절감이 가능하다.

정답 용어
데크 플레이트

39 콘크리트 공사에 사용되는 거푸집 중 작업발판 일체형 거푸집 종류 3가지를 쓰시오. • 22①

가. ＿＿＿＿＿＿＿＿＿＿ 나. ＿＿＿＿＿＿＿＿＿＿
다. ＿＿＿＿＿＿＿＿＿＿ 라. ＿＿＿＿＿＿＿＿＿＿

정답 일체형 거푸집의 종류
가. 갱폼
나. 슬립폼
다. 클라이밍 폼
라. 터널 폼

제3절 콘크리트 공사 - 재료

01 재료

(1) 시멘트

1) 종류

포틀랜드 시멘트	혼합시멘트	특수시멘트	성분
① 보통 포틀랜드 ② 중용열 포틀랜드 ③ 조강 포틀랜드 ④ 저열 포틀랜드 ⑤ 내황산염 포틀랜드	① 고로슬래그 ② 플라이애시 ③ 포졸란	① 알루미나 시멘트 ② 팽창 시멘트 ③ 초조강 시멘트	① 규산 이석회 ② 규산 삼석회 ③ 알루민산 삼석회 ④ 알루민산철 사석회

2) 시멘트 특성

1. 중용열	① 발열량이 작다. ② 수축률이 작다. ③ 방사선 차단용이나 단면이 큰 부재 콘크리트에 사용한다.
2. 조강	① 조기강도가 크다. ② 수화 발열량이 크다. ③ 긴급공사나 한중 콘크리트 공사에 사용한다.
3. 고로	① 비중이 낮다.(2.9) ② 응결시간이 길며 단기강도가 부족하다. ③ 바닷물에 대한 저항이 크다. ④ 수화열이 적으며 수축 균열이 적다. ⑤ 대단면 공사, 해안 공사, 지중 구조물 등에 사용한다.
4. 플라이애시	① 시공연도를 증대시키며 사용수량을 감소시킬 수 있다. ② 초기강도는 다소 떨어지나 장기강도는 증가한다. ③ 수밀성이 좋으므로 수리구조물에 적합하다. ④ 수화열이 적고 건조수축이 적다. ⑤ 해수에 대한 내화학성이 크다.
5. 포졸란	① 워커빌리티 증진　　　② 블리딩 감소, 재료분리 감소 ③ 수밀성 증진　　　　　④ 초기강도 감소, 장기강도 증가 ⑤ 해수, 화학적 저항성 증대　⑥ 발열량 감소 ⑦ 건조수축 감소　　　　⑧ 단위수량 증가 우려
6. 알루미나 시멘트	① 단기강도는 크나 장기강도는 적다. ② 해수, 화학약품에 대한 저항력이 크다. ③ 취약성이 있고 수화열량이 크다. ④ 긴급공사, 해안공사, 동절기공사에 사용된다. ⑤ 조기강도는 24시간에 보통 포틀랜드 시멘트 28일 강도를 낸다.

3) 성질

1. 비중	① 3.15 이상 ② 풍화유무(풍화 진행 시 비중 감소) ③ 르샤델리에 비중병	※ 풍화 ① $C + W = Ca[OH]_2$ ② $Ca[OH]_2 + CO_2 \Rightarrow CaCO_3 + H_2O$
2. 분말도	① 입자의 가는 정도 ② 분말도가 크면 조기강도가 크다. ③ 브레인법 : (마노미터액)/체가름 시험	
3. 응결/경화	용어	① 응결 : 시멘트의 유동성이 없어질 때까지 ② 경화 : 시멘트의 강도가 발현되기 시작
	응결	① 이중응결 　㉠ 헛응결 : 가수 후 20분 정도 지나면 응결이 진행되는 것처럼 보이나 다시 묽어지는데 이를 헛응결이라 한다. 　㉡ 본응결 ② 시멘트 성분, 분말도, 수량, 온도, 습도, 혼화재에 따라 영향 ③ 비이커 장치/길모어 장치
4. 강도	① 압축강도(kn) ② 공시체 : 28일 재령(수중양생)	
5. 안정성	① 균열이 발생하는 정도 ② 오토클레이브 팽창제	

(2) 골재

1) 종류와 요구성능

1. 종류	크기	① 잔골재 : No.4(5mm)체 중량으로 85% 통과하는 것 ② 굵은골재 : No.4(5mm)체 중량으로 85% 남는 것
	중량(비중)	① 경량 : 2.0 이하 ② 보통 : 2.65 ③ 중량 : 2.7 이상 　㉠ 중정석, 자철광 　㉡ 방사선 차단목적
	생성원인	① 천연골재 ② 인공골재 : 쇄석, 고로슬래그
2. 요구성능	골재 요구성능	종류
	① 소요강도 충족 ② 입도, 입형이 좋을 것 ③ 재료 분리가 일어나지 않을 것 ④ 불순물을 함유하지 않은 것	※ 불순물 ① 흙, 석탄, 유기불순물, 석면은 강도 저하 ② 염화물 　• 철근 부식, 중성화 　• 잔골재 중량의 0.04% 이하 　• 콘크리트 체적의 $0.3kg/m^3$ 이하

●02② · 98①
(종류) 시멘트 시험종류

●10④
(용어) 시멘트 풍화작용 (　)넣기

●22④ · 17④ · 11④ · 08③
(종류) 분말도 시험방법 종류 2가지

●03② · 02③ · 00④
(기구) 시멘트 시험기구

●18④ · 05①
(종목) 시멘트 응결시간에 영향을 주는 요소

●17① · 11④ · 03①
(용어) 헛응결

●13① · 10② · 01②
(종류) 중량골재 2가지 및 용도

●16① · 99⑤
(성능) 골재요구품질 4가지

●06③ · 01① · 99①
(종류) 대표 불순물의 피해현상

●99②
(수치) 염분의 허용량 규정

2) 성질 및 품질

1. 함수율	① 함수량 : 습윤상태 골재의 내·외부에 함유된 전수량 ② 함수율 : 함수량이 절대건조 상태의 골재 중량에 대한 백분율 ③ 흡수량 : 표면건조 내부 포수상태의 골재 중에 포함되는 물의 양 ④ 흡수율 : 절건상태의 골재 중량에 대한 흡수량의 백분율 ⑤ 유효흡수량 : 흡수량과 기건상태의 골재 내에 함유된 수량과의 차 ⑥ 유효흡수율 : 유효흡수량이 기건상태의 골재 중량에 대한 백분율 ⑦ 표면수량 : 함수량과 표면건조 내부 포수 상태의 골재 내에 함유된 수량의 차(함수량 – 흡수량) ⑧ 표면수율 : 표면수량이 표면건조 내부 포수상태의 골재중량에 대한 백분율	
2. 굵은골재의 최대치수	중량으로 90% 이상 통과시키는 체눈의 크기	① 무근 : 40mm ② 일반 : 20mm 또는 25mm ③ 단면이 클 때 : 40mm
3. 잔골재율	$$\frac{잔골재의\ 용적}{잔골재의\ 용적 + 굵은골재의\ 용적} \times 100$$	

4. 시험	① 조립률(FM : Finess Modulus)
	  ㉠ 골재의 입도를 간단한 수치로 나타낸 것
	  ㉡ 체가름 시험을 하여 구한다.
	    사용체 – 80mm, 40mm, 20mm, 10mm,
	           No.4, No.8, No.16, No.30, No.50, No.100
	  ㉢ $FM = \dfrac{각\ 체에\ 남는\ 양(\%)의\ 누계의\ 합}{100}$
	② 혼탁비색법 : 유기불순물 시험	

(3) 혼화재료

1) 구분

구분	혼화제	혼화재
배합	무시	고려
성분	화학물질	광물질
사용량	소량	다량
대표재료	AE제	포졸란
정의	약품의 성질로 콘크리트를 개선하는 혼화재료	시멘트와 반응하여 콘크리트 성질을 개선하는 혼화재료

2) 혼화제와 혼화재

① 혼화제

1. 종류		① 표면 활성제 : 공기 연행제(AE제), 분산제 ② 응결 경화 촉진제 : 염화칼슘, 규산소다, 염화제이철, 염화마그네슘 ③ 방수제 : 소석회, 암석의 분말, 규조백토, 규산백토, 명반, 수지비누 ④ 발포제 : 알루미늄, 아연의 분말 ⑤ 방동제 : 염화칼슘, 식염(다량 사용하면 강도의 저하와 급결의 우려가 있다.) ⑥ 감수제 : 소정의 컨시스턴시를 얻는 데 필요한 단위수량을 감소시키고, 콘크리트의 시공연도(Workability) 등을 향상시키기 위하여 사용하는 혼화재료로 표준형, 지연형 및 촉진형의 3종류가 있다. ⑦ 유동화제 : 미리 비벼 놓은 콘크리트에 첨가하거나, 콘크리트 비빔 시 섞어 사용함으로써 그 유동성을 증대시키는 것을 주목적으로 하는 혼화재료이다.
2. AE제	특징	① 수밀성 증가 ② 동결융해 저항성 증진 ③ 워커빌리티 증진 ④ 재료분리 감소 ⑤ 단위수량 감소 ⑥ 블리딩 현상 감소 ⑦ 발열량 감소
	용도	① AE 콘크리트 : 내구성 향상 ② 쇄석 콘크리트 : 시공연도 증진 ③ 한중 콘크리트 : 동결 융해 저항성 증진
3. 공기	종류	① 자연적 공기(Entrapped Air) ② 인위적 공기(Entrained Air)
	영향	① 공기량 1% 증가 시 압축강도 4% 정도 감소 ② AE제 첨가 시 증가 ③ 기계비빔이 손비빔보다 증가 ④ 비빔시간은 3~5분까지 증가하나 그 이상 감소 ⑤ 온도가 높을수록 감소 ⑥ 진동을 주면 감소 ⑦ 자갈의 입도에는 영향이 없으나 굵은 모래를 사용하면 공기량이 감소

●13② · 07③ · 01③ · 99⑤ · 99①
(종류) 혼화제 종류

●05① · 99②
(용어) 응결 경화촉진제

●12④ · 08①
(용어) 방청제, 발포제

●05① · 99②
(용어) 응결 경화지연제

●12④ · 08① · 05① · 99①
(용어) AE제

●17① · 12② · 00④
(목적) AE제 사용목적 3가지

●17② · 12② · 08③ · 07① · 06② · 01③ · 98⑤
(용어) 엔트랩트 에어

●17②④ · 07① · 06② · 01③ · 98⑤
(용어) 엔트레인드 에어

● 13② · 07③ · 04② · 01③ · 99⑤
(종류) 혼화재
● 16② · 13①
(연결) 착색재
● 09④
(목적) 혼화재 사용목적
● 96③
(용어) 포졸란 반응
● 96③
(용어) 고로슬래그

● 16① · 13④
(용어) 실리카 퓸

② 혼화재

1. 종류	① 성질 개량 및 중량재 : 포졸란 ② 착색재 : 빨강 – 제2산화철, 노랑 – 크롬산 바륨, 파랑 – 군청, 갈색 – 이산화망간, 검정 – 카본블랙, 초록 – 산화크롬	
2. 포졸란	반응 정의	① 포졸란 물질은 자체적으로는 물과 반응하여 경화하는 성질을 가지고 있지 않다. ② 상온에서 수산화칼슘(Ca[OH$_2$])과 반응하여 수경성을 가지고 Sillicate 성분을 생성하는 반응
	종류	① 고로슬래그 ② 플라이애시 ③ 포졸란 ④ 실리카 퓸
	특징	① 워커빌리티 증진 ② 블리딩, 재료분리 감소 ③ 수밀성 증진 ④ 초기강도 감소, 장기강도 증가 ⑤ 해수 화학적 저항성 증대 ⑥ 발열량 감소 ⑦ 건조수축 감소
3. 실리카 퓸	정의	실리콘 혹은 페로 실리콘 등의 규소합금의 제조 시에 발생하는 폐가스를 집진하여 얻어지는 부산물의 일종으로 비정질의 이산화규소(SiO_2)를 주성분으로 하는 초미립자를 말한다.
	특징	① 수화 활성이 크다. ② 시멘트 입자의 사이에 분산되어 고성능 감수제와의 병용에 따라 보다 치밀하게 되어 고강도 및 투수성이 작은 콘크리트를 만들 수 있다. ③ 단위수량을 증대시키지만 고성능 감수제를 사용함에 따라 단위수량을 감소시킬 수 있다. ④ 수화 초기의 발열의 저감 ⑤ 포졸란 반응에 따른 알칼리 저감 ⑥ 중성화 깊이 증대(단점)

핵심 기출문제

● 재료 – 시멘트

01 KSF 5201 규정에서 정한 포틀랜드 시멘트의 종류를 5가지 쓰시오.
• 22④ · 17② · 14④ · 10④ · 08①

가.
나.
다.
라.
마.

정답 포틀랜드 시멘트 종류
가. 1종 : 보통 포틀랜드 시멘트
나. 2종 : 중용열 포틀랜드 시멘트
다. 3종 : 조강 포틀랜드 시멘트
라. 4종 : 저열 포틀랜드 시멘트
마. 5종 : 내황산염 포틀랜드

02 시멘트 주요화합물을 4가지 쓰고, 그중 28일 이후 장기강도에 관여하는 화합물을 쓰시오.
• 16④ · 12①

가. 주요화합물
① ②
③ ④
나. 콘크리트의 28일 이후의 장기강도에 관여하는 화합물

정답
가. 주요화합물
① $2CaO \cdot SiO_2$(규산 이석회)
② $3CaO \cdot SiO_2$(규산 삼석회)
③ $3CaO \cdot Al_2O_3$
 (알루민산 삼석회)
④ $4CaO \cdot Al_2O_3 \cdot Fe_2O_3$
 (알루민산철 사석회)
나. 콘크리트의 28일 이후의 장기강도에 관여하는 화합물
$2CaO \cdot SiO_2$(규산 이석회)

03 혼합시멘트의 종류에 대한 명칭 3가지를 쓰시오.
• 03③

가.
나.
다.

정답 혼합시멘트의 종류
가. 고로 시멘트
나. Fly ash 시멘트
다. 실리카 시멘트

04 혼합시멘트 중 플라이애시 시멘트의 특징을 3가지 쓰시오.
• 16④ · 00③

가.
나.
다.

정답 플라이애시 시멘트의 특징
가. 구형의 미소입자인 Fly ash 작용으로 시공연도가 개선된다.
나. 수화발열량이 적어서 초기강도는 작아지며 장기강도가 증대된다.
다. 내황산염에 대한 저항성, 화학적 저항성을 증진시킨다.

정답 폴리머시멘트 콘크리트의 특성
가. 부재단면의 축소와 경량화가 가능하다.
나. 내열성이 약하고 경화 시 수축성이 작다.
다. 골재와의 접착성이 좋다.
라. 우수한 내약품성이 있다.

05 폴리머시멘트 콘크리트의 특성을 보통시멘트 콘크리트와 비교하여 4가지 기술하시오. ● 09② · 04②

가. _____
나. _____
다. _____
라. _____

06 다음 설명에 해당하는 시멘트 종류를 고르시오. ● 11①

조강 시멘트, 실리카 시멘트, 내황산염 시멘트, 중용열 시멘트, 백색 시멘트, 콜로이드 시멘트, 고로슬래그 시멘트

가. ① 특성 : 조기강도가 크고 수화열이 많으며 저온에서 강도의 저하율이 낮다.
② 용도 : 긴급공사, 한중공사
나. ① 특성 : 석탄 대신 중유를 원료로 쓰며, 제조 시 산화철분이 섞이지 않도록 주의한다.
② 용도 : 미장재, 인조석 원료
다. ① 특성 : 내식성이 좋으며 발열량 및 수축률이 작다.
② 용도 : 대단면 구조재, 방사선 차단물

가. _____
나. _____
다. _____

정답 용어
가. 조강 시멘트
나. 백색 시멘트
다. 중용열 시멘트

07 시멘트의 재료시험 방법에 대해 4가지 쓰시오. ● 17④ · 02② · 98①

가. _____
나. _____
다. _____
라. _____

정답 시멘트 재료시험 방법
가. 분말도 시험
나. 강도 시험
다. 비중 시험
라. 오토클레이브 팽창도 시험

08 다음 시멘트의 비중시험에 이용되는 실험기구 및 재료를 〈보기〉에서 찾아 기호로 쓰시오. ● 02② · 98①

가. 르샤틀리에 플라스크	나. 천평	다. 칼로리미터
라. 표준체	마. 광유	바. 마노미터액
사. 마른 걸레	아. 교반기	

정답 시멘트 비중시험
가, 나, 마, 사

09 다음은 시멘트의 풍화작용에 대한 설명이다. ( ) 안에 알맞은 말을 각각 써넣으시오.

> 시멘트가 대기 중에서 수분을 흡수하여 수화작용으로 (가)가 생기고, 공기 중 (나)를 흡수하여 (다)를 생기게 하는 작용

가. _____
나. _____
다. _____

정답 시멘트 풍화작용
가. $Ca(OH)_2$: 수산화석회
나. CO_2 : 이산화탄소
다. $CaCO_3$: 탄산석회

10 다음 주어진 내용과 〈보기〉 중 상호 연결성이 높은 것을 찾아 기호로 쓰시오.

> 〈보기〉
> ① 오토클레이브
> ② 길모어
> ③ 슈미트해머
> ④ 르샤틀리에
> ⑤ 표준체

가. 응결 시험 ( )   나. 안정도 시험 ( )
다. 강도 시험 ( )   라. 비중 시험 ( )
마. 분말도 시험 ( )

정답 시험장비
가. ②   나. ①   다. ③
라. ④   마. ⑤

11 시멘트 분말도 시험법을 2가지 쓰시오.

가. _____
나. _____

정답 분말도 시험
가. 체가름 시험
나. 브레인법

12 시멘트의 응결시간에 영향을 미치는 요소를 3가지 설명하시오.

가. _____
나. _____
다. _____

정답 시멘트 응결시간에 미치는 요소
가. 시멘트의 분말도가 크면 응결이 빠르다.
나. 온도가 높고, 습도가 낮을수록 응결이 빠르다.
다. 시멘트의 화학성분 중 알루민산삼석회가 많을수록 응결이 빠르다.

13 철근콘크리트 공사에서의 헛응결(False Set)에 대하여 기술하시오.

• 17① · 11④ · 03①

> **정답** 헛응결(False Set)
> 가수한 시멘트풀이 10~20분경에 응결이 시작되었다가 다시 묽어지는데 이때의 응결을 헛응결이라 한다.

● **재료 - 골재**

14 중량콘크리트의 용도를 쓰고, 대표적으로 사용되는 골재 2가지를 쓰시오.

• 13① · 10② · 01②

가. 용도 :
나. 사용골재 :

> **정답** 중량콘크리트
> 가. 용도 : 방사선 차단
> 나. 사용골재 : 중정석(Barite), 철광석(자철광 : Magenetite)

15 콘크리트용 굵은골재(조골재)로서의 요구품질 4가지를 쓰시오.

• 16① · 99⑤

가.
나.
다.
라.

> **정답** 콘크리트용 굵은골재(조골재)의 요구품질
> 가. 소요강도가 충족되어야 한다.
> 나. 입형이 좋아야 한다.
> 다. 입도가 좋아야 한다.
> 라. 유기불순물이 없어야 한다.

16 골재의 함수상태에 따른 용어를 쓰시오.

• 13④ · 09④ · 99②

가. 골재를 100~110℃의 온도에서 중량변화가 없어질 때까지(24시간 이상) 건조한 상태 (   )

나. 골재를 공기 중에 건조하여 내부는 수분을 포함하고 있는 상태 (   )

다. 골재의 내부는 이미 포화상태이고, 표면에도 물이 묻어 있는 상태 (   )

라. 표면건조 내부 포수상태의 골재에 포함된 수량 (   )

마. 습윤상태의 골재표면의 수량 (   )

> **정답** 용어설명
> 가. 절대건조상태
> 나. 기건상태
> 다. 습윤상태
> 라. 흡수량
> 마. 표면수량

17 다음 골재 함수량에 관한 설명에서 관련되는 것을 연결하시오.
• 12② · 05① · 99② · 98②

(1) 기건상태 • • (가) 골재 내부에 약간의 수분이 있는 대기 중의 건조상태

(2) 흡 수 량 • • (나) 습윤상태의 골재 표면에 물의 양

(3) 절건상태 • • (다) 골재의 표면 및 내부에 있는 물의 전 중량

(4) 함 수 량 • • (라) 표면건조 내부 포화상태의 골재 중에 포함되는 물의 양

(5) 표면수량 • • (마) 건조기 내에서 온도 110℃ 이내로 정중량이 현재까지 건조한 것

(6) 유효흡수량 • • (바) 흡수량과 기건상태의 골재 내에 함유된 수량과의 차

정답 골재의 함수량
(1) (가)   (2) (라)   (3) (마)
(4) (다)   (5) (나)   (6) (바)

18 콘크리트의 유효흡수량에 대해 기술하시오.
• 12② · 09① · 99②

정답 콘크리트의 유효흡수량
골재의 흡수량과 기건상태 골재 내의 함유된 수량과의 차

19 골재의 흡수량과 함수량에 대해 기술하시오.
• 22② · 19④ · 05① · 99② · 98②

가. 흡수량 :

나. 함수량 :

정답 골재의 함수
가. 흡수량 : 표면건조 내부 포수상태의 골재 중에 포함되는 물의 양
나. 함수량 : 습윤상태의 골재 내·외부에 함유된 전 수량

20 다음 용어에 대해 기술하시오.
• 99② · 98②

가. 골재의 흡수량 :

나. 골재의 함수량 :

다. 골재의 표면수량 :

정답 골재의 함수량
가. 골재의 흡수량 : 표면건조 내부 포수상태의 골재에 포함된 수량
나. 골재의 함수량 : 습윤상태의 골재에 포함된 수량(골재의 표면 및 내부에 있는 물의 전 수량)
다. 골재의 표면수량 : 습윤상태 골재 표면의 수량(내부 수량 제외)

정답 굵은골재 최대 치수
가. 25mm
나. 40mm
다. 40mm

21 다음 각 콘크리트에 사용되는 굵은골재의 치수를 기재하시오. ●20①
　가. 일반 콘크리트　　　　　　　　　　　　　　　(　　　)
　나. 무근 콘크리트　　　　　　　　　　　　　　　(　　　)
　다. 단면이 큰 콘크리트　　　　　　　　　　　　　(　　　)

정답 용어
가. 슬럼프 플로(Slump Flow) : 슬럼프테스트를 하여 Con'c가 옆으로 퍼진 정도로 초유동화 콘크리트의 시공연도를 측정할 때 사용한다.
나. 조립률 : 체가름 시험을 통해 골재의 입도를 간단한 수치로 나타낸 것

22 다음 용어를 설명하시오. ●21② · 15② · 09②
　가. 슬럼프 플로(Slump Flow) :

　나. 조립률 :

23 다음 용어를 간단히 설명하시오. ●11①
　가. 잔골재율(S/A) :

　나. 조립률(FM) :

정답 용어
가. 잔골재율(S/A) : 잔골재량과 골재 전량과의 절대용적률
나. 조립률(FM) : 체가름 시험을 통해 골재의 입도를 간단한 수치로 나타낸 것

● **재료 - 불순물**

24 콘크리트의 제조과정에서 다음의 성분이 과량 함유된 경우 우려되는 대표적 피해현상을 쓰시오. ●06③ · 01① · 99①
　가. 유기불순물 :
　나. 염화물 :
　다. 점토 덩어리 :
　라. 당분 :

정답 콘크리트 불순물
가. 유기불순물 : 콘크리트 강도 및 내구성 저하
나. 염화물 : 중성화 및 철근 부식
다. 점토 덩어리 : 부착력 저하와 균열
라. 당분 : 응결지연

● 재료 - 혼화재료

25 콘크리트의 혼합재료는 혼화제와 혼화재로 구분할 수 있다. 다음 혼화제 및 혼화재의 정의 및 종류를 쓰시오. •13② · 07③

가. 혼화제
　① 정의 : _____
　　　　　_____
　② 종류 : _____
　　　　　_____
　　　　　_____

나. 혼화재
　① 정의 : _____
　　　　　_____
　② 종류 : _____

정답 혼화재료
가. 혼화제
　① 정의 : 콘크리트의 성질을 개선하기 위한 약품의 성질을 갖고 있는 재료로 소량 사용
　② 종류 : 표면활성제(AE제, 분산제, AE감수제), 유동화제, 응결경화촉진제, 응결지연제, 방청제, 방동제, 방수제, 고성능 감수제
나. 혼화재
　① 정의 : 시멘트 성질을 개량하는 혼화재료로 다량으로 사용
　② 종류 : 고로슬래그, 실리카 퓸, 착색제, 팽창제

26 콘크리트의 혼합재료는 혼화재와 혼화제로 구분할 수 있다. 다음 혼화제 및 혼화재의 종류를 3가지 쓰시오. •07③ · 01③ · 99⑤

가. 혼화제
　① _____
　② _____
　③ _____

나. 혼화재
　① _____
　② _____
　③ _____

정답 혼화제와 혼화재의 종류
가. 혼화제
　① AE제
　② 경화촉진제
　③ 유동화제
나. 혼화재
　① 플라이애시
　② 고로슬래그 분말
　③ 포졸란

27 각 색깔에 맞는 콘크리트용 착색제를 보기에서 찾아 번호로 쓰시오. •16② · 13①

| ① 카본블랙 | ② 군청 | ③ 크롬산 바륨 |
| ④ 산화크롬 | ⑤ 제2산화철 | ⑥ 이산화망간 |

가. 초록색 - (　　)　　나. 빨간색 - (　　)
다. 노란색 - (　　)　　라. 갈색 - (　　)

정답
가. 초록색 : 산화크롬
나. 빨간색 : 제2산화철
다. 노란색 : 크롬산 바륨
라. 갈색 : 이산화망간

정답 혼화재의 종류
가. 포졸란
나. 플라이애시
다. 고로슬래그

28 콘크리트 제조 시에 최근에는 수화열 저감, 워커빌리티의 증대, 장기강도발현, 수밀성 증대 등 다양한 장점을 얻고자 혼화재를 사용한다. 대표적인 혼화재를 3가지 쓰시오. •04②

가. _____
나. _____
다. _____

정답 혼화제의 사용목적
가. 시공연도 개선
나. 단위수량 감소
다. Bleeding 감소
라. 알칼리 골재반응 억제

29 혼화제의 사용목적 4가지를 쓰시오. •09④

가. _____
나. _____
다. _____
라. _____

정답 혼화재 종류
실리카 품

30 전기로에서 금속규소나 규소철을 생산하는 과정 중 부산물로 생성되는 매우 미세한 입자로써 고강도 콘크리트 제조 시 사용되는 포졸란계 혼화재의 명칭을 쓰시오. •16① · 13④

_____

정답 혼화재료
가. AE제
나. 방청제
다. 발포제

31 다음은 혼화재료의 종류에 대한 설명이다. 아래의 설명이 뜻하는 혼화재료의 명칭을 쓰시오. •12④ · 08①

> 가. 공기 연행제로서 미세한 기포를 고르게 분포시킨다.
> 나. 염화물에 대한 철근의 부식을 억제한다.
> 다. 기포작용으로 인해 충전성을 개선하고 중량을 조절한다.

가. _____
나. _____
다. _____

정답 혼화재료
가. AE제(표면활성제)
나. 응결경화 촉진제
다. 응결경화 지연제

32 다음은 혼화재료의 종류에 대한 설명이다. 아래 설명이 뜻하는 혼화재료의 명칭을 쓰시오. •07③ · 04② · 01③ · 99⑤

가. 공기 연행제로서 미세한 기포를 고르게 분포시킨다. (   )
나. 시멘트와 물과의 화학반응을 촉진시킨다. (   )
다. 화학반응이 늦어지게 한다. (   )

33 AE제의 사용목적을 3가지 쓰시오. • 17① · 12② · 00④

가. _____
나. _____
다. _____

정답 AE제의 사용 목적
가. 시공연도 증진
나. 내구성 증진
다. 동결융해 저항성 증대
라. 단위수량 감소

34 다음 용어에 대하여 기술하시오. • 07①

가. 엔트랩트 에어(Entrapped Air) : _____

나. 엔트레인드 에어(Entrained Air) : _____

다. 조립률 : _____

정답 용어
가. 콘크리트를 비빌 때 자연적으로 함입되는 공기로서 비비는 콘크리트량의 1~2% 정도가 함입된다.
나. 시공연도 증진을 위하여 공기 연행제 등의 혼화제를 사용하여 인위적으로 발생시킨 공기로서 비비는 콘크리트량의 3~5% 정도로 한다. 공기량의 증대는 콘크리트의 강도 저하를 일으키게 된다.
다. 골재의 체가름 시험을 통해 골재의 입도를 간단한 수치로 나타낸 것

35 다음 용어에 대해 기술하시오. • 01③ · 98⑤

가. 엔트랩트 에어(Entrapped Air) : _____

나. 엔트레인드 에어(Entrained Air) : _____

다. 모세관 공극(Capillary Cavity) : _____

정답 용어
가. 엔트랩트 에어 : 일반 콘크리트에 자연적으로 들어가는 1~2% 공기량을 말한다.
나. 엔트레인드 에어 : 연행공기라 하여 AE제를 사용할 때 함유되는 3~6% 공기
다. 모세관 공극 : 콘크리트 내의 재료들 입자 사이에 물이 모세관현상이 발생한 뒤 모세관수가 증발하여 생긴 공극

36 다음 용어에 대해 설명하시오. • 17②,④ · 07① · 06②

가. 엔트랩트 에어(Entrapped Air) : _____

나. 엔트레인드 에어(Entrained Air) : _____

정답 용어
가. 엔트랩트 에어 : 일반 콘크리트에 자연적으로 들어가는 1~2% 공기량을 말한다.
나. 엔트레인드 에어 : 연행공기라 하여 AE제를 사용할 때 함유되는 3~6% 인위적인 공기

37 다음 용어를 설명하시오. •10②

가. 레이턴스(Laitance) :

나. 콜드 조인트(Cold Joint) :

다. 모세관 공극(Capillary Cavity) :

라. 크리프(Creep) :

정답 용어
가. 콘크리트를 부어 넣은 후 블리딩수의 증발에 따라 그 표면에 남는 백색의 미세한 물질
나. 콘크리트 시공과정 중 휴식시간 등으로 응결하기 시작한 콘크리트에 새로운 콘크리트를 이어칠 때 일체화가 저해되어 생기게 되는 줄눈
다. 모세관 공극 : 콘크리트 내의 재료들 입자 사이에 물이 모세관현상이 발생한 뒤 모세관수가 증발하여 생긴 공극
라. 콘크리트에 일정 하중을 계속 주면 하중의 증가 없이도 시간의 경과에 따라 변형이 증가하는 소성변형 현상

38 KS F 4009 규정에 의하면 레디믹스트 콘크리트의 공기량은 보통 콘크리트의 경우 (가)%이며, 경량 콘크리트의 경우 (나)%로 하되 공기량의 허용오차는 ±(다)%로 한다. 〈보기〉에서 정답을 고르시오. •05②

〈보기〉
0.5, 1.0, 1.5, 2.0, 2.5, 3.0, 3.5, 4.0, 4.5,
5.0, 5.5, 6.0, 6.5, 7.0

가. _____ 나. _____
다. _____

정답 공기량
가. 보통 콘크리트 : 4.5
나. 경량 콘크리트 : 5.5
다. 허용오차 : ±1.5

39 다음은 경화 콘크리트 내부의 공극의 종류를 나타낸 것이다. 크기가 작은 것부터 큰 것의 순서를 번호로 나열하시오. •04②

① 엔트랩트 에어   ② 모세관 공극   ③ 겔공극   ④ 엔트레인드 에어

( ) → ( ) → ( ) → ( )

정답 콘크리트 내부의 공극 크기
① → ④ → ② → ③

40 다음 용어를 설명하시오.

가. AE 감수제

나. 슈링크 믹스트 콘크리트

정답 용어
가. AE(Air Entraining agent)제의 성능과 더불어 감수효과를 증대시킨 혼화제
나. 믹싱 플랜트 고정믹서에서 어느 정도 비빈 콘크리트를 트럭믹서에 실어 운반도중 완전히 비비는 것

41 콘크리트 공사에서 다음 설명에 알맞은 용어를 〈보기〉에서 골라 번호로 쓰시오.

〈보기〉
① 디스펜서　　② 이넌 데이터　　③ 쇼트 크리트
④ 컨시스턴시　　⑤ 워세 크리터　　⑥ 레이턴스

가. 물·시멘트비를 일정하게 유지시키면서 골재를 계량하는 방식　(　)
나. 모래의 용적계량 장치　(　)
다. 모르타르를 압축공기로 분사하여 바르는 콘크리트 시공방법　(　)
라. 콘크리트를 부어 넣은 후 블리딩 수의 증발에 따라 그 표면에 나오는 미세한 물질　(　)

정답 용어
가. ⑤
나. ②
다. ③
라. ⑥

제4절 콘크리트 공사 - 배합/성질

01 배합

(1) 종류와 순서

1. 종류	중량배합	콘크리트 1m³에 소요되는 재료의 양을 중량(kg)으로 표시한 배합
	절대용적배합	콘크리트 1m³에 소요되는 재료의 양을 절대 용적으로 표시한 배합
	표준계량 용적배합	콘크리트 1m³에 소요되는 재료의 양을 표준 계량용적(m³)으로 표시한 배합으로, 시멘트는 1,500kg/1m³으로 한다.
	현장계량 용적배합	콘크리트 1m³에 소요되는 재료의 양을 시멘트는 포대수로, 골재는 현장 계량에 의한 용적(1m³)으로 표시한 배합
2. 순서	① 소요강도(설계기준강도) 결정 ② 배합강도 결정 ③ 시멘트강도 결정 ④ 물 – 결합재비 결정 ⑤ 슬럼프치 결정 ⑥ 굵은골재 최대 치수 결정 ⑦ 잔골재율 결정 ⑧ 단위수량의 결정 ⑨ 시방배합 산출 및 조정 ⑩ 현장 배합의 결정	

(2) 결정요소 사항

1. 배합강도	① 구조물에 사용된 콘크리트의 강도가 설계기준 강도보다 작아지지 않도록 현장 콘크리트의 품질변동을 고려하여 콘크리트의 배합강도(f_{cr})를 설계기준강도(f_{ck})보다 충분히 크게 한다. ② 설계기준 압축강도 35MPa 이하인 경우 $f_{cr} = f_{ck} + 1.34s$ (MPa) $f_{cr} = (f_{ck} - 3.5) + 2.33s$ (MPa) ⎫ 큰 값 ③ 설계기준 압축강도 35MPa 초과인 경우 $f_{cr} = f_{ck} + 1.34s$ (MPa) $f_{cr} = 0.9f_{ck} + 2.33s$ (MPa) ⎫ 큰 값 여기서, s : 압축강도의 표준편차(MPa) ④ 레디믹스트 콘크리트의 경우에는 배합강도(f_{cr})를 호칭강도(f_{cn})보다 크게 한다. ⑤ 레디믹스트 콘크리트 사용자는 규정에 따라 기온보정강도(T_n)를 더하여 생산자에게 호칭강도(f_{cn})로 주문한다. $$f_{cn} = f_{cq} + T_n \text{(MPa)}$$ 여기서, T_n : 기온보정강도(MPa)

1. 배합 강도	⑥ 콘크리트 압축강도의 표준편차는 실제 사용한 콘크리트의 30회 이상의 시험실적으로부터 결정하는 것을 원칙으로 한다. 압축강도의 시험횟수가 29회 이하이고 15회 이상인 경우는 그것으로 계산한 표준편차에 보정계수를 곱한 값을 표준편차로 사용한다.

시험횟수	표준편차의 보정계수
15	1.16
20	1.08
25	1.03
30 이상	1.00

주 1) 위 표에 명시되지 않은 시험횟수는 직선 보간한다.

⑦ 콘크리트 압축강도의 표준편차를 알지 못할 때, 또는 압축강도의 시험 횟수가 14회 이하인 경우

호칭강도(MPa)	배합강도(MPa)
21 미만	$f_n + 7$
21 이상 35 이하	$f_n + 8.5$
35 초과	$1.1f_n + 5$

2. 물-결합재비	정의	혼화재로 고로슬래그 미분말, 플라이애시, 실리카 품 등 결합재를 사용한 모르타르나 콘크리트에서 골재가 표면 건조 포화상태에 있을 때에 반죽 직후 물과 결합재의 질량비(기호 : W/B)(W/C) ※ 물시멘트비 : 모르타르나 콘크리트에서 골재가 표면 건조 포화상태에 있을 때에 반죽 직후 물과 시멘트의 질량비(기호 : W/C)
	고려 사항	① 소요의 강도, 내구성, 수밀성 및 균열저항성 ② 콘크리트의 압축강도를 기준으로 물-결합재비를 정하는 경우 　• 압축강도와 물-결합재비와의 관계는 시험에 의하여 정하는 것을 원칙 　• 배합에 사용할 물-결합재비는 기준 재령의 결합재-물비와 압축강도와의 관계식에서 배합강도에 해당하는 결합재-물비 값의 역수 ③ 콘크리트의 탄산화 작용, 염화물 침투, 동결융해 작용, 황산염 등에 대한 내구성을 기준으로 하여 물-결합재비를 정할 경우 다음 표에 따라 결정한다.

●23④
(용어) 물결합재비

●23④·15①·10②·09①
(용어) 물시멘트비

●06③
(종류) 물시멘트비가 클 때 문제점 4가지

●16④·14②·03①·02①
(종류) 현장가수로 인한 문제점 4가지

콘크리트의 탄산화 작용, 염화물 침투, 동결융해 작용, 황산염 등에 대한 내구성을 기준으로 하여 물-결합재비를 정할 경우

항목	일반	EC (탄산화)				ES (해양환경, 제설염 등 염화물)				EF (동결융해)				EA (황산염)		
	E0	EC1	EC2	EC3	EC4	ES1	ES2	ES3	ES4	EF1	EF2	EF3	EF4	EA1	EA2	EA3
내구성 기준압축강도 f_{cd}(MPa)	21	21	24	27	30	30	30	35	35	24	27	30	30	27	30	30
최대 물-결합재비[1]	-	0.60	0.55	0.50	0.45	0.45	0.45	0.40	0.40	0.55	0.50	0.45	0.45	0.50	0.45	0.45

주 1) 경량골재 콘크리트에는 적용하지 않음. 실적, 연구성과 등에 의하여 확증이 있을 때는 5% 더한 값으로 할 수 있음

3. 단위수량	① 단위수량은 최대 185kg/m³ 이내의 작업이 가능한 범위 내에서 될 수 있는 대로 적게 한다. ② 굵은골재의 최대 치수, 골재의 입도와 입형, 혼화 재료의 종류, 콘크리트의 공기량 등에 영향을 받음	
4. 단위 결합재량	① 단위결합재량은 원칙적으로 단위수량과 물-결합재비로부터 정함 ② 요구성능 : 소요의 강도, 내구성, 수밀성, 균열저항성, 강재를 보호하는 성능 ③ 단위결합재량의 하한값 혹은 상한값이 규정되어 있는 경우에는 이들의 조건이 충족	
5. 굵은골재의 최대 치수	① 굵은골재의 최대 치수는 다음 값을 초과하지 않아야 함 • 거푸집 양 측면 사이의 최소 거리의 1/5 • 슬래브 두께의 1/3 • 개별 철근, 다발철근, 긴장재 또는 덕트 사이 최소 순간격의 3/4 ② 굵은골재의 최대 치수	

구조물의 종류	굵은골재의 최대 치수(mm)
일반적인 경우	20 또는 25
단면이 큰 경우	40
무근콘크리트	40 (부재 최소 치수의 1/4을 초과해서는 안 됨)

6. 슬럼프 및 슬럼프 플로	① 슬럼프 : 아직 굳지 않은 콘크리트의 반죽질기를 나타내는 지표로, 콘크리트의 슬럼프 시험방법에 규정된 방법에 따라 슬럼프콘을 들어올린 직후에 상면의 내려앉은 양을 측정한 값 ② 슬럼프 플로 : 아직 굳지 않은 콘크리트의 유동성 정도를 나타내는 지표로, 콘크리트의 슬럼프 시험방법에 규정된 방법에 따라 슬럼프콘을 들어올린 후에 원모양으로 퍼진 콘크리트의 직경(최대직경과 이에 직교하는 직경의 평균)을 측정한 값 ③ 시험기구 : 수밀성 평판, 플로콘, 다짐막대, 계측기기

●21② · 15② · 09②
용어 슬럼프 플로

④ 슬럼프는 운반, 타설, 다지기 등의 작업에 알맞은 범위 내에서 될 수 있는 한 작은 값

종류		슬럼프 값
철근콘크리트	일반적인 경우	80~150
	단면이 큰 경우	60~120
무근콘크리트	일반적인 경우	50~150
	단면이 큰 경우	50~100

⑤ 슬럼프 치 허용오차(단위 : mm)

슬럼프	허용오차
25	±10
50 및 65	±15
80이상	±25

⑥ 슬럼프 플로 허용 오차(단위 : mm)

슬럼프 플로	허용오차
500	±75
600	±100
700	

※ 700mm는 굵은골재의 최대 치수가 13mm인 경우에 한하여 적용

7. 슬럼프 손실 요인

① 수분의 증발로 인한 경우
② 운반 시간이 긴 경우
③ 펌프 압송거리가 클 때
④ 타설 시간이 길어질 때
⑤ 서중 콘크리트 일 때

●18②
(종류) 슬럼프 손실 요인

8. 공기량

레디믹스트 콘크리트(단위 : %)

콘크리트 종류	공기량	허용오차
보통 콘크리트	4.5	±1.5
경량 콘크리트	5.5	
포장 콘크리트	4.5	
고강도 콘크리트	3.5	

(3) 계량장비

1. 콘크리트
① Batching Plant : 비빔재료 계량
② Mixing Plant : 비빔설비
③ Batcher Plant : 재료 계량+비빔

2. 재료
① Dispenser : AE제 계량
② Air meter, Washington Meter : 공기량 측정
③ Inundater : 모래 계량
④ Wacecreter : W/C 계량
⑤ Over Flow System, Siphon System, Float System : 물 계량

●17②·14①·11②·01②
(용어) 디스펜서
●17②·14①·11②
(용어) 워싱턴미터
●07③
(용어) 이넌데이터, 워세크리터

02 콘크리트의 성질

(1) 굳지 않은 콘크리트의 성질

1) 용어

1. 시공연도 (Workability)	반죽질기 여하에 따르는 작업의 난이 정도 및 재료의 분리에 저항하는 정도를 나타내는 굳지 않은 콘크리트의 성질을 말한다.	
2. 반죽질기 (Consistency)	① 수량의 다소에 따르는 반죽의 되고 진 정도를 나타내는 굳지 않은 콘크리트의 성질을 말한다. ② 시멘트 페이스트(Cement Paste)의 농도를 지배한다.	
3. 성형성 (Plasticity)	① 거푸집에 쉽게 다져 넣을 수 있고, 거푸집을 제거하면 천천히 형상이 변기기는 하지만 허물어지거나 재료가 분리되거나 하는 일이 없는 굳지 않은 콘크리트의 성질을 말한다. ② 구조체에 타설된 콘크리트가 거푸집에 잘 채워질 수 있는지의 난이 정도를 나타낸다.	
4. 마감성 (Finishability)	도로포장 등에서 골재의 최대치수에 따르는 표면정리의 난이 정도를 나타낸다.	
5. 압송성 (Pumpability)	펌프시공 콘크리트의 경우 펌프에 콘크리트가 잘 밀려가는지의 정도를 표현한다.	
6. 다짐성 (Compactability)	콘크리트 다짐 시 묽기 등의 영향에 따른 다짐의 효율성을 나타낸다.	

2) 시공연도

	재료	시공
1. 요인	① 시멘트량 ② 물의 양 ③ G 최대치수 ④ 잔골재율 ⑤ 혼화재료	① 운반거리 ② 운반높이 ③ 타설량 ④ 타설시간 ⑤ 작업자의 능력
2. 시험항목	① 슬럼프 테스트 ③ 다짐계수 시험 ⑤ 비빔 시험	② 플로 시험 ④ 구관입 시험 ⑥ 낙하 시험

3) 재료 분리

1. 정의	콘크리트 비빔 시 사용된 재료의 비중차에 의하여 타설된 콘크리트 내 재료별 구성비율의 균질성이 소실된 상태
2. 원인	① 굵은골재의 최대치수가 지나치게 큰 경우 ② 입자가 거친 잔골재를 사용한 경우 ③ 단위 골재량이 너무 많은 경우 ④ 단위 수량이 너무 많은 경우 ⑤ 배합이 적절하지 않은 경우

3. 대책	① 콘크리트의 성형성(Plasticity)을 증대시킨다. ② 잔골재율을 크게 한다. ③ 물·시멘트비를 작게 한다. ④ AE제, 플라이애시를 사용한다.	
4. 블리딩	콘크리트 타설 후 생콘크리트의 자중압에 의해 콘크리트 내 수분이 상승하는 현상	●18④·14④·12④·99④ (용어) 블리딩
5. 레이턴스	① 블리딩으로 인한 잉여수가 증발된 뒤 콘크리트 표면에 남는 하얀 이물질 ② 부착력 감소(이어붓기 시, 마감공사 시)	●20①·14④·10②·07③ (용어) 레이턴스
6. 모세관 공극	콘크리트 내의 재료입자 사이에 물이 모세관 현상이 발생한 후 모세관수가 증발하여 생긴 공극	●10② (용어) 모세관 공극

4) 균열

① 종류

1. 건조수축 (플라스틱 균열)	정의	콘크리트는 외기와 접하면서 건조하기 시작하고 건조된 콘크리트의 외부는 줄어들게 되나 내부는 아직도 수분을 많이 함유하고 있으므로 외부의 수축 작용으로서 발생되는 균열(소성수축균열)	
	원인	분말도가 큰 시멘트, 흡수율이 큰 골재, 사용수량 과다 시	
2. 소성수축 균열	정의	굳지 않은 콘크리트에서 발생되는 초기균열로서 콘크리트 타설 후 블리딩의 속도보다 표면의 증발 속도가 빠른 경우 표면 수축에 의해 발생되는 불규칙 균열	●22②·14① (용어) 소성수축균열
	원인	① 물의 증발속도가 1kg/m^2/h 이상일 때 ② 블리딩이 적은 된비빔의 콘크리트일 때 ③ 건조한 바람이 심하게 불 경우 ④ 고온 저습한 기온일 경우	
3. 침하(침강) 균열	정의	콘크리트를 타설하고 다짐하여 마감작업을 한 이후에도 계속되어 발생되는 콘크리트의 침하현상에 따라 생기는 균열	●03① (용어) 침강균열
	원인	① 철근 직경이 너무 큰 경우 ② 콘크리트 피복두께가 작을 때 ③ 불충분한 다짐 ④ 슬럼프가 큰 경우 ⑤ 수밀하지 못한 거푸집 사용 시	
4. 온도균열	정의	타설 시 온도 상승 후 냉각되면서 발생하는 균열	●24② (종류) 온도균열 방지대책
	방지 대책	① 단위시멘트량 감소 ② 저열성 시멘트 사용 ③ 프리쿨링 ④ 포스트쿨링 ⑤ 외부 구속의 저하 ⑥ 수축줄눈 및 신축줄눈 설치	

② 원인

1. 하중	① 하중 ③ 과하중 ⑤ 부동침하	② 지진 ④ 단면·철근량의 부족
2. 외적 요인	① 환경·온도의 변화 ③ 동결융해 ⑤ 내부 철근의 부식	② 콘크리트 부재 양면의 온도·습도차 ④ 화재, 표면 가열 ⑥ 외부로부터 침입하는 염화물
3. 재료	① 시멘트의 이상 응결 ③ 콘크리트의 침하·블리딩 ⑤ 시멘트의 수화열 ⑦ 알칼리 골재반응	② 시멘트의 이상 팽창 ④ 골재에 포함되어 있는 염화물 ⑥ 콘크리트의 건조수축 ⑧ 콘크리트의 중성화
4. 시공	① 혼화재료의 불균일한 분산 ② 장시간의 비빔 ③ 펌프 압송 시 시멘트량, 수량의 중량 ④ 급속한 타입속도 ⑤ 불균일한 타설, 곰보현상 ⑥ 배근위치의 이동, 철근의 피복두께의 부족 ⑦ 콜드 조인트 ⑧ 거푸집의 배부름 ⑨ 누수 ⑩ 동바리의 침하 ⑪ 초기의 급격한 건조 ⑫ 경화 전의 진동이나 재하 ⑬ 거푸집의 조기 제거 ⑭ 초기동해	
5. 대책	① 슬럼프 값을 내린다. ③ 골재는 둥근 입형을 사용한다. ⑤ 감수효과가 큰 골재를 사용한다. ⑦ 시멘트 사용량을 줄인다. ⑨ Cold Joint가 생기지 않도록 한다.	② 골재는 굵은 것을 사용한다. ④ 실적효율이 큰 골재를 사용한다. ⑥ 세골재율(가는 골재율)을 적게 한다. ⑧ 타설 시 콘크리트 온도를 낮춘다. ⑩ 재료분리가 생기지 않도록 한다.

③ 콘크리트 균열 보수 및 보강법

1. 보수	표면처리법	① 0.2mm 이하의 정지된 균열에 적용 ② 폴리머시멘트, 모르타르 등 보수
	주입공법	주입부위 천공 후 에폭시(Epoxy)를 이용 20~30cm 간격으로 주입
	충전공법	U, V자 커팅 후 실링재, 에폭시, 폴리머시멘트, 모르타르 등을 충전
2. 균열보강	강판접착공법	균열 부위에 강판을 붙이고 기존 콘크리트와 볼트로 체결하는 방법
	강재앵커공법	균열 부위에 강재앵커(꺾쇠모양)를 이용하여 보강하는 방법
	탄소섬유판 공법	탄소섬유판을 에폭시 수지 등을 이용 균열면에 부착하여 보강하는 공법
	Prestressed 공법	구조체가 절단될 우려가 있는 경우 강봉이나 PC 강선을 균열에 직각 방향으로 배근하여 Prestress를 부여하여 보강하는 공법
	단면증가공법	구조체의 단면을 증가시켜 보강하는 공법
3. 보수재료 요구성능	① 부착력 ③ 내후성 ⑤ 무수축성	② 충진성 ④ 내구성

(2) 굳은 콘크리트 성질

1) 강도

1. 종류	① 압축강도 ② 인장강도 ③ 휨강도 ④ 전단강도	
2. 시험 (압축강도)	① 120m³마다, 매일, 공구별, 층별 ② 공시체(지름 15cm, 높이 30cm) ③ 24시간 뒤 탈형, 20±3℃ 수중양생	
3. 합격기준 (35MPa 이하)	① 1회(3개)의 평균강도가 호칭강도 - 3.5MPa 이상 ② 3회(9개)의 평균강도가 호칭강도 이상	
4. 비파괴시험	표면 경도법	• Concrete 표면의 타격 시 반발의 정도로 강도를 추정한다. • 시험장치가 간단하고 편리하여 많이 쓰인다.
	공진법	물체 간 고유 진동주기를 이용하여 동적 측정치로 강도를 측정한다.
	음속법	피측정물을 전달하는 음파의 속도에 의해 강도를 추정한다.
	복합법	인발법 + 음속법을 병행해서 강도를 추정하며 가장 믿을 만하고 뛰어난 방법이다.
	인발법	• Concrete에 묻힌 Bolt 중에서 강도를 측정한다. • Pre-Anchor법, Post-Anchor법이 있고, P.S Concrete에 사용한다.
	Core 채취법	시험하고자 하는 Concrete 부분을 Core Drill을 이용하여 채취하고 강도시험 등 제시험을 한다. Core 채취가 어렵고 측정치에 한계가 있다.
5. 표면경도법	① 슈미트해머 사용 ② 3~5cm 간격 20개소 측정 ③ 보정방법 ㉠ 타격 방향에 의한 보정 ㉡ 응력 상태에 의한 보정 ㉢ 건조 상태에 따른 보정 ㉣ 재령에 의한 보정	

● 08③
(시험) Con'c 강도시험 ( ) 넣기

● 24③ · 21① · 15④ · 04① · 02① · 01① · 98②
(종류) 비파괴 검사법

● 10② · 04③ · 99⑤ · 98④
(종류) 슈미트해머 보정방법

※ 크리프

1. 정의	하중의 증가 없이 일정한 하중(고정하중 등)이 지속될 때 나타나는 소성 변형
2. 영향	① 재령이 짧을수록 ② 응력이 클수록 ③ 부재치수가 작을수록 ④ 대기온도가 높을수록 ⑤ W/C가 클수록 ⑥ 단위시멘트량이 많을수록 ⑦ 다짐이 나쁠수록

● 23④ · 22① · 20① · 15④ · 11①,② · 09② · 98③
(용어) 크리프

● 11①
(종류) 크리프에 미치는 요인

2) 내구성

① 중성화와 알칼리 골재반응

1. 중성화	정의 및 식	공기 중의 탄산가스의 작용을 받아 콘크리트 중의 수산화칼슘이 서서히 탄산칼슘으로 되어 콘크리트의 알칼리성이 상실되는 현상이다. $Ca(OH)_2 + CO_2 \rightarrow CaCO_3 + H_2O$
	진행속도	① 단기재령일수록 빠르다. ② 중용열, 혼합시멘트 사용 시 빠르다. ③ 경량골재 사용 시 기공이 많아져서 빠르다. ④ W/C 비가 높을수록, 온도가 높을수록 빠르다.
	원인	CO_2, CL^-, 유기불순물
	증상	콘크리트 중성화에 따른 철근의 부식은 철근의 체적을 팽창(2.5배)시켜 콘크리트의 균열이 촉진되어 내구성이 저하된다.
	대책	① 피복두께 증가 ② W/C 비를 작게 한다.(AE제나 감수제를 사용) ③ 밀실한 콘크리트 타설(CO_2 침입방지) ④ 시멘트는 알칼리 함량이 시방범위 내에 있는 것을 사용 ⑤ 방청철근 사용(Epoxy Coated Re-Bar)
2. 알칼리 골재 반응	정의	Alkali Aggregate Reaction 시멘트의 알칼리 성분과 골재 중의 Silica, 탄산염 등의 광물이 화합하여 알칼리 Silica Gel이 생성되어 팽창되면서 콘크리트에 균열, 조직붕괴가 일어나는 현상이다.
	종류	① 알칼리-실리카 반응 ② 알칼리-탄산염 반응 ③ 알칼리-실리게이트 반응
	원인	① 시멘트 원료의 점토광물이 주된 원인을 제공 ② 경화 후 외부로부터 침투하는 염분, 혼합제 ③ 콘크리트가 습윤 상태나 다습할 경우 ④ 해사에 부착된 염분(NaCl) ⑤ 콘크리트 중에서 수분 이동에 따라 알칼리가 농축
	대책	① 반응성 골재, 알칼리 성분, 수분 중 한 가지는 배제 ② 비반응성 골재사용 ③ 저알칼리 시멘트(고로 시멘트, Fly Ash 등) 사용 ④ 포졸란 반응 사전 촉진 ⑤ 염분 사용 금지 ⑥ 방수제를 사용하여 수분을 억제

② 기타

1. 염해	정의	콘크리트 중의 염화물에 의하여 강재가 부식되어 콘크리트 구조물이 손상되는 현상이다.
	영향	① 콘크리트의 중성화 촉진 ② 철근 부식 증대 ③ 균열 및 건조수축 증가 ④ 조기강도는 증대되나 장기강도는 감소
	대책	① 콘크리트 중의 염소 이온량을 적게 한다. ② 철근의 피복두께를 충분히 확보한다. ③ 양질의 방청제를 사용한다. ④ 밀실한 콘크리트를 타설한다. ⑤ 물·시멘트비를 작게 한다.
2. 동결 융해	원인	① 콘크리트 중의 자유수가 동결하여 수압팽창(9%)을 일으켜 균열이 발생된다. ② 초기 양생 불량 : 콘크리트의 초기 동해에 대한 저항성은 일반적으로 압축강도 4MPa 이상이면 동해를 받지 않는다.
	영향	콘크리트의 강도, 내구성, 수밀성이 현저히 저하된다.
	대책	① AE제(4~6%)를 사용한다. ② W/C 비와 단위수량을 작게 한다. ③ 흡수율이 작은 골재를 사용한다. ④ 진동다짐, 재료분리 방지, 콘크리트 타설 시 이음부를 적게 한다.

3. 전식		① 철근에서 콘크리트쪽 전류 흐름의 영향
		   ㉠ 철근의 부식
		   ㉡ 균열유발
		② 콘크리트에서 철근쪽 전류 흐름의 영향
		   ㉠ 콘크리트 연화
		   ㉡ 부착강도 저하

●00④

용어) 염해

CHAPTER 05 핵심 기출문제

● 배합

01 콘크리트의 배합표시법 종류를 3가지 쓰시오.

가. _____ 나. _____
다. _____

정답 콘크리트 배합표시법
가. 절대용적배합
나. 중량배합
다. 표준계량 용적배합

02 다음 문장의 ( ) 안을 적당한 용어로 채우시오.

> 물시멘트비는 시멘트에 대한 물의 ( ) 백분율이다.

정답 W/C
중량

03 콘크리트의 표준배합설계 순서를 〈보기〉에서 골라 번호로 쓰시오.

① 슬럼프값의 결정	② 시방배합의 산출 및 조정
③ 배합강도의 결정	④ 물-결합재비의 산정
⑤ 잔골재율의 결정	⑥ 소요강도의 결정
⑦ 굵은골재 최대치수의 결정	⑧ 현장배합의 조정
⑨ 시멘트 강도의 결정	⑩ 단위수량의 결정

( ) → ( ) → ( ) → ( ) → ( ) → ( ) → ( ) →
( ) → ( ) → ( )

정답 배합설계 순서
⑥ → ③ → ⑨ → ④ → ① → ⑦
→ ⑤ → ⑩ → ② → ⑧

04 일반적인 콘크리트의 배합설계 순서를 8가지로 나누어 쓰시오.

가. _____ 나. _____
다. _____ 라. _____
마. _____ 바. _____
사. _____ 아. _____

정답 콘크리트의 배합설계 순서
가. 소요강도의 결정(설계기준 강도 결정)
나. 배합강도 결정
다. 물-결합재비 결정
라. 슬럼프값 결정
마. 굵은골재최대치수 결정
바. 잔골재율 결정
사. 시방배합결정
아. 현장배합결정

05 다음 용어에 대하여 간단히 설명하시오.

가. 물결합재비 :

나. 물시멘트비 :

정답 용어
가. 물결합재비 : 고로슬래그 미분말, 플라이애시, 실리카 품 등 결합재를 사용한 모르타르나 콘크리트
나. 물시멘트비 : 모르타르나 콘크리트에서 골재가 표면건조 포화상태에 있을 때에 반죽 직후 물과 시멘트의 질량비

06 콘크리트의 물시멘트비가 클 때 예상되는 결점을 4가지 쓰시오.

가. 나.
다. 라.

정답 물시멘트비가 클 때
가. 강도 저하
나. 재료분리
다. 건조수축으로 인한 균열 발생
라. 내구성 및 수밀성의 저하

07 콘크리트 타설 시 현장 가수로 인한 문제점을 3가지 쓰시오.

가.
나.
다.

정답 콘크리트 가수 시 문제점
가. 콘크리트의 강도저하
나. 재료분리현상 유발
다. 수분의 상승에 따른 콘크리트 강도의 불균일성
라. 수밀성 저하
마. 응결 지연
바. 건조수축률의 증대
사. Creep 증대
아. 철근부식의 촉진
자. 탄성변형량 증대

08 콘크리트가 슬럼프 손실이 발생하는 경우 2가지만 기재하시오.

가.
나.

정답 슬럼프 손실 요인
가. 수분의 증발로 인한 경우
나. 운반 시간이 긴 경우
다. 펌프 압송거리가 클 때
라. 타설시간이 길어질 때
바. 서중 콘크리트일 때

09 다음 콘크리트 배합설계 시에 가장 관련이 있는 것을 1가지 골라 번호로 쓰시오.

① 단위수량 혹은 시멘트량
② 굵은골재의 최대치수
③ 잔골재율 혹은 단위 굵은골재량
④ AE제의 양
⑤ 물·시멘트량

가. 콘크리트의 반죽질기 조정   (   )
나. 콘크리트의 점도 및 재료 분리조정   (   )
다. 콘크리트의 강도 고려   (   )
라. 콘크리트의 내구성 고려   (   )

정답 배합설계
가. ①
나. ③
다. ⑤
라. ④

● 성질-굳지 않는 콘크리트

10 굳지 않는 콘크리트의 성질을 4가지 쓰시오. • 06③

가. _____ 나. _____
다. _____ 라. _____

> **정답** 굳지 않는 콘크리트 성질
> 가. 반죽질기(유동성)
> 나. 시공연도
> 다. 성형성
> 라. 마감성

11 콘크리트 공사 시 다음 설명이 뜻하는 용어를 쓰시오.
  • 21① · 06② · 02③ · 99④

가. 수량에 의해 변화하는 콘크리트 유동성의 정도 (   )
나. 컨시스턴시에 이어붓기 난이도 정도 및 재료분리에 저항하는 정도
                                                    (   )
다. 마감성의 난이를 표시하는 성질   (   )
라. 거푸집 등의 형상에 순응하여 채우기 쉽고, 분리가 일어나지 않는 성질
                                                    (   )

> **정답** 용어
> 가. 반죽질기(Consistency)
> 나. 시공연도(Workability)
> 다. 마감성(Finishability)
> 라. 성형성(Plasticity)

12 다음 중 서로 연관이 있는 것끼리 연결하시오. • 06③

가. 워커빌리티   •   • ① 다짐성
나. 컨시스턴시   •   • ② 안정성
다. 스테빌리티   •   • ③ 성형성
라. 컴팩터빌리티 •   • ④ 시공성
마. 모빌리티   •   • ⑤ 가동성
바. 플라스티시티 •   • ⑥ 유동성

> **정답** 굳지 않는 콘크리트 성질
> 가. -④
> 나. -⑥
> 다. -②
> 라. -①
> 마. -⑤
> 바. -③

13 콘크리트의 시공연도(Workability)에 영향을 미치는 요인을 4가지 쓰시오.
  • 01① · 99④ · 98④

가. _____ 나. _____
다. _____ 라. _____

> **정답** 시공연도에 영향을 주는 요인
> 가. 잔골재율
> 나. 단위수량
> 다. 공기량
> 라. 비빔시간

14 반죽질기를 확인하는 방법(시공연도를 측정하는 시험방법) 4가지를 쓰시오.

• 19① · 17④

가. _____ 나. _____
다. _____ 라. _____

정답 반죽질기 확인방법
가. 슬럼프시험   나. 흐름시험
다. 비비시험   라. 구관입시험
마. 리몰딩시험   바. 낙하시험

15 슬럼프 시험에 사용되는 기구를 4가지 쓰시오.

• 99①

가. _____
나. _____
다. _____
라. _____

정답 슬럼프 시험 기구
가. 슬럼프콘
나. 수밀성 평판
다. 다짐막대
라. 계측기기

16 다음은 콘크리트의 슬럼프 테스트 순서이다. 빈칸을 완성하시오.

• 00①

가. 수밀평판을 수평으로 설치한다.
나. ① _____
다. ② _____
라. ③ _____
마. 위의 '다' 항과 '라' 항의 작업을 2회 되풀이하고 윗면을 고른다.
바. 슬럼프 콘을 조용히 들어 올린다.
사. ④ _____

정답 슬럼프 시험
① 슬럼프 콘을 중앙에 놓는다.
② 콘크리트 체적의 1/3만큼 콘크리트를 채운다.
③ 다짐막대로 25회씩 다진다.
④ 시료의 높이를 측정하여 30cm에서 뺀 값이 슬럼프 값이다.

17 콘크리트 슬럼프 손실에 대해서 간단히 기술하시오.

• 02②

정답 슬럼프 손실
시간의 경과에 따른 콘크리트 반죽질기의 감소현상이다. 콘크리트 혼합물의 수화작용이나 수분의 증발 등으로 혼합수가 감소하여 발생한다.

18 다음 용어를 간단히 설명하시오.

• 21 · 15② · 09②

가. 슬럼프 플로 : _____

나. 조립률 : _____

정답 용어 설명
가. 슬럼프 플로 : 슬럼프 시험을 한 결과 콘크리트가 평면적으로 퍼진 정도
나. 조립률 : 체가름 시험을 통해 골재의 입도를 간단히 나타낸 수치

19 다음 글을 읽고 ( ) 안에 들어갈 적당한 내용을 쓰시오.

> 시방서에서 규정한 철근콘크리트 슬럼프값의 표준은 일반적인 경우 (가)mm이며, 단면이 큰 경우는 (나)mm이다. AE제의 공기량 기준은 (다)% 정도이다.

가. _____ 나. _____
다. _____

정답 콘크리트 슬럼프 및 AE 공기량
가. 80~150
나. 60~120
다. 4.5~7.5

---

20 콘크리트의 재료분리의 원인 및 대책에 대하여 각 3가지씩 쓰시오.

가. 원인 : ① _____
② _____
③ _____

나. 대책 : ① _____
② _____
③ _____

정답 재료분리의 원인과 대책
가. 원인
① 굵은골재의 최대치수가 지나치게 큰 경우
② 단위 골재량이 너무 많은 경우
③ 단위 수량이 너무 큰 경우
나. 대책
① 골재의 적정 배합
② 단위 사용수량 감소
③ AE제 등의 혼화제의 적정량 사용

---

21 콘크리트 균열의 원인을 재료상·시공상의 결함으로 구분하여 3가지씩 기술하시오.

가. 재료상의 원인
① _____
② _____
③ _____

나. 시공상의 원인
① _____
② _____
③ _____

정답 콘크리트 균열의 원인
가. 재료상의 원인
① 시멘트 과다 사용(시멘트 수화열에 의한 균열)
② W/C의 과다
③ 불순물 혼입된 골재 사용
나. 시공상의 원인
① 비빔불량, 급속 타설
② 경화 전 진동, 충격을 가한 경우
③ 양생 불량(급격한 건조수축 균열)

---

22 콘크리트의 균열 발생 요인 중에서 콘크리트 타설 후 재료에 의한 균열발생 원인을 3가지 쓰시오.

가. _____
나. _____
다. _____

정답 콘크리트 균열 발생 원인
가. 알칼리 골재 반응에 의한 균열
나. 블리딩 현상에 의한 침강균열
다. 콘크리트의 건조 수축

23 콘크리트 작업 시 발생되는 다음의 균열에 대해 설명하시오.

가. 침강균열 :

나. 레미콘에 의해 생길 수 있는 균열 원인
①
②

정답 콘크리트 균열
가. 타설된 콘크리트가 내부에서 가라앉는 속도차이에 의해 발생되는 균열
나. ① 물의 과다 사용
② 장기간 운반에 따른 재료분리

24 콘크리트 소성수축 균열의 정의와 발생 원인을 기재하시오.

가. 정의 :

나. 원인 :

정답 콘크리트 소성수축 균열
가. 정의 : 굳지 않은 콘크리트에서 발생되는 초기균열로서 콘크리트 타설 후 블리딩의 속도보다 표면의 증발 속도가 빠른 경우 표면 수축에 의해 발생되는 불규칙 균열
나. 원인
① 물의 증발속도가 $1kg/m^2/h$ 이상일 때
② 블리딩이 적은 된비빔의 콘크리트일 때
③ 건조한 바람이 심하게 불 경우
④ 고온 저습한 기온일 경우

25 콘크리트 타설 시 온도 상승 후 냉각되면서 균열이 발생하는데 이러한 온도균열 방지대책 3가지를 쓰시오.

가.   나.
다.

정답 온도균열 방지대책
가. 단위시멘트량 감소
나. 저열성 시멘트 사용
다. 프리쿨링
라. 포스트쿨링
마. 외부 구속의 저하
바. 수축줄눈 및 신축줄눈 설치

● **성질 – 굳은 콘크리트**

26 콘크리트의 중성화의 정의와 반응식을 쓰시오.

가. 정의 :

나. 반응식 :

정답 콘크리트 중성화
가. 정의 : 공기 중의 탄산가스의 작용을 받아 콘크리트 중의 수산화칼슘이 서서히 탄산칼슘으로 되어 콘크리트의 알칼리성이 상실되는 현상
나. 반응식 : $Ca(OH)_2 + CO_2 \rightarrow CaCO_3 + H_2O$

정답 콘크리트 중성화
탄산화라고도 하며 콘크리트 중의 알칼리 성분이 대기 중 탄산가스와 접촉반응하여 알칼리성을 상실하고 수분이 증발되며 중성으로 변화되는 현상

27 콘크리트의 중성화에 대하여 설명하시오. ● 07② · 05③ · 03① · 01① · 00①,④

28 경화한 콘크리트는 시멘트의 수화생성물로서 수산화석회를 유리하여 강알칼리성을 나타내고 수산화석회는 시간의 경과와 함께 콘크리트의 표면으로부터 공기 중의 탄산가스 영향을 받아서 서서히 탄산석회로 변화하여 알칼리성을 소실하는 현상을 무엇이라 하는가? ● 07② · 05③ · 03① · 01① · 00①,④

정답 용어
콘크리트의 중성화(탄산화) 현상

29 콘크리트의 중성화에 대한 다음 ( ) 안을 채우시오. ● 11①

> 가. 공기 중 탄산가스의 작용으로 콘크리트 중의 (①)이 서서히 (②)으로 되어 콘크리트가 알칼리성을 상실하게 되는 과정
> 나. 반응식 : (③) + CO_2 → (④) + H_2O

가. ① _____ ② _____
나. ③ _____ ④ _____

정답 중성화
가. ① 수산화칼슘
  ② 탄산칼슘
나. ③ $Ca(OH)_2$
  ④ $CaCO_3$

30 콘크리트 내의 Cl^-에 대한 규정에 대하여 2가지 기술하시오. ● 99②

가. _____
나. _____

정답 Cl^-에 대한 규정
가. 잔골재 중량의 0.04% 이하
나. 콘크리트 내 0.3kg/m³ 이하

31 우리나라에 유입되고 있는 중국에서 발생한 다량의 탄산가스(CO_2)가 철근콘크리트 구조물에 미치는 영향을 3가지 쓰시오. ● 00③

가. _____ 나. _____
다. _____

정답 탄산가스(CO_2)가 철근구조물에 미치는 영향
가. 강도저하
나. 내구성저하
다. 철근부식

32 콘크리트의 중성화에 대한 저감대책 4가지를 쓰시오. ● 00②

가. _____ 나. _____
다. _____ 라. _____

정답 콘크리트 중성화 저감대책
가. 물-결합재비를 낮춘다.
나. 콘크리트의 수밀성 증가
다. 염분 허용량 준수
라. 유기불순물 함유 골재 사용 금지

33 다음 콘크리트에 대한 용어에 대해 기술하시오. •00④

가. 염해 : _____

나. 중성화 : _____

정답 용어
가. 염해 : 콘크리트 중에 염화물이 존재하여 강재(철근이나 PC강재 등)가 부식함으로써 콘크리트 구조물에 손상을 끼치는 성분
나. 중성화 : 공기 중의 탄산가스의 작용을 받아 콘크리트 중의 수산화칼슘이 서서히 탄산칼슘으로 되어 콘크리트가 알칼리성을 상실하는 것

34 다음 콘크리트 공사에 관한 용어에 대하여 기술하시오. •10① · 08③ · 04③ · 00①

가. 알칼리 골재 반응 : _____

나. 콘크리트의 중성화 : _____

정답 용어
가. 알칼리 골재 반응 : 시멘트 중의 알칼리 성분과 골재 등의 실리카 광물이 화학작용을 일으켜 실리카겔이 형성되어 팽창을 유발하는 반응으로 구조물의 균열 발생 및 조직붕괴를 일으켜 내구성을 저하시키는 현상
나. 콘크리트의 중성화 : 탄산화라고도 하며 콘크리트 중의 알칼리 성분이 대기 중 탄산가스와 접촉 반응하여 알칼리성을 상실하고 수분이 증발되며 중성으로 변화되는 현상

35 철근콘크리트의 알칼리 골재반응에 대해 기술하시오.
•17④ · 15④ · 10① · 08③ · 04③ · 01② · 00① · 99④

정답 알칼리 골재반응
시멘트의 알칼리 성분과 반응성 골재가 실리카 겔을 형성하는 현상으로 거북이등 형상의 균열이 발생한다.

36 콘크리트의 알칼리 골재반응을 방지하기 위한 대책을 3가지만 쓰시오.
•24② · 21④ · 19② · 15④ · 13② · 12④ · 10①,④ · 06② · 00①

가. _____
나. _____
다. _____

정답 알칼리 골재반응
가. 저알칼리시멘트를 사용한다.
나. 반응성 골재 사용을 금지한다.
다. 포졸란 반응을 촉진시킨다.

37 다음의 콘크리트 용어에 대해 간단히 설명하시오. • 17④ · 10① · 08③ · 04③

가. 알칼리 골재반응 :

나. 엔트랩트 에어(Entrapped Air) :

다. 배처 플랜트(Batcher Plant) :

정답 용어
가. 시멘트의 알칼리 성분과 골재 중의 실리카, 탄산염 등의 광물이 화합하여 알칼리 실리카 겔이 생성되어 팽창되며 콘크리트에 균열, 조직붕괴가 일어나는 현상
나. 콘크리트를 비빌 때 자연적으로 함입되는 공기로서 비비는 콘크리트량의 1~2% 정도가 함입된다.
다. 콘크리트 비빔 시 사용되는 물, 시멘트, 골재 등을 자동 계량하여 비벼내는 콘크리트 비빔 기계 설치

38 다음 설명을 읽고 ( ) 안에 들어갈 알맞은 말을 쓰시오. • 08③

건축표준 시방서에 의한 레디믹스트 콘크리트의 강도는 (가) 시험결과에 의하여 검사 로트(lot)의 합격 여부가 결정되며, 시험횟수는 1일 1회 이상 또는 (나)m³마다 1회로 규정되어 있기 때문에 보통은 1검사 로트는 (다)m³가 된다.

가. _____   나. _____
다. _____

정답 콘크리트 강도시험
가. 3회
나. 120
다. 360

39 콘크리트의 압축시험에서 대표적인 파괴 양상을 쓰시오. • 06① · 04② · 99①

가. 저강도 :
나. 일반강도 :
다. 고강도 :

정답 콘크리트 파괴 현상
가. 최대 강도 이후에 완만한 변형 파괴
나. 탄성에서 소성으로 변하면서 최대강도 이후에 압축 파괴
다. 최대 강도 이후에 급격한 변형 파괴

40 콘크리트 구조물의 압축강도를 추정하고 내구성 진단, 균열의 위치, 철근의 위치 등을 파악하는 데 있어서 구조체를 파괴하지 않고 비파괴적인 방법으로 측정하는 검사방법을 4가지 쓰시오. • 24③ · 21① · 15④ · 04① · 02① · 01① · 98②

가.
나.
다.
라.

정답 콘크리트 비파괴 검사법
가. 슈미트해머법(반발경도법)
나. 공진법
다. 방사선투과법
라. 인발법

41 콘크리트의 압축강도를 조사하기 위해 슈미트해머를 사용할 때 반발경도를 조사한 후 추정강도를 계산할 때 실시하는 보정 방안 3가지를 쓰시오. • 10② · 04③ · 99⑤ · 98④

가.
나.
다.

정답 슈미트해머 보정 방안
가. 타격각도 보정
나. 콘크리트 재령 보정
다. 압축응력에 따른 보정

42 다음 용어를 간략히 설명하시오. • 23④ · 22① · 20① · 15④ · 11①,② · 10② · 09② · 98③

가. 레이턴스 :

나. 크리프 :

정답 용어
가. 레이턴스 : 블리딩으로 인한 잉여수가 증발된 뒤 콘크리트 표면에 남는 하얀 이물질
나. 크리프 : 하중의 증가 없이 일정한 하중을 계속적으로 가하면 시간의 흐름에 따라 증가되는 콘크리트의 소성변형을 뜻하며 콘크리트 구조물의 처짐 증대, 균열 확대, Prestress의 감소를 유발한다.

43 경화된 콘크리트의 크리프 현상에 대한 설명이다. 맞으면 ○, 틀리면 ×로 표시하시오. • 11①

가. 재하기간 중 습도가 클수록 크리프는 커진다. (   )
나. 재하개시 재령이 짧을수록 크리프는 커진다. (   )
다. 재하응력이 클수록 크리프는 커진다. (   )
라. 시멘트 페이스트량이 적을수록 커진다. (   )
마. 부재치수가 작을수록 크리프는 커진다. (   )

정답 콘크리트 크리프
가. ×
나. ○
다. ○
라. ×
마. ○

44 콘크리트 구조물의 균열발생 시 보강방법을 3가지 쓰시오.

● 20③ · 17① · 12① · 10① · 06① · 03① · 02① · 01②

가. _____
나. _____
다. _____

정답 콘크리트 균열보강법
가. 강판접착공법
나. 앵커접착공법
다. 탄소섬유판공법
라. 프리스트레스트 공법

---

45 다음 콘크리트의 균열보수법에 대하여 설명하시오.

● 22④ · 16④ · 10① · 06① · 03① · 02① · 01②

가. 표면처리법 : _____

나. 주입공법 : _____

정답 콘크리트 균열보수법
가. 표면처리법 : 보통 진행 정지된 0.2mm 이하의 경미한 균열에 폴리머시멘트나 Mortar로 보수하는 방법
나. 주입공법 : 주입구멍을 천공하고 주입 파이프를 20~30cm 간격으로 설치하여 깊이 20mm 정도로 저점도의 에폭시 수지를 밀봉제로 주입하는 공법이다.

---

46 구조적인 균열에 대한 보수재료가 갖추어야 하는 요구조건을 3가지만 쓰시오.

● 06②

가. _____
나. _____
다. _____

정답 구조적 균열에 대한 보수재료 요건
가. 보수대상 구조물 표면에 대한 부착력이 우수할 것
나. 적합한 점도와 완전주입이 가능한 충전성을 갖출 것
다. 경화 시 수축이 없을 것

---

47 철근콘크리트의 선팽창 계수가 1.0×10^{-5}이라면 10m 부재가 10℃의 온도변화 시 부재의 길이 변화량은 몇 cm인가?

● 10② · 05②

정답 온도 변화에 따른 길이 변화
길이 변화(Δl)
$= 10m \times 1.0 \times 10^{-5} \times 10℃ \times 1,000mm$
$= 1mm$
$\therefore 0.1cm$

제5절 콘크리트공사 - 시공

01 시공

(1) 계량/비빔/운반

1) 일반

1. 계량	2. 비빔	3. 운반
① 배처 플랜트 ② 배칭 플랜트 ③ 믹싱 플랜트	① 손비빔 ② 기계비빔 ① 다시비빔 : 재료분리 후 비빔 ② 되비빔 : 응결 진행 후 비빔	① 손차 ② 슈트 ③ 타워 ④ 콘크리트 펌프 ⑤ 콘크리트 플레이스 붐(CPB)

※ 콘크리트 플레이스 붐(Concrete Place Boom) : 고층 부위에 콘크리트를 타설하는 장비

(용어) 배처 플랜트

(용어) 다시비빔

(용어) 되비빔

2) 운반

1. 운반		① 트럭믹서 또는 트럭 애지테이터의 사용을 원칙 ② 슬럼프가 25mm 이하는 덤프트럭 사용 가능 ③ 운반거리가 100m 이하의 평탄 운반로에는 손수레 등의 사용 가능
2. 펌프	압송 방식	① 압축공기의 압력에 의한 방식(압축 공기식, 소형) ② 피스톤으로 압송하는 방식(피스톤 압송식, 중형) ③ 튜브 속의 콘크리트를 짜내는 방식(스퀴즈식, 대형)
	특징	장점 / 단점 ① 공기단축 / ① 압송거리 제한 ② 작업의 연속성 / ② 압송관 폐쇄 ③ 운반성능향상 / ③ 콘크리트 품질 열화
	폐쇄 현상	① 관경이 작을 때 ② 관 길이가 길 때 ③ 굴곡관일 때 ④ 된비빔 콘크리트 타설 시
3. 슈트		① 연직슈트 사용 ② 투입구의 간격, 투입순서 등을 타설 전 검토 ③ 경사슈트는 수평 2에 대해 연직 1 정도 ④ 토출구에서 조절판 및 깔때기 설치(재료분리 방지)

(종류) 압송방식

(특징) 펌프공법의 장단점 3가지씩

3) 부어 넣기

1. 방법		① 수평으로 ② 높이는 낮게 ③ 일체성 확보(줄눈 발생 억제)
2. 주의사항		① 타설 전에 철근, 거푸집 및 그 밖의 것이 설계에서 정해진 대로 배치되어 있는지 확인 ② 흡수할 우려가 있는 곳은 미리 습하게 해두고 콘크리트를 직접 지면에 쳐야할 경우에는 미리 밑창 콘크리트를 시공 ③ 타설한 콘크리트를 거푸집 안에서 횡방향으로 이동시켜서는 안 된다. ④ 한 구획 내의 콘크리트는 타설이 완료될 때까지 연속해서 타설 ⑤ 콘크리트는 그 표면이 한 구획 내에서는 거의 수평이 되도록 타설 ⑥ 콘크리트 타설의 1층 높이는 다짐 능력을 고려하여 결정 ⑦ 콘크리트를 2층 이상으로 나누어 타설할 경우, 상층의 콘크리트 타설은 원칙적으로 하층의 콘크리트가 굳기 시작하기 전에 해야 하며, 상층과 하층이 일체가 되도록 시공 ⑧ 슈트, 펌프배관, 버킷, 호퍼 등의 배출구와 타설 면까지의 높이는 1.5m 이하 ⑨ 고인 물을 제거하기 위하여 콘크리트 표면에 홈을 만들지 않음
3. 이어붓기	일반 사항	① 시공이음은 될 수 있는 대로 전단력이 작은 위치에 설치하고, 부재의 압축력이 작용하는 방향과 직각 ② 전단이 큰 위치에 시공이음을 설치할 경우 시공이음에 장부 또는 홈을 두거나 적절한 강재를 배치하여 보강 ③ 설계에 정해져 있는 이음의 위치와 구조 준수 ④ 외부의 염분에 의한 피해를 받을 우려가 있는 해양 및 항만 콘크리트 구조물 등에 있어서는 시공이음부를 설치하지 않음 ⑤ 부득이 시공이음부를 설치할 경우에는 만조위로부터 위로 0.6m와 간조위로부터 아래로 0.6m 사이인 감조부 부분 피함
	수평 시공 이음	① 거푸집에 접하는 선은 될 수 있는 대로 수평한 직선 ② 구 콘크리트 표면의 레이턴스, 품질이 나쁜 콘크리트, 꽉 달라붙지 않은 골재 입자 등을 완전히 제거하고 충분히 흡수 ③ 새 콘크리트를 타설할 때 구 콘크리트와 밀착되게 다짐 ④ 시공이음부가 될 콘크리트 면은 경화가 시작되면 되도록 빨리 쇠솔이나 잔골재 분사 등으로 면을 거칠게 하며 충분히 습윤 상태로 양생
	연직 시공 이음	① 시공이음면의 거푸집을 견고하게 지지하고 이음부분의 콘크리트는 진동기를 써서 충분히 다진다. ② 시공이음 면은 쇠솔이나 쪼아내기 등에 의하여 거칠게 하고, 수분을 충분히 흡수시킨 후에 시멘트풀, 모르타르 또는 습윤면용 에폭시수지 등을 바른 후 새 콘크리트를 타설 ③ 새 콘크리트를 타설한 후 적당한 시기에 재진동 다지기 ④ 시공 이음면의 거푸집 철거는 굳은 후 되도록 빠른 시기 ⑤ 일반적으로 연직시공이음부의 거푸집 제거 시기는 콘크리트를 타설하고 난 후 여름에는 4~6시간 정도, 겨울에는 10~15시간 정도

주의사항 이어붓기 시 주의사항 4가지 ●90④

시공법 시공줄눈 이음면 처리방법 ●99②

4. 부재별	① 보, 바닥판의 이음은 그 간사이(Span)의 중앙부에 수직으로 한다. 다만, 캔틸레버로 내민보나 바닥판은 이어붓지 않는다. ② 바닥판은 그 간사이의 중앙부에 작은보가 있을 때에는 작은보 너비의 2배 정도 떨어진 곳에 둔다. ③ 기둥은 기초판, 연결보 또는 바닥판 위에서 수평으로 한다. ④ 벽은 개구부 등 끊기 좋고 또한 이음자리 막기와 떼어내기에 편리한 곳에 수직 또는 수평으로 한다. ⑤ 아치의 이음은 아치축에 직각으로 설치한다.	
5. 신축이음	① 양쪽의 구조물 혹은 부재가 구속되지 않는 구조 ② 필요에 따라 이음재, 지수판 등을 배치 ③ 단차를 피할 필요가 있는 경우에는 장부나 홈을 두든가 전단 연결재를 사용	

6. 제한시간	온도	비빔에서 타설완료	이어붓기 시
	25℃ 이상	1.5시간(90분) 이내	2시간(120분) 이내
	25℃ 미만	2시간(120분) 이내	2.5시간(150분) 이내

●08① · 03②
(위치) 이어붓기 부재별

●23① · 19④
(수치) 이어붓기 시간

4) 줄눈

① 기능성 줄눈

1. 시공 줄눈	정의	Construction Joint ① 거푸집의 측압을 고려하여 계획적으로 콘크리트 타설 구획을 정함으로써 형성되는 줄눈이다. ② 콘크리트를 한 번에 계속하여 부어 나가지 못할 때에 생기는 줄눈이다.
	설치 위치	① 구조물의 강도에 영향이 없는 곳 ② 전단력이 작은 곳 ③ 압축력의 방향과 직각으로 구획 ④ 1일 콘크리트 타설이 끝나는 위치 ⑤ 전단력이 큰 곳에 부득이 설치 시 다음과 같은 조치를 취한다. 　㉠ 촉 또는 홈(Key Joint)을 둔다. 　㉡ 강재 또는 철근으로 적절히 보강한다.
2. 신축 줄눈	정의	Expansion Joint 건축물의 온도에 의한 신축팽창, 부침동하 등에 의하여 발생하는 건축물의 전체적인 불규칙 균열을 한 곳에 집중시키도록 설계 및 시공 시 고려되는 줄눈이다.
	설치 위치	① 하중배분이 다른 곳 ② 기초가 다른 곳 ③ 기존 건축물의 증축 경계부위 ④ 건축물 길이 50~60m마다
3. 조절 줄눈		Control Joint 지반 등 안정된 위치에 있는 바닥판이 건조수축에 의하여 표면에 균열이 생길 수 있는데, 이것을 막기 위하여 설치하는 줄눈이다.

●24① · 20① · 07③ · 98③
(용어) 시공줄눈

●06①
(종류) 콘크리트 줄눈 4가지

●02① · 98③
(종류) 콘크리트 붓기 이음새 전단력 보강방법

●23④ · 20① · 18② · 07③ · 03②
　· 02① · 98③
(용어) 신축줄눈

●23② · 19① · 18② · 17④ · 15②
　· 11② · 07③ · 02① · 98③
(용어) 조절줄눈

4. 줄눈대	Delay Joint ① 100m가 넘는 장스판 구조물에서 신축줄눈을 설치하지 않고, 건조수축을 감소시키기 위해서 설치하는 줄눈으로 구조물의 일정 부위를 남겨놓고 콘크리트를 타설한 후 초기 건조 수축이 완료되면 나머지 부분을 타설할 목적으로 설치된다. ② 줄눈의 폭이 5cm 또는 그 이상도 된다.	
5. 미끄럼 줄눈	Sliding Joint ① 단위 구조체에서 다른 구조체에 대한 직각방향 · 움직임이 발생하는 경우 설치하는 줄눈이다. ② 줄눈 위치 및 구조는 설계 시 부터 안전도, 외관, 시공상의 편의를 고려하여 결정하는 것이 중요하다.	
6. 슬립 줄눈	Slip Joint 조적벽과 철근콘크리트 바닥판 사이에서 온·습도에 의한 팽창률이 각각 다르므로 접합을 방지하고 상호 자유로운 움직임을 위하여 설치하는 줄눈이다.	

② Cold Joint

1. 정의	콘크리트 시공과정 중 휴식시간 등으로 응결하기 시작한 콘크리트에 새로운 콘크리트를 이어칠 때 일체화가 저해되어 생기게 되는 줄눈이다.	
2. 원인/대책	① 타설 시 응결부터 종결까지의 시간초과 ② 장기간 운반 및 대기로 재료 분리된 콘크리트 사용 시 ③ 구조물의 수화열 발생 ④ 분말도가 높은 시멘트 사용 시	※ 대책 ① 타설시간 준수 ② 이어붓기 시간 준수 ③ 응결지연제 사용
3. 피해	① 구조물의 내력상 약점 ③ 철근부식 촉진	② 경화 시 균열발생 ④ 마감재 균열

5) 다짐

1. 목적	① 콘크리트의 밀실한 충전 ② 소요강도, 수밀성, 내구성 확보 ③ 재료분리, 곰보 방지
2. 종류	① 막대형 진동기 : 일반적으로 적용 ② 거푸집 진동기 : 기둥, 벽체에 사용 ③ 표면 진동기 : 슬래브 등 단면이 얇은 곳에 사용

3. 사용방법	① 진동다지기를 할 때에는 내부진동기를 하층의 콘크리트 속으로 0.1m 정도 찔러 넣는다. ② 내부진동기는 연직으로 찔러 넣으며, 삽입간격은 0.5m 이하 ③ 1개소당 진동 시간은 다짐할 때 시멘트풀이 표면 상부로 약간 부상하기까지 ④ 내부진동기는 콘크리트로부터 천천히 빼내어 구멍이 남지 않도록 ⑤ 내부진동기는 콘크리트를 횡방향으로 이동시킬 목적으로 사용 금지 ⑥ 진동기의 형식, 크기 및 대수는 1회에 다짐하는 콘크리트의 전 용적을 충분히 다지는 데 적합하도록 부재 단면의 두께 및 면적, 1시간당 최대 타설량, 굵은골재 최대 치수, 배합, 특히 잔골재율, 콘크리트의 슬럼프 등을 고려하여 선정
4. 다짐효과	빈배합 된비빔 → 빈배합 묽은 비빔 → 부배합 묽은 비빔
5. 과다사용	① 공기량 감소　② 재료분리　③ 블리딩 현상

● 08② · 06③ · 05② · 99⑤ · 99①
(종류) 진동기 사용 시 주의사항

● 99④
(순서) 진동기 효과 순서

● 12①
(괄호) 진동기 과다 사용 시

6) 표면 마감 처리

1. 일반 사항	① 콘크리트의 표면은 요구되는 정밀도와 물매에 따라 평활한 표면 마감 ② 블리딩, 들뜬 골재, 콘크리트의 부분 침하 등의 결함은 콘크리트 응결 전에 수정 처리 완료 ③ 기둥, 벽 등의 수평이음부의 표면은 소정의 물매와 거친 면으로 마감 ④ 이미 굳은 콘크리트에 새로운 콘크리트를 칠 때는 전단 전달을 위한 접촉면은 깨끗하고 레이턴스가 없도록 하고 요철의 크기가 대략 6mm 정도 거칠게 처리

2. 표면 마무리	콘크리트 면의 마무리	평탄성
	마무리 두께 7mm 이상 또는 바탕의 영향을 많이 받지 않는 마무리의 경우	1m당 10mm 이하
	마무리 두께 7mm 이하 또는 양호한 평탄함이 필요한 경우	3m당 10mm 이하
	제물치장 마무리 또는 마무리 두께가 얇은 경우	3m당 7mm 이하

7) 양생

1. 일반 사항	① 타설한 후 소요 기간까지 경화에 필요한 온도, 습도 조건을 유지 ② 양생 기간 중에 예상되는 진동, 충격, 하중 등의 유해한 작용으로부터 보호 ③ 재령 5일이 될 때까지는 물에 씻기지 않도록 보호
2. 종류	① 단열 보온 : 주로 외부면에 단열재 등으로 보온 유지 ② 가열 보온 : 구조물 내부 또는 구조물 자체 내에서 온도를 높여 경화를 촉진 ③ 증기 양생 : 거푸집을 빨리 제거하고 단시일에 소요강도를 내기 위해서 고온, 고압 증기로 보양하는 것. PC 제품에 이용 ④ 습윤 양생 : 살수 또는 수중보양 조치 ⑤ 전기 양생 : 콘크리트 중에 전기 · 저항열을 이용하여 보온 ⑥ 피막 양생 : 포장 콘크리트 등의 보양에 이용 피막제 뿌림 ⑦ Pre–Cooling : 물, 골재 등을 미리 차갑게 하여 수화열을 내린다. ⑧ Pipe–Cooling : 콘크리트 속에 미리 Pipe를 배관하고 냉각수를 유통시켜 내부 열을 감소시킨다.

● 06②
(용어) 양생

● 02③ · 98③
(종류) 양생 방법

3. 습윤 양생	① 콘크리트는 타설한 후 경화가 될 때까지 양생 기간 동안 직사광선이나 바람에 의해 수분이 증발하지 않도록 보호 ② 콘크리트는 타설한 후 습윤 상태로 노출면이 마르지 않도록 한다. ③ 거푸집판이 건조될 우려가 있는 경우에는 살수 ④ 막 양생을 할 경우에는 충분한 양의 막 양생제를 적절한 시기에 균일하게 살포	

양생기간 표준

일평균기온	조강포틀랜드 시멘트	보통포틀랜드 시멘트	고로 슬래그 시멘트 2종 플라이애시 시멘트 2종
15℃ 이상	3일	5일	7일
10℃ 이상	4일	7일	9일
5℃ 이상	5일	9일	12일

4. 온도 제어 양생	① 경화가 충분히 진행될 때까지 경화에 필요한 온도조건을 유지 ② 온도 제어 방법, 양생 기간 및 관리방법에 대하여 콘크리트의 종류, 구조물의 형상 및 치수, 시공 방법 및 환경조건을 종합적으로 고려 ③ 증기 양생, 급열 양생, 그 밖의 촉진 양생 : 양생을 시작하는 시기, 온도상승 속도, 냉각속도, 양생온도 및 양생시간 등을 정하여 실시

CHAPTER 05 핵심 기출문제

● 시공 – 비빔

01 다음 두 용어를 구분지어 설명하시오. • 10④ · 09① · 03③ · 99②

　가. 다시비빔(Remixing) :

　나. 되비빔(Retempering) :

> **정답** 비빔
> 가. 다시비빔 : 아직 엉기지 않은 콘크리트를 시간 경과 또는 재료 분리된 경우에 다시 비벼 쓰는 것
> 나. 되비빔 : 콘크리트가 응결하기 시작한 것을 다시 비비는 것

● 시공 – 운반

02 콘크리트 공사 시에 레미콘 공장에서 현장타설까지의 진행순서를 〈보기〉에서 골라 쓰시오. • 06①

〈보기〉
① 비빔시간　　② 대기시간　　③ 주행시간
④ 타설시간　　⑤ 적재시간

( ) → ( ) → ( ) → ( ) → ( )

> **정답** 레미콘 타설 진행
> ① → ⑤ → ③ → ② → ④

03 콘크리트 펌프의 압송방식 2가지를 쓰시오. • 02②

　가.

　나.

> **정답** 콘크리트 펌프의 압송방식
> 가. 스퀴즈식(짜내기식) 압송방식
> 나. 피스톤식 압송방식

04 콘크리트 펌프공법의 장단점을 각각 3가지씩 기록하시오. •99②

가. 장점 : ①
②
③

나. 단점 : ①
②
③

정답 펌프공법의 장단점
가. 장점
① 공사기간단축
② 공사비절감
③ 노무절감
나. 단점
① 압송거리 한계
② 압송 시 슬럼프 저하
③ 압송관의 폐색(막힘)현상 우려

● 시공 – 부어 넣기

05 콘크리트 타설 시 현장가수로 인한 문제점을 4가지 쓰시오.
•14② · 03① · 02①

가.
나.
다.
라.

정답 콘크리트 타설 시 현장가수로 인한 문제점
가. 콘크리트의 강도저하
나. 재료분리 및 블리딩 현상 증가
다. 건조수축 균열 증가
라. 내구성 및 수밀성능의 저하

● 시공 – 이어붓기

06 콘크리트 타설 시 시공 Joint 처리방법이다. (   ) 안에 알맞은 말을 쓰시오.
•99②

가. 이음면은   (   )
나. 수평부재에서는   (   )
다. 수직부재에서는   (   )
라. 이음부 처리는   (   )

정답 시공 Joint
가. 길이가 짧게
나. 수직으로
다. 수평으로
라. 이물질 제거 후 물축임을 한다.

07 콘크리트 시공 시 비빔에서 타설 후 이어붓기까지의 제한 시간은 25도 미만에서는 (가)분 이내, 25도 이상에서는 (나)분 이내로 타설 완료하여야 한다.
•23① · 19④

가.   나.

정답
가. 150
나. 120

08 다음 ( ) 안에 적당한 말을 써 넣으시오.

콘크리트 타설이음부의 위치는 구조부재의 내력에의 영향이 가장 작은 곳에 정하도록 하며 다음을 표준으로 한다.
가. 보, 바닥슬래브 및 지붕슬래브의 수직 타설이음부는 스팬의 (①) 부근에 주근과 직각방향으로 설치한다.
나. 기둥 및 벽의 수평 타설이음부는 바닥슬래브(지붕슬래브), 보의 (②)에 설치하거나 바닥슬래브, 보, 기초부의 (③)에 설치한다.

①
②
③

정답 콘크리트 이어붓기
① 중앙
② 하단
③ 상단

09 철근콘크리트 부재의 이어치기는 수직, 수평, 직각의 형태로 구분된다. 주어진 부재의 이어치기를 이들 3형태에 맞게 번호로 답하시오.

① 보　　② 기둥　　③ 슬래브
④ 벽　　⑤ 아치

가. 수직　　　　　　　　(　　　)
나. 수평　　　　　　　　(　　　)
다. 축에 직각　　　　　　(　　　)

정답 콘크리트 이어붓기
가. ①, ③, ④
나. ②, ④
다. ⑤

10 무근 콘크리트의 붓기 이음새에 전단력을 보강하기 위한 방법을 3가지만 쓰시오.

가.

나.
다.

정답 무근 콘크리트 이음새 보강 방법
가. 이어붓기 이음새에 촉 또는 홈 (Keyed Joint)을 둔다.
나. 석재를 삽입하여 보강한다.
다. 철근을 삽입 보강한다.

● 시공 – 줄눈

11 콘크리트의 각종 Joint에 대하여 설명하시오. ● 20① · 18② · 07③ · 02① · 98③

가. Cold Joint :

나. Construction Joint :

다. Control Joint :

라. Expansion Joint :

정답 콘크리트의 각종 Joint
가. Cold Joint : 시공 중 휴식기간 등으로 응결하기 시작한 콘크리트에 새로운 콘크리트를 이어칠 때 일체화가 저해되어 생기게 되는 줄눈
나. Construction Joint : 시공상 콘크리트를 한 번에 계속해서 부어나가지 못할 때 타설 구획을 정함으로 형성되는 줄눈으로 계획된 줄눈
다. Control Joint : 미리 홈을 내어 건조수축, 온도변화에 의한 균열을 유도하기 위해 설치한 줄눈
라. Expansion Joint : 하중, 온도차에 의한 신축을 흡수하기 위해 설치한 줄눈

12 다음에 설명하는 콘크리트의 줄눈 명칭을 쓰시오.

● 23② · 19① · 17④ · 15② · 11②

> 지반 등 안정된 위치에 있는 바닥판이 수축에 의하여 표면에 균열이 생길 수 있는데 이러한 균열을 방지하기 위해 설치하는 줄눈

정답 용어
조절줄눈(Control Joint)

13 콘크리트 타설 시 발생하는 신축줄눈에 대하여 간단히 설명하시오. ● 23④

정답 신축줄눈
건축물의 온도에 의한 신축팽창, 부동침하 등에 의하여 발생하는 건축물의 전체적인 불규칙 열을 한 곳에 집중시키도록 설계 및 시공시 고려되는 줄눈

14 미경화 콘크리트의 건조수축에 의한 균열을 감소시킬 목적으로 구조물의 일정 부위를 남겨놓고 콘크리트를 타설한 후 초기 건조수축이 완료되면 나머지 부분을 타설할 목적으로 설치하는 줄눈의 명칭은 무엇인지 쓰시오. ● 16② · 02①

정답 용어
Delay Joint(줄눈대)

15 다음 콘크리트 줄눈의 종류를 쓰시오.

가. 콘크리트 작업관계로 경화된 콘크리트에 새로 콘크리트를 타설할 경우 발생하는 Joint ( )

나. 온도변화에 따른 팽창·수축 혹은 부동침하·진동 등에 의해 균열이 예상되는 위치에 설치하는 Joint ( )

다. 균열을 전체 벽면 중의 일정한 곳에만 일어나도록 유도하는 Joint ( )

라. 장 span의 구조물(100m가 넘는)에 Expansion Joint를 설치하지 않고, 건조수축을 감소시킬 목적으로 설치하는 Joint ( )

정답 줄눈의 종류
가. 콜드 조인트(Cold Joint)
나. 신축줄눈(Expansion Joint)
다. 조절줄눈(Control Joint)
라. Delay Joint(수축대 설치)

16 다음 그림을 보고 줄눈 이름을 쓰시오.

가. _____ 나. _____
다. _____ 라. _____

정답 줄눈명칭
가. 조절줄눈(Control Joint)
나. 미끄럼줄눈(Sliding Joint)
다. 시공줄눈(Construction Joint)
라. 신축줄눈(Expansion Joint)

17 콘크리트 시공과정 중 휴식시간 등으로 응결하기 시작한 콘크리트에 새로운 콘크리트를 이어칠 때 일체화가 저해되어 생기는 줄눈은?

정답 용어
콜드 조인트(Cold Joint)

18 콜드 조인트(Cold Joint)가 구조물(건물)에 미치는 영향을 간단히 쓰고 방지대책을 쓰시오.

가. 영향 : _____

나. 방지대책 : ① _____
② _____
③ _____

정답 콜드 조인트
가. 영향 : 일체화 저하로 강도저하, crack 발생 증가, 누수 발생, 부착력 저하, 전단력 저하의 우려가 있다.
나. 방지대책
① 타설시간 준수
② 이어붓기 시간 준수
③ 응결 지연제 사용

정답 용어

가. 콜드 조인트(Cold Joint) : 콘크리트 시공과정 중 휴식시간 등으로 응결시작된 콘크리트에 새로운 콘크리트를 이어칠 때, 일체가 저하되어 생기는 줄눈

나. 블리딩(Bleeding) : 아직 굳지 않은 시멘트풀, 몰탈 및 콘크리트에서 물이 윗면에 스며 오르는 일종의 재료분리 현상

19 다음 용어를 간단히 설명하시오.   •18④·17④·12④·10②·07③·07①

가. 콜드 조인트(Cold Joint) :

나. 블리딩(Bleeding) :

20 다음 물음에 답하시오.   •03②

가. 차량하중을 받는 콘크리트 바닥판의 시공줄눈을 보강하기 위하여 아래의 단면도와 같이 Slip Bar를 60cm 간격으로 설치하려 한다. 이때 Slip Bar의 한 부분은 콘크리트 속에 고정시키고 나머지 부분은 고정되지 않게 처리한다. 그 처리방법을 쓰시오.

Slip Bar 처리방법 :

나. 아래의 단면도와 같이 콘크리트 바닥판의 수평단면이 변하는 A의 위치에 설치되는 줄눈의 명칭을 쓰시오. 또한 이 콘크리트 줄눈에서 용접철망을 처리하는 방법을 〈보기〉에서 골라 기호로 쓰시오.

① 줄눈을 관통시켜 용접철망을 연속해서 설치한다.
② 줄눈의 좌우 양측으로 5cm 정도 떨어진 지점까지만 용접철망을 설치하여 줄눈을 관통시키지 않는다.

(1) 줄눈 명칭 :

(2) 용접철망 처리방법 :

정답 Slip bar

가. Slip bar 처리방법 : Slip bar의 한 부분을 콘크리트에 고정시키고 Slip bar의 나머지 부분은 아스팔트를 칠하거나 종이를 감고 콘크리트에 매립시킨다.

나. (1) 줄눈 명칭 : Expansion Joint
　(2) 용접철망 처리방법 : ②

● **시공 - 다짐**

21 굳지 않은 콘크리트의 다지기 방법 3가지를 쓰시오. •04① · 01②,③ · 98③

가. _____
나. _____
다. _____

정답 굳지 않은 콘크리트의 다지기 방법
가. 콘크리트 표면 다짐
나. 콘크리트 내부 진동다짐 (Vibrating-compaction)
다. 거푸집 두드림

22 다음 설명에 적합한 진동기의 명칭을 쓰시오. •06③ · 99①

가. 콘크리트에 꽂아서 사용하여 진동에 의하여 콘크리트를 액상화시켜 다짐 효과가 크다. ( )
나. 거푸집을 진동시키는 것으로 얇은 벽이나 공장제작 콘크리트에서 사용된다. ( )
다. 타설된 콘크리트 위를 다짐하는 용도로 사용한다. ( )

정답 진동기의 종류
가. 막대식 진동기
나. 거푸집 진동기
다. 표면진동기

23 다음은 진동기를 과도 사용할 경우이다. ( ) 안에 알맞은 용어를 쓰시오. •12① · 08② · 06③ · 05② · 99①,⑤

> 진동기를 과도 사용할 경우에는 (가) 현상을 일으키고, AE콘크리트에서는 (나)이 많이 감소된다.

가. _____ 나. _____

정답 진동기 과도 사용 시
가. 재료분리
나. 공기량

24 건축 신축현장에 콘크리트를 타설할 때 진동다짐기의 사용에 있어서 주의할 점을 4가지를 쓰시오. •08② · 06③ · 05② · 99①,⑤

가. _____
나. _____
다. _____
라. _____

정답 진동다짐기 사용 시 주의점
가. 수직으로 사용한다.
나. 삽입 간격은 50cm로 한다.
다. 공극이 남지 않도록 서서히 뺀다.
라. 굳기 시작한 콘크리트에는 사용하지 않는다.

25 다음 〈보기〉 중 꽂이식 진동기의 효과가 가장 잘 발휘될 수 있는 것부터 순서대로 번호를 쓰시오. •99④

> 〈보기〉
> ① 빈배합 묽은 비빔 ② 부배합 묽은 비빔 ③ 빈배합 된 비빔

( ) → ( ) → ( )

정답 진동기 사용 효과
③ → ① → ②

● 시공 – 양생

26 콘크리트를 타설 후 수화작용을 충분히 발휘시키면서 외력에 의한 균열발생을 예방하고 오손, 변형, 파손 등으로부터 콘크리트를 보호하는 것은?　●06②

> **정답** 용어
> 양생(Curing)

27 콘크리트 시공에 적용될 수 있는 보양방법의 종류를 4가지만 쓰시오.
　●02③ · 98③

가. ....　나. ....

다. ....　라. ....

> **정답** 콘크리트 보양
> 가. 습윤양생
> 나. 전기양생
> 다. 증기양생
> 라. 피막양생
> 마. 가열양생
> 바. 단열양생

제6절 콘크리트 공사 - 종류

01 종류

(1) 기후/환경

1) 서중 콘크리트

1. 정의	일평균기온이 25℃를 초과하는 경우에 시공되는 콘크리트	
2. 문제점/대책	문제점	대책
	① 슬럼프 감소 ② Cold Joint 발생 ③ 소성 수축 균열 발생 ④ 단위수량 증가 ⑤ 강도 및 내구성 저하 ⑥ 시공연도 저하	① 냉각수 사용 ② 골재 사전 냉각 ③ 저열 시멘트 사용 ④ 표면활성제 사용 ⑤ 차양막 설치
3. 타설	① 콘크리트를 타설하기 전에 지반과 거푸집 등을 조사하여 콘크리트로부터의 수분흡수로 품질변화의 우려가 있는 부분은 습윤 상태로 유지하는 등의 조치를 하여야 한다. 또 거푸집, 철근 등이 직사일광을 받아서 고온이 될 우려가 있는 경우에는 살수, 덮개 등의 적절한 조치를 하여야 한다. ② 콘크리트는 비빈 후 즉시 타설하여야 하며, 지연형 감수제를 사용하는 등의 일반적인 대책을 강구한 경우라도 1.5시간 이내에 타설하여야 한다. ③ 콘크리트를 타설할 때의 콘크리트의 온도는 35℃ 이하이어야 한다.	

● 21② · 08③ · 05② · 02③
(용어) 서중 콘크리트

● 10④ · 06① · 04③
(종류) 서중 콘크리트 품질의 문제점

● 12② · 08①
(종류) 서중 콘크리트 대책

● 21②
(수치) 서중 콘크리트 타설

2) 한중 콘크리트

1. 정의	일평균기온이 4℃ 이하 또는 콘크리트 타설 완료 후 24시간 동안 일최저기온이 0℃를 유지해야 하는 경우 시공되는 콘크리트
2. 재료	① 포틀랜드 시멘트를 사용 ② 재료를 가열할 경우, 물 또는 골재를 가열하는 것으로 하며, 시멘트는 어떠한 경우라도 직접 가열할 수 없음 ③ 물 – 결합재비는 원칙적으로 60% 이하 ④ 배합강도 및 물 – 결합재비는 적산온도방식에 의해 결정 ⑤ 동결되어 있거나 골재에 빙설이 혼입되어 있는 골재 사용금지
3. 시공일반	① 응결 및 경화 초기에 동결되지 않도록 할 것 ② 양생종료 후 따뜻해질 때까지 받는 동결융해작용에 대하여 충분한 저항성을 가지게 할 것 ③ 공사 중의 각 단계에서 예상되는 하중에 대하여 충분한 강도를 가지게 할 것
4. 타설	① 콘크리트 온도는 구조물의 단면 치수, 기상 조건 등을 고려하여 5~20℃의 범위에서 결정 ② 기상 조건이 가혹한 경우나 부재 두께가 얇을 경우에는 타설 시 콘크리트의 최저온도는 10℃ 정도를 확보 ③ 철근이나 거푸집 등에 빙설 제거 ④ 타설한 후 즉시 시트나 기타 적당한 재료로 표면을 덮고 방풍 조치

● 08③ · 05③ · 02③
(용어) 한중 콘크리트

● 23④ · 16② · 11② · 10④ · 07②
(수치) 한중 콘크리트 ( ) 넣기

● 19② · 14① · 04② · 08②
(종류) 한중 콘크리트 대책

● 04③
(종류) 한중 콘크리트 양생방법

[종류] 한중 콘크리트 초기양생 주의사항 ●21①

5. 초기 양생

① 콘크리트 타설이 종료된 후 초기동해를 받지 않도록 초기양생을 실시
② 특히 구조물의 모서리나 가장자리의 부분은 보온하기 어려운 곳이어서 초기동해를 받기 쉬우므로 초기양생에 주의
③ 콘크리트를 타설한 직후에 찬바람이 콘크리트 표면에 닿는 것을 방지
④ 소요 압축강도가 얻어질 때까지 콘크리트의 온도를 5℃ 이상으로 유지하고 소요 압축강도에 도달한 후 2일간은 구조물의 어느 부분이라도 0℃ 이상이 되도록 유지
⑤ 양생 일수는 시험에 의해 정하는 것이 원칙이나 5℃ 및 10℃에서 양생할 경우의 일반적인 표준은 다음 표와 같다.

• **한중 콘크리트 양생 종료 때의 소요 압축강도의 표준(MPa)**

구조물의 노출	단면 (mm) 300 이하	300 초과 ~800 이하	800 초과
(1) 계속해서 또는 자주 물로 포화되는 부분	15	12	10
(2) 보통의 노출상태에 있고 (1)에 속하지 않는 부분	5	5	5

• **소요의 압축강도를 얻는 양생일수의 표준(보통의 단면)**

구조물의 노출상태	시멘트의 종류	보통 포틀랜드 시멘트	조강포틀랜드 보통포틀랜드 +촉진제	혼합 시멘트 B종
(1) 계속해서 또는 자주 물로 포화되는 부분	5℃	9일	5일	12일
	10℃	7일	4일	9일
(2) 보통의 노출상태에 있고 (1)에 속하지 않는 부분	5℃	4일	3일	5일
	10℃	3일	2일	4일

⑥ 매스 콘크리트의 초기양생은 단열보온 양생
⑦ 초기양생 완료 후 2일간 이상은 콘크리트의 온도를 0℃ 이상으로 보존

6. 보온 양생

① 급열 양생 : 양생기간 중 어떤 열원을 이용하여 콘크리트를 가열하는 양생
② 단열 양생 : 단열성이 높은 재료로 콘크리트 주위를 감싸 시멘트의 수화열을 이용하여 보온하는 양생
③ 피복 양생 : 시트 등을 이용하여 콘크리트의 표면 온도를 저하시키지 않는 양생
④ 열을 가할 경우에는 콘크리트가 급격히 건조하거나 국부적으로 가열되지 않게
⑤ 급열 양생의 경우 가열설비의 수량 및 배치는 시험가열을 실시한 후 결정
⑥ 단열 양생의 경우 계획된 양생 온도를 유지하도록 관리하며 국부적으로 냉각되지 않게

3) 수중 콘크리트

1. 정의		담수 중이나 안정액 중 혹은 해수 중에 타설되는 콘크리트
2. 재료	굵은골재 최대치수	① 굵은골재의 최대치수는 수중 불분리성 콘크리트의 경우 40mm 이하를 표준으로 하며, 부재 최소 치수의 1/5 및 철근의 최소순간격의 1/2 이하를 초과 금지 ② 현장타설말뚝 및 지하연속벽에 사용하는 콘크리트의 경우는 25mm 이하, 철근 순간격의 1/2 이하를 표준
	배합강도	① 수중에서 시공할 때의 강도가 표준공시체 강도의 0.6~0.8배 ② 현장타설 콘크리트말뚝 및 지하연속벽 콘크리트는 수중에서 시공할 때 강도가 대기 중에서 시공할 때 강도의 0.8배, 안정액 중에서 시공할 때 강도가 대기 중에서 시공할 때 강도의 0.7배로 하여 배합강도를 설정
	물-결합재비	① 일반 수중 콘크리트 : 50% 이하 ② 현장타설말뚝/지하연속벽 : 55% 이하
3. 철근 배근		① 현장타설말뚝 및 지하연속벽 콘크리트는 다짐작업을 고려하여 철근의 피복두께를 100mm 이상 ② 외측 가설벽, 차수벽의 경우, 철근의 피복두께를 80mm 이상 ③ 간격재는 보통 깊이방향으로 3~5m 간격, 같은 깊이 위치에 4~6개소 주철근에 설치 ④ 철근망태의 설치는 굴착이 끝난 다음 공벽의 붕괴나 진흙 침전이 생길 염려가 있어 굴착 종료 후 될 수 있는 대로 빠른 시기에 실시
4. 타설	트레미관	① 타설 시 물을 정지(유속 50mm/s 이하) ② 트레미관 이용 타설 ③ 트레미의 안지름은 수심 3m 이내에서 250mm, 3~5m에서 300mm, 5m 이상에서 300~500mm 정도, 굵은골재 최대치수의 8배 이상 ④ 트레미 1개로 타설할 수 있는 면적 30m² 이하 ⑤ 트레미의 하단을 타설된 콘크리트 면보다 0.3~0.4m 아래로 유지
	콘크리트 펌프	① 콘크리트 펌프의 배관은 수밀 ② 콘크리트 펌프의 안지름은 0.10~0.15m 정도가 좋으며, 수송관 1개로 타설할 수 있는 면적은 5m² 정도 ③ 배관 속으로 물이 역류하거나 배관 속의 콘크리트가 수중 낙하하는 일이 없도록 선단부분에 역류밸브 설치

●20⑤
(수치) 피복두께

4) 해양 콘크리트

1. 정의	항만, 해안 또는 해양에 위치하여 해수 또는 바닷바람의 작용을 받는 구조물에 쓰이는 콘크리트 ① 해중 : 바닷물 속의 콘크리트 ② 해양 대기 중 : 바닷바람이 접하는 콘크리트 ③ 물보라 지역 : 평균 만조면에서 파고의 범위 ④ 간만대 지역 : 평균 간조면에서 평균 만조면까지의 범위
2. 배합	내구성으로 정해지는 최소 단위 결합재량(kg/m^3) | 환경 구분 \ 굵은골재의 최대 치수(mm)	20	25	40
---	---	---	---
물보라 지역, 간만대 및 해양 대기 중 (노출등급 ES1, ES4)	340	330	300
해중 (노출등급 ES3)	310	300	280	
3. 시공	① 만조위로부터 위로 0.6m, 간조위로부터 아래로 0.6m 사이의 감조부분에는 시공이음 금지 ② 충분히 경화되기 전에 직접 해수에 닿지 않도록 보호 ③ 보통포틀랜드 시멘트를 사용할 경우 대개 5일 동안 양생 ④ 혼합시멘트를 사용할 경우에는 이 기간을 설계기준압축강도의 75% 이상의 강도가 확보될 때까지 양생 ⑤ 간격재의 개수는 기초, 기둥, 벽 및 난간 등에는 $2개/m^2$ 이상, 보 및 슬래브 등에는 $4개/m^2$ 이상
4. 강재의 방식	① 콘크리트 피복두께를 크게 하는 것 ② 균열폭을 작게 하는 것 ③ 적절한 재료와 시공 방법을 사용하는 것

(2) 재료

1) AE 콘크리트

1. 정의	콘크리트에 AE(공기 연행제 : Air Entrained Agent)를 함입시켜 시공연도를 개량한 것이다.
2. 특징	① 수밀성 증가 ② 동결융해 저항성 증가 ③ 워커빌리티 증진 ④ 재료분리 감소 ⑤ 단위수량 감소 ⑥ 블리딩 감소 ⑦ 발열량 감소 ※ 강도 감소

●90②
특징 AE 특징 6가지
●00④
목적 AE제 사용목적 3가지

3. 공기량	AE제, AE감수제 또는 고성능 AE감수제를 사용한 콘크리트의 공기량은 굵은골재 최대 치수와 노출등급을 고려하여 아래 표와 같이 정하며, 운반 후 공기량은 이 값에서 ±1.5% 이내이어야 한다.

굵은골재의 최대치수	공기량(%)	
	심한 노출	일반 노출
10	7.5	6.0
15	7.0	5.5
20	6.0	5.0
25	6.0	4.5
40	5.5	4.5

- 심한 노출 : 노출등급 EF2, EF3, EF4
- 일반 노출 : 노출등급 EF1

2) 쇄석 콘크리트

1. 정의	양질의 암석을 파쇄시켜 골재로 사용한 콘크리트

2. 특징	① 부착강도 증가로 콘크리트 강도 증가
	② 시공연도 저하
	   ㉠ AE제 사용
	   ㉡ 굵은골재의 크기 조금 작게
	   ㉢ 굵은 모래 사용

3) 경량 콘크리트

1. 정의	① 기건 비중 2.0 이하, 단위 중량 1.4~2.0t/m³ ② 건축물을 경량화하고 열을 차단하는 데 유리하다.	
2. 특징	장점	① 자중이 적어 콘크리트 운반, 부어 넣기 노력이 절감된다. ② 내화성이 크고 열전도율이 적으며 방음효과가 크다.
	단점	① 시공이 번거롭고 재료 처리가 필요하다. ② 강도가 작고, 건조 수축이 크며 다공질이다.

3. 종류	① 보통 경량 콘크리트 : 보통 포틀랜드 시멘트에 경량 골재를 쓴 것이다.
	② 기포 콘크리트 : 콘크리트 중에 무수한 기포를 함유하게 한 것으로 절연 재료로 적당하며, 열전도율이 보통 콘크리트의 1/10 정도로 건조수축이 대단히 크다.
	③ 톱밥 콘크리트
	   ㉠ 시멘트 : 모래 : 톱밥 = 1 : 1 : 1
	   ㉡ 수축 팽창이 크다.
	   ㉢ 단위 체적 중량 : 650~1,150kg/m³
	④ 서모콘(Thermo-Con) : 자갈, 모래 등의 골재를 사용하지 않고 시멘트와 물 그리고 발포제를 배합하여 만든 일종의 경량 콘크리트로서 물 · 시멘트비는 43% 이하로 한다.	

4. 경량 골재 콘크리트	정의	골재의 전부 또는 일부를 경량골재를 사용하여 제조한 콘크리트로 기건 단위질량이 2,100kg/m³ 미만인 것
	용어	① 모래경량 콘크리트 : 잔골재는 일반골재(또는 일반 골재와 경량골재 혼용)를 사용하고 굵은골재를 경량골재로 사용한 콘크리트 ② 전경량 콘크리트 : 잔골재와 굵은골재 모두를 경량골재로 사용한 콘크리트를 지칭하며 경량골재 콘크리트 2종에 해당함 ③ 프리 웨팅(pre-wetting) : 경량골재를 건조한 상태로 사용하면 경량골재 콘크리트의 제조 및 운반 중에 물을 흡수하므로 이를 줄이기 위해 경량골재를 사용하기 전에 미리 흡수시키는 행위
	골재의 종류	① 천연경량골재 : 경석, 화산암, 응회암 등과 같은 천연재료를 가공한 골재 ② 인공경량골재 : 고로슬래그, 점토, 규조토암, 석탄회, 점판암과 같은 원료를 팽창, 소성, 소괴하여 생산되는 골재 ③ 바텀애시경량골재 : 화력발전소에서 발생되는 바텀애시를 가공한 골재로 잔골재의 형태
	물리적 품질	① 경량골재의 단위용적질량 | 종류	단위용적질량의 최댓값(kg/m³)	| |---|---|---| | | 인공·천연 경량골재 | 바텀애시 경량골재 | | 잔골재 | 1,120 이하 | 1,200 이하 | | 굵은골재 | 880 이하 | | | 잔골재와 굵은골재의 혼합물 | 1,040 이하 | | ② 강열감량 측정은 5% 이하 ③ 점토 덩어리량 측정은 2% 이하 ④ 바텀애시경량골재의 염화물(NaCl 환산량) 함유량 측정은 0.025g/cm³ 이하
	배합 및 시공	① 공기연행 콘크리트로 하는 것을 원칙 ② 최대 물-결합재비는 60% 이하를 원칙 ③ 결합재량의 최솟값은 300kg/m³ 이상 ④ 슬럼프는 일반적인 경우 대체로 80~210mm를 표준 ⑤ 공기량은 5.5%를 기준으로 그 허용오차는 ±1.5%

4) 방사선 차폐용 콘크리트

1. 정의	주로 생물체의 방호를 위하여 X선, γ선 및 중성자선을 차폐할 목적으로 사용되는 콘크리트
2. 배합	① 콘크리트의 슬럼프는 일반적인 경우 150mm 이하 ② 물 – 결합재비는 50% 이하를 원칙 ③ 철광석, 자철광, 중정석, 철편
3. 시공	① 이어치기 부분에 대하여 기밀이 최대한 유지될 수 있는 방안 강구 ② 설계에 정해져 있지 않은 이음은 설치할 수 없음 ③ 이어치기 부분으로부터 방사선의 유출을 방지할 수 있도록 그 위치 및 형상을 결정

(용어) 차폐용 콘크리트

5) 순환 골재 콘크리트

1. 정의	건설폐기물을 물리적 또는 화학적 처리과정 등을 통하여 순환골재 품질기준에 적합하게 만든 골재를 이용한 콘크리트		
2. 굵은골재의 최대치수	25mm 이하로 하되, 가능하면 20mm 이하의 것을 사용		
3. 순환골재 사용비율	설계기준 압축강도	사용 골재	
		굵은골재	잔골재
	27MPa 이하	굵은골재 용적의 60% 이하	잔골재 용적의 30% 이하
		혼합사용 시 총 골재 용적의 30% 이하	

6) 폴리머 콘크리트

1. 정의	결합재로 시멘트와 시멘트 혼화용 폴리머(또는 폴리머 혼화재)를 사용한 콘크리트
2. 배합	① 물 – 결합재비는 30~60%의 범위에서 가능한 한 적게 ② 폴리머 – 시멘트비는 5~30%의 범위
3. 시공 및 양생	① 시공온도는 5~35℃를 표준 ② 제조회사에서 지정한 가사시간 내에 사용 ③ 물로 촉촉하게 하거나 흡수조정재로 처리하며 시공 ④ 흙손 마감의 경우는 수회에 걸쳐 누르며 필요 이상의 흙손질을 피함 ⑤ 시공 후 1~3일간 습윤 양생을 실시 ⑥ 사용될 때까지의 양생 기간은 7일을 표준 ⑦ 동절기, 하절기 옥외시공 등 품질저하 우려가 있는 경우 대책 강구
4. 특징	① 단위 체적당 단가가 고가 ② 고강도, 다양한 용도, 경량성, 내구성, 속경성 양호 ③ 초기 고강도 발현 ④ 완전한 수밀성 ⑤ 높은 접착성(석재, 금속, 목재와 결합 용이) ⑥ 내약품성, 내마모성, 내충격성, 전기절연성 좋음 ⑦ 난연성, 내화성 저하

(특징) 폴리머 콘크리트

7) 유동화 콘크리트

●08③·05③·02③
용어 유동화 콘크리트

1. 정의	미리 비빈 베이스 콘크리트에 유동화제를 첨가하여 유동성을 증대시킨 콘크리트
2. 용어	① 베이스 콘크리트 　• 유동화 콘크리트를 제조할 때 유동화제를 첨가하기 전 기본배합의 콘크리트 　• 숏크리트의 습식 방식에서 사용하는 급결제를 첨가하기 전 콘크리트 ② 유동화제 : 배합이나 굳은 후의 콘크리트 품질에 큰 영향을 미치지 않고 미리 혼합된 베이스 콘크리트에 첨가하여 콘크리트의 유동성을 증대시키기 위하여 사용하는 혼화제
3. 배합 및 품질관리	① 슬럼프 증가량은 100mm 이하를 원칙으로 하며, 50~80mm를 표준 ② 유동화 콘크리트의 슬럼프(mm) | 콘크리트의 종류	베이스 콘크리트	유동화 콘크리트 | |---|---|---| | 보통 콘크리트 | 150 이하 | 210 이하 | | 경량골재 콘크리트 | 180 이하 | 210 이하 | ③ 베이스 콘크리트 및 유동화 콘크리트의 슬럼프 및 공기량 시험은 50m³마다 1회씩 실시
4. 제조 방법	① 배처플랜트에서 운반한 베이스 콘크리트에 공사 현장에서 트럭교반기(애지테이터 트럭)에 유동화제를 첨가하여 균일하게 될 때까지 교반하여 유동화 ② 레디믹스트 콘크리트 공장에서 트럭교반기(애지테이터 트럭)의 베이스 콘크리트에 유동화제를 첨가하여 즉시 고속으로 교반하여 유동화 ③ 레디믹스트 콘크리트 공장에서 트럭교반기(애지테이터 트럭)의 베이스 콘크리트에 유동화제를 첨가하여 저속으로 교반하면서 운반하고 공사현장 도착 후에 고속으로 교반하여 유동화

●11①·07①·02③·99①
종류 유동화 콘크리트 제조방법

8) 섬유보강 콘크리트

1. 정의	보강용 섬유를 혼입하여 주로 인성, 균열 억제, 내충격성 및 내마모성 등을 높인 콘크리트
2. 목적	하중 또는 체적변화 등에 의한 콘크리트의 균열 제어
3. 종류	① 무기계 섬유 : 강섬유, 유리섬유, 탄소섬유 ② 유기계 섬유 : 아라미드섬유, 폴리프로필렌섬유, 비닐론섬유, 나일론 등
4. 보강용 섬유	① 초고성능 섬유보강 콘크리트에 사용되는 강섬유의 인장강도는 2,000 MPa 이상 ② 시멘트계 복합재료용 섬유로 무기계와 유기계 사용 가능
5. 특징	① 방식성, 내구성 우수 ② 온도철근이 불필요하며, 수축균열이 적다. ③ 내충격성이 크다. ④ 연성, 인성이 크다. ⑤ 강도가 크다.

●20④·18②·03③·02③
종류 섬유보강재

9) 팽창 콘크리트

1. 정의	팽창재 또는 팽창시멘트의 사용에 의해 팽창성이 부여된 콘크리트
2. 적용 범위	① 수축보상용 콘크리트 : 콘크리트의 수축으로 인한 체적감소를 억제 ② 화학적 프리스트레스트용 콘크리트 : 수축보상용 콘크리트보다도 큰 팽창력을 가져야 함 ③ 충전용 모르타르와 콘크리트
3. 배합	① 단위 시멘트량 : 화학적 프리스트레스용 콘크리트의 단위 시멘트량은 단위 팽창재량을 제외한 값 ② 보통 콘크리트인 경우 260kg/m³ 이상, 경량골재 콘크리트인 경우 300kg/m³ 이상 ③ 질량으로 계량하며, 그 오차는 1회 계량분량의 1% 이내 ④ 포대 팽창재를 사용하는 경우에는 포대수로 계산 ⑤ 1포대 미만의 것을 사용하는 경우에는 반드시 질량으로 계량
4. 시공	① 다른 재료를 투입할 때 동시에 믹서에 투입 ② 강제식 믹서를 사용하는 경우는 1분 이상으로 하고, 가경식 믹서를 사용하는 경우는 1분 30초 이상 비빔 ③ 비비고 나서 타설을 끝낼 때까지의 시간은 1~2시간 이내 ④ 팽창 콘크리트에 급격하게 살수 금지
5. 양생	① 콘크리트 온도는 2℃ 이상을 5일간 이상 유지 ② 거푸집널의 존치기간은 평균기온 20℃ 미만인 경우에는 5일 이상, 20℃ 이상인 경우에는 3일 이상을 원칙 ③ 압축강도 시험을 할 경우 설계기준 강도의 2/3 이상 값에 도달한 것이 확인될 경우 해체(최저 강도는 14MPa 이상)

(3) 공법

1) 레디믹스트 콘크리트

1. 정의	레미콘 공장에서 콘크리트를 제조·운반하여 현장에서 타설되는 콘크리트	
2. 표시	① 종류 – G최대치수 – 호칭강도 – 슬럼프치 (예 : 보통 – 25mm – 21MPa – 12cm) ② 호칭강도 = 소요(설계기준)강도 + 온도 보정치 ③ 보통골재는 표면건조 내부포수상태, 인공경량골재는 절대건조상태의 질량 표기 ④ 물결합재비는 혼화재를 사용한 경우로 $\dfrac{물}{시멘트+혼화재}$의 질량 백분율로 계산하여 표기	
3. 특징	장점	① 협소한 장소에서 대량의 콘크리트를 얻을 수 있다. ② 공사추진이 정확하고 기일 연장 등이 없다. ③ 품질이 균등하다. ④ 가격이 명백해지며 비용이 저렴해진다.
	단점	① 현장과 제조자의 충분한 협의가 필요하다. ② 운반차 출입경로, 짐부리기 설비가 필요하다. ③ 부어 넣기 작업도 운반과 견주어 강행해야 한다. ④ 운반 중 재료분리, 시간경과의 우려가 많다.

●07②
용어 레디믹스트 콘크리트

●23① · 22④ · 19④ · 15④ · 08②
수치 레디믹스트 콘크리트 표시방법

종류	선정 시 유의사항	●24① · 20③

4. 레미콘 공장 선정 시 유의사항	① 현장과의 거리 ② 운반시간 ③ 주변의 교통량 ④ 콘크리트 제조능력(일) ⑤ 운반차의 수 ⑥ 공장의 제조설비 ⑦ 품질관리 상태

용어 센트럴믹스트 ●08①

용어 슈링크믹스트 ●16① · 09② · 08①

용어 트랜싯믹스트 ●08①

5. 종류	① 센트럴믹스트 콘크리트(Central mixed concrete) : 믹싱 플랜트의 고정믹서에서 비빔이 완료된 콘크리트를 현장으로 운반한다. ② 슈링크믹스트 콘크리트(Shrink mixed concrete) : 믹싱 플랜트의 고정 믹서에서 어느 정도 비빈 것을 운반 도중에 완전히 비빈다. ③ 트랜싯믹스트 콘크리트(Transit mixed concrete) : 트럭 믹서에 모든 재료가 공급되어 운반 도중에 비벼진다.

●23① · 22① · 14② · 10④ · 04③
· 04② · 01③ · 98②

종류 현장검사항목

6. 시험 및 확인사항	① 강도 ② 슬럼프치 ③ 공기량(4~5%, ±1.5%) ④ 염화물 함유량 ⑤ 제조시간

2) 프리스트레스트 콘크리트

용어 프리스트레스트 콘크리트 ●09① · 06①

1. 정의	외력에 의하여 일어나는 응력을 소정의 한도까지 상쇄할 수 있도록 미리 인공적으로 그 응력의 분포와 크기를 정하여 내력을 준 콘크리트를 말하며, PS 콘크리트 또는 PSC라고 약칭하기도 함
2. 용어	① 그라우트(Grout) : PS 강재의 인장 후에 덕트 내부를 충전시키기 위해 주입하는 재료 ② 덕트(Duct) : 프리스트레스트 콘크리트를 시공할 때 긴장재를 배치하기 위해 미리 콘크리트 속에 설치하는 관 ③ 프리스트레스(Prestress) : 하중의 작용에 의해 단면에 생기는 응력을 소정의 한도로 상쇄할 수 있도록 미리 계획적으로 콘크리트에 주는 응력 ④ 프리스트레싱(Prestressing) : 프리스트레스를 주는 일 ⑤ PS 강재(Prestressing steel) : 프리스트레스트 콘크리트에 작용하는 긴장용의 강재로 긴장재 또는 텐던이라고도 함

3. 특징	장점	단점
	① 내구성과 복원성이 큼 ② 구조물에 대한 적응성과 안정성이 큼 ③ 공기단축 및 가설물의 최소화 ④ 작은 단면으로 큰 응력에 견딜 수 있음 ⑤ 구조물의 자중 감소	① 단가가 고가 ② 강성이 적어 처짐 및 충격에 주의 ③ 고도의 기술 요구 ④ 운반 및 양중에 유의

●20② · 18④ · 17② · 12② · 09②
· 05① · 00①

용어 프리텐션

●07③ · 04③ · 00⑤ · 98③

순서 프리텐션 공법

4. 프리텐션	정의	강현재에 미리 인장력을 가한 상태로 콘크리트를 넣고 완전 경화 후 강현재 단부에서 인장력을 푸는 방법이다.
	종류	① 롱라인 법(Long Line Method) ② 단독형틀법(Individual Mold Method) ③ 정착프리텐션법(Anchored Pre-Tensioning) ④ 프리포스트 병용법(Pre-Post-Tensioning)

4. 프리텐션	시공 순서	① 거푸집 설치 ② 강현재 설치 ③ 긴장 후 정착 ④ 콘크리트 타설 ⑤ 양생 ⑥ Stress 부여
5. 포스트텐션	정의	콘크리트를 부어 넣기 전에 얇은 쉬스(Sheath)를 묻어 두고 콘크리트를 부어 넣은 후 쉬스 구멍에 강현재를 통하여 긴장시키고 고정시킨다.
	시공 순서	① 거푸집 설치 ② Sheath관 설치 ③ 콘크리트 타설 ④ 양생 ⑤ 쉬스(Sheath)관 내 긴장재 삽입 ⑥ 긴장 후 정착 ⑦ 그라우팅 ⑧ 양생 후 Stress 부여
6. 정착구 (Anchorage) 방법		① 쐐기식(Wedge system) ② 나사식(Screw system) ③ 루프식(Loop system) ④ 용융합금식
7. PS 강재의 종류		① 피아노선 ② PC강선(Prestressing Wire) ③ PC강연선(Prestressing Wire Stand) ④ PC강봉(Prestressing Steel Bar)

●14④ · 07③ · 04③ · 00⑤
(순서) 프리텐션, 포스트텐션 공법의 시공순서 차이점

●20② · 18④ · 17② · 13④ · 12② · 08② · 05① · 00①
(용어) 포스트텐션

●08③ · 07③ · 05② · 04③ · 00⑤ · 98③
(순서) 포스트텐션 공법

●13④
(용어) 쉬스관

●09②
(용어) 그라우팅

●08③
(용어) 긴장재

●04③ · 00⑤
(종류) 프리스트레스트 정착구 접착공법

●16① · 10② · 05①
(종류) 프리스트레스트 긴장재

3) 외장용 노출 콘크리트

1. 정의	외장마감 처리를 하지 않고 타설된 콘크리트 자체가 최종 마감면으로 활용되는 콘크리트	
2. 목적	① 마감공사생략에 따른 공기 단축 ② 마감재 미사용에 따른 재료 절감 ③ 경량화 및 단순미 구현 ④ 마감면을 고강도 · 고품질의 콘크리트 활용	
3. 품질	요구성능	성능 저하에 영향을 주는 요소
	① 색채 균일 성능 ② 균열 발생 억제 성능 ③ 충전 및 재료분리 저항성능 ④ 내구성능	① 탄산화 작용 ② 염화물 침투 ③ 동결융해 ④ 황산염 ⑤ 알칼리골재반응으로 대표되는 사용재료 품질의 영향

●15④ · 08② · 05① · 03① · 00③
(용어) 외장용 노출 콘크리트

●05② · 02①
(목적) 외장용 노출 콘크리트

종별		표면 마감의 정도	거푸집널의 정도
4. 치장 마감	A종	홈이음, 요철(凹凸) 등이 지극히 작고 양호한 면	규정에 의한 표면가공품의 거푸집널로 거의 손상이 없는 것
	B종	홈이음, 요철(凹凸) 등이 작고 양호한 면으로 글라인더 처리 등에 따라 평활하게 조정	규정의 거푸집널로 거의 손상이 없는 것
	C종	제물치장 그대로인 상태에서 홈이음 제거를 행한 것	규정의 거푸집널로 사용상 지장이 없는 정도의 것

4) 매스(Mass) 콘크리트

●15④ · 08③ · 08② · 05③ · 05①
· 03① · 02③ · 00③

(용어) 매스 콘크리트

●19② · 09④

(용어) 관로식 냉각(Post-cooling)

●23④ · 20④ · 19② · 09④

(용어) 선행 냉각(Pre-cooling)

●23④

(종류) 선행 냉각 사용재료

●21① · 20① · 19① · 18② · 14④
13① · 12① · 09④

(대책) 매스 콘크리트 수화열 저감 대책

1. 정의	구조물의 부재치수는 일반적인 표준으로서 넓이가 넓은 평판구조의 경우 두께 0.8m 이상, 하단이 구속된 벽체의 경우 두께 0.5m 이상
2. 용어	① 관로식 냉각(Post-cooling) : 매스 콘크리트의 시공에서 콘크리트를 타설한 후 콘크리트의 내부온도를 제어하기 위해 미리 묻어 둔 파이프 내부에 냉수 또는 공기를 강제적으로 순환시켜 콘크리트를 냉각하는 방법 ② 선행 냉각(Pre-cooling) : 매스 콘크리트의 시공에서 콘크리트를 타설하기 전에 콘크리트의 온도를 제어하기 위해 얼음이나 액체질소 등으로 콘크리트 원재료를 냉각하는 방법 ③ 온도제어양생 : 콘크리트를 타설한 후 일정 기간 콘크리트의 온도를 제어하는 양생 ④ 온도균열지수(Thermal Crack Index) : 매스 콘크리트의 균열 발생 검토에 쓰이는 것으로, 콘크리트의 인장강도를 온도에 의한 인장응력으로 나눈 값 ⑤ 내부구속 : 콘크리트 단면 내의 온도 차이에 의한 변형의 부등분포에 의해 발생하는 구속작용 ⑥ 외부구속 : 새로 타설된 콘크리트 블록의 온도에 의한 자유로운 변형이 외부로부터 구속되는 작용
3. 균열 방지 및 제어 방법	① 콘크리트의 선행 냉각, 관로식 냉각 등에 의한 온도저하 및 제어방법 ② 팽창콘크리트의 사용에 의한 균열방지방법 ③ 수축 · 온도철근의 배치에 의한 방법
4. 재료 및 배합	① 시멘트는 부재의 내부온도상승이 작은 것을 택함 ② 고로 슬래그 미분말을 혼입하는 경우 슬래그를 사용하지 않는 경우보다 발열량이 증가하여 오히려 콘크리트 온도가 상승하는 경우도 있음 ③ 저발열형 시멘트에 석회석 미분말 등을 혼합하여 수화열을 더욱 저감시킨 혼합형 시멘트는 충분한 실험을 통해 그 특성을 확인 ④ 저발열형 시멘트는 91일 정도의 장기 재령을 설계기준압축강도의 기준 재령 ⑤ 굵은골재의 최대 치수는 작업성이나 건조수축 등을 고려하여 되도록 큰 값을 사용 ⑥ 배합수는 저온의 것을 사용

4. 재료 및 배합	⑦ 얼음을 사용하는 경우에는 비빌 때 얼음덩어리가 콘크리트 속에 남아 있지 않도록 ⑧ 단위 시멘트량이 적어지도록 배합
5. 냉각 방법	① 선행 냉각 방법 • 냉수나 얼음을 따로따로 혹은 조합해서 사용하는 방법 • 냉각한 골재를 사용하는 방법 • 액체질소를 사용하는 방법 ② 관로식 냉각 : 파이프의 재질, 지름, 간격, 길이, 냉각수의 온도, 순환 속도 및 통수 기간 등을 검토

5) 진공(Vacuum) 콘크리트

1. 정의	콘크리트가 경화하기 전에 진공 매트(Vacuum Mat)로 수분과 공기를 흡수하고, 대기의 압력으로 콘크리트를 다진 콘크리트이다.
2. 특징	① 조기강도, 내구성, 내마모성이 커진다. ② 건조수축이 적게 되므로 콘크리트 기성재 제조에 이용된다. ③ 진공 처리로 인하여 물·시멘트비가 적게 되며 표면의 공기구멍이 작게 된다.

●17① · 10① · 02① · 00③
(용어) 진공 콘크리트

6) 쇼트 크리트

1. 정의	컴프레서 혹은 펌프를 이용하여 노즐 위치까지 호스 속으로 운반한 콘크리트를 압축공기에 의해 시공면에 뿜어서 만든 콘크리트
2. 용어	① 급결제 : 터널 등의 쇼트 크리트에 첨가하여 뿜어 붙인 콘크리트의 응결 및 조기의 강도를 증진시키기 위해 사용되는 혼화제 ② 토출배합 : 쇼트 크리트에 있어서 실제로 노즐로부터 뿜어 붙여지는 콘크리트의 배합으로 건식방법에서는 노즐에서 가해지는 수량 및 표면수를 고려하여 산출되는 쇼트 크리트의 배합
3. 초기 강도	재령 / 쇼트 크리트의 초기강도(MPa) 24시간 / 5.0~10.0 3시간 / 1.0~3.0
4. 종류	① 건나이트(Gunite) ② 본닥터(Bonductor) ③ 제트크리트(Jetcrete)
5. 특징	① 밀착성 우수 ② 수밀성, 강도, 내구성 우수 ③ 얇은 벽바름 녹막이에 유효 ④ 균열 발생 우려 ⑤ 다공질 ⑥ 건조수축 발생

●19① · 14② · 11④ · 09① · 07③ · 04① · 01①
(용어) 쇼트 크리트

●04① · 01①
(종류) 쇼트 크리트

●23④ · 19① · 14② · 11④ · 09①
(특징) 쇼트 크리트 장단점

●17① · 10① · 06① · 02①
용어 프리플레이스트 콘크리트

7) 프리플레이스트 콘크리트

1. 정의	미리 거푸집 속에 특정한 입도를 가지는 굵은골재를 채워놓고, 그 간극에 모르타르를 주입하여 제조한 콘크리트
2. 용어	① 대규모 프리플레이스트 콘크리트 : 시공속도가 40~80m³/h 이상 또는 한 구획의 시공면적이 50~250m² 이상일 경우 ② 고강도 프리플레이스트 콘크리트 : 재령 91일에서 압축강도 40MPa 이상이 얻어지는 프리플레이스트 콘크리트
3. 주입 모르타르 품질	① 유동성 : 유하시간의 설정 값은 16~20초, 고강도 프리플레이스트 콘크리트의 유하시간은 25~50초를 표준으로 함 ② 재료 분리 저항성 : 블리딩률의 설정 값은 시험 시작 후 3시간에서의 값이 3% 이하, 고강도 프리플레이스트 콘크리트의 경우에는 1% 이하로 함 ③ 팽창성 : 팽창률의 설정 값은 시험 시작 후 3시간에서의 값이 5~10%, 고강도 프리플레이스트 콘크리트의 경우는 2~5%를 표준으로 함
4. 사용골재	① 굵은골재의 최소 치수는 15mm 이상 ② 굵은골재의 최대 치수는 부재단면 최소 치수의 1/4 이하, 철근콘크리트의 경우 철근 순간격의 2/3 이하 ③ 굵은골재의 최대 치수는 최소 치수의 2~4배 정도 ④ 굵은골재의 최소 치수를 크게 하는 것이 효과적이며, 굵은골재의 최소 치수가 클수록 주입모르타르의 주입성이 현저하게 개선되므로 굵은골재의 최소 치수는 40mm 이상
5. 주입관의 배치	① 주입관은 확실하고 원활하게 주입 작업이 될 수 있는 구조로서 그 안지름은 수송관과 같거나 그 이하 ② 연직주입관의 수평 간격은 2m 정도를 표준 ③ 수평주입관의 수평 간격은 2m 정도, 연직 간격은 1.5m 정도를 표준 ④ 대규모 프리플레이스트 콘크리트 주입관의 간격은 일반적으로 5m 전후

●15④ · 08② · 05① · 03① · 00③
용어 고강도 콘크리트

8) 고강도 콘크리트

1. 정의	설계기준강도가 40MPa 이상, 경량콘크리트는 27MPa 이상인 콘크리트를 말한다.	
2. 특징	① 강도증진 ③ 균질한 콘크리트	② 부재의 경량화 ④ 내구성 증진

●02③ · 99③
종류 고성능 콘크리트

3. 고성능 콘크리트	① 고강도 콘크리트 ③ 고내구성 콘크리트	② 고유동성 콘크리트

●23① · 20②,⑤ · 19① · 18①
· 17④ · 14①
용어 폭렬현상

●24③ · 21② · 19①
종류 폭렬현상 방지대책

4. 폭렬현상	정의	화재 시 콘크리트 내부가 고열로 인하여 생성된 수증기가 밖으로 분출되지 못하여 생긴 수증기의 압력으로 콘크리트가 떨어져 나가는 현상	
	방지 대책	① 섬유제를 혼입 ③ 방화 피막재 붙임	② 방화 페인트 도포 ④ 방화 시스템(스프링클러) 설치

5. 배합	① 굵은골재의 최대 치수는 25mm 이하로 하며, 철근 최소 수평 순간격의 3/4 이내의 것을 사용 ② 단위 시멘트량은 가능한 한 적게 ③ 단위 수량 및 잔골재율은 가능한 한 작게 ④ 슬럼프 플로의 목표값은 설계기준압축강도 40MPa 이상 60MPa 이하의 경우 구조물의 작업 조건에 따라 500, 600 및 700mm로 구분 ⑤ 공기연행제를 사용하지 않는 것을 원칙
6. 시공 및 양생	① 기둥과 벽체 콘크리트, 보와 슬래브 콘크리트를 일체로 하여 타설할 경우에는 보 아래면에서 타설을 중지한 다음, 기둥과 벽에 타설한 콘크리트가 침하한 후 보, 슬래브의 콘크리트를 타설 ② 수직부재에 타설하는 콘크리트의 강도와 수평부재에 타설하는 콘크리트 강도의 차가 1.4배를 초과하는 경우에는 수직부재에 타설한 고강도 콘크리트는 수직-수평부재의 접합면으로부터 수평부재 쪽으로 안전한 내민 길이를 확보 ③ 고강도 콘크리트는 낮은 물-결합재비를 가지므로 철저히 습윤 양생

9) 수밀 콘크리트

1. 정의	수밀성이 큰 콘크리트 또는 투수성이 작은 콘크리트
2. 적용 범위	투수, 투습에 의해 안전성, 내구성, 기능성, 유지관리 및 외관 변화 등의 영향을 받는 구조물인 각종 저장시설, 지하구조물, 수리구조물, 저수조, 수영장, 상하수도시설, 터널 등 높은 수밀성이 필요한 콘크리트 구조물에 적용
3. 요구 성능	① 균열, 콜드조인트, 이어치기부, 신축이음, 허니컴, 재료 분리 등 외부로부터 물의 침입이나, 내부로부터 유출의 원인이 되는 결함이 없도록 ② 시공할 때는 균일하고 치밀한 조직을 갖는 콘크리트 ③ 이음부 및 거푸집 긴결재 설치 위치에서의 수밀성이 확보되도록 필요에 따라 방수 시공
4. 재료 및 배합	① 공기연행제, 감수제, 공기연행감수제, 고성능공기연행감수제 또는 포졸란 등을 사용하는 것을 원칙 ② 단위수량 및 물-결합재비는 되도록 작게 하고, 단위 굵은골재량은 되도록 크게 ③ 소요 슬럼프는 되도록 작게 하여 180mm 이하(타설이 용이할 경우 120mm 이하) ④ 공기연행감수제를 사용하는 경우라도 공기량은 4% 이하 ⑤ 물-결합재비는 50% 이하를 표준
5. 시공 및 양생	① 가능한 한 연속으로 타설하여 콜드조인트가 발생하지 않도록 함 ② 0.1mm 이상의 균열 발생이 예상되는 경우 누수를 방지하기 위한 방수를 검토 ③ 방수제의 사용 방법에 따라 배치플랜트에서 충분히 혼합하여 현장으로 반입시키는 것을 원칙 ④ 연속 타설 시간 간격은 외기온도가 25℃를 넘었을 경우에는 1.5시간, 25℃ 이하일 경우에는 2시간 이내 ⑤ 콘크리트 다짐을 충분히 하며, 가급적 이어치기 금지 ⑥ 충분한 습윤 양생을 실시

10) 고유동 콘크리트

1. 정의	굳지 않은 상태에서 재료 분리 없이 높은 유동성을 가지면서 다짐 작업 없이 자기 충전이 가능한 콘크리트
2. 용어	① 슬럼프 플로 도달시간 : 슬럼프 플로 시험에서 소정의 슬럼프 플로에 도달(일반적으로 500mm)하는 데 요하는 시간 ② 증점제 : 굳지 않은 콘크리트의 재료 분리 저항성을 증가시키는 작용을 갖는 혼화제
3. 적용 범위	① 보통 콘크리트로는 충전이 곤란한 구조체인 경우 ② 균질하고 정밀도가 높은 구조체를 요구하는 경우 ③ 타설 작업의 최적화로 시간 단축이 요구되는 경우 ④ 다짐 작업에 따르는 소음과 진동의 발생을 피해야 하는 경우
4. 자기 충전성 3가지 등급	① 1등급 : 최소 철근 순간격 35~60mm의 복잡한 단면 형상을 가진 철근 콘크리트 구조물, 단면 치수가 작은 부재 또는 부위에서 자기 충전성을 가지는 성능 ② 2등급 : 최소 철근 순간격 60~200mm의 철근콘크리트 구조물 또는 부재에서 자기 충전성을 가지는 성능(일반 구조물 또는 부재 2등급 표준) ③ 3등급 : 최소 철근 순간격 200mm 이상으로 단면 치수가 크고 철근량이 적은 부재 또는 부위, 무근 콘크리트 구조물에서 자기 충전성을 가지는 성능
5. 품질	① 슬럼프 플로 시험에 의하여 정하고, 그 범위는 600mm 이상 ② 슬럼프 플로 500mm 도달시간 3~20초 범위를 만족 ③ 자기 충전성은 U형 또는 박스형 충전성 시험을 통해 평가하며, 충전높이는 300mm 이상

11) 합성 구조 콘크리트

1. 정의	강재 단일 부재 혹은 조립 부재를 철근콘크리트 속에 배치하거나 외부를 감싸게 하여 강재와 철근콘크리트가 합성으로 외력에 저항하는 구조
2. 용어	① 콘크리트 충전 강관 기둥(Concrete Filled Tubular Column) : 원형 또는 각주형의 강관 속에 콘크리트를 충전한 기둥 ② 강·콘크리트 샌드위치 부재(Steel-concrete Sandwich Member) : 두 장의 강판을 강재로 연결하여 그 사이를 콘크리트로 충전한 구조 부재

12) 저탄소 콘크리트(Low Carbon Concrete)

1. 정의	시멘트 대체 혼화재로서 플라이애시 및 콘크리트용 고로슬래그 미분말을 결합재로 대량 치환하여 제조된 삼성분계 콘크리트 중 치환율이 50% 이상, 70% 이하인 콘크리트							

2. 종류	굵은골재의 최대 치수(mm)	슬럼프 또는 슬럼프 플로(mm)	호칭강도 MPa(= N/mm²)					
			18	21	24	27	30	35
	20, 25	80, 120, 150, 180, 210	○	○	○	○	○	○
		500*, 600*	–	–	–	○	○	○

CHAPTER 05 핵심 기출문제

1회독 □ 월 일
2회독 □ 월 일
3회독 □ 월 일

● 종류 – 수중 콘크리트

01 다음 설명에 해당되는 용어를 쓰시오. • 98①

가. 물, 이수 중의 콘크리트 치기를 할 때 보통 안지름 25cm 이상으로 하고 관 선단이 항상 채워진 콘크리트 중에 묻히도록 하여 콘크리트 타설을 용이하게 하기 위한 관을 무엇이라 하는가?

나. 붙임 모르타르를 바닥면에 바른 후 타일붙임을 시작하면 시간경과에 따라 붙임 모르타르의 응결이 진행되는데, 타일의 기준 접착강도를 얻을 수 있는 최대 한계시간을 무엇이라 하는가?

가. _____
나. _____

정답 용어
가. 트레미관
나. 오픈타임(Open Time)

● 종류 – 서중 콘크리트

02 다음 ( ) 안에 적당한 용어와 수치를 기재하시오. • 21② · 05②

높은 외부기온으로 인하여 콘크리트의 슬럼프 또는 슬럼프 플로 저하나 수분의 급격한 증발 등의 우려가 있을 경우에 시공되며 하루 평균기온이 25℃를 초과하는 경우를 (가)콘크리트로 시공하며, 콘크리트는 비빈 후 즉시 타설하여야 하며, 지연형 감수제를 사용하는 등의 일반적인 대책을 강구한 경우라도 (나)시간 이내에 타설하여야 한다. 이때 콘크리트를 타설할 때의 콘크리트의 온도는 (다)℃ 이하이어야 한다.

가. _____ 나. _____
다. _____

정답 콘크리트 시공
가. 서중
나. 1.5
다. 35

정답 서중 콘크리트
가. 단위수량의 증가로 인한 내수성·수밀성 저하
나. 슬럼프 저하 발생으로 충전성 불량, 표면마감 불량 발생
다. 초기발열증대에 따른 온도 균열 발생
라. 장기강도 저하
마. 초기의 급격한 수분증발로 초기건조수축균열 발생

03 하절기 콘크리트 시공 시 발생하는 문제점으로써 콘크리트 품질 및 시공면에 미치는 영향에 대해 5가지를 쓰시오. ● 10④·06①·04③

가. _____
나. _____
다. _____
라. _____
마. _____

04 하절기 콘크리트에서 발생할 수 있는 문제점에 대한 대책 중 관계되는 것을 보기에서 모두 골라 기호로 쓰시오. ● 12②·08①

> 가. AE제 감수제의 사용   나. 사용재료의 온도 상승 방지
> 다. 중용열 시멘트의 사용   라. 운반·타설시간의 단축방안 강구
> 마. 응결촉진제의 사용   바. 단위시멘트량의 증가

정답 서중 콘크리트 대책
가, 나, 다, 라

● **종류 – 한중 콘크리트**

05 다음은 건축공사표준시방서의 한중 콘크리트 공사에 대한 설명이다. ( ) 안에 알맞은 숫자를 쓰시오. ● 23④·11②·10④·07②

> 한중 콘크리트의 특징은 일평균기온이 (가)℃ 이하 또는 콘크리트 타설 완료 후 24시간 동안 일최저기온이 (나)℃를 유지해야 하고, 물-결합재비는 원칙적으로 (다)% 이하이어야 한다.

가. _____   나. _____
다. _____

정답 한중 콘크리트
가. 4
나. 0
다. 60

06 한중 콘크리트의 문제점에 대한 대책을 보기에서 골라 기호를 쓰시오. ● 14①·04②·08②

> 가. AE제 사용   나. 응결지연제 사용
> 다. 보온양생   라. 물-결합재비를 60% 이하로 유지
> 마. 중용열 시멘트 사용   바. Pre-cooling 방법 사용

정답 한중 콘크리트 대책
가, 다, 라

07 한중 콘크리트 동결 저하 방지대책을 2가지 쓰시오.

가. _____
나. _____

정답 한중 콘크리트 대책
가. AE제 사용
나. 초기 양생(5MPa 발현 시까지)
다. 재료 가열
라. 콘크리트 보온양생

08 한중 콘크리트의 보온양생방법을 3가지 쓰시오.

가. _____
나. _____
다. _____

정답 한중 콘크리트의 보온양생법
가. 단열 보온양생
나. 급열 보온양생
다. 피복 보온양생

09 한중 콘크리트 초기 양생 시 주의해야 할 점 3가지를 쓰시오.

가. _____
나. _____
다. _____

정답 한중 콘크리트 초기 양생 시 주의사항
가. 압축강도가 5MPa이 될 때까지 어느 부분도 0도 이하가 되지 않도록 함
나. 한풍에 의한 온도 저하 유의
다. 양생 종료 12시간 전부터 살수 금지
라. 초기 보호양생 종료 시 급속한 온도 저하 방지
마. 방풍막이용 천막은 적설하중을 고려하여 견고하게 설치

10 한중기 콘크리트에 관한 내용 중 ( ) 안을 적당히 채우시오.

가. 한중 콘크리트는 초기강도 ( )MPa까지는 보양을 실시한다.
나. 한중 콘크리트 물–결합재비는 ( )% 이하로 한다.

정답 용어
가. 5
나. 60

11 다음 ( ) 안에 공통으로 들어가는 알맞은 용어를 쓰시오.

> 가. 한중 콘크리트에서는 초기강도 발현이 늦어지므로 ( )를 이용하여 거푸집의 해체시기, 콘크리트 양생기간 등을 검토한다.
> 나. 양생온도가 달라져도 그 ( )가 같으면 콘크리트의 강도는 비슷하다고 본다.

정답 용어
적산온도

12 콘크리트에 대한 아래의 설명에 적합한 용어를 〈보기〉에서 골라 기호로 쓰시오.
● 08③ · 02③

〈보기〉
① 한중 Concrete
② 서중 Concrete
③ 유동화 Concrete
④ Mass Concrete
⑤ Prestressed Concrete
⑥ 프리플레이스트 Concrete
⑦ 중량 Concrete
⑧ 섬유보강 Concrete

가. 수화반응이 지연되어 응결 및 강도발현이 지연되기 때문에 부어 넣기 전에 충분한 대책수립이 필요하다. (　　)
나. 수화열이 내부에 축적되어 콘크리트 온도가 상승되고 균열발생이 우려된다. (　　)
다. Slump Loss가 증대되고 동일 Slump를 얻기 위해 단위수량이 증가한다. (　　)

정답 콘크리트 종류
가. ①
나. ④
다. ②

13 다음은 콘크리트의 문제점을 설명한 것이다. 해당 콘크리트를 〈보기〉에서 골라 기호로 쓰시오.
● 08③ · 05③ · 02③

〈보기〉
가. 서중 콘크리트
나. 한중 콘크리트
다. 유동화 콘크리트
라. 매스(Mass) 콘크리트
마. 진공 콘크리트
바. 프리플레이스트 콘크리트

① 수화반응이 지연되어 콘크리트의 응결 및 강도발현이 늦어진다. (　　)
② 슬럼프 로스가 증대하고, 슬럼프가 저하하며 동일 슬럼프를 얻기 위해 단위수량이 증가한다. (　　)
③ 슬럼프의 경시변화가 보통 콘크리트보다 커서 여름에는 30분, 겨울에는 1시간 정도에서 베이스 콘크리트의 슬럼프로 되돌아오는 경우도 있다. (　　)
④ 수화열이 내부에 축적되어 콘크리트 온도가 상승하고 균열이 발생하기 쉽다. (　　)

정답 콘크리트 종류
① 나　② 가
③ 다　④ 라

● 종류 – 경량 Con'c

14 경량 콘크리트를 제조하기 위한 재료에 대하여 쓰시오. •01②

  가. 주재료 : _____

  나. 혼화재료 : _____

> **정답** 경량 콘크리트 재료
> 가. 주재료 : 보통 포틀랜드 시멘트, 경량골재
> 나. 혼화재료 : AE제, 발포제

15 다음 용어를 설명하시오. •19④

  가. 코너비드 : _____

  나. 차폐용 콘크리트 : _____

> **정답** 경량 콘크리트 재료
> 가. 코너비드 : 기둥이나 벽 등의 모서리를 보호하기 위해 설치하는 미장 철물
> 나. 차폐용 콘크리트 : 방사선 차폐를 위한 중량 콘크리트

● 종류 – 섬유 보강 콘크리트

16 다음 (   ) 안에 알맞은 말을 쓰시오. •03③ •02③

> 콘크리트의 휨강도, 전단강도, 인장강도, 균열저항성, 인성 등을 개선하기 위하여 단섬유상 재료를 균등히 분산시켜 제조한 콘크리트를 (   ) 콘크리트라 하며, 사용되는 섬유질 재료는 합성섬유, (   )섬유, (   )섬유 등이 있다.

> **정답** 섬유보강 콘크리트
> 섬유보강, 강, 유리

17 섬유보강 콘크리트에 사용되는 섬유의 종류를 3가지 쓰시오.
  •20④ •18② •03③ •02③

  가. _____
  나. _____
  다. _____

> **정답** 섬유 종류
> 가. 합성섬유
> 나. 강섬유
> 다. 유리섬유

● 종류 – 폴리머 시멘트 콘크리트

18 폴리머 시멘트 콘크리트의 특성을 보통 시멘트 콘크리트와 비교하여 4가지만 쓰시오. •16② •09②

  가. _____
  나. _____
  다. _____
  라. _____

> **정답** 폴리머 시멘트 콘크리트
> 가. 부재단면의 축소와 경량화가 가능하다.
> 나. 내열성이 약하고 경화 시 수축성이 작다.
> 다. 골재와의 접착성이 좋다.
> 라. 우수한 내약품성이 있다.

● 종류 – 유동화 콘크리트

19 유동화 콘크리트의 제조방법을 3가지 쓰시오.

가.

나.

다.

정답 유동화 콘크리트 제조법
가. 배치플랜트에서 운반한 베이스 콘크리트에 공사 현장에서 트럭교반기(애지테이터 트럭)에 유동화제를 첨가하여 균일하게 될 때까지 교반하여 유동화
나. 레디믹스트 콘크리트 공장에서 트럭교반기(애지테이터 트럭)의 베이스 콘크리트에 유동화제를 첨가하여 즉시 고속으로 교반하여 유동화
다. 레디믹스트 콘크리트 공장에서 트럭교반기(애지테이터 트럭)의 베이스 콘크리트에 유동화제를 첨가하여 저속으로 교반하면서 운반하고 공사 현장 도착 후에 고속으로 교반하여 유동화

● 종류 – 용어

20 다음 설명이 뜻하는 콘크리트의 명칭을 써넣으시오.

가. 콘크리트면에 미장 등을 하지 않고, 직접 노출시켜 마무리한 콘크리트
( )

나. 부재 단면치수가 80cm 이상, 콘크리트 내·외부 온도차가 25℃ 이상으로 예상되는 콘크리트
( )

다. 콘크리트 설계기준 강도가 일반 콘크리트의 경우 40MPa 이상이고, 경량콘크리트의 경우 27MPa 이상인 콘크리트
( )

정답 콘크리트 종류
가. 외장용 노출 콘크리트
나. 매스콘크리트(Mass Concrete)
다. 고강도콘크리트 (High Strength Concrete)

21 다음 설명에 해당하는 콘크리트의 종류를 쓰시오.

가. 콘크리트 제작 시 골재는 전혀 사용하지 않고 물, 시멘트, 발포제만으로 만든 경량 콘크리트
( )

나. 콘크리트 타설 후 Mat, Vacuum Pump 등을 이용하여 콘크리트 속에 잔류해 있는 잉여수 및 기포 등을 제거함을 목적으로 하는 콘크리트
( )

다. 거푸집 안에 미리 굵은골재를 채워 넣은 후 그 공극 속으로 특수한 모르타르를 주입하여 만든 콘크리트
( )

정답 콘크리트 종류
가. 서모콘(Thermo-con)
나. 진공 콘크리트
다. 프리플레이스트 콘크리트

22 다음에 설명된 공법의 명칭을 기록하시오. • 10① · 02① · 00③

> 가. 콘크리트 타설 직후에 매트, 진공펌프 등을 이용해 콘크리트 내부의 수분 중 수화작용에 필요한 최소량을 제외한 수분을 제거하여 밀실한 콘크리트를 시공하는 방법
> 나. PC제품이나 내진보강벽 등 폐쇄공간의 콘크리트를 타설하기 위해 콘크리트 펌프 등의 압송기계에 연결된 배관을 구조체 하부의 거푸집에 설치된 압입부에 직접 연결해서 유동성 있는 콘크리트를 타설하는 공법

가. _____
나. _____

[정답] 용어
가. 진공 콘크리트 공법 (Vacuum Concrete공법)
나. 압입 공법(압입채움 공법)

● **종류 – 레디믹스트 콘크리트**

23 레디믹스트 콘크리트에 대해 설명하시오. • 07②

_____

[정답] 레디믹스트 콘크리트
콘크리트 제조설비를 갖춘 공장에서 생산되며, 아직 굳지 않은 상태로 현장에 운반되는 콘크리트

24 레미콘(보통 – 25 – 24 – 150)의 현장 반입 시 송장 표기 내용이다. 각각 의미하는 바를 간단히 쓰시오.(단, 단위 표기도 할 것)
• 23① · 22④ · 19④ · 15④ · 08②

가. 보통 : _____   나. 25 : _____
다. 24 : _____   라. 150 : _____

[정답] 레미콘의 표시 형식
가. 보통 : 보통콘크리트
나. 25 : 굵은골재 최대치수 25mm
다. 24 : 호칭강도 24MPa
라. 150 : 슬럼프치 150mm

25 현장에서 반입하는 레미콘 품질 검사 항목 4가지를 쓰시오.
• 23① · 22① · 14② · 10④ · 04③ · 04② · 01③ · 98②

가. _____   나. _____
다. _____   라. _____

[정답] 레미콘 품질 검사 항목
가. 압축강도
나. 슬럼프 치
다. 공기량
라. 염화물 함유량

26 레미콘 공장 선정 시 유의사항 3가지를 쓰시오. • 24① · 20③

가. _____
나. _____
다. _____

[정답] 레미콘 공장 선정 시 유의사항
가. 현장과의 거리
나. 운반 시간
다. 콘크리트 제조 능력
라. 운반차의 수
마. 공장의 제조 설비
바. 품질관리 상태

27 다음 용어에 대해 설명하시오.

가. AE 감수제 : _____

나. Shrink Mixed Concrete : _____

> **정답** 용어
> 가. AE 감수제 : AE(Air Entraining Agent)제의 성능과 더불어 감수 효과를 증대시킨 혼화제
> 나. Shrink mixed Concrete : 믹싱 플랜트 고정믹서에서 어느 정도 비빈 콘크리트를 트럭믹서에 실어 운반 도중 완전히 비비는 것

28 다음은 레미콘 비비기와 운반방식에 따른 종류의 설명이다. 보기에서 명칭을 골라 번호로 쓰시오.

① 센트럴 믹스트 콘크리트   ② 트랜싯 믹스트 콘크리트
③ 슈링크 믹스트 콘크리트

가. 트럭믹서에 모든 재료가 공급되어 운반 도중에 비벼지는 것 ( )
나. 믹싱 플랜트 고정믹서에서 어느 정도 비빈 것을 트럭 믹서에 실어 운반도중 완전히 비비는 것 ( )
다. 믹싱 플랜트 고정믹서로 비빔이 완료된 것을 애지테이터 트럭으로 운반하는 것 ( )

> **정답** 레디믹스트 콘크리트
> 가. ②
> 나. ③
> 다. ①

29 다음 괄호에 맞는 용어를 기재하시오.

레디믹스트 콘크리트 배합표에 보통골재는 (가) 상태의 질량, 인공경량골재는 (나) 상태의 질량을 표시한다. (다)는 혼화재를 사용한 경우로 $\frac{물}{시멘트+혼화재}$ 의 질량의 백분율로 계산하여 기입한다.

가. _____ 나. _____
다. _____

> **정답** 용어
> 가. 표면건조내부포수
> 나. 절대건조
> 다. 물-결합재

30 레디믹스트 콘크리트가 현장에 도착하여 타설될 때 시공자가 현장에서 일반적으로 행하여야 하는 품질관리 항목을 〈보기〉에서 항목을 보기에서 모두 골라 기호로 쓰시오.

〈보기〉
① 슬럼프 시험   ② 물의 염소 이온량 측정
③ 골재의 반응성   ④ 공기량 시험
⑤ 압축강도 측정용 공시체 제작   ⑥ 시멘트의 알칼리량

> **정답** 레디믹스트 콘크리트 타설 품질관리 항목
> ①, ④, ⑤

● 종류 – 고성능 콘크리트

31 고성능 콘크리트(High Performance Concrete)는 물리적 특성으로 구분하여 3가지 종류로서 고성능 콘크리트를 대별할 수 있다. 다음 고성능 콘크리트의 특성에 따른 3가지로 구분된 콘크리트 명칭을 쓰시오.

가. _____
나. _____
다. _____

[정답] 고성능 콘크리트
가. 고강도 콘크리트
나. 고내구성 콘크리트
다. 고유동성 콘크리트

32 고강도 콘크리트의 폭렬현상에 대하여 설명하시오.

[정답] 콘크리트 폭렬현상
화재 시 콘크리트 내부가 고열로 인하여 생성된 수증기가 밖으로 분출되지 못해 수증기의 압으로 콘크리트가 떨어져 나가는 현상으로 고강도 콘크리트에서 발생된다.

33 콘크리트 구조물의 화재 시 급격한 고열현상에 의하여 발생하는 폭렬현상 방지 대책을 2가지 쓰시오.

가. _____
나. _____

[정답] 폭렬현상 방지 대책
가. 내화 도료의 도포
나. 내화 모르타르 시공
다. 표층부 메탈라스 시공
라. 유기질 섬유 혼입
마. 강관 등의 콘크리트 피복

● 종류 – 외장용 노출 콘크리트

34 외장용 노출 콘크리트(Exposed Con'c)의 시공목적을 4가지 쓰시오.

가. _____
나. _____
다. _____
라. _____

[정답] 외장용 노출 콘크리트의 시공목적
가. 마감공사 생략에 따른 공기 단축
나. 고도의 강도 추구
다. 외장재 절약과 마감의 다양성 추구
라. 아름다운 미 추구

● 종류 – 프리스트레스트 콘크리트

35 콘크리트의 인장응력이 생기는 부분에 미리 압축력을 주어 콘크리트의 인장강도를 증가시켜 휨저항을 크게 한 콘크리트의 명칭은? ● 06①

> **정답** 콘크리트 종류
> 프리스트레스트 콘크리트
> (Prestressed Concrete)

36 프리스트레스트 콘크리트에 이용되는 긴장재의 종류를 3가지 쓰시오. ● 16① · 10② · 05①

가.
나.
다.

> **정답** PS 콘크리트 강선
> 가. PC 강선
> 나. PC 강봉
> 다. PC 강연선(PC 꼬은 선)

37 PS 콘크리트에서 프리텐션 공법과 포스트텐션 공법을 간단히 쓰시오. ● 20② · 17② · 12② · 05① · 00①

가. 프리텐션 공법 :

나. 포스트텐션 공법 :

> **정답** 프리스트레스트 콘크리트
> 가. 강현재에 인장력을 가한 상태로 콘크리트를 부어 넣고 경화 후 단부에서 인장력을 풀어주어 콘크리트에 스트레스를 부여한다.
> 나. 덕트를 설치하고 콘크리트를 경화시킨 뒤 덕트 관내 구멍에 강현재를 삽입, 긴장시키고, 시멘트 페이스트로 그라우팅한 후 경화시켜 스트레스를 부여한다.

38 프리스트레스트 콘크리트의 정착구(定着具 ; Anchorage)의 대표적인 정착공법에 대하여 3가지만 쓰시오. ● 04③ · 00⑤

가.
나.
다.

> **정답** 프리스트레스트 정착공법
> 가. 쐐기식(Wedge System) 정착방식
> 나. 나사식(Screw System) 정착방식
> 다. 루프식(Loop System) 정착방식

39 Pre-Stressed Concrete에서 Pre-Tension 공법과 Post-Tension 공법의 차이점을 시공순서를 바탕으로 쓰시오. •14④·07③·04③·00⑤·98③

　가. Pre-Tension 공법 :

　나. Post-Tension 공법 :

정답 프리스트레스트 콘크리트
가. PC강재 긴장 → 콘크리트 타설 → PC강재와 콘크리트 접합 후 Pre-stress 도입
나. 덕트 설치 → 콘크리트 타설 → 덕트 내 PC강재 삽입·긴장·고정 → 그라우팅 후 콘크리트에 Pre-stress 도입

40 프리스트레스트 콘크리트에서 다음 항에 대해서 간단하게 기술하시오. •18④·09②

　가. 프리텐션(Pre-tension) 방식 :

　나. 포스트텐션(Post-tension) 방식 :

　다. 그라우팅(Grouting) :

정답 용어
가. 프리텐션(Pre-tension) 방식 : 강현재에 미리 인장력을 가한 상태로 콘크리트를 넣고 완전 경화 후 강현재 단부에서 인장력을 푸는 방법이다.
나. 포스트텐션(Post-tension) 방식 : 콘크리트를 부어 넣기 전에 얇은 덕트를 묻어 두고 콘크리트를 부어 넣은 후 덕트 내 강현재를 통하여 긴장시키고 고정시킨다.
다. 그라우팅(Grouting) : 강현재와 콘크리트의 부착을 위해 덕트 내 시멘트 페이스트를 채워 넣는 일로서 배합은 유동성, 팽창성 및 압축강도를 고려하여 W/C는 50% 이하로 한다.

41 ( ) 안에 알맞은 용어를 쓰시오. •08③

　가. 프리스트레스트 콘크리트에 사용되는 강재(강선, 강연선, 강봉)를 (　　　)라고 한다.
　나. 포스트텐션 공법은 (　　　) 설치 후-콘크리트 타설-콘크리트 경화 후 강재를 삽입하여 긴장, 정착 후 그라우팅하여 완성시키는 방법이다.

정답 프리스트레스트
가. 긴장재
나. 시스(Sheath)관

42 프리스트레스트 콘크리트에 관한 다음 기술 중 ( ) 안에 알맞은 용어를 쓰시오.
• 13④

> 콘크리트에 프리스트레스를 가하기 위하여 사용되는 강재로 강선, 철근, 강연선 등을 총칭하는 것을 긴장재라 하며, (가)방식에 있어서 PC강재의 배치구멍을 만들기 위하여 콘크리트를 부어 넣기 전에 미리 배치된 튜브(관)를 (나)(이)라 한다.

가. _____ 나. _____

[정답] 프리스트레스트 콘크리트
가. 포스트 텐션
나. 덕트

---

43 PC에 있어서, 프리스트레스를 주는 방법에는 프리텐션 공법과 포스트텐션 공법이 있다. 부재의 제작과정을 각 공법에 따라 순서대로 기호로 쓰시오.
• 07③ · 04③ · 00⑤ · 98③

> A : 프리스트레싱 포스를 콘크리트에 전달   B : 콘크리트 타설
> C : P.S 강재의 긴장   D : 부재 내 강재의 덕트 설치
> E : P.S 강재와 콘크리트의 부착

가. 프리텐션 공법 : _____
나. 포스트텐션 공법 : _____

[정답] 프리스트레스트 콘크리트
가. 프리텐션 공법 : C-B-E-A
나. 포스트텐션 공법 : D-B-C-E-A

---

44 Pre-Stressed Concrete 중 Post-Tension 공법의 시공순서를 〈보기〉에서 골라 번호를 쓰시오.
• 08③ · 07③ · 05② · 04③ · 00⑤ · 98③

> ① 강현재 삽입   ② 그라우팅
> ③ 콘크리트 타설   ④ 강현재 긴장
> ⑤ 덕트 설치   ⑥ 강현재 고정
> ⑦ 콘크리트 경화

( )→( )→( )→( )→( )→( )→( )

[정답] 포스트텐션 공법
⑤ → ③ → ⑦ → ① → ④ → ⑥ → ②

---

45 프리스트레스트(Prestressed) 콘크리트의 작업명을 공정순으로 〈보기〉의 번호로 나열하시오.
• 07③ · 04③ · 00⑤ · 98③

> ① 덕트 설치   ② 강현재 고정
> ③ 강현재 삽입   ④ 강현재 긴장
> ⑤ 콘크리트 타설   ⑥ 그라우팅
> ⑦ 콘크리트 경화   ⑧ 거푸집 조립

( )→( )→( )→( )→( )→( )→( )→( )

[정답] 프리스트레스트 콘크리트
순서
⑧→①→⑤→⑦→③→④→②→⑥

46 프리패브 콘크리트 공사 작업순서를 〈보기〉에서 골라 선택하시오.

• 01① · 98④

① 양생 후 탈형	② 개구부 Frame 설치
③ 표면마감	④ 철근, 철물류 삽입
⑤ 중간검사	⑥ 거푸집 조립

베드 거푸집 청소 → (　) → (　) → (　) → 설비, 전기배관 → (　) → 콘크리트 타설 → (　) → (　) → 보수와 검사 → 야적

정답 프리패브 공사의 작업순서
⑥ → ② → ④ → ⑤ → ③ → ①

47 다음 설명에 알맞은 용어를 쓰시오.

• 09①

가. 상시하중, 지진하중 등의 하중에 의한 응력을 상쇄하도록 미리 계획적으로 도입된 콘크리트의 응력
나. 프리캐스트 부재의 콘크리트 치기를 수평위치에서 부어 넣고 경사지게 세워 탈형하는 공법
다. 주로 수량에 의하여 좌우되는 아직 굳지 않은 콘크리트의 반죽질기

가. _____ 나. _____
다. _____

정답 용어
가. Pre-stress
나. Tilt-up Method
다. Consistency

● 종류 – 매스 콘크리트

48 매스 콘크리트 온도균열의 기본대책을 〈보기〉에서 고르시오.

• 18② · 13① · 09④

가. 응결촉진제 사용	나. 중용열시멘트 사용
다. Pre-cooling방법 사용	라. 단위시멘트량 감소
마. 잔골재율 증가	바. 물-결합재비 증가

정답 매스 콘크리트 온도균열의 기본대책
나, 다, 라

49 매스 콘크리트의 수화열 저감을 위한 대책을 3가지만 쓰시오.

• 20① · 14④ · 12①

가. _____
나. _____
다. _____

정답 수화열 저감 대책
가. Pre-cooling(재료 냉각) 적용
나. Post-cooling(Pipe + 냉각수) 적용
다. 수화열이 작은 시멘트 사용

정답 온도균열방지 대책
가. 수화열이 낮은 시멘트 사용
나. 혼화재 사용
다. 굵은골재 크기를 가능한 한 크게 할 것
라. 단위 시멘트량을 감소시킬 것
마. 냉각공법을 적용
바. 콘크리트 타설 온도를 낮출 것

50 콘크리트 응결 경화 시 콘크리트 온도 상승 후 냉각하면서 발생하는 온도균열 방지 대책 3가지를 쓰시오. ●21② · 19①

가. _____
나. _____
다. _____

정답 매스 콘크리트 냉각공법
가. 선행 냉각(Pre-cooling) : 매스 콘크리트의 시공에서 콘크리트를 타설하기 전에 콘크리트의 온도를 제어하기 위해 얼음이나 액체 질소 등으로 콘크리트 원재료를 냉각하는 방법
나. 관로식 냉각 : 매스 콘크리트의 시공에서 콘크리트를 타설한 후 콘크리트의 내부온도를 제어하기 위해 미리 묻어 둔 파이프 내부에 냉수 또는 공기를 강제적으로 순환시켜 콘크리트를 냉각하는 방법으로 포스트 쿨링(Post-cooling)이라고도 함

51 Pre-cooling 방법과 Post-cooling 방법에 대해 설명하시오. ●20④ · 19② · 09④

가. Pre-cooling : _____

나. Post-cooling : _____

정답 매스 콘크리트
가. 선행 냉각 방식 : 매스 콘크리트 시공에서 콘크리트를 타설하기 전에 콘크리트의 온도를 제어하기 위해 원재료를 냉각하는 방법
나. 사용재료 : 얼음, 액체질소

52 매스 콘크리트에서 선행 냉각 방식과 사용재료를 설명하시오. ●23④

가. 선행 냉각 방식 : _____

나. 사용재료 : _____

● **종류 – 쇼트 크리트 콘크리트**

정답 쇼트 크리트
가. 쇼트 크리트 : 모르타르를 압축 공기로 분사하여 바르는 뿜칠 콘크리트 공법으로 건나이트라고도 한다.
나. 장점 : 시공성이 좋고 가설공사비 감소
다. 단점 : 건조수축, 균열이 크고, 숙련공을 필요로 함

53 쇼트 크리트(Shotcrete)에 대해 설명하고, 장단점을 쓰시오. ●23④ · 14② · 11④ · 09①

가. 쇼트 크리트 : _____

나. 장점 : _____
다. 단점 : _____

54 쇼트 크리트(Shotcrete)에 대하여 간단히 기술하고, 종류 3가지를 쓰시오.

가. 쇼트 크리트 :

나. 종류 : ①
　　　　　②
　　　　　③

정답 쇼트 크리트
가. 쇼트 크리트 : 모르타르를 압축공기로 분사하여 바르는 뿜칠 콘크리트 공법으로 건나이트라고도 한다.
나. 종류 : ① 시멘트건
　　　　　② 본닥터
　　　　　③ 제트크리트
　　　　　④ 건나이트

55 쇼트 크리트(Shotcrete) 공법의 정의를 기술하고, 그에 대한 장단점을 2가지씩 쓰시오.

가. 정의 :

나. 장점 : ①
　　　　　②

다. 단점 : ①
　　　　　②

정답 쇼트 크리트
가. 모르타르를 압축공기로 분사하여 바르는 뿜칠 콘크리트 공법으로 건나이트라고도 한다.
나. 장점 : ① 시공성이 좋고,
　　　　　② 가설공사비 감소
다. 단점 : ① 건조수축,
　　　　　② 균열이 크고,
　　　　　③ 숙련공을 필요로 함

56 다음 설명에 해당하는 콘크리트의 명칭을 쓰시오.

가. 콘크리트 면에 미장 등을 하지 않고, 직접 노출시켜 마무리한 콘크리트
나. 부재 단면치수 80cm 이상, 콘크리트 내·외부 온도차가 25℃ 이상으로 예상되는 콘크리트
다. 건축구조물이 20층 이상이면서 기둥 크기를 적게 하도록 콘크리트 강도를 높게 하는 구조물에 사용되는 콘크리트로서 보통 설계기준 강도가 보통 40MPa 이상인 콘크리트

가. ＿＿＿＿＿＿＿　나. ＿＿＿＿＿＿＿
다. ＿＿＿＿＿＿＿

정답 콘크리트의 종류
가. 외장용 노출 콘크리트
나. 매스 콘크리트
다. 고강도 콘크리트

57 다음에서 설명하는 콘크리트의 종류를 쓰시오.　　　　　　　　　　　• 17①

가. 콘크리트 제작 시 골재는 전혀 사용하지 않고 물, 시멘트, 발포제만으로 만든 경량콘크리트　　　　　　　　(　　　　　　　　　　　　)

나. 콘크리트 타설 후 Mat, Vacuum Pump 등을 이용하여 콘크리트 속에 잔류해 있는 잉여수 및 기포 등을 제거함을 목적으로 하는 콘크리트
　　　　　　　　　　　　　　　(　　　　　　　　　　　　)

다. 거푸집 안에 미리 굵은골재를 채워 넣은 후 공극 속으로 특수한 모르타르를 주입하여 만든 콘크리트　　　　(　　　　　　　　　　　　)

정답 콘크리트의 종류
가. 서머콘
나. 진공 콘크리트
다. 프리플레이스트 콘크리트

Engineer Architecture

CHAPTER 06
철골/PC/커튼월

CONTENTS

제1절 철골공사	287
제2절 PC(Pre-Cast) 공사	303
제3절 커튼월	304

한눈에 보기

01 철골

Thinking Map

용어 미리보기

용어	Keyword	출제연도
볼트축 전단형 볼트	고력볼트에서 일정한 응력에 도달하면 볼트 축 끝 부분이 절단되는 볼트	19①
리머	철골공사에서 구멍을 뚫고 구멍주위를 가심질 하는 기구	01② · 00③ · 98②
드리프트 핀	철골공사에서 구멍의 중심을 맞추는 공구	06② · 00③ · 98②
무수축 모르타르	주각부 상부고름용에 사용되는 수축성이 적은 모르타르	23①
뉴머틱 해머	리벳접합에서 리벳팅하기 위한 도구	06② · 00③ · 98②
임팩트렌치 (Impact Wrench)	고력볼트를 조일 때 사용하는 조임기구	06②
내화피복	화재 발생 시 강재의 온도상승 및 강도저하를 방지하기 위하여 불연성 재료로 강재를 피복하는 방법	18②
게이지라인	응력방향으로 체결된 리벳의 중심을 연결하는 선	23① · 00③ · 98②
표준볼트 장력	현장시공의 기준값으로 설계볼트장력보다 10% 더한 값	13① · 10④
설계볼트 장력	설계 시 허용전단력을 구하기 위한 장력	13① · 10④
맞댐용접	한쪽 또는 양쪽부재의 끝을 용접이 양호하게 될 수 있도록 끝단면을 비스듬히 절단하여 용접하는 방식	20④ · 08③
살용접	두 부재를 일정한 각도로 접합한 후, 2개 이상의 판재를 겹치거나 T자형, +자형에서 삼각형 모양으로 접합부를 용접하는 방식	20④
피복재(Flux)	용접봉을 감싸는 피복재로서 금속화물, 탄산염, 셀룰로오스, 탈산재 등으로 구성	
목두께	용접의 유효 두께	
블로홀	용융금속 응고 시 방출가스가 길쭉하게 된 구멍에 남아 혼입되어 있는 현상	24③ · 19① · 09① · 05③
슬래그 감싸들기	용접봉의 피복재, 심선과 모재가 변하여 Slag가 용착 금속 내에 혼입된 것	24③ · 19① · 09① · 05③
언더컷	과대전류 혹은 용입불량으로 모재 표면과 용접 표면이 교차되는 점에 모재가 녹아 용착 금속이 채워지지 않은 현상	24③ · 21② · 19① · 09① · 05③
오버랩	겹침이 형성되는 현상으로서 용접 금속의 가장자리에 모재와 융합되지 않고 겹쳐지는 것	24③ · 21② · 09① · 05③
컬럼쇼트닝 (기둥 축소 변위)	(Column Shortening) 고층건물에서 위층부터 누적되는 축하중에 의해 기둥과 벽 등의 축소량이 생기는데, 수직부재 간의 축소량이 다르게 나타나는 현상	23② · 20④ · 19② · 15① · 10④
스캘럽 (Scallop)	용접 시 인접부재가 열영향을 받는 것을 방지하기 위하여 용접부재를 모따기한 것	23④ · 20④ · 19④ · 16② · 15④ · 14① · 11④ · 08③ · 02② · 02①
엔드탭 (End Tab)	용접 결함이 생기기 쉬운 용접 비드(Bead)의 시작과 끝 지점에 용접을 정확히 하기 위하여 모재의 양단에 부착하는 보조 강판	21④ · 19④ · 16② · 15④ · 11④ · 08③ · 02② · 02①
뒷댐재 (Back Strip)	맞댄 용접 시 루트부에 완전 용입을 얻을 수 있도록 뒤쪽에 대는 보조 강판재	19① · 14① · 11④ · 08③ · 02② · 02①

Terminology

용어	Keyword	출제연도
메탈터치 (Metal Touch)	기둥이음의 밀착도에 따라 축응력과 휨응력의 25%까지 직접 전달 시키기 위해 이음면을 정밀 가공하는 이음방법	21② · 20① · 15④ · 12① · 08③ · 02①
밀시트	철강제품의 품질보증을 위해 공인된 시험기관에서 발급하는 제조업체의 품질보증서	19①
쉬어커넥터	슬래브 및 데크 플레이트에 등에 사용되며 강재와 콘크리트의 전단을 보강하기 위하여 사용되는 철물	23② · 21① · 20③,④ · 17① · 16④
스터드볼트	철골철근콘크리트 구조체에서 철골과 콘크리트와의 일체성 확보를 위해 철골부재에 부착하여 콘크리트 속에 매립된 볼트	21① · 20③,④ · 17① · 16④
거싯 플레이트 (Gusset Plate)	철골보에서 기둥과 보를 연결시켜 주는 판재	16④
철골철근콘크리트 구조	철골조 뼈대 주위에 철근 배근을 하고 콘크리트를 부어 일체가 되게 한 구조	23② · 19①
Closed System	완성된 건축물의 형태가 사전에 상정되고 이를 구성하는 부재, 부품들이 어느 특정한 타입의 건물에만 사용될 수 있도록 부재, 부품을 주문 생산하는 방식	16①
Open System	특정 건물에만 적용되는 것이 아니고 일반 건축물을 구성하는 각 부품을 표준화하여 여러 형태의 건축물에 사용되도록 생산하는 방식	16①
틸트 업(Tilt Up)	지상의 수평진 곳에서 벽판 및 구조체로 제작한 후 이를 일으켜서 건축물을 구축하는 공법	09①
커튼월 스팬드럴 방식	수평선 강조하기 위하여 구체틀을 수평으로 노출하여 설치하는 공법	17② · 08②
Closed Joint System	접합부분을 seal재로 완전히 밀폐시켜 틈 없이 비처리하는 방식	19② · 13②
Open Joint System	벽의 외측면과 내측면 사이에 공간을 두어 옥외의 기압과 같은 기압을 유지하게 하여 비처리하는 방식	19② · 13②
실물대 시험 (Mock Up Test)	풍동시험(Wind Tunnel Test) 설계풍하중을 토대로 설계대로 실물모형을 제작하여 설정된 최악의 외부환경상태에 노출시켜 설정된 외기조건이 실물모형에 어떠한 영향을 주는가를 비교, 분석하는 실험	11② · 02① · 99④ · 99②
풍동시험 (Wind Tunnel Test)	건물주변 600m 반경의 지형 및 건물배치를 축소모형으로 만들고 원형 Turn Table의 풍동 속에 설치한 후, 과거 10~50년 또는 100년간의 최대 풍속을 가하여 바람의 영향을 파악하는 시험	02① · 99④ · 99②

미듬 건축기사 실기

멘토스는 당신의 쉬운 합격을 응원합니다!

CHAPTER 06 철골/PC/커튼월

제1절 철골공사

01 재료

(1) 종류

1. 형강	종류	H, I, L, ㄷ, Z, T
	표시법	형태 – 웨브(A)×플랜지(B)×A_t×B_t
2. 강판	종류	① 박판(얇은 판) : 두께 3.2mm 미만 ② 후판(두꺼운 판) : 두께 3.2mm 이상
3. 접합 철물	리벳	① 둥근머리 리벳(가장 많이 사용) ② 민머리 리벳 ③ 평머리 리벳
	일반볼트	가조립용
	고력 볼트 종류	① 볼트축 전단형 ② 너트축 전단형 ③ 그립볼트 ④ 지압형
	순서	※ 고력볼트 전용렌치(임팩트렌치) ① 너트회전시키는 외측소켓과 핀테일을 붙잡는 내측소켓 ② 모터가 회전하는 동안 어느 한쪽이 정지하면 다른 쪽이 회전 ③ 외측소켓이 회전 후 내측소켓이 핀테일 잡은 채 절단 ④ 핀테일 제거

●99③
(종류) 형강의 종류

●19② · 11①
(표시법) 형강의 표시방법

●04①
(종류) 리벳의 종류

●10② · 04③ · 02③
(종류) 고력볼트 종류

●19①
(용어) 볼트축 전단형 볼트

●19② · 12①
(순서) T/S형 볼트 체결 순서

(2) 성질

1. 강의 성질	 ① 강도는 탄소함유량이 0.85% 최대 ② 압축강도는 계속 증가 ③ 신장률은 C 함유량이 많을수록 감소 ④ 굴곡성은 C 함유량이 적을수록 증가
2. 강도와 온도와의 관계	

02 공장작업

1. 순서	원척도 작성 → 본뜨기 → 변형 바로잡기 → 금긋기 → 절단 및 가공 → 구멍 뚫기 → 가조립 → 본조립 → 검사 → 녹막이칠 → 운반	
2. 원척도	정의	정밀시공을 위하여 설계도 및 시방서에 따라 철물제작소에서 각부 상세 및 재의 길이 등을 원척(축척 1:1 도면)으로 그린다.
	작성 내용	① 층높이 · 기둥높이 · 기둥중심 간 간격, 보길이 ② 강재의 형상, 치수, 물매, 구부림 정도 ③ 리벳의 피치, 개수, 게이지 라인(Gauge line), 클리어런스(Clearance) ④ 파이프 · 철근 등의 관통개소, 보밑 치켜올리기 등
3. 변형 바로 잡기		① 강판 : 플레이트 스트레이닝 롤(Plate Straining Roll) ② 형강 : 스트레이닝 머신(Straining Machine), 프릭션 프레스(Friction Press), 파워 프레스(Power Press), 짐 크로(Jim Craw) ③ 경미한 것 : 모루(Anvil) 위에서 쇠메(Hammer) 치기
4. 절단	전단 절단	채움재, 띠철, 형강, 판 두께 13mm 이하의 연결판, 보강재
	절단 절단	① 기계절단 ② 가스절단 : 자동 가스 절단기 이용 ③ 플라즈마 절단 ④ 레이저 절단

	볼트의 호칭(mm)	허용 오차(mm)	
		마찰이음	지압이음
크기	M20	+0.5	±0.3
	M22	+0.5	±0.3
	M24	+0.5	±0.3
	M27	+1.0	±0.3
	M30	+1.0	±0.3

5. 구멍뚫기

시공
① 구멍뚫기는 소정의 지름으로 정확하게 드릴 및 리머 다듬질을 병용하여 마무리
② 판 두께 13mm 이하 강재에 구멍을 뚫을 때에는 눌러 뚫기 (press punching)
③ 볼트구멍의 직각도는 1/20 이하
④ 볼트구멍의 엇갈림 : 마찰이음으로 부재를 조립할 경우, 구멍의 엇갈림은 1.0mm 이하, 지압 이음으로 부재를 조립할 경우, 구멍의 엇갈림은 0.5mm 이하

가심질 (Reaming)
① 허용 편심거리 1.5mm 이하일 때에는 리머(Reamer)로 수정한다.
② 3장 이상 겹칠 때 구멍지름보다 1.5mm 작게 뚫고 Reaming 한다.

6. 가조립
각 부재는 1~2개의 볼트 또는 핀으로 가조립하고, 드리프트 핀(Drift pin)으로 부재를 당겨 구멍을 일치시킨다.

7. 본조립
① 리벳접합
② 고력볼트접합
③ 용접접합

8. 녹막이칠

방청 도료 / 방법
① 광명단(방청페인트)
② 징크로 메이트(Zinchro Mate)
③ 징크 더스트(Zinc Dust)
④ 미네랄 스프릿(Mineral Sprit)
⑤ 시멘트 모르타르, 콘크리트 도포
⑥ 아연도금
⑦ 전기 방식법

녹막이칠 금지부분
① 콘크리트에 매입되는 부분
② 조립에 의하여 맞닿는 면
③ 현장 용접하는 부분(용접부에서 100mm 이내)
④ 고장력 볼트 마찰 접합부의 마찰면
⑤ 밀착 또는 회전시키기 위한 기계 깎기 마무리면
  (단, 이면은 원칙적으로 Grease칠을 한다.)
⑥ 폐쇄형 단면을 한 부재의 밀폐된 면

●01② · 00③ · 98②
(용어) 리머

●06② · 00③ · 98②
(용어) 드리프트 핀

●22① · 19④ · 18④ · 14① · 06③ · 03③ · 01③ · 99① · 98④ · 98①
(종류) 녹막이칠 하지 않는 부분

03 현장작업

(1) 순서

1. 순서	기초 주각부 심먹매김 → 앵커 볼트 설치 → 기초 상부 고름질 → 철골 세우기 → 가조립 → 변형 바로잡기 → 정조립(본조립) → 접합부 검사 → 도장		
2. 앵커 볼트 설치	고정 매입	① 앵커볼트를 미리 완전히 고정한 후 콘크리트 타설 ② 대규모, 중요공사, 시공의 정밀도가 필요한 공사에 적용 ③ 볼트 지름이 큰 대형건물에서 적용	
	가동 매입	① 스티로폼, 깔때기 등을 콘크리트 타설 전에 설치한 후 시공 ② 앵커 볼트의 위치 수정이 가능 ③ 경미한 공사에 적용	
	나중 매입	① 구조물의 이동조립 가능 ② 앵커 볼트 자리를 남겨두고 콘크리트 타설 ③ 위치 수정은 자유로우나 그라우팅(Grouting) 처리에 주의	
3. 기초 상부 고름질	정의	기초상부 고름질이란 베이스판을 콘크리트 주각에 완전 수평으로 밀착시키기 위해 콘크리트 주각 상부 표면에 30~50mm 두께로 모르타르를 펴 바르는 것을 말한다.	
	베이스 모르타르	① 무수축 모르타르 사용 ② 두께 30mm 이상, 50mm 이내 ③ 크기 200mm 각형 또는 직경 200mm 이상 ④ 철골 설치 전 3일 이상 양생	
4. 주각부 설치 공법	① 핀주각 ② 고정주각 ③ 매입형 주각		

5. 기초 상부 고름질	공법	1) 전면바름 마무리 　① 기둥 저면의 주위에서 3cm 이상 넓게 지정된 높이로 수평되게 된 바름 　② 1 : 2 모르타르로 펴바르고 경화 후 세우기를 한다. 2) 나중채워넣기 중심 바름 　① 기둥 저면의 중심부만 지정 높이만큼 수평으로 된 바름 　② 1 : 1 모르타르로 바르고 기둥을 세운 후 사방에서 모르타르를 다져 넣는 방법이다. 3) 나중채워넣기 +자 바름 　기둥 저면에서 대각선방향 +자형으로 지정 높이만큼 수평으로 모르타르를 바르고 기둥을 세운 후 그 주위에 1 : 1 모르타르를 다져 넣는 방법이다. 4) 나중채워넣기 　베이스 플레이트 중앙에 구멍을 낼 수 있을 때 채용되는 방법으로 세우기에 있어 기초 위에 플레이트 4귀에 와셔 등 철판괴임을 써서 높이 조절을 하고 기둥을 세운 후 1 : 1 모르타르를 베이스 플레이트의 중앙부 구멍에 다져 넣는 것이다.
6. 주각부 명칭		[주각부 보강재]

●11② · 07③ · 05③ · 03③
　　　· 00⑤ · 00③ · 99②
(종류) 주각부 고름질 방법

●04② · 00⑤
(명칭) 주각부

(2) 세우기용 장비

1. 가이데릭	① Boom의 회전 360° ② 붐의 길이가 마스터(주축)보다 짧다.
2. 스티프레그 데릭	① Boom의 회전 270° ② 붐의 길이가 마스터의 길이보다 길다. ③ 낮고 긴 평면 유리
3. 트럭 크레인	① 트럭에 설치된 크레인 ② 기동성이 좋다.
4. 진폴	① 소규모 ② 가장 간단한 장비

●18④ · 00④ · 99①
(종류) 철골 세우기 장비

●06②
(용어) 진폴

●14①
경우 Luffing Crane 사용

5. 타워 크레인	정의		타워 위에 크레인을 설치한 것으로 가장 광범위하게 사용된다.
	종류	설치 방식	① 고정식 : 기초면에 base 고정 ② 주행식 : base 밑에 차량 장착
		상승 방식	① Crane Climbing(Climbing 방식) ② Mast Climbing(Telescoping 방식)
		Jib 형식	① 경사 Jib(Luffing형) : 수평과 수직이동이 가능하며 대형 크레인 • 현장이 협소한 경우 • 인접건물이 방해되는 경우 • 타 대지에 침범하게 되는 경우 ② 수평 Jib(T형) : 수평으로만 이동

(3) 내화공법

1) 공법

●18②
정의 내화공법

●16② · 15④ · 12① · 11① · 06①
· 03② · 00④ · 99⑤ · 99④ · 98④
종류 내화피복 공법

●24③ · 22④ · 20②,③ · 19② · 18②
· 14① · 09② · 08③ · 05② · 98⑤
종류 내화피복 습식공법

●17② · 14② · 12① · 98④
종류 내화피복 공법의 재료

●20②,③ · 19②
정의 습식 내화공법

1. 정의		화재 발생 시 강재의 온도상승 및 강도저하를 방지하기 위하여 불연성 재료로 강재를 피복하는 방법
2. 도장공법		내화도료 공법 : 팽창성 내화도료
3. 습식공법	타설공법	콘크리트, 경량콘크리트
	조적공법	콘크리트 블록, 경량콘크리트 블록, 돌, 벽돌
	미장공법	철망 모르타르, 철망 파라이트 모르타르
	뿜칠공법	뿜칠 압면, 습식 뿜칠 압면, 뿜칠 모르타르, 뿜칠 플라스터, 실리카, 알루미나 계열 모르타르
4. 건식공법	성형판 붙임공법	무기섬유혼입 규산칼슘판, ALC 판, 무기섬유강화 석고보드, 석면 시멘트판, 조립식 패널, 경량콘크리트 패널, 프리캐스트 콘크리트판
	휘감기공법	–
	세라믹울 피복공법	세라믹 섬유 블랭킷
5. 합성공법		① 이중공법 : 다른 공법으로 2번 시공 ② 이종공법 : 2개의 공법을 절반씩 나누어 각기 사용

2) 검사 및 보수

1. 미장 · 뿜칠	① 시공면적 5m²당 1개소로 두께를 확인하면서 시공 ② 뿜칠 시공 후에는 코어를 채취하여 두께 및 비중을 측정한다. ③ 측정빈도는 각 층마다 또는 1,500m²마다 각 부위별로 1회씩 실시한다.(1회 : 5개)
2. 조적, 성형판 멤브레인	① 재료반입 시 두께 및 비중을 확인한다. ② 확인빈도는 각 층마다 또는 1,500m²마다 각 부위별로 1회씩 실시한다.(1회 : 3개 실시)
3. 검사 (모든 공법)	모든 공법의 검사에서 연면적 1,500m² 미만은 2회 이상 검사하며 검사에 불합격된 것은 덧뿜칠하거나 재시공하여 보수한다.

04 접합

```
            ┌─ 리벳접합
            │              ┌─ 일반볼트
   접합 ────┼─ 볼트접합 ──┤
            │              └─ 고력볼트
            └─ 용접접합
```

●01①
(종류) 접합방법

(1) 리벳접합

1. 사용 공구	① 조리벳터 ② 뉴머틱 해머 ③ 리벳 홀더 ④ 스냅	※ 따내기 공구 ① 치핑해머 ② 리벳커터 ③ 드릴링
2. 가열 온도	① 600~1,100℃의 범위이고, 800℃가 적당하다. ② 1,100℃를 초과하면 변질이 생기고 600℃ 이하일 때는 리벳 조임이 불량하게 된다.	
3. 용어	① 피치(Pitch) : 게이지 라인상에서 인접하는 리벳의 중심 간 간격 | 최소 피치	표준	최대 피치 || | | | 인장재 | 압축재 | | 2.5d | 4d | 12d, 30t 이하 | 8d, 15t 이하 | ② 연단거리 : 리벳 구멍에서 부재 끝단까지 거리 ③ 게이지 라인(Gauge Line) : 응력방향으로 체결된 리벳의 중심을 연결하는 선 ④ 게이지(Gauge) : 게이지 라인과 게이지 라인과의 거리 ⑤ 클리어런스(Clearance) : 리벳과 수직재 면과의 거리 ⑥ 그립(Grip) : 리벳으로 접하는 부재의 총두께(그립의 길이는 5d 이하)	
4. 특징	장점 ① 접합부 응력이 확실 ② 전단 접합 ③ 결합부 발견 용이	단점 ① 재해 위험 ② 소음이 발생 ③ 용접에 비하여 강재 소모량 증가
5. 불량 리벳	① 흔들거리는 것 ② 머리모양이 틀린 것 ③ 머리가 갈라진 것 ④ 머리의 축심이 일치하지 않는 것 ⑤ 머리가 판에 밀착되지 않는 것 ⑥ 강재 간의 틈이 있는 것 ⑦ 기타 결함이 있는 것 등	

●01②
(용어) 리벳 홀더

●06②·00③·98②
(용어) 뉴머틱 해머

●23①
(용어) 피치

●23①·00③·98②
(용어) 게이지라인

●23①
(용어) 게이지

Day 09

(2) 고력볼트 접합

1) 일반사항

1. 사용 공구	① 임팩트 렌치(Impact Wrench) ② 토크 렌치(Torque Wrench)	
2. 특징	① 불량 개소의 수정이 용이하다. ② 이음 부분의 강도가 크다. ③ 경제적인 시공을 기대할 수 있다. ④ 소음이 적다. ⑤ 재해의 위험이 적다.	⑥ 노동력이 절약된다. ⑦ 공사 기간을 단축시킨다. ⑧ 강재량 증가 ⑨ 현장 시공 설비가 간편하다.
3. 볼트 종류	① 볼트축 전단형(TC 볼트) : 너트가 일정한 죔응력에 도달하면 볼트축에 홈이 나있는 부분이 떨어져 나가는 방식 ② 너트 전단형(PI식) : 일정한 토크에 도달하면 상하 2개의 너트가 어긋남으로 조임이 완료되는 형식 ③ 그립(Grip) : 너트 대신 Coller 사용하여 죔기구는 핀테일을 붙잡고 동시에 칼라(Coller)를 밀어 넣어 조이는 방식 ④ 지압형 : 볼트의 나사부분보다 축부가 굵게 되어 있어 좁은 볼트 구멍에 때려 박도록 되어 있는 형식	
4. 접합 종류	① 마찰접합　② 인장접합　③ 지압접합	

2) 조립

	볼트길이	① 볼트 길이는 조임길이에 아래 길이를 합한 길이 ② 조임길이는 접합하는 판두께 ③ 더하는 길이는 너트 1개, 와셔 2장 두께, 나사피치 3개의 합
	접합부 마찰면 처리	① 기름 제거　② 녹 제거 ③ 밀스케일 제거　④ 표면 거칠기 확보 ⑤ 틈새 발생 : 필러 끼움
1. 조립	토크 관리법에 의한 확인	① 볼트 호칭마다 토크 계수 값이 거의 같은 로트를 1개 시공로트 ② 시공로트에서 대표로트 1개 선택 후 이중 5세트 임의 선택 ③ 축력계 이용 5세트 볼트 장력 평균값이 규정값에 만족하고 각각의 측정값은 평균값의 ±15% 이내 ④ 불합격 시 동일로트로부터 10세트 임의선정 실험 후 동일조건하에 합격 여부 판단
	너트 회전법에 의한 경우	실제 접합부에 상응하는 적절한 두께의 철판을 조임 작업에 이용하는 볼트 5개 이상 조임하여 거의 같은 회전량이 생기는 것을 확인

1. 조립	볼트장력	① 표준볼트장력 : 현장시공의 기준값으로 설계볼트장력보다 10% 더한 값 ② 설계볼트장력 : 설계 시 허용전단력을 구하기 위한 장력
	볼트조임	① 1차 조임 – 먹매김 – 본조임으로 표준볼트 장력 준수 ② 와셔는 볼트머리와 너트 쪽에 1장씩 끼우고 너트 회전 ③ 와셔 및 너트는 바깥, 안쪽 구분하여 사용 　(너트는 표시기호, 와셔는 면치기가 있는 쪽이 바깥쪽) ④ 토크렌치와 축력계의 정밀도는 ±3% 오차 범위 내 정비품 사용 ⑤ 1차 조임부터 본조임까지는 같은 날 시공원칙 ⑥ 1차 조임 후 금매김은 볼트, 너트, 와셔 및 부재를 지나게 그림 ⑦ 본조임은 1차 조임 완료 후 너트 120°(M12는 60°) 회전 　(단, 볼트의 길이가 볼트 호칭의 5배를 넘길 경우 너트 회전량은 공사시방서에 따른다.)
	조임 후 검사	① 토크 관리법으로 검사하는 경우 시험에서 얻어진 평균토크 값의 ±10% 이내의 것 ② 너트 회전법은 1차 조임 후 너트의 회전량이 120°±30°(M12는 60~90°)의 범위 이내 ③ 범위를 넘어선 볼트 교체 ④ 볼트 여장은 너트면에서 돌출된 나사산이 1~6개의 범위일 때 합격 ⑤ 1번 사용한 볼트는 재사용할 수 없다. [합격]　　[불합격(회전과다)]　　[불합격(회전부족)]
2. 너트 풀림 방지법		① 이중 너트를 사용한다. ② 스프링 와셔(Spring Washer)를 사용한다. ③ 너트를 용접한다. ④ 콘크리트에 묻는다.

● 23② · 13① · 10④
(용어) 표준볼트장력/설계볼트장력

● 22②
(판정) 합격 · 불합격

● 99③ · 97④
(종류) 너트풀림 방지법 3가지

(3) 용접 접합

1) 일반사항

		장점	단점
1. 특징		① 이음과 응력 전달이 확실 ② 철골의 중량 감소 ③ 강재량의 절약(경제적) ④ 무진동 ⑤ 무소음 ⑥ 수밀성 유지	① 숙련공이 필요 ② 용접내부 시공검사 곤란 ③ 용접열에 의한 결함, 변형 발생
2. 용접 접합 종류	가스압접	접합하는 두 부재에 2.5~3kg/mm²의 압력을 가하면서 1,200~1,300℃의 열을 가하여 접합한다.	
	가스용접	가스 불꽃의 열을 이용하여 접합하는 것으로 구조용으로는 사용되지 않는다.	

● 20⑤ · 14① · 12② · 96①
(특징) 용접 접합

2. 용접 접합 종류	전기저항 압접 (Flush Butt)	전류를 통한 금속을 강압하여 맞대면 전기저항에 의해 접촉부가 용융상태로 되어 용접한다.	
	아크(Arc) 용접	① 용접봉과 모재 사이에 전류를 통하면 이때 전류가 발생하는 열을 이용하여 용접봉을 녹여서 모재에 융합되는 접합방식으로 철골공사에 사용된다. ② 현장에서는 주로 교류를 쓴다.(공장 : 직류) ③ 심선에 피복재(Flux)를 도포시킨 용접봉을 많이 사용한다.	
3. 용접기 종류	아크 용접	직류	교류
		① 작업용이 ② 공장용접 ③ 전류 안정적	① 비용저렴 ② 현장용접 ③ 고장이 적음
4. 용접봉	구성	① 심선 : 특수금속 ② 피복재(Flux) : 용접봉을 감싸는 피복재로서 금속화물, 탄산염, 셀룰로오스, 탈산재 등으로 구성	
	피복재 역할	① 용제역할로서 접합부를 깨끗하게 한다. ② 접합 시 산화물이 생기는 것을 방지한다. ③ 조성제로 접합이 잘 되게 한다. ④ 슬래그를 제거한다. ⑤ 냉각응고 속도를 낮춘다. ⑥ 용착금속 중 불순물을 정련하여 슬래그(Slag)로 떠오르고, 응고하면 용착금속의 표면을 덮는다. ⑦ 피복재가 젖어 있으면 수소가 용융금속에 혼입되어 은점(Fish Eye) 갈램의 원인이 된다.	
5. 용접 자세	F O H V	① Flat Position : 하향자세 ② Over Position : 상향자세 ③ Horizontal Position : 수평자세 ④ Vertical Position : 수직자세	

2) 맞댐용접(Butt Weld)

1. 정의 및 도해	한쪽 또는 양쪽부재의 끝을 용접이 양호하게 될 수 있도록 끝단면을 비스듬히 절단하여 용접하는 방식
2. 시공	① 유효 단면 목두께는 얇은 재의 판두께로 한다. ② 보강 살붙임은 3mm를 초과하지 못한다. ③ 용접 부족, 수축균열, 슬래그 유입 등의 결함을 없애기 위하여 밑면 따내기를 하거나 뒷받침판을 댄다. ④ 판두께가 다를 때에는 낮은 편에서 높은 편으로 용접을 이행한다. ⑤ 고저차가 6mm 이상이면 두꺼운 트임새 부분에서 낮은 편의 두께에 맞추고 1/5 경사로 표면을 깎아 마무리한다.

3. 용접 기호	
4. 개선 형태 (단면)	

3) 모살용접(Filler Weld)

1. 정의 및 도해	두 부재를 일정한 각도로 접합한 후, 2개 이상의 판재를 겹치거나 T자형, +자형 에서 삼각형 모양으로 접합부를 용접하 는 방식
2. 시공	① 유효 단면은 다리길이(각장) 및 목두께의 곱으로 한다. ② 보통 다리의 길이는 용접 치수보다 크게 하고 목두께는 다리길이의 0.7배 이다. ③ 부등변 모살 용접이면 짧은 변 길이를 다리 길이로 한다. ④ 보강 살붙임은 0.1S+1mm 또는 3mm 이하로 한다. 　(S : 유효 다리길이) ⑤ 유효 용접길이는 실제 용접길이에서 유효 목두께의 2배를 감한 것으로 유효길이는 다리 길이의 10배 이상이며, 40mm 이상으로 한다.
3. 모양에 따른 명칭	① 맞댐용접　② 겹친 모살용접　③ 모서리 모살용접 ④ T형 양면 모살용접　⑤ 단속 모살용접　⑥ 갓용접 ⑦ 덧판용접　⑧ 양편 덧판용접　⑨ 산지용접

(기호) 용접기호

(용어) 모살용접

(명칭) 용접모양에 따른 그림 명칭

4) 용접기호

5) 보조기호

6) 용접

	시기	검사항목
1. 검사	용접 전	트임새 모양, 모아 대기법, 구속법, 자세의 적부
	용접 중	용접봉, 운봉, 전류, 제1층 용접 완료 뒷용접 전
	용접 후	외관판단, 비파괴검사, 절단 등이 있으나, 절단검사는 될 수 있는 대로 피한다.(비파괴검사의 종류 : 방사선 투과검사, 초음파 탐상법, 자기분말 탐상법, 침투 탐상법)
2. 결함	원인	① 용접 시 전류에 높낮이가 고르지 못할 경우 ② 용접속도가 일정치 못하고, 기능이 미숙할 때 ③ 용접봉의 잘못된 선택과 관리 보관이 불량할 경우 ④ 용접부의 개선 정밀도, 청소상태가 나쁠 때 ⑤ 용접방법, 순서에 의한 변형이 생길 경우
	종류 Crack	용착금속과 모재에 생기는 균열로서 용접결함의 대표적인 결함
	Blow Hole	용융금속 응고 시 방출가스가 길쭉하게 된 구멍에 남아 혼입되어 있는 현상
	Slag 감싸들기	용접봉의 피복재, 심선과 모재가 변하여 Slag가 용착 금속 내에 혼입된 것
	Crater	용접 시 Bead 끝에 항아리 모양처럼 오목하게 파인 현상
	Under Cut	과대전류 혹은 용입불량으로 모재 표면과 용접 표면이 교차되는 점에 모재가 녹아 용착 금속이 채워지지 않은 현상
	Pit	작은 구멍이 용접부 표면에 생기는 현상
	용입불량	용입 깊이가 불량하거나, 모재와의 융합이 불량한 것
	Fish Eye	Blow Hole 및 혼입된 Slag가 모여서 둥근 은색반점이 생기는 결함현상
	Over Lap	겹침이 형성되는 현상으로서 용접 금속의 가장자리에 모재와 융합되지 않고 겹쳐지는 것

●13①
(종류) 착수 전 검사 항목

●22④·20②·16④·13④·11②
(종류) 용접검사 작업 중과 후의 종류 구분하기

●20①·17④·14①·11①·08①·06②·03①
(종류) 용접부의 비파괴시험 방법

●99④
(종류) 용접부위 품질상태 검사방법

●15④·14④·13④·12④·10②·08②·98⑤·98④
(종류) 용접결함의 종류

●24③·19①·09①·05③
(용어) 블로홀

●24③·19①·09①·05③
(용어) 슬래그 감싸들기

(원인/대책) 슬래그 감싸들기

●24③·21②·19①·09①·05③
(도해)(용어) 언더컷

●17①·10②
(종류) 과대전류에 의한 결함

●24③·21②·09①·05③
(도해)(용어) 오버랩

2. 결함	종류	Throat (목두께) 불량	용접 단면에 있어서 바닥을 통하는 직선으로부터 잰 용접의 최소 두께가 부족한 현상	
	기둥 축소 변위 (Column Shortening)	정의	고층건물에서 위층부터 누적되는 축하중에 의해 기둥과 벽 등의 축소량이 생기는데, 수직부재 간의 축소량이 다르게 나타나는 현상을 말한다.	
		원인	① 재질이 상이한 경우 ② 단면적이 상이한 경우 ③ 높이가 다른 경우 ④ 하중이 차이 나는 경우 ⑤ 방위에 따른 건조수축의 차이 ⑥ 크리프 현상에 의한 차이	
3. 용어	가용접 (Tack Weld)		조립을 목적으로 하는 임시용접	
	루트(Root)		용접부 단면에서의 밑바닥 (맞댄 용접에서 트임새 끝의 최소간격)	
	레그(Leg)		모살 용접에 있어서 한쪽 용착면의 폭	
	목두께(Throat)		용접의 유효두께	
	비이드(Bead)		용착금속이 모재 위에 열상을 이루고 이어지는 용접층	
	위빙 (Weaving)		용접봉을 용접방향에 대하여 서로 엇갈리게 움직여서 용착금속을 녹여 붙이는 운봉방법	
	스틱(Stick)		용접 중에 용접봉이 모재에 붙어 떨어지지 않는 것	
	플럭스(Flux)		자동 용접 시 용접봉의 피복재 역할을 하는 분말상 재료	
	스캘럽 (Scallop)		용접 시 인접부재가 열영향을 받는 것을 방지하기 위하여 용접부재를 모따기한 것	
	뒷댐재 (Back Strip)		맞댄 용접 시 루트부에 완전 용입을 얻을 수 있도록 뒤쪽에 대는 보조 강판재	
	엔드탭 (End Tab)		용접 결함이 생기기 쉬운 용접 비드(Bead)의 시작과 끝 지점에 용접을 정확히 하기 위하여 모재의 양단에 부착하는 보조 강판	
	가우징 (Gouging)		양쪽 용접을 하는 경우 충분한 용입을 얻기 위하여 배면 용접 전에 용접 금속부분이 나타날 때까지 홈을 파는 것	

●23②
용어 컬럼쇼트닝

●20④·19②·15①·10④
원인/영향 컬럼쇼트닝

●20④
도해 스캘럽

●23④·22②,④·20④·19④
·16②·15④·14①·11④
·08③·02②·02①
용어 스캘럽

●22②,④·19①·14①·11④
·08③·02②·02①
용어 뒷댐재

●21④·19④·16②·15④·11④
·08③·02②·02①
용어 엔드탭

1-300 1편 건축시공

3. 용어	메탈터치 (Metal Touch)		기둥이음의 밀착도에 따라 축응력과 휨응력의 25%까지 직접 전달시키는 이음방법을 메탈터치 가공이라 한다.(나머지 75%는 용접, 볼트 등으로 전달)
	밀시트 (Mill Sheet)	용어	철강제품의 품질보증을 위해 공인된 시험기관에서 발급하는 제조업체의 품질보증서이다.
		내용	① 품질 보증서 ② 재료의 역학적 시험 내용 : 각종 강도표시 ③ 화학성분시험 내용 : 철, 황, 규소, 납, 탄소 등의 구성비 ④ 규격표시 : 길이, 두께, 크기 및 형상, 단위중량 ⑤ 시험규준의 명시 : 시방서, KS
	허니콤보 (Honeycomb Beam)		보의 웨브 부위를 육각형 단면 등으로 잘라 어긋난 재용접을 함으로써 보의 춤을 높인 형태이다.
	쉬어커넥터 (Shear Connector)		철골철근콘크리트 구조체에서 철골과 콘크리트와의 일체성 확보를 위해 콘크리트 속에 매립된 철골 연결재(스터드 볼트 ; Stud Bolt)이다.
	거싯 플레이트 (Gusset Plate)		철골보에서 기둥과 보를 연결시켜 주는 판
	라멜라 티어링 (Lamellar Tearing)		용접시 열 영향부의 국부 열변형으로 모재 내부에 구속응력이 생겨 미세한 균열이 발생되는 현상

05 경량철골 및 기타

(1) 강관 파이프 구조

1. 특성	장점	① 경량이며 외관이 미려하다. ② 폐쇄 단면이므로 어느 방향에 대해서도 강도가 균일하다. ③ 국부 좌굴에 대하여 강하다. ④ 살두께를 작게 하면서도 휨 효과가 크다.
	단점	① 접합부의 절단 가공이 어렵다. ② 접합부 강성저하가 우려된다.
2. 순서		가공 원칙도 → 본뜨기 → 금매김 → 절단 → 조립 → 세우기
3. 단부 밀폐 방법		① 가열하여 구형으로 가공 ② 스피닝(Spinning)에 의한 방법 ③ 관의 단부 압착 후 밀폐 ④ 원판, 반구형판을 용접 ⑤ 모르타르 채움

(2) 경량 철골 공사

[특징] 경량 철골의 장단점 ●99⑤·98④

1. 재료	경량 형강은 1.6~4mm 두께로 여러 종류가 있으나 그중에서도 립(Lip)이 달린 ㄷ자 형강(Lip Channel)이 많이 쓰인다.
2. 특성	① Flange가 큰 관계로 단면적에 비해 단면 2차 반경이 크다. ② 강재량은 적으면서 휨강도와 좌굴강도는 크다. ③ 판두께가 얇기 때문에 국부좌굴, 국부변형, 부재의 비틀림이 생기기 쉽다. ④ 녹슬기 방지에 특별한 주의를 요한다.

06 철골철근콘크리트 구조

[용어] 철골철근콘크리트 구조 ●23②·19①

1. 정의	철골조 뼈대 주위에 철근 배근을 하고 콘크리트를 부어 일체가 되게 한 구조
2. 특성	① 단면에 비해 강성이 크고 인성이 있어 내진적 ② 콘크리트가 강재를 덮어 내화, 내구적 ③ 기둥의 면적을 줄일 수 있어 고층, 초고층 건축물에 적용 ④ 휨 모멘트를 받으면 철골과 콘크리트 부착이 어려움

07 합성 보

1. 정의	콘크리트 슬래브와 철골보를 전단연결재(Shear connector)로 연결하여 구조체를 일체화시켜 내력 및 강성을 향상시킨 보
2. 특성	① 철골부재의 장점과 콘크리트 구조의 장점을 합성시켜 재료 절약 ② 부재의 휨강성의 증가로 적재 하중에 의한 처짐 감소 ③ 진동이나 충격하중을 받는 보에 유리 ④ 데크 플레이트 사용 시 시공성 향상

08 철골 보-기둥 접합부

[명칭] 기둥-보 접합부 부재 ●22①·12②·09①

가. 스티프너(Stiffner)
나. 하부 플랜지 플레이트(하부 띠판)
다. 전단 플레이트

제2절 PC(Pre - Cast) 공사

01 PC 공사

1. 특징	장점	① 공기단축 : 동절기 시공 가능 ② 품질향상 : 양질의 공장 생산품 사용 ③ 시공용이 : 규격화 표준화된 제품 사용 ④ 원가절감 : 공기 단축 및 공장 대량생산으로 원가의 절감, 가설비용 절감 ⑤ 안전향상 : 고도의 인력작업 감소로 위험요소 감소 ⑥ 성력화 : 노동력 의존도가 줄어든다. ⑦ 공해감소 : 작업 중 발생되는 폐자재, 소음, 분진 등 공해 감소
	단점	① 다양성 부족 ② 접합부위의 강도 부족 ③ 운반 거리상의 제약 ④ 현장에서의 양중 문제 별도 고려 ⑤ 설계의 구조기준 미흡 ⑥ 기술개발 및 투자 부족
2. 생산 방식	Open System	특정 건물에만 적용되는 것이 아니고 일반 건축물을 구성하는 각 부품을 표준화하여 여러 형태의 건축물에 사용되도록 생산하는 방식을 말한다.
	Closed System	완성된 건축물의 형태가 사전에 상정되고 이를 구성하는 부재, 부품들이 어느 특정한 타입의 건물에만 사용될 수 있도록 부재, 부품을 주문 생산하는 방식
3. 접합	습식	① 주로 수직재의 접합 시(벽판+벽판) ② 약간의 수정이 용이
	건식	① 주로 수평재 간의 접합 시 이용(벽판+바닥면) ② 수정이 곤란하므로 정밀하게 시공
4. 순서		거푸집 청소 → 거푸집 조립 → 창문틀 설치 → 철근 조립 → 설비재 설치 → 중간 검사 → 콘크리트 타설 → 표면 마무리 → 양생 → 거푸집 탈형

●16①

(용어) Closed System

●07② · 03③ · 00④

종류 조립식 공법

●09①

용어 틸트 업

02 조립식 공법

1. 대형 패널	창호 등이 설치된 건축물의 대형판을 아파트 등의 구조체에 이용하는 방법
2. 박스식 공법	건축물의 1실 또는 2실 등의 구조체를 박스형으로 지상에서 제작한 후 이를 인양 조립하는 공법
3. 틸트 업 (Tilt-Up) 공법	지상의 수평진 곳에서 벽판 및 구조체로 제작한 후 이를 일으켜서 건축물을 구축하는 공법
4. 리프트슬래브 (Lift-Slab) 공법	지상에서 여러 층의 슬래브를 제작한 후 이를 순차적으로 들어올려 구조체를 축조하는 공법
5. 커튼월	창문틀 등을 건축물의 벽판에 설치하는 구조체에 붙여 대어 이용하는 방법

제3절 커튼월

●16① · 12② · 09④ · 05①

종류 커튼월 공법(구조방식)

●20① · 17① · 16① · 13④
· 12② · 11① · 09④

종류 커튼월 공법(조립방식)

●13② · 11① · 02①

종류 커튼월 공법(외관형식)

●17② · 08②

용어 스팬드럴 방식

01 일반사항

1. 요구성능	① 내진, 내풍압, 내구, 내화성 ② 방수, 수밀성 ③ 기밀, 차음성 ④ 재료의 공급, 운반 및 시공의 용이성 ⑤ 층간변위추종성			
2. 분류	재료	외관	조립	구조방식
	① 금속제 ② PC ③ ALC 패널 ④ GPC ⑤ 성형판	① Mullion Type ② Spandrel Type ③ Gride Type ④ Sheath Type	① Unit Wall ② Stick Wall ③ Window Wall	① 패널 ② 샛기둥 ③ 커버
3. 종류	Mullion Type	수직선 강조, 수직지지대 사이에 판넬을 끼워 수직지지대가 노출되는 방식		
	Spandrel Type	수평선 강조, 창과 Spandrel의 조합구성		
	Grid Type	수직, 수평의 격자형 외관 표현방식		
	Sheath Type	구조체를 판넬로 은폐, 샤시가 판넬 안으로 은폐되는 형식		
	Unit Wall	공장에서 완전조립 후 현장설치		
	Stick Wall	부재를 현장에 반입하여 현장에서 조립, 설치하는 방법으로 Knock Down System이라고도 함		
	Window Wall	Stick Wall과 유사하지만 창호주변이 패널로 구성되어 창호/유리, 패널의 개별발주 방식		

02 부착

1. 패스너 (Fastener)	정의	구조체와 Curtain Wall의 긴결 및 시공오차를 조절하기 위한 연결철물로서 1차 Fastener와 2차 Fastener로 구성된다.
	종류	① 1차 Fastener : 구조체와 연결된 Fastener ② 2차 Fastener : 1차 Fastener와 커튼월과 연결된 Fastener
	접합 방식	① Sliding 방식(슬라이드 방식) : Curtain Wall 하부에 장치되는 Fastener는 고정하고 상부에 설치하는 Fastener는 Sliding 되도록 한 방식 ② Rocking 방식(회전 방식) : Curtain Wall의 상부와 하부의 중심부에 1점씩 Pin으로 지지하고 다른 지점은 Sliding 방식의 Fastener로 지지하는 방식 ③ Fixed 방식(고정 방식) : Curtain Wall의 상하부 Fastener를 용접으로 고정하는 방식 [Sliding 방식] [Rocking 방식] [Fixed 방식]
2. 설치순서		패스너 설치 → 멀리온 부착 → 횡재의 부착 → 패널 끼우기 → 유리 끼우기 → 시일재 → 보양

● 23① · 14④ · 11① · 09①
· 04①, ②
(종류) 패스너 긴결방식

03 비처리 방식

1. 정의		커튼월의 접합부 누수방지를 위한 방법으로 정밀한 시공을 통해 접합부의 구조적 안전과 기밀성 및 방수성을 확보하는 접합부 처리방식
2. 종류	Closed Joint System	접합부분을 seal재로 완전히 밀폐시켜 틈 없이 비처리하는 방식
	Open Joint System	벽의 외측면과 내측면 사이에 공간을 두어 옥외의 기압과 같은 기압을 유지하게 하여 비처리하는 방식
3. 누수 방지 대책		① 멀리온과 패널의 이음매 처리 철저 ② 오픈 조인트 설치 시 물의 이동으로 인한 누수 차단 철저 ③ 클로즈드 조인트 설치 시 틈새 없이 시공 ④ 용도에 적합한 실런트 사용

● 19② · 13②
(용어) Closed Joint System

● 19② · 13②
(용어) Open Joint System

● 24① · 19①
(대책) 누수대책

04 시험

1. 종류	풍동시험 (Wind Tunnel Test)	건물주변 600m 반경의 지형 및 건물배치를 축소모형으로 만들고 원형 Turn Table의 풍동 속에 설치한 후, 과거 10~50년 또는 100년간의 최대 풍속을 가하여 실시하는 시험으로, 건물준공 후에 나타날지도 모를 문제점을 파악하고 설계에 반영시킬 목적으로 실시한다.
	실물대 모형시험 (Mock Up Test)	풍동시험(Wind Tunnel Test) 설계풍하중을 토대로 설계대로 실물모형을 제작하여 설정된 최악의 외부환경상태에 노출시켜 설정된 외기조건이 실물모형에 어떠한 영향을 주는가를 비교, 분석하는 실험이다.
2. 품질검사	예비시험	본 시험에 앞서 설계풍압력의 50%를 일정시간(30초) 동안 가압한 후, 시험체의 이상 유무를 관찰하여 계속 시험이 가능한지를 판단하기 위해 예비시험을 실시한다.
	기밀시험	시속 40km, 7.8kgf/m² 에서의 공기누출량을 측정한다.
	정압수밀시험	설계풍압력의 20% 압력하에서 3.4ℓ/min·m²의 유량을 15분 동안 살수하여 시험체의 바깥으로 누수가 발생하지 않았는지 관찰한다.
	동압수밀시험	규정된 압력의 상한값까지 1분 동안 정압으로 예비 가압하여 시험체의 이상 유무를 확인하고, 시험체 전면에 4ℓ/min·m²의 유량을 균등히 살수하면서 정해진 압력에 따라 맥동압을 10분 동안 가한 상태에서 누수가 발생하지 않았는지 관찰한다.
	내풍압시험	설계풍압력의 100%를 단계별로 증감하여 구조재의 변위 및 시험체의 파손유무를 확인한다.
	층간변위시험	실험체 각 부위의 변형 정도를 측정하고, 변형파괴 유무를 관찰한다.
	기타	구조성능시험, 영구변형시험 등도 있다.

● ALC 패널 설치 공법

1. 수직철근보강공법	패널 간의 접합부에 접합철물을 통해 수직보강 철근을 배근하고 모르타르를 충전함으로써 패널의 상·하부를 고정시키는 수직벽 패널 설치방법
2. 슬라이드공법	패널 간의 수직줄눈 공동부에 패널하부는 보강철근을 배근하고 모르타르를 충전하여 고정시키고, 상부는 접합철물을 설치하여 패널상단이 면내 수평방향으로 슬라이드되도록 하는 수직벽 패널 설치방법
3. 볼트조임공법	패널 장변방향의 양단에 구멍을 뚫고, 이를 관통하는 볼트로 설치하는 수직 또는 수평벽 패널의 설치방법
4. 타이플레이트공법	패널의 측면을 타이플레이트로 구조체에 설치하는 수직 또는 수평벽 패널 설치방법
5. 커버플레이트공법	패널의 양단부를 커버플레이트와 볼트를 이용하여 설치하는 수평벽 패널 설치방법

CHAPTER 06 핵심 기출문제

● 개 요

01 다음 〈보기〉 중 철골구조에 이용되는 일반적인 형강명을 모두 골라 기호로 쓰시오.

〈보기〉
① B형강 ② C형강 ③ E형강 ④ H형강
⑤ I형강 ⑥ K형강 ⑦ L형강 ⑧ N형강
⑨ T형강 ⑩ Z형강

정답 형강의 종류
②, ④, ⑤, ⑦, ⑨, ⑩

02 다음 형강을 단면 형상의 표시방법으로 표시하시오.

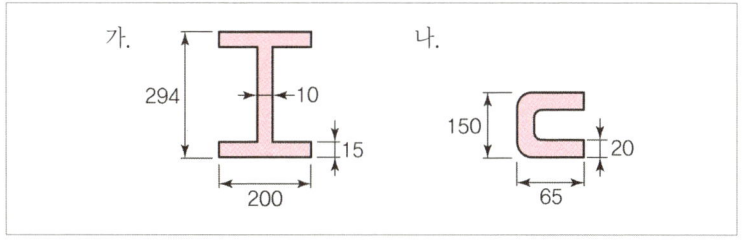

가.
나.

정답 형강표시법
가. H-294×200×10×15
나. C-150×65×20

03 컬럼쇼트닝이 무엇인지 간단히 설명하시오.

정답 컬럼쇼트닝
고층건물에서 위층부터 누적되는 축하중에 의해 기둥과 벽 등의 축소량이 생기는데, 수직부재 간의 축소량이 다르게 나타나는 현상

04 기둥축소(Column Shortening) 현상에 대한 다음 항목을 기술하시오.
• 20④ · 19② · 15① · 10④

가. 원인 : ....

나. 기둥축소에 따른 영향 2가지
① ....
② ....

> **정답** 기둥축소 현상
> 가. 구조의 차이, 재료의 재질에 따른 응력차이, Creep 변형 등
> 나. ① 기둥의 축소 변위 발생
>   ② 철골구조재의 변형, 조립 불량 발생
>   ※ 창호재의 변형, 조립불량 발생 등

● **공장 작업**

05 철골공사의 공장가공 순서를 아래의 〈보기〉를 참고로 하여 순서대로 나열하시오.
• 04① · 02②

① 구멍뚫기	② 가조립	③ 본뜨기	④ 본조립
⑤ 녹막이칠	⑥ 변형 바로잡기	⑦ 원척도 작성	⑧ 본조립 검사
⑨ 절단 및 가공	⑩ 운반(현장반입)	⑪ 금긋기	

( ) → ( ) → ( ) → ( ) → ( ) → ( ) → ( ) →
( ) → ( ) → ( ) → ( )

> **정답** 철골 공장 가공순서
> ⑦ → ③ → ⑥ → ⑪ → ⑨ → ①
> → ② → ④ → ⑧ → ⑤ → ⑩

06 철골공사에 있어서 공작제작 작업과정을 순서대로 쓰시오.
• 04① · 02②

공작도 작성 - (가) - 형판뜨기 - (나) - 마크표시 - (다) - (라) - 가조립 - (마) - 도장

가. .... 나. ....
다. .... 라. ....
마. ....

> **정답** 철골 공장 작업순서
> 가. 원척도 작성
> 나. 변형 바로잡기
> 다. 절단
> 라. 구멍뚫기(가공 및 구멍뚫기)
> 마. 본접합 및 접합부 검사

07 철골 절단방법을 3가지만 쓰시오.
• 20⑤ · 15② · 12② · 06① · 99⑤ · 98④

가. ....
나. ....
다. ....

> **정답** 철골 절단법
> 가. 전단절단
> 나. 기계절단
> 다. 가스절단
> 라. 플라즈마 절단
> 마. 레이저 절단

08 철골공사에서 철골에 녹막이칠을 하지 않는 부분 4가지만 쓰시오.

• 22① · 19④ · 18④ · 14① · 06③ · 03③ · 01③ · 99① · 98①,④

가. _____
나. _____
다. _____
라. _____

정답 철골 녹막이칠 금지부분
가. 고장력볼트 접합부의 마찰면
나. 콘크리트에 밀착되거나 매입되는 부분
다. 조립에 의하여 맞닿는 면
라. 폐쇄형 단면의 밀폐되는 면

09 철골운반 시 조사 및 검토사항 4가지를 쓰시오.

• 98①

가. _____ 나. _____
다. _____ 라. _____

정답 철골운반 시 검토사항
가. 운반차의 용량
나. 운송부재의 길이
다. 수송 중 장애물
라. 교량, 도로의 구조

● 접 합

10 철골부재의 접합방법 3가지를 쓰시오.

• 01①

가. _____ 나. _____
다. _____

정답 철골부재의 접합방법
가. 리벳 접합
나. 용접 접합
다. 고장력 볼트 접합

11 철골공사의 접합에 이용되는 머리모양에 따른 리벳의 종류를 3가지 쓰시오.

• 04①

가. _____ 나. _____
다. _____

정답 리벳머리 종류
가. 둥근리벳
나. 민리벳
다. 평리벳

12 철골공사 중 용접접합과 고장력볼트 접합의 장점을 각각 2가지씩 쓰시오.

• 12②

가. 용접접합
  ① _____
  ② _____
나. 고장력볼트 접합
  ① _____
  ② _____

정답
가. 용접접합
  ① 강재의 양을 절약할 수 있다.
  ② 접합부의 일체성과 수밀성이 확보된다.
나. 고장력볼트 접합
  ① 현장 시공설비가 간단하다.
  ② 불량부분의 수정이 쉽다.

13 A항과 관계있는 것을 B항에서 골라 쓰시오. • 00③ · 98②

〈A항〉
(1) 게이지 라인(Gauge Line)　　　　　　　　　　(　　)
(2) 드리프트 핀(Drift Pin)　　　　　　　　　　　(　　)
(3) 리머(Reamer)　　　　　　　　　　　　　　　(　　)
(4) 뉴매틱 해머(Pneumatic Hammer)　　　　　　(　　)

〈B항〉
가. 현장 리벳치기용 공구　　　나. 리벳구멍 중심을 맞추는 공구
다. 구멍 주위 가심질 공구　　　라. 한 열의 리벳 중심을 통하는 선

> 정답 공구
> (1) 라
> (2) 나
> (3) 다
> (4) 가

14 다음 관계있는 것을 〈보기〉에서 번호를 골라 쓰시오. • 06②

① 고장력볼트　　　　② 구멍맞추기
③ 세우기　　　　　　④ 현장리벳치기

가. 뉴매틱 해머 : (　　)　　나. 진폴 : (　　)
다. 드리프트 핀 : (　　)　　라. 임팩트렌치 : (　　)

> 정답 기계 · 기구명
> 가. ④　나. ③　다. ②　라. ①

15 고력볼트의 마찰접합에서는 설계볼트장력과 미끄럼계수의 확보가 반드시 보장되어야 한다. 이와 관련된 고력볼트 접합부의 마찰면 처리에 대하여 기술하시오. • 16④

> 정답 고력볼트 마찰면
> 가. 기름 제거
> 나. 녹 제거
> 다. 밀스케일 제거
> 라. 틈새 발생 시 필러 끼움

16 다음에서 설명하는 공구 및 기구를 쓰시오. • 01②

가. 펀치 또는 드릴로 뚫은 구멍의 지름을 정확하고 보기 좋게 가다듬는 공구
나. 리벳치기 공구의 일종으로 불에 달군 리벳을 판금의 구멍에 넣고 그 머리를 누르면서 받쳐주는 공구
다. AE제의 계량장치
라. 거푸집 긴장철선을 콘크리트 경화 후 절단하는 절단기
마. 종방향의 미세한 변형량을 시계형으로 확대시켜 정확한 침하량을 측정하는 기구로서 지내력 시험에 이용되는 기구

가. _____　　나. _____
다. _____　　라. _____
마. _____

> 정답 각종 공구 및 기구
> 가. 리머
> 나. 리벳홀더
> 다. 디스펜서
> 라. 와이어 클리퍼
> 마. 다이얼 게이지

17 강구조 볼트접합과 관련하여 용어를 쓰시오. • 23① · 11①

가. 볼트 중심 사이의 간격 ( )
나. 볼트 중심 사이를 연결하는 선 ( )
다. 볼트 중심 사이를 연결하는 선 사이의 거리 ( )

정답 용어
가. 피치(Pitch)
나. 게이지라인(Gauge Line)
다. 게이지(Gauge)

18 다음 그림에 해당하는 접합을 보기에서 골라 쓰시오. • 22④

가. 나. 다.
마찰면 / 부재 간 압축력의 감소 / 볼트 구멍의 클리어런스

〈보기〉
① 지압접합　　② 마찰접합　　③ 인장접합

가. _____　　나. _____
다. _____

정답 접합의 명칭
가. ②　나. ③　다. ①

19 다음 설명하는 용어를 쓰시오. • 07②

철골구조 접합방법에서 마찰력으로 응력을 전달하는 접합방법
( )

정답 용어
고장력볼트 접합

20 고력볼트 F10 T에서 10이 가리키는 의미를 쓰시오. • 07③

정답 고력볼트 표시
F : Friction Grip Joint(마찰접합)
10 : 1,000MPa
T : Tensile Strength(인장강도)

21 철골공사 시 각 부재의 접합을 위해 사용되는 고장력볼트 중 특수형의 볼트 종류를 4가지 쓰시오. • 10② · 04③ · 02③

가.
나.
다.
라.

정답 고장력볼트 중 특수형 볼트
가. Bolt축 전단형(TC Bolt식)
나. Nut 전단형(PI 너트식)
다. 고장력 Grip Bolt
라. 지압형 Bolt

22 다음 설명에 맞는 용어를 기재하시오. • 22② · 19①

> 철골부재의 접합에 사용되는 고장력볼트 중 볼트의 장력 관리를 손쉽게 하기 위한 목적으로 개발된 것으로 본조임 시 전용 조임기를 사용하여 볼트의 핀테일이 파단될 때까지 조임시공하는 볼트의 명칭

정답 용어
볼트축 전단형 고력볼트

---

23 철골공사에서 고력볼트 접합의 종류에 대한 설명이다. ( ) 안에 알맞은 용어를 쓰시오. • 10② · 04③ · 02③

가. Torque Control 볼트로서 일정한 조임 토크치에서 볼트축이 절단
( )

나. 2겹의 특수너트를 이용한 것으로 일정한 조임 토크치에서 너트(Nut)가 절단
( )

다. 일반 고장력볼트를 개량한 것으로 조임이 확실한 방식
( )

라. 직경보다 약간 작은 볼트구멍에 끼워 너트를 강하게 조이는 방식
( )

정답 고력볼트 종류
가. 볼트축 전단형 고력 Bolt
나. 너트 전단형 고력 Bolt
다. Grip형 고력 Bolt
라. 지압형 고력 Bolt

---

24 T/S(Torque Shear)형 고력볼트의 시공순서 번호를 나열하시오. • 19② · 12①

> 가. 팁레버를 잡아당겨 내측 소켓에 들어 있는 핀테일을 제거
> 나. 렌치의 스위치를 켜 외측 소켓이 회전하며 볼트를 체결
> 다. 핀테일이 절단되었을 때 외측 소켓이 너트로부터 분리되도록 렌치를 잡아당김
> 라. 핀테일에 내측 소켓을 끼우고 렌치를 살짝 걸어 너트에 외측 소켓이 맞춰지도록 함

( ) → ( ) → ( ) → ( )

정답 고력볼트 시공
라 → 나 → 다 → 가

---

25 표준볼트장력과 설계볼트장력을 비교하여 설명하시오. • 13① · 10④ · 09②

정답 용어/비교
설계볼트장력은 고력볼트의 설계 시 허용전단력을 구하기 위한 기준값이며, 표준볼트장력은 설계볼트장력에 10%를 할증한 값으로 현장시공의 기준값으로 쓰인다.

26 다음 ( ) 안에 적당한 단어나 숫자를 기재하시오.

> 고장력볼트의 마찰접합부의 마찰면은 최소 (가) 이상의 미끄럼계수가 반드시 확보되어야 하며, (나) 볼트장력은 (다) 볼트장력에 (라)%를 할증한 값으로 한다.

가. _____ 나. _____
다. _____ 라. _____

정답 고장력 볼트 조임
가. 규정값   나. 표준
다. 설계   라. 100

27 철골공사에서 고장력 볼트 조임에 쓰는 기기 2가지와 일반적으로 각 볼트군에 대하여 조임검사를 행하는 표준볼트의 수에 대해 쓰시오.

가. 조임기기 : ① _____
          ② _____

나. 조임검사를 행하는 볼트의 수 : _____

정답 고장력 볼트 조임
가. 임팩트렌치, 토크렌치
나. 전체 Bolt 수의 10% 이상 혹은 각 Bolt 군에 1개 이상

28 다음 그림을 보고 합격 불합격을 판정하시오.

가. _____ 나. _____
다. _____

정답 합격 불합격 판정
가. 합격
나. 불합격(회전과다)
다. 불합격(회전부족)

29 철골공사에서 고장력 볼트 조임의 장점을 4가지 쓰시오.

가. _____
나. _____
다. _____
라. _____

정답 고장력 볼트 조임의 장점
가. 접합부의 강성이 높다.
나. 노동력 절약, 공기단축에 효과적이다.
다. 마찰접합, 소음이 없다.
라. 화재, 재해의 위험이 적다.
마. 피로강도가 높다.
바. 현장시공 설비가 간단하다.
사. 불량부분 수정이 쉽다.
아. 너트가 풀리지 않는다.

정답 아크용접 피복재의 역할
가. 용제역할로서 접합부를 깨끗이 한다.
나. 접합 시 산화물이 생기는 것을 방지한다.
다. 조성제로 접합이 잘 되게 한다.
라. 슬래그를 제거한다.
마. 냉각응고 속도를 낮춘다.

30 철골공사의 용접작업에서 아크용접의 경우 용접봉의 피복재는 금속산화물, 탄산염, 셀룰로오스, 탈산제 등을 심선에 도포한 것이다. 피복재의 역할 4가지만 쓰시오. • 12④ · 06① · 99③

가. _____
나. _____
다. _____
라. _____

정답 용어정리
가. 맞댐 용접
나. 모살 용접

31 철골공사 용접방법 중 다음에 설명하는 용접방법을 기재하시오. • 20④
가. 한쪽 또는 양쪽 부재의 끝을 용접이 양호하게 될 수 있도록 끝단면을 비스듬히 절단(개선)하여 용접하는 방식 ( )
나. 두 부재를 일정한 각도로 접합한 후, 2개 이상의 판재를 겹치거나 T자형, +자형에서 삼각형 모양으로 접합부를 용접하는 방법 ( )

정답 용접
가. 맞댐 용접
나. 2배

32 다음 설명에 해당되는 답을 기재하시오. • 08③
가. 용접하는 두 부재 사이를 트이게 홈(groove)을 만들고 그 사이에 용착금속을 채워 두 부재를 결합하는 용접 접합방식 ( )
나. 필렛용접에서 유효 용접길이는 실제 용접길이에서 유효목두께의 몇 배를 감한 것으로 하는가? ( )

33 철골재 아크 용접에 대한 설명 중 직류와 교류를 사용할 경우의 특징을 〈보기〉에서 골라 번호로 쓰시오. • 04① · 01③ · 99③

① 고장이 적다.   ② 일하기 쉽다.
③ 가격이 싸다.   ④ 공장용접에 많이 쓰인다.
⑤ 현장용접에 많이 쓰인다.

가. 직류 아크 용접 : _____
나. 교류 아크 용접 : _____

정답 아크 용접
가. 직류 아크 용접 : ②, ④
나. 교류 아크 용접 : ①, ③, ⑤

정답 용접접합의 장점
가. 이음과 응력 전달이 확실
나. 강재량의 절약
다. 무소음, 무진동
라. 일체성, 수밀성 확보

34 강구조 공사 접합방법 중 용접의 장점을 4가지 쓰시오. • 14①
가. _____
나. _____
다. _____
라. _____

35 철골공사에서 용접접합의 단점 2가지를 쓰시오.

가. _____

나. _____

> **정답** 용접접합의 단점
> 가. 숙련공이 필요
> 나. 용접 내부 시공검사 곤란
> 다. 용접열에 의한 결함 및 변형 발생
> 라. 재시공 곤란(모재부터 다시 가공)

36 철골용접 시 용접부에 대한 다음 도식을 보충 설명하시오.

가. _____ 나. _____

다. _____

> **정답** 용접부위 명칭
> 가. 변질부
> 나. 용착금속부
> 다. 융합부

37 다음 맞댄 용접의 각 부 모양에 대한 명칭을 쓰시오.

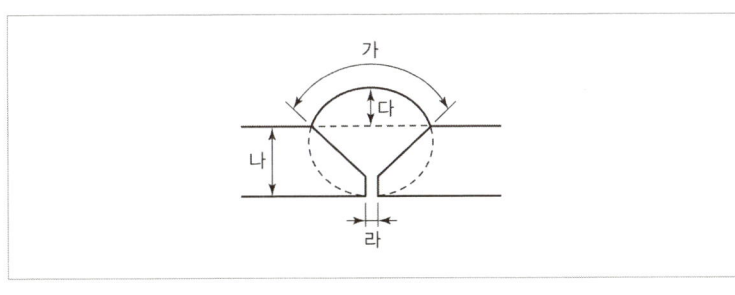

가. _____ 나. _____

다. _____ 라. _____

> **정답** 맞댄 용접 용어
> 가. 개선각
> 나. 목두께
> 다. 보강살 두께(살올림 두께)
> 라. 루트 간격

38 다음의 용접기호로써 알 수 있는 사항을 4가지 쓰시오.

가. _____ 나. _____

다. _____ 라. _____

> **정답** 용접기호
> 가. V형 맞댄 용접이다.
> 나. 홈각도(개선각) : 화살표 쪽 60°
> 다. 홈깊이(개선깊이) : 18mm
> 라. 트임새 간격(루트 간격) : 2mm

39 아래 용접기호에 따라 시공된 상태의 상세도를 그리고 용접기호에 맞는 치수와 단위를 기입하시오.
• 21②

정답 용접기호에 따른 상세도

40 아래 용접기호에 따라 시공된 상태의 상세도에 맞게 용접기호를 표기하시오.
• 24②

정답 용접기호

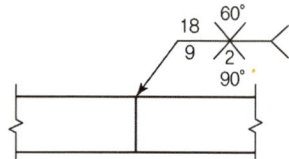

41 다음의 용접기호로써 알 수 있는 사항을 4가지 쓰시오.
• 04③ · 98②

가. ＿＿＿＿＿＿＿＿＿＿＿＿＿＿＿＿ 나. ＿＿＿＿＿＿＿＿＿＿＿＿＿＿＿＿
다. ＿＿＿＿＿＿＿＿＿＿＿＿＿＿＿＿ 라. ＿＿＿＿＿＿＿＿＿＿＿＿＿＿＿＿

정답 용접기호
가. 병렬 단속 모살용접이다.
나. 다리길이는 13mm이다.
다. 용접길이는 50mm이다.
라. 용접 간격은 150mm이다.

42 철골공사 시 용접부에 주어진 조건에 맞게 용접기호를 도면에 표기하시오.

• 18①

〈조건〉 ① 개선각 45°   ② 화살표 방향 용접
③ 현장용접   ④ 간격 3mm

정답 용접기호

43 다음 철골의 용접 기호를 간단히 설명하시오.

• 20②

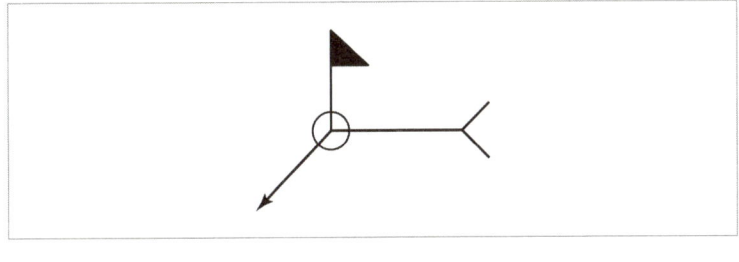

정답 용접기호
전체 둘레 현장 용접

44 용접자세 표현기호가 의미하는 방향은?

• 00①

가. F :
나. H :
다. V :
라. O :

정답 용접자세 표현기호
가. F : 하향자세 용접
나. H : 수평자세 용접
다. V : 수직자세 용접
라. O : 상향자세 용접

45 다음 철골구조에서 용접모양에 따른 명칭을 쓰시오. • 00③,④ · 98②

가. _____ 나. _____
다. _____ 라. _____
마. _____ 바. _____
사. _____ 아. _____
자. _____

> **정답** 용접 종류
> 가. 맞댄용접
> 나. 겹친모살용접
> 다. 모서리모살용접
> 라. T자 용접(T자 양면모살)
> 마. 단속모살용접
> 바. 갓용접
> 사. 덧판용접
> 아. 양면덧판용접
> 자. 산지용접

46 철골 용접접합에서 발생하는 결함 항목을 6가지만 쓰시오.
• 15④ · 14④ · 13④ · 12④ · 08② · 98⑤ · 98④

가. _____ 나. _____
다. _____ 라. _____
마. _____ 바. _____

> **정답** 용접결함
> 가. 슬래그 감싸들기
> 나. 언더컷(Undercut)
> 다. 오버랩(Overlap)
> 라. 공기구멍(Blow Hole)
> 마. 크랙(Crack)
> 바. 크레이터(Crater)

47 다음 예시를 보고 아래 용접 결함을 도시하시오.

〈예시〉 정상

가. 언더컷

나. 오버랩

정답 용접 결함
가. 언더컷

나. 오버랩
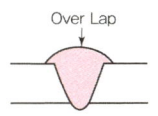

48 다음의 설명에 해당되는 용접결함의 용어를 쓰시오.

가. 용접금속과 모재가 융합되지 않고 단순히 겹쳐지는 것 (　　　)

나. 용접상부에 모재가 녹아 용착금속이 채워지지 않고 홈으로 남게 된 부분 (　　　)

다. 용접봉의 피복재 용해물인 회분이 용착금속 내에 혼합된 것 (　　　)

라. 용융금속이 응고할 때 방출되었어야 할 가스가 남아서 생기는 용접부의 빈 자리 (　　　)

정답 용어
가. 오버랩
나. 언더컷
다. 슬래그 감싸들기
라. 블로홀

49 용접결함 중 슬래그 혼입의 원인과 그에 따른 방지대책을 각각 2가지씩 기재하시오.

가. 원인 : ①
　　　　　②

나. 대책 : ①
　　　　　②

정답 용접결함(슬래그 감싸들기)
가. 원인
① 용접 중에 발생하는 슬래그가 용접부 안으로 들어간 경우
② 용접부의 청소상태가 불량한 경우
나. 대책
① 용접 중 혼입된 슬래그를 제거하고 용접한다.
② 용접부위의 청소를 확실히 한다.

50 보기에 주어진 철골공사에서의 용접결함 종류 중 과대전류에 의한 결함을 모두 골라 기호로 적으시오.

① 슬래그 감싸들기	② 언더컷	③ 오버랩
④ 블로홀	⑤ 크랙	⑥ 피트
⑦ 용입 부족	⑧ 크레이터	⑨ 피시아이

정답 용접결함
②, ⑤, ⑧

51 그림과 같은 철골조 용접부위 상세에서 각각의 명칭을 쓰시오.
· 11④ · 08③ · 02② · 02①

가. _____ 나. _____
다. _____

정답 용어
가. 스캘럽(Scallop : 곡선 모따기)
나. 엔드탭(End tab : 보조강판)
다. 뒷댐재(Back strip : 뒷댐재)

52 철골공사에 사용되는 용어를 설명하였다. 알맞은 용어를 쓰시오.
· 19④ · 16② · 15④ · 08③ · 02①

가. 철골부재 용접 시 이음 및 접합부위의 용접선이 교차되어 재용접된 부위가 열영향을 받아 취약해지기 때문에 모재에 부채꼴 모양의 모따기를 한 것 ( )

나. 철골기둥의 이음부를 가공하여 상하부 기둥 밀착을 좋게 하여 축력의 25%까지 하부 기둥 밀착면에 직접 전달시키는 이음방법 ( )

다. Blow hole, crater 등의 용접결함이 생기기 쉬운 용접 bead의 시작과 끝 지점에 용접을 하기 위해 용접 접합하는 모재의 양단에 부착하는 보조강판 ( )

정답 용어
가. 스캘럽(Scallop)
나. 메탈 터치(Metal touch)
다. 엔드탭(End tab)

53 다음 용어를 설명하시오.
· 22②,④ · 16② · 14①

가. 스캘럽(Scallop) : _____

나. 뒷댐재(Back Strip) : _____

정답 용어
가. 철골부재 용접 시 이음 및 접합부위의 용접선이 교차되어 재용접된 부위가 열영향을 받아 취약해지기 때문에 모재에 부채꼴 모양의 모따기를 한 것
나. 한면 맞댄 용접 시 용융금속의 녹아 떨어짐(용락)을 방지하기 위해 루트(Root) 간격 하부에 대어 주는 받침쇠를 말함

54 철골공사에서 용접 결함이 생기기 쉬운 용접 비드의 시작과 끝 지점에 용접을 정확히 하기 위하여 모재의 양단에 부착하는 보조강판을 무엇이라고 하는지 쓰시오.
· 21④

정답 용어
엔드탭

55 철골부재 용접 시 인접부재가 열영향을 받아 취약해지는 것을 방지하기 위하여 모따기하는 것을 무엇이라 하며, 그것을 간단히 그림으로 나타내시오.

가. 용어 :
나. 도해

정답 스캘럽 – 용어, 도해
가. 용어 : 스캘럽
나.

56 철골공사 용접 시 발생하는 라멜라 티어링에 대해 간단히 설명하시오.

정답 용어 – 라멜라 티어링
용접 시 열 영향부의 국부 열변형으로 모재 내부에 구속 응력이 생겨 미세한 균열이 발생되는 현상

57 다음 철골공사에서 사용되는 용어를 간단히 설명하시오.

가. 밀시트 :
나. 뒷댐재 :

정답 용어
가. 밀시트 : 철강제품의 품질보증을 위해 공인된 시험기관에서 발급하는 제조업체의 품질보증서
나. 뒷댐재 : 맞댄 용접 시 루트부에 완전 용입을 얻을 수 있도록 뒤쪽에 대는 보조 강판재

58 밀시트(강재 시험성적서)로 확인할 수 있는 사항을 1가지만 적으시오.

정답 밀시트
가. 품질 보증서
나. 재료의 역학적 시험 내용 : 각종 강도 표시
다. 화학 성분 시험 내용 : 철, 황, 규소, 납, 탄소 등의 구성비
라. 규격표시 : 길이, 두께, 크기 및 형상, 단위중량
마. 시험규준의 명시 : 시방서, KS

59 강구조에서 메탈터치(Metal Touch)에 대한 개념을 간략하게 그림을 그려서 정의를 설명하시오.

가. 정의 :
나. 도해

정답 메탈터치
가. 정의 : 철골 수직 부재에서 맞닿는 면을 정밀하게 가공하여 밀착시켜 축방향력을 직접 전달하기 위한 가공
나. 도해

정답 용접부 검사
가. 용접 착수 전 : ①, ⑤, ⑦
나. 용접 작업 중 : ②, ④, ⑧
다. 용접 완료 후 : ③, ⑥, ⑨, ⑩

60 다음 보기는 용접부의 검사 항목이다. 〈보기〉에서 골라 알맞은 공정에 해당번호를 써넣으시오.
• 22④ · 13① · 11②

① 트임새 모양	② 전류	③ 침투수압	④ 운봉
⑤ 모아대기법	⑥ 외관판단	⑦ 구속	⑧ 용접봉
⑨ 초음파검사	⑩ 절단검사		

가. 용접 착수 전 : _____   나. 용접 작업 중 : _____
다. 용접 완료 후 : _____

정답 용접부 검사 항목
가. ①, ④, ⑦
나. ②, ③, ⑧
다. ⑤, ⑥

61 다음 〈보기〉의 용접부 검사 항목을 용접 착수 전, 작업 중, 완료 후의 검사작업으로 구분하여 번호로 쓰시오.
• 20② · 16④ · 13④

① 홈의 각도, 간격 치수	② 아크전압	③ 용접속도
④ 청소상태	⑤ 균열, 언더컷 유무	⑥ 필렛의 크기
⑦ 부재의 밀착	⑧ 밑면 따내기	

가. 용접 착수 전 검사 (   ) 나. 용접 작업 중 검사 (   )
다. 용접 완료 후 검사 (   )

정답 용접부위 검사법
가. 방사선 투과 검사
나. 자기 초음파 검사

62 철골용접부위의 품질상태를 검사하는 방법을 2가지 쓰시오.
• 99④

가. _____   나. _____

63 용접부위 비파괴시험 방법 3가지를 쓰시오.
• 20① · 17④ · 14① · 11① · 08① · 06② · 03①

정답 용접부위 비파괴시험
가. 방사선 투과시험
나. 초음파 탐상법
다. 자기분말 탐상법

가. _____   나. _____
다. _____

● **현장작업**

64 현장 철골세우기 작업순서를 〈보기〉에서 골라 번호로 쓰시오.
• 11① · 07③ · 07② · 00⑤ · 98⑤

정답 현장 철골세우기 순서
⑥ → ④ → ① → ⑤ → ② → ③ → ⑦
※ ④ → ⑥으로 해도 무방함
앵커볼트 선시공과 후시공에 따라 달라질 수 있음

① 기초상부 고름질	② 가조립	③ 변형 바로잡기
④ 앵커볼트 정착	⑤ 세우기	⑥ 기초콘크리트 타설
⑦ 도장		

(　) → (　) → (　) → (　) → (　) → (　) → (　)

65 철골세우기 공사의 시공순서를 〈보기〉에서 골라 쓰시오.

• 11① · 07③ · 07② · 00⑤ · 98⑤

① 세우기   ② 현장리벳치기   ③ 리벳검사
④ 앵커볼트 매입   ⑤ 볼트 가조임   ⑥ 볼트 본조임
⑦ 변형 바로 잡기

( ) → ( ) → ( ) → ( ) → ( ) → ( ) → ( )

정답 철골 세우기 순서
④ → ① → ⑤ → ⑦ → ⑥ → ②
→ ③

66 다음은 나중매입공법 철골공사의 리벳접합의 경우 현장작업 순서이다. ( )에 알맞은 말을 넣으시오.

• 11① · 07③ · 07② · 00⑤ · 98⑤

기초 주각부 기타 심먹매김 → (가) → (나) → 철골세우기
→ (다) → 변형 바로잡기 → (라) → 접합부 검사 → 도장

가. _____   나. _____
다. _____   라. _____

정답 현장작업순서
가. 앵커볼트 설치
나. 기초상부 고름질
다. 가조립
라. 본조립(정조립)

67 철골 주각부의 현장 시공 순서에 맞게 번호를 나열하시오.   • 23② · 15① · 13②

① 기초 상부 고름질   ② 가조립   ③ 변형 바로잡기
④ 앵커 볼트 설치   ⑤ 철골 세우기   ⑥ 철골 도장

정답 철골 주각부 시공
④ - ① - ⑤ - ② - ③ - ⑥
※ 기존 기출문제의 오류를 수정하고 나온 문제임

68 철골공사 주각부 설치 공법을 그림에 알맞은 것을 골라 적으시오.

• 20④ · 18①

가. _____   나. _____
다. _____

정답 주각부 설치 공법
가. 핀주각 공법
나. 고정 주각 공법
다. 매립형 주각 공법

69 다음은 철골조 기둥공사의 작업흐름도이다. 알맞은 번호를 〈보기〉에서 골라 ( ) 안을 채우시오. ● 11① · 07③ · 07② · 00⑤ · 98⑤

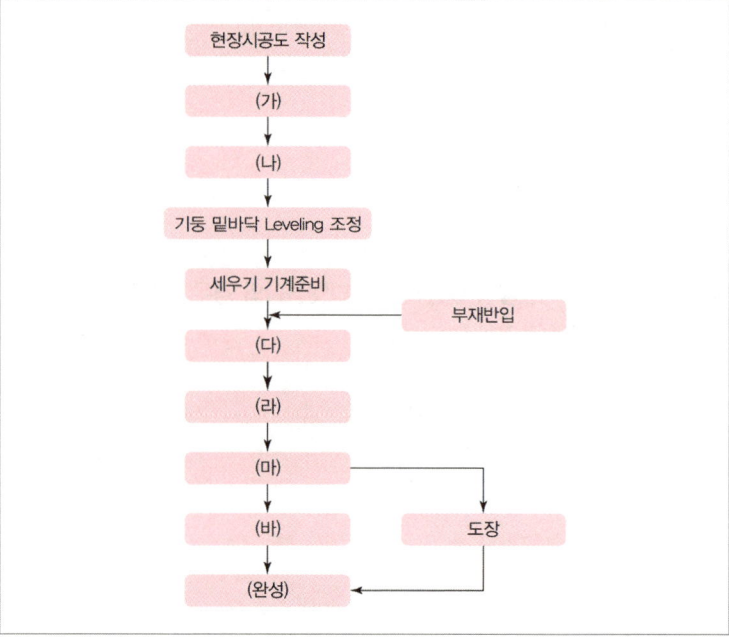

| ① 본접합 | ② 세우기 검사 | ③ 앵커볼트 매립 |
| ④ 세우기 | ⑤ 중심잡기 | ⑥ 접합부의 검사 |

가. _____ 나. _____
다. _____ 라. _____
마. _____ 바. _____

정답 철골 – 기둥작업 순서
가 – ⑤   나 – ③
다 – ④   라 – ②
마 – ①   바 – ⑥

70 철골공사의 공장제작이 완료된 후에 현장 세우기를 하여야 하는데 현장 시공을 위한 철골 시공도에 삽입해야 할 중요한 사항을 2가지 기록하시오.
● 03②

가. _____
나. _____

정답 철골시공도 기입내용
가. 부재의 형상 및 치수
나. 용접 및 고력볼트 접합부의 형상 및 치수

71 다음 ( ) 안에 적당한 공법을 쓰시오. ● 11① · 07②,③ · 00⑤ · 98⑤

철골공사에서 앵커볼트를 매입하는 공법은 (가) 매입공법과 (나) 매입공법이 있으며, 기초상부의 고름방법은 (다), (라), (마), (바)이 있다.

가. _____ 나. _____
다. _____ 라. _____
마. _____ 바. _____

정답 철골 현장 작업
가. 고정
나. 가동 또는 나중
다. 전면 바름 공법
라. 나중 채워 넣기 중심 바름 공법
마. 나중 채워 넣기 +자 바름법
바. 전면(완전) 나중채워넣기 방법

72 철골공사의 기초 Anchor Bolt는 구조물 전체의 집중하중을 지탱하는 중요한 부분이다. 이 Anchor Bolt 매입공법의 종류 3가지를 쓰시오.
● 24③ · 21② · 17② · 10④ · 02② · 00③ · 99①,③

가. _____
나. _____
다. _____

정답 앵커볼트 매입공법
가. 고정 매입 공법
나. 가동 매입 공법
다. 나중 매입 공법

73 철골 세우기에서의 기초 상부 고름질의 방법을 3가지 쓰시오.
● 11② · 07③ · 05③ · 03③ · 00③,⑤ · 99②

가. _____
나. _____
다. _____

정답 주각부상부 고름질 방법
가. 전면바름 마무리법
나. 나중채워넣기 중심바름법
다. 나중채워넣기 +자 바름법
라. 나중채워넣기법

74 철골공사를 시공할 때 베이스 플레이트(Base Plate)의 시공 시에 사용되는 충전재의 명칭을 쓰시오.
● 23① · 12② · 05③

_____

정답 주각부 상부 재료명
무수축 모르타르

75 다음 용어를 설명하시오.
● 23② · 21① · 16④

가. 전단연결재(Shear Connector)
_____

나. 거싯 플레이트(Gusset Plate)
_____

다. 데크 플레이트(Deck Plate)
_____

정답 용어 설명
가. 전단연결철물이라고 하며 하프 슬래브 및 데크 플레이트 등에 전단력을 보강하기 위해 사용되는 철물
나. 기둥과 보를 연결시켜 주는 판
다. 아연도금 철판을 절곡시켜 만든 판으로 철골공사에서 콘크리트 타설 시 거푸집 대용으로 사용

76 다음 각부의 명칭을 〈보기〉에서 골라 번호를 쓰시오. • 04② · 00⑤

① Anchor Bolt   ② Base Plate   ③ Wing Plate
④ Clip Angle   ⑤ Web Plate   ⑥ Lattice bar
⑦ Tie Plate   ⑧ Gusset Plate ⑨ Band Plate
⑩ Cover Plate   ⑪ Spliced Plate ⑫ Filler Plate
⑬ Flange Plate ⑭ Flange Angle ⑮ Side Angle

가.   나.
다.   라.
마.   바.
사.

정답 철골 주각부 명칭
가 - ⑥, 나 - ⑤,
다 - ②, 라 - ③,
마 - ⑮, 바 - ④,
사 - ①

77 다음 그림은 철골 보 – 기둥 접합부의 개략적인 그림이다. 각 번호에 해당하는 구성재의 명칭을 쓰고, 다번 부재의 용접 방법의 종류 2가지를 쓰시오.
• 22① · 12② · 09①

가.
나.
다.
라. 용접 종류 :

정답 철골 보 – 기둥 접합부의 명칭
가. 스티프너(Stiffner)
나. 하부 플랜지 플레이트(하부 띠판)
다. 전단 플레이트
라. 맞댐용접, 모살용접

78 철골 세우기용 기계 3가지를 쓰시오. • 18④ · 00④ · 99①

가. _____　나. _____
다. _____

정답 철골 세우기용 기계
가. 가이데릭
나. 스티프레그데릭
다. 타워크레인

79 타워크레인의 종류로는 T형 타워 크레인(T-Tower Crane)과 러핑 크레인(Luffing Crane)이 있는데, 이 중 러핑 크레인을 사용하는 경우 2가지를 쓰시오. • 14①

가. _____
나. _____

정답 Luffing Crane 사용 이유
가. 주변 건물에 방해되는 경우
나. 타 대지에 침범하게 되는 경우

80 철골철근콘크리트 구조체에서 철골과 콘크리트와의 일체성 확보를 위해 설치하는 전단 연결재를 무엇이라고 하는가? • 20③,④ · 17① · 16④

_____

정답 용어정리
스터드 볼트

● 내화피복

81 철골의 내화피복공법의 종류를 6가지 쓰고, 각각에 사용되는 재료를 하나씩 쓰시오. • 12① · 98④

	공 법	재 료
가		
나		
다		
라		
마		
바		

정답 내화피복공법의 종류와 재료

	공 법	재 료
가	타설공법	콘크리트
나	조적공법	벽돌
다	미장공법	철망모르타르
라	도장공법	방화페인트
마	성형판 붙임공법	ALC판
바	멤브레인 공법	암면

82 철골조 내화피복의 시공공법을 4가지 들고 설명하시오.
• 15④ · 11① · 06① · 03② · 00④ · 99④,⑤ · 98①,④

가. _____
나. _____
다. _____
라. _____

정답 내화피복공법
가. 타설공법 : 콘크리트를 타설하여 일정두께 이상을 확보하는 공법
나. 조적공법 : 벽돌, 블록 등을 쌓아 피복하는 공법
다. 미장공법 : 모르타르를 발라 피복두께를 확보하는 공법
라. 도장공법 : 내화페인트를 칠하여 소요두께의 피막을 형성하는 공법

정답 내화공법

공법	재료	
타설공법	콘크리트	경량 콘크리트
조적공법	벽돌	블록
미장공법	철망 모르타르	철망 펄라이트 모르타르

정답 철골 내화피복 습식공법
가. 습식공법 : 화재 발생 시 강재의 온도 상승 및 강도 저하를 방지하기 위하여 강재 주위에 콘크리트나 모르타르와 같이 물을 혼합한 재료를 타설 또는 미장하는 공법
나. 종류 : 조적, 타설공법, 미장공법
다. 사용재료 : 벽돌, 콘크리트, 모르타르

정답 철골공사 내화습식공법 종류
가. 타설공법 나. 조적공법
다. 미장공법 라. 뿜칠공법

정답 경량 형강재의 장단점
가. 장점
  ① 강재량에 비해 단면효율이 크다.
  ② 성형가공이 용이하다.
나. 단점
  ① 국부좌굴 및 뒤틀림이 생기기 쉽다.
  ② 부식에 약하여 방청도료를 사용해야 한다.

---

83 철골공사에서 내화피복공법 종류에 따른 재료를 각각 2가지씩 쓰시오.

● 20② · 17② · 14②

공법	재료
타설공법	
조적공법	
미장공법	

84 철골 내화피복 공법 중 습식 공법을 설명하고, 습식 공법의 3가지 종류와 사용재료 3개를 쓰시오.

● 21④ · 20③ · 19② · 18② · 16② · 14① · 11① · 09② · 08③ · 05② · 98⑤

가. ─────────
나. ─────────
다. ─────────

85 철골공사 내화공법 중 습식 공법 4가지를 쓰시오.   ● 24③ · 22④

가. ───── 나. ─────
다. ───── 라. ─────

● **경량 및 기타 철골구조**

86 강재를 이용한 구조물로 가정하여, 경량형 강재의 장단점에 대하여 각 2가지씩 쓰시오.   ● 99⑤ · 98④

가. 장점
  ① ─────────
  ② ─────────
나. 단점
  ① ─────────
  ② ─────────

87 파이프 구조를 이용한 건축물의 장점에 대하여 4가지만 쓰시오.

가. _____
나. _____
다. _____
라. _____

정답 파이프 구조 건축물의 장점
가. 경량이며 외관이 경쾌하고 미려하다.
나. 휨강성, 비틀림 강성이 우수하다.
다. 국부좌굴, 가로좌굴에 유리하다.
라. 살두께가 적으면서도 휨효과가 크다.

88 파이프 구조에서 파이프 절단면 단부는 녹막이를 고려하여 밀폐하여야 하는데, 이때 실시하는 밀폐방법에 대하여 3가지만 쓰시오.

가. _____
나. _____
다. _____

정답 파이프 단부 밀폐방법
가. 관 끝을 압착하여 용접·밀폐시키는 방법
나. 원판, 반구형을 용접하는 방법
다. 가열하여 구형으로 하는 방법

89 철골 구조물 주위에 철근 배근을 하고 그 위에 콘크리트가 타설되어 일체가 되도록 한 구조물로 초고층 구조물 하층부의 복합구조로 많이 채택되는 구조를 쓰시오.

정답 용어
철골철근콘크리트 구조

● **PC/커튼월**

90 주문공급방식으로서 대형구조물이나 특수구조물에 적합한 PC(Precast Concrete) 생산방식의 명칭을 쓰시오.

정답 용어
Closed System

91 커튼월 공사의 성능시험 항목을 4가지 쓰시오.

가. _____ 나. _____
다. _____ 라. _____

정답 커튼월 시험 항목
가. 기밀시험
나. 정압수밀시험
다. 동압수밀시험
라. 층간변위시험

92 다음 커튼월 공법의 분류를 쓰시오.

가. 구조형식에 의한 분류 2가지

나. 조립방식에 의한 분류 2가지

정답 커튼월 공법
가. 패널, 샛기둥
나. Unit wall method, Stick wall(Knock down) Method

정답 커튼월 분류
가. 패널방식
나. 샛기둥방식
다. 커버방식

93 커튼월 공사를 주프레임 재료를 기준으로 크게 3가지로 분류할 수 있는데 그 세 가지의 커튼월을 쓰시오.　●16①·12②·09④·05①

가. _____　나. _____
다. _____

94 커튼월 조립방식에 의한 분류에서 각 설명에 해당하는 방식을 번호로 쓰시오.　●20①·17①·13④·11①

① Stick Wall 방식　② Window Wall 방식　③ Unit Wall 방식

가. 구성 부재 모두가 공장에서 조립된 프리패브(Pre-Fab) 형식으로 현장상황에 융통성을 발휘하기가 어렵고, 창호와 유리, 패널의 일괄발주 방식임　(　　)

나. 구성 부재를 현장에서 조립·연결하여 창틀이 구성되는 형식으로 유리는 현장에서 주로 끼운다. 현장 적응력이 우수하여 공기조절이 가능 창호화 유리, 패널의 분리발주 방식　(　　)

다. 창호와 유리, 패널의 개별발주 방식으로 창호 주변이 패널로 구성됨으로써 창호의 구조가 패널 트러스에 연결할 수 있어서 비교적 경제적인 시스템 구성이 가능한 방식　(　　)

정답 커튼월 조립방식 분류
가. ③
나. ①
다. ②

95 다음은 커튼월 공법의 외관형태별 분류방식에 대한 설명이다. 〈보기〉에서 그 명칭을 골라 번호를 쓰시오.　●11①·02①

| ① 격자방식　② 샛기둥 방식 |
③ 피복방식　④ 스팬드럴 방식

가. 수평선을 강조하는 창과 스팬드럴 조합으로 이루어지는 방식　(　　)
나. 수직기둥을 노출시키고, 그 사이에 유리창이나, 스팬드럴 패널을 끼우는 방식　(　　)
다. 수직, 수평의 격자형 외관을 보여주는 방식　(　　)
라. 구조체를 외부에 노출시키지 않고 패널로 은폐시키며 새시는 패널 안에서 끼워지는 방식　(　　)

정답 커튼월의 종류
가. ④
나. ②
다. ①
라. ③

정답
가. 멀리온
나. 스팬드럴
다. 그리드
라. 시스형

96 커튼월의 외관 형태에 따른 타입 4가지를 쓰시오.　●13②

가. _____　나. _____
다. _____　라. _____

97 다음의 용어를 설명하시오. • 17② · 08②

스팬드럴(Spandrel) 방식 :

정답 용어
커튼월 외벽 붙이기에서 구조물의 수평재(보)가 노출될 수 있도록 커튼월을 붙이는 방법

98 Fastener는 커튼월을 구조체에 긴결시키는 부품을 말한다. 이는 외력에 대응할 수 있는 강도를 가져야 하며 설치가 용이하고 내구성·내화성 및 층간변위에 대한 추종성이 있어야 한다. 커튼월 공사에서 구조체의 층간변위, 커튼월의 열팽창, 변위 등을 해결하는 Fastener의 긴결방식 3가지를 쓰시오.
• 23① · 14④ · 11① · 09① · 04①,②

가.
나.
다.

정답 Fastener 긴결방식
가. 슬라이드 방식
나. 회전 방식
다. 고정 방식

99 커튼월 공사 시 누수방지대책과 관련된 다음 용어에 대해 설명하시오.
• 19② · 13②

가. Closed Joint :

나. Open Joint :

정답 용어 - 비처리 방식
가. Closed Joint : 커튼월과 접하는 부분을 Seal재로 완전히 밀폐시켜 틈 없이 비처리하는 방식
나. Open Joint : 벽의 외측면과 내측면 사이에 공간을 두어 옥외의 기압과 같은 기압을 유지하여 비처리하는 방식

100 커튼월 알루미늄바 설치 시 누수 방지 대책을 시공적 측면에서 4가지 기재하시오.
• 24① · 19①

가.
나.
다.
라.

정답 누수 방지 대책
가. 멀리온과 패널의 이음매 처리 철저
나. 오픈 조인트 설치 시 물의 이동으로 인한 누수 차단 철저
다. 클로즈드 조인트 설치 시 이음새 없이 시공
라. 용도에 적합한 실런트 사용

정답 풍동시험과 외벽성능시험

가. Wind Tunnel Test(풍동시험)
건물준공 후 문제점을 사전에 파악하고 설계에 반영하기 위해 건물주변 600mm 반경 내 실물축적 모형을 만들어 10~50년간의 최대풍속을 가하여 실시하는 시험

나. Mock-up Test(외벽성능시험)
풍동시험을 근거로 3개의 실물모형을 만들어 건축예정지의 최악조건으로 시험하며 재료품질, 구조계산치 등을 수정할 목적으로 행하는 실물대모형시험

정답 Mock-up Test

가. 정의 : 풍동시험을 근거로 3개의 실물모형을 만들어 건축예정지의 최악조건으로 시험하여 재료품질, 구조계산치 등을 수정할 목적으로 행하는 실물대 모형시험

나. 시험항목 : 예비시험, 기밀시험, 정압수밀시험, 동압수밀시험, 층간변위시험

정답 Mock-up Test 종목

가. 기밀시험
나. 수밀시험
다. 풍압시험
라. 층간 변위 시험

정답 조립식 공법

가. 대형 패널 공법
나. 박스식 공법
다. 틸트업(Tilt-up) 공법
라. 리프트 슬래브(Lift slab) 공법
마. 커튼월 공법

---

101 Wind Tunnel Test(풍동시험)과 Mock-up Test(외벽성능시험)에 관하여 기술하시오. ●02① · 99②,④

가. Wind Tunnel Test(풍동시험) :

나. Mock-up Test(외벽성능시험) :

102 구조물을 신축하기 전에 실시하는 Mock-up Test의 정의와 시험항목을 3가지만 쓰시오. ●11②

가. 정의 :

나. 시험항목 :

103 커튼월(Curtain Wall)의 실물모형실험(Mock-up Test)에 성능시험의 시험종목을 4가지만 쓰시오. ●19① · 18④ · 13④

가. _____ 나. _____
다. _____ 라. _____

104 다음은 조립식 공법에 대한 설명이다. 설명에 해당하는 용어를 쓰시오.
●07② · 03③ · 00④

가. 창호 등이 설치된 건축물의 대형 판을 아파트 등의 구조체에 이용하는 방법
(   )

나. 건축물의 1실 혹은 2실 등의 구조체를 박스형으로 지상에서 제작한 후 이를 인양조립하는 방법 (   )

다. 지상의 평면에서 벽판 및 구조체를 제작한 후 이를 일으켜서 건축물을 구축하는 공법 (   )

라. 지상에서 여러 층의 슬래브를 제작한 후 이를 순차적으로 들어 올려 구조체를 축조하는 공법 (   )

마. 창문틀 등을 건축물의 벽판에 설치한 후 구조체에 붙여 대어 이용하는 방법
(   )

Engineer Architecture

CHAPTER 07
조적공사

CONTENTS

제1절	벽돌공사	337
제2절	블록공사	343
제3절	석공사	347
제4절	타일공사	351
제5절	ALC	354

한눈에 보기

Thinking Map

용어 미리보기

용어	Keyword	출제연도
세워쌓기	길이면이 내보이도록 벽돌 길이면을 수직으로 세워 쌓는 것	
영롱쌓기	난간벽(Parapet)과 같이 상부 하중을 지지하지 않는 벽에 있어서 장식적인 효과를 기대하기 위해 벽체에 구멍을 내어 쌓는 것	21① · 11②
영식쌓기	A켜는 마구리 쌓기, B켜는 길이 쌓기로 교대로 쌓으며 이오토막을 이용하여 통줄눈을 생성하지 않는 쌓기 법	24① · 17① · 08②
엇모쌓기	담 또는 처마 부분에 내쌓기를 할 때 45° 각도로 모서리가 면에 나오도록 쌓는 방법	21①
창대쌓기	창문하부에 방수목적으로 벽돌윗면을 15° 내외로 경사지게 옆세워 쌓는 방법	
거친아치	보통벽돌을 사용하되 줄눈을 쐐기 모양으로 사용하는 것	04① · 01② · 00①
공간쌓기 (Cavity wall bond)	방수를 목적으로 벽과 벽사이에 공간을 두고 쌓는 방법	
백화현상	벽체에 침투된 물이 모르타르 중의 석회분과 결합한 후 증발되면서 공기 중의 탄산가스(CO_2)와 반응하여 벽돌면을 하얗게 오염시키거나 표면을 벗겨 버리는 현상	21④ · 20⑤ · 19④ · 15④ · 11② · 10④ · 08①
창쌤블록	창문옆에 설치하여 문틀설치가 용이하게 만든 블록	00①
창대블록	개구부 하부 설치하여 빗물유입 방지를 목적으로 만든 블록	00①
대린벽	서로 교차되는 내력벽	02①
벽량	단위면적당 내력벽의 길이	12④ · 10① · 02①
석재가공 – 모래분사	고압공기의 압력으로 모래를 분사시켜 석재면을 거칠게 만드는 공법	02②
타일 – 떠붙임공법	가장 오래된 타일붙이기 방법으로 타일 뒷면에 붙임모르타르를 얹어 바탕 모르타르에 누르듯이 하여 1매씩 붙이는 방법	10④ · 07② · 06① · 02③ · 00④ · 01①
타일 – 압착공법	평평하게 만든 바탕 모르타르 위에 붙임 모르타르를 바르고, 그 위에 타일을 두드려 누르거나 비벼 넣으면서 붙이는 방법	10④ · 07② · 06① · 02③ · 00④ · 01①
타일 – 개량압착공법	평평하게 만든 바탕모르타르 위에 붙임 모르타르를 바르고 타일 뒷면에 붙임 모르타르를 얇게 발라 두드려 누르거나 비벼넣으면서 붙이는 방법	15① · 06① · 02③ · 00④
타일 – 동시줄눈법	타일면에 진동기(Vibrator)로 충격을 주어 줄눈 사이로 모르타르가 밀려 나오게 붙이는 공법	07② · 01①
오픈타임 (Open Time)	타일 붙임용 모르타르의 기본 접착강도를 얻을 수 있는 한계의 시간으로 모르타르를 바르고 타일을 붙일 때까지의 한계시간	95③

CHAPTER 07 조적공사

제1절 벽돌공사

01 벽돌과 모르타르

<table>
<tr><td rowspan="4">1. 크기</td><td>구분</td><td></td><td>길이</td><td>높이</td><td>두께</td></tr>
<tr><td>표준형</td><td>치수(mm)</td><td>190</td><td>57
90</td><td>90</td></tr>
<tr><td>내화벽돌</td><td>치수(mm)</td><td>230</td><td>65</td><td>114</td></tr>
<tr><td colspan="5">※ 조적조의 줄눈 두께는 가로·세로 10mm가 표준, ( )은 내화벽돌</td></tr>
</table>

● 00④ · 02② · 98④

(명칭) 벽돌 마름질의 그림과 명칭

2. 마름질

(a) 온장 (190×90×57)
(b) 칠오토막 (0.75)
(c) 이오토막 (0.25)
(d) 반격지 (1/2)
(e) 반토막 (0.5)
(f) 반절 (1.0, 1/2)
(g) 반반절 (1/2, 0.5)
(h) 경사반절 (1/2)

3. 벽돌 품질

구분	등급	압축강도(MPa)	흡수율(%)
콘크리트 벽돌	1종	13 이상	7 이하
	2종	8 이상	13 이하
점토 벽돌	1종	24.5 이상	10 이하
	2종	14.7 이상	15 이하

4. 모르타르	모르타르의 종류		용적배합비(잔골재/결합재)
	줄눈 모르타르	벽용	2.5~3.0
		바닥용	3.0~3.5
	붙임 모르타르	벽용	1.5~2.5
		바닥용	0.5~1.5
	깔모르타르	바탕용	2.5~3.0
		바닥용	3.0~6.0
	안채움 모르타르		2.5~3.0
	치장줄눈용 모르타르		0.5~1.5

5. 충전 모르타르	구분	단층 및 2층 건물		3층 건물	
		시멘트	잔골재	시멘트	잔골재
	용적비	1	3.0	1	2.5

02 줄눈과 벽두께

1. 일반 줄눈	막힌줄눈	세로 줄눈의 상하가 단속되는 형태
	통줄눈	세로 줄눈의 상하가 연속되는 형태
	두께	가로·세로 각 10mm

2. 치장 줄눈	(a) 민줄눈 (b) 평줄눈 (c) 둥근줄눈 (d) 오목줄눈 (e) 빗줄눈 (f) 역빗줄눈 (g) 볼록줄눈 [치장줄눈의 종류]

3. 조절 줄눈	불균등한 상부하중으로 인하여 벽체의 균열이 예상되는 다음의 곳에는 조절줄눈(Control Joint)을 설치하여야 한다. ① 벽 높이가 변하는 곳 ② 벽 두께가 변하는 곳 ③ 콘크리트 기둥과의 접합부 ④ 내력벽과 비내력벽과의 접합부

4. 벽두께	① B로 표시 ② 1B=길이 방향 크기, 0.5B=마구리 방향 크기 ③ 1B=0.5B+줄눈+0.5B ④ 2.5B=1.0B+줄눈+1.0B+줄눈+0.5B

03 쌓기 순서

1. 순서	바탕처리 → 물 축이기 → 건비빔 → 세로 규준틀 설치 → 벽돌 나누기 → 규준 쌓기 → 수평실 치기 → 중간부 쌓기 → 줄눈 누름 → 줄눈 파기 → 치장 줄눈 → 보양
2. 물 축이기	① 시멘트 벽돌 : 2~3일 전에 물축이기 ② 붉은 벽돌 : 전면을 습윤 ③ 시멘트 블록 : 모르타르 접합부만 습윤 ④ 내화 벽돌 : 건조상태(물축임을 하지 않는다.)
3. 세로 규준틀	① 건조한 목재(10cm 각재)를 2면 이상 대패질하여 사용 ② 기입 내용 : 쌓기 높이, 쌓기 단수(켜수), 개구부 위치, 나무벽돌, 앵커볼트 위치 등 ③ 모서리나 구석에 견고하게 설치, 면이 긴 경우 중앙부
4. 벽돌 나누기	수평계획으로 실제로 벽돌을 놓아 보는 일
5. 규준 쌓기	모서리에 3~4장, 2~3단 놓아 보는 일
6. 수평실 치기	규준쌓기 맨 밑부분 단에 수평으로 설치하는 실
7. 중간부 쌓기	수평실에 맞추어 벽돌을 놓는 일
8. 줄눈 누름	벽돌 사이에 모르타르가 충진되도록 흙손을 이용 누름
9. 줄눈 파기	1~2cm 정도 줄눈을 파낸다.
10. 치장 줄눈	원하는 모양의 줄눈 형성(배합비 1 : 1)

●08① · 05② · 04② · 03③
· 02② · 98⑤
(순서) 벽돌쌓기

●22② · 15① · 98③
(위치) 세로규준틀 설치

●22② · 16④ · 15① · 98①
(종류) 세로규준틀 기입 내용

04 쌓기법

1) 형태별

1. 길이쌓기	① 벽돌을 길게 나누어 놓아 길이면이 내보이도록 쌓는 것 ② 1장 길이쌓기의 벽두께를 0.5B라 한다.
2. 마구리쌓기	① 벽돌의 마구리면이 내보이도록 쌓는 것 ② 1장 마구리쌓기의 벽두께를 1.0B라 한다.
3. 세워쌓기	길이면이 내보이도록 벽돌 벽면을 수직으로 세워 쌓는 것
4. 옆세워쌓기	마구리면이 내보이도록 벽돌 벽면을 수직으로 세워 쌓는 것
5. 영롱쌓기	난간벽(Parapet)과 같이 상부 하중을 지지하지 않는 벽에 있어서 장식적인 효과를 기대하기 위해 벽체에 구멍을 내어 쌓는 것
6. 엇모쌓기	담 또는 처마 부분에 내쌓기를 할 때 45° 각도로 모서리가 면에 나오도록 쌓는 방법

●24② · 21① · 11②
(용어) 영롱쌓기

●24② · 21①
(용어) 엇모쌓기

(a) 마구리쌓기　　(b) 길이쌓기　　(c) 옆세워쌓기　　(d) 길이세워쌓기

2) 나라별 쌓기법

1. 영식쌓기	① A켜는 마구리 쌓기, B켜는 길이 쌓기로 교대로 쌓아 통줄눈이 거의 생기지 않는다. ② 마구리켜의 벽끝에는 이오토막 또는 반절을 사용한다. ③ 벽돌쌓기 중 가장 튼튼한 쌓기법이다.
2. 화란식 쌓기	① 영식 쌓기와 같은 방법이며 길이켜의 벽끝에는 칠오토막을 사용한다. ② 길이켜의 세로 줄눈의 상하가 맞지 않게 되는 수가 있으나, 일하기가 쉽고 모서리가 다소 견고하게 된다. ③ 벽돌쌓기 중 가장 일반적인 쌓기법이다.
3. 불식쌓기	① 길이와 마구리면이 한 켜에서 번갈아 나오게 쌓는다. ② 통줄눈이 많이 생겨 덜 튼튼하지만 외관이 좋다.
4. 미식쌓기	① 뒷면은 영식 쌓기로 하고, 표면은 치장 벽돌쌓기로 한다. ② 치장 벽돌은 5켜 정도는 길이 쌓기로 하고, 다음 한 켜는 마구리 쌓기로 한다.

3) 부위별 쌓기

1. 공간쌓기 (Cavity wall bond)	① 목적 : 방습, 단열, 결로방지 ② 공간은 3~6cm로 보통 0.5B 이내로 한다. ③ 벽의 연결은 벽돌, 철물, 철선, 철망 등으로 상호 60cm 정도의 간격으로 긴결한다.(벽면적 0.4m²마다 1개소 긴결) ④ 주벽체는 외벽이며 안벽은 보통 0.5B 쌓기로 한다. ⑤ 물빠짐 구멍을 2m 간격마다 설치(지름 10mm)
2. 내쌓기 (Corbel)	① 내쌓기는 한 켜당 1/8B 또는 두 켜당 1/4B, 내미는 정도는 2B까지이다. ② 마구리쌓기가 유리하다.
3. 창대쌓기	① 창대벽돌은 윗면을 15° 내외로 경사지게 옆세워 창문 밑에 쌓는다. ② 벽면에서의 돌출 길이는 벽돌 벽면에 일치시키거나 1/8~1/4B 정도 내밀어 쌓는다. ③ 창대쌓기의 길이는 1.5B 또는 벽두께 이하로 하며 방수처리에 주의한다.
4. 아치쌓기	① 개구부 상단에서 상부하중을 옆벽면으로 분산시키기 위한 쌓기법으로 부재의 하부에서 인장력이 생기지 않도록 해야 한다. ② 조적 벽체의 개구부 상부에서는 원칙적으로 아치를 틀어야 한다. ③ 아치의 종류 　㉮ 본아치 : 아치벽돌을 사용한 것 　㉯ 막만든아치 : 보통벽돌을 아치벽돌 모양으로 다듬어서 사용하는 것 　㉰ 거친아치 : 보통벽돌을 사용하되 줄눈을 쐐기 모양으로 사용하는 것 　㉱ 층두리아치 : 아치 너비가 클 때 아치를 겹으로 둘러쌓은 것

	④ 개구부의 너비가 1.8m 이상이면 목재, 석재, 철재나 철근콘크리트로 만든 인방보 등으로 보강하여야 한다.(1m일 때는 평아치도 가능하다.) ⑤ 인방보(Lintel)는 좌우 벽면으로 20~40cm 정도가 물려야 한다.
5. 벽체 중단	① 층지어 쌓기 : 벽체 중간부 ② 켜걸름 쌓기 : 벽체 교차부

05 내화벽돌 쌓기

1. 품질 (내화도)	등급	SK-NO	내화도
	저급	26~29	1,580~1,650℃
	보통	30~33	1,670~1,730℃
	고급	34~42	1,750~2,000℃
2. 제게르추 (SK)	제게르 콘(SK ; Seger Corn) : 고로 안의 고온도(600~2,000℃)를 측정하는 세모뿔형으로 된 온도계		
3. 시공	① 내화벽돌은 기건성이므로 물축이기를 하지 않고 쌓아야 되며, 보관 시에도 우로를 피한다. ② 모르타르는 내화 모르타르 또는 단열 모르타르를 사용한다. ③ 줄눈 너비는 6mm를 표준으로 한다. ④ 굴뚝, 연도 등의 안쌓기는 구조벽체에서 0.5B 정도 떼어 공간을 두고 쌓되 간격 60cm 정도마다 엇갈림으로 구조 벽체와 접촉하여 자립할 수 있도록 쌓는다. ⑤ 내화벽돌 쌓기가 끝나는 대로 줄눈의 흙손으로 눌러 두고 줄눈은 줄바르고 평활하게 한다.		

06 한중 시공

1. 준비	① 사전에 시공계획서 제출 ② 벽 작업 중단 시 벽의 상부로부터 양쪽 600mm 이상 덮개 설치 ③ 건조상태 ④ 4℃ 이하는 물과 모래를 가열하여 4~40℃ 유지(모르타르) ⑤ -7℃ 이하에서 벽돌 및 쌓기재료는 -7℃ 이하가 되지 않도록 유지
2. 보양	① 0~4℃ : 내후성 강한 덮개 ② -4~0℃ : 내후성 강한 덮개(24시간) ③ -7~-4℃ : 보온덮개, 방한시설로 24시간 보호 ④ -7℃ 이하 : 울타리, 보조열원, 적외선 발열램프로 동결온도 이상 유지

●03②

주의사항 시공 시 주의사항 (   ) 넣기

07 창문틀 세우기

1. 세우기	먼저 세우기	① 창문틀 옆의 벽돌을 쌓기 전에 창문틀을 먼저 정확한 위치에 견고히 세워 쌓는 것 ② 시공상의 어려움은 따르나 방수처리 효율면에서는 유리하다.
	나중 세우기	① 가창문틀을 세워서 벽돌을 쌓은 후에 본창문틀을 나중에 끼워 대는 것 ② 강재 창호 설치 시 응용된다.
2. 개구부 보강		① 가로틀을 길게 연장하여 벽체 물림 보강 ② 못으로 보강 ③ 긴결 철물로 보강

●02③ · 98③
(종류) 목재 문틀의 보강방법

08 조적식 구조 제한

1. 기초	① 연속기초이며, 무근 콘크리트 이상 ② 두께는 최하층 벽두께의 2/10를 가산한 두께
2. 칸막이 벽	① 90mm 이상 ② 직상층 중요한 구조물일 경우 190mm 이상
3. 내력벽	① 높이 4m 이하 ② 길이 10m 이하(10m를 넘으면 부축벽 설치) ③ 두께는 높이의 1/20 이상 ④ 내력벽 위에 테두리보 설치 ⑤ 평면상 내력벽의 길이는 550mm 이상 ⑥ 내력벽으로 둘러싸인 한 개 실의 바닥면적은 80m² 이하

●21④
(수치) 조적조 구조 제한

09 하자

1. 균열	계획·설계상 원인	① 기초의 부동침하 ② 건물의 평면, 입면의 불균형 및 불합리 배치 ③ 불균형 또는 큰 집중하중, 횡력 및 충격 ④ 벽돌벽의 길이, 높이, 두께와 벽돌 벽체의 강도 ⑤ 문꼴 크기의 불합리, 불균형 배치
	시공상 원인	① 벽돌 및 모르타르의 강도 부족과 신축성 ② 벽돌벽의 부분적 시공 결함 ③ 이질재와의 접합부 ④ 모르타르의 들뜨기

●98①
(원인) 벽돌벽 균열의 원인 설계상, 시공상

2. 백화현상	정의	벽체에 침투된 물이 모르타르 중의 석회분과 결합한 후 증발되면서 공기 중의 탄산가스(CO_2)와 반응하여 벽돌면을 하얗게 오염시키거나 표면을 벗겨 버리는 현상 • $CaO + H_2O \rightarrow Ca(OH)_2$ • $Ca(OH)_2 + CO_2 \rightarrow CaCO_3 + H_2O$
	대책	① 흡수율이 적고 질이 좋은 벽돌 및 모르타르를 사용한다. ② 줄눈을 수밀하게 시공한다. ③ 구조적으로 비막이를 잘 한다. ④ 파라핀 도료칠 등의 벽면 방수처리를 한다.

●21④ · 20⑤ · 19④ · 15④ · 11② · 10④ · 08①
(용어) 백화현상

●24③ · 21②,④ · 20③ · 19④ · 15④ · 13④ · 11② · 08①
(대책) 백화현상 방지

제2절 블록공사

01 블록과 모르타르

<table>
<tr><th rowspan="2">1. 규격</th><th rowspan="2">형상</th><th colspan="3">치수</th><th>허용값</th></tr>
<tr><th>길이</th><th>높이</th><th>두께</th><th>길이 · 두께 · 높이</th></tr>
<tr><td>기본형 블록</td><td>390</td><td>190</td><td>210
190
150
100</td><td>±2%</td></tr>
</table>

<table>
<tr><th rowspan="2">2. 품질</th><th>구분</th><th>기건비중</th><th>압축강도(N/mm²)</th><th>흡수율(%)</th></tr>
<tr><td>A종</td><td>1.7 미만</td><td>4.0 이상</td><td>-</td></tr>
<tr><td>B종</td><td>1.9 미만</td><td>6.0 이상</td><td>-</td></tr>
<tr><td>C종</td><td>-</td><td>8.0 이상</td><td>10 이하</td></tr>
</table>

<table>
<tr><th rowspan="2">3. 줄눈 모르 타르</th><th rowspan="2">구분</th><th rowspan="2"></th><th colspan="4">배합비</th></tr>
<tr><th>시멘트</th><th>석회</th><th>모래</th><th>자갈</th></tr>
<tr><td rowspan="3">모르타르</td><td>줄눈용</td><td>1</td><td rowspan="3">1</td><td>3</td><td></td></tr>
<tr><td>사춤용</td><td>1</td><td>3</td><td></td></tr>
<tr><td>치장용</td><td>1</td><td>1</td><td></td></tr>
<tr><td>그라우트</td><td>사춤용</td><td>1</td><td></td><td>2</td><td>3</td></tr>
</table>

●20② · 10② · 07①
(종류) 블록의 치수 3가지

4. 종류	사용 위치	① 한마구리 평블록 : 모서리나 벽 단부 ② 양마구리 평블록 : 모서리나 벽 단부 ③ 가로근용 블록 : 수평철근 배근용 ④ 인방블록 : 개구부 상단 설치하여 개구부 보강 ⑤ 창대블록 : 개구부 하부 설치하여 빗물유입 방지 ⑥ 창쌤블록 : 개구부 옆면에 설치하여 창문틀의 설치용이
	명칭	기본블록 한마구리 평블록 창대블록 창쌤블록 반블록 양마구리 평블록 인방블록 가로근용 블록

02 시공

1. 시공도 작성	① 블록 나누기 및 블록의 종류 선택 ② 벽과 중심 간의 치수 ③ 창문틀 등 개구부의 안목치수 ④ 철근의 삽입 및 이음 위치, 철근의 지름 및 개소 ⑤ 나무 벽돌, 앵커 볼트, 급·배수관, 전기배선관의 위치
2. 준비작업	① 세로 규준틀의 설치 : 곧고 건조한 목재로 10cm 각을 양면 대패질하여 블록 켜수 등 시공도에 기록된 사항을 기입하여 정위치에 견고하게 세운다. ② 반입된 블록의 치수 및 평균오차를 측정하여 먼저 쌓은 것과 대조하고 모양, 치수 및 강도 등에 대한 검사를 엄밀히 한다. ③ 기초 또는 바닥판 윗면은 깨끗이 청소하고 충분히 물축이기를 한다.
3. 쌓기	① 블록의 모르타르 접착면은 적당히 물축이기를 하여 모르타르 경화에 지장이 없도록 한다. ② 속 빈 블록은 테이퍼(Taper)에 의한 쉘 두께가 두꺼운 편이 위로 가게 쌓는다. ③ 하루 쌓기 높이는 1.5m(7켜) 이내, 보통 1.2m(6켜)로 한다.
4. 벽 습기 침투원인	① 재료 자체의 방수성 부족 및 보양 불량 ② 물흘림, 물끊기, 빗물막이 등의 불완전 시공 ③ 치장줄눈의 불완전 시공 및 균열 ④ 창호재 등 개구부 접합부 시공 불량
5. 조적조 지상외벽 방수공법	① 시멘트 액체 방수법을 이용하여 방수 처리하는 방법 ② 수밀성(방수성능)이 있는 재료를 부착하여 처리하는 방법 ③ 에폭시 수지 등의 도막방수 재료를 표면에 도포하는 방법

●00①
용어 창대블록, 인방블록, 창쌤블록

●10① · 02③ · 98③
명칭 블록 그림과 명칭

●05① · 00⑤
종류 블록시공도에 기입해야 할 내용

●20④ · 18② · 15②
원인 벽 습기 침투

●22④ · 18④ · 14④ · 08②
· 05② · 03②
종류 조적조 외벽방수공법

03 보강 블록조

1. 줄눈	통줄눈으로 하며 세로근과 가로근으로 보강한다.
2. 세로근	① 사용 철근은 D10 이상으로 하며, 배근 간격은 40cm 또는 80cm로 한다. 벽모서리, 벽교차부, 문꼴 주위에서는 D13을 사용한다. ② 세로 철근은 원칙적으로 벽체에서 이음을 하지 않으며 테두리보(Wall Girder)에서 잇는다. ③ 사용 철근은 수직선에 대하여 30° 이상 구부리지 않으며, 같은 단면적이라면 굵은 것을 조금 넣는 것보다는 가는 것을 많이 넣는 것이 유리하다. ④ 세로 철근의 정착길이는 철근지름의 40배 이상이어야 하며, 철근의 피복 두께는 2cm 이상이어야 한다.
3. 가로근	① 사용 철근은 D10 이상으로 하며, 배근 간격은 60cm 또는 80cm로 한다. ② 가로근은 세로근 교차부마다 결속하고 블록 빈 속에 정확히 배치하여야 하며, 결속선은 #18~#20 철선을 달구어서 사용한다. ③ 가로근이 배근되는 곳은 가로근용 블록(두께 15cm 이상)을 사용한다. ④ 이음은 엇갈리게 하여야 하며 이음 길이는 25d 이상, 모서리에서는 40d 이상을 정착한다. ⑤ 가로근의 대용으로 와이어 메쉬를 사용할 경우 설치 간격은 60cm 이하이다.
4. 공동부 사춤	① 세로 줄눈과 철근을 넣은 빈 속에는 모르타르 또는 콘크리트로 사춤을 하여야 한다. ② 사춤은 원칙적으로 매 켜마다 하여야 하나, 보통 블록 3~4켜마다 블록 윗면에서 5cm 정도 하단에서 마감한다. ③ 사춤 모르타르는 1:3~1:5, 사춤용 콘크리트는 1:2.5:3.5~1:3:6, 골재는 10mm 체를 통과하여야 한다.

●06①
(위치) 보강 블록조 세로 철근 넣어야 하는 곳 3개소

●22① · 18②
(수치) 세로근 배근

●07③
(위치) 보강 블록조 사춤부위 3개소

04 거푸집 블록조

1. 정의	속이 비어 있는 ㄱ자형, ㄷ자형, T자형, ㅁ자형 블록을 거푸집으로 활용하여 블록 내부를 철근과 콘크리트를 넣어 라멘 구조체로 할 수도 있다.
2. 특성	① 공기를 단축할 수 있다. ② 줄눈은 시멘트풀이 흘러내리면 곰보 우려가 있다. ③ 블록의 파손 우려가 있어 다짐을 충분히 하지 못한다.(강도상 문제가 있음) ④ 콘크리트 타설 결과를 확인할 수 없으며 철근의 피복이 불완전하다. ⑤ 콘크리트를 여러 차례 나누어 붓기 때문에 이음새에 의한 강도상 결함이 있을 수 있다.
3. 시공	① 1일 쌓기 높이는 1m 정도로 한다. ② 1회 부어넣는 높이는 60cm 이하로 한다. ③ 콘크리트를 충전할 때는 먼저 블록 내에 물축임을 한 다음 콘크리트를 부어 넣는다. ④ 충전 콘크리트의 이음 부위(Construction Joint)는 가로 줄눈과 일치되지 않도록 블록 상단으로부터 5cm 정도 하부에서 처리한다.

●05①
(특징) 거푸집 블록조의 단점 4가지

(종류) 테두리보의 역할 ●06② · 04③

(종류) 인방보 설치방법 3가지 ●04②

05 테두리보 / 인방보 / 기초보

1. 테두리보 (Wall girder)	정의	조적조 벽체를 일체화하고, 하중을 균등히 분포시키기 위하여 조적벽의 상부에 설치하는 보
	목적	① 수직 균열의 방지 ② 벽체의 일체화를 통한 수직 하중의 분산 ③ 세로근의 정착 및 이음 부위
2. 인방보 (Lintel)	정의	개구부 상부의 하중과 벽체 하중에 대하여 안전을 위해 설치하는 보(벽체 끝에 200mm 이상 걸침)
	설치 방법	① 철근콘크리트 보 ② 인방블록 이용 ③ 철제 보 ④ 벽돌 이용 ⑤ 나무 보
3. 기초보 (Footing beam)		① 기초의 부동침하를 억제한다. ② 내력벽을 연결하여 벽체를 일체화시킨다. ③ 상부 하중을 균등히 지반에 분포시킨다.

(용어) 대린벽 ●02①

(수치) 대린벽 ●18④

06 용어

1. 내력벽	상층의 벽, 지붕, 바닥 등의 연직하중과 건물에 가해지는 풍압력, 지진력 등의 횡력이 수평하중을 받는 주요 벽체
2. 대린벽	① 서로 직각으로 교차되는 내력벽 ② 10m 이하
3. 부축벽 (Buttress)	① 부축벽의 길이는 층 높이의 1/3 ② 단층에서 1m 이상, 2층의 밑에서 2m 이상 ③ 평면상에서 전후, 좌우 대칭
4. 벽량(cm/m^2)	① 단위면적(m^2)에 대한 면적 내에 있는 내력벽의 길이 ② 보통 15cm/m^2 이상 ③ 내력벽으로 둘러싸인 바닥면적 80m^2 이하

(용어) 벽량 ●12④ · 10① · 02①

(수치) 벽량 ●18④ · 12④

제3절 석공사

01 재료

	장점	단점
1. 석재 특징	① 장중한 외관미가 있다. ② 내구성, 내마모성, 내수성이 있다. ③ 압축강도가 크다.	① 운반, 가공이 어렵다. ② 큰 자재(장대석)를 얻기 어렵다. ③ 인장강도가 작다. ④ 비내화적이다.
2. 생성원인 분류	① 화성암 : 화강암, 현무암, 안산암, 감람석 ② 수성암 : 점판암(철평석, 슬레이트), 사암, 응회암, 석회암 ③ 변성암 : 사문석, 반석, 대리석, 트래버틴, 석면	

3. 종류별 특성	화강암	① 경도, 강도, 내마모성, 내구성, 빛깔, 광택 등과 가공성이 우수하다. ② 화열에 약하다. ③ 큰 재료를 얻을 수 있으므로 구조재, 장식재로 사용된다.
	안산암	① 화강암과 비교하여 내열성이 우수하다. ② 큰 재료(장대석)가 거의 없다.
	사암	① 진흙 → 이판암 → 점판암의 순으로 전개되며 얇게 쪼개진다. ② 지붕재료, 판석 등으로 사용된다.
	점판암	① 강도, 내구력이 약하나 내화력이 크다. ② 외벽재, 경량구조재로 이용한다.
	응회암	① 강도가 약하고 흡수율도 높아 풍화, 변색되기 쉬우나 채석, 가공이 용이하다. ② 경량, 다공질이다.
	대리석	① 광택과 빛깔이 미려하므로 내부 장식용으로 사용된다. ② 산 및 화열에 약하고 내구성이 적으므로 외장용으로는 사용하지 않는다.
	트래버틴	① 대리석의 일종으로 다공질 무늬가 있다. ② 실내 장식재로 이용된다.

4. 시장품	잡석	부정형인 200mm 정도의 막 생긴 돌
	간사	한면이 약 200~300mm 정도의 네모진 막 생긴 돌
	견치돌	네모뿔형으로 생긴 돌
	장대석	단면 300~600mm 정도의 각재로 구조용 석재
	판돌	넓고 평평한 사각형으로 돌

●02① · 98③

종류 생성원인별 구분

● 90③
주의사항 석재사용상 주의사항

5. 사용상 주의사항	① 산출량을 조사하여 공급에 차질이 없도록 한다. ② 취급상 1m³ 이하로 가공한다.(사용 최대치수를 정한다.) ③ 예각을 피한다. ④ 내화 구조물은 강도보다 내화성에 주의한다. ⑤ 높은 곳, 특히 돌출부에서의 석재 사용은 가급적 피한다. ⑥ 구조재 사용 석재의 품질은 압축강도 50kg/cm² 이상, 흡수율 30% 이하로 한다. ⑦ 운반상의 문제를 고려한다.(중량물, 모서리 파손) ⑧ 바닥재, 외장재는 내산성·내수성 있는 재료를 사용한다.

02 석재의 가공(표면)

● 93③ · 90① · 86②
순서 석재의 가공 및 다듬기 순서와 대표적 공구

● 24① · 14②
순서 물갈기 마감

● 14②
순서 석재의 물갈기 마감 순서

		혹두기	정다듬	도드락다듬	잔다듬	물갈기
1. 순서		큰혹 작은혹	거친정 중간정 고운정	거친다듬 중간다듬 고운다듬	거친다듬 중간다듬 고운다듬	거친갈기 물갈기 본갈기 정갈기
2. 수작업	혹두기	마름돌의 거친면을 쇠메로 다듬어 면을 보기 좋게 한다.				
	정다듬	정으로 쪼아 평탄한 거친 면처리를 한다.				
	도드락다듬	도드락망치로 정다듬한 면을 더욱 평탄하게 다듬는 일이나, 후일 돌이 부스러질 우려가 있고 자국이 남게 되므로 물갈기 등에는 쓰지 않는 것이 좋다.				
	잔다듬	도드락 다듬면 위에서 자귀같이 생긴 날망치로 곱게 쪼아 면다듬을 하는 수법이다.				
	물갈기	① 잔다듬 또는 톱켜기면을 철사, 금강사, 카보런덤, 모래, 숫돌 등으로 물을 주어 갈아 광택이 나게 하는 것이다. ② 거친갈기, 물갈기, 본갈기, 정갈기의 순으로 마무리하며 광내기 시에는 광내기 가루와 버프(Buff)를 써서 닦는다.				
3. 특수가공 (기계가공)	화염분사	① 석재 표면을 가열한 후 급랭시켜 돌의 표면부분을 박리시키는 방법이다. ② 버너와 돌의 간격 30~40mm를 두고 원형을 그리며 열 가공을 한다.				
	모래분사	고압공기의 압력으로 모래를 분사시켜 석재면을 거칠게 만드는 공법				
	플래너 피니쉬	철판을 깎는 기계로서 돌 표면을 대패질하듯 훑어서 평탄하게 마무리하는 방법이다.				

● 02②
용어 화염분사, 모래분사법

03 돌 붙이기

1) 습식과 건식 공법의 특징

1. 습식 공법	장점	① 시공이 간단하다. ② 소규모 건축물에 적합하다.
	단점	① 구조체 변형 발생 시 붙임돌에 균열 등의 변형이 생긴다. ② 온도, 습도의 변화에 의해 붙임돌이 휘거나 틀린다. ③ 동결, 백화, 얼룩의 우려가 있다. ④ 모르타르에 의한 표면 오염이 쉽고 처리가 쉽지 않다. ⑤ 시공 속도가 매우 느리다.
2. 건식 공법	장점	① 동결, 백화 현상이 없다. ② 겨울철 공사가 가능하다. ③ 시공 속도가 빠르다. ④ 공법을 다양화할 수 있다. ⑤ 고층 건물에 유리하다.
	단점	① 충격으로 파손되기 쉽다. ② 줄눈 부위 처리가 어렵다. ③ 특수가공 부분(모서리 등)과 구조체의 연결이 까다롭다. ④ 구조체 재질에 따라 부속 철물이 늘어날 수 있다.

2) 건식 공법

1. 앵커긴결법	① 건물 벽체에 단위석재를 독립적으로 설치하여 석재와 바탕재를 Anchor로 연결하는 공법이다. ② 판재의 두께는 30~50mm 이상으로 한다. ③ 부분적 보수가 어려우며 습식보다는 고가이다.
2. 강재트러스 지지법	① 미리 조립된 강재 트러스에 여러 장의 석재를 지상에서 설치한 후 조립식으로 설치한다. ② 지상작업으로서 작업의 시공성, 품질관리가 용이하다. ③ 트러스와 구조체 간의 응력전달에 대한 구조계산이 필요하다. ④ 타워 크레인 등 양중계획이 필요하다.

3. GPC	정의	강재 거푸집 내 화강석 판재를 부착한 후 콘크리트를 타설하여 일체화시키는 공법
	장점	① 조립 공법으로, 규격화 시 대량 생산이 가능하다. ② 동결 및 백화 현상을 막을 수 있다. ③ 용접 및 볼트 고정으로 구조체와의 설치가 확실하고 용이하다. ④ 시공 속도가 빠르다. ⑤ 겨울철 공사가 가능하다.
	단점	① 부재가 중량이다. ② 부재의 운반, 취급이 용이하지 않고, 파손 우려가 있다. ③ 부재수를 다양화시키기 곤란하다. ④ 양중 장비(크레인 등)가 필요하다.

04 돌쌓기

1. 돌다듬 정도	거친돌 쌓기	잡석, 간사 등을 적당한 크기로 쪼개어 쓰고, 맞댄 면은 그대로 또는 거친 다듬으로 하여 불규칙하게 쌓는 것이다.
	다듬돌 쌓기	돌의 모서리 맞댄 면을 일정하게 다듬어 쌓기의 원칙에 따라 쌓는 것으로서 튼튼하고 외관도 미려하다.
2. 줄눈의 구성	바른층 쌓기	수평·수직 줄눈이 일매지게 형성되는 쌓기로서 성층 쌓기라고도 한다.
	허튼층 쌓기	줄눈이 불균일하게 형성되면 거친돌(막돌) 쌓기에서 주로 볼 수 있다.
	층지어 쌓기	허튼층 쌓기의 형태나, 일정한 간격으로 일매진 수평줄눈이 형성되게 쌓는 방식이다.
3. 보양	돌면 청소	물씻기(희석염산 사용 시 곧바로 물씻기)
	보양재	호분, 하드론지, 종이

05 석축 쌓기

1. 메 쌓기	석재의 접촉면의 마찰을 크게 하고 돌 뒤에 뒤 고임돌만 다져 넣는 것
2. 사춤 쌓기	표면에 모르타르를 줄눈 치장하고 뒤에는 잡석 다짐
3. 찰 쌓기	돌과 돌 사이에 모르타르를 다져 넣고, 뒤 고임에 콘크리트 채움을 한 것

제4절 타일공사

01 재료

1. 성분	품질 (소성온도)	자기＞석기＞도기＞토기
	흡수율 크기	토기＞도기＞석기＞자기
2. 용도	외부용	흡수성이 적고 외기에 대한 저항이 큰 것
	내부용	아름답고 위생적인 것
	바닥용	마모에 강하고 미끄러지지 않는 것
3. 유약 처리상	무유	표면에 유약을 바르지 않은 것
	시유	표면에 유약을 바른 것
4. 면처리		① 크링커 ② 스크래치 ③ 태피스트리 ④ 천무늬 타일

●08① · 03③ · 00⑤
(종류) 타일(용도별)

●08① · 03③ · 00⑤
(종류) 타일(소지별)

●94③ · 95④
(종류) 면처리한 타일

02 시공 붙이기

1. 순서		바탕처리 → 재료조정 → 타일나누기 → 붙이기 → 치장줄눈 → 보양
2. 바탕 처리		① 이물질을 제거하고 표면을 거칠게 한다. ② 물축임을 충분히 한다.
3. 타일 나누기		① 가급적 온장이 사용되도록 계획한다. ② 설비재와의 관계 고려 ③ 줄눈을 일치(바닥＋벽, 벽＋벽) ④ 모양, 패턴을 고려
4. 벽타일 붙이기	떠붙이기	① 타일의 뒷면에 모르타르를 떠서 벽체 바탕에 1장씩 붙이는 공법 ② 모르타르의 두께 : 12〜24mm ③ 1일 붙이는 높이 : 1.2〜1.5m(소형), 0.7〜0.9m(대형) ④ 재래식 방법으로 백화의 우려가 있다.
	압착 붙이기	① 바탕면에 타일접착용 모르타르를 바르고 타일을 눌러 붙이는 공법 ② 모르타르 두께 : 5〜7mm ③ 1회 붙임면적 : $1.2m^2$ ④ 오픈타임은 30분 이내로, 붙임시간은 15분 이내
	개량압착	① 바탕면에 타일접착용 모르타르를 바르고 타일에도 붙임 모르타르를 발라 붙이는 공법(내부용) ② 모르타르 두께 : 바탕용(3〜6mm), 붙임용(3〜4mm) ③ 1회 붙임면적 : $1m^2$

●14④ · 10①
(순서) 벽타일 시공

●23④ · 16① · 10② · 08① · 00③
· 99③ · 99②
(종류) 벽타일 붙이기 공법

●10④ · 07② · 06① · 02③
· 00④ · 01①
(용어) 떠붙임공법

●10④ · 07② · 06① · 02③
· 00④ · 01①
(용어) 압착공법

●15① · 06① · 02③ · 00④
(용어) 개량압착공법

●07② · 01①
용어 동시줄눈(밀착공법)

4. 벽타일 붙이기	접착공법	① 접착제를 벽체 바탕에 2~3mm 두께로 바른 후 타일을 붙이는 공법 ② 1회 붙임면적 : $2m^2$ 이내 ③ 바탕면은 충분히 건조(여름 : 1주, 기타 : 2주 이상) 후 시공
	동시줄눈 (밀착공법)	① 타일면에 진동기(Vibrator)로 충격을 주어 붙이는 공법(외장용) ② 붙임 모르타르의 두께 : 5~8mm ③ 1회 바름면적 : $1.2m^2$ 이하 ④ 줄눈수정 : 타일 붙인 후 15분 이내
	판형 붙이기	낱장 붙이기와 같은 방법으로 하되 타일 뒷면의 표시와 모양에 따라 그 위치를 맞추어 순서대로 붙이고 모르타르가 줄눈 사이로 스며 나오도록 표본 누름판을 사용하여 압착한다.
5. 바닥타일 붙이기		시멘트 페이스트 붙이기, 압착붙이기, 개량압착붙이기, 접착붙이기
6. 치장 줄눈		① 타일을 붙인 후 3시간이 경과하면 줄눈파기를 하여 줄눈 부분을 충분히 청소한다. ② 24시간 경과한 때 붙임 모르타르의 경화 정도를 보아 치장줄눈을 하되, 작업 직전에 줄눈 바탕에 물을 뿌려 습윤케 한다.
7. 줄눈의 크기		타일 구분(외부) / 대형 벽돌형 / 대형(내부 일반) / 소형 / 모자이크 줄눈너비 / 9mm / 5~6mm / 3mm / 2mm ※ 단, 창문선 · 문선 등 개구부 둘레와 설비기구류와의 마무리 줄눈 너비는 10mm 정도로 한다.

03 타일 검사

1. 시공 중 검사	하루 작업이 끝난 후 비계발판의 높이로 보아 눈높이 이상이 되는 부분과 무릎 이하 부분의 타일을 임의로 떼어 뒷면에 붙임 모르타르가 충분히 채워졌는지 확인하여야 한다.
2. 두들김 검사	① 붙임 모르타르의 경화 후 검사봉으로 전면적을 두들겨 검사한다. ② 들뜸, 균열 등이 발견된 부위는 줄눈 부분을 잘라내어 다시 붙인다. ③ 벽타일 붙이기 중 떠붙임공법의 경우는 접착용 모르타르 밀착 정도를 검사하여 중앙부를 기준으로 밀착 정도 80% 이상이면 합격처리하고, 불합격 시는 주변 8장을 다시 떼어내 확인하여 이 중 1장이라도 불합격이 있으면 시공물량을 재시공한다.
3. 접착력 검사	① 타일의 접착력 시험은 일반 건축물의 경우 타일면적 $200m^2$당, 공동주택은 10호당 1호에 한 장씩 시험한다. 시험 위치는 담당원의 지시에 따른다. ② 시험할 타일은 먼저 줄눈 부분을 콘크리트면까지 절단하여 주위의 타일과 분리시킨다. ③ 시험할 타일은 시험기 부속장치의 크기로 하되, 그 이상은 180mm×60mm 크기로 타일이 시공된 바탕면까지 절단한다. 다만, 40mm 미만의 타일은 4매를 1개조로 하여 부속장치를 붙여 시험한다. ④ 시험은 타일 시공 후 4주 이상일 때 실시한다. ⑤ 시험 결과의 판정은 타일 인장 부착강도가 $0.39N/mm^2$ 이상이어야 한다.

04 하자

1. 하자종류	① 박리, 박락 ② 동해 ③ 백화현상
2. 박리 · 박락 원인	① 구조체 균열 ② 동해 ③ 바름바탕 불량 ④ 붙임 모르타르 불량 ⑤ Open Time 미준수 ⑥ 줄눈 시공 불량
3. 동해방지	① 소성온도가 높은 타일을 사용한다. ② 흡수율이 낮은 타일을 사용한다. ③ 줄눈누름을 충분히 하여 우수의 침투를 방지한다. ④ 모르타르의 단위수량을 적게 한다. ⑤ 바탕면과 접착모르타르의 접착성을 좋게 한다.
4. Open Time	타일 붙임용 모르타르의 기본 접착강도를 얻을 수 있는 한계의 시간으로 모르타르를 바르고 타일을 붙일 때까지의 한계시간은 보통 내장타일은 10분, 외장타일은 20분 정도로 한다.

●98③
(종류) 타일의 결점

●24③ · 17② · 16④
(종류) 박리 · 박락 원인

●95③
(용어) Open Time

제5절 ALC(Autoclaved Lightweight Concrete)

01 개요

1. 정의	강철제 탱크 속에 석회질 또는 규산질 원료와 발포제를 넣고 고온·고압하에서 15~16시간 양생하여 만든 다공질의 경량기포 콘크리트를 총칭하여 ALC라 한다.
2. 종류	① ALC Panel ② ALC Block
3. 특징	① 경량성 : 기건비중이 콘크리트의 1/4 정도 ② 단열성 : 열전도율이 콘크리트의 1/10 정도 ③ 불연성, 내화성이 뛰어나다. ④ 흡음성이 뛰어나다.(흡음률이 10~20% 정도) ⑤ 건조 수축이 적고, 균열발생이 적다. ⑥ 흡수율이 높아 동해에 대한 방수·방습처리가 필요하다.

●23①·20①,③
종류 ALC 재료

●00③·99④
특징 ALC

02 시공

1. 일반사항	① 슬래브는 작업 전 청소 및 모르타르로 수평 ② 블록벽체의 개구부와 개구부 사이는 60mm 이상 ③ 모든 창호에 인방보를 설치하는 것이 좋으나, 개구부의 폭이 900mm 미만인 경우에는 인방보를 설치하지 않아도 무방
2. 쌓기	① 슬래브나 방습턱 위에 고름 모르타르를 10~20mm 두께로 깐 후 첫단 블록을 올려놓고 고무망치 등을 이용하여 수평 ② 쌓기 모르타르는 교반기를 사용하여 배합하며 1시간 이내에 사용 ③ 쌓기 모르타르는 블록의 두께와 동일한 폭을 갖는 전용흙손을 사용 ④ 줄눈의 두께는 1~3mm 정도 ⑤ 블록 상·하단의 겹침길이는 블록길이의 1/3~1/2을 원칙으로 하고 100mm 이상 ⑥ 블록은 각 부분이 가급적 균등한 높이로 쌓아가며 하루 쌓기 높이는 1.8m를 표준으로 하고 최대 2.4m 이내 ⑦ 콘크리트 구조체와 블록벽이 만나는 부분 및 블록벽이 상호 만나는 부분에 대해서는 접합철물을 사용하여 보강하는 것이 원칙 ⑧ 공간쌓기의 경우 공사시방 또는 도면에서 규정한 사항이 없으면 바깥쪽을 주벽체로 하며 내부공간은 50~90mm 정도로 하고, 수평거리 900mm, 수직거리 600mm마다 철물연결재로 긴결 ⑨ 블록의 절단은 전용 톱을 사용하여 정확하게 절단하며 접착면이나 노출면이 평활

3. 보강작업	① 모서리 　통행이 빈번한 벽체의 모서리 부위는 면접기 또는 별도의 보강재로 보강 ② 개구부 　• 개구부 상부에 설치되는 인방보의 단부는 응력상 안전하도록 지지구조체에 물혀야 하며, 최소 걸침길이는 다음 표와 같음 { 인방보의 길이(mm) | 2,000 이하 | 2,000~3,000 | 3,000 이하 } { 최소 걸침길이(mm) | 200 | 300 | 400 } 　• ALC 인방보의 보강철근은 방청 처리된 호칭지름 5mm 이상의 철근을 사용 　• 문틀세우기는 먼저 세우기를 원칙으로 하며, 문틀의 상·하단 및 중간에 600mm 이내마다 보강철물을 설치 　• 문틀세우기를 나중 세우기로 할 때는 블록 벽을 먼저 쌓고 문틀을 설치한 후 앵커로 고정 ③ 테두리보 설치
4. 방수 및 방습	① 지표면의 습기가 블록벽체에 영향을 줄 수 있는 최하층 바닥 위에 첫단 블록을 쌓을 때는 바닥에 아스팔트 펠트 등과 같이 방수성능이 우수하고 모르타르와 접착력이 좋은 재료를 사용하여 벽두께와 같은 폭으로 방습층을 설치 ② 상시 물과 접하는 부분에는 방수턱을 설치 ③ 시멘트 액체방수를 사용할 경우, 취약부위 또는 균열 발생의 우려가 있는 부위에는 부분적으로도 도막방수를 추가 시공 ④ 창호의 방수는 다음 방법 중 현장여건에 따라 담당원과 협의하여 선정·적용 　• 창문틀은 외부벽면과 동일 선상 또는 외부로 돌출되게 시공하고, 접합부는 실란트로 마무리 　• 창문틀을 외부 벽면에서 들여 설치할 경우에는 창대석 또는 플래싱을 설치하고, 접합부는 실란트로 마무리
5. ALC 패널 설치공법	① 수직철근 공법 ② 슬라이드 공법 ③ 볼트 조임 공법 ④ 커버 플레이트 공법

인방보의 길이(mm)	2,000 이하	2,000~3,000	3,000 이하
최소 걸침길이(mm)	200	300	400

● 11④ · 05③ · 02① · 01②

(종류) ALC 패널 설치공법

CHAPTER 07 핵심 기출문제

● 벽돌공사

01 다음 벽돌 구조에서 벽돌의 마름질 토막의 명칭을 쓰시오.

● 00④ · 00② · 98④

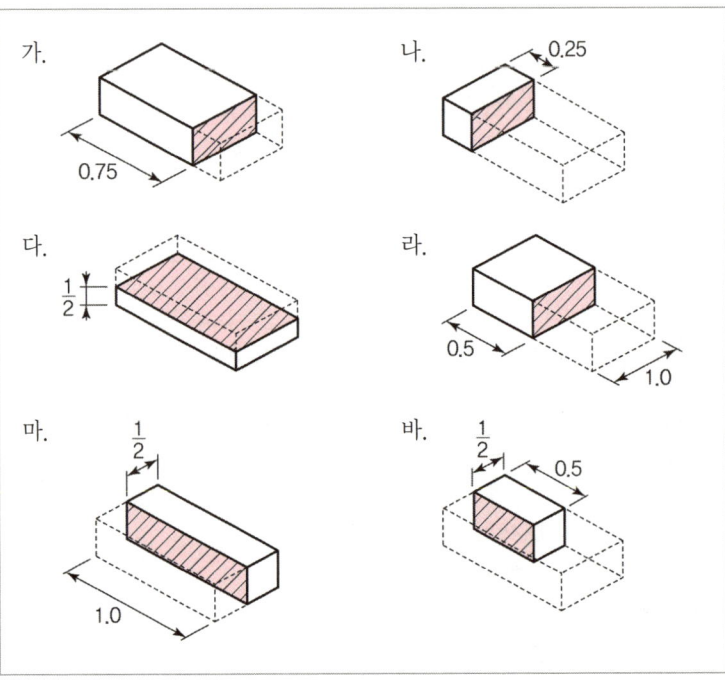

가. .... 나. ....
다. .... 라. ....
마. .... 바. ....

정답 벽돌의 마름질
가. 칠오토막
나. 이오토막
다. 반격지(가로반절)
라. 반토막
마. 반절
바. 반반절

02 세로규준틀이 설치되어 있는 벽돌조건축물의 벽돌쌓기 순서를 〈보기〉에서 골라 번호로 쓰시오.　　●08① · 05② · 04② · 03③ · 02② · 98⑤

① 기준 쌓기	② 벽돌에 물 축이기	③ 보양
④ 벽돌 나누기	⑤ 재료 건비빔	⑥ 벽돌면 청소
⑦ 줄눈파기	⑧ 중간부 쌓기	⑨ 치장줄눈
⑩ 줄눈누름		

( ) → ( ) → ( ) → ( ) → ( ) → ( ) →
( ) → ( ) → ( ) → ( )

정답 벽돌쌓기 순서
⑥ → ② → ⑤ → ④ → ① → ⑧ → ⑩ → ⑦ → ⑨ → ③

03 일반적인 벽돌 및 블록쌓기 순서를 〈보기〉에서 골라 번호로 쓰시오.　　●08① · 05② · 04② · 03③ · 02② · 98⑤

① 중간부 쌓기	② 접착면 청소	③ 보양	④ 줄눈파기
⑤ 물축이기	⑥ 규준쌓기	⑦ 치장줄눈	

( ) → ( ) → ( ) → ( ) → ( ) → ( ) → ( )

정답 조적쌓기 순서
② → ⑤ → ⑥ → ① → ④ → ⑦ → ③

04 조적재 쌓기 시공 시 기준이 되는 세로규준틀의 설치위치에 대하여 2가지만 쓰시오.　　●22② · 15① · 98③

가. _____
나. _____

정답 세로규준틀의 설치위치
가. 건물의 모서리(구석) 등 기준이 되는 곳에 설치
나. 벽의 끝부분

05 세로규준틀에 기입해야 할 사항을 4가지 쓰시오.　　●22② · 16④ · 15① · 98①

가. _____
나. _____
다. _____
라. _____

정답 세로규준틀 기입사항
가. 개구부 치수
나. 쌓기 단수 및 높이
다. 앵커, 매입철물의 위치
라. 테두리보, 인방보의 위치

06 다음은 조적공사 시공 시 유의하여야 할 점이다. 빈칸을 채우시오.　　●03②

가. 한랭기 공사 시 (　　)에서 모르타르 온도가 4~(　　)℃ 이내가 되도록 유지함
나. 벽돌 표면온도는 (　　)℃ 이하가 되지 않도록 관리함
다. 가로, 세로의 줄눈나비는 (　　)cm를 표준으로 함
라. 모르타르용 모래는 (　　)mm 체에 100% 통과하는 적당한 입도일 것

정답 조적공사 시공
가. 4℃ 이하, 40
나. 영하 7℃
다. 1
라. 5

07 학교, 사무소 건물 등의 목재 문틀이 큰 충격력 등에 의해 조적조 벽체로부터 빠져나오지 않게 하기 위한 보강방법의 종류를 3가지 쓰시오. •02③ · 98③

가. _____
나. _____
다. _____

> **정답** 조적조 개구부 보강방법
> 가. 창문틀 상·하 가로틀에 뿔을 내어 옆벽에 물려서 쌓는다.
> 나. 창문틀 중간에 60cm 간격으로 꺾쇠나 볼트, 대못으로 고정한다.
> 다. 긴결철물을 이용하여 옆벽에 물려 쌓기하고 사춤을 철저히 한다.

08 치장벽돌쌓기 후에 시행하는 치장면의 청소방법을 3가지 쓰시오. •00③

가. _____
나. _____
다. _____

> **정답** 치장면의 청소방법
> 가. 물 씻기 청소(물세척)
> 나. 주걱, 솔, 헝겊닦기
> 다. 염산 등 희석액 사용(청소 후 물 씻기)

09 조적벽체에서 테두리보(Wall Girder)의 역할에 대하여 3가지만 쓰시오. •06② · 04③

가. _____
나. _____
다. _____

> **정답** 테두리보의 역할
> 가. 분산된 벽체를 일체화한다.
> 나. 집중하중을 균등 분산한다.
> 다. 벽의 균열을 방지한다.

10 조적조 벽체의 시공에서 Control Joint를 두어야 하는 위치를 〈보기〉에서 모두 골라 기호로 쓰시오. •05③

> 가. 최상부 테두리보
> 나. 벽의 높이가 변하는 곳
> 다. 창문의 창대틀 하부벽
> 라. 콘크리트 기둥과 접하는 곳
> 마. 벽의 두께가 변하는 곳
> 바. 모든 문 개구부의 인방 상부벽의 중앙

> **정답** 조적조 벽체 조절줄눈의 위치
> 나, 라, 마

11 다음 설명에 해당되는 용어를 쓰시오.

가. 보의 응력은 일반적으로 기둥과 접합부 부근에서 크게 되어 단부의 응력에 맞는 단면으로 보 전체를 설계하면 현저하게 비경제적이기 때문에 단부에만 단면적을 크게 하여 보강한 것을 무엇이라 하는가?
나. 조적조 건물에서 내력벽 길이의 합(cm)을 그 층의 바닥면적(m^2)으로 나눈 값을 무엇이라고 하는가?
다. 조적조에서 벽체의 길이를 규제하기 위해 설정한 것으로 서로 마주 보는 벽을 무엇이라고 하는가?

가. _____
나. _____
다. _____

정답 용어
가. 헌치(Haunch)
나. 벽량
다. 대린벽

12 조적구조의 안전 규정에 대한 다음 문장 중 ( ) 안에 적당한 내용을 쓰시오.

조적조 대린벽으로 구획된 벽길이는 (가) 이하이어야 하며, 내력벽으로 둘러싸인 바닥면적은 (나) 이하이어야 한다.

가. _____
나. _____

정답 조적조 안전 규정
가. 10m
나. 80m^2

13 조적공사 중 벽돌쌓기 방법에서 사용되는 국가명칭이 들어간 벽돌쌓기 방법을 4가지 적으시오.

가. _____
나. _____
다. _____
라. _____

정답 나라별 쌓기법
가. 영식 쌓기
나. 화란식 쌓기
다. 불식 쌓기
라. 미식 쌓기

14 다음 벽돌쌓기면에서 보이는 모양에 따라 붙여지는 쌓기명을 쓰시오.

● 04① · 01③ · 98③

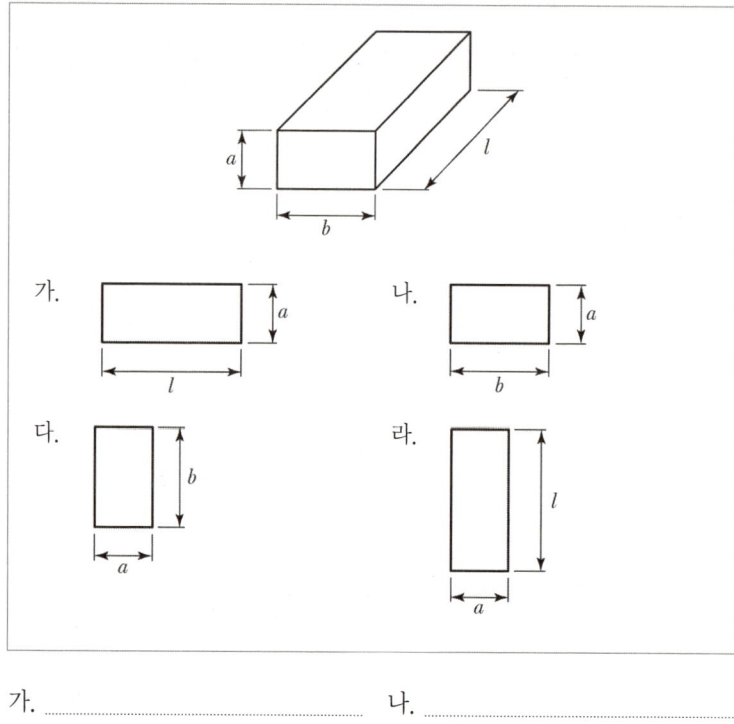

가. _____   나. _____
다. _____   라. _____

정답 벽돌쌓기
가. 길이 쌓기
나. 마구리 쌓기
다. 옆세워 쌓기
라. 길이 세워 쌓기

15 다음과 같이 5단으로 된 벽돌벽이 있다. 비어 있는 란에 주어진 벽돌쌓기 방식에 따라 벽돌표시를 직접 그리고 사용된 벽돌기호를 〈보기〉에서 골라 벽돌 안에 직접 표시하시오.

● 08③ · 99③

| 길이(A) | 칠오토막(B) | 마구리(C) | 이오토막(D) |

정답 벽돌쌓기 방식
가. 영식 쌓기

나. 화란식 쌓기

다. 불식 쌓기
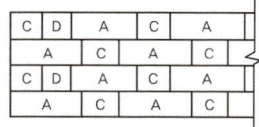

16 벽돌쌓기 방식 중 영식 쌓기 특성을 간단히 설명하시오. • 24① · 17① · 08②

정답 영국식 쌓기
가장 튼튼한 쌓기 형식으로 한 켜는 길이, 다음 켜는 마구리쌓기로 하며, 모서리 벽 끝에 이오토막 또는 반절을 마구리켜에 사용한다.

17 다음이 설명하는 용어를 쓰시오. • 11②

가. 창 밑에 돌 또는 벽돌을 15도 정도 경사지게 옆세워 쌓는 방법 (　　　)

나. 벽돌벽 등에 장식적으로 구멍을 내어 쌓는 방법 (　　　)

정답 용어
가. 창대 쌓기
나. 영롱 쌓기

18 다음은 벽돌쌓기에 대한 설명이다. 이에 맞는 쌓기법을 기재하시오. • 24② · 21①

가. 담 또는 처마 부분에 내쌓기를 할 때 45도 각도로 모서리가 면에 나오도록 쌓는 방법
나. 난간벽과 같이 상부 하중을 지지하지 않는 벽에 있어서 장식적인 효과를 기대하기 위해 벽체에 구멍을 내어 쌓는 것

가. _____ 나. _____

정답 벽돌쌓기법
가. 엇모쌓기
나. 영롱쌓기

19 벽돌벽을 이중벽으로 하여 공간쌓기로 하는 목적을 3가지 쓰시오. • 08③ · 03①

가.
나.
다.

정답 공간쌓기 목적
가. 방수
나. 단열(보온)
다. 결로 방지

20 다음이 설명하는 것을 〈보기〉에서 골라 쓰시오. • 04① · 01② · 00①

① 본아치　　② 막만든아치
③ 거친아치　　④ 층두리아치

가. 보통 벽돌을 써서 줄눈을 쐐기 모양으로 하는 아치 (　　　)
나. 아치너비가 클 때에 아치를 겹으로 둘러 튼 아치 (　　　)
다. 아치벽돌을 주문 제작하여 쓰는 아치 (　　　)
라. 보통벽돌을 쐐기 모양으로 다듬어 쓰는 아치 (　　　)

정답 아치의 종류
가. ③　　나. ④
다. ①　　라. ②

21 다음 아치의 형태에 따른 아치명을 쓰시오. •99④

가. ··

나. ··

다. ··

라. ··

정답 │ 아치의 종류(형태)
가. 겉원아치
나. 평아치
다. 반원아치
라. 고딕아치(드롭아치)

22 다음 ( ) 안에 적당한 단어나 수치를 적으시오. •21④

조적조의 기초는 (가)기초로 한다. 내력벽의 최소 두께는 (나)mm 이상이어야 하고 내력벽의 길이는 (다) 이하로 하며, 건축물의 한 층에서 조적식 내력벽으로 둘러싸인 한 개 실의 바닥면적은 (라) 이하로 하여야 한다.

가. ······························   나. ······························

다. ······························   라. ······························

정답 │ 조적식 구조 기준
가. 연속
나. 190
다. 10m
라. 80m²

23 건물의 벽돌벽에 균열이 발생하지 않도록 하기 위하여 설계 및 시공상 주의할 점을 기술하시오. •98①

가. 설계상 : ···

··

··

나. 시공상 : ···

··

··

정답 │ 균열 발생의 원인
가. 설계상
  ① 불균형 하중
  ② 벽돌벽체의 강도 부족
  ③ 기초의 부동침하
  ④ 평면, 입면의 불균형
  ⑤ 문꼴 크기의 불합리 및 불균형 배치
나. 시공상
  ① 재료의 신축성
  ② 몰탈사춤 부족
  ③ 벽돌 및 모르타르의 강도 부족
  ④ 이질재와의 접합부 시공

24 벽돌벽의 표면에 생기는 백화현상의 정의와 발생 방지대책을 3가지 쓰시오.

• 21②,④ · 20③,⑤ · 19④ · 15④ · 13④ · 11② · 08①

가. 백화현상의 정의 :

나. 방지대책
①
②
③

정답 백화현상

가. 벽체에 침투된 물이 모르타르 중의 석회분과 결합한 후 벽으로 흘러나와 물이 증발되면서 공기 중의 탄산가스(CO_2)와 반응하면서 하얗게 오염시키거나 표면을 벗겨버리는 현상이다.

나. 방지대책
① 벽체방수(파라핀 도료, 실베스터법 등)
② 흡수율 낮은 벽돌 사용(벽돌의 소성온도를 높임)
③ 줄눈을 수밀하게 시공
④ 구조적인 비막이 고려(처마, 채양, 돌림띠 등)

25 조적조(벽돌, 블록, 돌)를 바탕으로 하는 지상부 건축물의 외부벽면의 방수공법의 종류를 3가지 쓰시오.

• 22④ · 18④ · 14④ · 08② · 05② · 03②

가.
나.
다.

정답 조적조 외부벽면 방수법

가. 시멘트 액체 방수법을 이용하여 방수처리하는 방법
나. 수밀성(방수성능)이 있는 재료를 부착하여 처리하는 방법
다. 에폭시 수지 등의 도막방수 재료를 표면에 도포하는 방법

● **블록공사**

26 한국산업규격(KS)에 제시된 속 빈 블록치수 3가지를 쓰시오.

• 20② · 10② · 07①

가.
나.
다.

정답 블록치수

가. 390×190×100
나. 390×190×150
다. 390×190×190

27 다음 설명이 뜻하는 용어를 쓰시오.

• 00①

가. 창문틀의 밑에 쌓는 블록은? (　　　　　　　　)
나. 문꼴 위에 쌓아 철근과 콘크리트를 다져 넣어 보강하는 U자형 블록은?
(　　　　　　　　)
다. 창문틀의 옆에 쌓는 블록은? (　　　　　　　　)

정답 블록의 종류

가. 창대블록(Window Sill Block)
나. 인방블록(Lintel Block)
다. 창쌤블록(Window Jamb Block)

28 다음 블록의 명칭을 쓰시오. •10① · 02③ · 98③

가. _____ 나. _____
다. _____ 라. _____
마. _____ 바. _____
사. _____ 아. _____

> **정답** 블록의 종류
> 가. 기본블록
> 나. 양마구리 평블록
> 다. 인방블록
> 라. 한마구리 평블록
> 마. 창대블록
> 바. 창쌤블록
> 사. 가로근용 블록
> 아. 반블록

29 블록 쌓기 시공도에 기입하여야 할 사항에 대하여 4가지만 쓰시오. •05① · 00⑤

가. _____
나. _____
다. _____
라. _____

> **정답** 블록 쌓기 시공도 기입사항
> 가. Block의 종류, Block 나누기
> 나. 창문틀 등 개구부의 안목치수
> 다. 쌓기 높이, 단수
> 라. 매입철물의 종류, 위치

30 보강철근콘크리트 블록조에서 세로철근을 반드시 넣어야 하는 위치 3개소를 쓰시오. •06① · 03①

가. _____ 나. _____
다. _____

> **정답** 보강블록조 세로철근 배근 위치
> 가. 교차부
> 나. 모서리
> 다. 개구부 주위

31 보강블록구조의 시공에서 반드시 모르타르 또는 콘크리트로 사춤을 채워 넣는 부위를 3가지만 쓰시오. •07③

가. _____
나. _____
다. _____

정답 보강블록조 사춤 부위
가. 벽끝
나. 모서리
다. 교차부
라. 문꼴 주위(개구부)

32 다음 ( )에 알맞은 수치를 기재하시오. •22① · 18②

> 보강콘크리트 블록조에서 블록 안에 들어가는 세로철근의 정착 길이는 철근지름의 (가)배 이상이어야 하며, 이 때 철근의 피복두께는 (나)mm 이상이어야 한다.

가. _____
나. _____

정답 보강블록조
가. 40
나. 20

33 다음 ( ) 안에 적당한 단어나 수치를 기재하시오. •21②

> 벽돌쌓기 시 줄눈은 (가)mm로 하고, 도면 또는 공사시방서에서 정한 바가 없을 때에는 영식이나 (나)쌓기법으로 하며, 1일 벽돌량 쌓기 높이는 (다)가 표준이며, 최대 쌓기 높이는 (라)이고, 벽돌벽이 블록벽과 서로 직각으로 만날 때에는 연결철물을 만들어 블록 (마)단마다 보강철물로 보강을 한다.

가. _____ 나. _____
다. _____ 라. _____
마. _____

정답 벽돌쌓기
가. 10
나. 화란식
다. 1.2m
라. 1.5m
마. 3단

34 보강 블록벽 쌓기 시 와이어 메쉬(Wire Mesh)의 역할을 3가지 쓰시오. •03② · 00⑤

가. _____
나. _____
다. _____

정답 와이어 메쉬(Wire Mesh)의 역할
가. 벽체의 균열 방지
나. 횡력, 편심하중의 균등분산
다. 모서리, 교차부의 보강

정답 거푸집 블록조의 단점
가. 줄눈이 많아서 강도가 부족하다.
나. 블록살 두께가 얇아서 충분한 다짐이 곤란하다.
다. 줄눈 사이에 시멘트 풀이 흘러 곰보 발생이 우려된다.
라. 시공결과의 판단이 불명확하다.

35 거푸집 블록조의 콘크리트 부어넣기에 있어서 일반 RC조와 비교할 때 시공 및 구조적으로 불리한 점을 4가지만 쓰시오. ●05①

가. _____
나. _____
다. _____
라. _____

36 다음 기성콘크리트 인방보에 대한 설명이다. ( )에 적당한 수치나 단어를 기재하시오. ●22①

> 인방보의 양끝을 벽체의 블록에 (①) 이상 걸치고, 또한 위에서 오는 하중을 전달할 충분한 길이로 한다. 인방보 상부의 벽은 균열이 생기지 않도록 주변의 벽과 강하게 연결되도록 (②)이나 (③)로 보강 연결하거나 인방보 좌우단 상향으로 (④)를 둔다.

① _____ ② _____
③ _____ ④ _____

정답 기성콘크리트 인방보
① 200mm
② 철근
③ 블록 메시
④ 컨트롤 조인트

37 블록구조에서 인방보를 설치하는 방법 3가지를 기술하시오. ●04②

가. _____
나. _____
다. _____

정답 블록구조 인방보 설치 방법
가. 인방용 블록을 사용하여 현장에서 철근과 콘크리트를 보강하여 제작하여 설치
나. 현장에서 거푸집으로 제작 철근과 콘크리트를 이용하여 설치
다. 기성콘크리트 보를 만들어 들어올려서 설치

38 블록 벽체의 결함 중 습기, 빗물 침투현상의 원인을 4가지만 쓰시오.
●20④·18②·15②·98②

가. _____
나. _____
다. _____
라. _____

정답 블록 벽체의 습기, 빗물 침투 원인
가. 재료자체의 방수성 결여 및 보양 불량
나. 물흘림, 물끊기, 빗물막이의 불완전 시공
다. 치장줄눈의 불완전 시공 및 균열
라. 개구부, 창호재 접합부의 시공불량

● 석공사

39 다음 〈보기〉의 암석 종류를 생성원인별로 찾아 번호로 쓰시오. •02① · 98③

① 점판암	② 화강암	③ 대리석
④ 석면	⑤ 현무암	⑥ 석회암
⑦ 안산암		

가. 화성암 : _____

나. 수성암 : _____

다. 변성암 : _____

정답 석재의 종류
가. ②, ⑤, ⑦
나. ①, ⑥
다. ③, ④

40 석재의 표면마감에서 혹두기, 정다듬, 도드락다듬, 잔다듬, 물갈기의 기존 공법 외에 특수가공 공법의 종류를 2가지만 쓰고, 설명하시오. •02②

가. _____

나. _____

정답 석재 특수가공 공법
가. 모래분사법
   (Sand Blasting Method) : 석재면에 고압으로 모래를 분출시켜 면을 곱게 하거나 때를 벗겨내는 데 쓰이는 방법으로 석재마모가 심하다.
나. 화염분사법
   (Burner Finish Method) : 프로판 가스버너 등으로 석재면을 달군 다음 찬물을 뿌려 급랭시키면 표면에 얇은 층이 떨어져 나가 거친면으로 마무리하는 공법

41 건축공사 표준시방서에 의한 석재의 물갈기 마감공정을 순서대로 쓰시오. •24① · 14②

| 가. 물갈기 | 나. 정갈기 | 다. 거친갈기 | 라. 본갈기 |

정답 석재 물갈기 공정순서
다 – 가 – 라 – 나

42 석재의 가공이 완료되었을 때 가공 검사의 내용에 대하여 4가지를 쓰시오. •01③ · 98④

가. _____
나. _____
다. _____
라. _____

정답 석재가공 완료 시 검사내용
가. 마무리 치수의 정도(정확성 확인)
나. 모서리각의 바르기 여부
다. 면의 평활도
라. 다듬기 솜씨의 정도 확인

43 돌붙임 시공 순서를 〈보기〉에서 골라 번호를 쓰시오. •07②

가. 청소	나. 보양	다. 돌붙이기
라. 돌나누기	마. Mortar 사춤	바. 치장줄눈
사. 탕개줄 또는 연결철물 설치		

( ) → ( ) → ( ) → ( ) → ( ) → ( ) → ( )

정답 돌붙임 시공순서
라 → 사 → 다 → 마 → 바 → 가 → 나

44 바닥돌 깔기의 경우 형식 및 문양에 따른 명칭을 5가지만 쓰시오. •06③

가. _____ 나. _____
다. _____ 라. _____
마. _____

정답 바닥돌 깔기
원형 깔기, 마름모 깔기(엇모무늬), 바둑무늬 깔기, 바자무늬 깔기, 오늬무늬 깔기

45 석재를 이용한 공사를 진행하다가 석재가 깨진 경우 사용되는 접착제를 기재하시오. •23① · 20③ · 18②

정답 접착제
에폭시 접착제

● **타일공사**

46 타일의 종류를 소지 및 용도에 따라 분류하시오. •08① · 03③ · 00⑤

가. 소지 : _____
나. 용도 : _____

정답 타일의 종류
가. 도기질타일, 석기질타일, 자기질타일, 토기질타일
나. 내장타일, 외장타일, 바닥타일

47 점토소성 제품인 타일의 선정에서 외장타일에 발생할 수 있는 결점(흠집)의 종류를 3가지만 쓰시오. •98③

가. _____ 나. _____
다. _____

정답 타일의 결점(흠집)
가. 치수의 오차
나. 색조의 차이
다. 공기구멍(기포)의 혼입

48 벽타일 붙이기 시공순서를 쓰시오. •14④ · 10①

가. 바탕처리 → 나. ( ) → 다. ( )
→ 라. ( ) → 마. ( )

나. _____ 다. _____
라. _____ 마. _____

정답 벽타일 시공순서
나. 타일 나누기
다. 벽타일 붙임
라. 치장줄눈
마. 보양

49 벽타일 붙이기 공법의 종류를 4가지를 적으시오.

● 23④ · 16① · 10② · 08① · 00③ · 99②,③

가. _____
나. _____
다. _____
라. _____

정답 타일붙임 공법
가. 떠붙이기(적층) 공법
나. 압착 공법
다. 개량적층 공법
라. 개량압착 공법
마. 밀착(동시줄눈) 공법

50 다음 타일 붙임공법의 명칭을 쓰시오.

● 15①

| 바탕면에 타일접착용 모르타르를 바르고 타일에도 붙임 모르타르를 발라 두드려 누르거나 비벼 넣으며 붙이는 공법으로 압착 공법을 한층 발전시킨 공법 |

정답 타일 붙이기
개량압착 공법

51 다음은 타일붙임 공법에 대한 설명이다. ( ) 안에 알맞은 공법을 〈보기〉에서 골라 기호로 쓰시오.

● 07② · 01①

| ① 개량압착 공법　② 압착붙이기 공법　③ 떠붙이기 공법 |
| ④ 개량떠붙이기 공법　⑤ 밀착(동시줄눈) 공법 |

가. 타일 뒷면에 붙임용 모르타르를 바르고 벽면의 아래에서 위로 붙여 가는 종래의 일반적인 공법은 ( )이다.
나. 바탕면에 먼저 붙임 모르타르를 고르게 바르고 그곳에 타일을 눌러 붙이는 공법은 ( )이다.
다. 바탕면에 붙임 모르타르를 발라 타일을 눌러 붙인 다음 충격공구(손진동기)로 타일면에 충격을 가하는 공법은 ( )이다.

정답 타일붙임 공법
가. ③　나. ②　다. ⑤

52 다음이 설명하는 타일 공법을 쓰시오.

● 06① · 02③ · 00④

가. 가장 오래된 타일붙이기 방법으로 타일 뒷면에 붙임모르타르를 얹어 바탕 모르타르에 누르듯이 하여 1매씩 붙이는 방법　( )
나. 평평하게 만든 바탕 모르타르 위에 붙임 모르타르를 바르고, 그 위에 타일을 두드려 누르거나 비벼 넣으면서 붙이는 방법　( )
다. 평평하게 만든 바탕모르타르 위에 붙임 모르타르를 바르고 타일 뒷면에 붙임 모르타르를 얇게 발라 두드려 누르거나 비벼넣으면서 붙이는 방법
( )

정답 타일부착 공법
가. 떠붙임 공법
나. 압착 공법
다. 개량압착 공법

> **정답** 붙임재 사용
> 가. 떠붙임 공법
> 나. 압착 공법 혹은 밀착 공법

53 타일시공법 중 붙임재 사용법에 따른 공법을 1가지씩 쓰시오. ● 10③

　가. 타일 측에 붙임재를 바르는 공법 : _____

　나. 바탕 측에 붙임재를 바르는 공법 : _____

> **정답** 타일 박리 원인
> 가. 구조체 균열
> 나. 동해에 의한 팽창
> 다. 바름바탕 불량
> 라. 붙임 모르타르 불량

54 타일공사에서 타일의 박리·박락의 원인 4가지를 쓰시오. ● 24③ · 17② · 16④

　가. _____　나. _____

　다. _____　라. _____

● **ALC**

> **정답** ALC재료
> 가. 석회질
> 나. 규산질
> 다. 발포제

55 ALC 경량기포콘크리트 제조 시 필요한 재료 2가지를 쓰시오. ● 20①

　가. _____　나. _____

> **정답** ALC 제조
> 가. 주재료 : 석회질, 규산질
> 나. 기포제조방법
> 　: 발포제(알루미늄분말)

56 ALC 제조 시 주재료와 기포제조방법을 쓰시오. ● 23① · 20③

　가. 주재료 : _____

　나. 기포제조방법 : _____

57 ALC(Autoclaved Lightweight Concrete)의 건축재료로서의 특징을 4가지 쓰시오. ● 00③ · 98④

　가. _____
　나. _____
　다. _____
　라. _____

> **정답** 건축재료 ALC의 특징
> 가. 경량성
> 나. 내화성이 우수하다.
> 다. 단열, 차음성능이 우수하다.
> 라. 흡수성이 크다.

58 ALC(Autoclaved Lightweight Concrete) 패널의 설치공법을 4가지 쓰시오. ● 11④ · 05③ · 02① · 01②

　가. _____
　나. _____
　다. _____
　라. _____

> **정답** ALC 패널의 설치공법
> 가. 수직철근 보강 공법
> 나. 슬라이드(Slide) 공법
> 다. 볼트조임 공법
> 라. 커버플레이트 공법

Engineer Architecture

CHAPTER 08
목공사

CONTENTS

제1절 재 료	375
제2절 성 질	376
제3절 제재 및 공학 목재	377
제4절 가 공	378
제5절 접합(부재가공, 보강철물, 접착제)	379
제6절 세우기(목조건물)	381
제7절 수 장	382
제8절 경골 목구조	382

한눈에 보기

용어 미리보기

용어	Keyword	출제연도
분할(Split)	제재목의 끝부분에서 상하가 관통하여 갈라지는 결함	
윤할(Shake)	나무가 생장과정에서 받는 내부응력으로 인하여 목재조직이 나이테에 평행한 방향으로 갈라지는 결함	
할렬(Check)	목재가 건조과정에서 방향에 따른 수축률의 차이로 나이테에 직각 방향으로 갈라지는 결함	
섬유포화점	목재를 건조하면 유리수가 증발하고 세포수만 남은 상태의 함수율	02③ · 99③
호칭치수	건조 및 대패 가공이 되지 않은 목재의 치수 또는 일반적으로 불리는 목재치수	14② · 05②
실제(마감)치수	건조 및 대패 마감된 후의 실제적인 최종 치수	
각재	두께가 75mm 미만이고 너비가 두께의 4배 미만인 것 또는 두께와 너비가 75mm 이상인 것	
판재	두께가 75mm 미만이고 너비가 두께의 4배 이상인 것	
공학목재	목재 또는 목질 요소를 구조용 목적에 맞도록 접합 및 성형하여 제조되는 목재 제품	
OSB	얇고 가늘고 긴 목재 스트랜드를 각 층별로 동일한 방향으로 배열하되 인접한 층의 섬유방향이 서로 직각이 되도록 하여 홀수의 층으로 구성한 배향성 스트랜드 보드	
집성목재	단판을 섬유방향과 평행하게 붙여 만든 목재 제품	
이음	2개 이상의 목재를 길이 방향으로 접합	21④ · 16④ · 12④ · 09④
맞춤	수직재와 수평재 등을 각도를 갖고 맞추는 접합	21④ · 16④ · 12④ · 09④ · 99⑤
쪽매	사용 널재를 옆으로 이어대는 접합	12④ · 09④
마름질	재료를 소요수치로 형태에 맞춰 자르는 일	
바심질	자르기와 이음, 맞춤, 장부 등의 깎아내기를 하고, 구멍파기, 볼트 구멍뚫기, 홈파기, 대패질을 하는 것	
듀벨	볼트와 같이 사용하며 전단력을 보강하는 철물	99⑤
통재기둥	밑층에서 위층까지 1개의 재로 상·하층 기둥을 형성한 부재	00①
버팀대	가새를 댈 수 없는 곳에서는 45° 경사로 대어 수직모서리를 보강하는 부재.	98②
귀잡이	수평으로 댄 버팀대로 수평모서리를 보강하는 부재	98②
징두리 판벽	내부 벽하부에서 1~1.5m 정도 널로 댄 벽	24③ · 21② · 18②

미듬 건축기사 실기

멘토스는 당신의 쉬운 합격을 응원합니다!

CHAPTER 08 목공사

제1절 재료

1. 특성	장점	① 비중이 작고 연질이다.(가공이 용이) ② 비중에 비해 강도가 크다.(구조용재) ③ 열전도율이 작다.(보온 효과) ④ 탄성 및 인성이 크다. ⑤ 색채 무늬가 있어 미려하다. ⑥ 수종이 많고 생산량이 비교적 많다.
	단점	① 가연성이다.(250℃에서 인화되고, 450℃에서 자체 발화) ② 함수율에 따른 변형이 크다.(제품의 치수변동) ③ 부패, 충해, 풍해가 있다.(내구성이 약함)
2. 구조용재 요구사항		① 건조변형, 수축이 적을 것 ② 강도가 큰 것 ③ 재료의 공급이 원활한 것 ④ 내부식성, 내충해성 있을 것 ⑤ 가공이 용이한 것
3. 품질검사 항목		① 평균나이테 간격, 함수율 및 비중 측정방법 ② 수축률 시험방법 ③ 흡수량 측정방법 ④ 인장강도 시험방법 ⑤ 압축강도 시험방법 ⑥ 휨, 전단 시험방법(KSF 2208, KSF 2209)
4. 목재의 건조법	천연건조	인공건조
	① 별도의 시설비가 필요 없음 ② 건조 시간이 오래 걸림 ③ 건조하고 통풍이 잘 되는 직사광선이 없는 그늘에서 건조 ④ 대량으로 건조 가능	① 초기 시설비 필요 ② 건조 시간이 짧음 ③ 증기실, 열기실에서 건조 ④ 천연건조에 비해 결함 발생 우려 ⑤ 열기법, 훈연법, 진공법, 증기법, 고주파법
5. 목재의 갈라짐		① 분할(Split) : 제재목의 끝부분에서 상하가 관통하여 갈라지는 결함 ② 윤할(Shake) : 나무가 생장과정에서 받는 내부응력으로 인하여 목재조직이 나이테에 평행한 방향으로 갈라지는 결함 ③ 할렬(Check) : 목재가 건조과정에서 방향에 따른 수축률의 차이로 나이테에 직각 방향으로 갈라지는 결함

●99①
(성능) 구조용재 요구성능

●02①
(종류) 품질검사 항목

●20⑤ · 19① · 18②
(종류) 인공건조법

●22②
(종류) 천연건조 장점

제2절 성질

1. 함수율	종류	① 건량 기준 함수율(%) : 함유 수분의 무게를 목재의 전건 무게로 나누어서 구하며 일반적인 목재에 적용되는 함수율 ② 습량 기준 함수율(%) : 함유 수분의 무게를 건조 전 목재의 무게로 나누어서 구하며 펄프용 칩에 적용되는 함수율
	수치	① 내장 마감재로 사용되는 목재의 경우에는 함수율 15% 이하로 하고, 필요에 따라서 12% 이하의 함수율을 적용 ② 한옥, 대단면 및 통나무 목공사에 사용되는 구조용 목재 중에서 횡단면의 짧은 변이 900mm 이상인 목재의 함수율은 24% 이하 ③ 일반적인 함수율 | 건조재 12 | 건조재 15 | 건조재 19 | 생재 || |---|---|---|---|---| | | | | 생재 24 | 생재 30 | | 12% 이하 | 15% 이하 | 19% 이하 | 19% 초과 24% 이하 | 24% 초과 | 함수율은 건량 기준 함수율
	섬유 포화점	① 목재를 건조하면 유리수가 증발하고 세포수만 남은 상태의 함수율로 보통 30%가 된다. ② 섬유포화점 이하에서는 함수율이 감소하면 강도가 증가하고 건조수축이 증가한다.
2. 수축률	섬유 포화점	① 섬유포화점 30% 이상 : 신축하지 않음 ② 섬유포화점 30% 이하 : 함수율 감소에 비례하여 수축
	수축률	① 심재와 변재 　㉠ 심재(수심부) : 작다. 　㉡ 변재(수피부) : 크다. ② 목재의 방향성 　㉠ 축방향(0.35%) : 작다. 　㉡ 지름방향(8%) : 중간 　㉢ 촉방향(14%) : 크다.
3. 강도	크기	인장＞휨＞압축＞전단
	가력방향	섬유평행＞섬유직각
	섬유 포화점	① 섬유포화점 이상에서는 강도의 변화가 없다. ② 섬유포화점 이하에서는 함수율이 낮을수록 강도는 증대한다. 　(전건상태에서는 섬유포화점 강도의 약 3배)

●02③ · 99③
(용어) 섬유포화점

●20② · 16④ · 09②
(특징) 섬유포화점과 관련된 함수율 증가와 강도의 변화

	요인	물, 불, 햇빛, 균, 벌레
4. 내구성	방부 방충법	① 표면탄화법 : 표면을 태워 균의 기생을 제거하는 방법 ② 일광직사법 : 햇빛을 30시간 이상 쏘이는 방법 ③ 수침법 : 물속에 목재를 담가 균이 기생하지 못하게 하는 방법 ④ 피복법 : 금속이나 기타 재료로 목재를 감싸는 방법 ⑤ 방부제법(도포, 뿜칠, 침지가압, 생리적 침투) : 방부제를 바르거나 침투시키는 방법

(종류) 방부처리법
●21② · 19④ · 18④ · 16④ · 15①
· 14② · 10① · 05① · 99② · 95①
· 93② · 91②

	구분	품명	특징
5. 방부제	유성	콜타르	상온에서 침투불가, 도포용
		크레오소트	방부력, 침투력 우수, 냄새, 흑갈색용액, 외부용
		아스팔트	가열도포, 흑색 도료 칠 불가, 보이지 않는 곳만 사용
	유용성	유성 페인트	유성 페인트 도포 피막형성, 착색자유, 미관효과 우수
		P.C.P	방부력 기장 우수, 무색, 도료칠 가능

(종류) 방부제 처리법
●24③ · 21④ · 18①

6. 방화법 (난연법)	① 대단면화 ② 피복법 ③ 방화제법 ④ 불연성 도료칠

(종류) 난연처리법
●16①

제3절 제재 및 공학 목재

01 제재

1. 종류	① 호칭치수 : 건조 및 대패 가공이 되지 않은 목재의 치수 또는 일반적으로 불리는 목재치수 ② 실제(마감)치수 : 건조 및 대패 마감된 후의 실제적인 최종 치수 ③ 목재의 단면은 원목(통나무)의 경우에는 지름으로 표시하고 각재의 경우에는 단면의 가로 및 세로 치수로 표시한다.
2. 단면 치수	① 원목, 조각재 및 제재목은 제재 치수로 표시하며 필요에 따라서 건조하지 않고 대패 마감된 치수로 표시할 수도 있다. ② 경골목조건축용 구조용재는 건조 및 대패 마감된 치수로 표시 ③ 구조용 집성재의 단면 치수는 층재의 건조 및 대패마감, 적층 및 접착 후 대패마감까지 이루어진 최종 마감치수로 표시 ④ 집성재의 두께는 층재의 마감치수와 적층수를 곱한 값에서 최종 대패 마감 시 윗면과 밑면에서 깎여나간 두께를 뺀 값으로 표시하고, 집성재의 너비는 층재의 너비 또는 한 층에서 횡으로 사용된 층재들의 너비의 합에서 최종 대패마감 시 양 측면에서 깎여나간 두께를 뺀 값으로 표시 ⑤ 창호재, 가구재, 수장재 등은 설계도서에 정한 것을 마감치수로 한다.
3. 제재목	각재	두께가 75mm 미만이고 너비가 두께의 4배 미만인 것 또는 두께와 너비가 75mm 이상인 것
	판재	두께가 75mm 미만이고 너비가 두께의 4배 이상인 것

(용어) 호칭치수, 마감치수
●14② · 05②

02 공학목재

1. 정의	① 목재, 또는 목질 요소를 구조용 목적에 맞도록 접합 및 성형하여 제조되는 목재 제품 ② 목질요소(목섬유, 칩, 스트랜드, 스트립, 플레이크, 단판 또는 이들이 혼합된 것)	
2. 종류	OSB	얇고 가늘고 긴 목재 스트랜드를 각 층별로 동일한 방향으로 배열하되 인접한 층의 섬유방향이 서로 직각이 되도록 하여 홀수의 층으로 구성한 배향성 스트랜드 보드(Oriented Strand Board)의 영문 명칭 약자
	합판	얇게 만든 단판을 섬유방향과 직교되게 3, 5, 7, 9 등의 홀수로 붙여 만든 판형 제품
	집성목재	단판을 섬유방향과 평행하게 붙여 만든 목재 제품
	파티클 보드	목재의 조각을 충분히 건조시킨 후 유기질의 접착제를 첨가하여 가열·압축하여 만든 제품
	MDF	목질 섬유를 펄프로 만들어 얻은 목섬유를 액상의 합성수지 접착제, 방부제 등을 첨가·결합시켜 성형·열압하여 만든 중밀도의 목질 판상 제품
	섬유판	목질의 섬유를 합성수지와 접착제를 섞어 판상으로 만든 제품

제4절 가공

1. 순서	현치도 작성 → 재료반입/검사 → 먹매김 → 마름질 → 바심질 → 감추임면에 번호기입 → 접합	
2. 먹매김	정의	마름질, 바심질을 하기 위해 재의 축방향에 심먹을 넣고 가공형태를 기호로써 표시하는 일
	기호	심먹, 비킴먹, 볼트 구멍, 내다지 구멍, 반다지 구멍, 절단(버리는 부분), 절단
3. 마름질	재료를 소요수치로 형태에 맞춰 자르는 일	

	정의	자르기와 이음, 맞춤, 장부 등의 깎아내기를 하고, 구멍파기, 볼트 구멍 뚫기, 홈파기, 대패질을 하는 것		
4. 바심질	대패질	대패 마감 정도	평활도	뒤틀림
		상급	광선을 경사지게 비추어서 거스러미 및 대팻자국이 전혀 없는 것	휨 또는 뒤틀림이 극히 작아서 직선 자를 표면에 대었을 때에 틈이 보이지 않는 것
		중급	거스러미 및 대팻자국이 거의 없는 것	휨 또는 뒤틀림이 작고 직선 자를 표면에 대었을 때 약간의 틈이 보이는 것
		하급	다소의 거스러미 및 대팻자국은 허용하지만 톱자국이 없는 것	휨 또는 뒤틀림 정도가 마감 작업 및 사용상 지장이 없는 것
	모접기	(a) 실모 (b) 둥근모 (c) 쌍사모 (d) 게눈모 (e) 큰모 (f) 평골모 (g) 실오리모 (h) 티미리 (i) 뺨접기 (j) 등미리 (k) 쌍사모 [모접기 종류]		

● 16④ · 11① · 99①
(종류) 모접기 종류, 그림 연결

제5절 접합(부재가공, 보강철물, 접착제)

01 부재가공

1. 종류	이음	2개 이상의 목재를 길이 방향으로 잇는 것
	맞춤	수직재와 수평재 등을 각도를 갖고 맞추는 것
	쪽매	사용 널재를 옆으로 이어대는 것
2. 이음 맞춤 시 주의사항	① 이음, 맞춤은 가능한 한 응력이 적은 곳에서 만든다. ② 재료는 될 수 있는 대로 적게 깎아내어 약해지지 않도록 한다. ③ 접합면은 정확히 가공하여 밀착시켜 빈틈이 없게 한다. ④ 큰 응력을 받는 부분이나 약한 부분은 철물로써 보강한다. ⑤ 이음, 맞춤의 단면은 응력의 방향에 직각으로 한다. ⑥ 이음, 맞춤의 끝부분은 작용하는 응력이 균등히 전달되도록 한다.	

● 21④ · 16④ · 12④ · 09④
(용어) 이음

● 21④ · 16④ · 12④ · 09④ · 99⑤
(용어) 맞춤

● 12④ · 09④
(용어) 쪽매

2. 이음 맞춤 시 주의사항	⑦ 공작이 간단한 것을 쓰고 모양에 치중하지 않는다. ⑧ 볼트 구멍의 여유 크기는 3mm로 한다. ⑨ 부재 단면의 지정이 없을 때에는 구조재와 수장재는 제재 치수로, 창호재와 가구재는 마무리 치수로 한다.	
3. 쪽매	[반턱쪽매] [틈막이대쪽매] [딴혀쪽매] [오니쪽매] [제혀쪽매] [맞댐쪽매]	

(명칭) 쪽매 ●90②

02 보강철물

1. 못	시공	① 널 두께는 못지름의 6배 이상 ② 못길이는 널 두께의 2.5~3배, 널두께가 10mm 이하일 때는 4배, 재의 마구리에 박는 것은 3~3.5배 정도 ③ 못은 15° 정도 기울게 박는다.
	종류	보통못 둥근머리못 거푸집못(이중머리못) 플랫못 양끝못 가시못 코치스크류
2. 나사못 / 코치스크류		① 나사 틀어박기에 앞서 나사못 지름의 1/2 정도의 구멍을 뚫는다. ② 나사못은 처음부터 틀어박는 것을 원칙으로 하고, 때려박더라도 나사못 길이의 나중 1/3은 틀어박아야 한다. ③ 코치스크류 등에 있어서는 그 길이의 1/2 정도까지 때려박고 나머지는 틀어 조인다.
3. 꺾쇠		① 실용길이는 9~12cm, 갈구리 4~5cm ② 보통꺾쇠, 엇꺾쇠, 주걱꺾쇠가 있다.
4. 볼트		① 볼트 구멍은 볼트지름보다 1.5mm를 초과해서는 안 된다. ② 구조용은 12mm 이상, 경미한 곳은 9mm 정도의 지름을 사용한다.
5. 듀벨		볼트와 같이 사용하며 듀벨에는 전단력, 볼트에는 인장력을 부담시킨다.
6. 띠쇠		보통 띠쇠, ㄱ자쇠, ㄷ자쇠, 감잡이쇠, 안장쇠 등이 있다.

(용어) 꺾쇠 ●98①

(용어) 듀벨 ●99⑤

제6절 세우기(목조건물)

1. 토대	① 기초 콘크리트에 기초 볼트를 매입한 다음 윗바탕 모르타르를 고름질한다. ② 기초 심먹과 일치하여 심먹을 친 다음 토대를 설치한다. ③ 크기는 보통 기둥과 같게 하거나 다소 크게 한다.	
2. 통재기둥	① 모서리나 벽의 중간 기준이 되는 곳에는 통재기둥을 세운다. ② 통재기둥은 밑층에서 위층까지 1개의 재로 상·하층 기둥이 되는 것으로서, 길이는 대개 5~7m 정도 필요하며 가로재와의 접합부는 심히 따내는 일을 피하고 적당한 철물로 보강한다.	●00① (용어) 통재기둥
3. 평기둥	① 평기둥의 간격은 2m 정도(1.8m)로 치수는 10.5cm 각 정도로 한다. ② 평기둥은 한층에 서는 기둥으로서 토대와 층도리, 깔도리, 처마도리 등 가로재에 의해 구획한다.	
4. 샛기둥	① 샛기둥은 본기둥 사이에서 벽체를 이루는 것으로서 가새의 옆휨(좌굴)을 막는 데 유효하다. ② 샛기둥의 크기는 본기둥의 반쪽 또는 1/3쪽으로 하고 간격은 40~60cm(45cm)로 한다.	
5. 가새	① 모양은 X자형, A자형으로 건물 전체에 대하여 대칭으로 배치한다. ② 수평에 대한 각도는 60° 이하(보통 45°)로 한다. ③ 가새와 샛기둥이 만날 때는 샛기둥을 따내고 가새는 따내지 않는다. ④ 크기 　㉠ 압축가새 : 기둥 크기의 1/3 이상 　㉡ 인장가새 : 기둥 크기의 1/5 이상 또는 동등 내력을 갖는 철근 대용	●98② (용어) 가새 ●20①·14①·08② (종류) 횡력보강부재
6. 버팀대	가새를 댈 수 없는 곳에서는 45° 경사로 대어 수직귀를 굳힌다.	●98② (용어) 버팀대
7. 귀잡이	수평으로 댄 버팀대로 수평귀를 굳힌다.	●98② (용어) 귀잡이

제7절 수장

	1층 마루	동바리돌 – 동바리 – 멍에 – 장선 – 밑창널 – 방수지 – 마루널
1. 마루	2층 마루	① 홑마루(장선마루) : 장선 – 마루널 ② 보마루 : 보 – 장선 – 마루널 ③ 짠마루 : 큰 보 – 작은 보 – 장선 – 마루널
2. 목조 반자틀		달대받이 – 반자돌림대 – 반자틀받이 – 반자틀 – 달대 ※ 경량철골 반자구성 : 인서트 – 볼트(달대) – 행거 – 채널 – M바
3. 판벽	걸레받이	벽 하부의 바닥과 접하는 부분에 높이 20cm 정도로 설치한 것
	징두리판벽	내부 벽하부에서 1~1.5m 정도 널로 댄 것
	고막이	외벽 하부지면에서 50cm 정도 설치한 것
4. 방부 및 방충 처리 목재 사용		① 콘크리트 및 토양과 직접 접하는 부위 ② 기타 장기간 습윤한 환경에 노출되는 부분 ③ 급수 및 배수시설에 근접한 목재로서 수분으로 인한 열화의 가능성이 있는 경우 ④ 목재가 직접 우수에 맞거나 습기 차기 쉬운 부분의 모르타르 바름, 라스 붙임 등의 바탕으로 사용되는 경우 ⑤ 목재가 외장마감재로 사용되는 경우 ⑥ 목재 부재가 외기에 직접 노출되는 경우 ⑦ 구조내력상 중요한 부분에 사용되는 목재로서 콘크리트, 벽돌, 돌, 흙 및 기타 이와 비슷한 투습성의 재질에 접하는 경우

제8절 경골 목구조

1. 토대	① 토대는 방부·방충 처리한 것, 가압식 방부 처리 목재 사용 ② 1층의 모든 벽 아래쪽에 토대 설치 ③ 토대는 앵커볼트 또는 이와 유사한 강도를 갖는 강철 띠쇠 등의 철물을 사용하여 기초구조에 고정 ④ 앵커볼트는 지름 12mm 이상, 길이 230mm 이상의 것으로서 끝부분이 기초구조 내에 180mm 이상의 깊이로 묻히도록 설치 ⑤ 기초구조로부터 토대로 수분이 전달되는 것을 방지하기 위하여 토대 밑면에 수분의 침투를 방지할 수 있는 방수지 시공

(순서) 1층 마루 순서 ●21② · 99⑤
(종류) 1층 마루 종류 ●01①
(종류) 2층 마루 종류 ●01①
(순서) 목조반자틀 시공순서 ●03③ · 99②
(용어) 징두리판벽 ●24③ · 21② · 18②
(종류) 방부, 방충 목재를 사용하는 경우 ●23② · 21①

2. 바닥 구조	바닥장선	설계도서에 따라 610mm 이하의 간격으로 배치
	옆막이장선	바닥장선과 같은 방향으로 양 단부에 설치
	끝막이장선	바닥장선의 양 끝에는 바닥장선과 같은 단면의 부재로 끝막이(헤더)장선을 설치한다.
	보막이	바닥장선의 높이가 235mm 이상인 경우에는 바닥장선 사이에 2.4m 이하의 간격으로 바닥장선과 같은 치수의 부재로 보막이를 설치
	바닥개구부 및 헤더	① 바닥장선과 같은 치수를 갖는 부재를 사용하여 개구부 헤더장선, 개구부 옆막이장선 등을 설치하여 보강 ② 개구부 헤더장선의 길이가 1,200mm를 초과하는 경우에는 개구부의 헤더장선 및 옆막이장선을 이중으로 설치
3. 벽체	밑깔도리	각각의 벽면마다 하나의 부재로 사용
	스터드	① 내력벽의 밑깔도리, 윗깔도리, 스터드 및 헤더에는 허용응력을 지닌 규격구조재를 사용 ② 스터드의 간격은 설계도서에 따르며 특별히 명시된 바가 없는 경우에는 610mm 이하 ③ 1층 및 2층의 내력벽은 설계도서에 따르는 경우를 제외하고 원칙적으로 같은 내력벽선상에 설치
	헤더	① 1종 구조재를 사용하여 조립보 또는 상자보를 만들어서 설치 ② 조립보는 1종 구조재 2장, 3장 또는 4장을 300mm 간격으로 박아서 접합 ③ 상자보는 1종 구조재를 사용, 못을 100~300mm 간격으로 박아서 상하 플랜지 부재는 벽체의 스터드와 같은 치수의 부재를 사용하고 웨브 부재의 치수 및 못의 간격은 설계도서에 따름
	윗깔도리	각각의 벽면마다 하나의 부재로 사용
4. 지붕틀	서까래	① 지붕구조는 서까래와 천장 장선구조, 서까래와 조름보구조 또는 트러스구조 ② 지붕 서까래 또는 천장장선 상호 간의 간격은 설계도서에 특별히 명시된 바가 없는 경우 610mm 이하
	마룻대	지붕 최상단의 부재
	조름보	서까래와 서까래가 만나는 부분 아래에 설치하는 보강재

CHAPTER 08 핵심 기출문제

● 재료

01 목재의 품질검사는 건축공사 시 사용되는 목재의 변형, 균열 등의 발생으로부터 미연에 방지하기 위하여 실시한다. 목재의 품질검사 항목을 3가지 쓰시오.

가.
나.
다.

정답 목재의 품질검사 항목
가. 목재의 수축률 시험방법
나. 목재의 흡수량 측정방법
다. 목재의 압축, 인장강도 시험방법

02 구조용 목재의 요구조건을 4가지만 쓰시오.

가.
나.
다.
라.

정답 구조용 목재의 요구조건
가. 강도가 크고, 직대재를 얻을 수 있을 것
나. 건조변형, 수축성이 적을 것
다. 산출량이 많고, 구입이 용이할 것
라. 잘 썩지 않고, 충해에 대한 저항이 클 것

03 목재의 건조방법 중 인공건조법의 종류 3가지를 쓰시오.

가.
나.
다.

정답 목재의 인공건조
가. 열기건조
나. 훈연건조
다. 진공건조
라. 증기건조
마. 고주파건조

04 목재의 천연건조(자연건조) 시 장점 2가지를 쓰시오.

가.
나.

정답 목재의 자연건조 장점
가. 별도의 설치비가 필요 없음
나. 대량으로 건조 가능

● 성질

05 다음 목재에 관계되는 용어를 설명하시오. •02② · 99③

가. 섬유포화점 :

나. 집성재 :

정답 용어
가. 섬유포화점 : 생나무가 건조하여 세포수만 남고, 자유수가 증발하여 함수율이 30%가 된 상태로서 이 점을 경계로 수축 및 강도변화가 현저해진다.
나. 집성재 : 두께 1.5~5cm 정도의 나무단판을 합성수지 접착제를 이용하여 섬유평행방향으로 몇 장 접착하여 하나의 큰 부재로 한 목재

06 목재의 섬유포화점과 관련된 함수율 증가에 따른 강도변화에 대하여 쓰시오. •20② · 16④ · 09②

가. 섬유포화점 이상 :

나. 섬유포화점 이하 :

정답 목재의 강도
가. 섬유포화점 이상에서는 강도가 일정함
나. 섬유포화점 이하에서는 함수율이 낮을수록 강도는 증대한다.

07 다음 목재의 수축변형에 대한 설명 중 ( ) 안에 알맞은 말을 써 넣으시오. •00①

> 목재는 건조수축하여 변형하고 연륜방향의 수축은 연륜의 (가)에 약 2배가 된다. 또 수피부는 수심부보다 수축이 (나)다. (다)는 조직이 경화되고, (라)는 조직이 여리고 함수율도 (마)고 재질도 무르기 때문이다.

가.
나.
다.
라.
마.

정답 목재의 성질
가. 직각방향
나. 크(다)
다. 심재부
라. 변재부
마. 크(다)

08 목재의 방부처리방법을 3가지 쓰고, 그 내용을 설명하시오. •21② · 19④ · 18④ · 16④ · 15① · 14② · 11② · 10① · 05① · 99②

가.
나.
다.

정답 목재의 방부처리법
가. 표면탄화법 : 목재표면 3~4mm 정도를 태워 수분을 제거하는 방법
나. 방부제법 : 방부제를 칠하거나 뿌리거나 가압주입시키는 방법
다. 일광직사법 : 목재에 30시간 이상 햇빛을 쪼이는 방법

정답 목재 방부제 처리법
가. 도포법
나. 상압주입법
다. 가압주입법
라. 생리적 주입법
마. 침지법

09 목재의 방부처리법 중 방부제 처리법에 대한 종류를 3가지 쓰시오.

• 24③ · 21④ · 18①

가. ....
나. ....
다. ....

정답 목구조에서 방충 및 방부 처리된 목재를 쓰는 경우
가. 목조의 외부 버팀기둥을 구성하는 부재의 모든 면
나. 급수 및 배수시설에 근접된 목부로서 부식의 우려가 있는 부분
다. 구조내력상 주요 부분인 토대, 외부기둥, 외부 벽 등에 사용하는 목재로서 포수성의 재질에 접하는 부분
라. 납작 마루틀의 멍에, 장선
마. 직접 우수를 맞거나 습기가 차기 쉬운 부분의 모르타르 바름 등의 바탕에 해당하는 부분

10 목구조에서 방충 및 방부 처리된 목재를 써야 하는 경우 2가지를 쓰시오.

• 23② · 21①

가. ....
나. ....

정답 목재의 난연처리법
가. 대단면화
나. 피복법
다. 방화제법
라. 불연성도료칠

11 목재 난연처리법의 종류를 3가지 쓰시오.

• 16①

가. ....
나. ....
다. ....

12 다음은 목공사의 단면치수 표기법이다. ( ) 안에 알맞은 말을 써 넣으시오.

• 14② · 05②

> 목재의 단면을 표시하는 치수는 건조 및 대패가공이 되지 않은 목재의 치수 또는 일반적으로 불리는 목재치수를 (가)치수라 하고, 건조 및 대패마감된 후의 실제적인 치수를 (나)치수라 한다.

정답 목재치수
가. 호칭
나. 실제(마감)

가. .... 나. ....

● **접합**

13 목재 접착제 중 내수성이 큰 것부터 순서대로 〈보기〉에서 골라 기호로 쓰시오.
• 98⑤

> (가) 아교　　　(나) 페놀수지　　　(다) 요소수지

(　　) → (　　) → (　　)

정답 접착제 내수성 크기
(나) → (다) → (가)

14 목재 연결철물의 큰 분류상 종류를 3가지만 쓰시오.
• 98⑤

가. _____　나. _____
다. _____

정답 목재 연결 철물
가. 못(나사못)
나. 듀벨
다. 띠쇠(꺾쇠)
라. 볼트

15 다음 그림의 꺾쇠 명칭을 쓰시오.
• 98①

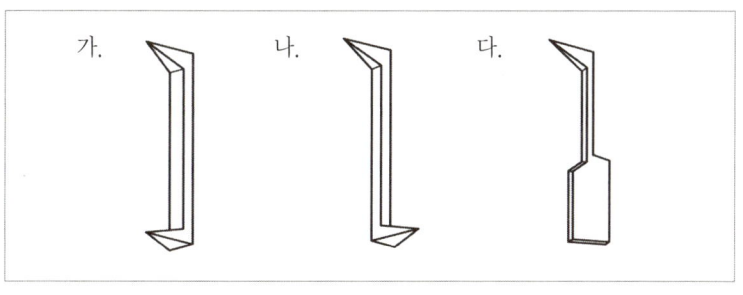

가. _____　나. _____
다. _____

정답 꺾쇠 종류
가. 보통꺾쇠
나. 엇꺾쇠
다. 주걱꺾쇠

16 목공사의 마무리 중 모접기의 종류를 다음 〈보기〉에서 골라 쓰시오.
• 11① · 99①

> 〈보기〉 ① 쌍사모　② 둥근모　③ 티미리　④ 게눈모　⑤ 큰모

가. _____
나. _____
다. _____

정답 모접기의 종류
가. ③ 티미리
나. ④ 게눈모
다. ② 둥근모

정답 모접기의 종류
가. 실모접기
나. 둥근모접기
다. 큰모접기

17 목공사 마무리 중 모접기(면접기)의 종류 3가지를 쓰시오. • 16④ · 11①

가. _____
나. _____
다. _____

18 다음 설명에 알맞은 용어를 쓰시오. • 06①

가. 나무나 석재의 모나 면을 깎아 밀어서 두드러지게 또는 오목하게 하여 모양 지게 하는 것
나. 모서리 구석 등에 표면 마구리가 보이지 않게 45° 각도로 빗잘라 대는 맞춤
다. 무량판 구조 또는 평판 구조에서 특수상자 모양의 기성재 거푸집
라. 굵은골재를 거푸집에 넣고 그 시이 공극에 특수 모르타르를 직당한 입력으로 주입하여 만드는 콘크리트

가. _____ 나. _____
다. _____ 라. _____

정답 용어
가. 모접기(면접기)
나. 연귀맞춤
다. 워플(Waffle) 폼
라. 프리팩트 콘크리트

정답 용어
가. 부재를 길이 방향으로 길게 접합 하는 것
나. 부재를 서로 경사 또는 직각으로 접합하는 것
다. 부재의 옆면을 평행으로 옆대어 붙여 면적을 크게 하는 것

19 다음 용어를 설명하시오. • 21④ · 16④ · 12④ · 09④

가. 이음 : _____
나. 맞춤 : _____
다. 쪽매 : _____

20 다음은 목공사에 관한 설명이다. ( ) 안에 알맞은 말을 쓰시오. • 99⑤

가. 창문틀이나 창문의 모서리 등에서 맞춤재의 마구리를 감추면서 튼튼하게 맞춤을 하는 것을 (가)라 한다.
나. 널재를 나란히 옆으로 붙여 대어 판재를 넓게 하는 것을 (나)라 한다.
다. 기둥 맨 상단의 처마 부분에 수평으로 걸어 기둥 상단을 고정하면서 지붕틀을 받아 지붕의 하중을 기둥에 전달하는 부재를 (다)라 한다.
라. 1층 납작마루의 시공순서는 동바리돌 → 멍에 → (라) → 마루널의 순서로 한다.
마. 목구조에서 접합부 보강용 철물로 사용되며, 전단력에 저항하는 보강철물을 (마)이라 한다.

가.
나.
다.
라.
마.

정답 용어
가. 연귀 맞춤
나. 쪽매
다. 깔도리
라. 장선
마. 듀벨

● 목구조

21 목구조의 횡력 보강 부재를 3가지 적으시오. • 20① · 14① · 08②

가.
나.
다.

정답 횡력 보강 부재
가. 가새
나. 버팀대
다. 귀잡이

22 다음 용어에 대해 기술하시오. • 98②

가. 가새 :

나. 버팀대 :

다. 귀잡이 :

정답 용어
가. 수평력에 저항하는 부재로서 건물 전체의 변형을 방지하기 위하여 설치하는 부재
나. 수평력에 저항하는 부재로 수직 모서리를 보강하는 부재
다. 수평력에 저항하는 부재로 수평 모서리를 보강하는 부재

23 다음 설명에 해당되는 용어를 쓰시오. • 00①

가. 목구조에서 밑층에서 위층까지 1개의 부재로 된 기둥으로 5~7m 정도의 길이로 타 부재의 설치기준이 되는 기둥 (   )
나. 기초의 종류 중 2개 이상의 기둥을 하나의 기초에 연결 지지시키는 기초 방식 (   )

정답 용어
가. 통재기둥
나. 복합기초

24 다음은 목공사의 마루에 대한 내용이다. ( ) 안에 알맞은 말을 써 넣으시오.
• 01①

> 나무 마루에는 바닥마루(1층 마루)로서 (가)마루와 (나)마루가 있고, 층마루(2층 마루)로서 (다)마루, (라)마루, 짠마루가 있다.

가. _____
나. _____
다. _____
라. _____

정답 마루
가. 동바리
나. 납작
다. 홑(장선)
라. 보

25 목조 반자틀의 시공순서를 〈보기〉에서 골라 번호로 쓰시오.
• 03③ · 99②

> ① 반자틀받이　② 반자틀　③ 반자돌림대
> ④ 달대받이　⑤ 천장재 붙이기　⑥ 달대

( ) → ( ) → ( ) → ( ) → ( ) → ( )

정답 목조 반자틀 시공 순서
④ → ③ → ① → ② → ⑥ → ⑤

26 1층 마루널 설치에 관한 순서를 보기를 보고 나열하시오.
• 21②

> 〈보기〉
> 가. 마루널　나. 멍에　다. 장선　라. 동바리돌　마. 동바리

정답 1층 마루널 설치순서
라 - 마 - 나 - 다 - 가

27 수장공사 시 바닥 하부에서 1~1.5m의 높이까지 널을 댄 벽의 명칭은?
• 24③ · 21② · 18②

정답 용어
징두리 판벽

Engineer Architecture

CHAPTER 09
방수공사

CONTENTS

제1절 방수공사 분류	395
제2절 지하실 방수	395
제3절 침투성 방수(시멘트 모르타르계 방수)	396
제4절 아스팔트 방수	397
제5절 합성 고분자계 시트 방수	401
제6절 개량형 아스팔트 시트 방수	402
제7절 도막 방수	403
제8절 멤브레인 방수 영문 표시 기호	404
제9절 시일재 방수	405
제10절 인공지반녹화 방수방근 공사	406
제11절 기타 방수	407

한눈에 보기

용어 미리보기

용어	Keyword	출제연도
멤브레인 방수	바탕에 얇은 방수막을 형성하여 붙이는 공법	03③
구체 방수	콘크리트에 방수제를 직접 넣어 방수하는 공법	21④ · 20④
아스팔트 침입도	25℃에서 100g의 추가 5초 동안 바늘을 누를 때 침이 관입되는 정도	15① · 09①
아스팔트 컴파운드	블루운 아스팔트에 동·식물성 유지나 광물성 분말 등을 혼합하여 만든 아스팔트	
아스팔트 프라이머	아스팔트와 휘발성의 용제를 혼합하여 액체화시킨 교착제	01② · 98②
시트 방수	합성고무 또는 합성수지를 주성분으로 하는 두께 1mm 정도의 합성고분자 루핑을 접착제로 바탕에 붙여 단층 방수막을 형성하는 공법	09④ · 00①
복합 방수	시트방수와 도막방수를 병행 하는 방수공법	
도막 방수	합성수지계 또는 합성고무계의 에멀션 또는 용제를 바탕면에 칠하거나 흙손밀기 또는 뿜칠하여 두께 0.5~1mm 정도의 방수 피막을 형성하는 공법	09④ · 00①
라이닝공법	유리섬유, 합성섬유 등의 망상포를 적층하여 도포하는 방법	04③

미듬 건축기사 실기

멘토스는 당신의 쉬운 합격을 응원합니다!

CHAPTER 09 방수공사

제1절 방수공사 분류

1. 부위별	① 지상 방수 : 옥상, 외벽, 내벽 방수 ② 지하실 방수 : 안방수, 바깥방수
2. 공법별	① 멤브레인 방수 : 아스팔트, 합성 고분자계 시트 방수, 개량형 A방수, 도막방수 ② 침투성 방수 : 시멘트 모르타르계 방수공사, 침투성방수 ③ 수밀재 붙임 : 금속판, 타일, 테라초판, 대리석판 붙임법 ④ 구체 방수 : 수밀 콘크리트(콘크리트에 방수제 첨가) ⑤ 실링 방수 : 실런트, 코킹을 이용한 방수 ⑥ 간접 방수 : 이중벽 쌓기, Dry Area 설치

●03③
(용어) 멤브레인 방수

●04③·02③·99①
(종류) 멤브레인 방수

●21④·20④
(용어) 구체 방수

제2절 지하실 방수

구분	안방수	바깥방수
1. 바탕만들기	따로 만들 필요가 없다.	따로 만들어야 한다.
2. 사용환경	수압이 작을 때	수압과 상관이 없다.
3. 공사시기	자유롭다.	본공사에 선행되어야 한다.
4. 공사정도	간단하다.	상당히 까다롭다.
5. 본공사 추진	방수공사에 관계없이 추진한다.	방수공사에 영향을 받는다.
6. 경제성	비교적 싸다.	비교적 고가이다.
7. 내수압처리	불가하다.	가능하다.
8. 보호누름	필요하다.	없어도 무방하다.
9. 시공순서	지하구조체 완성 – 방수층 설치 – 보호 누름 – 보호 모르타르	보통지정 시공 – 바닥 방수층시공 – 바닥 콘크리트 – 외벽 콘크리트 – 외벽 방수층 시공 – 보호누름 벽돌 시공 – 되메우기

●21①·19④·12②·09④·98④
(특징) 안방수, 바깥방수 비교 / 차이점

●19④·06①·03③
(특징) 안방수, 바깥방수 장단점

●17①·07①·02③·00⑤·99④
(순서) 바깥방수 시공

제3절 침투성 방수(시멘트 모르타르계 방수)

1. 정의	콘크리트 등의 구조체에 방수액을 침투시켜 구조체 자체의 방수성능을 증진시키는 방수공법이다.		
2. 바탕처리	① 결함, 균열부위 보수 및 청소 ② 바탕은 평활히 하고 필요에 따라 물흘림 경사(1/200)를 둔다.		
3. 시공순서	시멘트 액체방수	바닥용	바탕면 정리 및 물청소 – 방수액 침투 – 방수시멘트페이스트 – 방수 모르타르
		벽체/ 천장용	바탕면 정리 및 물청소 – 바탕접착제 도포 – 방수시멘트페이스트 – 방수 모르타르
	폴리머 시멘트 모르타르 방수	1종	폴리머시멘트모르타르 반복 3회
		2종	폴리머시멘트모르타르 반복 2회
	시멘트혼입 폴리머계 방수		프라이머 – 방수재 – 방수재 – 보강포 – 방수재 – 방수재
4. 주의사항	① 바탕 상태는 평탄하고, 휨, 단차, 들뜸, 레이턴스, 취약부 및 현저한 돌기물과 콘크리트 관통 크랙 등의 결함이 없는 것을 표준 ② 실링재 또는 폴리머 시멘트모르타르 등으로 바탕면처리(방수 바탕면 정리를 해야 하는 곳) ③ 시멘트 액체방수층 내부의 수분이 과도하게 흡수되지 않도록 바탕을 물로 적신다. ④ 방수층은 흙손 및 뿜칠기 등을 사용하여 소정의 두께로 조정 (부착강도 측정이 가능하도록 최소 4mm 두께 이상을 표준으로 한다) ⑤ 치켜올림 부위에는 방수 시멘트 페이스트를 바르고, 그 위를 100mm 이상의 겹침을 둔다. ⑥ 각 공정의 이어 바르기의 겹침은 100mm 정도로 하여 소정의 두께로 조정 ⑦ 이어 바르기 또는 다음 공정이 미장공사일 경우에는 솔 또는 빗자루로 표면을 거칠게 마감		

제4절 아스팔트 방수

01 재료

종류		용도
1. 아스팔트	1종	보통의 감온성을 갖고 있으며, 비교적 연질로서 공사 기간 중이나 그 후에도 알맞은 온도 조건에서 실내 및 지하 구조 부분에 사용한다.
	2종	비교적 낮은 감온성을 갖고 있으며, 일반 지역의 경사가 느린 보행용 지붕에 사용한다.
	3종	감온성이 낮은 것으로서 일반 지역의 노출 지붕 또는 기온이 비교적 높은 지역의 지붕에 사용한다.
	4종	감온성이 아주 낮으며 비교적 연질의 것으로, 일반 지역 외에 주로 한랭 지역의 지붕, 그 밖의 부분에 사용한다.
2. 아스팔트 프라이머		① 아스팔트와 휘발성의 용제를 혼합하여 액체화시킨 교착제 ② 방수 시공 시 밑바탕에 도포하여 모재와 방수층과의 부착을 좋게 한다.
3. 아스팔트 펠트		유기성 섬유를 펠트(felt)상으로 만든 원지에 가열 용융한 스트레이트 아스팔트를 침투시켜 만든 것이다.
4. 아스팔트 루핑		원지에 스트레이트 아스팔트를 침투시킨 다음 그 양면에 블로운 아스팔트를 도포하고, 광물질 분말을 살포하여 마무리한 것이다.
5. 직조망 아스팔트 루핑		① 천연섬유 또는 합성섬유 등 망형의 원단에 스트레이트 아스팔트를 함침시켜 가공한 시트 ② 인장, 인열 등의 강도가 크고, 보통 원지를 기재로 한 루핑보다 신축성이 크다. ③ 드레인, 관통 배관, 모서리 주위 등의 국부적인 보강 재료로 사용
6. 스트레치 아스팔트 루핑		① 합성수지를 주재료로 한 다공질인 펠트상 부직포 원반에 방수 공사용 아스팔트 3종 또는 4종을 함침·도포하여 표면에 광물질 분말을 살포한 시트 부패 ② 변질되지 않고 저온에서도 잘 취화되지 않으며 신장률이 크다. ③ 파단되지 않는다. ④ 바탕면과 친숙성이 좋아 온도변화가 많은 지역이나 건물의 수축, 팽창에 대한 대응이 양호
7. 모래 붙은 스트레치 루핑		① 일반적으로 누름이 없는 지붕 방수의 최상층 마감용으로 이용 ② 스트레치 루핑의 한쪽 표면에 이음부 100mm를 제외하고 모래알을 부착하고 나머지 표면에 광물질 분말을 부착
8. 구멍 뚫린 루핑		방수층과 바탕을 절연하기 위해 사용하는 루핑으로 전면에 규정 크기의 관통된 구멍을 일정 간격으로 만든 시트
9. 아스팔트 주요성질	침입도	① 아스팔트의 경도를 구분하여 시공연도의 기준으로 한다. ② 25℃에서 100g의 추가 5초 동안 바늘을 누를 때 0.1mm 들어가는 것을 침입도 1이라 한다. ③ 아스팔트의 품질판정에 가장 중요한 요소이다.

●01② · 98②
(용어) 아스팔트 프라이머

●15① · 09①
(용어) 침입도

9. 아스팔트 주요성질	연화점	① 아스팔트를 가열하여 액체상태의 점도에 도달했을 때의 온도이다. ② 일반적으로 연화점과 침입도는 반비례한다. ③ 추운지역에선 저연화점 재료, 더운 지역은 고연화점 재료를 사용한다.
	인화점	아스팔트를 가열하여 불을 붙일 때 점화되는 순간의 온도이다.

● 15② · 10① · 02② · 00②
순서) 아스팔트 방수순서

02 용도별 아스팔트 방수층의 종류

종별 방수층	보행용 전면접착(A-PrF)			보행용 부분접착 (A-PrS)	노출용 부분접착 (A-MiS)	ALC바탕 부분접착 (A-AlS)	단열재삽입 전면접착 (A-ThF)
	a	b	c				
1층	아스팔트 프라이머 (0.4kg/m²)	아스팔트 프라이머 (0.4kg/m²)	아스팔트 프라이머 (0.4kg/m²)	아스팔트 프라이머 (0.4kg/m²)	아스팔트 프라이머 (0.4kg/m²)	아스팔트 프라이머 (0.4kg/m²)	아스팔트 프라이머 (0.4kg/m²)
2층	아스팔트 (2.0kg/m²)			모래 붙은 구멍 뚫린 루핑	모래 붙은 구멍 뚫린 루핑	모래 붙은 구멍 뚫린 루핑	아스팔트 (2.0kg/m²)
3층	아스팔트 펠트	아스팔트 펠트	아스팔트 루핑	아스팔트 (2.0kg/m²)	아스팔트 (2.0kg/m²)	아스팔트 (2.0kg/m²)	아스팔트 루핑
4층	아스팔트 (1.5kg/m²)	아스팔트 (1.5kg/m²)	아스팔트 (1.5kg/m²)	아스팔트 루핑	아스팔트 루핑	스트레치 루핑	아스팔트 (2.0kg/m²)
5층	아스팔트 루핑	아스팔트 루핑	스트레치 루핑	아스팔트 (1.5kg/m²)	아스팔트 (1.5kg/m²)	아스팔트 (1.5kg/m²)	단열재
6층	아스팔트 (1.5kg/m²)	아스팔트 (1.5kg/m²)	아스팔트 (1.5kg/m²)	스트레치 루핑	스트레치 루핑	스트레치 루핑	아스팔트 (1.7kg/m²)
7층	아스팔트 루핑	아스팔트 루핑	스트레치 루핑	아스팔트 (1.5kg/m²)	아스팔트 (1.7kg/m²)	아스팔트 (1.7kg/m²)	스트레치 루핑
8층	아스팔트 (1.5kg/m²)	아스팔트 (2.1kg/m²)	아스팔트 (2.1kg/m²)	스트레치 루핑	모래 붙은 스트레치 루핑	모래 붙은 스트레치 루핑	아스팔트 (1.7kg/m²)
9층	아스팔트 루핑	-	-	아스팔트 (2.1kg/m²)	-	-	모래 붙은 스트레치 루핑
10층	아스팔트 (2.1kg/m²)	-	-	-	-	-	-
보호 및 마감	현장타설 콘크리트 및 콘크리트 블록			자갈 및 아스팔트 콘크리트		마감도료 또는 없음	

주 1) 보행용 전면접착공법(A-PrF)의 경우. a, b, c의 3종류가 있으며 부위에 따라 선택하여 적용할 수 있다.
  2) 배관, 설비물 등 복잡한 부위가 많은 바탕에서의 루핑류 사용량은 바탕면적에 대해 1.2kg/m²로 한다.
  3) 표 중, ( )의 수치는 사용량을 나타낸다.

03 시공

1. 아스팔트 프라이머	① 바탕을 충분히 청소한 다음 솔, 롤러 또는 뿜칠기구 등으로 시공 범위 전면에 균일하게 도포하여 건조 ② 결함부위와 미세 핀홀이 많은 바탕면에는 붓 또는 롤러로 문질러 핀홀 내부까지 프라이머가 도포되도록 충전 작업을 선행, 미세 핀홀이 많은 바탕면에서는 뿜칠기구 사용을 자제
2. 아스팔트 용융 및 취급	① 아스팔트의 용융온도는 표의 용융온도를 표준으로 하며, 용융 중에는 최소한 30분에 1회 정도로 온도를 측정하고, 접착력 저하 방지를 위하여 200℃ 이하가 되지 않도록 한다. ② 용융한 아스팔트가 인화되지 않도록 주의함은 물론 미리 용융 솥 가까운 곳에 소화기 등을 준비 ③ 아스팔트 용융 솥은 가능한 한 시공 장소와 근접한 곳에 설치 {{TABLE}}
3. 루핑 붙임	① 볼록, 오목모서리 부분은 일반 평면부 루핑을 붙이기 전에 너비 300mm 정도의 스트레치 루핑을 사용하여 균등하게 덧붙임 한다. ② 콘크리트 이음타설부는 일반 평면부 루핑을 붙이기 전에 너비 75mm 정도의 절연용 테이프를 붙인 후, 너비 300mm 정도의 스트레치 루핑으로 덧붙임 한다. ③ PC 패널 부재의 이음 줄눈부는 일반 평면부의 루핑을 붙이기 전에 PC 부재의 거동에 따른 파손방지를 위해 PC 패널 양측 부재에 각각 100mm 정도 걸친 폭으로 스트레치 루핑으로 절연 덧붙임 한다. ④ ALC 패널 지지부는 모래 붙은 구멍 뚫린 아스팔트 루핑을 붙이기 전에 너비 75mm 정도의 절연용 테이프를 붙인다. ⑤ 일반 평면부의 루핑 붙임은 흘려 붙임으로 한다. 또한 루핑의 겹침은 길이 및 너비 방향 100mm 정도로 하고, 겹침부로부터 삐져나온 아스팔트는 솔 등으로 균등하게 바른다. ⑥ 루핑은 원칙적으로 물 흐름을 고려하여 물매의 아래쪽에서부터 위쪽을 향해 붙이고, 또한 상·하층의 겹침 위치가 동일하지 않도록 붙인다. 어쩔 수 없이 물매의 위쪽에서 아래로 붙이는 경우에는 루핑의 겹침을 150mm로 한다. ⑦ 치켜올림부의 루핑을 평면부와 별도로 하여 붙이는 경우에는 평면부 루핑을 붙인 후, 그 위에 150mm 정도의 겹침을 두고 붙인다.

종류	온도(℃)
1종	220~230
2종	240~250
3종	260~270
4종	260~270

특징 아스팔트 방수와 시멘트 액체방수 비교

04 시멘트 액체방수와 아스팔트 방수 비교

구 분	아스팔트 방수	시멘트 액체방수
1. 바탕 처리	완전 건조, 보수 처리 보통, 바탕 모르타르 바름을 한다.	보통 건조, 보수 처리 엄밀히 한다.
2. 외기에 대한 영향	적다.	직감적이다.
3. 방수층의 신축성	크다.	거의 없다.
4. 균열의 발생 정도	비교적 안 생긴다.	잘 생긴다.
5. 방수층의 중량	자체는 적으나 보호누름이 있으므로 총체적으로 크다.	비교적 가볍다.
6. 시공의 용이도	번잡하다.	간단하다.
7. 시공 시일	길다.	짧다.
8. 보호누름	절대 필요하다.	안 해도 무방하다.
9. 경제성(공사비)	비싸다.	다소 싸다.
10. 방수 성능 신용도	보통이다.	비교적 의심이 간다.
11. 재료 취급, 성능판단	복잡하지만 명확하다.	간단하지만 신빙성이 적다.
12. 결함부 발견	용이하지 않다.	용이하다.
13. 보수 범위	광범위하고 보호 누름도 재시공한다.	국부적으로 보수할 수 있다.
14. 보수비	비싸다.	싸다.
15. 방수층 끝마무리	불확실하고 난점이 있다.	확실히 할 수 있고 간단하다.

제5절 합성 고분자계 시트 방수

1. 정의	합성고무 또는 합성수지를 주성분으로 하는 두께 1mm 정도의 합성고분자 루핑을 접착제로 바탕에 붙여 단층 방수막을 형성하는 공법이다.		
2. 재료		종류	약칭
	균질시트	가황고무계	균질 가황고무
		비가황고무계	균질 비가황고무
		염화비닐 수지계	균질 염화비닐 수지
		열가소성 엘라스토머계	열가소성 엘라스토머
		에틸렌 아세트산 비닐수지	균질 에틸렌아세트산 비닐수지
	복합시트 / 일반복합형	가황고무계	일반복합 가황고무
		비가황고무계	일반복합 비가황고무
		염화비닐 수지계	일반복합 염화비닐 수지
	복합시트 / 보강복합형	–	보강 복합

	장점	단점
3. 특성	① 내후성, 신축성, 접착성 우수 ② 공기 단축 ③ 내약품성	① 접착 불완전 시 균열, 박리 ② 보호층 필요 ③ 복잡한 형상시공 어려움

4. 시공

순서: 바탕처리 → 단열재 깔기 → 프라이머 칠 → 접착제 칠 → 시트 붙이기 → 보강시트 붙이기 → 조인트 seal → 물채우기 시험

주의사항:
① 시트의 접합부는 원칙적으로 물매 위쪽의 시트가 물매 아래쪽 시트의 위에 오도록 겹친다.
② 시트 상호 간의 접합 너비는 종횡으로 가황고무계 방수시트는 100mm, 비가황고무계 방수시트는 70mm로 하며, 염화비닐 수지계 방수시트는 40mm(전열용접인 경우에는 70mm)
③ 치켜올림부와 평면부와의 접합 너비는 가황고무계 방수시트 및 비가황고무계 방수시트의 경우에는 150mm로 하고, 염화비닐 수지계 방수시트는 40mm(전열용접인 경우에는 70mm)
④ 방수층의 치켜올림 끝부분은 누름고정판으로 고정한 다음 실링용 재료로 처리

접합방법:
① 온통(전면)접착법 ② 줄접착
③ 점접착 ④ 들뜬(갓) 접착

제6절 개량형 아스팔트 시트 방수

1. 정의	한쪽 면에 자착면을 부착하여 시공하는 공법, 토치를 이용해 열을 가하여 용융시켜 부착시키는 공법 두 가지가 있다.	
2. 공법의 종류	자착식 공법	단일층 또는 복층으로 하여 양쪽 면 혹은 한쪽 면에 자착층을 두고 그 위에 박리층으로 한 시트로 가열할 필요 없이 스티커처럼 떼서 붙이는 방식
	토치 공법	단일층 또는 복층으로 하여 개량 아스팔트 시트 표면을 토치로 가열하여 녹여 붙이는 방식으로 열공법에 비하면 시공성이 좋다.
3. 시트 붙이기	① 상호 겹침은 길이방향으로 200mm, 너비방향으로는 100mm 이상, 물매의 낮은 부위에 위치한 시트가 겹침 시 아랫면에 오도록 접합 ② 방수시트의 접합부와 하층 개량 아스팔트 방수시트의 접합부가 겹쳐지지 않도록 한다. ③ 큰 움직임이 예상되는 부위는 미리 너비 300mm 정도의 덧붙임용 시트로 처리한다. ④ 벽면 방수시트 붙이기는 미리 개량 아스팔트 방수시트를 2m 정도로 재단하여 시공하고, 높이가 2m 이상인 벽은 같은 작업을 반복한다.	
4. 특수 부위 처리	① 오목모서리와 볼록모서리 부분은 너비 200mm 정도의 덧붙임용 시트로 처리 ② 드레인 주변은 드레인 안지름 정도 크기의 구멍을 뚫은 500mm 각 정도의 덧붙임용 시트를 드레인의 몸체와 평면부에 걸쳐 붙인다. ③ 파이프 주변은 파이프의 바깥지름 정도 크기의 구멍을 뚫은 한 변이 파이프의 직경보다 400mm 정도 더 큰 정방형의 덧붙임용 시트를 파이프 면에 100mm 정도, 바닥면에 50mm 정도 걸쳐 붙인다.	

제7절 도막 방수

1. 정의	합성수지계 또는 합성고무계의 에멀션 또는 용제를 바탕면에 칠하거나 흙손밀기 또는 뿜칠하여 두께 0.5~1mm 정도의 방수 피막을 형성하는 공법이다.	
2. 재료	우레탄 고무계	폴리이소시아네이트, 폴리올, 가교제를 주원료로 하는 우레탄 고무에 충전재 등을 배합한 우레탄 방수재로 성능에 따라 1류와 2류로 구분
	아크릴 고무계	아크릴 고무를 주원료로 하여 충전재 등을 배합한 아크릴 고무계 방수재
	클로로프렌 고무계	클로로프렌 고무를 주원료로 하여 충전제 등을 배합한 클로로프렌 고무계 방수재
	실리콘 고무계	올가노 폴리실록산을 주원료로 하여 충전재 등을 배합한 실리콘 고무계 방수재
	고무 아스팔트	아스팔트와 고무를 주원료로 하는 고무 아스팔트계 방수재
3. 보강포	유리섬유 직포, 합성섬유 직포, 합성섬유 부직포	
4. 시공 순서	방수재의 조합, 비빔 및 점도 조절 – 프라이머의 도포 – 접합부, 이음타설부 및 조인트부의 처리 – 보강포 붙이기 – 방수재의 도포	
5. 공법	코팅공법	도막 방수재를 단순히 도포만 하는 방법
	라이닝공법 (Lining)	유리섬유, 합성섬유 등의 망상포를 적층하여 도포하는 방법

●09④·00①
(용어) 도막 방수

●04③
(용어) 라이닝 공법

제8절 멤브레인 방수 영문 표시 기호

●16② · 10① · 09④ · 05①

기호 방수공사 표시방법 중 최후의 영문자 내용

방수층의 종류	사용재료	바탕과의 고정상태, 단열재 유무, 적용부위
아스팔트 방수(A)	Pr : 보호층 필요(보행용) Mi : 모래 붙은 루핑 Al : ALC패널 방수층 Th : 단열재 삽입 In : 실내용	F : 전면부착 S : 부분부착 T : 바탕과의 사이에 단열재 M : 바탕과 기계적으로 고정시키는 방수층 U : 지하적용하는 방수층 W : 외벽에 적용하는 방수층
시트 방수(S)	Ru : 합성 고무계 Pl : 합성 수지계	
개량형 아스팔트 방수(M)	Pr : 보호층 필요 Mi : 모래 붙은 루핑	
도막 방수(L)	Ur : 우레탄 Ac : 아크릴 고무 Gu : 고무아스팔트	
A : Asphalt S : Sheet M : Modified Asphalt L : Liquid	Pr : Protected AL : ALc Th : Thermal Insulated Mi : Mineral Surfaced In : Indoor Ru : Rubber Pl : Plastic Ur : Urethane Rubber Ac : Acrlic Rubber Gu : Gum	F : Fully Bonded S : Spot Bonded T : Thermal Insulated M : Mechanical Fasteneed U : Underground W : Wall

제9절 시일재 방수

1. 정의	실링 방수는 부재 접합부 사이의 공극에 탄성재를 충전하여 방수적으로 일체화하는 틈막이 방수공법이다.	
2. 재료	코킹	① 수축률이 작고 접착성이 우수 ② 내수, 내산, 내후, 내알칼리성
	실런트	① 고점성 재료가 시간 경과 후 고무 성능으로 형성 ② 내후, 내수, 내약품성 우수하고 시공 용이 ③ 커튼 월 공사, 고층 건물에 주로 이용 ④ 1액형(공기 중의 수분에 의해 경화)과 2액형(경화제의 작용으로 경화)으로 구분
	개스킷	미리 성형된 제품으로, 창유리 끼우기 등에 사용되는 재료 ① 지퍼 개스킷 ② 글레이징 개스킷(건축용 개스킷) ③ 줄눈 개스킷(성형 줄눈재)
3. 요구 성능	주요 요구성능	시공계획
	1) 접착성	① 실리콘재의 접착성을 고려해서, 외장재의 재질이나 표면 마무리를 생각한다. ② PC/커튼 월이나 RC조에서는 충분한 건조가 가능하도록 공정을 짠다. ③ 실적이 없을 경우에는 접합 시험을 한다.
	2) 내구성	① 목표 수명의 설정 및 무브먼트 등의 사용조건을 명확히 한다. ② 목표 수명을 달성하도록 재료 선정을 함과 동시에 조인트의 형상치수를 결정한다.
	3) 비오염성	① 오염이 문제가 되는 벽에서는 실리콘계 실링재를 피한다. 부득이하게 사용할 경우에는 물흘림의 설치 오염방지제의 도포 및 클리닝 등을 고려한다. ② 방수성과 비오염성의 균형을 꾀한다.
4. 하자	① 실링재 자신이 파단해버리는 응집파괴(파단) ② 부재의 피착면으로부터 벗겨지는 접착파괴 ③ 도장의 변질(박리) ④ 접착부 줄눈 주변의 오염	
5. 시공 순서	① 피복면 청소 ② 백업(Back up)재 부착 ③ 마스킹 테이프 부착 ④ 프라이머 도포 ⑤ 실링재 충진 ⑥ 주걱누름 ⑦ 줄눈 주위 청소	

●01③·99②
(종류) 합성고분자 방수법

●10①·05②
(특징) 실링방수제 요구성능

●03①
(원인) 하자원인

제10절 인공지반녹화 방수방근 공사

1. 녹화시스템	녹화시설의 복합적 성능 발현과 유지에 필수적인 구성요소가 합리적으로 일체화된 기술적 체계이며 구조부, 녹화부, 식생층으로 구분
2. 인공지반녹화시스템	건축물의 옥상, 지하주차장의 상부(지붕층) 슬래브 등에서 자연으로 조성된 흙 지반이 아닌, 인공으로 조성된 콘크리트 지반 위에 구성된 녹화시스템
3. 방수층	건축물 구조체 내부로의 수분과 습기의 유입을 차단하는 기능을 하며 녹화시스템의 기반이 되는 구성요소의 층
4. 방근층	식물의 뿌리가 하부에 있는 녹화시스템 구성요소로 침투·관통하는 것을 지속적으로 방지하는 기능
5. 보호층	상부에 위치하는 구성요소에 의해 하부 구성요소가 물리적·기계적 손상을 입지 않도록 보호하는 기능
6. 분리층	녹화시스템 구성요소 간의 화학적 반응이나 상이한 거동 특성으로 인해 발생하는 손상을 예방하는 기능
7. 배수층	토양층의 과포화수를 수용하여 배수 경로를 따라 배출시키는 역할을 하는 층
8. 여과층	토양층의 토양과 미세 입자가 하부의 구성요소로 흘러내리거나 용출되는 것을 방지하는 역할
9. 식생층	녹화 유형에 알맞은 식물들의 조합으로 녹화시스템의 표면층을 형성하며 필요에 따라 과도한 수분 증발, 토양 침식 또는 풍식, 그리고 이입종의 유입을 방지하기 위해 멀칭층을 포함
10. 멀칭(Mulching)층	농작물을 재배할 때, 흙이 마르는 것과 비료가 유실되는 것을 막기 위해 땅의 표면을 덮은 층

제11절 기타 방수

1. 방수모르타르	① 벽, 바닥 등의 구조체의 표면에 방수제를 혼입한 모르타르를 발라 간단히 방수의 효과를 기대한다. ② 모르타르의 강도는 다소 떨어지더라도 방수 능력을 극대화하여야 하며, 모재와의 부착력 증진을 위하여는 바탕면을 상당히 거칠게 하여야 한다. ③ 매회 바름 두께는 6~9mm 정도로 총 두께 12~25mm를 유지하도록 한다. ④ 바탕은 건조시킬 필요가 없으므로 콘크리트를 부어 넣은 후 곧이어 바르는 것이 좋다.
2. 아스팔트재	① 아스팔트와 모르타르를 혼합하여 시공하는 방수법이다. ② 방수시공은 가열상태에서 유지되어야 한다.
3. 벤토나이트 방수	① 벤토나이트가 물을 많이 흡수하면 팽창하고, 건조하면 극도로 수축하는 성질을 이용한 방수공법이다. ② 뿜칠시공도 가능하나 시공 후 보수가 어렵다.
4. 침투성 방수	① 투명한 처리가 필요한 경우 이용하는 방법이다. ② 콘크리트 벽돌조, 석고 미장면, 제치장 콘크리트면 등에 적용한다. ③ 실리콘, 파라핀 도료 및 비누용액(실베스터법) 등 사용

5. 금속판 방수	1) 재료
	   ① 납판 : 29.3kg/m³ 이상
	   ② 스테인리스강 : 두께 0.4mm 이상
	2) 시공
	   ① 납판
	      ㉠ 겹침이음 폭은 최소 2.5cm 이상으로 한다.
	      ㉡ 이음부위는 접합 직전에 깎아내거나 쇠솔질 처리를 한다.
	      ㉢ 기타 부분 : 납땜 용접 처리를 한다.
	   ② 동판 : 다른 금속과 접촉이 적도록 분리하여 사용한다.
	   ③ 스테인리스 강판 : 바탕판에 용접 시 부식에 주의한다.

6. 간접 방수	① 공간벽 ② Dry Area ③ 방습층

CHAPTER 09 핵심 기출문제

● 안방수 / 바깥방수

01 방수공법 중 콘크리트에 방수제를 직접 넣어 방수하는 공법을 무엇이라고 하는가? ● 21④ · 20④

정답 용어정리
구체 방수

02 방수공법으로 안방수와 바깥방수의 장단점을 쓰시오. ● 12② · 06① · 03③

가. 안방수
  ① 장점 :
  ② 단점 :

나. 바깥방수
  ① 장점 :
  ② 단점 :

정답 안방수와 바깥방수
가. 안방수
  ① 장점 : 공사시기가 자유롭고 공사비가 저렴하다.
  ② 단점 : 수압이 적고 얕은 지하실에서 사용되며 내수압성이 떨어진다.
나. 바깥방수
  ① 장점 : 수압이 크고 깊은 지하실에서 사용되며 내수압성이 크다.
  ② 단점 : 공사시기가 본 공사에 선행하므로 자유롭지 못하고 공사비가 고가이다.

03 안방수와 바깥방수의 차이점을 4가지 쓰시오. ● 21① · 12②

가.
나.
다.
라.

정답 안방수, 바깥방수 비교
가. 안방수는 수압이 적은 얕은 지하에 사용, 바깥방수는 수압이 큰 깊은 지하에 사용
나. 안방수는 시공이 간단, 바깥방수는 시공이 난이함
다. 안방수는 비교적 저렴함, 바깥방수는 비교적 고가임
라. 안방수는 보호누름 필요, 바깥방수는 불필요

04 지하실 바깥방수 시공순서를 〈보기〉에서 골라 번호를 쓰시오.

● 17① · 07① · 02③ · 00⑤ · 99④

① 밑창(버림)콘크리트	② 잡석다짐	③ 바닥콘크리트
④ 보호누름 벽돌쌓기	⑤ 외벽콘크리트	⑥ 외벽방수
⑦ 되메우기	⑧ 바닥방수층 시공	

( ) → ( ) → ( ) → ( ) → ( ) → ( ) → ( ) → ( )

정답 바깥방수 시공순서
② → ① → ⑧ → ③ → ⑤ → ⑥ → ④ → ⑦

---

05 지하실 바깥방수법의 시공공정 순서를 쓰시오.

● 07① · 02③ · 00⑤ · 99④

밑창콘크리트 - (가) - 바닥콘크리트 타설 - 벽콘크리트 타설 - (나) - (다) - 되메우기

가. _____ 나. _____
다. _____

정답 지하실 바깥방수법 시공 순서
가. 바닥방수층 시공
나. 외벽(바깥벽)방수 시공
다. 보호누름 벽돌 쌓기(시공)

---

06 지하실 외벽의 경우에 안방수와 바깥방수를 다음의 관점에서 각각 비교하여 쓰시오.

● 19④ · 09④ · 98④

구분	안방수	바깥방수	보기	
(1) 사용환경			① 수압이 작고 얕은 지하실	② 수압이 크고 깊은 지하실
(2) 바탕처리			① 따로 만들 필요 없음	② 따로 만들어야 함
(3) 공사시기			① 자유롭다	② 본 공사에 선행
(4) 시공용이			① 간단하다	② 번거롭다
(5) 경제성			① 저렴	② 고가
(6) 보호누름			① 필요하다	② 필요 없다

정답 안방수, 바깥방수 비교

구분	안방수	바깥방수
(1) 사용환경	①	②
(2) 바탕처리	①	②
(3) 공사시기	①	②
(4) 시공용이	①	②
(5) 경제성	①	②
(6) 보호누름	①	②

● **멤브레인 방수**

07 방수공사에서 사용되는 재질에 의한 분류 중 멤브레인 방수공사의 종류를 3가지 쓰시오.

● 04③ · 02③ · 99①

가. _____ 나. _____
다. _____

정답 멤브레인 방수
가. 아스팔트방수
나. 시트(Sheet)방수
다. 도막방수

08 다음은 방수공사에 대한 설명으로 ( ) 안에 알맞은 용어를 쓰시오.
• 09④ · 00①

> 가. 멤브레인 방수층이란 불투수성 피막을 형성하여 방수하는 공사를 총칭하며, (①), (②), (③)이 여기에 해당된다.
> 나. 방수를 도막재와 병용하여 방수층을 보강하는 재료로써 일반적으로 유리섬유제품이나 합성섬유 제품을 사용한다. 이것을 (④)(이)라 한다.

① _____ ② _____
③ _____ ④ _____

정답 방수공법
① 아스팔트 방수법
② 시트 방수법
③ 도막방수법
④ 라이닝 공법

09 옥상 8층 아스팔트 방수공사의 표준 시공순서를 쓰시오.(단, 아스팔트 종류는 구분하지 않고 아스팔트로 하며, 펠트와 루핑도 구분하지 않고 아스팔트 펠트로 표기한다.)
• 15② · 10①

가. 1층 ( )   나. 2층 ( )
다. 3층 ( )   라. 4층 ( )
마. 5층 ( )   바. 6층 ( )
사. 7층 ( )   아. 8층 ( )

정답 아스팔트 방수시공 순서
가. 1층 : 아스팔트 프라이머
나. 2층 : 아스팔트
다. 3층 : 아스팔트 펠트
라. 4층 : 아스팔트
마. 5층 : 아스팔트 루핑
바. 6층 : 아스팔트
사. 7층 : 아스팔트 루핑
아. 8층 : 아스팔트

10 다음은 옥상에 아스팔트 방수공사를 한 그림이다. 콘크리트 바탕으로부터 최상부 마무리까지의 시공순서를 번호에 맞춰 쓰시오.(단, 아스팔트 방수층 시공순서는 세분하지 않는다.)
• 10① · 02② · 00②

① _____ ② _____
③ _____ ④ _____

정답 아스팔트 방수
① 바탕처리
② Asphalt 방수층 시공
③ 보호 누름 콘크리트
④ 마감 모르타르 시공

11. 다음 용어를 간단히 설명하시오.

가. 물시멘트비(W/C) :

나. 침입도 :

정답 용어
가. 모르타르나 콘크리트에서 골재가 표면건조 포화상태에 있을 때 반죽 직후 물과 시멘트의 중량비
나. 아스팔트의 경연성 정도를 측정하는 기준으로 작업의 시공연도에 영향을 미치며, 100g의 침이 25°C 온도에서 5초 동안에 관입하는 척도

12. 아스팔트 방수와 시멘트 액체방수를 다음의 관점에서 각각 비교하시오.

구 분	아스팔트 방수	시멘트 액체방수
(1) 바탕처리		
(2) 방수층의 신축성		
(3) 시공용이도		
(4) 방수성능		
(5) 보수범위		

정답 아스팔트방수와 시멘트 액체방수의 비교

구 분	아스팔트 방수	시멘트 액체방수
(1) 바탕처리	평활, 건조	불필요
(2) 방수층의 신축성	크다.	작다.
(3) 시공 용이도	번잡하다.	용이하다.
(4) 방수성능	신뢰할 수 있다.	신뢰성이 약하다.
(5) 보수범위	광범위	국부적

13. 다음 공법에 대하여 기술하시오.

가. 도막방수 :

나. 시트방수 :

정답 방수공법
가. 도막방수 : 도료상의 방수제를 여러 번 칠하여 상당한 두께의 방수막을 형성하는 공법
나. 시트방수 : 합성고무 또는 합성수지를 주성분으로 하는 시트 1겹을 접착제로 바탕에 붙여서 방수층을 형성하는 공법

14. Sheet 방수공법의 장단점을 각각 2가지 쓰시오.

가. 장점 ①
②
나. 단점 ①
②

정답
가. 장점
① 한 번의 시공으로 공기단축이 가능하다.
② 방수층의 두께가 균일하다.
나. 단점
① 온도에 따른 영향이 크다.
② 복잡한 부위 시공이 곤란하다.

정답 시트방수
가. 온통접착
나. 줄접착
다. 점접착

15 시트방수공사에서 시트방수제를 붙이는 방법 3가지를 쓰시오. •04②

가. _____ 나. _____
다. _____

16 다음은 시트방수공사의 항목들이다. 시공순서대로 기호를 나열하시오.
•13② · 11② · 08③ · 05① · 00④,⑤ · 99③ · 98⑤

가. 단열재 깔기	나. 접착제 도포	다. 조인트 실(Seal)
라. 물채우기 시험	마. 보강 붙이기	바. 바탕처리
사. 시트 붙이기		

( ) → ( ) → ( ) → ( ) → ( ) → ( ) → ( )

정답 시트방수 시공순서
바 → 가 → 나 → 사 → 마 → 다 → 라

17 시트(Sheet)방수 공법의 시공순서를 쓰시오.
•17② · 15① · 11② · 08③ · 05① · 00④,⑤ · 99③ · 98⑤

바탕처리 → (가) → 접착제칠 → (나) → (다)

가. _____ 나. _____
다. _____

정답 시트방수 순서
가. 프라이머 도포
나. 시트 붙임
다. 마무리

18 다음 〈보기〉에서 열거한 항목을 이용하여 시트방수의 시공순서를 기호로 쓰시오.
•11② · 08③ · 05① · 00④,⑤ · 99③ · 98⑤

| ① 접착제칠 | ② 마무리 | ③ 바탕처리 |
| ④ 시트 붙이기 | ⑤ 프라이머칠 | |

( ) → ( ) → ( ) → ( ) → ( )

정답 시트방수 시공순서
③ → ⑤ → ① → ④ → ②

정답 용어
가. F(Fully Bonded) : 바탕에 전면 밀착시키는 공법
나. M(Mechanical Fastened) : 바탕과 기계적으로 고정시키는 방수층
다. S(Spot Bonded) : 바탕에 부분적으로 밀착시키는 공법
라. U(Underground) : 지하에 적용하는 방수층
마. T(Thermal Insulated) : 바탕과의 사이에 단열재를 삽입하는 방수층
바. W(Wall) : 외벽에 적용하는 방수층

19 건축공사표준시방서의 방수공사 표시방법 중 각 공법에서 최후의 문자는 각 방수층에 대하여 공통으로 고정상태, 단열재의 유무 및 적용부위를 의미한다. 이에 사용되는 영문기호 F, M, S, U, T, W 중 4개를 선택하여 그 의미를 설명하시오.
•09④ · 05①

가. _____
나. _____
다. _____
라. _____

20 건축공사표준시방서에서 표기한 방수층의 영문기호 중 아스팔트 방수층에 적용되는 영문기호 Pr, Mi, Al, Th, In의 의미를 설명하시오.

가. Pr :
나. Mi :
다. Al :
라. Th :
마. In :

> **정답** 아스팔트방수 영문기호
> 가. Pr : (Protected) – 보행 등에 견딜 수 있는 보호층이 필요한 방수층
> 나. Mi : (Mineral Surfaced) – 최상층에 모래 붙은 루핑을 사용한 방수층
> 다. Al : (Alc) – 바탕이 ALC 패널용의 방수층
> 라. Th : (Thermal Insulated) – 방수층 사이에 단열재를 삽입한 방수층
> 마. In : (Indoor) – 실내용 방수층

21 건축공사표준시방서에서 정의하는 방수공사의 표기법에서 최초의 문자는 방수층의 종류에 따라 달라지는데 다음 대문자 알파벳이 나타내는 의미를 쓰시오.

가. A :   나. S :
다. M :   라. L :

> **정답** 멤브레인 방수 – 영문표기법
> 가. 아스팔트방수
> 나. 시트방수
> 다. 개량형 아스팔트방수
> 라. 도막방수

● 합성고분자 방수

22 합성고분자 방수법의 종류에 대해서 3가지 쓰시오.

가.   나.
다.

> **정답** 합성고분자 방수법
> 가. 도막방수
> 나. 시트방수
> 다. 시일재에 의한 방수

23 실링방수제가 수밀성과 기밀성을 확보하면서 방수제로서 기능을 만족하고, 이를 장기적으로 유지시키기 위해서 요구되는 실링방수제의 품질성능요소를 3가지 쓰시오.

가.   나.
다.

> **정답** 실링방수제의 품질성능 요소
> 가. 접착성
> 나. 내구성
> 다. 오염방지성

24 실링방수제의 주요 하자 요인을 크게 3가지로 분류하시오.

가.   나.
다.

> **정답** 실링방수제의 하자 요인
> 가. 실링재 자신의 파단
> 나. 접착면과의 박리
> 다. 접착부나 줄눈 주위의 오염

미듬 건축기사 실기

멘토스는 당신의 쉬운 합격을 응원합니다!

Engineer Architecture

CHAPTER 10
지붕공사 및 홈통공사

CONTENTS

제1절 지붕공사   417
제2절 홈통공사   422

용어 미리보기

용어	Keyword	출제연도
물매	수평 10cm에 대한 수직 높이의 비율	
아귀토	수키와 처마 끝에 막새 대신에 회진흙 반죽으로 둥글게 바른 것	12①
알매흙	암키와 밑의 진흙	12①
홍두깨흙	수키와 밑의 진흙	
내림새	처마 끝에 있는 암키와	
막새	처마 끝에 덮는 수키와에 와당이 딸린 기와	

CHAPTER 10 지붕공사 및 홈통공사

제1절 지붕공사

01 일반사항

1. 지붕재료 요구성능			① 내수적이고 습도에 의한 신축이 적을 것 ② 열전도율이 적고 불연재일 것 ③ 내구적이며 경량일 것 ④ 동해에 대하여 안전할 것 ⑤ 모양과 색조가 좋으며 건물에 잘 조화될 것	
2. 물매	정의		수평 10cm에 대한 수직 높이의 비율을 말한다.	
	구분	평지붕	지붕의 경사가 1/6 이하인 지붕	
		완경사 지붕	지붕의 경사가 1/6에서 1/4 미만인 지붕	
		일반 경사 지붕	지붕의 경사가 1/4에서 3/4 미만인 지붕	
		급경사 지붕	지붕의 경사가 3/4 이상인 지붕	
	재료별 경사		지붕재료	경사(물매)
			평잇기 금속 지붕	1/2 이상
			기와지붕 및 아스팔트 싱글	1/3 이상
			금속 기와	1/4 이상
			금속판 지붕 (일반적인 금속판 및 금속패널 지붕)	
			금속 절판	
			합성고분자 시트 지붕 아스팔트 지붕 폼 스프레이 단열 지붕의 경사	1/50 이상
3. 시공			골조 – 데크 – 방습지 – 단열재 – 바탕보드 – 방수층 – 지붕 잇기	

02 한식 기와

기와 종류	① 착고 : 지붕마루에 암키와와 수키와의 골에 맞추어지도록 특수 제작한 수키와 모양의 기와를 옆세워 댄 것 ② 부고 : 착고 위에 옆세워 댄 수키와 ③ 머거블 : 용마루 끝 마구리에 옆세워 댄 수키와 ④ 단골막이 : 착고막이로 수키와 반토막을 간단히 댄 것 ⑤ 보습장 : 추녀마루의 처마 끝에 암키와장을 삼각형으로 다듬어 댄 것 ⑥ 내림새 : 처마 끝에 있는 암키와 ⑦ 막새 : 처마 끝에 덮는 수키와에 와당이 딸린 기와 ⑧ 착고막이 : 지붕마루 수키와 사이의 골에 맞추어 수키와를 다듬어 옆세워 댄 것 ⑨ 너새 : 박공 옆에 직각으로 대는 암키와 ⑩ 감새 : 박공 옆면에 내리덮는 날개를 옆에 댄 평기와 ⑪ 산자 : 서까래 위에 기와를 잇기 위하여 가는 싸리나무, 가는 장작 따위를 새끼로 엮어 댄 것 ⑫ 아귀토 : 수키와 처마 끝에 막새 대신에 회진흙 반죽으로 둥글게 바른 것 ⑬ 알매흙 : 암키와 밑의 진흙 ⑭ 홍두깨흙 : 수키와 밑의 진흙 ⑮ 회첨골 : 골추녀에 암키와를 낮게 두 줄로 깐 것

[기와의 종류]

[처마잇기]

[지붕마루잇기]

03 시멘트 기와

1. 기와 종류		(기와 종류 그림)
2. 기와 잇기	평기와	걸침턱이 없는 기와로서 지붕널 또는 산자 위에 알매흙을 두께 2cm 내외로 펴 깔고 잇는다.
	걸침 기와	① 서까래 위에 두께 12mm 정도의 판재(지붕널, 개판)를 깔고 겹침길이 9cm의 방수지를 덮어 바탕을 형성한다. ② 2.5cm 각의 기왓살을 기와의 정수배 간격으로 유지하며 지붕널에 못박아 댄다. ③ 처마끝 내림새는 처마 돌림대에서 6cm 정도 내밀어 댄다. ④ 기와는 쪼개어 사용할 수 없다. ⑤ 기와는 5단 걸름으로 1열로(지붕끝은 2열) 동선, 철선, 못 등으로 지붕널에 연결한다.(단, A종 시공 시에는 3단마다 고정)

[걸침기와잇기]   [지붕마루잇기]

04 금속판 잇기

1. 재료별 특성	아연판	산, 알칼리 및 연탄가스에 약하여 연탄 굴뚝 주위, 부엌에 맞닿는 지붕에 사용을 금지한다.
	동판	알칼리에 약하여 화장실이나 암모니아 가스가 발생하는 곳은 부적당하다.
	알루미늄판	염에 약하여 해안에는 부적당하다.
	납판	목재와 회반죽에 닿으면 썩기 쉬우나, 온도에 신축성이 크다.
	함석	탄산가스(CO_2)에 약하다.
2. 잇기	골함석	① 골함석의 두께는 보통 #28~#30이 쓰인다. ② 고정철물로는 중도리가 목조일 때에는 아연 도금못 또는 나사못을, 철골일 때에는 갈구리 볼트를 한 장의 나비에 3개씩 친다. ③ 가로 겹침길이는 큰 골판 1.5골, 작은 골판 2.5골 이상으로 한다. ④ 세로 겹침길이는 보통 15cm 정도로 골슬레이트와 같이 한다.
	평판	① 바탕 방수지의 겹침길이는 가로 9cm, 세로 12cm 이상으로 한다. ② 금속판은 신축에 대비하기 위하여 45~60cm 정도로 잘라서 잇는다. ③ 처마끝 부분은 나비 3cm 정도의 거멀띠, 밑창판을 약 25cm 간격으로 못박아 대고 감싸기판을 거멀띠에 접어 걸어 밑창판과 지붕판을 감싸기판과 같이 꺾어 접는다. ④ 금속판의 접합은 폭 1.5~2.5cm 정도의 거멀접기(감접기)에 의한 거멀쪽 이음을 각 판마다 4곳 이상 한다. [평판잇기]
	기와 가락	① 지붕널 위 물흐름 방향으로 4~6cm 각재(기와가락)를 간격 40~55cm(서까래 위치에 맞춤)로 댄다. ② 지붕판은 기와가락 옆에서 3cm 이상 꺾어 올리고, 거멀쪽 2개 이상을 써서 덮개와 같이 꺾어 접는다. ③ 기와가락을 대지 않고 중공 기와가락으로 할 수도 있다. [기와가락 잇기]
3. 순서		① 경량철골 설치 ② Purlin 설치(지붕레벨고려) ③ 부식방지를 위한 철골용접부위의 방청도장 실시 ④ 서까래 설치(방부처리를 할 것) ⑤ 금속기와 Size에 맞는 간격으로 기와걸이 미송각재를 설치 ⑥ 금속기와 설치

● 97⑤ · 95④ · 92①
(수치) 골판잇기( ) 넣기

● 19② · 12①
(순서) 금속기와 잇기

제2절 홈통공사

1. 재료	① 홈통은 보통 함석 #28~#30을 주로 사용하며 동판은 0.3~0.5mm의 것을 쓰고 플라스틱 제품도 쓰인다. ② 구리판, PVC(염화비닐계), 아연도금 철판 등을 이용한다.	●92② · 91③ (순서) 지붕면에서 지상으로 배수 과정
2. 우수배수 흐름	지붕 → 처마홈통 → 깔때기홈통 → 장식통 → 선홈통	
3. 처마홈통	① 안홈통과 밖홈통이 있으며 물흘림 경사는 1/100~1/200 정도로 한다. ② 안홈통의 물매는 1/50 정도로 한다. ③ 밖홈통의 모양은 반달형(반원형)과 쇠시리형으로 한다. ④ 처마홈통의 이음은 2~3cm 이상으로 한다. ⑤ 홈걸이 띠쇠는 아연도금 또는 녹막이칠을 하여 서까래 간격에 따라 85~135cm(보통 90cm) 간격으로 서까래에 못박아 댄다.	
4. 깔때기 홈통	① 처마 홈통과 선홈통을 연결하는 홈통으로 각형 또는 원형으로 한다. ② 15° 기울기를 유지하여 설치하며 선홈통과의 접합부에 장식통을 댈 수도 있다.	
5. 장식홈통	① 선홈통 상부에 대어 우수방향을 돌리며, 우수의 넘쳐흐름을 방지하고, 장식용이다. ② 선홈통에 60mm 이상 꽂아 넣는다.	
6. 선홈통	① 원형 또는 각형으로 하고 상하 이음은 위통을 밑통에 5cm 이상 꽂아 넣고 가로는 감접기로 한다. ② 선홈통 걸이(leader strap)는 아연도금 또는 녹막이칠을 하여 85~120cm(보통 120cm) 간격으로 벽체에 고정한다. ③ 선홈통 위는 깔때기 홈통 또는 장식통을 받고, 밑은 지하 배수 토관에 직결하거나 낙수받이돌 위에 빗물이 떨어지게 한다. ④ 선홈통 하부의 높이 120~180cm 정도는 철관 등으로 보호한다. ⑤ 선홈통은 처마 길이 10m 이내마다 또는 굴뚝 등으로 처마 홈통이 단절되는 구간마다 설치한다.	
7. 학각	선홈통에 연결하지 않고 처마 홈통에서 직접 밖으로 빗물을 배출하게 된 것으로 그 모양은 학두루미형으로 장식을 겸한다.	

[홈통]

CHAPTER 10 핵심 기출문제

01 다음은 한식기와 잇기에 대한 설명이다. ( ) 안에 해당하는 용어를 써넣으시오.

한식기와 잇기에서 산자 위에서 펴 까는 진흙을 (가)(이)라 하며, 수키와 처마 끝에 막새 대신에 회백토로 둥글게 바른 것을 (나)(이)라 한다.

가. _____
나. _____

정답 한식기와 잇기
가. 알매흙
나. 아귀토

02 금속판지붕공사에서 금속기와의 설치 순서를 번호로 나열하시오.

① 서까래 설치(방부처리를 할 것)
② 금속기와 Size에 맞는 간격으로 기와걸이 미송각재를 설치
③ 경량철골 설치
④ Purlin 설치(지붕레벨고려)
⑤ 부식방지를 위한 철골용접부위의 방청도장 실시
⑥ 금속기와 설치

( ) → ( ) → ( ) → ( ) → ( ) → ( )

정답 금속기와 시공순서
③ → ④ → ⑤ → ① → ② → ⑥

Engineer Architecture

CHAPTER 11
창호 및 유리공사

CONTENTS

제1절 창호공사 427
제2절 유리공사 432

한눈에 보기

01 창호

- **성능**
  - 내풍압성
  - 기밀성
  - 수밀성
  - 개폐성
- **분류**
  - 재료
    - W
    - S
    - PL
    - AL
    - SS'T
  - 개폐
  - 성능
    - 방음
    - 단열
    - 방화
- **목재문**
  - 양판문
  - 플러쉬문
  - 널문
- **특수문**
  - 회전문 – 방풍
  - 주름문 – 방도
  - 무테문 – 현관
  - 아코디언 – 칸막이
  - 셔터 – 방화
- **용어**
  - 박배 : 창문다는 일
  - 마중대 : 미닫이, 여닫이/선대
  - 여밈대 : 미서기/선대
  - 풍소란 : 바람막이
- **강재창호**
  - 제작순서
    - 원척도
    - 녹떨기
    - 변형
    - 금매김
    - 절단
    - 구부리기
    - 조립
    - 접합(용접)
    - 검사
  - 현장설치
    - 반입
    - 변형잡기/검사
    - 녹막이칠
    - 위치(먹매김)
    - 구멍파기
    - 가설치/검사
    - 긴결철물 고정/설치
    - 사춤
    - 보양
- **창호철물**
  - 미서기
  - 여닫이
    - 자유정첩
    - 레버토리힌지
    - 도어클로저/도어체크
    - 플로어힌지
    - 도어스톱

02 유리

- **특수**
  - 안전유리
    - 강화
    - 망입
    - 겹
  - 절단불가 (현장)
    - 강화
    - 망입
    - 복층
  - 로이유리 — 적외선 반사율↑ / 금속막코팅 / 열손실 저감
  - 자외선 투과
  - 자외선 차단
- **제품**
  - 프리즘
  - 유리블록
  - 기포유리
  - 유리섬유
  - 물유리
- **시공**
  - 퍼티
  - 가스킷
  - 실링
  - 서스펜션(매달기)
  - 물유리
  - SSG (구조용 접착제)
  - SPG : 구멍 + 볼트
  - ※ 이중외피(Double skin)

용어 미리보기

용어	Keyword	출제연도
박배	창문을 다는 일	
풍소란	마중대, 여밈대가 서로 접하는 부분의 틈새에 바람막이	
모헤어 (Mohair)	창의 외부로부터 들어오는 바람과 먼지를 차단하여 창호틈 사이로 벌레나 해충이 들어오지 못하게 하는 폴리프로필렌 재질의 합성섬유	
양판문	문의 울거미를 짜고 그 중간에 양판을 끼워 넣은 문	00⑤
플러시문	울거미를 짜고 중간살을 간격 30cm 이내로 배치하며, 양면에 합판을 교착한 문	00⑤
도어클로저	자동으로 문이 닫히는 장치	99③
레버토리힌지	공중용 화장실, 정화실에 쓰이며, 저절로 닫히지만 15cm 정도 열려있게 된 것	99③ · 04③
피벗힌지	자재 여닫이 중량문 사용	04③ · 99③
플로어힌지	중량이 큰 여닫이 문에 사용되고, 힌지 장치를 한 철틀함이 바닥에 설치된다.	04③ · 99③
열파손	유리는 열전도율이 낮아 갑작스러운 강열이나 냉각 등 급격한 온도변화에 따라 파손되는 현상	24① · 21① · 20④
열깨짐	태양의 복사열 작용에 의해 열을 받는 부분과 받지 않는 부분(끼우기홈 내)의 팽창성 차이 때문에 발생하는 응력으로 인하여 유리가 파손되는 현상	
단열간봉	(warm-edge spacer) 복층유리의 간격을 유지하며 열전달을 차단하는 재료	24① · 20⑤
세팅 블록	새시 하단부의 유리끼움용 부재료서 유리의 자중을 지지하는 고임재	
접합유리	두 장 이상의 판유리에 합성수지 필름을 이용하여 붙여낸 유리	23④ · 19① · 15② · 02②
강화유리	판유리를 열처리한 후 냉각공기로 급랭강화시켜 강도를 높인 유리	17④
복층유리	2장 또는 3장의 유리를 일정한 간격을 띄고 내부를 기밀(진공, 특수기체, 공기)하게 만든 유리	17④,② · 13① · 02②
로이유리	적외선 반사율이 높은 금속막 코팅을 이중유리 또는 3중 유리 안쪽에 붙인 친환경 유리	24① · 23④ · 20⑤ · 19① · 15②
배강도 유리	일반 유리보다 2배 정도 강도가 발현되는 유리	17② · 13①

미듬 건축기사 실기

멘토스는 당신의 쉬운 합격을 응원합니다!

CHAPTER 11 창호 및 유리공사

회독 CHECK!
1회독 □ 월 일
2회독 □ 월 일
3회독 □ 월 일

제1절 창호공사

01 일반사항

1. 요구성능	① 내풍압성 ② 기밀성 ③ 차음성 ④ 개폐성 ⑤ 내구성 ⑥ 단열성 ⑦ 방화성		
2. 표시기호	일련번호 / 재료 / 종류	**재료** Al : 알루미늄 G : 유리 P : 플라스틱 S : 강철 SS : 스테인리스 W : 목재	**종류** D : 문 W : 창 S : 셔터

● 03③
(종류) 창호 성능에 따른 분류

● 22① · 13①
(기호) 창/문/재료

02 목재창호

1. 일반사항		① 창호 제작에 사용되는 목재는 홍송, 삼송, 적송, 가문비나무, 참나무, 나왕 등으로 함수율 13~18%(보통 15%)의 무절재 나무이다. ② 목재 창호의 보통 출입문 나비는 60~120cm, 높이는 180~220cm 정도 ③ 창문 및 문틀 크기의 도면 치수는 특별한 지정이 없는 한, 문틀은 제재 치수, 창문짝은 마무리치수로 한다.
2. 주문치수		설계도의 치수±3mm(대패 마무리 고려)
3. 유리홈 깊이		유리두께 이상, 6~9mm
4. 용어	박배	창문을 다는 일
	마중대	미닫이, 여닫이 문짝이 서로 맞닿는 선대
	여밈대	미서기, 오르내리창이 서로 여며지는 선대
	풍소란	마중대, 여밈대가 서로 접하는 부분의 틈새에 바람막이

Day 12

03 철재창호

1. 용도	스틸도어, 행거도어, 셔터, 주름문, 방화문
2. 제작 순서	원척도 → 신장 녹처리 → 변형 바로잡기 → 금매김 → 절단 → 구부리기 → 조립 → 용접 → 마무리(검사)
3. 현장 시공 순서	현장반입 → 변형 수정 → 녹막이칠 → 먹매김 → 구멍파기, 따내기 → 가설치 → 창틀주위 사춤 → 양생
4. 멀리온	창 면적이 클 때에는 스틸바만으로는 약하므로 이것을 보강하고, 또 외관을 꾸미기 위하여 #16의 강판을 45×90mm 정도의 중공형으로 접어 간격 약 2~3m로 가로 또는 세로로 댄다.

04 알루미늄창호

1. 특성	장점	① 비중은 철의 약 1/3로 가볍다. ② 녹슬지 않고 수명이 길다. ③ 공작이 자유롭고 기밀성이 있다. ④ 여닫음이 경쾌하고 미려하다.
	단점	① 용접부가 철보다 약하다. ② 콘크리트, 모르타르 등의 알칼리성에 대단히 약하다. ③ 전기·화학작용으로 이질 금속재와 접촉하면 부식된다. ④ 알루미늄 새시 표면은 철이 잘 부착되지 않는다.
2. 주의 사항		① 풍압에 견디기 위해서 단면을 크게 하거나 멀리온 등으로 보강한다. ② 철재는 아연 도금 처리를 하여 보강한다. ③ 콘크리트나 모르타르와 접촉되는 부분에 역청 도료나 아크릴계 도료를 칠하여 녹막이 처리를 한다. ④ 알루미늄 새시는 강도상 무리가 있으므로 나중세우기를 한다.

05 합성수지제 창호

1. 용어	모헤어 (Mohair)	창의 외부로부터 들어오는 바람과 먼지를 차단하여 창호틈 사이로 벌레나 해충이 들어오지 못하게 하는 폴리프로필렌 재질의 합성섬유
2. 순서		창호 제작 – 운반 및 저장 – 먹매김 – 창호 설치

06 복합 소재 창호

1. 정의	하나의 프레임에 알루미늄과 목재를 구조적으로 결합하여 사용한 창호
2. 녹막이 처리	① 알루미늄 표면에 부식을 일으키는 다른 금속과 직접 접촉하는 것은 피한다. ② 알루미늄재가 모르타르 등 알칼리성 재료와 접하는 곳은 내알칼리성 도장 처리 ③ 강재의 골조, 보강재, 앵커 등은 아연도금 처리한 것 사용 ④ 알루미늄 창호와 접하여 목재를 사용하는 경우 목재의 함유염분, 함수율이 높은 것을 사용하면 부식이 일어나므로 주의

07 문의 종류

1. 목재문	플러시문	울거미를 짜고 중간살을 간격 30cm 이내로 배치하며, 양면에 합판을 교착한 문	●00⑤ 용어 플러시문
	양판문	문의 울거미를 짜고 그 중간에 양판을 끼워 넣은 문	●00⑤ 용어 양판문
	도듬문	울거미를 짜고 그 중간에 가는 살을 가로, 세로 약 20cm 간격으로 짜대고 종이를 두껍게 바른 문	
	널문	널을 이어 대어 만든 문	
2. 특수문	주름문	문을 닫았을 때 창살처럼 되는 문으로 방도용	
	회전문	현관의 방풍용으로 회전 지도리를 사용	
	양판철재문	갑종방화문, 을종방화문	
	행거도어	대형문에 이용하고 중량문일 때 레일 및 바퀴를 설치하기도 한다.	
	아코디언도어	칸막이용으로 가변적 구획을 할 수 있다.	
	무테문	현관용으로 테두리에 울거미가 없는 문	
	접문	문짝끼리 경첩으로 연결하고 상부에 도어 행거를 사용한 칸막이용	

08 창호철물

(1) 여닫이 창호철물

명칭	형태	명칭	형태
1. 경첩 (Hinge)		5. 피벗 힌지 (Pivot Hinge)	상부 힌지 / 하부 힌지
2. 자유경첩 (Spring Hinge)		6. 도어 클로저 (Door Closer, Door Check)	H형 / 니카나형
3. 레버토리 힌지 (Lavatory Spring Hinge)	상부 힌지 / 하부 힌지	7. 손잡이볼 (Pin Tumble Look)	손잡이 볼 / 레버 핸들
4. 플로어 힌지 (Floor Hinge)	힌지 / 톱 피벗 / 플로어 힌지	8. 체인로크 (Chain Lock)	

종류와 특징		
	자유경첩	안팎 개폐용 철물로 자재문에 사용
	레버토리 힌지	공중용 변소, 정화실에 쓰이며, 저절로 닫혀지지만 15cm 정도 열려있게 된 것
	도어클로저, 도어체크	자동으로 문이 닫히는 장치
	크레센트	오르내리창이나 미서기 창의 자물쇠
	피벗힌지 지도리	자재 여닫이 중량문 사용
	플로어 힌지	중량이 큰 여닫이 문에 사용되고, 힌지 장치를 한 철틀함이 바닥에 설치된다.
	함자물쇠	손잡이를 돌리면 자물통, 즉 래치 볼트와 열쇠로 회전하여 잠그는 데드볼트가 있다.
	실린더 자물쇠	핀 텀블러 룩이라 한다.

●99③·04③
(용어) 레버토리 힌지

●99③
(용어) 도어클로저

●04③·99③
(용어) 피벗힌지

●04③·99③
(용어) 플로어 힌지

(2) 미서기 및 미닫이 창호철물

명칭	형태	명칭	형태
1. 꽂이쇠		2. 걸대	
3. 스프링 캐치		4. 도어 행거	
5. 호차		6. 손잡이	
7. 문고리		8. 크레센트 자물쇠	
9. 오르내리창용달차		10. 오르내리창용 추	와이어 / 추

종류 미서기 창호철물

제2절 유리공사

01 재료

1. 특성		① 취성이 있다. ② 파편이 날카로워 위험하다. ③ 두께가 얇다. ④ 내구성이 크다. ⑤ 불연 재료이다. ⑥ 광선투과율이 높다.
2. 물리적 성질	강도	① 유리의 강도는 휨강도를 말한다. ② 두께에 따라 강도가 다르다. ③ 1.9mm → 700 / 3.0mm → 650 / 5.0mm → 500 / 6.0mm → 450
	비중	① 2.2~6.3(보통 2.5 내외) ② 납, 아연, 바륨, 알루미나 등이 포함되면 커진다. ③ 납유리 비중 4.0
	열전도율	① 0.48kcal/m·h·℃ ② 대리석, 타일보다 작다. ③ 콘크리트의 1/2
	연화성	① 740℃ ② 칼리 유리 1,000℃
	내열성	① 1.9mm → 105℃ 이상 온도차 발생 시 파괴 ② 3.0mm → 80~100℃ ③ 5.0mm → 60℃
	열파손	유리는 열전도율이 낮아 갑작스러운 강열이나 냉각 등 급격한 온도 변화에 따라 파손되는 현상

● 21① · 20④
용어 열파손

02 용어

1. 끼우기 홈	유리를 지지하기 위한 창틀에 설치하는 홈으로서 그 홈의 단면치수는 끼우기 판유리의 두께에 따라 내풍압성능, 내진성능, 열깨짐 방지성능 등을 고려하여 정함
2. 에칭(Etching)	화학약품에 의한 부식현상을 응용한 가공
3. 열깨짐	태양의 복사열 작용에 의해 열을 받는 부분과 받지 않는 부분(끼우기 홈 내)의 팽창성 차이 때문에 발생하는 응력으로 인하여 유리가 파손되는 현상
4. 치솟음	휨가공에서 발생하는 현상으로 유리의 단부가 형틀과는 다르게 소정의 곡률로 되지 않는 부분
5. 클린 컷	유리를 절단한 후 그 절단면에 구멍 흠집, 단면결손, 경사단면 등의 결함이 없이 깨끗이 절단된 상태

	실링재에 의한 커튼월 공법	개스킷 사용 시의 경우
6. 클리어런스 (Clearance) 및 지지깊이		
	a : 면 클리어런스　　b : 단부 클리어런스　　c : 지지깊이	
7. 단열간봉 (Warm-edge Spacer)	복층유리의 간격을 유지하며 열전달을 차단하는 재료	
8. 백업(Back up)재	실링 시공인 경우에 부재의 측면과 유리면 사이의 면 클리어런스 부위에 연속적으로 충전하여 유리를 고정하고 시일 타설 시 시일 받침 역할을 하는 부재료	
9. 세팅 블록	새시 하단부의 유리끼움용 부재료로서 유리의 자중을 지지하는 고임재	
10. 스페이서 (Spacer)	유리 끼우기 홈의 측면과 유리면 사이의 면 클리어런스를 주며, 복층유리의 간격을 고정하는 블록	
11. 완충재	충격 시 유리 절단면과 새시의 직접적인 접촉을 방지하기 위해서 새시의 좌우 측면에 끼우는 고무블록으로서 주로 개폐창호에 사용	
12. 측면 블록	새시 내에서 유리가 일정한 면 클리어런스를 유지하도록 하며, 새시의 양 측면에 대해 중심에 위치하도록 하는 재료	

03 유리 성능 및 단열

1. 성능	내하중	① 수직에서 15° 미만의 기울기로 시공된 수직유리는 풍하중에 의한 파손 확률이 1,000장당 8장을 초과하지 않아야 한다. ② 수직에서 15° 이상 기울기로 시공된 경사유리는 풍하중에 의한 파손 확률이 1,000장당 1장을 초과하지 않아야 한다.
	설치 부위 차수성/배수성	① A종 : 끼우기 홈 내로 누수를 허용하지 않는 것 ② B종 : 홈 내에서의 물의 체류를 허용하지 않는 것 ③ C종 : 홈 내에서의 물의 체류를 허용하는 것
	기타성능	① 내진성　　　　　② 내충격성 ③ 차음성　　　　　④ 열깨짐 방지성 ⑤ 단열성　　　　　⑥ 태양열 차폐성

용어) 단열간봉

2. 단열	① 단열효과 증진 유리 : 로이코팅, 단열간봉(warm edge spacer), 아르곤가스 충진 복층유리 및 삼중유리 적용 ② 실내보온 단열이 필요한 개별창호의 경우는 로이코팅 #3면 복층유리 또는 로이코팅 #5면 삼중유리 적용 ③ 태양복사열 차단이 필요한 유리벽의 경우는 로이코팅 #2면 복층유리 적용 ④ 실내보온 단열 및 태양복사열 차단이 모두 필요한 창호의 경우는 반사코팅과 로이코팅이 함께 적용된 복층유리 또는 삼중유리 적용	
	로이유리의 코팅면	
	• 여름철 • 냉방부하가 더 많은 건물 • 상업용 건물 • 남측면 유리 시공 시	• 겨울철 • 난방부하가 더 많은 건물 • 주거용 건물 • 패시브하우스 • 북측면 유리 시공 시

04 유리 끼우기

1. 설치 공법	절단 – 설치 – 실란트 충전 – 보양
2. 끼우기 시공법	① 부정형 실링재 시공법 ② 개스킷 시공법 ③ 그레이징 개스킷 시공법 ④ 구조 개스킷 시공법 ⑤ 병용 시공법
3. 장부 고정법	① 나사 고정법 ② 철물 고정법 ③ 접착 고정법
4. 대형 판유리 시공법	① 리브보강 그레이징 시스템 시공법 ② 현수 및 리브보강 그레이징 시스템 시공법 ③ 현수 그레이징 시스템 시공법
5. SSG(Structural Sealant Glazing) 시스템의 시공법	건물의 창과 외벽을 구성하는 유리와 패널류를 구조용 실란트(Structural Sealant)를 사용하여 실내 측의 멀리온, 프레임 등에 접착·고정하는 공법

05 유리 종류와 특징

(1) 안전유리

1. 접합유리	① 두 장 이상의 판유리에 합성수지 필름을 이용하여 붙여낸 유리 ② 투광성이 낮고, 차음성·보온성은 크다.	(종류) 안전유리 ●02②·00③·98① (용어) 접합유리 ●23④·19①·15②·02②
2. 강화유리	① 판유리를 열처리한 후 냉각공기로 급랭강화시켜 강도를 높인 유리 ② 판유리의 3~5배 강도 ③ 충격 강도 7~8배 ④ 파괴 시 잘게 부서진다. ⑤ 절단, 가공할 수 없다.	(용어) 강화유리 ●17④ (종류) 현장절단이 불가능한 유리 명칭 3가지 ●18④·01①

3. 망입유리	① 유리 내부에 금속망을 삽입하고 압착 성형한 판유리
	② 특징
	  ㉠ 0.4mm 이상
	  ㉡ 철선, 놋쇠선, 아연선, 구리선, 알루미늄선
	  ㉢ 도난방지, 화재방지
	  ㉣ 잘 깨어지지 않는다.	

(2) 특수유리

1. 복층유리	① 2장 또는 3장의 유리를 일정한 간격을 띄고 내부를 기밀(진공, 특수기체, 공기)하게 만든 유리 ② 방서, 단열효과, 결로 방지 ③ 단열간봉 : 이중유리와 로이유리 사이에 끼는 스페이서로 플라스틱 내부에 열전도율이 낮은 소재를 삽입하여 단열성능을 향상시킨 재료	(용어) 복층유리 ●22②·17④,②·13①·02② (용어) 단열간봉 ●24①·20⑤
2. 색유리	① 유리 + 산화금속류의 착색제를 넣어 만든 유리 ② 적색, 황색, 청색, 자색, 갈색 ③ 투명, 불투명	
3. 스테인드 글라스	I형 단면의 납테에 색유리를 끼워 만든 유리로서 납테의 모양이 다양함	
4. 자외선 투과유리	① 산화제이철의 함유량을 줄인 유리 ② 자외선 투과율 90%(석영, 코렉스 글라스), 50%(비타 글라스) ③ 온실, 병원의 일광욕실	(용어) 자외선 투과유리 ●02②
5. 자외선 흡수유리 (차단유리)	① 산화제이철 10% + 크롬 + 망간 ② 상점의 진열장, 용접공의 보호안경 ③ 퇴색 방지	(용어) 자외선 차단유리 ●02②
6. X선 차단유리	① 유리 + 산화납(6% 이내) ② X선 차단용	
7. 로이유리 (Low-Emissivity)	① 적외선 반사율이 높은 금속막 코팅을 이중 또는 삼중유리 안쪽에 붙인 친환경 유리 ② 고단열 복층유리(에너지 절약형) ③ 단열과 결로 방지 ④ 다양한 색상 ⑤ 이중유리, 삼중유리	(용어) 로이유리 ●24①·23④·20⑤·19①·15② (용어) 로이삼중유리 ●22④
8. 배강도유리	일반 유리보다 2배 정도 강도가 발현되는 유리	(용어) 배강도유리 ●22②·17②·13①

(3) 유리제품

1. 유리블록	① 빈 상자 모양의 유리를 2개 붙인 유리 ② 옆면 돌가루 부착(∵ 모르타르 시공 가능) ③ 칸막이용 ④ 실내가 보이지 않으며 채광이 용이함 ⑤ 방음·보온효과가 크며, 장식효과도 큼
2. 프리즘유리	① 입사광선의 방향 변경, 확산, 집중의 목적 ② 프리즘원리를 이용한 일종의 유리블록 ③ 지하실이나 옥상의 채광용
3. 기포유리	① 유리가루 + 발포제 ② 다포질의 흑갈색 유리판 ③ 광선이 투과되지 않음 ④ 방음 보온성이 양호(비중 0.15) ⑤ 압축강도($10kg/cm^2$) 약함 ⑥ 충격에도 약함 ⑦ 가공용이(톱질, 못질)
4. 유리섬유	① 용융유리 → 구멍에 압축공기 ② 환기장치의 먼지 흡수용 ③ 산 여과용 ④ 유리, 섬유판 → 보온, 보냉, 흡음판 ⑤ 안전온도 → 500℃
5. 물유리	① 액체상태의 유리 ② 도료, 방수제, 보색제

CHAPTER 11 핵심 기출문제

● 창호공사

01 창호를 분류하면 기능에 의한 분류, 재질에 의한 분류, 개폐방식에 의한 분류, 성능에 의한 분류로 구분할 수 있다. 이 중에서 성능에 따라 분류할 때의 종류를 3가지 쓰시오. •03③

가. _____
나. _____
다. _____

정답 성능에 따른 창호의 분류
가. 방음 창호
나. 단열 창호
다. 방화 창호

02 다음 설명이 의미하는 문의 명칭을 쓰시오. •00⑤

가. 문을 닫았을 때 창살처럼 되는 문으로 방범용으로 쓰임 ( )
나. 울거미를 짜고 중간 살간격을 25cm 정도로 배치하여 양면에 합판을 교착한 문 ( )
다. 상부에 유리, 높이 1m 정도 하부에만 양판을 댄 문 ( )
라. 울거미 중심에 넓은 널을 댄 문 ( )

정답 개구부 종류
가. 주름문
나. 플러시문(Flush door)
다. 징두리 양판문
라. 양판문(Panel door)

03 다음은 창호 공사에 관한 용어 설명이다. 각 설명이 의미하는 용어명을 쓰시오. •08③ · 05③ · 98①

가. 창문을 창문틀에 다는 일
나. 미닫이 또는 여닫이 문짝이 서로 맞닿는 선대
다. 미서기 또는 오르내리창이 서로 여며지는 선대
라. 창호가 닫아졌을 때 각종 선대 등 접하는 부분에 틈새가 나지 않도록 대어 주는 것

가. _____ 나. _____
다. _____ 라. _____

정답 용어
가. 박배
나. 마중대
다. 여밈대
라. 풍소란

04. 강제창호의 제작순서를 〈보기〉에서 골라 번호로 쓰시오.

① 원척도	② 구부리기	③ 용접
④ 녹떨기	⑤ 접합부검사	⑥ 절단
⑦ 변형 바로잡기	⑧ 금매김	⑨ 조립

( ) → ( ) → ( ) → ( ) → ( ) → ( ) → ( ) → ( ) → ( )

정답 강제창호 제작순서
① → ④ → ⑦ → ⑧ → ⑥ → ② → ⑨ → ③ → ⑤

05. 강제창호 현장설치 공법의 시공순서를 쓰시오.

현장반입 – (가) – (나) – (다) – 구멍파기, 따내기 – (라) – (마) – 창문틀 주위 사춤 – (바)

가.
나.
다.
라.
마.
바.

정답 강제창호 설치순서
가. 변형 바로잡기
나. 녹막이칠
다. 먹매김
라. 가설치 및 검사
마. 묻음발 고정
바. 보양

06. 알루미늄 창호를 철제 창호와 비교하고 장점을 4가지 쓰시오.

가.
나.
다.
라.

정답 알루미늄 창호 장점
가. 비중이 철의 $\frac{1}{3}$로 가볍다.
나. 녹슬지 않고 수명이 길다.
다. 공작이 자유롭고 기밀성이 있다.
라. 여닫음이 경쾌하고 미려하다.

07. 알루미늄 창호 공사 시 주의할 사항에 대하여 3가지만 쓰시오.

가.
나.
다.

정답 알루미늄 창호 공사 시 주의점
가. 알칼리에 약하므로 내 알칼리성 도장 필요
나. 동일 재료의 창호철물 사용
다. 비교적 강도가 약하므로 취급 시 주의

08 창호철물에 대한 설명이다. 알맞은 철물을 ( ) 안에 쓰시오. • 21① · 04③

> 정첩으로 지탱할 수 없는 무거운 여닫이문(현관문)에는 (가)힌지, 용수철을 쓰지 않고 문장부식으로 된 힌지로 중량문(방화문)에 사용하는 (나) 힌지, 스프링 힌지의 일종으로 공중화장실, 공중전화 출입문에는 저절로 닫혀지지만 15cm 정도 열려 있게 하는 (다) 힌지 등이 사용된다.

가. _____ 나. _____
다. _____

정답 창호철물
가. 플로어(Floor)
나. 피봇(Pivot)
다. 레버토리(Lavatory)

---

09 다음 설명에 적합한 여닫이 창호의 철물 명칭을 쓰시오. • 99③

가. 공중전화 출입문, 화장실, 경량 칸막이문 등에 사용되며, 저절로 닫히거나 15cm 정도 열리는 문에 사용됨 ( )
나. 정첩으로 지탱할 수 없는 중량이 큰 자재여닫이문에 사용됨 ( )
다. 문 위틀과 문짝에 설치하여 자동으로 문을 닫는 장치 ( )

정답 여닫이 창호철물
가. 레버토리 힌지(Lavatory Hinge)
나. 플로어 힌지(Floor Hinge)
다. 도어 클로저(Door Closer)

---

10 다음 표에 제시된 창호틀 재료의 종류 및 창호별 기호를 참고하여, 우측의 창호 기호표를 완성하시오. • 22① · 13①

기호	창호틀 재료의 종류
A	알루미늄
G	유리
P	플라스틱
S	강철
SS	스테인리스
W	목재

영문기호	창문 구별
D	문
W	창
S	셔터

구분	창	문
목재	1	2
철재	3	4
알루미늄재	5	6

정답

구분	창	문
목재	1/WW	2/WD
철재	3/SW	4/SD
알루미늄재	5/AW	6/AD

● 유리공사

11 유리 공사 시 발생하는 열파손에 대하여 설명하시오. ●24① · 21① · 20④

> **정답** 유리 열파손
> 열전도율이 적어 갑작스런 강열이나 냉각 등 급격한 온도 변화에 따라 파손되는 현상

12 다음은 유리의 종류에 관한 설명이다. 설명이 의미하는 유리의 종류를 〈보기〉에서 골라 쓰시오. ●02②

① 접합유리(Laminated Glass)	② 자외선 투과유리
③ 복층유리(Pair Glass)	④ 열선반사유리
⑤ 자외선차단유리	⑥ 강화유리
⑦ 망입유리	⑧ 프리즘(Prism) 유리

가. 건조공기층을 사이에 두고 판유리를 이중으로 접합하여 테두리를 둘러서 밀봉한 유리 (   )
나. 일광욕실, 병원, 요양소 등에 사용 (   )
다. 두 장 이상의 판 사이에 합성수지를 겹붙여 댄 것으로서 일명 합판 유리라 함 (   )
라. 진열창, 약품창고 등에서 노화와 퇴색 방지에 사용 (   )

> **정답** 유리의 종류
> 가. ③ 나. ② 다. ① 라. ⑤

13 건축창호에 쓰이는 유리 중에서 안전이 강화된 안전유리의 종류를 3가지 쓰시오. ●00③ · 98①

가. _____ 나. _____
다. _____

> **정답** 안전강화유리
> 가. 강화유리
> 나. 접합유리
> 다. 망입유리

14 공사현장에서 절단이 불가능하여 사용치수로 주문제작해야 하는 유리의 명칭 3가지를 쓰시오. ●18④ · 01①

가. _____ 나. _____
다. _____

> **정답** 현장 절단 불가능 유리
> 가. 강화유리
> 나. 복층유리
> 다. 유리블록
> 라. 스테인드글라스

15 다음 용어를 설명하시오. ●23④ · 19① · 15②

가. 접합유리 : _____

나. 로이유리 : _____

> **정답** 용어 설명
> 가. 접합유리 : 두 장의 판유리 사이에 합성수지(필름)를 겹붙인 것
> 나. 로이유리 : 적외선 반사율이 높은 금속막 코팅을 이중유리 안쪽에 붙인 친환경 유리

16 다음 용어를 간단히 설명하시오. •20⑤

가. 로이유리 :

나. 단열간봉 :

정답 용어정리
가. 로이유리 : 적외선 반사율이 높은 금속막 코팅을 이중유리 안쪽에 붙인 친환경 유리
나. 단열간봉 : 이중유리와 로이유리 사이에 끼는 스페이서로 플라스틱 내부에 열전도율이 낮은 소재를 삽입하여 단열성능을 향상시킨 재료

17 건물의 창과 유리를 구성하는 유리와 패널류를 구조실런트를 사용하여 실내측의 멀리온이나 프레임 등으로 고정시키는 공법과 검토사항을 쓰시오. •07②

가. 공법 :

나. 검토사항 :

정답 유리 고정 방법
가. 공법 : SSG(Structural Sealant Glazing System) 공법
나. 검토사항
① 커튼월과 동일하게 내풍압 설계
② 충분한 접착폭과 두께 산정
③ 층간변위에 의한 추종성
④ 온도변화에 따른 movement
⑤ 접착제의 내구성·수밀성·접착성

18 아래에 표기한 각 유리에 대해 설명하시오. •22② · 17②

가. 복층유리 :

나. 배강도유리 :

정답 복층유리, 배강도유리 용어 설명
가. 복층유리 : 유리와 유리 사이에 진공상태를 만들거나 공기를 넣어 만든 유리
나. 배강도유리 : 보통 판유리의 강도보다 2배 정도 크게 만든 유리

19 다음 용어를 간단히 설명하시오. •17④

가. 복층유리 :

나. 강화유리 :

정답 용어
가. 복층유리 : 건조공기층을 사이에 두고 판유리를 이중으로 접합하여 테두리를 둘러 밀봉한 유리
나. 강화유리 : 판유리를 열처리한 후 냉각공기로 급랭 강화시켜 판유리의 3~5배 정도 강도를 높인 유리

20 로이 삼중유리의 정의를 쓰고 특징 2가지를 쓰시오. • 22④

가. 정의 :

나. 특징 : ①
　　　　　②

정답 로이 삼중유리
가. 정의 : 적외선 반사율이 높은 금속막 코팅을 삼중유리 안쪽에 붙인 친환경유리
나. 특징
① 고단열 삼중유리로 에너지 절약
② 단열과 결로 방지

Engineer Architecture

CHAPTER 12
마감공사

CONTENTS

제1절 미장공사	449
제2절 도장공사	455
제3절 합성수지 공사	459
제4절 금속공사	460
제5절 단열공사	462
제6절 수장공사	465

한눈에 보기

01 미장공사

02 도장공사

Thinking Map

03 기타공사

- **금속**
  - 코너비드 / 인서트
  - 수장
    - 메탈라스
    - 펀칭메탈
    - 와이어매스
    - 와이어라스
  - 경량철골반자
    - 인서트
    - 달대
    - 행거
    - 천장틀받이
    - 천장틀
    - 텍스

- **합성수지**
  - 특성 ─ 가공 우수, 경량, 강도 大
  - 마모↓, 열↓
  - 열가소성 분류 : 비닐, 티, 틸, 아크릴, 아미드 열경화성 분류

- **단열**
  - 요구조건 – 水↓, 공기 多, 공기흐름 X
  - 공법 – 내단열, 중단열, 외단열

- **기타**
  - 마감순서
    - 개구부
    - 벽
    - 징두리벽
    - 바닥
    - 걸레받이
  - Access floor
    - 장선방식
    - 공동독립 다리 방식
    - 지지부 부착 패널방식
  - 경량칸막이
    - 바탕
    - 벽체틀 설치
    - 단열재 설치
    - 석고 보드 취부
    - 마감
  - 도배
    - 순서 – 초배 – 재배 – 정배 – 마무리
    - 공법
      - 온통붙임
      - 공간붙임
      - 봉투붙임
      - 비닐붙임

용어 미리보기

1. 미장공사

용어	Keyword	출제연도
결합재	시멘트, 플라스터, 소석회, 벽토, 합성수지 등으로서, 잔골재, 흙, 섬유 등 다른 미장재료를 결합하여 경화시키는 재료	
바탕처리	요철 또는 변형이 심함 개소를 고르게 손질바름하여 마감 두께가 균등하게 되도록 조정하고 균열 등을 보수하는 것. 또는 바탕면이 지나치게 평활할 때에는 거칠게 처리하고, 바탕면의 이물질을 제거하여 미장바름의 부착이 양호하도록 표면을 처리하는 것	12② · 08① · 06③
손질바름	콘크리트, 콘크리트 블록 바탕에서 초벌바름하기 전에 마감두께를 균등하게 할 목적으로 모르타르 등으로 미리 요철을 조정하는 것	20⑤ · 14②
실러바름	바탕의 흡수 조정, 바름재와 바탕과의 접착력 증진 등을 위하여 합성수지 에멀션 희석액 등을 바탕에 바르는 것	20⑤ · 14②
규준바름	미장바름 시 바름면의 규준이 되기도 하고, 규준대 고르기에 닿는 면이 되기 위해 기준선에 맞춰 미리 둑모양 혹은 덩어리 모양으로 발라 놓은 것 또는 바르는 작업	
고름질	바름두께 또는 마감두께가 두꺼울 때 혹은 요철이 심할 때 초벌바름 위에 발라 붙여주는 것 또는 그 바름층	
덧먹임	바르기의 접합부 또는 균열의 틈새, 구멍 등에 반죽된 재료를 밀어 넣어 때워주는 것	12② · 08① · 06③
수지 미장	대리석 분말 또는 세라믹 분말제에 특수 혼화제를 첨가한 레디 믹스트 모르타르를 현장에서 물과 혼합하여 뿜칠로 전체 표면을 1~3mm 두께로 얇게 바르는 공법	20⑤ · 18②

2. 도장공사

용어	Keyword	출제연도
조색	몇 가지 색의 도료를 혼합해서 얻는 도막의 색이 희망하는 색이 되도록 하는 작업	
하도(프라이머)	물체의 바탕에 직접 칠하는 것. 바탕의 빠른 흡수나 녹의 발생을 방지하고, 바탕에 대한 도막층의 부착성을 증가시키기 위해서 사용하는 도료	
상도	마무리로서 도장하는 작업 또는 그 작업에 의해 생긴 도장면	
실러	바탕의 다공성으로 인한 도료의 과도한 흡수나 바탕으로부터의 침출물에 의한 도막의 열화 등, 악영향이 상도에 미치는 것을 방지하기 위해 사용하는 하도용의 도료	
퍼티	바탕의 파임·균열·구멍 등의 결함을 메워 바탕의 평편함을 향상하기 위해 사용하는 살붙임용의 도료	

Terminology

3. 금속공사

용어	Keyword	출제연도
코너비드	기둥, 벽, 등의 모서리에 대어 미장바름할 때 설치하여 구조물을 보호하는 철물	20① · 19④ · 10① · 05③
와이어라스	아연도금한 굵은 철선을 꼬아서 그물처럼 만든 철망	15① · 12④
와이어메쉬(메시)	연강철선을 직교시켜 전기용접하여 정방형 또는 장방형으로 만든 철망	15① · 12④
메탈라스	얇은 철판(#28)에 자름금을 내어서 당겨 마름모꼴 구멍을 그물처럼 만든 철망	20③ · 18① · 15① · 12④ · 08②
펀칭메탈	얇은 철판을 각종 모양으로 도려낸 판형 제품	20③ · 18① · 15① · 12④ · 08②
드라이브 핀 (Drive-pin)	소량의 화약이 정전된 타정총(Drivit Gun)으로 순간적으로 박는 못	20② · 18① · 11④
인서트	반자틀에 연결된 달대를 매어 달기 위한 미리 매입하는 철물	18④ · 13① · 09④

4. 단열 및 기타공사

용어	Keyword	출제연도
열교	건축물 구성 부위 중에서 단열이 연속되지 않은 경우 국부적으로 열관류율이 커져 열의 이동이 심하게 일어나는 부분	
표준 메쉬	유리섬유로 직조된 망으로서 바탕 모르타르에 묻히게 하여 기계적 강도를 증가시키기 위해 사용되는 내알칼리 코팅 제품	
보강 메쉬	바탕 모르타르의 외부 충격 저항성 보완 및 하부 보강을 위해 표준 메쉬 외에 추가적으로 사용되는 유리섬유로 직조된 망 제품	
Access Floor	정방형의 Floor Panel을 받침대(Pedestal)로 지지시켜 구성하는 2층 마루 구조	19④ · 09① · 00③
봉투붙임	도배지 가장자리에 접착제를 발라 붙임	
공간붙임	도배지 좌우 2면에만 접착제를 발라 붙임	
비닐붙임	도배지 반 정도만 접착제를 발라 붙임	

미듬 건축기사 실기

멘토스는 당신의 쉬운 합격을 응원합니다!

CHAPTER 12 마감공사

제1절 미장공사

01 미장재료 구성

1. 결합재	① 미장의 주재료 ② 시멘트, 석고, 소석회, 돌로마이트
2. 보강재	① 결합재 결함 방지 ② 여물, 풀, 수염
3. 골재	증량, 치장의 목적
4. 혼화재료	주재료 이외 첨가하는 재료

02 경화성

● 23② · 13④ · 12② · 05① · 00①
· 99③

(종류) 수경성, 기경성 구분하기

1. 기경성		진흙	진흙 + 모래 + 짚여물 + 물
	석회질	회반죽	소석회 + 모래 + 여물 + 해초풀
		회사벽	석회죽 + 모래
		돌로마이트 플라스터 (마그네시아 석회)	돌로마이트 석회 + 모래 + 여물
2. 수경성		시멘트 모르타르	포틀랜드 시멘트 + 모래
	석고질	순석고 플라스터	순석고 + 모래 + 물
		혼합석고 플라스터 (배합석고)	배합석고 + 모래 + 물
		경석고 플라스터 (Keen's cement)	무수석고 + 모래 + 여물 + 물

03 시공

1. 순서	바탕처리 → 재료조정 → 바름바탕 → 초벌바름 → 존치기간 → 보수(덧먹임) → 재벌바름 → 정벌바름 → 보양/정리		
2. 용어	바탕처리	요철 또는 변형이 심함 개소를 고르게 손질바름하여 마감 두께가 균등하게 되도록 조정하고 균열 등을 보수하는 것. 또는 바탕면이 지나치게 평활할 때에는 거칠게 처리하고, 바탕면의 이물질을 제거하여 미장바름의 부착이 양호하도록 표면을 처리하는 것	
	손질바름	콘크리트, 콘크리트 블록 바탕에서 초벌바름하기 전에 마감두께를 균등하게 할 목적으로 모르타르 등으로 미리 요철을 조정하는 것	
	실러바름	바탕의 흡수 조정, 바름제와 바탕과의 접착력 증진 등을 위하여 합성수지 에멀션 희석액 등을 바탕에 바르는 것	
	규준바름	미장바름 시 바름면의 규준이 되기도 하고, 규준대 고르기에 닿는 면이 되기 위해 기준선에 맞춰 미리 둑모양 혹은 덩어리 모양으로 발라 놓은 것 또는 바르는 작업	
	고름질	바름두께 또는 마감두께가 두꺼울 때 혹은 요철이 심할 때 초벌바름 위에 발라 붙여주는 것 또는 그 바름층	
	덧먹임	바르기의 접합부 또는 균열의 틈새, 구멍 등에 반죽된 재료를 밀어 넣어 때워주는 것	
	눈먹임	인조석 갈기 또는 테라초 현장갈기의 갈아내기 공정에 있어서 작업면의 종석이 빠져나간 구멍 부분 및 기포를 메우기 위해 그 배합에서 종석을 제외하고 반죽한 것을 작업면에 발라 밀어 넣어 채우는 것	
	라스먹임	메탈 라스, 와이어 라스 등의 바탕에 모르타르 등을 최초로 발라 붙이는 것	
	이어바르기	동일 바름층을 2회의 공정으로 나누어 바를 경우 먼저 바름공정의 물걷기를 보아 적절한 시간 간격을 두고 겹쳐 바르는 것	
	경과시간	동일 공정 내, 공정과 공정 또는 최종 공정과 사용 가능시간 사이의 경과시간 ① 공정 내 경과시간 : 동일 공정 내에서 동일 재료를 여러 번 반복하여 바르는 경우에 바름과 바름 사이에 필요한 시간 ② 공정 간 경과시간 : 한 공정이 완료되고, 다음 공정이 시작될 때까지 필요한 시간 ③ 최종 양생 경과시간 : 최종 공정이 완료된 후 마감면이 사용 가능한 상태가 될 때까지의 필요한 시간	

순서) 바름순서 ●93①·92①

용어) 바탕처리, 덧먹임 ●12②·08①·06③

용어) 손질바름 ●20⑤·14②

용어) 실러바름 ●20⑤·14②

04 시멘트 모르타르 바름

1. 정의	기성배합 또는 현장배합의 시멘트, 골재 등을 주재료로 한 시멘트 모르타르를 벽, 바닥, 천장 등에 바르는 공사
2. 시공 순서	바탕처리 – 재료 준비 – 초벌바름 및 라스먹임 – 고름질 – 재벌바름 – 정벌바름 – 마무리

3. 바름 두께	두께(mm)	바탕	
		Con'c, 블록, 벽돌	라스바탕
	24	바닥, 외벽, 기타	외벽, 기타
	18	내벽	내벽
	15	천장, 차양	천장, 차양

●05② · 03② · 99④
(치수) 시멘트 모르타르 미장바름 두께

4. 마무리	① 마무리 정도에 따라 쇠흙손 – 나무흙손 – 솔 마무리의 순서 ② 1회 바름 공법 : 평탄한 바탕면으로 마무리 두께 10mm 정도의 천장, 벽, 기타(바닥 제외)는 1회로 마무리 ② 2회 바름 공법 : 바닥에 심한 요철이 없고 마무리 두께가 15mm 이하의 천장, 벽, 기타(바닥 제외)는 초벌바름 후 재벌바름을 하지 않고 정벌바름을 하는 경우
5. 박락 방지 대책	① 바름층의 두께를 얇게 한다. ② 시멘트 사용량을 늘린다. ③ 바름 바탕면을 거칠게 처리한다. ④ Open Time 준수 ⑤ 좁은 면 우선 시공 ⑥ 기상상태를 고려한 시공 ⑦ 충분한 공기 확보
6. 균열방지 대책	① 바름층은 소정의 두께를 확보한다. ② 조골재 사용률을 키운다. ③ 전벌바름면을 완전히 건조시킨 후 후벌바름을 한다. ④ 급속한 건조를 피한다. ⑤ 시멘트 사용량을 줄인다.

05 시멘트 스터코 바름

1. 정의	시멘트 모르타르를 흙손 또는 롤러를 사용하여 바르고 광택이나 색깔을 내는 내·외벽의 마감공사
2. 시공순서	바탕처리 – 재료 조정 – 실러바름 – 시멘트 모르타르 바름 – 마무리 – 돌출부 처리 – 마감도장

3. 시공	재료	바탕
	① 시멘트 모르타르 ② 합성수지 에멀션 실러 ③ 합성수지계 도료	① 콘크리트 ② 프리캐스트 콘크리트 부재 ③ 콘크리트 블록 ④ 벽돌 ⑤ 고압증기양생 경량 기포콘크리트 패널 ⑥ 목모 시멘트판 ⑦ 목편 시멘트판 및 시멘트 모르타르 면

06 석고 플라스터

1. 종류	① 순석고 플라스터 : 석고＋물＋모래＋석회죽이나 Dolomite(중성, 경화가 빠르다.) ② 혼합석고 플라스터 : 배합석고＋물＋모래＋여물(약알칼리성, 경화속도는 보통) ③ 경석고 플라스터(Keen's Cement) : 무수석고＋모래＋여물＋물(강도가 크고 수축균열이 거의 없다. 동절기 시공도 가능하다.)
2. 특성	① 사용시간 : 초벌용·재벌용 2시간 이내, 정벌용 1.5시간 이내에 사용한다. ② 초벌바름 : 거치름눈(작살긋기)을 넣는다. ③ 재벌바름 : 졸대 바탕일 때는 완전 건조 후에 하고, 콘크리트 바탕일 때는 초벌바름 후 1~2일이 경과되어 반건조되었을 때 시공한다. ④ 정벌바름 : 수 시간~24시간 지난 후에 재벌바름이 반건조되었을 때 마무리 손질을 한다.
3. 순서	바탕 처리 → 반죽 → 초벌바름 및 라스 먹임 → 고름질 및 재벌바름 → 정벌바름
4. 석고 보드	**정의** : 소석고를 주원료로 하여 톱밥, 섬유, 펄라이트 등을 혼합하고 경우에 따라서 발포제를 첨가하고 물로 반죽하여 두 장의 시트 사이에 부어서 판상으로 굳힌 것 **특징** 장점 ① 내화성, 차음성, 단열성 ② 경량, 신축성이 거의 없음 ③ 가공 용이 ④ 설치 후 도장작업 가능 단점 ① 강도가 약함 ② 파손의 우려가 있음 ③ 습기에 약함

● 16④ · 10④
특징 석고보드 장단점

07 돌로마이트 플라스터

1. 재료	① Dolomite 석회＋모래＋여물(해초풀 사용 안 함) ② 건조수축이 커서 균열발생, 지하실에는 사용하지 않는다.(수증기, 물에 약함) ③ 회반죽보다 응결시간이 길어 바르기 쉽고, 강도가 크다. ④ 마그네시아 석회라고도 한다.
2. 순서	바탕처리 - 재료조정 - 수염붙이기 - 초벌바름 및 라스먹임 - 재벌바름 - 정벌바름
3. 시공	① 재벌은 초벌 7일(균열이 없을 때)~14일(균열이 있을 때) 후에 한다. ② 정벌은 재벌 반건조 후 물을 축이면서 한다.

08 회반죽

1. 재료	① 소석회 + 모래 + 여물 + 해초풀 ② 수축률은 크나 여물로써 균열이 경감되며, 해초풀로 접착력을 증대시킨다. ③ 소석회 : 공기 중의 탄산가스(CO_2)에 의해서 굳어지므로 기경성이다. ④ 여물 : 회반죽이 건조하여 균열이 생기는 것을 방지한다. ⑤ 해초풀물 : 은행초, 미역, 해초를 끓인 물로써 입자 간의 점성을 증대시킨다. ⑥ 모래 : 섬도 조절재로 소량을 쓴다. ⑦ 수염 : 졸대 바탕일 때 회반죽의 균열 방지와 박리 탈락을 방지하기 위하여 길이 50~75cm 정도의 삼오리를 벽에서 300mm 이하, 천장 및 차양에서는 250mm 이하의 간격에 두 가닥으로 못을 박아서 한 가닥은 초벌에 나머지 가닥은 재벌바름에 묻혀 바른다.
2. 시공	① 목조, Concrete 벽돌 바탕면에 시공한다. ② 초벌바름 5일 후 고름질, 10일 후 재벌바름을 하고 반건조 시 정벌바름을 한다. ③ 보양조건 : 통풍억제, 2℃ 공사 중지, 5℃ 이상 유지 ④ 바름두께 : 벽에는 15mm, 천장, 차양에는 12mm로 한다. ⑤ 검화 현상 : 바름면 표면에 얼룩 반점이 생기는 현상으로 바름면의 건조가 충분하지 못할 때에 나타나는 현상이다.
3. 순서	바탕처리 → 재료의 조정 및 반죽 → 수염 붙이기 → 초벌바름 → 고름질 → 덧먹임 및 재벌바름 → 정벌바름 → 마무리, 보양

●02③
(순서) 회반죽 미장 시공

09 인조석 · 테라초 갈기

1. 순서	\multicolumn{2}{l	}{바닥청소 → 황동줄눈대 대기 → 양생 및 경화 → 초벌갈기 → 시멘트 풀먹임 → 정벌갈기 → 왁스칠}
2. 황동 줄눈대	설치간격	1.2m² 이내, 보통 90cm 최대 간격은 2m 이내로 한다.
	목적	① 신축에 저항(균열 방지) ② 보수 용이성 ③ 바름 구획의 설정
3. 시공	\multicolumn{2}{l	}{① 인조석과 유사하며 마감은 갈기 방법으로 시공한다. ② 충분한 경화시간이 필요하다.(바른 후 5~7일 경과 후 시공) ③ 바름두께는 9~15mm를 표준으로 한다. ④ 걸레받이는 징두리 벽을 현장갈기할 경우 바닥갈기보다 먼저 시공한다.}
4. 종석의 크기	인조석용 종석	테라초용 종석
	5mm체 통과분 100%	15mm체 통과분 100%
	1.7mm체 통과분 0%	2.5mm체 통과분 0%

●94②
(순서) 테라초 현장갈기 시공 ( )넣기

●02②
(목적) 황동줄눈대 설치

10 바닥 강화재 바름

1. 시공	① 금강사, 광물성 골재, 규사, 철분 등을 혼합 사용한다. ② 콘크리트 바닥판의 내마모성, 내화학성, 분진방지 등의 기능 향상을 목적으로 한다.
2. 종류	① 분말형 ② 액상형
3. 유의사항	① 바닥오염제거 ② 바탕면 평활 ③ 5℃ 이하 작업 중지 ④ 액상 바탕은 최소 21일 양생하여 완전 건조

●01③ · 00④
(종류) 바닥 강화재

●01③ · 00④
(성능) 바닥 강화재 증진

●22② · 11①
(주의사항) 바닥 강화재 시공 시

11 수지 미장

1. 정의	대리석 분말 또는 세라믹 분말제에 특수 혼화제를 첨가한 레디 믹스트 모르타르를 현장에서 물과 혼합하여 뿜칠로 전체 표면을 1~3mm 두께로 얇게 바르는 공법
2. 시공	① 3℃ 이하에서 시공 금지 ② 자체 기포가 발생되는 부위는 눌러서 시공 ③ 자재가 흘러내리지 않도록 밑에서 위로 쇠흙손질 할 것
3. 특징	① 평활성 확보 ② 균열발생률 낮춤 ③ 바탕면과의 부착성 증진 ④ 균질한 품질 확보
4. 적용 부위	① 벽지 및 도장 바탕면 ② 계단실 벽체 미장 대체용 ③ ALC 내 · 외부 미장

●20⑤ · 18②
(용어) 수지 미장

12 셀프 레벨링재 바름

1. 정의	석고계, 시멘트계 등의 셀프 레벨링재를 이용하여 스스로 바닥의 평활함을 만드는 바름공사
2. 순서	바탕처리 – 재료 혼합 반죽 – 실러 바름 – 셀프 레벨링재 붓기 – 이어치기 처리
3. 주의사항	① 셀프 레벨링재의 표면에 물결무늬가 생기지 않도록 창문 등은 밀폐하여 통풍과 기류 차단 ② 셀프 레벨링재 시공 중이나 시공완료 후 기온이 5℃ 이하가 되지 않도록 한다.

제2절 도장공사

01 용어

1. 안료	물이나 용체에 녹지 않는 무채 또는 유채의 분말로 무기 또는 유기 화합물. 착색·보강·증량 등의 목적으로 도료·인쇄 잉크·플라스틱 등에 사용	
2. 용제	도료에 사용하는 휘발성 액체. 도료의 유동성을 증가시키기 위해서 사용	
3. 조색	몇 가지 색의 도료를 혼합해서 얻는 도막의 색이 희망하는 색이 되도록 하는 작업	
4. 하도 (프라이머)	물체의 바탕에 직접 칠하는 것. 바탕의 빠른 흡수나 녹의 발생을 방지하고, 바탕에 대한 도막층의 부착성을 증가시키기 위해서 사용하는 도료	
5. 중도	하도와 상도의 중간층으로서 중도용의 도료를 칠하는 것	
6. 상도	마무리로서 도장하는 작업 또는 그 작업에 의해 생긴 도장면	
7. 실러	바탕의 다공성으로 인한 도료의 과도한 흡수나 바탕으로부터의 침출물에 의한 도막의 열화 등, 악영향이 상도에 미치는 것을 방지하기 위해 사용하는 하도용의 도료	
8. 퍼티	바탕의 파임·균열·구멍 등의 결함을 메워 바탕의 편평함을 향상하기 위해 사용하는 살붙임용의 도료. 안료분을 많이 함유하고 대부분은 페이스트 상이다.	
9. 경화건조	도막면에 팔이 수직이 되도록 하여 힘껏 엄지손가락으로 누르면서 90° 각도로 비틀었을 때 도막이 늘어나거나 주름이 생기지 않고 다른 이상이 없는 상태	
10. 완전건조	도막을 손톱이나 칼끝으로 긁었을 때 홈이 잘 나지 않고 힘이 든다고 느끼는 상태	
11. 지촉건조	도막을 손가락으로 가볍게 대었을 때 접착성은 있으나 도료가 손가락에 묻지 않는 상태	
12. 착색	바탕면을 각종 착색제로 착색하는 작업	
13. 표면건조	칠한 도료의 층이 표면만 건조 상태가 되고 밑층은 부드럽게 점착이 있어서 미건조 상태에 있는 것	
14. 블리딩	하나의 도막에 다른 색의 도료를 겹칠 했을 때, 밑층의 도막 성분의 일부가 위층의 도료에 옮겨져서 위층 도막 본래의 색과 다른 색이 되는 것	
15. 색분리	도료가 건조하는 과정에서 안료 상호 간의 분포가 상층과 하층이 불균등해져서 생긴 도막의 색이 상층에서 조밀해진 안료의 색으로 강화되는 현상	
16. 피막	도료가 용기 속에서 공기와의 접촉면에 형성된 막	
17. 핀홀	도막에 생기는 극히 작은 구멍	
18. 황변	도막의 색이 변하여 노란빛을 띠는 것. 일광의 직사, 고온 또는 어둠, 고습의 환경 등에 있을 때에 나타나기 쉽다.	
19. 무늬 도료	색 무늬, 입체 무늬 등의 도막이 생기도록 만든 에나멜. 크래킹 래커, 주름무늬 에나멜 등이 있다.	

02 도료의 종류 및 특성

(1) 일반 페인트

구분	재료	특성
1. 유성 페인트	안료 + 건성유 + 건조제 + 희석제	① 내후성·내마모성이 좋고 건조가 느리다. ② 알칼리에 약하다. ③ 건물의 내·외부에 널리 쓰인다. ④ 건성유를 늘이면 광택과 내구력은 증가한다. ⑤ 모르타르, 콘크리트면에 직접 사용하지 않는다.
2. 에나멜 페인트	안료 + 유성 바니시 (+ 수지 에나멜)	① 유성페인트와 유성바니시의 중간 성능이다. ② 내후성·내수성·내열성, 내약품성이 우수하다. ③ 외부용은 경도가 크다.
3. 수성 페인트	물 + 접착제 + 카세인 + 안료	① 건물내부에 많이 사용되나 물이 닿는 곳은 사용 금지된다. ② 내구성과 내수성이 떨어지며, 무광택이다. ③ 취급 간편, 작업성이 좋고 내알칼리성이다. ④ 회반죽, 모르타르, 텍스 등에 사용가능하다.
4. 에멀전 페인트	수성 페인트 + 합성수지 + 유화제	① 수성 페인트의 일종으로, 발수성이 있다. ② 내·외부 도장에 이용한다.

(2) 바니시(Vanish)와 래커(Lacquer)

	휘발성 바니시	유성 바니시
1. 바니시	① 휘발성 용제 + 수지류 ② 건조가 빠르다. 내구성이 약하다. ③ 목재, 내부용	① 지방유(건성유) + 유용성수지, 휘발성 용제 ② 건조가 느리고, 내후성이 약하다. ③ 목재, 내부용
	클리어 래커	에나멜 래커
2. 래커	① 래커에 투명한 안료를 넣은 것 ② 주로 내부 목재면에 투명한 도장 바름 및 광택 형성 ③ 건조속도가 빠르므로 Spray로 시공한다. ④ 내후성이 작아서 주로 내부에 사용한다.	① 연마성과 내후성이 좋다. ② 불투명하며 닦으면 광택이 난다.

(3) 방청도료

1. 광명단 도료	기름과 잘 반응하여 단단한 도막을 만들어 수분의 투과를 방지한다.
2. 산화철 도료	광명단 도료와 같이 널리 사용되며 정벌칠에도 쓰인다.
3. 알루미늄 도료	① 알루미늄분말을 안료로 하며 전색제에 따라 여러 가지가 있다. ② 방청효과뿐만 아니라 광선, 열반사의 효과를 내기도 한다.
4. 역청질 도료	아스팔트, 타르 피치 등의 역청질을 주원료로 하여 건성유, 수지류를 첨가하여 제조한 것이다.
5. 워시 프라이머	에칭 프라이머라고도 하며, 금속면의 바름 바탕처리를 위한 도료로 이 위에 방청도료를 바르면 부착성이 좋고 방청효과도 크다.
6. 징크로 메이트 도료	크롬산 아연을 안료로 하고 알키드 수지를 전색제로 한 것이며, 녹막이 효과가 좋고 알루미늄판이나 아연철판의 초벌용으로 가장 적합하다.

●16④ · 12④ · 09②
(종류) 방청도료

03 도장 작업

(1) 공법

1. 도장 기구	① 붓 및 롤러 ② 주걱 및 레기 ③ 도장용 스프레이건
2. 붓도장	평행 및 균등하게 하고 도료량에 따라 색깔의 경계, 구석 등에 특히 주의하며 도료의 얼룩, 도료 흘러내림, 흐름, 거품 붓자국 등이 생기지 않도록 한다.
3. 롤러도장	붓도장보다 속도가 빠르지만 일정한 도막두께를 유지하기가 매우 어려우므로 표면이 거칠거나 불규칙한 부분에는 특히 주의를 요한다.
4. 주걱도장	표면의 요철이나 홈, 빈틈을 없애기 위한 것으로 주로 점도가 높은 퍼티나 충전제를 메우거나 훑고 여분의 도료를 긁어 평활하게 한다.
5. 레기도장	자체 평활형 도료시공에 사용
6. 스프레이 도장	① 초기 건조가 빠른 래커, 조라코트 등을 압축공기로 뿜어 작업 능률을 높이는 칠 방법이다. ② 공장 칠로는 적당하지만 현장에서는 다른 면을 오염시킬 우려가 있다. ③ 건의 순행속도는 분당 30m의 속도로 한다. ④ 도면으로부터 30cm 이격시키고 뿜칠 너비의 1/3 정도 겹치게 칠한다. ⑤ 전회칠에 직각으로 교차시켜 칠한다. ⑥ 매회의 에어스프레이는 붓도장과 동등한 정도의 두께로 하고, 2회분의 도막 두께를 한 번에 도장하지 않는다.
7. 거친면칠	① 스티플칠(Stipple) : 도료의 묽기를 이용하여 바름면에 요철을 내어 입체감을 형성하는 바름법이다. ② 플라스틱칠(Plastic) : 카세인텍스칠 또는 수성 텍스칠이라고도 하며 수성도료를 되게 이겨 바름면에 요철을 내어 입체감을 형성하는 바름법이다.
8. 정전도장	① 이슬 모양의 미립화된 도료를 고전압의 정전장으로 분산시켜 부착시키는 방법이다. ② 도료의 손실이 적고, 도장효율이 좋다.

●09④
(수치) 뿜칠 ( )넣기

(2) 바탕처리 순서

1. 목부바탕		오염부착물 제거 – 송전처리 – 연마지 닦기 – 옹이땜 – 구멍땜
2. 철부바탕	순서	오염부착물 제거 – 유류 제거 – 녹떨기 – 화학처리 – 피막 마무리
	청소	① 와이어브러시, 연마지, 스크레이퍼 : 오염 제거 ② 휘발유, 벤젠, 솔벤트 나프타 : 기름 제거
	바탕처리 (화학처리)	① 인산염 피막 ② 파커라이징(인산철 피막) ③ 워시프라이머(에칭프라이머)
3. 콘크리트 모르타르 플라스터		건조 – 오염 부착물 제거 – 구멍땜 – 연마

(3) 도장 작업 순서

1. 목부 유성 페인트	① 바탕처리 → ② 사포질 → ③ 초벌바르기 → ④ 퍼티 메꾸기 → ⑤ 사포질 → ⑥ 재벌 1회 → ⑦ 사포질 → ⑧ 재벌 2회 → ⑨ 사포질 → ⑩ 정벌
2. 철부 유성 페인트	① 바탕처리 → ② 사포질 → ③ 초벌칠 2회 → ④ 퍼티 → ⑤ 사포질 → ⑥ 재벌 → ⑦ 사포질 → ⑧ 재벌 2회 → ⑨ 사포질 → ⑩ 정벌바르기(3회칠일 때에는 ②, ③, ⑦, ⑧은 생략한다.)
3. 바니시	① 바탕처리 → ② 눈먹임 → ③ 색올림 → ④ 왁스문지름
4. 수성 페인트	① 바탕처리 → ② 초벌 → ③ 재벌 → ④ 정벌

04 시공

1. 도료보관	① 환기가 잘되는 곳으로 직사광선을 피한다. ② 도료 보관 시 밀봉한다.
2. 도료창고 구비사항 (가연성)	① 독립한 단층건물로서 주위 건물에서 1.5m 이상 떨어져 있게 한다. ② 내화구조 또는 방화구조로 된 구획된 장소를 선택한다. ③ 지붕은 불연재로 하고 천장은 설치하지 않는다. ④ 시너를 많이 보관할 때에는 소화방법 및 기타 위험물 취급에 관한 법령에 준하여 소화기 및 소화용 모래 등을 비치한다.
3. 시공 시 주의사항	① 온도 5℃ 이하이거나 35℃ 이상, 습도가 85% 이상일 때는 작업을 중지시킨다. ② 칠의 각 층은 얇게 하고 충분히 건조시킨다. ③ 바람이 강하게 부는 날에는 작업하지 않는다. ④ 칠하는 횟수(초벌, 재벌)를 구분하기 위해 색을 달리한다.
4. 하자원인	① 초벌건조 부족 ② 건조제 과다 사용 ③ 안료의 유성분이 적을 때 ④ 도료 희석상태 불량

5. 결함	번짐	도료를 겹칠하였을 때 하도의 색이 상도막 표면에 떠올라 상도의 색이 변하는 현상
	도막 과다, 도막 부족	두껍거나 얇은 것으로 2차적 원인
	흐름성	수직면으로 도장하였을 경우 도장 직후 또는 접촉건조 사이에 도막이 흘러내리는 현상
	실끌림	에어레스 도장 시 완전히 분무되지 않고 가는 실 모양으로 도장되는 것
	기포	도장 시 생긴 기포가 꺼지지 않고 도막표면에 그대로 남거나 꺼지고 난 뒤 핀홀현상으로 남는 것
	핀홀	도장을 건조할 때 바늘로 찌른 듯한 조그만 구멍이 생기는 현상
	블로킹	도장 강재를 쌓아 두거나 받침목을 이용, 적재하였다가 분리시켰을 때 도막이 떨어지거나 현저히 변형되는 현상
	백화	도장 시 온도가 낮을 경우 공기 중의 수증기가 도장면에 응축·흡착되어 하얗게 되는 현상
	기타	들뜸, 뭉침, 색얼룩, 백화, 균열 등이 있음

제3절 합성수지 공사

01 정의 및 특성

1. 정의	① 일정 온도에서 가소성(Plasticity)이 있는 화합물질을 총칭한다. ② 합성수지의 경우 주원료는 석유, 석탄 등을 이용한 것이다.	
2. 특성	장점	① 무게가 가볍고(비중 : 1~2) 형성 및 가공이 쉽다. ② 내구성과 내수성·내산성·내알칼리성이 크다. ③ 대량생산이 가능하고 녹슬지 않는다. ④ 착색이 자유롭고 빛의 투과율이 좋으며 전성이 있다.
	단점	① 내화 및 내열성이 적다. ② 경도가 적고 내마모성이 적다. ③ 유기질 재료로서 열에 의한 변형이 아주 크다.

●99⑤

특징 합성수지

● 20② · 18① · 02① · 00②
(종류) 열경화성 열가소성 분류/기재

02 열가소성 수지 / 열경화성 수지

1. 열가소성 수지	특성	① 일반적으로 무색투명이다. ② 열에 의해 연화하고 냉각하면 원래의 모양대로 굳는다. ③ 경도 비중은 열경화성보다 적으나 내충격성은 크다. ④ 열전도율은 작으나 열팽창계수는 크다.
	종류	① 염화비닐수지　　② 초산 비닐수지 ③ 아크릴 수지　　　④ 폴리스틸렌수지 ⑤ 폴리에틸렌수지　⑥ 폴리아미드수지
2. 열경화성 수지	특성	① 용제에 녹지 않고 열을 가해도 연화하지 않는다. ② 재성형이 불가능하고 건축재에 많이 이용된다. ③ 열전도율은 작으나 열팽창계수는 크다.
	종류	① 페놀수지　　　② 요소수지 ③ 멜라민수지　　④ 폴리에스테르수지 ⑤ 에폭시수지　　⑥ 실리콘수지 ⑦ 우레탄수지

제4절 금속공사

01 금속공사

(1) 기성재

● 20① · 19④ · 10① · 05③
(용어) 코너비드

1. 미끄럼막이	① 계단의 디딤판 끝에 모서리에 대어 미끄러지지 않게 한다. ② 황동제 철물, 타일제품, 석재, 접착 Sheet 등이 있다. ③ 시공 시 단단하게 고정하여 떨어지지 않도록 한다.
2. 계단난간	① 계단에서 사용되는 손스침이다. ② 황동제, 철제파이프 등을 용접, 나사, 볼트 등으로 잇는다.
3. 코너비드	① 기둥, 벽 등의 모서리에 대어 미장바름할 때 설치하여 구조물을 보호하는 철물이다. ② 모르타르(콘크리트, 조적)나 못, 스테이플(목조) 등으로 고정한다.
4. 줄눈대	① 이질재와의 접합부에서 이음새를 감춰 누르는 데 사용한다. ② 아연도금 철판제, 경금속제, 황동재의 얇은 판을 프레스한 길이 1.8m 정도의 줄눈가림재이다.

(2) 수장용 철물

1. 와이어 메시	① 연강철선을 직교시켜 전기용접하여 정방형 또는 장방형으로 만든 것이다. ② Concrete 바닥판, Concrete 포장 등에 쓰인다.	●15① · 12④ (용어) 와이어 메시
2. 와이어 라스	① 아연도금한 굵은 철선을 꼬아서 그물처럼 만든 철망이다. ② 벽, 천장의 미장공사에 쓰인다.	●15① · 12④ (용어) 와이어 라스
3. 펀칭메탈	① 얇은 철판을 각종 모양으로 도려낸 것이다. ② 라지에이터 커버 등의 장식재로 쓰인다.	●20③ · 18① · 15① · 12④ · 08② (용어) 펀칭메탈
4. 메탈라스	① 얇은 철판(#28)에 자름금을 내어서 당겨 마름모꼴 구멍을 그물처럼 만든 것 ② 벽, 천장, 처마둘레 등 미장 바탕에 사용한다. ③ 익스팬디드 메탈(Expanded Metal)이라고도 한다.	●20③ · 18① · 15① · 12④ · 08② (용어) 메탈라스

(3) 고정용 철물

1. 인서트	① 반자틀에 연결된 달대를 매어 달기 위한 부재이다. ② Slab에 미리 간격을 정확히 배치하여 Concrete 타설하며 이때 이동, 변형이 없도록 주의한다.	●18④ · 13① · 09④ (용어) 인서트
2. 팽창볼트	콘크리트 벽돌 등에 미리 설치되어 볼트, 나사못 등을 박으면 벌어져서 단단히 조여지는 철물이다.	
3. 스크류앵커	팽창 볼트와 같은 종류이다.	
4. 드라이브 핀(Drive-pin)	소량의 화약이 장전된 타정총(Drivit Gun)으로 순간적으로 쳐박는 못머리가 달려 있다. [드라이비트 Drive Stud]　[익스팬션 볼트]　[드라이비트 건]　[스크루 앵커]	●23① · 20② · 18① · 11④ (용어) 드라이브 핀

(4) 장식용 철물

1. 메탈 실링	박강재판의 천장판으로 여러 가지 무늬가 박혀 있거나 펀칭된 것
2. 법랑 철판	얇은 두께의 저탄소강판에 법랑을 소성한 것으로 주방품, 욕조에 쓰인다.
3. 타일 가공철판	타일면의 감각을 나타낸 철판이다.
4. 레지스터	공기 환기구에 사용되는 기성제 통풍 금속물

(5) 금속의 방식

1. 이온화 경향	K＞Ca＞Na＞Mg＞Al＞Na＞Fe＞Ni＞Sn＞H
2. 방식법	① 가능한 한 이종금속을 인접 또는 접촉시켜 사용 금지 ② 균질한 것을 선택하고 사용 시 큰 변형 금지 ③ 큰 변형을 준 것은 가능한 한 풀림하여 사용 ④ 표면을 평활하고 깨끗이 하며 가능한 한 건조상태로 유지할 것 ⑤ 부분적으로 녹이 나면 즉시 제거할 것

제5절 단열공사

01 성능 향상을 위한 고려사항

●07②
종류 단열재 구비조건

1. 구조 설계 시	① 열관류율이 작은 구조로 한다. ② 공기층을 설치한다. ③ 창호는 이중유리 또는 이중창을 설치한다. ④ 기밀성을 유지한다.	
2. 재료 선택 시	① 열전도율이 낮을 것 ③ 흡수율이 낮을 것 ⑤ 비중이 작고 시공성이 용이 ⑦ 기계적 강도 발현	② 내화성이 있을 것 ④ 통기성이 작을 것 ⑥ 내부식성 ⑧ 균질한 품질
3. 시공 시	① 건조상태 유지 ③ 밀착시공	② 저온부에 설치 ④ 경제적인 두께 유지

02 공법 및 용어

●16② · 09③ · 06③ · 02③
종류 벽단열공법

1. 공법	내단열	콘크리트조와 같이 열용량이 큰 구조체의 실내 측에 단열층을 설치하는 공법
	외단열	콘크리트조와 같이 열용량이 큰 구조체의 실외 측에 단열층을 설치하는 공법
	중단열	구조체 벽체 내에 단열층을 설치하는 공법
2. 용어	열교	건축물 구성 부위 중에서 단열이 연속되지 않은 경우 국부적으로 열관류율이 커져 열의 이동이 심하게 일어나는 부분
	단열 모르타르 바름	건축물의 바닥, 벽, 천장 및 지붕 등의 열손실 방지를 목적으로 외벽, 지붕, 지하층 바닥면의 안 또는 밖에 경량 단열골재를 주자재로 하여 만들어 흙손 바름, 뿜칠 등에 의하여 미장하는 공사

03 단열재 종류

1. 무기질 단열재료	① 유리섬유, 다포유리, 암면, 광재면, 펄라이트, 질석, 규조토, 규산칼슘, 석영유리, 탄소분말, 알루미늄박 ② 열에 강하면서 단열성이 뛰어나고 접합부 시공이 우수하지만 흡습성이 크다.
2. 유기질 단열재료	① 동물질 섬유, 식물질 섬유, 목질 단열재, 코르크, 발포고무, 셀룰로오스, 천연양모 단열재 ② 천연재료로 되어 있기 때문에 친환경적인 단열재 ③ 열에 약하고 흡습성이 있고 비내구적이다.
3. 화학합성물 단열재료	① 발포폴리우레탄폼, 경질우레탄폼, 발포폴리스티렌 보온재, 발포폴리에틸렌 보온재, 페놀발포 보온재, 우레탄 폼, 염화비닐 ② 단열성이 우수하고 흡습성이 적으며 기후에 대한 저항성이 좋아 내구성이 뛰어나다. ③ 열에 약하고 특히 화재 시 인체에 유해한 유독성 가스와 해로운 물질이 발생한다.
4. 종류 (폴리스티렌)	**압출법**: 원료를 가열 용융하고 연속적으로 압출, 발포시켜 성형한 제품
	비드법 1종: 구슬모양의 원료를 미리 가열하여 1차 발포시키고 적당한 시간을 숙성시킨 후 판 모양 또는 통 모양의 금형에 채우고 다시 가열하여 2차 발포에 의해 융착 성형한 제품
	비드법 2종: 첨가제 등에 의하여 개질된 폴리스티렌 원료를 사용하여 발포 성형한 제품

●24②
(종류) 폴리스티렌 단열재

04 단열재 시공 방법

1. 충전공법	펠트형 단열재 또는 보드형 단열재를 스터드 사이에 끼워 넣는 공법
2. 붙임공법	보드형 단열재를 접착제, 볼트 등을 이용하여 붙이는 공법
3. 타설공법	거푸집에 단열재를 선 부착하여 콘크리트를 타설하는 공법
4. 압입공법	현장 발포 단열재를 관을 이용하여 벽체 등의 공극에 압입하여 충전하는 공법
5. 뿜칠공법	현장 발포 단열재를 벽면 등에 뿜칠하여 붙이는 공법

05 열교 / 냉교

1. 정의	① 바닥, 벽, 지붕 등의 건축물 부위에 단열이 연속되지 않은 부분(열적 취약부위)이 있을 때 이 부위를 통해 열의 이동이 발생되는 현상이다. ② 열의 손실이라는 측면에서 냉교현상이라고도 한다.
2. 대책	단열시공을 한다. | 열교 발생 부위	열교 방지 대책
(외/내 도면) 열교 발생 부위 →	(외/내 도면)
(외/내 도면) 열교 발생 부위 →	(외/내 도면)	

06 외단열 공사

(1) 용어

1. 외단열 미장마감	건축물의 구조체가 외기에 직접 면하는 것을 방지하기 위해 구조체 실외측에 단열재를 설치하고 마감하는 건물단열방식으로 접착제, 단열재, 메쉬(mesh), 바탕 모르타르, 마감재 등의 재료로 구성
2. 바탕 모르타르	건물 실외 측에 설치된 단열재를 보호하고 마감재의 바탕이 되는 모르타르
3. 표준 메쉬	유리섬유로 직조된 망으로서 바탕 모르타르에 묻히게 하여 기계적 강도를 증가시키기 위해 사용되는 내알칼리 코팅 제품
4. 보강 메쉬	바탕 모르타르의 외부 충격 저항성 보완 및 하부 보강을 위해 표준 메쉬 외에 추가적으로 사용되는 유리섬유로 직조된 망 제품
5. 마감재	바탕 모르타르 위에 사용되며 흙손, 뿜칠, 롤러 등의 도구로 마감장식을 제공하는 것으로 기후환경 변화로부터 외단열 미장마감의 구성 재료를 보호하며 질감과 심미적인 마감을 목적으로 사용하는 제품
6. 미장층	단열재 위에 사용되는 바탕 모르타르, 메쉬, 미장마감재로 구성된 층
7. 기계적 고정 장치	구조체에 단열재 등 외단열 미장마감에 사용되는 구성재료를 안전하게 고정하기 위해 사용되는 파스너(Fastener), 프로파일(Profile), 앵커(Anchor) 등의 고정 보조 부재

(2) 시공

1. 시공순서	바탕처리 – 프라이머(접착제) 도포 – 단열재 설치 – 메쉬 및 바탕모르타르 – 마감재
2. 시공일반	① 외단열의 시공은 주위 온도가 5℃ 이상, 35℃ 이하에서 시공 권장 ② 충분히 양생, 건조되어야 하며 바탕면의 평활도를 유지하도록 한다. ③ 바탕면에 기름, 이물질, 박리 또는 돌출부 등의 오염을 깨끗이 제거 ④ 단열재와 바탕면의 부착 성능 향상을 위해 프라이머 사용 ⑤ 비계 발판 설치의 경우 외벽 바탕면과의 간격은 최소 300mm로 하되, 시공되는 외단열 시스템의 총 두께 등에 따라 간격을 조정하고 수평비계의 상하 부재 설치 간격은 1.8m를 유지하여 철선 또는 클립(clip) 등으로 견고하게 고정
3. 마감재	① 바탕 모르타르 ② 미장 마감재 ③ 석재 마감재 ④ 금속 마감재 ⑤ 시멘트

제6절 수장공사

1. 아스팔트 타일 비닐타일	주의 사항	① 타일용 프라이머를 바른 후 12시간 경과 시 접착제를 바탕면에 고르게 바르고 필요에 따라 타일류의 뒷면에도 온통 발라 붙인다. ② 붙이기 전에 가열하여 시공하면 용이하다.	
	순서	바탕처리 → 바탕 건조 및 청소 → 프라이머 도포 → 먹줄치기 → 접착제 도포 → 타일 붙이기 → 타일면 청소 및 보양 → 왁스칠	
2. 리놀륨	주의 사항	① 임시 깔기 : 시트류의 신축이 끝날 때까지 충분한 기간(2주일) 동안 펴놓는다. ② 정깔기 및 붙임 : 접착제를 바탕면에 발라 들뜸이 없이 펴붙인다.	
	순서	바탕처리 → 깔기계획 → 임시깔기 → 정깔기 → 마무리	●00③ (순서) 리놀륨 시공
3. Access Floor	정의	정방형의 Floor Panel을 받침대(Pedestal)로 지지시켜 구성하는 2층 마루구조	●19④·09①·00③ (용어) Access Floor
	특성	① 공조, 배관, 전기 설비 등의 설치, 유지관리 및 보수의 편리성 확보 ② 바닥 먼지를 바닥판으로 배출하여 실내청정도를 유지한다.	
	종류	① 장선방식 ② 공동독립다리방식 ③ 지지부 부착 패널방식	●10② (종류) Access Floor 지지방식
4. 목재데크 설치	순서	① 고름 모르타르 ② 방수층 설치 ③ 보호 모르타르 ④ 무근 콘크리트 ⑤ 목재데크	●24②·20③ (순서) 목재데크 설치
5. 도배 공사	순서	바탕처리 – 초배 – 정배 – 마무리	
	붙임 공법	온통붙임 : 도배지 전면에 접착제를 발라 붙임 봉투붙임 : 도배지 가장자리에 접착제를 발라 붙임 공간붙임 : 도배지 좌우 2면에만 접착제를 발라 붙임 비닐붙임 : 도배지 반 정도만 접착제를 발라 붙임	
6. 경량 철골 칸막이 공사	순서	바탕처리 – 벽체틀 설치 – 단열재 설치 – 석고보드 설치 – 마감재(양면)	●24①·21① (순서) 경량 철골 칸막이

CHAPTER 12 핵심 기출문제

● 미장공사

01 다음 〈보기〉의 미장재료에서 기경성과 수경성 미장재료를 구분하여 쓰시오.

● 20⑤ · 12② · 05① · 00① · 99①,③

```
진흙              시멘트 모르타르      회반죽      무수석고 플라스터
돌로마이트 플라스터    석고플라스터
```

가. 기경성 미장재료 : _____

나. 수경성 미장재료 : _____

정답 미장재료
가. 진흙, 회반죽, 돌로마이트 플라스터
나. 시멘트 모르타르, 무수석고 플라스터, 석고플라스터

02 미장재료 중 수경성 재료와 기경성 재료를 각각 3가지만 쓰시오.

● 23② · 13④

가. 수경성 재료
① _____
② _____
③ _____

나. 기경성 재료
① _____
② _____
③ _____

정답 미장재료
가. 수경성 재료
① 시멘트 모르타르
② 소석고 플라스터
③ 무수석고 플라스터
④ 인조석 갈기
나. 기경성 재료
① 돌로마이트 플라스터
② 회반죽
③ 진흙

03 미장공사에서 사용되는 용어 중 다음을 설명하시오.

● 12② · 08① · 06③

가. 바탕처리 : _____
_____
_____
_____

정답 용어 설명
가. 바탕처리
모재와 바름재와의 부착력을 증진시키기 위하여 모재를 평탄히 하고 지나치게 매끈한 면은 거칠게 하고 수경성 미장재료는 물축임을 하는 일련의 작업

나. 덧먹임 :

> 나. 덧먹임
> 바르기의 접합부 또는 균열의 틈새·구멍 등에 반죽된 재료를 밀어 넣어 때우는 것

04 다음의 각종 모르타르에 해당하는 주요 용도를 〈보기〉에서 골라 쓰시오.
• 07② · 04② · 01① · 98⑤

① 경량, 단열용   ② 내산 바닥용   ③ 보온, 불연용   ④ 방사선 차단용

가. 아스팔트 모르타르 (   )
나. 질석 모르타르 (   )
다. 바라이트 모르타르 (   )
라. 활석면 모르타르 (   )

정답 각종 모르타르
가. ②
나. ①
다. ④
라. ③

05 다음의 회반죽 미장의 시공순서를 기호로 쓰시오.
• 02③

가. 초벌바름	나. 재료 조정 및 반죽	다. 정벌바름
라. 고름질 및 덧먹임	마. 수염 붙이기	바. 재벌바름
사. 보양	아. 마무리	자. 바탕처리

(   ) → (   ) → (   ) → (   ) → (   ) →
(   ) → (   ) → (   ) → (   )

정답 회반죽 미장 순서
자 → 나 → 마 → 가 → 라 → 바 → 다 → 아 → 사

06 미장공사와 관련된 다음 용어를 간단히 설명하시오.
• 20⑤ · 14②

가. 손질바름 :

나. 실러바름 :

정답 용어
가. 손질바름 : 콘크리트, 콘크리트 블록 바탕에서 초벌바름 전에 마감두께를 균등하게 할 목적으로 모르타르 등으로 미리 요철을 조정하는 것
나. 실러바름 : 바탕의 흡수 조정, 바름재와 바탕과의 접착력 증진 등을 위하여 합성수지 에멀션 희석액 등을 바탕에 바르는 것

07 시멘트 모르타르 미장공사에서 채용되는 부위별 미장 시 합계 두께를 mm 단위로 쓰시오.(단, 콘크리트 바탕을 기준으로 함)
• 05② · 03② · 99④

가. 바닥 :
나. 천장 :
다. 내벽 :
라. 바깥벽 :

정답 미장 바름 두께
가. 24mm
나. 15mm
다. 18mm
라. 24mm

08 미장공사에 관한 설명이다. ( ) 안을 채우시오. •05② · 03② · 99④

> 미장공사 시 1회의 바름 두께는 바닥을 제외하고 (가)를 표준으로 한다. 바닥층 두께는 보통 (나)로 하고 안벽은 (다), 천장 · 채양을 (라)로 한다.

가. _____ 나. _____
다. _____ 라. _____

정답 미장 바름 두께
가. 6mm
나. 24mm
다. 18mm
라. 15mm

09 인조석바름 또는 테라초 현장갈기 시공 시 줄눈대를 설치하는 이유에 대하여 3가지만 쓰시오. •02②

가. _____ 나. _____
다. _____

정답 줄눈대 설치 이유
가. 바름 구획
나. 균열 방지
다. 보수 용이

10 바닥강화재 바름공사에 사용하는 강화재의 형태에 따른 분류를 쓰고, 콘크리트와 시멘트계 바닥의 어떤 성능을 증진시키기 위해 사용하는가를 쓰시오. •01③ · 00④

가. 바닥강화재의 종류 : _____

나. 성능 증진 : _____

정답 바닥강화재
가. 종류 : 분말형 바닥강화재, 액상 바닥강화재, 합성고분자 바닥강화재
나. 성능 증진 : 내마모성, 내화학성, 분진방지성

11 시멘트계 바닥 바탕의 내마모성 · 내화학성 · 분진방진성을 증진시켜 주는 바닥강화제(Hardner) 중 침투식 액상 하드너 시공 시 유의사항 2가지를 쓰시오. •22② · 11①

가. _____

나. _____

정답 액상 하드너 시공
가. 바닥강화 시공 시 또는 시공완료 후 기온이 5℃ 이하가 되면 작업을 중지한다.
나. 타설된 면에 비나 눈의 피해가 없도록 보양 조치한다.

12 다음 용어에 대한 설명을 쓰시오. •00⑤

가. 쇼트 크리트(Shotcrete) : _____

나. 바라이트(Barite) 모르타르 : _____

정답 용어
가. 쇼트 크리트(Shotcrete) : 모르타르를 압축공기로 분사하여 바른 것
나. 바라이트(Barite) 모르타르 : 방사선 차단용으로 바라이트 분말에 시멘트, 모래를 혼합하여 만든 것

13 다음 용어를 설명하시오.

가. 리그노이드 스톤(Lignoid Stone) :

나. 캐스트 스톤(Cast Stone) :

다. 온도조절 철근(Temperature Bar) :

정답 용어
가. 마그네시아 시멘트에 탄성재인 콜크분말, 안료 등을 혼합한 미장재료로서 바닥 포장재에 주로 쓰인다.
나. 인조석 잔다듬이라고도 하며, 인조석 바름 후 경화시켜 석공구로 잔다듬하여 마무리한 것
다. 온도변화에 따른 콘크리트 수축으로 생긴 균열을 최소화하기 위한 철근

14 일반 석고보드 장·단점을 각각 2가지씩 쓰시오.

가. 장점
 ①
 ②
나. 단점
 ①
 ②

정답 석고보드 특징
가. 장점
 ① 방화성능, 단열성능 우수
 ② 시공이 용이함, 공기단축 가능
나. 단점
 ① 습기에 취약, 지하공사나 덕트 주위에 사용금지
 ② 접착제 시공 시 온도, 습도변화에 민감하여 동절기 사용이 어려움
※ 기타 : 못 사용 시 녹막이 필요, 충격강도에 취약 등

15 대리석분말 또는 세라믹 분말제에 특수 혼화제를 첨가한 레디 믹스트 모르타르를 현장에서 물과 혼합하여 뿜칠로 전체 표면을 1~3mm 두께로 얇게 바르는 미장공법의 명칭은?

정답 용어
수지 미장

● **도장공사**

16 가연성 도료창고의 구비사항 3가지를 쓰시오.

가.
나.
다.

정답 가연성 도료창고의 구비사항
가. 독립한 단층건물로서 주위 건물에서 1.5m 이상 떨어져 있게 한다.
나. 내화구조 또는 방화구조로 된 구획된 장소를 선택한다.
다. 지붕은 불연재로 하고 천장은 설치하지 않는다.
라. 시너를 많이 보관할 때에는 소화방법 및 기타 위험물 취급에 관한 법령에 준하여 소화기 및 소화용 모래 등을 비치한다.

17 다음의 ( )를 채우시오. • 09④

> 뿜칠의 노즐 끝과 시공면의 거리는 (가)mm를 유지, 시공면과의 각도는 (나)°, (다) 이하는 작업 중단이 원칙

가. ....
나. ....
다. ....

정답 도장작업 – 뿜칠
가. 300 나. 90 다. 5℃

18 목재면 바니쉬칠 공정의 작업순서를 〈보기〉에서 골라 기호로 쓰시오.
• 23④ · 16② · 06③ · 99③

> ① 색올림 ② 왁스 문지름 ③ 바탕처리 ④ 눈먹임

( ) → ( ) → ( ) → ( )

정답 바니쉬칠 순서
③ → ④ → ① → ②

19 유성페인트 구성요소를 3가지 쓰시오. • 98③

가. ....
나. ....
다. ....

정답 유성페인트 구성요소
가. 건성유
나. 건조제
다. 안료

20 목부 유성페인트 시공을 하고자 한다. 공정의 순서를 아래 〈보기〉에서 골라 기호로 쓰시오.
• 98⑤

> 가. 정벌칠   나. 초벌칠   다. 재벌칠 1회   라. 연마
> 마. 바탕 만들기   바. 퍼티 먹임   사. 재벌칠 2회

( ) → ( ) → ( ) → ( ) → ( ) →
( ) → ( ) → ( ) → ( )

정답 목부 유성페인트 시공순서
마 → 라 → 나 → 바 → 라 → 다 → 라 → 사 → 라 → 가

21 도장공사에서 유성 바니시에 사용되는 재료 2가지를 쓰시오. • 20③

가. ....
나. ....

정답 유성 바니시에 사용되는 재료
가. 유용성 수지
나. 건성유
다. 휘발성 용제(미네랄 스피릿)

22 녹막이 방지용 도료를 2가지 쓰시오.
  • 16④ · 12④ · 09②

  가. _____
  나. _____

정답 녹막이 방지용 도료
가. 광명단
나. 징크로메이트 도료

23 철에서 녹제거 시에 필요한 공구 2가지와 용제 2가지를 쓰시오.
  • 16② · 01① · 99①

  가. 공구 : _____
  나. 용제 : _____

정답 녹제거 공구와 용제
가. 공구 : 와이어 브러시, 철사
나. 용제 : 휘발유, 벤젠, 솔벤트, 나프타

24 금속재 바탕처리법 중 화학적 방법 3가지를 쓰시오.
  • 16② · 11①

  가. _____
  나. _____
  다. _____

정답 화학적 방법
가. 용제에 의한 방법
나. 인산피막법(파커라이징법, 본더라이징법)
다. 워시프라이머법(에칭프라이머법)
※ 기타 : 산처리법, 알칼리처리법

● **금속공사**

25 벽, 기둥 등의 모서리는 손상되기 쉬우므로 별도의 마감재를 감아대거나 미장면의 모서리를 보호하면서 벽, 기둥을 마무리하는 보호용 재료를 무엇이라고 하는가?
  • 20① · 19④ · 10① · 05③

  _____

정답 용어
코너비드(Corner Bead)

26 다음 용어를 설명하시오.
  • 19④ · 10①

  가. 코너비드(Corner Bead) : _____
  나. 차폐용 콘크리트 : _____

정답 용어
가. 코너비드 : 기둥, 벽 등의 모서리에 대어 미장 바름을 보호하는 철물
나. 차폐용 콘크리트 : 중량 2.5t/m² 이상의 방사선 차폐를 위한 콘크리트

27 다음 수장철물의 용어를 설명하시오.
  • 20③ · 18①

  가. 메탈라스 : _____
  나. 펀칭메탈 : _____

정답 용어
가. 메탈라스 : 금속판에 자름금을 내어 만든 판형의 수장 철물
나. 펀칭메탈 : 금속판에 각종 모양의 구멍을 뚫어 만든 판형의 수장 철물

28 다음 금속공사에 이용되는 철물이 뜻하는 용어를 보기에서 골라 그 번호를 쓰시오.
• 15① · 12④ · 08②

① 철선을 꼬아 만든 철망
② 얇은 철판에 각종 모양을 도려낸 것
③ 벽, 기둥의 모서리에 대어 미장바름을 보호하는 철물
④ 테라초 현장갈기의 줄눈에 쓰이는 것
⑤ 얇은 철판에 자름금을 내어 당겨 늘린 것
⑥ 연강 철선을 직교시켜 전기 용접한 것
⑦ 천장, 벽 등의 이음새를 감추고 누르는 것

가. 와이어 라스 :
나. 메탈라스 :
다. 와이어 메쉬 :
라. 펀칭메탈 :

정답 철물 종류
가. ① 나. ⑤ 다. ⑥ 라. ②

29 경량철골 반자틀 시공순서를 천장판 시공까지 쓰시오.
• 02②

인서트 매입 → (가) → (나) → (다) → (라) → (마)

가.
나.
다.
라.
마.

정답 경량철골 반자틀 시공순서
가. 달대 설치
나. 행거
다. 천장틀받이(채널)
라. 천장틀설치(M-BAR)
마. 텍스 붙이기

● **합성수지**

30 최근 건축공사에서 사용되고 있는 합성수지 재료의 물성에 관한 장단점을 각각 2가지 쓰시오.
• 99⑤

가. 장점 : ①
②
나. 단점 : ①
②

정답 합성수지의 특징
가. 장점
① 우수한 가공성(성형, 가공 용이)
② 경량이다.(가볍다)
나. 단점
① 내마모성, 내화성이 약하다.
② 경도가 작다.

31 다음 〈보기〉의 합성수지를 열경화성 및 열가소성으로 분류하여 기호를 쓰시오.

• 02① · 00②

| ① 염화비닐 수지 | ② 폴리에틸렌 수지 | ③ 페놀 수지 |
| ④ 멜라민 수지 | ⑤ 에폭시 수지 | ⑥ 아크릴 수지 |

가. 열경화성 수지 :

나. 열가소성 수지 :

정답 합성수지 종류
가. ③, ④, ⑤
나. ①, ②, ⑥

32 다음 〈보기〉의 합성수지를 열경화성 및 열가소성 수지로 분류하시오.

• 02① · 00②

① 페놀 수지	② 아크릴 수지	③ 폴리에틸렌 수지
④ 폴리에스테르 수지	⑤ 멜라민 수지	⑥ 염화비닐 수지
⑦ 프란 수지		

가. 열경화성 수지 :

나. 열가소성 수지 :

정답 합성수지 종류
가. 열경화성 수지 : ①, ④, ⑤, ⑦
나. 열가소성 수지 : ②, ③, ⑥

33 합성수지 중에서 열가소성 수지와 열경화성 수지를 2가지씩 기재하시오.

• 20② · 18①

가. 열가소성 수지 :

나. 열경화성 수지 :

정답 합성수지 분류
가. 열가소성 수지 : 염화비닐 수지, 초산비닐 수지, 아크릴 수지, 폴리스틸렌 수지, 폴리에틸렌 수지, 폴리아미드 수지 등
나. 열경화성 수지 : 페놀 수지, 요소 수지, 멜라민 수지, 폴리에스테르 수지, 에폭시 수지, 실리콘 수지, 우레탄 수지

● **단열공사**

34 일반적인 단열재의 구비조건을 4가지 쓰시오.

• 07②

가.
나.
다.
라.

정답 단열재의 구비조건
가. 열전도율이 낮을 것
나. 흡수성이 낮을 것
다. 투습성이 적고, 내화성이 있을 것
라. 비중이 작고, 상온에서 가공성이 좋을 것
마. 내후성, 내산성, 내알칼리성 재료로 부패되지 않을 것
바. 균질한 품질, 가격이 저렴할 것
사. 유독가스 발생이 적고, 인체에 유해하지 않을 것

35 다음 내용은 발포폴리스티렌 단열재의 종류에 대한 설명이다. 내용에 맞는 종류를〈보기〉에서 골라 맞게 쓰시오.
• 24②

| ① 압출법　② 비드법 1종　③ 비드법 2종 |

가. 구슬 모양의 원료를 미리 가열하여 1차 발포시키고 적당한 시간을 숙성시킨 후 판 모양 또는 통 모양의 금형에 채우고 다시 가열하여 2차 발포에 의해 융착, 성형한 제품 　(　)
나. 원료를 가열, 용융하고 연속적으로 압출, 발포시켜 성형한 제품 (　)
다. 첨가제 등에 의하여 개질된 폴리스티렌 원료를 사용하여 발포, 성형한 제품 (　)

정답 발포폴리스티렌 단열재의 종류
가. ②　나. ①　다. ③

36 건축공사의 단열 공법에서 단열부위 위치에 따른 벽 단열 공법의 종류를 쓰시오.
• 16② · 09③ · 06③ · 02③

가. _____　나. _____
다. _____

정답 부위에 따른 벽단열 공법
가. 외벽단열 공법
나. 내벽단열 공법
다. 중공벽단열 공법

37 다음은 평지붕 외단열 시트 방수공법이다. 보기를 보고 시공순서를 보기를 골라 적으시오.

| 가. 누름콘크리트　나. PE필름　다. 단열재
라. 시트방수　마. 슬라브바탕 |

정답 평지붕 외단열 시트방수공법 시공순서
마 - 라 - 다 - 나 - 가

● **기 타**

38 다음〈보기〉에서 마감공사 항목을 시공순서에 따라 번호를 쓰시오.
• 06①

| ① 벽미장(회반죽) 마감　② 걸레받이 설치(인조대리석판)
③ 징두리 설치(인조대리석판)　④ 창 및 출입문(새시)
⑤ 바닥 깔기(비닐타일) |

(　) → (　) → (　) → (　) → (　)

정답 마감공사 순서
④ → ① → ③ → ⑤ → ②

39 인텔리전트 빌딩의 Access 바닥에 관하여 기술하시오.
• 19④ · 09① · 00③

정답 Access Floor(바닥)
정방형의 Floor Panel을 받침대로 지지시켜 구성하는 2층 바닥구조로써 설비설치 및 보수유지가 간단하며, 실내먼지를 바닥에서 집진하므로 실내청정도를 유지할 수 있다.

40 2중바닥 구조인 Access Floor의 지지방식을 3가지 쓰시오.

가. _____ 나. _____
다. _____

정답 악세스플로어 지지방식
가. 장선방식
나. 공동독립 다리방식
다. 지지부 부착 패널방식

---

41 바닥재료 중 리놀륨 시공순서를 빈칸에 쓰시오.

가. _____
나. 깔기 계획
다. _____
라. _____
마. 마무리

정답 리놀륨 시공순서
가. 바탕 고르기
나. 깔기 계획
다. 임시 깔기
라. 정 깔기
마. 마무리

---

42 다음 용어를 설명하시오.

가. 정초식 : _____
나. 상량식 : _____

정답 용어
가. 정초식 : 기초공사 완료 시에 행하는 의식
나. 상량식 : 콘크리트조에서 지붕공사가 완료 시에 행하는 의식

---

43 다음에서 설명하는 용어를 쓰시오.

> 드라이비트라는 일종의 못박기총을 사용하여 콘크리트나 강재 등에 박는 특수못 머리가 달린 것을 H형, 나사로 된 것을 T형이라고 한다.

정답 용어
드라이브 핀(Drive Pin)

---

44 천정 슬래브 위에 다음 〈보기〉를 시공순서대로 나열하여 번호로 쓰시오.

> ① 무근 콘크리트 ② 고름 모르타르 ③ 목재 데크
> ④ 보호 모르타르 ⑤ 시트방수

정답 목재 데크 설치 순서
② - ⑤ - ④ - ① - ③

---

45 석고보드 양면 취부(2번 기재)의 시공 순서를 〈보기〉에서 골라 쓰시오.

> ① 벽체틀 ② 석고보드 취부 ③ 마무리 ④ 단열재 ⑤ 바탕처리

정답 석고보드 양면 취부(2번 기재)의 시공 순서
⑤ - ① - ④ - ② - ② - ③

APPENDIX

과년도 기출문제

미듬 건축기사 실기
cafe.naver.com/ikaiscom

Engineer Architecture

2024년 기출문제 및 해설

CONTENTS

제1회	기출문제	2
제2회	기출문제	14
제3회	기출문제	26

2024년 1회 과년도 기출문제

01 콘크리트 헤드(Con'c head)에 대하여 간단히 설명하시오.

02 어스앵커공법의 특징 4가지를 쓰시오.

가.
나.
다.
라.

03 유리공사 시 발생하는 열파손에 대하여 설명하시오.

04 레미콘 공장 선정 시 유의사항 3가지를 쓰시오.

가.   나.
다.

05 품질시험계획서에 기입해야 하는 항목 3가지를 쓰시오.

가.   나.
다.

06 다음 용어에 대하여 간단히 설명하시오.

    가. 로이유리 :

    나. 단열간봉 :

07 다음 용어에 대하여 간단히 설명하시오.

    가. 콜드조인트(Cold Joint) :

    나. 시공줄눈(Construction Joint) :

08 조적쌓기 방법 중 영식쌓기에 대하여 설명하시오.

09 커튼월 알루미늄바 설치 시 누수방지대책을 시공적 측면에서 4가지 기재하시오.

    가.

    나.

    다.

    라.

10 다음 데이터를 이용하여 네트워크 공정표를 작성하시오.

작업명	선행작업	작업일수	비 고
A	없음	3일	주공정선은 굵은 선으로 표시하고 결합점에서는 다음과 같이 표시하시오.
B	없음	4일	
C	A	4일	
D	A	6일	
E	A	5일	
F	B, C, D	3일	

〈표준 네트워크 공정표〉

11 기성 콘크리트 말뚝 공사 후 검사 항목 3가지를 쓰시오.

가. _____ 나. _____

다. _____

12 강판을 그림과 같이 가공하여 20개의 수량을 사용하고자 한다. 강판의 비중이 7.85일 때 소요량(kg)을 산출하고 스크랩의 발생량(kg)도 함께 산출하시오.

〈산출근거〉

가. 강판의 소요량 :

답 : _____ kg

나. 스크랩 발생량 :

답 : _____ kg

13 다음 용어를 간단히 설명하시오.

가. 종합심사낙찰제도 : _____

나. 적격낙찰제도 : _____

14 건설공사에서 사용되는 잭 서포트를 간단히 설명하고 설치 위치 2개소를 쓰시오.

가. 용어 : _____

나. 설치 장소
① _____
② _____

15 다음의 그림은 라멘조 철근콘크리트 기둥의 일부이다. 기둥 주철근을 횡방향으로 이음하려고 할 때, 기둥 주철근의 이음 위치가 가장 적절한 곳의 번호를 고르고, 해당 번호의 이음구간을 선정한 이유를 작성하시오.(왼쪽의 번호는 이음의 위치를 구분하기 위한 구간이다.)

가. ....
나. ....

16 민간이 자금조달을 하여 시설을 준공한 후 소유권을 정부에 이전하되, 정부의 시설임대료를 통해 투자비를 회수하는 민간투자사업 계약방식의 명칭을 쓰시오.

....

17 철근콘크리트 기둥에서 띠(Hoop)철근의 역할 2가지를 쓰시오.

가. ....
나. ....

18 시험에 관계되는 것을 〈보기〉에서 골라 그 번호를 쓰시오.

〈보기〉
① 신월 샘플링(Thin Wall Sampling)
② 베인시험
③ 표준관입시험
④ 정량분석시험

가. 진흙의 점착력   (   )
다. 지내력   (   )
다. 연한 점토   (   )
라. 염분   (   )

19 다음 조건에서 콘크리트 1m³를 비비는 데 필요한 단위시멘트, 모래, 자갈의 양을 각각 중량(kg)으로 산출하시오.

① 시멘트 비중 : 3.15
② 모래비중 2.5, 자갈 비중 : 2.6
③ 단위 수량 : 160kg/m³
④ 잔골재율(S/A) : 40%
⑤ 공기량 : 1%
⑥ 물시멘트비 : 50%

가. 단위시멘트량(kg)

나. 모래량(kg)

다. 자갈량(kg)

20 다음은 건축공사표준시방서의 규정이다. ( ) 안에 적당한 수치를 쓰시오.

터파기 공사에서 모래로 되메우기를 실시할 경우 충분한 물다짐을 실시하고, 일반 흙으로 되메우기를 할 경우 (   )mm 마다, 다짐밀도 95% 이상으로 다진다.

21 그림과 같은 철근콘크리트 보의 균열모멘트(M_{cr})의 값을 계산하시오.(단, 보통중량콘크리트를 사용하였으며, f_{ck} = 30MPa, f_y = 400MPa이다.)

〈산출근거〉

답 : _____

22 다음은 콘크리트 휨 및 압축 설계기준에 대한 내용이다. 괄호 안을 채워 넣으시오.

프리스트레스를 가하지 않은 휨부재는 공칭강도 상태에서 순인장변형률 ϵ_t가 휨부재의 최소 허용변형률 이상이어야 한다. 휨부재의 최소 허용변형률은 철근의 항복강도가 400MPa이하인 경우 (   )로 하며, 철근의 항복강도가 400MPa을 초과하는 경우 철근 항복변형률의 (   )배로 한다.

23 그림과 같은 기둥의 세장비를 구하시오.

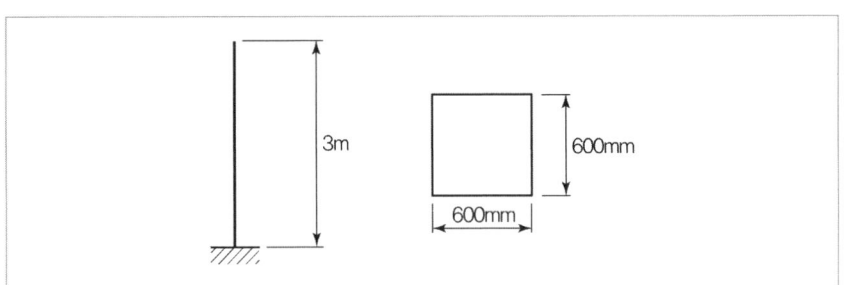

〈산출근거〉

답 : _____

24 다음은 내진설계의 종류이다. 각 구조의 개념을 간단하게 설명하시오.

가. 내진구조 : _____

나. 제진구조 : _____

다. 면진구조 : _____

25 다음 도형의 x축에 대한 단면 1차 모멘트(mm^3)를 계산하시오.

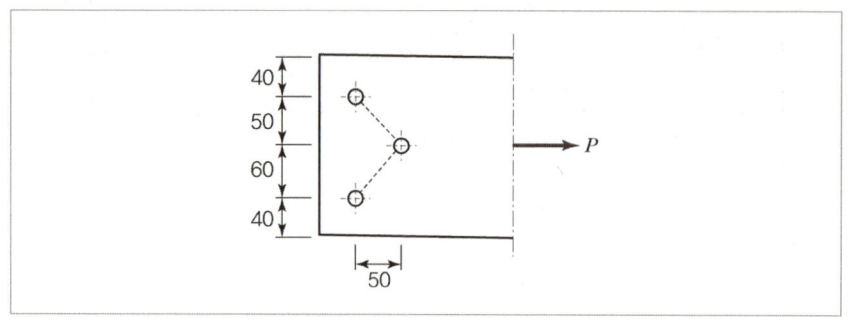

〈산출근거〉

답 : _____

26 다음 그림과 같은 독립기초에 발생하는 최대 압축응력(MPa)을 구하시오.

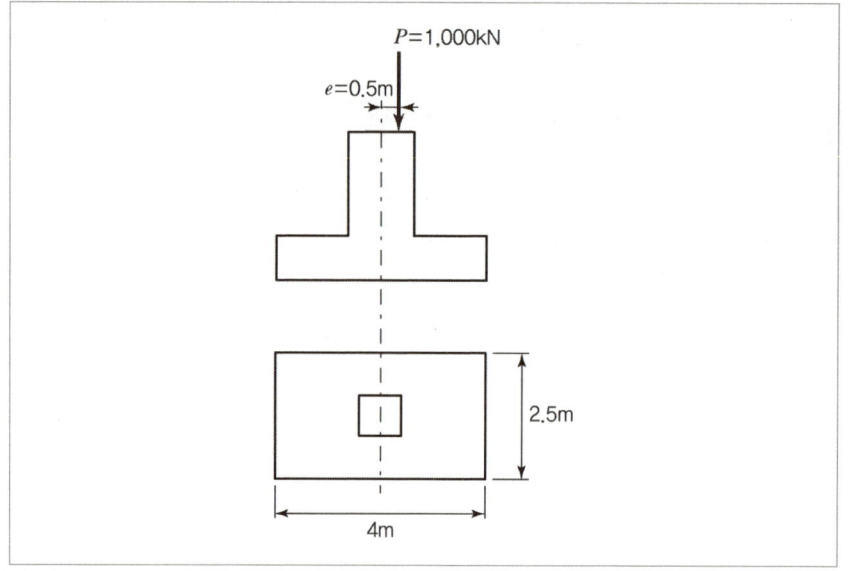

〈산출근거〉

답 : _____

2024년 1회 해설 및 정답

01 콘크리트 헤드(Con'c head)

수직거푸집에서 타설된 콘크리트 윗면으로부터 최대측압이 발생하는 수식의 거리

02 어스앵커 공법의 특징

가. 버팀대와 지주를 필요로 하지 않는다.
나. 대형 토공장비 투입이 가능하다.
다. 부정형 파기에서도 유효하다.
라. 부분 굴착시공도 가능하며 공기가 단축된다.
마. 시공비가 높으며, 앵커의 인발시험을 정확히 하여야 한다.

03 유리 열파손

열전도율이 적어 갑작스런 강열이나 냉각 등 급격한 온도 변화에 따라 파손되는 현상

04 레미콘 공장 선정 시 유의사항

가. 현장과의 거리
나. 운반 시간
다. 콘크리트 제조 능력
라. 운반차의 수
마. 공장의 제조 설비
바. 품질관리 상태

05 품질시험계획서에 기입해야 하는 항목

가. 품질 방침 및 목표
나. 품질관리 절차
다. 품질관리 검사 및 시험계획
라. 품질관리 부적격 판정 및 처리계획

06 용어

가. 로이유리 : 적외선 반사율이 높은 금속막 코팅을 이중 또는 삼중유리 안쪽에 붙인 친환경 유리
나. 단열간봉 : 복층유리의 간격을 유지하며 열전달을 차단하여 단열성능을 향상시킨 재료

07 용어

가. 콜드조인트(Cold Joint) : 콘크리트 시공과정 중 휴식시간 등으로 응결하기 시작한 콘크리트에 새로운 콘크리트를 이어칠 때 일체화가 저해되어 생기게 되는 줄눈
나. 시공줄눈(Construction Joint) : 거푸집의 측압을 고려하여 계획적으로 이어 붓기에 의해 형성되는 줄눈

08 영식쌓기

A켜는 마구리 쌓기, B켜는 길이 쌓기로 교대로 쌓으며 이오토막을 이용하여 통줄눈을 생성하지 않는 쌓기법

09 커튼월 알루미늄바 설치 시 누수방지대책

가. 멀리온과 패널의 이음매 처리 철저
나. 오픈 조인트 설치 시 물의 이동으로 인한 누수 차단 철저
다. 클로즈드 조인트 설치 시 이음새 없이 시공
라. 용도에 적합한 실런트 사용

10 표준 네트워크 공정표

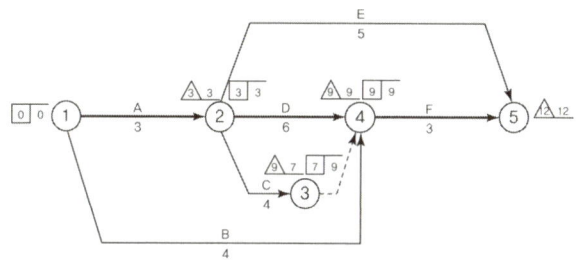

11 기성 콘크리트 말뚝 공사 후 검사 항목

가. 최종 관입깊이
나. 지지력 확인
다. 편심 정도
라. 이음 여부 및 품질
마. 말뚝머리 파손 여부

12 적산 – 강판 소요량 / 스크랩량

강판(플레이트) 수량은 면적×면적당 단위중량으로 산출하나 여기서는 문제조건으로 단위중량이 주어져 있지 않고 비중이 주어져 있으므로 다음의 식을 이용한다.

비중 = $\dfrac{부피}{중량}$ ∴ 중량(t) = 비중×부피(m^3)

가. 강판소요량
= (0.4×0.4×0.004×7.85×1,000kg×20개)×1.1
= 110.528kg

나. 스크랩량
= 0.4×0.15×0.5×0.004×7.85×1,000kg×20개
= 18.84kg

13 용어

가. 종합심사낙찰제도 : 입찰제 개선과 시공품질 제고, 적정 공사비 확보를 정착시키기 위하여 가격과 공사수행 능력 및 사회책임의 점수를 합산하여 높은 점수의 입찰자를 낙찰하는 제도
나. 적격낙찰제도 : 비용 이외에 기술능력, 공법, 품질관리 능력, 시공경험, 재무상태 등 공사 이행능력을 종합심사하여 공사에 적격하다고 판단되는 입찰자에게 낙찰시키는 제도

14 잭서포트

가. 용어 : 거푸집 및 콘크리트의 큰 무게와 하중을 지지하기 위하여 설치하는 부재 또는 높은 작업 장소 발판, 재료 운반이나 위험물 낙하 방지를 위해 설치하는 임시 지지대

나. 설치 장소
① 슬래브 스팬 중앙
② 빔이나 거더의 중앙

15 라멘구조 기둥의 주철근 이음 위치

가. ③

나. 중앙 부분이 휨응력이 가장 작기 때문이다.
$\sigma_b = M/Z$

※ 기둥의 주철근(수직철근)은 휨모멘트에 저항하므로(전단력은 띠철근이 저항함) 일반적으로 기둥부재의 휨모멘트가 0이 되는 중앙부 위치에서 이음을 하는 것이 가장 적절하다.

일반 기둥의 휨모멘트 / 일반 기둥의 이음 위치

16 용어

BTL

17 띠(Hoop)철근의 역할

가. 콘크리트의 가로방향 변형 방지
나. 기둥의 좌굴 방지

18 용어

가. ②   나. ③   다. ①   라. ④

19 배합비에 따른 각 재료량

콘크리트 1m³ = 물의 용적 + 시멘트 용적
           + 전골재(모래 + 자갈) 용적 + 공기 용적

(1) 물
① 중량 = 160kg(∵ 문제 조건의 단위수량)
② 용적 = 0.16m³(∵ 1m³ = 1,000kg)

(2) 시멘트
① 중량 = 물의 양 ÷ 물 시멘트비 = 160kg ÷ 0.5
       = 320kg
② 용적 = $\frac{0.32}{3.15}$ (∵ 비중 = $\frac{중량(t)}{부피(m^3)}$) = 0.102m³

(3) 공기 용적 = 0.01m³

여기서 전골재의 용적
= 1 − (물의 용적 + 시멘트 용적 + 공기량)
= 1 − (0.16 + 0.102 + 0.01) = 0.728m³

(4) 잔골재
① 용적 = 전골재 용적 × 잔골재율
       = 0.728 × 0.4 = 0.2912m³
② 중량 = 0.2912 × 2.5 × 1,000 = 728kg

(5) 굵은 골재
① 용적 = 전골재 용적 − 잔골재 용적
       = 0.728 − 0.2912 = 0.4368m³
② 중량 = 0.4368 × 2.6 × 1,000 = 1,135.68kg

∴ 가. 시멘트량 : 320kg
  나. 모래량 : 728kg
  다. 자갈량 : 1,135.68kg

20 되메우기

300

21 보 − 균열모멘트

$$M_{cr} = f_r \times Z = 0.63\lambda\sqrt{f_{ck}} \cdot \frac{bh^2}{6}$$

$$= 0.63 \times 1 \times \sqrt{(30)} \times \frac{300 \times 600^2}{6}$$

$$= 62,111,783 \text{N} \cdot \text{mm} = 62.111 \text{kN} \cdot \text{m}$$

22 콘크리트 휨 및 압축 설계기준

0.004, 2

23 기둥의 세장비

$$\lambda = \frac{KL}{r} = \frac{KL}{\sqrt{\frac{I}{A}}} = \frac{2 \times 3,000}{\sqrt{\frac{\left(\frac{600 \times 600^3}{12}\right)}{600 \times 600}}} = 34.641$$

24 내진설계의 종류

가. 내진구조 : 강도설계법에 근거하여 지진하중(횡력)에 대하여 건축물의 모든 부재가 요구강도 이상이 되도록 설계하는 방법

나. 제진구조 : 건축물에 제진장치 등을 설치하여 건축물의 고유진동주기를 제어하여 지진하중을 감소시키는 방법

다. 면진구조 : 건물과 지면 사이에 면진장치(적층고무 또는 미끄럼받이 등)를 설치하여 지진에 의한 진동이 구조물에 전달되지 않도록 하는 방법

25 단면 1차 모멘트

$G_g = (50 \times 100)(50) - (35 \times 80)(50) = 110{,}000 \text{mm}^3$

26 독립기초 최대 압축응력

최대 압축응력$(\sigma_{\max}) = -\dfrac{P}{A} - \dfrac{M}{Z}$

$-\dfrac{P}{A} - \dfrac{P \cdot e}{Z} = -\dfrac{1{,}000 \times 10^3}{2{,}500 \times 4{,}000} - \dfrac{1{,}000 \times 10^3 \times 500}{\dfrac{2{,}500 \times 4{,}000^2}{6}}$

$= -0.175 \text{N/mm}^2 = -0.175 \text{MPa(압축)}$

2024년 2회 과년도 기출문제

01 건축공사 표준시방서에 의한 석재의 물갈기 마감공정을 순서대로 쓰시오.

가. 물갈기   나. 정갈기   다. 거친갈기   라. 본갈기

02 석고보드 양면 취부(2번 기재)의 시공 순서를 〈보기〉에서 골라 쓰시오.

① 벽체틀   ② 석고보드 취부   ③ 마무리   ④ 단열재   ⑤ 바탕처리

03 가연성 도료창고의 구비사항 3가지를 쓰시오.

가.
나.
다.

04 다음 용어에 대하여 간단히 설명하시오.

가. 달비계 :

나. 말비계 :

05 다음 도면을 보고 요구 물량을 산출하시오.

1) 옥상 방수 면적

답 : _____ (m²)

2) 누름 콘크리트량

답 : _____ (m³)

3) 보호벽돌 소요량

답 : _____ (장)

06. 다음 데이터를 이용하여 표준 네트워크 공정표를 작성하고 7일 공기단축한 네트워크 공정표를 완성하시오.

작업명	선행 작업	공사 일수	1일 공기 단축 시 비용(천원)	비고
A(①→②)	없음	2	50	단, 공기단축은 작업일수의 1/2을 초과할 수 없다. 결합점 위에 다음과 같이 표기한다.
B(①→③)	없음	3	40	
C(①→④)	없음	4	30	
D(②→⑤)	A, B, C	5	20	
E(②→⑥)	A, B, C	6	10	
F(③→⑤)	B, C	4	15	
G(④→⑥)	C	3	23	
H(⑤→⑦)	D, F	6	37	
I(⑥→⑦)	E, G	7	45	

가. 표준 네트워크 공정표

나. 공기단축 네트워크 공정표

07 흐트러진 상태의 흙 10m³를 이용하여 10m²의 면적에 다짐 상태로 50cm 두께를 터돋우기 할 때 시공 완료된 다음의 흐트러진 상태의 토량을 산출하시오.(C = 0.9, L = 1.2)

〈산출근거〉

답 : _____ m³

08 천정 슬래브 위에 다음 〈보기〉를 시공순서대로 나열하여 번호로 쓰시오.

〈보기〉
① 무근 콘크리트   ② 고름 모르타르   ③ 목재 데크
④ 보호 모르타르   ⑤ 시트방수

09 다음은 표준관입시험에 대한 설명이다. ( ) 안에 맞는 내용을 기재하시오.

Rod 선단에 샘플러를 부착하고, Rod 상단에 63.5±(가)kg의 해머로 (나)±10mm 높이에서 타격하여 Rod 끝의 (다) 부분을 (라) 관입시키는 데 필요한 타격횟수 N치를 구하여 지반의 밀도를 파악하는 시험

가. _____   나. _____
다. _____   라. _____

10 콘크리트의 알칼리 골재반응을 방지하기 위한 대책을 3가지 쓰시오.

가. _____   나. _____
다. _____

11 390×190×190mm인 심네트 블록의 압축강도 시험에서 하중속도를 매초 0.2N/mm² 한다면 압축강도 8MPa인 블록은 몇 초에서 붕괴되겠는지 붕괴시간을 구하시오.

〈산출근거〉

답 : .... 초

12 다음 그림을 보고 맞는 줄눈 명칭을 기재하시오.

가. .... 나. ....
다. .... 라. ....

13 건축공사 표준시방서에 거푸집널 존치기간 중 평균기온이 10℃ 이상인 경우에 콘크리트의 압축강도 시험을 하지 않고 거푸집을 떼어낼 수 있는 콘크리트의 재령(일)을 나타낸 표이다. 빈칸에 알맞은 숫자를 표기하시오.

시멘트 종류 평균 기온	조강포틀랜드 시멘트	보통포틀랜드 시멘트/ 고로슬래그 시멘트(1종)	고로슬래그 시멘트(2종)/ 포졸란 시멘트(2종)
20℃ 이상	2일	①	②
20℃ 미만 10℃ 이상	③	④	8일

① .... ② ....
③ .... ④ ....

14 종합심사 낙찰제도에 대하여 간략히 설명하시오.

15 아래 용접기호에 따라 시공된 상태의 상세도에 맞게 용접기호를 표기하시오.

16 콘크리트 타설 시 온도 상승 후 냉각되면서 균열이 발생하는데 이러한 온도균열 방지 대책 3가지를 쓰시오.

가. _____ 나. _____

다. _____

17 철근콘크리트 2층 구조물 철근의 조립 순서이다. 〈보기〉에서 기호를 골라 순서대로 쓰시오.

〈보기〉
① 벽 ② 보 ③ 기둥 ④ 기초 ⑤ 슬라브

18 어떤 골재의 밀도가 2.65g/cm³이고, 단위용적중량이 1,800kg/m³라면 이 골재의 실적률을 구하시오.

〈산출근거〉

답 : _____

19 다음은 벽돌 쌓기에 대한 설명이다. 이에 맞는 쌓기법을 기재하시오.

가. 담 또는 처마 부분에 내쌓기를 할 때 45도 각도로 모서리가 면에 나오도록 쌓는 방법 ( )

나. 난간벽과 같이 상부 하중을 지지하지 않는 벽에 있어서 장식적인 효과를 기대하기 위해 벽체에 구멍을 내어 쌓는 것 ( )

20 KS 규격상 시멘트의 오토 클레이브 팽창도는 0.80% 이하로 규정되어 있다. 반입된 시멘트의 안정성 시험결과가 다음과 같다고 할 때 합격 여부를 판정하시오.(단, 시험 전 시험체의 유효 표점길이는 254mm, 오토 클레이브 시험 후 시험체의 길이는 255.78mm 이었다.)

〈산출근거〉

답 : _____

21 다음 내용은 발포폴리스티렌 단열재의 종류에 대한 설명이다. 내용에 맞는 종류를 〈보기〉에서 골라 맞게 쓰시오.

〈보기〉
① 압출법   ② 비드법 1종   ③ 비드법 2종

가. 구슬 모양의 원료를 미리 가열하여 1차 발포시키고 적당한 시간을 숙성시킨 후 판 모양 또는 통 모양의 금형에 채우고 다시 가열하여 2차 발포에 의해 융착, 성형한 제품 ( )

나. 원료를 가열, 용융하고 연속적으로 압출, 발포시켜 성형한 제품 ( )

다. 첨가제 등에 의하여 개질된 폴리스티렌 원료를 사용하여 발포, 성형한 제품( )

22 철근콘크리트구조에서 탄성계수비 $n = \dfrac{E_s}{E_c} = \dfrac{200,000}{8,500 \cdot \sqrt[3]{f_{cm}}}$

$= \dfrac{200,000}{8,500 \cdot \sqrt[3]{f_{ck} + \Delta f}}$ 식으로 표현할 수 있다. 다음 빈칸에 들어갈 수치를 쓰시오.

$f_{ck} \leq 40\text{MPa}$	$40\text{MPa} < f_{ck} < 60\text{MPa}$	$f_{ck} \geq 60\text{MPa}$
$\Delta f = (\ ①\ )$	$\Delta f = 직선\ 보간$	$\Delta f = (\ ②\ )$

① .... ② ....

23 평판구조(Flat Plate Slab)에서 2방향 전단보강방법 4가지를 쓰시오.

가. ....

나. ....

다. ....

라. ....

24 그림과 같은 인장부재의 순단면적을 구하시오.(단, 판재의 두께는 10mm이며, 구멍크기는 22mm)

〈산출근거〉

답 : ....

25 단위하중을 받는 용수철(Spring) 시스템의 용수철계수 k값을 구하시오.(하중 P, 길이 L, 단면적 A, 탄성계수 E)

〈산출근거〉

답 :

26 그림과 같은 하중을 받는 변단면 부재의 늘어난 길이(ΔL)를 구하시오. (단, 하중 P, 길이 L, 단면적 A, 탄성계수 E)

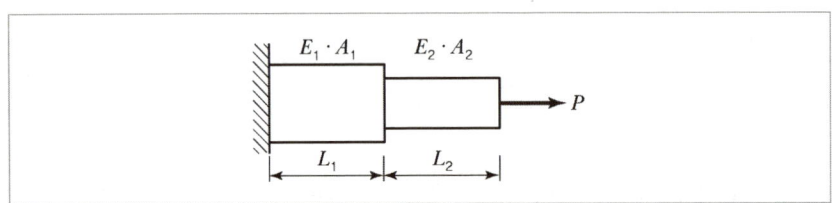

〈산출근거〉

답 :

2024년 2회 해설 및 정답

01 석재의 물갈기 마감공정

다 – 가 – 라 – 나

02 석고보드 양면 취부(2번 기재)의 시공순서

⑤ – ① – ④ – ② – ② – ③

03 가연성 도료창고의 구비사항

가. 독립한 단층건물로서 주위 건물에서 1.5m 이상 떨어져 있게 한다.
나. 내화구조 또는 방화구조로 된 구획된 장소를 선택한다.
다. 지붕은 불연재로 하고 천장은 설치하지 않는다.
라. 시너를 많이 보관할 때에는 소화방법 및 기타 위험물 취급에 관한 법령에 준하여 소화기 및 소화용 모래 등을 비치한다.

04 용어

가. 달비계 : 상부에서 와이어로프 등으로 매달린 형태의 비계
나. 말비계 : 주로 건축물의 천장과 벽면의 실내 내장 마무리 등을 위해 바닥에서 일정한 높이의 발판을 설치하여 사용하는 기계

05 적산

1) 옥상 방수 면적(m^2)
   ① 바닥 $= 11 \times 7 - 4 \times 2 = 69m^2$
   ② 파라펫 $= (11+7) \times 2 \times 0.43 = 15.48m^2$
   ∴ ① + ② $= 84.48m^2$

2) 누름 콘크리트량(m^3) $= 69 \times 0.08 = 5.52m^3$

3) 보호벽돌 소요량(장)
   $\{(11-0.09)+(7-0.09)\} \times 2 \times 0.35 \times 75 \times 1.05 = 982.3$
   ∴ 983장

06 공정 – 공기단축

가. 표준 네트워크 공정표

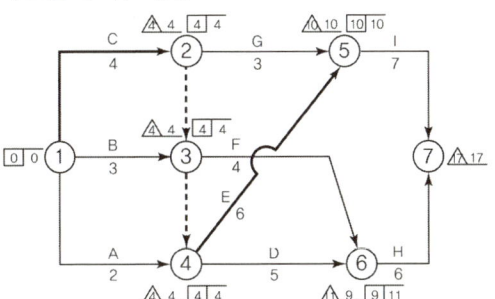

나. 공기단축 네트워크 공정표
(1) 공기단축

명	비용 구배	단축 가능 일수	1차	2차	3차	4차	5차	6차
A	50,000	1						
B	40,000	1				1		
C	30,000	2		1		1		
D	20,000	2			1		1	
E	10,000	3	2		1			
F	15,000	2					1	
G	23,000							
H	37,000	3						1
I	45,000	3					1	1

(2) 공기단축 시 증가 비율
① 1차 단축 E작업 2일 단축
   ∴ $2 \times 10,000 = 20,000$원
② 2차 단축 C작업 1일 단축
   ∴ $1 \times 30,000 = 30,000$원
③ 3차 단축 D작업 1일 단축
   ∴ $1 \times 20,000 = 20,000$원
   3차 단축 E작업 1일 단축
   ∴ $1 \times 10,000 = 10,000$원
④ 4차 단축 B작업 1일 단축
   ∴ $1 \times 40,000 = 40,000$원
   4차 단축 C작업 1일 단축
   ∴ $1 \times 30,000 = 30,000$원
⑤ 5차 단축 D작업 1일 단축
   ∴ $1 \times 20,000 = 20,000$원
   5차 단축 F작업 1일 단축
   ∴ $1 \times 15,000 = 15,000$원
   5차 단축 I작업 1일 단축
   ∴ $1 \times 45,000 = 45,000$원
⑥ 6차 단축 H작업 1일 단축
   ∴ $1 \times 37,000 = 37,000$원
   6차 단축 I작업 1일 단축
   ∴ $1 \times 45,000 = 45,000$원
∴ ① + ② + ③ + ④ + ⑤ + ⑥ $= 312,000$원

(3) 공기단축된 공정표(전부가 주공정선임)

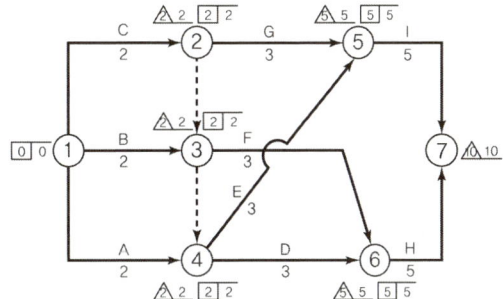

07 적산 – 토량환산 계수

① 시공되는 다짐상태의 흙량 = 10 × 0.5 = 5m³
② 시공되는 다짐상태의 흙량을 흐트러진 상태로 환산
   $5 \times \dfrac{L}{C} = 5 \times \dfrac{1.2}{0.9} = 6.67\text{m}^3$
③ 시공 후 흐트러진 상태로 남는 흙량
   10 − 6.67 = 3.33m³

08 목재 데크 설치 순서

② – ⑤ – ④ – ① – ③

09 표준관입시험

가. 0.5kg
나. 760mm
다. 표쥰관입시험용 샘플러
라. 300mm

10 알칼리 골재반응 방지대책

가. 반응성 골재, 알칼리 성분, 수분 중 한 가지는 배제
나. 비반응성 골재 사용
다. 저알칼리 시멘트(고로시멘트, Fly Ash 등) 사용
라. 포졸란 반응 사전 촉진
마. 염분 사용 금지
바. 방수제를 사용하여 수분을 억제

11 블록의 붕괴시간

가. 압축강도 = $\dfrac{P}{A} \le 8(\text{N/mm}^2)$
나. $P = A \times 8 = 390 \times 190 \times 8 = 592{,}800\text{N}$
다. 1초당 가압하중 = 0.2 × 390 × 190 = 14,820N
라. 붕괴시간 = $\dfrac{592{,}800}{14{,}820} = 40$초

12 줄눈 명칭

가. 조절줄눈   나. 슬라이딩줄눈
다. 시공줄눈   라. 신축줄눈

13 콘크리트의 재령(일)

평균 기온 \ 시멘트 종류	조강 포틀랜드 시멘트	보통포틀랜드 시멘트/ 고로슬래그 시멘트(1종)	고로슬래그 시멘트(2종)/ 포졸란 시멘트(2종)
20℃ 이상	2일	4일	5일
20℃ 미만 10℃ 이상	3일	6일	8일

① 4일   ② 5일   ③ 3일   ④ 6일

14 종합심사 낙찰제도

입찰제 개선과 시공품질 제고, 적정 공사비 확보를 정착시키기 위하여 가격과 공사수행능력 및 사회책임의 점수를 합산하여 높은 점수의 입찰자를 낙찰자로 선정하는 제도

15 용접기호

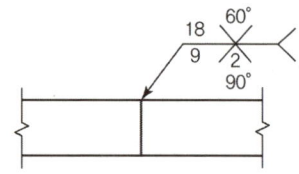

16 온도균열 방지대책

가. 단위시멘트량 감소
나. 저열성 시멘트 사용
다. 프리쿨링
라. 포스트쿨링
마. 외부 구속의 저하
바. 수축줄눈 및 신축줄눈 설치

17 철근의 조립 순서

④ – ③ – ① – ② – ⑤

18 골재의 실적률

가. 실적률 + 공극률 = 100%
나. 공극률 = $\dfrac{2.65 - 1.8}{2.65} \times 100 = 32.08$
다. 실적률 = 100 − 32.08 = 67.92%

19 벽돌쌓기

가. 엇모쌓기   나. 영롱쌓기

20 오토 클레이브 팽창도 및 판별

가. 오토 클레이브 팽창도 = $\dfrac{255.78 - 254}{254} \times 100 = 0.70\%$
나. 판정 = 합격

21 발포폴리스티렌 단열재의 종류

가. ②   나. ①   다. ③

22 탄성계수비 보간

① 4MPa
② 6MPa

23 평판구조 전단보강법

가. 슬래브 두께 증가
나. 전단머리(Shear Head) 보강
다. 지판 또는 주두 사용
라. 기둥열 철근을 스터럽으로 보강

24 인장부재의 순단면적

$$A_n = A_g - n \cdot d \cdot t + \sum \frac{s^2}{4g} \cdot t$$

$A_g = (40 + 50 + 60 + 40) \times 10 = 1{,}900\,\mathrm{mm}^2$

여기서, $n = 3$
$\qquad d = 22$
$\qquad t = 10$

$A_n = 1{,}900 - 3 \times 22 \times 10 + \left(\dfrac{50^2}{4 \times 50} \times 10\right) + \left(\dfrac{50^2}{4 \times 60} \times 10\right)$

$\quad = 1446.3\,\mathrm{mm}^2$

25 용수철(Spring) 계수

후크의 법칙에 의해 단위하중을 받는 용수철 시스템의 힘의 방정식은 다음과 같다.

$$F = k \cdot \Delta L \rightarrow k = \frac{F}{\Delta L}$$

여기서, F는 작용하는 힘(N), k는 용수철 상수(N/m), ΔL은 변형량(m)을 뜻한다.

주어진 조건에 의해 변형량을 구하면

$$\frac{P}{A} = E \cdot \frac{\Delta L}{L} \rightarrow \Delta L = \frac{P \times L}{A \times E}$$

따라서, $k = \dfrac{F \times A \times E}{P \times L}$

여기서, $F = P$는 동일하므로 정리하면 다음과 같다.

$$\therefore k = \frac{A \times E}{L}$$

26 변단면 부재의 늘어난 길이

(1) 후크의 법칙에 의해

$\sigma = E \cdot \epsilon$ 로부터 $\dfrac{P}{A} = E \cdot \dfrac{\Delta L}{L}$

$\therefore \Delta L = \dfrac{PL}{EA}$

(2) 구간별 변위

$\Delta L_1 = \dfrac{PL_1}{E_1 A_1}$, $\Delta L_2 = \dfrac{PL_2}{E_2 A_2}$

(3) 전체 변위

$\Delta L = \Delta L_1 + \Delta L_2$

$\quad = \dfrac{PL_1}{E_1 A_1} + \dfrac{PL_2}{E_2 A_2}$

2024년 3회 과년도 기출문제

01 수장공사 시 바닥 하부에서 1~1.5m의 높이까지 널을 댄 벽의 명칭을 쓰시오.

02 마이크로 말뚝의 정의와 장점 2가지를 기재하시오.

가. 정의 :

나. 장점
①
②

03 벽돌벽의 표면에 생기는 백화현상의 방지대책 2가지를 쓰시오.

가.
나.

04 공업생산에 품질관리의 기초수법으로 이용되는 도구 4가지를 쓰시오.

가.   나.
다.   라.

05 철골공사 용접 시 발생하는 라멜라 티어링에 대해 간단히 설명하시오.

06 타일공사에서 타일의 박리·박락의 원인 2가지를 쓰시오.

가. _____ 나. _____

07 철골공사의 내화공법 중 습식 공법 4가지를 쓰시오.

가. _____ 나. _____
다. _____ 라. _____

08 지정공사 중 CIP공법의 정의를 쓰시오.

_____
_____

09 다음은 공사착공 전에 하여야 할 내용이다. ( ) 안에 적당한 계획서의 이름을 기재하시오.

> 공사 착공 시 산업안전보건법에 의거하여 일정 규모 이상의 건축물은 (가)계획서와 건설기술진흥법에 의한 일정 규모 이상의 건축물은 (나)계획서를 작성하여야 한다.

가. _____ 나. _____

10 다음은 지반조사법 중 보링에 대한 설명이다. 각 설명에 맞는 보링의 종류를 쓰시오.

> 가. 충격날을 60~70 정도 낙하시키고 그 낙하 충격에 의해 파쇄된 토사를 퍼내어 지층 상태를 판단하는 공법
> 나. 충격날을 회전시켜 천공하므로 토층이 흐트러질 우려가 적은 방법
> 다. 깊이 30cm 정도의 연질층에 사용하며, 외경 50~60mm관을 이용, 천공하면서 흙과 물을 동시에 배출시키는 방법
> 라. 오거를 회전시키면서 지중에 압입, 굴착하고 여러 번 오거를 인발하여 교란시료를 채취하는 방법

가. _____ 나. _____
다. _____ 라. _____

11 흙막이 벽에 발생하는 히빙파괴 방지대책 3가지를 쓰시오.

가. _____ 나. _____
다. _____

12 모래질 흙으로 된 지하실의 터파기량(자연상태) 12,000m³ 중에서 5,000m³를 되메우기 하고 나머지 전부를 8t 트럭으로 잔토 처리할 경우 덤프트럭 1회 적재량과 필요한 차량대수를 산출하시오.(단, 흐트러진 상태에서의 토석의 단위중량 : 1,800kg/m³, 토량변화율(L) : 1.25)

〈산출근거〉
가. 덤프트럭 1회 적재량

답 : _____

나. 필요 차량 대수

답 : _____

13 콘크리트 구조물의 압축강도를 추정하고 내구성 진단, 균열의 위치, 철근의 위치 등을 파악하는 데 있어서 구조체를 파괴하지 않고 비파괴적인 방법으로 측정하는 검사방법을 3가지 쓰시오.

가. _____ 나. _____
다. _____

14 콘크리트 구조물의 화재 시 급격한 고열현상에 의하여 발생하는 폭렬현상 방지대책을 2가지 쓰시오.

가. _____ 나. _____

15 철골공사의 기초 Anchor Bolt는 구조물 전체의 집중하중을 지탱하는 중요한 부분이다. 이 Anchor Bolt 매입공법의 종류 3가지를 쓰시오.

가. _____ 나. _____
다. _____

16 다음 설명에 맞는 계측기기를 쓰시오.

  가. 굴착공사와 관련 지하수의 변화가 예상되는 곳에 설치하여 지하수위 측정
  나. 연약지반 굴착공사 인접하여 중요한 지중 구조물이 매설된 경우 적용

가. _____ 나. _____

17 다음 설명에 해당하는 용접 결함의 용어를 쓰시오.

가. 용접금속과 모재가 융합되지 않고 단순히 겹쳐지는 것 (　　　　)

나. 용접상부에 모재가 녹아 용착금속이 채워지지 않고 홈으로 남게 된 부분
(　　　　)

다. 용접봉이 피복재 용해물인 회분이 용착금속 내에 혼입된 것 (　　　　)

라. 용융금속이 응고할 때 방출되었어야 할 가스가 남아서 생기는 용접부의 빈자리
(　　　　)

18 다음 주어진 데이터를 이용하여 공정표를 작성하고 각 작업의 여유시간을 구하시오.

작업명	작업일수	선행작업	비 고
A	2	없음	단, 크리티컬 패스는 굵은 선으로 표시하고, 결합점에서는 다음과 같이 표시한다.
B	5	없음	
C	3	없음	
D	4	A, B	
E	3	B, C	

가. 공정표

나. 각 작업의 여유시간

19 목재의 방부법 중의 하나인 방부제 처리법 3가지를 쓰시오.

가. _____ 나. _____

다. _____

20 다음 ( ) 안에 공통적으로 들어가야 하는 단어를 적으시오.

> 토층의 평균 전단파속도(V_s.soil)는 ( )시험 결과가 있을 경우 이를 우선적으로 적용한다. 이때 ( )시험은 시추조사를 바탕으로 가장 불리한 시추공에서 행하는 것을 원칙으로 한다.

21 그림과 같은 내민보의 전단력도(SFD)와 휨모멘트도(BMD)를 그리시오.

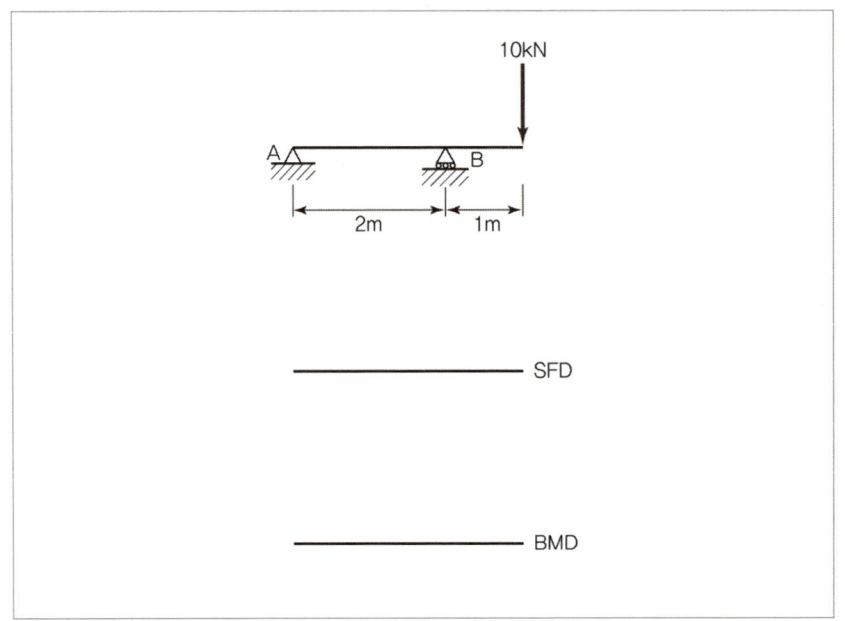

22 단순인장접합부의 사용성 한계상태에 대한 고장력볼트의 설계미끄럼강도를 구하시오.(단, 계산의 단순화를 위해 전단과 지압에 관한 안전검토는 생략, 강재는 SS275, 고장력볼트는 M22(F10T 표준구멍), 필러를 사용하지 않는 경우이며, 설계볼트장력 200kN, 미끄럼계수=0.5, 설계미끄럼강도 식 $\phi R_n = \phi \cdot \mu \cdot h_f \cdot T_o \cdot N_s$을 적용)

〈산출근거〉

답 :

23 강재의 탄성계수 210,000MPa, 단면적 10cm², 길이 4m, 외력으로 80kN의 인장력이 작용할 때 변형량(ΔL)을 구하시오.

〈산출근거〉

답 :

24 다음은 지진력저항시스템에 대한 설계계수이다. 빈칸을 채우시오.

기본 지진력저항시스템	설계계수		
	반응수정계수 R	시스템초과 강도계수 Ω_0	변위증폭계수 C_d
내력벽 시스템			
a. 철근콘크리트 특수전단벽	5	2.5	가
b. 철근콘크리트 보통전단벽	나	2.5	4
c. 철근보강 조적전단벽	2.5	다	1.5
d. 무보강 조적전단벽	라	2.5	1.5

가. _____   나. _____
다. _____   라. _____

25 내진설계 동적해석방법 3가지를 쓰시오.

가. _____
나. _____
다. _____

26 다음이 설명하는 구조의 명칭을 쓰시오.

건물과 지면 사이에 면진장치(적층고무 또는 미끄럼받이 등)를 설치하여 지진에 의한 진동이 구조물에 전달되지 않도록 하는 구조

2024년 3회 해설 및 정답

01 용어

징두리(판)벽

02 마이크로 말뚝의 정의와 장점

가. 정의 : 지반을 천공하여 철근 또는 강봉 등을 삽입하고 그라우팅하여 형성된 직경 300mm 이하의 소구경 말뚝
나. 장점
① 시공 시 주변 지반 최소 교란
② 시공 조건과 토질에 관계없이 시공 가능
③ 대형 말뚝 시공차량의 진입이 어려운 곳에 사용 가능
④ 협소한 작업공간에서 사용 가능

03 백화현상의 방지대책

가. 벽체방수(파라핀 도료, 실베스터법 등)
나. 흡수율 낮은 벽돌 사용(벽돌의 소성온도를 높임)
다. 줄눈을 수밀하게 시공
라. 구조적인 비막이 고려(처마, 채양, 돌림띠 등)

04 품질관리 도구

가. 히스토그램 나. 파레토도 다. 특성 요인도
라. 층별 마. 체크시트 바. 산점도
사. 그래프

05 라멜라 티어링

용접 시 열 영향부의 국부 열변형으로 모재 내부에 구속응력이 생겨 미세한 균열이 발생되는 현상

06 타일의 박리·박락의 원인

가. 구조체 균열 나. 동해에 의한 팽창
다. 바름바탕 불량 라. 붙임 모르타르 불량

07 철골공사 내화공법 중 습식 공법

가. 타설공법 나. 조적공법
다. 미장공법 라. 뿜칠공법

08 CIP공법의 정의

어스 오거로 굴착한 후에 철근을 넣고 모르타르 주입관을 삽입한 다음 자갈을 충전한 후에 모르타르를 주입하여 만든 지지

09 공사착공 전 계획서

가. 유해위험방지계획서
나. 안전관리계획서

10 지반조사법 중 보링의 종류

가. 충격식 나. 회전식
다. 수세식 라. 오거식

11 히빙파괴 방지대책

가. 흙막이벽의 근입장을 증가
나. 터파기 저면 지반개량
다. 이중 흙막이널 설치

12 적산 – 토량환산계수

가. 덤프트럭 1회 적재량
1대당 적재량(흐트러진 상태)
$8t \div 1.8t/m^3 = 4.44m^3$
나. 필요 차량 대수
① 흐트러진 상태의 잔토처리량
$7,000 \times 1.25 = 8,750m^3$
② 필요한 차량대수
$8,750 \div 4.44 = 1,988.6$
∴ 1,989대

13 콘크리트 구조물의 비파괴 검사방법

가. 슈미트 해머법(반발경도법)
나. 공진법
다. 방사선 투과법
라. 인발법
마. 복합법

14 폭렬현상 방지대책

가. 내화 도료의 도포
나. 내화 모르타르 시공
다. 표층부 메탈라스 시공
라. 유기질 섬유 혼입
마. 강관 등의 콘크리트 피복

15 Anchor Bolt 매입공법의 종류

가. 고정 매입 공법
나. 가동 매입 공법
다. 나중 매입 공법

16 계측기기

가. 지하수위계 나. 지중침하계

17 용어

가. 오버랩
나. 언더컷
다. 슬래그 감싸들기
라. 블로우홀

18 공정표

가. 네트워크 공정표

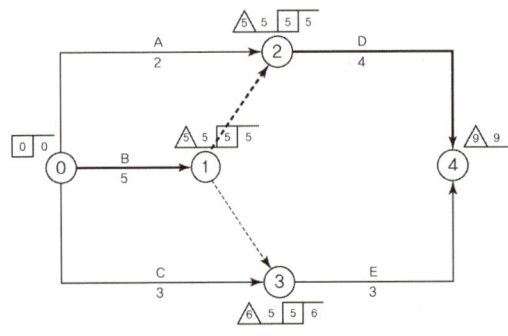

나. 각 작업의 여유시간

작업명	TF	FF	DF	CP
A	3	3	0	
B	0	0	0	*
C	3	2	1	
D	0	0	0	*
E	1	1	0	

19 방부제 처리법

가. 도포법 나. 뿜칠법
다. 침지가압법 라. 생리적 침투법

20 용어

탄성파

21 내민보 SFD / BMD

(1) $\sum M_B = 0$
　$R_A(\uparrow) \times 2 + 10 \times 1 = 0$
　$\therefore R_A = -5\text{kN}(\downarrow)$

(2) $\sum V = 0$
　$-5 + R_B - 10 = 0$
　$\therefore R_B = 15\text{kN}(\uparrow)$

(3) M_B가 최대 모멘트
　$M_B = R_A \times 2$
　　$= -5 \times 2$
　　$= -10\text{kN} \cdot \text{m}$

⟨SFD⟩

⟨BMD⟩

22 고력볼트의 설계미끄럼강도

① 고력볼트 1개의 설계미끄럼강도
$\phi R_n = \phi \mu h_f T_0 N_s = 1.0 \times 0.5 \times 1.0 \times 200 \times 1 = 100\text{kN}$
표준구멍 및 주어진 조건이 없는 일반적인 경우이므로
- 저항계수 $\phi = 1.0$, 미끄럼계수 $\mu = 0.5$,
  필러계수 $h_f = 1.0$
- 부재 2개를 고력볼트접합한 경우이므로 전단면의 수는 1이다.

② 고력볼트 4개의 설계미끄럼강도
$\phi R_n = 100 \times 4 = 400\text{kN}$

답 : 400 kN

23 변형량

$\Delta L = \dfrac{P \cdot L}{E \cdot A} = \dfrac{(80 \times 10^3)(4 \times 10^3)}{(210,000)(10 \times 10^2)} = 1.52380 \text{mm}$

24 지진력저항시스템에 대한 설계계수

기본 지진력저항시스템	설계계수		
	반응 수정 계수 R	시스템 초과강도 계수 Ω_0	변위 증폭 계수 C_d
내력벽 시스템			
a. 철근콘크리트 특수전단벽	5	2.5	가
b. 철근콘크리트 보통전단벽	나	2.5	4
c. 철근보강 조적 전단벽	2.5	다	1.5
d. 무보강 조적 전단벽	라	2.5	1.5

가. 5　나. 4　다. 2.5　라. 1.5

25 건축물 내진설계기준 (KDS 41 17 00; 7.3 동적해석법)

가. 응답스펙트럼해석　나. 선형 시간이력해석
다. 비선형 시간이력해석

26 내진설계 종류

면진구조

Engineer Architecture

2023년 과년도 기출문제 및 해설

CONTENTS

제1회	기출문제 및 해설	36
제2회	기출문제 및 해설	47
제4회	기출문제 및 해설	58

2023년 1회 과년도 기출문제

01 지반조사 방법 중 보링(Boring)의 정의와 종류 3가지를 쓰시오.

가. 정의 : _____

나. 종류 : ① _____
　　　　　② _____
　　　　　③ _____

02 레미콘(25 – 30 – 180)의 현장 반입 시 송장 표기 내용이다. 각각 의미하는 바를 간단히 쓰시오.(단, 단위 표기도 할 것)

가. 25 : _____
나. 30 : _____
다. 180 : _____

03 LOB에 대하여 간단히 설명하시오.

04 압밀과 다짐을 비교하여 설명하시오.

05 Fastener는 커튼월을 구조체에 긴결시키는 부품을 말한다. 이는 외력에 대응할 수 있는 강도를 가져야 하며 설치가 용이하고 내구성·내화성 및 층간변위에 대한 추종성이 있어야 한다. 커튼월 공사에서 구조체의 층간변위, 커튼월의 열팽창, 변위 등을 해결하는 Fastener의 긴결방식 3가지를 쓰시오.

가.

나.

다.

06 패스트 트랙 공법 설명을 간단히 설명하시오.

07 블록의 1급 압축강도는 6MPa 이상으로 규정되어 있다. 현장에 반입된 블록의 규격이 다음 그림과 같을 때, 압축강도 시험을 실시한 결과 550kN, 500kN, 600kN에서 파괴되었다면 평균 압축강도를 구하고 규격을 상회하고 있는지 여부에 따라 합격 및 불합격 판정을 하시오.(단, 블록의 전단면적(19cm×39cm)은 741cm²이고, 구멍을 공제한 중앙부의 순단면적은 460cm²이다.)

08 다음 데이터를 이용하여 Normal Time 네트워크 공정표를 작성하고, 아울러 공기 3일을 단축한 네트워크 공정표 및 총공사금액을 산출하시오.(단, 공기단축된 공정표에 결합점의 일정은 표기하지 않는다.)

Activity	Node		정상시간	정상비용	특급시간	특급비용
A	0	1	3일	20,000원	2일	26,000원
B	0	2	7일	40,000원	5일	50,000원
C	1	2	5일	45,000원	3일	59,000원
D	1	4	8일	50,000원	7일	60,000원
E	2	3	5일	35,000원	4일	44,000원
F	2	4	4일	15,000원	3일	20,000원
G	3	5	3일	15,000원	3일	15,000원
H	4	5	7일	60,000원	7일	60,000원

가. 표준 네트워크 공정표

나. 공기단축 공정표

다. 단축 시 총공사비

09 이어치기 시간이란 타설된 층에서 콘크리트 비비기부터 시작해서 다음 층에 콘크리트를 타설 및 마감하는 데 까지 소요되는 시간을 말한다. 계속 타설 중의 이어치기 시간 간격의 한도는 외기온이 25℃ 미만일 때는 (가)분, 25℃ 이상일 때는 (나)분 이하로 한다.

가. _____ 나. _____

10 지하연속벽(Slurry Wall) 공법에 사용되는 안정액의 역할 2가지를 쓰시오.

가. _____
나. _____

11 ALC 제조 시 주재료와 기포제조 방법을 쓰시오.

가. _____
나. _____

12 강구조 볼트 접합과 관련하여 용어를 쓰시오.

가. 볼트 중심 사이의 간격 ( )
나. 볼트 중심 사이를 연결 하는 선 ( )
다. 볼트 중심 사이를 연결하는 선 사이의 거리 ( )

13 자연시료의 강도가 8, 이긴 시료의 강도가 5일 때 예민비를 구하시오.

14 고강도 콘크리트의 폭렬현상에 대하여 설명하시오.

15 현장에서 반입하는 레미콘 품질 검사 항목 4가지를 쓰시오.

가. _____ 나. _____

다. _____ 라. _____

16 다음 철근 콘크리트 부재의 부피와 중량(t)을 산출하시오.

| 1) 기둥 : 450 × 600, 길이 4m, 수량 50개 |
| 2) 보 : 300 × 400, 길이 1m, 수량 150개 |

가. 부피

나. 중량

17 석재를 이용한 공사를 진행하다가 석재가 깨진 경우 사용되는 접착제를 기재하시오.

18 철골공사를 시공할 때 베이스 플레이트와 기초 사이에 사용되는 충전재의 명칭을 쓰시오.

19 지하 구조물은 지하수위에서 구조물 밑면까지의 깊이 만큼 부력을 받아 건물이 부상하게 되는데, 이것에 대한 방지대책을 2가지를 쓰시오.

가. _____ 나. _____

다. _____ 라. _____

20 다음에서 설명하는 용어를 쓰시오.

> 드라이비트라는 일종의 못박기 총을 사용하여 콘크리트나 강재 등에 박는 특수못 머리가 달린 것을 H형, 나사로 된 것을 T형이라고 한다.

21 다음 그림과 같은 트러스 구조물의 부정정 차수를 구하고, 안정구조인지 불안정구조인지 판별하시오.

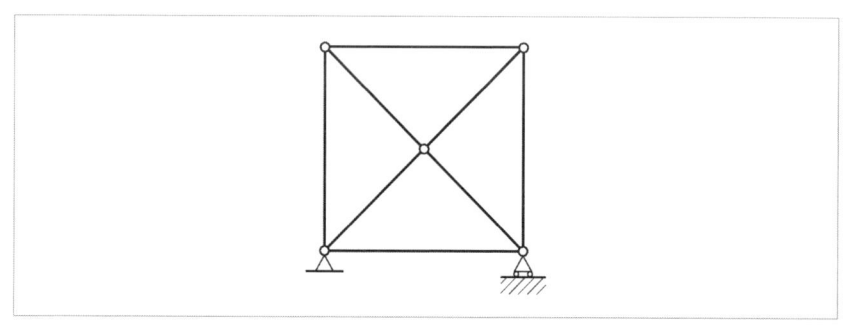

22 다음 그림과 같은 인장재의 순단면적을 구하시오.(단, 사용볼트는 M20(F10T, 표준구멍))

23 한계상태설계법으로 구조물을 설계하는 경우 하중조합으로 소요강도를 산정해야 한다. 이때, 지진하중에 대한 하중계수는 얼마인가?

24 그림과 같은 단면의 단면 2차 모멘트가 $I = 64,000\text{cm}^4$, 단면 2차 반경 $r = \dfrac{20}{\sqrt{3}}$ cm 일 때, b와 h를 구하시오.

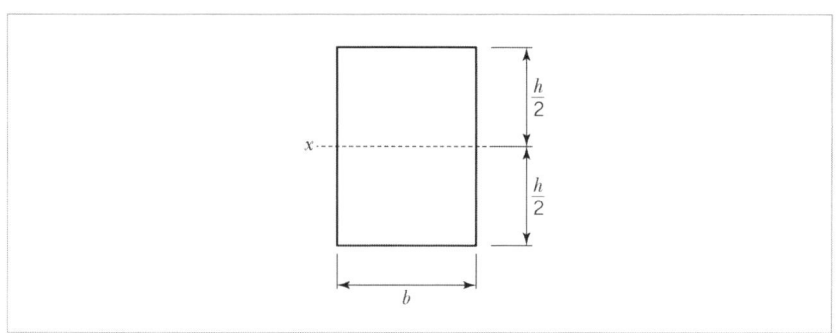

25 양단 연속인 T형보의 유효폭 산정 기준을 적으시오.

26 다음 그림과 같은 겔버보의 A, B, C 지점 반력을 각각 산정하시오.

2023년 1회 해설 및 정답

01 지반조사 방법 중 보링(Boring)의 정의와 종류

가. 정의 : 지반을 천공하고 토질의 시료를 채취하여 지층 상황을 판단하는 방법
나. 종류 : ① 오거 보링(Auger Boring)
② 수세식 보링(Wash Boring)
③ 충격식 보링(Percussion Boring)
④ 회전식 보링(Rotary Boring)

02 레미콘(25 – 30 – 180)의 현장 반입 시 송장 표기 내용

가. 25 : 굵은골재 최대치수 25mm
나. 30 : 호칭강도 30MPa
다. 180 : 슬럼프치 180mm

03 LOB

반복작업에서 각 작업조의 생산성을 유지시키면서, 그 생산성을 기울기로 하는 직선으로 각 반복작업을 표시하여 전체 공사를 도식화 하는 공정기법

04 압밀과 다짐 비교

압밀은 지반에 하중을 가하여 지반 내의 간극수를 빼내서 개량하는 공법이고, 다짐은 지반 내에 공기를 제거하여 지반을 개량하는 공법이다.

05 Fastener의 긴결방식

가. 슬라이드 방식   나. 회전 방식   다. 고정 방식

06 패스트 트랙 공법

설계와 시공을 분리하여 진행하지 않고 공기단축을 위하여 n차수로 나누어서 병행하여 진행하는 공법

07 블록 압축강도 시험(합격 및 불합격 판정)

1) $\dfrac{550 \times 1,000}{390 \times 190} = 7.42\text{MPa}$

2) $\dfrac{500 \times 1,000}{390 \times 190} = 6.75\text{MPa}$

3) $\dfrac{600 \times 1,000}{390 \times 190} = 8.10\text{MPa}$

∴ 평균강도 $= \dfrac{7.42 + 6.75 + 8.1}{3} = 7.42\text{MPa}$

∴ 합격(∵ 6 < 7.42)

08 Normal Time 네트워크 공정표, 단축 네트워크 공정표 및 총공사금액 산출

가. 표준 네트워크 공정표

나. 공기단축 공정표

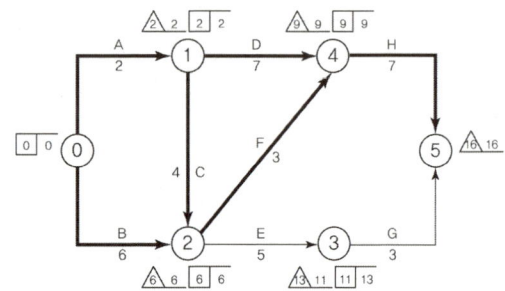

다. 단축 시 총공사비
 1) 표준상태 총공사비 = 280,000원
 2) 단축 시 증가 비용
  ① 1차 : F작업 1일 = 1 × 5,000 = 5,000원
  ② 2차 : A작업 1일 = 1 × 6,000 = 6,000원
  ③ 3차 : B작업 1일 = 1 × 5,000 = 5,000원
     C작업 1일 = 1 × 7,000 = 7,000원
     D작업 1일 = 1 × 10,000 = 10,000원
  ∴ ① + ② + ③ = 33,000원
 3) 공기 단축 시 총공사비 = 1 + 2 = 280,000 + 33,000
              = 313,000원

09 이어치기 시간

가. 150 나. 120

10 지하연속벽(Slurry Wall) 공법의 안정액 역할

가. 굴착공 내의 붕괴 방지
나. 지하수 유입장지(차수역할)
다. 굴착부의 마찰저항 감소
라. Slime 등의 부유물 배제, 방지효과

11 ALC 제조 시 주재료와 기포제조 방법

가. 주재료 : 석회질, 규산질
나. 기포 제조 방법 : 발포제(알루미늄 분말) 혼입

12 강구조 볼트 접합 용어

　가. 피치
　나. 게이지 라인
　다. 게이지

13 예민비

　예민비 = $\dfrac{\text{자연 시료의 강도}}{\text{이긴 시료의 강도}} = \dfrac{8}{5} = 1.6$

14 폭렬현상

　화재 시 콘크리트 내부가 고열로 인하여 생성된 수증기가 밖으로 분출되지 못해 수증기의 압으로 콘크리트가 떨어져 나가는 현상

15 레미콘 품질 검사 항목

　가. 압축강도
　나. 슬럼프 치
　다. 공기량
　라. 염화물 함유량

16 철근콘크리트 부재의 부피와 중량(t)

　1) 기둥 : ① 부피 : 0.45 × 0.6 × 4 × 50 = 54m³
　　　　　② 중량 : 54m³ × 2.4 = 129.6t
　2) 보 : ③ 부피 : 0.3 × 0.4 × 1 × 150 = 18m³
　　　　　④ 중량 : 18 × 2.4 = 43.2t

　가. 부피 : ① + ③ = 72m³
　나. 중량 : ② + ④ = 172.8t

17 석재가 깨진 경우 사용되는 접착제

　에폭시 접착제

18 베이스 플레이트와 기초 사이에 사용되는 충전재

　무수축 모르타르

19 건물 부상 방지대책

　가. 락앙카 공법
　나. 자중 증가
　다. 이중 지하실 설치
　라. 배수공법

20 용어

　드라이브 핀

21 트러스 구조물의 부정정 차수 및 판별

　부정정 차수(n) = 반력 수(r) + 부재 수(m) − 2 × 절점 수(j)
　$r + m - 2j = 3 + 8 - 2 \times 5 = $ 1차 부정정 구조물

　답 : $r + m - 2j = 3 + 8 - 2 \times 5 = 1$
　　　1차 부정정 구조물이므로 안정구조이다.

22 인장재의 순단면적

　$A_n = A_g - ndt$
　1) $A_g = (100 + 100 - 7) \times 7 = 1{,}351 \text{mm}^2$
　2) $A_n = A_g - ndt$
　　　　$= 1{,}351 - 2 \times 22 \times 7 = 1{,}043 \text{mm}^2$

　답 : 1,043mm²

23 지진하중에 대한 하중계수

　답 : 1.0E

　〈참고자료〉 KDS 41 12 00 건축물 설계하중
　강도설계법 또는 한계상태설계법으로 구조물을 설계하는 경우에는 다음의 하중조합으로 소요강도를 구하여야 한다.
　$1.4(D+F)$　　　　　　　　　　　　　　　　(1.7-1)
　$1.2(D+F+T) + 1.6L + 0.5(L_r \text{ 또는 } S \text{ 또는 } R)$　(1.7-2)
　$1.2D + 1.6(L_r \text{ 또는 } S \text{ 또는 } R) + (1.0L \text{ 또는 } 0.5W)$　(1.7-3)
　$1.2D + 1.0W + 1.0L + 0.5(L_r \text{ 또는 } S \text{ 또는 } R)$　(1.7-4)
　$1.2D + 1.0E + 1.0L + 0.2S$　　　　　　　　　(1.7-5)
　$0.9D + 1.0W$　　　　　　　　　　　　　　(1.7-6)
　$0.9D + 1.0E$　　　　　　　　　　　　　　(1.7-7)

24 단면 2차 모멘트

　$r = \sqrt{\dfrac{I}{A}}$ 이므로

　$A = \dfrac{I}{r^2} = \dfrac{64{,}000}{\left(\dfrac{20}{\sqrt{3}}\right)^2} = 480 \text{cm}^2$

　$I = \dfrac{b \times h^3}{12} = \dfrac{A \times h^2}{12} = 64{,}000 \text{cm}^4$

　$h = \sqrt{64{,}000 \times \dfrac{12}{480}} = 40 \text{cm}$

　$b = \dfrac{480}{40} = 12 \text{cm}$

　답 : $b = 12\text{cm}, \ h = 40\text{cm}$

25 T형보의 유효폭 산정 기준

T형보의 유효폭은 다음 값 중 가장 작은 값을 사용한다.
① 보 경간의 $L/4$
② $16h_f + b_w$
③ 양측 슬래브의 중심 간 거리

26 겔버보의 지점 반력

힌지 절점을 기준으로 좌와 우 구조물로 나눠 풀이한다.

$V_{hinge} = 30 \times 6 \times \dfrac{1}{2} = 90\,\text{kN}$

$V_C = 90\,\text{kN}(\uparrow)$

hinge 절점의 반력은 좌측 구조물로 전이되고 이때 방향은 반대로 적용한다.

$\sum M_B = 0$

$V_A \times 6 - 40 \times 3 + 90 \times 3 = 0$

$V_A = \dfrac{120 - 270}{6} = -25\,\text{kN}(\downarrow)$

$V_A + V_B + V_C = 220\,\text{kN}$ 이므로

$V_B = 155\,\text{kN}(\uparrow)$

답 : $V_A = -25\,\text{kN}$, $V_B = 155\,\text{kN}$, $V_C = 90\,\text{kN}$

2023년 2회 과년도 기출문제

01 컬럼쇼트닝이 무엇인지 간단히 설명하시오.

02 건물의 부동침하를 방지하기 위한 대책을 2가지 쓰시오.

가.

나.

03 연약지반개량 공법을 3가지 쓰시오.

가.

나.

다.

04 철골 주각부의 현장 시공 순서에 맞게 번호를 나열하시오.

가. 기초 상부 고름질   나. 가조립   다. 변형 바로잡기
라. 앵커 볼트 설치   마. 철골 세우기   바. 철골 도장

05 다음에 설명하는 내용에 맞는 입찰제도를 쓰시오.

가. 비용 이외에 기술능력, 공법, 시공경험, 품질능력, 재무상태 등 공사 이행능력을 종합 심사하여 공사에 적격하다고 판단되는 입찰자에게 낙찰시키는 제도
( )

나. 입찰제 개선과 시공 품질 제고, 적정 공사비 확보를 정착시키기 위해 가격과 공사수행 능력 및 사회 책임의 점수를 합산하여 높은 점수의 입찰자를 낙찰자로 선정하는 제도
( )

06 지하 구조물은 지하수위에서 구조물 밑면까지의 깊이만큼 부력을 받아 건물이 부상하게 되는데 이것에 대한 방지대책을 2가지만 기술하시오.

가. _____
나. _____

07 시방서와 설계도의 내용이 서로 달라서 시공상 부적당하다고 판단될 때 현장 책임자는 공사감리자와 협의하고 즉시 알려야 한다. 다음 〈보기〉에서 건축물의 설계도서 작성기준에서 시방서와 설계도서의 우선순위를 중요도에 따라 나열하시오.

〈보기〉
가. 공사(산출)내역서　　나. 설계도면　　다. 공사시방서
라. 표준시방서　　　　　마. 전문시방서

08 다음 그림과 같은 온통기초에서 터파기량, 되메우기량, 잔토처리량을 산출하시오.
(C=0.9, L=1.3)

(1) 터파기량 : _____ m³   (2) 되메우기량 : _____ m³
(3) 잔토처리량 : _____ m³

(1) 터파기량

_____ m³

(2) 되메우기량 :

_____ m³

(3) 잔토처리량 :

_____ m³

09 다음 데이터를 이용하여 정상공기를 산출한 결과 지정공기보다 3일이 지연되는 결과였다. 공기를 조정하여 3일의 공기를 단축한 네트워크 공정표를 작성하고 아울러 총공사금액을 산출하시오.

작업명	선행작업	정상(Normal)		특급(Crash)		비용구배(Cost Slope)(원/일)	비고
		공기(일)	공비(원)	공기(일)	공비(원)		
A	없음	3	7,000	3	7,000	–	단축된 공정표에서 CP는 굵은 선으로 표기하고 각 결합점에서는 아래와 같이 표기한다. (단, 정상공기는 답지에 표기하지 않고 시험지 여백을 이용할 것)
B	A	5	5,000	3	7,000	1,000	
C	A	6	9,000	4	12,000	1,500	
D	A	7	6,000	4	15,000	3,000	
E	B	4	8,000	3	8,500	500	
F	B	10	15,000	6	19,000	1,000	
G	C, E	8	6,000	5	12,000	2,000	
H	D	9	10,000	7	18,000	4,000	
I	F, G, H	2	3,000	2	3,000	–	

가. 단축한 네트워크 공정표
나. 공기단축 및 비용

가. 단축한 네트워크 공정표

나. 공기단축 및 비용

10 지반조사 시 실시하는 보링공법의 종류 3가지를 쓰시오.

가. _____
나. _____
다. _____

11 다음 괄호 안에 적당한 수치를 기재하시오.

> 수평철근의 순간격은 (가)mm 이상, 주철근의 지름의 (나)배 이상, 굵은 골재 최대치수의 (다) 이상 중 가장 큰 값으로 한다.

가. _____ 나. _____
다. _____

12 건축공사표준시방서에 거푸집널 존치기간 중 평균기온이 10℃ 이상인 경우에 콘크리트의 압축강도 시험을 하지 않고 거푸집을 떼어낼 수 있는 콘크리트의 재령(일)을 나타낸 표이다. 빈칸에 알맞은 숫자를 표기 하시오.

평균 기온 \ 시멘트 종류	조강포틀랜드 시멘트	보통포틀랜드 시멘트/고로슬래그 시멘트(1종)	고로슬래그 시멘트(2종)/포졸란 시멘트(2종)
20℃ 이상	①	③	5일
20℃ 미만 10℃ 이상	②	6일	④

① _____ ② _____
② _____ ④ _____

13 미장재료 중 수경성 재료와 기경성 재료를 각각 2가지씩 쓰시오.

가. 수경성 재료 : ① _____
② _____
나. 기경성 재료 : ① _____
② _____

14 다음 ( ) 안에 적당한 단어나 숫자를 기재하시오.

> 고장력볼트의 마찰접합부의 마찰면은 최소 (가) 이상의 미끄럼계수가 반드시 확보되어야 하며, (나) 볼트장력은 (다) 볼트장력에 (라)%를 할증한 값으로 한다.

가. _____   나. _____
다. _____   라. _____

15 콘크리트 헤드를 간단히 설명하시오.

16 목공사에서 방부 및 방충 처리된 목재를 사용해야 하는 경우 2가지만 쓰시오.

가. _____
나. _____

17 쉬어커넥터가 하는 역할이 무엇인지 간단히 설명하시오.

18 철골구조물 주위에 철근 배근을 하고 그 위에 콘크리트가 타설되어 일체가 되도록 한 구조물로 초고층 구조물 하층부의 복합구조로 많이 채택하는 구조를 쓰시오.

19 가설출입구 설치 시 고려할 사항 3가지를 쓰시오.

가. _____
나. _____
다. _____

20 다음에 설명하는 줄눈의 명칭을 쓰시오.

> 지반 등 안정된 위치에 있는 바닥판이 건조수축에 의하여 표면에 균열이 생길 수 있는데, 이것을 막기 위하여 설치하는 줄눈

21 다음 괄호에 맞는 용어를 기재하시오.

> 레디믹스트 콘크리트 배합표에 보통 골재는 (가) 상태의 질량, 인공경량골재는 (나)상태의 질량을 표시한다. (다)는 혼화재를 사용한 경우로 $\dfrac{물}{시멘트+혼화재}$ 의 질량의 백분율로 계산하여 기입한다.

가. _____ 나. _____
다. _____

22 다음 평면의 건물높이가 13.5m일 때 비계면적을 산출하시오.(단, 쌍줄비계로 한다.)

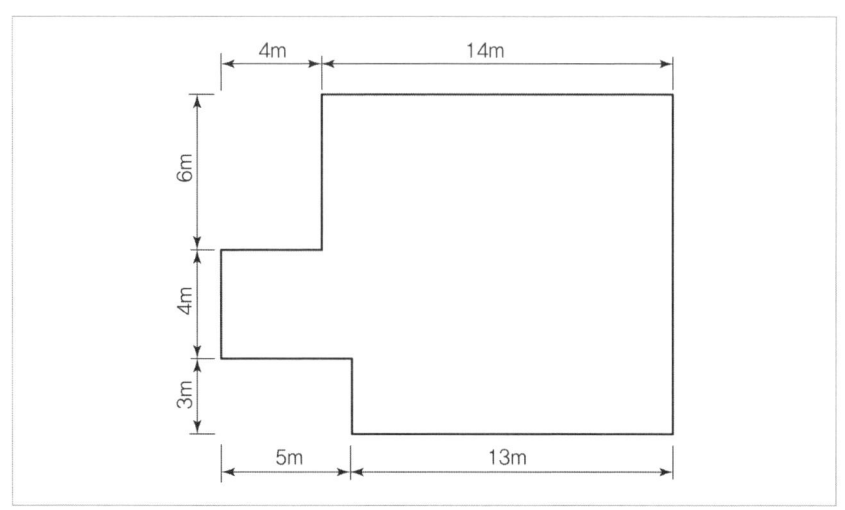

23 그림과 같은 비틀림 모멘트(T)가 작용하는 원형 강관의 비틀림 전단응력(τ_t)을 기호로 표현하시오.

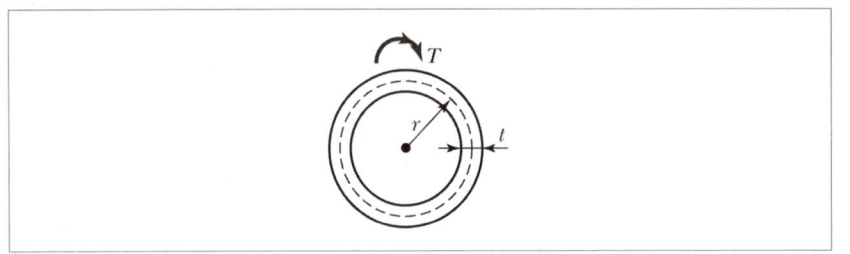

24 그림과 같은 단면의 X축에 대한 단면 2차 모멘트를 계산하시오.

25 다세대주택의 필로티 구조에서 1층과 2층의 구조가 상이하여 생기는 전이보에 대해 설명하시오.

26 그림과 같이 기둥의 재질과 단면 크기가 모두 같은 4개 장주의 유효좌굴길이를 쓰시오.

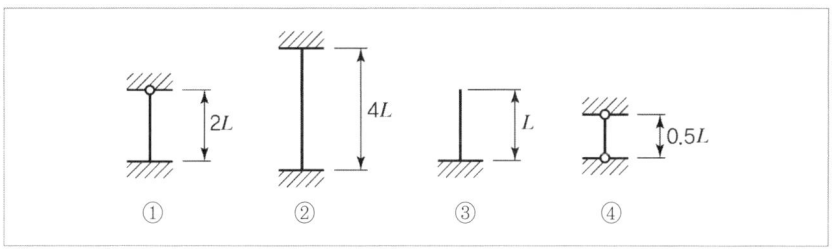

① _____ ② _____
③ _____ ④ _____

2023년 2회 해설 및 정답

01 컬럼쇼트닝
고층건물에서 위층부터 누적되는 축하중에 의해 기둥과 벽 등의 축소량이 생기는데, 수직부재 간의 축소량이 다르게 나타나는 현상

02 부동침하 방지대책
가. 건물의 경량화 및 중량 분배
나. 건물의 강성을 높이며 평면의 평균길이를 짧게 한다.
다. 이웃하는 건물과의 거리를 띄운다.
라. 기초 유효면적을 크게 한다.
마. 지성 등으로 보강
바. 지반 개량

03 연약지반개량 공법
가. 치환   나. 다짐   다. 탈수
라. 주입   마. 동결   바. 소결
사. 샌드드레인   아. 페이퍼 드레인
자. 생석회 공법

04 철골 주각부의 현장 시공 순서
라 - 가 - 마 - 나 - 다 - 바

05 입찰제도
가. 적격낙찰제도
나. 종합심사낙찰제도

06 건물 부상 방지대책
가. 자중(옥상정원 등) 증가
나. 락-앙카 사용
다. 유입 지하수 배수 철저
라. 이중 지하실 설치하여 지하수 채움

07 설계도서 작성기준(시방서와 설계도서의 우선순위)
공사시방서 - 설계도면 - 전문시방서 - 표준시방서 - 산출내역서 - 승인된 상세시공도면 - 관계법령의 유권해석 - 감리자의 지시사항
∴ 다 - 나 - 마 - 라 - 가

08 온통기초의 터파기량, 되메우기량, 잔토처리량 산출
가. 터파기량 $= (15+1.3 \times 2) \times (10+1.3 \times 2) \times 6.5$
        $= 1,441.44 m^3$
나. 되메우기량 = 터파기량 - 기초구조부 체적
    ∴ 기초구조부 체적
    ① 잡석: $15.6 \times 10.6 \times 0.24 = 39.69 m^3$
    ② 버림: $15.6 \times 10.6 \times 0.06 = 9.92 m^3$
    ③ 지하실 용적: $15.2 \times 10.2 \times 6.2 = 961.25 m^3$
    ① + ② + ③ = $1,010.86 m^3$
    ∴ 되메우기량 = $1,441.44 - 1,010.86 = 430.58 m^3$
다. 잔토처리량 = 기초구조부 체적 × 토량환산계수
        $= 1,010.86 \times 1.3 = 1,314.12 m^3$

09 네트워크 공정표와 총공사금액
가. 공기 단축된 공정표

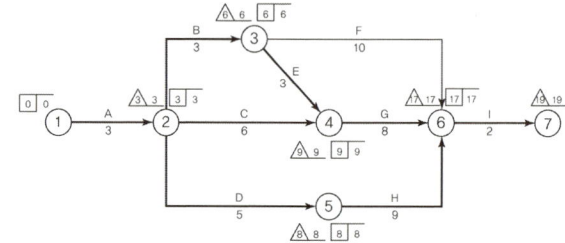

나. 공기단축 및 비용
  1) 1차 단축
     E작업에서 1일 ∴ $1 \times 500 = 500$원
  2) 2차 단축
     B작업에서 2일 ∴ $2 \times 1,000 = 2,000$
     D작업에서 2일 ∴ $2 \times 3,000 = 6,000$
  3) 증가비용 1) + 2) = 8,500
  4) 공기단축 시 총공사비
     ① 표준비용 = 69,000
     ② 증가비용 = 8,500
     ∴ ① + ② = 77,500원

10 보링공법의 종류
가. 오우거 보링   나. 충격식 보링
다. 수세식 보링   라. 회전식 보링

11 수평철근의 순간격
가. 25
나. 1.0
다. 4/3

12 콘크리트의 재령(일)

시멘트 종류 평균 기온	조강 포틀랜드 시멘트	보통포틀랜드 시멘트/ 고로슬래그 시멘트(1종)	고로슬래그 시멘트(2종)/ 포졸란 시멘트(2종)
20℃ 이상	①	3일	5일
20℃ 미만 10℃ 이상	②	6일	④

① 2일 ② 3일
③ 4일 ④ 8일

13 수경성 재료와 기경성 재료

가. 수경성 재료
　① 시멘트 모르타르
　② 소석고 플라스터
　③ 무수석고 플라스터
　④ 인조석 갈기
나. 기경성 재료
　① 돌로마이트 플라스터
　② 회반죽
　③ 진흙

14 고장력볼트

가. 규정값　　　　　나. 표준
다. 설계　　　　　　라. 10

15 콘크리트 헤드

수직거푸집에 타설된 콘크리트 상단면으로부터 최대측압이 발생하는 수직거리

16 방부 및 방충 처리된 목재를 사용해야 하는 경우

가. 콘크리트 및 토양과 직접 접하는 부위
나. 기타 장기간 습윤한 환경에 노출되는 부분
다. 급수 및 배수시설에 근접한 목재로서 수분으로 인한 열화의 가능성이 있는 경우
라. 목재가 직접 우수에 맞거나 습기 차기 쉬운 부분의 모르타르바름, 라스붙임 등의 바탕에 사용되는 경우
마. 목재가 외장 마감재로 사용되는 경우
바. 목재 부재가 외기에 직접 노출되는 경우
사. 구조 내력상 중요한 부분에 사용되는 목재로서 콘크리트, 벽돌, 흙, 돌 및 기타 이와 비슷한 투습성의 재질에 접하는 경우

17 쉬어커넥터

슬래브 및 데크 플레이트에 등에 사용되며 강재와 콘크리트의 전단을 보강하기 위하여 사용되는 철물

18 용어

철골철근콘크리트 구조

19 가설출입구 설치 시 고려할 사항

가. 자재를 적재하고 필요한 곳까지 가깝게 이동할 수 있는지 동선 확인
나. 승강기 자재와 같이 부피가 크고 중량이 있는 자재를 승강로 주변까지 이동할 수 있는지 확인
다. 자재를 수직 이동할 수 있는 곳까지 편리하게 이동할 수 있는지 확인
라. 편하게 토사 반출을 하기 위해서는 6m 폭의 게이트가 필요

20 줄눈의 명칭

조절줄눈

21 용어

가. 표면건조내부포수
나. 절대건조
다. 물−결합재

22 비계면적

쌍줄 비계면적 = {Σl + (8×0.9)}×H
　　　　　　 = {(18+13)×2 + (8×0.9)}×13.5
　　　　　　 = 934.2m²

23 비틀림 전단응력

$$\tau_t = \frac{T}{2t \cdot A_m} = \frac{T}{2t \cdot \pi r^2}$$

24 X축에 대한 단면 2차 모멘트

$$I_x = \left[\frac{(3)(9)^3}{12} + (3 \times 9)(4.5)^2\right] + \left[\frac{(3)(9)^3}{12} + (6 \times 3)(1.5)^2\right]$$
$$= 783 \text{cm}^4$$

25 전이보

상부층의 기둥이 받던 힘을 하부층의 위치가 다른 기둥이 받거나 상부층 벽체가 받던 힘을 하부층 기둥이 받아야 하는 경우 힘을 이동시킬 수 있는 구조

26 장주의 유효좌굴길이

① 0.7×2L=1.4L
② 0.5×4L=2.0L
③ 2.0×L=2.0L
④ 1.0×0.5L=0.5L
답 : ① 1.4L　② 2.0L　③ 2.0L　④ 0.5L

2023년 4회 과년도 기출문제

01 다음 용어에 대하여 간단히 설명하시오.

가. 솟음 :

나. 토핑 콘크리트 :

02 다음 품질관리의 도구에 대하여 간단히 설명하시오.

가. 특성요인도 :

나. 파레토도 :

다. 층별 :

라. 산점도 :

03 아래 그림은 철근콘크리트조 경비실 건물이다. 주어진 평면도 및 단면도를 보고 C_1, G_1, G_2, S_1에 해당되는 부분의 1층과 2층 콘크리트량과 거푸집량을 산출하시오.

1) 기둥단면(C_1) : 30cm×30cm
2) 보단면(G_1, G_2) : 30cm×60cm
3) 슬래브 두께(S_1) : 13cm
4) 층고 : 단면도 참조
단, 단면도에 표기된 1층 바닥선 이하는 계산하지 않는다.

1) 기둥(C_1)
   〈산출근거〉

   답 :

2) 보(G_1)
 〈산출근거〉

답 : _____

3) 보(G_2)
 〈산출근거〉

답 : _____

4) 슬래브(S_1)
 〈산출근거〉

답 : _____

04 크리프(Creep) 변형에 대하여 설명하시오.

05 다음은 건축공사표준시방서의 한중 콘크리트 공사에 대한 설명이다. ( ) 안에 알맞은 숫자를 쓰시오.

> 한중 콘크리트의 특징은 일평균 기온이 (가)℃ 이하 또는 콘크리트 타설 완료 후 24시간 동안 일최저기온이 (나)℃를 유지해야 하고, 물-결합재비는 원칙적으로 (다)% 이하이어야 한다.

가. _____ 나. _____

다. _____

06 다음 용어에 대하여 간단히 설명하시오.

가. 물결합재비 : _____

나. 물시멘트비 : _____

07 벽타일의 붙임 공법을 2가지만 쓰시오.

가. _____ 나. _____

08 목재면 바니쉬칠 공정의 작업순서를 〈보기〉에서 골라 기호로 쓰시오.

> 〈보기〉
> 가. 색올림   나. 왁스 문지름   다. 바탕처리   라. 눈먹임

09 주어진 자료(DATA)에 의하여 다음 물음에 답하시오.

작업명	선행 작업	정상 공기	정상 비용	특급 공기	특급 비용	비 고
A	없음	5일	170,000	4일	210,000	각 결합점 위에는 다음과 같이 시간을 표시한다.
B	없음	18일	300,000	13일	450,000	
C	없음	16일	320,000	12일	480,000	
D	A	8일	200,000	6일	260,000	
E	A	7일	110,000	6일	140,000	
F	A	6일	120,000	4일	200,000	
G	D, E, F	7일	150,000	5일	220,000	

가. 표준(Normal) Network 공정표를 작성하시오.
나. 표준공기 시 총공사비를 쓰시오.
다. 4일 단축하였을 때 총공사비를 쓰시오.

가. 표준 네트워크 공정표

나. 표준 공기 시 총공사비

다. 공기단축 시 총공사비

10 시멘트 사용량이 500포이고 쌓기 단수 12단일 경우 시멘트를 저장하기 위한 창고면적을 산출하시오.

〈산출근거〉

답 : _____

11 다음 유리를 간단히 설명하시오.

가. 로이유리 : _____

나. 접합유리 : _____

12 터파기 슬러리월 공법에서 안정액이 하는 기능 2가지를 쓰시오.

가. _____

나. _____

13 건축주와 시공자가 공사 실비를 확인 정산하고 정해진 보수 지급 방법에 따라 시공자에게 보수를 지급하는 도급 방식을 무엇이라고 하는가?

_____

14 쇼트크리트 콘크리트의 장단점을 1개씩 설명하시오.

가. 장점 : _____

나. 단점 : _____

15 공사시공방식에서 페이퍼 조인트를 간단히 설명하시오.

16 영구배수공법의 일종으로 롤 형태의 보드를 옹벽 뒤에 부착하여 시공하는 배수 자재를 무엇이라고 하는가?

17 거푸집에서 벽체 전용거푸집 3개를 쓰시오.

　가. _____　　나. _____
　다. _____

18 매스 콘크리트에서 선행 냉각 방식과 사용재료를 설명하시오.

　가. 선행 냉각 방식 : _____

　나. 사용재료 : _____

18 철골공사 용접 시 사용하는 스캘럽에 대해 간단히 설명하시오.

20 콘크리트 타설 시 발생하는 신축줄눈에 대하여 간단히 설명하시오.

21 다음 그림과 같은 철근콘크리트조 5층 건축물을 신축 시 필요한 귀규준틀과 평규준틀의 수량을 기재하시오.

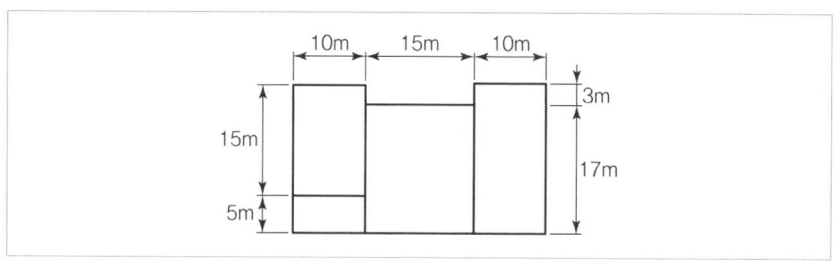

가. 귀규준틀 : _____ 개
나. 평규준틀 : _____ 개

22 다음 조건에서 용접 유효길이(l_e)를 산정하시오.

- 모재 : SM355(F_u=490MPa)
- 필릿치수 $s = 5mm$
- 하중 : 고정하중 20kN, 활하중 30kN

23 양단 고정의 지름 100mm, 길이 3m인 원형 강봉의 세장비(λ)를 구하시오.

24 다음 그림과 같이 하중이 작용하는 구조물에서 A지점의 반력을 구하시오.

25 다음 그림과 같은 T형보의 X축에 대한 단면 2차 모멘트를 구하시오.

26 그림과 같은 철근콘크리트 단순보에서 계수집중하중(P_u)의 최댓값(kN)을 구하시오. (단, 보통중량콘크리트 $f_{ck}=28$MPa, $f_y=400$MPa, 인장철근 단면적 $A_s=1,500$mm², 휨에 대한 강도감소계수 $\phi=0.85$를 적용한다.)

해설 및 정답

01 용어

가. 솟음 : 보, 슬래브 및 트러스 등에서 그의 정상적 위치 또는 형상으로부터 처짐을 고려하여 상향으로 들어 올리는 것
나. 토핑 콘크리트 : 하프 슬래브를 설치하고 그 위에 타설하는 콘크리트

02 품질관리의 도구

가. 특성요인도 : 결과에 원인이 어떻게 관계하고 있는가를 한눈에 알아보기 위하여 작성하는 것
나. 파레토도 : 불량, 결점, 고장 등의 발생 건수를 분류항목별로 나누어 크기 순서대로 나열해 놓은 것
다. 층별 : 집단을 구성하고 있는 많은 데이터를 어떤 특징에 따라 몇 개의 부분 집단으로 나눈 것
라. 산점도 : 서로 대응되는 두 개의 짝으로 된 데이터를 그래프 용지에 점으로 나타내어 두 변수 간의 상관관계를 나타내는 것

03 적산

1. 기둥
   1) 콘크리트량
      ① 1층 = 0.3×0.3×3.17×9개소 = 2.568m³
      ② 2층 = 0.3×0.3×2.87×9개소 = 2.325m³
   2) 거푸집량
      ① 1층 = (0.3+0.3)×2×3.17×9 = 34.236m²
      ② 2층 = (0.3+0.3)×2×2.87×9 = 30.996m²

2. G₁ 보
   3) 콘크리트량
      ① 1층 = 0.3×0.47×5.7×6개소 = 4.822m³
      ② 2층 = 0.3×0.47×5.7×6개소 = 4.822m³
   4) 거푸집량
      ① 1층 = 0.47×2×5.7×6개소 = 32.148m²
      ② 2층 = 0.47×2×5.7×6개소 = 32.148m²

3. G₂ 보
   5) 콘크리트량
      ① 1층 = 0.3×0.47×4.7×6 = 3.976m³
      ② 2층 = 0.3×0.47×4.7×6 = 3.976m³
   6) 거푸집량
      ① 1층 = 0.47×2×4.7×6개소 = 26.508m²
      ② 2층 = 0.47×2×4.7×6개소 = 26.508m²

4. 슬래브
   7) 콘크리트량 = 12.3×10.3×0.13×2개층 = 32.939m³
   8) 거푸집량
      ① 밑면 = 12.3×10.3×2개층 = 253.38m²
      ② 측면 = (12.3+10.3)×2×0.13×2개층 = 11.752m²

∴ Con'c = 1) + 3) + 5) + 7) = 55.428m³ ≒ 55.43m³
∴ 거푸집 = 2) + 4) + 6) + 8) = 447.676m² ≒ 447.68m²

04 크리프(Creep) 변형

콘크리트에 일정 하중을 계속 주면 하중의 증가 없이도 시간의 경과에 따라 변형이 증가하는 소성변형 현상

05 한중 콘크리트 공사

가. 4   나. 0
다. 60

06 용어

가. 물결합재비 : 혼화재로 고로슬래그 미분말, 플라이애시, 실리카 품 등 결합재를 사용한 모르타르나 콘크리트에서 골재가 표면 건조 포화상태에 있을 때에 반죽 직후 물과 결합재의 질량비(기호 : W/B)
나. 물시멘트비 : 모르타르나 콘크리트에서 골재가 표면건조 포화상태에 있을 때에 반죽 직후 물과 시멘트의 질량비(기호 : W/C)

07 벽타일의 붙임 공법

가. 떠붙이기 공법
나. 압착공법
다. 개량압착공법
라. 밀착(동시줄눈) 공법

08 목재면 바니쉬칠 공정의 작업순서

다 – 라 – 가 – 나

09 네트워크 공정표와 총공사금액

가. 표준 네트워크 공정표

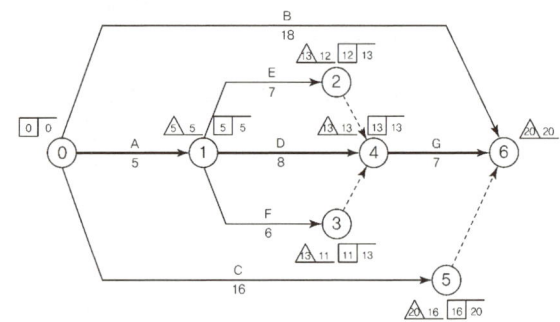

나. 표준 공기 시 총공사비
= 170,000 + 300,000 + 320,000 + 200,000 + 110,000
 + 120,000 + 150,000
= 1,370,000원

다. 공기단축 시 총공사비
① 1차 단축 : 주공정선 중에서 비용구배가 가장 적은 D작업에서 1일 단축, E작업이 주공정선으로 추가
∴ 1×30,000 = 30,000원

② 2차 단축 : G작업에서 1일 단축, B작업이 주공정선으로 추가
∴ 1×35,000 = 35,000원
③ 3차 단축 : B작업에서 1일 ∴ 1×30,000 = 30,000원
G작업에서 1일 ∴ 1×35,000 = 35,000원
④ 4차 단축 : A작업에서 1일 ∴ 1×40,000 = 40,000원
B작업에서 1일 ∴ 1×30,000 = 30,000원
C작업 주공정선 추가
∴ 총증가비용 = ①+②+③+④ = 200,000원
공기단축 시 총공사비 = 1,370,000 + 200,000
= 1,570,000원

10 적산 – 창고면적 산출

창고면적 = $0.4 \times \dfrac{500}{12}$ = 16.67m²

11 용어 – 유리

가. 로이유리 : 적외선 반사율이 높은 금속막 코팅을 이중 또는 삼중유리 안쪽에 붙인 친환경 유리
나. 접합유리 : 두 장 이상의 판유리에 합성수지 필름을 이용하여 붙여댄 유리

12 안정액의 기능

가. 굴착공 내의 붕괴 방비
나. 지하수 유입방지(차수 역할)
다. 굴착부의 마찰저항 감소
라. 슬라임 등의 부유물 배제 방지효과

13 용어

실비정산보수가산식 도급

14 쇼트크리트 콘크리트의 장단점

가. 장점 : 시공성이 좋고 가설공사비 감소
나. 단점 : 건조수축 균열이 크고 숙련공을 필요로 함

15 페이퍼 조인트

서류상으로는 공동도급을 취하지만 실질적으로는 한 회사가 수주공사 전체를 수행하여 나머지 회사는 하도급의 형태 또는 단순 이익을 배당 받는 일종의 담합 형태

16 용어

배수판(드레인보드)

17 벽체 전용거푸집

가. 대형패널폼 나. 갱폼
다. 셔터링폼   라. 클라이밍 폼

18 매스 콘크리트

가. 선행 냉각 방식 : 매스 콘크리트 시공에서 콘크리트를 타설하기 전에 콘크리트의 온도를 제어하기 위해 원재료를 냉각하는 방법
나. 사용재료 : 얼음, 액체질소

19 스캘럽

용접 시 인접 부재가 열영향을 받는 것을 방지하기 위하여 용접부재를 모따기 한 것

20 신축줄눈

건축물의 온도에 의한 신축팽창, 부동침하 등에 의하여 발생하는 건축물의 전체적인 불규칙 열을 한 곳에 집중시키도록 설계 및 시공 시 고려되는 줄눈

21 귀규준틀과 평규준틀의 수량

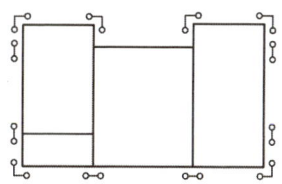

가. 귀규준틀 : 6개
나. 평규준틀 : 6개

22 용접유효길이(l_e)

① 계수하중
$P_u = 1.2D + 1.6L = 1.2 \times 20 + 1.6 \times 30 = 72\text{kN}$
$P_u = 1.4D = 1.4 \times 20 = 28\text{kN}$
계수하중은 연직하중에 대한 하중계수를 적용하여 산정된 값 중 큰 값 사용 ∴ 72kN

② 용접길이
$P_u = \phi R_n$, $F_{uw} = 490\text{MPa}$
$P_u = \phi F_w A_w = \phi 0.6 F_{uw} \times 0.7s \times l_e$
$l_e = \dfrac{P_u}{\phi 0.6 F_{uw} \cdot 0.7s} = \dfrac{72 \times 10^3}{0.75 \times 0.6 \times 490 \times 0.7 \times 5}$
$= 93.29\text{mm}$
답 : l_e = 93.29mm

23 원형 강봉의 세장비(λ)

세장비 $\lambda = \dfrac{kL}{r}$

① 양단 고정 : $k = 0.5$
② 단면 2차 반경

$$r = \sqrt{\dfrac{I}{A}} = \sqrt{\dfrac{\dfrac{\pi \times D^4}{64}}{\dfrac{\pi \times D^2}{4}}} = \sqrt{\dfrac{D^2}{16}} = \dfrac{D}{4} = 25\text{mm}$$

$\lambda = \dfrac{kL}{r} = \dfrac{0.5 \times 3 \times 10^3}{25} = 60$

답 : 60

24 지점의 반력

① $\sum V = 0$
  $\rightarrow V_A - 30\text{kN} = 0$
② $\sum H = 0 \rightarrow H_A = 0$
③ $\sum M = 0$
  $\rightarrow -M_A - 120\text{kN} \cdot \text{m}$
     $+ 30\text{kN} \times 4\text{m} = 0$

답 : $V_A = 30\text{kN}(\uparrow)$,
  $\sum H = 0 \rightarrow H_A = 0$, $M_A = 0$

25 T형보의 X축에 대한 단면 2차 모멘트

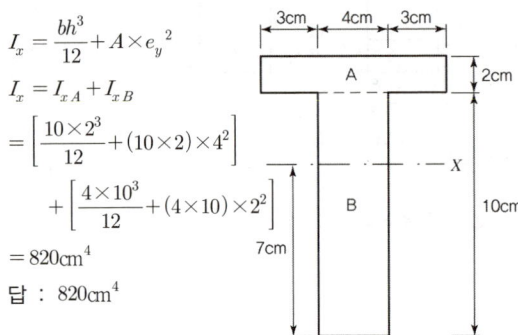

$I_x = \dfrac{bh^3}{12} + A \times e_y^2$

$I_x = I_{xA} + I_{xB}$

$= \left[\dfrac{10 \times 2^3}{12} + (10 \times 2) \times 4^2\right]$

$\quad + \left[\dfrac{4 \times 10^3}{12} + (4 \times 10) \times 2^2\right]$

$= 820\text{cm}^4$

답 : 820cm^4

26 계수집중하중(P_u)의 최댓값

① $a = \dfrac{A_s f_y}{\eta(0.85 f_{ck})b} = \dfrac{(1{,}500)(400)}{0.85(28)(300)} = 84.03\text{mm}$

  $\eta = 1.0$

② $\phi M_n = \phi A_s f_y \left(d - \dfrac{a}{2}\right)$

  $= (0.85)(1{,}500)(400)\left(500 - \dfrac{84.03}{2}\right)$

  $= 233{,}572{,}350\,\text{N} \cdot \text{mm} = 233.572\text{kN} \cdot \text{m}$

③ $M_u = \dfrac{P_u \cdot L}{4} + \dfrac{w_u \cdot L^2}{8} = \dfrac{P_u(6)}{4} + \dfrac{(5)(6)^2}{8}$

④ $M_u \leq \phi M_n$으로부터

  $\dfrac{P_u(6)}{4} + \dfrac{(5)(6)^2}{8} \leq 233.572$에서

  $\therefore P_u \leq 140.715\,\text{kN} \cdot \text{m}$

답 : $P_u \leq 140.715\,\text{kN} \cdot \text{m}$

Engineer Architecture

2022년 과년도 기출문제 및 해설

CONTENTS

제1회	기출문제 및 해설	72
제2회	기출문제 및 해설	82
제4회	기출문제 및 해설	92

2022년 1회 과년도 기출문제

01 수평버팀대의 흙막이에 작용하는 응력이 아래의 그림과 같을 때 번호에 알맞은 말을 〈보기〉에서 골라 기호로 쓰시오.

〈보기〉
㉮ 수동토압
㉯ 정지토압
㉰ 주동토압
㉱ 버팀대의 하중
㉲ 버팀대의 반력
㉳ 지하수압

① _____
② _____
③ _____

02 벽면적 20m², 벽두께 1.5B, 줄눈 두께 10mm의 벽체에 소요되는 벽돌의 수량을 산출하시오.

03 다음 그림과 같은 철근콘크리트조 건물에서 벽체와 기둥의 거푸집량을 산출하시오. (단, 높이는 3m로 한다.)

04 통합공정관리 용어 중 WBS의 정의를 쓰시오.

05 Life Cycle Cost(LCC)에 대해 간단히 설명하시오.

06 다음 표에 제시된 창호틀 재료의 종류 및 창호별 기호를 참고하여, 우측의 창호기호표를 완성하시오.

기호	창호틀 재료의 종류
A	알루미늄
G	유리
P	플라스틱
S	강철
SS	스테인리스
W	목재

영문기호	창문 구별
D	문
W	창
S	셔터

구분	창	문
목재	①	②
철재	③	④
알루미늄재	⑤	⑥

07 표면 건조 포화상태의 중량이 2,000g, 완전건조 중량 1,992g, 수중 중량이 1,300g일 때 흡수율을 구하시오.

08 콘크리트 공시체 지름 300mm, 길이 500mm의 규격체로 인장강도를 시험한 결과 100kN에서 파괴되었다면 인장강도는 얼마인가?

09 콘크리트의 굳은 콘크리트 성질 중에서 크리프에 대하여 간단히 설명하시오.

10 철골 공사 현장 작업 중에서 녹막이 칠을 하지 않는 경우 4가지를 쓰시오.

가.
나.
다.
라.
마.

11 아래 데이터를 보고 공정표를 작성하고 각 작업의 여유시간을 구하시오.

작업명	작업일수	선행작업	비 고
A	3	없음	
B	2	없음	단, 이벤트(Event)에는 번호를 기입하고, 주공정선은 굵은 선으로 표기한다.
C	4	없음	
D	5	C	
E	2	B	
F	3	A	
G	3	A, C, E	
H	4	D, F, G	

가. 공정표
나. 작업의 여유시간

가. 공정표

나. 작업의 여유시간

12 다음 그림은 철골 보-기둥 접합부의 개략적인 그림이다. 각 번호에 해당하는 구성재의 명칭을 쓰고, 다번 부재의 용접 방법의 종류 2가지를 쓰시오.

가. _____
나. _____
다. _____
라. 용접 종류 : _____

13 Value Engineering 개념에서 $V=\dfrac{F}{C}$ 에서 V, F, C가 의미하는 것을 적으시오.

가. _____ 나. _____
다. _____

14 콘크리트 공사에 사용되는 거푸집 중 작업발판 일체형 거푸집 종류 3가지를 쓰시오.

가. _____ 나. _____
다. _____ 라. _____

15 다음 설명하는 내용을 기재하시오.

가. 보, 슬래브 및 트러스 등에서 그의 정상적 위치 또는 형상으로부터 처짐을 고려하여 상향으로 들어 올리는 것 (_____)

나. 거푸집 및 콘크리트의 무게와 시공하중을 지지하기 위하여 설치하는 부재 또는 작업 장소가 높은 경우 발판, 재료 운반이나 위험물 낙하 방지를 위해 설치하는 임시 지지대 (_____)

16 레디믹스트 콘크리트가 현장에 도착하여 타설될 때 시공자가 현장에서 일반적으로 행하여야 하는 품질관리 항목을 〈보기〉에서 모두 골라 기호로 쓰시오.

〈보기〉
① 슬럼프 시험
② 물의 염소 이온량 측정
③ 골재의 반응성
④ 공기량 시험
⑤ 압축강도 측정용 공시체 제작
⑥ 시멘트의 알칼리량

---

17 다음 기성 콘크리트 인방보에 대한 설명이다. ( )에 적당한 수치나 단어를 기재하시오.

인방보의 양끝을 벽체의 블록에 (①) 이상 걸치고, 또한 위에서 오는 하중을 전달할 충분한 길이로 한다. 인방보 상부의 벽은 균열이 생기지 않도록 주변의 벽과 강하게 연결되도록 (②)이나 (③)로 보강 연결하거나 인방보 좌우단 상향으로 (④)를 둔다.

① _____ ② _____
③ _____ ④ _____

---

18 아래 설명에 맞는 입찰 방법을 기재하시오.

가. 최소한의 자격의 가진 모든 업체가 참여 할 수 있는 입찰 방식 ( )
나. 3~7개의 업체를 지명하여 입찰하는 방식 ( )
다. 1개의 업체와 협의하여 계약하는 방식 ( )

---

19 다음은 보강 블록조에 대한 설명이다. ( )에 적당한 수치나 단어를 기재하시오.

벽 세로근은 원칙적으로 잇지 않고 배근하여 기초 및 테두리보에 정착길이는 철근 직경의 (①)배 이상으로 하며, 상단의 테두리보 등에 적정 연결 철물로 연결하며, 피복 두께는 (②) 이상으로 한다.

① _____ ② _____

20 강재의 항복비를 설명하시오.

21 한계상태설계법에서 사용성한계에 대하여 설명하시오.

22 다음 응력-변형률 곡선의 가로축 구간과 각 점에 대해서 설명하시오.

〈보기〉
① 네킹영역
② 하위항복점
③ 극한강도점
④ 변형도경화점
⑤ 소성영역
⑥ 비례한계점
⑦ 상위항복점
⑧ 탄성한계점
⑨ 파괴점
⑩ 탄성영역
⑪ 변형도경화영역

A :   B :   C :
D :   E :   F :
G :   H :   I :
J :   K :

23 다음 그림을 보고 유효좌굴길이계수가 큰 순서대로 적으시오.

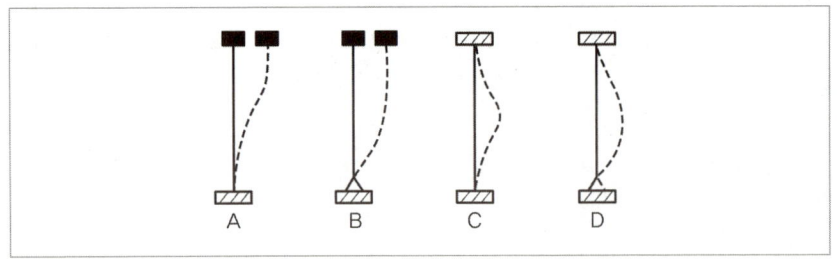

24 400×300 철근콘크리트 띠철근 기둥의 설계축하중을 구하시오.
(단, $A_{st} = 3,096\,mm^2$, $f_{ck} = 27\,MPa$, $f_y = 400\,MPa$)

계산과정 :

25 다음 용어에 대하여 설명하시오.

가. 공칭강도 :

나. 설계강도 :

26 다음과 같은 단순보에서 A단의 처짐각을 구하시오.

계산과정 :

해설 및 정답

01 흙막이 작용 토압

① - ㉣   ② - ㉢   ③ - ㉮

02 적산

20 × 224 = 4,480

∴ 4,480장(매)

03 적산

(1) 기둥부분 = (0.5 + 0.5) × 2 × 3 × 4(개소) = 24m²
(2) 벽부분
  ① 가로벽 = (5 - 0.5 × 2) × 3 × 2(양면) × 2개 = 48m²
  ② 세로벽 = (8 - 0.5 × 2) × 3 × 2(양면) × 2개 = 84m²
①+② = 132
∴ (1) + (2) = 156m²

04 용어 - WBS

프로젝트의 모든 작업 내용을 계층적으로 분류한 작업분류체계

05 용어 - LCC

건축물의 초기 기획단계에서 설계, 시공, 유지관리, 해체에 이르는 일련의 과정에 소요되는 비용을 분석하는 원가관리기법

06 창호표

구분	창	문
목재	1/WW	2/WD
철재	3/SW	4/SD
알루미늄재	5/AW	6/AD

07 흡수율

$$= \frac{\text{표건상태 중량} - \text{절건상태 중량}}{\text{절건상태 중량}} \times 100$$

$$= \frac{2,000 - 1,992}{1,992} \times 100 = 0.40\%$$

08 인장강도

$$\frac{2P}{\pi l d} = \frac{2 \times 100 \times 1,000}{3.14 \times 500 \times 300} = 0.42 \text{MPa}$$

09 용어 - 크리프

하중의 증가 없이 일정한 하중을 계속적으로 가하면 시간의 흐름에 따라 증가되는 콘크리트의 소성변형

10 녹막이 칠을 하지 않는 경우

가. 콘크리트에 매입되는 부분
나. 고장력 볼트 접합부의 마찰면
다. 조립에 의하여 맞닿는 면
라. 폐쇄형 단면의 밀폐되는 면
마. 현장 용접하는 부분

11 공정표 작성 및 여유시간

가. 공정표

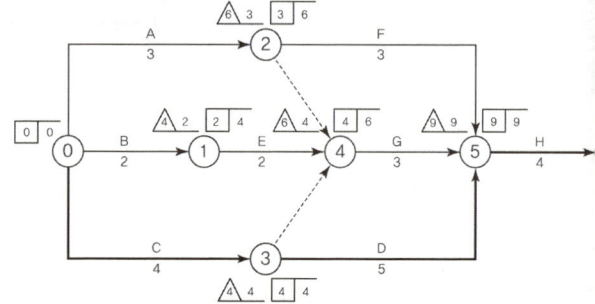

나. 여유시간

작업명	TF	FF	DF	CP
A	3	0	3	
B	2	0	2	
C	0	0	0	*
D	0	0	0	*
E	2	0	2	
F	3	3	0	
G	2	2	0	
H	0	0	0	*

12 철골 보 – 기둥 접합부의 명칭

  가. 스티프너(Stiffener)
  나. 하부 플랜지 플레이트(하부 띠판)
  다. 전단 플레이트
  라. 맞댐용접, 모살용접

13 가치공학

  가. V = 가치
  나. F = 기능
  다. C = 비용

14 일체형 거푸집의 종류

  가. 갱폼   나. 슬립폼
  다. 클라이밍 폼   라. 터널 폼

15 캠버와 동바리

  가. 캠버   나. 동바리

16 레디믹스트 콘크리트 타설 품질관리 항목

  ①, ④, ⑤

17 기성 콘크리트 인방보

  ① 200mm
  ② 철근
  ③ 블록 메시
  ④ 컨트롤 조인트

18 용어

  가. 공개 경쟁 입찰
  나. 지명 경쟁 입찰
  다. 특명입찰(수의 계약)

19 보강 블록조

  ① 40
  ② 20mm

20 강재의 항복비

  인장강도에 대한 항복강도의 비

21 한계상태설계법의 사용성 한계

  하중계수가 1.0인 사용하중상태 하에서 건물의 기능, 외관, 유지관리, 내구성 및 사용자의 편리함을 일정한 기준 이상이 되도록 확보하도록 하는 것으로 대체적으로 구조물의 변형 및 진동에 관한 설계가 이에 포함된다.

22 강재의 응력 – 변형률 곡선

  A : ⑥   B : ⑧   C : ⑦
  D : ②   E : ④   F : ③
  G : ⑨   H : ⑩   I : ⑤
  J : ⑪   K : ①

23 유효좌굴길이 계수

  A : $K = 1.0$
  B : $K = 2.0$
  C : $K = 0.5$
  D : $K = 0.7$
  B → A → D → C

24 설계축하중

$$\phi P_n = 0.8\phi \left[0.85 f_{ck}(A_g - A_{st}) + f_y A_{st} \right]$$
$$= 0.8 \times 0.65 \times [0.85 \times 27 \times (400 \times 300 - 3,096)$$
$$+ 400 \times 3,096] \times 10^{-3}$$
$$= 2,039.1 \text{ kN}$$

25 공칭강도와 설계강도

  가. 공칭강도 : 재료 자체가 지니는 강도. 재료의 저항강도
  나. 설계강도 : 공칭강도에 강도감소계수를 곱한 값. 강도감소계수는 하중의 불확실성, 설계 및 시공상의 불완전성, 재료의 품질 오차와 같은 부재의 기본강도에 대한 감소율을 고려한 값이다.

26 단순보의 처짐각

  탄성곡선법(Elastic Curve Method)을 적용

$$M_x = M - \frac{M \cdot x}{l}$$

$$\theta_x = \int \frac{M_x}{EI} dx = \frac{M \cdot x}{EI} - \frac{M \cdot x^2}{2l \cdot EI} + C_1$$

$$y_x = \int \theta_x \, dx = \frac{M \cdot x^2}{2EI} - \frac{M \cdot x^3}{6l \cdot EI} + C_1 \cdot x + C_2$$

경계조건에 의해 $y_A = y_B = 0$이므로 적분상수 $C_2 = 0$

$$y_{B(x=l)} = \frac{M \cdot l^2}{2EI} - \frac{M \cdot l^2}{6EI} + C_1 \cdot l = 0$$

$$\therefore C_1 = \left(\frac{M \cdot l^2}{6EI} - \frac{M \cdot l^2}{2EI} \right) \cdot \frac{1}{l} = -\frac{M \cdot l}{3EI}$$

$$\rightarrow \theta_{A(x=0)} = \frac{M \cdot 0}{EI} - \frac{M \cdot 0}{2l \cdot EI} - \frac{M \cdot l}{3EI} = -\frac{M \cdot l}{3EI}$$

답 : $\theta_A = -\dfrac{Ml}{3EI}$

2022년 2회 과년도 기출문제

01 역타설공법(Top-Down Method)의 장점을 3가지 쓰시오.

가.

나.

다.

02 흙은 흙입자·물·공기로 구성되며, 도식화하면 다음 그림과 같다. 그림에 주어진 기호로 아래의 각종 용어를 표기하시오.

가. 함수비 :

나. 간극비 :

다. 포화도 :

03 다음에 제시된 화살표형 네트워크 공정표를 통해 일정계산 및 여유시간, 주공정선 (CP)와 관련된 빈칸을 모두 채우시오.(단, CP에 해당하는 작업은 ※표시를 하시오.)

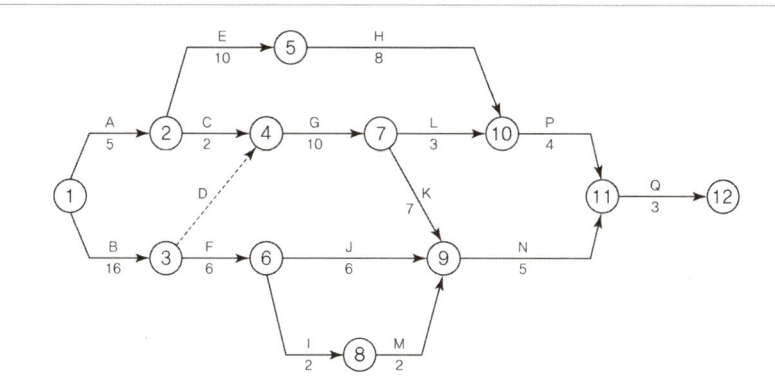

작업명	EST	EFT	LST	LFT	TF	FF	DF	CP
A								
B								
C								
D								
E								
F								
G								
H								
I								
J								
K								
L								
M								
N								
P								
Q								

04 용접공사 시 사용되는 다음 용어를 간단히 설명하시오.

가. 스캘럽(Scallop) :

나. 엔드탭(End Tab) :

05 목재의 천연건조(자연건조) 시 장점 2가지를 쓰시오.

가. _____

나. _____

06 흐트러진 상태의 흙 30m³를 이용하여 30m²의 면적에 다짐상태로 60cm 두께를 터 돋우기 할 때 시공완료된 후 흐트러진 상태로 남은 흙의 양을 산출하시오.(단, 이 흙의 L = 1.20이고, C = 0.90이다.)

가. _____

나. _____

다. _____

07 흙의 성질 중 예민비의 식과 정의를 쓰시오.

가. 식 : _____

나. 정의 : _____

08 약액주입공법 후 주입재가 지반에 양호하게 되었는지 판단하는 방법 3가지를 쓰시오.

가. _____

나. _____

다. _____

라. _____

09 다음 용어를 간단히 설명하시오.

가. 복층유리 : _____

나. 배강도유리 : _____

10 세로 규준틀 설치 위치 1개소와 기입사항 2가지를 쓰시오.

가. 설치위치 :

나. 기입사항 : ①
②

11 콘크리트 소성 수축균열의 정의와 발생 원인을 기재하시오.

가. 정의 :

나. 원인 :

12 액상 하드너 시공 시 유의사항 2가지를 기재하시오.

가.
나.

13 다음 그림을 보고 합격 불합격을 판정하시오.

가.   나.
다.

14 밀시트(강재 시험성적서)를 확인할 수 있는 사항을 1가지만 적으시오.

15 다음 거푸집을 간단히 설명하시오.

　　가. 슬라이딩 폼 : _____

　　_____

　　나. 워플 폼 : _____

　　_____

16 가설공사에서 사용되는 기준점의 정의와 설치 시 유의사항 2가지를 기재하시오.

　　가. 정의 : _____

　　나. 주의사항 : ① _____

　　　　　　　　② _____

17 콘크리트에 사용되는 골재의 다음 용어에 대하여 간단히 설명하시오.

　　가. 흡수량 : _____

　　_____

　　나. 함수량 : _____

　　_____

18 주철근의 간격을 일정하게 유지하는 목적 3가지를 기재하시오.

　　가. _____

　　나. _____

　　다. _____

19 용접결함 중 슬래그 혼입의 원인과 그에 따른 방지대책을 각각 2가지씩 기재하시오.

　　가. 원인 : ① _____

　　　　　　　② _____

　　나. 대책 : ① _____

　　　　　　　② _____

20 다음 설명에 맞는 용어를 기재하시오.

> 철골부재의 접합에 사용되는 고장력볼트 중 볼트의 장력 관리를 손쉽게 하기 위한 목적으로 개발된 것으로 본조임 시 전용 조임기를 사용하여 볼트의 핀테일이 파단될 때까지 조임시공하는 볼트의 명칭

21 큰 처짐에 의하여 손상되기 쉬운 칸막이벽이나 기타 구조물을 지지 또는 부착하지 않은 부재의 경우, 다음 표에서 정한 최소두께를 적용하여야 한다. 표의 ( ) 안에 알맞은 숫자를 써 넣으시오.(단, 표의 값은 보통중량콘크리트와 설계기준항복강도 400MPa의 철근을 사용한 부재에 대한 값임)

[처짐을 계산하지 않는 경우의 보 또는 1방향 슬래브의 최소 두께기준]

단순지지된 1방향 슬래브	L/( )
1단 연속된 보	L/( )
양단 연속된 리브가 있는 1방향 슬래브	L/( )

22 H형강 H-200×200×8×12의 설계인장강도를 산정하시오.(단, 항복강도 $F_y = 325\,\text{MPa}$, $A_g = 5,620\,\text{mm}^2$)

23 그림과 같은 트러스 구조물에서 T부재에 발생하는 부재력을 구하시오.

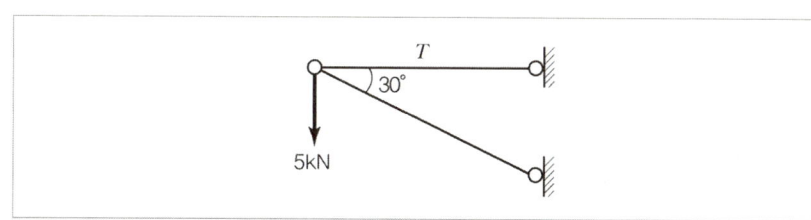

계산과정 :

24 철근콘크리트 보의 춤이 700mm이고, 부모멘트를 받는 상부단면에 HD25철근이 배근되어 있을 때, 철근의 인장정착길이를 구하시오.(단, f_{ck}= 25MPa, f_y = 400MPa, 철근의 순간격과 피복두께는 철근직경 이상, 상부철근 보정계수는 1.3, 도막되지 않은 철근, 보통중량콘크리트를 사용)

25 다음과 같은 부정정 라멘구조에서 각 점의 휨모멘트 절대값을 구하고 휨모멘트도를 작성하시오.

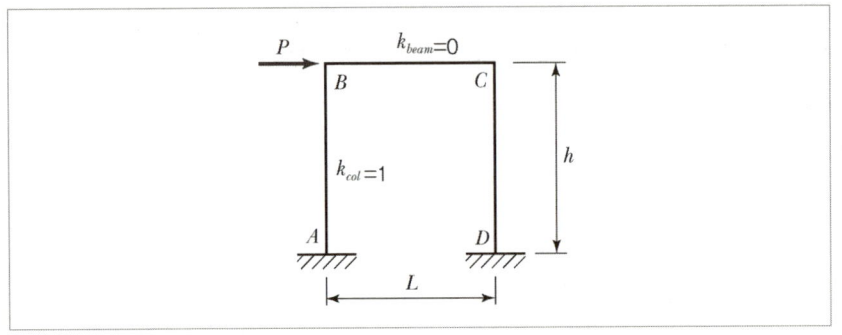

계산과정 :

26 다음 괄호에 알맞은 답안을 적으시오.

> 비합성 압축부재의 축방향 주철근 단면적은 전체 단면적 A_g의 (A) 배 이상, (B)배 이하로 하여야 한다. 축방향 주철근이 겹침이음되는 경우의 철근비는 (C)를 초과하지 않도록 하여야 한다.

A : _____ B : _____

C : _____

해설 및 정답

01 역타설공법의 장점

가. 지하와 지상층의 공사병행으로 공기단축이 가능하다.
나. 1층 바닥판 선시공으로 작업공간 활용(확보)이 가능하다.
다. 주변지반과 건물에 악영향이 없는 안정적 공법이다.
라. 기후와 무관한 전천후 작업이 가능하다.

02 용어

가. 함수비 : $\dfrac{물의\ 중량}{흙입자의\ 중량} = \dfrac{W_W}{W_S}$

나. 간극비 : $\dfrac{간극의\ 용적}{흙입자의\ 용적} = \dfrac{V_V}{V_S}$

다. 포화도 : $\dfrac{물의\ 용적}{간극부분의\ 용적} \times 100(\%)$
$= \dfrac{V_W}{V_V} \times 100(\%)$

03 일정계산 및 여유시간

작업명	EST	EFT	LST	LFT	TF	FF	DF	CP
A	0	5	9	14	9	0	9	
B	0	16	0	16	0	0	0	*
C	5	7	14	16	9	9	0	
D	16	16	16	16	0	0	0	*
E	5	15	16	26	11	0	11	
F	16	22	21	27	5	0	5	
G	16	26	16	26	0	0	0	*
H	15	23	26	34	11	6	5	
I	22	24	29	31	7	0	7	
J	22	28	27	33	5	5	0	
K	26	33	26	33	0	0	0	*
L	26	29	31	34	5	0	5	
M	24	26	31	33	7	7	0	
N	33	38	33	38	0	0	0	*
P	29	33	34	38	5	5	0	
Q	38	41	38	41	0	0	0	*

04 용어

가. 스캘럽(Scallop) : 철골부재 용접 시 이음 및 접합부 위의 용접선이 교차되어 재용접된 부위가 열영향을 받아 취약해지기 때문에 모재에 부채꼴 모양의 모따기를 한 것
나. 엔드탭(End Tab) : 용접 결함이 생기기 쉬운 용접 비드(Bead)의 시작과 끝 지점에 용접을 정확히 하기 위하여 모재의 양단에 부착 하는 보조 강판

05 목재의 천연건조의 장점

가. 별도의 설치비가 필요 없음
나. 대량으로 건조 가능

06 적산(흙량 산출)

가. 시공되는 다짐 상태의 흙량 $= 30 \times 0.6 = 18\text{m}^3$
나. 시공되는 다짐 상태의 흙량을 흐트러진 상태로 환산
$18 \times \dfrac{L}{C} = 18 \times \dfrac{1.2}{0.9} = 24\text{m}^3$
다. 시공 후 흐트러진 상태로 남는 흙량 $= 30 - 24 = 6\text{m}^3$

07 예민비

가. 식 : $\dfrac{자연시료의\ 강도}{이긴시료의\ 강도}$

나. 정의 : 함수율의 변화가 없는 상태에서의 이긴시료의 강도에 대한 자연시료의 강도의 비

08 약액주입공법 판정 방법

가. 굴착 후 육안에 의한 확인
나. 지반조사 및 시험을 통한 확인
다. 물리탐사에 의한 비파괴 확인
라. 주입상황이나 기록에 의한 간접 확인

09 용어

가. 복층유리 : 유리와 유리 사이에 진공상태를 만들거나 공기를 넣어 만든 유리
나. 배강도유리 : 보통 판유리의 강도보다 2배 정도 크게 만든 유리

10 세로규준틀 설치 위치 및 기입사항

가. 설치위치 : 건물의 모서리 등 기준이 될 수 있는 곳 면이 긴 경우 중앙부, 기타 요소
나. 기입사항 : ① 개구부 위치, 치수
② 쌓기 단수
③ 줄눈의 위치
④ 앵커, 매립철물의 위치
⑤ 테두리보, 인방보의 위치

11 콘크리트 소성 수축균열

가. 정의 : 굳지 않은 콘크리트에서 발생되는 초기균열로서 콘크리트 타설 후 블리딩의 속도보다 표면의 증발 속도가 빠른 경우 표면 수축에 의해 발생되는 불규칙 균열
나. 원인
① 물의 증발속도가 $1kg/m^2/h$ 이상일 때
② 블리딩이 적은 된비빔의 콘크리트일 때
③ 건조한 바람이 심하게 불 경우
④ 고온 저습한 기온일 경우

12 액상 하드너

가. 바탕은 평탄하게 마무리 할 것
나. 기온이 5도 이하면 작업 중지
다. 액상바닥 바탕은 최소 21일 양생하여 완전 건조시킬 것

13 합격 불합격 판정

가. 합격
나. 불합격(회전과다)
다. 불합격(회전부족)

14 밀시트(강재 시험성적서)

가. 품질보증서
나. 재료의 역학적 시험 내용 : 각종 강도 표시
다. 화학 성분 시험 내용 : 철, 황, 규소, 납, 탄소 등의 구성비
라. 규격표시 : 길이, 두께 크기 및 형상, 단위중량
마. 시험 규준의 명시 : 시방서, KS

15 거푸집 용어

가. 슬라이딩 폼 : 유닛 거푸집을 설치하여 요크로 거푸집을 끌어 올리면서 연속해서 콘크리트 타설 가능한 수직 활동 거푸집
나. 워플 폼 : 무량판 구조에서 2방향 장선 바닥판 구조가 가능하도록 된 특수상자 모양의 기성재 거푸집

16 가설공사의 기준점 및 설치시 유의사항

가. 정의 : 공사 중의 높낮이의 기준이 되는 원점
나. 주의 사항 :
① 이동의 염려가 없는 곳에 설치
② 현장 어디서나 바라보기 좋고 공사에 지장이 없는 곳에 설치
③ 최소 2개소 이상 설치
④ 지면에서 0.5~1m정도 위치에 설치
⑤ 착공과 동시에 설치하고 완공시까지 존치

17 용어

가. 흡수량 : 표면건조 내부포수 상태의 골재 중에 포함되는 물의 양
나. 함수량 : 습윤상태 골재의 내·외부에 함유된 전 수량

18 철근간격 유지 목적

가. 콘크리트 유동성(시공성) 확보
나. 재료 분리 방지
다. 소요강도 유지 및 확보

19 용접결함

가. 원인
① 용접 시 슬래그 제거 상태가 불량일 때
② 운봉 속도가 너무 느릴 때
③ 용접봉 운봉 폭이 너무 넓을 때
④ 용접봉 지름이 너무 큰 것을 사용 했을 때
⑤ 아크 앞부분에 작은 슬래그 등이 있을 때
나. 대책
① 용접 시 슬래그를 철저히 제거할 것
② 전류를 약간 높이고 슬래그가 선행하지 않는 속도로 용접할 것
③ 용접봉 운봉 폭을 감소시킬 것
④ 용접봉 지름이 작은 것을 사용할 것
⑤ 용접봉 이송 속도를 증가 시키거나 용접봉의 각도를 바꾸어 보거나 아크 길이를 줄일 것

20 용어

볼트축 전단형 고력볼트

21 슬래브 최소 두께

L/(20)
L/(18.5)
L/(21)

22 설계인장강도

$$\phi_t P_n = 0.9 \times F_y A_g = 0.9 \times 325 \times 5{,}620 \times 10^{-3}$$
$$= 1{,}643.85\,kN$$

23 부재력 산정

라미의 정리를 이용
$$\frac{5}{\sin(30)} = \frac{T}{\sin(90-30)} \rightarrow T = \frac{5}{\sin(30)} \times \sin(60)$$
$$= 5\sqrt{3}\,kN \,(인장)$$

24 철근의 인장정착길이

- 수평철근의 위치계수 $\alpha = 1.3$
- 에폭시 도막 계수 $\beta = 1.0$
- 철근의 크기 계수 $\gamma = 1.0$
- 경량콘크리트 계수 $\lambda = 1.0$
- 철근의 순간격과 피복두께는 철근직경 이상이므로,

$$l_d = \frac{0.6 d_b f_y}{\lambda \sqrt{f_{ck}}} \cdot \alpha\beta\gamma = \frac{0.6 \times 25 \times 400}{1.0 \times \sqrt{25}} \times 1.3 \times 1.0 \times 1.0$$
$$= 1,560 \, mm$$

25 휨모멘트

- 처짐각법으로 풀이

$$M_{AB} = k_{AB}(2\phi I_A + \phi_B + R) + C_{AB} = \phi_B + R$$
$$M_{BA} = k_{BA}(2\phi_B + \phi_A + R) + C_{BA} = 2\phi_B + R$$

$$M_{BC} = k_{BC}(2\phi_B + \phi_C + R) + C_{BC} = 0$$
$$M_{CB} = k_{CB}(2\phi_C + \phi_B + R) + C_{CB} = 0$$

$$M_{CD} = k_{CD}(2\phi_C + \phi_D + R) + C_{CD} = 2\phi_C + R$$
$$M_{DC} = k_{DC}(2\phi_D + \phi_C + R) + C_{DC} = \phi_C + R$$

$k_{BC} = k_{CB} = 0$

$\phi_A = \phi_D = 0$

$C_{AB} = C_{BC} = C_{CD} = 0$

- 절점 평형 방정식에 따라,

$$\sum M_B = M_{BA} + M_{BC} = 0$$
$$\therefore 2\phi_B + R = 0 \quad \cdots \text{1식}$$

$$\sum M_C = M_{CB} + M_{CD} = 0$$
$$\therefore 2\phi_C + R = 0 \quad \cdots \text{2식}$$

- 층방정식에 따라

$$M_{AB} + M_{BA} + M_{CD} + M_{DC} + P \cdot h = 0$$
$$\therefore 3\phi_B + 3\phi_C + 4R = -P \cdot h \quad \cdots \text{3식}$$

1~3식을 연립방정식으로 풀면,

$$\phi_B = \frac{P \cdot h}{2}, \; \phi_C = \frac{P \cdot h}{2}, \; R = -P \cdot h$$

$$\therefore M_A = -\frac{Ph}{2}, \; M_B = 0, \; M_C = 0, \; M_D = -\frac{Ph}{2}$$

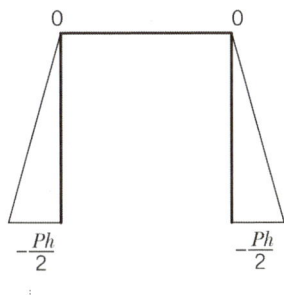

26 주철근 단면적

A : 0.01
B : 0.08
C : 0.04

2022년 4회 과년도 기출문제

01 다음에서 설명하는 줄눈의 명칭을 쓰시오.

> 콘크리트 시공과정 중 휴식시간 등으로 응결하기 시작한 콘크리트에 새로운 콘크리트를 이어칠 때 일체화가 저해되어 생기게 되는 줄눈

02 다음 그림에 해당하는 접합을 보기에서 골라 쓰시오.

〈보기〉
① 지압접합   ② 마찰접합   ③ 인장접합

가. _____   나. _____
다. _____

03 철골공사 내화공법 중 습식 공법 4가지를 쓰시오.

가. _____
나. _____
다. _____
라. _____

04 다음 용어의 간단히 설명하시오.

가. 스캘럽(Scallop) :

나. 뒷댐재(Back Strip) :

05 철골공사 용접 시 발생하는 라멜라 티어링에 대해 간단히 설명하시오.

06 레미콘(보통 – 25 – 24 – 150)의 현장 반입 시 송장 표기 내용이다. 각각 의미하는 바를 간단히 쓰시오.(단, 단위 표기도 할 것)

가. 보통 :   나. 25 :
다. 24 :   라. 150 :

07 KSF 5201 규정에서 정한 포틀랜드 시멘트의 종류를 5가지 쓰시오.

가.   나.
다.   라.
마.

08 지하 구조물은 지하수위에서 구조물 밑면까지의 깊이만큼 부력을 받아 건물이 부상하게 되는데 이것에 대한 방지대책을 4가지 기술시오.

가.   나.
다.   라.

09 조적조 외부 벽면 방수 공법 3가지를 쓰시오.

가.   나.
다.

10 아래 〈보기〉에서 가치공학(Value Engineering)의 기본 추진 절차를 순서대로 나열하시오.

〈보기〉
가. 정보수집 나. 기능정리 다. 아이디어 발상
라. 기능정의 마. 대상선정 바. 제안
사. 기능평가 아. 평가   자. 실시

11 다음 기초에 소요되는 철근, 콘크리트 정미량을 산출하시오.(단, 이형철근 D16의 단위중량은 1.56kg/m, D13의 단위중량은 0.995kg/m이다.)

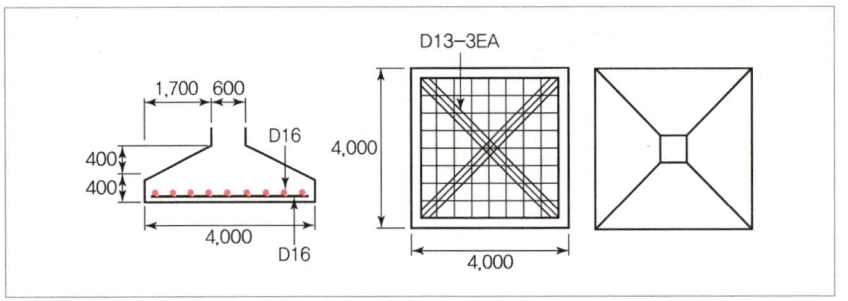

가.

나.

12 다음 보기는 용접부의 검사 항목이다. 〈보기〉에서 골라 알맞은 공정에 해당하는 번호를 써 넣으시오.

〈보기〉
① 트임새 모양 ② 전류   ③ 침투수압 ④ 운봉   ⑤ 모아대기법
⑥ 외관판단   ⑦ 구속   ⑧ 용접봉   ⑨ 초음파 검사

가. 용접 착수 전 : _____   나. 용접 작업 중 : _____

다. 용접 완료 후 : _____

13 로이 삼중유리의 정의를 쓰고 특징 2가지를 쓰시오.

　가. 정의 : _____

　　_____

　나. 특징 : ① _____

　　　　　　② _____

14 다음은 지반조사법 중 보링에 대한 설명이다. 알맞은 공법을 쓰시오.

> 가. 충격날을 60~70 정도 낙하시키고 그 낙하 충격에 의해 파쇄된 토사를 퍼내어 지층 상태를 판단하는 공법
> 나. 충격날을 회전시켜 천공하므로 토층이 흐트러질 우려가 적은 방법
> 다. 오거를 회전시키면서 지중에 압입, 굴착하고 여러 번 오거를 인발 하여 교란 시료를 채취하는 방법
> 라. 깊이 30cm 정도의 연질층에 사용하며, 외경 50~60mm관을 이용, 천공하면서 흙과 물을 동시에 배출시키는 방법

가. _____　　나. _____

다. _____　　라. _____

15 건축공사에서 언더 피닝을 해야 하는 이유 3가지를 쓰시오.

　가. _____
　나. _____
　다. _____

16 시멘트 분말도 시험방법 2가지를 쓰시오.

　가. _____
　나. _____

17 다음 콘크리트 균열보수법에 대하여 설명하시오.

　가. 표면처리법 : _____

　　_____

　나. 주입공법 : _____

　　_____

18 다음 설명하는 공법의 명칭을 쓰시오.

> 가. 무량판 구조에서 2방향 장선 바닥판 구조가 가능하도록 된 특수상자 모양의 기성재 거푸집
> 나. 시스템거푸집으로 한 구간 콘크리트를 타설 후 다음 구간으로 수평이동이 가능한 거푸집 공법
> 다. 유닛 거푸집을 설치하여 요크로 거푸집을 끌어 올리면서 연속해서 콘크리트를 타설 가능한 수직 활동 거푸집
> 라. 아연도 철판을 절곡 제작하여 거푸집으로 사용하여 콘크리트 타설 후 사용 철판을 바닥 하부 마감재로 사용하는 공법

가. _____   나. _____
다. _____   라. _____

19 건설공사 현장에 시멘트가 반입되었다. 특기 시방서에 시멘트의 비중은 3.10 이상으로 규정되어 있다고 할 때, 르샤틀리에 비중병을 이용하여 KS규격에 의거 시멘트 비중을 시험한 결과에 대하여 시멘트의 비중을 구하고, 자재 품질관리상 합격 여부를 판정하시오. (시험 결과 비중병에 광유를 채웠을 때의 최소눈금은 0.5cc, 시험에 사용한 시멘트량은 100g, 광유에 시멘트를 넣은 후에 눈금은 32.2cc이었다.)

가. 시멘트의 비중 : _____
나. 판정 : _____

20 다음은 평지붕 외단열 시트 방수공법이다. 〈보기〉를 보고 시공순서를 보기를 골라 적으시오.

> 〈보기〉
> 가. 누름콘크리트   나. PE필름   다. 단열재
> 라. 시트방수   마. 슬라브바탕

21 다음 데이터를 네트워크 공정표로 작성하고 각 작업의 전체여유(TF)와 자유여유(FF)를 구하시오.

작업명	작업일수	선행작업	비 고
A	5	없음	네트워크 작성은 다음과 같이 표기하고, 주공정선은 굵은 선으로 표기하시오.
B	6	없음	
C	5	A, B	
D	7	A, B	
E	3	B	
F	4	B	
G	2	C, E	
H	4	C, D, E, F	

가. 네트워크 공정표

나. 각 작업의 여유시간(TF, FF)

22 콘크리트 배합 시 잔골재를 세척 해사로 사용했을 때 콘크리트의 염화물 함량을 측정한 결과 염소 이온량이 0.3~0.6kg/m³이었다. 이때 철근콘크리트의 철근부식방지에 따른 유효한 대책을 3가지만 쓰시오.

가. _____

나. _____

다. _____

23 다음과 같은 트러스 구조물에서 U_2, L_2 부재의 부재력을 절단법으로 구하시오.

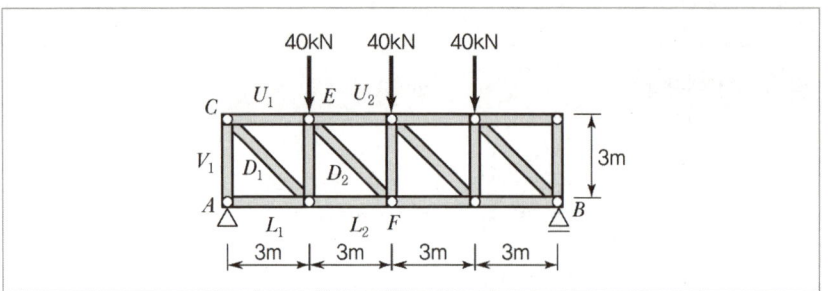

계산과정 :

24 그림과 같은 단순보의 단면에 생기는 최대 전단응력도를 구하시오.(단, 보의 단면은 300×500mm)

계산과정 :

25 그림과 같은 보의 설계전단강도를 구하시오.(단, 보통중량콘크리트, $f_{ck} = 24\mathrm{MPa}$, $f_{yt} = 400\mathrm{MPa}$, D10 공칭단면적 $a_1 = 71.33\mathrm{mm}^2$)

계산과정 :

26 구조물에 작용하는 고정하중이 $M_D = 150\,\mathrm{kN\cdot m}$, $V_D = 120\,\mathrm{kN}$이고 활하중이 $M_L = 130\,\mathrm{kN\cdot m}$, $V_L = 110\,\mathrm{kN}$일 때, 소요공칭휨강도(M_n) 및 소요공칭전단강도(V_n)를 산정하시오.(단, 휨강도감소계수 = 0.85, 전단강도감소계수 = 0.75를 사용)

계산과정 :

해설 및 정답

01 용어

콜드조인트

02 접합의 명칭

가. ②　　나. ③　　다. ①

03 철골공사 내화습식공법

가. 타설공법　나. 조적공법
다. 미장공법　라. 뿜칠공법

04 용어

가. 스캘럽(Scallop) : 철골부재 용접 시 이음 및 접합부 위의 용접선이 교차 되어 재용접된 부위가 열영향을 받아 취약해지기 때문에 모재에 부채꼴 모양의 모따기를 한 것
나. 뒷댐재(Back Strip) : 맞댄 용접 시 루트부에 완전 용입을 얻을 수 있도록 뒤쪽에 대는 보조 강판재

05 용어 – 라멜라 티어링

용접 시 열 영향부의 국부 열변형으로 모재 내부에 구속 응력이 생겨 미세한 균열이 발생되는 현상

06 레미콘의 표시 형식

가. 보통 : 보통콘크리트
나. 25 : 굵은골재 최대치수 25mm
다. 24 : 호칭강도 24MPa
라. 150 : 슬럼프치 150mm

07 포틀랜드 시멘트

가. 보통 포틀랜드 시멘트
나. 중용열 포틀랜드 시멘트
다. 조강 포틀랜드 시멘트
라. 저열 포틀랜드 시멘트
마. 내황산염 포틀랜드 시멘트

08 건물부상 방지대책

가. 자중 증가
나. 락-앵커 사용
다. 지하수 배수
라. 이중 지하실 설치

09 조적조 외부 방수공법

가. 시멘트 액체방수
나. 시트 방수
다. 도막방수

10 가치공학 추진절차

마 – 가 – 라 – 나 – 사 – 다 – 아 – 바 – 자

11 적산 – 철근, 콘크리트 정미량

가. 철근량(간격이 주어지지 않아서 도면의 개수로 적용)
　① 가로근(D16) : 4×9개 $= 36m$
　② 세로근(D16) : 4×9개 $= 36m$
　③ 대각선근(D13) : $\sqrt{4^2+4^2} \times 3 \times 2$개 $= 33.94m$
　∴ D13 = ③ = $33.94m \times 0.995kg/m = 33.77kg$
　　D16 = ① + ② = $72m \times 1.56kg/m = 112.32kg$
　∴ 총중량 = D13 + D16 = $146.09kg$

나. 콘크리트량
　① 수평부 = $4 \times 4 \times 0.4 = 6.4m^3$
　② 경사부
　$= \frac{0.4}{6} \times \{(2 \times 4 + 0.6) \times 4 + (2 \times 0.6 + 4) \times 0.6\}$
　$= 2.5m^3$
　∴ ① + ② = $8.9m^3$

12 용접부 검사항목

가. 용접 착수 전 : ①, ⑤, ⑦
나. 용접 작업 중 : ②, ④, ⑧
다. 용접 완료 후 : ③, ⑥, ⑨

13 용어 – 로이 삼중유리

가. 정의 : 적외선 반사율이 높은 금속막 코팅을 삼중유리 안쪽에 붙인 친환경유리
나. 특징
　① 고단열 삼중유리로 에너지 절약
　② 단열과 결로 방지

14 보링

가. 충격식　나. 회전식
다. 오거식　라. 수세식

15 언더피닝

가. 터파기 인접건물의 침하를 방지하고자 할 때
나. 경사진 건물을 바로 잡고자 할 때
다. 기존 건축물의 기초를 보강하고자 할 때
라. 기존 건축물의 새로운 기초를 축조하고자 할 때

16 시멘트 분말도 시험

　가. 체가름 시험
　나. 브레인 법

17 콘크리트의 균열보수법

　가. 표면 처리법 : 보통 진행이 정지된 0.2mm 이하의 경미한 균열에 폴리머시멘트나 모르타르로 보수하는 방법
　나. 주입공법 : 주입구멍을 천공하고 주입파이프나 주사기를 20~30cm 간격으로 설치하여 깊이 20mm 정도로 에폭시 수지를 주입하는 공법

18 거푸집 종류

　가. 워플 폼　　　　　나. 트래블링 폼
　다. 슬라이딩 폼　　　라. 데크 플레이트

19 철근 인장강도

　가. 시멘트의 비중 = $\dfrac{100}{32.2 - 0.5}$ = 3.15
　나. 판정 : 합격(3.15 > 3.10)

20 평지붕 외단열 시트방수공법 시공순서

　마 - 라 - 다 - 나 - 가

21 네트워크 공정표 및 전체여유와 자유여유

1. 공정표 작성

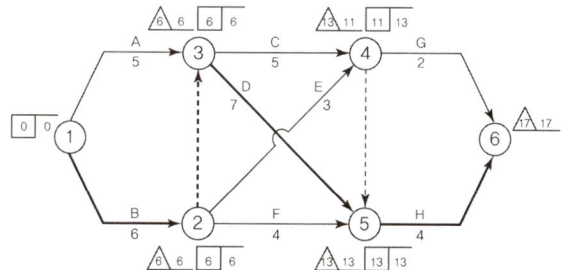

2. 작업의 여유시간

작업	TF	FF
A	1	1
B	0	0
C	2	0
D	0	0
E	4	2
F	3	3
G	4	4
H	0	0

22 철근콘크리트의 철근부식방지

　가. 철근에 아연도금하거나 에폭시 코팅 철근 사용
　나. 콘크리트에 방청제 혼입
　다. 골재에 제염제 혼합 사용
　라. 철근 피복 두께 확보

23 트러스 부재력

구하고자 하는 부재를 포함하여 3개의 부재가 절단되도록 임의의 절단선으로 트러스를 절단한다.

① 반력

$\sum H = 0 \rightarrow H_A = 0$

$\sum V = 0 \rightarrow V_A + V_B - 40 - 40 - 40 = 0$

$\therefore V_A = \dfrac{120}{2} = 60\text{kN}$

② L_2 부재 - L_2 부재를 제외한 나머지 2개의 부재가 만나는 점(E)

$\sum M_E = 0 \rightarrow V_A \times 3 - L_2 \times 3 = 0$

$\therefore L_2 = \dfrac{60 \times 3}{3} = 60\text{kN (인장)}$

③ U_2 부재 - U_2 부재를 제외한 나머지 2개의 부재가 만나는 점(F)

$\sum M_F = 0 \rightarrow V_A \times 6 - 40 \times 3 + U_2 \times 3 = 0$

$\therefore U_2 = \dfrac{-60 \times 6 + 40 \times 3}{3} = -80\text{kN (압축)}$

답 : $L_2 = 60\text{kN (인장)}$
　　$U_2 = -80\text{kN (압축)}$

24 최대 전단응력

(1) 최대 전단력

$$V_{\max} = \frac{P}{2} = 100\text{kN}$$

(2) 최대 전단응력

$$\tau_{\max} = k \cdot \frac{V_{\max}}{A} = \frac{3}{2} \times \frac{100 \times 10^3}{300 \times 500}$$
$$= 1\text{N/mm}^2(\text{MPa})$$

답 : $1\text{N/mm}^2(\text{MPa})$

25 보의 설계전단강도

① 콘크리트의 전단강도

$$V_c = \frac{1}{6}\lambda\sqrt{f_{ck}}\,b_w d = \frac{1}{6} \times 1.0 \times \sqrt{24} \times 300 \times 550$$
$$= 134{,}722\,\text{N}$$

② 전단보강근의 전단강도

$$V_s = \frac{A_v f_{yt} d}{s} = \frac{(2 \times 71.33) \times 400 \times 550}{150} = 209{,}235\,\text{N}$$

③ 설계전단강도

$$\phi V_n = \phi(V_c + V_s) = 0.75(134{,}722 + 209{,}235)$$
$$= 257{,}968\,\text{N} = 257.97\,\text{kN}$$

26 소요공칭휨강도 및 소요공칭전단강도 산정

① 소요공칭휨강도(M_n)

$$M_u = 1.2 \times 150 + 1.6 \times 130 = 388\,\text{kN} \cdot \text{m}$$
$$M_u = \phi M_n \rightarrow M_n = \frac{M_u}{\phi} = \frac{388}{0.85} = 456.47\,\text{kN} \cdot \text{m}$$

② 소요공칭전단강도(V_n)

$$V_u = 1.2 \times 120 + 1.6 \times 110 = 320\,\text{kN}$$
$$V_u = \phi V_n \rightarrow V_n = \frac{V_u}{\phi} = \frac{320}{0.75} = 426.67\,\text{kN}$$

Engineer Architecture

2021년
과년도 기출문제 및 해설

CONTENTS

제1회   기출문제 및 해설   104
제2회   기출문제 및 해설   114
제4회   기출문제 및 해설   124

2021년 1회 과년도 기출문제

01 다음에서 설명하는 내용을 보고 무엇인지 기재하시오. [배점 4]

가. 점토지반에 모래말뚝을 형성하여 간극수를 제거하는 지반개량공법 ( )

나. 직경 20cm 특수파이프를 상호 2m 내외 간격으로 관입시켜 모래를 투입한 후 가로관으로 연결하고 펌프를 이용하여 지하수를 빼내는 배수공법 ( )

02 다음 용어를 간단히 설명하시오. [배점 4]

가. 방호선반 :

나. 기준점 :

03 콘크리트 구조물의 압축강도를 추정하고 내구성 진단, 균열의 위치, 철근의 위치 등을 파악하는 데 있어서 구조체를 파괴하지 않고 비파괴적인 방법으로 측정하는 검사방법을 3가지 쓰시오. [배점 3]

①
②
③

04 다음 괄호 안에 적당한 말을 넣으시오. [배점 2]

흙이 소성상태에서 반고체상태로 옮겨지는 경계의 함수비를 (①)라 하고, 액성상태에서 소성상태로 옮겨지는 함수비를 (②)라고 한다.

05 다음 조건으로 요구하는 물량을 산출하시오.(단, $C=0.9$, $L=1.3$)

(1) 터파기량을 산출하시오.
(2) 운반대수를 산출하시오.(운반대수 1대의 적재량은 12m³)
(3) 5,000m²의 면적을 가진 성토장에서 성토하여 다짐할 때 표고는 몇 m인지 구하시오.(단, 비탈면은 수직으로 가정한다.)

06 다음은 벽돌쌓기에 대한 설명이다. 이에 맞는 쌓기법을 기재하시오.

가. 담 또는 처마 부분에 내쌓기를 할 때 45도 각도로 모서리가 면에 나오도록 쌓는 방법
나. 난간벽과 같이 상부 하중을 지지하지 않는 벽에 있어서 장식적인 효과를 기대하기 위해 벽체에 구멍을 내어 쌓는 것

가. _____
나. _____

07 콘크리트 압축강도시험을 한 결과 500kN에서 파괴되었다. 콘크리트 압축강도를 구하시오.(단, 공시체는 지름이 150mm, 높이가 300mm이다.)

08 다음 자료를 이용하여 흡수율, 겉보기밀도, 표건상태의 밀도를 구하시오.

- 물의 밀도 : $1g/cm^3$
- 골재의 수중중량 : 2.45kg
- 골재의 절건중량 : 3.6kg
- 골재의 표면건조 내부 포수중량 : 3.9kg

가. 흡수율 :

나. 겉보기밀도 :

다. 표건상태의 밀도 :

09 다음 터파기공법에 관한 용어를 간단히 설명하시오.

가. 아일랜드 컷 :

나. 트렌치 컷 :

10 알루미늄 거푸집을 합판 거푸집과 비교하여 골조 품질과 거푸집 해체 시 소음 발생에 대하여 설명하시오.

가. 골조 품질 :

나. 해체 :

11 BOT(Build Operate Transfer) 방식을 설명하시오.

12 경량철골 칸막이공사 작업순서를 〈보기〉에서 골라 나열하시오.

〈보기〉
벽체틀 설치, 단열재 설치, 바탕 처리, 석고보드 설치, 마감

13 외장유리공사 시 발생하는 열파손에 대하여 설명하시오.

14 안방수와 바깥방수의 차이점을 3가지 이상 기재하시오.
①
②
③

15 스페이서의 용도를 쓰시오.
①
②

16 목구조에서 방충 및 방부 처리된 목재를 써야 하는 경우 2가지를 쓰시오.
①
②

17 다음에서 설명하는 품질관리 수법을 쓰시오.

가. 불량, 고장, 결점 등의 발생건수를 분류항목별로 나누어 크기 순서대로 나열해 놓은 것
나. 결과에 원인이 어떻게 작용하고 있는가를 한눈에 나타낸 그림
다. 계량치의 데이터가 어떠한 분포를 하고 있는지를 알아보기 위하여 작성하는 것

가.
나.
다.

18 다음 데이터를 이용하여 네트워크 공정표를 작성하고, 각 작업의 여유를 구하시오.

작업명	소요일수	선행작업	비고
A	3	없음	
B	4	없음	단, 이벤트(Event)에는 번호를 기입하고, 주공정선은 굵은 선으로 표기한다.
C	5	없음	
D	6	A, B	
E	7	B	
F	4	D	
G	5	D, E	
H	6	C, F, G	
I	7	F, G	

가. 네트워크 공정표 :

나. 여유시간 :

19 한중 콘크리트 초기 양생 시 주의해야 할 점 3가지를 쓰시오.

① ....
② ....
③ ....

20 다음 용어를 간단히 설명하시오.

가. 데크 플레이트 : ....
나. 시어커넥터 : ....

21 커튼월 공사의 Mock-up Test(실물대 모형시험)의 시험항목 4가지를 쓰시오.

① _____
② _____
③ _____
④ _____

22 종합심사낙찰제도에 관하여 간단히 설명하시오.

_____
_____

23 콘크리트의 굳지 않는 성질을 설명한 것이다. 적합한 용어를 기재하시오.

가. 수량의 다소에 따르는 반죽의 되고 진 정도   (   )
나. 작업의 난이 정도 및 재료의 분리에 저항하는 정도   (   )

24 그림과 같은 3-Hinge 라멘 구조물의 휨모멘트도를 도시하시오. (단, 방향을 표기하시오.)

25 그림과 같은 플랫 슬래브 지판(드롭 패널)의 최소 크기와 두께를 산정하시오.(단, 슬래브 두께는 200mm이다.)

득점	배점
	4

26 철골구조의 보-기둥 접합에서 강접합과 전단접합을 도시하고 설명하시오.

가. 강접합 : ....

(도해)

나. 전단접합 : ....

(도해)

득점	배점
	6

2021년 1회 해설 및 정답

01 용어
　가. 샌드 드레인
　나. 웰 포인트 공법

02 용어
　가. 방호선반 : 주 출입구 및 리프트 출입구 상부에 설치하는 수평 방호설비
　나. 기준점 : 공사 시 높이를 결정하는 원점

03 콘크리트 비파괴시험
　① 슈미트 해머법(반발경도법)
　② 공진법
　③ 방사선 투과법
　④ 인발법
　⑤ 복합법

04 흙의 함수량
　① 소성한계
　② 액성한계

05 적산 – 온통터파기량
1. 온통파기
　1) 터파기량 $= 50 \times 40 \times 10 = 20{,}000\text{m}^3$
　2) 운반대수
　　① 운반량 $= 20{,}000 \times 1.3 = 26{,}000\text{m}^3$
　　② 운반대수 $= 26{,}000 \div 12 = 2{,}166.67$
　　　∴ 2,167대
　3) 성토높이(다짐상태)
　　① 터파기량을 다짐상태로 부피 환원
　　　$= 20{,}000 \times 0.9 = 18{,}000\text{m}^3$
　　② 성토높이 $= 18{,}000 \div 5{,}000 = 3.6\text{m}$
2. 독립기초 공식 사용(별해)
　1) 터파기량
　　$= \dfrac{H}{6}\{(2a+a')\times b + (2a'+a)\times b'\}$
　　$= \dfrac{10}{6}\{(2\times 60+40)\times 50 + (2\times 40+60)\times 30\}$
　　$= 20{,}333.33\text{m}^3$
　2) 운반대수
　　① 운반량 $= 20{,}333.33 \times 1.3 = 26{,}433.33\text{m}^3$
　　② 운반대수 $= 26{,}433.33 \div 12 = 2{,}202.77$
　　　∴ 2,203대
　3) 성토높이(다짐상태)
　　① 터파기량을 다짐상태로 환산
　　　$= 20{,}333.33 \times 0.9$
　　　$= 18{,}299.99\text{m}^3$
　　② 성토높이 $= 18{,}299.99 \div 5{,}000 \fallingdotseq 3.66\text{m}$

06 벽돌쌓기법
　가. 엇모쌓기
　나. 영롱쌓기

07 콘크리트 인장강도
　강도 $= \dfrac{P}{A} = \dfrac{P}{\left(\dfrac{3.14 \times d \times d}{4}\right)} = \dfrac{500 \times 1{,}000}{\left(\dfrac{3.14 \times 150 \times 150}{4}\right)}$
　　　$= 28.31\text{MPa}$

08 품질관리
　가. 흡수율 $= \dfrac{3{,}950 - 3{,}600}{3{,}600} \times 100 = 9.72\%$
　나. 겉보기밀도 $= \dfrac{3{,}600}{3{,}600 - 2{,}450} \times 1 = 3.13$
　다. 표건상태의 밀도 $= \dfrac{3{,}950}{3{,}950 - 2{,}450} \times 1 = 2.63$

09 용어
　가. 아일랜드 컷 : 널말뚝을 설치 후 중앙부를 굴착하고 중앙부의 기초구조물을 만든 다음 주변부를 굴착하고 기초구조물을 완성하는 공법
　나. 트렌치 컷 : 널말뚝을 설치 후 가장자리를 굴착하고 가장자리 기초구조물을 만든 다음 중앙부를 굴착하고 기초구조물을 완성하는 공법

10 알루미늄 거푸집
　가. 골조 품질 : 골조의 수직, 수평의 정밀도가 우수하며, 면처리(견출)작업이 감소된다.
　나. 해체 : 거푸집 해체 시 소음이 저감되며, 해체작업의 안정성이 향상된다.

11 BOT 방식
　민간사업자가 비용을 부담하여 공공시설물을 완공하고 시설물을 운영하여 비용을 회수한 뒤, 시설물의 운영권과 시설물을 발주자 측에 이전하는 방식

12 경량철골 칸막이공사 작업순서
　바탕 처리 – 벽체틀 설치 – 단열재 설치 – 석고보드 설치 – 마감

13 유리 열파손

열전도율이 작아 갑작스런 강열이나 냉각 등 급격한 온도 변화에 따라 파손되는 현상

14 안방수와 바깥방수 비교

① 안방수는 방수바탕이 필요 없고 바깥방수는 필요하다.
② 안방수는 본 공사 진행과 무관하고 바깥방수는 선행되어야 한다.
③ 안방수는 공사가 간단하고 바깥방수는 복잡하다.
④ 안방수는 보호누름이 필요하고 바깥방수는 필요 없다.

15 스페이서의 용도

① 철근의 피복두께 유지
② 철근의 간격 유지

16 목구조에서 방충 및 방부 처리된 목재를 쓰는 경우

① 목조의 외부 버팀기둥을 구성하는 부재의 모든 면
② 급수 및 배수시설에 근접된 목부로서 부식의 우려가 있는 부분
③ 구조내력상 주요 부분인 토대, 외부 기둥, 외부 벽 등에 사용하는 목재로서 포수성의 재질에 접하는 부분
④ 납작 마루틀의 멍에, 장선
⑤ 직접 우수를 맞거나 습기가 차기 쉬운 부분의 모르타르 바름 등의 바탕에 해당하는 부분

17 품질관리(QC) 수법

가. 파레토도
나. 특성요인도
다. 히스토그램

18 공정표 작성 및 여유 계산

1. 공정표

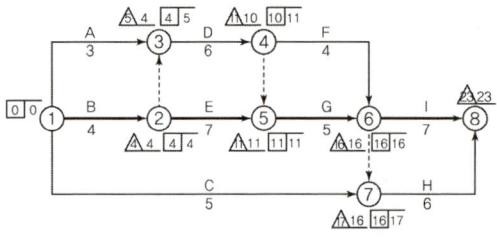

2. 여유시간

작업명	TF	FF	DF	CP
A	2	1	1	
B	0	0	0	*
C	12	11	1	
D	1	0	1	
E	0	0	0	*
F	2	2	0	
G	0	0	0	*
H	1	1	0	
I	0	0	0	*

19 한중콘크리트 초기 양생 시 주의사항

① 압축강도가 5MPa이 될 때까지 어느 부분도 0도 이하가 되지 않도록 함
② 한풍에 의한 온도 저하 유의
③ 양생 종료 12시간 전부터 살수 금지
④ 초기 보호양생 종료 시 급속한 온도 저하 방지
⑤ 방풍막이용 천막은 적설하중을 고려하여 견고하게 설치

20 용어 설명

가. 데크 플레이트 : 아연 도금된 철판을 절곡하여 철골구조의 거푸집 대용으로 사용
나. 시어커넥터 : 전단연결철물이라고도 하며, 스터드 볼트와 하프 슬래브 등에 사용

21 커튼월 시험항목

① 기밀시험
② 수밀시험
③ 층간변위시험
④ 내풍압시험
⑤ 구조성능시험
⑥ 영구변형시험

22 종합심사낙찰제도

입찰제 개선과 시공품질 제고, 적정 공사비 확보를 정착시키기 위하여 가격과 공사수행능력 및 사회책임의 점수를 합산하여 높은 점수의 입찰자를 낙찰하는 제도이다.

23 콘크리트의 굳지 않는 성질

가. 컨시스턴시
나. 워커빌리티

24 휨모멘트도

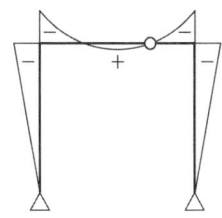

25 지판의 최소 크기와 두께 산정

지판의 길이 및 최소 두께는 다음과 같은 규정에 따른다.
1) 지판의 길이 : 각 방향 받침부 중심 간 경간의 1/6 이상 연장
2) 지판의 두께 : 슬래브 두께의 1/4 이상

① 지판의 길이
- $b_1 = \dfrac{6,000}{6} = 1,000 \text{mm}$

 양쪽으로 연장해야 하므로,
 $b_1 = 1,000 \times 2 = 2,000 \text{mm}$

- $b_2 = \dfrac{4,500}{6} = 750 \text{mm}$

 양쪽으로 연장해야 하므로,
 $b_2 = 750 \times 2 = 1,500 \text{mm}$

② 지판의 두께

$h_{\min} = t_s/4 = \dfrac{200}{4} = 50 \text{mm}$

∴ $b_1 \times b_2 = 2,000 \text{mm} \times 1,500 \text{mm}$,
 $h_{\min} = 50 \text{mm}$

① 강접합 : 웨브 및 프랜지를 모두 용접 혹은 고장력볼트로 접합한 형식이며, 부재 간 작용하는 모든 부재력을 전달한다.
② 전단접합 : 웨브만 용접 혹은 고장력볼트로 접합한 형식이며, 부재 간 부재력 중 휨모멘트를 전달하지 않는다.

26 강접합과 전단접합

〈강접합〉

〈전단접합〉

2021년 2회 과년도 기출문제

01 콘크리트 폭렬현상 방지대책을 2가지 쓰시오.

① _____
② _____

02 콘크리트 응결 경화 시 콘크리트 온도 상승 후 냉각하면서 발생하는 온도균열 방지대책 3가지를 쓰시오.

① _____
② _____
③ _____

03 품질관리(TQC)의 수법으로 사용되는 도구를 3가지만 쓰시오.

① _____
② _____
③ _____

04 강구조에서 메탈터치에 관한 개념을 간략하게 그리고 정의를 설명하시오.

가. 정의 : _____
나. 도해 :

05 톱다운 공법의 장점을 3가지 쓰시오.

① _____
② _____
③ _____

06 토공사에 사용되는 계측기기의 설치위치를 기재하시오.

가. 토압계 : _____

나. 하중계 : _____

다. 변형률계 : _____

라. 경사계 : _____

07 목공사에서 내부 벽 하부에서 1~1.5m 정도 널을 대어 만든 벽을 무엇이라 하는가?

_____

08 철골공사에서 주각부에 설치되는 앵커볼트 설치공법 3가지를 쓰시오.

① _____

② _____

③ _____

09 지반 개량공법 중 샌드 드레인 공법을 간단히 설명하시오.

_____

_____

10 다음 데이터를 보고 각 작업의 비용구배를 구하고 큰 순서대로 기재하시오.

작업	표준상태		특급상태	
	공기	공비	공기	공비
A	2	2,000	1	3,000
B	4	3,000	2	6,000
C	8	5,000	3	8,000

11 아래 용접기호에 따라 시공된 상태의 상세도를 그리고 용접기호에 맞는 치수와 단위를 기입하시오.

12 1층 마루널 설치에 관한 순서를 〈보기〉를 보고 나열하시오.

〈보기〉 마루널, 멍에, 장선, 동바리돌, 동바리

13 시멘트 저장량이 500포이고 쌓기 단수가 12단일 때 시멘트 창고면적을 구하시오.

14 다음 ( ) 안에 적당한 단어나 수치를 기재하시오.

벽돌쌓기 시 줄눈은 (가)mm로 하고, 도면 또는 공사시방서에서 정한 바가 없을 때에는 영식이나 (나)쌓기법으로 하며, 1일 벽돌량 쌓기 높이는 (다)가 표준이며, 최대 쌓기 높이는 (라)이고, 벽돌벽이 블록벽과 서로 직각으로 만날 때에는 연결철물을 만들어 블록 (마)단마다 보강철물로 보강을 한다.

가.
나.
다.
라.
마.

15 목공사에서 방부처리법 3가지를 쓰고 간단히 설명하시오.

①
②
③

16 다음 도면을 보고 요구하는 재료량을 산출하시오.

가. 방수면적
나. 누름 콘크리트량
다. 벽돌정미량

가. 방수면적

나. 누름 콘크리트량

다. 벽돌정미량

17 다음 용어를 간단히 설명하시오.

가. 슬럼프 플로 :
나. 조립률 :

18 조적 공사에서 발생하는 백화현상의 방지책을 4가지만 쓰시오.

①
②
③
④

19 다음 ( ) 안에 적당한 용어와 수치를 기재하시오.

> 높은 외부기온으로 인하여 콘크리트의 슬럼프 또는 슬럼프 플로 저하나 수분의 급격한 증발 등의 우려가 있을 경우에 시공되며 하루 평균기온이 25℃를 초과하는 경우를 (가)콘크리트로 시공하며, 콘크리트는 비빈 후 즉시 타설하여야 하며, 지연형 감수제를 사용하는 등의 일반적인 대책을 강구한 경우라도 (나)시간 이내에 타설하여야 한다. 이때 콘크리트를 타설할 때의 콘크리트의 온도는 (다) ℃ 이하이어야 한다.

가. _____ 나. _____

다. _____

20 다음 데이터를 이용하여 공정표를 작성하고 각 작업의 여유시간을 구하시오.

작업명	작업일수	선행작업	작업명	작업일수	선행작업	비고
A	5	없음	G	8	D	① CP는 굵은 선으로 표시한다. ② 각 결합점에서는 다음과 같이 표시한다.
B	6	A	H	6	E	
C	5	A	I	5	E, F	
D	4	A	J	8	E, F, G	
E	3	B	K	7	H, I, J	
F	7	B, C, D				

가. 공정표

나. 여유시간

21 다음 예시를 보고 아래 용접 결함을 도시하시오.

가. 언더컷

나. 오버랩

22 RC조의 천장에서 달대 설치에 따른 고정용 인서트의 간격은 공사시방서에서 정하는 바가 없을 경우 경량천장은 세로 (가)m, 가로 (나)m로 한다.

가.

나.

23 그림과 같은 철근콘크리트 복근보의 즉시처짐이 20mm인 경우 5년 후에 예상되는 장기처짐을 포함한 총처짐량을 구하시오.(단, 시간재령계수=2.0)

24 1단 자유, 타단고정인 길이 2.5m인 압축력을 받는 기둥의 탄성좌굴하중을 구하시오.
(단, $I_x = 3.83 \times 10^6 \text{mm}^4$, $I_y = 1.34 \times 10^6 \text{mm}^4$, $E = 205,000 \text{MPa}$)

25 기둥의 크기가 400mm×300mm이고 8-D22의 수직철근이 배근되어 있는 철근콘크리트 기둥에서 띠철근의 최대 수직간격을 구하시오.(단, 띠철근은 D10 사용)

26 단위하중을 받는 용수철 시스템의 용수철계수 k값을 구하시오.(하중 P, 길이 L, 단면적 A, 탄성계수 E)

2021년 2회 해설 및 정답

01 폭렬현상 방지대책

① 콘크리트 내 섬유제 혼입
② 방화 페인트 도포
③ 방화 피막재 붙임
④ 방화 설비 시스템 설치

02 콘크리트 온도균열 방지대책

① 수화열이 낮은 시멘트 사용
② 혼화재 사용
③ 굵은 골재 크기를 가능한 한 크게 할 것
④ 단위시멘트량을 감소시킬 것
⑤ 냉각 공법(프리 쿨링, 파이프 쿨링)을 적용
⑥ 콘크리트 타설 온도를 낮출 것

03 품질관리 수법

① 히스토그램
② 특성요인도
③ 파레토도
④ 체크시트
⑤ 그래프
⑥ 산점도
⑦ 층별

04 메탈터치 도해/용어

가. 정의
  철골 수직 부재에서 맞닿는 면을 정밀하게 가공하여 축방향력을 직접 전달하기 위한 가공
나. 도해

05 톱다운 공법의 장점

① 지하와 지상층의 공사 병행으로 공기단축이 가능
② 1층 바닥판을 선시공으로 작업공간의 활용이 가능하여 협소한 장소에 적용
③ 주변 지반과 건물에 악영향이 적음
④ 기후와 무관한 전천후 작업이 가능

06 토공사 계측기기 설치위치

가. 토압계 – 흙막이 배면
나. 하중계 – 버팀대 단부
다. 변형률계 – 버팀대, 띠장
라. 경사계 – 인접건물

07 용어

징두리판벽, 징두리벽

08 철골공사 중 앵커볼트 설치방법의 종류

① 고정식
② 가동식
③ 나중식

09 샌드 드레인

연약 점토층에 모래 말뚝을 형성하여 압밀을 촉진시키는 개량 공법

10 적산 – 비용구배

- A작업 : $\dfrac{3{,}000 - 2{,}000}{2 - 1} = 1{,}000$원/일
- B작업 : $\dfrac{6{,}000 - 3{,}000}{4 - 2} = 1{,}500$원/일
- C작업 : $\dfrac{8{,}000 - 5{,}000}{8 - 3} = 600$원/일

∴ B작업 – A작업 – C작업

11 용접기호에 따른 상세도

12 1층 마루널 설치순서

동바리돌 – 동바리 – 멍에 – 장선 – 마루널

13 시멘트 창고면적

창고면적 = $\dfrac{500}{12} \times 0.4 = 16.67\,m^2$

14 벽돌쌓기

가. 10 나. 화란식
다. 1.2m 라. 1.5m
마. 3단

15 목재의 방부처리법

① 표면탄화법 : 표면을 태워 균의 기생을 제거하는 방법
② 일광직사법 : 햇빛을 30시간 이상 쏘이는 방법
③ 수침법 : 물속에 목재를 담가 균이 기생하지 못하게 하는 방법
④ 피복법 : 금속이나 기타 재료로 목재를 감싸는 방법
⑤ 방부제법 : 방부제를 바르거나 침투시키는 방법

16 재료량 산출

가. 방수면적
① 바닥 : $10 \times 8 - 4 \times 2 = 72m^2$
② 파라펫 : $(10+8) \times 2 \times 0.48 = 17.28m^2$
∴ ①+② = $89.28m^2$

나. 누름 콘크리트량 = $72 \times 0.08 = 5.76m^3$

다. 벽돌정미량(0.5B)
= {$(10-0.09)+(8-0.09)$} $\times 2 \times 0.4 \times 75$
= 1,069.2
∴ 1,070장

17 용어 설명

가. 슬럼프 플로 : 슬럼프 시험을 한 결과 콘크리트가 평면적으로 퍼진 정도
나. 조립률 : 체가름 시험을 통해 골재의 입도를 간단히 나타낸 수치

18 백화현상 방지책

① 흡수율이 적고 질이 좋은 벽돌과 모르타르 사용
② 줄눈을 수밀하게 시공
③ 구조적으로 비막이 설치
④ 벽면 방수처리

19 콘크리트 시공

가. 서중 나. 1.5
다. 35

20 공정표/여유시간

가. 공정표

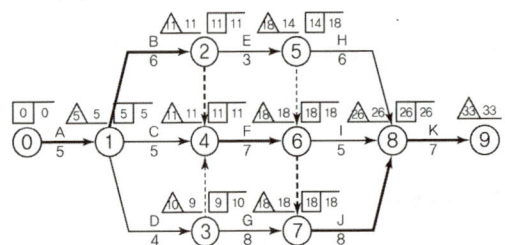

나. 여유시간

작업명	TF	FF	DF
A	0	0	0
B	0	0	0
C	1	1	0
D	1	0	1
E	4	0	4
F	0	0	0
G	1	1	0
H	6	6	0
I	3	3	0
J	0	0	0
K	0	0	0

21 용접 결함

가. 언더컷

나. 오버랩

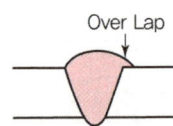

22 고정용 인서트 간격

가. 1
나. 2

23 총처짐량

(1) 압축철근비 : $\rho' = \dfrac{A_s'}{bd} = \dfrac{1,000}{400 \times 500} = 0.005$

(2) 장기처짐계수 : $\lambda = \dfrac{T}{1+50\rho'} = \dfrac{2}{1+50 \times 0.005} = 1.6$

(3) 장기처짐 = 단기처짐 × 장기처짐계수
= $20 \times 1.6 = 32mm$

(4) 총처짐 = 단기처짐 + 장기처짐 = $20+32 = 52mm$

∴ 52mm

24 탄성좌굴하중

탄성좌굴하중(= 오일러 좌굴하중)은 다음과 같은 식을 통해 산정한다. 여기서, 경계조건(Boundary Condition)이 1단 자유, 타단고정이므로 유효좌굴길이계수 K는 2.0을 적용한다. 또한 좌굴하중은 약축에 대해서 산정해야 하므로 y축에 대한 좌굴

하중을 산정한다.

$$P_{cr} = \frac{\pi^2 EI_y}{(KL)^2} = \frac{\pi^2 \times 205,000 \times 1.34 \times 10^6}{(2.0 \times 2,500)^2}$$
$$= 108,447.21\text{N} = 108.45\text{kN}$$

$\therefore P_{cr} = 108.45\text{kN}$

25 띠철근의 최대 수직간격

철근콘크리트 기둥 띠철근의 최대 수직간격은 다음 중 가장 작은 값을 사용한다.
① 주근 지름의 16배 이하($22 \times 16 = 352\text{mm}$)
② 띠철근 지름의 48배 이하($10 \times 48 = 480\text{mm}$)
③ 기둥의 최소폭 이하(300mm)
∴ 300mm

26 용수철계수

후크의 법칙에 의해 단위하중을 받는 용수철시스템의 힘의 방정식은 다음과 같다.

$$F = k \cdot \Delta L \rightarrow k = \frac{F}{\Delta L}$$

여기서, F는 작용하는 힘(N), k는 용수철상수(N/m), ΔL은 변형량(m)을 뜻한다.
주어진 조건에 의해 변형량을 구하면

$$\frac{P}{A} = E \cdot \frac{\Delta L}{L} \rightarrow \Delta L = \frac{P \times L}{A \times E}$$

따라서, $k = \frac{F \times A \times E}{P \times L}$

여기서, $F = P$는 동일하므로 정리하면 다음과 같다.

$\therefore k = \dfrac{A \times E}{L}$

2021년 4회 과년도 기출문제

01 보링의 공법 중 수세식 보링과 회전식 보링의 공법을 설명하시오.

　가. 수세식 보링 :

　나. 회전식 보링 :

02 사운딩 공법의 정의와 공법 2가지를 기재하시오.

　가. 정의 :

　나. 공법의 종류 :

03 다음 데이터를 보고 물음에 답하시오.

(단, ① Network 작성은 Arrow Network로 할 것, ② Critical Path는 굵은 선으로 표시할 것, ③ 각 결합점에서는 다음과 같이 표시한다.)

(Data)

Activity name	선행작업	Duration	공기 1일 단축 시 비용(원)	비고
A	없음	5	10,000	
B	없음	8	15,000	
C	없음	15	9,000	① 공기단축은 Activity I에서 2일, Activity H에서 3일, Activity C에서 5일로 한다. ② 표준공기 시 총공사비는 1,000,000원이다.
D	A	3	공기 단축 불가	
E	A	6	25,000	
F	B, D	7	30,000	
G	B, D	9	21,000	
H	C, E	10	8,500	
I	H, F	4	9,500	
J	G	3	공기 단축 불가	
K	I, J	2	공기 단축 불가	

가. 표준(normal) Network를 작성하시오.
나. 공기를 10일 단축한 Network를 작성하시오.
다. 공기단축된 총공사비를 산출하시오.

가. 표준 네트워크 공정표

나. 공기 단축된 공정표

다. 공기 단축된 총공사비

04 목재의 이음과 맞춤에 대하여 간단히 설명하시오.

　　가. 이음 :

　　나. 맞춤 :

05 흙막이가 붕괴되는 원인의 하나인 히빙(Heaving)현상을 간단히 설명하시오.

06 Concrete Filled Tube 구조에 대해 간단히 설명하시오.

07 벤치마크 설치 시 주의사항에 대해 2가지를 쓰시오.

　　①

　　②

08 목공사 방부 방충법 중에서 방부제 처리법에 관하여 3가지를 쓰시오.

　　①

　　②

09 두께 0.15m, 너비 6m, 길이 100m 도로를 6m³ 레미콘을 이용하여 하루 8시간 작업 시 레미콘 배차간격을 구하시오.

10 방수공법 중 시트방수공법의 단점 2가지를 쓰시오.

① _____

② _____

11 콘크리트의 알칼리 골재반응에 대한 대책을 2가지를 쓰시오.

① _____

② _____

12 조적공사에서 흔히 발생하는 백화현상의 정의 및 방지법 2가지를 쓰시오.

가. 정의 : _____

나. 방지법

① _____

② _____

13 제한경쟁입찰의 종류로서 지정된 지역 내에 있는 업체만 참여시키는 입찰방법을 무엇이라 하는지 쓰시오.

_____

14 BOT에 대하여 간단히 설명하시오.

_____

_____

15 KS 규격상 시멘트의 오토 클레이브 팽창도는 0.80% 이하로 규정되어 있다. 반입된 시멘트의 안정성 시험결과가 다음과 같다고 할 때 합격 여부를 판정하시오.(단, 시험 전 시험체의 유효 표점길이는 254mm, 오토 클레이브 시험 후 시험체의 길이는 255.78mm이었다.)

_____

_____

16 다음 ( ) 안에 적당한 단어나 수치를 적으시오.

> 조적조의 기초는 (가)기초로 한다. 내력벽의 최소 두께는 (나)mm 이상이어야 하고 내력벽의 길이는 (다) 이하로 하며, 건축물의 한 층에서 조적식 내력벽으로 둘러싸인 한 개 실의 바닥면적은 (라) 이하로 하여야 한다.

가. _____ 나. _____
다. _____ 라. _____

17 철골공사 내화피복공법 중 습식공법 4가지를 쓰시오.

① _____ ② _____
③ _____ ④ _____

18 방수공법 중 콘크리트에 방수제를 직접 넣어 방수하는 공법을 무엇이라고 하는가?

19 비산먼지 방지시설의 종류 2가지를 쓰시오.(예시 : 방진막, 예시는 제외)

① _____ ② _____

20 철골공사에서 용접 결함이 생기기 쉬운 용접 비드의 시작과 끝 지점에 용접을 정확히 하기 위하여 모재의 양단에 부착하는 보조강판을 무엇이라고 하는지 쓰시오.

21 인장지배단면에 대해서 설명하시오.

22 다음 설명에 대한 답을 적으시오.

> 건축물에 장치나 기계 따위를 설치하여 지진이나 진동에 의한 흔들림이 건축물에 직접적으로 전달되지 않도록 하는 구조시스템

23 다음 도면을 보고 아래 물음에 답하시오.(단위 : mm)

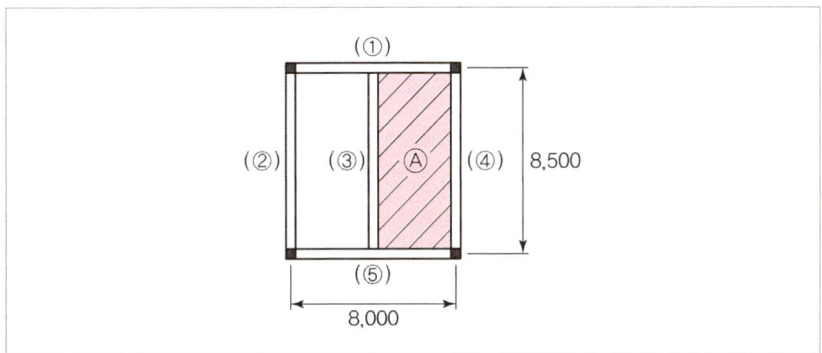

가. 큰보와 작은보를 간략히 설명하시오.

　① 큰보 :

　② 작은보 :

나. ( ) 안을 큰보, 작은보를 구분하여 쓰시오.

　①　　　　　　　　　　　　②

　③　　　　　　　　　　　　④

　⑤

다. 위의 빗금 친 Ⓐ부분의 변장비를 구하고 1방향 슬래브인지 2방향 슬래브인지 판별하시오(단, 기둥 500×500, 큰보 500×600, 작은보 500×550이고 변장비를 구할 때 기둥 중심치수를 적용한다).

24 그림과 같은 원형 단면에서 폭(b), 높이(h) = $2b$의 직사각형 단면을 얻기 위한 단면계수 Z를 직경 D의 함수로 표현하시오.

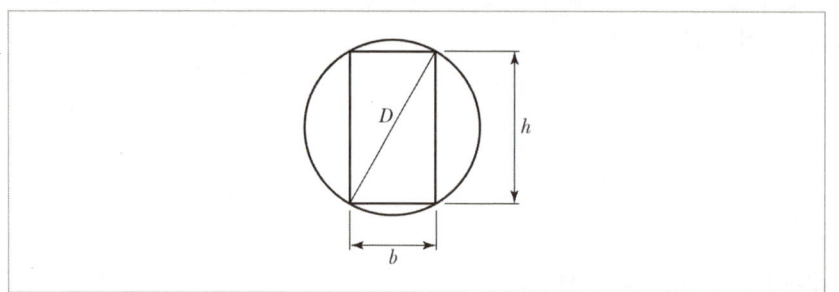

25 SM355에서 SM과 355가 의미하는 바를 쓰시오.

26 인장철근만 배근된 철근콘크리트 직사각형 단순보에 순간처짐이 5mm 발생하였을 때 총처짐량을 구하시오.(장기처짐계수 $\lambda_\Delta = \dfrac{\xi}{1+50\rho'}$ 을 적용하고 시간경과계수는 2.0으로 한다.)

해설 및 정답

01 용어 설명
가. 수세식 보링 : 케이싱에 물을 넣어 흙과 물을 같이 배출시켜 침전된 상태로 지층의 토질을 판단하는 지하탐사법
나. 회전식 보링 : 비트를 회전시켜 굴착하는 방법으로 토사를 분쇄하지 않고 채취할 수 있어 가장 정확한 지하탐사법

02 사운딩 공법
가. 정의 : 로드의 선단에 붙은 스크류 포인트를 회전시켜서 압입하거나 원추 콘을 정적으로 압입하여 흙의 경도나 다짐 상태를 조사하는 토질시험
나. 공법의 종류 : 베인테스트, 표준관입시험, 콘시험, 스웨덴식 사운딩, 네덜란드식 사운딩

03 공기 단축
가. 표준 네트워크 공정표

나. 공기 단축된 공정표

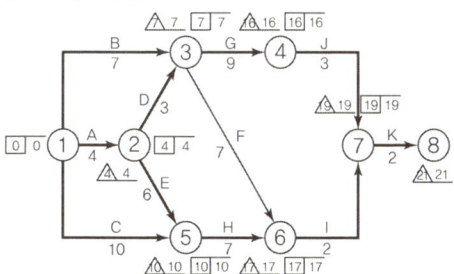

다. 공기 단축된 총 공사비
  1) 표준상태 총공사비 = 1,000,000원
  2) 단축 시 증가비용
   ① 1차 단축 H작업 3일 ∴ 8,500×3일 = 25,500원
   ② 2차 단축 C작업 4일 ∴ 9,000×4일 = 36,000원
   ③ 3차 단축 I 작업 2일 ∴ 9,500×2일 = 19,000원
   ④ 4차 단축
      A작업 1일 ∴ 10,000×1 = 10,000원
      B작업 1일 ∴ 15,000×1 = 15,000원
      C작업 1일 ∴ 9,000×1 = 9,000원
   ∴ ①+②+③+④ = 114,500원
  3) 단축 시 총공사비 = 1)+2) = 1,114,500원

04 용어 설명
가. 이음 : 2개 이상의 부재를 길이방향으로 잇는 접합방법
나. 맞춤 : 두 개의 부재를 각을 갖고 접합하는 방법

05 히빙현상
하부 지반이 연약할 때 흙막이 배면의 토압이나 하중에 의해 저면 흙이 붕괴되고 흙막이 바깥 흙이 안으로 밀려 터파기 저면이 불룩하게 솟아나는 현상

06 Concrete Filled Tube
원형 또는 사각형의 강관 기둥 내부에 고성능 콘크리트를 충진하여 만든 구조

07 벤치마크 설치 시 주의사항
① 바로 보기 쉽고 공사에 지장이 없는 곳에 설치
② 2개소 이상 설치
③ 지반에서 0.5~1m 위에 두고 설치
④ 이동되거나 소멸되지 않는 곳에 설치

08 목재 방부제 처리법
① 도포법
② 뿜칠법
③ 침지가압법
④ 생리적 침투법

09 레미콘 배차간격
가. 콘크리트 작업량 : 0.15 × 6 × 100 = 90m^3
나. 레미콘 작업대수 : 90÷6 = 15대
다. 배차간격 횟수 = 15−1 = 14회
라. 배차간격 = 8시간 × 60÷14 = 34.286
∴ 34분(소수점 이하 버림)

10 시트방수공법의 단점
① 접착 불완전 시 균열, 박리
② 보호층 필요
③ 복잡한 형상 시공 어려움

11 알칼리 골재반응 대책
① 저알칼리 시멘트 사용
② 무반응 골재 사용
③ 포졸란반응 사전 촉진

12 백화현상

가. 정의 : 벽체에 침투된 물이 모르타르 중의 석회분과 결합한 후 증발되면서 공기 중의 탄산가스와 반응하여 벽면을 하얗게 오염시키는 현상
나. 방지법
① 흡수율이 적고 잘 소성된 벽돌 사용
② 줄눈을 밀실하게 시공
③ 구조적 비막이 설치
④ 파라핀 등의 벽면 방수 시공

13 입찰의 종류

지역제한경쟁입찰

14 BOT

공공시설물을 민간자본이 투자되어 시설물을 짓고, 투자자가 운영하여 비용을 회수하고 발주자에게 시설물에 대한 권리 일체를 이양하는 방식

15 시멘트 안정성 시험

① 오토 클레이브 팽창도(%) = $\dfrac{255.78-254}{254} \times 100$
　　= 0.70%
② 판정 = 합격(∵ 0.70<0.80)

16 조적식 구조 기준

가. 연속　　　나. 190
다. 10m　　　라. 80m²

17 습식공법

① 타설공법　② 뿜칠공법
③ 미장공법　④ 도장공법
⑤ 조적공법

18 용어

구체 방수

19 비산먼지 방지시설

① 방진덮개　② 방진벽
③ 방진망

20 용어

엔드탭

21 용어 설명

최외단 인장철근의 순인장변형률이 0.005 이상, 인장철근의 항복변형률 2.5배 이상인 단면

22 용어

면진구조

23 큰보/작은보

가. ① 큰보(Girder) : 기둥과 기둥을 연결하는 보
　② 작은보(Beam) : 보와 보를 연결하는 보
나. ① 큰보
　② 큰보
　③ 작은보
　④ 큰보
　⑤ 큰보
다. ① (장변/단변) = 8,500/4,000 = 2.125
　② 1방향 슬래브 : 변장비가 2.0을 초과하는 슬래브

24 직사각형의 단면계수(Z)

$Z = \dfrac{bh^2}{6} = \dfrac{4b^3}{6} = \dfrac{2}{3}b^3$

$D^2 = b^2 + h^2 = b^2 + (2b)^2 = 5b^2$

$b = \dfrac{D}{\sqrt{5}}$

∴ $\dfrac{2}{3} \times \left(\dfrac{D}{\sqrt{5}}\right)^3 = 0.06D^3$

25 구조용 강재기호

• SM : 용접 구조용 압연강재
• 355 : 강재의 항복강도(MPa)

26 총처짐량

$\lambda = \dfrac{2.0}{1+50 \times 0} = 2.0$

장기처짐 = 5 × 2.0 = 10mm
∴ 총처짐 = 5 + 10 = 15mm

Engineer Architecture

더 쉽고 빠른 합격 전략서
합격 EASY

1. 전체를 한눈에 파악할 수 있도록 핵심 내용을 도안으로 정리

2. 본문 내용 파악이 용이하도록 단원별 용어와 출제빈도 표시

3. 전체의 공부 일정을 파악하기 쉽도록 Daily 공부량 표시

4. 교재를 반복해서 볼 수 있도록 회독 표기란 표시

5. 본문 좌우에 기출문제 유형과 빈도를 표기하여 핵심을 쉽게 찾을 수 있도록 정리

6. 네이버 "합격하자 건축기사" 카페를 통해 신속하고 정확한 질의응답 및 최신 수험정보 제공

 교재 상세 정보

한 권의 책은 한 사람의 멘토를 만나는 것과 같다
멘토스는 책의 가치를 소중히 합니다.

건축기사실기완벽대비서

2025
산업인력공단의 최신 출제기준을 반영한
건축기사 실기

임근재 · 김진우 공저

2권
- 2과목 공정관리
- 3과목 건축적산
- 4과목 구조

Engineer Architecture

합격지원 카페 운영
NAVER
합격하자 건축기사 검색

- 학습 동영상 제공
- 빠르고 정확한 답변
- 수험정보 제공

멘토스

건축기사실기완벽대비서

2025 미듬

산업인력공단의
최신 출제기준을 반영한

건축기사 실기

임근재·김진우 공저

2권
2과목 **공정관리**
3과목 **건축적산**
4과목 **구조**

Engineer Architecture

멘토스

정오표 바로가기

미듬 건축기사 실기는 학습자의 편의를 위하여 수시로 정오표를 업로드하고 있습니다. QR 코드를 스캔하여 바로 정오표를 확인하세요!

머리말

최근 산업의 발전과 생활수준의 향상으로 건축물 또한 대형화, 고층화, 다양화되어 가고 있으며, 이에 따라 시공기술에 대한 중요성도 점차 부각되고 있다. 다시 말해 한 사람의 건축가가 전체 프로젝트를 총괄하던 과거와는 달리, 디자인, 환경, 시공기술 등 건축 전반에 걸쳐 전문화·세분화가 급속히 진행되면서 새로운 기술과 공법들을 필요로 하고 있는 것이다.

이러한 시대적 요구에 따라 자격증 시험에서도 그러한 변화가 나타나고 있으며, 시험을 준비하는 수험생들은 이에 대한 적극적 대비가 필요하다. 이 책은 오랫동안 학생들을 가르쳐 온 강의 경험과 현장에서의 실무 경력을 바탕으로 최근의 흐름을 정확히 분석하여 효율적인 시험 준비를 위한 최적의 교재를 목표로 기획되었다.

이 책의 특징

1. 새로운 출제경향에 맞게 최근의 기출문제를 추가하여 내용을 정리하였다.
2. 전체 내용을 한눈에 파악할 수 있도록 요약하였다.
3. 효과적인 학습을 위해 챕터에 해당하는 용어를 미리 파악할 수 있도록 하였다.
4. 시공은 나열식 구성을 피하고 가급적이면 모든 내용을 표로 만들어 한눈에 파악할 수 있도록 정리하였다.
5. 공정은 답안지를 외워서 작성하는 형식이 아니라 정확한 데이터를 분석하여 규칙에 맞는 공정표를 작성할 수 있도록 하였다.
6. 내용을 100% 이해하고 정확한 답안을 작성하도록 매 문제마다 실전처럼 풀이과정을 수록하고 최종답안을 작성할 수 있는 체계를 구축하였다.
7. 공기단축은 단축순서마다 변화되는 공정표를 모두 수록하여 공기단축 과정 전체를 파악할 수 있도록 하였다.
8. 최근의 공정관리에 해당하는 EVMS기법을 자세히 수록하여 최근 경향에 대비하였다.
9. 적산은 풀이방법을 공식화하여 다양한 문제에 대한 적응력과 빠른 시간에 문제를 풀 수 있는 능력, 그리고 검산이 가능하도록 하였다.
10. 보다 많은 그림을 삽입하여 수험생의 이해를 극대화하였다.
11. 모든 문제에 출제된 연도와 회차를 표시하여 출제빈도를 파악할 수 있도록 하였다.
12. 유사문제 및 출제예상문제도 수록하여 폭넓은 문제 구성이 되도록 하였다.

이 책이 수험생들에게 건축기사 자격증 취득이라는 선물과 실무에 초석이 될 수 있도록 최대한의 노력과 정성을 들이느라 애썼다. 그러나 미흡한 부분이 없지 않을 것이며, 이에 대해서는 지속적으로 보완하여 더 좋은 교재가 되도록 노력할 것을 약속드린다.

부디 건축기사 실기를 준비하는 수험생들에게 요긴한 길잡이가 되길 바라며, 출간을 위해 애써주신 모든 분들께 감사드린다.

출제 경향과 학습 전략

건축시공

출제경향
① 각 공사별 공법재료 및 사용재료의 특징(장·단점) 기입
② 공사방법에 대한 순서
③ 용어정리
④ 제품, 공법의 종류
⑤ 그림에 따른 명칭

학습전략
① 특징을 정리하여 기입할 때에는 비교대상을 찾아서 대표적인 특징을 쓸 수 있도록 한다.
② 공사순서의 문제는 부분점수를 기대할 수 없으므로 정확히 이해하여 완벽한 답안을 작성하도록 한다.
③ 용어정리에 대한 문제는 정확한 Key-Word가 기재될 수 있도록 한다.
④ 재료별, 공법별 종류를 정확하게 분류하여 정리한다.
⑤ 그림의 형태에 대한 모양과 그에 대한 명칭을 정확하게 기재할 수 있도록 한다.

공정관리

출제경향
① 공정의 일반사항
② 공정표에 사용되는 용어
③ 네트워크 공정표 작성
④ 공정관리(공기단축)
⑤ 공정관리(EVMS)
⑥ 공정관리(자원배당)

학습전략
① 공정의 개념을 명확히 이해한다.
② 공정표의 종류와 특징 및 용어를 정리한다.
③ 공정표 작성에 관하여 정확한 기법을 숙달한다.
④ 일정계산을 하여 주공정선의 표시와 더불어 정확하게 작성하는 연습까지 하여야 한다.
⑤ 공정의 배점은 8점 내외이나 반드시 득점할 수 있도록 한다.

INFORMATION

품질관리

출제경향
① 시공기술 품질관리
② 데이터 정리 방법
③ 자재 품질관리

학습전략
① 품질관리 개념, 데밍의 사이클, 순서 등을 이해한다.
② 평균값($\bar{x}$), 중위수($\tilde{x}$), 표본표준편차(σ), 표본분산, 변동계수(CV)를 구할 수 있어야 한다.
③ 각 자재별 시험방법 및 합격 유무 판단을 할 수 있어야 한다.

건축적산

출제경향
① 적산의 일반사항
② 각 공사별 재료량 산출

학습전략
① 적산기준에 대하여 이해한다.
② 8~14점 정도의 배점이지만 반드시 득점해야 하는 부분이다.
③ 산출근거를 명시하여 답안지를 작성하는 연습까지 한다.
④ 최종의 소수위, 단위 등을 확인한다.

구조

출제경향
① 용어 정의
② 계산 문제

학습전략
① 용어 정의에 대한 문제는 핵심용어(Key-Word)가 표현될 수 있도록 한다.
② 계산 문제는 다음 사항에 주의하여 작성하도록 한다.
- 대괄호, 중괄호, 소괄호를 적절히 활용하여 풀이 과정을 일목요연하게 정리한다.
- 힘의 단위와 길이의 단위 등은 전체적으로 통일하여 적용한다.
- 답란에는 반드시 단위를 기입한다.

목 차

PART 02 공정관리

제1장 총론
제1절 공정계획의 개요	2-9
제2절 공정표의 종류	2-9
● 핵심 기출문제	2-12

제2장 네트워크 공정표
제1절 네트워크 공정표 구성	2-17
제2절 네트워크 공정표 작성 연습	2-20
● 핵심 기출문제	2-32

제3장 횡선식 공정표(Bar Chart)
제1절 문제 유형 분석	2-75
제2절 유형별 문제풀이	2-76
● 핵심 기출문제	2-80

제4장 공기단축
제1절 개요	2-88
제2절 공기단축법	2-90
● 핵심 기출문제	2-95

제5장 공정관리기법
제1절 진도관리(Follow up)	2-125
제2절 자원배당	2-126
제3절 EVMS(비용시간 통합관리)	2-128
● 핵심 기출문제	2-131

제6장 품질관리
제1절 시공기술 품질관리	2-139
● 핵심 기출문제	2-150
제2절 통계적 품질관리	2-157
● 핵심 기출문제	2-159
제3절 자재 품질관리	2-161
● 핵심 기출문제	2-173

PART 03 건축적산

내용	페이지
제1장 총론	3-7
제1절 적산 기본사항	3-7
제2절 건축적산의 일반사항	3-14
제3절 수량산출 기준	3-16
● 핵심 기출문제	3-18
제2장 가설공사	3-25
제1절 개요	3-25
제2절 공통 가설공사	3-25
제3절 직접 가설공사	3-27
● 핵심 기출문제	3-31
제3장 토공사	3-39
제1절 터파기량	3-40
제2절 되메우기량	3-43
제3절 잔토처리량	3-43
제4절 건설기계 및 소운반	3-45
● 핵심 기출문제	3-48
제4장 철근콘크리트공사	3-59
제1절 배합비에 따른 각 재료량	3-59
제2절 콘크리트량 · 거푸집량	3-61
제3절 철근량	3-70
● 핵심 기출문제	3-85
제5장 철골공사	3-107
제1절 일반사항	3-107
제2절 수량산출	3-107
● 핵심 기출문제	3-110
제6장 조적공사	3-117
제1절 벽돌공사	3-117
제2절 블록공사	3-120
제3절 타일 및 석공사	3-121
● 핵심 기출문제	3-122
제7장 목공사	3-129
제1절 일반사항	3-129
제2절 수량 산출	3-129
● 핵심 기출문제	3-132
제8장 기타공사	3-139
제1절 방수공사	3-139
제2절 지붕공사	3-139

제3절 미장공사	3-140
제4절 창호 및 유리공사	3-141
제5절 도장공사	3-142
● 핵심 기출문제	3-143
제9장 종합적산	3-151

PART 04 구조

제1장 구조역학	4-3
제1절 역학(力學)	4-3
제2절 정정 구조물의 해석	4-7
제3절 트러스 구조물의 해석	4-19
제4절 구조물의 변형	4-23
제5절 부정정 구조물	4-28
● 과년도 기출문제(2014~2024년)	4-33
해설 및 정답(2014~2024년)	4-46
제2장 재료역학	4-53
제1절 단면의 성질	4-53
제2절 재료의 성질	4-59
● 과년도 기출문제(2014~2024년)	4-64
해설 및 정답(2014~2024년)	4-74
제3장 철근콘크리트	4-79
제1절 개요	4-79
제2절 재료의 성질	4-80
제3절 보의 휨해석	4-83
제4절 보의 휨설계	4-93
제5절 보의 전단 설계	4-96
제6절 보의 처짐과 균열	4-99
제7절 철근의 정착과 이음	4-102
제8절 슬래브 설계	4-106
제9절 기둥설계	4-112
제10절 기초설계	4-114
제11절 벽체설계	4-118
● 과년도 기출문제(2014~2024년)	4-120
해설 및 정답(2014~2024년)	4-134
제4장 강구조	4-141
제1절 강구조	4-141
제2절 접합	4-147
제3절 인장재	4-157
제4절 압축재	4-160
● 과년도 기출문제(2014~2024년)	4-165
해설 및 정답(2014~2024년)	4-174

건축자격증전문가가 설계한
더 쉽고 빠른 합격전략서!

PART 02

공정관리

CONTENTS

01장 총론
02장 네트워크 공정표
03장 횡선식 공정표
　　 (Bar Chart)
04장 공기단축
05장 공정관리 기법
06장 품질관리

미듬 건축기사 실기
cafe.naver.com/ikaiscom

Engineer Architecture

CHAPTER 01
총론

CONTENTS

제1절 공정계획의 개요	9
제2절 공정표의 종류	8

한눈에 보기

01 개요

- 구성요소
  - ○ : 결합점(event, node)
  - → : 작업(activity)
  - --→ : 더미(dummy)
- 시간계산
  - CPM — 1점
  - PERT — 3점
    - 평균기대시간 = $\dfrac{\text{낙관} + (4 \times \text{정상}) + \text{비관}}{6}$
- 종류
  - 화살표형 (Arrow Diagram Method)
  - PDM (Precedence Diagram Method)
  - Line of Balance
  - Overlapping

02 용어

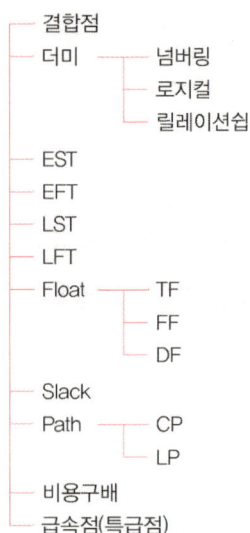

- 결합점
- 더미
  - 넘버링
  - 로지컬
  - 릴레이션쉽
- EST
- EFT
- LST
- LFT
- Float
  - TF
  - FF
  - DF
- Slack
- Path
  - CP
  - LP
- 비용구배
- 급속점(특급점)

03 공정표 작성연습

명	선행관계
A	X
B	X

명	선행관계
A	X
B	X
C	X

명	선행관계
A	X
B	A
C	A

명	선행관계
A	X
B	X
C	A, B

명	선행관계
A	X
B	X
C	A, B
D	A, B

명	선행관계
A	X
B	X
C	A, B
D	B

명	선행관계
A	X
B	X
C	B
D	A, B

명	선행관계
A	X
B	X
C	A
D	A, B
E	B

명	선행관계
A	X
B	X
C	A
D	A, B
E	A, B

명	선행관계
A	X
B	X
C	X
D	A
E	A, B
F	A, B, C

Thinking Map

04 공정표 작성

4원칙
- 공정(독립)의 원칙
- 단계원칙
- 연결원칙
- 활동원칙

기본규칙
- 무의미한 dummy 생략
- 가능한 작업 상호간 교차 X
- 역진, 회송 X

작성방법
- 개시결합점은 한개로 시작
- 선행작업이 없는 수만큼 실선 표기 (화살표나 결합점을 그리지 X)
- data 분석
  - 선행조건이 같으면
  - 선행조건이 다르면
- 먼저 모양을 생각하지 않는다
- 검토
  - 불필요한 dummy 유무
  - 선행조건 만족 유무
- 모양

체크사항
- 주공정선 표기
- dummy 방향 정확
- 결합점 일정
- 결합점 번호기입

05 일정계산

방법
- EST / EFT — 전진계산
  - 개시 결합점에서 나간 작업의 EST는 0
  - 임의 작업의 EST는 당해 작업의 EST에 소요일수를 가산
  - 종속작업의 EST는 선행작업의 EFT 값
  - 복수의 작업에 종속되는 작업의 EST는 선행 작업 중 EFT의 최대치
- LST / LFT — 역진계산
  - 종료작업의 LFT값은 계산 공기값으로 지정
  - 임의 작업에서의 LST 값은 당해 작업의 LFT값에서 소요일수를 빼서 구함
  - 선행작업의 LFT는 종속작업의 LST값
  - 종속 작업이 복수일 경우 종속 작업의 LST 최소값이 그 작업에서 LFT
- TF : 그 작업의 LFT – 그 작업의 EFT
- FF : 후속 그 작업의 EST – 그 작업의 EFT
- DF : TF – FF

표현
- 작업
  - EST / EFT — 활동목록표
  - LST / LFT
  - TF / FF / DF
- 결합점
  - EST / EFT — 공정표상 표기
  - LST / LFT
  - SL

06 공기단축

MCX법
- 비용 / 시간과의 관계
  - ①
  - ②
- 비용구배
- 순서
  - 공정표작성
  - CP(주공정선)
  - 비용구배 산출
  - CP중 비용구배 최소 작업부터
  - 부공정선이 주공정선으로 될 때 까지
  - 단축 가능 일수 범위 내에서 단축

SAM법
- 표작성
- 비용구배 / 단축가능일수(단축된 일수)
- MCX법으로 계산 후 작성

07 자원배당

자원 4M
- 인력
- 자재
- 장비
- 자금

순서
- 공정표 작성
- 일정계산
- CP계산
- 주공정선 작업부터 배당
- 단계의 원칙 준수

08 EVMS

측정요소
- 실행(BCWS) = 계획수량 × 계획단가
- 실행기성(BCWP) = 실제수량 × 계획단가
- 실투입비(ACWP) = 실제수량 × 실제단가

측정항목
- 일정분산(SV) = BCWP − BCWS $\begin{pmatrix} SV < 0 \text{ ------ 지연} \\ SV > 0 \text{ ------ 초과} \end{pmatrix}$
- 일정수행지수(SPI) = $\dfrac{BCWP}{BCWS}$ $\begin{pmatrix} SPI < 0 \text{ ------ 지연} \\ SPI > 0 \text{ ------ 초과} \end{pmatrix}$
  ※ SPI = 0.8이면 100원 어치로 예정된 공사가 80원 어치 완료
- 비용분산(CV) = BCWP − ACWP $\begin{pmatrix} CV < 0 \text{ ------ 원가초과} \\ CV > 0 \text{ ------ 원가절감} \end{pmatrix}$
- 비용수행지수(CPI) = $\dfrac{BCWP}{ACWP}$ $\begin{pmatrix} CPI < 0 \text{ ------ 비용초과} \\ CPI > 0 \text{ ------ 비용절감} \end{pmatrix}$
  ※ CPI가 0.85이면 85원의 가치로 예정되었던 공사를 실제로 100원을 투입하여 완료 한 것을 의미한다.
- 총실행예산(BAC)
- 잔여비용 추정액(ETC) = $\dfrac{BAC - BCWP}{CPI}$
- 변경 실행 예산(EAC) = ACWP + ETC
  = ACWP + $\dfrac{(BAC - BCWP)}{CPI}$
  = $\dfrac{BAC}{CPI}$
- 실행공정률(PC) = $\dfrac{BCWP}{BAC}$
- 공사비 편차 추정(VAC) = BAC − EAC
- 잔여공사비 성과지표(TCPI) = $\dfrac{BAC - BCWP}{BAC - ACWP}$
- 비용차이율(CVP)
  = $\dfrac{CV}{BCWP}$ = $\dfrac{BCWP - ACWP}{BCWP}$ = $1 - \dfrac{ACWP}{BCWP}$ = $1 - \dfrac{1}{CPI}$
- 일정차이율(SVP)
  = $\dfrac{SV}{BCWS}$ = $\dfrac{BCWP - BCWS}{BCWS}$ = $1 - \dfrac{BCWP}{BCWS} - 1$ = SPI − 1

09 자재 품질 관리

목재
- 연륜밀도 : (개/cm)
- 평균연륜폭 = $\dfrac{길이}{나이테 간격의 수}$ (cm/개)

시멘트
- 비중 (르샤델리에비중병) = $\dfrac{W}{V_2 - V_1}$
- 분말도(마노미터액) = $Ss\sqrt{\dfrac{T}{Ts}}$
- 응결(비이카장치, 길모아장치)
- 안정성 (오토 클레이브 시험체) / 팽창도 = $\dfrac{l_2 - l_1}{l_1}$
- 강도(공시체) = $\dfrac{P}{A}$

골재
- 조립률(F.M) = $\dfrac{각 체에 남는 양(\%)의 누계의 합}{100}$
- 굵은골재 — 밀도
  - 겉보기밀도 = $\dfrac{A}{A - C} \times P_w$
  - 절대건조상태의 시료밀도 = $\dfrac{A}{B - C} \times P_w$
  - 표면건조포화상태의 밀도 = $\dfrac{B}{B - C} \times P_w$
  - 흡수율 = $\dfrac{B - A}{A} \times 100(\%)$
- 공극률 = $\left(\dfrac{G - M}{G}\right) \times 100(\%)$
- 마모율

콘크리트
- 슬럼프치
- 압축강도 = $\dfrac{P}{A}$
- 인장강도 = $\dfrac{2P}{\pi dl}$
- 휨강도 — 중앙점 = $\dfrac{3Pl}{2bd^2}$
  - 삼등분점 = $\dfrac{Pl}{bd^2}$

벽돌
- 압축강도 = $\dfrac{P}{A}$

블록
- 압축강도 = $\dfrac{P}{A}$

석재
- 비중 = $\dfrac{A}{B - C}$
- 흡수율 = $\dfrac{B - A}{A} \times 100(\%)$

아스팔트
- 침입도($\frac{1}{10}$mm → 침입도 1)

철근
- 인장강도 = $\dfrac{P}{A}$

Thinking Map

10 시공기술 품질관리

- **품질비용**
  - 예방비용
  - 하자비용
  - 무형비용

- **순 서**
  - 품질관리 Cycle

- **순 서**
  - 품질특성 결정
  - 표준품질 결정
  - 작업표준 결정
  - 교육/훈련
  - 작업실시
  - 품질조사
  - 관리도 작성
  - 이상 판정/수정
  - 결과 확인

- **모델화**
  - 구체적 모델
  - 그래픽 모델
  - 픽토리얼 모델
  - 스키매틱 모델
  - 수학적 모델
  - 시뮬레이션 모델

- **Q.C 수법**
  - 히스토그램 : 분포
  - 특성요인도 : 원인/결과
  - 파레토도 : 크기순
  - 체크시트 항목집중
  - 그래프 : 결과/한번에
  - 산점도 : (X, Y) 상관관계
  - 층별 : 부분집단

- **관리도**
  - 계량치
    - 평균치와 범위($\bar{x} - R$)
    - 개개수(x_i)
    - 중위수와 범위($\tilde{x} - R$)
  - 계수치
    - 불량갯수(P_n)
    - 불량률(P)
    - 결점수(C)
    - 단위당 결점수(U)

11 통계적 품질관리

- **중심치**
  - 평균치($\bar{x}$)
  - 중위수($\tilde{x}$)
  - 미드레인지(M)

- **흩어짐(산포)**
  - 범위(R)
  - 편차제곱합(S)
  - 분산 = $\dfrac{S}{n}$
  - 표본분산 = $\dfrac{S}{n-1}$
  - 표본표준편차 = $\sqrt{\dfrac{S}{n-1}}$
  - 변동계수(CV)

미듬 건축기사 실기

멘토스는 당신의 쉬운 합격을 응원합니다!

CHAPTER 01 총론

회독 CHECK!
- 1회독 ☐ 월 일
- 2회독 ☐ 월 일
- 3회독 ☐ 월 일

| 학 | 습 | 포 | 인 | 트 |
* 공정의 기본 개요를 파악
* 공정표의 작성 순서를 이해
* PERT/CPM의 차이를 명확하게 이해

제1절 공정계획의 개요

01 정의

건축물을 지정된 공사기간 내에 공사예산에 맞추어 정밀도가 높은 양질의 시공을 하기 위하여 작성·계획하고, 공사의 공정계획 및 진척 상황을 알기 쉽게 세부계획에 필요한 시간과 순서, 자재, 노무, 기계설비 등을 일정한 형식에 의거 작성, 관리함을 목적으로 한다.

02 공정계획의 요소

① 시간(작업시간, 자재조달시간, 공사기간 등)
② 비용(순작업비용, 총공사비, 부대발생비용 등)
③ 작업량(작업자 능력, 기계효율, 현장 상황 등 고려)
④ 작업순서(기후·천후 고려, 현장 능력, 성력화 고려)

제2절 공정표의 종류

01 형태에 의한 분류

(1) 사선식 공정표

작업의 관련성을 나타낼 수는 없으나, 공사의 기성고를 표시하는 데 편리한 공정표로 세로에 공사량, 총인부 등을 표시하고, 가로에 월, 일수 등을 취하여 일정한 사선절선을 가지고 공사의 진행상태(기성고)를 수량적으로 나타낸다.

장점	① 부분공정표에 적합하다. ② 노무자와 재료의 수배에 용이하다. ③ 전체 경향과 시공속도를 파악할 수 있다. ④ 예정과 실적의 차이를 파악하기 쉽다.
단점	① 개개작업의 조정을 할 수 없다. ② 보조적 수단에만 사용한다. ③ 작업 상호 간의 관계가 불분명하다.

● 13① · 10①
용어 S-Curve

보충 사선식 공정표

- 공사 기성고는 공사금액으로 표시
- A는 상방 허용한계
- B는 하방 허용한계
- S는 이상적인 공사속도(S-Curve)

보충 S-Curve
공사의 진척상황을 나타내는 가장 이상적인 곡선

(2) 횡선식 공정표(Bar Chart)

세로축에 공사 종목별 각 공사명을 배열하고 가로축에 날짜를 표기한 다음 공사명별 공사의 소요시간을 횡선의 길이로서 나타내는 공정표이다. 바차트(Bar Chart) 또는 간트차트(Gantt Chart)라고도 한다.

장점	① 각 공정별 공사와 전체의 공정시기 등이 일목요연하다. ② 각 공정별 공사의 착수 및 완료일이 명시되어 판단이 용이하다. ③ 공정표가 단순하여 경험이 적은 사람도 이해하기 쉽다.
단점	① 작업 상호 간의 관계가 불분명하다. ② 주공정선을 파악할 수 없으므로 관리통제가 어렵다. ③ 작업 상호 간의 유기적인 관련성과 종속관계를 파악할 수 없다. ④ 작업상황이 변동되었을 때 탄력성이 없다. ⑤ 한 작업이 다른 작업 및 Project에 미치는 영향을 파악할 수 없다.

(3) 네트워크 공정표

네트워크 공정표는 작업의 상호관계를 ○(결합점 : Event)와 → (작업 : Activity)으로 표시한 망상도로, 각 결합점이나 작업에 명칭, 작업량, 소요시간, 투입 자재량, 비용 등 공정계획 및 관리상 필요한 정보를 기입하여 프로젝트 수행에 관련하여 발생되는 공정상의 문제를 도해나 수리적 모델로 해명하고 진척 관리하고자 한다. 네트워크 공정표는 대표적인 방법으로 CPM(Critical Path Method)과 PERT(Program Evaluation & Review Technique) 수법이 있다.

1) 특징

장점	① 개개의 작업관련이 도시되어 있어 내용이 알기 쉽다. ② 전자계산기 이용이 가능하다. ③ 주공정선에 주의하면 다른 작업에 누락이 없는 한 공정관리가 편리하다. ④ 주공정선의 작업에 현장인원 중점배치가 가능하다. ⑤ 작업자 이외에도 이해하기가 쉽다.
단점	① 작성시간이 오래 걸린다. ② 작성 및 검사에 특별한 기능이 요구된다. ③ 기법의 표현상 세분화에 한계가 있다. ④ 실제공사에서 네트워크와 같이 구분하여 이행되지 못하므로, 진척관리에 특별한 연구가 필요하다.

보충 공정표 작성순서

2) 네트워크 공정표 작성순서

공정계획	수순계획	① 프로젝트를 단위작업으로 분해한다. ② 각 작업의 순서를 붙여서 행하여 네트워크로 표현한다. ③ 각 작업시간을 견적한다.
	일정계획	④ 시간계산을 실시한다. ⑤ 공기조정을 실시한다. ⑥ 공정표를 작성한다.
공정관리		⑦ 공정관리를 실시한다.

화살형 네트워크나 원형 네트워크는 본질적으로 차이가 없고, 실제 공정계획을 세울 때에는 다음과 같은 순서로 실시한다.

① 네트워크 작성의 준비 ② 네트워크 작성시간 간격(시간계산)
③ 일정계획 ④ 공기조정
⑤ 공정표 작성

3) PERT와 CPM의 비교

구 분	PERT	CPM
개발 및 응용	① 미 군수국 특별계획부(S.P)에 의하여 개발 ② 함대 탄도탄(F.B.M) 개발에 응용	① Walker(Dupont)와 Kelly (Remington)에 의하여 개발 ② 듀퐁에 있어서 보전에 응용
대상계획 및 사업 종류	신규 사업, 비반복 사업, 경험이 없는 사업 등에 활용	반복 사업, 경험이 있는 사업 등에 이용
소요시간 추정	• 3점 시간 추정 $t_e = \dfrac{t_o + 4t_m + t_p}{6}$ 여기서, t_e : 평균기대시간, t_o : 낙관 시간치 t_m : 정상 시간치, t_P : 비관 시간치	• 1점 시간 추정 $t_e = t_m$
일정계산	• 단계중심의 일정계산 ① 최조(最早)시간 　(TE : Earliest Expected Time) ② 최지(最遲)시간 　(TL : Latest Allowable Time)	• 요소작업 중심의 일정계산 ① 최조(最早) 개시 시간 　(EST : Earliest Start Time) ② 최지(最遲) 개시 시간 　(LST : Latest Start Time) ③ 최조(最早) 완료 시간 　(EFT : Earliest Finish Time) ④ 최지(最遲) 완료 시간 　(LFT : Latest Finish Time)
MCX (최소비용)	특정 이론 없음	CPM의 핵심이론

●17① · 12①
(계산) PERT 기대시간

02 목적이나 내용에 의한 분류

(1) 전체 공정표
착공에서 준공까지 전 공사기간에 걸쳐서 전체 공사종목에 대한 공정을 나타낸 기본 공정표로서 횡선식 공정표와 네트워크 공정표로 작성된다.

(2) 부분 공정표
① 구체 공정표와 마감공사 공정표(작업내용이나 목적으로 구분)
② 주간, 순간, 월간, 분기 공정표(시간별)
③ 단일공사 공정표
④ 재료 공정표(재료 반입에 관한 내용)
⑤ 기계 공정표
⑥ 예산 진행 공정표(사선식 공정표로 사용)

CHAPTER 01 핵심 기출문제

01 공정계획 시 고려사항 4가지를 기술하시오.

가. _____
나. _____
다. _____
라. _____

정답
가. 시간   나. 비용
다. 작업량   라. 작업순서

02 다음 내용을 읽고 적합한 공정표를 〈보기〉에서 골라 기호를 적으시오.

| (가) 횡선식 공정표 | (나) 사선식 공정표 |
| (다) 열기식 공정표 | (라) 네트워크 공정표 |

(1) 공사의 진척 상황의 파악이 용이하고, 부분 공정표에 적합하다. (　　)
(2) 재료 및 노무수배가 용이하며 가장 간단한 공정표이다. (　　)
(3) 작성 시 특별한 기능이 요구되며, 전반적인 공사 내용을 알기 쉽다. (　　)
(4) 예정과 실시를 비교할 수 있으며 착수일과 종료일이 명시되어 있다. (　　)

정답
(1) (나)   (2) (다)
(3) (라)   (4) (가)

03 공정관리 중 진도관리에 사용되는 S-Curve(바나나곡선)는 주로 무엇을 표시하는 데 활용되는지 설명하시오.   ● 13① · 10①

정답 S-곡선
S-Curve는 공사의 진척상황을 파악할 수 있는 곡선으로 상향과 하향허용선을 표시하여 현재까지 공사의 진척상황을 알 수 있다.

04 네트워크 공정표의 특징을 장점과 단점으로 나누어 3가지씩 서술하시오.

〈장점〉
가. ___
나. ___
다. ___

〈단점〉
가. ___
나. ___
다. ___

정답

〈장점〉
가. 공사 전반의 내용 파악이 용이하다.
나. 작업 상호 간의 관계가 명확하게 표시된다.
다. 작업 시작 전에 문제점을 파악하여 수정 가능하다.
라. 공정관리가 편리하다.

〈단점〉
가. 작성 및 검사에 특별한 기능이 요구된다.
나. 작성시간이 길다.
다. 세밀하게 작성하기에는 한계가 있다.
라. 진척관리에 특별한 주의가 필요하다.

---

05 횡선식 공정표의 단점 3가지를 쓰시오. •01③

가. ___
나. ___
다. ___

정답
가. 작업 상호 간의 관계가 불분명하다.
나. 작업 상호 간의 유기적인 관련성과 종속 관계를 파악할 수 없다.
다. 주공정선 파악이 어려워 관리가 힘들다.

---

06 네트워크 공정표 작성순서를 〈보기〉에서 골라 기호로 나열하시오. •00⑤

(가) 공기조정	(나) 단위작업시간 견적
(다) 작성준비	(라) 일정계산
(마) 공정표 작성	

( ) → ( ) → ( ) → ( ) → ( )

정답
(다) → (나) → (라) → (가) → (마)

---

07 퍼트(PERT)에 사용되는 3가지 시간 견적치를 쓰고, 평균 기대시간을 구하는 식을 쓰시오. •02③

가. ___
나. ___
다. ___
라. 평균 기대시간 : ___

정답
가. 낙관시간치(t_o)
나. 정상시간치(t_m)
다. 비관시간치(t_p)
라. 평균 기대시간(t_e)
$$t_e = \frac{t_o + 4 \times t_m + t_p}{6}$$

정답

$$t_e = \frac{t_o + 4 \times t_m + t_p}{6}$$
$$= \frac{5 + 4 \times 8 + 11}{6}$$
$$= 8일$$

08 퍼트(PERT)에 의한 공정관리기법에서 낙관시간이 5일, 정상시간이 8일, 비관시간이 11일일 때 공정상의 기대시간을 구하시오. • 09③

유사문제 17④

퍼트(PERT)에 의한 공정관리기법에서 낙관 시간이 4일, 정상 시간이 5일, 비관 시간이 6일일 때 공정상의 기대시간을 구하시오.

정답

$$t_e = \frac{t_o + 4 \times t_m + t_p}{6}$$
$$= \frac{4 + 4 \times 7 + 8}{6}$$
$$= 6.67$$

＊시간의 단위가 주어지지 않아서 기재할 수 없음

09 PERT 기법에 의한 기대시간(Expected Time)을 구하시오. • 17①,④ · 14②

계산과정 :

Engineer Architecture

CHAPTER 02
네트워크 공정표

CONTENTS

제1절 네트워크 공정표 구성　　　　　　　　17
제2절 네트워크 공정표 작성 연습　　　　　　20
제3절 일정계산　　　　　　　　　　　　　　23

미듬 건축기사 실기

멘토스는 당신의 쉬운 합격을 응원합니다!

네트워크 공정표

회독 CHECK!
- 1회독 ☐ 월 일
- 2회독 ☐ 월 일
- 3회독 ☐ 월 일

|학|습|포|인|트|
* 데이터를 이용하여 네트워크 공정표를 작성하는 방법을 숙달
* 정확한 일정계산
* 실제작업의 여유를 구하는 방법에 유의하여 계산

제1절 네트워크 공정표 구성

01 구성 요소

용 어	기 호	내 용
결합점(Event)	○	네트워크 공정표에서 작업의 개시 및 종료를 나타내며 작업과 작업을 연결하는 기호
작업(Activity, Job)	→	네트워크 공정표에서 단위 작업을 나타내는 기호
더미(Dummy)	--→	네트워크에서 정상적으로 표현할 수 없는 작업상호 간의 관계를 표시하는 점선 화살표

(1) ⓘ : 결합점(Event, Node)

① 작업의 시작과 종료를 표시하는 개시점, 종료점
② 작업과 작업의 연결점, 결합점
③ 번호를 붙이되, 작업의 진행방향으로 큰 번호 부여

(2) $\xrightarrow[\text{시간}]{\text{명}}$: 작업(Activity, Job)

① 작업을 나타내며 화살표의 길이와 작업일수는 관계가 없다.
② → 위는 작업명, 아래는 시간을 나타낸다.

(3) --→ : 더미(Dummy)

① Numbering dummy : 결합점에 번호를 붙일 때 중복작업을 피하기 위해 생기는 더미

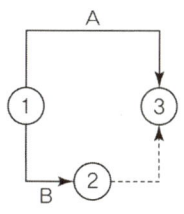

보충 결합점 번호부여
- 시작은 임의의 번호로 시작
- 연속된 번호를 부여하지 않아도 가능
- 시작이 작고 종료가 크면 됨

보충 더미
명목상 작업으로 작업이나 시간적인 요소는 없는 것이다.

●17④ · 11④

종류 더미의 종류

> [보충] 네트워크 공정표 작성
> 4원칙 중 단계의 원칙 이해

② Logical Dummy : 작업 선후 관계를 규정하기 위하여 필요한 더미

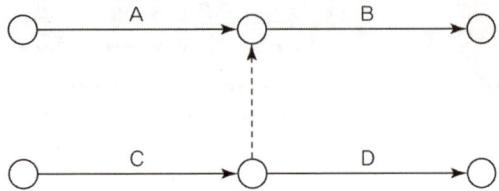

- B작업은 A와 C작업이 종료되어야만 시작할 수 있다.
- D작업은 C작업이 완료되면 시작할 수 있다.

02 공정표 작성 기본 원칙

(1) 공정원칙(단위 작업을 정확한 네트워크로 표현)

작업에 대응하는 결합점이 표시되어야 하고, 그 작업은 하나로 한다.

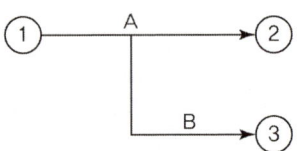

- B작업의 개시 결합점이 없으므로 정확한 네트워크로 표현되어 있지 않다.

(2) 단계 원칙

① 네트워크 공정표에서 선행작업이 종료된 후 후속작업을 개시할 수 있다.

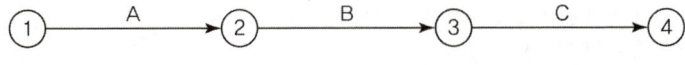

- A의 후속작업은 B
- B의 선행작업은 A
- B의 후속작업은 C
- C의 선행작업은 B

※ A와 C는 선행과 후속이 아님

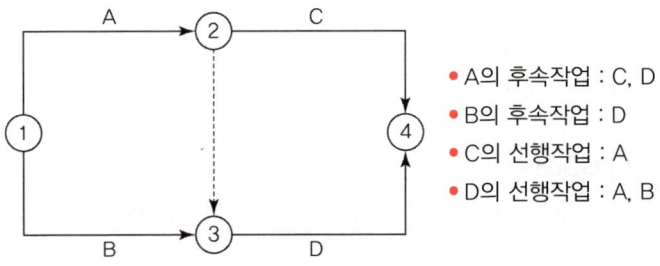

- A의 후속작업 : C, D
- B의 후속작업 : D
- C의 선행작업 : A
- D의 선행작업 : A, B

② 선행과 후속의 관계는 결합점을 중심으로 종료되는 모든 작업이 결합점에서 시작되는 모든 작업의 선행작업이며, 결합점에서 시작되는 모든 작업이 결합점에서 종료되는 모든 작업의 후속작업이다.

③ Dummy가 있는 경우 선행과 후속은 연속 개념으로 본다.

(3) 활동의 원칙

① 네트워크 공정표에서 각 작업의 활동은 보장되어야 한다.

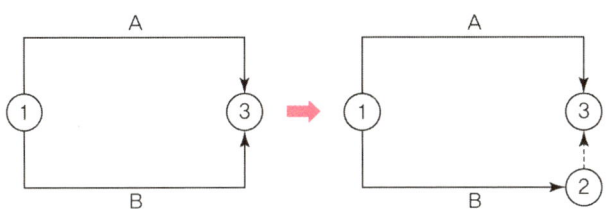

② A작업과 B작업은 공정표상에서 각각의 활동을 보장하고 있지 못하므로 위의 오른쪽과 같이 표시하여 작업의 활동이 보장되게 한다.

보충) 활동의 원칙
- 개시결합점의 번호와 종료결합점의 번호가 동시에 같은 것으로 존재하여서는 안 된다.
- 두 결합점의 번호 중 하나만 다르면 된다.

(4) 연결의 원칙

최초 개시 결합점 및 종료 결합점은 반드시 1개씩이어야 한다.

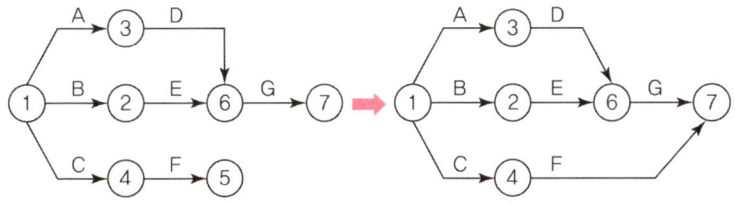

03 작성 시 주의사항

(1) 무의미한 더미(Dummy)는 생략한다.

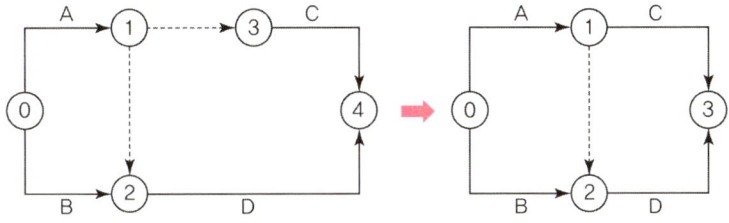

보충) Dummy의 개수

Dummy의 수는 최소화할 것
(공정표상에서 전체 dummy의 수가 틀리면 안 됨)

(2) 가능한 한 작업 상호 간의 교차는 피하도록 한다.

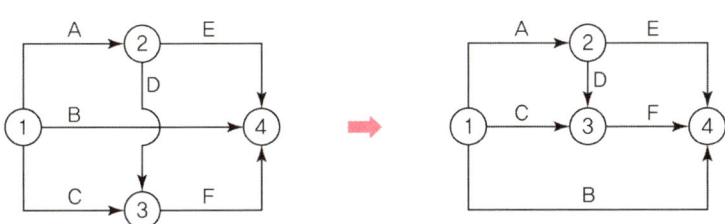

보충) 작업 상호 간의 교차

교차될 수 있음

(3) 역진 혹은 회송되어서는 안 된다.

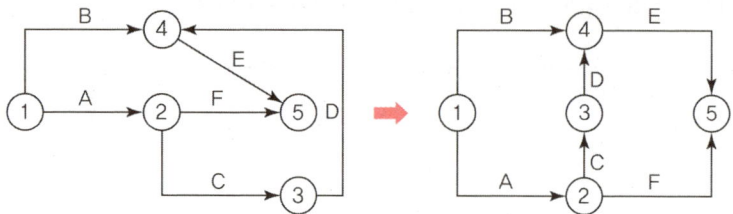

제2절 네트워크 공정표 작성 연습

(1) ②, ④ 결합점(Event) 사이에 2개의 작업 A, B가 존재할 때

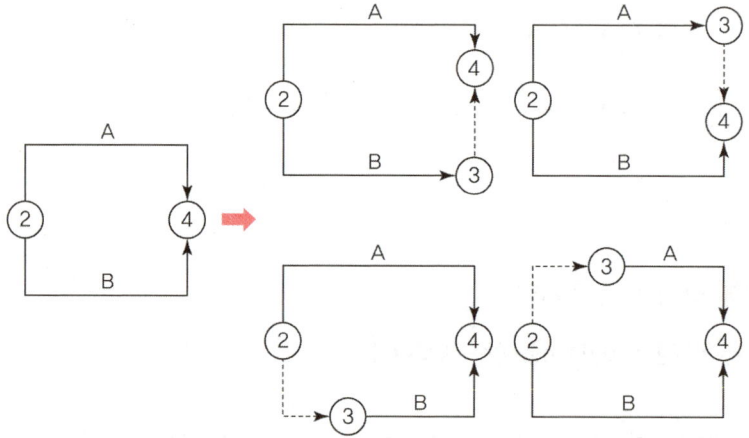

보충) Dummy 표현

두 가지 경우 다 가능하며 이외에도 다양한 형태로 나타낼 수 있으나, Dummy의 수는 변하지 않음에 유의한다.

(2) ②, ⑤ 결합점(Event)에 3개의 작업 A, B, C가 존재할 때

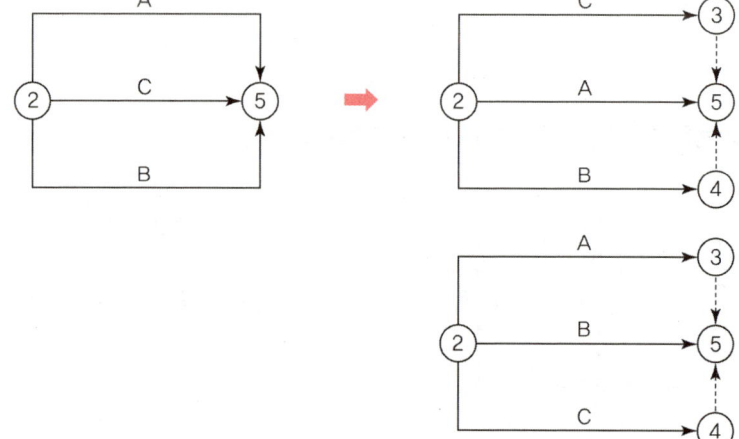

(3) A작업의 후속작업이 B, C작업일 때

(4) A와 B의 후속작업이 C작업일 때

(5) A, B의 후속작업이 C, D작업일 때

보충) Numbering Dummy

A작업과 C작업에서 Dummy가 발생해도 무방하며 이런 Dummy를 Numbering Dummy라 한다.

(6) A의 후속작업이 C, D작업이고 B의 후속작업이 D작업일 때

보충) Data 보는 방법

- (5)번의 C, D의 선행작업이 같아 한 개의 결합점에서 동시에 시작하나
- (6)번의 경우 C, D의 선행작업이 다르므로 각기 다른 결합점에서 시작된다.
- 그러므로 주어진 데이터는 한 개씩 순차적으로 보는 것이 아니고 여러 작업 혹은 전부의 작업을 동시에 보도록 한다.

> **보충) Dummy 방향**
>
> - (6), (7)번의 완성된 공정표는 Dummy의 방향이 다른 것 외에는 동일하다. 그러므로 공정표 작성 시 Dummy 방향을 정확히 표현하여야 한다.
> - 좌측의 데이터에서 네트워크 공정표 작성 시 반드시 순서대로 하는 것이 아니라 D작업부터 작성하면 쉽게 작성할 수 있다.

(7) A의 후속작업이 C작업이고, B의 후속작업이 C, D작업일 때

> **보충) 공정표 작성순서**
>
> - C작업과 E작업을 먼저 작성한 후 D작업을 작성하면 쉽게 공정표가 완성된다.
> - (7), (8)번에서 발생된 Dummy는 작업의 선후 관계를 표시하는 것으로 이러한 Dummy를 Logical Dummy라고 한다.
> - 복수의 결합점에서 Dummy로 연결될 수 있으며, 아울러 하나의 결합점에서 여러 개의 Dummy가 동시에 나갈 수 있다.
> - C작업, E작업, D작업의 순으로 작성

(8) A의 후속작업이 C, D작업이고, B의 후속작업이 D, E작업일 때

(9) A의 후속작업이 C, D, E작업이고, B의 후속작업이 D, E작업일 때

> **보충) Data 분석**
>
> - 작성 시 D, E, F의 순으로 작성하면 좋다.
> - 연속해서 Dummy로 연결된 작업(A와 F)은 선행과 후속관계에 있음을 알 수 있으며, 또한 Dummy는 몇 개의 결합점을 거쳐서도 표현할 수 있다.
> - 선행작업이 없는 최초의 작업이 3개 이상일 경우 작성된 작업의 순서를 잘 고려하여야 한다.

(10) A의 후속작업이 D, E, F작업이고, B의 후속작업이 E, F작업이며, C의 후속작업이 F작업일 때

제3절 일정계산

01 용어

(1) 시간계산

네트워크 공정표상에서 소요시간을 기본으로 한 작업시간, 결합점시간, 공기, 여유 등을 계산하는 것을 말한다.

용 어	기 호	내 용
가장 빠른 개시시각 (Earliest Starting Time)	EST	작업을 시작할 수 있는 가장 빠른 시각
가장 빠른 종료시각 (Earliest Finishing Time)	EFT	작업을 끝낼 수 있는 가장 빠른 시각
가장 늦은 개시시각 (Latest Starting Time)	LST	공기에 영향이 없는 범위 내에서 작업을 가장 늦게 개시하여도 되는 시각
가장 늦은 종료시각 (Latest Finishing Time)	LFT	공기에 영향이 없는 범위 내에서 작업을 가장 늦게 종료하여도 되는 시각

(2) 결합점시각(Node Time)

화살표형 네트워크에서 시간 계산이 된 결합점의 시각

용 어	기 호	내 용
가장 빠른 결합점시각 (Earliest Node Time)	ET	작업을 시작할 수 있는 가장 빠른 시각
가장 늦은 종료시각 (Latest Node Time)	LT	작업을 늦게 끝낼 수 있는 시각

보충) ET / LT
ET는 결합점의 EST와 시간이 동일하며 LT는 결합점의 LFT와 동일한 시간이 된다.

(3) 공기

공사기간을 뜻하며 지정공기와 계산공기가 있으며, 계산공기는 항상 지정공기보다 같거나 작아야 한다. 만약에 계산공기가 지정공기보다 크다면 이는 공기를 단축해야 하는데 이를 공기조정이라 하며 자세한 내용은 공기단축 편에서 다루어 보기로 하자.

용 어	기 호	내 용
계산공기	T	네트워크의 일정계산으로 구해진 공기
지정공기	T_o	발주자에 의해 미리 지정되어 있는 공기
간공기		화살표 네트워크에서 어느 결합점에서 종료결합점에 이르는 최장 패스의 소요시간, 서클 네트워크에서 어느 작업에서 최후 작업에 이르는 최장패스의 소요시간

보충) 계산공기와 지정공기
계산된 공기는 계약서상에 있는 공기보다 작거나 최소한 같아야 한다.

(4) 여유시간

공사가 종료되는 데 지장을 주지 않는 범위 내에서의 잔여시간을 말하며, 크게 구분하여 플로트(Float)와 슬랙(Slack)이 있다.

1) 플로트(Float)

네트워크 공정표에서 작업의 여유시간

용어	기호	내용
전체여유 (Total Float)	TF	가장 빠른 개시시각에 시작하고 가장 늦은 종료시각으로 완료할 때 생기는 여유시간
자유여유 (Free Float)	FF	가장 빠른 개시시각에 시작하고 후속하는 작업이 가장 빠른 개시시각에 시작하여도 존재하는 여유시간
간섭여유 (Dependent Float)	DF	후속작업의 전체여유(TF)에 영향을 주는 여유

> **보충) 플로트와 슬랙**
> 플로트와 슬랙은 여유시간이라는 같은 뜻으로 사용하나, 그 대상(작업·결합점)이 다르므로 용어정리 시 반드시 대상이 표현되어야 한다.

2) 슬랙(Slack)

네트워크 공정표에서 결합점이 가지는 여유시간

(5) 경로(Path)

① 임의의 결합점에서 화살표의 방향(또는 반대방향)으로 다른 결합점에 도달되는 작업(Activity)의 연결에 이르는 것을 말한다.
② 즉, 두 개 이상의 Activity가 연결되는 것을 Path(경로)라 한다.
③ 네트워크에서 Path는 최장패스(LP)와 주공정선(CP)이 있다. 최장패스와 주공정선의 구분은 각 패스의 범위의 차이에 있다.

용어	기호	내용
최장패스 (Longest Path)	LP	임의의 두 결합점의 패스 중 소요시간이 가장 긴 경로
주공정선 (Critical Path)	CP	개시 결합점에서 종료 결합점에 이르는 패스 중 가장 긴 경로

> **보충) LP / CP**
> LP와 CP는 소요시간이 가장 긴 경로라는 공통점이 있으므로 용어설명 시 범위가 명확히 나타나도록 작성하여야 한다.

(6) 주공정선(Critical Path)

① 개시 결합점에서 종료 결합점에 이르는 경로 중 가장 긴 경로이다.
② CP는 공기를 결정하므로 공정계획 및 공정관리상 가장 중요한 경로가 된다.
③ 주공정선상의 작업의 여유(Float)와 결합점의 여유(Slack)는 0이다.
④ Dummy도 주공정선이 될 수 있다.
⑤ 네트워크 공정표상에서 CP는 복수일 수 있다.

02 일정계산

네트워크 공정표의 일정은 크게 작업의 일정과 결합점의 일정으로 나누어 생각할 수 있다.

	작업(Activity)	결합점(Event)
일정	EST EFT LST LFT	EST EFT LST LFT
여유	TF FF DF	Slack
표기	일정표(활동목록표)를 작성하여 표기	공정표상에 표기

(1) EST, EFT 계산방법

① 최초의 개시 결합점에서 작업의 흐름에 따라 전진 계산한다.
② 최초 개시 결합점의 EST = 0이다.(개시 결합점에서 시작되는 모든 작업의 EST = 0이다.)
③ 임의 작업의 EFT는 EST에 소요일수를 더하여 구한다.
④ 임의의 결합점의 EST는 선행작업의 EFT로 한다.(선행작업이 복수일 때는 EFT값 중 최대값으로 한다.)
⑤ 최종 결합점에서 끝나는 작업의 EFT의 최대값이 계산공기이며, 최종 결합점의 LFT가 된다.

위의 내용을 아래 예제에 적용시켜보면 다음과 같다.

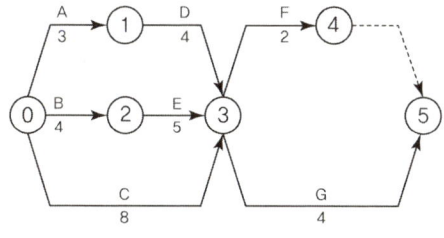

> **보충 일정 계산방법**
> - 먼저 작업의 일정을 계산하고 그 데이터를 이용하여 결합점의 일정을 계산한다.
> - 결합점의 일정은 문제에서 요구하는 사항을 잘 파악하여 작성한다.

> **보충 EST, EFT 계산법**
> →, ○, +, 최댓값

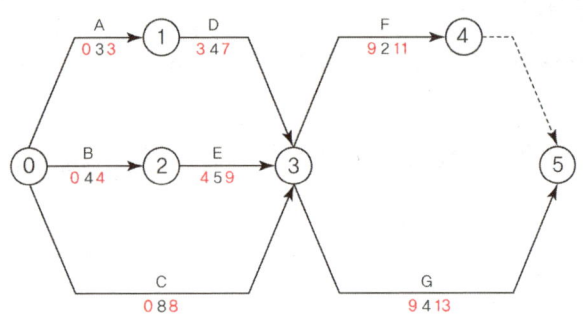

보충) Dummy 위치
- 4가지 방법 중 가능한 뒤쪽에 Dummy 를 두어 작성한다.
- 전부 다 가능한 공정표임

① 위 공정표에서 A작업의 예를 들면, 아래와 같이 표기되어 있다.

② 최초의 개시 결합점에서 시작되는 모든 작업에 0으로 EST를 표기한다.
③ EST + 작업일수로 해서 EFT를 계산한다.
④ 1, 2번 결합점에서 후속작업의 EST는 선행작업의 EFT값으로 결정한다.
⑤ 3번 결합점과 같이 선행작업이 복수일 경우 EFT값 중 최대값인 9일이 후속작업의 EST가 된다.(단계의 원칙 적용)
⑥ 아울러 5번 결합점에서 F작업의 11일과 G작업의 13일 중 최대값인 13일이 계산공기이자 5번 결합점의 LFT값이 된다.

(2) LST, LFT 계산방법

① 최초의 종료 결합점에서 작업의 흐름과 반대방향으로 역진 계산한다.
② 최초 종료 결합점의 LFT값은 종료 결합점에서 끝나는 작업의 EFT 값 중 최대값으로 한다.
③ 임의 작업의 LST는 LFT에 소요일수를 감하여 계산한다.
④ 임의의 결합점의 LFT는 후속작업의 LST값으로 한다.(후속작업이 복수일 때는 LST값 중에서 최소값으로 한다.)

보충) LST, LFT 계산법
←, 최대, −, 최솟값

위의 내용을 앞의 예제 1에 적용시켜보면 다음과 같다.

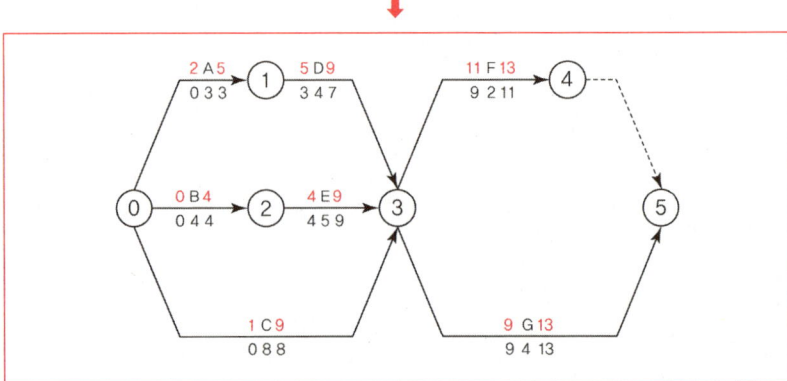

보충) 선·후 작업의 수
선행작업이나 후속작업이 복수가 가능하다.

① 위 공정표에서 F작업의 예를 들면 아래와 같이 표기되어 있다.

② 최종 종료 결합점인 5번 결합점의 LFT는 F작업의 EFT인 11일과 G작업의 EFT인 13일 중에서 최댓값인 13일이며, 이는 F작업과 G작업의 LFT가 된다.
③ LFT − 작업일수로 해서 LST를 계산한다.
④ 3번 결합점의 LFT 값은 F작업의 LST인 11일과 G작업의 LST인 9일 중에서 최소값인 9일을 택하여 C, D, E작업에 적용하였다.
⑤ 1, 2번 결합점의 LFT는 후속작업의 LST 값으로 한다.

(3) 주공정선(Critical Path) 계산방법

① 개시 결합점에서 종료 결합점까지의 패스 중 가장 긴 작업의 소요일수를 가진 경로를 말한다.
② 주공정선(Critical Path)상의 작업의 여유 Float와 결합점의 여유인 Slack은 항상 0이다.
③ 주공정선은 하나만 존재하는 것이 아니고 복수일 수 있다.
④ Dummy도 주공정선이 될 수 있음에 유의하여야 한다.
⑤ 주공정선의 일수가 바로 공사기간이 된다. 그러므로 주공정선상의 어느 작업에서도 공사가 지연되는 경우 전체 공기가 지연되므로 공정관리를 위하여 주공정선은 굵은 선으로 표기한다.

예제에서 주공정선(Critical Path)은 ⓪ → ② → ③ → ⑤이며 공사기간은 13일이 된다.

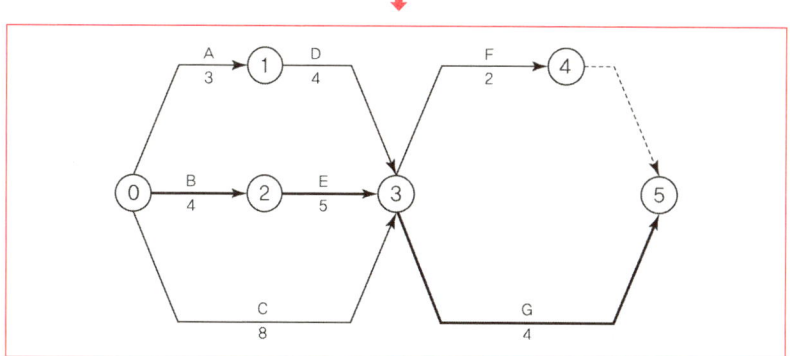

보충 일정계산

일정계산 시 EST, EFT, LST, LFT를 구한 후 바로 주공정선을 구한다. 주공정선(CP)은 작업의 여유(Float)와 결합점의 여유(Slack)가 항상 0이므로 계산이 필요 없기 때문이다.

보충 주공정선 표시

특별한 문제조건이 없는 한 주공정선은 굵은선 또는 이중선으로 표시하여야 한다.

보충 Data 분석

D, E작업은 선행조건이 같으므로 동일 결합점에서 시작되며, C작업은 조건이 다르므로 다른 결합점에서 시작된다.

표현법

보충 PDM 표현 방법

〈타원형 노드〉

〈네모형 노드〉

용어 LOB

참고   Reference

네트워크 표현방법

1. ADM(Arrow Diagram Method) 방식 : 작업 중심의 화살표형 표현
2. PDM(Precedence Diagram Method) 방식 : 결합점 중심의 event형 표현

3. LOB(Line of Balance) 방식 : 반복작업에서 각 작업조의 생산성을 유지시키면서, 그 생산성을 기울기로 하는 직선으로 각 반복작업을 표시하여 전체 공사를 도식화 하는 공정기법

(4) 작업의 여유(Float) 계산방법

① TF(Total Float) : TF = 그 작업의 LFT − 그 작업의 EFT
   그 작업을 EST에 시작하고, LFT에 완료할 때 생기는 여유
② FF(Free Float) : FF = 후속작업의 EST − 그 작업의 EFT
   그 작업을 EST에 시작하고, 후속작업도 EST에 시작할 때 생기는 여유
③ DF(Dependent Float) : DF = TF − FF
   후속작업의 TF에 영향을 주는 여유(간섭여유)

보충 작업의 여유계산

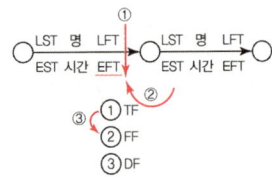

위의 계산방법을 쉽게 정리하여 A작업의 경우에 예를 들어 보면 다음과 같이 나타낼 수 있다.

① TF 계산방법(그 작업의 LFT − 그 작업의 EFT)

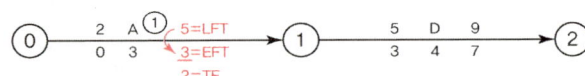

⇒ TF는 ①번과 같이 빼면 된다.

② FF 계산 방법(후속작업의 EST – 그 작업의 EFT)

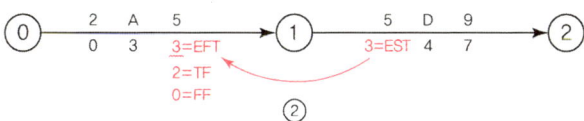

⇒ FF는 ②번과 같이 빼면 된다.

③ DF 계산방법(TF – FF)

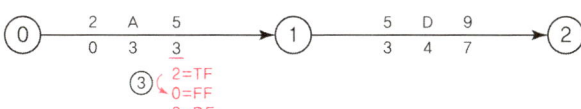

⇒ DF는 ③번과 같이 빼면 된다.

위와 같은 계산방법으로 예제 1에 적용시켜 계산하면 다음과 같다.

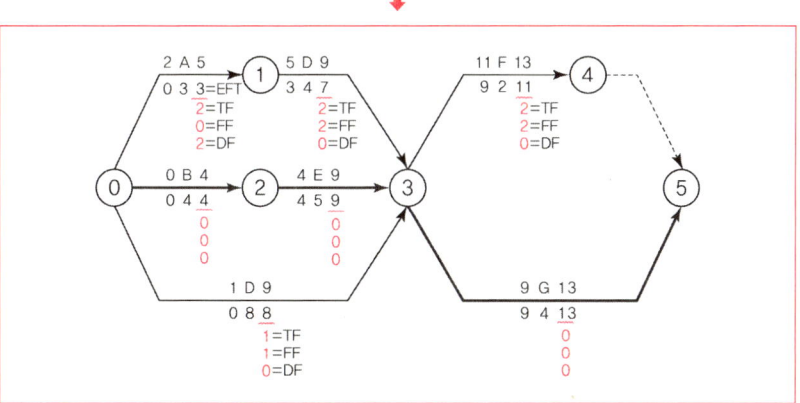

참고
Reference

위에서 F작업의 경우는 여유를 2가지 유형으로 구분할 수 있다.

가. Dummy(④~⑤)의 일정을 고려한 경우

나. Dummy(④~⑤)의 일정을 고려하지 않은 경우(실제작업의 여유)

이와 같은 경우는 특히 Numbering Dummy에서 많이 볼 수 있으며, 특별한 조건이 붙지 않는 한 두 가지 모두 통용된다.

보충) 실제 작업의 여유계산

문제 요구조건에서 실제작업의 일정으로 여유를 묻는 경우는 나.번의 방법으로 작업의 일정을 계산하여야 한다.

보충) 활동목록표 작성

- 활동목록표나 일정표는 답안에서 양식이 제시되지 않는 경우에도 도표로 작성함이 좋다.
- 별도로 답을 요구하는 경우 요구조건을 준수하여 작성한다.

보충 LP / CP

LP와 CP는 소요시간이 가장 긴 경로라는 공통점이 있으므로 용어설명 시 범위가 명확히 나타나도록 작성하여야 한다.

(5) 활동목록표(일정표 작성)

지금까지 작업의 일정을 계산한 것을 도표로 정리하여 나타낸 것을 활동목록표 또는 일정표라 한다. 예제 문제의 결과를 나타내면 다음과 같다.

작업명	EST	EFT	LST	LFT	TF	FF	DF	CP
A	0	3	2	5	2	0	2	
B	0	4	0	4	0	0	0	*
C	0	8	1	9	1	1	0	
D	3	7	5	9	2	2	0	
E	4	9	4	9	0	0	0	*
F	9	11	11	13	2	2	0	
G	9	13	9	13	0	0	0	*

(6) 공정표 작성

① 결합점의 일정은 아래의 예와 같이 두 가지 형태로 나타낸다.

보충 최종 공정표

답안지에 작성되는 최종 공정표에는 결합점의 일정과 주공정선이 표기되어야 한다.

② 위 두 가지 방법에서 일정을 비교하면 아래와 같다.

좌측의 그림에서 나타나듯 결합점의 EST와 ET가 같고, 결합점의 LFT와 LT가 같게 구하여진다.

③ 그러므로 우리는 결합점의 EST와 LFT를 구하는 방법을 살펴보자. 결합점의 EST와 LFT를 구하는 데 있어서 앞에서 구한 작업의 일정을 활용하면 편리하게 계산할 수 있다.

④ 나머지 결합점의 EFT와 LST는 아래와 같다.

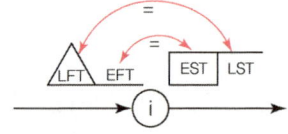

위에서 정리한 내용을 예제 1에 적용시켜 작성하면 아래와 같다.

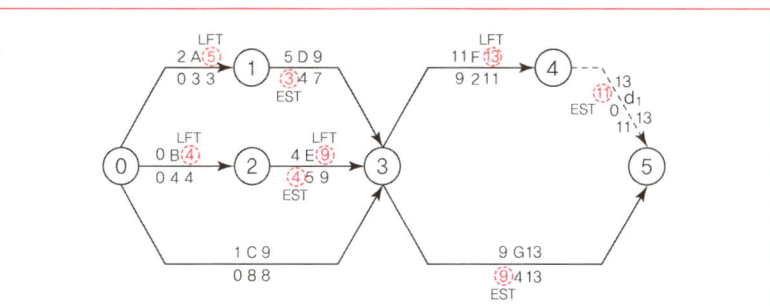

위 공정표에서 나타나듯 각 작업의 일정을 활용하여 나타낼 수 있다.

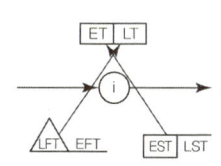

좌측의 그림에서 나타나듯 결합점의 EST와 ET가 같고, 결합점의 LFT와 LT가 같게 구하여진다.

최종 답안지 작성

(보충) **결합점의 EST**

결합점의 EST 계산 시 후속작업이 Dummy인 경우 Dummy의 EST가 결합점의 EST가 된다.

(보충) **공정표 작성 시 유의사항**

① 결합점의 번호 확인(小 → 大)
② Dummy 유무 및 화살표 확인
③ 주공정선 확인(굵은선, 이중선)
④ 한눈에 들어올 수 있게 깨끗하게 작성
⑤ 답안지가 제시된 영역의 범위 안에서 크게 작성

CHAPTER 02 핵심 기출문제

01 다음 ( ) 안에 적합한 말을 써 넣으시오.

> PERT Network에서 (①)는(은) 하나의 Event에서 다음 Event로 가는 데 요하는 작업을 뜻하며 (②)는(은) 소비하는 부분으로 물자를 필요로 한다.

① _____

② _____

정답
① 작업(Activity)
② 시간(Time)

02 다음 Network 공정표에 사용되는 용어를 설명한 것이다. ( ) 안에 적합한 말을 써 넣으시오. ● 10③

> (①)는 작업을 끝낼 수 있는 가장 빠른 시각을 말하고 개시 결합점에서 종료 결합점에 이르는 가장 긴 패스를 (②)라 한다. (③)는 임의의 두 결합점 간의 패스 중 소요기간이 가장 긴 패스를 말한다.

① _____ ② _____ ③ _____

정답
① EFT
② 주공정선(CP)
③ 최장패스(LP)

03 다음 용어를 간단히 설명하시오.

가. EST : _____

나. Slack : _____

다. Path : _____

라. CP : _____

정답
가. EST : 작업을 시작할 수 있는 가장 빠른 시각
나. Slack : 결합점의 여유시각
다. Path : 네트워크 공정표에서 둘 이상의 작업이 이어진 경로
라. CP : 최초 개시 결합점에서 최종 종료 결합점에 이르는 경로 중 공기가 가장 많이 소요되는 경로

04 네트워크 공정표에서 작업 상호 간의 연관관계만을 나타내는 명목상의 작업인 더미(Dummy)의 종류 3가지를 쓰시오. ● 17④ · 11④ · 02①

가. _____ 나. _____

다. _____

정답
가. 넘버링더미
나. 로지컬더미
다. 커넥션더미

05 네트워크(Network) 공정관리기법 중 서로 관계 있는 항목을 연결하시오.

① 계산공기 • • (가) 네트워크 중의 둘 이상의 작업이 연결된 작업의 경로

② 패스(Path) • • (나) 네트워크 시간산식에 의하여 얻은 기간

③ 더미(Dummy) • • (다) 작업의 여유시간

④ 플로트(Float) • • (라) 네트워크에서 작업의 상호관계를 나타내는 점선 화살선

정답
① (나)   ② (가)   ③ (라)   ④ (다)

06 다음 설명이 뜻하는 용어를 쓰시오.

(1) 가장 빠른 시간에 작업을 시작하고, 가장 늦은 종료시간으로 종료할 때 생기는 여유시간 (가)
(2) 네트워크 공정표에서 어느 임의의 결합점에서 종료 결합점에 이르는 최장 패스의 소요시간 (나)
(3) 최초 결합점에서 대상의 결합점에 이르는 경로 중 가장 긴 경로를 통하여 가장 빨리 도달하는 결합점 시각 (다)
(4) 가장 빠른 개시시각에 시작하고, 후속 작업도 가장 빠른 개시 시각에 시작하여도 존재하는 여유시간 (라)

가.
나.
다.
라.

정답
가. TF   나. 간공기
다. ET   라. FF

07 공정관리에 대한 기술 중 ( ) 안에 알맞은 말을 쓰시오.

네트워크에서 공기는 주어진 (가)와 일정산출 시 구하여진 (나)로 구분할 수 있는데, 이 두 공기를 일치시키는 작업을 (다)이라 한다. 이 단계에서 계획에 수정이 있을 때에는 전체 공정의 일정계산을 다시 해야 한다.

가.
나.
다.

정답
가. 지정 공기
나. 계산 공기
다. 공기 조정

03 LOB에 대하여 간단히 설명하시오.   • 23①

정답
반복작업에서 각 작업조의 생산성을 유지시키면서, 그 생산성을 기울기로 하는 직선으로 각 반복작업을 표시하여 전체 공사를 도식화 하는 공정기법

[보충] **작업의 여유(Float)**
- TF • FF • DF

[정답]
가. TF(Total Float)
나. FF(Free Float)
다. DF(Dependent Float)

08 네트워크 공정표에서 각 작업이 소유할 수 있는 여유(Float)를 3가지 기술하시오.

가. _____
나. _____
다. _____

[보충] **공정표 여유**
① 결합점(Slack)
② 작업(Float)
- TF • FF • DF

[정답]
가. TF 나. FF 다. DF 라. Slack

09 네트워크 공정표에서 사용되는 여유시간의 종류 4가지를 쓰시오.

가. _____
나. _____
다. _____
라. _____

[보충] **4원칙**
- 공정의 원칙   • 단계의 원칙
- 연결의 원칙   • 활동의 원칙

[정답]
가. 공정의 원칙   나. 단계의 원칙
다. 연결의 원칙

10 네트워크 공정표 표시원칙을 3가지만 기입하시오.

가. _____
나. _____
다. _____

11 다음 네트워크 공정표 작성에 관한 기본원칙 중 설명이 틀린 것을 모두 골라 번호로 쓰시오.

① 개시 및 종료 결합점은 반드시 하나로 되어야 한다.
② 요소작업 상호 간에는 절대 교차하여서는 안 된다.
③ ⓘ이벤트(결합점)에서 ⓙ이벤트(결합점)로 연결되는 작업은 반드시 하나이어야 한다.
④ 개시에서 종료 결합점에 이르는 주공정선은 반드시 하나이어야만 한다.
⑤ 네트워크 공정표에서 어느 경우라도 역진 또는 회송되어서는 안 된다.

[보충]
① 공정의 원칙
③ 활동의 원칙

[정답]
② 요소작업 상호 간 교차될 수 있다.
④ 주공정선(CP)은 복수일 수 있으며, 전체가 주공정선이 될 수 있다.

12 다음 공정표에서 주공정선을 구하시오.(단, 화살표상의 숫자는 Activity 소요 일수이다.)

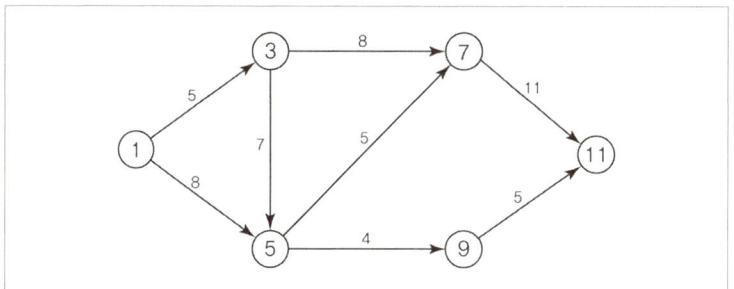

정답 주공정선만을 구하는 문제는 개시결합점에서 종료결합점에 이르는 패스들 중 소요시간이 가장 긴 경로를 택한다.

∴ ①-③-⑦-⑪ : 24일
 ①-③-⑤-⑦-⑪ : 28일
 ①-③-⑤-⑨-⑪ : 21일
 ①-⑤-⑦-⑪ : 24일
 ①-⑤-⑨-⑪ : 17일
∴ 주공정선(CP)은 ①-③-⑤-⑦-⑪이다.

보충 주공정선

각 작업의 EST와 EFT만을 구하여서 역진으로 EFT값이 최대인 작업을 찾아 연결하면 된다.

13 다음과 같은 네트워크 공정표에서 결합점 ④의 LT(가장 늦은 결합점 시각)를 구하시오.

해설

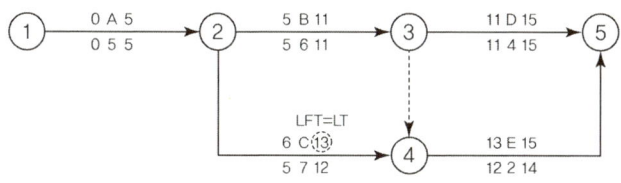

정답 ④번 결합점의 LT = 13일이 된다.

14 다음과 같은 Network 공정표의 최장 소요일수를 구하고 CP를 표기하시오.

● 11④

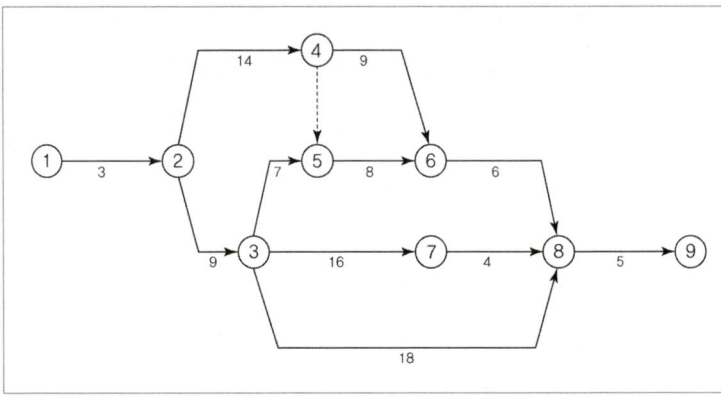

보충 주공정선(CP)

주공정선(CP)만 구하고자 할 때는 LST, LFT를 굳이 계산할 필요가 없다.
EST와 EFT만 구해서 최종 종료결합점에서 역으로 구하면 된다.

해설

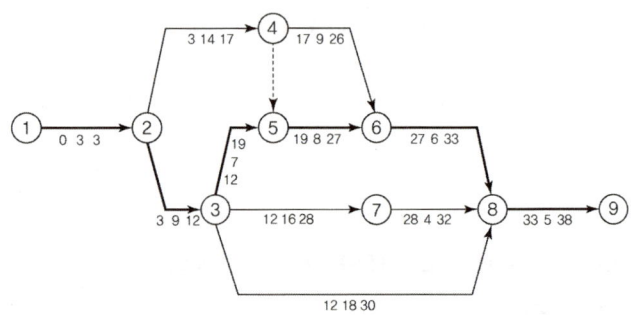

보충 결합점의 일정

문제에서 결합점의 일정을 표시하라는 조건이 없으므로 임의 표시하거나 하지 않아도 좋다.

정답 1. 주공정선(CP) : ① → ② → ③ → ⑤ → ⑥ → ⑧ → ⑨

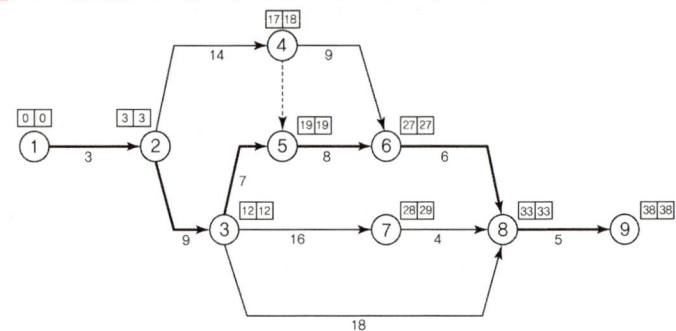

2. 최장 소요일수 : 38일

15 주어진 Network 공정표에서 ES, LS, EF, LF 등 일정시간을 계산하고, TF, FF 등 여유시간을 계산하고 CP(주공정선)를 굵은 선으로 표시하시오.

작업명	ES	EF	LS	LF	TF	FF	DF	CP
A								
B								
C								
D								
E								
F								
G								
H								
I								

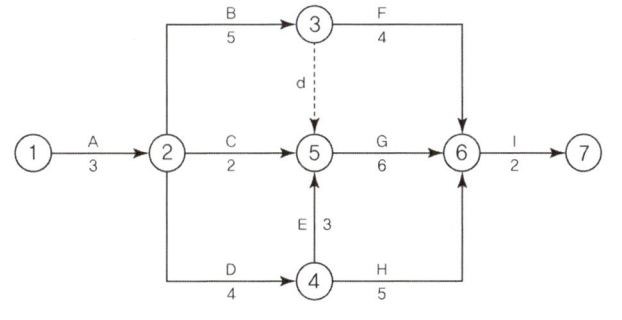

[해설] 주어진 공정표의 일정계산은 다음과 같다.

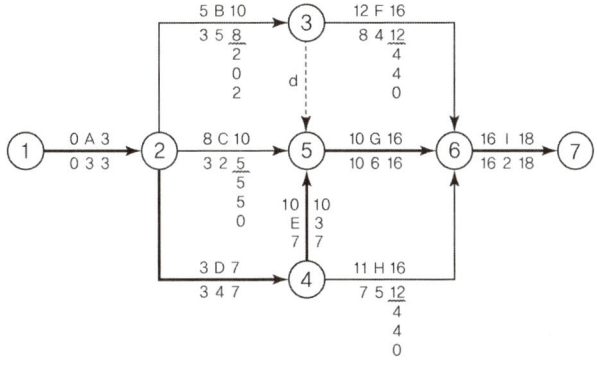

[보충] 주공정선의 일정

각 작업의 EST, EFT, LST, LFT를 구한 후에 주공정선을 찾으면 일정계산이 용이하다. CP(주공정선)는
① EST = LST
② EFT = LFT
③ TF, FF, DF = 0
④ SL = 0
⑤ 결합점의 일정 EST, EFT, LST, LFT가 동일하다.

[정답]

작업명	EST	EFT	LST	LFT	TF	FF	DF	CP
A	0	3	0	3	0	0	0	*
B	3	8	5	10	2	0	2	
C	3	5	8	10	5	5	0	
D	3	7	3	7	0	0	0	*
E	7	10	7	10	0	0	0	*
F	8	12	12	16	4	4	0	
G	10	16	10	16	0	0	0	*
H	7	12	11	16	4	4	0	
I	16	18	16	18	0	0	0	*

16 다음은 네트워크 공정표이다. EST, EFT, LST, LFT를 구하시오.

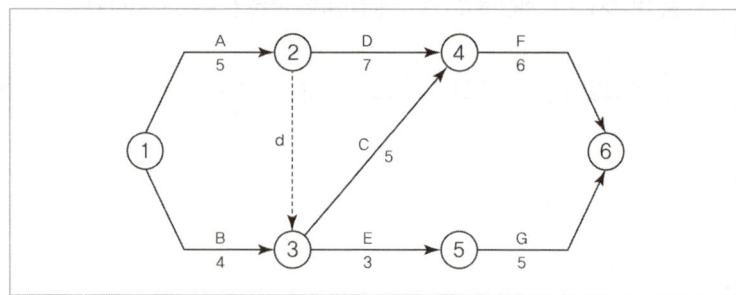

해설 일정을 표시할 때는 일정표를 작성해서 답을 구한다.

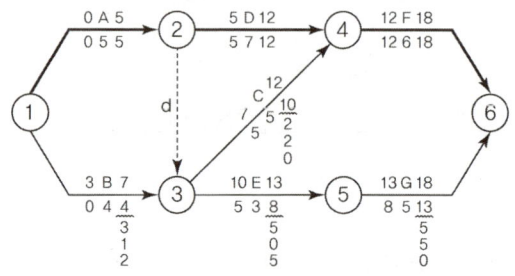

정답 〈일정표〉

각 작업의 EST, EFT, LST, LFT만 계산하라고 하였으나 학습목적상 여유(float)와 CP까지 구하기로 하자.

작업명	EST	EFT	LST	LFT	TF	FF	DF	CP
A	0	5	0	5	0	0	0	*
B	0	4	3	7	3	1	2	
C	5	10	7	12	2	2	0	
D	5	12	5	12	0	0	0	*
E	5	8	10	13	5	0	5	
F	12	18	12	18	0	0	0	*
G	8	13	13	18	5	5	0	

보충 답안 작성 시

문제요구조건이 EST, EFT, LST, LFT만 주어졌으므로 여유(TF, FF, DF)는 제외하고 작성하면 된다.

17

다음에 제시된 화살표형 네트워크 공정표를 통해 일정계산 및 여유시간, 주공정선(CP)과 관련된 빈칸을 모두 채우시오.(단, CP에 해당하는 작업은 * 표시를 하시오.)

● 22② · 17④ · 11②

작업명	EST	EFT	LST	LFT	TF	FF	DF	CP
A	0	5	9	14	9	0	9	
B	0	16	0	16	0	0	0	*
C	5	7	14	16	9	9	0	
D	16	16	16	16	0	0	0	*
E	5	15	16	26	11	0	11	
F	16	22	21	27	5	0	5	
G	16	26	16	26	0	0	0	*
H	15	23	26	34	11	6	5	
I	22	24	29	31	7	0	7	
J	22	28	27	33	5	5	0	
K	26	33	26	33	0	0	0	*
L	26	29	31	34	5	0	5	
M	24	26	31	33	7	7	0	
N	33	38	33	38	0	0	0	*
P	29	33	34	38	5	5	0	
Q	38	41	38	41	0	0	0	*

해설

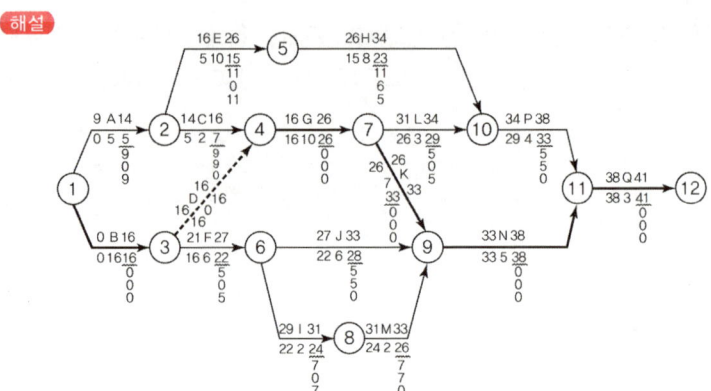

정답

작업명	EST	EFT	LST	LFT	TF	FF	DF	CP
A	0	5	9	14	9	0	9	
B	0	16	0	16	0	0	0	*
C	5	7	14	16	9	9	0	
D	16	16	16	16	0	0	0	*
E	5	15	16	26	11	0	11	
F	16	22	21	27	5	0	5	
G	16	26	16	26	0	0	0	*
H	15	23	26	34	11	6	5	
I	22	24	29	31	7	0	7	
J	22	28	27	33	5	5	0	
K	26	33	26	33	0	0	0	*
L	26	29	31	34	5	0	5	
M	24	26	31	33	7	7	0	
N	33	38	33	38	0	0	0	*
P	29	33	34	38	5	5	0	
Q	38	41	38	41	0	0	0	*

보충) 활동목록표 작성 시

표 안에 일정을 기입할 때 EST, EFT, LST, LFT의 순서를 잘 파악한 후 정확한 일정을 기입하여야 한다.

18 다음 Network 공정표를 보고 물음에 답하시오.　•09③

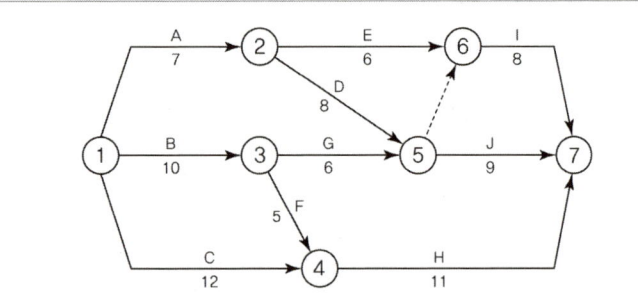

가. Network 공정표상에 주공정선을 굵은 선으로 표시하고 각 작업의 EST, EFT, LST, LFT를 기입하시오.
나. D작업의 TF와 DF를 구하시오.
　① TF :
　② DF :

해설

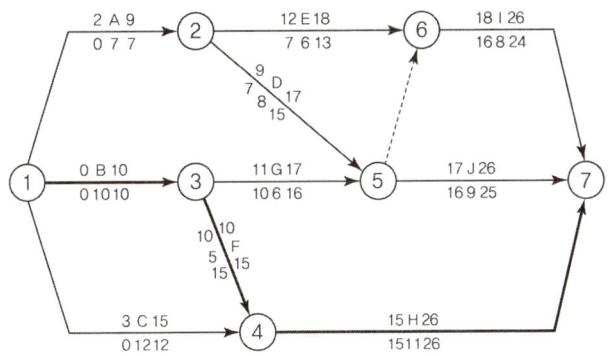

정답 가. 공정표 및 작업의 일정

(1) 공정표

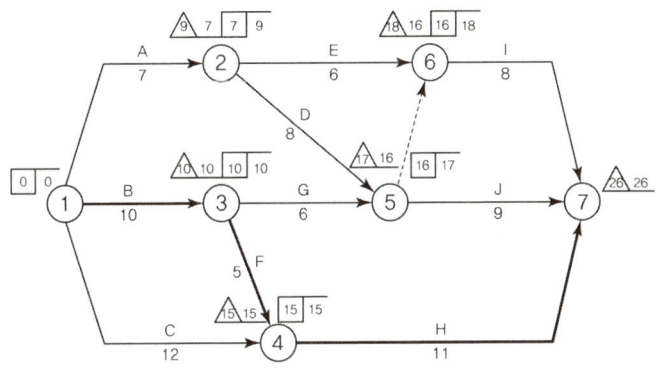

(2) 각 작업의 일정(활동목록표)

작업명	EST	EFT	LST	LFT
A	0	7	2	9
B	0	10	0	10
C	0	12	3	15
D	7	15	9	17
E	7	13	12	18
F	10	15	10	15
G	10	16	11	17
H	15	26	15	26
I	16	24	18	26
J	16	25	17	26

보충 활동목록표

각 작업의 일정을 구하라고 문제에서 제시되는 경우 가급적이면 옆의 표와 같이 작성하여 정리하는 것이 좋다.

나. D작업의 TF / DF

① TF = LFT − EFT = 17 − 15 = 2일
② DF = TF − FF = 2 − 1 = 1일

보충 여유 계산 시
산출근거를 표시하여야 한다.

19 다음 Data를 보고 네트워크 공정표를 작성하시오.

작업명	선행관계	작업일수	비 고
A	없음	5	결합점에는 다음과 같이 표시한다.
B	없음	4	
C	없음	3	EST │ LST △LFT EFT
D	없음	4	
E	A, B	2	i →(작업명/작업일수)→ j
F	A	1	

보충 Data 분석
- A, B작업과 E, F작업의 관계 고려
- C, D작업이 한 결합점에서 동시에 시작하므로 같은 결합점에서 종료되지 못한다.
  (활동의 원칙 : Dummy 발생)
- E작업보다 F작업 먼저 작성

해설

정답 〈네트워크 공정표〉

보충 별해

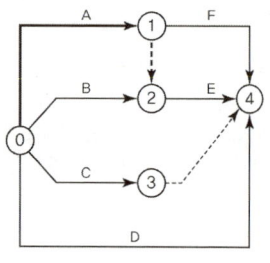

위 공정표도 정답이나 ③번 결합점의 일정은 달라진다.

20 다음 데이터를 이용하여 네트워크 공정표를 작성하시오. •07①

작업명	작업일수	선행작업	비 고
A	6	없음	단, 주공정선은 굵은 선으로 표시하고, 결합점에서는 다음과 같이 표시한다.
B	4	없음	
C	3	없음	
D	3	B	
E	6	A, B	
F	5	A, C	

해설

정답 〈네트워크 공정표〉

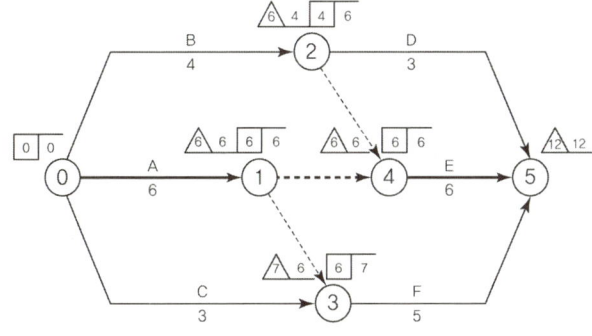

보충 Data 분석

D, E, F작업의 선행작업 조건이 각기 다르므로 한 개의 결합점에서 동시에 나가는 작업은 없고, 각기 다른 결합점에서 시작하여야 한다.

21 다음 데이터를 네트워크 공정표로 작성하고, 각 작업별 여유시간을 산출하시오.

• 24③ · 06①

작업명	작업일수	선행작업	비 고
A	2	없음	단, 크리티컬 패스는 굵은 선으로 표시하고, 결합점에서는 다음과 같이 표시한다.
B	5	없음	
C	3	없음	
D	4	A, B	
E	3	B, C	

가. 공정표
나. 여유시간 계산

보충 Data 분석
- D, E작업은 선행작업이 다르므로 각기 다른 결합점에서 시작한다.
- B작업이 공통에 속하므로 A, B, C작업을 그릴 때 가운데 오는 것이 좋다.

보충 결합점의 번호
개시결합점의 번호보다 종료결합점의 번호가 반드시 큰 번호가 기입되어야 함에 유의하여 작성한다.

해설

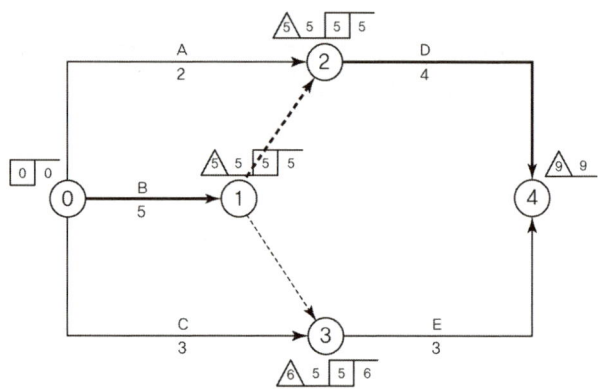

정답 가. 네트워크 공정표

나. 여유시간 계산

작업명	TF	FF	DF	CP
A	3	3	0	
B	0	0	0	*
C	3	2	1	
D	0	0	0	*
E	1	1	0	

22 다음 데이터를 네트워크 공정표로 작성하고 각 작업별 여유시간을 산출하시오.

작업명	작업일수	선행작업	비 고
A	2	없음	단, 크리티컬 패스는 굵은 선으로 표시하고, 결합점에서는 다음과 같이 표시한다.
B	5	없음	
C	3	없음	
D	4	A, B	
E	3	A, B	

해설

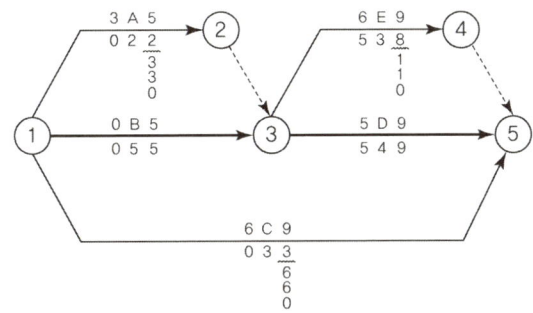

보충 Data 분석
D, E작업의 선행작업이 동일하므로 한 개의 결합점에서 동시에 시작한다.

보충 별해

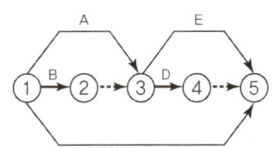

- B작업과 D작업에서 dummy가 발생하는 것으로 그려도 무방하다.
- 단, 이때는 CP에 dummy가 포함되어야 한다.

정답 가. 공정표 작성

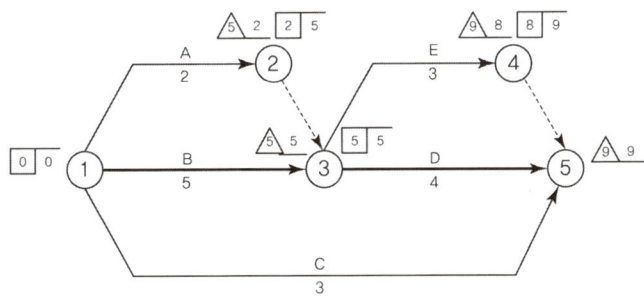

나. 작업의 여유시간

작업명	TF	FF	DF	CP
A	3	3	0	
B	0	0	0	*
C	6	6	0	
D	0	0	0	*
E	1	1	0	

23 다음 데이터를 이용하여 네트워크 공정표를 작성하고 각 작업의 여유시간을 계산하시오.

•00①

작업명	작업일수	선행작업	비 고
A	5	없음	EST LST / LFT EFT
B	2	없음	
C	4	없음	i —작업명/작업일수→ j
D	4	A, B, C	더미의 여유시간은 고려하지 않을 것
E	3	A, B, C	

가. 공정표

나. 여유시간 계산

작업명	EST	EFT	LST	LFT	TF	FF	DF	CP
A								
B								
C								
D								
E								

(보충) **공정표 답안은 복수가능**
- 이 문제는 A, B, C작업의 순서에 따라 여러 유형의 답안이 존재한다.
- 답안의 유형에 따라 dummy의 주공정선 유무가 달라진다.
- 아울러 결합점의 일정도 달라진다.
- 작업의 일정은 문제의 조건을 반영하면 어떠한 경우에도 항상 같다.

해설

정답 가. 공정표

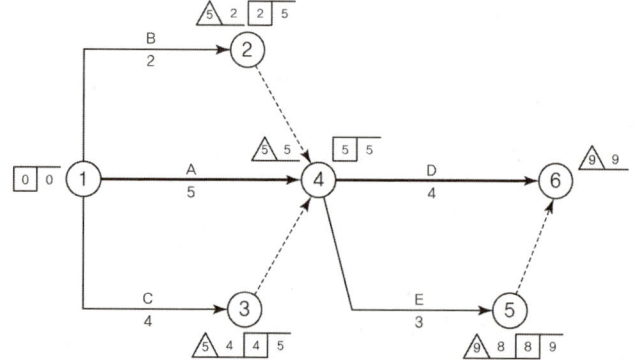

나. 여유시간 계산

작업명	EST	EFT	LST	LFT	TF	FF	DF	CP
A	0	5	0	5	0	0	0	*
B	0	2	3	5	3	3	0	
C	0	4	1	5	1	1	0	
D	5	9	5	9	0	0	0	*
E	5	8	6	9	1	1	0	

24 다음 데이터를 보고 네트워크 공정표를 작성하시오.

작업명	작업일수	선행작업	비고
A	5	없음	단, 이벤트(Event)에는 번호를 기입하고, 주공정선은 굵은 선으로 표기한다.
B	4	A	
C	2	없음	
D	4	없음	
E	3	C, D	

정답 1안

2안

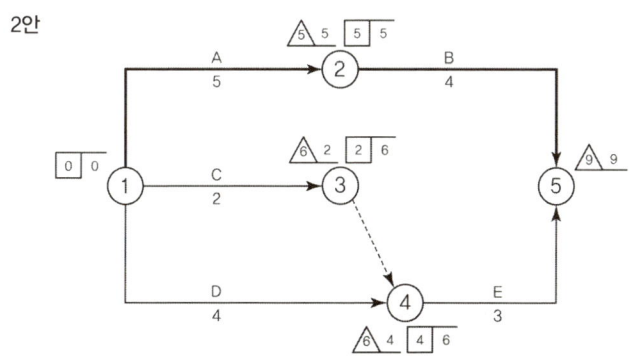

보충
- 2개의 복수답안 가능
- 결합점의 일정이 달라짐에 유의

25 다음 데이터를 네트워크 공정표로 작성하시오. • 03① · 00③

작업명	작업일수	선행작업	비 고
A	5	없음	주공정선은 굵은 선으로 표시한다. 각 결합점 일정 계산은 PERT 기법에 의거 다음과 같이 계산한다.
B	7	없음	
C	3	없음	
D	4	A, B	
E	8	A, B	
F	6	B, C	
G	5	B, C	

해설 주어진 데이터를 이용하여 공정표를 작성하면 아래와 같이 작성되기 쉬우므로 주의하여 작성한다.

보충) Data 분석

D, E작업과 F, G작업은 선행 작업 조건이 같으므로 동시에 1개의 결합점에서 시작한다.

〈작성순서〉
① A, B, C작업 : 이때 B작업이 중앙에 오게 한다.
② D, E작업
③ F, G작업
④ 완성

보충) 주의사항

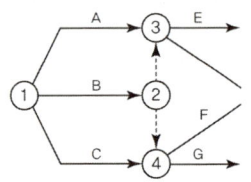

위의 공정표와 같이 되어 있을 때 종료 결합점을 그리고 나서 Dummy의 수가 최소가 되는 방법을 찾는다.

정답 〈네트워크 공정표〉

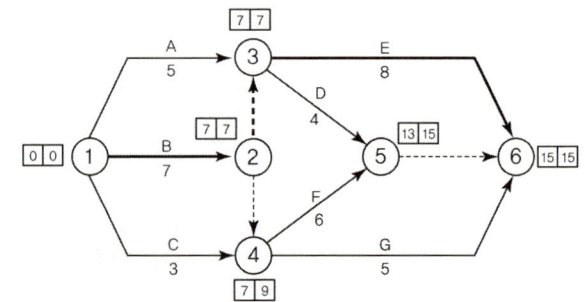

26 다음 데이터를 이용하여 네트워크 공정표를 작성하시오.(단, 주공정선은 굵은 선으로 표시한다.)

작업명	작업일수	선행작업	비 고
A	1	없음	
B	2	없음	EST │ LST △LFT\EFT
C	3	없음	ⓘ ─작업명→ ⓙ
D	6	A, B, C	작업일수
E	5	B, C	
F	4	C	

[해설]

[정답] 〈네트워크 공정표〉

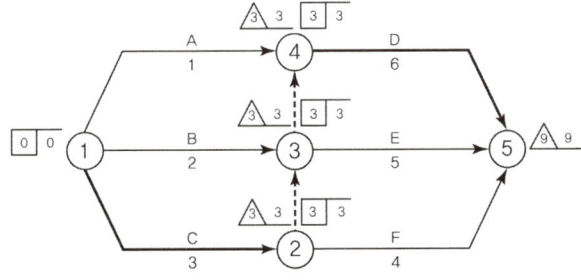

[보충] 선행조건 분석

- D, E, F작업의 선행조건이 같지 않으므로 서로 다른 개시 결합점을 갖게 된다.
- Data의 수가 적은 것부터 작성하는 것이 유리하므로 F작업, E작업, D작업 순으로 공정표를 작성하는 것이 좋다.

27 다음 데이터를 네트워크 공정표로 작성하고, 여유시간을 구하라.(단, 주공정선은 굵은 선으로 표시하고 소요일정 계산은 다음과 같이 표시한다.) 98①

작업명	작업일수	선행작업	비 고
A	3	없음	결합점에는 다음과 같이 시간을 표시한다.
B	5	없음	EST LST LFT EFT
C	2	없음	i —작업명→ j
D	3	B	작업일수
E	4	A, B, C	
F	2	C	주공정선은 굵은 선으로 표시하시오.

보충 Data 분석

D, E, F작업의 공정표 작성 시 D작업과 F작업을 먼저 그린 후 E작업을 그리는 것이 편리하다.

해설

정답 가. 네트워크 공정표

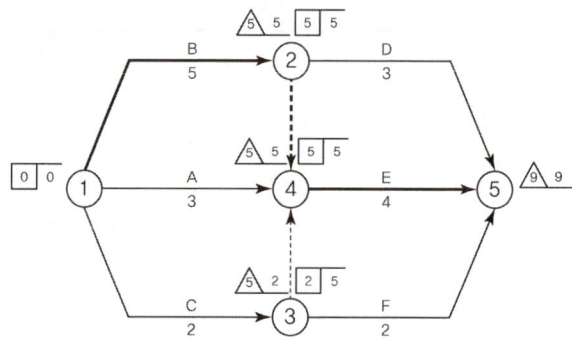

나. 작업의 여유시간

작업명	TF	FF	DF	CP
A	2	2	0	
B	0	0	0	*
C	3	0	3	
D	1	1	0	
E	0	0	0	*
F	5	5	0	

28 다음 자료로 네트워크 공정표를 작성하고 요구작업에 대하여는 여유시간을 계산하시오.(단, 주공정선은 굵은 선으로 표시한다.) ● 03① · 01② · 98②

작업명	작업일수	공정관계	선행작업	비 고
A	5	0 → 1	없음	결합점에는 다음과 같이 시간을 표시한다.
B	4	0 → 2	없음	
C	6	0 → 3	없음	
D	7	1 → 4	A, B, C	
E	8	2 → 5	B, C	
F	4	3 → 6	C	
G	6	4 → 7	D, E, F	
H	4	5 → 7	E, F	
I	5	6 → 7	F	
J	2	7 → 8	G, H, I	

가. 네트워크 공정표를 작성하시오.
나. 작업 B, D, F, G, I의 TF, FF, DF를 계산하시오.

해설 주어진 문제의 Data 중에서 공정관계는 무시하고 작업의 선행조건만을 이용하여 공정표를 작성하는 것이 좋다.

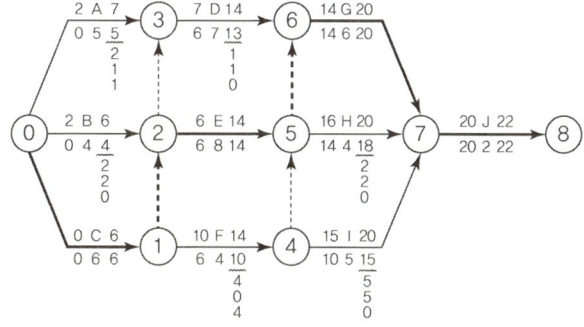

보충) Data 분석
문제 26번의 Data가 반복된 경우이다.
- 일정 계산 시 선행과 후속의 관계를 잘 고려하여 구한다.
- 주어진 요구조건의 작업의 여유는 일정표를 작성하여 기입한다.

정답 가. 네트워크 공정표

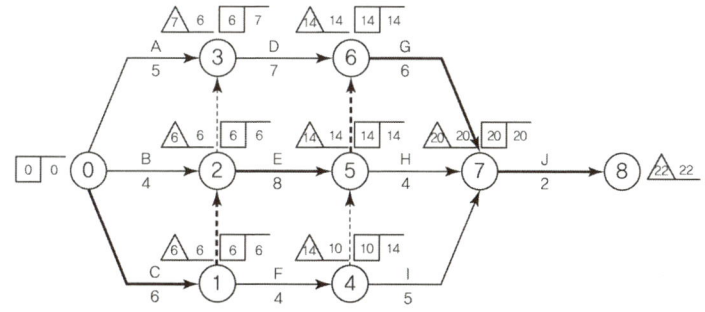

나. 작업의 여유시간

작업명	TF	FF	DF
B	2	2	0
D	1	1	0
F	4	0	4
G	0	0	0
I	5	5	0

29 다음 작업리스트에서 네트워크 공정표를 작성하고, 각 작업의 여유시간을 구하시오.
● 21② · 18① · 07③ · 05③ · 99①

작업명	작업일수	선행작업	비 고
A	4	없음	
B	6	A	
C	5	A	1. CP는 굵은 선으로 표시한다.
D	4	A	2. 각 결합점에서는 다음과 같이 표시한다.
E	3	B	
F	7	B, C, D	
G	8	D	
H	6	E	
I	5	E, F	
J	8	E, F, G	
K	6	H, I, J	

보충 Data 분석

Data에서 작업의 수가 많은 경우 부분으로 나누어 생각하면 쉽다.

〈작성순서〉
① A작업
② B, C, D작업 : 이때 E, F, G작업군을 고려하여 C작업이 가운데 와야 한다.
③ E, G작업 ┐ 문제 27번 참조
④ F작업   ┘
⑤ H, I, J 작업 : 문제 26번의 역순이므로 Data의 수가 적은 작업부터 작성
⑥ K작업

해설

정답 가. 네트워크 공정표

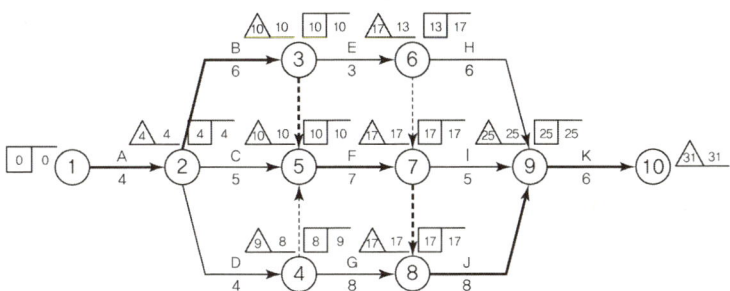

나. 작업의 여유시간

작업	TF	FF	DF
A	0	0	0
B	0	0	0
C	1	1	0
D	1	0	1
E	4	0	4
F	0	0	0
G	1	1	0
H	6	6	0
I	3	3	0
J	0	0	0
K	0	0	0

30 다음 데이터를 네트워크 공정표로 작성하고, 각 작업의 여유시간을 구하시오.

● 18④ · 13④ · 08②

작업명	작업일수	선행작업	비 고
A	2	없음	결합점에는 다음과 같이 시간을 표시하고
B	3	없음	
C	5	없음	EST LST LFT EFT
D	4	없음	i →(작업명/작업일수)→ j
E	7	A, B, C	
F	4	B, C, D	주공정선은 굵은 선으로 표시하시오.

> 보충 **Data 분석**

선행작업이 없는 작업의 수가 4개 이상인 문제이다. 여기서 E, F의 선행작업 중에 B, C작업이 공통으로 되어 있다. 이런 경우 B, C작업을 하나의 작업으로 인식하면 작성이 쉽다.
즉, X = B, C

작업명	선행작업
E	A, X
F	X, D

그러면 X를 가운데, A, D작업을 위, 아래로 두어 작성하면 손쉽게 공정표를 그릴 수 있다.

> 보충 **별해**

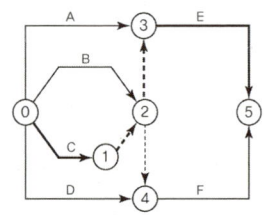

위의 공정표도 무방하다.
이때 dummy가 주공정선이 되는 것에 유의한다.

> 해설

> 정답 가. 네트워크 공정표

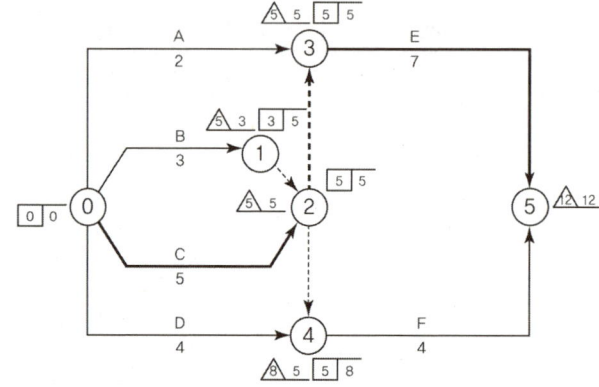

나. 작업의 여유시간

작업명	TF	FF	DF	CP
A	3	3	0	
B	2	2	0	
C	0	0	0	*
D	4	1	3	
E	0	0	0	*
F	3	3	0	

31 다음 작업 Data를 보고 네트워크 공정표를 작성하시오.

작업명	작업일수	선행관계	비 고
A	2	None	결합점에는 아래와 같이 표시하고, 주공정선은 굵은 선으로 표시하시오.
B	6	A	
C	5	A	
D	4	None	
E	3	B	
F	7	B, C, D	
G	8	D	
H	6	E, F, G	
I	8	F, G	
J	9	G	

해설 공정표 작성 시 E, F, G작업을 고려할 때 E와 G작업을 먼저 그리고 F작업을 그리는 것이 좋다.

정답 〈네트워크 공정표〉

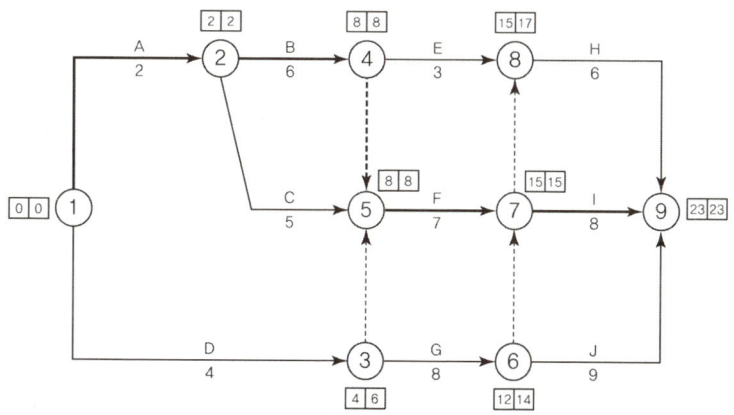

보충 Data 분석

문제 26번과 27번의 Data가 조합된 경우이다.

〈작성순서〉
① A, D작업
② B, C작업
③ E, G작업
④ F작업
⑤ J, I, H작업 순으로 작성함이 좋다.

보충 결합점 일정

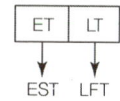

32 다음 데이터를 네트워크 공정표로 작성하고, 각 작업의 여유시간을 구하시오.

• 19④ · 05② · 99②

작업명	작업일수	선행작업	비 고
A	5	없음	네트워크 작성은 다음과 같이 표기하고 주공정선은 굵은 선으로 표시하시오.
B	3	없음	
C	2	없음	
D	2	A, B	
E	5	A, B, C	
F	4	A, C	

보충 Data 분석

문제 27번의 응용문제이다.

〈작성순서〉
① A, B, C작업 : A작업이 중앙에 오게 함이 좋다. 그 이유는 A작업이 후속 작업에 모두 포함되면서 문제 27번 문제의 E작업과 같이 Data의 수가 증가되는 경우가 아니기 때문이다.
② D, F작업
③ E작업

보충 주의사항

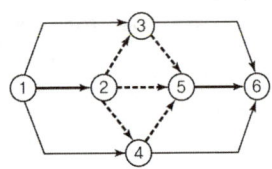

공정표 작성 시 초기에는 위와 같이 작성된다. 이때 공정표 작성 시 주의사항 중 하나인 '불필요한 Dummy는 없도록 한다'는 사항을 인지하여 각각 하나씩 Dummy를 생략하여도 되는지를 판단하면 해설과 같이 작성될 수 있다.

해설

정답 가. 네트워크 공정표

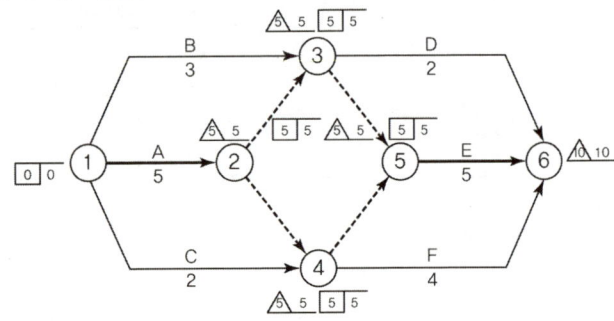

나. 작업의 여유시간

작업명	TF	FF	DF	CP
A	0	0	0	*
B	2	2	0	
C	3	3	0	
D	3	3	0	
E	0	0	0	*
F	1	1	0	

33 다음 데이터를 네트워크 공정표로 작성하고, 각 작업의 여유시간을 계산하시오.

• 20①,② · 15① · 14④ · 10④ · 07② · 04① · 00④

작업명	작업일수	선행작업	비 고
A	5	없음	더미는 작업이 아니므로 여유시간 계산에서는 제외하고 실제적인 여유에 대하여 계산한다.
B	2	없음	
C	4	없음	
D	4	A, B, C	
E	3	A, B, C	
F	2	A, B, C	

해설

정답 가. 네트워크 공정표

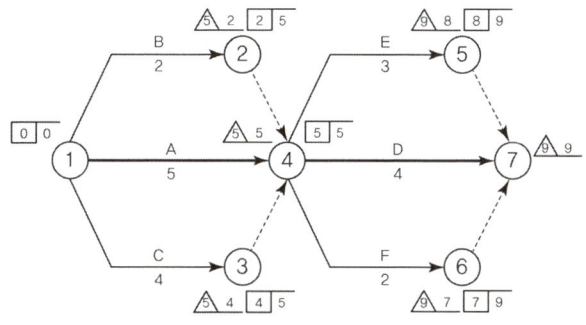

나. 작업의 여유시간

작업명	EST	EFT	LST	LFT	TF	FF	DF	CP
A	0	5	0	5	0	0	0	*
B	0	2	3	5	3	3	0	
C	0	4	1	5	1	1	0	
D	5	9	5	9	0	0	0	*
E	5	8	6	9	1	1	0	
F	5	7	7	9	2	2	0	

보충 여러 가지 답안

해설과 다른 유형의 공정표가 작성될 수 있다.

[작업의 순서가 바뀐 공정표]

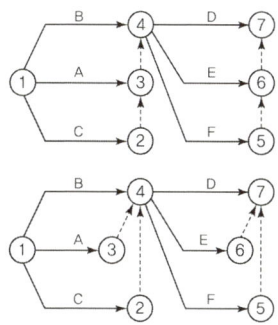

〈작업명의 순서가 바뀔 수 있다.〉

- 주의 : 여러 유형의 공정표는 결합점의 일정은 다를 수 있으나, 작업의 일정은 문제조건에서 제시된 실제적인 여유를 계산하면 항상 동일하다.
- 각 작업의 여유 산출 시 Dummy의 일정을 고려하지 않은 후속작업의 일정만으로 계산해야 한다.
- 각기 다른 공정표에서 Dummy가 주공정이 되는지를 파악하여 표시하는 데 주의한다.

〈답안 작성 시〉

- 작업의 일정은 작성하지 않아도 무방하다.

34 다음 데이터를 네트워크 공정표로 작성하시오. ● 20⑤ · 17① · 12②

작업명	작업일수	선행관계	비 고
A	5	없음	주공정선은 굵은 선으로 표시한다.
B	2	없음	각 결합점 일정 계산은 PERT 기법에 의거 다음과 같이 계산한다.
C	4	없음	
D	5	A, B, C	
E	3	A, B, C	단, 결합점 번호는 규정에 따라 기입한다.
F	2	A, B, C	
G	2	D, E	
H	5	D, E, F	
I	4	D, F	

보충) Data 분석

문제 32번과 33번의 조합문제

〈작성순서〉
① A, B, C작업 : 이때 세 작업은 순서에 상관없다.
② D, E, F작업 : G, H, I작업의 선행조건을 파악하여 D작업이 중앙에 위치하여야 한다.(문제 32번 참조)
③ G, H, I작업
④ 작성 완료

보충) 결합점의 ET, LT

해설

정답 〈네트워크 공정표〉

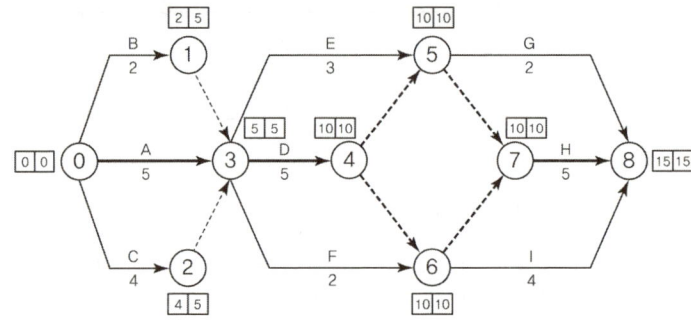

35 다음 데이터를 네트워크 공정표로 작성하시오.

• 10① · 99⑤ · 98⑤

작업명	소요일수	선행관계	작업명	소요일수	선행관계	비 고
A	4	없음	F	2	B, C	단, 이벤트(Event)에는 번호를 기입하고, 주공정선은 굵은 선으로 표기한다.
B	8	없음	G	5	B, C	
C	6	A	H	2	D	
D	11	A	I	8	D, F	
E	14	A	J	9	E, H, G, I	

해설

정답 〈네트워크 공정표〉

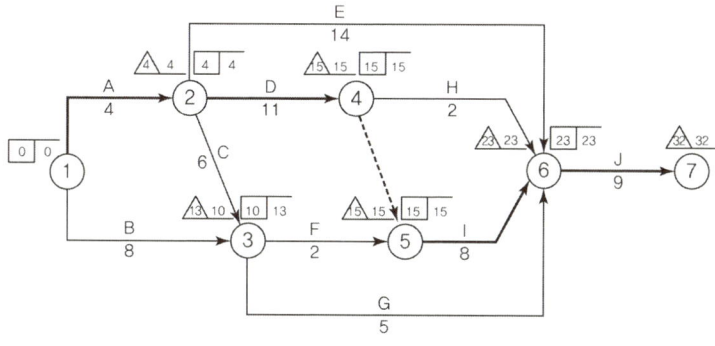

보충 초안공정표 작성 시

처음부터 모양을 만들려고 하지 말고 선행과 후속의 관계 즉 data만 만족시켜 작성한 뒤에 모양(형태)을 다듬어 완성한다.

36 다음 데이터를 네트워크 공정표로 작성하고, 각 작업별 여유시간을 산출하시오.

● 22① · 19① · 13① · 08①

작업명	작업일수	선행작업	비 고
A	3	없음	단, 이벤트(Event)에는 번호를 기입하고, 주공정선은 굵은 선으로 표기한다.
B	2	없음	
C	4	없음	
D	5	C	
E	2	B	
F	3	A	
G	3	A, C, E	
H	4	D, F, G	

가. 공정표
나. 작업의 여유시간

보충 Data 분석

D, E, F, G, H의 작업 전부가 선행작업이 동일하지 않다. 그러므로 각 작업은 각기 다른 결합점에서 시작한다.

해설

정답 가. 네트워크 공정표

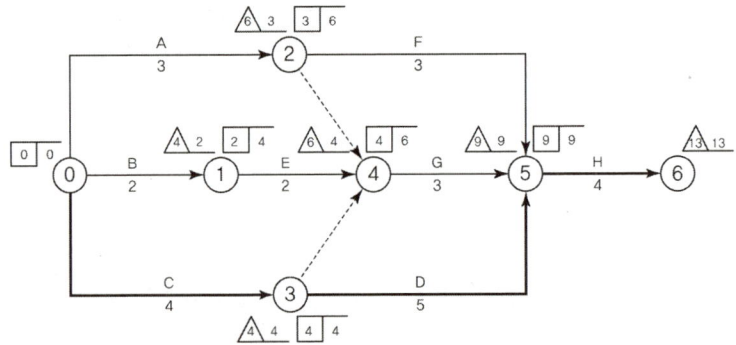

나. 작업의 여유시간

작업명	TF	FF	DF	CP
A	3	0	3	
B	2	0	2	
C	0	0	0	*
D	0	0	0	*
E	2	0	2	
F	3	3	0	
G	2	2	0	
H	0	0	0	*

37 다음 데이터를 네트워크 공정표로 작성하고, 각 작업별 여유시간을 산출하시오.

● 21① · 15④ · 08③

작업명	소요일수	선행작업	비 고
A	3	없음	
B	4	없음	단, 이벤트(Event)에는 번호를 기입하고, 주공정선은 굵은 선으로 표기한다.
C	5	없음	
D	6	A, B	
E	7	B	
F	4	D	
G	5	D, E	
H	6	C, F, G	
I	7	F, G	

> **보충) 작성 시 주의사항**
>
> Dummy의 방향을 정확하게 표현하여야 한다. 그렇지 않은 경우 선행조건도 만족하지 못하지만 일정계산도 틀리기 때문이다.

해설

정답 가. 네트워크 공정표

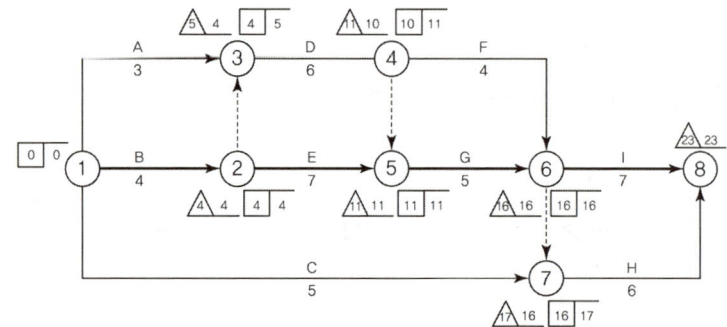

나. 작업별 여유시간

작업명	TF	FF	DF	CP
A	2	1	1	
B	0	0	0	*
C	12	11	1	
D	1	0	1	
E	0	0	0	*
F	2	2	0	
G	0	0	0	*
H	1	1	0	
I	0	0	0	*

38 다음과 같은 데이터를 갖고 있는 프로젝트(Project)를 위한 네트워크(Network) 공정표를 작성하고 주공정선(Critical Path)을 굵은 선으로 표시하시오.(단, 알파벳 대문자는 이 Project의 작업명(Activity)이다.)

① S는 이 프로젝트의 최초작업이다.
② P와 L은 동시에 일어나고 S의 완료 후에 개시된다.
③ U와 T는 병행작업이고, L이 완료되어야만 시작할 수 있다.
④ M은 T에 계속되고 Z에 선행한다.
⑤ N과 A는 양쪽 모두 P의 완료 후에 개시된다.
⑥ C, A, U 그리고 Z는 이 프로젝트의 최후의 작업인 R이 개시되기 전에 모두 완료되어야 한다.
⑦ C는 N에 계속된다.

작업명	S	P	L	U	T	M	N	A	Z	C	R
소요일수	2	3	4	3	5	6	3	4	8	7	3

[해설] 우측의 참고사항을 재차 정리하고 아래의 표와 같이 Data가 정리된다.

작업명	S	P	L	U	T	M	N	A	Z	C	R
선행작업	없음	S	S	L	L	T	P	P	M	N	C, A, U, Z
소요일수	2	3	4	3	5	6	3	4	8	7	3

위의 Data를 이용하여 공정표를 작성하여 일정을 계산하면

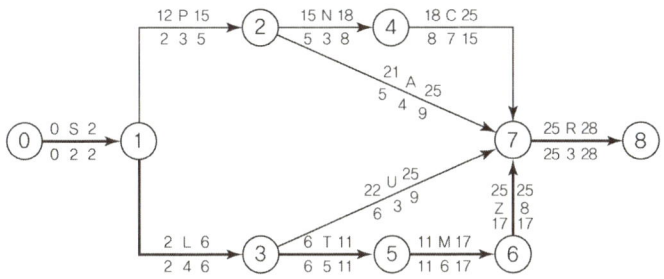

[보충] Data를 1차 정리

①
작업명	선행작업
S	없음

②
작업명	선행작업
P	S
L	S

③
작업명	선행작업
U	L
T	L

④
작업명	선행작업
M	T
Z	M

⑤
작업명	선행작업
N	P
A	P

⑥
작업명	선행작업
R	C, A, U, Z

⑦
작업명	선행작업
C	N

[정답] 〈네트워크 공정표〉

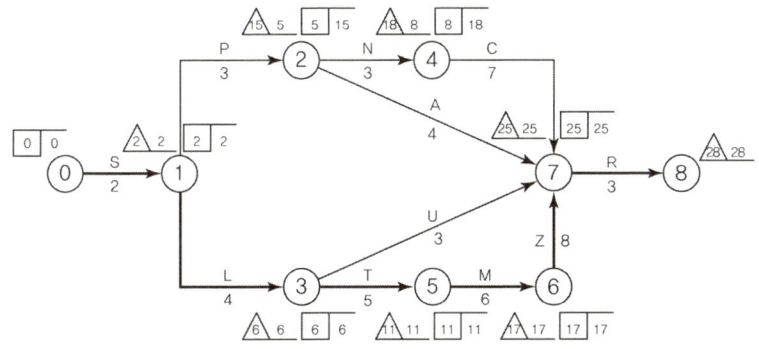

39. 다음 데이터를 네트워크 공정표로 작성하시오.

(단, (1) 결합점에서는 아래와 같이 표시한다.

(2) 주공정선은 굵은 선으로 표기한다.)

작업명	작업일수	선행작업	비 고
A	20	없음	더미는 작업이 아니므로 여유시간 계산대상에서 제외하고 실작업의 여유에 대하여 계산한다.
B	17	없음	
C	2	없음	
D	4	C	
E	3	없음	
F	5	D, E	

[해설]

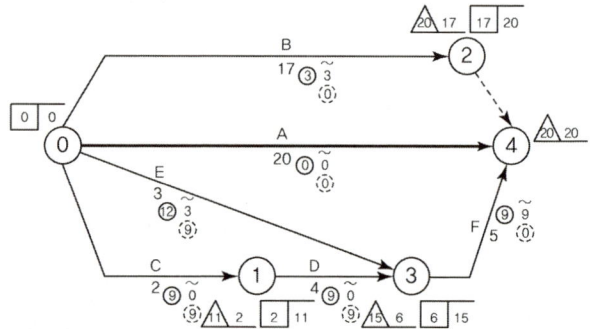

[정답] 〈네트워크 공정표〉

보충) 문제조건 분석

각 작업의 여유를 일정표로 묻지 않고, 다른 표기법이 주어지면 조건에 의거하여 작성한다.

보충) 유의사항

- 실작업의 여유계산으로 한다.
- 이때는 dummy의 일정으로 선행작업의 여유를 계산하는 것이 아니고 후속의 실제작업의 일정을 이용하여 계산한다.

40 다음 데이터를 네트워크 공정표로 작성하고, PERT 기법으로 각 결합점 여유시간을 계산하며, CPM 기법으로 각 작업 여유시간을 계산하시오. •04③ · 00⑤

작업명	작업일수	선행작업	비 고
A	4	없음	단, 공정표의 표현은 다음과 같이 한다.
B	2	없음	
C	4	없음	
D	2	없음	
E	7	C, D	
F	8	A, B, C, D	주공정선은 굵은 선으로 표시하며, 결합점 번호는 작성원칙에 따라 부여한다. 더미의 여유시간은 계산하지 않는다.
G	10	A, B, C, D	
H	5	E, F	

보충) Data 분석

주어진 조건에 의거 답안작성에 유의한다.

〈작성순서〉
① A, B, C, D작업 : 이때 E작업과 F, G 작업의 Data를 보고 A와 B, C와 D가 인접되게 순서를 결정한다.
② E작업
③ F, G작업
④ H작업
⑤ 작성완료

해설

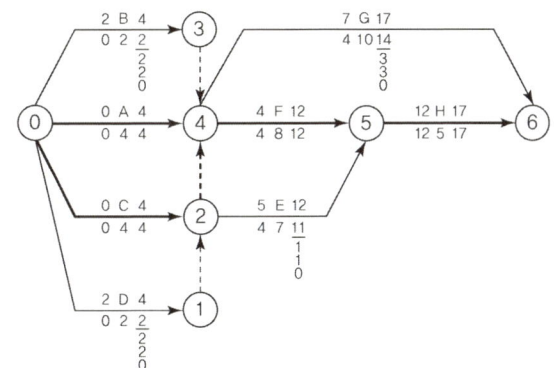

정답) 1. 네트워크 공정표 작성 및 작업의 여유시간

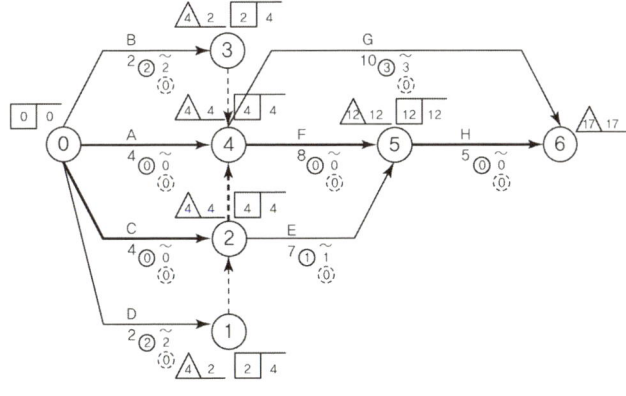

보충) 유의 사항
- B작업과 D작업의 일정계산에서 여유 (FF, DF) 산출에 유의한다.
- "dummy의 여유시간은 고려하지 않는다"는 문제조건에 따라 실제 작업의 여유를 계산하여야 한다.

2. 결합점 여유(LFT – EST)

결합점번호	여유(Slack)	결합점번호	여유(Slack)
⓪	0	④	0
①	2	⑤	0
②	0	⑥	0
③	2		

보충) Slack 계산
- 결합점의 LFT – EST
- 이때 dummy의 일정이 고려되어야 한다.

41 다음 주어진 데이터를 보고 Network 공정표를 작성하시오. 아울러 각 작업의 여유를 구하시오.

작업명	선행관계	작업일수	비 고
A	None	4	네트워크 작성은 다음과 같이 표기하고, 주공정선은 굵은 선으로 표기하시오.
B	None	8	
C	A	11	
D	C	2	
E	B, J	5	
F	A	14	
G	B, J	7	
H	C, G	8	
I	D, E, F, H	9	
J	A	6	

> 보충 **Data 분석**
>
> 앞에서 몇 차례 설명한 바 있듯이 알파벳 순서대로 공정표를 작성해야 하는 것은 아니다.
>
> 〈작성순서〉
> ① A, B작업
> ② C, F, J작업
> - A작업을 선행으로 하는 작업을 한 번에 작성
> - 순서를 바꿔 가면서 작성해야 함
> - E와 G작업 Data에 의하여 J작업을 B작업에 인접시켜 작성
> ③ D작업
> ④ E, G작업
> - Data가 동일하므로 개시 결합점이 같다.
> - G작업의 위치를 C작업에 인접시켜야 다음 H작업을 작성하기 용이함
> ⑤ H작업
> - G와 C를 결합함에 C작업에서 G작업으로 dummy 발생
> ⑥ I작업
> - D, E, F, H작업이 모두 각기 다른 결합점에서 시작되므로 종료 결합점은 1개로 가능하다.
> ⑦ 작성 완료

해설

정답 가. 네트워크 공정표

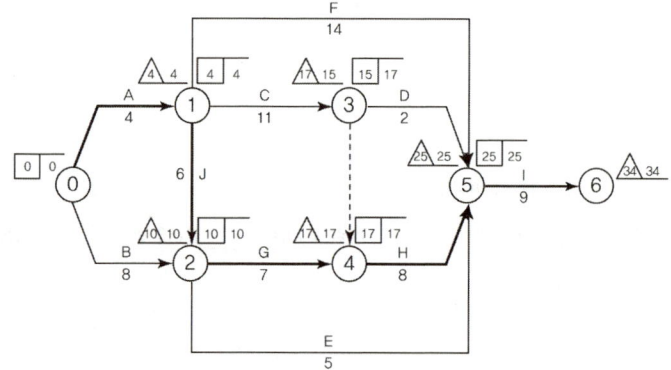

나. 일정표 작성

작업명	TF	FF	DF	CP
A	0	0	0	*
B	2	2	0	
C	2	0	2	
D	8	8	0	
E	10	10	0	
F	7	7	0	
G	0	0	0	*
H	0	0	0	*
I	0	0	0	*
J	0	0	0	*

42 작업리스트에 따라 네트워크 공정표를 작성하시오. •18②

작업명	작업일수	선행작업
A	2	없음
B	3	없음
C	5	A
D	5	A, B
E	2	A, B
F	3	C, D, E
G	5	E

비 고
가. CP는 굵은 선으로 표시한다.
나. 각 결합점에서는 다음과 같이 표시한다.

| EST | LST | △LFT EFT

i ─작업명/작업일수→ j

해설

정답 〈네트워크 공정표〉

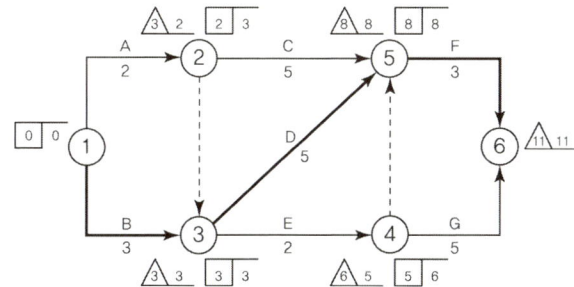

43 다음 데이터를 네트워크 공정표로 작성하고 각 작업의 전체여유(TF)와 자유여유(FF)를 구하시오.

● 22④ · 14①,② · 04② · 02③

작업명	작업일수	선행작업	비 고
A	5	없음	네트워크 작성은 다음과 같이 표기하고, 주공정선은 굵은 선으로 표기하시오.
B	6	없음	
C	5	A, B	
D	7	A, B	
E	3	B	
F	4	B	
G	2	C, E	
H	4	C, D, E, F	

보충 Data 분석

공정표 작성 시 작업이 교차될 수 있음에 유의한다.

〈작성순서〉
① A, B작업
② E, F작업
③ C, D작업
- G작업의 선행조건에 의하여 C작업과 D작업을 인접시켜야 한다.
- G와 H의 선행조건을 보면 G에서 H로 Dummy가 발생함을 알 수 있다.
- 두 가지 경우에 의하여 작업이 교차되어야만 한다.
④ G작업
⑤ H작업
⑥ 작성 완료

보충 작업의 교차표시

해설

정답 가. 네트워크 공정표

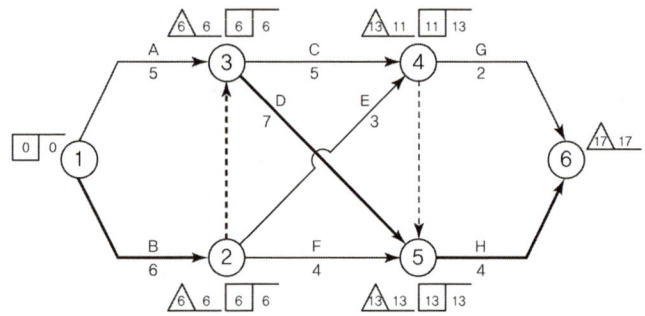

나. 작업의 여유시간

작업	TF	FF
A	1	1
B	0	0
C	2	0
D	0	0
E	4	2
F	3	3
G	4	4
H	0	0

44 다음 데이터를 네트워크 공정표로 작성하고 여유시간을 계산하시오. •12④

작업명	작업일수	선행작업	비 고
A	4	없음	
B	6	A	1. CP는 굵은 선으로 표시한다.
C	5	A	2. 각 작업은 다음과 같이 표시한다.
D	4	A	
E	3	B	
F	7	B, C, D	3. 각 결합점에서는 다음과 같이 표시한다.
G	8	D	
H	6	E	
I	5	E, G	
J	8	E, F, G	
K	6	H, I, J	

해설

정답 가. 네트워크 공정표

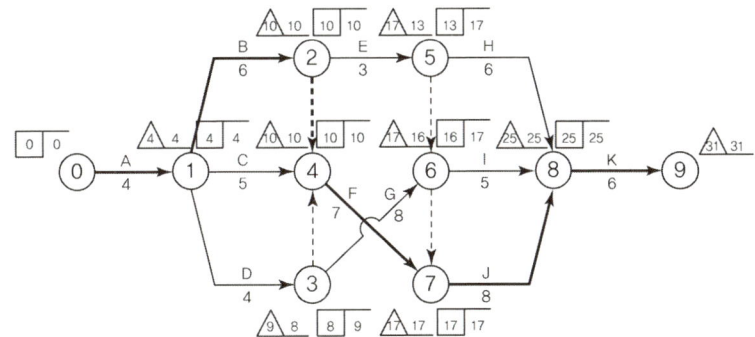

보충 Data 분석

앞의 문제에서 전부 다루었던 부분들의 조합이므로 어려워할 필요는 없다.

〈작성순서〉
① A작업
② B, C, D작업 : F작업의 선행조건에 의하여 C작업이 중앙에 위치
③ E, G작업 ┐ 문제 27번 참조
④ F작업   ┘
⑤ H, I, J 작업 : 문제 26번 참조
  • H, I, J 작업을 작성하기 위하여 선행 작업을 E, G, F의 순으로 위치하여야 한다.
  • F와 G가 교차됨에 유의한다.
⑥ K작업
⑦ 작성 완료

나. 작업의 여유시간

작업명	TF	FF	DF	CP
A	0	0	0	*
B	0	0	0	*
C	1	1	0	
D	1	0	1	
E	4	0	4	
F	0	0	0	*
G	1	0	1	
H	6	6	0	
I	4	4	0	
J	0	0	0	*
K	0	0	0	*

45 다음 데이터를 네트워크 공정표로 작성하고 각 작업의 여유시간을 구하시오.

● 19② · 13②

작업명	선행작업	소요일수	비고
A	없음	5	
B	없음	6	결합점에서는 위와 같이 표기하고, 주공정선은 굵은 선으로 표기하시오.
C	A	5	
D	A, B	2	
E	A	3	
F	C, E	4	
G	D	2	
H	G, F	3	

가. 네트워크 공정표
나. 각 작업의 여유시간

작업명	TF	FF	DF	CP
A				
B				
C				
D				
E				
F				
G				
H				

해설

정답 가. 네트워크 공정표

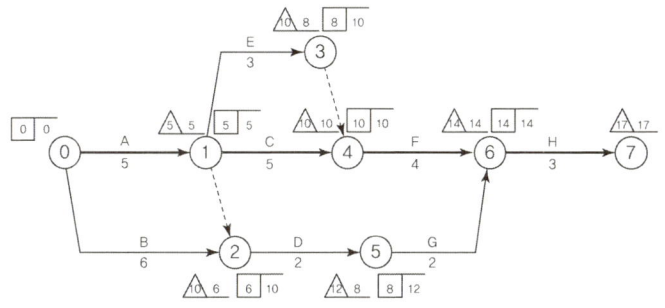

나. 각 작업의 여유시간

작업명	TF	FF	DF	CP
A	0	0	0	*
B	4	0	4	
C	0	0	0	*
D	4	0	4	
E	2	2	0	
F	0	0	0	*
G	4	4	0	
H	0	0	0	*

미듬 건축기사 실기

멘토스는 당신의 쉬운 합격을 응원합니다!

Engineer Architecture

CHAPTER 03
횡선식 공정표(Bar Chart)

CONTENTS

제1절 문제 유형 분석   75
제2절 유형별 문제풀이   76

미듬 건축기사 실기

멘토스는 당신의 쉬운 합격을 응원합니다!

횡선식 공정표(Bar Chart)

회독 CHECK!
- 1회독 □ 월 일
- 2회독 □ 월 일
- 3회독 □ 월 일

| 학 | 습 | 포 | 인 | 트 |

* 횡선식 공정표는 출제경향이 비교적 적은 편이다. 그렇지만 3가지 출제유형 중 가장 기본적인 Data를 이용하여 Bar Chart를 작성하는 문제는 기본적인 내용이므로 반드시 숙지하여야 한다.

제1절 문제 유형 분석

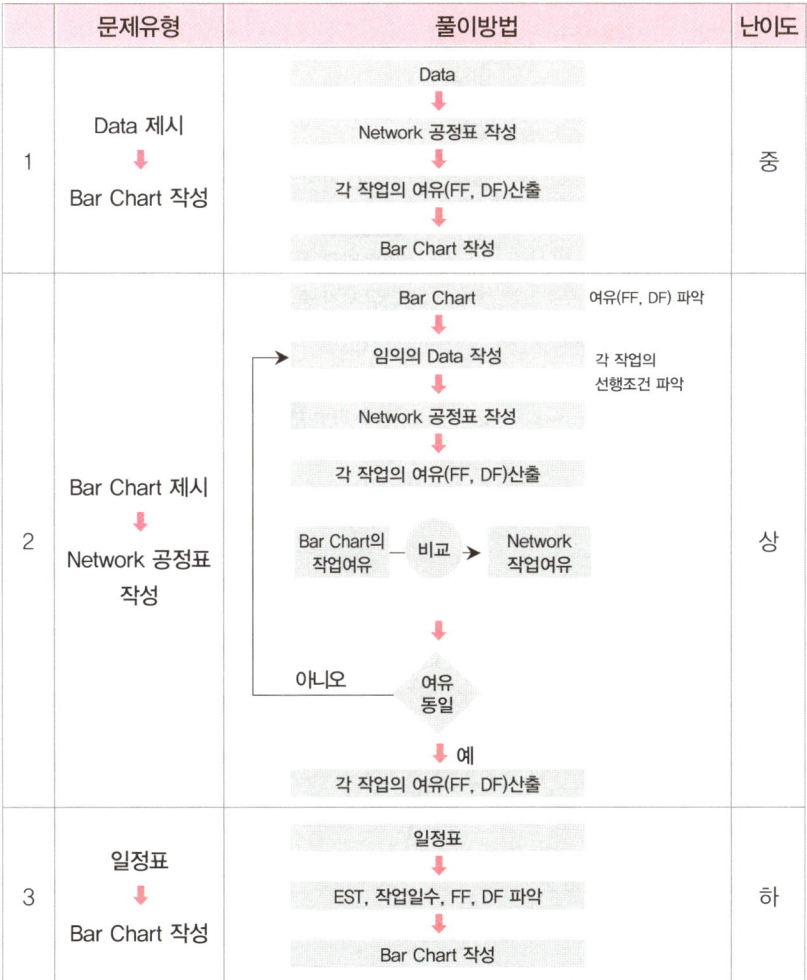

제2절 유형별 문제풀이

01 Data 제시 → Bar Chart 작성

① 주어진 Data를 이용하여 Network 공정표를 작성하고, 일정계산을 통하여 각 작업의 여유(FF, DF)를 파악한 후 작성한다.
② Bar Chart 작성 시 모든 작업은 EST에서 시작하는 것으로 작성하고, 작업일수 뒤에 여유를 표시한다.
③ 범례표를 작성하여 여러 기호들의 설명을 도시한다.

예제 01

다음 데이터를 Bar Chart로 작성하시오.

작업명	작업일수	선행작업	비 고
A	3	없음	
B	4	없음	
C	2	없음	단, 각 작업은 가장 빠른 시간으로 하여 ■로 표시하고
D	2	B	네트워크 공정표로 작성하였을 경우 생기는
E	2	A	여유시간 중 F.F는 □로
F	1	E	D.F는 ▨로 표기할 것
G	3	D, C	
H	3	D, C	예) A작업 ■□ 와 같이 표시한다.
I	3	H	
J	2	G, F	
K	2	I, J	

[보충] 작성순서

네트워크 공정표 작성 후 각 작업의 여유를 산정한다.

[풀이]

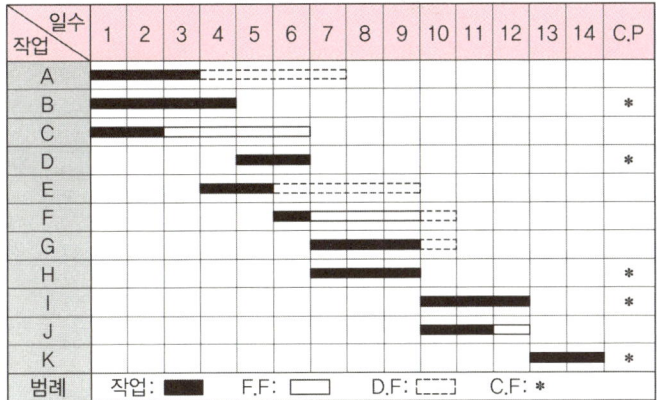

보충) 범례표

범례표를 작성하는 이유는 DF, FF의 여유표시가 혼동되는 경우 두 가지 여유를 구분하여 작성한 뒤 범례표에 표기하면 된다.

02 Bar Chart → Network 공정표 작성

① 주어진 Bar Chart에서 Data(선행관계)를 구한다.
② 구한 Data를 이용하여 네트워크 공정표를 작성한다.
③ 네트워크 공정표에서 일정계산을 하여 각 작업의 여유(FF, DF)를 계산한다.
④ 구해진 작업의 여유(FF, DF)와 문제조건(Bar Chart)의 여유를 비교한다.
⑤ 작업의 여유(FF, DF)를 비교한 결과가 같다면, 작성된 네트워크 공정표가 맞지만 같지 않다면, 또 다른 Data(선행관계)를 구하여 같아질 때까지 계속 반복하여 네트워크 공정표를 작성한다.

예제 02

다음에 주어진 횡선식 공정표(Bar Chart)를 네트워크 공정표로 작성하시오.

(단, (1) 주공정선은 굵은 선으로 표시한다.
(2) 화살표형 네트워크로 하며 각 결합점에서 계산은 다음과 같다.)

> 보충) **Data 분석**
>
> D의 선행작업을 B로, E의 선행작업을 C로 설정하는 이유는 일단 여유 일수가 같은 것끼리 연결하였다.

> 풀이

데이터 작성	주어진 Bar Chart를 분석하면 • A, B, C, F작업은 선행작업이 없다. • G작업은 A와 F작업을 선행으로 하고 있다. • D, E작업의 선후 관계가 문제풀이의 핵심이 된다. 그러므로 일단 D의 선행작업을 B, E의 선행작업을 C작업으로 설정하여 임의의 Data를 작성하면 우측과 같이 된다.	<table><tr><th>작업명</th><th>선행작업</th></tr><tr><td>A</td><td>없음</td></tr><tr><td>B</td><td>없음</td></tr><tr><td>C</td><td>없음</td></tr><tr><td>D</td><td>B</td></tr><tr><td>E</td><td>C</td></tr><tr><td>F</td><td>없음</td></tr><tr><td>G</td><td>A, F</td></tr></table>
공정표 작성/ 일정계산	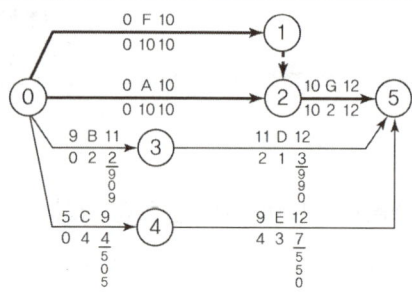	
비교·분석	위와 같이 일정이 계산된다. 여기서, 1) D작업은 전체 여유가 5일이어야 하므로 D작업의 LFT−EFT가 5가 되어야 한다. 그러므로 D작업 후속작업을 G작업으로 하면 LFT는 10일이 되고, C작업을 선행으로 하면 EFT는 5가 된다. 2) E작업의 TF=3일이어야 하므로 G작업을 후속작업으로 하면 E작업의 LFT가 10일이 되므로 TF=3일이 된다. 그러므로 Data를 다시 산출하여 공정표를 작성하여 일정을 계산하면 다음과 같다.	

데이터 작성	• D작업의 TF가 5일이 되려면 C작업을 선행으로 하고 G작업을 후속으로 한다. • E작업의 TF가 3일이 되려면 G작업을 후속으로 한다. • 위의 두 가지를 고려하여 데이터를 작성하면 오른쪽과 같다.	<table><tr><th>작업명</th><th>선행작업</th></tr><tr><td>A</td><td>없음</td></tr><tr><td>B</td><td>없음</td></tr><tr><td>C</td><td>없음</td></tr><tr><td>D</td><td>B, C</td></tr><tr><td>E</td><td>B, C</td></tr><tr><td>F</td><td>없음</td></tr><tr><td>G</td><td>A, D, E, F</td></tr></table>
공정표 작성 / 일정계산	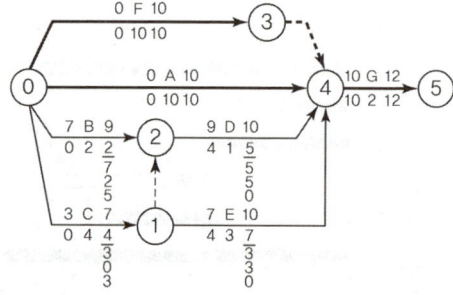	
비교·분석	• 여기서 B작업의 TF가 7일로 계산되었다. 주어진 Bar Chart는 TF=5일이다. 그러므로 B 작업의 EFT 2일은 불변이기 때문에 LFT를 7일로 만들어야 한다. B작업의 LFT가 7일이 되려면 E작업이 B작업의 후속작업으로 되어야 한다.	

		작업명	선행작업
데이터 작성	• 위에서 분석한 내용을 정리하면 D와 E작업 모두 B, C작업을 선행으로 하여야 한다. • 최종의 Data는 오른쪽과 같다.	A	없음
		B	없음
		C	없음
		D	B, C
		E	B, C
		F	없음
		G	A, D, E, F
공정표 작성/ 일정계산	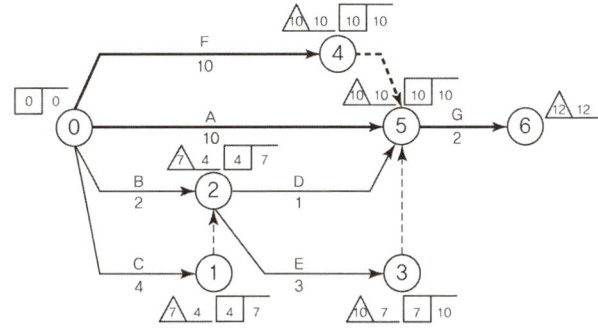		
비교	계산된 각 작업의 여유가 Bar Chart에서 제시된 여유와 동일하므로 위의 Data와 공정표는 맞는 공정표가 된다.		

〈공정표 작성〉

CHAPTER 03 핵심 기출문제

01 다음 주어진 데이터를 이용하여 Bar Chart를 작성하시오. ●01③

작업명	선행작업	소요일수	비 고
A	없음	5	
B	없음	6	단, 각 작업은 가장 빠른 시간으로 하여 작성하고, 네트워크 공정표로 작성하였을 경우 생기는 여유시간을 아래와 같이 표기할 것 ■ : 작업일수 □ : FF ┆┆ : DF로 표기함
C	A	5	
D	A, B	2	
E	A	3	
F	C, E	4	
G	D	2	
H	G, F	3	

보충) 여유계산
주공정선(CP)을 구한 뒤 주공정선을 제외한 나머지 작업의 여유만을 구하여도 작성이 가능하다.

해설

정답 〈Bar Chart〉

02 다음 데이터를 이용하여 바차트를 작성하시오.(단, 가장 빠른 시간으로 하고 여유시간은 점선으로 표시하고 주공정선을 나타내어라.)

작업명	소요일수	선행작업	작업명	소요일	선행작업
A	4	없음	E	3	A
B	3	A	F	2	D, E
C	5	A	G	3	F
D	2	B, C	H	6	A

해설

정답 〈Bar Chart〉

보충 작업의 여유표현

B작업의 여유는 실제작업의 여유로 작성한다. 아울러 문제 조건에서 모든 작업의 여유는 점선으로 표시하라는 점에 유의한다.

03 다음에 주어진 횡선식 공정표(Bar Chart)를 네트워크 공정표로 작성하시오.
(단, 주공정선은 굵은 선으로 표시한다. 화살표형 네트워크로 하며 각 결합점에서의 계산은 다음과 같이 한다.)

보충 Data 분석

주어진 Bar Chart를 보고 각 작업의 선후관계를 결정한 후 네트워크 공정표를 작성하여 여유(FF, DF)를 산출한 후 문제조건과 비교한다.

해설

작업명	선행작업
A	없음
B	A
C	B, D
D	A
E	A
F	A
G	E, F
H	C, G

정답 〈네트워크 공정표〉

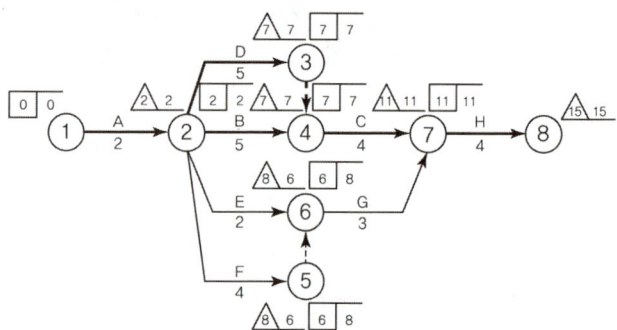

04 다음 Bar Chart 공정표를 네트워크 공정표로 작성하시오.

해설 주어진 Bar Chart로부터 Data를 산출하면 아래와 같이 작성되기 쉽다. 그러나 네트워크 공정표를 작성하여 잡석다짐의 여유를 계산하면 TF = 1일이 산출되므로 주어진 Bar Chart의 여유와는 맞지 않는다.

작업명	선행작업
터파기	없음
잡석다짐	없음
기초 Con'c 치기	터파기, 잡석
철근가공	기초 Con'c 치기

그러므로 이 문제에서는 터파기 작업을 분할하여, 먼저 터파기 1일 후에 잡석다짐 작업이 개시되는 것으로 표현하여야 한다.

작업명	선행작업
터파기 A	없음
터파기 B	터파기 A
잡석다짐	터파기 A
기초 Con'c 치기	터파기 B, 잡석다짐
철근가공	기초 Con'c 치기

보충 유의사항

본 문제는 Bar Chart에서 제시된 단위작업과 Network 공정표 작성 시 단위작업이 같지 않을 수 있음을 알아야 해결할 수 있다.

정답 〈공정표 작성〉

05

다음 데이터를 네트워크 공정표로 작성하고, 각 작업의 여유시간을 구하시오. 또한 이를 횡선식 공정표로 전환하시오.

• 13② · 10②

> **보충 참고사항**
> 이 문제는 Bar Chart를 제외하고 네트워크 공정표 작성 문제로 출제되기도 한다.

작업명	소요일수	선행작업	비 고
A	5	없음	
B	6	없음	EST│LST △LFT│EFT
C	5	A	(i) 작업명/작업일수 (j)
D	2	A, B	주공정선은 굵은 선으로 표시하시오.
E	3	A	(단, Bar Chart로 전환하는 경우)
F	4	C, E	■ : 작업일수
G	2	D	□ : FF
H	3	G, F	┈ : DF로 표기함

가. 공정표 작성

나. 여유시간 계산

작업명	TF	FF	DF	CP
A				
B				
C				
D				
E				
F				
G				
H				

다. 횡선식 공정표(Bar Chart)

일수/작업	1	2	3	4	5	6	7	8	9	10	11	12	13	14	15	16	17	비고
A																		
B																		
C																		
D																		
E																		
F																		
G																		
H																		

해설

정답 가. 네트워크 공정표

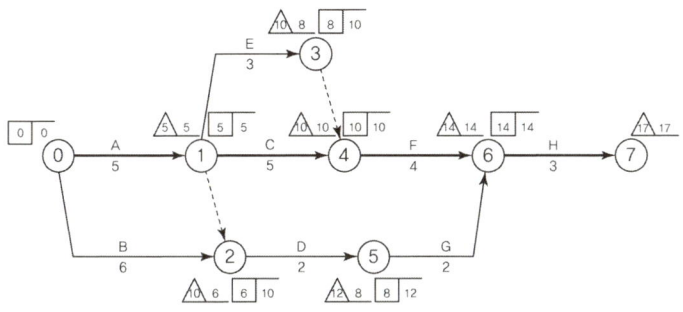

나. 여유시간 계산

작업명	TF	FF	DF	CP
A	0	0	0	*
B	4	0	4	
C	0	0	0	*
D	4	0	4	
E	2	2	0	
F	0	0	0	*
G	4	4	0	
H	0	0	0	*

다. 횡선식 공정표(Bar Chart)

보충 여유시간 계산
- Dummy의 일정을 고려하지 않고 실작업의 여유로 계산하여야 한다.
- Bar Chart 작성 시 실작업의 여유로 표현되기 때문이다.

보충 Bar Chart 작성
- 각 작업은 EST에 시작하는 것으로 작성한다.
- 범례표를 작성하는 것이 좋다.

06 다음 Bar Chart 공정표를 네트워크 공정표로 완성하고 크리티컬 패스는 굵은 선으로 표시하시오.

정답 〈네트워크 공정표〉

보충 유의 사항

언뜻 보면 어렵고 복잡한 문제라고 생각되나 문제조건에서 제시된 작업은 결합점의 번호로 제시되어 있으므로 번호의 흐름대로 연결하여 Network 공정표를 작성하면 된다.

Engineer Architecture

CHAPTER 04
공기단축

CONTENTS

제1절 개요   89
제2절 공기단축법   90

미듬 건축기사 실기

멘토스는 당신의 쉬운 합격을 응원합니다!

CHAPTER 04 공기단축

회독 CHECK!
- 1회독 ☐ 월 일
- 2회독 ☐ 월 일
- 3회독 ☐ 월 일

| 학 | 습 | 포 | 인 | 트 |
* 속도가 중요한 것이 아니라 정확한 방법이 중요
* 하루씩 단축하는 방법부터 숙달
* 경우의 수를 찾는 것임

제1절 개요

01 공기단축 시기

① 지정공기보다 계산공기가 긴 경우
② 진도관리(Follow up)에 의해 작업이 지연되고 있음을 알았을 경우

02 시간과 비용의 관계

① 총공사비는 직접비와 간접비의 합으로 구성된다.
② 시공속도를 빨리하면 간접비는 감소되고 직접비는 증대된다.
③ 직접비와 간접비의 총 합계가 최소가 되도록 한 시공속도를 최적 시공속도 또는 경제속도라 한다.

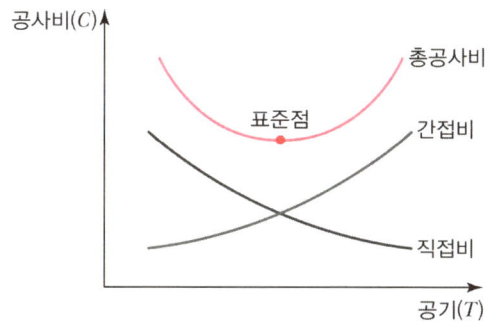

03 비용구배(Cost Slope)

① 비용구배란 공기 1일 단축 시 증가비용을 말한다.
② 시간 단축 시 증가되는 비용의 곡선을 직선으로 가정한 기울기의 값이다.
③ 비용구배 = $\dfrac{특급비용 - 표준비용}{표준공기 - 특급공기}$
④ 단위는 원/일이다.
⑤ 공기단축 가능일수 = 표준공기 - 특급공기
⑥ 특급점이란 더 이상 단축이 불가능한 시간(절대공기)을 말한다.

보충 직접비의 그래프

①

(1일 10,000장씩 벽돌을 투입하여 10일간 공사를 하는 경우)

↓ 공기단축 ↓

②
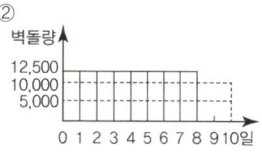

2일 단축 시 1일 투입 벽돌량은 12,500장으로 늘어나게 된다.

↓ 공기단축 ↓

③

5일 단축 시 1일 투입 벽돌량은 20,000장으로 늘어나게 된다.
위의 그래프에서 보듯이 직접비는 시간을 단축할수록 1일 비용이 증가된다.

> **보충) 특급점**
>
> 앞의 직접비 경우에서 벽돌 100,000장이 소요되는 구조물이라 가정할 때 시간을 단축한다고 조적공 100,000명을 투입하여도 공사기간이 0일이 되는지는 않는다. 이와 같이 단위공종이 절대적으로 필요한 공기까지를 특급점이라고 한다.

> **보충) 비용구배 단위**
>
> 비용구배 산출 시 **단위가 원/일**임에 유의한다(단순히 원만 기입하면 틀림).

예제 01

다음 각 작업의 비용구배를 구하시오. •21②

작업	표준(Normal)		특급(Crash)	
	공기	공비	공기	공비
A	10일	90,000원	6일	150,000원
B	8일	80,000원	5일	110,000원

해설

A작업 : 비용구배 = $\dfrac{150,000 - 90,000원}{10일 - 6일}$ = 15,000원/일

B작업 : 비용구배 = $\dfrac{110,000 - 80,000원}{8일 - 5일}$ = 10,000원/일

제2절 공기단축법

> **보충) MCX 용어** 08①
>
> 최소한의 비용이 증가되도록 공기를 단축하는 기법

01 MCX(Minimum Cost Expediting) 기법

① 네트워크 공정표를 작성한다.
② 주공정선(CP)을 구한다.
③ 각 작업의 비용구배를 구한다.
④ 주공정선(CP)의 작업에서 비용구배가 최소인 작업부터 단축가능일 수 범위 내에서 단축한다.
⑤ 이때 주공정선(CP)이 바뀌지 않도록 주의해야 한다.(부공정선이 추가로 주공정선이 될 수 있다.)

예제 02

다음 네트워크 공정표와 작업 Data는 어떤 공사계획의 일부분이다. 이 공정에서 3일간의 공기를 단축하고자 한다. 공기단축 시 총공사비를 산출하시오.

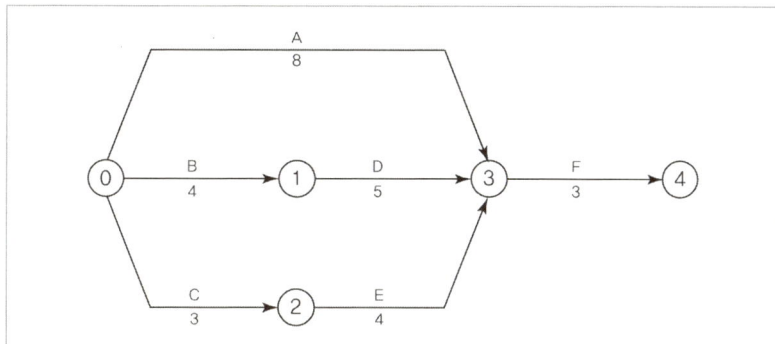

작업	표준(Normal)		특급(Crash)	
	공기	공비	공기	공비
A	8	40,000	6	52,000
B	4	40,000	2	50,000
C	3	60,000	3	60,000
D	5	70,000	3	86,000
E	4	60,000	2	100,000
F	3	40,000	2	50,000

> **보충) 공기단축법**
> 공기단축법을 예제 2번을 통하여 상세히 알아보기로 하자.

[풀이] 1. 주공정선(CP)을 구한다.

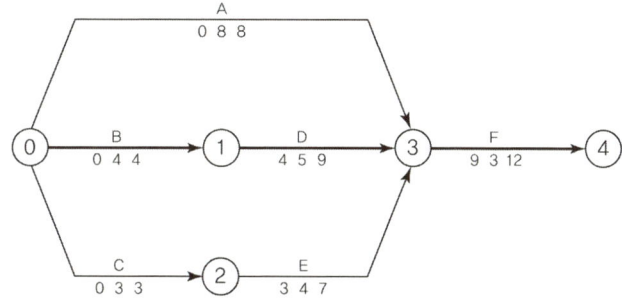

> **보충) 주공정선(CP)**
> 공정표를 작성 후 각 작업의 EST와 EFT만을 구하여 주공정선(CP)을 구한다.

2. 각 작업의 단축가능일수 및 비용구배를 구한다.

작업	단축가능일수	비용구배
A	2	6,000
B	2	5,000
C	단축 불가	단축 불가
D	2	8,000
E	2	20,000
F	1	10,000

> **보충) 단축가능일수**
> 단축가능일수 = 표준공기 − 특급공기

3. 주공정선(CP)의 작업에서 비용구배가 최소인 작업부터 단축가능일수 범위 내에서 단축하되, 주공정선이 뒤바뀌지 않도록 주의한다.

① **1차 단축** : B-D-F작업(CP) 중 비용구배가 최소인 B작업에서 단축하되 단축가능일수 2일을 전부 단축하면 주공정선이 A-F로 바뀌게 된다. 그러므로 B작업에서는 1일밖에 단축할 수 없다.

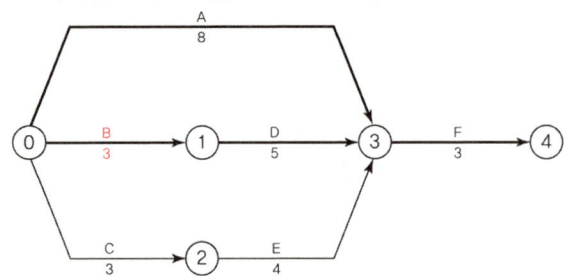

B작업에서 1일 단축 후 A작업이 추가로 주공정선이 되었다.

② **2차 단축** : 주공정선(B-D-F와 A-F)의 B작업과 D작업에서 1일을 단축한다면 A작업에서도 1일을 단축해야 전체 일정이 줄어든다. 또한 F작업에서 1일을 단축하면 전체 일정이 1일이 단축된다. 이를 비교하여 비용증가가 최소가 되는 경우를 선택하여 단축한다.

〈비교〉
- A작업과 B작업을 동시 1일 단축 시 증가비용 : 5,000+6,000=11,000원
- F작업 1일 단축 시 증가비용 : 10,000원

∴ F작업에서 1일 단축

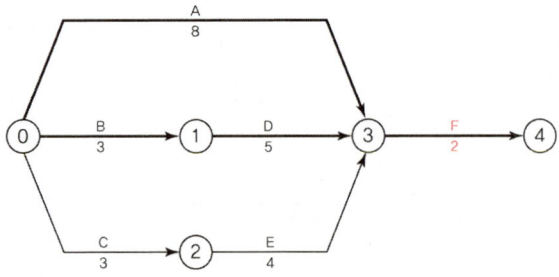

③ **3차 단축** : ②번에서 살펴본 결과, A작업과 B작업에서 1일씩 단축한다.

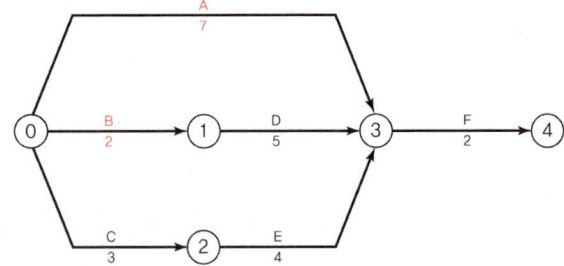

작업 단축 후 C작업, E작업도 주공정선이 된다.

4. 공기단축 시 총공사비 산출
   ① 표준상태 총공사비=310,000원
   ② 공기단축 시 증가비용
      ⅰ) 1차 단축 : B작업 1일 단축 ∴ 1× 5,000= 5,000원
      ⅱ) 2차 단축 : F작업 1일 단축 ∴ 1×10,000=10,000원

> **보충** 공기단축 시 변화비용
> 공기단축 시 변화된 비용은 증가된 비용만을 묻는 것인지 총공사비를 묻는 것인지 유의하여 답란을 작성한다.

iii) 3차 단축 : A작업 1일 단축 ∴ 1× 6,000 = 6,000원
B작업 1일 단축 ∴ 1× 5,000 = 5,000원
∴ ⅰ) + ⅱ) + ⅲ) = 26,000원

③ 공기단축 시 총공사비
①+② = 310,000 + 26,000 = 336,000원

(보충) **총공사비 작성 예시**
1. 표준상태 총공사비
2. 단축 시 증가비용
   1) 1차
   2) 2차   → 단축 순서를 반드시 기재하여야 함
   3) 3차
3. 단축 시 총공사비

02 SAM(Siemens Approximation Method)

공기비용-매트릭스의 도표에 의하여 공기-비용의 최적화를 도모하는 방법으로 단축 순서는 MCX법과 동일하나 최초의 결합점(Event)에서 최후의 결합점(Event)에 이르기까지의 모든 경로를 나타내어 각 경로별로 공기-비용의 최적화를 구하는 데 특색이 있는 방법이다. 즉 비용경사(Cost Slope)를 각 경로에 균등히 분할하여 할당하는 것으로, 어떤 단위작업이 2개 이상의 경로를 지날 때는 모든 경로에 비용경사를 분할하여 할당한다.

예제 03

다음 네트워크 공정표와 작업 Data는 어떤 공사계획의 일부분이다. 이 공정에서 3일간의 공기를 단축하고자 한다. 공기단축 시 총공사비를 산출하시오.

(보충) **SAM법**
앞의 MCX법으로 풀었던 문제와 동일하다.

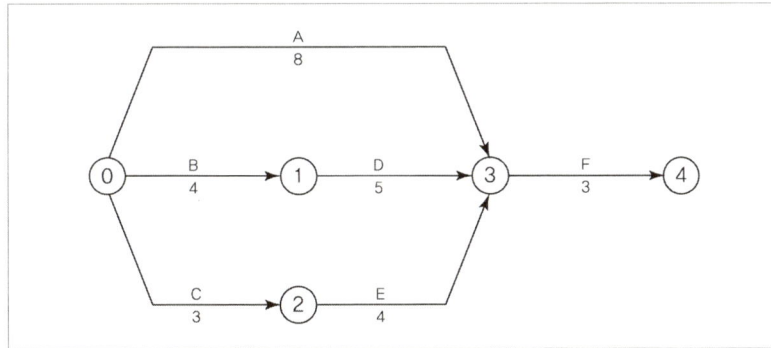

작업	표준(Normal)		특급(Crash)	
	공기	공비	공기	공비
A	8	40,000	6	52,000
B	4	40,000	2	50,000
C	3	60,000	3	60,000
D	5	70,000	3	86,000
E	4	60,000	2	100,000
F	3	40,000	2	50,000

> **보충) SAM법 해설**
>
> 가급적이면 MCX법으로 문제를 풀고 SAM법은 도표를 작성하는 쪽으로 접근하는 것이 좋다.
> 그래야 정확한 증가비용법 단축작업을 파악할 수 있다.

풀이

1. 개시 결합점에서 종료 결합점에 이르는 전체 경로(Path)를 아래 도표와 같이 표시한다.

	A-F	B-D-F	C-E-F	비용구배	단축일수	증가비용
A		✕	✕	6,000		
B	✕		✕	5,000		
C	✕	✕	단축 불가	단축 불가		
D	✕		✕	8,000		
E	✕	✕		20,000		
F				10,000		
공기	11일	12일	10일			

2. Path에 해당하지 않는 작업은 ✕ 표시한다.

3. 각 칸 안에는 $\dfrac{\text{비용구배}}{\text{단축가능일수(단축일수)}}$ 를 표시한다.

4. 공기가 가장 긴 경로 중 비용구배가 최소인 작업부터 단축하며 그 작업이 속해 있는 Path는 동일하게 적용한다.

5. 이와 같은 방법으로 공기단축하면 아래와 같다.

	A-F	B-D-F	C-E-F	비용구배	단축일수	증가비용
A	$\dfrac{6{,}000}{2(1)}$	✕	✕	6,000	1	6,000
B	✕	$\dfrac{5{,}000}{2(2)}$	✕	5,000	2	10,000
C	✕	✕	단축 불가	단축 불가		
D	✕	$\dfrac{8{,}000}{2}$	✕	8,000		
E	✕	✕	$\dfrac{20{,}000}{2}$	20,000		
F	$\dfrac{10{,}000}{1(1)}$	$\dfrac{10{,}000}{1(1)}$	$\dfrac{10{,}000}{1(1)}$	10,000	1	10,000
공기	~~11일~~ 9일	~~12일~~ 9일	~~10일~~ 9일			

6. 공기단축 시 총공사비용=310,000+26,000=336,000원

CHAPTER 04 핵심 기출문제

01 다음에 해당하는 용어를 쓰시오.

> 가. 네트워크에서 어느 임의의 결합점에서 종료 결합점에 이르는 최장패스의 소요시간
> 나. 공사기간을 단축하는 경우 공사종류별 1일 단축시마다 추가되는 공사비의 증가액
> 다. 비용이나 인원을 증가하여도 더 이상 단축이 불가능한 시간

가. _____ 나. _____
다. _____

정답
가. 간공기
나. 비용구배
다. 특급점

02 네트워크 공정표를 공기조정(공기단축)할 때 검토하여야 할 사항을 4가지만 쓰시오.

가. _____ 나. _____
다. _____ 라. _____

정답
가. 잔여공기 재검토
나. 최소비용 검토
다. 변경 후 공정계획 검토
라. 작업의 병행성 여부 검토

03 다음 그림의 CPM의 고찰에 의한 비용과 시간 증가율을 표시한 것이다. 그림의 ( ) 속에 대응하는 용어를 써 넣으시오.

가. _____ 나. _____
다. _____ 라. _____

정답
가. 특급비용(Crash cost)
나. 표준비용(Normal cost)
다. 특급공기(Crash time)
라. 표준공기(Normal time)

04 어느 건설공사의 한 작업이 정상적으로 시공할 때 공사기일은 10일, 공사비는 700,000원이고, 특급으로 시공할 때 공사기일은 6일, 공사비는 900,000원이라 할 때 이 공사의 공기단축 시 필요한 비용구배(Cost Slope)를 구하시오.

● 09② · 05③

[정답]
비용구배
$= \dfrac{\text{특급비용} - \text{표준비용}}{\text{표준공기} - \text{특급공기}}$
$= \dfrac{900,000 - 700,000}{10일 - 6일}$
$= 50,000$원/일

05 다음 데이터를 보고 각 작업의 비용구배를 구하고 큰 순서대로 기재하시오.

● 21②

작업	표준상태		특급상태	
	공기	공비	공기	공비
A	2	2,000	1	3,000
B	4	3,000	2	6,000
C	8	5,000	3	8,000

[정답]
- A작업 : $\dfrac{3,000 - 2,000}{2 - 1} = 1,000$원/일
- B작업 : $\dfrac{6,000 - 3,000}{4 - 2} = 1,500$원/일
- C작업 : $\dfrac{8,000 - 5,000}{8 - 3} = 600$원/일

∴ B작업 - A작업 - C작업

06 다음 네트워크 공정표에서 공기단축에 관한 설명 중 틀린 것을 모두 골라 번호를 쓰시오.

> 가. 최초의 공기단축은 반드시 주공정선에서부터 단축되어야만 한다.
> 나. 여러 작업 중 공기단축의 결정은 비용구배(Cost)가 최대인 것에서부터 실시한다.
> 다. 한 개의 작업이 공기단축할 수 있는 범위는 급속시간(Crash Time)보다 더 작게 하여서는 안 된다.
> 라. 급속시간 조건을 만족시키는 조건에서 하나의 작업이 최대한의 공기단축 가능한 시간은 주공정선이 그대로 존재하거나 혹은 주공정선이 아닌 작업에서 주공정선이 병행하여 발생한 그 시점까지이다.
> 마. 요구된 공기단축이 완료된 최종 공정표에서의 주공정선은 최초의 주공정선과 달라져야만 한다.

[정답]
- 나. 비용구배가 최소인 작업부터 단축한다.
- 마. 주공정선은 추가로 발생될 수 있으나, 반드시 달라져야 되는 것은 아니다.

07 공기단축기법에서 MCX(Minimum Cost Expediting) 기법의 순서를 보기에서 골라 기호로 쓰시오.

• 10① · 01②

> 가. 우선 비용 구배가 최소인 작업을 단축한다.
> 나. 보조 주공정선의 발생을 확인한다.
> 다. 단축한계까지 단축한다.
> 라. 단축가능한 작업이어야 한다.
> 마. 주공정선상의 작업을 선택한다.
> 바. 보조주공정선의 동시단축 경로를 고려한다.
> 사. 앞의 순서를 반복 시행한다.

( ) → ( ) → ( ) → ( ) → ( ) → ( ) → ( )

정답
마 - 라 - 가 - 나 - 다 - 바 - 사

08 다음과 같은 네트워크 공정표에서 계산공기가 47일이었으나 지정공기가 42일로 되었다. 주공정선이 바뀌지 않게 작업일수를 42일로 단축 조정하시오. (단, 작업 ③ → ⑤와 ⑤ → ⑥에서 단축조정하고 주공정선은 생기는 대로 번호를 기입할 것)

해설 1) 일정계산(EST, EFT)

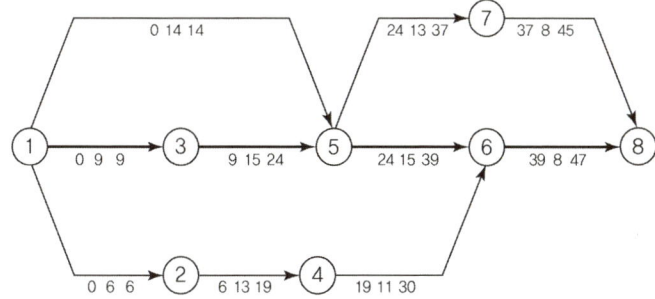

2) 주공정선은 ① - ③ - ⑤ - ⑥ - ⑧ 이다.
3) 주공정선이 바뀌지 않게 공기단축을 하기 위해서는 부공정선의 일수와 비교하여야 한다.

보충

① 1차 단축

② 2차 단축

4) ⑤-⑦-⑧ Path의 EFT = 45일이므로 ⑤-⑥-⑧의 Path에서는 1일 단축이 가능하므로 문제조건에 의거 ⑤-⑥에서 1일 단축한다.(2일 단축 시는 추가 주공정선이 발생된다.)
5) ①-③-⑤ Path와 ①-⑤ Path와의 공기 차이는 현저하므로 문제조건에 의거 ③-⑤에서 4일 단축한다.
6) 공기단축된 공정표는 다음과 같다.

정답

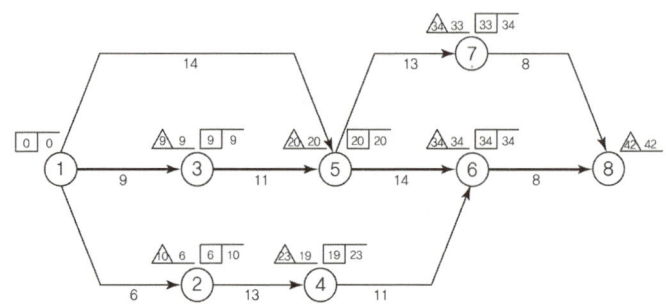

∴ 주공정선 : ①-③-⑤-⑥-⑧

09 다음과 같은 네트워크와 작업 Data에서 공기를 5일 단축하고자 한다. 최소의 Extra Cost(증가비용)를 계산하시오.

작업명	표준일수(일)	단축가능일수(일)	1일단축의 소요비용(만 원)
A	7	1	6
B	6	1	8
C	11	3	3
D	7	2	4
E	5	1	10
F	7	1	7
G	5	1	10

보충 문제 분석
- 전체가 주공정선
- A작업과 G작업은 단독 단축 가능
- B-D-E 패스와 C-F 패스는 항상 같이 단축되어야 한다.

해설

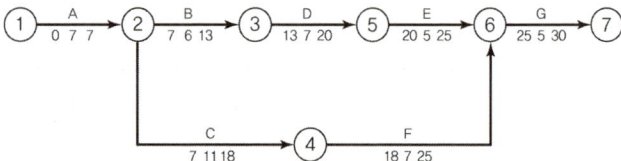

1) 공정표 전체가 주공정선이므로 단축 시 유의하여야 한다.
2) B-D-E와 C-F는 공기단축 시 동시에 단축되어야 한다.
3) 비용구배가 최소가 되는 경우의 수를 나열하면
   ① A작업 6만 원
   ② C, D작업 동시 단축 7만 원
   ③ G작업 10만 원
   ④ C, B작업 동시 단축 11만 원의 순으로 단축하다.

4) 순차적으로 단축 시 증가비용을 계산하면

	단축가능일수	1차	2차	3차	4차
A	1	1			
B	1				1
C	3		2		1
D	2		2		
E	1				
F	1				
G	1			1	

정답
① 1차 단축 : A작업 1일　　∴ 1× 60,000 = 60,000원
② 2차 단축 : C작업 2일　　∴ 2× 30,000 = 60,000원
　　　　　　 D작업 2일　　∴ 2× 40,000 = 80,000원
③ 3차 단축 : G작업 1일　　∴ 1×100,000 = 100,000원
④ 4차 단축 : B작업 1일　　∴ 1× 80,000 = 80,000원
　　　　　　 C작업 1일　　∴ 1× 30,000 = 30,000원

∴ 총 증가비용 = ① + ② + ③ + ④ = 410,000원

10 주어진 자료(Data)에 의하여 다음 물음에 답하시오.　　●09①

(1) 표준(Normal) 네트워크 공정표를 작성하시오.
(2) 공기를 5일 단축한 네트워크 공정표를 작성하시오.
(3) 공기단축된 총공사비를 산출하시오.
　(단, ① 네트워크 공정표 작성은 화살형(Arrow) 네트워크로 한다.
　　　② 주공정선은 굵은 선 또는 이중선으로 표시한다.
　　　③ 각 결합점에는 다음과 같이 표시한다.)

　　　④ 공기단축된 네트워크 공정표에는 [EST│LST] △LFT EFT 를
　　　　표시하지 않는다.)

작업명	공정관계	선행관계	작업일수	공기 1일 단축 시 비용(원)	비 고
A	①-②	없음	6	10,000	
B	①-③	없음	13	12,000	
C	①-④	없음	20	9,000	
D	②-③	A	2	8,000	(1) 공기단축은 각 작업일수의 1/2를 초과할 수 없다. (2) 표준공기 시 총공사비는 1,000,000원이다.
E	②-④	A	5	5,000	
F	③-⑤	B, D	6	8,000	
G	③-⑥	B, D	3	5,000	
H	④-⑤	C, E	2	공기단축 불가	
I	⑤-⑦	H, F	3	6,000	
J	⑥-⑦	G	2	공기단축 불가	
K	⑦-⑧	I, J	2	15,000	

> **보충) 데이터의 이용**
> 공정관계를 이용하여 작성하지 말고 선행관계를 이용하여 작성한다.

정답) 표준 네트워크 공정표

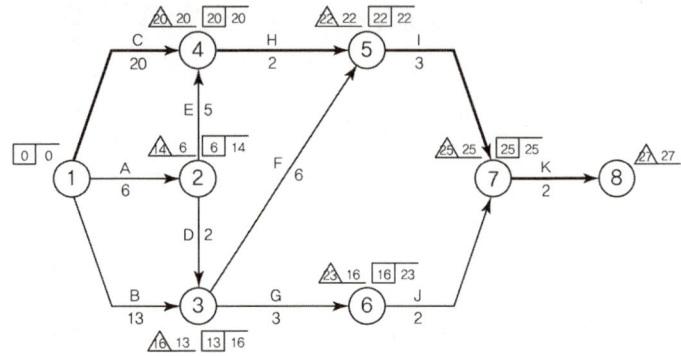

해설) 공기단축

1) 일정계산 및 주공정선

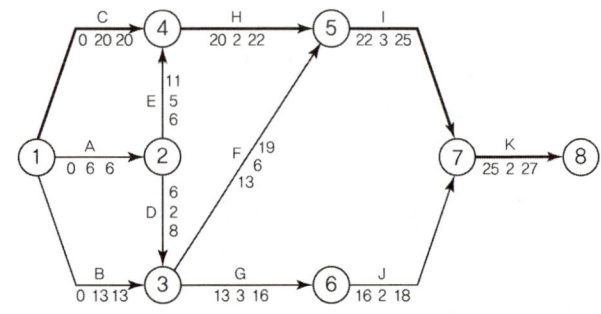

2) 주어진 Data를 정리

CP	작 업	단축가능일수	비용구배(원)
	A	3	10,000
	B	6	12,000
*	C	10	9,000
	D	1	8,000
	E	2	5,000
	F	3	8,000
	G	1	5,000
*	H	–	–
*	I	1	6,000
	J	–	–
*	K	1	15,000

> **보충) 단축가능일수**
> 단축가능일수는 작업일수의 1/2을 초과할 수 없으므로 작업일수÷2 해서 소수점이 산출되면 소수점 이하는 버린다.
> **예) B작업일수 13일**
> 13÷2=6.5   ∴ 6일

> **보충) 단축순서**
> 1) 1차 단축
>
> 2) 2차 단축
>

3) 공기단축
① 1차 단축 : 주공정선 중에서 비용구배가 최소인 I작업 1일 단축
② 2차 단축 : 주공정선 중에서 그 다음 비용구배가 최소인 C작업에서 단축하되 ①-④-⑤ Path와 ①-③-⑤ Path의 공기차이가 3일이므로 3일간 단축한다.
③ C작업 3일 단축으로 인하여 B, F작업도 주공정선이 되었다.
④ C작업 1일 단축 시 B작업이나 F작업에서 1일 단축하여야 하므로 비용구배가 최소인 F작업과 비용을 합하면 9,000+8,000=17,000원이고, K작업 1일 단축 시 15,000원의 증가 비용이 발생하므로 K작업에서 단축한다.
⑤ 3차 단축 : K작업에서 1일 단축

정답 1. 공사비 산출
① 표준상태에서 총공사비 : 1,000,000원
② 단축 시 증가비용
- 1차 단축 : I작업 1일 = 1×6,000 = 6,000원
- 2차 단축 : C작업 3일 = 3×9,000 = 27,000원
- 3차 단축 : K작업 1일 = 1×15,000 = 15,000원
∴ 48,000원
③ 단축 시 총공사비용 = ① + ② = 1,048,000원

2. 공기단축 후 네트워크 공정표

3) 3차 단축

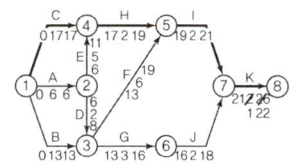

보충 공기단축된 공정표 작성

공기단축된 공정표 작성 시 문제조건에 의하여 결합점의 일정은 작성하지 않음에 유의한다.

11 다음 데이터를 이용하여 정상공기를 산출한 결과 지정공기보다 3일이 지연되는 결과였다. 공기를 조정하여 3일의 공기를 단축한 네트워크 공정표를 작성하고 아울러 총공사금액을 산출하시오. ● 23② · 20④ · 16④ · 06② · 03②,③ · 99③

작업명	선행작업	정상(Normal)		특급(Crash)		비용구배 (Cost Slope) (원/일)	비고
		공기(일)	공비(원)	공기(일)	공비(원)		
A	없음	3	7,000	3	7,000	–	단축된 공정표에서 CP는 굵은 선으로 표기하고 각 결합점에서는 아래와 같이 표기한다. (단, 정상공기는 답지에 표기하지 않고 시험지 여백을 이용할 것) EST | LST △ LFT | EFT i →작업명/작업일수→ j
B	A	5	5,000	3	7,000	1,000	
C	A	6	9,000	4	12,000	1,500	
D	A	7	6,000	4	15,000	3,000	
E	B	4	8,000	3	8,500	500	
F	B	10	15,000	6	19,000	1,000	
G	C, E	8	6,000	5	12,000	2,000	
H	D	9	10,000	7	18,000	4,000	
I	F, G, H	2	3,000	2	3,000	–	

가. 단축한 네트워크 공정표
나. 총공사 금액

해설 1. 공정표 작성

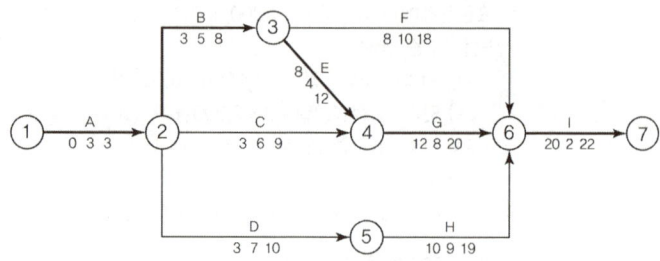

2. Data 정리

CP	작업	비용구배(원)	단축가능일수	1차	2차
*	A				
*	B	1,000	2		2
*	C	1,500	2		
*	D	3,000	3		2
*	E	500	1	1	
	F	1,000	4		
*	G	2,000	3		
*	H	4,000	2		
*	I				

정답 가. 공기 단축된 공정표

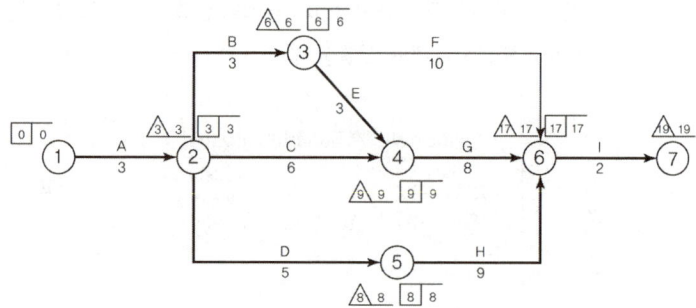

나. 공기단축 및 비용
1) 1차 단축
  E작업에서 1일 ∴ 1×500 = 500원
2) 2차 단축 B작업에서 2일 ∴ 2×1,000 = 2,000
    D작업에서 2일 ∴ 2×3,000 = 6,000
3) 증가비용 1)+2) = 8,500
4) 공기단축 시 총공사비
  ① 표준비용 = 69,000
  ② 증가비용 = 8,500
  ∴ ①+② = 77,500원

보충 단축순서

1) 1차 단축

2) 2차 단축

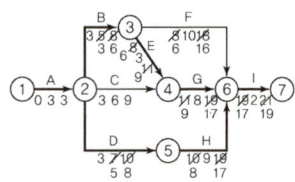

12 주어진 자료(DATA)에 의하여 다음 물음에 답하시오. • 23④ · 16② · 09②

작업명	선행작업	정상공기	정상비용	특급공기	특급비용	비 고
A	없음	5일	170,000	4일	210,000	각 결합점 위에는 다음과 같이 시간을 표시한다.
B	없음	18일	300,000	13일	450,000	
C	없음	16일	320,000	12일	480,000	
D	A	8일	200,000	6일	260,000	
E	A	7일	110,000	6일	140,000	
F	A	6일	120,000	4일	200,000	
G	D, E, F	7일	150,000	5일	220,000	

가. 표준(Normal) Network 공정표를 작성하시오.
나. 표준공기 시 총공사비를 쓰시오.
다. 4일 단축하였을 때 총공사비를 쓰시오.

해설

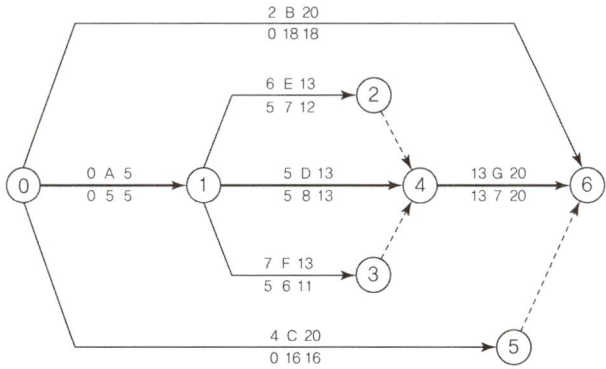

정답 가. 표준 네트워크 공정표

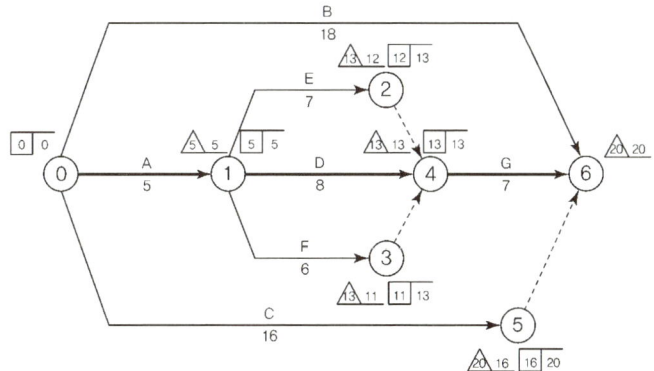

나. 표준 공기 시 총공사비
= 170,000 + 300,000 + 320,000 + 200,000 + 110,000 + 120,000
  + 150,000
= 1,370,000원

보충 단축순서

1) 1차 단축

2) 2차 단축

3) 3차 단축

4) 4차 단축

해설 공기 단축

데이터 정리

CP	명	단축가능 일수	비용구배	1차	2차	3차	4차
*	A	1	40,000				1
*	B	5	30,000			1	1
*	C	4	40,000				
*	D	2	30,000	1			
*	E	1	30,000				
	F	2	40,000				
*	G	2	35,000		1	1	

정답 다. 공기단축 시 총공사비

① 1차 단축 : 주공정선 중에서 비용구배가 가장적은 D작업에서 1일 단축,
    E작업이 주공정선으로 추가
    ∴ 1×30,000 = 30,000원
② 2차 단축 : G작업에서 1일 단축, B작업이 주공정선으로 추가
    ∴ 1×35,000 = 35,000원
③ 3차 단축 : B작업에서 1일   ∴ 1×30,000 = 30,000원
           G작업에서 1일   ∴ 1×35,000 = 35,000원
④ 4차 단축 : A작업에서 1일   ∴ 1×40,000 = 40,000원
           B작업에서 1일   ∴ 1×30,000 = 30,000원
           C작업 주공정선 추가
∴ 총 증가비용 = ① + ② + ③ + ④ = 200,000원

공기단축 시 총공사비 = 1,370,000 + 200,000 = 1,570,000원

13 주어진 자료(Data)에 의하여 다음 물음에 답하시오.

(1) 표준(Normal) 네트워크 공정표를 작성하시오.
(2) 공기를 8일 단축한 네트워크 공정표를 작성하시오.
(3) 공기단축한 총공사비를 산출하시오.
    (단, ① 네트워크 공정표 작성은 화살형 네트워크로 한다.
        ② 주공정선은 굵은 선 또는 이중선으로 표시한다.
        ③ 표준공기 시 총공사비는 1,000,000원이다.)

작업명	공정관계	선행작업	표준상태 소요일	표준상태 공사비	특급상태 소요일	특급상태 공사비	Cost Slope (비용구배)	비 고
A	①-②	없음	4일	125,000원	2일	145,000원	10,000원/일	각 결합점 위에는 다음과 같이 시간을 표시한다.
B	①-③	없음	7일	80,000원	4일	89,000원	3,000원/일	
C	②-④	A	8일	100,000원	4일	132,000원	8,000원/일	
D	②-⑤	A	5일	150,000원	3일	160,000원	5,000원/일	
E	③-④	B	3일	95,000원	2일	103,000원	8,000원/일	
F	④-⑤	C, E	6일	140,000원	6일	140,000원	공기단축불가	
G	④-⑥	C, E	5일	160,000원	3일	180,000원	10,000원/일	
H	⑤-⑥	D, F	7일	150,000원	4일	165,000원	5,000원/일	

정답 1. 표준 네트워크 공정표

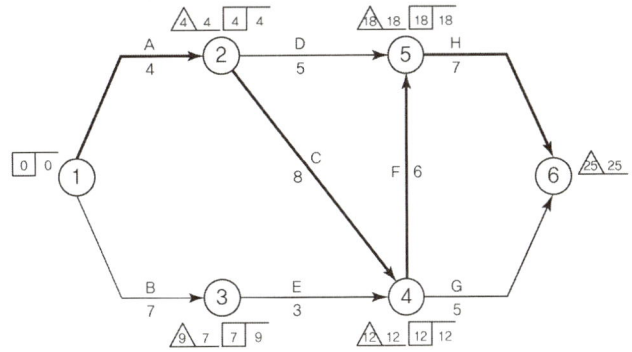

해설 공기단축

1) 일정계산 및 주공정선

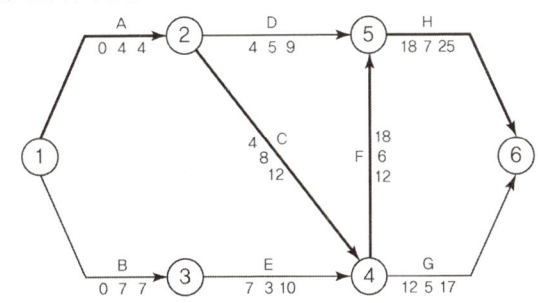

2) 주어진 Data를 정리

CP	작업	단축가능일수	비용구배(원)
*	A	2	10,000
	B	3	3,000
*	C	4	8,000
	D	2	5,000
	E	1	8,000
*	F	–	–
	G	2	10,000
*	H	3	5,000

3) 공기단축
  ① 1차로 주공정선에서 비용구배가 최소인 H작업에서 단축가능 일수인 3일간 단축한다.
  ② 2차로 그 다음 비용구배가 최소인 C작업을 단축하되 ①-②-④ Path와 ①-③-④ Path의 공기의 차이가 2일인 점을 고려하여 2일간 단축한다.
  ③ 2차 단축으로 인하여 B작업과 E작업도 주공정선이 되었다.
  ④ 3차로 단축 시는 C작업 단축 시 B작업이나 E작업 중에서 동시에 단축되어야 하므로 두 작업 중 비용구배가 최소인 B작업에서 단축한다. 이 때 C작업의 단축가능일수가 2일 남았으므로 B작업에서도 2일만 단축한다.
  ⑤ 4차로 단축 시는 A작업과 B작업에서 각각 1일씩 단축하는 것이 가장 비용구배가 적게 단축하는 것이다.

보충 단축순서

1) 1차 단축

2) 2차 단축

3) 3차 단축

4) 4차 단축

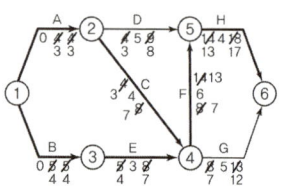

정답 2. 공기단축 시 공정표

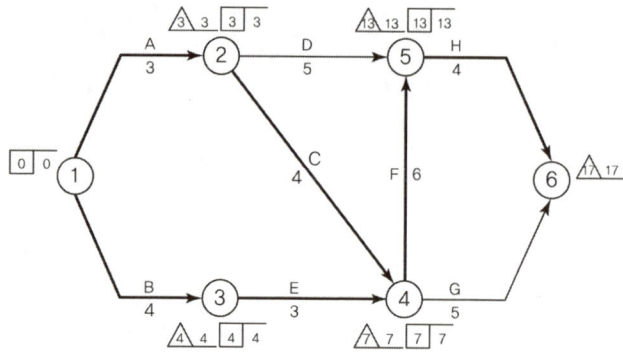

3. 공기단축 시 총공사비
   1) 표준상태에서 총공사비 = 1,000,000원
   2) 공기단축 시 총공사비
      ① 1차 단축 : H작업 3일 = 3× 5,000 = 15,000원
      ② 2차 단축 : C작업 2일 = 2× 8,000 = 16,000원
      ③ 3차 단축 : B작업 2일 = 2× 3,000 = 6,000원
                  C작업 2일 = 2× 8,000 = 16,000원
      ④ 4차 단축 : A작업 1일 = 1×10,000 = 10,000원
                  B작업 1일 = 1× 3,000 = 3,000원
      ∴ ① + ② + ③ + ④ = 66,000원
   3) 공기단축 시 총공사비 = ① + ② = 1,066,000원

14 다음 데이터를 이용하여 Normal Time 네트워크 공정표를 작성하고, 아울러 공기 3일을 단축한 네트워크 공정표 및 총공사금액을 산출하시오. • 23① · 15②

Activity	Node		정상시간	정상비용	특급시간	특급비용
A	0	1	3일	20,000원	2일	26,000원
B	0	2	7일	40,000원	5일	50,000원
C	1	2	5일	45,000원	3일	59,000원
D	1	4	8일	50,000원	7일	60,000원
E	2	3	5일	35,000원	4일	44,000원
F	2	4	4일	15,000원	3일	20,000원
G	3	5	3일	15,000원	3일	15,000원
H	4	5	7일	60,000원	7일	60,000원

정답 1. 표준 네트워크 공정표

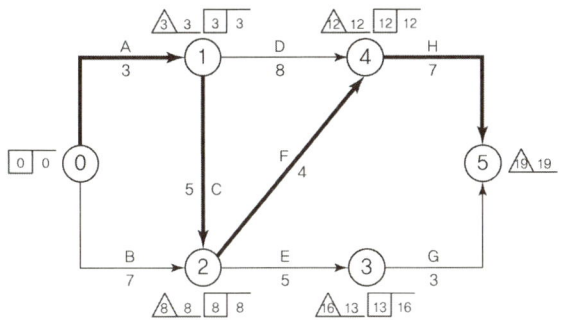

해설 공기단축

	일수	단축가능일수	비용구배	1차	2차	3차
A	3	1	6,000		1	
B	7	2	5,000			1
C	5	2	7,000			1
D	8	1	10,000			1
E	5	1	9,000			
F	4	1	5,000	1		
G	3					
H	7					

정답 2. 단축 시 공사비

　1) 표준상태 총공사비 = 280,000원
　2) 단축 시 증가 비용
　　① 1차 : F작업 1일 = 1×5,000 = 5,000원
　　② 2차 : A작업 1일 = 1×6,000 = 6,000원
　　③ 3차 : B작업 1일 = 1×5,000 = 5,000원
　　　　　　C작업 1일 = 1×7,000 = 7,000원
　　　　　　D작업 1일 = 1×10,000 = 10,000원
　　∴ ① + ② + ③ = 33,000원
　3) 공기단축 시 총공사비 = 1 + 2 = 280,000 + 33,000 = 313,000원

3. 공기단축 공정표

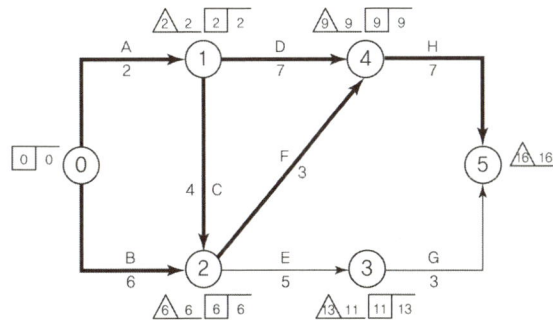

15 다음 데이터를 공정표로 작성하고, 4일의 공기를 단축한 최종 상태의 공사비를 산출하시오.(단, 최초작성 네트워크 공정표에서 크리티컬 패스는 굵은 선으로 표시하고, 결합점 시간은 다음과 같이 표시한다.)

• 24① · 06③ · 05① · 02② · 99④ · 98④

작업명	선행작업	표준(Normal)		특급(Crash)	
		소요일수	공사비	소요일수	공사비
A	없음	3일	70,000원	2일	130,000원
B	없음	4일	60,000원	2일	80,000원
C	A	4일	50,000원	3일	90,000원
D	A	6일	90,000원	3일	120,000원
E	A	5일	70,000원	3일	140,000원
F	B, C, D	3일	80,000원	2일	120,000원

정답 1. 표준 네트워크 공정표

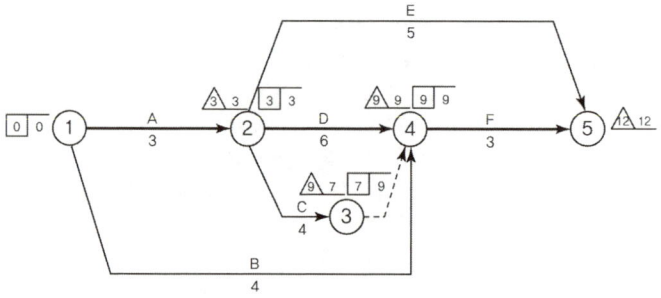

해설 공기단축
1) 일정계산 및 주공정선

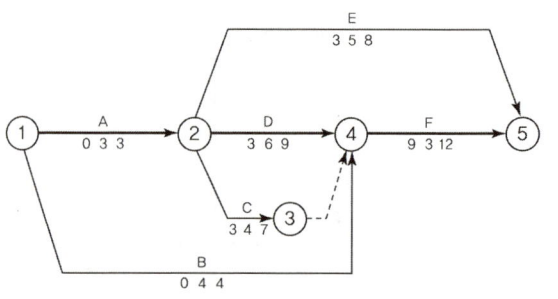

보충 단축순서

1) 1차 단축

2) 2차 단축

3) 3차 단축

2) 주어진 Data를 정리

CP	작 업	단축가능일수	비용구배(원)
*	A	1	60,000
	B	2	10,000
	C	1	40,000
*	D	3	10,000
	E	2	35,000
*	F	1	40,000

3) 공기단축
   ① 1차 단축은 주공정선에서 비용구배가 최소인 D작업에서 단축하되 ② – ④ Path와 ① – ③ Path의 공기의 차이가 2일이므로 2일만 단축한다.
   ② 1차 단축으로 인하여 C작업이 주공정선으로 추가되었다.
   ③ D작업과 C작업을 동시에 단축하는 경우 비용은 50,000원이 증가되고, A작업을 단축하는 경우 비용은 60,000원이 증가되며, F작업을 단축하는 경우 40,000원이 증가된다.
   ④ 2차 단축은 F작업에서 단축가능일수인 1일 단축
   ⑤ 3차 단축은 C작업과 D작업에서 각각 1일을 단축한다.

정답 2. 공기단축 시 총공사비
   1) 표준상태 총공사비 = 420,000원
   2) 공기단축 시 증가비용
      ① 1차 단축 : D작업 2일 = 2 × 10,000 = 20,000원
      ② 2차 단축 : F작업 1일 = 1 × 40,000 = 40,000원
      ③ 3차 단축 : C작업 1일 = 1 × 40,000 = 40,000원
               D작업 1일 = 1 × 10,000 = 10,000원
      ∴ ① + ② + ③ = 110,000원
   3) 단축 시 총공사비 = 1) + 2) = 530,000원

16 아래와 같은 네트워크 공정표로부터 표와 같은 조건에 의하여 최소비용으로 공기를 22일이 되도록 조정하여 네트워크 공정표를 다시 작성하고 비용증가액을 계산하시오.(단, 주공정선은 굵은 선으로 표시한다.) ●00②

작업명	정상계획		급속계획		비고
	소요일수	비용	최대 단축할 수 있는 소요일수	비용	
0 → 1	8	100,000	3	550,000	
0 → 2	8	200,000	4	280,000	
0 → 3	6	150,000	3	270,000	
1 → 2	9	250,000	2	670,000	
1 → 4	20	130,000	13	340,000	
2 → 3	9	120,000	4	470,000	
2 → 4	11	170,000	6	220,000	
3 → 4	12	190,000	5	750,000	
계		1,310,000			

(보충) **Data 분석(주의)**
문제 조건에서 급속계획의 최대 단축할 수 있는 소요일수는 특급점의 소요일수와 동일하다.

(해설) **1. 일정계산 및 주공정선**

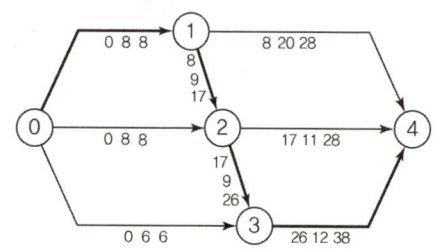

2. 주어진 Data 정리

CP	EVENT	단축가능일수	비용구배(원)
*	0 - 1	5	90,000
	0 - 2	4	20,000
	0 - 3	3	40,000
*	1 - 2	7	60,000
	1 - 4	7	30,000
*	2 - 3	5	70,000
	2 - 4	5	10,000
*	3 - 4	7	80,000

(보충) **단축순서**

1) 1차 단축

2) 2차 단축

3) 3차 단축

3. 공기단축

1) 1차 단축 : 주공정선 중에서 비용구배가 가장 적은 ①-② 작업에서 7일 단축
2) 2차 단축 : ②-③ 작업에서 단축가능일수 5일만큼 전부 다 단축하지 못하고 ①-④의 EFT인 28일에 맞추어서 ③-④의 EFT가 28일 되도록 3일간 단축한다. 그러므로 단축 후 ①-④의 작업도 주공정이 됨을 알 수 있다.
3) 3차 단축 : ⓪-① 작업에서 단축하되 ⓪-② 작업의 EFT의 8일에 맞추어서 단축하면 2일을 단축할 수 있다. 그러면 ⓪-② 작업도 추가 주공정이 된다.
4) 4차 단축 : 비용구배가 최소인 작업에서 단축하는 경우를 찾아보면 ①-④ 작업과 ②-③ 작업에서 동시에 단축하는 경우가 1일 단축 시 100,000원으로 비용구배가 가장 작은 경우가 된다. 단축일수는 ②-③ 작업에서 단축 가능일수가 2일(총 5일에서 2차 단축 시 3일 단축했음)이 가능하므로 ①-④ 작업과 동시에 2일씩 단축한다.
5) 5차 단축 : ⓪-① 작업과 ⓪-② 작업에서 각각 2일씩 단축 (⓪-② 와 ①-④에서 2일씩 줄이면 비용이 저렴할 것 같으나 실제 작업일수가 줄지 않음에 유의)

[정답] 1. 공기단축된 공정표

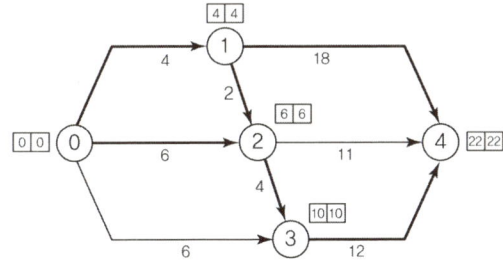

2. 비용 증가액

1) 1차 단축 : ①-② 작업, 7일 단축 ∴ 7×60,000 = 420,000원
2) 2차 단축 : ②-③ 작업, 3일 단축 ∴ 3×70,000 = 210,000원
3) 3차 단축 : ⓪-① 작업, 2일 단축 ∴ 2×90,000 = 180,000원
4) 4차 단축 : ①-④ 작업, 2일 단축 ∴ 2×30,000 = 60,000원
            ②-③ 작업, 2일 단축 ∴ 2×70,000 = 140,000원
5) 5차 단축 : ⓪-① 작업, 2일 단축 ∴ 2×90,000 = 180,000원
            ⓪-② 작업, 2일 단축 ∴ 2×20,000 = 40,000원

∴ 총 증가비용 = 1) + 2) + 3) + 4) + 5) = 1,230,000원

---

4) 4차 단축

5) 5차 단축

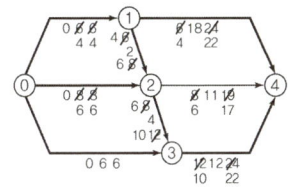

[보충] Data 분석(주의)

다른 단축 방법도 있으나 비용증가는 동일함

17 다음 데이터를 이용하여 3일 공기단축한 네트워크 공정표를 작성하고 공기단축된 상태의 총공사비를 산출하시오.

● 02① · 98③

작업명	작업일수	선행작업	비용구배	비 고
A	3	없음	5,000	① 공기단축된 각 작업의 일정은 다음과 같이 표기하고 결합점 번호는 원칙에 따라 부여한다.
B	2	없음	1,000	
C	1	없음	–	
D	4	A, B, C	4,000	
E	6	B, C	3,000	② 공기단축은 작업일수의 1/2을 초과할 수 없다.
F	5	C	5,000	③ 표준 공기 시 총공사비는 2,500,000원이다.

가. 네트워크 공정표
나. 총공사비

해설 **1. 일정계산 및 주공정선**

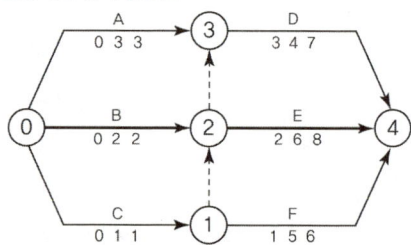

2. 주어진 Data 정리

CP	작업	단축가능일수	비용구배(원)
	A	1	5,000
*	B	1	1,000
	C	불가	0
	D	2	4,000
*	E	3	3,000
	F	2	5,000

3. 공기단축

1) 1차 단축 : 주공정선 B, E작업 중 비용구배가 적은 B작업에서 단축가능일수인 1일 단축
2) 2차 단축
   ① 1차 단축으로 인하여 A작업과 D작업도 주공정선이 되었다.
   ② B작업은 더 이상 단축이 불가하므로 A와 E작업, D와 E작업을 동시에 줄이는 방법 중 비용구배가 적은 D와 E작업을 단축한다.
   ③ 단축일수는 C, F작업의 종료일이 6일이므로 1일씩 단축한다.
   ④ C작업에서 E작업을 가는 Dummy 또한 주공정선이 되었음에 유의한다.

보충) 단축순서

1) 1차 단축

2) 2차 단축

3) 3차 단축

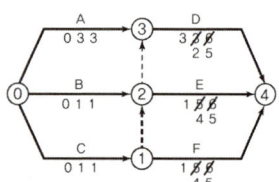

3) 3차 단축
① 2차 단축으로 인하여 모든 작업이 주공정선이 되었다.
② B작업과 C작업은 단축이 불가능하므로 A, E, F작업과 D, E, F작업을 1일씩 단축한다.
③ B작업에서 D작업으로 가는 Dummy는 주공정선이 되지 않음에 유의한다.

정답 1. 네트워크 공정표

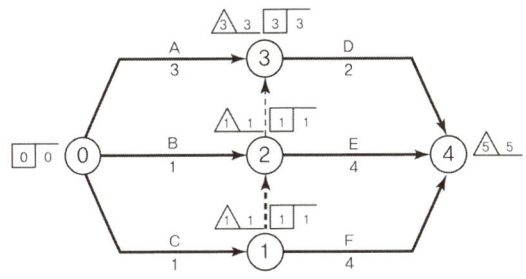

2. 공기단축 시 총공사비
① 표준상태의 총공사비 = 2,500,000원
② 공기단축 시 증가비용
- 1차 단축 : B작업 1일   ∴ 1×1,000 = 1,000원
- 2차 단축 : D작업 1일   ∴ 1×4,000 = 4,000원
  E작업 1일   ∴ 1×3,000 = 3,000원
- 3차 단축 : D작업 1일   ∴ 1×4,000 = 4,000원
  E작업 1일   ∴ 1×3,000 = 3,000원
  F작업 1일   ∴ 1×5,000 = 5,000원
∴ 공기단축 시 증가비용 = 20,000원

③ 공기단축 시 총공사비
∴ 2,500,000 + 20,000 = 2,520,000원

보충 주공정선 구하기
Dummy의 주공정을 파악하는 것이 핵심이다.

보충 주의사항
더미 2개가 전부 주공정이 아님에 유의한다.

18 다음 데이터를 이용하여 표준 네트워크 공정표를 작성하고 7일 공기단축한 네트워크 공정표를 완성하시오.
● 24② · 16① · 12①

작업명	선행 작업	공사 일수	1일 공기 단축 시 비용(천원)	비고
A(①→②)	없음	2	50	단, 공기단축은 작업일수의 1/2을 초과할 수 없다. 결합점 위에 다음과 같이 표기한다.
B(①→③)	없음	3	40	
C(①→④)	없음	4	30	
D(②→⑤)	A, B, C	5	20	
E(②→⑥)	A, B, C	6	10	
F(③→⑤)	B, C	4	15	
G(④→⑥)	C	3	23	
H(⑤→⑦)	D, F	6	37	
I(⑥→⑦)	E, G	7	45	

가. 표준 네트워크 공정표
나. 공기단축 네트워크 공정표

정답 1. 표준 네트워크 공정표

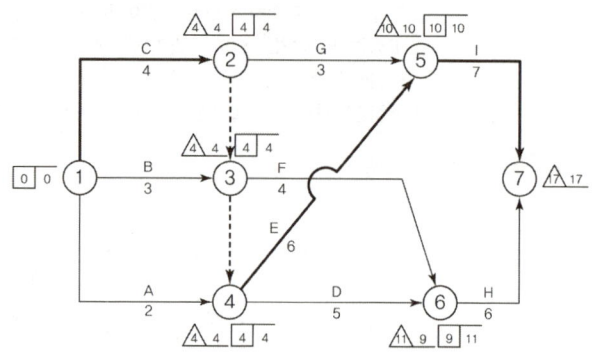

보충 참고사항

공기단축 문제 중 난이도가 최상으로 높은 문제이다. 어렵다고 포기하지 말고 끝까지 풀어 보세요.

해설 공기단축

1) 데이터 정리

명	비용 구배	단축가능일수	1차	2차	3차	4차	5차	6차
A	50,000	1						
B	40,000	1				1		
C	30,000	2		1		1		
D	20,000	2			1		1	
E	10,000	3	2		1			
F	15,000	2					1	
G	23,000	1						
H	37,000	3						1
I	45,000	3					1	1

2) 공기단축 시 증가 비용

① 1차 단축 E작업 2일 단축 ∴ 2×10,000 = 20,000원
② 2차 단축 C작업 1일 단축 ∴ 1×30,000 = 30,000원
③ 3차 단축 D작업 1일 단축 ∴ 1×20,000 = 20,000원
　　3차 단축 E작업 1일 단축 ∴ 1×10,000 = 10,000원
④ 4차 단축 B작업 1일 단축 ∴ 1×40,000 = 40,000원
　　4차 단축 C작업 1일 단축 ∴ 1×30,000 = 30,000원
⑤ 5차 단축 D작업 1일 단축 ∴ 1×20,000 = 20,000원
　　5차 단축 F작업 1일 단축 ∴ 1×15,000 = 15,000원
　　5차 단축 I작업 1일 단축 ∴ 1×45,000 = 45,000원
⑥ 6차 단축 H작업 1일 단축 ∴ 1×37,000 = 37,000원
　　6차 단축 I작업 1일 단축 ∴ 1×45,000 = 45,000원

∴ ①+②+③+④+⑤+⑥ = 312,000원

정답 2. 공기단축된 공정표(전부가 주공정선임)

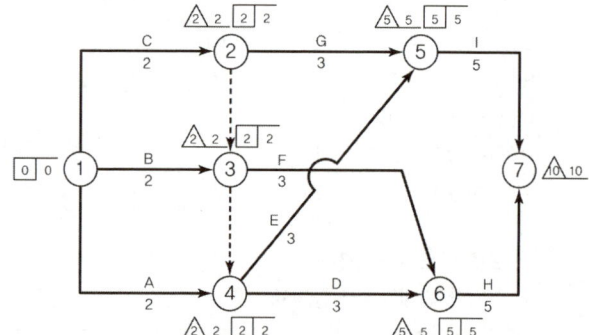

19 다음 데이터에 의해 바차트(Bar Chart)로 작성하고 또한 공기를 14일로 단축했을 때의 네트워크 공정표를 완성하시오. 이때 공기를 단축함으로써 추가되는 추가 최소 공사비를 산출하시오.(단, 공기단축한 네트워크 공정표에 Critical Path는 굵은선 또는 이중선으로 표시하고, 공정표상에는 다음 사항을 표시한다.)

작업명	작업일수	선행작업	공기 1일 단축 시 비용(원)	비고
A	4	없음	50,000	
B	2	없음	40,000	
C	3	없음	15,000	
D	2	B	20,000	
E	3	A	10,000	단, 공기단축은 작업일수의 1/2을 초과할 수 없다.
F	5	E	18,000	
G	4	D, C	25,000	
H	2	D, C	23,000	
I	3	H	37,000	
J	2	G, F	45,000	
K	4	I, J	42,000	

해설 1. 네트워크 공정표 및 여유(FF, DF) 계산

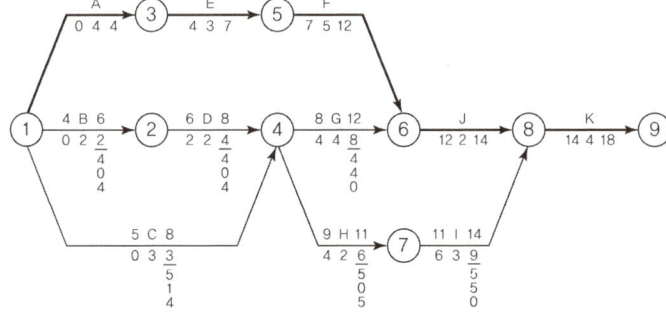

정답 1. Bar Chart 작성

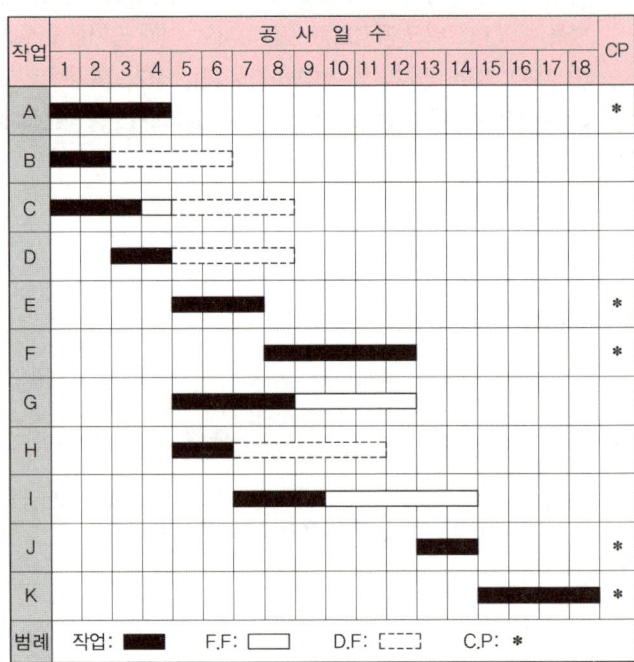

보충 단축순서

1) 1차 단축

2) 2차 단축

3) 3차 단축

해설 2. 공기단축

1) 일정계산 및 주공정선

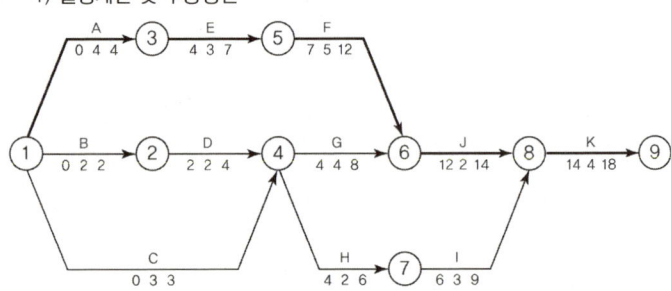

2) 주어진 Data를 정리

CP	작 업	단축가능일수	비용구배(원)
*	A	2	50,000
	B	1	40,000
	C	1	15,000
	D	1	20,000
*	E	1	10,000
*	F	2	18,000
	G	2	25,000
	H	1	23,000
	I	1	37,000
*	J	1	45,000
*	K	2	42,000

3) 공기단축 – 4일 단축
  ① 1차 단축은 주공정선 비용구배가 최소인 E작업에서 단축가능일수(1일)만큼 단축
  ② 2차 단축은 다음 비용구배가 최소인 F작업에서 단축가능일수(2일)만큼 단축
  ③ 3차 단축은 다음 비용구배가 최소인 K작업에서 1일 단축

정답 2. 공기단축 시 네트워크 공정표

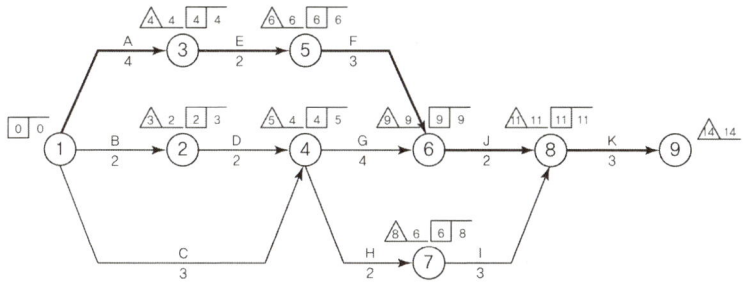

3. 공기단축 시 추가되는 최소 공사비
  ① 1차 단축 : E작업 1일 = 1 × 10,000 = 10,000원
  ② 2차 단축 : F작업 2일 = 2 × 18,000 = 36,000원
  ③ 3차 단축 : K작업 1일 = 1 × 42,000 = 42,000원
  ∴ ① + ② + ③ = 88,000원

20 주어진 데이터에 의하여 다음 물음에 답하시오. ● 21④ · 17② · 09①

(단, ① Network 작성은 Arrow Network로 할 것, ② Critical Path는 굵은 선으로 표시할 것, ③ 각 결합점에서는 다음과 같이 표시한다.)

(Data)

Activity name	선행 작업	Duration	공기 1일 단축 시 비용(원)	비고
A	없음	5	10,000	① 공기단축은 Activity I에서 2일, Activity H에서 3일, Activity C에서 5일로 한다. ② 표준공기 시 총공사비는 1,000,000원이다.
B	없음	8	15,000	
C	없음	15	9,000	
D	A	3	공기단축 불가	
E	A	6	25,000	
F	B, D	7	30,000	
G	B, D	9	21,000	
H	C, E	10	8,500	
I	H, F	4	9,500	
J	G	3	공기단축 불가	
K	I, J	2	공기단축 불가	

가. 표준(normal) Network를 작성하시오.
나. 공기를 10일 단축한 Network를 작성하시오.
다. 공기단축된 총공사비를 산출하시오.

보충 조건분석

비고란의 ①번 항목에서 주어진 작업만 하는 것이 아니라 앞에서 동일한 방법으로 추가 주공정이 생기면 같이 고려하여 단축한다.

정답 1. 표준 네트워크 공정표

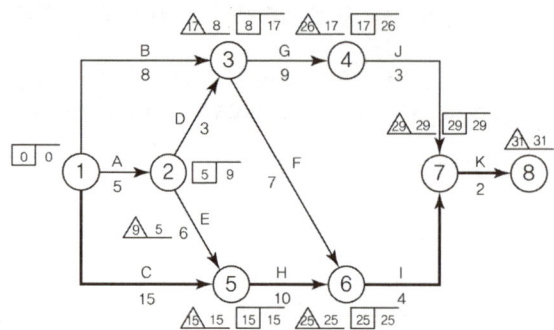

해설 〈공기단축〉
1) 1차 단축 : 주공정선 작업 중 비용구배가 적은 H작업에서 단축가능일수인 3일 단축
2) 2차 단축
   • 비용구배가 적은 C작업에서 단축가능일수 4일을 단축한다.
   • 4일을 단축하면 Sub CP가(A-E-H-I-K)가 발생하며 이후 단축 시 Sub CP도 고려해야 한다.
3) 3차 단축 : 주CP와 서브를 고려 비용구배가 적은 I작업에서 2일 단축한다.
4) 4차 단축 : 주CP와 서브CP를 고려(A·B·C) 작업을 병렬 단축하여 1일을 단축한다.

정답 2. 단축된 네트워크 공정표

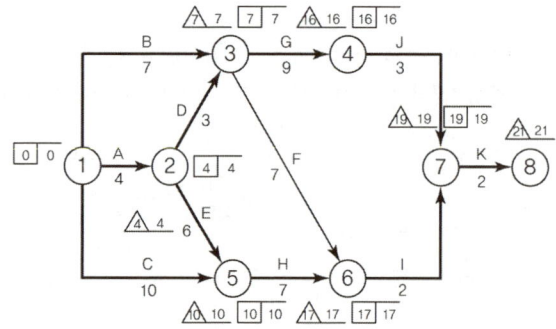

3. 총공사비
   1) 표준상태 총공사비 = 1,000,000원
   2) 단축 시 증가비용
      ① 1차 단축 H작업 3일   ∴ 8,500×3일 = 25,500원
      ② 2차 단축 C작업 4일   ∴ 9,000×4일 = 36,000원
      ③ 3차 단축 I작업 2일   ∴ 9,500×2일 = 19,000원
      ④ 4차 단축
         A작업 1일   ∴ 10,000×1 = 10,000원
         B작업 1일   ∴ 15,000×1 = 15,000원
         C작업 1일   ∴ 9,000×1 = 9,000원
      ∴ ①+②+③+④ = 114,500원
   3) 단축 시 총공사비 = 1)+2) = 1,114,500원

21 다음 네트워크 공정표에서 최적공기를 구하라.(단, 간접비용은 1일당 8만원이 소요된다.)

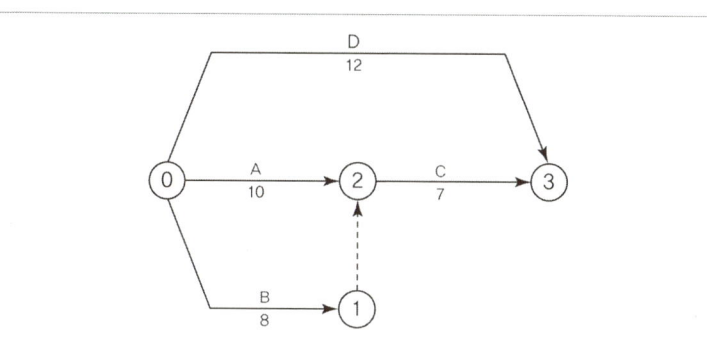

작업	표준(Normal)		특급(Crash)		비용구배
	소요일수	직접비(만원)	소요일수	직접비(만원)	(만원/일)
A	10	50	5	80	6
B	8	35	6	49	7
C	7	70	5	90	10
D	10	30	6	46	4

정답
1) 최적공기는 총공사비(직접공사비 + 간접공사비)가 최소인 시점이다.
2) 표준상태에서 공기를 1일 단축 시 직접공사비 증가폭이 간접공사비 감소폭보다 적어지는 경우는 계속 단축한다.
3) 아래의 도표와 같이 표를 만들어 공기단축을 1일씩 행하며 비용의 변화를 고려한 후 총공사비가 최소가 되는 시간이 최적공기가 된다.

소요공기	단축대상	직접비(만원)	간접비(만원)	총공사비
17	정상작업	185	17×8=136	321
16	A	185+6=191	16×8=128	319
15	A	191+6=197	15×8=120	317(★최소)
14	C	197+10=207	14×8=112	319
13	C	207+10=217	13×8=104	321
12	A, B	217+13=230	12×8=96	326

4) 그러므로 최적공기는 15일이며 이때 총공사비는 317만 원이다.

보충 시간과 비용관계

- 일정계산 후 총공기=17일
- 공기단축 시
  ┌ 간접비 감소
  └ 직접비 증가
- 정상작업 직접비 산출
  A작업+B작업+C작업+D작업
  =50+35+70+30
  =185만원

22 아래 작업 List를 가지고 화살선도를 그리고 표준일수에 대한 Critical Path를 그리고 공비증가율, EST, EFT, LST, LFT, TF, FF, DF의 빈칸을 채우고, 총공사비가 가장 적게 들기 위한 최적 공기를 구하시오.(단, 간접비는 1일당 60만원이 소요되며, 주공정선은 굵게 표시하시오.)

작업명	선행작업	후속작업	표준(Normal)		특급(Crash)		공비증가율	개시		종료		Float		
			일수	직접비(만원)	일수	직접비(만원)		EST	LST	EFT	LFT	TF	FF	DF
A	–	C, D	4	210	3	280								
B	–	E, F	8	400	6	560								
C	A	E, F	6	500	4	600								
D	A	H	9	540	7	600								
E	B, C	G	4	500	1	1,100								
F	B, C	H	5	150	4	240								
G	E	–	3	150	3	150								
H	D, F	–	7	600	6	750								

정답 1. 네트워크 공정표

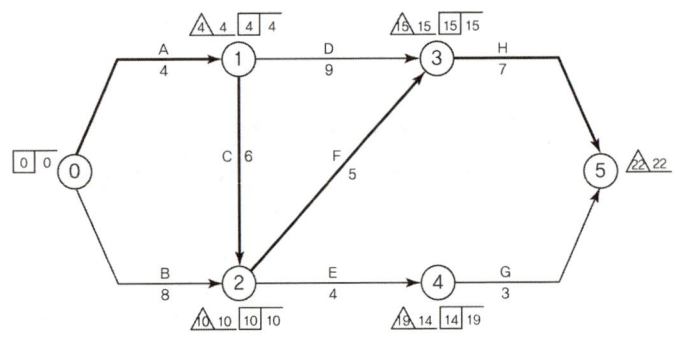

2. 활동 목록표(일정표)

작업	공비증가율(만/일)	EST	LST	EFT	LFT	TF	FF	DF
A	70	0	0	4	4	0	0	0
B	80	0	2	8	10	2	2	0
C	50	4	4	10	10	0	0	0
D	30	4	6	13	15	2	2	0
E	200	10	15	14	19	5	0	5
F	90	10	10	15	15	0	0	0
G	0	14	19	17	22	5	5	0
H	150	15	15	22	22	0	0	0

3. 최적 공기

1) 최적 공기는 총공사비(직접공사비 + 간접공사비)가 최소인 시점이다.
2) 표준상태에서 공기를 1일씩 단축 시 직접공사비 증가폭이 간접공사비 감소폭보다 적어지는 경우는 계속 단축한다.
3) 위의 사항을 아래의 도표로 만들어 공기단축을 1일씩 행하며 총공사비가 최소가 되는 시점이 최적 공기가 된다.

공사기간	단축대상작업	직접비(만 원)	간접비(만 원)	총공사비(만 원)
22일		3,050	1,320	4,370
21일	C	3,100	1,260	4,360
20일	C	3,150	1,200	4,350(★최소)
19일	D, F	3,270	1,140	4,410
18일	H	3,420	1,080	4,500

4) 그러므로 총공사비가 4,350만 원으로 최소가 되는 20일이 최적 공기이다.

> **보충) 별해**
> H작업 단축 대신 비용구배가 같은 A, B 작업을 동시에 줄여도 무방하다.

미듬 건축기사 실기

멘토스는 당신의 쉬운 합격을 응원합니다!

Engineer Architecture

CHAPTER 05
공정관리기법

CONTENTS

제1절 진도관리(Follow up)　　　　　　　　　125
제2절 자원배당　　　　　　　　　　　　　　126
제3절 EVMS(비용시간 통합관리)　　　　　　　128

미듬 건축기사 실기

멘토스는 당신의 쉬운 합격을 응원합니다!

공정관리 기법

회독 CHECK!
- 1회독 □ 월 일
- 2회독 □ 월 일
- 3회독 □ 월 일

| 학 | 습 | 포 | 인 | 트 |
* 진도관리 시기·개념·순서 파악
* 자원배당의 목적·방법·산적표 작성
* EVMS 기본원리, 측정요소, 평가방법

제1절 진도관리(Follow up)

1) 진도관리란 계획 공정표에 의해 공사를 진행하며 일정기간이 경과된 후 중간 점검을 하는 관리를 말한다.
2) 일반적으로 진도관리의 주기는 통상 15일(2주) 내지 30일(4주)을 기준으로 하며 30일을 넘지 않도록 한다.
3) 진도관리 결과 전체공기의 사항을 체크하고 공기지연이 예상될 경우 공기조정을 실시한다.
4) 진도관리 순서
   ① 작업이 진행되는 도중 완료 작업량과 잔여 작업량을 조사한다.
   ② 진도관리 시점에서 잔여작업량을 기준으로 네트워크 일정계산을 한다.
   ③ 잔여공기가 당초 공기보다 지연되고 있는 경로를 찾는다.
   ④ 공기단축은 최소비용의 공기단축으로 한다.
   ⑤ 단축된 공정표를 재작성하고 이에 따라 관리를 행한다.

예제 01

다음의 네트워크에 의하여 공사를 개시한 후, 24일째 진도관리(Follow up)한 바 작업의 잔여일수는 각각 표와 같다. 당초 공기를 초과한다면 어느 작업에서 며칠 단축해야 하는지 조치를 취하시오.

작업	당초 작업일수	잔여 소요일수	비 고
A	5	0	완료
B	4	0	완료
C	29	5	작업 중
D	18	2	작업 중
E	10	0	완료
F	22	4	작업 중
G	19	19	미착수
H	15	15	미착수

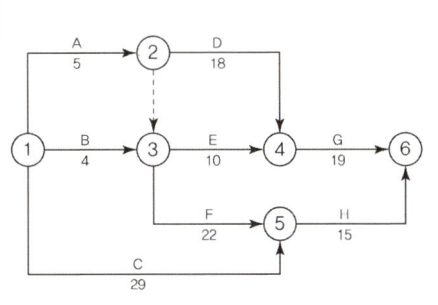

해설 1. 네트워크 공정표에 일정계산을 한다.

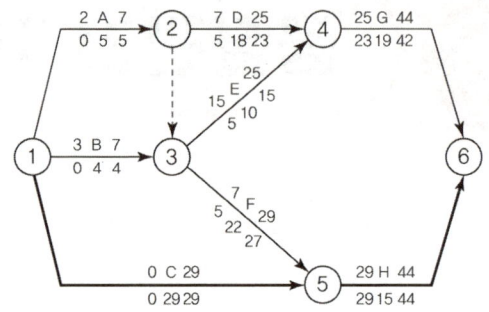

2. 완료된 작업을 제외하고 작업 중이거나 미착수된 작업을 검토한다.

작업	작업일수	잔여일수	검토(종료일)	판정	조치
C	29	5	24+5=29	정상	
D	18	2	24+2=26	1일 지연	1일 단축
F	22	4	24+4=28	정상	
G	19	19	24+19=43	정상	
H	15	15	24+15=39	정상	

※ 검토는 24일+잔여일수가 LFT보다 지연되고 있는가를 비교한다.
① C작업은 29일 종료되므로 정상(LFT=29)
② D작업은 26일 종료되므로 LFT보다 1일이 지연되고 있다. 그러므로 D작업은 1일 단축해야 하며, 만약 D작업에서 단축이 불가능할 경우 G작업에서 단축해야 한다.
③ F작업은 28일 종료되므로 정상(LFT=29)
④ G작업과 H작업은 미착수 작업이므로 진도관리일(24일)과 LST를 비교하여 LST 이전이면 정상이다.

제2절 자원배당

01 개요

1) 자원배당은 자원(인력, 자재, 장비, 자금) 소요량과 투입량을 상호조정하며 자원의 비효율성을 제거하여 비용의 증가를 최소화하는 것이다.
2) 여유시간을 이용하여 논리적 순서에 따라 작업을 조절하여 자원을 배당함으로써 자원이용에 대한 손실을 줄이고, 자원수요를 평준화하는 데 목적이 있다.

02 목적

1) 자원변동의 최소화
2) 자원의 시간낭비 제거
3) 자원의 효율화
4) 공사비 절감

03 자원배당의 대상

1) 인력(Man)
2) 장비(Machine)
3) 자재(Material)
4) 자금(Money)

예제 02

다음 네트워크 공정표를 보고 아래 물음에 답하시오.(단, ( ) 안의 숫자는 1일당 소요인원이고, 지정공기는 계산공기와 같다.)

• 06①

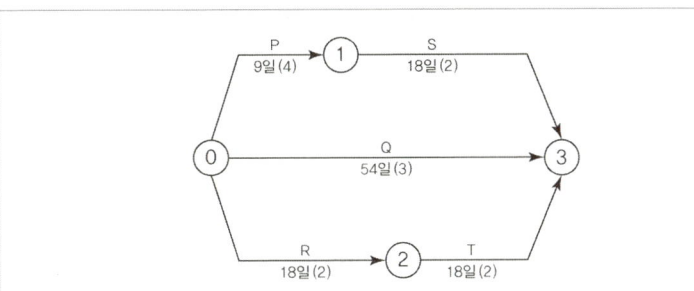

1) 각 작업을 EST에 따라 실시할 경우 1일 최대 소요인원은 몇 명인가?
2) 각 작업을 LST에 따라 실시할 경우 1일 최대 소요인원은 몇 명인가?
3) 가장 적합한 계획에 따라 인원 배당을 행할 경우 1일 최대 소요인원은 몇 명인가?

풀이
- 주어진 공정표에 일정계산을 하고 주공정선(CP)과 EST, LST를 구한 다음 산적표(분배도)를 작성한다.
- 산적표 작성 시 주공정선의 작업부터 우선적으로 배당한다.

1. 일정계산

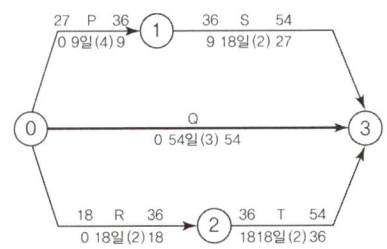

2. EST에 실시할 경우 = 최대 9명

3. LST에 실시할 경우 = 최대 9명

보충 산적표(EST에 시작하는 경우)

①

② 주공정선에 작업 배당

③ P작업과 S작업 : 순서는 임의
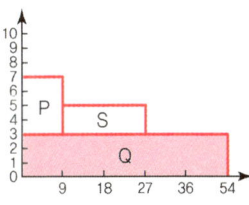

④ R과 T작업 : 좌도와 같이 완성

※ LST를 실시하는 경우도 EST와 동일

> **보충** 최적계획 시
> ① 선행과 후속의 관계(단계원칙) 준수
> ② 주어진 공정표에서 P작업과 S작업, R작업과 T작업은 선행과 후속의 관계에 있으므로 S작업을 P작업보다 먼저 시행할 수 없고, T작업 역시 R작업보다 먼저 시행할 수 없다.

4. 최적계획 = 최대 7명

최적에 의한 계획 시 선행작업과 후속작업의 관계를 고려하여 작성함에 유의한다.

제3절 EVMS(Earnecl Value Management System, 비용시간 통합관리)

01 정의

프로젝트의 업무정의, 일정계획 및 예산배분, 성과측정 및 분석의 과정을 통하여 **비용과 일정의 계획값과 실제값을 통합관리**함으로써 문제를 파악하고 분석하여 비용과 일정을 예측하고 만회대책 수립을 가능하게 한다.

02 도입 효과

발주자 측면	시공자 측면
• 계획대비 실적관리 • 객관적인 원가 집행 및 관리	• 원가와 공정 통합관리 • 공사관리의 효율성 증대 • 기성관리체계의 간소화 도모

03 구성 요소

EVMS를 구성하는 요소는 계획요소, 측정요소, 분석요소 3개로 나눌 수 있다.

(1) 계획요소

1) 작업분류체계(Work Breakdown Structure : WBS)

프로젝트의 모든 작업을 계층적으로 분류하여 동일한 기준으로 일정과 성과를 측정하기 위한 표준체계

> **보충** 분류체계
> • WBS(작업 분류체계)
> • OBS(조직 분류체계)
> • CBS(비용 분류체계)
>
> ● 16② · 12① · 05②
>
> **용어** CA

2) 관리계정(Control Account : CA)

작업분류체계에 의해 분할된 최소 관리 단위를 의미하며, 공정 및 공사비 통합 및 성과측정의 기본단위. 프로젝트의 규모나 난이도 등에 따라 관리계정의 수준이 결정

3) 성과 기준(Performance Measurement Baseline : PMB)

관리계정을 구성하는 항목별로 비용을 일정에 따라 배분하여 표기한 누계곡선을 말하며 소화곡선(S-curve)이라고도 함. 이는 계획과 실적을 비교 관리하는 성과측정의 관리기준

(2) 측정요소

측정요소는 실제 공사가 진행되는 과정에서 주기적으로 성과를 측정하고 분석하기 위한 자료를 수집하는 과정으로 실행원가, 실행기성, 실투입비로 나뉜다.

1) 실행원가(Budgeted Cost of Work Scheduled : BCWS)

실행예산 또는 계획실적 등으로 불리며, 공사계획에 의해 특정 시점까지 완료해야 할 작업에 배분된 예산으로 원가관리의 기준

2) 실행기성(Budgeted Cost of Work Performed : BCWP)

소화금액, 기성, Earned Value(EV) 등으로 불리며 특정시점까지 실제 완료한 작업에 배분된 예산

3) 실투입비(Actual Cost of Work Performed : ACWP)

특정시점까지 실제 완료한 작업에 소요된 실제 투입비용

(3) 분석요소

분석요소는 측정요소를 활용하여 특정시점에서의 공사의 상태를 파악하고, 향후 성과를 예측하여 일정과 비용의 추세를 분석하는 지표이다. 분석요소에는 일정분산, 비용분산, 잔여비용 추정, 최종비용 추정, 변경실행예산, 공사비 편차 추정, 비용차이율, 일정차이율 등이 포함된다.

1) 일정분산(Schedule Variance : SV)

특정시점에서 실행과 실행기성의 차이를 원가의 개념으로 표현한 것으로 공정의 지연정도를 금액 기준으로 표시

2) 일정수행지수(Schedule Performance Index : SPI)

계획 일정과 실제 일정을 비교하기 위한 지수로 실행과 실행기성의 비율로 표시

3) 비용분산(Cost Variance : CV)

특정시점에서 실행기성과 실투입비의 차이로서 실투입이 원가 내에 있는지 여부를 구분하는 척도이며 시공자 입장에서 공사 수행을 통한 손익 정도를 분석

4) 비용수행지수(Cost Performance Index : CPI)

비용의 초과 집행 또는 절감을 분석하는 지수로서 실행기성과 실투입비의 비율로 표시

보충 측정요소
- 실행원가(BCWS) = 계획수량 × 계획단가
- 실행기성(BCWP) = 실제수량 × 계획단가
- 실투입비(ACWP) = 실제수량 × 실제단가

용어 ACWP

용어 CV

보충 분석요소

1) 일정분산(SV)
   = BCWP − BCWS
   $\begin{pmatrix} SV<0 : 지연 \\ SV>0 : 초과 \end{pmatrix}$

2) 일정수행지수(SPI)
   $= \dfrac{BCWP}{BCWS}$ $\begin{pmatrix} SPI<1 : 지연 \\ SPI>1 : 초과 \end{pmatrix}$
   ※ SPI=0.80이면 100원 어치로 예정된 공사가 80원 어치 완료

3) 비용분산(Cost Variance : CV)
   = BCWP − ACWP
   $\begin{pmatrix} CV<0 : 원가초과 \\ CV>0 : 원가절감 \end{pmatrix}$

4) 비용수행지수(CPI)
   $= \dfrac{BCWP}{ACWP}$ $\begin{pmatrix} CPI<1 : 비용초과 \\ CPI>1 : 비용절감 \end{pmatrix}$
   ※ CPI가 0.85이면 85원의 가치로 예정되었던 공사를 실제로 100원을 투입하여 완료한 것을 의미한다.

5) 총실행예산(BAC)

6) 잔여비용 추정액(ETC)

$$= \frac{BAC - BCWP}{CPI}$$

7) 변경실행예산(EAC)

$$= ACWP + ETC$$

$$= ACWP + \frac{(BAC - BCWP)}{CPI}$$

$$= \frac{BAC}{CPI}$$

8) 실행공정률(PC) $= \frac{BCWP}{BAC}$

9) 공사비 편차 추정(VAC)

$$= BAC - EAC$$

10) 잔여공사비 성과지표(TCPI)

$$= \frac{BAC - BCWP}{BAC - ACWP}$$

11) 비용 차이율(CVP)

$$= \frac{CV}{BCWP} = \frac{BCWP - ACWP}{BCWP}$$

$$= 1 - \frac{ACWP}{BCWP}$$

$$= 1 - \frac{1}{CPI}$$

12) 일정 차이율(SVP)

$$= \frac{SV}{BCWS} = \frac{BCWP - BCWS}{BCWS}$$

$$= \frac{BCWP}{BCWS} - 1 = SPI - 1$$

5) 총실행예산(Budgeted at Completion : BAC)

공사 준공 시까지 소요되는 예산의 총합

6) 잔여비용 추정액(Estimate to Completion ; ETC)

성과측정 기준일부터 추정 준공일까지 실투입비에 대한 추정액

7) 변경실행예산(Estimate at Complection : EAC)

공사 착공부터 추정 준공일까지 실투입비 총액 추정치

8) 실행공정률(Percent Complete : PC)

특정시점 기준으로 총사업예산 대비 기성률을 나타내는 척도

9) 공사비 편차 추정(Variance at Completion : VAC)

총실행예산과 변경실행예산의 차이로서 공사 준공시점에서 비용 성과를 추정하는 지표

10) 잔여공사비 성과지표(To-Complete Cost Performance Index : TCPI)

측정시점 기준에서 잔여 공사물량에 대한 예산과 실투입비 추정액의 비율

11) 비용 차이율(Cost Variance Percentage : CVP)

비용분산과 실행기성의 비율

12) 일정 차이율(Schedule Variance Performance : SVP)

일정분산과 실행의 비율

핵심 기출문제

01 자원배당의 목적을 4가지만 쓰시오.

가.
나.
다.
라.

정답
가. 자원변동의 최소화
나. 자원의 시간낭비 제거
다. 자원의 효율화
라. 공사비 절감

02 네트워크 공정표에서 자원배당(Resource allocation)의 대상을 3가지만 쓰시오.

가.   나.
다.   라.

정답
가. 인력(Man)
나. 장비(Machine)
다. 자재(Material)
라. 자금(Money)

03 공사관리를 실시하는 데에는 자원에 대한 배당이 매우 중요하다 할 수 있다. 이때 소요되는 자원을 아래와 같은 특성상으로 분류하여 각각 2가지씩 기입하시오.

가. 내구성 자원(Carried-forward resource) :
나. 소모성 자원(Used-by-job resource) :

정답
가. 인력, 장비(기계)
나. 자재, 자금

04 네트워크 공정표에서 자원배당의 대상이 되는 자원을 쓰시오.

가.
나. 장비, 설비
다.
라. 자금
마.
바.

정답
가. 인력, 노무
다. 재료, 자원
마. 공법, 관리
바. 경험, 기억(기술축적)

05 다음 네트워크 공정표에 있어서 동원인력이 7인/일인 경우에 맞추어 Man Power Leveling을 행하시오.(단, △ 안의 숫자는 그 Activity에 있어서의 1일 필요인원으로 한다.)

해설 일정 계산

정답 1. EST에 실시할 경우

2. LST에 실시할 경우

3. 최적계획

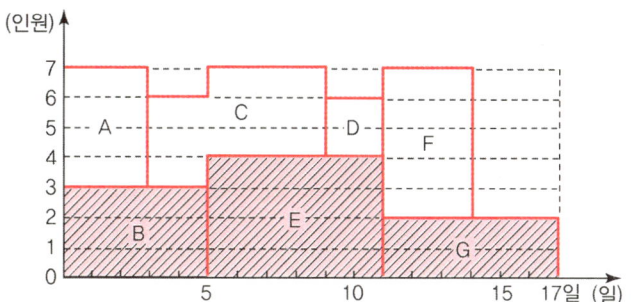

06 공정관리에 있어서 자원평준화 중 Crew Balance 방식에 관하여 기술하시오.
• 08② · 03①

정답

가. 정의 : 작업관찰을 통해 작업에 필요한 각 작업조 구성원과 사용 장비 간의 상호관계를 단위 주기 안에서 시간 비율로 나타내고 불필요한 인원 및 작업과정을 분석, 도출하여 작업의 효율성을 높이기 위한 기법

나. 적용 : 대상 작업이 짧은 작업주기를 갖는 작업, 작업조의 구성원 수가 적은 작업, 매우 반복적인 작업일 때 효과적이다.

07 다음 네트워크와 같이 공사를 진행시키고자 한다. 가장 빠른 시작시간(Earliest Start Time), 가장 늦은 시작시간(Latest Start Time)에 의한 인력부하도(Loading Diagram)와 균배도(Leveling Diagram)를 작성하고 총동원 인원수 및 최소 동원 인원수를 산출하라.

해설 일정계산

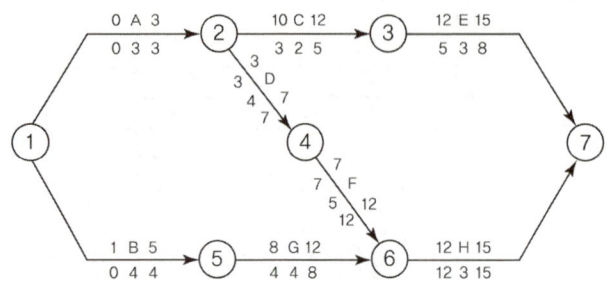

정답 1. EST에 실시할 경우

2. LST에 실시할 경우

3. 균배도

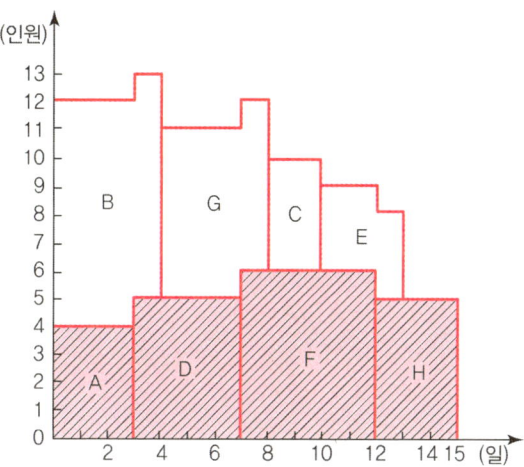

4. 총동원 인원수
   (각 작업 소요일수×1일 인원수)의 총합
   = 3×4+4×8+2×4+4×5+3×3+5×6+4×6+3×5 = 150인/일

5. 최소 인원수
   13인(3번 균배도에 의함)

08 다음 통합공정관리(EVMS : Earned Value Management System) 용어를 설명한 것 중 맞는 것을 보기에서 선택하여 번호로 쓰시오.

• 16② · 12① · 05②

① 프로젝트의 모든 작업내용을 계층적으로 분류한 것으로 가계도와 유사한 형성을 나타낸다.
② 성과측정시점까지 투입예정된 공사비
③ 공사착수일로부터 추정준공일까지의 실 투입비에 대한 추정치
④ 성과측정시점까지 지불된 공사비(BCWP)에서 성과측정시점까지 투입예정된 공사비를 제외한 비용
⑤ 성과측정시점까지 실제로 투입된 금액을 말한다.
⑥ 성과측정시점까지 지불된 공사비(BCWP)에서 성과측정시점까지 실제로 투입된 금액을 제외한 비용
⑦ 공정, 공사비 통합, 성과측정, 분석의 기본단위를 말한다.

가. CA(Control Account) :
나. CV(Cost Variance) :
다. ACWP(Actual cost for work performed) :

정답
가. CA : ⑦
나. CV : ⑥
다. ACWP : ⑤

정답
가. WBS : ①
나. SV : ④
다. BCWS : ②

정답
가. 실행원가(BCWS)
　　: 계획수량×계획단가
나. 실행기성(BCWP)
　　: 실제수량×계획단가
다. 실투입비(ACWP)
　　: 실제수량×실제단가

정답
가. SV=BCWP−BCWS
나. CV=BCWP−ACWP
다. SPI = $\dfrac{BCWP}{BCWS}$
라. CPI = $\dfrac{BCWP}{ACWP}$

09 다음 통합공정관리(EVMS : Earned Value Management System) 용어를 설명한 것 중 맞는 것을 보기에서 선택하여 번호로 쓰시오. ●08③

> ① 프로젝트의 모든 작업내용을 계층적으로 분류한 것으로 가계도와 유사한 형성을 나타낸다.
> ② 성과측정시점까지 투입예정된 공사비
> ③ 공사착수일로부터 추정준공일까지의 실 투입비에 대한 추정치
> ④ 성과측정시점까지 지불된 공사비(BCWP)에서 성과측정시점까지 투입예정된 공사비를 제외한 비용
> ⑤ 성과측정시점까지 실제로 투입된 금액을 말한다.
> ⑥ 성과측정시점까지 지불된 공사비(BCWP)에서 성과측정시점까지 실제로 투입된 금액을 제외한 비용
> ⑦ 공정, 공사비 통합, 성과측정, 분석의 기본단위를 말한다.

가. WBS(Work Breakdown Structure) :
나. SV(Schedule Variance) :
다. BCWS(Bugdeted Cost for Work Scheduled) :

10 EVMS를 구성하는 요소는 계획요소, 측정요소, 분석요소 3가지로 나눌 수 있다. 여기에 속하는 측정요소 3가지를 쓰시오.

가.
나.
다.

11 EVMS의 분석요소 중 아래에서 요구하는 사항을 보기에서 골라 식을 완성하시오.

> • BCWS(Budgeted Cost of Work Scheduled)
> • BCWP(Budgeted Cost of Work Performed)
> • ACWP(Actual Cost of Work Performed)
> • WBS(Work Breakdown Structure)

가. 일정분산(SV) :
나. 비용분산(CV) :
다. 일정수행지수(SPI) :
라. 비용수행지수(CPI) :

Engineer Architecture

CHAPTER 06
품질관리

CONTENTS

제1절	시공기술 품질관리	139
제2절	통계적 품질관리	159
제3절	자재 품질관리	161

미듬 건축기사 실기

멘토스는 당신의 쉬운 합격을 응원합니다!

품질관리

제1절 시공기술 품질관리

|학|습|포|인|트|
* 품질관리 순서(Cycle) 이해하기
* QC수법 이해하기

I. 총론

01 품질

(1) 정의

① 제품의 유용성을 결정하는 성질 또는 제품의 사용목적을 다하기 위하여 구비해야 할 성질
② 좋은 품질이란 그것을 사용할 소비자에 의하여 평가되며 소비자의 사용목적이나 조건에 맞는 품질이다. 또한 '최고나 최상'이 아닌 '최적'의 품질

(2) 특성

① 참특성 : 소비자가 요구하는 품질 특성(예 경제성, 시공성)
② 대용특성 : 참특성의 세부적인 항목(예 크기, 색상, 개수, 수량)

> **보충 특성**
> 품질평가의 대상이 되는 성질이나 성능

(3) 분류

구 분	내 용
목표품질	• 제품에 대한 소비자의 요구 • 품질 특성의 규정
설계품질	• 목표 품질을 실현하기 위해 기획한 결과를 시방으로 정리하여 표현화한 품질
제조품질 (적합품질)	• 실제로 제조된 품질특성 • 현장의 품질관리는 제조품질을 설계품질에 합치시키기 위한 노력
시장품질 (사용품질)	• 소비자의 사용상태에 있는 동안 만족을 주는 품질 • 시장품질을 높이기 위해서는 서비스 비용의 증액이 필요
서비스품질	• 제품을 직접 취급하지 않는 기업도 제공되는 서비스를 품질이라 한다.

02 관리

(1) 정의

목표를 설정하고 이를 능률적으로 달성하기 위한 모든 조직적인 활동

> **보충 관리의 제반요인**
> ① 자원(Material) 또는 재료
> ② 인력(Man) 또는 노무
> ③ 장비(Machine) 또는 기술
> ④ 자금(Money)
> ⑤ 기억(Memory)
> ⑥ 관리(Management)

(2) 단계(Cycle)

계획(Plan) - 실시(Do) - 검토(Check) - 시정(Action)

> **보충** Cycle
> Plan - Do - See(Check) - Action
>
> ●08② · 98②
> (순서) 품질관리 Cycle

03 품질관리

(1) 정의

품질관리(QC : Quality Control)란 수요자의 요구에 맞는 품질의 제품을 경제적으로 만들어 내는 모든 수단의 체계를 말한다.
즉, 건축공사의 품질관리란 설계서나 시방서 등에 따른 시공 목적물을 소요강도 및 내구성, 경제성 등에 맞도록 모든 공정 중의 품질에 대하여 기술적인 지식을 응용하여 관리하고 시험하며 통계적 방법을 응용해 나가는 것이라 할 수 있다.

(2) 목적(장점)

① 결함 방지(원가절감) ② 하자/유지비 절감
③ 신뢰성 확보 ④ 결과 예측 가능
⑤ 작업 중 문제점 도출 및 대처 가능 ⑥ 작업의 합리화(표준화)
⑦ 작업능률 향상(작업자 기능 향상) ⑧ 기회 손실의 방지

(3) 순서

① **품질관리의 항목 선정**(품질특성 - 결정) : 품질에 중요한 영향을 미치는 품질특성 중에서 신속한 조치가 필요한 것을 선정한다.
② **품질표준의 결정** : 품질표준은 그 공사에서 품질을 목표로 하는 것으로 대부분 설계서나 시방서에 의하여 결정된다.
③ **작업표준의 결정** : 품질표준에 따른 작업조건, 작업방법, 사용재료, 사용장비 등을 결정한다.
④ **작업표준에 따른 교육 및 훈련** : 현장 작업원에게 각자의 작업내용을 교육 훈련하여 숙지시킨다.
⑤ **작업실시**
⑥ **품질의 조사, 품질검사** : 품질표준과 일치하고 있는지의 여부를 조사하고 히스토그램이나 공정능력도를 작성하여 이상 여부를 확인한다.
⑦ **관리도 작성** : 공정능력도나 히스토그램이 양호한 상태로 나타나면 적당한 관리도를 선정하여 이상 여부를 계속 주시한다.
⑧ **이상의 판정 및 수정조치** : 관리도에서 이상이 발견되면 그 원인을 분석하고 수정조치한다.
⑨ **결과확인** : 수정조치 후 그 결과를 확인한다.

> ●10④ · 00③
> (순서) 품질관리

04 품질경영(QM : Quality Management)

(1) 정의
최고 경영자의 리더십 아래, 품질을 경영의 최우선 과제로 하고 고객만족의 확보를 통한 기업의 장기적인 성공은 물론, 기업구성원과 사회 전체의 이익에 기여하기 위하여 경영활동 전반에 걸쳐 모든 구성원의 참가와 총체적 수단을 활용하는 전사적인 경영관리 체계

(2) 과정

구 분	특 징
QC	• 공정불량품 제거 • 검사수단을 통한 표준과 대조 • 일정한 품질수준 유지
SQC	• 공정불량의 개선 • 관리도에 의한 통계학적인 공정통계 • 검사 · 품질관리부서 중심의 활동
TQC	• 불량개선의 시스템 • 품질에 영향을 주는 사내 모든 기능의 종합적 참여
TQM	• 품질, 공정, 사람, 자원 등 전체(T)의 질(Q) 향상

> 보충 참고사항 : 품질비용
> ① 하자비용
> ② 예방비용
> ③ 무형비용

> 보충 참고사항
> 1. QI(Quality Improvement : 품질관리)
>   : 활동의 공정과 유효성, 효율성 향상 활동
> 2. QA(Quality Assurance : 품질보증)
>   : 신뢰감 확보를 위한 체계적이고 계획적인 활동

05 모델화

(1) 정의
품질관리상 문제의 본질을 누구나 알 수 있도록 용이하게 표현하는 기법을 말한다.

(2) 종류
① **구체적 모델** : 모형(건물, 선박, 항공기 등), 배치 결정에 의한 기계의 모형 또는 카드(Card), 원척도 등으로 표시한다.
② **그래픽 모델** : 각종 변수를 선의 길이나 면적 등으로 표시하는 등 문제를 그래프화하여 표시한다.
③ **픽토리얼 모델** : 만화 또는 일러스트 등 이미지를 환기시키는 모델화를 말한다.
④ **스키마틱 모델** : 정보의 흐름, 공정분석, 조직도 등을 지칭하는 것으로 각종의 흐름을 언어모델로 표시하는 것보다 훨씬 명료하게 된다.
⑤ **수학적 모델** : 생산계획, 생산할당도 등이 있다.
⑥ **시뮬레이션 모델** : 어떤 현상을 훈련이나 실험용 현상으로 모의하는 것을 말한다.

06 품질관리 계획

(1) 품질관리 계획서 제출 대상공사
① 전면책임감리 대상인 건설공사로서 총공사비가 500억 원 이상인 건설공사
② 다중이용건축물의 건설공사로서 연면적이 30,000m^2 이상인 건축물의 건설공사
③ 당해 건설공사의 계약에 품질관리 계획의 수립이 명시되어 있는 건설공사

●24① · 15④ · 14①
항목 품질관리 계획 시 필수 항목

(2) 품질관리 계획서 작성내용

건설공사정보 / 품질방침 및 목표 / 현장조직관리 / 문서관리 / 기록관리 / 자원관리 / 설계관리 / 공사수행준비 / 교육훈련 / 의사소통 / 자재구매관리 / 지급자재관리 / 하도급관리 / 공사관리 / 중점품질관리 / 계약변경 / 식별 및 추적 / 기자재 및 공사목적물의 보존관리 / 검사, 측정 및 시험장비의 관리 / 검사 및 시험, 모니터링 / 부적합사항관리 / 데이터의 분석관리 / 시정 및 예방조치 / 품질감사 / 건설공사 운영성과 / 공사준공 및 인계

II. 품질관리(QC) 수법

보충 키워드
① 분포
② 결과에 원인
③ 불량, 결점, 고장 크기순서
④ 집중
⑤ 결과 그림
⑥ 변수 간의 상관관계
⑦ 부분집단

도구명	내 용
히스토그램	계량치의 분포(데이터)가 어떠한 분포를 하는지 알아보기 위하여 작성하는 것
특성요인도	결과에 원인이 어떻게 관계하고 있는가를 한눈에 알아보기 위하여 작성하는 것(체계적 정리, 원인 발견)
파레토도	불량, 결점, 고장 등의 발생건수를 분류항목별로 나누어 크기 순서대로 나열해 놓은 것(불량항목과 원인의 중요성 발견)
체크시트	계수치의 데이터가 분류항목별의 어디에 집중되어 있는가를 알아보기 쉽게 나타낸 것(불량항목 발생, 상황파악 데이터의 사실 파악)
그래프	품질관리에서 얻은 각종 자료의 결과를 알기 쉽게 그림으로 정리한 것
산점도	서로 대응되는 두 개의 짝으로 된 데이터를 그래프 용지에 점으로 나타내어 두 변수 간의 상관관계를 짐작할 수 있다.
층별	집단을 구성하고 있는 많은 데이터를 어떤 특징에 따라 몇 개의 부분집단으로 나눈 것

●24③ · 21② · 15④ · 11②
종류 QC 수법

●23④ · 14① · 07③,②,①
· 06③,② · 01① · 98②
연결 QC 수법/설명

01 히스토그램(Histogram)

길이, 무게, 시간, 경도 등을 측정하는 계량치 데이터가 어떠한 분포를 하고 있는가를 알아보기 쉽게 나타낸 그림으로 데이터만으로는 알아보기 어려웠던 전체의 모습을 간단하게 알 수 있고 대체적인 평균이나 산포의 모습 및 크기를 간단하게 알 수 있다.

●21①
용어 히스토그램

(1) 작성방법

① 데이터를 수집한다.
② 데이터 중의 최대치와 최소치를 구한 다음 전범위(R)를 구한다.
③ 구간폭을 정한다.(계급의 수와 데이터의 수)
④ 경계치를 결정한다.(측정단위의 1/2)
⑤ 도수분포도를 작성한다.
⑥ 히스토그램을 작성한다.
⑦ 히스토그램과 규격값을 대조하여 안정상태인지 검토한다.

●16② · 15② · 09① · 06③
· 04③ · 00④ · 98⑤
순서 히스토그램 작성

보충 히스토그램
1. 데이터 수는 50개 이상 보통 100개 정도
2. 범위(R)
 = 측정치 최댓값 − 측정치 최솟값

히스토그램을 작성하면 규격치를 넣어 규격치와 데이터와의 관계를 판정한다. 여유판정에는 정규분포와의 관계를 파악하기 위한 것으로 평균치로부터 양측으로 3σ가 규격치 내에 있다면 여유가 있는 것으로 본다.

ⅰ) 상한 규격치와 하한 규격치가 있을 때

$$\frac{SU-SL}{\sigma} \geq 6 \quad 가능하면\ 8$$

ⅱ) 한 쪽 규격치만 있을 때

$$\frac{S-\bar{x}}{\sigma} \geq 3 \quad 가능하면\ 6$$

여기서, SU : 상한 규격치
SL : 하한 규격치
S : 한쪽 규격치
$\bar{x}$: 평균치
σ : 표본 표준편차

3. 계급의 수
〈데이터수와 계급의 수〉

데이터수(N)	계급의 수(K)
50 미만	5~7
50~100	6~10
100~250	7~12
250 이상	10~20

예제 01

다음의 데이터(Data)는 콘크리트의 29일 압축강도 측정치를 나타낸 것이다. 데이터를 이용하여 히스토그램(Histogram)을 작성하시오.
(단, 폭은 20kg/cm², 폭의 수는 8, 폭의 경계치는 0.5kg/cm²이다.)

[콘크리트 압축강도(kg/cm²)의 데이터]

● : 최댓값   ▲ : 최솟값

횟수	1	2	3	4	5	6	7	8	9	10
측정치	245	278	260	281	281	281	293	290	245	278
	287	293	308	293	248	263	284	305	227	293
	350	245	290	305	281	248	293	290	260	296
	281	290	260	308	275	284	341	296	257	311
	293	281	281	278	308	254	227	287	305	260
	335	326	347	320	242	290	269	227	293	305
	263	308	326	236	269	287	284	275	260	248
	257	272	281	224	287	272	217	290	242	272
	260	215	305	257	293	287	281	260	305	▲212
	278	227	●353	260	281	257	272	236	287	260

[풀이] 1. 최대치와 최소치
① 최댓값 : 353kg/cm²
② 최솟값 : 212kg/cm²

2. 범위(R) = 최댓값 − 최솟값
= 353 − 212 = 141kg/cm²

3. 계급의 폭과 수는 문제조건 활용
   ① 계급의 폭 : 20
   ② 계급의 수 : 8

계급	구간
1	200~220
2	220~240
3	240~260
4	260~280
5	280~300
6	300~320
7	320~340
8	310~360

4. 계급의 구간 결정
   데이터의 최솟값이 첫 번째 계급에 들어가도록 적절히 설정한다. 예제에서는 최솟값이 212이고 계급의 폭이 20이므로 첫 번째 계급의 구간을 200으로 설정하여 계급의 구간을 나타내면 오른쪽 도표와 같다.

5. 경계치 결정
   측정치의 1/2 측정값이 단단위 정수이므로 0.5를 적용하여 경계를 구분한다.

> **보충) 경계치**
> 경계치의 의미는 좌상의 도표에서 보면 220, 240, 260 등은 두 개의 구간에 모두 적용되기 때문에 이것을 구분하기 위한 의미이다.

6. 도수 분포표 작성

번호	폭의 경계치	중앙치	점검표	도수	누적도수
1	199.5~219.5	209.5		3	3
2	219.5~239.5	229.5		7	10
3	239.5~259.5	249.5		12	22
4	295.5~279.5	269.5		23	45
5	279.5~299.5	289.5		36	81
6	299.5~319.5	309.5		11	92
7	319.5~339.5	329.5		4	96
8	339.5~359.5	349.5		4	100

7. 히스토그램 작성

02 특성요인도

(1) 정의

특성요인도란 **품질특성에 대하여 원인과 결과의 관계**를 나뭇가지 모양으로 도시한 것으로 일반적인 요인을 세밀하게 구체적으로 파악할 수 있다.

(2) 작성방법

① 품질의 특성을 정한다.
② 품질의 특성을 오른편에 쓰고 왼편에서 오른편을 향해 굵은 화살표를 기입한다.
③ 품질특성에 영향을 미치는 요인 중 중요항목을 중간 뼈에 기입한다. 이때, 재료(원료), 설비(기계), 작업자, 방법 등의 4M으로 중간 가지를 만들면 좋다.
④ 중간 가지에 정리한 중요항목 원인에 다시 작은 원인으로 생각되는 것을 작은 가지에 보탠다. 또, 그 작은 가지에 새끼 가지를 덧붙여간다.

(3) 작성 예

03 파레토도

(1) 정의

결함부나 기타 **결손항목을 항목별로 구분하여 크기순으로 나열**하여 그린 그림으로 가장 많은 결함의 항목을 집중적으로 감소시키는 데 효과적으로 사용되는 그림을 파레토도라고 한다.

(2) 작성방법

① 조사 사항 결정과 분류항목을 선정
② 데이터 수집 : 집계 후 수가 많은 순서대로 정리
③ 막대그래프 작성
④ 누적곡선(파레토 곡선)을 작성 : 누적 불량률을 꺾은선 그래프로 작성

(3) 작성 예

불량항목	불량개수	불량률(%)	누적불량 개수	누적불량률
A	198	47.6	198	47.6
B	103	24.8	301	72.4
C	72	17.3	373	89.7
D	25	6.0	398	95.7
E	28	4.3	416	100.0
계	416	100.0	−	

04 체크시트

(1) 정의

체크시트란 계수치의 **데이터(불량수, 결점수)가 분류 항목별의 어디에 집중**되어 있는가를 알아보기 쉽게 나타낸 것으로, 기록용지 구실을 하며 기록이 끝난 후에는 비교·검토함으로써 문제점을 판단할 수 있다.

(2) 작성 예

[건축용 전자제품 조립공정의 불량항목별 체크시트]

항목 \ 날짜	5월 1일	2일	3일	4일	5일	6일	계
위치교정	//	/	///	////	//	////-/	18
조임불량	/		//	//		/	6
결품보충			/	//		/	4
램프교환		/	////	///	//	////-/	17
기타	/	/		//	///	/	8
계	4	3	11	13	7	15	53

05 그래프

(1) 정의

데이터의 **결과를 알기 쉽게 표현**하여 보는 사람이 빠르게 정보를 얻을 수 있도록 하는 그림이다.

(2) 각종 그래프의 예

(a) 막대 그래프　　(b) 점 그래프　　(c) 원 그래프　　(d) 꺾은선 그래프

06 산점도

(1) 정의

산점도란 **서로 대응하는 두 개의 짝으로 된 데이터를 그래프용지 위에 점**으로 나타낸 그림으로서 30개 이상의 시료에 대해 2종류의 특징인 x와 y의 값을 횡축, 종축에 각각 x, y의 눈금으로 타점한 것을 말한다.

(2) 상관관계

(a) 완전 정상관　　(b) 부분 정상관　　(c) 무상관

(d) 완전 부상관　　(e) 부분 부상관　　(f) 무상관

07 층별

층별이란 집단을 구성하고 있는 많은 데이터를 어떤 특징에 따라서 **몇 개의 부분 집단으로 나누는 것**을 말한다. 측정치에는 반드시 산포가 있다. 따라서 산포의 원인이 되는 인자에 관하여 층별하면 산포의 발생원인을 규명할 수 있게 되고, 산포를 줄이거나, 공정의 평균을 좋은 방향으로 개선하는 등 품질향상에 도움이 된다.

08 관리도

(1) 정의
공정의 상태를 나타내는 그래프로 공정이 안정된 상태인지를 조사하기 위하여 사용한다.

(2) 관리도의 종류

데이터	호칭	용도 비교
계량치	$\bar{x} - R$ 관리도	평균치와 범위
	x_i 관리도	개개의 측정치
	$\tilde{x} - R$ 관리도	중위수와 범위
계수치	P_n 관리도	불량개수
	P 관리도	불량률
	C 관리도	결점수
	u 관리도	단위결점수

> 보충) 용어정리
> ① 계량치 : 연속량으로서 측정되는 품질 특성의 값
>   예) 길이, 질량, 온도
> ② 계수치 : 개수로 셀 수 있는 품질특성의 값
>   예) 불량개수, 결점수

> 보충) 기호
> - $\bar{x}$: 평균값
> - R : 범위
> - $\tilde{x}$: 중위수

1) $\bar{x} - R$ 관리도
이 관리도는 시료의 길이, 무게, 시간, 인장강도 등 계량치의 데이터에 대하여 $\bar{x}$과 R를 사용하여 공정을 관리하는 관리도로서 가장 대표적인 것이다.

2) $\tilde{x} - R$ 관리도
$\bar{x} - R$ 관리도의 $\bar{x}$ 대신 $\tilde{x}$를 사용하는 관리도법이다. 평균치 $\bar{x}$를 계산하는 시간과 노력을 줄이기 위해서 사용되며 작성방법은 $\bar{x} - R$ 관리도와 거의 같다.

3) x_i 관리도(일점 관리도)
데이터를 군으로 나누지 않고 한 개 한 개의 측정치를 그대로 사용하여 공정관리 시에 사용한다. 데이터로 얻은 간격이 크거나 군으로 나누어도 별로 의미가 없는 경우, 또는 정해진 공정으로부터 한 개의 데이터밖에 얻을 수 없을 때 사용한다.

4) P_n 관리도
데이터가 계량치가 아니고 하나하나의 물품을 양호, 불량으로 판정하여 시료 전체 속에 불량품의 개수로서 공정을 관리할 때 사용한다. 시료의 크기(개수)가 항상 일정한 경우에만 사용한다.

5) P 관리도
시료의 크기가 반드시 일정하지 않아도 된다.

6) C 관리도
일정 크기의 시료 가운데 나타나는 결점수에 의거 공정을 관리할 때 사용한다.

7) u 관리도

결점수에 의거 공정을 관리할 때에 나타나는 결점의 크기가 일정하지 않을 때에 결점수를 일정단위당으로 바꾸어 u 관리도로 사용한다.

> **참고** Reference
>
> **01. 관련도법**
> 몇 가지 문제점과 그 요인과의 관계를 명확히 하기 위한 도구로서, 연관도를 사용하면 요인이 복잡하게 연결된 문제를 정리하기 좋고, 계획단계에서부터 문제를 넓은 시각에서 관망할 수 있다.
>
> **02. 친화도법**
> 다량의 아이디어를 유사성이나 연관성에 따라 묶는(Grouping) 방법으로 장래의 문제나 미지의 문제에 대해 수집한 정보를 상호 친화성에 의해 정리하고 해결해야 할 문제를 명확히 할 수 있다.
>
> **03. 계통도법**
> 설정된 목적을 달성하기 위해 목적과 수단의 계열을 계통적으로 전개하여 최적의 목적달성 수단을 찾고자 하는 방법이다. 목적을 달성하기 위한 수단을 찾고, 또 그 수단을 달성하기 위한 하위 수준의 수단을 찾아 나가게 된다. 따라서 상위 수준의 수단은 하위 수준의 목적이 된다.
>
> **04. 매트릭스 도법**
> 문제되는 것 중에서 '짝'이 되는 요소를 찾아 매트릭스도를 만들어 각 요소의 관련성이나 그 정도를 표시하여 파악하고, 문제 해결을 효과적으로 달성하고자 하는 것이다.
>
> **05. 매트릭스 데이터 해석법**
> 매트릭스도에 배열된 많은 데이터를 판단하기 좋게 정리하는 방법을 말한다. 매트릭스도의 요소 간의 관련이 단순히 ⊙, ○, △등의 기호가 아니고 정량화된 수치 데이터로 취한 경우 이를 계산에 의해서 평가하여 판단하기 쉽게 하고자 하는 것이다.
> 신 QC 7가지 도구 중에서 유일한 데이터 해석법이고 컴퓨터 프로그램에 의한 해석도 가능하다.
>
> **06. PDPC(과정 결정 계획도법)**
> 문제해결이나 개선계획을 실시하는 단계에서는 계획입안단계에서 예측하지 못한 여러 가지 트러블이나 사고 등이 발생하는 경우가 많다.
> PDPC(Process Decision Program Chart)법은 이러한 경우에 계획단계에서 여러 가지 결과를 예측하여 그 결과들이 가급적 목표로 삼은 결과에 접근하도록 대책을 입안하여 미리 손을 쓴다. 다시 실시 단계에서는 앞을 예측하면서 결과를 목표에 맞추어 가는 사전대책을 구사하여 예정된 결과를 효과적으로 얻고자 하는 방법이다.
>
> **07. 애로 다이어그램**
> 여러 가지 작업이 복잡한 순서로 실시되면서 목적이 달성되는 경우에 그 순서와 일정 계획을 명확히 하고 효율적으로 진척도를 관리하기 위한 방법이다. 작업절차가 도표상에서 명확해지고 그에 따라 하나하나의 작업에 필요한 시간 단축을 꾀할 수가 있다.

CHAPTER 06 핵심 기출문제

01 품질관리의 3가지 목적은?

가. _____

나. _____

다. _____

정답
가. 품질유지
나. 품질향상
다. 품질보증
라. 결함방지
마. 작업능률 향상
바. 문제점 도출 및 대처가능

02 품질관리 등 일반관리의 제반요인(대상)이 되는 여러 M 중에서 4M만을 쓰시오.

가. _____

나. _____

다. _____

라. _____

정답
가. 자원 또는 재료(Material)
나. 노무(Man)
다. 장비 또는 기계(Machine)
라. 자금(Money)
마. 관리(Management) 또는 시공법(Method)
바. 기억(Memory)
※ 4M : 가~라, 5M : 가~마, 6M : 가~바

03 네트워크 공정표에서 자원배당의 대상이 되는 자원을 쓰시오.

가. (①)   나. 장비, 설비
다. (②)   라. 자금
마. (③)   바. (④)

정답
① 인력
② 자재
③ 공법 또는 관리
④ 기억

04 품질관리의 4사이클 순서인 PDCA명을 쓰시오.   ● 08② · 98②

_____

정답
계획(Plan) → 실시(Do) →
검토(Check) → 시정(Action)

05 건축생산에서 관리의 3대 목표가 되는 관리명을 쓰시오.

가. _____

나. _____

다. _____

정답
가. 품질관리
나. 공정관리
다. 원가관리

06 다음 보기에서 각종 관리 중 목표가 되는 관리의 수단이 되는 관리로 분류하여 번호로 쓰시오.

> (가) 원가관리 (나) 자원관리 (다) 설비관리 (라) 품질관리
> (마) 자금관리 (바) 공정관리 (사) 인력관리

가. 목표 : _____
나. 수단 : _____

보충 보충설명

정답
가. 목표 : (가), (라), (바)
나. 수단 : (나), (다), (마), (사)

---

07 건설공사의 품질관리 순서 4가지를 〈보기〉에서 골라 번호를 쓰시오.

> (가) 실시   (나) 통제   (다) 조치
> (라) 계측   (마) 방침   (바) 계획

(   ) → (   ) → (   ) → (   )

정답
(바) → (가) → (나) → (다)

---

08 품질관리의 순서를 〈보기〉에서 골라 번호를 순서대로 나열하시오.

> (가) 작업표준   (나) 품질표준   (다) 품질조사
> (라) 수정조치의 조사   (마) 수정조치

(   ) → (   ) → (   ) → (   ) → (   )

정답
(나) → (가) → (다) → (마) → (라)

---

09 다음 〈보기〉에서 일반적인 품질관리의 순서를 번호별로 나열하시오.

> (가) 품질관리 항목선정   (나) 교육 및 작업실시
> (다) 품질시험 및 검사   (라) 관리한계선의 재결정
> (마) 공정의 안정성 검토   (바) 품질 및 작업기준 결정
> (사) 이상원인 조사 및 수정조치

정답 품질관리의 순서
① 품질관리 대상항목(품질특성)을 정한다.
② 품질표준(규격치)을 정한다.
③ 품질표준에 작업지침서(작업표준)을 만든다.
④ 작업표준에 따른 작업원에 대한 교육 및 훈련을 실시한다.
⑤ 작업을 실시한다.
⑥ 작업 결과를 검사한다.(품질검사)
⑦ 검사자료를 토대로 관리도를 작성한다.
⑧ 관리도에 의한 이상 유무를 확인하고 이상이 발견되면 그 원인을 제거한다.

∴ (가) → (바) → (나) → (다) → (마) → (사) → (라)

10 품질관리 계획서 제출 시 필수적으로 기입하여야 하는 항목을 4가지 적으시오.
● 24① · 15④ · 14①

가. _____
나. _____
다. _____
라. _____

> **정답** 품질관리계획서 항목
> 가. 품질 방침 및 목표
> 나. 품질관리 절차
> 다. 품질관리 검사 및 시험계획
> 라. 품질관리 부적격 판정 및 처리계획

11 다음 설명한 내용에 적합한 항목을 〈보기〉에서 골라 기호를 쓰시오.

| ① TQC | ② SQC | ③ TQM | ④ QC |

가. 불량품을 제거하여 일정한 품질수준을 유지하기 위한 방법 (   )
나. 공정불량의 개선을 목적으로 관리도에 의한 통계적인 관리 방법 (   )
다. 품질에 영향을 주는 사내의 모든 기능을 종합적으로 참여시켜 불량 개선의 System을 구축하고자 하는 방법 (   )
라. 경영활동 전반에 걸쳐 모든 구성원의 참가와 총체적 수단을 활용하는 경영관리 (   )

> **정답**
> 가. ④ 나. ② 다. ① 라. ③

12 품질관리의 모델화 종류 3가지를 쓰시오.

가. _____
나. _____
다. _____

> **정답**
> 가. 구체적 모델   나. 수학적 모델
> 다. 그래픽   라. 시뮬레이션
> 마. 픽토리얼   바. 스키마틱

13 공업생산에 품질관리의 기초수법으로 이용되는 도구 4가지를 쓰시오.
● 24③ · 21② · 15④ · 11②

가. _____
나. _____
다. _____
라. _____

> **정답**
> 가. 히스토그램   나. 파레토도
> 다. 특성 요인도   라. 층별
> 마. 체크시트   바. 산점도
> 사. 그래프

14 건설업의 TQC에 이용되는 도구의 명칭을 쓰시오.

● 07①,②,③ · 06②,③ · 02② · 01① · 98②

가. 계량치의 분포가 어떠한 분포를 하는지 알아보기 위하여 작성하는 것 (①)

나. 결과에 원인이 어떻게 관계하고 있는가를 한눈에 알아보기 위하여 작성하는 것 (②)

다. 불량, 결점, 고장 등의 발생 건수를 분류 항목별로 나누어 크기 순서대로 나열해 놓은 것 (③)

라. 계수치의 데이터가 분류 항목별의 어디에 집중되어 있는가를 알아보기 쉽게 나타낸 것 (④)

마. 품질관리에서 얻은 각종 자료를 알기 쉽게 그림으로 정리한 것 (⑤)

바. 서로 대응되는 두 개의 짝으로 된 데이터를 그래프용지에 점으로 나타낸 것 (⑥)

사. 집단을 구성하고 있는 많은 데이터를 어떤 특징에 따라 몇 개의 부분집단으로 나눈 것 (⑦)

① _____ ② _____
③ _____ ④ _____
⑤ _____ ⑥ _____
⑦ _____

> **정답**
> ① 히스토그램 ② 특성 요인도
> ③ 파레토도   ④ 체크시트
> ⑤ 그래프   ⑥ 산점도
> ⑦ 층별

15 다음 품질관리(QC)의 도구를 설명한 것이다. 해당되는 도구명을 〈보기〉에서 골라 쓰시오.

| ① 특성요인도 | ② 파레토 다이어그램 | ③ 산점도 |
| ④ 층별 | ⑤ 체크 시트 | ⑥ 히스토그램 |

가. 불량의 발생 건수를 분류항목별로 나누어 크기 순서대로 나열해 놓은 그림 ( )

나. 집단을 구성하는 많은 데이터를 어떤 특징에 따라서 몇 개의 부분집단으로 나누어 측정 데이터의 산포 발생원인을 규명할 수 있다. ( )

다. 서로 대응되는 두 개의 짝으로 된 데이터를 점으로 나타내어 두 변수 간의 상관관계를 짐작할 수 있다. ( )

라. 품질특성에 영향을 주는 원인이 어떻게 관계하고 있는가를 한눈에 알 수 있도록 작성한 그림 ( )

> **정답**
> 가. ② 나. ④ 다. ③ 라. ①

16 품질관리 도구 중 특성요인도에 대해 설명하시오. • 20① · 17① · 12②

정답 특성요인도
결과에 어떤 원인이 관계하는지를 알 수 있도록 작성한 그림

---

17 다음은 TQC의 도구에 대한 설명이다. 해당되는 도구명을 쓰시오.
• 21① · 14①

> 가. 계량치가 어떤 분포를 하는지 알아보기 위하여 작성하는 그림
> 나. 불량 등 발생건수를 분류 항목별로 나누어 크기 순서대로 나열해 놓은 그림
> 다. 결과에 원인이 어떻게 관계하고 있는가를 한눈에 알 수 있도록 작성한 그림

가. _____
나. _____
다. _____

정답 QC 수법
가. 히스토그램
나. 파레토도
다. 특성요인도

---

18 히스토그램(Histogram)의 작성순서를 〈보기〉에서 골라 순서를 기호로 쓰시오.
• 20④ · 16② · 15② · 09① · 06③ · 04③ · 04① · 00④ · 98⑤

> (1) 히스토그램과 규격값을 대조하여 안정상태인지 검토한다.
> (2) 히스토그램을 작성한다.
> (3) 도수분포도를 작성한다.
> (4) 데이터에서 최솟값과 최댓값을 구하여 전 범위를 구한다.
> (5) 구간폭을 정한다.
> (6) 데이터를 수집한다.

( ) → ( ) → ( ) → ( ) → ( ) → ( )

정답 히스토그램의 작성순서
① 데이터를 수집한다.
② 범위 R을 구한다.
③ 구간폭을 정한다.
④ 도수분포도를 만든다.
⑤ 히스토그램을 작성한다.
⑥ 안정상태를 검토한다.
∴ (6) → (4) → (5) → (3) → (2) → (1)

---

19 품질관리에 이용되는 관리도명을 계량치, 계수치로 구분하여 각 2가지씩만 쓰시오.

가. 계량치 관리도 : _____

나. 계수치 관리도 : _____

정답
가. 계량치 관리도 : $\bar{x} - R$ 관리도, x_i 관리도, $\tilde{x} - R$ 관리도
나. 계수치 관리도 : P_n 관리도, P 관리도, C 관리도, u 관리도

20 건설공사 현장에 레미콘을 납품하고 발생된 불량사항을 조사한 결과는 다음 표와 같다. 이 데이터를 이용하여 파레토도를 작성하시오. ●98⑤

불량항목	불량개수
슬럼프 불량	17
공기불량	4
재료량 부족불량	8
압축강도 불량	9
균열발생 불량	10
기타	2

해설 파레토도 작성순서

(1) 불량 항목을 크기별로 작성한다. 이때 불량률, 누적불량수, 누적 %를 계산한다.

불량항목	불량개수	%	누적불량수	누적 %
슬럼프	17	34	17	34
균열발생	10	20	27	54
압축강도	9	18	36	72
재료량 부족	8	16	44	88
공기량	4	8	48	96
기타	2	4	50	100
계	50	100	—	—

(2) 가로축에 크기순으로 불량항목을 나열하고, 세로축에 불량수를 잡아 막대그래프와 꺾은선을 그린다.

정답

보충 항목정리 : 기타

기타는 발생건수가 많아도 마지막에 표기한다.

21 다음은 품질관리(QC)에 이용되는 관리도의 설명이다. 설명에 맞는 관리도명을 〈보기〉에서 골라 번호로 쓰시오.

| ① x_i 관리도 | ② P 관리도 | ③ C 관리도 |
| ④ $\bar{x}-R$ 관리도 | ⑤ P_n 관리도 | ⑥ $\tilde{x}-R$ 관리도 |

가. 계수치를 불량률로 관리한다. ( )
나. 계량치를 평균치와 범위로 관리한다. ( )
다. 한 개 값의 계량치 데이터를 개개의 값과 앞뒤 값의 범위로 관리한다.
( )
라. 계량치를 메디안과 범위로 관리한다. ( )
마. 계수치를 불량개수로 관리한다. ( )
바. 일정 단위량 결점수로 관리한다. ( )

정답
가. ② 나. ④ 다. ①
라. ⑥ 마. ⑤ 바. ③

22 다음 중 관계되는 것을 〈보기〉에서 찾아 쓰시오.

| ① TQC | ② Histogram | ③ SQC |
| ④ $\bar{x}-R$ 관리도 | ⑤ KS | |

가. 통계적 품질관리 ( )
나. 한국공업표준규격 ( )
다. 정규 분포도 ( )
라. 전사적 품질관리(종합적 품질관리) ( )
마. 관리도 ( )

정답
가. ③ 나. ⑤ 다. ②
라. ① 마. ④

23 관리도에서 타점이 상한선(UCL)과 하한선(LCL)의 한계 내에 있어도 관리에 이상이 있는 경우 3가지만 설명하시오.

가.
나.
다.

정답
가. 연속 3점 중에서 2점, 연속 7점 중에서 3점, 연속 10점 중에서 4점이 관리 한계 내에 집근하여 나타날 경우
나. 점이 연속하여 7점 이상 중심선의 한쪽에 나타났을 경우
다. 점이 연속적으로 상승 또는 하강하든지, 주기적으로 변동하는 경우

제2절 통계적 품질관리(SQC : Statistical Quality Control)

|학|습|포|인|트| * 중심치에 의한 정리와 흩어짐에 의한 정리방법
* 계산식이 틀리지 않도록 유의

01 정의

하나의 건물의 건설 과정에서는 시공법, 사용방법, 재료 등이 몇 번이고 되풀이 되어 사용되게 된다. 따라서 이들의 데이터를 통계적으로 조사, 처리하면 가장 좋은 시공계획 작업계획을 세울 수 있다.
즉, 통계적인 품질관리란 보다 유용하고 시장성 있는 제품을 보다 경제적으로 생산하기 위하여 생산의 모든 단계에 통계적인 수법을 응용한 것이다.

02 데이터의 특성(정리 방법)

(1) 중심치에 의한 정리

① 평균치($\overline{x}$)
측정치에 대한 평균값으로 n개의 데이터가 있을 때
$$\overline{x} = \frac{x_1 + x_2 + x_3 \cdots + x_n}{n}$$

② 중위수(Median : $\tilde{x}$)
데이터를 크기 순서대로 나열했을 때 Data의 개수가 홀수이면 중앙값이고 짝수이면 중앙에 위치하는 두 개의 데이터의 평균치를 말한다.

③ 미드레인지(Midrange : M)
1조의 데이터 중 최대치($x_{\max}$)와 최소치($x_{\min}$)의 평균치
$$M = \frac{x_{\max} + x_{\min}}{2}$$

(2) 흩어짐(산포)에 의한 정리

① 범위(R)
1조의 데이터 중 최대치와 최소치의 차
$R = x_{\max} - x_{\min}$

② 변동(S)
개개의 측정치의 시료 평균으로부터 편차의 제곱합을 말한다.
n개의 데이터 $x_1, x_2, x_3, \cdots, x_n$이 있을 때
$S = (x_1 - \overline{x})^2 + (x_2 - \overline{x})^2 + \ldots + (x_n - \overline{x})^2$

③ 표본분산(s^2)
데이터 수가 n개 있을 때 이 데이터의 제곱의 합(S)을 $(n-1)$로 나눈 것을 말한다. 여기서, $(n-1)$을 자유도라고 부르고 ϕ라 표시한다.
$$s^2 = \frac{S}{n-1} = \frac{S}{\phi}$$

보충 데이터의 정리

아래 Data를 이용하여 데이터의 정리방법을 풀어 보기로 하자.

[Data] 9, 6, 7, 3, 2

주어진 Data를 크기순으로 나열하는 것이 좋다.
∴ 2, 3, 6, 7, 9

① 평균치($\overline{x}$)
$= \frac{2+3+6+7+9}{5개} = 5.4$

② 중위수($\tilde{x}$)
= 데이터의 개수가 홀수이므로 크기 순으로 나열했을 때 중앙의 수치
∴ 2, 3, <u>6</u>, 7, 9
   중위수

③ 미드레인지(M) $= \frac{2+9}{2} = 5.5$

보충 데이터 정리

아래 Data를 이용하여 데이터의 정리방법을 풀어 보기로 하자.

[Data] 9, 6, 7, 3, 2

① 범위(R) $= 9 - 2 = 7$

② 변동(S) : 산출 시 유의해야 한다.
$(2-5.4)^2 + (3-5.4)^2 +$
$(6-5.4)^2 + (7-5.4)^2 +$
$(9-5.4)^2$
$= 33.2$

③ 표본분산(s^2) $= \frac{33.2}{5-1} = 8.3$

④ 분산(σ^2) = $\frac{33.2}{5}$ = 6.64

⑤ 표본 표준편차(s)

$= \sqrt{\frac{S}{n-1}} = \sqrt{\frac{33.2}{4}} = 2.88$

⑥ 변동계수(CV)

$= \frac{2.88}{5.4} \times 100 = 53.33\%$

④ 분산(σ^2)

데이터의 제곱의 합(S)을 데이터의 수(n)로 나눈 값을 말한다.

$\sigma^2 = \frac{S}{n}$

⑤ 표본 표준편차(s)

$s = \sqrt{\frac{S}{n-1}}$

⑥ 변동계수(CV)

표준편차를 평균치로 나눈 것으로 보통 백분율로 표시한다.

$CV = \frac{표본\ 표준편차}{평균값} = \frac{s}{x} \times 100$

CHAPTER 06 핵심 기출문제

01 다음 데이터의 중위수(메디안 $\tilde{x}$), 표본분산(s^2), 표본 표준편차(s)를 구하시오.

[Data] 9, 4, 2, 7, 6

정답 (1) 중위수($\tilde{x}$) : 데이터를 크기순으로 나열한 중앙값 2, 4, 6, 7, 9 ∴ 6

(2) 표본분산(s^2)

① 평균값($\bar{x}$) = $\dfrac{2+4+6+7+9}{5}$ = 5.6

② 편차 제곱합 = $(5.6-2)^2 + (5.6-4)^2 + (5.6-6)^2 + (5.6-7)^2 + (5.6-9)^2$
= 29.2

③ 표본분산(s^2) = $\dfrac{29.2}{5-1}$ = 7.3

(3) 표본 표준편차(s) = $\sqrt{\dfrac{29.2}{5-1}}$ = 2.7

보충 데이터 정렬
가. 크기순으로 나열한 후 문제를 풀어가는 것이 좋다.
나. 2009년 이전 문제는 변경 전 문제이므로 보지 않는 것이 좋다.

02 다음 데이터를 이용하여 아래 물음에 답하시오. •15①

[Data] 460, 540, 450, 430, 470, 500, 530, 480, 490, 550

(1) 산술평균($\bar{x}$) :
(2) 표본분산(s^2) :

정답 (1) 산술평균($\bar{x}$)

$\dfrac{460+540+450+430+470+500+530+480+490+550}{10}$ = 490

(2) 표본분산(s^2)

① 편차 제곱의 합 : $(490-460)^2 + (490-540)^2 + (490-450)^2 + (490-430)^2$
$+ (490-470)^2 + (490-500)^2 + (490-530)^2$
$+ (490-480)^2 + (490-490)^2 + (490-550)^2 = 14,400$

② 표본분산 : $\dfrac{14,400}{10-1}$ = 1,600

03 콘크리트의 설계기준강도가 21MPa, 배합강도가 24MPa인 콘크리트에서 표준편차가 2MPa라면 배합설계 시 이 콘크리트의 변동계수를 구하시오.

정답 변동계수(CV) = $\dfrac{\text{표준편차}}{\text{평균치}} \times 100\% = \dfrac{2}{21} \times 100\% = 9.52\%$

04 다음 용어의 뜻을 간단히 설명하시오.

(1) 미드레인지(Midrange : M)
(2) 특성요인도

(1) 미드레인지 :

(2) 특성요인도 :

정답
1. 미드레인지(Midrange : M)
   주어진 데이터의 최소치와 최대치의 평균값을 말한다.
   즉, M = $\dfrac{\text{최대치} + \text{최소치}}{2}$
2. 특성요인도
   원인과 결과와의 관계를 알기 쉽게 나뭇가지 형상으로 도시한 것을 말한다. 공정 중에 발생한 문제나 하자분석을 할 때 쓰인다.

제3절 자재 품질관리

| 학 | 습 | 포 | 인 | 트 | ★ 식을 이해하고 문제에 대입할 것
★ 무작정 공식만 암기하지 않기

01 목재

(1) 연륜

① 평균 연륜폭(mm/개) = $\dfrac{\overline{AB}}{n}$

② 연륜밀도(개/cm) = $\dfrac{n}{\overline{AB}}$

여기서, $\overline{AB}$: 연륜에 직교하는 임의의 선분길이(mm)
n : 연륜개수(개)

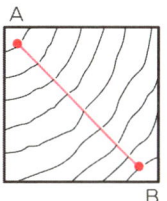

보충 연륜개수 산정

연륜의 개수는 선이 아닌 구간의 개수로 측정함에 유의한다.

예제 01

그림과 같은 목재의 AB 구간의 평균 연륜폭과 연륜밀도를 구하시오.

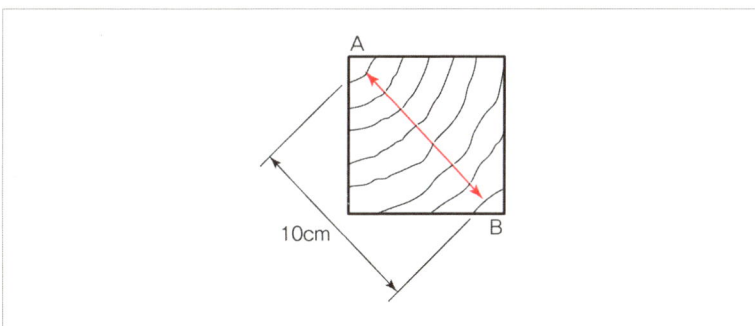

풀이 ① 평균 연륜폭 = $\dfrac{10}{7}$ = 1.43cm/개

② 연륜밀도 = $\dfrac{7}{10}$ = 0.7개/cm

(2) 함수율

함수율(%) = $\dfrac{W_1 - W_2}{W_2} \times 100$

여기서, W_1 : 건조 전 공시체 중량(g), W_2 : 건조중량(g)

02 시멘트

(1) 비중

비중 = $\dfrac{W}{V_2 - V_1}$

여기서, W : 시료시멘트의 무게(g)
V_1 : 시료를 넣기 전 광유를 넣은 비중병의 눈금(cc)
V_2 : 시료를 넣은 후의 눈금(cc)

● 02 ③
연결 시멘트 시험/기구

보충 측정기구

르샤틀리에 비중병

예제 02

건설공사 현장에 시멘트가 반입되었다. 특기 시방서에 시멘트의 비중은 3.10 이상으로 규정되어 있다고 할 때, 르샤틀리에 비중병을 이용하여 KS규격에 의거 시멘트 비중을 시험한 결과에 대하여 시멘트의 비중을 구하고, 자재 품질관리상 합격여부를 판정하시오.(시험결과 비중병에 광유를 채웠을 때의 최소눈금은 0.5cc, 실험에 사용한 시멘트량은 100g, 광유에 시멘트를 넣은 후의 눈금은 32.2cc이었다.) ● 22④ · 07②

풀이 ① 시멘트의 비중 = $\dfrac{100}{32.2-0.5}$ = 3.15

② 판정 = 합격(∵ 3.15 > 3.10)

(2) 분말도(브레인법)

$$분말도(cm^2/g) = Ss\sqrt{\dfrac{T}{T_s}}$$

여기서, Ss : 표준시료의 비표면적(cm^2/g)
T : 시험시료에 대한 마노미터액의 B표선부터 C표선까지 낙하하는 시간(sec)
T_s : 표준시료에 대한 마노미터액의 B표선부터 C표선까지 낙하하는 시간(sec)

(3) 응결시간

① **표준주도** : 시멘트 페이스트 혼합이 끝난 후 30초에 비커 장치의 플랜저 침이 처음 면에서 10±1mm지점까지 내려갔을 때의 반죽상태
② **초결** : 표준주도로 반죽된 시멘트 페이스트 시험체를 1mm의 비커침으로 관입시켜 30초간에 25mm의 침입도를 얻을 때까지의 가수 후 경과시간(단, 길모어 장치로는 패드의 표면에 초결침을 가볍게 올려놓았을 때 알아볼 만한 흔적을 내지 않는 경과시간)
③ **종결** : 길모어 장치로 패드의 표면에 종결침을 가볍게 올려놓았을 때 알아볼만한 흔적을 내지 않는 경과시간

(4) 안정성

$$팽창도(\%) = \dfrac{l_2-l_1}{l_1} \times 100$$

여기서, l_1 : 시험체의 유효 표점거리(mm)
l_2 : 오토 클레이브 시험 후 시험체 길이(mm)

보충 측정기구
비커 장치, 길모어 장치

보충 측정기구
오토 클레이브 시험체

예제 03

KS 규격상 시멘트의 오토 클레이브 팽창도는 0.80% 이하로 규정되어 있다. 반입된 시멘트의 안정성 시험결과가 다음과 같다고 할 때 합격 여부를 판정하시오.(단, 시험 전 시험체의 유효 표점길이는 254mm, 오토 클레이브 시험 후 시험체의 길이는 255.78mm 이었다.)

● 24② · 21④ · 00⑤

풀이 ① 오토 클레이브 팽창도(%)
$$= \frac{255.78 - 254}{254} \times 100 = 0.70\%$$
② 판정 = 합격(∵ 0.70 < 0.80)

03 골재

(1) 체가름 시험

① 조립률(FM) = $\dfrac{\text{각 체의 남는 양 누계}(\%)\text{의 합계}}{100}$

(단, 사용체는 80, 40, 20, 10mm, No.4, 8, 16, 30, 50, 100의 10개만을 이용한다.)

[입도곡선 예]

[체규격]

예제 04

콘크리트용 잔골재가 현장 반입되어 KS 규격에 의거 체가름 시험을 실시한 결과는 다음과 같다. 조립률(FM)을 구하시오.

체규격	체의 남는 양(g)	체규격	체의 남는 양(g)
10mm	0	No.30	90
No.4	20	No.50	165
No.8	70	No.100	75
No.16	75	Pan	5

[풀이] 조립률은 다음과 같이 구하여진다.

체규격	각 체의 남는 양		각 체의 남는 누계의 양	
	g	%	g	%
10mm	0	0	0	0
No.4	20	4	20	4
No.8	70	14	90	18
No.16	75	15	165	33
No.30	90	18	255	51
No.50	165	33	420	84
No.100	75	15	495	99
Pan	5	1	500	100

$$\therefore 조립률(FM) = \frac{4+18+33+51+84+99}{100} = 2.89$$

(2) 굵은골재의 밀도 및 흡수율

① 겉보기 밀도 : 절대건조상태의 체적에 대한 절대건조상태의 질량
② 표면건조 포화밀도 : 표면건조 포화상태의 체적에 대한 표면건조 포화상태의 질량
③ 밀도 및 흡수율

- 겉보기 밀도(D_A) = $\dfrac{A}{A-C} \times P_w$

- 절대건조상태의 시료 밀도(D_d) = $\dfrac{A}{B-C} \times P_w$

- 표면건조 포화상태의 시료 밀도(D_s) = $\dfrac{B}{B-C} \times P_w$

- 흡수율(Q) = $\dfrac{B-A}{A} \times 100$

  여기서, A : 절대건조상태의 시료 질량
  B : 표면건조 포화상태의 시료 질량
  C : 침지된 시료의 수중 질량
  P_w : 시험 온도에서의 물의 밀도

예제 05

최대 치수가 25mm인 굵은골재의 밀도 및 흡수율 시험 결과가 다음과 같을 때 겉보기 밀도, 표면건조 포화상태의 밀도, 절대건조상태의 밀도, 흡수율을 구하시오.(시험결과 표면건조 포화상태의 중량은 4,000g, 절건중량은 3,980g, 수중중량은 2,500g이고 물의 밀도는 1g/cm³이다.)
● 21① · 19② · 17② · 11② · 00④

[풀이] ① 겉보기 밀도 = $\dfrac{3,980}{3,980-2,500} \times 1 = 2.69$

② 표면건조 포화상태의 밀도 = $\dfrac{4,000}{4,000-2,500} \times 1 = 2.67$

③ 절대건조상태의 밀도 = $\dfrac{3,980}{4,000-2,500} \times 1 = 2.65$

④ 흡수율 = $\dfrac{4,000-3,980}{3,980} \times 100 = 0.50\%$

[보충] 유사문제 19② · 22①

다음 자료를 이용하여 흡수율, 겉보기밀도, 표건상태의 밀도를 구하시오.

- 물의 밀도 : 1g/cm³
- 골재의 수중중량 : 2,450g
- 골재의 표면건조 내부포수 중량 : 3,950g
- 골재의 절건 중량 : 3,600g

(3) 공극률

$$공극률(\%) = \left(\frac{G-M}{G}\right) \times 100$$

여기서, G : 비중
M : 단위용적중량(t/m³)

예제 06

비중이 2.6이고, 단위용적중량이 1,750kg/m³인 굵은골재가 있다. 공극률을 구하시오.
• 24② · 20③ · 15④ · 14② · 09③ · 98③

풀이 공극률(%) = $\left(\frac{G-M}{G}\right) \times 100$

∴ 공극률 = $\left(\frac{2.6-1.75}{2.6}\right) \times 100$

= 32.69%

보충 유사문제 14② · 20③

밀도가 2.65g/cm³이고 단위용적중량이 1,600kg/m³일 때 골재의 공극률(%)을 구하시오.

(4) 마모율

① 마모율(%) = $\dfrac{W_1 - W_2}{W_1} \times 100$

② 마모손실 중량(kg) = $W_1 - W_2$

여기서, W_1 : 시험 전의 시료 중량(g)
W_2 : 시험 후의 시료 중량(시험 후 No.12체에 남는 시료의 중량)(g)

③ 측정기구 : 로스앤젤레스 마모 시험기

예제 07

KS 규격상 굵은골재의 마모율은 40% 이하로 규정되어 있다. 굵은골재 5,000g을 로스앤젤레스 마모시험기에 넣은 후 규정수만큼 회전시킨 다음 No.12체에 남은 시료의 중량을 달았더니 3,500g이었다. 이 시료의 마모율을 구하고, KS 규격상 합격 여부를 판정하시오.

풀이 ① 마모율 = $\dfrac{5,000-3,500}{5,000} \times 100 = 30\%$

② 판정 = 합격(∵ 30 < 40)

04 콘크리트

(1) 슬럼프 시험

① 슬럼프치(cm) = 30 − B = A

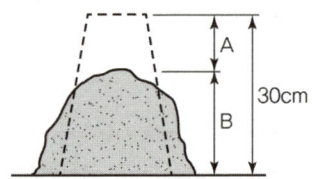

② 측정기구 : 수밀성 평판, 시험통, 다짐막대, 측정계기

예제 08

슬럼프치가 18cm인 레미콘을 이용하여 콘크리트를 타설하고자 한다. 건축공사 표준시방서에 슬럼프치의 허용차는 ±2.5cm로 규정되어 있다. KS 규격에 의거 슬럼프를 시험한 결과가 다음과 같을 때 이 제품의 슬럼프치는 몇 cm이며, 합격 여부를 판정하시오.

풀이 ① 슬럼프치 = 30 − 17.5 = 12.5cm
② 판정 = 불합격
(∵ 12.5는 18cm±2.5cm의 범위에서 벗어나고 있다.)

(2) 압축강도 시험

● 21① · 20① · 15②
계산 압축강도 구하기

압축강도(N/mm²) = $\dfrac{P}{A}$

여기서, P : 최대 하중(N)
A : 시험체의 단면적(mm²)
※ 시험체 : Con'c 공시체

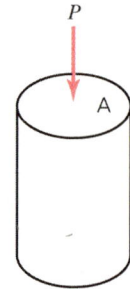

예제 09

특기 시방서상 레미콘의 압축강도가 21MPa 이상으로 규정되어 있다고 할 때, 납품된 레미콘으로부터 임의의 3개 공시체(지름 10cm, 높이 20cm인 원주체)를 제작하여 압축강도 시험한 결과 최대하중 134kN, 128kN, 145kN에서 파괴되었다. 평균 압축강도를 구하고 규정을 상회하고 있는지 여부에 따라 합격 및 불합격으로 판정하시오.

풀이 1) 압축강도 $= \dfrac{P}{A}$

2) 평균 압축강도

① 공시체면적 $= \dfrac{\pi D^2}{4} = \dfrac{3.14 \times 100 \times 100}{4}$
  $= 7,850 \text{mm}^2$

② 평균하중 $= \dfrac{134,000 + 128,000 + 145,000}{3}$

③ 평균압축강도 $= \dfrac{135.667\text{N}}{7,850\text{mm}^2} = 17.28\text{MPa}$

∴ 불합격(∵ 21 > 17.28)

(3) 인장강도

인장강도(N/mm²) $= \dfrac{2P}{\pi l d}$

여기서, P : 최대 하중(N)
  l : 시험체의 길이(mm)
  d : 시험체의 지름(mm)

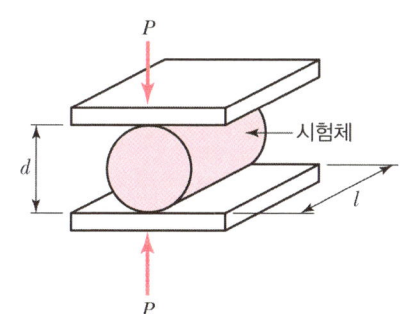

예제 10

콘크리트 공시체 지름 150, 높이 300의 규격체로 인장강도를 시험한 결과 180kN에서 파괴되었다. 인장강도를 구하시오. ● 22①

풀이 콘크리트 인장강도 $= \dfrac{2P}{3.14 \times l \times d} = \dfrac{2 \times 180 \times 1,000}{3.14 \times 150 \times 300}$
  $= 2.55\text{MPa}$

보충 유사문제 22①

콘크리트 공시체 지름 300mm, 길이 500mm의 규격체로 인장강도를 시험한 결과 100kN에서 파괴되었다면 인장강도는 얼마인가?

예제 11

특기 시방서상 콘크리트의 인장강도가 2MPa 이상으로 규정되어 있다고 할 때, 원지름 10cm, 길이 20cm인 원주공시체 3개를 제작하여 할열 방법으로 인장강도를 시험한 결과 50kN, 62kN, 53kN에서 파괴되었다. 평균 인장강도를 구하고 평균값이 규정을 상회하고 있는지 여부에 따라 합격 및 불합격으로 판정하시오. ● 05②

풀이 1) $\dfrac{2\times 50\times 1{,}000}{3.14\times 200\times 100}=1.59\text{MPa}$

2) $\dfrac{2\times 62\times 1{,}000}{3.14\times 200\times 100}=1.97\text{MPa}$

3) $\dfrac{2\times 53\times 1{,}000}{3.14\times 200\times 100}=1.69\text{MPa}$

∴ 평균강도 $=\dfrac{1.59+1.97+1.69}{3}=1.75\text{MPa}$

∴ 불합격(∵ 2>1.75)

(4) 휨강도

① 중앙점 하중법 휨강도(N/mm²) $=\dfrac{3Pl}{2bd^2}$

② 삼등분점 하중법 휨강도(N/mm²) $=\dfrac{Pl}{bd^2}$

여기서, P : 최대 하중(N)
l : 스팬
b : 시험체의 폭(mm)
d : 시험체의 높이(mm)

예제 12

특기 시방서상 콘크리트의 휨강도가 4.5MPa로 규정되어 있다. 15cm×15cm×53cm 공시체를 제작하여 지간(span) 45cm인 3등분점 하중으로 휨강도를 3회 실시한 결과 중앙에서 45kN, 43kN, 35kN의 하중으로 파괴되었다면 평균 휨강도를 구하고, 평균치가 규정을 상회하고 있는지 여부에 따라 합격 및 불합격으로 판정하시오.

풀이 1) $\dfrac{45\times 1{,}000\times 450}{150\times 150\times 150}=6\text{MPa}$

2) $\dfrac{43\times 1{,}000\times 450}{150\times 150\times 150}=5.73\text{MPa}$

3) $\dfrac{35\times 1{,}000\times 450}{150\times 150\times 150}=4.67\text{MPa}$

∴ 평균강도 $=\dfrac{6+5.73+4.67}{3}=5.46\text{MPa}$

∴ 합격(∵ 4.5<5.46)

05 조적재료

(1) 벽돌 압축강도(N/mm²)

벽돌 압축강도 $= \dfrac{P}{A}$

여기서, A : 단면적(길이×두께)
P : 최대 중량(N)

예제 13

KS 규격상 시멘트 벽돌의 압축강도는 8MPa 이상으로 규정되어 있다. 현장에 반입된 벽돌의 규격은 다음 그림과 같고 표준방법에 의한 압축강도 시험결과는 100kN, 95kN 및 90kN에서 파괴되었다면 평균 압축강도를 구하고 규격을 상회하고 있는지 여부에 따라 합격 및 불합격으로 판정하시오.
• 99⑤ · 98⑤

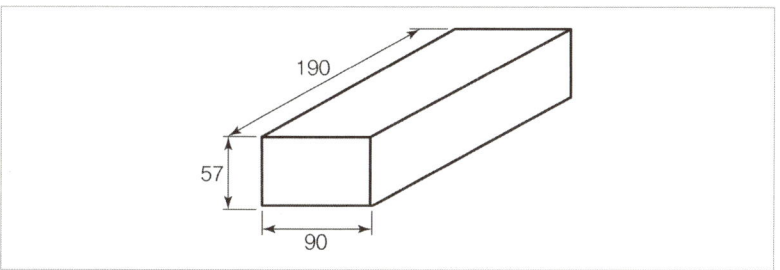

[풀이] 1) $\dfrac{100 \times 1{,}000}{190 \times 90} = 5.85\text{MPa}$

2) $\dfrac{95 \times 1{,}000}{190 \times 90} = 5.56\text{MPa}$

3) $\dfrac{90 \times 1{,}000}{190 \times 90} = 5.26\text{MPa}$

∴ 평균강도 $= \dfrac{5.85 + 5.56 + 5.26}{3} = 5.56\text{MPa}$

∴ 불합격(∵ 8 > 5.56)

(2) 블록 압축강도(N/mm²)

블록 압축강도 $= \dfrac{P}{A}$

여기서, A : 전단면적(mm²)
(블록의 속 빈 부분을 무시한 전단면적)
P : 최대 하중(N)

블록

예제 14

블록의 1급 압축강도는 8MPa 이상으로 규정되어 있다. 현장에 반입된 블록의 규격이 다음 그림과 같을 때, 압축강도 시험을 실시한 결과 550kN, 500kN, 600kN에서 파괴되었다면 평균 압축강도를 구하고 규격을 상회하고 있는지 여부에 따라 합격 및 불합격 판정을 하시오.(단, 블록의 전단면적(19cm×39cm)은 741cm^{2}이고, 구멍을 공제한 중앙부의 순단면적은 460cm^{2}이다.)

● 23① · 18①

풀이

1) $\dfrac{550 \times 1{,}000}{390 \times 190} = 7.42 \text{MPa}$

2) $\dfrac{500 \times 1{,}000}{390 \times 190} = 6.75 \text{MPa}$

3) $\dfrac{600 \times 1{,}000}{390 \times 190} = 8.10 \text{MPa}$

∴ 평균강도 $= \dfrac{7.42 + 6.75 + 8.1}{3} = 7.42 \text{MPa}$

∴ 불합격(∵ 8 > 7.42)

(3) 석재 흡수율 및 비중

① 흡수율(%) $= \dfrac{B - A}{A} \times 100$

② 비중 $= \dfrac{A}{B - C}$

여기서, A : 공시체의 건조중량(g)
B : 공시체의 침수 후 표면건조 포화상태의 중량(g)
C : 공시체의 수중중량(g)

예제 15

특기 시방서상 화강암의 비중을 2.62 이상, 흡수율(%)을 0.3% 이하로 규정하고 있을 때 화강암의 비중과 흡수율을 구하고, 재료의 적합 여부를 판정하시오.(단, 공시체의 건조중량은 5,000g, 공시체의 침수 후 표면건조 포화상태의 중량은 5,020g, 공시체의 수중중량은 3,150g이었다.)

● 00③ · 00①

풀이

1) 비중 $= \dfrac{5{,}000}{5{,}020 - 3{,}150} = 2.67$

2) 흡수율 $= \dfrac{5{,}020 - 5{,}000}{5{,}000} \times 100 = 0.4\%$

∴ 판정 = 불합격(∵ 규정치 이하)

06 기타 재료 시험

(1) 역청재료 침입도 시험

침입도란 표준조건하에 침이 관입하는 척도로서 1/10mm 관입을 침입도 1로 한다.(표준 시험조건 : 온도 25℃, 하중 100g, 시간 5초)

(a) 표준침

(b) 침입도 시험방법

예제 16

블로운 아스팔트로 방수공사를 하고자 한다. KS M 2252 규정의 표준시험방법(온도 25℃, 하중 100g, 측정시간 5초의 표준침)으로 침입도를 시험한 결과 2mm 관입량을 측정하였다. 침입도를 구하시오.

풀이 침입도 = 2mm × 10
= 20 ($\frac{1}{10}$mm 관입을 침입도 1로 한다.)

(2) 금속재료 항복강도 / 인장강도(N/mm²)

항복강도 = $\dfrac{P}{A}$

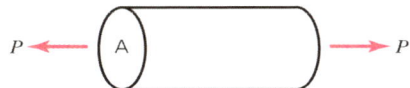

예제 17

특기 시방서상 철근의 인장강도가 240N/mm² 이상으로 규정되어 있다고 할 때, 건설공사 현장에서 반입된 철근을 KS 규격에 의거 중앙부 지름 14mm, 표점거리 50mm로 가공하여 인장강도를 시험하였더니 37,000N, 40,570N, 38,150N에서 파괴되었다. 평균 인장강도를 구하고 규정과 비교하여 합격 여부를 판정하시오. ● 20③ · 18②

풀이

1) 철근의 단면적 $= \dfrac{3.14 \times 14 \times 14}{4} = 153.86 \text{mm}^2$

2) 철근 인장 강도 $= \dfrac{P}{A}$

  ① $\dfrac{37,000}{153.86} = 240.47 \text{N/mm}^2$

  ② $\dfrac{40,570}{153.86} = 263.68 \text{N/mm}^2$

  ③ $\dfrac{38,150}{153.86} = 247.95 \text{N/mm}^2$

3) 평균 강도 $= \dfrac{240.47 + 263.68 + 247.95}{3} = 250.7 \text{N/mm}^2$

4) 판정 – 기준강도 이상(250.7 > 240)

 ∴ 합격

CHAPTER 06 핵심 기출문제

01 품질관리 시험의 종류를 3가지 쓰시오.

가. _____
나. _____
다. _____

> **정답**
> 품질관리 시험의 종류로는 선정시험, 관리시험, 검사시험 등이 있으며 관리시험의 범위에는 재료강도(압축, 인장, 휨)시험, 콘크리트 슬럼프시험, 시멘트 비중시험, 역청재 침입도 시험 등이 있다.
> 가. 선정시험 나. 관리시험 다. 검사시험

02 백분율을 나타내는 방법은 중량과 용적이 있다. 각 백분율에 속하는 실험 항목을 〈보기〉에서 골라 쓰시오.

| (가) 흙의 간극률 | (나) 흙의 흡수율 |
| (다) 콘크리트의 물·시멘트비 | (라) 잔골재율 |

(1) 중량 백분율(°/wt) : _____
(2) 용적 백분율(°/vl) : _____

> **정답**
> (1) (나), (다)
> (2) (가), (라)

03 시멘트의 재료 시험방법에 대해 4가지 쓰시오.

가. _____ 나. _____
다. _____ 라. _____

> **정답**
> 가. 비중 시험
> 나. 분말도 시험
> 다. 응결시간 시험
> 라. 안정성 시험

04 다음에 열거한 KS 규격의 시멘트 관련 시험에 쓰이는 시험기구 및 재료를 아래 〈보기〉에서 골라 쓰시오. ●02③

① 르샤틀리에 플라스크	② 마노미터
③ 표준모래	④ 오토 클레이브
⑤ 길모아 장치	

가. 분말도 시험   나. 압축강도 시험
다. 비중 시험   라. 응결시간 시험
마. 안정성 시험

> **정답**
> 가. ②
> 나. ③
> 다. ①
> 라. ⑤
> 마. ④

05 건설공사 현장에 시멘트가 반입되었다. 특기 시방서에 시멘트의 비중은 3.10 이상으로 규정되어 있다고 할 때, 르샤틀리에 비중병을 이용하여 KS규격에 의거 시멘트 비중을 시험한 결과에 대하여 시멘트의 비중을 구하고, 자재 품질관리상 합격 여부를 판정하시오.(시험 결과 비중병에 광유를 채웠을 때의 최소 눈금은 0.5cc, 시험에 사용한 시멘트량은 100g, 광유에 시멘트를 넣은 후에 눈금은 32.2cc이었다.)

가. 시멘트의 비중 :

나. 판정 :

정답
가. 시멘트의 비중
$$= \frac{100}{32.2 - 0.5} = 3.15$$
나. 판정 : 합격(3.15 > 3.10)

06 시멘트와 표준사를 1 : 2.45의 표준배합 모르타르로 KS 규격에 의거 5.08cm 입방공시체를 만들어 28일 수중 양생 후 압축강도를 시험한 결과 77.42kN에서 파괴되었다. 이 시멘트의 압축강도를 구하시오.

정답
$$압축강도 = \frac{P}{A} = \frac{77.42 \times 1,000}{50.8 \times 50.8}$$
$$= 30 \text{N/mm}^2$$

07 KSL 5201(포틀랜드 시멘트)의 1종인 보통 포틀랜드 시멘트의 28일 압축강도는 29MPa 이상으로 규정되어 있다. 납품된 시멘트와 표준사를 이용하여 3개의 모르타르 공시체(5.08cm 입방형체)를 제작하여 압축강도를 시험한 결과 최대 하중 72kN, 65kN, 59kN에서 파괴되었다면 시멘트의 평균 압축강도를 구하고 규정을 상회하고 있는지 여부에 따라 합격 및 불합격을 판정하시오.

정답
① 면적
$$= 50.8 \times 50.8 = 2,580.64 \text{mm}^2$$
② 평균하중
$$= \frac{72,000 + 65,000 + 59,000}{3}$$
$$= 65,333.33 \text{N}$$
③ 평균압축강도 $= \frac{65,333.33}{2,580.64}$
$$= 25.31 \text{MPa}$$
④ 판정 $= 29 > 25.31$
∴ 불합격

08 콘크리트용 잔골재의 체가름 시험을 실시한 결과 다음과 같은 데이터를 얻었다. 이 경우의 조립률(FM)을 구하시오. ●22④

체의 규격(mm)	각 체의 남은 양(g)	체의 규격(mm)	각 체의 남은 양(g)
10	0	No.30	90
No.4	20	No.50	165
No.8	70	No.100	75
No.16	75	접시(Pan)	5

해설

체의 규격(mm)	각 체의 남은 양		각 체의 남은 양의 누계	
	g	%	g	%
10	0	0	0	0
No.4	20	4	20	4
No.8	70	14	90	18
No.16	75	15	165	33
No.30	90	18	255	51
No.50	165	33	420	84
No.100	75	15	495	99
접시(Pan)	5	1	500	100
합 계	500	100		

정답

조립률(FM)
$$= \frac{4+18+33+51+84+99}{100}$$
$$= 2.89$$

---

09 수중에 있는 골재를 채취 시의 무게가 1,000g이고 표면건조 내부포화상태의 무게 900g, 대기건조상태 시료무게 860g, 완전건조상태 시료무게가 850g일 때 다음을 구하시오. • 99④

(1) 함수량 :

(2) 표면수율 :

(3) 흡수율 :

(4) 유효 흡수량 :

정답 골재의 수량

(1) 함수량 $= 1,000 - 850 = 150g$

(2) 표면수율 $= 1,000 - \frac{900}{900} \times 100 = 11.11\%$

(3) 흡수율 $= \frac{900-850}{850} \times 100 = 5.88\%$

(4) 유효 흡수량 $= 900 - 860 = 40g$

보충 함수량

① 함수량 = 습윤 - 절건

② 함수율 $= \dfrac{습윤 - 절건}{절건} \times 100$

③ 표면수량 = 습윤 - 표/건

④ 표면수율 $= \dfrac{습윤 - 표/건}{표/건} \times 100$

⑤ 유효 흡수량 = 표건 - 기건

⑥ 유효 흡수율 $= \dfrac{표건 - 기건}{기건} \times 100$

⑦ 흡수량 = 표건 - 절건

⑧ 흡수율 $= \dfrac{표건 - 절건}{절건} \times 100$

---

10 다음 자료를 이용하여 흡수율, 겉보기밀도, 표건상태의 밀도를 구하시오. • 21①

- 물의 밀도 : $1g/cm^3$
- 골재의 수중중량 : 2.45kg
- 골재의 절건중량 : 3.6kg
- 골재의 표면건조 내부 포수중량 : 3.95kg

가. 흡수율 :

나. 겉보기밀도 :

다. 표건상태의 밀도 :

정답 품질관리

가. 흡수율
$$= \frac{3,950 - 3,600}{3,600} \times 100$$
$$= 9.72\%$$

나. 겉보기밀도
$$= \frac{3,600}{3,600 - 2,450} = 3.13$$

다. 표건상태의 밀도
$$= \frac{3,950}{3,950 - 2,450} = 2.63$$

정답 흡수율

$$= \frac{\text{표건상태 중량} - \text{절건상태 중량}}{\text{절건상태 중량}} \times 100$$

$$= \frac{2,000 - 1,992}{1,992} \times 100 = 0.40\%$$

11 표면 건조 포화상태의 중량이 2,000g, 완전건조 중량 1,992g, 수중 중량이 1,300g일 때 흡수율을 구하시오.
●22①

12 KS 규격의 콘크리트용 잔골재는 다음과 같은 입도 규격을 규정하고 있다. 이 자료를 이용하여 실용상 허용입도 범위에 속할 수 있는 최대 및 최소 조립률(FM)을 구하시오.
●99③

체의 규격(mm)	10	No.4	No.8	No.16	No.30	No.50	No.100	Pan(접시)
체를 통과하는 양(%)	100	95~100	80~100	50~85	25~60	10~30	2~10	0

정답

조립률(FM)

$$= \frac{\text{각 체의 남은 양 누계\% 합계}}{100}$$

이므로

(1) 최대(FM)

$$= \frac{5 + 20 + 50 + 75 + 90 + 98}{100}$$

$$= 3.38$$

(2) 최소(FM)

$$= \frac{15 + 40 + 70 + 90}{100} = 2.15$$

해설

체의 규격(mm)	각 체의 남은 양 %	각 체의 남은 양의 누계 %
10	0	0
No.4	0	5
No.8	0	20
No.16	15	50
No.30	40	75
No.50	70	90
No.100	90	98
	〈최소의 경우〉	〈최대의 경우〉

13 굵은골재의 밀도 및 흡수량 시험에서 A : 절건중량, B : 대기 중 시료의 표면 건조 포화상태의 무게, C : 물속에서 시료의 무게를 각각 나타내고 있을 때, ABC의 관계를 이용하여 다음의 용어를 도식화하시오.
●98④

(1) 표면건조 포화상태의 밀도 :

(2) 절대건조상태의 시료 밀도 :

(3) 흡수율 :

정답

(1) $\dfrac{B}{B-C}$

(2) $\dfrac{A}{A-C}$

(3) $\dfrac{B-A}{A}$

14 KS 규격 중 벽돌제작용 골재의 입도 규정은 다음 표와 같다. 벽돌제작에 이용이 가능한 최대 및 최소 조립률을 구하시오.

체의 규격(mm)	Pan	No.100	No.50	No.30	No.16	No.8	No.4	10mm
통과율(%)	0	5~20	10~30	24~40	30~50	45~65	65~85	100

해설

체의 규격(mm)	최대	최소	각 체의 남은 양의 누계(%)	
			최대	최소
10	100	100	0	0
No.4	65	85	35	15
No.8	45	65	55	35
No.16	30	50	70	50
No.30	24	40	76	60
No.50	10	30	90	70
No.100	5	20	95	80

정답

(1) 최대 조립률
$$= \frac{35+55+70+76+90+95}{100}$$
$$= 4.21$$

(2) 최소 조립률
$$= \frac{15+35+50+60+70+80}{100}$$
$$= 3.1$$

15 비중이 2.6이고, 단위용적중량이 1,750kg/m³인 굵은골재가 있다. 공극률을 구하시오.

● 24② · 20③ · 15④ · 14② · 09③ · 98③

정답

공극률
$$= \left(\frac{비중 - 중량}{비중}\right) \times 100$$
$$= \left(\frac{2.6 - 1.75}{2.6}\right) \times 100$$
$$= 32.69\%$$

16 어떤 골재의 비중이 2.65이고, 단위용적중량이 1,800kg/m³라면 이 골재의 실적률을 구하시오.

● 20⑤ · 15④ · 00①

정답

가. 실적률 + 공극률 = 100%
  ∴ 실적률 = 100 − 공극률
나. 공극률
$$= \left(\frac{2.65 - 1.8}{2.65}\right) \times 100$$
$$= 32.08\%$$
다. 실적률
$$= (100 - 32.08) = 67.92\%$$

17 콘크리트용 굵은골재가 현장에 반입되어 KS 규격에 따라 체가름 시험을 실시한 결과는 다음과 같다. 조립률(FM)을 구하시오.

체의 규격(mm)	40	25	20	16	13	10	No.4	Pan(접시)
각 체의 남은 양(%)	0	140	2,850	1,230	800	270	10	0

해설 조립률(FM) = $\dfrac{\text{각 체의 남은 양의 누계 \%의 합계}}{100}$ 이므로

여기서, 체의 규격 중 다음 표준체 10개만 사용한다.
No.100, No.50, No.30, No.16, No.8, No.4, 10mm, 20mm, 40mm, 80mm

체의 규격 (mm)	각 체의 남은 양(g)	각 체의 남은 양(%)	각 체의 남은 누계(%)
* 40	0	0	0
25	140	2.64	2.64
* 20	2,850	55.77	56.41
16	1,230	23.20	79.61
13	800	15.1	94.71
* 10	270	5.1	99.81
* No.4	10	0.19	100
No.8			100
* No.16			100
* No.30			100
* No.50			100
* No.100			100

정답
조립률은 * 표 있는 곳에 한해서 계산한다.

∴ FM = $\dfrac{56.41 + 99.81 + 600}{100}$
  = 7.56

18 재령 28일 콘크리트 표준공시체(ϕ150×300)에 대한 압축강도시험 결과 파괴하중이 450kN일 때 압축강도를 구하시오. ● 21① · 20① · 15②

정답 콘크리트 압축강도

$\dfrac{P}{A} = \dfrac{450 \times 1,000}{\dfrac{\pi D^2}{4}}$

$= \dfrac{450 \times 1,000 \text{ N}}{\dfrac{3.14 \times 150 \times 150}{4}}$

$= 25.478 \, (\text{N/mm}^2)$

※ 하중이 변경되어 자주 출제되는 문제임

19 특기 시방서상 레미콘의 압축강도가 24MPa 이상으로 규정되어 있다고 할 때, 납품된 레미콘으로부터 임의의 3개 공시체(지름 10cm, 높이 20cm인 원주체)를 제작하여 압축강도 시험을 한 결과 최대하중 180kN, 170kN, 200kN에서 파괴되었다. 평균 압축강도를 구하고 규정을 상회하고 있는지 여부에 따라 합격 및 불합격으로 판정하시오.

● 06① · 05③ · 00②

정답

① 공시체 면적 = $\dfrac{3.14 \times 100 \times 100}{4}$
 = $7,850 \mathrm{mm}^2$

② 평균하중
 = $\dfrac{180,000 + 170,000 + 200,000}{3}$
 = $183,333\mathrm{N}$

③ 평균압축강도 = $\dfrac{183,333.33}{7,850}$
 = $23.35\mathrm{MPa}$

④ 판정 = 불합격

---

20 콘크리트의 하중속도는 압축강도에 크게 영향을 미친다. 그러므로 콘크리트 강도시험에서 하중속도를 초당 0.2~0.3N/mm²로 할 때 $\phi 10 \times 20$cm 공시체를 이용하면 1분 후에 하중계가 얼마의 값의 범위를 지시하여야 하는가를 산출하시오.

● 03①

정답

1) 공시체의 단면적(A)
 = $\dfrac{\pi \times D^2}{4} = \dfrac{3.14 \times 100^2}{4}$
 = $7,850 \mathrm{mm}^2$

2) 1분 후의 하중 범위
 ① 초당 0.2N/mm²일 때
  = $7,850 \times 0.2 \times 60$초
  = $94,200\mathrm{N}$
 ② 초당 0.3N/mm²일 때
  = $7,850 \times 0.3 \times 60$초
  = $14,130\mathrm{N}$
∴ 범위 = 94,200~14,130N

---

21 특기 시방서상 콘크리트 휨강도가 5MPa로 규정되어 있다. 15cm×15cm×50cm 공시체를 제작하여 지간(Span) 45cm인 중앙점 하중으로 휨강도를 3회 실시한 결과 중앙에서 45kN, 43kN, 35kN의 하중으로 파괴되었다면 평균 휨강도를 구하고, 평균치가 규정을 상회하고 있는지 여부에 따라 합격 여부를 판정하시오.

● 05②

정답

가. 중앙점 휨강도 = $\dfrac{3Pl}{2bd^2}(\mathrm{N/mm}^2)$

나. 평균하중
 = $\dfrac{45,000 + 43,000 + 35,000}{3}$
 = $41,000\mathrm{N}$

다. 평균강도
 = $\dfrac{3 \times 41,000 \times 450}{2 \times 150 \times 150 \times 150}$
 = $8.2\mathrm{MPa}$

라. 판정 = 합격

22 특기 시방서상 철근의 항복강도는 240N/mm² 이상으로 규정되어 있다. 건설공사 현장에서 반입된 철근을 KS규격에 의거 중앙부지름 14mm, 표점거리 50mm로 가공하여 인장강도를 시험하였더니 37,000N, 40,570N, 38,150N에서 항복현상이 나타났다. 평균 항복강도를 구하고, 특기 시방서상의 규정과 비교하여 합격 여부를 판정하시오. ●20③·18②·04②

정답

가. 철근의 단면적
$$= \frac{3.14 \times 14 \times 14}{4}$$
$$= 153.86 \mathrm{mm}^2$$

나. 철근 인장 강도 $= \frac{P}{A}$

① $\frac{37,000}{153.86} = 240.47 \mathrm{N/mm}^2$

② $\frac{40,570}{153.86} = 263.68 \mathrm{N/mm}^2$

③ $\frac{38,150}{153.86} = 247.95 \mathrm{N/mm}^2$

다. 평균 강도
$$= \frac{240.47 + 263.68 + 247.95}{3}$$
$$= 250.7 \mathrm{N/mm}^2$$

라. 판정 – 기준강도 이상
(250.7 > 240)
∴ 합격

23 KS 규정상 시멘트 벽돌의 압축강도는 8MPa 이상으로 되어 있다. 현장에 반입된 190×90×57 벽돌을 압축강도 시험할 때 압축강도 시험기의 하중이 얼마 이상을 지시하여야 합격인지 하중값을 구하시오.

정답

가. 압축강도 $= \frac{P}{A} \geq 8(\mathrm{N/mm}^2)$

나. $P = A \times 8$
$= 190 \times 90 \times 8 = 136,800\mathrm{N}$
∴ 136.8kN

24 39cm×19cm×19cm인 시멘트 블록의 압축강도 시험에서 하중속도를 매초 0.2N/mm² 한다면 압축강도 8MPa인 블록은 몇 초에서 붕괴되겠는지 붕괴시간을 구하시오. ●24②·11①·09②·05①·98④

정답

가. 압축강도 $= \frac{P}{A} \geq 8(\mathrm{N/mm}^2)$

나. $P = A \times 8 = 390 \times 190 \times 8$
$= 592,800\mathrm{N}$

다. 1초당 가압하중
$= 0.2 \times 390 \times 190$
$= 14,820\mathrm{N}$

라. 붕괴시간 $= \frac{592,800}{14,820} = 40$초

25 현장에 반입된 2급 블록(6MPa)의 품질시험을 위하여 압축강도 시험을 실시한 결과 500kN, 600kN, 550kN에서 파괴되었다면 현장에 반입된 블록의 압축강도를 구하고 2급 블록 규격의 합격 및 불합격 여부를 판정하시오.(단, 구멍부분을 공제한 중앙부의 순단면적은 460cm²이고 규격은 390mm×190mm×190mm이다.)

정답

가. 압축강도 $= \dfrac{P}{A}(\text{N/mm}^2)$

나. 면적 $= 390 \times 190 = 74,100 \text{mm}^2$

다. 평균하중
$$= \frac{500,000 + 600,000 + 550,000}{3}$$
$$= 550,000$$

라. 평균강도
$$= \frac{550,000}{74,100} = 7.42 \text{MPa}$$

∴ 합격

26 특기시방서상 시멘트기와의 흡수율이 12% 이하로 규정되어 있다. 완전 침수 후 표면건조 포화상태의 중량이 4.725kg, 기건중량 4.64kg, 완전건조중량 4.5kg, 수중중량이 2.94kg일 때 흡수율을 구하고, 규격상회 여부에 따라 합격 여부를 판정하시오.

정답

가. 흡수율
$$= \frac{\text{표·건상태중량} - \text{절건중량}}{\text{절건중량}} \times 100$$
$$= \frac{4.725 - 4.5}{4.5} \times 100 = 5\%$$

나. 판정 = 합격(∵ 5% < 12%)

PART 03

건축적산

CONTENTS

01장 총론
02장 가설공사
03장 토공사
04장 철근콘크리트공사
05장 철골공사
06장 조적공사
07장 목공사
08장 기타공사
09장 종합적산

미듬 건축기사 실기
cafe.naver.com/ikaiscom

Engineer Architecture

CHAPTER 01
총 론

CONTENTS

제1절 적산 기본사항	7
제2절 건축적산의 일반사항	14
제3절 수량산출 기준	16

한눈에 보기

01 가설공사

- 시멘트 창고(m^2)
  - $1m^2$ 당
    - 30~35포 (통로 有)
    - 50포 (통로 無)
  - $0.4 \times \dfrac{N}{n}$
  - N : 저장포대수
    ① 600포 이상 1/3
    ② 600포 미만 전량
- 변전소 면적(m^2) = $3.3 \times \sqrt{\text{피크전력(kW)}}$
- 동바리량(공m^3, 10공m^3) = 상층 슬라브 밑면적 × 높이 × 0.9
- 비계
  - 내부(m^2) = 연면적 × 0.9
  - 외부 = {$\sum \ell + 8 \times D$} × H

02 토공사

- 터파기 밑변 = 기초판 너비 + 2 × D (터파기 여유)

1m	20cm
2m	30cm

- 터파기 윗변 = 터파기 밑변 + 2 × D'
  0.3H
- 토량환산계수 = $\dfrac{\text{구하고자 하는 상태}}{\text{원래상태}}$

		독립기초	줄기초	온통기초
1. 터파기량		$V = \dfrac{H}{6}\{(2a+a') \times b + (2a'+a) \times b'\}$	$V = t \times H \times$ 유효길이 여기서 유효길이 $\{\sum \ell - \dfrac{t}{2}$ 중복개소수$\}$	V = 가로 × 세로 × 깊이
2. 되메우기량	기초구조부 체적	• 잡석 = 가로 × 세로 × 높이 • 버림 = 가로 × 세로 × 높이 • 기초판(수평) = 가로 × 세로 × 높이 • 기초판(경사) = $\dfrac{H}{6}\{(2a+a') \times b + (2a'+a) \times b'\}$ • 기초 기둥 = 가로 × 세로 × 높이	• 잡석 V = t × H × 유효길이 • 버림 • 기초판 • 기초벽	• 잡석 가로 × 세로 × 높이 • 버림 • 기초판 • 기초벽
		• 터파기량 − 기초구조부 체적	• 터파기량 − 기초구조부 체적	• 터파기량 − 기초구조부 체적
3. 잔토처리량		• 기초구조부 × 토량환산계수 (L)	• 기초구조부 × 토량환산계수 (L)	• 기초구조부 × 토량환산계수 (L)

Thinking Map

03 철근콘크리트(철근공사)

일 반
- 길이(m) × 단위중량(kg/m)
  ↓
  1本의 길이 × 개수
- 1本의 길이 = 부재길이 + 이음길이 + 정착길이 + Hook의 길이
- 개수 (정수) = 배근범위 / 간격 @
  - 전배근 — 정 수 = 정수 + 1 / 소수점 = 절상 + 1
  - 사이배근 — 정 수 = 정수 / 소수점 = 절상
  - 간격배근 — 정 수 = 정수 − 1 / 소수점 = 절하

부재명	구 성	철근배근	부재의 길이	이음길이	정착길이	Hook의 길이	개수	비고
독립기초	기초판	가로근	A				B/@	전배근
		세로근	B				A/@	
		대각선근	$\sqrt{A^2+B^2}$				도면 제시	
	기초기둥	주근	H + 기초판두께		0.4		도면 제시	
		대근	기둥 둘레길이				(H+t(기초판두께))/@	
		보조대근	기둥 둘레길이				(H+t(기초판두께))/@	
줄기초	기초벽	선철근	기초판 너비				$\Sigma\ell$/@	사이배근 정도
		점철근	$\Sigma\ell$	25d×개소수			A/@	전배근
	기초판	선철근	H + 기초판두께		0.4		$\Sigma\ell$/@	사이배근 정도
		점철근	$\Sigma\ell$	25d×개소수			(H+t(기초판두께))/@	전배근
기둥		주근	H	25d	0.4	최상층만 10.3d	도면 제시	
		대근	기둥 둘레길이				H/@	H : 층고
		보조대근	기둥 둘레길이		맨하층 = 0.4		H/@	
보	최상층	상부	ℓ'	40d × 2(양쪽)	10.3d × 2(양쪽)		보 일람에서 찾기	단부 / 중앙부
		하부	ℓ_0	25d × 2(양쪽)	10.3d × 2(양쪽)		보 일람에서 찾기	
		밴트	ℓ' + 늘어난 길이	40d × 2(양쪽)	10.3d × 2(양쪽)		보 일람에서 찾기	
		특근	보 둘레길이				$\frac{\ell'}{2} \div @$ 단부/중앙부	단부(전배근), 중앙부(간격배근)
	중간층	상부	ℓ_0	40d × 2(양쪽)	10.3d × 2(양쪽)			
		하부	ℓ_0	25d × 2(양쪽)	10.3d × 2(양쪽)		보 일람에서 찾기	
		밴트	ℓ_0 + 늘어난 길이	40d × 2(양쪽)	10.3d × 2(양쪽)			0.828 × (D − 0.1) : 늘어난 길이
슬라브	단변방향	상부	ℓ_x		40d × 2			
		하부	ℓ_x		25d × 2			
		밴트	ℓ_x		40d × 2			늘어난 길이 고려하지 않음
		톱바	$\frac{\ell_x}{4} + 15d$		40d			여장길이 문제 조건제시 없을때 15d
	장변방향	상부	ℓ_y					
		하부	ℓ_y					
		밴트	ℓ_y					
		톱바	$\frac{\ell_x}{4} + 15d$					

① 주열대
② 중간대

04 철근콘크리트(거푸집)

- **일 반**
  - 정미면적
  - 공제하지 아니하는 부분
    - ① 1m² 이하의 개구부
    - ② 기초 + 지중보
    - ③ 지중보 + 기둥
    - ④ 기둥 + 큰보
    - ⑤ 큰보 + 작은보
    - ⑥ 기둥 + 벽체
    - ⑦ 보 + 벽체
    - ⑧ 바닥판 + 기둥
  - 접합부 면적 (②~⑧)

05 철근콘크리트(Con'c량)

- **일 반**
  - 정미량(m³)
- **배합비에 따른 재료량**
  - V
    - 정산식 = $\dfrac{1 \times W_C}{g_C} + \dfrac{m \times W_S}{g_S} + \dfrac{n \times W_g}{g_g} + W_C \times x$
    - 약산식 = $1.1m + 0.57n$
  - C량 = $\dfrac{1}{V}$ (m³) × 1,500(kg/m³)
  - S량 = $\dfrac{m}{V}$ (m³)
  - G량 = $\dfrac{n}{V}$ (m³)

  Con'c 1m³당 재료량

부재명	구성		Con'c 량	거푸집량	
독립기초	기초판	① 수평부	가로 × 세로 × 높이	(가로 × 세로) × 2 × 높이	
		② 경사부	$V = \dfrac{H}{6}\{(2a+a') \times b + (2a'+a) \times b'\}$	30° 이상인 경우 설치 $\dfrac{a+a'}{2} \times S \times$ 개소수 (경사길이)	
줄기초	기초기둥		가로 × 세로 × 높이	(가로 × 세로) × 2 × 높이	
	기초판 ⟩ 동일 기초벽		단면적 × 유효길이 $\{\Sigma \ell - \dfrac{t}{2} \times$ 중복개소수 $\}$	높이 × 2 × 유효길이 $\{\Sigma \ell - \dfrac{t}{2} \times$ 중복개소수 $\}$	공제면적 = 단면적 × 중복개소수
기 둥			단면적 × (H − t_s) × 개수	둘레길이 × (H − t_s) × 개수	
보			= 단면적 × 유효길이 (ℓ_o) = b × (D − t_s) × ℓ_o × 개수	옆 : (D − t_s) × 2 × ℓ_o × 개수 밑 : 계산하지 않고 슬라브 계산시 산입하여 계산	
슬라브량			A × B × t_s	측면 : (A + B) × 2 × t_s 밑면 : A × B	

Thinking Map

06 철골공사

	산출	비고
강판량	면적(m^2) × 단위중량(kg/m^2) 부피(m^3) × 비중	• 면적은 사각형에 면적 스크랩양 발생(70% 공제)
형강량	길이(m) × 단위중량(kg/m) 부피(m^3) × 비중	• 길이는 도면에서 제시 • 형강 표시법 숙지 • $H - A × B × A_t × B_t$

07 조적공사 벽면적(m^2) × 단위수량(장/m^2)

	벽면적	단위수량	비고
벽돌량	외벽 = 중심간 길이 × 높이 - 개구부면적 내벽 = 안목길이 × 높이 - 개구부면적		0.5B	1.0B	1.5B	2.0B | 표준 75 ⊖1 ⊖1 기존 65 내화 59 증가 증가 증가	정미량	• 할증률 5% : 시멘트 벽돌 • 할증률 3% : 붉은벽돌 내화벽돌
블럭량	외벽 = 중심간 길이 × 높이 - 개구부면적 내벽 = 안목길이 × 높이 - 개구부면적	390 × 190 × 100/150/190/210 13 290 × 190 × 100/150/190 17	소요량
타일량	안목면적	$\left(\dfrac{1,000}{\text{한변} + \text{줄눈}} × \dfrac{1,000}{\text{다른변} + \text{줄눈}}\right)$	정미량

- 벽돌량
  - 쌓기 모르타르량
    - 단위수량 × 벽면적
    - 단위수량: 표준 0.5B=0.019, 1.0B=0.049, 1.5B=0.078
  - 배합비에 따른 각 재료량
    - $C = \left(\dfrac{1}{1 × m}\right) × \left(\dfrac{1}{1 × n}\right)$: 모르타르 $1m^3$당 재료량
    - $S = C × m$
- 블록량: 벽돌량과 동일

08 목공사

- 일반
  - $1m^3 = 1m × 1m × 1m$
  - $1才 = 1치 × 1치 × 12자$
  - 1푼 = 3.03mm
  - 1치 = 30.3mm
  - 1자 = 30.3cm
- 통나무
  - 6m 미만 = 말구지름 D를 한변으로 하는 각재
  - 6m 이상 = 가상의 말구지름 D'를 한변으로 하는 각재
    - $D' = D + \dfrac{L' - 4}{2}$
- 창호재: 중복계산

09 기타(마감)

시공면적(m^3)으로 산출

미듬 건축기사 실기

멘토스는 당신의 쉬운 합격을 응원합니다!

총론

회독 CHECK!
- 1회독 ☐ 월   일
- 2회독 ☐ 월   일
- 3회독 ☐ 월   일

| 학 | 습 | 포 | 인 | 트 |

* 견적의 기본적인 개념과 순서 기억
* 할증률 암기 및 적용방법
* 공제하지 않는 부분 정리 및 이해

제1절 적산 기본사항

Ⅰ. 길이·면적·체적 산출 방법

01 둘레길이·면적 산출법

(1)

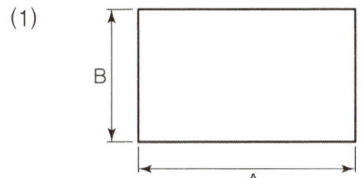

① 면적 = $A \times B$
② 둘레길이 = $(A+B) \times 2$

(2)

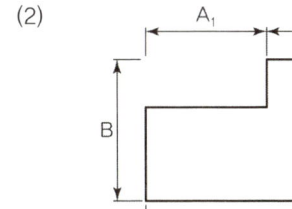

① 면적 = $A \times B - (A_1 \times B_2)$
② 둘레길이 = $(A+B) \times 2$

(3)

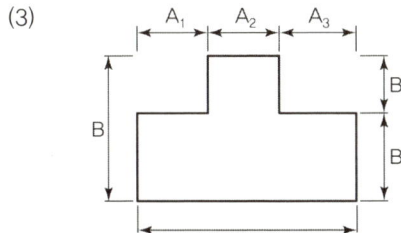

① 면적 = $A \times B - \{(A_1 + A_3) \times B_2\}$
② 둘레길이 = $(A+B) \times 2$

(4)

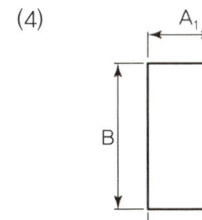

① 면적 = $A \times B - (A_2 \times B_2)$
② 둘레길이 = $(A + B + B_2) \times 2$

보충) 면적 산출법
전체 면적 – 공제 부분 면적

보충) 둘레길이

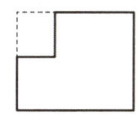

굵은 선 부분을 밖으로 밀면 점선과 같이 되어 1번의 도형이 된다.

보충) 둘레길이

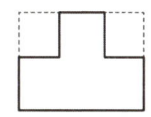

(2)번과 같은 방법으로 길이를 계산한다.

보충) 둘레길이

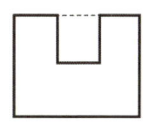

굵은 선 부분을 밖으로 밀어내면 B_2 부분만 남게 된다.

보충 t

윗변과 밑변 길이의 평균값이 되며 사다리꼴 도형의 면적은 항상 평균 길이(t)를 이용하여 계산한다.

보충 원

지름(D)과 반지름(r) 두 가지를 이용하여 필요 부분을 계산할 수 있어야 한다.

(5)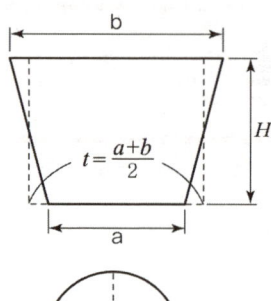

※ 면적 $= \dfrac{a+b}{2} \times H = t \times H$

(6)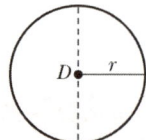

① 면적 $= \pi r^2 = \dfrac{\pi D^2}{4}$

② 둘레길이 $= 2\pi r = \pi D$

02 면적 산출법 I

일반적으로 우리가 다루게 될 도면은 앞에서 정리한 도형보다는 아래에 있는 도면(두께가 있는)의 형태가 된다. 이러한 도면에서 우리가 필요로 하는 것을 계산해 보도록 하자. 면적 산출 시 1차적으로 해야 할 것은 각 부분의 길이 산출이다.

(1) 중심 간 면적

보충 적용방법의 예

바닥 비닐 타일의 수량(m²)은?
① $5.8 \times 3.8 = 22.04 m^2 (\times)$
② $(6-0.2) \times (4-0.2)$
　$= 22.04 m^2 (\bigcirc)$

①번과 같이 하지 않고 ②번과 같이 하는 이유는 가급적 도면(문제)에서 제시된 수치를 활용해야 검산이 용이하기 때문이다.

① 면적 $= A \times B$
② 둘레길이 $= (A+B) \times 2$

(2) 내측 간 면적

① 면적 $= (A-t) \times (B-t)$
② 둘레길이 $= \{(A-t) + (B-t)\} \times 2$

(3) 외측 간 면적

① 면적 = (A+t)×(B+t)
② 둘레길이 = {(A+t)+(B+t)}×2

(4) 빗금 친 부분의 면적

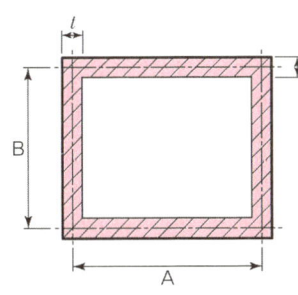

① 면적 = (A+B)×2×t
↓
중심 간 둘레길이

보충) 산출 과정

A×t×2(상하)
+
B×t×2(좌우)

⟨㉮ 부분 상세도⟩

2번계산 → 서로 상쇄됨
계산 누락

03 면적 산출법 II

이번에는 외측 부분과 내측 부분이 같이 있는 경우를 살펴보자.

(1) 내측과 외측의 두께(t)가 같은 경우

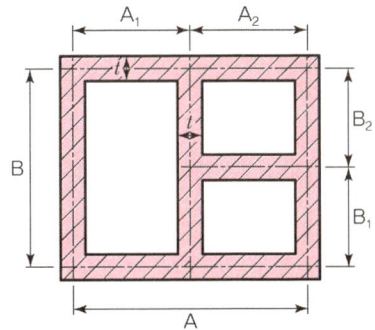

① 외측 부분
앞에서 계산한 것과 같다.
∴ (A+B)×2×t
② 내측 부분 = 안목길이×두께
- 가로 부분 = $(A_2-t) \times t$

$\dfrac{t}{2} \times 2$개소

- 세로 부분 = $(B-t) \times t$

③ 여기서 외측과 내측의 면적을 한 번에 구하여 보자.
외측 + 내측 = ① + ②
$= (A+B) \times 2 \times t + \{(A_2-t)+(B-t)\} \times t$
$= \{(A+B) \times 2 + (A_2-t) + (B-t)\} \times t$

↳ $\dfrac{t}{2} \times 2$

$= [\{(A+B) \times 2 + A_2 + B\} - (\dfrac{t}{2} \times 4)] \times t$

↑ 내·외측 중심 간 길이 합(Σl) ↑ 공제 길이

보충) 공제길이

$\dfrac{t}{2} \times$ 중복개소수

④ 재차 정리하여 공식화시켜 보자.

보충 **중복개소수**
① 외측＋내측 접합부
② 내측＋내측 접합부

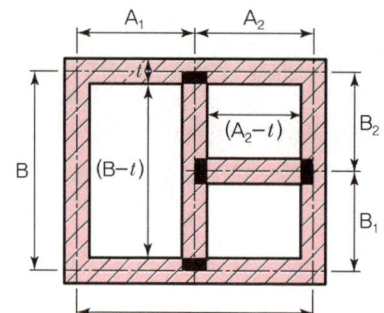

① 내측 ＋외측 중심 간 길이 합 : Σl
② 중심간 길이로 계산 시 중복되는 부분 (좌측 도면에서 검정 부분)
  : 중복개소수(4개소)
③ 중복되는 부분의 길이 : $\dfrac{t}{2}$

공식 : 면적(A)＝$\{\Sigma l-(\dfrac{t}{2}\times$중복개소수$)\}\times t$

(2) 내측과 외측의 두께가 다른 경우

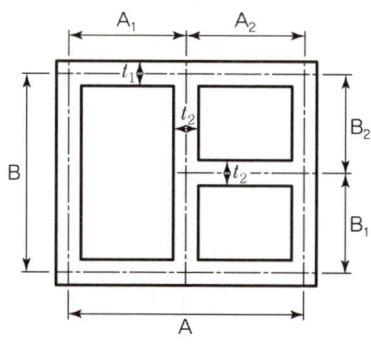

좌측의 도면과 같이 두께가 다른 경우는 외측과 내측을 분리하여 산출한다.

① 외측 부분
  앞에서의 계산 과정과 동일하다.
  ＝$(A+B)\times 2\times t_1$

② 내측 부분
  • 가로 부분 : $\{A_2-(\dfrac{t_2}{2}+\dfrac{t_1}{2})\}\times t_2$
  • 세로 부분 : $\{B-(\dfrac{t_1}{2}\times 2$개소$)\}\times t_2$

③ 여기서 내측 부분의 가로와 세로를 한 번에 계산해 보자.

$\{(A_2+B)-(\dfrac{t_1}{2}\times 3$개소$+\dfrac{t_2}{2})\}\times t_2$

↑ 내측 중심길이($\Sigma l'$)　↑ 공제 길이

(3) 앞의 두 가지 경우를 공식화해보면

1. 두께 동일 ⇒ 내·외측 한 번에 계산

  면적(A)＝$\{\underset{\uparrow}{\Sigma l}-(\dfrac{t}{2}\times$중복개소수$)\}\times t$: 두께 동일
  　　내·외측 중심 간 길이의 합

2. 두께 상이 ⇒ 내·외측 구분하여 계산

  ① 외측＝$\underset{\uparrow}{\Sigma l}\times t_1$
  　　외측의 중심 간 길이

② 내측 = { Σl − ($\dfrac{t_1}{2}$ × 중복개소수 + $\dfrac{t_2}{2}$ × 중복개소수) } × t_2 : 두께 동일

↑ 내측의 중심 간 길이

즉, 두께가 다른 경우 중복개소수를 두께가 같은 것끼리 나누어 중심 간 길이에서 공제하여 주면 된다.

04 면적 산출법 III

이번에는 아래의 도면과 같이 구조물의 측면 면적(빗금 친 부분)을 산출해 보자. 이와 같은 측면 면적 산출방법을 숙달하면 뒤에서 배우게 될 철근콘크리트 공사편의 줄기초, 보 등의 거푸집 면적 산출 시 이해가 빠르며 쉽게 계산할 수 있다.

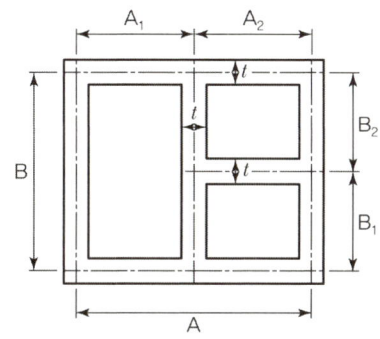

(1) 외측 부분

1) 가로 부분

① 내부 = (A − t) × H × 2개소(상·하)
② 외부 = (A + t) × H × 2개소(상·하)
∴ ①+② = A × 2 × H × 2개소(상·하)
　　　　　↑　　↑　↑
　　중심 간 길이　양쪽　높이

보충 양쪽 면적 계산

양쪽은 내부와 외부를 한 번에 계산하기 때문이다.

2) 세로 부분

① 내부 = (B − t) × H × 2개소(좌·우)
② 외부 = (B + t) × H × 2개소(좌·우)
∴ ①+② = B × 2 × H × 2개소(상·하)
　　　　　↑　　↑　↑
　　중심 간 길이　양쪽　높이

∴ 1) + 2) = (A + B) × 2 × H × 2
　　　　　　　↑　　　　↑　　↑
　　　중심 간 길이　높이　양쪽

보충 중복개소수(2개소)

(2) 내측 부분

1) 가로 부분

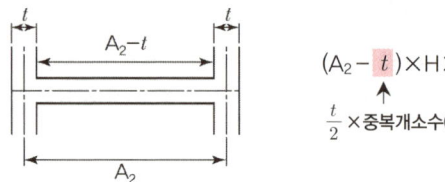

$(A_2 - t) \times H \times 2$(양쪽)
$\dfrac{t}{2} \times$중복개소수(2개소)

2) 세로 부분

$(B - t) \times H \times 2$(양쪽)
$\dfrac{t}{2} \times$중복개소수(2개소)

∴ 1) + 2) = $\{(A_2 + B) - (\dfrac{t}{2} \times$중복개소수$)\} \times H \times 2$(양쪽)

          ↑   ↑
    중심 간 길이   공제길이

(3) 외측과 내측의 면적을 합해서 계산하면

외측 = $(A + B) \times 2 \times H \times 2$(양쪽)
       ↑
    중심 간 길이

내측 = $\{(A_2 + B) - (\dfrac{t}{2} \times$중복개소수$)\} \times H \times 2$(양쪽)
       ↑
    중심 간 길이

여기서, Σl : 내·외측 중심 간 길이 합
       H : 높이
       t : 두께

공식 : $\{\Sigma l - (\dfrac{t}{2} \times$중복개소수$)\} \times H \times 2$(양쪽)

보충 공제면적

단면적×중복개소수

(4) 공제 부분

앞에서 계산된 외측과 내측 부분의 면적을 좌도에 표시하면 굵은 선 부분이 된다.
여기서, ◯ 표시 부분의 면적을 공제해야 되는 경우 공제면적은 아래와 같이 계산한다.

∴ 공제면적 = t × H × 중복개소수

05 체적 산출법

앞에서 계산해 보았던 구조물의 체적을 구하는 방법을 알아보자.

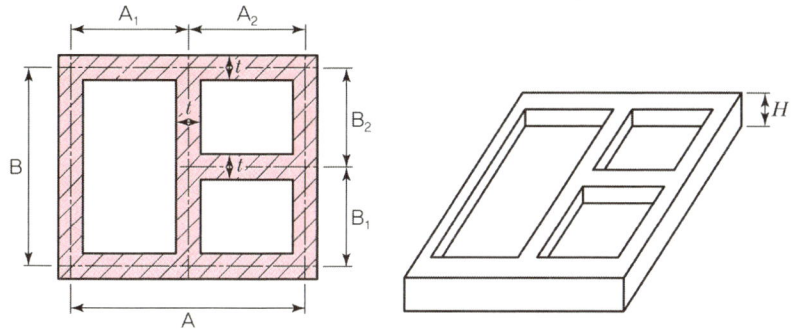

우리는 앞에서 위의 평면도의 빗금 친 부분의 면적을 아래와 같이 정리하여 공식화하였다.

$$면적(A) = \{\Sigma l - (\frac{t}{2} \times 중복개소수)\} \times t$$

그러므로 상기 구조물은 빗금 친 면적에다 높이(H)를 곱하면 체적을 구할 수 있다. 그 내용을 정리하면 아래와 같다.

$$체적(V) = t \times H \times \{\Sigma l - (\frac{t}{2} \times 중복개소수)\}$$

II. 비중을 이용하여 중량과 부피 구하기

> **참고** *Reference*
>
> **비중**
>
> 1. 비중 $= \dfrac{중량(t)}{부피(m^3)}$
>
> 2. 중량(t) $=$ 비중 $\times$ 부피(m^3)
>
> 3. 부피$(m^3) = \dfrac{중량(t)}{비중}$

제2절 건축적산의 일반사항

01 적산과 견적

(1) 적산

공사 진행에 필요한 공사량(재료, 품)을 산출하는 기술활동

(2) 견적

산출된 공사량에 적정한 단가를 설정하여 곱한 후, 합산하여 총공사비를 산출하는 기술활동으로 공사개요 및 기일, 기타 조건에 의하여 달라질 수 있다.

02 견적의 종류

(1) 명세견적

설계도서(도면, 시방서), 현장설명서, 질의응답서, 구조계산서 등에 의거하여 가장 정확하고 정밀하게 공사비를 산출하는 방법

(2) 개산견적

기 수행된 공사의 자료, 통계치, 경험, 실험식 등에 의하여 개략적으로 공사비를 산출하는 방법

1) 단위 수량에 의한 방법

① 단위 면적에 의한 개산견적
② 단위 체적에 의한 개산견적
③ 단위 설비에 의한 개산견적

2) 단위 비율에 의한 방법

① 가격 비율에 의한 개산견적
② 수량 비율에 의한 개산견적

(3) 부위별 개산견적

건축물을 일정한 형식에 의거해 부위별로 나누고, 그 부위를 구성하고 요소마다 가격을 결정하여 개략적인 공사비를 산출하는 방법

용어) 적산과 견적
● 18④ · 13②

보충) 부위별 개산견적
부위별 개산견적은 설계 변경 시 유리하게 적용할 수 있는 견적방법이다.

03 견적의 순서

04 공사비 구성

(1) 총공사비

(2) 총공사비

05 공사비 비목

비목	비목 내용
재료비	① 직접재료비 : 공사 목적물의 실체를 형성하는 재료의 비용 ② 간접재료비 : 공사 목적물의 실체를 형성하지 않으나, 공사에 보조적으로 소비되는 재료의 비용(소모품) ③ 부산물 : 시공 중 발생되는 부산물은 이용가치를 추산하여 재료비에서 공제한다.
노무비	① 직접노무비 : 공사 목적물을 완성하기 위하여 직접 작업에 종사하는 종업원 및 노무자에게 지급하는 금액 ② 간접노무비 : 직접 작업에 종사하지 않으나, 공사 현장의 보조작업에 종사하는 노무자, 종업원, 현장사무직원에 지급하는 금액
외주비	• 도급에 의해 공사 목적물의 일부를 위탁, 제작하여 반입되는 재료비와 노무비
경비	• 전력비, 운반비, 기계경비, 가설비, 특허권 사용료, 기술료, 시험검사비, 지급 임차료, 보험료, 보관비, 외주가공비, 안전관리비, 기타 경비로 계산한다.
일반관리비	• 기업의 유지를 위한 관리활동 부분에서 발행하는 제 비용
이윤	• 영업 이익

보충) 단가

단가는 여러 가지 요인에 따라 다르게 설정될 수 있다. 재료의 운반거리, 등급 품질 등에 따라 차이가 발생하며 내역서상의 단가는 아래와 같이 세 가지로 나눌 수 있다.

예) 벽돌 10,000장의 단가
① 재료단가
  10,000장 × 48원(재료비)
② 시공단가
  10,000장 × 15원(시공비)
③ 복합단가
  10,000장 × 63원(재료비 + 시공비)

※ 합성단가 : 2가지 이상의 공종을 합한 단가

●14②
(용어) 공사원가, 일반관리비, 직접노무비

> **참고**　　　　　　　　　　　　　　　　　　　Reference
>
> **공사원가**
> 공사시공과정에서 발생하는 직접공사비와 간접공사비에 속한 재료비, 노무비, 경비(현장경비 포함) 등의 합

제3절 수량산출 기준

01 수량의 종류

(1) 정미량

설계도서에 의거하여 정확한 길이(m), 면적(m^2), 체적(m^3), 개수 등을 산출한 수량

(2) 소요량, 구입량

산출된 정미량에 시공 시 발생되는 손실량, 망실량 등을 고려하여 일정 비율의 수량(할증량)을 가산하여 산출된 수량

02 할증률

할증률	재료	할증률	재료
1%	유리 콘크리트(철근)	5%	원형철근 일반 볼트, 리벳, 강관 소형형강(Angle) 시멘트 벽돌 타일(합성수지계) 수장합판 목재(각재) 텍스, 석고보드, 기와
2%	도료 콘크리트(무근) 위생기구	6%	테라초 판
		7%	대형형강
3%	이형철근 고력볼트 붉은벽돌 내화벽돌 타일(점토계) 타일(클링커) 테라코타 일반합판 슬레이트	10%	강판(Plate) 단열재 석재(정형) 목재(판재)
4%	시멘트 블록	20%	졸대
		30%	석재(원석, 부정형)

보충 수량의 계산

위의 그림에서 타일량(장)을 그림의 수대로 구하면

정미량 = 8 × 8 = 64장

그러나 만일 현장에 64장만 반입하였을 시 1장이라도 파손이 되면 시공이 완료되지 못한다. 그러므로 각 재료별로 시공 시 손율을 조사해 설정한 것이 할증률이다.

●15④

할증률 유리, 시멘트, 벽돌, 단열재

보충 할증률 적용

위의 타일을 자기질 타일(할증 3%)이라 하고 소요량을 계산하면

소요량 = 정미량 + 할증량
　　　= 64장 + 64 × 0.03
　　　= 65.92장

⬇

향후 할증률 적용 시 풀이방법
➡ 64 × 1.03 = 65.92장
∴ 66장(절상)

03 수량의 계산(기준)

1) 수량의 C.G.S 단위를 사용한다.
2) 수량의 단위 및 소수위는 표준 품셈 단위 표준에 의한다.
3) 수량의 계산은 지정 소수위 이하 1위까지 구하고, 끝수는 4사 5입한다.
4) 계산에 쓰이는 분도(分度)는 분까지, 원둘레율(圓周率), 삼각함수(三角函數) 및 호도(弧度)의 유효숫자는 3자리(3位)로 한다.
5) 곱하거나 나눗셈에 있어서는 기재된 순서에 의하여 계산하고, 분수는 약분법을 쓰지 않으며, 각 분수마다 그의 값을 구한 다음 전부의 계산을 한다.
6) 면적의 계산은 보통 수학공식에 의하는 외에 삼사법(三四法)이나 삼사유치법(參斜誘致法) 또는 프라니미터로 한다. 다만, 프라니미터를 사용할 경우에는 3회 이상 측정하여 그중 정확하다고 생각되는 평균값으로 한다.
7) 체적계산은 의사공식(擬似公式)에 의함을 원칙으로 하나, 토사의 입적은 양단면적을 평균한 값에 그 단면적 간의 거리를 곱하여 산출하는 것을 원칙으로 한다. 다만, 거리평균법으로 고쳐서 산출할 수도 있다.
8) 다음에 열거하는 것의 체적과 면적은 구조물의 수량에서 공제하지 않는다.
   ① 콘크리트 구조물 중의 말뚝머리 체적
   ② 볼트의 구멍
   ③ 모따기 또는 물구멍(水孔)
   ④ 이음줄눈의 간격
   ⑤ 포장공종의 1개소당 $0.1m^2$ 이하의 구조물 자리
   ⑥ 강(鋼) 구조물의 리벳 구멍
   ⑦ 철근콘크리트 내의 철근
   ⑧ 조약돌 중의 말뚝 체적 및 책동목(柵胴木)

04 수량 산출 시 주의사항

1) 수량 산출 시 가급적 시공순서에 의해서 계산한다.
2) 지정 소수위(소수점 자릿수)를 확인한다.
3) 단위 환산에 유의한다.
   ① 도면 단위(mm) → 수량 단위(m, m^2, m^3)
   ② 반드시 정수 단위인 경우
   - 벽돌 · 블록 · 타일(장)
   - 시멘트(포대)
   - 인부수(인)
   - 운반횟수(회)
   - 장비(대) 등

(보충) 포장공종

포장공종이라 함은 미장, 도장, 방수 등의 마감공정을 뜻함

(보충) 시공순서

① 아래 → 위
② 내부 → 외부
③ 단위세대 → 전체

(보충) 지정 소수위

예) 소수 2위
→ 소수점 둘째 자리
→ $2.2 \times 2.2 \times 0.05 = 0.242 m^3$
위의 식을 지정 소수위 조건에 만족시키는 답은 0.24가 된다.

(보충) 정수 단위 환산

정수 단위로 환산하기 위하여 절상 혹은 절하하여 계산
① 절상 : 소수점 이하 무조건 올림
   예) 5.9 → 6, 5.02 → 6
② 절하 : 소수점 이하 무조건 버림
   예) 5.9 → 5, 5.02 → 5

CHAPTER 01 핵심 기출문제

01 다음 ( ) 안에 알맞은 말을 쓰시오.

> 적산은 공사에 필요한 재료, 품의 수량, 즉 (가)를(을) 산출하는 기술활동이고 견적은 그 (나)에 (다)을(를) 곱하여 (라)을(를) 산출하는 기술활동이다.

가. _____ 나. _____
다. _____ 라. _____

정답
가. 공사량   나. 공사량
다. 단가   라. 총공사비

02 다음 용어에 대해 설명하시오.   • 18④ · 13②

가. 적산(積算) : _____

나. 견적(見積) : _____

정답
가. 적산 : 공사에 필요한 재료, 품의 수량, 즉 공사량을 산출하는 기술 활동
나. 견적 : 산출된 공사량에 단가를 곱하여 총공사비를 산출하는 기술 활동

03 다음 ( ) 안에 알맞은 용어를 쓰시오.

> 견적의 종류는 크게 나누어 (가) 견적과 (나) 견적으로 나눌 수 있으며, (다)은 설계도서 등을 근거하여 가장 정확하고 정밀하게 공사비를 산출하는 방법이며, (라)은 자료, 통계치, 경험, 실험식 등에 의하여 개략적으로 공사비를 산출하는 방법이다.

가. _____ 나. _____
다. _____ 라. _____

정답
가. 명세   나. 개산
다. 명세견적 라. 개산견적

04 개산견적의 종류를 5가지 쓰시오.

가. _____ 나. _____
다. _____ 라. _____
마. _____

정답
가. 단위면적에 의한 방법
나. 단위체적에 의한 방법
다. 단위설비에 의한 방법
라. 가격비율에 의한 방법
마. 수량비율에 의한 방법

05 부위별 개산견적을 간단히 설명하시오.

> 정답
> 건축물을 일정한 형식에 의거해 부위별로 나누고, 그 부위를 구성하는 요소마다 가격을 결정하여 공사비를 결정하는 방법으로 설계 변경 시 유리하다.

06 다음 〈보기〉에서 견적의 일반적인 순서를 기호로 골라 순서대로 쓰시오.

| (가) 이윤 | (나) 가격 | (다) 수량조사 | (라) 단가 |
| (마) 총공사비 | (바) 일반 관리비 | (사) 집계 | (아) 현장경비 |

( ) → ( ) → ( ) → ( ) → ( ) → ( ) → ( ) → ( )

> 정답
> (다) → (라) → (나) → (사) → (아) → (바) → (가) → (마)

07 공사비 구성의 분류이다. ( ) 안을 채우시오.

가. _____ 나. _____
다. _____ 라. _____

> 정답
> 가. 일반관리 부담금
> 나. 부가이윤
> 다. 현장경비
> 라. 간접공사비

08 실시설계도서가 완성되고 공사물량 산출 등 견적업무가 끝나면 공사예정가격 작성을 위한 원가계산을 하게 된다. 원가계산 기준 중 아래 내용에 대한 답안을 쓰시오. •14②

> 가. 공사시공과정에서 발생하는 재료비, 노무비, 경비의 합계액 ( )
> 나. 기업의 유지를 위한 관리활동부문에서 발생하는 제 비용 ( )
> 다. 공사계약 목적물을 완성하기 위하여 직접 작업에 종사하는 종업원 및 기능공에 제공되는 노동력의 대가 ( )

가. _____
나. _____
다. _____

> 정답
> 가. 공사원가
> 나. 일반관리비
> 다. 직접노무비

09 상세견적의 개략적인 견적절차 3단계를 쓰시오.

가. _____
나. _____
다. _____

정답
가. 수량산출 및 집계
나. 일위대가 및 단가산정
다. 공사비 산출

10 다음 〈보기〉의 자료에 의한 공사원가와 총공사비를 산출하시오.

㉠ 자재비	50,000,000원	㉡ 노무비	35,000,000원
㉢ 현장경비	15,000,000원	㉣ 간접공사비	12,000,000원
㉤ 일반관리비 부담금	3,000,000원	㉥ 이윤	13,000,000원

가. 공사원가 : _____
나. 총공사비 : _____

정답
가. 공사원가
 = 자재비 + 노무비 + 간접공사비 + 현장경비
 = 50,000,000 + 35,000,000 + 12,000,000 + 15,000,000
 = 112,000,000원
나. 총공사비
 = 공사원가 + 일반관리비 부담금 + 이윤
 = 112,000,000 + 3,000,000 + 13,000,000
 = 128,000,000원

11 다음 (   ) 안에 알맞은 말을 쓰시오.

공사비의 구성 중 직접공사비의 산출항목 종류는 (가), (나), (다), 경비로 구성된다.

가. _____
나. _____
다. _____

정답
가. 재료비
나. 노무비
다. 외주비

12 다음 수량산출 시 할증률이 작은 것부터 큰 순서를 〈보기〉에서 골라 번호로 쓰시오.

| (가) 이형철근 | (나) 원 |
| (다) 대형형강 | (라) 강판 |

(   ) → (   ) → (   ) → (   )

정답
(가) 이형철근 : 3%
(나) 원형철근 : 5%
(다) 대형형강 : 7%
(라) 강판 : 10%
작은 것부터 큰 순서는
(가) → (나) → (다) → (라)

13 다음 각 재료의 수량 산출 시 적용되는 할증률을 쓰시오. • 15④ · 08②

| ① 유리 | (가)% | ② 기와 | (나)% |
| ③ 시멘트 벽돌 | (다)% | ④ 붉은 벽돌 | (라)% |

가. _____ 나. _____
다. _____ 라. _____

정답
가. 유리 1
나. 기와 5
다. 시멘트 벽돌 5
라. 붉은 벽돌 3

14 길이 4m×높이 1m 담장을 세우려 한다. 블록 소요량을 산출하고, 일위대가표를 작성 후 재료비와 노무비를 산출하시오.(단, 블록규격 390×190×150)

(1) 담장 쌓기의 블록 소요량을 산출하시오.

계산식 : _____

(2) 아래 수량과 단가를 기준으로 일위대가표를 작성하시오.

(단위 : m²당)

구분	단위	수량	재료비		노무비		비고
			단가	금액	단가	금액	
블록							금액산출 시 소수 이하 수치 버림
시멘트							
모래							
조적공							
보통인부							
합계							

(수량)
1. 시멘트 : 4.59kg/m²당
2. 모래 : 0.01m³
3. 조적공 : 0.17인/m²당
4. 보통인부 : 0.08인/m²당

(단가)
1. 블록 : 550원/매당
2. 시멘트(40kg) : 3,800원/포대당
3. 모래 : 20,000원/m³당
4. 조적공 : 89,437원/인
5. 보통인부 : 66,622원/인

(3) 작성한 일위대가표를 기준으로 담장 쌓기의 재료비와 노무비를 산출하시오.

계산식 : (재료비) = _____

(노무비) = _____

(재료비 + 노무비) = _____

정답 (1) 담장 쌓기의 블록 소요량(단위수량 13매는 할증 4% 포함 수량임)
계산식 : $4 \times 1 = 4m^2 \times 13 = 52$매

(2) 아래 수량과 단가를 기준으로 한 일위대가표

(단위 : m^2당)

구분	단위	수량	재료비		노무비		비고
			단가	금액	단가	금액	
블록	매	13	550	7,150			금액산출 시 소수 이하 수치 버림
시멘트	kg	4.59	95	436			
모래	m^3	0.01	20,000	200			
조적공	인	0.17	–	–	89,437	15,204	
보통인부	인	0.08	–	–	66,622	5,329	
합계				7,786		20,533	

(수량)
1. 시멘트 : 4.59kg/m^2당
2. 모래 : 0.01m^3
3. 조적공 : 0.17인/m^2당
4. 보통인부 : 0.08인/m^2당

(단가)
1. 블록 : 550원/매당
2. 시멘트(40kg) : 3,800원/포대당
3. 모래 : 20,000원/m^3당
4. 조적공 : 89,437원/인
5. 보통인부 : 66,622원/인

(3) 작성한 일위대가표를 기준으로 한 담장 쌓기의 재료비와 노무비
계산식 : (재료비) = $4 \times 1 = 4m^2$ → $4 \times 7,786 = 31,144$원
(노무비) = $4 \times 1 = 4m^2$ → $4 \times 20,533 = 82,132$원
(재료비 + 노무비) = 31,144 + 82,132 = 113,276원

Engineer Architecture

CHAPTER 02
가설공사

CONTENTS

제1절 개요	25
제2절 공통 가설공사	25
제3절 직접 가설공사	27

미듬 건축기사 실기

멘토스는 당신의 쉬운 합격을 응원합니다!

CHAPTER 02 가설공사

회독 CHECK!
- 1회독 ☐ 월 일
- 2회독 ☐ 월 일
- 3회독 ☐ 월 일

| 학 | 습 | 포 | 인 | 트 |

* 시멘트 창고 면적(m^2) : 저장량, 사용량 구분
* 변전소 면적 : 최대 피크 전력 구하기
* 규준틀 : 평규준틀, 귀규준틀 구분하여 산출
* 동바리량 : 공제 부분 이해, 단위 맞추기
* 비계면적 : 재료별, 비계별 구분하여 산출하기

제1절 개요

01 가설공사의 결정 요건

① 공사장의 위치
② 대지 및 건축물의 규모
③ 공사기간

02 가설물의 종류

① 현장 사무소(시공자용)
② 감리 사무소(공사 감독자용)
③ 가설 창고(시멘트 창고, 자재 창고, 기계기구 창고)
⑤ 가설 작업일간
⑤ 가설 숙소
⑥ 가설 화장실
⑦ 구대(構臺 : 보도상에 2층으로 지은 건물의 대)
⑧ 규준틀(수평 규준틀, 세로 규준틀)
⑨ 가설 동바리
⑩ 가설비계, 비계다리
⑪ 낙하물 방지
⑫ 가설 울타리

제2절 공통 가설공사

01 시설물 규모에 의한 구분

종별 \ 단위	본 건물의 규모	200m^2 이하	1,000m^2 이하	3,000m^2 이하	6,000m^2 이하	6,000m^2 이상
감독사무소	m^2	6	12	25	30	50
도급자사무소	m^2	12	24	50	60	100
기타자재창고	m^2	10	20	30	40	60
작업헛간	m^2	–	50	70	90	120

① 가설공사비는 그 성질에 따라 계상할 수 있다.
② 가설물 종류의 선택은 공사 종류 및 규모에 따라 택한다.
③ 가설물은 공사의 성질과 소요재료의 수급계획에 따라 증감할 수 있다.

● 23④ · 21②

(면적) 시멘트 창고

02 시멘트 창고 면적(m²)

(1) 비례식(창고 바닥면적 1m²당)

① 30~35포 저장(창고 내 통로 설치)
② 50포 저장(창고 내 통로를 고려치 않는 경우)

(보충) 시멘트 창고 면적 시
비례식으로 적용해야 하는 경우는 문제조건에서 창고 내에 통로의 설치 유무가 주어진 경우이다.

(예) 시멘트 600포를 저장하려 한다. 창고 내 통로를 설치하지 않는 경우 필요한 창고 면적(m²)은?

1m² : 50포 = x(m²) : 600포
∴ x = 12m²

(2) 식에 의한 경우

$$A = 0.4 \times \frac{N}{n}$$

여기서, A : 창고 면적(m²)
n : 최고 쌓기 단수
① 문제조건 우선
② 조건이 없는 경우 13단
③ 장기 저장인 경우 7단
N : 저장할 수 있는 시멘트량
① 사용 시멘트량 600포 미만 : 전량 저장
② 사용 시멘트량 600포 이상 : 사용량의 1/3
(단, 공사기간이 단기인 경우 사용 시멘트량에 관계없이 전량을 저장)

(보충) N(시멘트량)
N은 사용 시멘트량이 아닌 저장량임에 유의한다.

(예) 가설공사 계획 시 시멘트 저장량이 3,600포임을 알았다. 최고 쌓기 단수를 12단으로 할 때 필요한 창고면적(m²)을 구하시오.

$A = 0.4 \times \frac{3,600}{12} = 120m²$

예제 01

사용 시멘트가 각각 500포, 2,400포대가 있다. 12단으로 쌓을 경우 필요한 시멘트 창고 면적을 계산하시오.
● 06②

(풀이) ① 500포인 경우 ⇒ 전량 저장
$$A = 0.4 \times \frac{500}{12} = 16.67m²$$
② 2,400포인 경우 ⇒ 전량의 1/3인 800포 저장
$$A = 0.4 \times \frac{800}{12} = 26.67m²$$

● 10②

(면적) 변전소

03 동력소 및 변전소 면적 산출(m²)

$$A = 3.3 \times \sqrt{W}$$

여기서, A : 설치 면적(m²)
W : 사용기계기구의 최대 전력(kW)의 합
(1HP≒746W=0.746kW)

예제 02

다음의 조건으로 필요한 동력소 면적을 산출하고, 아울러 1개월에 소요되는 전력량을 구하시오.

• 10②

> ① 20HP 전동기 3대
> ② 10HP 윈치 2대
> ③ 200W 전등 20개
> ④ 1일 10시간 사용, 1개월을 25일로 계산한다.

풀이 각 사용기계 기구의 단위를 kW로 환산하여 그 합을 구한 후 $\sqrt{\ }$ 를 씌워 답을 계산한다.
① 20HP 전동기 3대 = 20 × 0.746 × 3 = 44.76kW
② 10HP 윈치 2대 = 10 × 0.746 × 2 = 14.92kW
③ 200W 전등 20개 = 0.2 × 20 = 4kW
∴ 최대 전력은 ① + ② + ③ = 44.76 + 14.92 + 4 = 63.68kW

가. 동력소 면적(m^2) : A = 3.3 × $\sqrt{63.68}$ = 26.33m^2
나. 1개월 소요 전력량(kWh) : 63.68 × 10 × 25 = 15,920kWh

제3절 직접 가설공사

01 수평규준틀

• 23④ · 20④ · 16②
(개소수)

(1) 수평규준틀 산출방법

① 평면 배치도를 작성하여 귀규준틀 또는 평규준틀로 나누어 개소수로 산출함을 원칙으로 하되, 건축면적의 규모 및 평면구조상 불가피한 경우 면적당으로 계산할 수도 있다.
② 2층 이상의 수평보기는 먹매김품을 적용한다.
③ 수평규준틀의 목재 손율은 80%로 한다.
  ㉠ 면적으로 산출 시 : 중심선으로 둘러싸인 건축면적(m^2)으로 계산
  ㉡ 개소당 산출 시

종류	구조	설치 위치
평규준틀	RC조	모서리 기둥을 제외한 기둥마다 설치
	조적조	모서리 부분 및 노출되는 부분의 내력벽마다 설치
귀규준틀	RC조	외관 모서리 기둥과 외부로 노출되는 기둥에 설치
	조적조	모서리 부분 및 노출되는 부분에 설치

예제 03

다음 그림에서 평규준틀과 귀규준틀의 개수를 구하시오.(조적조) •16②

풀이

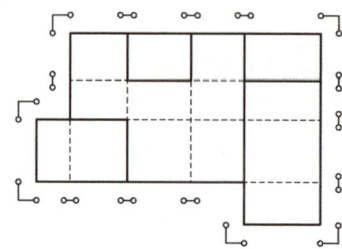

가. 귀규준틀 ( ) : 6개소
나. 평규준틀 (∘∘) : 10개소

02 동바리량(공m³, 10공m³)

① 동바리 체적 계산은 공m³로 산출한다.
② 공m³의 산출은 상층바닥판 면적(개소당 1m² 이상의 개구부 공제)×층안목높이×0.9로 한다.
③ 조적조에서 테두리보 하부에 내력벽이 있는 경우는 공제한다.
   (보 밑면적 공제)
④ 조적조에서 1층의 경우 공정상 상층 슬래브를 먼저 시공할 경우 동바리 길이는 G.L에서 상층 바닥판 밑까지 산정한다.

1층 : $A_1 \times H_1$(G.L까지)$\times 0.9$
2층 : $A_2 \times H_2 \times 0.9$
(단, A_1, A_2의 면적에서 1m² 이상의 개구부나 테두리보 밑면적은 공제한다.)

⑤ 동바리 재료는 사용횟수별 손료로 계상한다.

예제 04

다음의 도면을 보고 동바리량(10공m³)을 산출하시오.

풀이 {7×6−(6+5)×2×0.4}×4×0.9=119.52
∴ 동바리량(10공m³) ⇒ 11.952(10공m³)

03 비계면적(m²)

(1) 내부 비계면적

① 내부비계의 비계면적은 연면적의 90%로 하고 손료는 외부비계 3개월까지의 손율을 적용함을 원칙으로 한다.
② 수평비계는 2가지 이상의 복합공사 또는 단일공사라도 작업이 복잡한 경우에 사용함을 원칙으로 한다.
③ 말비계는 층고 3.6m 미만일 때의 내부공사에 사용함을 원칙으로 한다.

(2) 외부 비계면적

비계 종류 건물구조	통나무 비계		단관 파이프 틀비계	비고
	외줄· 겹비계	쌍줄 틀비계		
목구조	45	90	100	벽 중심 에서 이격
조적조 철근콘크리트구조 철골구조	45	90	100	벽 외측 에서 이격

비계면적(A) = 비계 둘레길이 × 건물의 높이

① 비계 둘레길이 = (건물 둘레길이 + 늘어난 비계길이)
② 늘어난 비계길이 산정방법은 오른쪽 그림에서 알 수 있듯이 8개소×이격거리(D)이다.

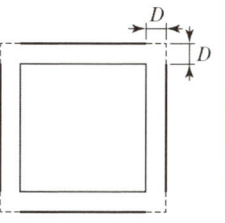

보충) **벽체의 단면적**

벽체의 단면적(공제 부분)
⇒ 중심 간 길이×두께(t)

● 23② · 17④ · 13② · 12①

면적) 비계면적

● 03②

서술) 비계면적 산출법
(외줄, 쌍줄비계)

보충) **이격거리(D)**

● 목구조 : 벽체 중심

● 기타 구조 : 벽 외측

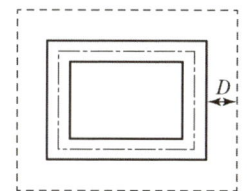

계산 쌍줄비계면적 ●17④

1. 내부 비계면적 = 연면적 × 0.9

2. 외부 비계면적
   ① 외줄·겹비계 : $[\Sigma l + 8 \times 0.45] \times H$
   ② 쌍줄비계 : $[\Sigma l + 8 \times 0.9] \times H$
   ③ 단관·틀비계 : $[\Sigma l + 8 \times 1.0] \times H$

여기서, Σl : 건물 둘레길이   H : 건물의 높이
- 목구조 : 중심 간 길이
- 기타구조 : 외측 간 길이

예제 05

다음과 같은 2층 목조건축물의 비계면적을 구하시오.(단, 통나무 외줄비계 사용, 벽두께 200mm이다.)

보충) 목구조의 비계면적
주어진 도면의 치수가 외측 간의 치수로 주어져 있으므로 목구조에서는 중심 간의 둘레길이가 필요하다.

풀이) ① 1층 면적 : $[\{(11-0.2)+(6-0.2)\} \times 2 + 8 \times 0.45] \times 4 = 147.2m^2$
② 2층 면적 : $[\{(5.1-0.2)+(6-0.2)\} \times 2 + 8 \times 0.45] \times 3.5 = 87.5m^2$
∴ ① + ② = 234.7m²

CHAPTER 02 핵심 기출문제

01 다음 그림과 같은 철근콘크리트조 5층 건축물을 신축 시 필요한 귀규준틀, 평규준틀 수량을 기재하시오.

가. 귀규준틀 : _____ 개소

나. 평규준틀 : _____ 개소

정답

적산 – 규준틀

가. 6개소   나. 6개소

02 시멘트 저장량이 500포이고 쌓기 단수가 12단일 때 시멘트 창고면적을 구하시오.

정답

시멘트 창고면적

창고면적 $= \dfrac{500}{12} \times 0.4 = 16.67 m^2$

03 다음 ( ) 안에 알맞은 말을 쓰시오.

동바리량 산출은 상층 바닥판 면적에 층 안목높이를 곱한 체적의 (①)% 로 산정하며 이때 단위는 (②)와 (③)가 있으며, 이 중에 수량이 많을 시 (④)로 사용한다.

① _____   ② _____
③ _____   ④ _____

정답

① 90   ② 공m^3
③ 10공m^3 ④ 10공m^3

04 다음 그림은 건물 평면도이다. 이 건물이 지상 5층일 때 내부 수평비계 면적을 산출하시오.

정답
① 내부 비계면적 = 연면적×0.9
   (연면적 = 각층 바닥면적의 합)
② 바닥면적 = 30×5 + 10×5
            = 200m²
③ 연면적 = 200m²×5개층
         = 1,000m²
∴ 내부 비계면적 = 1,000×0.9
              = 900m²

05 다음 그림을 보고 내부 비계의 면적을 산출하시오.

정답
연면적 산출 시 각층마다 면적이 다를 경우 각각의 바닥면적을 산출한 후 합산하여 구한다.
(1) 연면적
   ① 1층 : 40×20 = 800m²
   ② 2~6층 : 20×20×5개층
              = 2,000m²
   ∴ ① + ② = 2,800m²
(2) 내부 비계면적 = 2,800×0.9
                = 2,520m²

보충 유사문제 09③
외부 쌍줄비계와 외줄비계의 면적 산출방법을 기술

보충 유사문제 17④
적산 – 가로 18m, 세로 13m, 높이 13.5m 쌍줄 비계면적

정답
비계면적(A)
= {(20+15)×2 + 8×0.9}×30
= 2,316m²

06 다음 그림은 건물의 평면도이다. 한 층의 높이가 3m이고 10층 건물이라고 할 경우의 외부 쌍줄비계면적을 산출하시오.

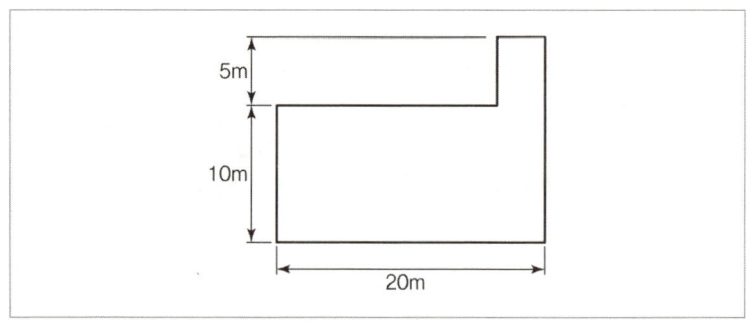

07 다음 도면을 보고 내부 비계면적 및 외부 비계면적을 산출하시오.(단, 외부 비계는 외줄비계이다.)

정답
① 내부 비계면적
연면적×0.9
= 30×15×6×0.9
= 2,430m^2
② 외부 비계면적
A = {Σl + (8×0.45)} × H
= {(30+15)×2
+ (8×0.45)} × 21.6
= 2,021.76m^2

08 다음 평면의 건물높이가 16.5m일 때 비계면적을 산출하시오.(단, 쌍줄비계로 한다.)

● 07③

정답
쌍줄 비계면적(A)
= {Σl + (8×0.9)} × H
= {(36+22)×2 + (8×0.9)} × 16.5
= 2,032.8m^2

09 다음 평면의 건물높이가 13.5m일 때 비계면적을 산출하시오.(단, 쌍줄비계로 한다.)

• 23②

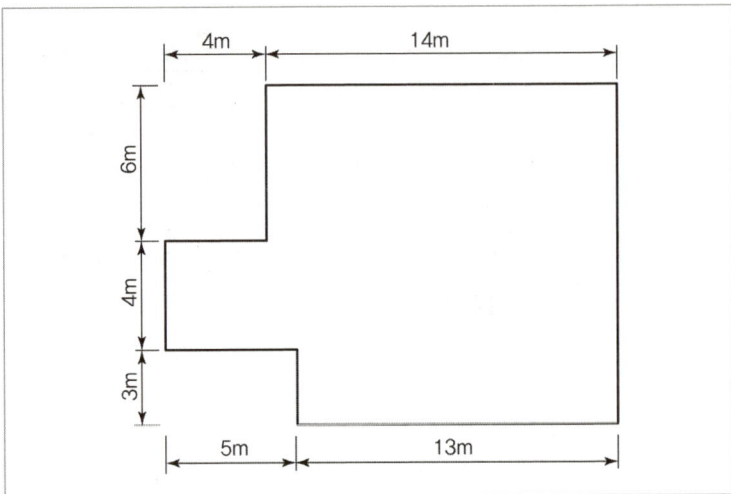

정답
쌍줄 비계면적(A)
= {∑l +(8×0.9)}×H
= {(18+13)×2+(8×0.9)}×13.5
= 934.2m²

10 다음 평면도와 같은 건물에 외부 쌍줄비계를 설치하고자 한다. 비계면적을 산출하시오.(단, 건물높이는 27m이다.)

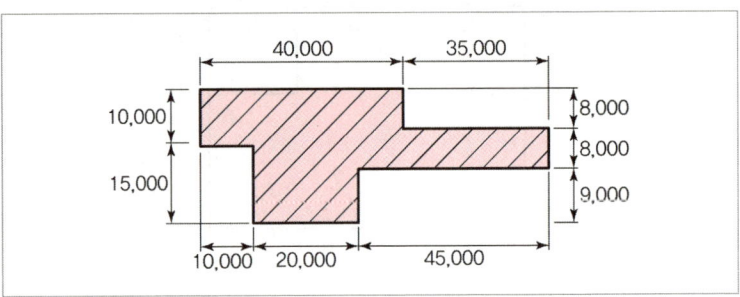

정답
쌍줄 비계면적(A)
= {∑l +(8×0.9)}×H
= {(75+25)×2+(8×0.9)}×27
= 5,594.4m²

11 다음 비계의 면적 산출방법에 대해 기술하시오.(단, 철근콘크리트조의 경우)

① 외부 쌍줄비계 :

② 외줄비계 :

정답
① 외부 쌍줄비계 : 건물 벽 외면에서 90cm 이격시킨 둘레길이에 건물 높이를 곱하여 계상
② 외줄비계 : 건물 벽 외면에서 45cm 이격시킨 둘레길이에 건물 높이를 곱하여 계상

12 그림과 같은 철근콘크리트조 건물에서 외부 비계의 쌍줄 비계면적을 산출하시오.(단, 건물높이는 5m이다.)

[A부분 상세도] [평면도]

정답
비계면적 산출 시 적산기준은 외벽에서부터 90cm(쌍줄비계) 떨어진 외주 면적으로 계산하므로 기둥 돌출부는 관계가 없다.

쌍줄 비계면적 (A)
$= \{\Sigma l + (8 \times 0.9)\} \times H$
$= [\{(A+t)+(B+t)\} \times 2 + (8 \times 0.9)] \times H$
$= [\{(18+0.2)+(10+0.2)\} \times 2 + (8 \times 0.9)] \times 5$
$= 320 m^2$

> **보충** 비중/부피/중량

- 비중 = $\frac{중량(t)}{부피(m^3)}$
- 중량(t) = 비중 × 부피(m^3)
- 부피(m^3) = $\frac{중량(t)}{비중}$

> **정답**

① 목재 1m³는 300才이므로
   300,000 ÷ 300 = 1,000m³
② 6t의 트럭에 적재되는 목재 8.3m³를 중량으로 계산하면
   8.3 × 0.6(비중) = 4.98t
   (6t 트럭에 적재 가능 범위)
③ 목재 6t을 부피로 환산
   부피 = 6 ÷ 0.6(비중) = 10m³
   (6t 트럭의 적재범위 초과)
④ 운반대수는 = 1,000m³ ÷ 8.3
              = 120.48대
   ∴ 121대

> **보충** 참고사항

목재의 부피단위가 문제에서 사이(才)수로 출제되었지만 앞으로는 m³로 출제될 확률이 높음

> **정답**

적산 – 목재 운반 대수
① 목재의 부피
   = 300,000才 ÷ 300才
   = 1,000m³ (∵ 1m³ = 300才)
② 목재를 중량으로 환산
   = 1,000 × 0.8 = 800t
③ 목재 6t을 부피로 환산
   = $\frac{6}{0.8}$ = 7.5m³   (O)
④ 목재 9.5m³를 중량으로 환산
   = 0.8 × 9.5 = 7.6t   (X)
   ∵ 트럭 9.5m³의 용량에 목재를 9.5m³ 싣는 경우 중량이 초과된다.
⑤ 1,000m³ ÷ 7.5m³ = 133.3
   ∴ 134대

13 트럭 적재한도의 중량이 6t일 때 비중 0.6, 부피 300,000(才)의 목재 운반 트럭 대수를 구하시오.(단, 6t 트럭의 적재량은 8.3m³)

● 15②

14 목재 300,000재(才)를 최대적재량이 6ton(중량), 9.5m³(용적)인 차량으로 운반하려고 할 때 필요한 운반차량 대수를 구하시오.(단, 운반차량 대수는 중량과 용적을 모두 고려하여 종합적으로 산정, 목재의 비중은 0.8로 가정하고, 최종 답은 정수로 표기)

● 16②

Engineer Architecture

CHAPTER 03
토공사

CONTENTS

제1절	터파기량	40
제2절	되메우기량	43
제3절	잔토처리량	43
제4절	건설기계 및 소운반	45

미듬 건축기사 실기

멘토스는 당신의 쉬운 합격을 응원합니다!

CHAPTER 03 토공사

|학|습|포|인|트|
* 터파기량 필요치수 암기
* 토량환산계수 적용하기
* 독립기초, 줄기초, 온통기초 토공수량 파악
* 토공장비 1시간당 작업량 산출하기

1. 터파기량(m³) : ①

2. 되메우기량(m³) : 터파기량 – 기초구조부 체적(G.L 이하) = ① – ②

3. 잔토처리량(m³) :
기초구조부 체적(G.L 이하)×토량환산계수 = ②×토량환산계수

①, ②의 체적을 계산하면 그 체적량은 자연상태의 체적이다.

∴ 터파기량 = 되메우기량 + 기초 구조부의 체적(G.L 이하)

제1절　터파기량

01 터파기 종류

(1) 흙막이가 없는 경우

① **수직 터파기** : 높이가 1m 미만

[수직 터파기]

② **경사각 터파기** : 높이가 1m 이상

[경사각 터파기]

(2) 흙막이가 있는 경우

[흙막이가 있는 경우]

02 터파기 너비 결정

(1) 흙막이가 없는 경우

① 높이 : 설계도에 따른다.
② 밑변 : 기초판의 너비 + 2 × 터파기 여유(D)

〈밑변 터파기 여유(D)〉

터파기 높이(H)	터파기 여유(D)
1m 이하	20cm
2m 이하	30cm
4m 이하	50cm
4m 초과	60cm

보충 터파기 높이(H) : 결정요소
① 수직 / 경사각 터파기 결정
　H<1m　H≧1m
② 터파기 밑변의 크기결정
③ 터파기 윗변의 크기결정

보충 밑변 터파기 여유(D)
밑변 터파기 여유(D)는 지정의 측면이 아닌 기초판 측면에서의 여유거리임에 유의한다.

③ 윗변 : 밑변 + 2 × 윗변터파기 여유(D′)

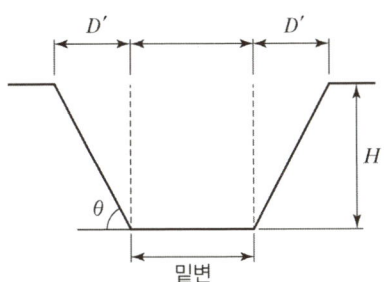

※ 윗변 터파기 여유(D′)
㉠ 경사각(θ)이 주어진 경우
  : 삼각함수를 이용하여 산출
㉡ 경사각(θ)이 없는 경우
  : 높이(H) × 0.3
  (단, 수직 터파기는 밑변과 동일)

(2) 흙막이를 설치하는 경우

● 터파기 여유(D)

높이(H)	터파기 폭(D)
5.0m 이하	60~90cm
5.0m 이상	90~120cm

① 높이 : 설계도에 따른다.
② 밑변 : 기초판 너비 + 2 × 터파기 여유(D)
③ 윗변 : 밑변과 동일

03 터파기량 계산

(1) 독립기초

① 기초판의 크기에서 터파기 밑변과 윗변의 크기를 결정한다.
② 터파기량 전체를 입체적으로 표현하면 아래 그림과 같다.

③ 위 그림의 입체 체적은 아래 공식을 사용하여 독립기초 파기량을 결정한다.

$$V = \frac{H}{6}\{(2a+a')\times b + (2a'+a)\times b'\}$$

> **보충** 계산기 사용주의
> 공식에 대입 후 계산기 사용 시 주의하여 실수가 없도록 유의한다.

(2) 줄기초

① 기초 구조부 단면에서 터파기 밑변과 윗변의 크기를 결정한다.
② 터파기의 단면을 표현하면 아래 그림과 같다.

 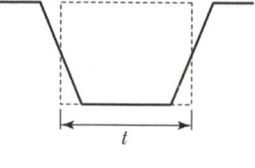

③ 터파기량 = 단면적 × 길이
- 단면적 = $\dfrac{a+b}{2} \times h$ (여기서 $\dfrac{a+b}{2} = t$) = $t \times h$
- 길이는 외측은 중심 간 길이, 내측은 안목길이로 산출

④ 줄기초는 길이 변화에 유의하여야 한다.

⑤ 줄기초 터파기량은 앞장에서 정리했던 체적 구하는 공식을 활용하여 아래의 방법을 이용한다.

> ① 터파기 높이 결정(H)
> ② 밑변, 윗변 너비 결정 (t = 산출)
> ③ 중심 간 길이 산출(내·외측합 = Σl)
> ④ 중복개소수 산출
>
> $t \times H \times [\Sigma l - \dfrac{t}{2} \times 중복개소수]$

(3) 온통파기(흙막이가 없을 때)

① 건축물 외측길이 l_x, l_y
② 터파기량 = 터파기 면적 × H
③ 여유폭(a) = $d + \dfrac{H_x}{2}$

∴ 터파기량(V) = $(l_x + 2a) \times (l_y + 2a) \times H$

제2절 되메우기량

> 되메우기량 = 터파기량 − 기초구조부 체적(G.L 이하)

여기서, 기초구조부 체적은 지반선 이하의 잡석다짐량, 기초콘크리트, 지하실의 용적 등의 합계를 말한다. 단, 잡석다짐량 산출 시 설계도서상에 특기가 없는 경우에 목조 및 조적조 기초 측면은 10cm, 철근콘크리트조 기초 측면은 15cm를 가산하여 잡석지정의 폭으로 한다.

[목조, 조적조]   [철근콘크리트구조]

보충) 건물의 구조
목조, 조적조, 철근콘크리트의 구조는 기초의 구조가 아닌 건물의 구조임에 유의한다.

제3절 잔토처리량

> 잔토처리량 = 기초구조부 체적(G.L 이하) × 토량환산계수(L)

01 기초구조부 체적(G.L 이하)

기초구조부 체적은 되메우기량에서 구한 값을 이용한다.

02 토량환산계수

토량의 상태변화에 따른 흙의 부피변화를 나타낸 상수

자연상태(1)	흐트러진 상태(L)	다짐상태(C)
	부피 증가 (20%)	부피 감소 (10%) / 밀실

●15④ · 11④

적용문제

(1) 토량의 변화

① $L = \dfrac{\text{흐트러진 상태의 토량}(m^3)}{\text{자연상태의 토량}(m^3)}$

② $C = \dfrac{\text{다져진 상태의 토량}(m^3)}{\text{자연상태의 토량}(m^3)}$

(2) 토량환산계수(f)표

기준이 되는 상태 \ 구하는 상태	자연상태의 토량	흐트러진 상태의 토량	다짐상태의 토량
자연상태의 토량	1	L	C
흐트러진 상태의 토량	1/L	1	C/L
다짐상태의 토량	1/C	L/C	1

> **보충** 토량환산계수표 적용
> 구하는 상태(변화된 상태) → 분자
> 기준이 되는 상태(원상태) → 분모

예제 01

흐트러진 상태의 흙 10m³를 이용하여 10m²의 면적에 다짐상태로 50cm 두께를 터 돋우기할 때 시공 완료된 후 흐트러진 상태로 남은 흙의 양을 산출하시오.(단, 이 흙의 L = 1.2이고, C = 0.90이다.)
● 24② · 22② · 20④ · 18① · 15④ · 11④ · 00③

풀이
① 시공되는 다짐상태의 흙량 = 10 × 0.5 = 5m³
② 시공되는 다짐상태의 흙량을 흐트러진 상태로 환산
$$5 \times \frac{L}{C} = 5 \times \frac{1.2}{0.9} = 6.67m^3$$
③ 시공 후 흐트러진 상태로 남는 흙량
10 − 6.67 = 3.33m³

> **보충** 유사문제
> 흐트러진 상태의 흙 30m³를 이용하여 30m²의 면적에 다짐 상태로 60센티미터 두께를 터 돋우기할 때 시공 완료된 다음의 흐트러진 상태의 토량 산출(C = 0.9, L = 1.2)
> 22② · 15④ · 11④ · 00③

> **보충** 별해
> 10 − {(10 × 0.5) × $\frac{1.2}{0.9}$} = 3.33m³

03 잔토처리

(1) 일부 흙을 되메우고 잔토처리할 때

① 흙 메우기만 할 때 = (흙파기 체적 − 되메우기 체적) × 토량환산계수
② 흙 메우고 흙 돋우기할 때
  = {흙파기 체적 − (되메우기 체적 + 돋우기 체적)} × 토량환산계수

(2) 흙파기량을 전부 잔토처리할 때 = 흙파기 체적 × 토량환산계수

예제 02

아래 그림과 같은 독립기초의 터파기량, 되메우기량, 잔토처리량을 산출하시오.(단, 소수점 셋째 자리에서 반올림하고, 토량환산계수 : C = 0.9, L = 1.2이다.)

[풀이] 주어진 조건을 활용하여 터파기 밑변과 윗변의 크기를 결정하면 아래 그림과 같다.

∴ a = 3.4m
 a' = 2.5m
 b = 3.2m
 b' = 2.3m
 H = 1.5m

1. 터파기량(V) = $\dfrac{H}{6}\{(2a+a')\times b+(2a'+a)\times b'\}$

    = $\dfrac{1.5}{6}\{(2\times 3.4+2.5)\times 3.2+(2\times 2.5+3.4)\times 2.3\} = 12.27\,m^3$

2. 되메우기량 = 터파기량 − 기초구조부 체적(G.L 이하 부분)

    ∴ 기초구조부 체적(G.L 이하 부분)
    ① 잡석량 = $2.3\times 2.1\times 0.2 = 0.97\,m^3$
    ② 밑창 콘크리트 = $2.3\times 2.1\times 0.05 = 0.24\,m^3$
    ③ 기초판 콘크리트
        ㉠ 수평부 = $2\times 1.8\times 0.3 = 1.08\,m^3$
        ㉡ 경사부 = $\dfrac{0.4}{6}\times\{(2\times 2+0.4)\times 1.8+(2\times 0.4+2)\times 0.4\}=0.60\,m^3$
        ∴ ㉠ + ㉡ = 1.08 + 0.60 = 1.68 m^3
    ④ 기초기둥 = $0.4\times 0.4\times 0.55 = 0.09\,m^3$

    ① + ② + ③ + ④ = 0.97 + 0.24 + 1.68 + 0.09 = 2.98 m^3
    ∴ 되메우기량 = 12.27 − 2.98 = 9.29 m^3

3. 잔토처리량 = (터파기량 − 되메우기량) × 토량환산계수
    = 기초구조부 체적(G.L 이하 부분) × 토량환산계수
    = 2.98 × 1.2 = 3.58 m^3

보충 기초부 명칭

- 기초기둥
- 기초판(경사부)
- 기초판(수평부)
- 밑창 Con'c
- 잡석

보충 경사부 상세

∴ a = 2.0m
 a' = 0.4m
 b = 1.8m
 b' = 0.4m
 H = 0.4m

제4절 건설기계 및 소운반

01 기계 경비의 적산

(1) 경비항목

- 기계손료 — 정비비, 상각비, 관리비
- 운전경비 — 노무비, 연료유지비, 소모부품비
- 운송료
- 조립·해체비
- 기계경비

(2) 건설장비 작업량(Q)

$$Q = n \cdot g \cdot f \cdot E \, (m^3/hr)$$

여기서, Q : 장비의 1시간당 작업량

n : 시간당 작업횟수 ($n = \dfrac{60}{C_m(\min)}$ 또는 $\dfrac{3,600}{C_m(\sec)}$)

C_m : 1회 작업당 소요시간
g : 1회 작업사이클당 표준작업량(m^3 또는 ton)
f : 토량환산계수
E : 작업효율

● 19① · 15② · 09③ · 06①
(파워쇼벨) 시간당 작업내용

예제 03

토량 600m^3를 2대의 도저로 작업하려 한다. 삽날 용량 0.6m^3, 토량환산계수 0.7, 작업효율 0.9이며 1회 사이클 시간이 10분일 때 작업을 완료할 수 있는 시간을 구하시오.

● 16② · 13①
(불도저) 작업시간 구하기

(풀이) ① 도저 1대의 1회 작업량 = 0.6 × 0.7 × 0.9 = 0.378m^3
∴ 2대의 1회 작업량 = 0.378 × 2 = 0.756m^3
② 600m^3를 2대로 작업 시 작업횟수 = 600 ÷ 0.756 = 793.65회
∴ 794회
③ 작업완료시간 = $\dfrac{794 \times 10}{60}$ = 132.33시간

02 소운반 및 차량 운반(횟수, 대수)

계산과정은 간단하나 단위는 반드시 정수로 환산하여야 한다.

(보충) 운반의 종류
① 대운반 : 외부에서 현장까지의 운반으로 운반비를 계상한다.
② 소운반 : 현장 내부에서의 운반을 뜻하며 운반비를 계상하지 않는다. 그러므로 소운반의 범위를 수평거리 20m 이하로 제한하고 있다.
경사는 수평거리 6에 대한 수직1의 높이까지이다.

예제 04

3m^3의 모래를 운반하려고 한다. 소요 인부수를 구하시오.(단, 질통의 무게 50kg, 상하차 시간 2분, 운반거리 240m, 평균운반속도 60m/분, 모래의 단위 용적중량 1,600kg/m^3, 1일 8시간 작업하는 것으로 가정한다.)

● 09③

● 07③
(수치) 소운반 (　) 넣기

(풀이) ① 운반해야 할 모래를 중량으로 환산 = 3 × 1,600 = 4,800kg
② 전체 모래를 50kg의 질통으로 운반 시 횟수 = 4,800 ÷ 50 = 96회
③ 질통 1회 왕복 시 소요시간 : 2분
㉮ 상하차 시간 : 2분
㉯ 운반 소요시간 × 2(왕복) : (240 ÷ 60) × 2 = 8분
∴ ㉮ + ㉯ = 10분
④ 1일 1인의 운반 횟수 = $\dfrac{8\text{시간} \times 60\text{분}}{10\text{분}}$ = 48회
∴ 총인부수 = $\dfrac{96회}{48회}$ = 2인

예제 05

다음 그림과 같은 연속 기초에 있어서 터파기량, 되메우기량 및 잔토처리량을 구하시오.
(단, 토량변화계수 L = 1.2로 한다.)

풀이 줄기초 수량산출은 아래의 공식을 활용하여 산출한다.

공식 ⇒ $t \times H \times \{\Sigma l - (\frac{t}{2} \times 중복개소수)\}$

구분	터파기	잡석	기초판	기초벽(G.L 이하 부분)
t	1.3	1	0.8	0.3
H	1.1	0.2	0.2	0.7

1. 터파기량 = $1.3 \times 1.1 \times \{108 - (\frac{1.3}{2} \times 6)\} = 148.863 m^3$

2. 되메우기량 = 터파기량 − 기초구조부 체적(G.L 이하 부분)
   ∴ 기초구조부 체적도 터파기량 공식을 이용하여 계산한다.
   여기서 중심 간 길이와 중복개소수는 동일하므로, 각 부위의 높이와 두께를, 위에서 산성한 표를 이용하여 터파기량 산출공식에 대입하여 산출한다.

   ① 잡석량 = $1 \times 0.2 \times \{108 - (\frac{1}{2} \times 6)\} = 21 m^3$

   ② 기초판 콘크리트 = $0.8 \times 0.2 \times \{108 - (\frac{0.8}{2} \times 6)\} = 16.896 m^3$

   ③ 기초벽 콘크리트 = $0.3 \times 0.7 \times \{108 - (\frac{0.3}{2} \times 6)\} = 22.491 m^3$

   ① + ② + ③ = 21 + 16.896 + 22.491 = 60.387 m^3
   ∴ 되메우기량 = 148.863 − 60.387 = 88.476 m^3

3. 잔토처리량 = 기초구조부 체적(G.L 이하 부분) × 토량환산계수
   = 60.387 × 1.2 = 72.464 m^3

보충) 중복이 되는 부위

① 중심 간 길이(Σl)
  = (22 + 14) × 2 + 8 × 2 + 14 + 6
  = 108m
② 중복개소수 = 6개소
③ 터파기 너비(t)
  = 윗변 1.6m, 밑변 1m
  ∴ t = $\frac{1 + 1.6}{2}$ = 1.3m

CHAPTER 03 핵심 기출문제

보충 문제조건 분석

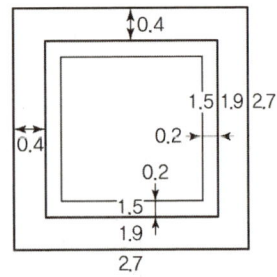

∴ a = 2.7m   a′ = 1.9m
   b = 2.7m   b′ = 1.9m
   H = 1.0m

01 다음 기초공사에 소요되는 터파기량(m^3), 되메우기량(m^3), 잔토처리량(m^3)을 산출하시오.(단, 토량환산계수는 C = 0.9, L = 1.2이다.) • 07③ · 02②

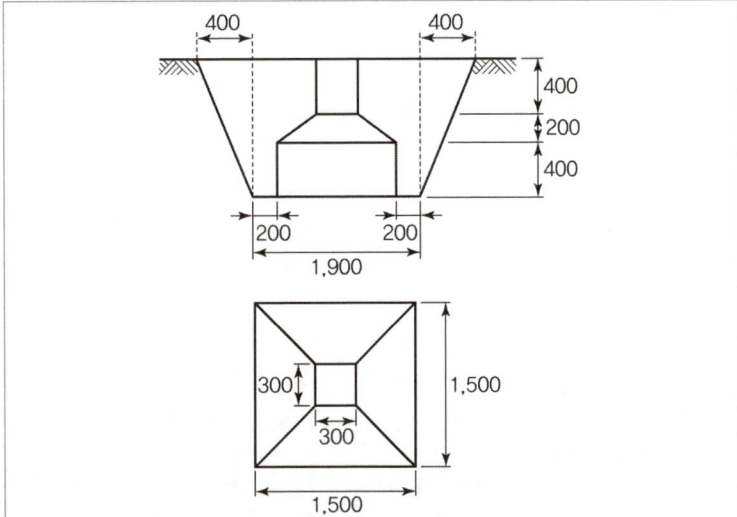

정답 (1) 터파기량(V) = $\dfrac{H}{6}[(2a+a')\times b+(2a'+a)\times b']$

$= \dfrac{1}{6}[(2\times 2.7+1.9)\times 2.7+(2\times 1.9+2.7)\times 1.9] = 5.343m^3$

(2) 되메우기량 = 터파기량 − 기초구조부 체적(G.L 이하 부분)
∴ 기초구조부 체적
① 기초판(수평) = 1.5×1.5×0.4 = 0.9m^3
② 기초판(경사) = $\dfrac{0.2}{6}[(2\times 1.5+0.3)\times 1.5+(2\times 0.3+1.5)\times 0.3] = 0.186m^3$
③ 기초기둥 = 0.3×0.3×0.4 = 0.036m^3
①+②+③ = 0.9+0.186+0.036 = 1.122m^3
∴ 되메우기량 = 5.343 − 1.122 = 4.221m^3

(3) 잔토처리량 = 기초구조부 체적(G.L 이하)×토량환산계수(L = 1.2)
= 1.122×1.2 = 1.346m^3

02 다음과 같은 조적조 줄기초 시공에 필요한 터파기량, 되메우기량, 잔토처리량, 잡석다짐량, 콘크리트량 및 거푸집량을 건축적산 기준을 적용하여 정미량으로 산출하시오.(단, 토질의 토량환산계수 C = 0.9, L = 1.2로 하며, 설계지반선은 원지반선과 동일하다.)
• 99④

정답 줄기초 수량산출공식을 활용 $t \times H \times [\Sigma l - (\frac{t}{2} \times 중복개소수)]$

구분	터파기	잡석	기초판	기초벽	
				G.L 이하	G.L 이상
t	1.3	1.1	0.9	0.3	0.3
H	1.1	0.2	0.2	0.7	0.2

(1) 터파기량(V) = $1.3 \times 1.1 \times [94 - (\frac{1.3}{2} \times 4)] = 130.702m^3$

(2) 되메우기량 = 터파기량 − 기초구조부 체적(G.L 이하 부분)

　① 잡석량 = $1.1 \times 0.2 \times \{94 - (\frac{1.1}{2} \times 4)\} = 20.196m^3$

　② 기초판 콘크리트 = $0.9 \times 0.2 \times \{94 - (\frac{0.9}{2} \times 4)\} = 16.596m^3$

　③ 기초벽 콘크리트(G.L 이하) = $0.3 \times 0.7 \times \{94 - (\frac{0.3}{2} \times 4)\} = 19.614m^3$

　④ 기초벽 콘크리트(G.L 이상) → 콘크리트 수량산출 시 이용
　　= $0.3 \times 0.2 \times \{94 - (\frac{0.3}{2} \times 4)\} = 5.604m^3$

　∴ 기초구조부 체적(G.L 이하 부분)
　　= ① + ② + ③ = 20.196 + 16.596 + 19.614 = 56.406m³
　∴ 되메우기량 = 130.702 − 56.406 = 74.296m³

(3) 잔토처리량 = 기초구조부 체적(G.L 이하) × 토량환산계수(L = 1.2)
　　= 56.406 × 1.2 = 67.687m³

(4) 잡석다짐량 = (2) ① 수량 = 20.196m³

(5) 콘크리트량 = (2) ②, ③, ④의 수량 = 16.596 + 19.614 + 5.604 = 41.814m³

(6) 거푸집량

　① 기초판 : $0.2 \times \{94 - (\frac{0.9}{2} \times 4)\} \times 2(양면) = 36.88m^2$

　② 기초벽 : $0.9 \times \{94 - (\frac{0.3}{2} \times 4)\} \times 2(양면) = 168.12m^2$

　③ 공제 부분 : (0.9 × 0.2 + 0.3 × 0.9) × 4개소 = 1.8m²
　∴ 거푸집량 = ① + ② − ③ = 36.88 + 168.12 − 1.8 = 203.2m²

보충 문제조건 분석

① 중심 간 길이(Σl)
　= (22 + 14) × 2 + 8 + 14 = 94m

② 중복개소수 = 4개소

③ 터파기 두께(t)

∴ t = $\frac{1.1 + 1.5}{2}$ = 1.3m

보충 지반선 기준

기초벽을 G.L 기준으로 상하로 구분하는 이유는 되메우기 수량 산출과 잔토처리량 산출에 이용되는 기초구조부는 G.L 이하 부분만 해당되기 때문이다.

보충 거푸집량 산출

제4장 철근콘크리트 공사편 중 줄기초 거푸집량 산출법 참조

03 다음의 조적조 기초도면을 보고 건축공사의 터파기량, 잡석다짐량, 버림콘크리트량, 콘크리트량, 철근량, 거푸집량, 되메우기량, 잔토처리량을 산출하시오.(단, D13 = 0.995kg/m이고, 이음정착길이는 고려하지 않는다. 흙의 휴식각은 30°이고 중복 및 누락되는 부분이 없이 정확한 양으로 산출한다. C = 0.9, L = 1.2로 가정한다.)

정답 줄기초 수량산출 공식을 활용 $t \times H \times \{\Sigma l - (\frac{t}{2} \times 중복개소수)\}$

구분	터파기	잡석	버림 콘크리트	기초판	기초벽	
					G.L 이하	G.L 이상
t	1	0.8	0.8	0.6	0.2	0.2
H	0.85	0.2	0.05	0.2	0.4	0.1

(1) 터파기량(V) = $1 \times 0.85 \times \{200 - (\frac{1}{2} \times 8)\} = 166.6 m^3$

(2) 잡석다짐량 = $0.8 \times 0.2 \times \{200 - (\frac{0.8}{2} \times 8)\} = 31.488 m^3$

(3) 버림콘크리트량 = $0.8 \times 0.05 \times \{200 - (\frac{0.8}{2} \times 8)\} = 7.872 m^3$

(4) 콘크리트량

① 기초판 : $0.6 \times 0.2 \times \{200 - (\frac{0.6}{2} \times 8)\} = 23.712 m^3$

② 기초벽(G.L 이하) : $0.2 \times 0.4 \times \{200 - (\frac{0.2}{2} \times 8)\} = 15.936 m^3$

③ 기초벽(G.L 이상) : $0.2 \times 0.1 \times \{200 - (\frac{0.2}{2} \times 8)\} = 3.984 m^3$

∴ ① + ② + ③ = $43.632 m^3$

(5) 철근량

① 기초판 정철근(D13) : $200 \times 3개 = 600m$(철근개수는 도면에서 파악)

② 기초판 선철근(D13) : $0.6 \times \frac{200}{0.2}(1,000개) = 600m$

③ 기초벽 정철근(D13) : $200 \times 3개 = 600m$(철근개수는 도면에서 파악)

④ 기초벽 선철근(D13) : $0.7 \times \frac{200}{0.2}(1,000개) = 700m$

∴ ① + ② + ③ + ④ = $2,500m \times 0.995 = 2,487.5kg$

보충 문제조건 분석

① 중심 간 길이(Σl)
   = (60 + 10) × 2 + 20 × 2 + 10 × 2
   = 200m

② 중복개소수 = 8개소

③ 터파기 두께(t)
   → 높이 1m 미만이므로 수직터파기
   ∴ t = 1m

④ 조적조 건물이므로 잡석의 너비는 기초판에서 10cm를 가산하여 산정한다.

보충 철근량

제4장 철근콘크리트 공사편 중 줄기초 철근량 산출법 참조

※ 주의 : 이음, 정착길이는 고려하지 않는다.

(6) 거푸집량

① 밑창 콘크리트 부분 : $0.05 \times \{200 - (\frac{0.8}{2a} \times 8)\} \times 2(양면) = 19.68 m^2$

② 기초판 콘크리트 부분 : $0.2 \times \{200 - (\frac{0.6}{2} \times 8)\} \times 2(양면) = 79.04 m^2$

③ 기초벽 콘크리트 부분 : $0.5 \times \{200 - (\frac{0.2}{2} \times 8)\} \times 2(양면) = 199.2 m^2$

④ 공제 부분 $= (0.8 \times 0.05 + 0.6 \times 0.2 + 0.2 \times 0.5) \times 8개소 = 2.08 m^2$

∴ ① + ② + ③ - ④ $= 295.84 m^2$

(7) 되메우기량 = 터파기량 - 기초구조부 체적(G.L 이하 부분)

∴ 기초구조부 체적 = (2) + (3) + (4)① + (4)②
  $= 31.488 + 7.872 + 23.712 + 15.936 = 79.008 m^3$

∴ $166.6 - 79.008 = 87.592 m^3$

(8) 잔토처리량 = 기초구조부 체적(G.L 이하) × 토량환산계수(L = 1.2)
  $= 79.008 \times 1.2 = 94.81 m^3$

> 보충) 거푸집량
>
> 제4장 철근콘크리트 공사편 중 줄기초 거푸집량 산출법 참조

04 다음 그림과 같은 온통기초에서 터파기량, 되메우기량, 잔토처리량을 산출하시오.(C = 0.9, L = 1.2)

● 23② · 20② · 13④ · 10①

[터파기 여유폭 단면도]

[지하실 평면도]

(1) 터파기량 : _____ m^3 (2) 되메우기량 : _____ m^3

(3) 잔토처리량 : _____ m^3

> **정답** 적산 온통기초 토공사 수량
> (1) 터파기량 = $(15+1.3\times2)\times(10+1.3\times2)\times6.5=1,441.44m^3$
> (2) 되메우기량 = 터파기량 – 기초구조부 체적
>   ∴ 기초구조부 체적
>   ① 잡석 : $15.6\times10.6\times0.24=39.69m^3$
>   ② 버림 : $15.6\times10.6\times0.06=9.92m^3$
>   ③ 지하실 용적 : $15.2\times10.2\times6.2=961.25m^3$
>   ①+②+③ = 1,010.86
>   ∴ 되메우기량 = 1,441.44 – 1,010.86 = $430.58m^3$
> (3) 잔토처리량 = 기초구조부 체적 × 토량환산계수 = 1,010.86 × 1.2
>   = $1,213.03m^3$

05 다음 조건으로 요구하는 물량을 산출하시오.(단, L=1.3, C=0.9)

● 21① · 16② · 12④

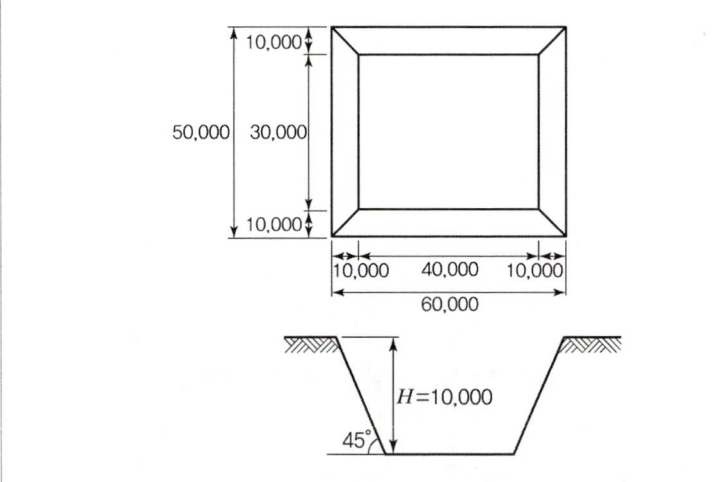

(1) 터파기량을 산출하시오.
(2) 운반대수를 산출하시오.(운반대수는 1재, 적재량은 $12m^3$)
(3) $5,000m^2$의 면적을 가진 성토장에서 성토하여 다짐할 때 표고는 몇 m인지 구하시오.(비탈면은 수직으로 가정한다.)

> **정답** 1. 온통파기
> 1) 터파기량 = $50\times40\times10=20,000m^3$
> 2) 운반대수
>   ① 운반량 = 20,000 × 1.3 = $26,000m^3$
>   ② 운반대수 = 26,000 ÷ 12 = 2,166.67 ∴ 2,167대
> 3) 성토높이(다짐상태)
>   ① 터파기량을 다짐상태로 부피 환원 = 20,000 × 0.9 = $18,000m^3$
>   ② 성토높이 = 18,000 ÷ 5,000 = 3.6m

> **보충** 온통파기
> (1) 장변
>
> (2) 단변
>

2. 독립기초 공식 사용(별해)
   1) 터파기량 $= \dfrac{H}{6}\{(2a+a')\times b + (2a'+a)\times b'\}$
   　　　　　$= \dfrac{10}{6}\{(2\times 60+40)\times 50 + (2\times 40+60)\times 30\}$
   　　　　　$= 20{,}333.33\text{m}^3$
   2) 운반대수
      ① 운반량 $= 20{,}333.33 \times 1.3 = 26{,}433.33\text{m}^3$
      ② 운반대수 $= 26{,}433.33 \div 12 = 2{,}202.77$　　　∴ 2,203대
   3) 성토높이(다짐상태)
      ① 터파기량을 다짐상태로 환산 $= 20{,}333.33 \times 0.9 = 18{,}299.99\text{m}^3$
      ② 성토높이 $= 18{,}299.99 \div 5{,}000 ≒ 3.66\text{m}$

보충 독립기초 공식 사용(별해)

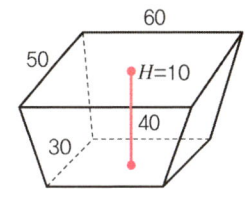

$a = 60$, $b = 50$,
$a' = 40$, $b' = 30$,
$H = 10$

보충 절상시킨 정수

운반대수는 소수점 이하를 무조건 올린 정수이어야 한다.

06　Power Shovel의 시간당 작업량을 산출하시오.　•15② · 09③ · 06①

$$q=1.26 \quad k=0.8 \quad f=0.7 \quad E=0.86 \quad C_m=40\text{sec}$$

보충 굴삭토량 산출(별해)

$Q = \dfrac{3{,}600 \times q \times k \times f \times E}{C_m}$

　$= \dfrac{3{,}600 \times 1.26 \times 0.8 \times 0.7 \times 0.86}{40}$

　$= 54.61\text{m}^3/\text{hr}$

정답

(1) 1시간의 작업횟수 $= \dfrac{3{,}600}{40}$
　　　　　　　　　　$= 90$회
(2) 작업량 $= 1.26 \times 0.8 \times 0.7$
　　　　　$\times 0.86 \times 90$
　　　　　$= 54.61\text{m}^3/\text{hr}$

07　토량 2,000m³을 2대로 불도저로 작업할 예정이다. 삽날용량 0.6m³, 토량환산계수 0.7, 작업효율 0.9이며, 1회 사이클 시간이 15분일 때 작업완료에 필요한 시간을 산출하시오.　•16② · 13①

계산과정 :

정답

(1) 1회 작업량
　$= 0.6 \times 0.7 \times 0.9 = 0.378\text{m}^3$
(2) 전체 작업횟수
　$= \dfrac{2{,}000}{0.378} = 5{,}291.005$
　∴ 5,292회
(3) 2대 작업횟수
　$= 5{,}292 \div 2 = 2{,}646$회
(4) 전체 작업시간
　$= 2{,}646 \times \dfrac{15분}{60분}$
　$= 661$시간 30분

08 다음 조건을 참고하여 파워 쇼벨 시간당 추정 작업량을 산출하시오.

• 19① · 15② · 09③ · 06① · 05③ · 03① · 00①

[조건]
• 1버킷 용량(q) : 0.8m³
• 토량환산계수(k) : 0.8
• 1회 사이클 시간(C_m) : 40초
• 버킷 효율(E) : 0.83
• 작업 효율(f) : 0.7

정답
(1) 시간당 작업횟수
  = 3,600초 ÷ 40초 = 90회
(2) 1회당 작업량
  = 0.8 × 0.83 × 0.8 × 0.7
  = 0.372m³
(3) 시간당 작업량
  = 0.372 × 90 = 33.48m³/시간

09 다음과 같은 조건하에서 덤프트럭의 1일 운반횟수(사이클 수)를 구하시오.

① 운반거리 : 2km
② 적재 · 적하 및 작업장 진입시간 : 15분
③ 평균 운반속도 : 40km/hr
④ 1일 작업시간 : 8시간

정답
① 운반거리 왕복 시 소요시간
  $= \dfrac{60분 \times 2km \times 2}{40km} = 6분$
② 총소요시간
  = 적재시간 + 왕복소요시간
  = 15 + 6 = 21분
③ 1일 운반횟수 $= \dfrac{8시간 \times 60분}{21분}$
  = 22.857(운반횟수는 절하)
  ∴ 22회

10 흐트러진 상태의 흙 30m³를 이용하여 30m²의 면적에 다짐 상태로 60센티미터 두께를 터 돋우기할 때 시공 완료된 다음의 흐트러진 상태의 토량을 산출하시오.(C = 0.9, L = 1.2)

• 22② · 15④ · 11④ · 00③

정답
$\left\{ 30 - \left(30 \times 0.6 \times \dfrac{1.2}{0.9} \right) \right\} = 6m^3$

11 모래질 흙으로 된 지하실의 터파기량(자연상태) 12,000m³ 중에서 5,000m³를 되메우기하고 나머지 전부를 8t 트럭으로 잔토 처리할 경우 덤프트럭 1회 적재량과 필요한 차량대수를 산출하시오.(단, 자연상태에서의 토석의 단위중량 : 1,800kg/m³, 토량변화율(L) : 1.25)
• 24③ · 16①

가. 덤프트럭 1회 적재량

나. 필요 차량 대수

정답

가. 덤프트럭 1회 적재량
① 8t 트럭 적재량(자연상태)
  $8t ÷ 1.8t/m^3 = 4.44m^3$
② 1대당 적재량(흐트러진 상태)
  $4.44 × 1.25 = 5.55m^3$

나. 필요 차량대수
① 잔토처리량(흐트러진 상태)
  $7,000 × 1.25 = 8,750m^3$
② 필요한 차량대수
  $8,750 ÷ 5.55 = 1576.5$
  ∴ 1,577대

● 토량상태 변화 시

상태	자연(I)	L	C
부피	기준	증가	감소
중량	동일(변화 없음)		

12 다음 도면의 줄기초 도면을 보고 주어진 조건에 따라 터파기된 토량을 6톤 트럭으로 운반하였을 경우 트럭의 운반대수를 산정하시오.(단, 토량의 할증은 25%이며 토량의 자연상태의 단위중량은 1,600kg/m³이다.)
• 18②

정답

적산 – 토공사
1) 터파기량
 = 단면적 × 유효길이
 = $\dfrac{1.2+0.8}{2} × 1.8 × (13+7) × 2$
 = 72m³(자연상태 토량)
2) 잔토처리량의 중량
 = 터파기량 × 흙의 단위중량
 = $72 × 1.6t/m^3 = 115.2ton$
3) 6톤 트럭 운반대수
 = $115.2 ÷ 6 = 19.2$대
∴ 20대
※ 잔토처리량을 흐트러진 상태로 부피를 변환하여도 중량의 변화는 없음

미듬 건축기사 실기

멘토스는 당신의 쉬운 합격을 응원합니다!

Engineer Architecture

CHAPTER 04
철근콘크리트공사

CONTENTS

제1절	배합비에 따른 각 재료량	59
제2절	콘크리트량·거푸집량	61
제3절	철근량	70

미듬 건축기사 실기

멘토스는 당신의 쉬운 합격을 응원합니다!

CHAPTER 04 철근콘크리트공사

| 학 | 습 | 포 | 인 | 트 |
* 출제빈도가 가장 높은 부분
* 비벼내기량을 이해하여 배합비에 따른 재료량 파악
* 부재별 콘크리트, 거푸집량 파악/RC조 1개층 수량 산출
* 철근 개수 산정 이해
* 부재별 철근 배근 이해/수량산출

제1절 배합비에 따른 각 재료량

콘크리트 부피 = 시멘트의 부피 + 모래의 부피 + 자갈의 부피 + 물의 부피

$$비중 = \frac{중량(t)}{부피(m^3)} \quad \therefore 부피(m^3) = \frac{중량(t)}{비중}$$

배합비가 1 : m : n인 콘크리트 1m³당 각 재료의 소요량은 비벼내기량(V)을 구한 후 각 재료량을 산출한다.

비벼내기량(V)을 산출하는 식은 정산식과 약산식으로 나눌 수 있다.

01 정산식

표준 계량 용적 배합비가 1 : m : n이고, W/C가 x%일 때

$$V = 1 \times \frac{W_c}{g_c} + \frac{m \times W_s}{g_s} + \frac{n \times W_g}{g_g} + W_c \cdot x$$

여기서, V : 콘크리트의 비벼내기량(m³)
W_c : 시멘트의 단위용적 중량(t/m³ 또는 kg/l)
W_s : 모래의 단위용적 중량(t/m³ 또는 kg/l)
W_g : 자갈의 단위용적 중량(t/m³ 또는 kg/l)
g_c : 시멘트의 비중, g_s : 모래의 비중, g_g : 자갈의 비중

● 20① · 17① · 07②

(재료량)

(보충) **비벼내기량**

비벼내기량은 배합해서 나오는 실제 콘크리트량이다.

예 1 : 2 : 4인 경우

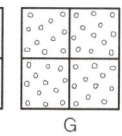

C   S   G

위에서 각 재료의 입자 사이에 간극이 존재하고 입자가 작은 재료는 간극 사이에 충진하게 되므로 수치의 합인 7보다 적은 콘크리트의 양이 생성된다. 이것을 비벼내기량이라 한다.

(보충) **단위용적 단위**

각 재료의 단위용적 중량을 식에 대입할 때 단위는 ton으로 한다.

02 약산식

콘크리트 현장 용적 배합비가 1 : m : n이고, W/C를 고려하지 않는 경우

$$V = 1.1m + 0.57n$$

03 각 재료량 산출

① 시멘트량 = $\frac{1}{V}$(m³) ⇒ 단위용적 중량 = 1,500kg/m³

② 모래량 = $\frac{m}{V}$(m³)

③ 자갈량 = $\frac{n}{V}$(m³)

④ 물의 양 = 시멘트 중량 × 물 · 시멘트비(x)

예제 01

다음과 같은 재료조건으로 표준계량 용적 배합비 1 : 2 : 4 콘크리트를 제조하는 데 필요한 시멘트(포대수), 모래(m³), 자갈(m³), 물(kg)의 양을 구하시오.

① 시멘트 비중 : 3.15
② 모래 비중 : 2.5
③ 자갈 비중 : 2.6
④ 물 · 시멘트비 : 55%
⑤ 시멘트의 단위용적 중량 : 1,500kg/m³
⑥ 모래의 단위용적 중량 : 1,700kg/m³
⑦ 자갈의 단위용적 중량 : 1,600kg/m³

풀이

(1) 비벼내기량(V) = $\frac{1 \times W_c}{g_c} + \frac{m \times W_s}{g_s} + \frac{n \times W_g}{g_g} + W_c \cdot x$

$= \frac{1 \times 1.5}{3.15} + \frac{2 \times 1.7}{2.5} + \frac{4 \times 1.6}{2.6} + 1.5 \times 0.55 = 5.123\text{m}^3$

(2) 시멘트량(포대수) = $\frac{1}{V} = \frac{1}{5.123} \times 1,500 \div 40 = 7.32$ ∴ 8포

(3) 모래(m³) = $\frac{m}{V} = \frac{2}{5.123} = 0.39\text{m}^3$

(4) 자갈(m³) = $\frac{n}{V} = \frac{4}{5.123} = 0.78\text{m}^3$

(5) 물의 양 = $\frac{1,500}{5.123} \times 0.55 = 161.04\text{kg}$

보충 시멘트의 단위

포대수로 계산 시는 최종의 답을 절상시킨 정수로 한다.

예제 02

다음 조건에서 콘크리트 $1m^3$를 비비는 데 필요한 시멘트, 모래, 자갈, 물의 양을 각각 중량(kg)으로 산출하시오.

• 24① · 20① · 17① · 08③

> ① 시멘트 비중 : 3.15
> ② 모래, 자갈 비중 : 2.65
> ③ 단위수량 : 192kg/m³
> ④ 잔골재율(S/A) : 40%
> ⑤ 공기량 : 1.2%
> ⑥ 물시멘트비 : 60%

보충) 다른 조건 문제
① 단위수량 : 160kg/m³
② 물시멘트비 : 50%
③ 잔골재율 : 40%
④ 시멘트 비중 : 3.15
⑤ 잔골재 비중 : 2.6
⑥ 굵은골재 비중 : 2.6
⑦ 공기량 : 1%
※ 문제 조건은 수시로 변할 수 있으므로 암기가 아닌 이해가 필요

풀이) 콘크리트 $1m^3$ = 물의 용적 + 시멘트 용적 + 전골재(모래 + 자갈)용적 + 공기용적

(1) 물
 ① 중량 = 192kg (∵ 문제 조건의 단위수량)
 ② 용적 = 0.192m³ (∵ 1m³ = 1,000kg)

(2) 시멘트
 ① 중량 = 물의 양 ÷ 물시멘트비 = 192kg ÷ 0.6 = 320kg
 ② 용적 = $\dfrac{0.32}{3.15}$ (∵ 비중 = $\dfrac{중량(t)}{부피(m^2)}$) = 0.102m³

(3) 공기 용적 = 0.012m³
 여기서 전골재의 용적 = 1 − (물의 용적 + 시멘트 용적 + 공기량)
           = 1 − (0.192 + 0.102 + 0.012) = 0.694m³

(4) 잔골재
 ① 용적 = 전골재 용적 × 잔골재율 = 0.694 × 0.4 = 0.2776m³
 ② 중량 = 0.2776 × 2.65 × 1,000 = 735.64kg

(5) 굵은골재
 ① 용적 = 전골재 용적 − 잔골재 용적 = 0.694 − 0.2776 = 0.4164m³
 ② 중량 = 0.4164 × 2.65 × 1,000 = 1,103.46kg

보충) 잔골재율

$= \dfrac{잔골재\ 용적}{(잔골재 + 굵은골재)\ 용적} \times 100$

∴ 잔골재 용적 = 전골재 용적 × 잔골재율

제2절 콘크리트량 · 거푸집량

01 일반사항

(1) 콘크리트

① 콘크리트 소요량은 품질 · 배합의 종류 · 제치장 마무리 등의 종류별로 구분하여 산출하며 도면의 정미량으로 한다.
② 체적 산출 시는 일반적으로 건물의 최하부에서부터 상부로, 또한 각층별로 구분하여 기초, 기둥, 벽체, 보, 바닥판, 계단 및 기타 세부의 순으로 산출하되 연결부분은 서로 중복이 없도록 한다.
③ 레디믹스트 콘크리트는 그 경제성 및 품질을 현장 콘크리트와 비교하여 사용 여부를 결정한다.

• 19④ · 18④ · 14①,②,④ · 10②,④
(콘크리트량)

④ 콘크리트 배합설계재료의 할증률은 다음 표의 값 이내로 한다.

종류	정치식(%)	기타(%)
시멘트	2	3
잔골재	10	12
굵은골재	3	5
혼화재	2	–

● 19②・14①,②,④・10②,④
거푸집량

(2) 거푸집

① 거푸집 소요량은 설계도서에 의하여 산출한 정미면적으로 한다.
② 거푸집 소요량은 종류별(목재거푸집, 합판거푸집, 제치장거푸집) 사용장소별로 구분하여 그 면적으로 산출한다.
③ 거푸집 면적산출 방법은 각층별 또는 구조별로 나누어 각 부분에 서로 중복이 없도록 한다.
④ $1m^2$ 이하의 개구부는 주위 사용재를 고려하여 거푸집 면적에서 공제하지 않는다.
⑤ 다음의 접합부 면적은 거푸집 면적에서 공제하지 않는다.
 • 기초와 지중보의 접합부 • 지중보와 기둥의 접합부
 • 기둥과 큰 보의 접합부 • 큰 보와 작은 보의 접합부
 • 기둥과 벽체의 접합부 • 보와 벽체의 접합부
 • 바닥판과 기둥의 접합부
⑥ 거푸집의 전용(반복 사용)
 거푸집의 전용은 일반적으로 1개층을 걸러 전용하는 것으로 한다.

보충 개구부 공제

① $1m^2$ 이하 개구부는 빗금 친 부분의 설치 거푸집과 주위의 부속재와 상쇄되는 것으로 한다.
② $1m^2$를 초과하는 개구부는 거푸집 면적을 공제하는 대신 빗금 친 마구리 면적의 거푸집을 산출하여야 한다.

보충 거푸집 전용

① 지하층 거푸집은 2층으로 1층 거푸집은 3층, 2층 거푸집은 4층으로 전용한다.
② 전용하지 않는 경우 구입량
 = 정미량 × 구입률
③ 전용할 경우 구입량
 = (정미량 − 전용량) × 구입률
④ 전용량 = 정미량 × 전용률

예제 03

그림과 같은 건축물을 완성하기 위해서 거푸집을 구입할 경우 구입량을 계산하시오.
(단, 거푸집 전용률 : 75%, 구입률 : 105%)

풀이 ① 지하층 구입량 : 전용하지 않으므로 = $1,200 \times 1.05 = 1,260m^2$
② 1층 구입량 : 전용하지 않으므로 = $1,200 \times 1.05 = 1,260m^2$
③ 2층 구입량 : 지하층에서 전용하므로
   = $\{1,200 - (1,200 \times 0.75)\} \times 1.05 = 315m^2$
④ 3층 구입량 : 1층에서 전용 = $\{1,200 - (1,200 \times 0.75)\} \times 1.05 = 315m^2$
⑤ 4층 구입량 : 2층에서 전용 = $\{1,000 - (1,200 \times 0.75)\} \times 1.05 = 105m^2$
 ∴ 총구입량 = ① + ② + ③ + ④ + ⑤
   = $1,260 + 1,260 + 315 + 315 + 105 = 3,255m^2$

02 부위별 산출방법

(1) 기초

기초는 지반선 이하로 한다.
지하실이 있는 경우에는 지하실 바닥을 경계로 한다.

1) 독립기초

기초판은 모양·치수가 동일한 개수를 계상하고 1개의 체적을 산출하여 개수를 곱한다.

① 콘크리트
- A부분 = $a \times b \times h_1$
- B부분 = $\dfrac{h_2}{6}\{(2a+a')b+(2a'+a)b'\}$

② 거푸집

$\theta \geqq 30°$인 경우에는 B부분의 비탈면 거푸집을 계상하고 $\theta < 30°$인 경우에는 A부분의 수직면 거푸집만 계상한다.

- A부분 = $(a+b) \times 2 \times h_1$
- B부분 = $(\dfrac{a+a'}{2} \times \sqrt{x^2+h_2^2}) \times $ 개소수

보충) 비탈면 거푸집 계산 시

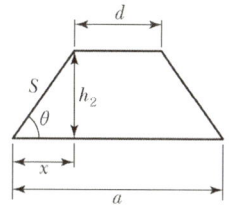

$\tan 30° = 0.577$

∴ $\dfrac{h_2}{x} \geq 0.577$ 이상이면 거푸집 설치

면적 = $\dfrac{a+a'}{2} \times h_2$이 아님에 유의

※ 경사길이 $S = \sqrt{x^2+h_2^2}$

2) 줄기초(연속기초)

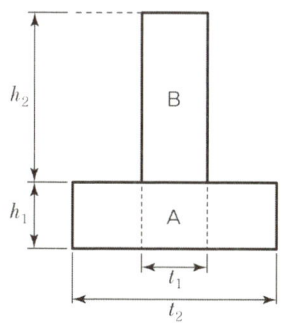

① 콘크리트량 : 단면적 × 유효길이(l)
- A부분 : $t_2 \times h_1 \times l$
- B부분 : $t_1 \times h_2 \times l$

② 거푸집량 : 수직면만 계상
- A부분 : $h_1 \times 2 \times l$
- B부분 : $h_2 \times 2 \times l$

보충) 사용 공식

앞장에서 정리한 공식을 이용하여 콘크리트량, 거푸집량 산출

$t \times H \times \{\Sigma l - (\dfrac{t}{2} \times $ 중복개소수$)\}$

$H \times 2 \times \{\Sigma l - (\dfrac{t}{2} \times $ 중복개소수$)\}$

※ 줄기초와 줄기초가 만나는 부재 면적은 거푸집 산출 시 공제한다. (빗금 친 부분)

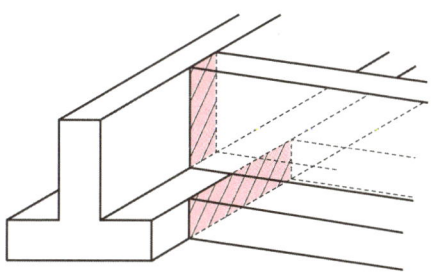

보충) 공제면적

기초단면적 × 중복개소수(다만, 기초의 높이가 다른 줄기초 종합적산 문제에서 F_1과 F_2가 만나는 부분은 F_1을 선시공한 후 F_2를 시공하여야 한다. 그러므로 그 부분은 공제하지 않는다.

예제 04

다음 도면의 철근콘크리트 독립기초 2개소 시공에 필요한 다음 소요 재료량을 정미량으로 산출하시오.

•07①

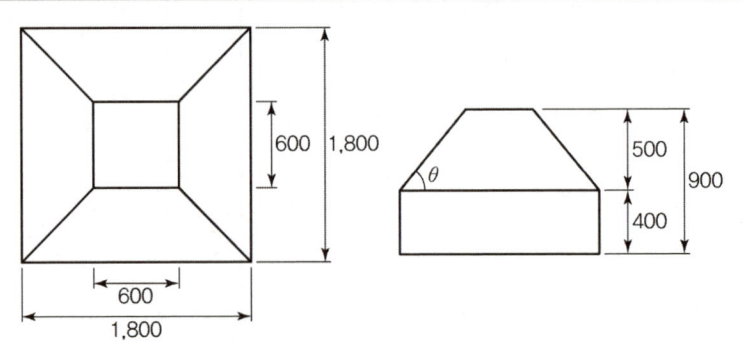

1) 콘크리트량(m^3)
2) 거푸집량(m^2)
3) 시멘트량(단, 1 : 2 : 4 현장계량 용적배합임 – 포대수)
4) 물량(물·시멘트비는 60%임 – l)

보충 기초구분

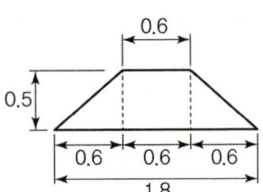

보충 물의 양

물 $1m^3$ = 1t
　　　 = 1,000kg
　　　 = 1,000l

풀이 1) 콘크리트량(m^3)

① 수평부 : $1.8 \times 1.8 \times 0.4 = 1.296 m^3$

② 경사부 = $\dfrac{0.5}{6}\{(2 \times 1.8 + 0.6) \times 1.8 + (2 \times 0.6 + 1.8) \times 0.6\} = 0.78 m^3$

∴ (①+②)×2 = (1.296+0.78)×2개소 = 4.152m^3

2) 거푸집량(m^2)

① 수평부 : (1.8+1.8)×2×0.4 = 2.88m^2

② 경사부 = $\dfrac{0.5}{0.6} \geq \tan 30°$ 이면 거푸집 설치

0.83≥0.577이므로 경사면 거푸집 설치

∴ ($\dfrac{1.8+0.6}{2} \times \sqrt{0.6^2+0.5^2}$)×4 = 3.749$m^2$

∴ (①+②)×2개소 = (2.88+3.749)×2 = 13.258m^2

3) 시멘트량

비벼내기량(V)을 산출하고 그에 따른 재료량을 산출한다.
여기서는 약산식 V = 1.1m + 0.57n을 이용

① 비벼내기량 : V = 1.1×2 + 0.57×4 = 4.48m^3

② 시멘트량(포대) = ($\dfrac{1}{4.48} \times 1,500 \div 40$)×4.152$m^3$

　　　　　　　 = 8.37포×4.152m^3 = 34.752　∴ 절상하여 35포

4) 물의 양(l) = 물·시멘트비(W/C)에 의해서 계산

① 시멘트량(kg) = ($\dfrac{1}{4.48} \times 1,500$)×4.152$m^3$ = 1,390.178kg

② 물의 양(l) = 시멘트량×물·시멘트비 = 1,390.178×0.6 = 834.107kg

∴ 834.107l (∵ 1,000kg = 1,000l)

예제 05

아래의 도면과 같은 줄기초에서 콘크리트량과 거푸집량을 산출하시오.

[풀이] 토공사에서 기초구조부 체적 산출 시 활용한 공식

$t \times H \times \left\{ \Sigma l - \left(\dfrac{t}{2} \times 중복개소수 \right) \right\}$ 를 이용

	버림콘크리트	기초판	기초벽
t	1.5	1.3	0.3
H	0.05	0.2	0.6

1) 콘크리트량(m³)

① 버림콘크리트 = $1.5 \times 0.05 \times \{42 - (\dfrac{1.5}{2} \times 4)\} = 2.925 m^3$

② 기초판 콘크리트 = $1.3 \times 0.2 \times \{42 - (\dfrac{1.3}{2} \times 4)\} = 10.244 m^3$

③ 기초벽 콘크리트 = $0.3 \times 0.6 \times \{42 - (\dfrac{0.3}{2} \times 4)\} = 7.452 m^3$

∴ 버림콘크리트 = ① = 2.925 m³
  콘크리트 = ② + ③ = 10.244 + 7.452 = 17.696 m³
∴ ① + ② + ③ = 20.621

2) 거푸집량(m²)

부재가 접하는 면은 거푸집을 필요로 하지 않으므로 공제한다.

공식 = $H \times 2 \times \{\Sigma l - (\dfrac{t}{2} \times 중복개소수)\}$ 를 이용

① 버림콘크리트 거푸집 = $0.05 \times 2 \times \{42 - (\dfrac{1.5}{2} \times 4)\} = 3.9 m^2$

② 기초판 콘크리트 거푸집 = $0.2 \times 2 \times \{42 - (\dfrac{1.3}{2} \times 4)\} = 15.76 m^2$

③ 기초벽 콘크리트 거푸집 = $0.6 \times 2 \times \{42 - (\dfrac{0.3}{2} \times 4)\} = 49.68 m^2$

④ 공제 부분 = $\{(1.5 \times 0.05) + (1.3 \times 0.2) + (0.3 \times 0.6)\} \times 4개소 = 2.06 m^2$

∴ 거푸집량 = ① + ② + ③ - ④ = 3.9 + 15.76 + 49.68 - 2.06 = 67.28 m²

[보충] 문제조건 분석

① 중심 간 거리
 = (10 + 6) × 2 + 4 + 6 = 42m
② 중복개소수 = 4개소

[보충] 콘크리트량 산출 시

버림과 구조체 부분을 나누어서 산출하라고 하는 경우는 구분하여 답을 기재하고, 그렇지 않은 경우는 전체량을 기재하여야 한다.

[보충] 공제 부분(거푸집)

(2) 기둥

기둥은 모양 치수가 동일한 개수를 계산하고 층높이에서 바닥판 두께를 뺀 높이를 곱하여 계산한다.

① **콘크리트량**: 기둥단면적×바닥판 사이 높이($H-t_s$)
② **거푸집**: 기둥둘레길이×바닥판 사이 높이($H-t_s$)

(3) 벽체

1) 기둥이 없을 때

① **콘크리트량** = 중심 간 길이×벽두께×안목높이 = $(A+B)×2×t×(H-t_s)$
② **거푸집량** = 중심 간 길이×2×안목높이 = $(A+B)×2×2×(H-t_s)$
※ 벽체와 바닥판이 만나는 부분의 거푸집은 바닥판 거푸집 산출 시 공제한다.

2) 기둥이 있을 때

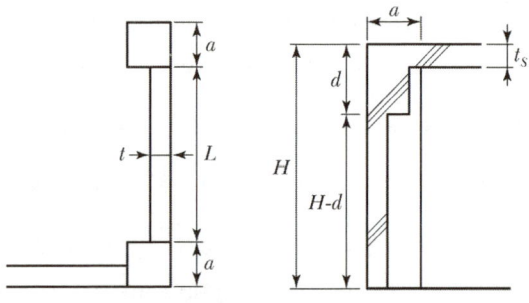

① **콘크리트량** = 기둥 간 안목 길이×벽두께×안목높이 = $L×t×(H-d)$
② **거푸집량** = 중심 간 길이×2×안목높이 = $L×2×(H-d)$
※ 기둥과 벽체가 만나는 부분은 공제하지 않는다.

(4) 보

① **콘크리트량** = 보 단면적 × 기둥 간 안목길이 = $b \times d \times l_0$

② **거푸집량**
- 측면 = 슬래브 두께를 뺀 측면 높이$(d-t_s)$ × 기둥 간 안목길이 × 2(양면)
  $= (d-t_s) \times l_0 \times 2$(양면)
- 밑면 = 보 너비 × 기둥 간 안목길이 = $b \times l_0$
  ※ 헌치 부위는 별도로 계상

보충 보 산출 시

① 콘크리트량

② 거푸집량

옆면
밑면

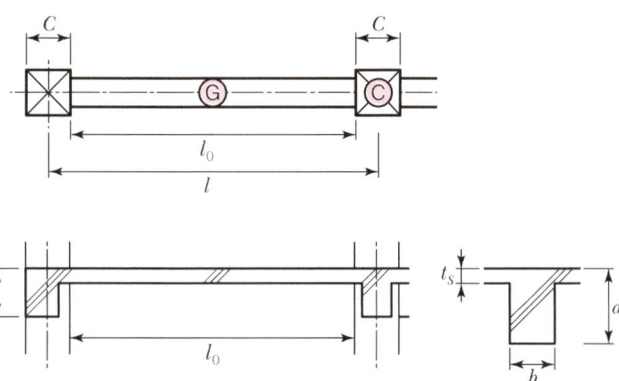

예제 06

다음 그림의 보에 대하여 콘크리트량과 거푸집량을 구하시오.

[평면] / [중앙단면] / [입면] / [단부단면]

풀이
1) **콘크리트량**(m^3) : 보 단일 수량이므로 바닥판 두께를 포함하여 산출하며, 헌치 부분도 별도로 산출하여야 한다.
   ① 보 : $0.4 \times 0.8 \times 8 = 2.56 m^3$
   ② 헌치 : $1 \times 0.3 \times 0.5 \times 0.4 \times 2개소 = 0.12 m^3$
   ∴ ①+② = $2.56 + 0.12 = 2.68 m^3$

2) **거푸집량** : 보 밑 부분의 수량은 RC조 1개층일 경우 슬래브 밑판에 산입하여 계산하였으나 여기서는 보 거푸집 면적으로 같이 계산하여야 한다.

① 보 밑 = 안목길이 × 보너비 = 6m × 0.4 = 2.4m²
② 헌치 밑 = 경사길이 × 보너비 = ($\sqrt{1^2 + 0.3^2}$ × 0.4) × 2개소 = 0.835m²
③ 보 옆 = 슬래브 두께를 뺀 보춤 × 안목길이 × 2개소
    = (0.8 − 0.12) × 8 × 2 = 10.88m²
④ 헌치 옆 = 0.3 × 1 × 0.5 × 2(양면) × 2개소 = 0.6m²
∴ 거푸집량 = ① + ② + ③ + ④
    = 2.4 + 0.835 + 10.88 + 0.6 = 14.715m²

(5) 바닥판

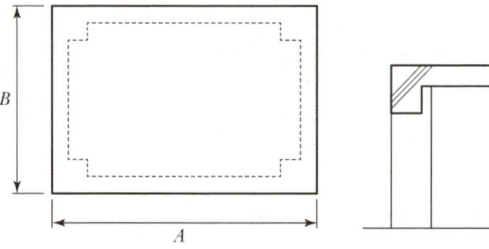

① **콘크리트량** = 바닥판 면적 × 두께 = A × B × t_s
② **거푸집량** = 밑면적 + 옆면적 = (A × B) + (A + B) × 2 × t_s

※ 슬래브 밑에 벽체가 있는 경우 바닥판과 벽체가 접하는 부분은 공제하므로 밑면 거푸집량 산출 시 외벽의 두께를 뺀 내벽 간 바닥면적으로 한다.

(6) R.C조 1개층

① 슬래브 기준
② 기둥높이 적용(H − t_s)
③ 보 • 콘크리트량 : 슬래브 두께만큼 공제
  • 거푸집 : 밑면은 슬래브 바닥거푸집에 산입하여 계산

예제 07

아래 그림은 철근콘크리트 사무소 건물이다. 주어진 평면도 및 단면도 A−A′를 보고 C_1, G_1, S_1에 해당하는 부분의 콘크리트량과 거푸집량을 산출하시오.(단, 소수점 셋째 자리에서 반올림한다.)

• 10②

보충 문제 조건 분석
각 보의 길이 산출에 유의하며 각부 상세치수는 아래쪽 그림과 같다.

1) 기둥단면 → 40×40cm
2) 보 단면 →

3) 슬래브 두께 → 12cm
4) 층고 → 3m
  단, 단면도 A−A′에 표기된 1층 바닥선 이하는 계산하지 않는다.

[풀이] ※ 각 부재별 필요 길이, 개소수 등을 먼저 파악한 후 수량을 산출한다.
  ※ 재료별 산출보다 부위별 산출 후 각 재료를 합산하는 것이 훨씬 편리하다.

(1) 기둥(C_1)
  ① 콘크리트 : $0.4 \times 0.4 \times 2.88 \times 8 = 3.69 m^3$
  ② 거푸집 : $(0.4+0.4) \times 2 \times 2.88 \times 8 = 36.86 m^2$

(2) 보(G_1 : 4.05m)
  ③ 콘크리트 : $0.3 \times 0.38 \times 4.05 \times 4 = 1.85 m^3$
  ④ 거푸집(옆면) : $0.38 \times 4.05 \times 2 \times 4 = 12.31 m^2$

(3) 보(G_1 : 4.1m)
  ⑤ 콘크리트 : $0.3 \times 0.38 \times 4.1 \times 2 = 0.93 m^3$
  ⑥ 거푸집(옆면) : $0.38 \times 4.1 \times 2 \times 2 = 6.23 m^2$

(4) 보(G_1 : 5.5m)
  ⑦ 콘크리트 : $0.3 \times 0.38 \times 5.5 \times 4 = 2.51 m^3$
  ⑧ 거푸집(옆면) : $0.38 \times 5.5 \times 2 \times 4 = 16.72 m^2$

(5) 슬래브
  ⑨ 콘크리트 : $13.8 \times 6.3 \times 0.12 = 10.43 m^3$
  ⑩ 거푸집량(밑면) : $13.8 \times 6.3 = 86.94 m^2$
  ⑪ 거푸집(옆면) : $(13.8+6.3) \times 2 \times 0.12 = 4.82 m^2$

∴ 콘크리트량 = ①+③+⑤+⑦+⑨
     = $3.69+1.85+0.93+2.51+10.43 = 19.41 m^3$
∴ 거푸집량 = ②+④+⑥+⑧+⑩+⑪
     = $36.86+12.31+6.23+16.72+86.94+4.82 = 163.88 m^2$

(7) 계단

① 콘크리트량 = 경사면적 × 계단 평균두께(t)
② 거푸집 = 경사 밑면적 + 챌판면적 + 옆판면적

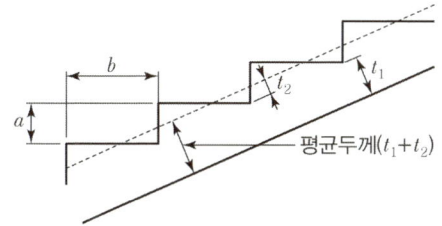

[보충] 문제조건 분석
① 기둥 간 안목길이
  ㉠ 가로외측부 : $4.5-(0.25+0.2)$
      $= 4.05m$
  ㉡ 가로중앙부 : $4.5-(0.2 \times 2)$
      $= 4.1m$
  ㉢ 세로 : $6-(0.25 \times 2) = 5.5m$
② 기둥 안목 높이 : $3-0.12 = 2.88$
③ 기둥 개수 : 8개소
④ 보 개수
  ㉠ 4.05m : 4개소
  ㉡ 4.1m : 2개소
  ㉢ 5.5m : 4개소
⑤ 슬래브 전체 길이
  ㉠ 가로 : $13.5+(0.15 \times 2)$
      $= 13.8m$
  ㉡ 세로 : $6+(0.15 \times 2) = 6.3m$

예제 08

다음 그림과 같은 철근콘크리트 계단공사에 필요한 콘크리트량을 산출하시오.

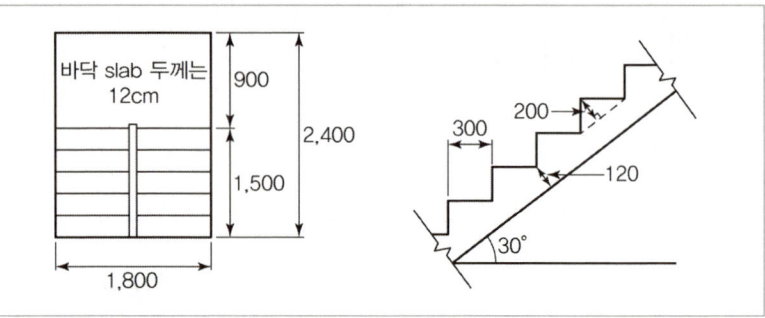

풀이 (1) 계단참

$1.8 \times 0.9 \times 0.12 = 0.194 m^3$

(2) 경사 부분

① 경사길이 $= \dfrac{1.5}{\cos 30°} = \sqrt{3}$

② 평균두께 $= 0.12 + \dfrac{0.2}{2} = 0.22$

∴ $0.9 \times \sqrt{3} \times 0.22 \times 2 = 0.686 m^3$

∴ (1) + (2) = 0.194 + 0.686 = 0.88 m³

제3절 철근량

01 일반사항

① 철근은 종별, 지름별로 총연길이를 산출하고 단위중량을 곱하여 총중량으로 산출한다.
② 철근은 각 층별로 기초, 기둥, 보, 바닥판, 벽체, 계단 기타로 구분하여 각 부분에 중복이 없도록 산출한다.
③ 철근 수량은 이음정착길이를 정밀히 계산하여 정미량을 산정하고 정미량에다 원형철근은 5% 이내, 이형철근은 3% 이내의 할증률을 가산하여 소요량으로 한다.
④ 철근의 가스압접개소는 철근의 정착길이에 의한 실수량으로 산정하되, 개략치를 산성할 때 철근의 단위길이는 6m를 기준으로 한다.
⑤ 이형철근 지름 13mm 이하의 철근 사용 시 Hook를 가산하지 않으나, 지름 16mm 이상 이형철근에서 기둥, 보, 굴뚝 등은 Hook의 길이를 산정한다.(단, 조건이 제시된 경우에는 조건에 따른다.)
⑥ 대근(Hoop), 늑근(Stirrup)의 길이 계산은 콘크리트 단면치수로 계산한다.(피복두께 무시)
⑦ 철근이음 길이 산정 시 이음개소는 D13mm 이하는 6m마다, D16mm 이상은 7m마다 한다.(단, 조건이 제시된 경우는 조건에 따른다.)
⑧ 철근량은 길이(m)로 산출하고, 산출된 길이에 단위중량(kg/m)을 곱하여 총중량으로 산출한다.

보충 할증률 계산

할증률을 적용할 때에는 지름별로 할증을 적용하여 선출한 다음 전체 중량을 계산한다.

호칭지름(mm)	무게(kg/m)	단면적(cm²)	둘레(cm)
D10	0.56	0.713	3
D13	0.995	1.27	4
D16	1.56	1.98	5
D19	2.25	2.85	6
D22	3.04	3.88	7
D25	3.98	5.07	8
D29	5.04	6.41	9
D32	6.23	7.92	10

(보충) 단위중량(kg/m)
D10, D13, D16, D19, D22의 단위중량은 암기하도록 한다.

02 철근의 길이(m) 산출법

철근의 길이는 1본(本)의 길이 산출 후 개수를 곱하여 총길이를 산출한다.

(1) 철근 1본의 길이

> 부재(적용)길이 + 이음길이 + 정착길이 + Hook의 길이

1) 부재(적용)길이

부재별로 그림과 같이 3개의 적용을 필요로 하며 각 구조 부위별 수량 산출법을 참조한다.

2) 이음길이

① 큰 인장력을 받는 경우 : $40d(l_1)$
② 압축력, 작은 인장력을 받는 경우 : $25d(l_2)$
※ 지름이 다른 경우는 작은 지름(d)

3) 정착길이

① 정착길이는 이음길이와 동일하다.
② 정착위치는 각 부재에 따라 적용한다.

4) Hook의 길이

① Hook를 두는 곳
  - 원형철근 단부
  - 이형철근의 굴뚝, 기둥, 보의 단부
  - 도면에서 지정하고 있는 곳
② Hook의 적용길이(180° = 10.3d)

$$= \frac{2\pi r}{2} + 4d \text{(여기서, } r = 2d)$$
$$= 3.14 \times 2d + 4d = 10.28d$$
$$\therefore \fallingdotseq 10.3d$$

(보충) 부재길이

(보충) 이음길이

(보충) Hook 길이

(2) 철근의 개수

$$개수 = \frac{길이(l)}{간격(@)}$$

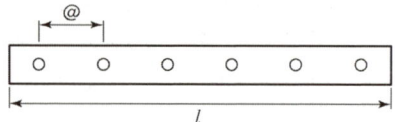

> **보충) 철근의 배근**
> 문제에서 제시되는 철근의 간격보다 조금 작아지는 것은 허용되나 넓어지는 것은 안 되므로, 여유분이 발생하면 1본을 더 넣어 전체 간격을 재조절하여 철근을 배근한다.

1) 전배근인 경우

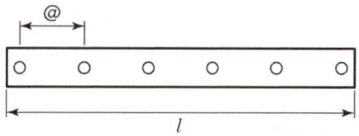

> **보충) 전배근 적용**
> - 기초판
> - 보단부 늑근
> - 슬래브 단부 하부근

$$개수 = \frac{길이(l)}{간격(@)} \;\Rightarrow\; ① \text{ 정수로 떨어지는 경우} = 정수 + 1$$

예) $\dfrac{1\mathrm{m}}{0.2\mathrm{m}} = 5$ 1 2 3 4 5 → 6개

② 소수점으로 나누어지는 경우 = 절상 + 1

예) $\dfrac{1.1\mathrm{m}}{0.2\mathrm{m}} = 5.5$ 1 2 3 4 5 5.5 → 7개

2) 사이배근인 경우

> **보충) 사이배근 적용**
> - 슬래브 밴트근

$$개수 = \frac{길이(l)}{간격(@)} \;\Rightarrow\; ① \text{ 정수로 떨어지는 경우} = 정수$$

예) $\dfrac{1\mathrm{m}}{0.2\mathrm{m}} = 5$ 1 2 3 4 5 → 5개

② 소수점으로 나누어지는 경우 = 절상시킨 정수

예) $\dfrac{1.1\mathrm{m}}{0.2\mathrm{m}} = 5.5$ 1 2 3 4 5 5.5 → 6개

3) 간격배근인 경우

> **보충) 간격배근 적용**
> - 보 중앙부 늑근
> - 슬래브 중간대 하부근
> - 슬래브 톱바

$$개수 = \frac{길이(l)}{간격(@)} \;\Rightarrow\; ① \text{ 정수로 떨어지는 경우} = 정수 - 1$$

예) $\dfrac{1\mathrm{m}}{0.2\mathrm{m}} = 5$ 1 2 3 4 5 → 4개

② 소수점으로 나누어지는 경우 = 절하시킨 정수

예) $\dfrac{1.1m}{0.2m} = 5.5$ → 5개

03 각 구조부위별 수량산출

(1) 기초

1) 독립기초

① **기초판**

> 1본의 길이 = 부재의 길이(이음, 정착 Hook는 고려하지 않는다.)

㉮ 주근(규격) : $A \times \dfrac{B}{@}$ (개)

㉯ 배력근(규격) : $B \times \dfrac{A}{@}$ (개)

㉰ 대각선근(규격)
  : $\sqrt{A^2+B^2} \times$ 개수
  (도면표기)

② **기초기둥**

> 1본의 길이 = 부재의 길이(H) + 정착길이(이음, Hook는 고려하지 않는다.)

㉮ 주근(규격)
  : (H+0.4)×개수(도면표기)

㉯ 대근(규격)
  : 기둥둘레길이 × $\dfrac{H}{@}$ (개)

㉰ 보조대근(규격)
  : 기둥둘레길이 × $\dfrac{H}{@}$ (개)

보충 기초기둥 정착길이 산출

기초판의 크기에 상관없이 정착길이를 40cm로 한다. 단, 문제조건에서 제시되는 경우에는 그 조건을 준수하여 산출한다.

2) 줄기초

> 1본 길이 = 부재의 길이 + 이음길이(25d) × 이음 개소수

※ 이음 개소수 산정 = $\dfrac{길이}{철근 1본의 길이}$

① 직선거리에서의 철근이음 개소 산정

1,800 ÷ 600 = 3
∴ 3 - 1 = 2개소

보충 철근 1본의 길이 적용

① 문제 조건에서 제시되는 경우 제시된 길이를 적용한다.
② 조건에서 제시되지 않는 경우 D 13 이하 6m, D16 이상은 7m 마다 이음 개소수를 산정한다.

② 줄기초와 같은 연속에서의 철근이음 개소 산정

보충) 이음 개소수
이음 개소수는 전체길이÷철근 1본의 길이를 계산하여 사사오입 처리해도 무방하다.

1,800 ÷ 600 = 3
∴ 3개소

㉮ 기초판
- 선철근(규격) : $A \times \dfrac{\Sigma l}{@}$ (개)
- 점철근(규격) : $[\Sigma l + \{이음길이(25d) \times 이음개소\}] \times \dfrac{A}{@}$ (개)

㉯ 기초벽
- 선철근(규격) : $(H+0.4) \times \dfrac{\Sigma l}{@}$ (개)
- 점철근(규격) : $[\Sigma l + \{이음길이(25d) \times 이음개소\}] \times \dfrac{H}{@}$ (개)

예제 09

주어진 도면을 보고 철근량을 산출하시오.(단, 정미량으로 하고 D16 = 1.56kg/m, D10 = 0.56kg/m이며, 소수 셋째 자리에서 반올림한다.)   • 10③

보충) 문제 조건 분석
도면에서 철근의 개수를 판단하여 10개로 풀이하여도 가능하나 가급적 길이÷간격으로 개수를 산출한다.

풀이) 1) 기초판

① 가로근 (D16) : $2 \times \dfrac{2}{0.2}$ (11개) = 22m

② 세로근(D16) : $2 \times \dfrac{2}{0.2}$ (11개) = 22m

③ 대각선근(D16) : $\sqrt{2^2+2^2} \times 3 \times 2 = 16.97$m

2) 기초기둥

④ 주근(D16) : (1.7+0.4)×8=16.8m

⑤ 대근(D10) : (0.4+0.4)×2×$\frac{1.7}{0.25}$(7개)=11.2m

⑥ 보조대근(D10) : (0.4+0.4)×2×$\frac{1.7}{0.75}$(3개)=4.8m

∴ D10=⑤+⑥=11.2+4.8=16m
   16×0.56=8.96kg
   D16=①+②+③+④=22+22+16.97+16.8=77.77m
   77.77×1.56=121.321kg

∴ 총중량=D10+D16=8.96+121.321=130.28kg

예제 10

다음 도면의 철근콘크리트 줄기초 시공에 필요한 철근량을 산출하시오.(단, D10=0.56kg/m, D13=0.995kg/m이다.)

[풀이]
① 기초벽의 선철근의 정착길이는 40cm로 한다.
② 중심 간 길이(Σl) 산정=(13.5+6.5)×2+8.5+6.5=55m
③ 이음개소 : 조건이 없으므로 13mm 이하는 6m마다 이음개소 발생
   55÷6=9.16 ∴ 9개소

1) 기초판

① 선철근(D10) : 0.7×$\frac{55}{0.3}$(184개)=128.8m

② 점철근(D13) : {55+(25×0.013×9)}×3=173.775m

2) 기초벽

③ 선철근(D10) : (1.2+0.4)×$\frac{55}{0.3}$(184개)=294.4m

④ 점철근(D13) : {55+(25×0.013×9)}×4=231.7m

∴ D10=①+③=423.2m
   423.2×0.56=236.992kg×1.03=244.102kg
   D13=②+④=405.475m
   405.475×0.995=403.448kg×1.03=415.551kg

∴ 총 철근의 소요량=D10+D13=659.653kg

[보충] 철근개수

문제 조건에서 점철근의 개수가 7EA로 제시되었는데 이를 기초판 3개, 기초벽 4개로 구분하여 산출하였다.

(2) 기둥

> 1본의 길이 = 부재의 길이 + 정착길이 + Hook + 이음길이

※ 독립기초의 기초 기둥 산출방법과 동일하나 이음개소 및 상단의 Hook에 유의한다.

1) 주근
① 부재길이의 높이 ─── 기둥높이
② 정착길이 ─── 40cm
③ 이음길이 ─── 25d
④ 이음개소 ─── 층마다
⑤ 개수 ─── 도면표기
⑥ Hook ─── 10.3d

2) 대근
① 1개의 길이 ─── 기둥 둘레길이
② 개수 ─── 기둥높이÷간격

3) 보조대근
① 1개의 길이 ─── 기둥 둘레길이
② 개수 ─── 기둥높이÷간격

보충) 기둥 철근이음 개소
기둥에서 철근의 이음 개소수는 철근 1본의 길이와 무관하게 매 층마다 발생되는데, 이는 시공과정에서 발생되기 때문이다.

예제 11

다음 도면과 같은 기둥주근의 철근량을 산출하시오.(단, 층고는 3.6m, 주근의 이음길이는 25d로 하고, 철근의 중량은 D22는 3.04kg/m, D19=2.25kg/m, D10은 0.56kg/m 이다.) 주근 상단의 Hook와 하단의 정착길이는 연속된 것으로 간주하여 고려하지 않는다.

● 15① · 11② · 09③ · 05② · 99⑤ · 98①

풀이)
① 주근(D22) : {3.6+(25×0.022)+(10.3×0.022×2)}×4 = 18.41m
② 주근(D19) : {3.6+(25×0.019)+(10.3×0.019×2)}×8 = 35.73m
∴ D22 = 18.41×3.04 = 55.966kg
　 D19 = 35.73×2.25 = 80.393kg
∴ 총중량 = D19+D22 = 55.966+80.393 = 136.359kg

보충) 이음길이 산정
이음길이 산정 시 Hook의 길이 (10.3d)는 포함되지 않는다. 그러므로 10.3d는 없어도 무방하다.

(3) 보

> 1본의 길이 = 부재의 길이 + 정착길이 + Hook

1) 부재의 길이

① 최상층 보 : 상부주근 ──── 외주길이(l')
   밴트근 ──── 외주길이(l')
   하부주근 ──── 안목길이(l_0)
② 일반층 보 : 상부주근 ──── 안목길이(l_0)
   밴트근 ──── 안목길이(l_0)
   하부주근 ──── 안목길이(l_0)

2) 정착 길이

① 인장력을 받는 곳 : 40d(상부주근, 밴트근)
② 압축력을 받는 곳 : 25d(하부주근)

[최상층보]   [중간층보]

3) Hook의 길이 : 10.3d

4) 철근의 개수 : 보 단면(보 일람표)에서 산출

[단부]   [중앙부]

(보충) 늑근의 개수

단부를 각각 풀거나 한 번에 풀었을 때 개수가 1~2개 차이나는 것은 답의 오차 범위에 들어간다.

① 상부근 개수 : 중앙부 단면 상부에 위치한 주근의 개수
② 하부근 개수 : 단부 단면 하부에 위치한 주근의 개수
③ 밴트근의 개수 : 중앙부 단면과 단부 단면에서 위치가 변화된 주근의 개수

5) 밴트근의 늘어난 길이 : $0.828 \times (D-0.1)$

> **보충) 밴트근의 늘어난 길이**
> 밴트근의 늘어난 길이 산정 시 피복두께 및 스트럽근의 지름을 계산하여 보의 춤에서 10cm를 공제하여 산출한다.

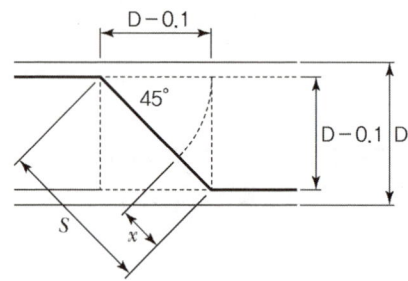

$$\sin 45° = \frac{D-0.1}{S} \Rightarrow \frac{1}{\sqrt{2}} = \frac{D-0.1}{S}$$

∴ $S = \sqrt{2}(D-0.1)$ … 여기서 $S = (D-0.1) + x$
 $(D-0.1) + x = \sqrt{2}(D-0.1)$

∴ 늘어난 길이 $x = \sqrt{2}(D-0.1) - (D-0.1) = (\sqrt{2}-1)(D-0.1)$
 $= 0.414(D-0.1)$

∴ 양쪽 늘어난 길이 $= 0.828(D-0.1)$
 (D = 보의 깊이(춤), 단위 : m)

6) 늑근

늑근은 단부와 중앙부의 배근 간격이 다르므로 나누어 산출한다.

① 늑근의 길이 : 보 둘레길이

② 개수 ┬ 단부 : $\left(\dfrac{\frac{l_0}{4}}{@} \cdots 단부 간격\right) \times 2$
 └ 중앙부 : $\dfrac{\frac{l_0}{2}}{@} \cdots 중앙부 간격$

③ 단부 개수(전배근), 중앙부 개수(간격배근)

> **보충) 늑근 산출 별해**
> 보 둘레길이 ×
> $\left\{\dfrac{\frac{l_0}{2}}{@}(개) + \dfrac{\frac{l_0}{2}}{@}(개)\right\}$
> 단부 간격   중앙부 간격

〈 [공식] 철근량 산출법 〉

1. 최상층 보
 ① 상부주근(규격) : $\{l' + (40+10.3) \times d \times 2\} \times 개수$
 ② 밴트근(규격) : $\{l' + (40+10.3) \times d \times 2 + 0.828(D-0.1)\} \times 개수$
 ③ 하부주근(규격) : $\{l_0 + (25+10.3) \times d \times 2\} \times 개수$
 ④ 늑근 : 단부(규격) : $\left\{보의 둘레길이 \times \dfrac{\frac{l_0}{4}}{@}(\quad 개)\right\} \times 2$

> **보충) 보 문제 풀이 유의사항**
> ① 최상층 보인지 일반층 보인지 판단
> ② 최상층 보일 경우 상부근, 밴트근의 길이가 외주길이임에 유의

중앙부(규격) : 보의 둘레길이 $\times \dfrac{\dfrac{l_0}{2}}{@}$ (개)

2. 중간층 보
   ① 상부주근(규격) : $\{l_0+(40+10.3)\times d\times 2\}\times$ 개수
   ② 밴트근(규격) : $\{l_0+(40+10.3)\times d\times 2+0.828(D-0.1)\}\times$ 개수
   ③ 하부주근(규격) : $\{l_0+(25+10.3)\times d\times 2\}\times$ 개수
   ④ 늑근 : 최상층 보와 동일

예제 12

다음과 같은 철근콘크리트 보의 철근량을 구하시오.(단, D10=0.56kg/m, D13=0.995kg/m이고, 주근 Hook의 길이는 10.3d로 한다.) ●07① · 02③ · 01①

풀이 일반층(중간층에 위치) 보이므로 각 철근의 길이를 안목길이로 적용하여 산출한다.
1) 상부근(D13) : $\{4.8+(40+10.3)\times 0.013\times 2\}\times 2$개 = 12.216m
2) 밴트근(D13) : $\{4.8+(40+10.3)\times 0.013\times 2+0.828\times(0.6-0.1)\}\times 2$개
   = 13.044m
3) 하부근(D13) : $\{4.8+(25+10.3)\times 0.013\times 2\}\times 2$개 = 11.436m
4) 늑근 ① 단부(D10) : $\{(0.3+0.6)\times 2\times \dfrac{1.2}{0.15}(9개)\}\times 2 = 32.4$m

   ② 중앙부(D10) : $(0.3+0.6)\times 2\times \dfrac{2.4}{0.2}(11개) = 19.8$m

∴ D10 = ① + ② = 32.4 + 19.8 = 52.2 × 0.56 = 29.232kg
   D13 = 1) + 2) + 3) = 12.216 + 13.044 + 11.436
        = 36.696m × 0.995 = 36.513kg
∴ 총 중량 = D10 + D13 = 29.232 + 36.513 = 65.75kg

보충 중간층 보
- 안목길이 l_0 = 4.8m
- 상부근 : 2개
- 하부근 : 2개
- 밴트근 : 2개

보충 늑근산출 별해
$(0.3+0.6)\times 2\times$
$\left\{\dfrac{2.4}{0.15}(17개)+\dfrac{2.4}{0.2}(12개)\right\}$

(4) 슬래브

슬래브의 철근길이는 일반적으로 철근 배치간격이 일정할 때는 간단히 산출되지만 l_x 방향과 l_y 방향, 중앙부와 단부 또는 상부근과 하부근의 배치간격이 다를 때는 산출이 복잡하다.

1) 중간대, 주열대 구분

중간대, 주열대를 구분하는 것은 철근의 배근 범위를 알기 위함이다.

① 하부에 벽·기둥이 없는 경우
단변(l_x)의 1/4의 길이만큼 단변이나 장변 모두 적용하여 구분한다.

② 하부에 벽·기둥이 있는 경우

㉠ 기둥이나 벽체의 안목길이 중 단면(l_x)의 1/4의 길이만큼 단변이나 장변 모두 적용하여 구분한다.
㉡ 기둥이나 벽체의 외부를 포함하여 주열대로 하고, 하부 구조물은 없는 것으로 간주하여 철근량을 산출한다.

③ 철근 배근 구간
㉠ 주열대 배근 철근 : 상부주근, 하부주근, 상부부근, 하부부근
㉡ 중간대 배근 철근 : 주근톱바, 주근밴트근, 부근톱바, 부근밴트근, 하부주근, 하부부근

2) 철근 배근도

① 단변방향(주근)

● 상부주근(주열대 구간)

● 하부주근(주열대, 중간대 구간)

보충 **단면의 모습**

1면 슬래브나 4변 슬래브 전부 보에 정착시켜도 무방하나 다음과 같이 상호정착으로 보고 계산하는 것이 좋다.
그러므로 1변 고정 슬래브는 4변 고정 슬래브의 주열대 구간과 동일하게 적용하여 문제를 푼다.

보충 **상부주근**

$\{l_x \times \dfrac{\frac{l_x}{4}}{@}(\quad 개)\} \times 2(양쪽)$

보충 **하부주근**

$l_x \times \dfrac{l_y}{@}(\quad 개)$

- **주근밴트**(중간대 구간)　　　　• **주근톱바**(중간대 구간)

 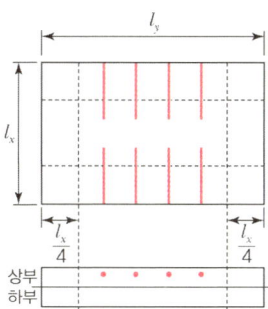

보충) **주근밴트**

$$l_x \times \frac{l_y - \frac{l_x}{2}}{@} (\quad 개)$$

보충) **주근톱바**

$$\{(\frac{l_x}{4} + 여장길이) \times \frac{l_y - \frac{l_x}{2}}{@} (\quad 개)\} \times 2$$

※ 문제 조건에 제시되지 않는 여장길이의 경우 15d 적용

② 장변방향(부근)

- **상부부근**(주열대 구간)　　　　• **하부부근**(중간대, 주열대 구간)

보충) **상부부근**

$$\{l_y \times \frac{\frac{l_x}{4}}{@} (\quad 개)\} \times 2$$

보충) **하부부근**

$$l_y \times \frac{l_x}{@} (\quad 개)$$

- **부근밴트**(중간대 구간)　　　　• **부근톱바**(중간대 구간)

보충) **부근밴트**

$$l_y \times \frac{\frac{l_x}{2}}{@} (\quad 개)$$

보충) **부근톱바**

$$\{(\frac{l_x}{4} + 여장길이) \times \frac{\frac{l_x}{2}}{@} (\quad 개)\} \times 2$$

※ 여장길이는 문제 조건에 제시되지 않는 경우 15d 적용

3) 철근량 산출

● 배근 범위

구 분	주 근	부 근
상부	$\frac{l_x}{4}$	$\frac{l_x}{4}$
하부	l_y	l_x
밴트	$l_y - \frac{l_x}{2}$	$\frac{l_x}{2}$
톱바	$l_y - \frac{l_x}{2}$	$\frac{l_x}{2}$

⟨ [공식] 단변방향 ⟩

1. 상부주근(규격) : $\{l_x \times \dfrac{\frac{l_x}{4}}{@}(\ \ 개)\} \times 2$

2. 하부주근(규격) : $l_x \times \dfrac{l_y}{@}(\ \ 개)$

3. 주근밴트(규격) : $l_x \times \dfrac{l_y - \frac{l_x}{2}}{@}(\ \ 개)$

   ※ 밴트근의 늘어난 길이는 미세하므로 고려하지 않는다.

4. 주근톱바(규격) : $\{(\dfrac{l_x}{4} + 여장길이) \times \dfrac{l_y - \frac{l_x}{2}}{@}(\ \ 개)\} \times 2$

   ※ 여장길이는 조건이 제시되지 않으면 15d로 산정

⟨별해⟩ 상부주근, 하부주근, 주근밴트의 규격과 간격이 동일할 때

① 주근(규격) : $l_x \times \dfrac{l_y}{@}(\ \ 개)$

   (이때, 간격은 하부주근과 주근밴트의 사이 간격이다.)

② 주근톱바(규격) : $\{(\dfrac{l_x}{4} + 여장길이) \times \dfrac{l_y - \frac{l_x}{2}}{@}(\ \ 개)\} \times 2$

   (이때, 간격은 톱바의 순간격이다.)

⟨ [공식] 장변방향 ⟩

1. 상부부근(규격) : $\{l_y \times \dfrac{\frac{l_x}{4}}{@}(\ \ 개)\} \times 2$

2. 하부부근(규격) : $l_y \times \dfrac{l_x}{@}(\ \ 개)$

3. 부근밴트(규격) : $l_y \times \dfrac{\frac{l_x}{2}}{@}(\ \ 개)$

4. 부근톱바(규격) : $\{(\dfrac{l_x}{4} + 여장길이) \times \dfrac{\frac{l_x}{2}}{@}(\ \ 개)\} \times 2$

⟨별해⟩ 상부부근, 하부부근, 부근밴트의 규격과 간격이 동일할 때

① 부근(규격) : $l_y \times \dfrac{l_x}{@}(\ \ 개)$

   (이때, 간격은 하부주근과 주근밴트의 사이 간격이다.)

② 부근톱바(규격) : $\{(\dfrac{l_x}{4} + 여장길이) \times \dfrac{\frac{l_x}{2}}{@}(\ \ 개)\} \times 2$

(보충) **주근**
상부주근, 하부주근, 밴트근을 전부 포함한 것임

(보충) **부근**
상부부근, 하부부근, 밴트근을 전부 포함한 것임

예제 13

다음 도면의 슬래브 철근 수량을 산출하시오.(단, D13=0.995kg/m, D10=0.56kg/m, 상부 Top bar 내민길이가 20cm이다.)

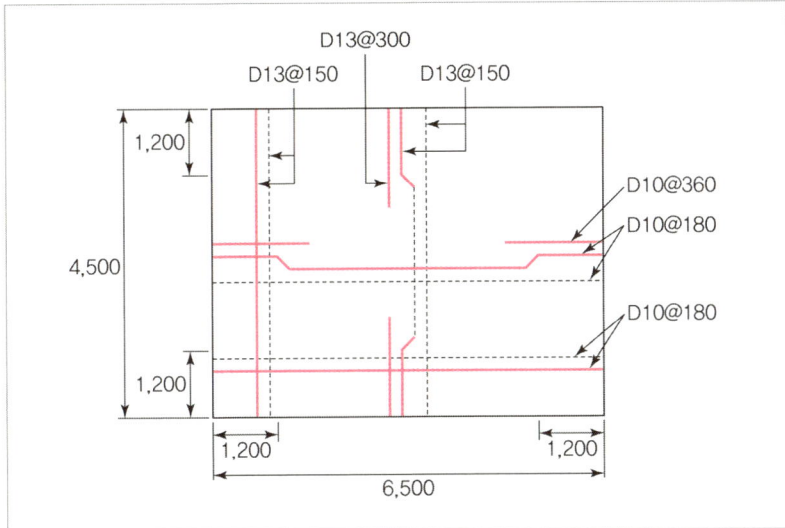

보충 슬래브 문제 풀이

슬래브 문제 풀이 시 항상 주열대, 중간대를 구분하여 아래와 같이 각 구간별 치수를 계산한 후 철근량을 산출한다.

풀이 1) 단변방향

① 상부주근(D13) : $\{4.5 \times \dfrac{1.2}{0.3}(5개)\} \times 2 = 45m$

② 하부주근(D13) : $\{4.5 \times \dfrac{6.5}{0.3}(23개)\} = 103.5m$

③ 주근밴트(D13) : $4.5 \times \dfrac{4.1}{0.3}(13개) = 58.5m$

④ 주근톱바(D13) : $\{(1.2+0.2) \times \dfrac{4.1}{0.3}(14개)\} \times 2 = 39.2m$

2) 장변방향

⑤ 상부부근(D10) : $\{6.5 \times \dfrac{1.2}{0.36}(5개)\} \times 2 = 65m$

⑥ 하부부근(D10) : $\{6.5 \times \dfrac{4.5}{0.36}(14개)\} = 91m$

⑦ 부근밴트(D10) : $6.5 \times \dfrac{2.1}{0.36}(5개) = 32.5m$

⑧ 부근톱바(D10) : $\{(1.2+0.2) \times \dfrac{2.1}{0.36}(6개)\} \times 2 = 16.8m$

∴ D10 = ⑤+⑥+⑦+⑧ = 65+91+32.5+16.8
   = 205.3m × 0.56 = 114.968kg

  D13 = ①+②+③+④ = 45+103.5+58.5+39.2
   = 246.2m × 0.995 = 244.969kg

∴ 총 중량 = D10+D13 = 114.968+244.969 = 359.937kg

〈별해〉 상부주근, 하부주근, 주근밴트와 상부부근, 하부부근, 부근밴트가 규격이 같고, 간격이 동일하므로 동시에 산출할 수 있다.

① 주근(D13) : $4.5 \times \dfrac{6.5}{0.15}(45개) = 202.5m$

② 주근톱바(D13) : $\{(1.2+0.2) \times \dfrac{4.1}{0.3}(14개)\} \times 2 = 39.2m$

보충 문제에 주어진 간격

이와 같은 문제에서는 주어진 간격이 각각의 간격인지 인접철근과의 간격인지가 구분이 잘 되지 않으므로 톱바의 간격을 보고 판단해야 한다. 또한 주열대와 중간대가 주어져 있으므로 별도의 계산은 하지 않는다.

보충 철근량 차이

풀이에서처럼 8개로 나누어서 계산한 경우와 별해의 경우 철근의 개수에서 차이가 나서 철근량이 다르나 이는 답의 오차범위에 들어간다.

③ 부근(D10) : $6.5 \times \frac{4.5}{0.18}$ (26개) = 169m

④ 부근톱바(D10) : $\{(1.2+0.2) \times \frac{2.1}{0.36}$ (6개)$\} \times 2$ = 16.8m

∴ D13 = ①+② = 202.5+39.2 = 241.7m×0.995 = 240.492kg
∴ D10 = ③+④ = 169+16.8 = 185.8m×0.56 = 104.048kg
∴ 총 중량 = D10+D13 = 104.048+240.492 = 344.54kg

(5) 벽체

① 벽체의 철근은 복근과 단근으로 배근된 것을 구분하고 도중에 단절된 철근에 주의한다.
② 세로근과 가로근의 배근간격이 같은 때는 한 방향의 철근량은 직교하는 다른 방향의 철근량과 같다.
③ 세로근은 층높이를 철근의 길이로 하고, 벽길이를 배근간격으로 나누어 개수를 산출하여 곱하면 벽 세로철근의 총 연길이가 계산된다. 가로근 또한 이와 같이 한다.

(6) 계단철근

계단은 바닥판 철근 계산에 준하여 한 층분씩 산출한다.

(7) 세부철근

철근콘크리트 라멘 구조체에 표기되지 아니한 창대, 차양, 기타 세부에 배치된 철근은 일반 상세도에 표시될 때가 많으므로 라멘체의 철근 수량산출이 끝나면 반드시 세부 철근수량을 계상한다.

CHAPTER 04 핵심 기출문제

01 콘크리트의 용적 배합비가 1 : 3 : 6이고, 물·시멘트비가 70%일 때 콘크리트 1m³당 각 재료량 및 물의 양을 산출하시오.(시멘트는 포대 단위로 산출한다. 단, 시멘트 비중 3.15, 모래·자갈의 비중 2.65, 시멘트의 단위 용적 중량 1.5ton/m³, 모래와 자갈의 단위 용적 중량 1.7ton/m³이다.)

정답 비벼내기량$(V) = 1 \times \dfrac{W_c}{g_c} + \dfrac{m \times W_s}{g_d} n \times \dfrac{W_g}{g_g} + W_c \cdot x$ 이용

$\therefore V = \dfrac{1.5}{3.15} + \dfrac{3 \times 1.7}{2.65} + \dfrac{6 \times 1.7}{2.65} + 1.5 \times 0.7 = 7.3\text{m}^3$

(1) 시멘트량(포대수) $= \dfrac{1}{V} = \dfrac{1}{7.3} \times 1,500 = 205.479\text{kg}$

$\therefore$ 포대수 : $= \dfrac{205.479}{40} = 5.137$ $\therefore$ 6포

(2) 모래량 : $\dfrac{m}{V} = \dfrac{3}{7.3} = 0.411\text{m}^3$

(3) 자갈량 $= \dfrac{n}{V} = \dfrac{6}{7.3} = 0.822\text{m}^3$

(4) 물의 양 = 시멘트량 × 물·시멘트비
    $= 205.479 \times 0.7 = 143.835\text{kg}(l)$

> **보충 재료량**
> 산출된 각 재료량은 Con'c 1m³에 들어가는 수량이다.

> **보충 물양의 단위**
> 물 1m³ = 1t = 1,000kg = 1,000l

02 배합비가 1 : 3 : 6인 무근콘크리트 1m³를 만드는 데 소요되는 시멘트량(포), 모래(m³), 자갈(m³)의 재료량을 산출하시오.

정답 비벼내기량(V)을 약산식으로 산출하면,

$\therefore V = 1.1m + 0.57n = 1.1 \times 3 + 0.57 \times 6 = 6.72\text{m}^3$

(1) 시멘트 소요량 : $C = \dfrac{1}{V} \times 1,500 = \dfrac{1}{6.72} \times 1,500 = 223\text{kg}$

$\therefore 223\text{kg} \div 40 = 5.5 \therefore$ 6포대

(2) 모래 소요량 : $S = \dfrac{m}{V} = \dfrac{3}{6.72} = 0.45\text{m}^3$

(3) 자갈량 : $G = \dfrac{n}{V} = \dfrac{6}{6.72} = 0.89\text{m}^3$

정답

물 · 시멘트비(x)
= $\dfrac{W(\text{물의 중량})}{C(\text{시멘트 중량})} \times 100$

∴ $W = x \times C = 0.6 \times 320\text{kg}$
      $= 192\text{kg}$

∴ 0.192m^3

정답

① 1회 펌핑량
   = (실린더 안면적)×길이×효율
   = $3.14 \times 0.09 \times 0.09 \times 1 \times 1$
   = 0.025m^3
② 1분 펌핑량 = 0.025×24(회)
          = 0.6m^3
③ 1일(6시간) 펌핑량
   = $0.6 \times 60 \times 6 = 216\text{m}^3$

정답 적산 – 레미콘 펌핑

① 면적 = $\dfrac{\pi D^2}{4}$

      = $\dfrac{3.14 \times 0.18 \times 0.18}{4}$

      = 0.0254m^2
② 1회 작업량 = $0.0254 \times 1 \times 0.9$
          = 0.02286m^3
③ 1분 작업량 = 0.02286×24
          = 0.54864m^3
④ 1차 작업시간 = $7 \div 0.54864$
           = 12.76분

∴ 12분

정답

① 철근(D10) 1본의 중량
   = $0.56 \times 8 = 4.48\text{kg}$
② 철근 구입량(소요량)
   = $2,574 \times 1.03 = 2,651\text{kg}$
③ 철근의 개수 = $2,651 \div 4.48$
           = 591.7

∴ 592개(본)

---

03 시멘트 320kg, 모래 0.45m³, 자갈 0.90m³를 배합하여 물 · 시멘트비 60%의 콘크리트 1m³를 만드는 데 필요한 물의 용적은 얼마인가? ●06②

04 콘크리트 펌프에서 실린더의 안지름 18cm, 스트로크 길이 1m, 스트로크 수 24회/분, 효율 100%인 조건으로 1일 6시간 작업할 때 가능한 1일 최대 콘크리트 펌핑량을 구하시오. ●06①

05 콘크리트 펌프에서 실린더 내경 18cm, 스트로크 길이 1m, 스트로크 수 24회/분, 효율 90% 조건으로 계속적으로 콘크리트를 펌핑할 때 원활한 시공을 위한 7m³ 레미콘 트럭의 배차시간 간격(분)을 구하시오. ●16②

06 설계도에서 정미량으로 산출한 D10 철근량이 2,574kg이었다. 건설공사의 할증률을 고려하여 소요량으로서 8m짜리 철근을 구입하고자 하는데, 이때 D10 철근(0.56kg/m) 몇 개를 운반하면 좋을지 필요한 개수를 산출하시오. (단, 계근소의 휴업으로 개수로 구입할 수밖에 없는 조건이다.) ●04①

07 다음 철근콘크리트부재의 부피와 중량을 산출하시오.   • 23① · 18④

> 1) 기둥 : 450 × 600, 길이 4m, 수량 50개
> 2) 보   : 300 × 400, 길이 1m, 수량 150개

가. 부피 :

나. 중량 :

정답 적산 – 콘크리트 부피와 중량
  1) 기둥
    ① 부피 : 0.45 × 0.6 × 4 × 50 = 54m³
    ② 중량 : 54 × 2.4t = 129.6t
  2) 보
    ③ 부피 : 0.3 × 0.4 × 1 × 150 = 18m³
    ④ 중량 : 18 × 2.4t = 43.2t

  가. 부피 = ① + ③ = 72m³
  나. 중량 = ② + ④ = 172.8t

보충 단위 용적 중량
• 철근콘크리트 : 2.4t/m³
• 무근콘크리트 : 2.3t/m³

08 두께 0.15m, 너비 6m, 길이 100m 도로를 7m³ 레미콘을 이용하여 하루 8시간 작업 시 레미콘 배차간격은?   • 21④ · 18④ · 10①

정답 ① 콘크리트 작업량 = 0.15×6×100 = 90m³
  ② 레미콘 작업대수 = 90÷7 = 12.857   ∴ 13대(절상) : 배차간격 12회
  ③ 배차간격 = $\frac{8 \times 60}{12}$ = 40   ∴ 40분(절하)

보충 배차간격(절하)
(1) 배차간격은 작업대수에서 1대를 빼고 계산하여야 한다.
(2) 배차간격이 소수점으로 계산되면 절하하여 계산한다. 현장에 와서 약간 대기하는 것이 좋기 때문이다.

09 다음 그림과 같은 철근콘크리트조 건물에서 벽체와 기둥의 거푸집량을 산출하시오.(단, 높이는 3m로 한다.)   • 22① · 19②

보충
수치가 변동되어 출제됨

[평면도]   [A부분 상세도]

보충 **벽과 기둥이 만나는 부분 면적**
벽과 기둥이 만나는 부분의 면적은 거푸집 산출 시 공제하지 않는다.

정답 (1) 기둥 부분 = (0.4 + 0.4) × 2 × 3 × 4(개소) = 19.2m²
(2) 벽 부분
① 가로벽 = (5 − 0.4×2) × 3 × 2(양면) × 2개 = 50.4m²
② 세로벽 = (8 − 0.4×2) × 3 × 2(양면) × 2개 = 86.4m²
①+② = 136.8
∴ (1) + (2) = 156m²

10 건설공사의 기초거푸집 소요량이 100m²이고, 1, 2층의 거푸집이 각각 300m²일 때 거푸집 주문량을 산출하시오.(단, 기초 거푸집은 1회 사용, 일반층은 2회 사용하는 것으로 한다. 이때, 거푸집 1m²당 1회 사용 시의 손실률은 3%이고, 2회 사용 시는 57%이다.)

● 06①

정답 ① 지하 기초 거푸집 구입량
= 100 × 1.03 = 103m²
② 1층 거푸집 구입량 = 300 × 1.03 = 309m²
③ 2층 거푸집 구입량 = 300 × 1.03 = 309m²
∴ ① + ② + ③ = 721m²

보충 **거푸집 전용 횟수**
기초거푸집은 1회 사용이며, 일반층 거푸집은 2회 사용이기는 하나 2층 거푸집으로 전용해서 사용할 수 있는 기초거푸집이 1회 사용이므로 각층 전용해서 사용할 수 있는 거푸집이 없다.

11 다음 기초에 소요되는 철근, 콘크리트, 거푸집의 정미량을 산출하시오.(단, 이형철근 D16의 단위중량은 1.56kg/m, D13의 단위중량은 0.995kg/m이다.)

● 22④ · 10④

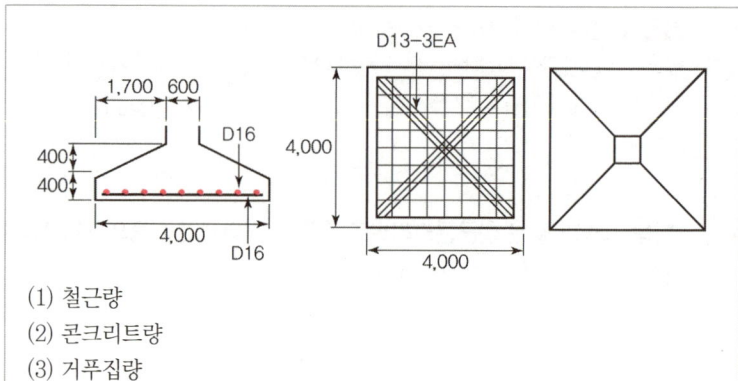

(1) 철근량
(2) 콘크리트량
(3) 거푸집량

정답 (1) 철근량(간격이 주어지지 않아서 도면의 개수로 적용)
① 가로근(D16) : 4 × 9개 = 36m
② 세로근(D16) : 4 × 9개 = 36m
③ 대각선근(D13) : $\sqrt{4^2 + 4^2}$ × 3 × 2개 = 33.94m
∴ D13 = ③ = 33.94m × 0.995kg/m = 33.77kg
D16 = ① + ② = 72m × 1.56kg/m = 112.32kg
∴ 총중량 = D13 + D16 = 146.09kg
(2) 콘크리트량
① 수평부 = 4 × 4 × 0.4 = 6.4m³
② 경사부 = $\dfrac{0.4}{6}$ × {(2×4 + 0.6) × 4 + (2×0.6 + 4) × 0.6} = 2.5m³
∴ ① + ② = 8.9m³

(3) 거푸집량
① 수평부 = (4 + 4) × 2 × 0.4 = 6.4m²
② 경사부는 30° 미만이므로 설치하지 않는다.
∴ ① 6.4m²

12 다음의 도면을 보고 아래 물량을 산출하시오.(단, 기초 1개 공사량이고, 기초판 밑부분 터파기 여유는 30cm로 한다.)

(1) 잔토처리량(m³)(단, 흙파기 경사도는 60°, 흙의 할증률은 20%로 본다.)
(2) 거푸집 면적(m²)(단, 밑창콘크리트 거푸집은 제외한다.)
(3) 콘크리트량(m³)(단, 밑창콘크리트는 제외한다.)
(4) 철근량(kg)(단, 기초판 철근에 부착되는 기둥철근의 정착길이는 40cm로 하고, 기초판 대각선근 및 보조대근은 산출에서 제외하며, 철근은 Hook을 하지 않고 피복두께는 무시한다.)
(5) D19 = 2.25kg/m, D10 = 0.56kg/m

정답 문제의 조건을 잘 파악한 후 계산할 것

1. **잔토처리량 = 기초구조부 체적(G.L 이하) × 토량환산계수(L = 1.2)**
   ∴ 기초구조부 체적을 산출하면,
   (1) 잡석 = 2.2 × 2.2 × 0.15 = 0.726m³
   (2) 밑창 콘크리트 = 2.2 × 2.2 × 0.05 = 0.242m³
   (3) 콘크리트
   ① 기초판 수평부 = 1.6 × 1.6 × 0.5 = 1.28m³
   ② 기초판 경사부 = $\dfrac{0.2}{6}${(2×1.6+0.4)×1.6+(2×0.4+1.6)×0.4}
   = 0.224m³
   ③ 기초기둥(G.L 이하) = 0.4 × 0.4 × 0.5 = 0.08m³
   ④ 기초기둥(G.L 이상) = 0.4 × 0.4 × 0.3 = 0.048m³
   ∴ 기초구조부 체적(G.L 이하) = (1) + (2) + (3)① + (3)② + (3)③ = 2.552m³
   ∴ 잔토처리량 = 2.552 × 1.2 = 3.062m³

보충 잔토처리량 산출

잔토처리량 산출 시 터파기량, 되메우기량을 산출하지 않고 계산한다.

2. 거푸집 면적 - 밑창콘크리트 거푸집 제외
  (1) 기초판
    ① 수평부 = (1.6+1.6)×2×0.5
            = 3.2m²
    ② 경사부 = $\frac{0.2}{0.6}$ < 0.577 (tan 30°)
    ∴ 설치하지 않는다.
  (2) 기초기둥 = (0.4+0.4)×2×0.8
             = 1.28m²
  ∴ (1) + (2) = 4.48m²

3. 콘크리트량 - 밑창 콘크리트 제외
  잔토처리량 산출 시 계산된 부분 참조하면
  1. (3)의 ① + ② + ③ + ④ = 1.28 + 0.224 + 0.08 + 0.048 = 1.632m³

4. 철근량
  (1) 기초판
    ① 가로근(D19) : 1.6×9(개) = 14.4m
    ② 세로근(D19) : 1.6×9(개) = 14.4m
      (대각선근은 문제조건에 따라 산출하지 않는다.)
  (2) 기초기둥
    ③ 주근(D19) : (1.5+0.4)×8 = 15.2m
    ④ 대근(D10) : (0.4+0.4)×2×$\frac{1.5}{0.25}$(7개) = 11.2m
      (보조대근은 문제조건에 따라 산출하지 않는다.)
  ∴ D10 = ④ = 11.2×0.56 = 6.272kg
    D19 = ① + ② + ③ = 44×2.25 = 99kg
  ∴ 총중량 = D10 + D19 = 6.272 + 99 = 105.272kg

> 보충) 밑창 콘크리트
Con'c량 산출 시는 문제조건에 의거 제외되지만 잔토처리량 산출 시 기초구조부 체적에는 들어가니 유의하여야 한다.

> 보충) 점철근 개수
점철근 개수는 도면에서 파악하여 기초판과 기초벽 각각 3개로 산정하였다.

> 보충) 정착길이
정착길이는 기초판의 크기에 구애받지 않고 40cm를 적용한다.

13 그림과 같은 줄기초의 연길이가 150m일 때 기초콘크리트량, 철근량을 산출하시오.(단, D13 = 0.995kg/m, D10 = 0.56kg/m이며, 이음길이는 무시하고 정미량으로 산출한다.)
●07②

정답 1. 콘크리트량
  (1) 기초판 = 0.7×0.3×150 = 31.5m³
  (2) 기초벽 = 0.3×0.95×150 = 42.75m³

2. **철근량** → (이음길이는 문제조건에 의해 고려하지 않는다.)
   (1) 기초판
   ① 선철근(D13) : $0.7 \times \dfrac{150}{0.3}$ (500개) = 350m
   ② 점철근(D10) : $150 \times 3 = 450$m
   (2) 기초벽
   ③ 선철근(D13) : $(1.25 + 0.4) \times \dfrac{150}{0.3}$ (500개) = 825m
   ④ 점철근(D10) : $150 \times 3 = 450$m
   ∴ D10 = ② + ④ = 900m × 0.56 = 504kg
   D13 = ① + ③ = 1,175m × 0.995 ≒ 1,169.125kg
   ∴ 총중량 = D10 + D13 = 504 + 1,169.125 = 1,673.125kg

14 아래의 기초도면을 보고 다음에 요구하는 재료량을 산출하시오.(단, D10 = 0.56kg/m, D13 = 0.995kg/m이고, 이음길이와 피복은 고려하지 않는다. 또한 모든 수량은 정미량으로 하고, 토량환산계수 L = 1.20이다.) •00②

(1) 터파기량(m³)   (2) 잡석다짐(m³)
(3) 버림콘크리트(m³)   (4) 콘크리트량(m³)
(5) 거푸집량(m²)   (6) 철근량 D10(kg), D13(kg), 합계
(7) 잔토처리량(m³)   (8) 되메우기량(m³)

보충 중심 간 길이 산정

문제에서 제시된 기초 복도를 중심 간 길이로 표시한다.

보충 F₁ 기초

① 중심 간 길이
   $= (10.2 + 6.2) \times 2 = 32.8$m
② 중복개소수 : 없음
③ 터파기 t

∴ $t = \dfrac{1.4 + 2.12}{2} = 1.76$

정답 ⟨F₁⟩ 기초 ⇒ $t \times H \times \Sigma l$

	터파기	잡석	버림	기초판	기초벽 G.L 이하	기초벽 G.L 이상
t	1.76	1	1	0.8	0.2	0.2
H	1.2	0.2	0.05	0.15	0.8	0.45

1. 터파기량(V) = 1.76×1.2×32.8 = 69.274m³
2. 잡석 = 1×0.2×32.8 = 6.56m³
3. 버림 = 1×0.05×32.8 = 1.64m³
4. 콘크리트
   ① 기초판 = 0.8×0.15×32.8 = 3.936m³
   ② 기초벽(G.L 이하) = 0.2×0.8×32.8 = 5.248m³
   ③ 기초벽(G.L 이상) = 0.2×0.45×32.8 = 2.952m³
   ∴ ①+②+③ = 12.136m³

5. 거푸집량
   ① 버림 : 0.05×2×32.8 = 3.28m²
   ② 기초판 : 0.15×2×32.8 = 9.84m²
   ③ 기초벽 : 1.25×2×32.8 = 82m²
   ∴ ①+②+③ = 95.12m²

6. 철근량
   (1) 기초판
   ① 선철근(D13) : $0.8 \times \frac{32.8}{0.3}$ (110개) = 88m
   ② 점철근(D10) : $32.8 \times \frac{0.8}{0.25}$ (4개) = 131.2m
   (2) 기초벽
   ③ 선철근(D13) : $(1.4+0.4) \times \frac{32.8}{0.3}$ (110개) = 198m
   ④ 점철근(D10) : $32.8 \times \frac{1.4}{0.25}$ (7개) = 229.6m
   ∴ D10 = ②+④ = 360.8m×0.56 = 202.048kg
   　 D13 = ①+③ = 286m×0.995 = 284.57kg

7. 잔토처리량 : 기초구조부 체적(G.L 이하)×토량환산계수
   ∴ 기초구조부 체적 = 2+3+4.①+4.② = 17.384m²
   ∴ 잔토처리량 = 17.384×1.2 = 20.861m³

8. 되메우기량 : 터파기량 – 기초구조부 체적
   　　　　　　= 69.274 – 17.384 = 51.89m³

⟨F₂⟩ 기초 ⇒ t×H×{$\Sigma l - (\frac{t_1}{2} \times 중복수 + \frac{t_2}{2} \times 중복수)$} 이용

	터파기	잡석	버림	기초판	기초벽 G.L 이하	기초벽 G.L 이상
t	1.3	0.8	0.8	0.6	0.2	0.2
H	1	0.2	0.05	0.15	0.6	0.2

보충 기초판 점철근 개수
3개도 무방하며 이음길이는 문제 조건에 의거 고려치 않음

보충 기초벽 점철근 개수
6개도 무방하며 이음길이는 문제 조건에 의거 고려치 않음

- 접합부

⟨ F_1+F_2 ⟩   ⟨ F_1+F_2 ⟩

[F_1]   [F_2]   [F_2]

1. 터파기량 = $1.3 \times 1 \times \{16 - (\frac{1.76}{2} \times 5 + \frac{1.3}{2})\} = 14.235m^3$

2. 잡석량 = $0.8 \times 0.2 \times \{16 - (\frac{0.8}{2} \times 5 + \frac{0.8}{2})\} - 0.1 \times 0.05 \times 0.8 \times 5$개소
   = $2.156m^3$

3. 버림 = $0.8 \times 0.05 \times \{16 - (\frac{0.2}{2} \times 5 + \frac{0.8}{2})\} = 0.604m^3$

4. 콘크리트

   (1) 기초판 = $0.6 \times 0.15 \times \{16 - (\frac{0.2}{2} \times 5 + \frac{0.6}{2})\} = 1.368m^3$

   (2) 기초벽(G.L 이하) = $0.2 \times 0.6 \times \{16 - (\frac{0.2}{2} \times 5 + \frac{0.2}{2})\} = 1.848m^3$

   (3) 기초벽(G.L 이상) = $0.2 \times 0.2 \times \{16 - (\frac{0.2}{2} \times 5 + \frac{0.2}{2})\} = 0.616m^3$

   ∴ (1) + (2) + (3) = $3.832m^3$

5. 거푸집 면적 = F_1과 접합부는 공제하지 않고 F_2와 F_2의 접합부만 공제한다.

   (1) 버림 = $0.05 \times 2 \times \{16 - (\frac{0.2}{2} \times 5 + \frac{0.8}{2})\} = 1.51m^2$

   (2) 기초판 = $0.15 \times 2 \times \{16 - (\frac{0.2}{2} \times 5 + \frac{0.6}{2})\} = 4.56m^2$

   (3) 기초벽 = $0.8 \times 2 \times \{16 - (\frac{0.2}{2} \times 5 + \frac{0.2}{2})\} = 24.64m^2$

   (4) 공제 = $(0.8 \times 0.05 + 0.6 \times 0.15 + 0.2 \times 0.8) = 0.29m^2$

   ∴ (1) + (2) + (3) − (4) = $30.42m^2$

6. 철근량

   (1) 기초판

   ① 선철근(D13) : $0.6 \times \frac{16}{0.3}$ (54개) = $32.4m$

   ② 점철근(D10) : $16 \times \frac{0.6}{0.25}$ (4개) = $64m$

   (2) 기초벽

   ③ 선철근(D13) : $(0.95 + 0.4) \times \frac{16}{0.3}$ (54개) = $72.9m$

   ④ 점철근(D10) : $16 \times \frac{0.95}{0.25}$ (5개) = $80m$

   ∴ D10 = ② + ④ = $144m \times 0.56 = 80.64kg$
      D13 = ① + ③ = $105.3m \times 0.995 = 104.774kg$

7. 잔토처리량 : 기초구조부 체적(G.L 이하) × 토량환산계수

   ∴ 기초구조부 체적 = $2 + 3 + 4.(1) + 4.(2) = 5.976m^3$

   ∴ 잔토처리량 = $5.976 \times 1.2 = 7.171m^3$

보충 F_2 기초

① 중심 간 길이
   = $3.6 \times 2 + 6.2 + 2.6 = 16m$
② 중복개소수 = 총 6개소
   F_1 중복 = 5개소
   F_2 중복 = 1개소
③ 터파기

∴ t = $\frac{1 + 1.6}{2} = 1.3m$

보충 F_2 기초

F_2의 기초벽, 기초판, 버림콘크리트는 F_1의 기초벽과 만나고 F_2의 잡석은 F_1의 기초판과 만나게 된다.

보충 공제 부위

보충 기초판 점철근 개수

3개도 무방

보충 기초벽 점철근 개수

4개도 무방

8. 되메우기량 : 터파기량 - 기초구조부 체적
= 14.235 - 5.976 = 8.259m³

∴ 전체 수량(F₁ + F₂)

	단위	F₁ 기초	F₂ 기초	합 계	
터파기량	m³	69.274	14.232	83.509	
잡석다짐	m³	6.56	2.156	8.716	
버림콘크리트	m³	1.64	0.604	2.244	
콘크리트량	m³	12.136	3.832	15.968	
거푸집량	m²	95.12	30.42	125.54	
철근량 D10	kg	202.48	80.64	283.12	총합 672.464
철근량 D13	kg	284.57	104.774	389.344	
잔토처리량	m³	20.861	7.171	28.032	
되메우기량	m³	51.89	8.259	60.149	

15 다음과 같은 철근콘크리트 기초 및 기둥 시공에 필요한 각 철근량을 산출하시오.(단, 대근은 제외한다.)

〈조건〉
① D13=0.995kg/m, D16=1.56kg/m, D19=2.25kg/m
② 기초의 피복두께는 6cm이다.
③ 기초의 정착길이는 기초판 두께에서 10cm를 공제하고, 여장은 40cm로 한다.
④ 기둥 최상부 철근의 여장은 30cm로 한다.
⑤ 중간층 부위에서 철근 정착 여장은 상층 바닥판 위에서 30cm를 가산한다.

정답 (1) 기초판

① 가로근(D16) : $4 \times \dfrac{3}{0.2}(16개) = 64m$

② 세로근(D16) : $3 \times \dfrac{4}{0.2}(21개) = 63m$

③ 대각선근(D19) : $\sqrt{3^2 \times 4^2} = 5m$

∴ 5×3개×2(양쪽) = 30m

(2) 기둥(이음 시 Hook는 없는 것으로 계상한다.)

④ 주근(D16) : [(8.5-0.1)+0.4+0.3+25×0.016×2개소]×4 = 39.6m

⑤ 주근(D13) : [(5-0.1)+0.4+0.3+25×0.013×1개소]×2 = 11.85m

보충 피복두께

주어진 문제조건에서 피복두께는 무시하고 수량을 산출한다.

∴ D13 = ⑤ = 11.85 × 0.995 = 11.791kg
D16 = ① + ② + ④ = 64 + 63 + 39.6 = 166.6 × 1.56kg = 259.896kg
D19 = ③ = 30 × 2.25 = 67.5kg
∴ 총중량 = D13 + D16 + D19 = 11.791 + 259.896 + 67.5 = 339.187kg

16 다음과 같은 철근콘크리트 보에서 철근 중량을 산출하시오.(단, D22 = 3.04kg/m, D10 = 0.56kg/m이고, Hook의 길이는 10.3d로 한다.)

정답
① 상부주근(D22) : {6 + (40 + 10.3) × 0.022 × 2} × 2 = 16.426m
② 하부주근(D22) : {6 + (25 + 10.3) × 0.022 × 2} × 2 = 15.106m
③ 밴트근(D22) : {6 + (40 + 10.3) × 0.022 × 2 + 0.828 × (0.6 − 0.1)} × 1
= 8.627m
④ 늑근(D10) : (0.3 + 0.6) × 2 × { $\frac{1.5}{0.15}$ (11개) × 2 + $\frac{3}{0.3}$ (9개)} = 55.8m
∴ D22 = ① + ② + ③ = 40.159m × 3.04kg/m = 122.083kg
D10 = ④ = 55.8m × 0.56kg/m = 31.248kg

17 다음 그림의 보에 대하여 콘크리트량과 거푸집량을 구하시오.

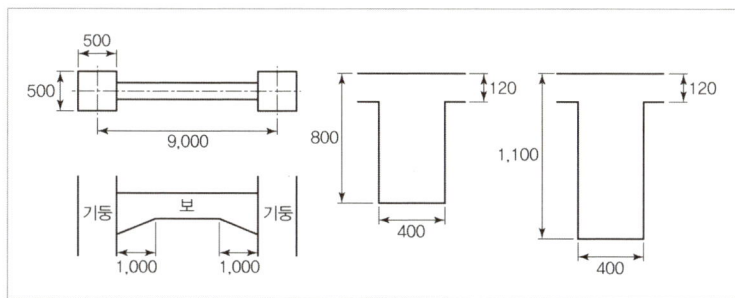

정답 보 단일문제로 보의 두께에서 슬래브 두께를 공제하지 않는다.

(1) 콘크리트량
① 보 부분 = 0.4 × 0.8 × 8.5 = 2.72m³
② 헌치 부분 = 0.3 × 1 × 0.4 × 0.5 × 2개소 = 0.12m³
∴ ① + ② = 2.72 + 0.12 = 2.84m³

(2) 거푸집량
① 보옆 = 0.68 × 8.5 × 2(양면) = 11.56m²
② 헌치 = 0.3 × 1 × 0.5 × 2(양면) × 2(양쪽) = 0.6m²
③ 보밑 = 0.4 × 6.5 + 0.4 × $\sqrt{0.3^2 + 1^2}$ × 2(양쪽) = 3.435m²
∴ ① + ② + ③ = 11.56 + 0.6 + 3.435 = 15.595m²

보충 기둥 이음개소

매층마다 발생

보충 유사문제

1) 기둥 : 700 × 700
2) 보의 크기
   ① 단부 : 500 × 400
   ② 중앙부 : 500 × 800
   ③ 헌치길이 : 1,000
3) 기둥 중심 간 거리 : 9,000
4) 슬래브 두께 : 120
※ 보 밑면 거푸집을 산출하라는 조건이 제시됨

18 아래 그림은 철근콘크리트조 경비실 건물이다. 주어진 평면도 및 단면도를 보고 C_1, G_1, G_2, S_1에 해당되는 부분의 1층과 2층 콘크리트량과 거푸집량을 산출하시오.

• 23④ · 20① · 14② · 10②

1) 기둥단면(C_1) : 30cm×30cm
2) 보단면(G_1, G_2) : 30cm×60cm
3) 슬래브 두께(S_1) : 13cm
4) 층고 : 단면도 참조
단, 단면도에 표기된 1층 바닥선 이하는 계산하지 않는다.

정답

1. 기둥
 1) 콘크리트량
  ① 1층 = 0.3×0.3×3.17×9개소 = 2.568m³
  ② 2층 = 0.3×0.3×2.87×9개소 = 2.325m³
 2) 거푸집량
  ① 1층 = (0.3+0.3)×2×3.17×9 = 34.236m²
  ② 2층 = (0.3+0.3)×2×2.87×9 = 30.996m²

2. G_1 보
 3) 콘크리트량
  ① 1층 = 0.3×0.47×5.7×6개소 = 4.822m³
  ② 2층 = 0.3×0.47×5.7×6개소 = 4.822m³
 4) 거푸집량
  ① 1층 = 0.47×2×5.7×6개소 = 32.148m²
  ② 2층 = 0.47×2×5.7×6개소 = 32.148m²

보충 기둥
1) 단면 : 0.3×0.3
2) $H - t_s =$ ① 1층 = 3.3 − 0.13
          = 3.17m
       ② 2층 = 3 − 0.13
          = 2.87m
3) 9개소

보충 G_1 보
1) 단면 : ($b×(D-t_s)$)
      = 0.3×(0.6 − 0.13)
      = 0.3×0.47
2) 길이 : 6 − 0.3 = 5.7m
3) 개소수 ① 1층 = 6개소
      ② 2층 = 6개소

3. G_2 보
   5) 콘크리트량
      ① 1층 = 0.3 × 0.47 × 4.7 × 6 = 3.976m³
      ② 2층 = 0.3 × 0.47 × 4.7 × 6 = 3.976m³
   6) 거푸집량
      ① 1층 = 0.47 × 2 × 4.7 × 6개소 = 26.508m²
      ② 2층 = 0.47 × 2 × 4.7 × 6개소 = 26.508m²

4. 슬래브
   7) 콘크리트량 = 12.3 × 10.3 × 0.13 × 2개층 = 32.939m³
   8) 거푸집량
      ① 밑면 = 12.3 × 10.3 × 2개층 = 253.38m²
      ② 측면 = (12.3 + 10.3) × 2 × 0.13 × 2개층 = 11.752m²
   ∴ Con'c = 1) + 3) + 5) + 7) = 55.428m³ ≒ 55.43m³
   ∴ 거푸집 = 2) + 4) + 6) + 8) = 447.676m² ≒ 447.68m²

(보충) G_2 보
1) 단면 = 0.3 × 0.47
2) 길이 = 5 - 0.3 = 4.7m
3) 개소수 ① 1층 = 6개소
          ② 2층 = 6개소

(보충) 슬래브
1) 크기 = 12.3 × 10.3
2) t_s = 0.13

19 아래 그림에서 한 층분의 물량을 산출하시오. •06③

(1) 부재치수
    (단위 : mm)
(2) C_1 : 400 × 400,
    C_2 : 500 × 500
    슬래브(t) = 120
(3) G_1 : 300 × 600(b × D),
    G_2 : 300 × 700
(4) 층고 : 3,300
   가. 전체 콘크리트 물량(m³)
   나. 전체 거푸집 면적(m²)

(정답) (1) 기둥(C_1) → 12개소
   ① 콘크리트 : 0.4 × 0.4 × 3.18 × 12 = 6.1056m³
   ② 거푸집 : (0.4 + 0.4) × 2 × 3.18 × 12 = 61.056m²

(2) 기둥(C_2) → 3개소
   ③ 콘크리트 : 0.5 × 0.5 × 3.18 × 3 = 2.385m³
   ④ 거푸집 : (0.5 + 0.5) × 2 × 3.18 × 3 = 19.08m²

(3) 보(G_1 : 5.5m) → 2개
   ⑤ 콘크리트 : 0.3 × 0.48 × 5.5 × 2 = 1.584m³
   ⑥ 거푸집 : 0.48 × 2 × 5.5 × 2 = 10.56m²

(4) 보(G_1 : 5.55m) → 2개
   ⑦ 콘크리트 : 0.3 × 0.48 × 5.55 × 2 = 1.5984m³
   ⑧ 거푸집 : 0.48 × 2 × 5.55 × 2 = 10.656m²

(5) 보(G_1 : 5.6m) → 8개
   ⑨ 콘크리트 : 0.3 × 0.48 × 5.6 × 8 = 6.4512m³
   ⑩ 거푸집 : 0.48 × 2 × 5.6 × 8 = 43.008m²

(6) 보(G_2 : 6.55m) → 6개
    ⑪ 콘크리트 : $0.3 \times 0.58 \times 6.55 \times 6 = 6.8382m^3$
    ⑫ 거푸집 : $0.58 \times 2 \times 6.55 \times 6 = 45.588m^2$

(7) 보(G_2 : 6.6m) → 4개
    ⑬ 콘크리트 : $0.3 \times 0.58 \times 6.6 \times 4 = 4.5936m^3$
    ⑭ 거푸집 : $0.58 \times 2 \times 6.6 \times 4 = 30.624m^2$

(8) 슬래브
    ⑮ 콘크리트 : $24.4 \times 14.4 \times 0.12 = 42.1632m^3$
    ⑯ 거푸집(밑면) : $24.4 \times 14.4 = 351.36m^2$
    ⑰ 거푸집(옆면) : $(24.4 + 14.4) \times 2 \times 0.12 = 9.312m^2$

∴ 콘크리트량 = ① + ③ + ⑤ + ⑦ + ⑨ + ⑪ + ⑬ + ⑮ = $71.7192 ≒ 71.72m^3$
∴ 거푸집량 = ② + ④ + ⑥ + ⑧ + ⑩ + ⑫ + ⑭ + ⑯ + ⑰ = $581.244 ≒ 581.24m^2$

20 아래 그림에서 한 층분의 물량을 산출하시오. ● 19④ · 14④ · 08② · 04① · 98③

(1) 부재치수(단위 : mm)
(2) 전기둥(C_1) : 500×500, 슬래브 두께(t) : 120
(3) G_1, G_2 : 400×600(b×D), G_3 : 400×700, B_1 : 300×600
(4) 층고 : 3,600

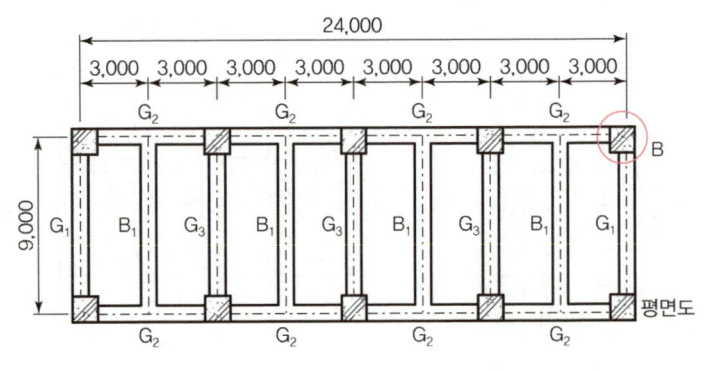

가. 전체 콘크리트 물량(m^3)
나. 전체 거푸집 면적(m^2)
다. 시멘트(포대수), 모래(m^3), 자갈량(m^3)을 계산하시오.(가항에 산출된 물량을 이용, 배합비 1 : 3 : 6 약산식 이용)

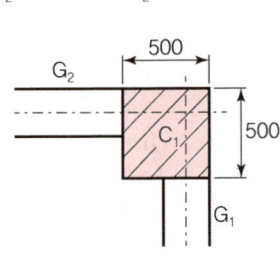

정답 부재별로 콘크리트량과 거푸집량을 산출한 후 재료별로 합산한다.

1. 기둥(C_1)
   (1) 콘크리트량 : $0.5 \times 0.5 \times 3.48 \times 10개 = 8.7m^3$
   (2) 거푸집량 : $(0.5 + 0.5) \times 2 \times 3.48 \times 10개 = 69.6m^2$

2. 보(G_1)
   (3) 콘크리트량 : $0.4 \times (0.6 - 0.12) \times 8.4 \times 2개 = 3.226m^3$
   (4) 거푸집량 : $(0.6 - 0.12) \times 2 \times 8.4 \times 2개 = 16.128m^2$

보충 기둥

높이 = 층고 - 슬래브 두께
∴ 3.6 - 0.12 = 3.48m

보충 G_1 보

안목길이 = $9 - 0.3 \times 2 = 8.4m$

보충 G_2 보 〈모서리〉

모서리 4개소…
안목길이 = 6 - (0.25 + 0.3)
       = 5.45m

3. 보(G_2 : 5.45m)
   (5) 콘크리트량 : $0.4 \times (0.6 - 0.12) \times 5.45 \times 4개 = 4.186m^3$
   (6) 거푸집량 : $(0.6 - 0.12) \times 2 \times 5.45 \times 4개 = 20.928m^2$

4. 보(G_2 : 5.5m)
   (7) 콘크리트량 : $0.4 \times (0.6 - 0.12) \times 5.5 \times 4개 = 4.224m^3$
   (8) 거푸집량 : $(0.6 - 0.12) \times 2 \times 5.5 \times 4개 = 21.12m^2$

5. 보(G_3)
   (9) 콘크리트량 : $0.4 \times (0.7 - 0.12) \times 8.4 \times 3개 = 5.846m^3$
   (10) 거푸집량 : $(0.7 - 0.12) \times 2 \times 8.4 \times 3개 = 29.232m^2$

6. 보(B_1)
   (11) 콘크리트량 : $0.3 \times (0.6 - 0.12) \times 8.6 \times 4개 = 4.954m^3$
   (12) 거푸집량 : $(0.6 - 0.12) \times 2 \times 8.6 \times 4개 = 33.024m^2$

7. 슬래브 : 가로 = $(24 + 0.2 \times 2) = 24.4m$, 세로 = $9 + 0.2 \times 2 = 9.4m$
   (13) 콘크리트량 : $24.4 \times 9.4 \times 0.12 = 27.523m^3$
   (14) 거푸집량
     ① 밑면 : $24.4 \times 9.4 = 229.36m^2$
     ② 측면 : $(24.4 + 9.4) \times 2 \times 0.12 = 8.112m^2$
       가. 콘크리트량 = (1)+(3)+(5)+(7)+(9)+(11)+(13) = $58.659m^3$
       나. 거푸집량 = (2)+(4)+(6)+(8)+(10)+(12)+(14)
                    = $427.504m^2$
       다. 재료량 : 주어진 조건에 의하여 약산식 적용하여 먼저 비벼내기량
           (V)을 산출하면, V = 1.1m + 0.57n
       ∴ V = $1.1 \times 3 + 0.57 \times 6 = 6.72$
         ㉠ 시멘트량(포) : $(\frac{1}{6.72} \times 1,500 \div 40) \times 58.659 = 327.338$ ∴ 328포
         ㉡ 모래량(m^3) : $\frac{3}{6.72} \times 58.659 = 26.187m^3$
         ㉢ 자갈량(m^3) : $\frac{6}{6.72} \times 58.659 = 52.374m^3$

보충 G_2 보 〈중앙부〉

중앙부 4개소…
안목길이 = $6 - 0.25 \times 2$
         = $5.5m$

보충 G_3 보 : G_1 보와 길이가 동일
안목길이 = $9 - 0.3 \times 2 = 8.4m$

보충 B_1 보

안목길이 = $9 - 0.2 \times 2 = 8.6m$

21 다음은 최상층 철근콘크리트 보이다. 이 보의 철근량을 구하시오.(단, 철근이음은 없는 것으로 하고, 정미량을 산출한다. D19 = 2.25kg/m, D10 = 0.56kg/m, 주근 Hook 길이는 10.3d이다.)

(1) 주근량(D19)
(2) 늑근량(D10)

정답 최상층에 위치한 보이므로 외측 길이(l')가 부재의 길이가 된다.
(1) 상부주근(D19) : $\{8.4+(40+10.3)\times 0.019\times 2\}\times 2 = 20.62$m
(2) 하부주근(D19) : $\{7.6+(25+10.3)\times 0.019\times 2\}\times 2 = 17.88$m
(3) 밴트근(D19) : $\{8.4+(40+10.3)\times 0.019\times 2+0.828\times(0.6-0.1)\}\times 2$
$= 21.45$m
(4) 늑근 ① 단부(D10) : $\{(0.35+0.6)\times 2\times \dfrac{1.9}{0.15}(14개)\}\times 2 = 53.2$m

② 중앙부(D10) : $\{(0.35+0.6)\times 2\times \dfrac{3.8}{0.3}(12개)\} = 22.8$m

∴ D10 = (4) = 53.2+22.8 = 76m × 0.56 = 42.56kg
D19 = (1)+(2)+(3) = 20.62+17.88+21.45 = 59.95m
59.95m × 2.25kg/m = 134.888kg

22 그림과 같은 철근콘크리트 바닥판에서 철근량을 구하시오.(단, D10 = 0.56kg/m, D13 = 0.995kg/m, 상부 톱바 내민길이 20cm이다.)

정답 1. 단변방향

(1) 상부주근(D13) : $\{4.8\times \dfrac{1.8}{0.5}(5개)\}\times 2 = 48$m

(2) 하부주근(D13) : $4.8\times \dfrac{6.4}{0.5}(14개) = 67.2$m

(3) 주근밴트(D10) : $4.8\times \dfrac{2.8}{0.5}(6개) = 28.8$m

(4) 주근톱바(D13) : $\{(1.8+0.2)\times \dfrac{2.8}{0.5}(5개)\}\times 2 = 20$m

2. 장변방향

(5) 상부부근(D13) : $\{6.4\times \dfrac{1.8}{0.5}(5개)\}\times 2 = 64$m

(6) 하부부근(D13) : $6.4\times \dfrac{4.8}{0.5}(11개) = 70.4$m

(7) 부근밴트(D10) : $6.4\times \dfrac{1.2}{0.5}(3개) = 19.2$m

보충 주열대 중간대 구분

(8) 부근톱바(D13) : $\{(1.8+0.2) \times \dfrac{1.2}{0.5}(2개)\} \times 2 = 8m$

∴ D10 = (3) + (7) = 48m × 0.56kg/m = 26.88kg
  D13 = (1) + (2) + (4) + (5) + (6) + (8) = 277.6m × 0.995kg/m
      = 276.212kg
∴ 총중량 = D10 + D13 = 303.092kg

23 주어진 도면의 보 및 슬래브의 철근량을 산출하시오.

단, (1) 보철근의 정착길이는 인장측 40d, 압축측 25d로 한다.
  (2) 이음길이는 계산하지 않는다.
  (3) 주근의 Hook은 보 철근의 정착부분(G_1, G_2, B_1)에만 계산하며, Hook의 길이는 10.3d로 한다.
  (4) 할증률은 3%이다.
  (5) d는 철근의 공칭 직경이며, 철근의 규격은 다음과 같다.

구분	D10	D13	D16	D22
공칭직경(mm)	9.53	12.7	15.9	22.2
단위중량(kg/m)	0.56	0.995	1.56	3.04

[2층 바닥, 보 복도]

종류	G_1		G_2		B_1	
	단부	중앙	단부	중앙	단부	중앙
단면	700	400	700	400	600	300
상부근	7-D22	3-D22	5-D22	3-D22	7-D16	4-D16
하부근	3-D22	7-D22	3-D22	5-D22	4-D16	7-D16
늑근	D10@150	D10@300	D10@150	D10@300	D10@150	D10@300

보충 문제조건 분석

① 정착 및 Hook의 길이 산정 시 d가 공칭 직경임에 유의하여 산출한다.
② 보는 중간층 보이며 슬래브철근은 보에 정착되므로 정착길이 산정
③ 할증률은 각 철근의 지름별로 적용

보충 G₁ 보

안목거리 8.6m, 2개소

보충 G₂ 보

안목거리 5.6m, 2개소

보충 B₁ 보

안목거리 5.6m, 1개소

보충 슬래브

슬래브의 철근도 보철근과 똑같은 정착길이를 갖는다. 다만 인접 슬래브는 상호 정착될 수 있다.

보충 정착길이

인접 슬래브 상호 간 연결된 것으로 간주하여 B₁ 보의 1/2의 수치를 정착길이로 계산하였으나 아래와 같이 계산하여도 무방하다.

정답 1. 보

(1) G₁ 보
  ① 상부주근(D22) : {8.6+(40+10.3)×0.0222×2}×3×2=65m
  ② 하부주근(D22) : {8.6+(25+10.3)×0.0222×2)}×3×2=61m
  ③ 밴트근(D22) : {8.6+(40+10.3)×0.0222×2+0.828(0.7−0.1)}×4×2
          =90.64m
  ④ 늑근(D10) : (0.4+0.7)×2×{$\frac{2.15}{0.15}$(16개)×2+$\frac{4.3}{0.3}$(14개)}×2
          =202.4m

(2) G₂ 보
  ① 상부주근(D22) : {5.6+(40+10.3)×0.0222×2}×3×2=47m
  ② 하부주근(D22) : {5.6+(25+10.3)×0.0222×2)}×3×2=43m
  ③ 밴트근(D22) : {5.6+(40+10.3)×0.0222×2+0.828(0.7−0.1)}×2×2
          =33.32m
  ④ 늑근(D10) : (0.4+0.7)×2×{$\frac{1.4}{0.15}$(11개)×2+$\frac{2.8}{0.3}$(9개)}×2=136.4m

(3) B₁ 보
  ① 상부주근(D16) : {5.6+(40+10.3)×0.0159×2}×4=28.8m
  ② 하부주근(D16) : {5.6+(25+10.3)×0.0159×2}×4=26.89m
  ③ 밴트근(D16) : {5.6+(40+10.3)×0.0159×2+0.828(0.6−0.1)}×3
          =22.84m
  ④ 늑근(D10) : (0.3+0.6)×2×{$\frac{1.4}{0.15}$(11개)×2+$\frac{2.8}{0.3}$(9개)}=55.8m

2. 슬래브

(1) 단변방향
  ① 상부주근(D13) : {(4.15+0.15+40×0.127)×$\frac{1.0375}{0.3}$(5개)}×2×2개소
          =96.16m
  ② 하부주근(D13) : {(4.15+0.15+25×0.0127)×$\frac{5.6}{0.3}$(20개)}×2개소
          =184.7m
  ③ 주근밴트(D13) : {4.15+0.15+40×0.0127×$\frac{3.525}{0.3}$(12개)}×2개소
          =115.39m
  ④ 주근톱바(D13) : {(1.0375+0.15+15×0.0127)+(1.0375+40×
          0.0127+15×0.0127)}×$\frac{3.525}{0.3}$(11개)×2개소
          =68.51m

(2) 장변방향

① 상부부근(D10) : $\{5.6+40\times0.00953\times2)\times\dfrac{1.0375}{0.3}(5개)\}\times2\times2개소$
   $= 127.25\text{m}$

② 하부부근(D10) : $\{(5.6+25\times0.00953\times2)\times\dfrac{4.15}{0.3}(15개)\}\times2개소$
   $= 182.30\text{m}$

③ 부근밴트(D10) : $\{5.6+40\times0.00953\times2)\times\dfrac{2.075}{0.3}(7개)\}\times2개소$
   $= 89.07\text{m}$

④ 부근톱바(D10) : $\{(1.0375+40\times0.00953+15\times0.00953)\}\times\dfrac{2.075}{0.3}(6개)$
   $\times2\times2개소 = 37.48\text{m}$

3. 철근량

(1) G_1 보
   ① D22 = 216.64m × 3.04 = 658.59kg/m
   ② D10 = 202.4m × 0.56 = 113.34kg

(2) G_2 보
   ③ D22 = 123.32m × 3.04 = 374.89kg
   ④ D10 = 136.4m × 0.56 = 76.38kg

(3) B_1 보
   ⑤ D16 = 78.53m × 1.56 = 122.51kg
   ⑥ D10 = 55.8m × 0.56 = 31.25kg

(4) 슬래브
   ⑦ D13 = 464.76m × 0.995 = 462.44kg
   ⑧ D10 = 436.1m × 0.56 = 244.22kg

∴ D10 = ② + ④ + ⑥ + ⑧ = 465.19kg × 1.03 = 479.15kg
  D13 = ⑦ = 462.44kg × 1.03 = 476.31kg
  D16 = ⑤ = 122.51kg × 1.03 = 126.19kg
  D22 = ① + ③ = 1,033.48kg × 1.03 = 1,064.48kg

∴ 총중량 = D10 + D13 + D16 + D22 = 2,146.13kg

24 철근콘크리트공사의 바닥(Slab) 철근물량 산출에서 주어진 그림과 같은 Two way slab의 철근물량을 산출(정미량)하시오.(단, D10 = 0.56kg/m, D13 = 0.995kg/m)

● 08① · 03①

예 상부주근 :
(4.15 + 40 × 0.0127 × 2개소)
× 개수

즉, 장변방향의 정착길이 계산방법과 동일하게 구하여도 무방하다.

보충 할증률 적용

지름별로 할증률을 적용하여야 한다.

[보충] **주열대/중간대 구분**

주어진 조건으로 산출

문제에서 제시되었음

[보충] **철근의 배근**

- 주근밴트는 사이 배근
- 주근톱바는 간격 배근
- 하부부근은 간격 배근
- 부근밴트는 사이 배근
- 부근톱바는 간격 배근

[정답] 단변(주근) 방향 밴트근(D13)이 하부근(D10), 상부근(D10)과 지름이 다르고, 장변(부근) 방향 철근 배근 간격이 주열대(@250)와 중간대(@200)가 다르다는 것에 유의하여야 한다.

1. 단변방향

   ① 상부주근(HD10) : $4 \times \dfrac{1}{0.2}$ (6개) $\times 2$(양쪽) $= 48$m

   ② 하부주근(HD10) : $4 \times \dfrac{6}{0.2}$ (31개) $= 124$m

   ③ 주근밴트(HD13) : $4 \times \dfrac{4}{0.2}$ (20개) $= 80$m

   ④ 주근톱바(HD13) : $(1 + 15 \times 0.013 \times \dfrac{4}{0.2}$ (19개)$) \times 2$(양쪽) $= 45.41$m

2. 장변방향

   ⑤ 상부부근(HD10) : $6 \times \dfrac{1}{0.25}$ (5개) $\times 2$(양쪽) $= 60$m

   ⑥ 하부부근 주열대(HD10) : $6 \times \dfrac{1}{0.25}$ (5개) $\times 2$(양쪽) $= 60$m

   ⑦ 하부부근 중간대(HD10) : $6 \times \dfrac{2}{0.2}$ (9개) $= 54$m

   ⑧ 부근밴트(HD10) : $6 \times \dfrac{2}{0.2}$ (10개) $= 60$m

   ⑨ 부근톱바(HD13) : $(1 + 15 \times 0.013) \times \dfrac{2}{0.2}$ (9개) $\times 2$(양쪽) $= 21.51$m

   ∴ D10 = ① + ② + ⑤ + ⑥ + ⑦ + ⑧ = 406m × 0.56kg/m = 227.36kg
   D13 = ③ + ④ + ⑨ = 146.92m × 0.995kg/m = 146.19kg

   ∴ D10 + D13 = 373.55kg

Engineer Architecture

CHAPTER 05
철골공사

CONTENTS

제1절 일반사항 　　　　　　　　　　　　　　107
제2절 수량산출 　　　　　　　　　　　　　　107

미듬 건축기사 실기

멘토스는 당신의 쉬운 합격을 응원합니다!

CHAPTER 05 철골공사

|학|습|포|인|트|
* 형강재 표시법 H-A×B×A_t×B_t
* 강판 = 면적(m^2) × 단위중량(kg/m^2)
* 앵글 = 길이(m) × 단위중량(kg/m)
* 비중값을 이용하여 산출하기

제1절 일반사항

01 철골공사 수량산출의 일반사항

① 철골재는 층별로 기둥벽체 바닥 및 지붕틀의 순으로 구별하여 산출한다. 또 주재와 부속재로 나누어 계산한다.
② 철골재는 도면 정미량에 다음 표의 값 이내의 할증률을 가산하여 소요량으로 한다. 단, 조건이 없을 때는 정미량으로 산출한다.

종류	할증률(%)
고장력볼트(H.T.B)	3
경량 형강 · 소형 형강 · 강관 · 각관 · 일반볼트 리벳(제품) · 봉강 · 평강 · 대강	5
대형 형강	7
강판	10

제2절 수량산출

01 강판 : 면적(m^2) × 단위중량(kg/m^2)

① 실제 면적에 가장 가까운 사각형, 삼각형, 평행사변형, 사다리꼴로 면적을 계산한다.

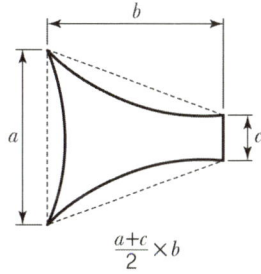

② 볼트, 리벳구멍 및 콘크리트 타설용 구멍은 면적에서 공제하지 않는다. 단, 가공상 배관 등으로 구멍이 큰 경우에는 면적에서 공제한다.
③ 지름, 길이, 모양별로 개수 또는 중량으로 산출한다.
④ 소요 강재량과 도면 정미량과의 차이에서 생기는 스크랩(Scrap)은 스크랩 발생량의 70%를 시중의 도매가격으로 환산하여 그 대금을 설계 당시에 미리 공제(70%)한다.

㉠ 강재량 = a×b
㉡ 스크랩량 = $a_1 \times b_1 \times \dfrac{1}{2}$

> **보충** 공제금액
> 공제금액 = 스크랩량×0.7
> (Scrap ton당 단가)

02 형강(앵글)량 : 길이(m)×단위중량(kg/m)

종류 및 단별, 치수별로 구분하여 총연길이(m)를 산출하고, 길이당 단위중량을 곱하여 총 중량으로 계산한다.

 = A(웨브)×B(플랜지)×t(두께)

※앵글표시법

예) 2 Ls － 100 × 100 × 9
  수량/ 형강 웨브 플랜지 두께
       종류

예제 01

강판을 그림과 같이 가공하여 20개의 수량을 사용하고자 한다. 강판의 비중이 7.85일 때 소요량(kg)을 산출하고 스크랩의 발생량(kg)도 함께 산출하시오. ● 24① · 13② · 07②

> **보충** 유사문제
>
> · t = 4mm
> · 수량=30개

풀이 강판(플레이트) 수량은 면적×면적당 단위중량으로 산출하나 여기서는 문제조건으로 단위중량이 주어져 있지 않고 비중이 주어져 있으므로 다음의 식을 이용한다.

비중 = $\dfrac{중량(t)}{부피(m^3)}$ ∴ 중량(t) = 비중×부피(m^3)

① 강판소요량 = (0.4×0.4×0.004×7.85×1,000kg×20개)×1.1 = 110.528kg
② 스크랩량 = 0.4×0.15×0.5×0.004×7.85×1,000kg×20개 = 18.84kg

예제 02

다음과 같은 플레이트 보의 각 부재 수량을 산출하시오.(단, 보의 길이는 10m로 하고 L-90×90×10은 13.3kg/m, PL-10은 78.5kg/m², PL-12는 94.2kg/m²로 한다.)

풀이

1. 앵글량(L-90×90×10) : 10×2×2=40m
   ∴ 40m×13.3kg/m=532kg

2. 강판량
   ① 웨브 플레이트(T=10) : (0.7-0.012×2)×10=6.76m²
   ∴ 6.76m²×78.5kg/m²=530.66kg
   ② 커버 플레이트(T=12) : 0.3×10×2=6m²
   ∴ 6m²×94.2kg/m²=565.2kg

03 기초 주각부 명칭

① Base plate
② Wing plate
③ Web plate
④ Side angle
⑤ Clip angle
⑥ Filler
⑦ Gusset plate
⑧ Cover plate
⑨ Main angle
⑩ Lattice

보충 각부의 명칭
각부 명칭은 시공 부분의 시험문제에서도 출제가 되므로 정확한 부재 명칭을 이해하여야 한다.

보충 길이 산출
적산 산출 시 Clip angle과 Filler PL의 길이 산출 시 유의한다.

CHAPTER 05 핵심 기출문제

보충 문제조건 분석

주어진 문제를 도면으로 표기하면 아래와 같다.

01 철골구조물에서 보 및 기둥에는 H형강이 많이 사용되는데 Longspan에서는 기성품인 Rolled 형강을 사용할 수 없을 정도의 큰 단면의 부재가 필요하게 된다. 이 경우 공장에서 두꺼운 철강판을 절단하여 소요 크기로 용접제작하여 현장제작(Built up) 형강을 사용하게 되는데 H-1200×500×25×100 부재(l =20m) 20개의 철강판 중량은 얼마(ton)인가?(단, 철강의 비중은 7.85로 한다.)

● 08② · 03②

정답

$$비중 = \frac{중량(t)}{부피(m^3)} \quad \therefore 중량 = 비중 \times 부피(m^3)$$

좌측의 도면을 참조하여 부재별로 수량을 산출한다.
(1) 플랜지 = 0.5×0.1×20×7.85×2(상·하)×20개 = 314t
(2) 웨브 = (1.2-0.1×2)×0.025×20×7.85×20개 = 78.5t
∴ (1)+(2) = 392.5t

02 다음 도면을 보고 요구하는 각 재료량을 산출하시오.(단, 기둥은 고려하지 않고 평행 트러스 보만 계산할 것)

● 05② · 01① · 99③

(1) Angel양(kg)은?
  (단, L-50×50×4=3.06kg/m, L-65×65×6=5.9kg/m,
       L-100×100×7=10.7kg/m, L-100×100×13=19.1kg/m)
(2) PL-9의 양(kg)은?(단, PL-9=70.56kg/m²)

정답 1. 앵글량

① L－100×100×13 : 4.4×2＝8.8m
② L－100×100×7 : 4.4×2＝8.8m
③ L－65×65×6 : 1.2×2＝2.4m
④ L－65×65×6 : 1.4×2×2＝5.6m
⑤ L－65×65×6 : 1.25×2＝2.5m
⑥ L－50×50×4 : (1.2－0.05×2)×2＝2.2m

∴ L－50×50×4＝⑥＝2.2×3.06＝6.732kg
　L－65×65×6＝③+④+⑤＝10.5×5.9＝61.95kg
　L－100×100×7＝②＝8.8×10.7＝94.16kg
　L－100×100×13＝①＝8.8×19.1＝168.08kg
∴ 총중량＝330.922kg

2. 플레이트량

① Gusset PL : (0.25×0.25)+(0.45×0.3)+(0.3×0.25)+(0.45×0.3)
　　　　　　　+(0.25×0.25)+(0.25×0.35)+(0.45×0.3)
　　　　　　　+(0.28×0.45)＝0.8185m^2×70.56＝57.75kg
② Filler : 0.09×0.09×4×70.56＝2.286kg
∴ 총중량＝①+②＝60.036kg

03 다음 철골트러스 1개분의 철골량을 산출하시오.(단, L－65×65×6＝5.91 kg/m, L－50×50×6＝4.43kg/m, PL－6＝47.1kg/m^2)

● 07② · 03① · 00③ · 98①

정답 1. 플레이트량

가. 면적＝(0.3×0.4×2)+(0.35×0.35×2)+(0.4×0.4×2)+(0.4×0.4)
　　　　+(0.7×0.5)+(0.5×0.4×2)+(0.3×0.3×2)＝1.895m^2
나. 중량＝1.895m^2×47.1kg/m^2＝89.25kg

2. 앵글량

가. 길이 ① L－65×65×6＝7.65×2×2＝30.6m
　　　　② L－65×65×6＝3.79×2＝7.58m

보충 앵글량

그림과 같이 번호순서대로 산출한 후 같은 크기별로 합산한다.

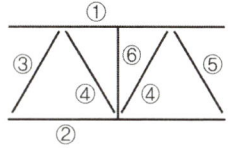

∴ ⑥번의 부재의 길이 산출에 유의

보충 플레이트량

그림과 같이 번호순서대로 산출한 후 같은 크기별로 합산한다.

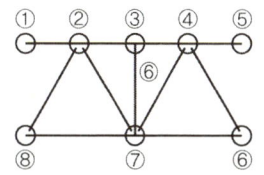

∴ ⑥번의 부재의 길이 산출에 유의

보충 플레이트량

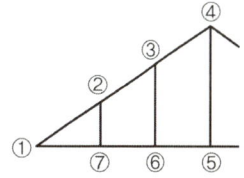

④번, ⑤번 부재수량이 1개임에 유의하여 순서대로 면적을 산출한다.

보충) 앵글량

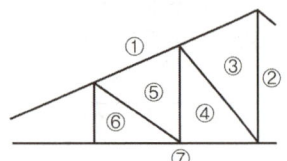

(L = 3.79m)
∵ 10 : 5.7 = 6.65 : L
②번 부재수량이 1개임. 또한 ②번 부재의 길이는 물매를 이용하여 산출

③ L-50×50×6 = 3.1×2×2 = 12.4m
④ L-50×50×6 = 2.45×2×2 = 9.8m
⑤ L-50×50×6 = 2.3×2×2 = 9.2m
⑥ L-50×50×6 = 1.2×2×2 = 4.8m
⑦ L-65×65×6 = (6.5+0.15)×2×2 = 26.6m

나. 중량 ① L-50×50×6 = 가.(③+④+⑤+⑥)×4.43kg/m = 36.2m×4.43kg/m
= 160.37kg
② L-65×65×6 = 가.(①+②+⑦)5.91kg/m = 64.78m×5.91kg/m
= 382.85kg
∴ 총중량 = ①+② = 160.37 + 382.85 = 543.22kg

04 도면에 의한 철골조 기둥과 보에 소요되는 다음과 같은 부재의 전체 강재량(kg)을 산출하시오.(단, ① 할증률 제외, ② 산출범위는 기둥 2개소 · 보 1개소이다.)

(1) 앵글(Angle)
　① Side L　② Main L
(2) 플레이트(Plate)
　① Wing PL　② Web PL
　③ Fill PL　④ Gusset PL
　⑤ Base PL　⑥ Cover PL
(3) 플랫바(Flat bar)
　① Lattice(단, F.b-125×9는 제외)

구분		단위중량
앵글	Side L	17.1kg/m
	Main L	9.96kg/m
플레이트	Wing PL	70.65kg/m²
	Web PL	70.65kg/m²
	Fill PL	70.65kg/m²
	Gusset PL	70.65kg/m²
	Cover PL	70.65kg/m²
	Base PL	172.7kg/m²
플랫바	Lattice	6.01kg/m

보충) Filler의 산출방법

Filler의 단위중량이 길이인지 면적인지를 보고 산출한다. 여기서는 면적당 중량이므로 Filler 산출은 면적으로 산출한다.

보충) 문제조건 분석

Filler 플레이트의 경우 기둥 상부의 유무를 확인하여 산출한다.

정답 1. 앵글
① Side.L (150×100×9) : 0.45×2×2 = 1.8m×17.1 = 30.78kg
② Main.L
  ㉠ 기둥(75×75×9) : 3.55×4×2 = 28.4m×9.96 = 282.86kg
  ㉡ 보(75×75×9) : (4.5−0.25×2)×4 = 16m×9.96 = 159.36kg
∴ 총중량 = 473kg

2. 플레이트
① Wing.PL(T=9) : 0.45×0.35×2×2 = 0.63m^2×70.65 = 44.51kg
② Web.PL(T=9) : 0.5×0.35×2 = 0.35m^2×70.65 = 24.73kg
③ Filler.PL(T=9) : (0.5−0.075×2)×0.075×2×2(상·하)×2
  = 0.21m^2×70.65 = 14.84kg
④ Gusset.PL(T=9) : 1×0.6×2 = 1.2m^2×70.65 = 84.78kg
⑤ Base.PL(T=22) : 0.85×0.45×2 = 0.765m^2×172.7 = 132.12kg
⑥ Cover.PL(T=9) : 0.159×1×2 = 0.318m^2×70.65 = 22.47kg
∴ 총중량 = ①+②+③+④+⑤+⑥ = 323.45kg

3. 플랫바
① Lattice(85×9) : 0.58×9×2 = 10.44m×6.01 = 62.74kg
∴ 전체 강재량 = 1+2+3 = 473+323.45+62.74 = 859.19kg

미듬 건축기사 실기

멘토스는 당신의 쉬운 합격을 응원합니다!

Engineer Architecture

CHAPTER 06
조적공사

CONTENTS

제1절 벽돌공사	117
제2절 블록공사	120
제3절 타일 및 석공사	121

미듬 건축기사 실기

멘토스는 당신의 쉬운 합격을 응원합니다!

CHAPTER 06 조적공사

회독 CHECK!
- 1회독 ☐ 월 일
- 2회독 ☐ 월 일
- 3회독 ☐ 월 일

| 학 | 습 | 포 | 인 | 트 |

* 벽돌량=(벽면적－개구부 면적)×단위수량 → 할증 유무 확인
* 쌓기 모르타르량=벽면적×단위수량
* 벽돌량 산출 시 벽의 길이와 높이 산정이 중요

제1절 벽돌공사

01 벽돌량(장)

● 19② · 18① · 15①,② · 13①,④
· 12② · 11④ · 10② · 09① · 08②,③
(벽돌량)

| 유효 벽면적 × 단위수량 |

① 종류별(시멘트벽돌, 붉은 벽돌, 내화벽돌), 크기별로 나누어 산출한다.
② 벽체의 두께별로 벽면적을 산출하고 여기에 단위면적당(1m^2) 장수를 곱하여 벽돌의 정미수량을 산출한다.

보충 벽돌량(장)
= 벽면적×단위수량
↓
(벽의 길이×높이)－개구부 면적

① 내벽 : 안목길이
② 외벽 : 중심 간 길이

(1) 단위수량(1m^{2}당)

구분	0.5B	1.0B	1.5B	2.0B	벽두께
표준형	75	149	224	298	줄눈 10mm
기존형	65	130	195	260	
내화	59	118	177	236	줄눈 6mm

(2) 단위수량 산출법

① 벽면적 1m^{2}를 벽돌 1장의 면적으로 나누어 산출한다.
② 벽돌 1장의 면적은 가로, 세로 줄눈의 너비를 합한 면적이다.

예 표준형 벽돌 0.5B 두께 1m^{2}의 수량

$$\frac{1{,}000}{190+10} \times \frac{1{,}000}{57+10} = 74.63 \qquad \therefore\ 75매$$

(3) 벽면적

① 외벽 = 중심 간 길이 × 높이(H_1) - 개구부 면적
② 내벽 = 안목 간 길이 × 높이(H_2) - 개구부 면적
③ 벽돌의 소요량은 정미량에 시멘트벽돌 5%, 붉은 벽돌·내화벽돌 3%의 할증을 가산하여 구한다.
④ 벽돌량의 단위는 장(매)이므로 절상시킨 정수이다.

02 쌓기 모르타르량(m^3)

(1) 벽돌 쌓기 시 모르타르량 산출(단위 : m^3)

(m^2당)

구분	0.5B	1.0B	1.5B
모르타르량	0.019	0.049	0.078

① 벽면적을 두께별(0.5B, 1.0B, 1.5B)로 구분하여 산출
② 산출된 벽면적에 단위수량을 곱하여 계상

예제 01

표준형 벽돌을 사용하여 1.0B 두께로 쌓을 경우, 벽돌쌓기 시 벽돌량과 쌓기 모르타르량을 산출하시오.(단, 벽길이 100m, 벽높이 3m, 개구부 1.8×1.2m 10개소, 줄눈두께 10mm, 정미량으로 산출한다.)

풀이
1. 벽돌량 = 벽면적 × 단위수량 = (전체 벽면적 - 개구부 면적) × 단위수량
   ① 전체 벽면적 = 100 × 3 = 300m^2
   ② 개구부 면적 = 1.8 × 1.2 × 10개소 = 21.6m^2
   ③ 단위수량 = 표준형 1.0B 두께 1m^2의 수량은 149장
   ∴ (300 - 21.6) × 149 = 41,481.6   ∴ 41,482장

2. 쌓기 모르타르량
   ① 벽면적 = 100 × 3 = 300m^2
   ② 개구부 면적 = 21.6m^2
   ③ 유효벽면적(1.0B) = 300 - 21.6 = 278.4m^2
   ④ 단위수량 = 0.049m^3/m^2
   ∴ 쌓기 모르타르량 = 278.4 × 0.049 = 13.642m^3

보충 벽면적 산출

① 단위수량 산출 시 사사오입하여 정수처리한다.
② 외벽의 높이와 내벽의 높이가 같지 않을 수 있으므로 유의한다.
③ 최종의 답은 항상 절상시킨 정수로 처리한다.(단, 문제조건에서 별도의 표기가 있는 경우는 그 조건을 따른다.)

●13④

모르타르량

보충 문제조건 분석

앞으로 풀이과정을 나열하지 않고 아래와 같이 하나의 식과 답으로 풀이한다.
{(100×3) - (1.8×1.2×10개소)} × 149 = 41,481.6

∴ 41,482장

예제 02

주어진 도면을 보고 다음에 요구하는 각 재료량을 산출하시오. •02③ · 98①

① 벽두께 : 외벽 1.0B, 내벽 0.5B ② 벽돌벽 높이 : 3m
③ 벽돌크기 : 표준형(190×90×57) ④ 줄눈너비 : 1cm
⑤ 창호크기 :
  $\frac{1}{W}$: 1.2×1.2m, $\frac{2}{W}$: 2.1×3.0m,
  $\frac{1}{D}$: 1.0×2.3m, $\frac{2}{D}$: 0.9×2.1m
⑥ 벽돌 할증률 : 5%
(시멘트 벽돌수량 쌓기 모르타르량 산출 시 길이 산정은 모두 중심선으로 한다.)

1) 시멘트벽돌 소요량
2) 쌓기 모르타르량

[풀이]

1. 벽돌량

① 외벽 : {(10+7)×2×3−(1.2×1.2×3+2.1×3.0+1.0×2.3)}×149
    =13,273장
  ∴ 13,273×1.05=13,937장

② 내벽 : 안목길이로 산정해야 하나 문제조건에 따라 중심 간 길이로 산정한다.
    {15×3−(0.9×2.1×2)}×75=3,092장
  ∴ 3,092×1.05=3,247장

∴ ①+②=17,184장

2. 쌓기 모르타르량

1) 외벽(1.0B)
  ① 벽면적={(10+7)×2×3−(1.2×1.2×3+2.1×3.0+1.0×2.3)}
       =89.08m²
  ② 모르타르량=89.08×0.049=4.36m³

2) 내벽(0.5B)
  ① 벽면적=15×3−(0.9×2.1×2)=41.22m²
  ② 모르타르량=41.22×0.019=0.78m³

제2절 블록공사

01 블록량(장) 산출방법

> 블록량(장) = 벽면적 × 단위수량

① 벽면적 산출은 벽돌량 산출방법과 동일하다.
② 단위수량 속에는 블록의 할증 4%가 포함되어 있으므로 소요량 계산 시 별도의 할증을 고려하지 않는다.
③ 단위수량($1m^2$)은 다음과 같다.

($1m^2$당)

구분	치수	블록(장)
기본형	390×190×190	13
	390×190×150	
	390×190×100	

※ 할증 4%가 포함된 수량임

보충 | 블록의 표시법

길이×높이×두께

02 단위수량 산출법 예

(1) 기본형(390×190×210) $1m^2$의 수량 산출

① 벽돌량 단위수량과 동일한 방법으로 산출한다.

보충 | 단위수량 산출

$$\frac{1,000}{길이+줄눈} \times \frac{1,000}{높이+줄눈}$$

② $\dfrac{1,000}{390+10} \times \dfrac{1,000}{190+10} = 12.5$장

③ 블록은 정미량의 소수점을 절상하지 않고 여기에 4%의 할증을 가산한다.
∴ 12.5×1.04 = 13장

(2) 블록 쌓기 모르타르량

(m^2당)

구분	단위	수량(블록규격)		
		390×190×190	390×190×150	390×190×100
모르타르	m^3	0.010	0.009	0.006

제3절 타일 및 석공사

01 타일량 산출법

$$타일량 = 시공면적 \times 단위수량(1m^2)$$

1) 단위수량 산출법

$$\frac{1,000}{타일\ 한\ 변\ 크기 + 줄눈} \times \frac{1,000}{타일\ 다른\ 변\ 크기 + 줄눈}$$

2) 타일의 줄눈

① 대형 외부 : 9mm
② 대형 내부 : 6mm
③ 소형 : 3mm
④ 모자이크 : 2mm

예제 03

타일 108mm, 각형, 줄눈 5mm로 타일 6m^2를 붙일 때 타일 장수를 계산하시오.(단, 정미량으로 계산한다.)

풀이 $(\dfrac{1,000}{108+5} \times \dfrac{1,000}{108+5}) \times 6 = 470$장

02 석재량 산출법

① 석재량 산출은 면적(m^2), 길이(m), 장수로 산출되며, 규격과 재질 표면 마무리 등으로 구분한다.
② 면적 산출은 시공되는 면적에 정형의 돌은 10%, 부정형은 30%의 할증을 가산하여 산출한다.
③ 장(매) 산출은 타일 산출법에 준하여 산출한다.

보충 타일량 산출

타일량 산출 시 면적을 아래와 같이 한꺼번에 산출하는데, 이는 바람직하지 못하다.

$(\dfrac{1,000}{108+5}) \times (\dfrac{6,000}{108+5}) = 470$

CHAPTER 06 핵심 기출문제

보충 유사문제
22① · 19① · 10② · 08③

벽면적 20m²에 표준형 벽돌 1.5B 쌓기 시 붉은벽돌의 소요량
20×224×1.03 = 4,614.4
∴ 4,615장
※ 소요량으로 산출하라고 주어졌으나 재료 표기가 없는 경우 정미량으로 산출

정답
20 × 224 = 4,480장(매)
※ 벽돌의 재질이 주어지지 않아서 할증을 적용할 수 없음

01 표준형 벽돌 1,000장으로 1.5B 두께로 쌓을 수 있는 벽면적은?(단, 할증률은 고려하지 않는다.)
•20③ · 15② · 12② · 08② · 07①

정답 표준형 벽돌 1.5B 두께 1m²의 정미수량은 224장
$1m^2 : 224 = x(m^2) : 1,000$장
∴ 벽면적 = $1,000 ÷ 224 = 4.46m^2$

02 벽면적 20m², 벽두께 1.5B, 줄눈 두께 10mm의 벽체에 소요되는 벽돌의 수량을 산출하시오.
•22①

03 아래 도면과 같은 굴뚝공사를 하려고 할 때 각 벽돌 소요량을 정미량으로 구하시오.

(단, ① 굴뚝쌓기 높이는 3m이다.
② 붉은벽돌의 규격은 기존형(210×100×60)이고, 줄눈의 너비는 10mm이다.
③ 내화벽돌의 규격은 230×114×65, 줄눈의 너비는 6mm이다.)

정답
1. 외측(붉은벽돌 0.5B) = (1.3+1.3)×2×3×65 = 1,014장
2. 내측(내화벽돌 0.5B)

   안목길이 = $1.1 - (\frac{0.1}{2} + \frac{0.114}{2}) = 0.993$

   ∴ 0.993×3×4(개소)×59 = 704장

보충 내측
아래와 같은 안목길이의 부재가 4개 있는 것으로 산출하는 것이 편리하다.

04 아래 도면과 같은 벽돌조 건물의 벽돌 소요량과 쌓기용 모르타르를 구하시오.(단, 벽돌수량은 소수점 아래 첫째 자리에서, 모르타르량은 소수점 아래 셋째 자리에서 반올림한다.)

① 벽돌벽의 높이 : 3.0m
② 벽두께 : 1.0B
③ 벽돌 크기 : 21×10×6cm
④ 창호의 크기 : 출입문−1.0×2.0m, 창문−2.4×1.5m
⑤ 벽돌 할증률 : 5%

정답 내벽과 외벽으로 나누어 산출함이 용이하다.
1. 외벽
   ① 벽돌량(1.0B) : [(9+7.2)×2×3−{(1.0×2.0×1)+(2.4×1.5×5)}]×130
   = 10,036장
   ∴ 10,036×1.05 = 10,538장
   ② 모르타르량(1.0B) : [(9+7.2)×2×3−{(1.0×2.0×1)+(2.4×1.5×5)}]
   ×0.049 = 3.783m³
2. 내벽
   ③ 벽돌량 : {(15 − $\frac{0.21}{2}$ ×4)×3−(1.0×2.0×2)}×130 = 5,167장
   ∴ 5,167×1.05 = 5,426장
   ④ 모르타르량 : {(15 − $\frac{0.21}{2}$ ×4)×3−(1.0×2.0×2)}×0.049 = 1.947m³

∴ 전체 벽돌소요량 = ①+③ = 15,964장
전체 모르타르량 = ②+④ = 5.73m³

보충 벽돌의 정미량
벽돌의 정미량 = 10,036장

보충 내벽 벽체의 중심 간 길이
3.6+3+5.4+3 = 15m

05 다음과 같은 건축물 공사에 필요한 시멘트 벽돌량과 쌓기 모르타르량을 산출하시오.

① 벽높이는 3.6m이다.
② 외벽은 1.5B, 내벽은 1.0B이다.
③ 시멘트 벽돌 할증률은 5%이다.
④ 벽돌은 190×90×57이다.
⑤ 창호의 크기

①WW : 1.2×1.2m   ②WW : 2.4×1.2m
①AD : 0.9×2.4m   ②AD : 2.2×2.4m

> 보충 내벽 벽체의 중심 간 길이
> 8+8 = 16m

정답

1. 외벽(1.5B)
① 벽돌량 : [(20+8)×2×3.6－{(1.2×1.2×2)＋(2.4×1.2)＋(2.2×2.4)}]×224
  ＝42,686장
  ∴ 42,686×1.05＝44,821장
② 모르타르량 : [(20+8)×2×3.6－{(1.2×1.2×2)＋(2.4×1.2)＋(2.2×2.4)}]×0.078＝14.864m³

2. 내벽(1.0B)
③ 벽돌량 : {(16－$\frac{0.29}{2}$×4)×3.6－(0.9×2.4×2)}×149＝7,628장
  ∴ 7,628×1.05＝8,010장
④ 모르타르량 : {(16－$\frac{0.29}{2}$×4)×3.6－(0.9×2.4×2)}×0.049
  ＝2.508m³

∴ 전체 벽돌량＝①＋③＝52,831장
  전체 모르타르량＝②＋④＝17.372m³

06 주어진 도면을 보고 다음에 요구하는 각 재료량을 산출하시오.(단, 사용하는 벽돌은 표준형 시멘트벽돌이며, 소수 셋째 자리에서 반올림한다.)

(가) 벽돌 소요량(장)
(나) 벽돌쌓기에 필요한 모르타르량(m³)

단, (1) 벽돌벽의 높이 : 2,500
   (2) 벽두께 : 1.0B
   (3) 줄눈너비 : 10mm
   (4) 창호의 크기

   ①/W : 2,400×1,500   ②/W : 1,200×1,500

   ①/D : 1,000×2,100

   (5) 벽돌의 할증률 : 5%

정답 1. 외벽(1.0B)
   ① 벽돌량 : [(9+7.8)×2×2.5−{(2.4×1.5×4)+(1.2×1.5×2)+
              (1.0×2.1×2)}]×149 = 9,209장
              ∴ 9,209×1.05 = 9,670장
   ② 모르타르량 : [(9+7.8)×2×2.5−{(2.4×1.5×4)+(1.2×1.5×2)
                 +(1.0×2.1×2)}]×0.049 = 3.028m³

2. 내벽(1.0B)
   ③ 벽돌량 : {(20.7 − $\frac{0.19}{2}$ ×7)×2.5−(1.0×2.1×3)}×149 = 6,525장
   ∴ 6,525×1.05 = 6,852장
   ④ 모르타르량 : {(20.7 − $\frac{0.19}{2}$ ×7)×2.5−(1.0×2.1×3)}×0.049
                = 2.146m³
∴ 전체 벽돌량 = ① + ③ = 16,522장
  전체 모르타르량 = ② + ④ = 5.174m³

보충 내벽 벽체의 중심 간 길이
3.6+3+2.4+2.4+3.6+4.2+1.5
= 20.7m

07 10m²의 바닥에 모자이크타일을 붙일 경우 소요되는 모자이크 종이의 장수는?(단, 종이 1장 크기는 30cm×30cm, 할증은 3%이다.)

정답 $(\dfrac{1,000}{300+2} \times \dfrac{1,000}{300+2}) = 11$장

∴ 11장 × 10 × 1.03 = 114장

08 다음 그림의 욕실에 소요되는 타일면적(m²)과 붙임모르타르량(m³)을 산출하시오.(단, 타일 붙임모르타르 두께는 18mm로 한다.)

정답 타일면적 산출 시 욕조면적은 공제한다. 또한 타일면적에 두께를 곱하여 모르타르량을 산출한다.

1. 타일량
   ① 바닥 = (3.4×2.1) − (0.7×2.1) = 5.67m²
   ② 벽 = (3.4+2.1)×2×2.5 − {(0.8×2.1) + (0.9×0.7) + (0.7×2+2.1)×0.6}
   = 23.09m²
   ∴ ① + ② = 28.76m²

2. 모르타르량 = 28.76 × 0.018 = 0.518m³

09 바닥마감공사에서 규격 180×180mm인 크링커타일을 줄눈너비 10mm로 바닥면적 200m²에 붙일 때 붙임매수는 몇 장인가?(단, 할증률 및 파손은 없는 것으로 가정한다.) • 04② · 03③

정답 단위수량 × 시공면적
= $(\dfrac{1,000}{180+10} \times \dfrac{1,000}{180+10}) \times 200 = 5,541$장

 면적

① 바닥

② 벽

Engineer Architecture

CHAPTER 07
목공사

CONTENTS

제1절 일반사항   129
제2절 수량 산출   129

미듬 건축기사 실기

멘토스는 당신의 쉬운 합격을 응원합니다!

CHAPTER 07 목공사

|학|습|포|인|트|
* $1m^3 = 1m \times 1m \times 1m$
* $1才 = 1치 \times 1치 \times 12자$
* 통나무 6m 이상인 경우, $D' = D + \dfrac{L'-4}{2}$
* 창호재의 맞춤 부위 중복계산

제1절 일반사항

01 치수 적용

목재는 종류·재질·치수·용도별로 산출하고 설계도서상 특기가 없는 수장재, 구조재는 도면치수를 호칭치수로 보며, 창호재와 가구재는 도면치수를 실제(마감)치수로 하여 재적을 산출한다. 단, 증기건조제품을 사용하는 경우에는 수축률을 고려하여 재적을 산출한다.

02 할증률

목재는 도면정미량에 다음 표의 값 이내의 할증률을 가산하여 소요량으로 한다.

종류		할증률(%)	종류	할증률(%)
각재		5~10	단열재	10
합판	일반용	3	판재	10~20
	수장용	5	졸대	20

제2절 수량 산출

01 목재의 수량 산출

목재의 수량 산출은 체적(재적 : m^3, 才)으로 산출한다.

02 각 기준단위의 재적

1) $1m^3 = 1m \times 1m \times 1m$
2) $1才 = 1치 \times 1치 \times 12자 (30mm \times 30mm \times 3,600mm)$

※ $1分(푼) = 3.03mm ≒ 3mm$
   $1才(치) = 30.3mm ≒ 30mm$
   $1尺(자) = 30.3cm ≒ 30cm$

∴ $1才(사이) = 30 \times 30 \times 3,600$(단위 : mm)로 환산할 수 있다.

03 수량 산출방법

(1) 각재, 판재, 널재

① $m^3 \Rightarrow a(m) \times b(m) \times l(m)$

② 才 $\Rightarrow$ ㉠ $\dfrac{a(mm) \times b(mm) \times l(mm)}{30 \times 30 \times 3,600}$

㉡ $\dfrac{a(치) \times b(치) \times l(치)}{1치 \times 1치 \times 12자}$

예제 01

다음 목재의 재적을 사이수로 산정하시오.

> (1) 6푼널 10평
> (2) 3치각 9자짜리 30개

[풀이] (1) 6푼널 10평 : 6푼은 18mm, 1평은 1.8m×1.8m의 크기로 산정

∴ $\dfrac{18 \times 1,800 \times 1,800}{30 \times 30 \times 3,600} \times 10 = 180$才

(2) 3치각 9자 30개 : $\dfrac{3치 \times 3치 \times 9자}{1치 \times 1치 \times 12자} \times 30개 = 202.5$才

(2) 통나무

1) 길이가 6m 미만인 경우

말구지름(D)을 한 변으로 하는 각재로 환산하여 수량 산출한다.

① $m^3 = D(m) \times D(m) \times L(m)$

② 才 $\Rightarrow \dfrac{D(mm) \times D(mm) \times L(mm)}{30 \times 30 \times 3,600}$

2) 길이가 6m 이상인 경우

원래의 말구지름(D)보다 조금 더 큰 가상의 말구지름(D′)을 한 변으로 하는 각재로 환산하여 수량 산출한다.

$$D' = D + \dfrac{L' - 4}{2}$$

여기서, D′ : 가상의 말구지름(cm)
D : 본래의 말구지름(cm)
L′ : L에서 절하시킨 정수(m)

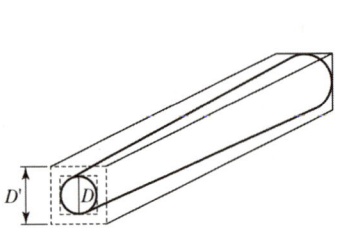

① $m^3 = D'(m) \times D'(m) \times L(m)$

② 才

$\Rightarrow \dfrac{D'(mm) \times D'(mm) \times L(mm)}{30 \times 30 \times 3,600}$

[보충] 통나무 문제
① 길이 확인
② 말구지름 크기
③ 길이가 6m 이상인 경우

$$\left(D' = D + \dfrac{D' - 4}{2}\right)$$

대입하여 가상의 말구지름 산출

예제 02

다음 목재의 재적을 m³와 才수로 각각 산정하시오.

(1) 통나무의 말구지름 10cm에 길이 5.4m짜리 10개
(2) 통나무의 말구지름 9cm에 길이 12.4m짜리 5개

풀이 통나무의 재적산출 시 가장 먼저 길이를 확인한 후 6m 미만인지 6m 이상인지를 구분하여 산출한다.

(1) 길이가 6m 미만이므로 말구지름(D)을 한 변으로 하는 각재로 환산
  ① $m^3 = 0.1 \times 0.1 \times 5.4 \times 10개 = 0.54 m^3$
  ② $才 = \dfrac{100 \times 100 \times 5,400}{30 \times 30 \times 3,600} \times 10개 = 166.67才$

(2) 길이가 6m 이상이므로 가상의 말구지름(D')을 한 변으로 하는 각재로 환산하여 산출
  가상의 말구지름(D') $= D + \dfrac{L'-4}{2} = 9 + \dfrac{12-4}{2} = 13 cm$
  ① $m^3 = 0.13 \times 0.13 \times 12.4 \times 5개 = 1.0478 m^3$
  ② $才 = \dfrac{130 \times 130 \times 12,400}{30 \times 30 \times 3,600} \times 5개 = 323.40才$

(3) 창호재

① 창호재는 수평부재와 수직부재가 만나는 곳, 선대와 만나는 곳은 맞춤 및 연귀로 접합되어 있다.
② 그림에서와 같이 접합되는 부분은 중복해서 수량을 산출함에 주의하여야 한다.

← 중복해서 계산

예제 03

아래의 도면과 같은 목재 창문틀에서 목재량을 m³로 산출하시오.

풀이 각 부재의 크기가 같은지를 확인한 후 부위별로 구분하여 산출한다.
  ① 수평부재(상·하) : $0.045 \times 0.24 \times 4.8 \times 2 = 0.104 m^3$
  ② 수평부재(중) : $0.06 \times 0.24 \times 4.8 \times 1 = 0.069 m^3$
  ③ 수직부재 : $0.045 \times 0.24 \times 2.6 \times 3 = 0.084 m^3$

  ∴ ① + ② + ③ = $0.104 + 0.069 + 0.084 = 0.257 m^3$

보충 창문 목재량

단면 × 길이
        └ 외측 간 길이

CHAPTER 07 핵심 기출문제

01 다음 그림과 같은 목재의 재적을 사이수로 산출하시오.

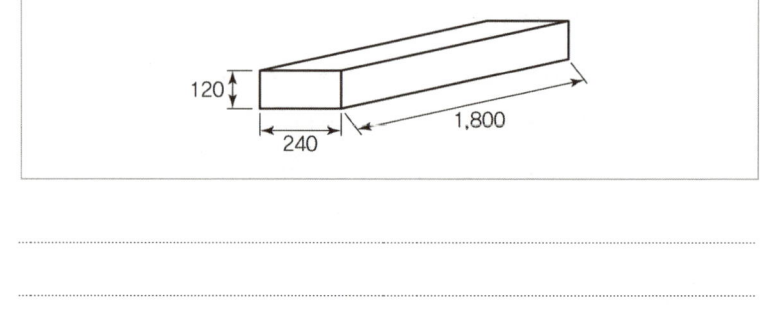

정답

$$才 = \frac{120 \times 240 \times 1,800}{30 \times 30 \times 3,600} = 16才$$

보충) 별해

각 부재의 크기를 치와 자로 환산하여 구할 수 있다.

$$才 \Rightarrow \frac{4치 \times 8치 \times 6자}{1치 \times 1치 \times 12자} = 16才$$

---

02 두께 24mm, 너비 12cm, 길이 3.6m인 판재가 60개 있을 때 m³와 재수를 산출하시오.

정답

① m³ = 0.024 × 0.12 × 3.6 × 60개
     = 0.62208m³

② $才 = \frac{24 \times 120 \times 3,600}{30 \times 30 \times 3,600} \times 60개$
     = 192才

---

03 말구지름 9cm, 길이 10.5m짜리 통나무 10개의 재적은 몇 m³인가?

정답

길이가 6m 이상이므로 가상의 말구지름(D′)을 한 변으로 하는 각재로 산출한다.

∴ $D′ = 9 + \frac{10-4}{2} = 12cm$

∴ 0.12 × 0.12 × 10.5 × 10개
   = 1.512m³

---

04 원구지름이 15cm이고, 말구지름이 10cm이며, 길이가 8.6m인 통나무가 5개 있다. 이 통나무의 재적을 산출하시오.(단, 재적단위 : m³)

정답

가상의 말구지름(D′)
= $10 + \frac{8-4}{2} = 12cm$

∴ 0.12 × 0.12 × 8.6 × 5개
   = 0.6192m³

05 그림과 같은 통나무를 제재할 때 최대 몇 cm 각으로 제재할 수 있는가?

정답
$x^2 + x^2 = 25^2$
∴ $x = 17.68$cm

---

06 말구지름 16cm, 원구지름 20cm, 길이 10m인 통나무가 10개가 있다. 제재시 껍질을 포함하지 않은 최대 사각형 기둥으로 만들려고 할 때, 제재된 전체 목재의 재적(m³)을 구하시오. 아울러 제재 전 통나무의 재적(才)도 산출하시오.

정답 1. 제재된 목재의 재적(m³)
$x^2 + x^2 = 16^2 \rightarrow 2x^2 = 256$
∴ $x = 11.31$cm
∴ $0.1131 \times 0.1131 \times 10 \times 10 = 1.28$m³

2. 제재 전 통나무의 재적(才)
L′ 길이가 6m 이상이므로 가상의 말구지름(D′)을 한 변으로 하는 각재
$D' = D + \dfrac{L'-4}{2} = 16 + \dfrac{10-4}{2} = 19$cm
∴ 才 ⇒ $\dfrac{190 \times 190 \times 10,000}{30 \times 30 \times 3,600} \times 10 = 1,114.2$才

---

07 그림과 같은 목구조물을 제작하려 한다. 이때 소요되는 목재의 수량(m³)을 구하시오.(단, 정미량으로 하며, 계산단위는 소수 다섯 자리까지 한다.)

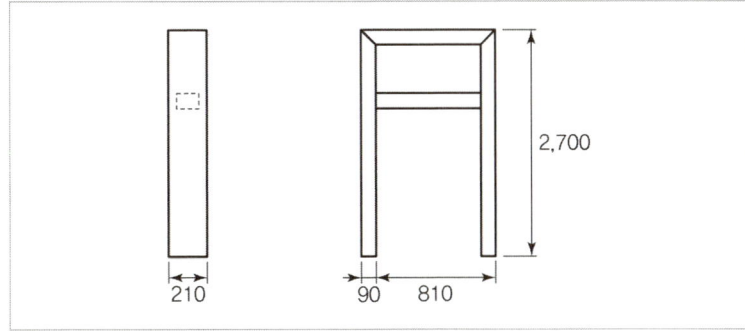

정답 도면이 주어지면 도면을 먼저 이해해야 정확한 수량을 산출할 수 있다. 주어진 도면에서 부재단면은 90×210mm, 높이 2,700, 폭 900임을 파악한 수평부재와 수직부재로 나누어 산출한다.
① 수평부재 : 0.09×0.21×0.9×2개 = 0.03402m³
② 수직부재 : 0.09×0.21×2.7×2개 = 0.10206m³
∴ ①+② = 0.13608m³

08 그림과 같은 문틀을 제작하는 데 필요한 목재량(m³)을 산출하시오.

정답 ① 수평부재 : 0.06×0.09×0.6×3개 = 0.00972m³
② 수직부재 : 0.06×0.09×0.9×2개 = 0.00972m³
∴ ①+② = 0.01944m³

09 다음 목재창호의 재적을 m³로 산출하시오.(단, 1면 대패질 마감일 때, 손실 치수는 1.5mm이다.)

정답 문틀을 벽에 접하는 부분은 대패질하지 않고 나머지는 전부 대패질한다.

1. 문틀
   ① 수평부재 : 0.0465×0.223×1.18×2 = 0.02447m³
   ② 수직부재 : 0.0435×0.223×0.98×2 = 0.01901m³

2. 창문
   ③ 수평부재 : $0.036 \times 0.069 \times (\frac{1.18}{2} - 0.042 + \frac{0.045}{2}) \times 4 = 0.00567m^3$
   ④ 수직부재 : 0.036×0.048×(0.98−0.045×2)×4 = 0.00615m³
   ∴ ①+②+③+④ = 0.0553m³

보충 문틀
표시된 4면은 대패질을 하지 않는다.

10 다음 그림과 같은 마루틀 평면도를 참조하여 전체 마루시공에 필요한 목재 소요량을 정미량으로 산출하시오.(단위 : m³)(단, 동바리의 규격은 105×105 mm로 하고, 1개의 높이는 50cm로 한다.)

정답
① 동바리 : 0.105×0.105×0.5×6개 = 0.03308m³
② 멍에 : 0.105×0.105×7.2×2개 = 0.15876m³
③ 멍에받이 : 0.045×0.105×5.4×2개 = 0.05103m³
④ 장선 : 0.045×0.045×5.4×7.2/0.45(17개) = 0.1859m³
⑤ 장선받이 : 0.045×0.045×7.2×2개 = 0.02916m³
⑥ 마룻널 : 7.2×5.4×0.018 = 0.69984m³
∴ ①+②+③+④+⑤+⑥ = 1.15777m³

보충 마루틀 단면도

장선받이는 멍에에 가려 보이지 않기 때문에 점선처리 되었다.

미듬 건축기사 실기

멘토스는 당신의 쉬운 합격을 응원합니다!

Engineer Architecture

CHAPTER 08
기타공사

CONTENTS

제1절 방수공사	139
제2절 지붕공사	139
제3절 미장공사	140
제4절 창호 및 유리공사	141
제5절 도장공사	142

미듬 건축기사 실기

멘토스는 당신의 쉬운 합격을 응원합니다!

CHAPTER 08 기타공사

회독 CHECK!
1회독 ☐ 월 일
2회독 ☐ 월 일
3회독 ☐ 월 일

|학|습|포|인|트|
* 마감공사는 면적(m^2)으로 산출
* 횟수, 겹수, 층수 등은 무관
* 물매를 이용하여 지붕경사면적 산출

제1절 방수공사

① 수량은 겹수, 층수, 횟수와는 무관하게 시공면적(m^2)으로 산출한다.
② 면적 산출 시 부위별(바닥·벽·지하실·옥상 등), 공법별(아스팔트 방수·액체방수·방수 모르타르 등)로 구분하여 산출한다.
③ 코킹 및 신축줄눈은 시공장소별·공종별로 구분하여 연길이로 산정한다.

제2절 지붕공사

01 기와잇기

① 기와는 도면 정미면적을 소요면적으로 하고 도면 정미량에 할증률 5% 이내를 가산하여 소요량으로 한다.
② 도면 정미량은 다음과 같다.

(지붕면적 : m^2당)

종별	치수(mm)	슬레이트 매수(매)
양기와 – 불란서식		15
– 스페인식		15
시멘트 기와(양식)	345×300×15	14
군기와(걸침)	295×295×16~21	17
	290×285×16~21	18
	280×275×16~21	19
	290×290×16~21	22

02 슬레이트 잇기

① 도면 정미면적은 소요면적으로 하고 도면 정미량에 할증률 3% 이내를 가산하여 소요량으로 한다.
② 도면 정미량은 다음과 같다.

(지붕면적 : m²당)

종별		치수(cm)	슬레이트 매수(매)
천연슬레이트	일자무늬	30.3×18.2 36.3×18.2	55.0 45.5
	귀갑무늬	30.3×18.2 36.3×18.2	55.0 45.5
석면슬레이트	일자무늬	40×40 30×30	17 29
	다이아몬드 무늬	40×40 30×30	10 17
골슬레이트	대골	182×96 212×96 242×96	0.67 0.57 0.49
	소골	182×72 212×72 242×72	0.95 0.81 0.70
	감새(m당) 각형 슬레이트(m당) 용마루(m당)	182 182 182	0.58 0.58 0.58

03 홈통

① 재료, 형태, 치수별로 구분한 후 도면 정미길이를 소요길이로 하여 계산한다.
② 지붕면적에 대한 홈통의 지름은 다음을 표준으로 한다.

종류 \ 지붕면적	단위	30m² 내외	60m² 내외	100m² 내외	200m² 내외
처마홈통	cm	9.0	12.0	15.0	18.0
선홈통	cm	6.0	9.0	12.0	15.0

제3절 미장공사

01 모르타르 및 회사벽 바름

① 벽, 바닥, 천장 등의 장소별 또는 마무리 종류별로 면적을 산출한다. 바름폭이 30cm 이하이거나 원주바름일 때는 별도로 계산한다.
② 도면 정미면적(마무리 면적)을 소요면적으로 하여 재료량을 구하고 다음 표의 값 이내의 할증률을 가산하여 소요량으로 한다.

바름바탕별	할증률(%)	비고
바닥	5	회사벽 바름은 제외
벽, 천장	15	
나무졸대	20	

02 회반죽, 플라스터(돌로마이트·순석고), 스터코 및 리그노이드 바름

① 벽, 바닥, 천장 등의 장소별 또한 마무리 종류별로 면적을 산출한다. 바름폭이 30cm 이하이거나 원주바름일 때는 별도로 계산한다.
② 도면 정미면적(마무리 면적)을 소요면적으로 하여 재료의 소요량을 산출한다.

03 인조석 및 테라초 현장바름

① 바름장소(바닥, 벽 등)별, 마무리 두께별, 갈기방법(손갈기, 기계갈기 및 갈기 횟수별로 면적을 산출한다.
② 도면 정미면적을 소요면적으로 하여 재료의 소요량을 산출한다.

제4절 창호 및 유리공사

01 창호

(1) 목재창호

① 창호의 목재는 문과 창으로 나누어 크기별로 구분하여 짝당으로 계산한다. 따라서 고창, 이중창 등은 상하 내외별로 구분하여 수량을 계산한다.
② 철물수량은 틀의 외곽치수로 면적을 계산한다.

(2) 강재창호

한 개구부마다 틀의 외곽치수로 면적을 계산한다.

02 유리

(1) 판유리

1) 유리는 생산품 치수 중 정미면적에 가장 가까운 것 또는 그 배수가 되는 것으로 매수로 계산한 양을 소요량으로 한다. 단, 사용량이 다량인 경우에는 주문 생산품과 경제성을 비교하여 결정한다.
2) 유리 정미면적은 창호 종류별(목재창호, 강재창호, 알루미늄창호) 및 규격별 또는 유리 종류별·두께별로 구분하여 매수로 계산하며, 유리끼우기 홈의 깊이를 고려한다.
   ① 유리끼우기 홈의 깊이는 보통 7.5mm 정도이다.
   ② 두꺼운 유리라 함은 두께가 5mm 초과한 것을 말한다.
   ③ 유리 닦기는 유리 정미면적을 소요면적으로 한다.

제5절 도장공사

① 칠면적은 도료의 종별·장소별(바탕종별, 내·외부)로 구분하여 산출하며, 도면 정미면적을 소요면적으로 한다.
② 고급, 고가인 도료를 제외하고는 다음의 칠면적 배수표에 의하여 소요면적을 산정한다.

● 칠면적 배수표

구분		소요면적 계산	비고
목재면	양판문(양면칠)	(안목면적)×(3.0~4.0)	문틀, 문선 포함
	유리양판문(양면칠)	(안목면적)×(2.5~3.0)	문틀, 문선 포함
	플러쉬문(양면칠)	(안목면적)×(2.7~3.0)	문틀, 문선 포함
	오르내리창(양면칠)	(안목면적)×(2.5~3.0)	문틀, 문선, 창선반 포함
	미서기창(양면칠)	(안목면적)×(1.1~1.7)	문틀, 문선, 창선반 포함
철재면	철문(양면칠)	(안목면적)×(2.4~2.6)	문틀, 문선 포함
	새시(양면칠)	(안목면적)×(1.6~2.0)	문틀, 창선반 포함
	셔터(양면칠)	(안목면적)×2.6	박스 포함
	철격자(양면칠)	(안목면적)×0.7	
	철제계단(양면칠)	(경사면적)×(3.0~5.0)	
	파이프난간(양면칠)	(높이×길이)×(0.5~1.0)	
철골 표면적	보통구조	33~50m²/ton	
	큰 부재가 많은 구조	23~26.4m²/ton	
	작은 부재가 많은 구조	55~66m²/ton	

※ 수치 중 큰 수치는 복잡한 구조일 때, 작은 수치는 간단한 구조일 때 적용한다.

③ 도료는 정미량에 할증률 2% 이내를 가산하여 소요량으로 한다.

보충) 칠면적 배수표
2013년 품셈에서 제외되었음

CHAPTER 08 핵심 기출문제

01 그림과 같은 옥상 슬래브에 3겹 아스팔트 방수를 할 때의 방수면적을 산출하시오.(단, 패러핏 부분방수의 높이는 40cm이다.)

정답 ① 바닥 = 30 × 15 = 450m²
② 패러핏 = (30 + 15) × 2 × 0.4 = 36m²
∴ ① + ② = 486m²

02 인조석 현장갈기 바닥면적이 12×35m일 때 줄눈대의 전 길이를 산출하시오.(단, 줄눈대의 간격은 90cm로 한다.)

정답 $12 \times \dfrac{35}{0.9}(40개) + 35 \times \dfrac{12}{0.9}(15개) = 1,005m$

03 바닥 미장면적 400m²를 시공하기 위하여 1일에 미장공 5명을 동원할 경우 작업완료에 필요한 소요일수를 산출하시오.(단, 아래와 같은 품셈을 기준으로 한다.)

● 18① · 15④ · 03②

(바닥미장 품셈(m²))

구분	단위	수량
미장공	인	0.05

정답 1m²당 0.05명이 필요하다.(0.05m²에 1명이 필요한 것이 아님에 유의)
① 총소요인원 = 400 × 0.05 = 20인
② 소요일수 = 20 ÷ 5 = 4일

보충 유사문제

바닥 미장면적이 1,000m²일 때, 1일 10인 작업 시 작업 소요일을 구하시오.(단, 아래와 같은 품셈을 기준으로 하며 계산과정을 쓰시오.)

바닥미장 품셈(m²당)		
구분	단위	수량
미장공	인	0.05

① 1,000 × 0.05 = 50인
② 50 ÷ 10 = 5일

> **보충** 다른 유형의 문제
> 도면의 치수가 외측 간으로 주어지는 경우 중심선의 치수로 환산하여 계산한다.

04 다음 그림과 같은 창고를 시멘트벽돌로 신축하고자 할 때 벽돌쌓기량(장)과 내외벽 시멘트 미장시의 미장면적을 구하시오. • 20⑤ · 13① · 09① · 03②

(단, (1) 벽두께는 외벽 1.5B 쌓기, 칸막이벽 1.0B 쌓기로 하고, 벽높이는 안팎 공히 3.6m로 하며, 벽돌은 표준형(190×90×57)으로 할증률은 5%이다.

(2) 창문틀 규격은 $\frac{1}{D}$=2.2×2.4m, $\frac{2}{D}$=0.9×2.4m,

$\frac{3}{D}$=0.9×2.1m, $\frac{1}{W}$=1.8×1.2m

$\frac{2}{W}$=1.2×1.2m이다.)

1) 벽돌량
2) 미장면적

정답 **1. 벽돌량**
① 외벽 : [(20+6.5)×2×3.6−{(2.2×2.4)+(0.9×2.4)+(1.8×1.2×3)
　　　　+(1.2×1.2)}]×224×1.05 = 41,264장
② 내벽 : {(6.5−0.29)×3.6−(0.9×2.1)}×149×1.05 = 3,202장
∴ ①+② = 44,466장

2. 미장면적
① 외벽 : {(20+0.29)+(6.5+0.29)}×2×3.6−{(2.2×2.4)+(0.9×2.4)
　　　　+(1.8×1.2×3)+(1.2×1.2)} = 179.62m²
② 내벽
　㉠ 창고 A : [{5−($\frac{0.29}{2}$+$\frac{0.19}{2}$)}+(6.5−$\frac{0.29}{2}$×2)]×2×3.6
　　　　　　−{(0.9×2.4)+(0.9×2.1)+(1.2×1.2)} = 73.494m²
　㉡ 창고 B : [{15−($\frac{0.19}{2}$+$\frac{0.29}{2}$)}+(6.5−$\frac{0.29}{2}$×2)]×2×3.6
　　　　　　−{(2.2×2.4)+(1.8×1.2×3)+(0.9×2.1)}
　　　　　　= 137.334m²
∴ ①+② = 390.448m²

05 다음 그림과 같은 간이 사무실 건축에서 바닥은 테라초 현장갈기로 하고, 벽은 시멘트 벽돌 바탕에 시멘트 모르타르로 바름할 때 각 공사수량을 산출하시오.

• 05① · 02② · 01③ · 00④

단. (1) 벽두께 : 외벽 1.0B, 내벽 0.5B
(2) 벽돌의 크기 : 표준형으로 사용한다.
(3) 벽돌의 높이 : 2.7m
(4) 외벽 시멘트 모르타르 바름 높이 : 3m
(5) 사무실 내부 걸레받이 높이는 15cm, 테라초 현장갈기 마감
(6) 창호의 크기

①/D : 2,200mm×2,400mm   ②/D : 1,000mm×2,100mm
①/W : 1,800mm×1,200mm   ②/W : 1,200mm×900mm

(7) 벽돌의 할증률 : 5%
(8) 시멘트 벽돌 수량 산출 시 외벽 및 칸막이벽의 길이 산정은 모두 중심거리로 한다.

1) 시멘트 벽돌의 소요량(매)
2) 테라초 현장갈기의 수량(m^2)(단, 사무실 1, 2의 경우)
3) 외벽미장(m^2)

정답 1. **시멘트 벽돌** : 문제조건 중에서 중심 간 길이로 산출
   1) 외벽(1.0B) : [(24+8)×2×2.7−{(2.2×2.4)+(1.8×1.2×6)+
                    (1.2×0.9)}]×149×1.05 = 24,012장
   2) 내벽(0.5B) : {(8×2+4)×2.7−(1×2.1×3)}×75×1.05 = 3,757장
   ∴ 1)+2) = 27,769장

2. **테라초 현장갈기**
   1) 사무실 1
      ① 바닥 : (12−0.14)×(8−0.19) = 92.63m^2
      ② 걸레받이 : [{12−0.14)+(8−0.19)}×2−1]×0.15 = 5.75m^2
   2) 사무실 2
      ① 바닥 : (8−0.14)×(8−0.19) = 61.39m^2
      ② 걸레받이 : [{8−0.14)+(8−0.19)}×2−1]×0.15 = 4.55m^2
   ∴ 1)+2) = 164.32m^2

3. 외벽미장
 {(24+0.19)+(8+0.19)}×2×3-{(2.2×2.4)+(1.8×1.2×6)+(1.2×0.9)}
 = 174.96m²

06 다음 도면을 보고 물량을 산출하시오.   • 24② · 21② · 15① · 11④ · 08③ · 06①

[옥상 평면도]

[A단면 상세도]

(1) 옥상방수 면적(m²)
(2) 누름 콘크리트량(m³)
(3) 보호벽돌 소요량(장)

정답 (1) 옥상방수
① 바닥 = 11×7 − 4×2 = 69m²
② 파라펫 = (11 + 7)×2×0.43 = 15.48m²
∴ ①+② = 84.48m²
(2) 누름 Con'c = 69×0.08 = 5.52m³
(3) 보호벽돌 소요량 = {(11−0.09)+(7−0.09)}×2×0.35×75×1.05
= 982.3
∴ 983장

보충 파라펫 방수

문제조건이 없는 경우에도 30cm 높이까지 방수 면적을 구해야 한다. 이 문제는 도면에서 조건이 제시된 경우이다.

07 그림과 같은 박공지붕에 시멘트 기와를 얹을 경우, 박공지붕의 면적과 시멘트 기와량을 산출하시오.(단, 물매는 4.5cm이고, 할증은 5%로 본다.)

정답 $10 : 4.5 = 5 : x$

$x = \dfrac{4.5 \times 5}{10} = 2.25$

경사길이 $S = \sqrt{5^2 + 2.25^2} = 5.483\text{m}$

∴ ① 지붕면적 = $21 \times 5.483 \times 2 = 230.286\text{m}^2$
 ② 기와량 = 230.286×14장 $\times 1.05 = 3,386$장

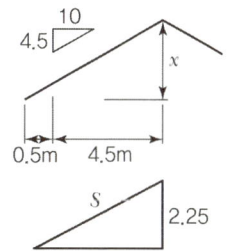

보충 시멘트 기와 수량

시멘트 기와는 지붕면적 1m³당 14장이 필요하다.

08 다음 그림과 같은 모임지붕면적의 정미량을 산출하시오.(단, 지붕물매는 5/10, 처마길이는 50cm이다.)

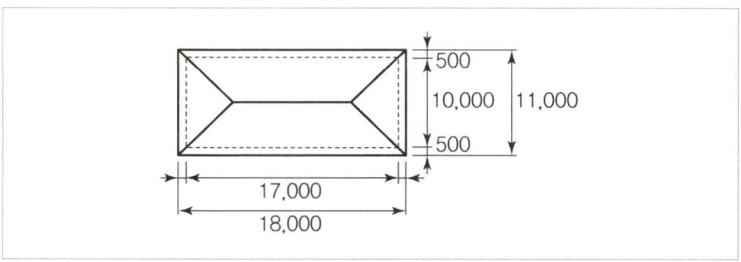

정답 모임지붕 특성상 박공지붕의 면적과 동일하다.

① 대공높이(x) ⇒ $10 : 5 = 5.5 : x$

∴ $x = \dfrac{5 \times 5.5}{10} = 2.75\text{m}$

② 경사길이(S)

$S = \sqrt{5.5^2 + 2.75^2} = 6.15\text{m}$

∴ 지붕면적 = $18 \times 6.15 \times 2 = 221.4\text{m}^2$

09 다음 그림과 같은 모임지붕면적에 시멘트 기와를 이을 때 전체 지붕면적을 산출하시오.(단, 지붕물매는 10 : 5로 한다.)

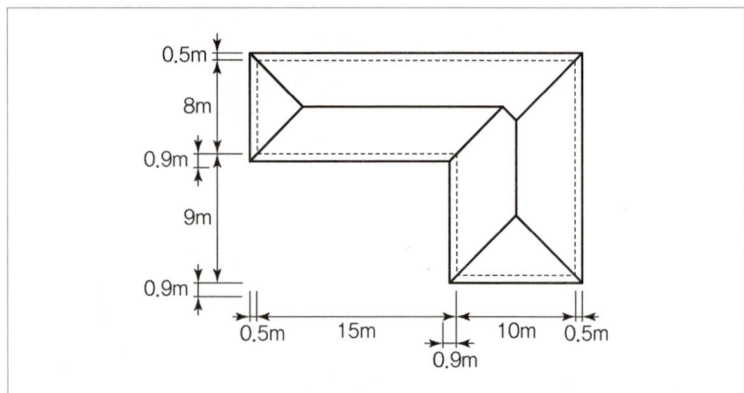

정답 그림과 같이 지붕평면도를 R_1, R_2로 나누어 각각 그 면적을 산출한다.

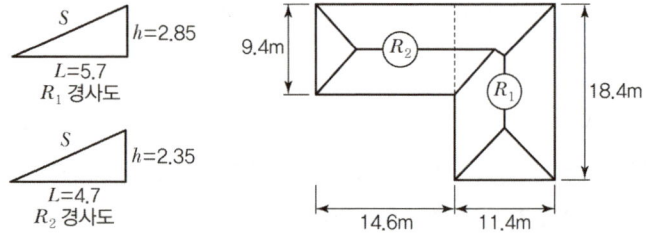

1) R_1 지붕에서 대공 부분의 높이를 h라 하면 10 : 5 = 5.7 : h
   ∴ h = 2.85m
   빗변길이를 S라 하면
   $S = \sqrt{L^2 + h^2} = \sqrt{5.7^2 + 2.85^2} = \sqrt{40.6125} = 6.373m$
   ∴ R_1의 지붕면적(A_1) = 6.373 × 18.4 × 2 = 234.5m²

2) R_2 지붕에서 대공 부분의 높이를 h라 하면 10 : 5 = 4.7 : h
   ∴ h = 2.35m
   빗변길이를 S라 하면
   $S = \sqrt{L^2 + h^2} = \sqrt{4.7^2 + 2.35^2} = 5.254m$
   ∴ R_2의 지붕면적(A_2) = 5.254 × 14.6 × 2 = 153.4m²

따라서, 전체 지붕면적 : A = 1) + 2) = 234.5 + 153.4 = 387.9m²

Engineer Architecture

CHAPTER 09
종합적산

CONTENTS

1. 담장공사 — 151
2. R.C 단층 — 153
3. 조적조 단층 — 155
4. 조적조 단층 — 156
5. 조적조 단층 — 159
6. 조적조 단층 — 161
7. 조적조 단층(경비실) — 163
8. 조적조 단층(경비실) — 165
9. 부패조 — 166
10. 야외 화장실 — 169
11. 줄기초 — 172

미듬 건축기사 실기

멘토스는 당신의 쉬운 합격을 응원합니다!

CHAPTER 09 핵심 기출문제

01 다음과 같은 직선 담장 20m를 공사하고자 한다. 담장공사에 필요한 각 재료량을 산출하시오.

1) 터파기량(m^3 : 휴식각은 45°이고, 토량환산계수 L=1.2, C=0.9)
2) 되메우기량(m^3)
3) 잔토처리량(m^3)
4) 잡석량(m^3)
5) 버림콘크리트량(m^3)
6) 구조체 콘크리트량(m^3)
7) 철근량(kg : 단, D10=0.56kg/m이고, 철근 1개는 8m짜리를 이용하며, 이음길이는 40d로 한다.)
8) 거푸집량(m^2)
9) 적벽돌량(표준형 벽돌, 할증 고려함)
10) 시멘트 벽돌량(표준형 벽돌, 할증 고려함)
11) 미장면적(m^2)
12) 도장면적(m^2)

보충 각 수량의 길이
터파기의 길이가 담장길이 20m보다 길어짐에 유의한다.

보충 지정

보충 이음길이
이음길이 40d는 문제조건에 의한다.

보충 거푸집(부위)

정답 각 부분의 구조물을 정확하게 이해하여 산출한다.

1. **터파기량** = 높이가 1m 미만 ∴ 수직터파기
   ∴ $1m \times 0.95 \times (20 + 0.405 \times 2) = 19.770m^3$

2. **되메우기량** = 터파기량 − 기초구조부 체적(G.L 이하)
   ∴ 기초구조부 체적을 먼저 구하면,
   1) 잡석량 = $0.8 \times 0.2 \times (20 + 0.305 \times 2) = 3.298m^3$
   2) 버림콘크리트 = $0.8 \times 0.05 \times (20 + 0.305 \times 2) = 0.824m^3$
   3) 콘크리트
      ① 기초판 = $0.6 \times 0.2 \times (20 + 0.205 \times 2) = 2.449m^3$
      ② 기초벽(G.L 이하) = $0.19 \times 0.5 \times 20 = 1.9m^3$
      ③ 기초벽(G.L 이상) = $0.19 \times 0.2 \times 20 = 0.76m^3$
      ∴ G.L 이하 기초구조부 체적은 1) + 2) + 3)① + 3)②
        = $3.298 + 0.824 + 2.449 + 1.9 = 8.471$
   ∴ 되메우기량 = $19.770 - 8.471 = 11.299m^3$

3. **잔토처리량** = 기초구조부 체적(G.L 이하) × 토량환산계수
   ∴ $8.471 \times 1.2 = 10.165m^3$

4. **잡석량** = $3.298m^3$
5. **버림콘크리트** = $0.824m^3$
6. **구조체 콘크리트** = 2번의 되메우기 수량 시 산출된 ① + ② + ③ = $5.109m^3$
7. **철근량**
   1) 기초판
      ① 선철근(D10) : $0.6 \times \dfrac{20}{0.2}(101개) = 60.6m$
      ② 점철근(D10) : $[20 + \{40 \times 0.01 \times \dfrac{20}{8}(2개소)\}] \times 3개 = 62.4m$
   2) 기초벽
      ③ 선철근(D10) : $(0.9 + 0.4) \times \dfrac{20}{0.2}(101개) = 131.3m$
      ④ 점철근(D10) : $[20 + \{40 \times 0.01 \times \dfrac{20}{8}(2개소)\}] \times 4개 = 83.2m$
   ∴ ① + ② + ③ + ④ = $337.5 \times 0.56 = 189kg$

8. **거푸집량**
   1) 기초판
      ① 측면 : $0.2 \times (20 + 0.205 \times 2) \times 2 = 8.164m^2$
      ② 마구리 : $0.6 \times 0.2 \times 2 = 0.24m^2$
   2) 기초벽
      ① 측면 : $0.7 \times 20 \times 2 = 28m^2$
      ② 마구리 : $0.19 \times 0.7 \times 2 = 0.266m^2$
   ∴ 1) + 2) = $36.670m^2$

9. 적벽돌량
   1) 담장 : 1.5×20×75×1.03 = 2,318장
   2) 담장 상부 : 벽돌 옆세워 쌓기(1.5B) 수량

   $\therefore \{(\dfrac{1,000}{57+10})\times 1.5\times 20\}\times 1.03 = 462$장

   $\therefore$ 1) + 2) = 2,780장

10. 시멘트 벽돌 : 1.5×20×75×1.05 = 2,363장
11. 미장면적 : (1.7×20) + (0.09×2)×1.7 = 34.306m²
12. 도장면적 : (1.7×20) + (0.09×2)×1.7 = 34.306m²

(보충) 벽돌 옆세워 쌓기(1.5B)

02 다음 그림과 같은 건축물 시공에 필요한 소요 재료량을 산출하시오.

1) 거푸집량(m²)
2) 콘크리트량(m³)
3) 철근량(단, 사용철근 길이 9m, 철근이음은 없는 것으로 한다. 슬래브 상부 Top bar 내민 길이 15cm)
4) 시멘트 벽돌량(표준형, 할증 포함)
5) 옥상 방수면적(단, 치켜올림 높이는 40cm로 한다.)

정답 ● 조적조가 아닌 RC조 건물임에 유의한다.
● 중심 간 길이 (Σl) = (6 + 4.6)×2 = 21.2m
● 기둥 높이 = 3.5 − 0.12 = 3.38m

(보충) 기둥 안목거리
① 수평 : 6 - (0.2×2) = 5.6m
② 수직 : 4.6 - (0.2×2) = 4.2m

(보충) 슬래브

(보충) 슬래브
- 기둥의 상부에는 Hook을 설치한다.
  (Hook = 10.3d)
- 여기서, d는 문제조건에서 주어진 공칭지름을 사용함에 유의한다.
- 대근의 개수는 18개도 무방하다.

(보충) 보
보는 최상층보임에 유의 안목거리 5.6m짜리 2개와 4.2m짜리 2개가 있다.

(보충) 슬래브 철근량
상부근, 하부근, 밴트근의 지름과 간격이 같으므로 한 번에 산출한다.

1. 거푸집량
   1) 기둥 = (0.4+0.4)×2×3.38×4개 = 21.63m²
   2) 보(옆면)
      ① 0.38×2×5.6×2개소 = 8.512m²
      ② 0.38×2×4.2×2개소 = 6.384m²
      ∴ ①+② = 14.896m²
   3) 슬래브(밑) = 7×5.6 = 39.2m²
   4) 슬래브(옆) = (7+5.6)×2×0.12 = 3.02m²
   ∴ 1)+2)+3)+4) = 78.746m²

2. 콘크리트량
   1) 기둥 = 0.4×0.4×3.38×4 = 2.163m³
   2) 보 = ① 0.3×0.38×5.6×2개 = 1.227m³
        ② 0.3×0.38×4.2×2개 = 0.958m³
      ∴ ①+② = 2.235m³
   3) 슬래브 = 7×5.6×0.12 = 4.704m³
   ∴ 1)+2)+3) = 9.102m³

3. 철근량
   1) 기둥
      ① 주근(D19) = (3.5+10.3×0.0191)×4×4 = 59.51m
      ② 보조주근(D16) = (3.5+10.3×0.0159)×2×4 = 29.31m
      ③ 대근(D10) = {(0.4+0.4)×2×$\frac{3.5}{0.2}$(19개)}×4 = 121.6m
   2) 보(5.6m)
      ④ 상부주근(D19) = {6.4+(40+10.3)×0.0191×2}×2×2 = 33.29m
      ⑤ 하부주근(D19) = {5.6+(25+10.3)×0.0191×2}×2×2 = 27.79m
      ⑥ 밴트근(D19) = {6.4+(40+10.3)×0.0191×2+0.828×(0.5-0.1)}×1×2
                    = 17.31m
      ⑦ 늑근(D10) = (0.3+0.5)×2×{$\frac{2.8}{0.15}$(19개)+$\frac{2.8}{0.3}$(10개)}×2 = 92.8m
   3) 보(4.2m)
      ⑧ 상부주근(D19) = {5+(40+10.3)×0.0191×2}×2×2 = 27.69m
      ⑨ 하부주근(D19) = {4.2+(25+10.3)×0.0191×2}×2×2 = 22.19m
      ⑩ 밴트근(D19) = {5+(40+10.3)×0.0191×2+0.828×(0.5-0.1)}×1×2
                    = 14.51m
      ⑪ 늑근(D10) = (0.3+0.5)×2×{$\frac{2.1}{0.15}$(14개)+$\frac{2.1}{0.3}$(7개)}×2 = 67.2m
   4) 슬래브
      ⑫ 주근(D13) = 5.6×$\frac{7}{0.15}$(48개) = 268.8m
      ⑬ 주근톱바(D13) = (1.725+0.15)×$\frac{3.55}{0.3}$(12개)×2 = 45m
      ⑭ 부근(D10) = 7×$\frac{5.6}{0.2}$(29개) = 203m
      ⑮ 부근톱바(D10) = (1.725+0.15)×$\frac{2.15}{0.4}$(6개)×2 = 22.5m
   ∴ D10 = ③+⑦+⑪+⑭+⑮ = 507.1m×0.56kg/m = 283.98kg
     D13 = ⑫+⑬ = 313.8m×0.995kg/m = 312.23kg
     D16 = ② = 29.31m×1.56kg/m = 45.72kg
     D19 = ①+④+⑤+⑥+⑧+⑨+⑩ = 201.93m×2.25kg/m = 454.34kg

4. 벽돌량
   1) 벽체 = {(5.6+4.2)×2×3−(0.96×2.1+1.2×1.2+1.2×0.6×2)}×224×1.05
      = 12,679장
   2) 패러핏(0.5B) = (6.91 + 5.51)×2×0.7×75×1.05 = 1,370장
   ∴ 1)+2) = 14,049장

5. 방수
   1) 바닥 = 6.82×5.42 = 36.96m²
   2) 패러핏 = (6.82 + 5.42)×2×0.4 = 9.79m²
   ∴ 1)+2) = 46.75m²

보충 패러핏 벽돌 중심 간 길이
① 가로 = 7−0.09 = 6.91m
② 세로 = 5.6−0.09 = 5.51m

03 아래 평면 및 A−A′ 단면도를 보고 벽돌조 건물에 대해 요구하는 재료량을 산출하시오.(단, 벽돌 수량 산출은 벽체 중심선으로 하고, 할증은 무시, 콘크리트량, 거푸집량은 정미량) ● 04③ · 03③ · 01② · 00① · 99⑤ · 99② · 98②

1) 벽돌량(외벽 1.0B 붉은 벽돌, 내벽 0.5B 시멘트 벽돌, 벽돌크기 (190×90×57mm), 줄눈너비(10mm)
2) 콘크리트량(단, 버림콘크리트 제외)
3) 거푸집량(단, 버림콘크리트 제외)

> **보충) 높이**
> 외벽의 높이와 내벽의 높이가 같지 않음에 유의한다.

> **보충) 내벽길이**
> $4.5 \times 2 + 4 + 3 = 16m$

> **보충) 보**
> 보 부분의 수량산출은 빗금 친 부분만 산출

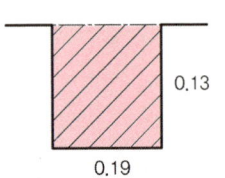

> **보충) 거푸집 공제**
> 알루미늄 창호 부분은 거푸집을 설치하고 구조체를 만든 후에 설치하므로 그 부분의 면적은 공제하지 않는다.

정답 ● 벽체 중심 간 길이($\sum l$) = $(9+8) \times 2 = 34m$

1. **벽돌량** : 문제조건에 의해 중심 간 길이로 산출
   1) 외벽(1.0B) : $[(9+8) \times 2 \times 2.4 - \{(1 \times 2.1) + (2.4 \times 1.2 \times 4) + (2.4 \times 1.5)\}]$
      $\times 149 = 9,593$장
   2) 내벽(0.5B) : $\{(16 \times 2.53) - (1 \times 2.1 \times 2)\} \times 75 = 2,721$장
   ∴ 붉은 벽돌 = 9,593장, 시멘트 벽돌 = 2,721장

2. **콘크리트량**
   1) 기초판 : $0.4 \times 0.2 \times 34 = 2.72m^3$
   2) 기초벽 : $0.19 \times 0.85 \times 34 = 5.49m^3$
   3) 바닥 : $(9-0.19) \times (8-0.19) \times 0.15 = 10.32m^3$
   4) 보 : $0.19 \times 0.13 \times 34 = 0.84m^3$
   5) 슬래브 : $9.9 \times 8.9 \times 0.12 = 10.57m^3$
   6) 패러핏 : $0.1 \times 0.2 \times (9.8 + 8.8) \times 2 = 0.74m^3$
   ∴ 1) + 2) + 3) + 4) + 5) = $30.68m^3$

3. **거푸집량**
   1) 기초판 : $0.2 \times 2 \times 34 = 13.6m^2$
   2) 기초벽 : $0.85 \times 2 \times 34 = 57.8m^2$
   3) 보측면 : $0.13 \times 2 \times 34 = 8.84m^2$
   4) 슬래브(밑) : $9.9 \times 8.9 = 88.11m^2$
   5) 공제부분(벽체) : $\{(9+8) \times 2 - (2.4 \times 5)\} \times 0.19 = 4.18m^2$
   6) 슬래브(옆) : $(9.9 + 8.9) \times 2 \times 0.12 = 4.51m^2$
   7) 패러핏 : $(9.8 + 8.8) \times 2 \times 2 \times 0.2 = 14.88m^2$
   ∴ 1) + 2) + 3) + 4) - 5) + 6) + 7) = $183.56m^2$

04 다음 도면을 참조하여 잡석 다짐량(m³), 콘크리트량(m³), 거푸집량(m²), 철근량(kg), 벽돌량(매)의 할증을 고려한 소요량을 산출하시오.(단, D10 = 0.56kg/m이고, 벽돌은 표준형 시멘트 벽돌이다.)

평면도

정면도

배면도

측면도

A-A′ 단면도

※ 모든 철근은 D10을 이용하고 철근 간격은 도면 개수를 역산하여 적용한다. 단, Top Bar 1개의 길이는 1m로 한다.

장변단면도

정답
- 벽체 중심 간 길이(Σl) = (3.2 + 2.2) × 2 = 10.8m
- 갤러리는 각 창문 밑에 1개씩 총 3개

1. **잡석량**
   1) 줄기초 = 0.8 × 0.2 × 10.8 = 1.728m³
   2) 바닥 = (3.2 − 0.2) × (2.2 − 0.2) × 0.2 = 1.2m³
   3) 현관 = 1.6 × 1.1 × 0.2 = 0.352m³   ∴ 1) + 2) + 3) = 3.28m³

보충 현관 부분상세도

(보충) 현관 부분상세도

(보충) C – C' 단면도

(보충) 난간 부분상세도

2. 콘크리트량

1) 기초판 = $0.6 \times 0.2 \times 10.8 = 1.296 m^3$
2) 기초벽 = $0.2 \times 1 \times 10.8 = 2.16 m^3$
3) 바닥 = $3 \times 2 \times 0.15 = 0.9 m^3$
4) 현관
   ① 수직 = $0.1 \times 0.2 \times (1.1 \times 2 + 1.8)$
            = $0.08 m^3$
   ② 수평 = $1.8 \times 1.2 \times 0.2 = 0.432 m^3$
5) 슬래브 = $4.2 \times 3.2 \times 0.15 = 2.016 m^3$
6) 난간부 = $0.09 \times 0.1 \times (4.11 + 3.11) \times 2 + 0.09 \times 0.1 \times 0.5 \times (3.93 + 2.93) \times 2$
          = $0.192 m^3$
∴ 1) + 2) + 3) + 4) + 5) + 6) = $7.076 m^3$

3. 거푸집량

1) 기초판 = $0.2 \times 2 \times 10.8$
           = $4.32 m^2$
2) 기초벽 = $1 \times 2 \times 10.8 = 21.6 m^2$
3) 현관 = $(1.8 + 1.2 \times 2) \times 0.4$
         = $1.68 m^2$
4) 슬래브(밑) = $4.2 \times 3.2 = 13.44 m^2$
5) 공제 부분(벽체) = $10.8 \times 0.19 = 2.05 m^2$
6) 슬래브(옆) = $(4.2 + 3.2) \times 2 \times 0.15 = 2.22 m^2$
7) 난간부 = $(4.2 + 3.2) \times 2 \times 0.1 + \sqrt{0.1^2 + 0.09^2} \times (3.93 + 2.93) \times 2$
          = $3.33 m^2$
∴ 1) + 2) + 3) + 4) − 5) + 6) + 7) = $44.54 m^2$

4. 철근량

슬래브 철근 개수는 도면을 보고 파악하므로 다음과 같다.

주근				부근			
상부	하부	밴트	톱바	상부	하부	밴트	톱바
4개×2	14개	7개	6개×2	4개×2	11개	4개	3개×2

1) 주근(D10) = $3.2 \times 29개 = 92.8 m$
2) 주근톱바(D10) = $1 \times 6개 \times 2 = 12 m$
3) 부근(D10) = $4.2 \times 23개 = 96.6 m$
4) 부근톱바(D10) = $1 \times 3개 \times 2 = 6 m$
∴ 1) + 2) + 3) + 4) = $207.4 m \times 0.56 kg/m = 116.144 kg \times 1.03 = 119.63 kg$

5. 벽돌

1) 외벽(1.0B) = $\{10.8 \times 2.4 - (1.5 \times 1.2 + 0.6 \times 0.6 \times 2 + 1.8 \times 1.8 + 0.4 \times 0.3 \times 3)\} \times 149 \times 1.05 = 3,098장$
2) 난간(0.5B) = $(4.11 + 3.11) \times 2 \times 0.15 \times 75 \times 1.05 = 171장$
∴ 1) + 2) = $3,269장$

05 주어진 도면에 대하여 다음 수량을 산출하시오.(단, 소수점 셋째 자리에서 반올림한다.)

1) 콘크리트(m^3) (단, 배합비에 관계없이 전 콘크리트량을 산출하되 G.L의 바닥 콘크리트는 평균두께 150mm로 산출할 것)
2) 거푸집 면적(m^2) (단, 창문 먼저 세우기)
3) 시멘트 벽돌 소요량(매) (단, 표준형을 사용하며 물량 산출 시는 할증량도 포함시킬 것)
4) 내벽 미장면적(m^2)

보충 현관 부분

보충 현관 부분의 높이

현관 부분의 높이는 콘크리트 두께(150)와 잡석두께(150)의 합
∴ 0.3

정답

1. **콘크리트량**
   1) 버림 = 0.8×0.05×(5.8+3.6)×2 = 0.75m³
   2) 기초판 = 0.6×0.2×18.8 = 2.26m³
   3) 기초벽 = 0.19×0.8×18.8 = 2.86m³
   4) 바닥판 = (5.8−0.19)×(3.6−0.19)×0.15 = 2.87m³
   5) 현관
      ① 수직 = $0.1 \times 0.15 \times [2.2 + \{1.2 - (0.1 + \frac{0.19}{2})\} \times 2] = 0.06m^3$
      ② 수평 = $2.2 \times (1.2 - \frac{0.19}{2}) \times 0.15 = 0.36m^3$
   6) 보 = 0.19×0.2×18.8 = 0.71m³
   7) 슬래브 = 7.4×5.2×0.12 = 4.62m³
   ∴ 1)+2)+3)+4)+5)+6)+7) = 14.49m³

2. **거푸집 면적**
   1) 버림콘크리트 = 0.05×2×18.8 = 1.88m²
   2) 기초판 = 0.2×2×18.8 = 7.52m²
   3) 기초벽 = 0.8×2×18.8 = 30.08m²
   4) 현관 = 0.3×(2.2+1.105×2) = 1.32m²
   5) 보옆 = 0.2×2×18.8 = 7.52m²
   6) 슬래브(밑) = 7.4×5.2 = 38.48m²
   7) 공제 부분 = 0.19×18.8 = 3.57m²(창문 먼저 세우기임)
   8) 슬래브(옆) = (7.4+5.2)×2×0.12 = 3.02m²
   ∴ 1)+2)+3)+4)+5)+6)−7)+8) = 86.25m²

3. **벽돌량**(개구부 크기 평면과 단면에서 결정)
   1) 벽(1.0B) = [18.8×2.4−{(1.8×2.4)+(1.2×0.8×2)}]×149×1.05
              = 6,083장
   2) 난간(0.5B) = {(7.4−0.1)+(5.2−0.1)}×2×0.2×75×1.05 = 391장
   ∴ 1)+2) = 6,474장

4. **내벽 미장면적**
   = {(5.8−0.19)+(3.6−0.19)}×2×2.6−{(1.2×0.8×2)+(1.8×2.4)}
   = 40.66m²

06 도면을 보고 다음에 요구하는 각 재료량을 산출하시오.(단, 모든 수량은 정미량으로 한다.)

B부분 상세도

1) 시멘트벽돌 수량(매)을 구하시오.(단, 사용벽돌은 표준형 : 190×90×57)
2) 내벽, 내부 바닥 미장면적(m²)을 구하시오.(단, 천장은 제외)
3) 옥상 아스팔트 방수면적(m²)을 구하시오.
4) 구체 콘크리트량(m³)을 구하시오.(단, 각 구조부재를 구분하여 산출하시오.)
5) 기초 디딤판 및 바닥판의 잡석량(m³)을 산출하시오.

정답

1. 시멘트벽돌량
  1) 외벽 : {(9+9)×2×2.6−{(2×2.5)+(1×1.5×6)}]×149 = 11,861장
  2) 난간 : {(9+0.35×2)+(9+0.35×2)}×2×0.3×75 = 873장
  ∴ 1)+2) = 12,734장

2. 미장면적
  1) 내벽 : {(9−0.19)+(9−0.19)}×2×3.1−{(2×2.5)+(1×1.5×6)} = 95.24m²
  2) 바닥 : 8.8×8.8 = 77.44m²
  ∴ 1)+2) = 172.68m²

3. 옥상방수
  1) 바닥 : (10−0.1×2)×(10−0.1×2) = 96.04m²
  2) 난간 : (9.8+9.8)×2×0.3 = 11.76m²
  ∴ 1)+2) = 107.80m²

4. 구체 콘크리트량
  1) 기초판 : 0.6×0.2×36 = 4.32m³
  2) 기초벽 : 0.2×1.1×36 = 7.92m³
  3) 바닥 : 8.8×8.8×0.2 = 15.488m³
  4) 디딤판
      ① 기초 : 0.2×0.2×(4+0.7×2) = 0.216m³
      ② 바닥 : 4×0.9×0.2 = 0.72m³
  5) 보 : 0.2×0.5×36 = 3.6m³
  6) 캔틸레버 : 4×0.9×0.2 = 0.72m³
  7) 슬래브 : 10×10×0.2 = 20m³
  8) 난간
      ① 수직 : 0.1×0.3×{(10−0.1)+(10−0.1)}×2 = 1.188m³
      ② 수평 : 0.3×0.1×{(10−0.3)+(10−0.3)}×2 = 1.164m³
  ∴ 총량 = 1)+2)+3)+4)+5)+6)+7)+8) = 55.336m³

5. 잡석량
  1) 기초 : 1×0.2×36 = 7.2m³
  2) 바닥 : 8.8×8.8×0.2 = 15.488m³
  3) 디딤판 : 3.6×0.7×0.2 = 0.504m³
  ∴ 1)+2)+3) = 23.192m³

보충 난간 상세도

B부분 상세도

보충 디딤판 기초(수직)

07 주어진 도면을 보고 다음에 요구하는 각 재료량을 산출하시오.(단, 소수점 셋째 자리에서 반올림한다.)

1) 콘크리트(m^3) : 배합비에 관계없이 전 콘크리트량
2) 거푸집면적(m^2)
3) 시멘트 벽돌 소요량(장) : 사용 벽돌은 표준형으로 소요량은 쌓기량에 할증률을 포함한다.
4) 숙직실 내벽 미장면적(m^2)

> 보충 **패러핏**
> ① 처마선의 길이가 좌우, 상하가 같지 않음에 유의한다.
> ② 도면에는 바닥 THK 120으로 되어 있으나 수량산출 시 평균 두께 150으로 산출

> 보충 **패러핏의 길이**
>
>

> 보충 **거푸집 설치 개구부**
> AW-2 2개, AW-1 1개의 개구부 부분에는 거푸집을 설치한다.

> 보충 **내벽길이**
> 내벽(0.5B)의 중심 간 길이 = 6.6

정답 ● 외벽 중심 간 길이(Σl) = (6 + 4.2) × 2 = 20.4m

1. 콘크리트량
   1) 버림 = 0.65 × 0.06 × 20.4 = 0.8m³
   2) 기초판 = 0.45 × 0.2 × 20.4 = 1.84m³
   3) 기초벽 = 0.18 × 0.85 × 20.4 = 3.12m³
   4) 바닥 = (6 − 0.18) × (4.2 − 0.18) × 0.15 = 3.51m³
   5) 보 = 0.2 × 0.18 × 20.4 = 0.73m³
   6) 슬래브 = 7.05 × 5.25 × 0.12 = 4.44m³
   7) 패러핏 = (6.95 + 5.15) × 2 × 0.1 × 0.2 = 0.48m³
   ∴ 1) + 2) + 3) + 4) + 5) + 6) + 7) = 14.92m³

2. 거푸집량
   1) 버림 = 0.06 × 2 × 20.4 = 2.45m²
   2) 기초판 = 0.2 × 2 × 20.4 = 8.16m²
   3) 기초벽 = 0.85 × 2 × 20.4 = 34.68m²
   4) 보(옆) = 0.18 × 2 × 20.4 = 7.34m²
   5) 슬래브(밑) = 7.05 × 5.25 = 37.01m²
   6) 공제(보밑) = {20.4 − (2.4 + 1.2 × 2)} × 0.19 = 2.96m²
   7) 슬래브(옆) = (7.05 + 5.25) × 2 × 0.12 = 2.95m²
   8) 패러핏 = 0.2 × 2 × (6.95 + 5.15) × 2 = 9.68m²
   ∴ 1) + 2) + 3) + 4) + 5) − 6) + 7) + 8) = 98.99m²

3. 벽돌량
   1) 외벽(1.0B)
      = {20.4 × 2.4 − (2.4 × 1.5 + 1.2 × 1.2 + 1.2 × 0.9 + 0.9 × 2)} × 149 × 1.05
      = 6,421장
   2) 내벽(0.5B)
      = $[\{6.6 - (\frac{0.19}{2} \times 3 + \frac{0.09}{2})\} \times 2.58 - (0.9 \times 2 + 0.7 \times 2)] \times 75 \times 1.05$
      = 1,022장
   ∴ 1) + 2) = 7,443장

4. 미장면적(숙직실)
   = $\{(2.4 - \frac{0.09}{2} - \frac{0.19}{2}) + (2.1 - \frac{0.09}{2} - \frac{0.19}{2})\} \times 2 \times 2.58 - (1.2 \times 1.2 + 0.9 \times 2)$
   = 20.08m²

08 다음 도면을 참조하여 아래 물음에 답하시오.   • 05③ · 02①

1) 배합비와 관계없이 전체 콘크리트량
2) 거푸집량
3) 벽돌량(① 시멘트벽돌, ② 붉은 벽돌) : 벽돌은 표준형 벽돌로 할증을 고려하며, 외벽은 중심선으로 산출하고, 칸막이벽은 실제거리로 한다.
4) 숙직실 내부 미장에 필요한 시멘트, 모래량(단, 모르타르 배합비는 1 : 3이다.)

정답 ● 벽체 중심 간 길이(Σl) = (6.4+4.4)×2 = 21.6m

1. **콘크리트량**
   1) 버림 = 0.8×0.06×21.6 = 1.037m³
   2) 기초판 = 0.6×0.2×21.6 = 2.592m³
   3) 기초벽 = 0.33×0.75×21.6 = 5.346m³
   4) 바닥 = (6.4−0.33)×(4.4−0.33)×0.13 = 3.212m³
   5) 보 = 0.33×0.18×21.6 = 1.283m³
   6) 슬래브 = (6.4+0.55+0.7)×(4.4+0.55+0.7)×0.12 = 5.187m³

보충 두께

도면에서는 바닥 콘크리트의 THK가 120으로 표기되어 있으나 하단의 조건에서 130을 산출하라는 규정에 의거한다.

7) 패러핏 = $0.1 \times 0.2 \times (7.55 + 5.55) \times 2 = 0.524m^3$
∴ 1) + 2) + 3) + 4) + 5) + 6) + 7) = $19.181m^3$

2. 거푸집량
1) 버림 = $0.06 \times 2 \times 21.6 = 2.59m^2$
2) 기초판 = $0.2 \times 2 \times 21.6 = 8.64m^2$
3) 기초벽 = $0.75 \times 2 \times 21.6 = 32.4m^2$
4) 보(옆) = $0.18 \times 2 \times 21.6 = 7.78m^2$
5) 슬래브(밑) = $7.65 \times 5.65 = 43.22m^2$
6) 공제 부분 = $\{(6.4 + 4.4) \times 2 - (2.4 + 1.4 + 1.2)\} \times 0.33 = 5.48m^2$
7) 슬래브(옆) = $(7.65 + 5.65) \times 2 \times 0.12 = 3.19m^2$
8) 패러핏 = $0.2 \times 2 \times (7.55 + 5.55) \times 2 = 10.48m^2$
∴ 1) + 2) + 3) + 4) + 5) - 6) + 7) + 8) = $102.82m^2$

3. 벽돌량 ⇒ 외벽은 문제조건에 의거 중심 간 길이로 산출
1) 붉은벽돌(0.5B) = $[(6.4 + 4.4) \times 2 \times 2.4 - \{(2.4 \times 1.2) + (1.4 \times 1.2)$
$+ (1.2 \times 1.2) + (0.9 \times 2.0)\}] \times 75 \times 1.03 = 3,403$장
2) 시멘트벽돌(1.0B) = $[(6.4 + 4.4) \times 2 \times 2.4 - \{(2.4 \times 1.2) + (1.4 \times 1.2)$
$+ (1.2 \times 1.2) + (0.9 \times 2.0)\}] \times 149 \times 1.05 = 6,891$장
3) 시멘트 벽돌(0.5B) = $[(4.4 - 0.33) \times 2.58 - (0.9 \times 2.0)] \times 75 \times 1.05 = 686$장
∴ 붉은 벽돌 = 3,403장, 시멘트벽돌 = 2) + 3) = 7,577장

4. 숙직실 내부 미장에 필요한 시멘트, 모래량
1) 내부 미장면적 : 외벽 부분은 테두리보 부분 노출 콘크리트이므로 내벽과 높이가 다른 점에 유의하여 산출한다.
  ① 외벽 : $[\{2.6 - (\frac{0.33}{2} + \frac{0.09}{2})\} \times 2 + (4.4 - 0.33)] \times 2.4 - \{(1.4 \times 1.2)$
$+ (1.2 \times 1.2)\} = 18.12m^2$
  ② 내벽 : $(4.4 - 0.33) \times 2.58 - (0.9 \times 2.0) = 8.7m^2$
  ∴ ① + ② = $26.82m^2$
2) 모르타르량 = $26.82 \times 0.018 = 0.483m^3$
3) 시멘트량 : 배합비가 1 : m일 때 모르타르 $1m^3$당 각 재료량은 아래와 같은 공식을 이용한다.
$$C = \frac{1}{(1+m) \times (1-n)} = \frac{1}{(1+3) \times (1-0.25)} = 0.33m^3$$
$= 0.33m^3 \times 1,500kg/m^3 = 495kg$
여기서, C : 시멘트량(m^3), m : 배합비, n : 할증(조건이 없으면 25%)
∴ $0.483 \times 495 = 239.09kg$
4) 모래량 = 1 : m = $0.33 \times 3 = 0.99m^3$
∴ $0.483 \times 0.99 = 0.478m^3$

보충 창호길이
① AW-1의 길이 : 2.4m
② AW-2의 길이 : 1.4m
③ AW-3의 길이 : 1.2m

보충 외벽
외벽은 공히 중심 간 길이로 산출한다.

보충 시멘트 벽돌
최종 답란이 한 칸으로 구성되어 있으면 붉은벽돌과 시멘트벽돌을 합산한 수량으로 기입하나 그렇지 않은 경우는 두 벽돌을 나누어서 기입한다.

보충 내부미장
외벽 상하, 좌측 부분

보충 시멘트 단위 용적 중량
$1,500kg/m^3$

---

09 다음 도면을 보고 아래에서 요구하는 물량을 산출하시오. •98⑤

① 계산은 소수 셋째 자리에서 반올림하시오.
② 철근의 Hook 길이는 10.3d로 하고, 이음 및 정착길이는 40d로 하며, 철근의 피복두께는 고려하지 않는다.
③ 철근단위중량 D10 = 0.56kg/m, D13 = 0.995kg/m, D16 = 1.56kg/m
④ 할증은 고려하지 않고 정미량으로 산출한다.
⑤ 흙의 휴식각 θ(각도) = 45°로 한다.

평면도

상부슬래브 배근도

슬래브 개구부 보강근

단면도

1) 철근량(kg)
2) 거푸집량(m^2) (버림콘크리트 부분은 제외)
3) 콘크리트량(m^3) (버림콘크리트 부분은 제외)
4) 흙파기 시 흙의 되메우기량(m^3)

정답 **1. 철근량**

1) 기초판

① 장변방향(D13) = {$4.95 \times \dfrac{2.7}{0.25}$(12개)×2(상하)} = 118.8m

② 단변방향(D13) = {$2.7 \times \dfrac{4.95}{0.25}$(21개)×2(상하)} = 113.4m

2) 외벽 ⇒ 중심 간 길이 = (4.35 + 2.1)×2 = 12.9m

③ 수직근(D10) = {$(2.05 + 40 \times 0.01 \times 2) \times \dfrac{12.9}{0.2}$(65개)×2} = 370.5m

④ 수평근(D10) = {$(12.9 + 40 \times 0.01 \times 3) \times \dfrac{2.05}{0.2}$(12개)×2} = 338.4m

3) 내벽(THK 200)

⑤ 수직근(D10) = {$(0.65 + 40 \times 0.01) \times \dfrac{1.2}{0.2}$(7개)×2 = 14.7m

= {$(1.75 + 40 \times 0.01 \times 2) \times \dfrac{0.7}{0.2}$(5개)}×2 = 25.5m

---

보충 **문제풀이 순서**

주어진 번호순서대로 풀지 않고 철근량을 제외한 나머지 수량을 산출한 후 마지막에 철근량을 산출하는 것이 유리하다.

보충 **기초판**

보충 **이음 및 정착길이**

이음 및 정착길이는 문제조건에 의거 40d로 한다.

수평근: 이음길이 3개소

수직근: 정착길이 2개소

보충 내벽(THK 200)

보충 내벽(THK 150)

중간에 개구부가 있지만 철근량 산출 시는 THK 200벽과 똑같은 모양으로 놓고 산출하되 정착개소가 달라짐에 유의한다.

보충 상부주근

문제의 조건에 의거 정착길이는 40d 이다.

보충 벽체거푸집 산출 시

벽체거푸집 산출 시는 철근량 산출 시와 동일하게 각 부재별로 나누어 산출할 수 있으나 풀이과정이 복잡하게 되므로 아래와 같이 하는 것이 간단하게 구할 수 있는 방법이다.

⑥ 수평근(D10) = $\{(1.9+40\times0.01\times2)\times\dfrac{0.65}{0.2}(5개)\}\times2 = 27m$

= $\{(0.7+40\times0.01)\times\dfrac{1.1}{0.2}(6개)\}\times2 = 13.2m$

4) 내벽(THK 150)

⑦ 수직근(D10) = $\{(1.9+40\times0.01\times2)\times\dfrac{1.1}{0.2}(7개)\}\times2 = 37.8m$

= $\{(1.3+40\times0.01\times2)\times\dfrac{0.8}{0.2}(5개)\}\times2 = 21m$

⑧ 수평근(D10) = $\{(1.9+40\times0.01\times2)\times\dfrac{1.3}{0.2}(8개)\}\times2 = 43.2m$

= $\{(1.1+40\times0.01\times2)\times\dfrac{0.6}{0.2}(4개)\}\times2 = 15.2m$

5) 보 : 최상층 보 개념

⑨ 상부주근(D16) = $\{2.3+(40+10.3)\times0.016\times2\}\times2 = 7.82m$

⑩ 하부주근(D16) = $\{1.9+(40+10.3)\times0.016\times2\}\times2 = 7.02m$

⑪ 늑근(D10) = $(0.2+0.3)\times2\times\dfrac{1.9}{0.2}(11개) = 11m$

6) 상부 슬래브

⑫ 상부주근(D10) = $(2.3+40\times0.01\times2)\times\dfrac{4.15}{0.2}(22개) = 68.2m$

⑬ 하부주근(D10) = $(1.9+40\times0.01\times2)\times\dfrac{4.15}{0.2}(22개) = 59.4m$

⑭ 상부부근(D10) = $(4.55+40\times0.01\times2)\times\dfrac{1.9}{0.2}(11개) = 58.85m$

⑮ 하부부근(D10) = $(4.15+40\times0.01\times2)\times\dfrac{1.9}{0.2}(11개) = 54.45m$

⑯ 개구부 보강근(D13) = $1.2\times2\times4\times3 = 28.8m$

∴ D10 = ③ + ④ + ⑤ + ⑥ + ⑦ + ⑧ + ⑪ + ⑫ + ⑬ + ⑭ + ⑮ = 1,158.4m
   = $1,158.4\times0.56 = 648.704kg$

∴ D13 = ① + ② + ⑯ = $261\times0.995 = 259.695kg$

∴ D16 = ⑨ + ⑩ = $14.84\times1.56 = 23.15kg$

∴ 총중량 = D10 + D13 + D16 = 931.549kg

2. 거푸집량 ⇒ $1m^2$ 이하의 개구부는 공제하지 않는다.

   1) 기초판 = $0.2\times(4.95+2.7)\times2 = 3.06m^2$

   2) 벽외부 = $2.05\times(4.55+2.3)\times2 = 28.09m^2$

   3) 벽내부 = $1.9\times\{(1.9+1.9)\times2+(0.95+1.9)\times2+(0.95+1.9)\times2\}$
      $-(1.2\times1.1\times2)+(1.2+1.1)\times2\times0.2 = 34.38m^2$

   ※ 벽체(THK200)의 개구부는 $1m^2$ 이상이므로 공제를 한다.
      ∴ 개구부는 공제하는 대신 마구리면 거푸집을 산출해야 한다.

   4) 슬래브 = $1.9\times1.9+0.95\times1.9\times2 = 7.22m^2$

   ∴ 1) + 2) + 3) + 4) = $73.15m^2$

3. 콘크리트량

   1) 기초판 = $4.95\times2.7\times0.2 = 2.673m^3$

   2) 외벽 = $0.2\times1.9\times(4.35+2.1)\times2 = 4.902m^3$

   3) 내벽(THK200) = $(0.2\times1.9\times1.9)-(1.2\times1.1\times0.2) = 0.458m^3$

   4) 내벽(THK150) = $(0.15\times1.9\times1.9)-(0.8\times0.6\times0.15) = 0.47m^3$

   5) 슬래브 = $(4.55\times2.3\times0.15)-(\dfrac{3.14\times0.45\times0.45}{4})\times3\times0.15 = 1.498m^3$

   ∴ 1) + 2) + 3) + 4) + 5) = $10.001m^3$

4. **되메우기량** = 터파기량 − 기초구조부 체적(G.L 이하, 내부공간 포함)
   1) 터파기량 : 휴식각이 θ = 45° 이므로 수직터파기, 또한 4m 이하이므로 기초 측면에서 여유거리 50cm
   ∴ (4.95 + 0.5 × 2) × (2.7 + 0.5 × 2) × 2.25 = 49.534m³
   2) 기초구조부 체적
      ① 지정 = 5.15 × 2.9 × 0.25 = 3.734m³
      ② 기초판 = 4.95 × 2.7 × 0.2 = 2.673m³
      ③ 구체 = 4.55 × 2.3 × 1.8 = 18.837m³
      ∴ ① + ② + ③ = 25.244m³
   ∴ 1) − 2) = 49.534 − 25.244 = 24.29m³

> (보충) **내벽**
> 내벽(THK 200)에 보 부분의 콘크리트량 포함(거푸집 동일하게 산출)

> (보충) **경사각 = 휴식각 2배**
> 여기서 반드시 그 조건 때문이 아니라 일반적으로 터파기 높이가 1.5m 이상인 경우 흙막이 벽을 설치해야 한다는 규정과 병행한 것임

10 다음 야외용 화장실 도면을 참조하여 아래의 요구하는 물량을 산출하시오.

A-A' 단면도

B-B' 단면도

1) 잡석량(m³)
2) 버림콘크리트량(m³)
3) 구조체 콘크리트량(m³)
4) 거푸집량(m²)
5) 철근량(kg) (단, D13=0.995kg/m이고, 이음정착은 고려하지 않으며, 할증은 고려한다.)
6) 벽돌량(매) (단, 모든 벽돌은 표준형의 시멘트 할증으로 고려한다.)

정답

1. 잡석량
   1) 부패조 = $2.6 \times 1.6 \times 0.3 = 1.248 m^3$
   2) 바닥 = $(1 \times 2.6 + 1.3 \times 1) \times 0.3 = 1.17 m^3$
   ∴ 1) + 2) = $2.418 m^3$

2. 버림콘크리트량 : $2.6 \times 1.6 \times 0.05 = 0.208 m^3$

3. 구조체 콘크리트량
   1) 부패조
      ① 바닥 = $2.4 \times 1.4 \times 0.2 = 0.672 m^3$
      ② 벽 = $(2.2 + 1.2) \times 2 \times 0.2 \times 0.9 = 1.244 m^3$
      ③ 슬래브 = $2.4 \times 1.4 \times 0.15 - \{(0.5 \times 0.3 \times 0.15) + (0.4 \times 0.6 \times 0.15)\}$
         = $0.446 m^3$
      ④ 뚜껑부위 = $(0.5 + 0.7) \times 2 \times 0.05 \times 0.1 = 0.012 m^3$
      ⑤ 보 = $0.2 \times 0.3 \times 1 = 0.06 m^3$
   2) 바닥 = $(1 \times 2.6 + 1.3 \times 1) \times 0.15 = 0.585 m^3$
   3) 차단벽 기초
      ① 기초판 = $0.3 \times 0.3 \times 2.6 = 0.234 m^3$
      ② 기초벽 = $0.2 \times 0.7 \times 2.6 = 0.364 m^3$
   4) 소변실 기초
      ① 기초판 = $0.3 \times 0.3 \times (1.4 + 1.1) = 0.225 m^3$
      ② 기초벽 = $0.2 \times 0.7 \times (1.4 + 1.1) = 0.35 m^3$
   5) 슬래브 = $3.1 \times 2.2 \times 0.15 = 1.023 m^3$
   6) 난간 = $(3 + 2.1) \times 2 \times 0.1 \times 0.25 = 0.255 m^3$
   ∴ 1) + 2) + 3) + 4) + 5) + 6) = $5.47 m^3$

4. 거푸집량 ⇒ $1m^2$ 이하의 개구부 면적은 공제하지 않는다.
   1) 부패조
      ① 벽외측 = $(2.4 + 1.4) \times 2 \times 1.25 = 9.5 m^2$
      ② 벽내측 = $(2 + 1) \times 2 \times 0.9 = 5.4 m^2$
      ③ 보측면 = $0.3 \times 2 \times 1 = 0.6 m^2$
      ④ 슬래브 = $2 \times 1 = 2 m^2$
      ⑤ 뚜껑부위(외곽) = $(0.6 + 0.8) \times 2 \times 0.05 = 0.14 m^2$
   2) 바닥 = $1 \times 0.15 \times 2 = 0.3 m^2$
   3) 차단벽
      ① 기초판 = $0.3 \times 2 \times 2.6 = 1.56 m^2$
      ② 기초벽 = $0.7 \times 2 \times 2.6 = 3.64 m^2$
      ③ 마구리 = $(0.3 \times 0.3 + 0.2 \times 0.7) \times 2 = 0.46 m^2$
   4) 소변실
      ① 기초판 = $0.3 \times 2 \times (1.4 + 1.1) = 1.5 m^2$
      ② 기초벽 = $0.7 \times 2 \times (1.4 + 1.1) = 3.5 m^2$
      ③ 마구리 = $0.3 \times 0.3 + 0.2 \times 0.7 = 0.23 m^2$
   5) 슬래브
      ① 밑 = $3.1 \times 2.2 = 6.82 m^2$
      ② 옆 = $(3.1 + 2.2) \times 2 \times 0.15 = 1.59 m^2$
   6) 공제 부분(벽) = $\{(1.2 + 1.3) \times 2 + 1.1 + 1.4\} \times 0.19 = 1.425 m^2$
   7) 난간 = $0.25 \times 2 \times (3 + 2.1) \times 2 = 5.1 m^2$
   ∴ 1) + 2) + 3) + 4) + 5) - 6) + 7) = $40.915 m^2$

5. 철근량
   부패조 철근 배근의 그림은 다음과 같다.(단, 바닥과 상부는 동일하다.) 또한 철근량 산출 시 문제 성격상 부재의 중심에 배치되어 있는 것으로 간주하며, 문제 조건에 의거 이음·정착은 고려하지 않는다.

보충 부패조

보충 화장실 바닥

보충 차단벽

보충 소변실 기초

보충 뚜껑

> **[보충] 소변실 기초**
> 소변실 기초 한 면은 부패조와 접하기 때문에 거푸집이 설치되지 않는다. 즉, 마구리면 한 면만 계산한다.

> **[보충] 보 부분**

[수직(단변)] [수직(장변)] [수평근]

1) 부패조
   ① 수직단변(D13) = (1.2 + 1.075) × 2 × 11 = 50.05m
   ② 수직장변(D13) = (2.2 + 1.075) × 2 × 7 = 45.85m
   ③ 수평근(D13) = (2.2 + 1.2) × 2 × 5 = 34m
2) 보
   ④ 주근(D13) = 1.4 × 2 + 1 × 2 = 4.8m
   ⑤ 늑근(D13) = (0.2 + 0.45) × 2 × $\frac{1}{0.2}$ (6개) = 7.8m
3) 슬래브(패러핏 포함)
   ⑥ 단변(D13) = (2.2 + 0.4 × 2) × 16개 = 48m
   ⑦ 장변(D13) = (3.1 + 0.4 × 2) × 13개 = 50.7m
   ∴ 1) + 2) + 3) = 241.2m × 0.995kg/m × 1.03 = 247.19kg

6. 벽돌량
   1) 차단벽 = 2.6 × 1.65 × 149 × 1.05 = 672장
   2) 화장실 = {(1.2 + 1.3) × 2 × 2.1 + (1.1 + 1.4) × 1.95 − (0.6 × 0.6 × 2 + 0.8 × 1.8)} × 149 × 1.05
            = 2,068장
   ∴ 1) + 2) = 2,740장

11 아래의 기초 도면을 보고 다음에 요구하는 재료량을 산출하시오.(단, D10 = 0.56kg/m, D13 = 0.995kg/m이고, 이음길이와 피복은 고려하지 않는다. 또한 모든 수량은 정미량으로 하고 토량환산은 L = 1.2이다.) • 06② · 04②

[F₁]

[F₂]

1) 터파기(m^3)
2) 잡석다짐(m^3)
3) 버림콘크리트량(m^3)
4) 거푸집량(m^2) (단, 버림콘크리트는 제외)
5) 콘크리트량(m^3)
6) 철근 D10(kg), D13(kg), 합계(kg)
7) 잔토처리량(m^3)
8) 되메우기량(m^3)

정답 1. F₁ 기초

중심 간 길이 = (10 + 5) × 2 = 30m

(※ 중복되는 부위 없음)

구분		t (m)	H (m)
터파기		1.76	1.2
잡석		1	0.2
버림콘크리트		1	0.05
기초판		0.8	0.15
기초벽	G.L 이하	0.2	0.8
	G.L 이상	0.2	0.45

보충 F₁ 기초 부분 산출

t × H × Σ(F₁ 기초 중심 간 길이 합)

보충 터파기 단면

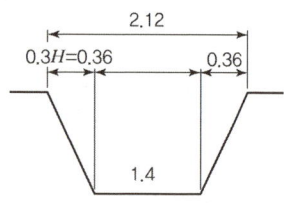

$t = \dfrac{1.4 + 2.12}{2} = 1.76$

1) 터파기 = $1.76 \times 1.2 \times 30 = 63.36 m^3$
2) 잡석다짐 = $1 \times 0.2 \times 30 = 6 m^3$
3) 버림콘크리트량 = $1 \times 0.05 \times 30 = 1.5 m^3$
4) 거푸집량
   ① 기초판 = $0.15 \times 2 \times 30 = 9 m^2$
   ② 기초벽 = $1.25 \times 2 \times 30 = 75 m^2$
5) 콘크리트량
   ① 기초판 = $0.8 \times 0.15 \times 30 = 3.6 m^3$
   ② 기초벽(G.L 이하) = $0.2 \times 0.8 \times 30 = 4.8 m^3$
   ③ 기초벽(G.L 이상) = $0.2 \times 0.45 \times 30 = 2.7 m^3$
6) 철근량
   ① 기초판 선철근(D13) = $0.8 \times \dfrac{30}{0.3}$ (100개) = 80m
   ② 기초판 점철근(D10) = $30 \times \dfrac{0.8}{0.25}$ (5개) = 150m
   ③ 기초벽 선철근(D13) = $(1.4 + 0.4) \times \dfrac{30}{0.3}$ (100개) = 180m
   ④ 기초벽 점철근(D10) = $30 \times \dfrac{1.4}{0.25}$ (7개) = 210m
   ∴ D10 = ② + ④ = 360m × 0.56 = 201.6kg
      D13 = ① + ③ = 260m × 0.995 = 258.7kg
7) 잔토처리량 = 기초구조부 체적(G.L 이하) × 토량환산계수(L = 1.2)
   ∴ 기초구조부 체적(G.L 이하)
   2) + 3) + 5) ① + ② = 15.9 × 1.2 = 19.08 m³
8) 되메우기량 = 터파기량 − 기초구조부 체적(G.L 이하)
   = 63.36 − 15.9 = 47.46 m³

2. F₂ 기초
중심 간 총길이 = $2.5 \times 2 + 5 + 3.5 \times 2 + 1.5 \times 2 = 20m$

보충 F₂ 기초 부분 산출

$t \times H \times \{\Sigma l - \dfrac{t_1}{2} \times 중복개소수$
$+ \dfrac{t_2}{2} \times 중복개소수\}$

- Σl = F₂ 기초 중심 간 길이
- t_1 = F₁ 기초의 t
- t_2 = F₂ 기초의 t

(※ 중복되는 부위 없음)

구분	t (m)	H (m)
터파기	1.3	1.0
잡석	0.8	0.2
버림콘크리트	0.8	0.05
기초판	0.6	0.15
기초벽 G.L 이하	0.2	0.6
기초벽 G.L 이상	0.2	0.2

※ F₁과 접합되는 곳과 F₂와 접합되는 부분으로 나누어서 중복개소수를 산정한다. F₁ + F₂ = 6개소, F₂ + F₂ = 4개소이며, F₁과 F₂의 접합부위는 아래 그림과 같다.

보충 F₂ 부재와 F₁ 부재 접합

F₂ 부분의 기초벽, 기초판, 버림콘크리트는 F₁ 기초의 기초벽과 만나게 되므로

$\dfrac{t_1}{2} \times 6개소$

⇒ t_1이 전부 0.2가 된다.

1) 터파기량 = $1.3 \times 1 \times [20 - \{(\frac{1.3}{2} \times 4) + (\frac{1.76}{2} \times 6)\}] = 15.756 m^3$

2) 잡석다짐

   ① $0.8 \times 0.2 \times [20 - \{(\frac{0.8}{2} \times 4) + (\frac{0.8}{2} \times 6)\}] = 2.56 m^3$

   ② 공제 부분 = $0.1 \times 0.05 \times 0.8 \times 6 = 0.024 m^3$

3) 버림콘크리트량 = $0.8 \times 0.05 \times [20 - \{(\frac{0.8}{2} \times 4) + (\frac{0.2}{2} \times 6)\}] = 0.712 m^3$

4) 거푸집량

   ① 기초판 = $0.15 \times 2 \times \{20 - (\frac{0.6}{2} \times 4 + \frac{0.2}{2} \times 6)\}] = 5.46 m^2$

   ② 기초벽 = $0.8 \times 2 \times \{20 - (\frac{0.2}{2} \times 4 + \frac{0.2}{2} \times 6)\}] = 30.4 m^2$

   ③ 공제 부분 = $(0.6 \times 0.15 + 0.2 \times 0.8) \times 4 = 1 m^2$

5) 콘크리트량

   ① 기초판 = $0.6 \times 0.15 \times \{20 - (\frac{0.6}{2} \times 4 + \frac{0.2}{2} \times 6)\}] = 1.638 m^3$

   ② 기초벽(G.L 이하) = $0.2 \times 0.6 \times \{20 - (\frac{0.2}{2} \times 4 + \frac{0.2}{2} \times 6)\} = 2.28 m^3$

   ③ 기초벽(G.L 이상) = $0.2 \times 0.2 \times \{20 - (\frac{0.2}{2} \times 4 + \frac{0.2}{2} \times 6)\} = 0.76 m^3$

6) 철근량

   ① 기초판 선철근(D13) = $0.6 \times \frac{20}{0.3}$ (67개) = 40.2m

   ② 기초판 점철근(D10) = $20 \times \frac{0.6}{0.25}$ (4개) = 80m

   ③ 기초벽 선철근(D13) = $(0.95 + 0.4) \times \frac{20}{0.3}$ (67개) = 90.45m

   ④ 기초벽 점철근(D10) = $20 \times \frac{0.95}{0.25}$ (5개) = 100m

   ∴ D10 = ② + ④ = 180m × 0.56 = 100.8kg
   D13 = ① + ③ = 130.65m × 0.995 = 130kg

7) 잔토처리량 = 기초구조부 체적(G.L 이하) × 토량환산계수(L = 1.2)

∴ 2) + 3) + 5) ① + ② = $7.166 m^3 \times 1.2 = 8.599 m^3$

8) 되메우기량 = 터파기량 − 기초구조부 체적(G.L 이하)

∴ $15.756 - 7.166 = 8.59 m^3$

∴ 전체수량($F_1 + F_2$)

구분		F_1 기초	F_2 기초	총수량		
터파기량		63.6m³	15.756m³	79.116m³		
잡석다짐		6m³	2.536m³	8.536m³		
버림콘크리트		1.5m³	0.712m³	2.212m³		
거푸집		84m²	34.86m²	118.86m²		
콘크리트		11.1m³	4.678m³	15.788m³		
철근량	D10	201.6kg	100.8kg	302.4kg	총합	691.1kg
	D13	258.7kg	130kg	388.7kg		
잔토처리량		19.08m³	8.599m³	26.679m³		
되메우기량		47.46m³	8.59m³	56.05m³		

보충 F_2 잡석이 F_1과 만나는 부위

F_1과 접하는 부분은 시공상 F_1 기초 후 F_2 시공이므로 공제하지 않고 F_2와 F_2가 접하는 부분만 공제한다.

PART 04

CONTENTS

01장 구조역학
02장 재료역학
03장 철근콘크리트
04장 강구조

건축구조

미듬 건축기사 실기
cafe.naver.com/ikaiscom

Engineer Architecture

CHAPTER 01
구조역학

CONTENTS

제1절 역학	3
제2절 정정 구조물의 해석	7
제3절 트러스 구조물의 해석	19
제4절 구조물의 변형	23
제5절 부정정 구조물	28

미듬 건축기사 실기

멘토스는 당신의 쉬운 합격을 응원합니다!

구조역학

회독 CHECK!
- 1회독 □ 월 일
- 2회독 □ 월 일
- 3회독 □ 월 일

| 학 | 습 | 포 | 인 트 |
* 라미의 정리와 바리뇽의 정리, 구조물의 치수 판별
* 정정보의 해석
* 3힌지 라멘의 반력
* 트러스 해석의 절점법과 절단법
* 정정보의 변형
* 간단한 부정정 구조물의 해석

제1절 역학(力學)

01 국제단위계(SI단위계)

① 기본단위 : 기본이 되는 7가지 단위
② 유도단위 : 기본단위들의 조합단위

기본단위		유도단위	
구분	기호	구분	기호
거리	m	면적	m^2
질량	kg	부피	m^3
시간	s	밀도	kg/m^3
전류	A	속도	m/s
온도	K	가속도	m/s^2
분자량	mol	힘	$N(kg \cdot m/s^2)$
광도	cd	압력	$Pa(N/m^2)$

보충 중력단위계(MKS단위계)

질량 1kg의 물체에 중력가속도 $9.8m/s^2$을 일으키는 데 필요한 힘을 1kgf라고 정의하며 일상생활에서 중량을 말할 때 사용하는 단위이다.

예 $1kgf = 1kg \times 9.8m/s^2 \approx 10N$

예 $1tf = 1,000kg \times 9.8m/s^2$
$\approx 10,000N$
$= 10kN$

02 보조단위(접두어)

국제단위계(SI)에서 각 단위의 양의 크기를 쉽게 나타내기 위하여 각 단위 앞에 붙여 쓰는 단위를 보조단위(접두어)라고 한다.

접두어	인자	기호
메가	10^6	M
킬로	10^3	k
센티	10^{-2}	c
밀리	10^{-3}	m

※ 단위가 제곱되어 있는 유도단위를 변환하는 경우 기본인자에 제곱수를 곱해서 계산한다.

예
- $1m = 1,000mm = 1 \times 10^3 mm$
- $1kN = 1,000N = 1 \times 10^3 N$
- $1m^2 = 1m \times 1m = 1,000mm \times 1,000mm$
$= 1 \times 10^3 mm \times 1 \times 10^3 mm = 1 \times 10^6 mm^2$
- $1 \times 10^6 Pa(N/m^2) = \dfrac{1 \times 10^6 N}{1 \times 10^6 mm^2} = 1MPa(N/mm^2)$

03 힘(Force & Power)

힘이란 물체에 작용하여 물체를 변형 또는 운동하게 하는 원인
① 스칼라(Scalar) : 크기만 다루는 물리량(시간, 부피, 밀도, 온도, 속력, 에너지, 질량)
② 벡터(Vector) : 크기와 방향을 다루는 물리량(힘, 변위, 속도, 가속도, 모멘트)

(1) 힘의 3요소

① 크기(Magnitude)
② 방향(Direction)
③ 작용점 및 작용선
  (Point and Line of application)

[힘의 부호]

> **보충** 힘의 이동선 법칙
>
> 강체(Rigid Body)에 작용하는 힘은 그 크기 및 방향을 바꾸지 않고 그 작용점을 작용선상의 임의의 점으로 이동시킬 수 있다. 즉, 강체에 작용하는 외력을 그 작용선상의 임의의 점으로 이동시켜도 강체의 평형 또는 운동 상태에 대한 효과가 변하지 않는다.
>
>

(2) 모멘트(Moment)

임의의 점을 중심으로 물체를 회전시키려는 회전능률

$$모멘트(M) = 힘(P) \times 최단거리(L)$$

※ 단위 : N·m

[모멘트의 부호]

[모멘트 계산 시 거리 산정 방법]

(3) 우력(짝힘, Couple Forces)

크기가 같고 방향이 반대이며 작용선이 평행한 한 쌍의 힘

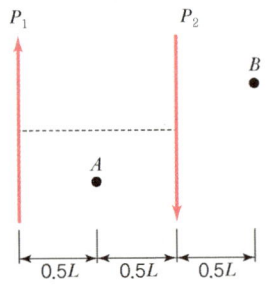

1. 작용점이 짝힘 내에 있을 때
$$M_A = P_1 \times 0.5L + P_2 \times 0.5L \,(P_1 = P_2 = P)$$
$$= P(0.5L + 0.5L) = P \times L$$

2. 작용점이 짝힘 밖에 있을 때
$$M_B = P_1 \times 1.5L - P_2 \times 0.5L \,(P_1 = P_2 = P)$$
$$= P(1.5L - 0.5L) = P \times L$$

> **보충** 우력(偶力)
>
> 구조물에 우력이 작용하는 경우 하나의 모멘트로 치환하여 적용할 수 있다.

04 힘의 합성과 분해

(1) 힘의 분해

1) 삼각함수

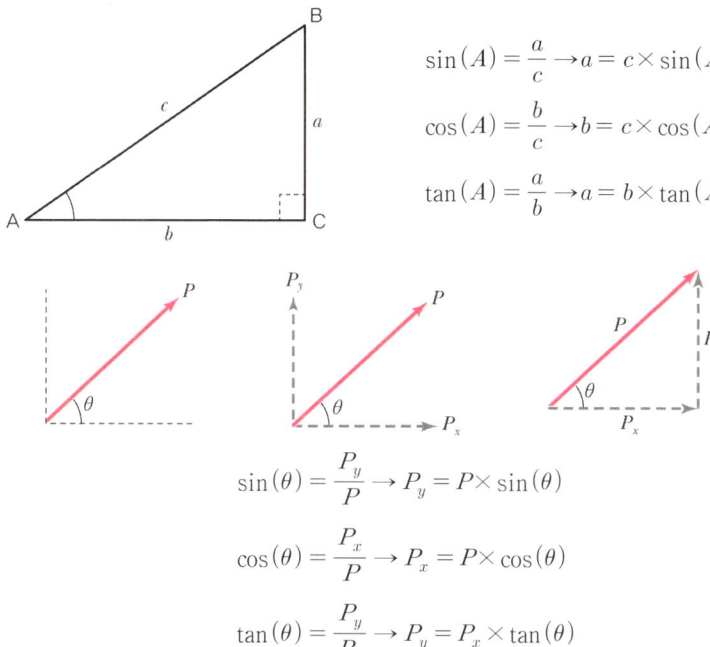

$$\sin(A) = \frac{a}{c} \rightarrow a = c \times \sin(A)$$

$$\cos(A) = \frac{b}{c} \rightarrow b = c \times \cos(A)$$

$$\tan(A) = \frac{a}{b} \rightarrow a = b \times \tan(A)$$

$$\sin(\theta) = \frac{P_y}{P} \rightarrow P_y = P \times \sin(\theta)$$

$$\cos(\theta) = \frac{P_x}{P} \rightarrow P_x = P \times \cos(\theta)$$

$$\tan(\theta) = \frac{P_y}{P_x} \rightarrow P_y = P_x \times \tan(\theta)$$

2) 라미의 정리(sin 법칙)

한 점에 작용하는 3개의 힘이 평형을 이루고 있을 때는 이 3개의 힘은 같은 평면상에 있으며, 한 점에서 만난다. 이때 각각의 힘은 다른 두 힘 사이각 sin에 정비례한다.

라미의 정리	삼각형에서의 sin 법칙
$\dfrac{P_1}{\sin(\alpha_1)} = \dfrac{P_2}{\sin(\alpha_2)} = \dfrac{P_3}{\sin(\alpha_3)}$	$\dfrac{a}{\sin(A)} = \dfrac{b}{\sin(B)} = \dfrac{c}{\sin(C)}$

(2) 힘의 합성

1) 방향이 같은 힘들의 합성(대수합)

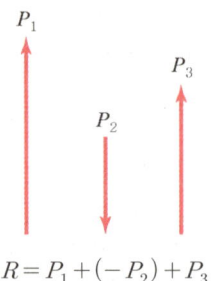
$R = P_1 + (-P_2) + P_3$

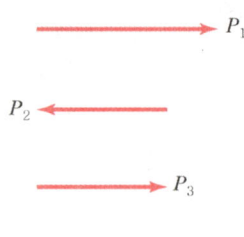
$R = P_1 + (-P_2) + P_3$

2) 작용점이 같은 힘들의 합성(피타고라스의 정리)

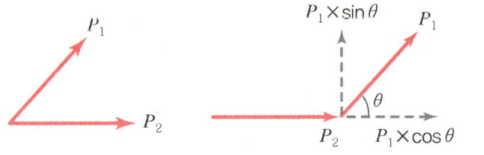

$R^2 = (P_2 + P_1 \times \cos(\theta))^2 + (P_1 \times \sin(\theta))^2$

$R^2 = P_1^2 + 2P_1 \cdot P_2 \cdot \cos(\theta) + P_2^2(\cos^2(\theta) + \sin^2(\theta))$

여기서, 삼각함수 제곱 공식에 의해 $\sin^2(\theta) + \cos^2(\theta) = 1$이므로 다음과 같다.

$$R = \sqrt{P_1^2 + P_2^2 + 2P_1 \cdot P_2 \cdot \cos(\theta)}$$

3) 작용선이 평행한 여러 힘들의 합성(바리농의 정리)

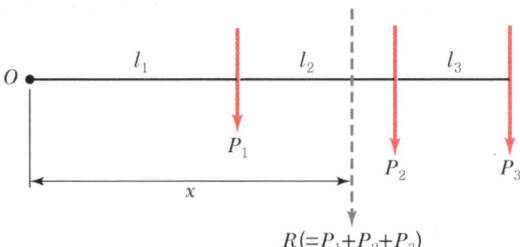

$M_0 = P_1 \cdot l_1 + P_2 \cdot (l_1 + l_2) + P_3 \cdot (l_1 + l_2 + l_3) = R \cdot x$

$\therefore x = \dfrac{P_1 \cdot l_1 + P_2 \cdot (l_1 + l_2) + P_3 \cdot (l_1 + l_2 + l_3)}{R}$

보충) 피타고라스의 정리

직각삼각형에서 직각을 끼고 있는 두 변의 제곱의 합은 빗변의 길이의 제곱과 같다.

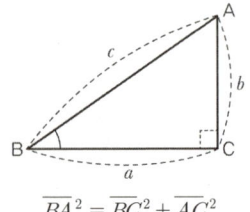

$\overline{BA}^2 = \overline{BC}^2 + \overline{AC}^2$

보충) 바리농의 정리

여러 힘의 임의점에 대한 모멘트의 합은 그 힘들의 합력이 임의점에 발생시키는 모멘트와 같다.

제2절 정정 구조물의 해석

01 구조물(Structure)

토지에 정착하여 설치된 건물·공작물로, 기둥, 보, 슬래브, 벽 등의 뼈대에 의해 구성된 것

(1) 절점(Node)

부재와 부재가 만나는 점
① 활절점(Pin Joint) : 절점을 중심으로 회전을 허용
② 강절점(Rigid Joint) : 강접합된 절점, 철근콘크리트 구조 및 용접으로 만들어진 철골조의 기둥과 보의 접합부 등은 강절점으로 간주한다.

보충) **철근콘크리트 구조**

철근콘크리트 구조의 경우 구조체가 일체화 되어 있으므로 모든 부재의 절점은 강절점으로 간주한다. 단, 보(Girder)와 보를 연결하는 작은보(Beam)의 경우 연속되지 않은 부재단의 경계조건(Boundary condition)은 활절점으로 가정한다.

보충) **절점에 따른 부재력**

강절점의 경우 부재와 부재 간 발생하는 모든 부재력(축력, 전단력, 휨모멘트)을 전달한다. 다만 활절점의 경우 부재 간 휨모멘트는 전달되지 않으며 철골구조에서 기둥과 보 접합부의 과도한 휨모멘트가 예상되는 경우 활절점으로 설계하여 보-기둥의 과도한 하중전달(휨모멘트)을 방지하는 용도로 사용된다.

(2) 지점(Support)

구조물을 지지하며 하중을 하부구조나 지반으로 전달하는 점

[구조물의 지점형태와 반력]

지점	지점의 형태	표시법	반력의 형태	반력수
이동 지점	핀, 롤러	(롤러 기호)	수직반력 • 상하 이동 불가 • 좌우 이동, 회전은 가능	1개
회전 지점	핀	(핀 기호)	수평반력, 수직반력 • 상하, 좌우 이동 불가 • 회전은 가능	2개
고정 지점			모멘트반력, 수평반력, 수직반력 • 부재가 고정 • 상하, 좌우 이동 및 회전 불가	3개

(3) 힘의 정적 평형조건

물체에 여러 힘이 작용하고 있을 때, 물체가 이동 및 회전을 하지 않고 정지하고 있을 경우 힘의 정적으로 평형을 이루고 있다고 말할 수 있다. 따라서 힘이 정적으로 평형을 이루기 위해서는 다음과 같은 3가지 조건이 만족되어야 한다.

① 수직방향으로 작용하는 힘의 합이 0이 되어야 한다.(즉, $\sum V = 0$)
② 수평방향으로 작용하는 힘의 합이 0이 되어야 한다.(즉, $\sum H = 0$)
③ 회전하는 힘의 합이 0이 되어야 한다.(즉, $\sum M = 0$)

※ 수직력 상향 ↑(+), 하향 ↓(-)
   수평력 우측방향 →(+), 좌측방향 ←(-)
   모멘트 시계방향(+), 반시계방향(-)

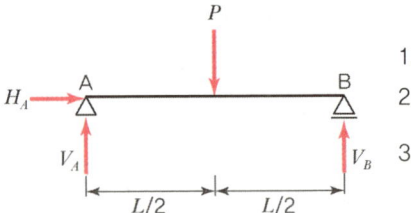

1. $\sum V = 0 \rightarrow V_A + V_B - P = 0$
2. $\sum H = 0 \rightarrow H_A = 0$
3. $\sum M = 0 \rightarrow M_A = \dfrac{PL}{2} - V_B \times L = 0$

02 구조물의 분류와 판별

(1) 안정 구조물

① 외적 안정 : 구조물의 위치가 변하지 않는 경우
② 내적 안정 : 구조물의 형태가 변하지 않는 경우

(2) 불안정 구조물

① 외적 불안정 : 구조물의 위치가 변하는 경우
② 내적 불안정 : 구조물의 형태가 변하는 경우

(a) 외적 불안정   (b) 외적 안정
[외적 불안정 구조물과 안정 구조물]

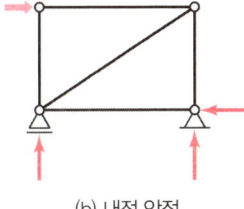

(a) 내적 불안정   (b) 내적 안정
[내적 불안정 구조물과 안정 구조물]

(3) 정정 구조물과 부정정 구조물

① 정정 구조물 : 구조물의 반력 및 부재력을 힘의 평형조건식만으로 구할 수 있는 구조물
② 부정정 구조물 : 구조물의 반력 및 부재력을 구하기 위해서는 힘의 평형조건 외에 변형의 일치조건도 필요한 구조물
③ 불안정 구조물 : 힘의 평형조건을 만족하지 않거나 만족하더라도 외력에 대한 내력의 부재로 구조물의 변형이 예측되는 구조물

구조물	구조물 판별	미지수의 개수(반력의 개수)
	정정 구조물	3개
	1차 부정정 구조물	4개

※ 정정 구조물의 경우 구조물의 미지수 개수가 3개인 구조물을 말한다. 따라서 미지수가 3개인 경우 힘의 평형조건 3가지의 방정식을 통해 구조물을 해석할 수 있다. 부정정 구조물의 경우 미지수의 개수가 4개 이상인 구조물을 말하며 이러한 경우 힘의 평형조건과 탄성이론 등을 활용하여 구조물을 해석한다.

> **보충** 구조물의 판별
>
> 구조물은 정정, 부정정, 불안정 구조물로 나눌 수 있으며 구조물의 판별은 부정정 차수(n)를 통해서 판별한다.
> - 정정 구조물 : $n = 0$
> - 부정정 구조물 : $n > 0$
> - 불안정 구조물 : $n < 0$

> **보충** 부정정 구조물의 이해
>
> 의자가 서 있기 위한 최소 다리의 개수는 3개이다. 다리의 개수가 3개인 의자는 외력에 의해서 다리 1개가 파괴되는 경우 제대로 서 있기 힘들다. 이러한 경우를 건축에서는 정정 구조물이라고 한다. 다리가 4개인 의자는 외력에 의해 하나의 다리가 파괴되더라도 3개의 다리로 서 있을 수 있다. 이러한 경우를 건축에서는 부정정 구조물이라고 한다.

정정 구조물   1차 부정정 구조물

(4) 구조물의 판별식

단층 구조물	라멘 구조물	트러스 구조물
$n = r - 3 - h$	$n = n_i + n_e$ or $n = (r + m + k) - 2j$	$n = r + m - 2j$

여기서, n : 부정정 차수
r : 반력 수
m : 부재 수
k : 강절점 수
h : 활절점 수(힌지 절점수)
j : 절점 수(지점과 자유단을 포함한다.)
n_e : 외적 차수($n_e = r - 3 - h$)
n_i : 내적 차수(수평보강재에 따른 추가 차수를 고려)

여기서, 구조물 하나의 절점에 해당하는 강절점 수는 다음과 같이 산정할 수 있다.

$$\text{강절점 수}(k) = Cross\,\text{부재 수} - h - 1$$

(5) 라멘 구조물의 부정정 차수 판별

구조물의 외각 골조를 제외한 나머지 부분을 분해 후, 각각의 구조물에 대한 외적 차수(n_e)와 내적 차수(n_i)를 구한다. 구해진 외적 차수와 내적 차수를 모두 더하면 구조물의 총 차수가 된다.

	분해	
	외적 차수 $= r - 3 - h$ ∴ $6 - 3 - 1 = 2$	내적 차수 $= r - 3$ ∴ $5 - 3 = 2$
	총 차수$(n) = 2 + 2 = 4$차 부정정 구조물	

분해

외적 차수 $= r - 3 - h$
∴ $6 - 3 = 3$

내적 차수 $= r - 3$
∴ $5 - 3 = 2$

총 차수 $(n) = 3 + 2 = 5$차 부정정 구조물

예제 01

다음과 같은 구조물의 부정정 차수를 구하시오.   •12②

풀이 1. 공식을 활용

〈부재 수〉

〈강절점 수〉

총 차수 $(n) = (r + m + k) - 2j$
$= (9 + 17 + 20) - 2 \times 14 = 18$

∴ 18차 부정정 구조물

2. 분해법 활용

외적 차수 $= r - 3 - h$
∴ $6 - 3 = 3$

내적 차수
∴ $6 - 3 = 3$

내적 차수
∴ $3 \times 4\text{EA} = 12$

총 차수 $(n) = 3 + 3 + 12 = 18$
∴ 18차 부정정 구조물

03 부재력

(1) 축방향력(Axial Force) : 힘의 작용선이 일치

부재의 축에 따라 작용하는 힘을 축방향력이라 한다. 축방향력은 인장력을 (+), 압축력을 (−)로 표시한다. 부재 각점에 대한 축방향력은 재축에 직각방향으로 표시하고, 그 분포 상태를 표시한 그림을 축방향력도(A.F.D)라 한다.

[축방향력의 부호]

(2) 전단력(Shear Force) : 힘의 작용선이 평행

부재의 축에 직각방향으로 작용하고 크기가 같으며 방향이 반대인 한 쌍의 힘을 전단력이라 한다. 전단력은 일명 우력이므로 시계방향의 전단력을 (+), 반시계방향의 전단력을 (−)로 표시한다. 부재 각 점에 대한 전단력은 재축에 직각방향으로 표시하고, 그 분포 상태를 표시한 그림을 전단력도(S.F.D)라 한다.

[전단력의 부호]

(3) 휨모멘트(Bending Moment)

부재를 휘게 하는 힘을 휨모멘트라 한다. 휨모멘트는 부재를 중력방향(아래쪽)으로 휘게 하는 힘을 정(+), 중력과 반대방향(위쪽)으로 휘게 하는 휨모멘트를 부(−)로 표시한다. 부재 각 점에 대한 휨모멘트를 재축에 직각방향으로 표시하고, 그 분포 상태를 표시한 그림을 휨모멘트도(B.M.D)라 한다.

(a) 중력방향 휨(+)   (b) 중력과 반대방향 휨(−)

[휨모멘트의 부호]

(4) 하중 − 전단력 − 휨모멘트의 관계

① 임의 단면의 휨모멘트(M)를 거리(x)에 대하여 미분한 값은 그 단면에서의 전단력(V)과 같다.

$$\frac{dM}{dx} = V$$

② 임의 단면의 휨모멘트(M)의 크기는 그 단면까지의 전단력(V)도의 면적의 합계와 같다.

$$M = \int V\,dx$$

③ 임의 단면의 전단력(V)을 거리(x)에 대하여 미분한 값은 그 단면에서의 하중의 절댓값과 같다.

$$\frac{dV}{dx} = -w \qquad V = -\int w\, dx$$

④ 따라서 하중(w), 전단력(V), 휨모멘트(M) 사이에는 다음과 같은 관계가 성립한다.

$$M = \int V\, dx = -\int\int w\, dx\, dx$$

보충 하중–전단력–휨모멘트 관계

하중–전단력–휨모멘트는 다음과 같은 관계가 성립한다.

- 적분 : 함수 $f(x)$ 그래프에 대한 면적
- 미분 : 함수 $f(x)$ 그래프에 대한 기울기

중요
미적분 관계에 의해 전단력이 0인 점이 휨모멘트가 최대가 된다.

예제 02

다음과 같은 보에서 최대 휨모멘트가 발생되는 거리 x를 구하시오.   •15①

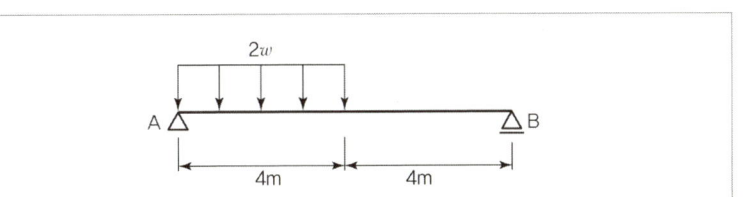

풀이) 전단력 – 모멘트 관계를 활용

전단력이 0이 되는 점이 모멘트가 최대가 되는 점이다.

① 반력(힘의 평형조건식)

$\sum H = 0 \rightarrow H_A = 0$

$\sum V = 0 \rightarrow V_A + V_B - 2w \times 4 = 0$

$\therefore V_A + V_B = 8w$

$\sum M = 0 \rightarrow M_A = (2w \times 4) \times 2 - V_B \times 8 = 0$

$\therefore V_B = \dfrac{16w}{8} = 2w(\uparrow)$

$\therefore V_A = 8w - 2w = 6w(\uparrow)$

② 전단력 일반식(전단력 0인 점을 찾기)

A점부터 중앙점(하중끝점)까지의 전단력 일반식은 다음과 같이 구할 수 있다.

$_{A \sim C}S_x = V_A - 2w \times x = 0$

$\therefore x = \dfrac{V_A}{2w} = \dfrac{6w}{2w} = 3\text{m}$

전단력이 0이 되는 점이 A단으로부터 3m 떨어져 있으므로 그 위치가 최대 전단력이 발생하는 점이 된다.

답 : 3m

04 정정구조물의 해석

(1) 단순보 – 집중하중이 작용하는 경우

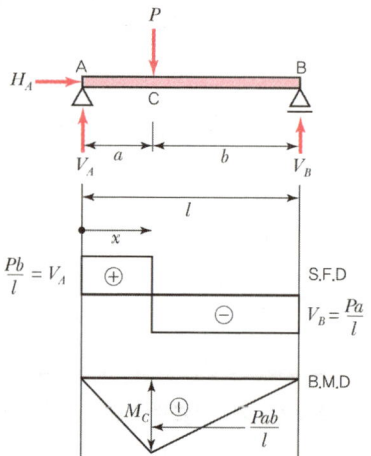

① 반력 산정
  ㉠ $\sum H = 0$ $H_A = 0$
  ㉡ $\sum V = 0$ $P = V_A + V_B$
  ㉢ $\sum M_B = 0$ $V_A \times l - P \cdot b = 0$ $V_A = \dfrac{Pb}{l}(\uparrow)$

  $V_B = P - V_A = \dfrac{Pa}{l}(\uparrow)$

② 부재력 산정
  ㉠ 전단력
    • A~C 구간 : $V_x = V_A = \dfrac{Pb}{l}$
    • C~B 구간 : $V_x = V_A - P = -V_B = -\dfrac{Pa}{l}$
  ㉡ 휨모멘트
    • A~C 구간 : $M_x = V_A \times x = \dfrac{Pbx}{l}$
    • C~B 구간 : $M_x = V_A \times x - P(x-a) = V_B(l-x) = \dfrac{Pa}{l}(l-x)$
  ㉢ 최대 휨모멘트
    • $M_{\max} = V_A \cdot a = V_B \cdot b = \dfrac{Pab}{l}$
    • $a = b = \dfrac{l}{2}$ 인 경우 $M_{\max} = \dfrac{Pl}{4}$

(2) 캔틸레버보(외팔보) – 등분포하중이 작용하는 경우

① 반력 산정
  ㉠ $\sum H = 0$ $H_B = 0$
  ㉡ $\sum V = 0$ $wl = V_B(\uparrow)$
  ㉢ $\sum M_B = 0$ $-w \cdot l \times \dfrac{l}{2} + M_B = 0$ $\therefore M_B = \dfrac{wl^2}{2}$

② 부재력 산정
  ㉠ 전단력
  - $V_x = -wx$
  - $x = 0$이면 $V = 0$이고, $x = l$이면 $V = -wl$

  ㉡ 휨모멘트
  - $M_x = -w \cdot x \times \dfrac{x}{2} = -\dfrac{wx^2}{2}$
  - $x = 0$이면 $M = 0$이고, $x = l$이면 $M = -\dfrac{wl^2}{2}$

예제 03

그림과 같은 캔틸레버보의 A점의 반력을 구하시오.   •17④

[풀이] 힘의 평형조건식을 활용
전단력이 0이 되는 점이 모멘트가 최대가 되는 점이다.

반력(힘의 평형조건식)
$\sum H = 0 \rightarrow H_A = 0$

$$\Sigma V = 0 \to V_A - 2 \times 3 \times \frac{1}{2} = 0 \quad \therefore V_A = 3(\uparrow)$$
$$\Sigma M = 0 \to M_A = (3 \times 4) - 12 = 0 \quad \therefore M_A = 0$$

답 : $H_A = 0$
$V_A = 3\text{kN}(\uparrow)$
$M_A = 0$

(3) 겔버보

부정정보에 부정정차수만큼의 힌지를 넣어 정정보로 만든 것으로 형태는 내민보 및 캔틸레버보와 단순보를 합성한 것이다.

(a) 내민보+단순보　　　(b) 캔틸레버보+단순보

[겔버보]

① 부재력의 특징
　㉠ 힌지에서는 축방향력과 전단력이 발생해도 휨모멘트는 생기지 않는다.
　㉡ 전단력의 부호가 바뀌는 지점에서 최대 휨모멘트가 발생하고 그 값은 절댓값이 최대인 것을 취한다.
　㉢ 힌지에서 휨모멘트는 0, 힌지 외에도 변곡점이 생긴다.

② 해법
　㉠ 활절점(Hinge)을 중심으로 내민보 및 캔틸레버보와 단순보로 구분한다.
　㉡ 단순보의 반력을 구한다.

[겔버보의 해석]

ⓒ 단순보에서 구한 반력(↑)을 내민보 및 캔틸레버보의 자유단에 반대방향의 하중
(↓)으로 작용시켜 내민보의 반력을 구한다.
ⓓ 부재력은 내민보, 캔틸레버보, 단순보로 나누어 구하고 이를 연속시켜 부재력을
구한다.

예제 04

다음과 같은 겔버보에서 A단의 휨모멘트를 구하시오. • 12④

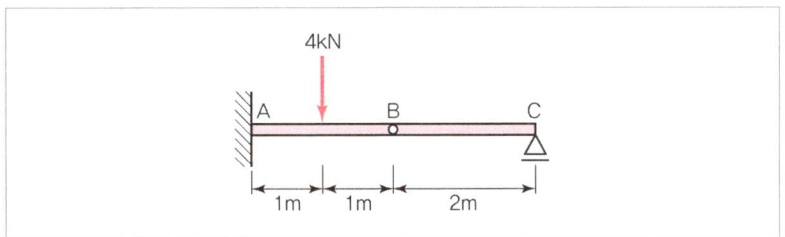

풀이 중앙 활절점(Hinge)을 중심으로 좌측(캔틸레버)과 우측(단순보)으로 나누어 해석

① 우측 단순보의 반력
우측 단순보에는 부재에 작용하는 하중(외력)이 없으므로 힘의 평형조건에 의해 모든 반력은 0이 된다.
- $V_B = 0$
- $V_C = 0$

② 좌측 캔틸레버보의 반력(힘의 평형조건식)
- $\sum H = 0 \to H_A = 0$
- $\sum V = 0 \to V_A - 4 = 0$ ∴ $V_A = 4\text{kN}$
- $\sum M = 0 \to M_A = 4 \times 1 + R_{M,A} = 0$ ∴ $R_{M,A} = -4\text{kN} \cdot \text{m}$

답 : $-4\text{kN} \cdot \text{m}$

보충 고정단 모멘트

캔틸레버보의 한쪽 끝단과 같은 고정단에는 수직, 수평, 모멘트 반력이 발생한다. 이러한 고정단 모멘트(Fixed end Moment)를 반력 모멘트(Reaction Moment) R_M으로 표기한다.

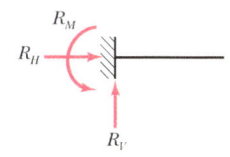

(4) 3-hinge 라멘

3-hinge 라멘은 기존 1차 부정정 라멘에서 활절점(Hinge)을 추가하여 정정 구조물로 만든 것으로 수평방향의 하중이 없어도 수직하중에 의한 모멘트에 의해 수평반력이 생기는 구조물을 말한다.

① 반력 산정
ⓐ $\sum H = 0$ $H_A + H_F = 0$
ⓑ $\sum V = 0$ $V_A + V_F - P = 0$
∴ $V_A + V_F = P$

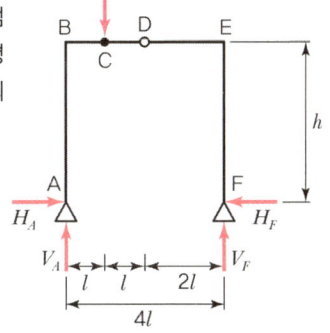

ⓒ $\sum M = 0$

$\sum M_F = 0 \quad M_F = V_A \times 4l - P \times 3l = 0 \quad \therefore V_A = \dfrac{3}{4}P(\uparrow)$

$\therefore V_B = \dfrac{1}{4}P(\uparrow)$

$\sum M_D = 0 \quad M_D = V_A \times l - H_A \times h - P \times l = 0$

$\therefore H_A = \dfrac{V_A \times l - P \times l}{h} = \dfrac{3Pl}{4h} - \dfrac{Pl}{h} = \dfrac{Pl}{4h}(\rightarrow)$

$\therefore H_F = -\dfrac{Pl}{4h}(\leftarrow)$

예제 05

다음 그림과 같은 3-hinge 라멘에서 A지점의 반력을 구하시오.(단, 최종 답에는 반력의 방향을 정확히 표기)

● 16④

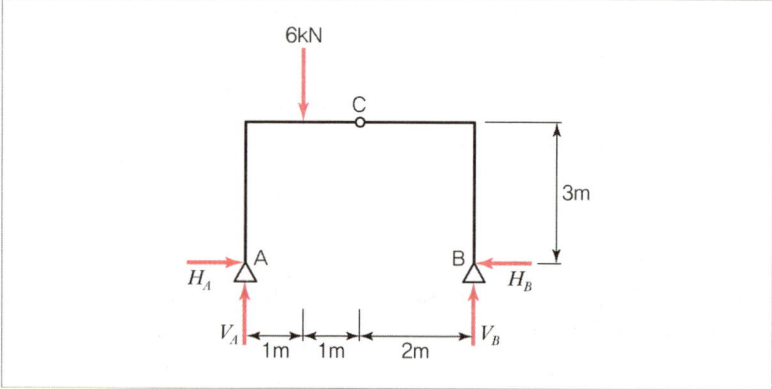

풀이 수직반력(V_A, V_B)은 지점(A or B)의 모멘트로, 수평반력(H_A, H_B)은 활절점(Hinge)의 휨모멘트로 구한다.

① 수직반력(V_A, V_B) — 지점(A or B)의 모멘트

$\sum H = 0 \rightarrow H_A + H_B = 0$

$\therefore H_A = -H_B$

$\sum V = 0 \rightarrow V_A + V_B - 6 = 0$

$\therefore V_A + V_B = 6\,\text{kN}$

$\sum M = 0 \rightarrow M_B = V_A \times 4 - 6 \times 3 = 0$

$\therefore V_A = \dfrac{18}{4} = 4.5\,\text{kN}\,(\uparrow)$

② 수평반력(H_A, H_B) — 활절점(Hinge)의 휨모멘트

$\sum BM_C = 0 \rightarrow BM_C = V_A \times 2 - H_A \times 3 - 6 \times 1 = 0$

$\therefore H_A = \dfrac{4.5 \times 2 - 6}{3} = 1\,\text{kN}(\rightarrow)$

답 : $V_A = 4.5\,\text{kN}(\uparrow)$

$H_A = 1\,\text{kN}(\rightarrow)$

제3절 트러스 구조물의 해석

01 트러스(Truss)

트러스란 부재가 휘지 않게 접합점을 핀으로 연결한 골조구조로 아치 형식, 현수 형식 및 보 형식이 일반적으로 사용된다. 트러스 구조의 해석 시 다음과 같은 가정을 둔다.

① 트러스의 모든 절점은 힌지(Hinge)로 본다.
② 각 부재는 직선재로 그 중심축은 절점을 연결한 직선과 일치한다.
③ 각 부재는 축방향력만 받으며, 전단력, 휨모멘트는 일어나지 않는다.
④ 외력은 모두 절점에만 작용한다.
⑤ 부재응력은 그 부재의 탄성 한도 내에 있다.
⑥ 하중이 작용한 경우에도 절점의 위치는 변하지 않는다.
⑦ 각 부재의 변형은 미소하여 그 부재력으로 인한 2차 응력은 무시한다.
⑧ 인장응력은 +로, 압축응력은 -로 표현한다.

[트러스의 구성]

(a) 캔틸레버형　　(b) 단순보형　　(c) 워렌 트러스

(d) 플랫 트러스　　(e) 하우 트러스

[트러스의 종류]

02 절점법

(1) 개요

① 각 절점에 작용하는 외력(하중 및 반력)과 부재 내에 생기는 부재력 사이에는 평형을 이루고 있다는 개념으로 부재력을 계산한다.
② 모든 부재력 계산에 적용하는데, 검산이 어려우며 처음 부재력 계산이 다른 부재력에 영향을 준다.

> **보충** 트러스 해석 시 부호의 방향
>
> 트러스 해석 시 부재력의 부호는 다음과 같이 절점을 중심으로 판단한다.
> - 절점을 잡아당기는 힘 → 인장(+)
> - 절점을 누르는 힘 → 압축(−)

(2) 해석 순서

① 트러스 전체를 하나의 보로 생각하고 지점 반력을 계산한다.
② 힘의 평형 조건식이 2개($\sum H=0$, $\sum V=0$)이므로, 미지의 부재력이 2개 이하인 절점부터 힘의 평형조건식을 적용하여 미지의 부재력을 구한다.
③ 모든 부재는 초기에 인장력(+)으로 가정하고 계산하되, 계산된 부재력의 부호가 (−)이면 압축재이다.

㉠ 반력 산정

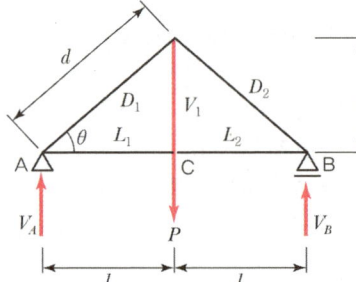

$\sum V=0 \quad P=V_A+V_B$

$\sum M_B=0$

$V_A \times 2l - P \times l = 0$

$V_A = \dfrac{P}{2}(\uparrow) \qquad V_B = \dfrac{P}{2}(\uparrow)$

㉡ 부재력 산정(부재각 $\sin\theta = \dfrac{h}{d}$, $\cos\theta = \dfrac{l}{d}$)

- A점

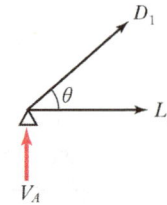

$\sum V=0$

$V_A + D_1\sin\theta = 0 \quad D_1 = -\dfrac{V_A}{\sin\theta}$

$\sum H=0$

$L_1 + D_1\cos\theta = 0 \quad L_1 = -D_1\cos\theta$

- C점

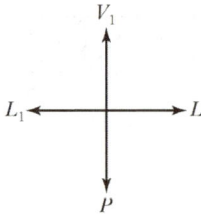

$\sum V=0$

$V_1 - P = 0 \qquad V_1 = P$

$\sum H=0$

$L_1 - L_2 = 0 \qquad L_1 = L_2$

예제 06

그림과 같은 구조물에서 T부재에 발생하는 부재력을 구하시오.(단, 최종 답에는 반력의 방향을 정확히 표기)

• 18①

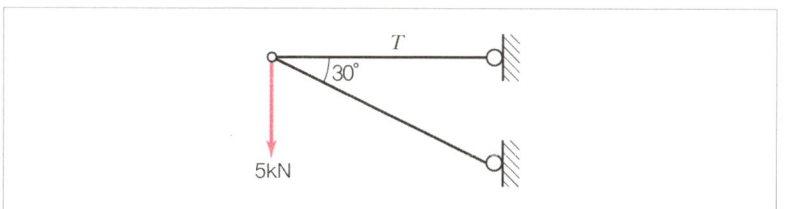

풀이 한 절점에 작용하는 미지수의 개수가 2개 이하이므로 절점법을 사용 또는 라미의 정리를 이용(추천)

① 절점법

$\sum V = 0 \rightarrow 5 + C \times \sin(30) = 0$

$\therefore C = \dfrac{-5}{\sin(30)} = -10 \text{kN (압축)}$

$\sum H = 0 \rightarrow C \times \cos(30) + T = 0$

$\therefore T = -(-10 \times \cos(30)) = 5\sqrt{3} \text{ kN (인장)}$

② 라미의 정리

$\dfrac{5}{\sin(30)} = \dfrac{T}{\sin(90-30)} \rightarrow T = \dfrac{5}{\sin(30)} \times \sin(60) = 5\sqrt{3} \text{ kN (인장)}$

답 : $T = 5\sqrt{3}$ kN (인장)

보충) 라미의 정리

라미의 정리란 한 점에 작용하는 3개의 힘이 평형을 이루고 있을 때 각각의 힘은 다른 두 힘 사이각 sin에 정비례한다.

트러스 구조물에서 라미의 정리를 적용할 때, 하나의 외력과 두 개의 부재력을 같은 힘(P)으로 가정한 후 적용한다.

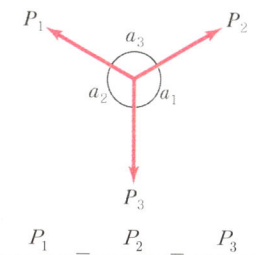

$\dfrac{P_1}{\sin(\alpha_1)} = \dfrac{P_2}{\sin(\alpha_2)} = \dfrac{P_3}{\sin(\alpha_3)}$

이때, 분모의 θ는 그 힘을 제외한 다른 두 힘의 사잇각을 사용한다.

03 절단법

(1) 개요

임의 단면의 어느 한 개의 부재력을 구하는 데 편리한 방법으로 3개 이하의 미지 부재력을 갖는 단면을 절단하여 힘의 평형조건식($\sum H = 0$, $\sum V = 0$, $\sum M = 0$)을 적용한다.

(2) 해석 순서

① 트러스 전체를 하나의 보로 생각하고 지점 반력을 계산한다.
② 구하고자 하는 부재를 포함하여 3개 이하의 부재가 절단되도록 임의의 절단선으로 트러스를 절단한다.
③ 임의의 절단선으로 절단된 3개의 부재 중에서 구하고자 하는 부재를 제외한 나머지 2개의 부재가 만나는 점의 $\sum M = 0$을 적용한다.(모멘트법)
④ 만일 2개의 부재의 만나는 점이 없을 경우에는 절단면의 어느 한편의 $\sum H = 0$, $\sum V = 0$로 해석한다.(전단력법)

㉠ 반력 산정

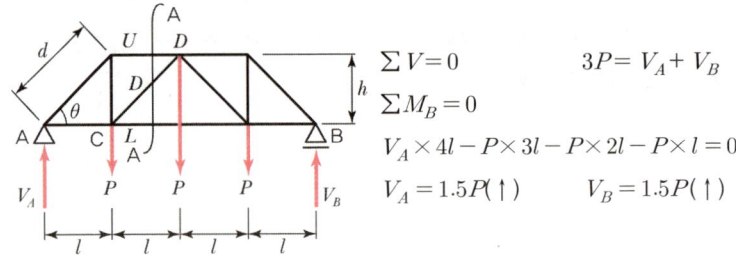

$\sum V = 0 \qquad 3P = V_A + V_B$
$\sum M_B = 0$
$V_A \times 4l - P \times 3l - P \times 2l - P \times l = 0$
$V_A = 1.5P(\uparrow) \qquad V_B = 1.5P(\uparrow)$

㉡ 부재력 산정(A – A단면, 부재각 $\sin\theta = \dfrac{h}{d}$, $\cos\theta = \dfrac{l}{d}$)

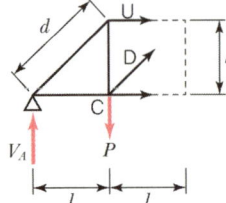

- 전단력법
$\sum V = 0$
$V_A - P + D_1 \sin\theta = 0$
$D = \dfrac{-V_A + P}{\sin\theta}$

- 모멘트법
$\sum M_C = 0$
$V_A \times l + U \times h = 0$
$U = \dfrac{-V_A \cdot l}{h}$
$\sum M_D = 0$
$V_A \times 2l - P \times l - L \times h = 0$
$L = \dfrac{2V_A l - Pl}{h}$

예제 07

그림과 같은 트러스의 U_2, L_2 부재의 부재력을 절단법으로 구하시오. • 12④

[풀이] **절단법을 적용**

구하고자 하는 부재를 포함하여 3개의 부재가 절단되도록 임의의 절단선으로 트러스를 절단한다.

① 반력

$\sum H = 0 \to H_A = 0$

$\sum V = 0 \to V_A + V_B - 40 - 40 - 40 = 0$

$\therefore V_A = \dfrac{120}{2} = 60 \text{kN}$

② L_2 부재 – L_2 부재를 제외한 나머지 2개의 부재가 만나는 점(E)

$\sum M_E = 0 \to V_A \times 3 - L_2 \times 3 = 0$

$\therefore L_2 = \dfrac{60 \times 3}{3} = 60 \text{kN (인장)}$

③ U_2 부재 – U_2 부재를 제외한 나머지 2개의 부재가 만나는 점(F)

$\sum M_F = 0 \to V_A \times 6 - 40 \times 3 + U_2 \times 3 = 0$

$\therefore U_2 = \dfrac{-60 \times 6 + 40 \times 3}{3} = -80 \text{kN (압축)}$

답 : $L_2 = 60 \text{kN}$ (인장)
$U_2 = -80 \text{kN}$ (압축)

제4절 구조물의 변형

01 정의

구조물에 하중(축력, 전단력, 휨모멘트)이 작용하는 경우 하중에 의한 구조물의 탄성변형이 발생한다. 이러한 변형은 부재의 길이(L)와 하중의 크기(P)에 비례하며, 단면 2차 모멘트(I)와 재료의 탄성계수(E)에 반비례한다.

① 처짐각(θ) : 처짐량에 대한 접선의 기울기(단위 : Radian, 부호 : 반시계방향(+), 시계방향(−))

② 처짐량(y) : 하중에 의한 변형량(단위 : cm or mm, 부호 : 상향(+), 하향(−))

[보의 처짐 및 처짐각]

02 보의 처짐과 처짐각 해법

기하학적 방법	탄성곡선법 = 이중적분법, 미분방정식법	보, 기둥
	모멘트 면적법(Green의 정리)	보, 라멘
	탄성하중법(Mohr의 정리)	단순보, 라멘
	공액보법(Mohr의 제2정리)	모든 보, 라멘
	중첩법	
에너지 방법	실제일의 방법	보, 트러스
	가상일의 방법(단위하중법)	모든 구조물
	Castigliano의 제2정리	모든 구조물
수치해석법	유한 차분법	
	Rayieigh-Ritz법	

03 탄성곡선법(Elastic Curve Method)

보충 단순보에 집중하중이 적용하는 경우

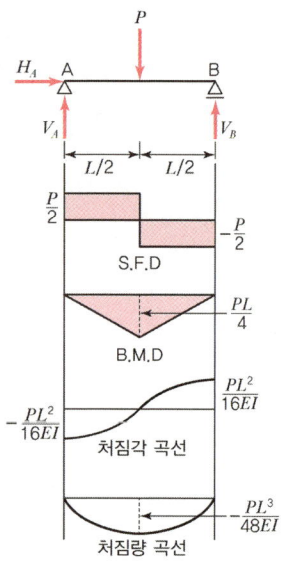

(1) 모멘트 일반식(M_x)

$$M_x = V_A \times x = \frac{P \cdot x}{2}$$

(2) 처짐각(θ_x)

$$\theta_x = \int \frac{M_x}{EI} dx = \int \frac{P \cdot x}{2} \times \frac{1}{EI} dx = \frac{P \cdot x^2}{4EI} + C_1$$

부정적분이므로 적분상수 C_1은 경계조건(Boundary Condition)을 통해 구할 수 있다. 처짐량이 최대가 되는 점이 처짐각이 0이 되므로 중앙점에 대한 처짐각을 구하면

$$\theta_c\left(x = \frac{L}{2}\right) = \frac{P \cdot \left(\frac{L}{2}\right)^2}{4EI} + C_1 = 0$$

$$\therefore C_1 = -\frac{PL^2}{16EI}$$

$$\theta_x = \frac{P \cdot x^2}{4EI} - \frac{PL^2}{16EI}$$

$$\therefore \theta_A = -\frac{PL^2}{16EI}, \ \theta_B = \frac{PL^2}{16EI}$$

(3) 처짐량(y_x)

$$y_x = \int \theta_x dx = \int \frac{P \cdot x^2}{4EI} - \frac{PL^2}{16EI} dx = \frac{P \cdot x^3}{12EI} - \frac{PL^2 \cdot x}{16EI} + C_2$$

부정적분이므로 적분상수 C_2는 경계조건(Boundary Condition)을 통해 구할 수 있다. 지점(A, B)의 경우 처짐량이 0이므로 지점에 대한 처짐량을 구하면

$$y_A(x=0) = \frac{P \cdot x^3}{12EI} - \frac{PL^2 \cdot x}{16EI} + C_2 = 0$$

$$\therefore C_2 = 0$$

단순보에 집중하중이 작용하는 경우 최대 처짐량은 중앙부분에서 발생하므로 중앙점 ($L/2$)에 대한 처짐량을 구하면

$$y_{\max}(x=L/2) = \frac{P \cdot \left(\frac{L}{2}\right)^3}{12EI} - \frac{PL^2 \cdot \left(\frac{L}{2}\right)}{16EI} = \frac{PL^3}{96EI} - \frac{PL^3}{32EI} = -\frac{PL^3}{48EI}$$

04 탄성하중법(Elastic Load Method)

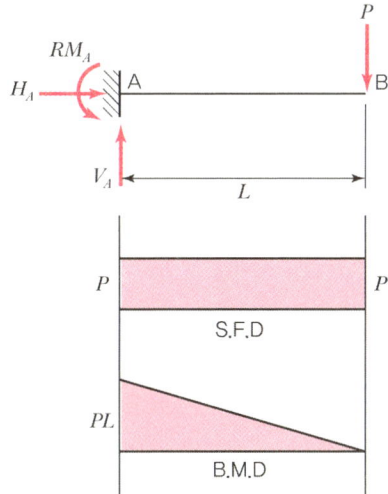

[캔틸레버보 끝단에 집중하중이 작용하는 경우]

(1) 가상하중도

B.M.D를 가상하중도로 치환하여 사용한다. 이때 지점은 반대편으로 이동하여 해석한다. 가상하중도를 통해 B점의 전단력은 처짐각(θ)이 되고, B점의 휨모멘트는 처짐량(y)이 된다.

[가상하중도]

(2) 처짐각(θ)

$$\theta_B = Q_B(\text{가상전단력}) = \frac{PL}{EI} \times L \times \frac{1}{2} = \frac{PL^2}{2EI}$$

(3) 처짐량(y)

$$y_B = M_B{'}(\text{가상모멘트}) = \frac{PL}{EI} \times L \times \frac{1}{2} \times \frac{2L}{3} = \frac{PL^3}{3EI}$$

예제 08

다음 그림과 같은 단순보에서 A지점의 처짐각, 보의 중앙 C점의 최대 처짐량을 계산하시오.(단, $E = 206,000\text{MPa}$, $I = 1.6 \times 10^8 \text{mm}^4$) • 12①

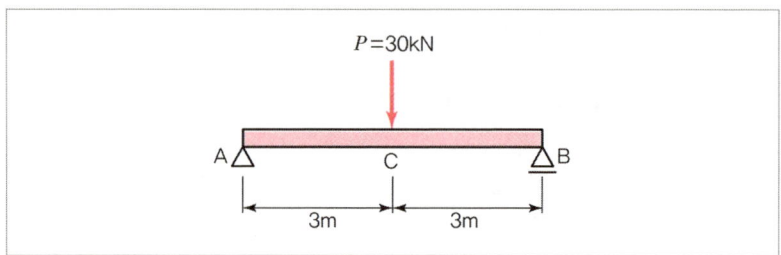

풀이 탄성하중법을 적용
주어진 단순보의 모멘트도(B.M.D)를 가상하중도로 치환

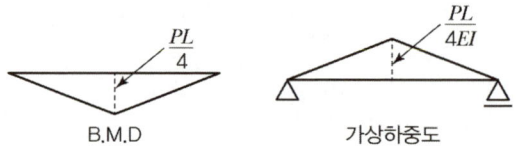

① 처짐각(θ)

$$\theta_A = Q_A(\text{가상전단력}) = -\frac{PL}{4EI} \times L \times \frac{1}{2} \times \frac{1}{2} = -\frac{PL^2}{16EI}$$

$$\therefore \theta_A = \frac{-30 \times 10^3 \times (6 \times 10^3)^2}{16 \times 206,000 \times 1.6 \times 10^8} = -0.00205\text{rad}$$

② 처짐량(y)

$$y_C = M{'}_C(\text{가상모멘트}) = \frac{PL^2}{16EI} \times \frac{L}{2} - \left(\frac{PL}{4EI} \times \frac{L}{2} \times \frac{1}{2}\right) \times \left(\frac{L}{2} \times \frac{1}{3}\right)$$

$$= \frac{PL^3}{32EI} - \frac{PL^3}{96EI}$$

$$\therefore y_C = \frac{PL^3}{48EI} = \frac{30 \times 10^3 \times (6 \times 10^3)^3}{48 \times 206,000 \times 1.6 \times 10^8} = 4.10\text{mm}$$

답 : $\theta_A = -0.00205\text{rad}$
$y_C = 4.10\text{mm}$

05 보의 처짐각, 처짐량 공식

구조물의 처짐량 및 처짐각을 구하는 방법은 무수히 많으며 이러한 방법을 모두 숙지할 필요가 없다. 따라서 다음과 같은 표에 해당하는 기본적인 구조물 및 하중상태에 따른 처짐각 및 최대 처짐을 구하는 공식을 암기하는 것이 좋다.

하중상태	처짐각	최대 처짐(δ_{max})
캔틸레버 보, 자유단 집중하중 P	$\theta_A = \dfrac{Pl^2}{2EI}$ $\theta_B = 0$	$\delta_A = -\dfrac{Pl^3}{3EI}$
캔틸레버 보, 등분포하중 w	$\theta_A = \dfrac{wl^3}{6EI}$ $\theta_B = 0$	$\delta_A = -\dfrac{wl^4}{8EI}$
캔틸레버 보, 자유단 모멘트 M	$\theta_A = \dfrac{Ml}{EI}$ $\theta_B = 0$	$\delta_A = -\dfrac{Ml^2}{2EI}$
단순보, 중앙 집중하중 P	$\theta_A = -\dfrac{Pl^2}{16EI}$ $\theta_B = \dfrac{Pl^2}{16EI}$	$\delta_C = -\dfrac{Pl^3}{48EI}$
단순보, 등분포하중 w	$\theta_A = -\dfrac{wl^3}{24EI}$ $\theta_B = \dfrac{wl^3}{24EI}$	$\delta_C = -\dfrac{5wl^4}{384EI}$
단순보, 단부 모멘트 M	$\theta_A = -\dfrac{Ml}{3EI}$ $\theta_B = \dfrac{Ml}{6EI}$	$\delta_{max} = -0.064\dfrac{Ml^2}{EI}$
양단고정보, 중앙 집중하중 P		$\delta_{max} = -\dfrac{Pl^3}{192EI}$
양단고정보, 등분포하중 w		$\delta_{max} = -\dfrac{wl^4}{384EI}$

제5절 부정정 구조물

01 개요

(1) 정의

힘의 평형 조건식만으로 구조물의 반력과 부재력을 구할 수 없는 구조물로 경계조건, 층방정식, 절점방정식 등을 추가로 이용해 부정정 여력(=잉여력)을 구한 후 다시 정정 구조로 해석해야 한다.

(2) 경계조건(Boundary Condition)

① 이동지점이나 회전지점의 처짐은 0이다.
② 고정지점의 처짐 및 처짐각은 0이다.
③ 처짐이 최대인 점에 대한 접선의 처짐각은 0이다.

02 층방정식(Story Equilibrium Equation)

각층에 작용하는 각 기둥들의 전단력의 합은 그 층의 층전단력과 같다.(= 각 층의 수평 성분들의 합은 0이다.)

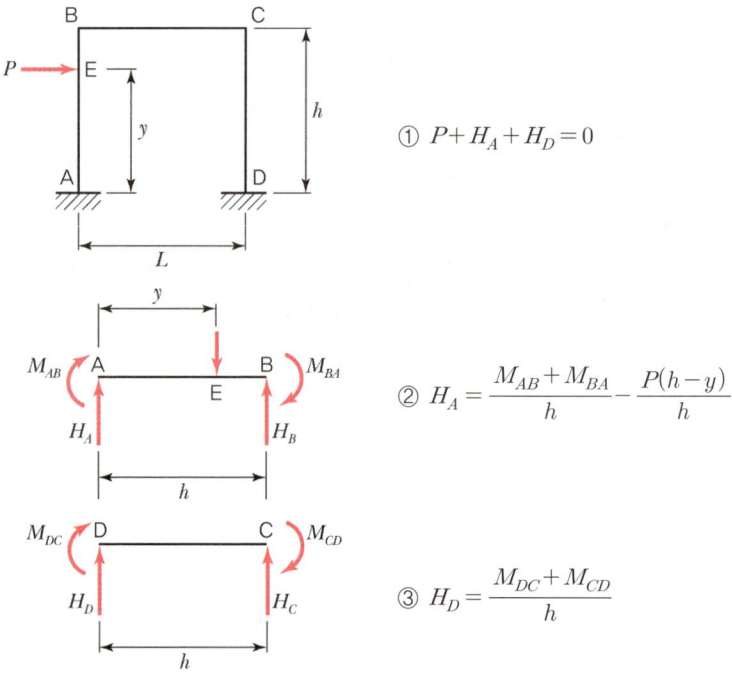

① $P + H_A + H_D = 0$

② $H_A = \dfrac{M_{AB} + M_{BA}}{h} - \dfrac{P(h-y)}{h}$

③ $H_D = \dfrac{M_{DC} + M_{CD}}{h}$

①식에 ②, ③ 식을 대입하면 다음과 같다.

$$\therefore P + \dfrac{M_{AB} + M_{BA}}{h} - \dfrac{P(h-y)}{h} + \dfrac{M_{DC} + M_{CD}}{h} = 0$$

$$\rightarrow P - P + \dfrac{M_{AB} + M_{BA}}{h} + \dfrac{M_{DC} + M_{CD}}{h} + \dfrac{P \cdot y}{h} = 0$$

$$\therefore \dfrac{M_{AB} + M_{BA}}{h} + \dfrac{M_{DC} + M_{CD}}{h} + \dfrac{P \cdot y}{h} = 0$$

양변에 h를 곱하면 다음과 같은 층방정식이 유도된다.

$$M_{AB} + M_{BA} + M_{DC} + M_{CD} + P \cdot y = 0$$

예제 09

다음과 같은 구조물에서 휨모멘트에 따른 수평하중(P)의 값을 구하시오.

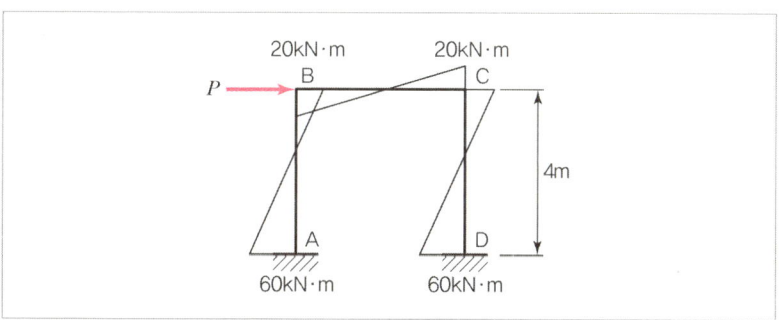

풀이 층방정식을 적용

$M_{AB} + M_{BA} + M_{DC} + M_{CD} + P \cdot y = 0$

$y = h$이므로 수평하중(P)은 다음과 같다.

$$P = \frac{|M_{AB}| + |M_{BA}| + |M_{DC}| + |M_{CD}|}{h} = \frac{60 + 20 + 60 + 20}{4} = 40\text{kN}$$

답 : $P = 40\text{kN}$

03 변형일치법

부정정 구조물에서 부정정 차수와 같은 수의 지점반력이나 단면력을 적당히 선정한 후 제거시켜서 정정 구조물로 만든다. 이것을 부정정 구조물의 정정기본계라 하고, 이와 같이 선정한 반력이나 단면력을 부정정력이라 하며, 만들어진 정정구조물을 처짐이나 처짐각을 이용해 구조물을 해석하는 방법을 변형일치법이라 한다.

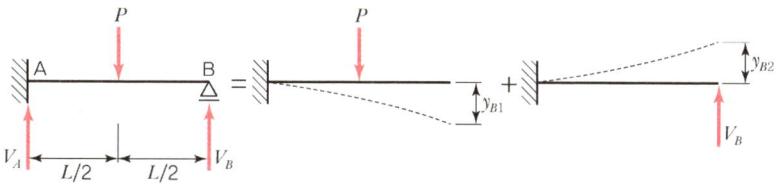

[변형일치법]

$$y_1 + y_2 = 0$$

B점의 경우 지점이므로 경계조건으로 인해 B점의 처짐량은 0이 된다. 탄성하중법을 활용하여 상부하중(P)에 의한 처짐(y_{B_1})을 구하면

$$y_B = M_B'(\text{가상모멘트})$$
$$= -\frac{PL}{2EI} \times \frac{L}{2} \times \frac{1}{2} \times \left(\frac{L}{2} + \frac{L}{2} \times \frac{2}{3}\right)$$
$$\therefore -\frac{PL^2}{8EI} \times \frac{5L}{6} = -\frac{5PL^3}{48EI}$$

B점의 반력(V_B)에 의한 처짐(y_{B_2})을 탄성하중법을 활용하여 구하면

$$y_B = M'_B(\text{가상모멘트})$$
$$= \frac{V_B L}{EI} \times L \times \frac{1}{2} \times \left(L \times \frac{2}{3}\right)$$
$$\therefore \frac{V_B L^2}{2EI} \times \frac{2L}{3} = \frac{V_B L^3}{3EI}$$

B점의 처짐은 0이 되므로 다음과 같은 식이 성립한다.

$$y_B = \frac{V_B L^3}{3EI} - \frac{5PL^3}{48EI} = 0$$

$$\therefore V_B = \frac{5PL^3}{48EI} \times \frac{3EI}{L^3} = \frac{5}{16}P$$

$$\therefore V_A = P - V_B = P - \frac{5}{16}P = \frac{11}{16}P$$

04 모멘트 분배법

모멘트 분배법은 부재의 고정단 모멘트로부터 시작하여 순차적으로 구조물 전체의 평형이 만족될 때까지 반복적으로 불균형 모멘트를 분배하고 인접 부재로 배분하는 방법이다. 모멘트 분배법에 의한 해석 순서는 다음과 같다.

(1) 해석 순서

① 강도계수(k) 산정 ② 분배율(DF) 산정
③ 분배모멘트 산정 ④ 전달모멘트 산정

(2) 강도계수(K)

강도계수(K)는 단부의 경계조건에 따라 부재의 단면 2차 모멘트(I)를 부재 길이(L)로 나누어서 산정할 수 있다. 만약 단부의 경계조건이 이동 및 회전단인 경우 수정강도계수를 적용한다.

$$\text{강도계수}(K) = \frac{I}{L}$$

$$\text{수정강도계수}(K^R) = \frac{I}{L} \times \frac{3}{4}$$

(3) 강비(k)

강비는 임의의 부재를 표준재로 취하였을 경우의 강도를 표준강도(K_0)라 하고 표준강도에 대한 각 부재의 강도 비를 강비(k)라고 한다.

$$강비(k) = \frac{K}{K_0}$$

(4) 분배율(Distributed Factor, DF)

분배율은 전체 부재 강비에 대한 구하고자 하는 부재의 강비의 비로써 다음과 같이 구할 수 있다.

$$분배율(DF) = \frac{k_i}{\sum k}$$

(5) 분배모멘트(Distributed Moment, DM)

분배율은 전체 부재 강비에 대해 구하고자 하는 부재의 강비의 비로써 다음과 같이 구할 수 있다.

$$분배모멘트(DM) = M_O \times DF_i$$

(6) 전달모멘트(Carry-over Moment, CM)

전달모멘트는 분배모멘트가 고정단에 전달되는 모멘트를 뜻하며, 각 부재에 분배된 모멘트에 전달률(1/2)을 곱하여 산정한다.

$$전달모멘트(CM) = DM \times \frac{1}{2}$$

(7) 재단모멘트(End Moment)

부재의 끝부분에서 작용하고 있는 모멘트인 재단모멘트는 각 재단에서의 고정단모멘트(Fixed End Moment, FEM)와 분배모멘트(DM) 및 도달모멘트(CM)를 합하여 구한다.

$$재단모멘트(M) = FEM + DM + CM$$

예제 10

그림과 같은 구조물에 있어서 A점의 전달모멘트를 구하시오.(단, K는 강비이다.)

• 15②

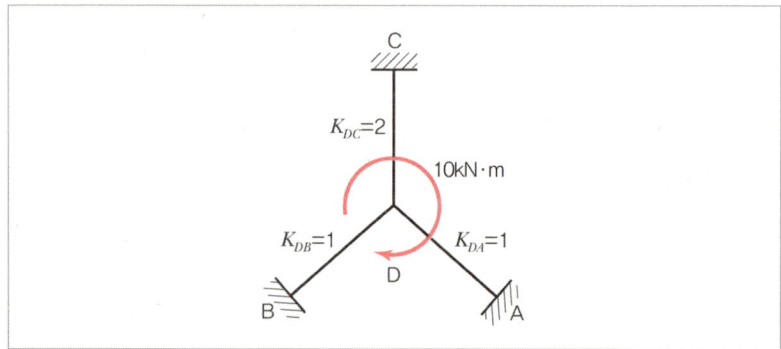

> **보충** 강도계수(K)와 강비(k)
>
> 강도계수(K)는 부재의 단면 2차 모멘트를 부재 길이로 나눈 것을 의미한다. 강비(k)는 표준강도계수에 대한 부재의 강도계수의 비를 의미한다. 분배모멘트법에서 분배율을 산정할 때는 반드시 강비를 이용하여 산정하여야 한다.
> 출제되는 문제에서는 대부분 강비(k)로 주어지는 경우가 많으나, 강도계수와 강비를 정확히 구분할 줄 알아야 한다.

풀이 모멘트 분배법을 적용

① 분배율

$$분배율(DF) = \frac{k_i}{\Sigma k} = \frac{K_{DA}}{K_{DB}+K_{DA}+K_{DC}} = \frac{1}{1+1+2} = \frac{1}{4} = 0.25$$

② 분배모멘트

$$분배모멘트(DM) = M_O \times DF_i = 10 \times 0.25 = 2.5 \text{kN} \cdot \text{m}$$

③ 전달모멘트

$$전달모멘트(CM) = DM \times \frac{1}{2} = 2.5 \times \frac{1}{2} = 1.25 \text{kN} \cdot \text{m}$$

답 : $1.25 \text{kN} \cdot \text{m}$

CHAPTER 01

과년도 기출문제 2014~2024

1회독 □ 월 일
2회독 □ 월 일
3회독 □ 월 일

---

01 그림과 같은 캔틸레버보의 중앙 C점의 전단력과 휨모멘트를 구하시오.

• 20④

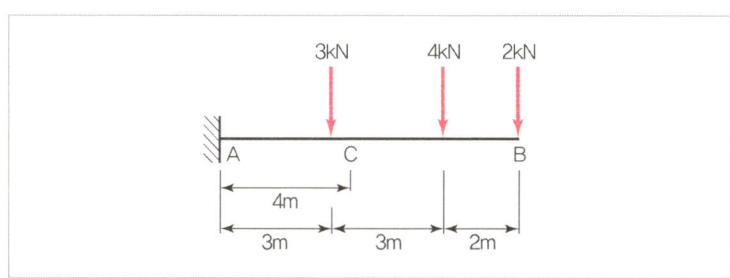

HINT 힘의 평형조건식
① 모든 수평력의 합은 0, $\sum H = 0$
② 모든 수직력의 합은 0, $\sum V = 0$
③ 한 점에 작용하는 모멘트는 0, $\sum M = 0$

---

02 그림과 같은 구조물에서 T 부재에 발생하는 부재력을 구하시오.

• 20③

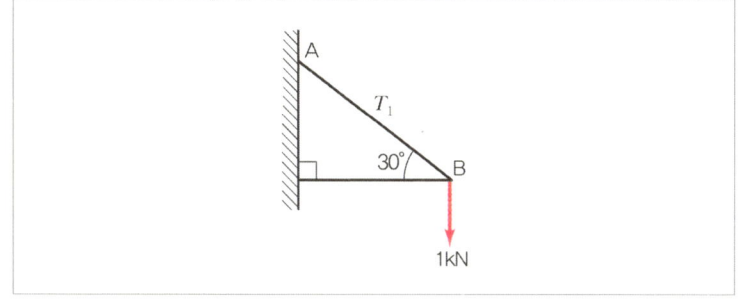

HINT 라미의 정리
한 점에 작용하는 3개의 힘이 평형을 이루고 있을 때는 이 3개의 힘은 같은 평면상에 있으며, 한 점에서 만난다. 이때 각각의 힘은 다른 두 힘 사이각 sin에 정비례한다.

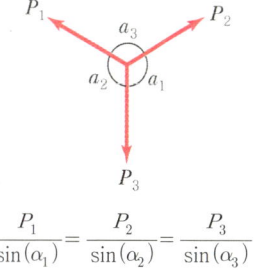

$$\frac{P_1}{\sin(\alpha_1)} = \frac{P_2}{\sin(\alpha_2)} = \frac{P_3}{\sin(\alpha_3)}$$

03 그림과 같은 3-hinge 라멘에서 A 지점의 반력을 구하시오. (단, $P = 6\text{kN}$, $L = 4\text{m}$, $h = 3\text{m}$) • 20②

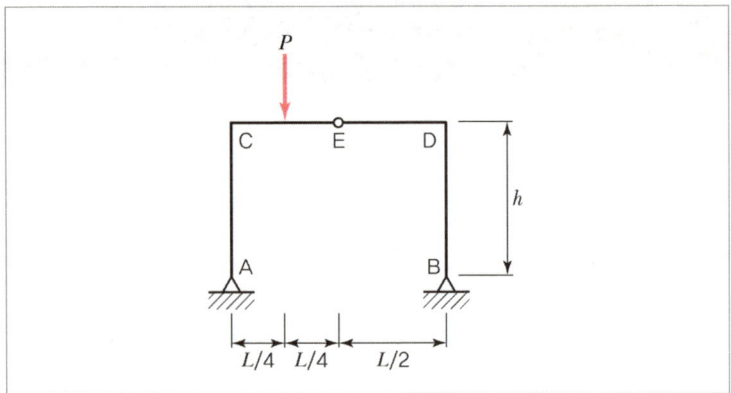

HINT 3-hinge 라멘의 반력
3-hinge 라멘은 기본적으로 정정구조물이므로 힘의 평형조건식을 통해 반력을 산정할 수 있다. 단, 3-hinge 라멘의 경우 작용하는 수평력이 없어도 수직하중에 의한 모멘트로 인해 수평반력이 생기므로 반드시 수평반력까지 구해야 한다.

04 다음 그림과 같이 하중이 작용하는 구조물에서 A 지점의 반력을 구하시오. • 23④

05 다음 그림과 같은 단순보에서 A 지점의 처짐각, 중앙 C 점의 최대 처짐량을 구하시오.(단, $E = 206,000\text{MPa}$, $I = 1.6 \times 10^8 \text{mm}^4$) • 20②

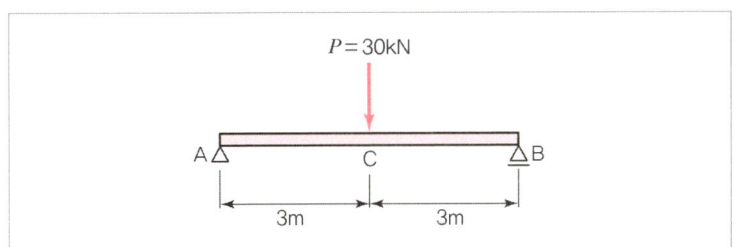

HINT 최대 처짐량, 처짐각 공식
구조물의 처짐량 및 처짐각은 탄성이론을 통해서 구할 수 있으나, 아래와 같은 기본적은 구조물과 하중조건에 대한 처짐각 및 처짐량 공식은 암기하는 것이 좋다.

① 단순보+중앙집중하중
$$\theta_A = -\frac{PL^2}{16EI} \quad y_{\max} = \frac{PL^3}{48EI}$$

② 단순보+등분포하중
$$\theta_A = -\frac{wL^3}{24EI} \quad y_{\max} = \frac{5wL^4}{384EI}$$

③ 캔틸레버+자유단 끝점 집중하중
$$\theta_A = -\frac{PL^2}{2EI} \quad y_{\max} = \frac{PL^3}{3EI}$$

④ 캔틸레버+등분포하중
$$\theta_A = -\frac{wL^3}{6EI} \quad y_{\max} = \frac{wL^4}{8EI}$$

06 다음과 같은 단순보에 고정하중 $w_D = 10\text{kN/m}$, 활하중 $w_L = 18\text{kN/m}$ 가 작용하고 있을 경우 철골보의 처짐값을 구하시오.(단, 철골보의 자중은 무시) • 20①

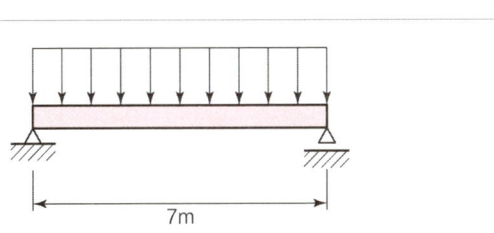

[설계조건]
(1) 단면사이즈 : H $-500 \times 200 \times 10 \times 16$
(2) 탄성단면계수 : $S_X = 2,590 \text{cm}^3$
(3) 단면 2차 모멘트 : $I_X = 47,800 \text{cm}^4$
(4) 항복강도 : $F_y = 235 \text{N/mm}^2$
(5) 탄성계수 : $E = 205,000 \text{N/mm}^2$

HINT 사용성 한계상태
사용성 한계상태란 처짐, 진동, 균열 등에 의해 구조물 사용 시 부적합한 상태를 뜻한다. 이러한 사용성 검토 시에는 하중계수를 곱하지 않고 사용하중을 그대로 사용한다.

07 그림과 같은 캔틸레버보의 A점 반력을 구하시오.   •20①

> **HINT) 고정단의 모멘트 반력**
> 고정단의 경우 모멘트 반력이 발생하므로 고정단의 반력을 구할 때는 수직, 수평, 모멘트 반력을 모두 구해야 한다.

08 그림과 같은 연속보의 지점반력 V_A, V_B, V_C를 구하시오.   •19②

> **HINT) 변형일치법**
> C점의 수직반력을 하중으로 치환한다면, 상부하중에 의한 처짐 y_1과 C점의 반력으로 생기는 처짐 y_2의 합은 0이 된다.

09 그림과 같은 내민보의 전단력도(S.F.D)와 휨모멘트도(B.M.D)를 그리시오.

● 24③ · 19③

> **HINT** 전단력도와 휨모멘트도
> 전단력과 휨모멘트의 관계는 미적분 관계이므로, 전단력이 0이 되는 점이 최대 휨모멘트가 발생하는 점이 된다. 따라서 지점의 반력을 산정하여 전단력도를 먼저 그리고 구해진 전단력도에서 전단력이 0인 지점의 휨모멘트와 각 끝점을 직선으로 연결해주면 휨모멘트도가 된다.

10 그림과 같은 구조물에서 T부재와 C부재에 발생하는 부재력을 구하시오.

● 22② · 18①

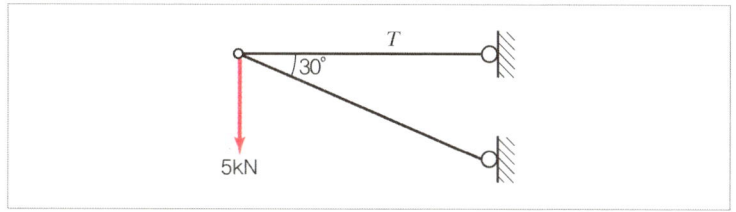

> **HINT** 라미의 정리
> 한 점에 작용하는 3개의 힘이 평형을 이루고 있을 때는 이 3개의 힘은 같은 평면상에 있으며, 한 점에서 만난다. 이때 각각의 힘은 다른 두 힘 사이각 sin에 정비례한다.
>
>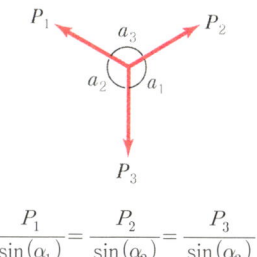
>
> $$\frac{P_1}{\sin(\alpha_1)} = \frac{P_2}{\sin(\alpha_2)} = \frac{P_3}{\sin(\alpha_3)}$$

11 그림과 같은 트러스에서 F_1, F_2, F_3 부재력을 구하시오. • 18④

HINT 절단법
① 트러스 전체를 하나의 보로 생각하고 지점 반력을 계산한다.
② 구하고자 하는 부재를 포함하여 3개 이하의 부재가 절단되도록 임의의 절단선으로 트러스를 절단한다.
③ 임의의 절단선으로 절단된 3개의 부재 중에서 구하고자 하는 부재를 제외한 나머지 2개의 부재가 만나는 점의 $\sum M = 0$을 적용한다.(모멘트법)
④ 만일 2개의 부재의 만나는 점이 없을 경우에는 절단면의 어느 한 편의 $\sum H = 0$, $\sum V = 0$으로 해석한다.(전단력법)

12 다음과 같은 전단력도를 보고 최대 휨모멘트를 구하시오. • 18④

HINT 전단력과 모멘트의 관계
하중-전단력-모멘트는 다음과 같은 미적분 관계가 성립한다.

13 다음 그림과 같은 구조물의 전단력도(S.F.D)와 휨모멘트도(B.M.D)를 도시하시오.(단, 휨모멘트 및 전단력의 크기와 부호를 표기해야 함) • 16①

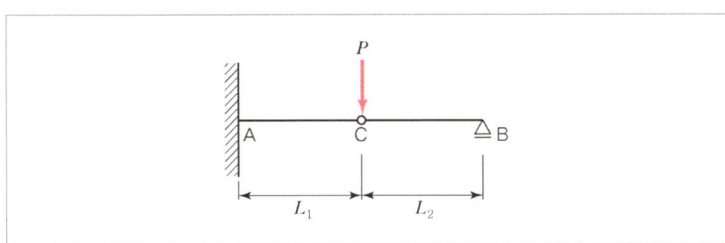

14 다음 그림과 같은 겔버보의 A, B, C 지점 반력을 각각 산정하시오. • 23①

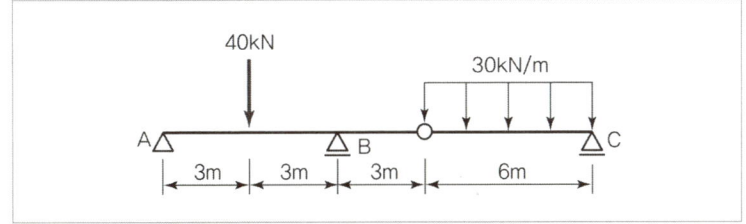

HINT 겔버보의 해석

겔버보란 1차 부정정 구조물에서 힌지절점을 추가함으로써 정정 구조물로 만든 구조물을 뜻한다. 겔버보의 해석에서는 힌지절점을 기준으로 좌우로 나누어 단순보 혹은 캔틸레버보로 해석한다.

15 그림과 같은 라멘 구조물의 O점에서 발생하는 모멘트를 기준으로 OA 부재의 모멘트 분배율을 구하시오.(단, 여기서 K는 강비이다.) • 16①

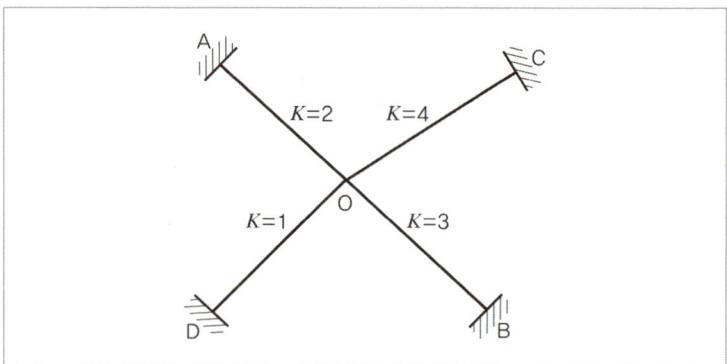

HINT 모멘트 분배율(DF)
분배율은 전체 부재 강비에 대한 구하고자 하는 부재의 강비의 비로써 다음과 같이 구할 수 있다.

분배율(DF) = $\dfrac{k_i}{\sum k}$

16 다음과 같은 보에서 최대 휨모멘트가 발생되는 거리 x를 구하시오. • 15①

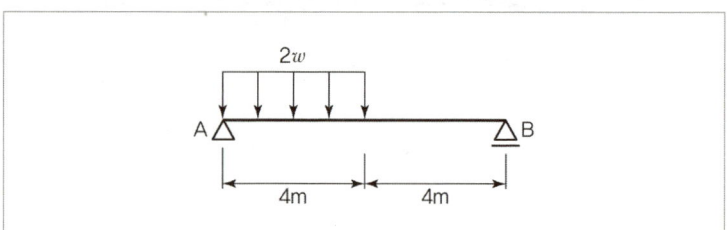

HINT 전단력과 휨모멘트의 관계
전단력이 0이 되는 점이 최대 휨모멘트가 발생하는 지점이므로, 전단력이 0이 되는 거리 x를 구하면 그 점이 최대 휨모멘트가 발생하는 점과 같다.

17 그림과 같은 라멘에 있어서 A점의 전달모멘트를 구하시오.(단, K는 강비이다.)

● 15①

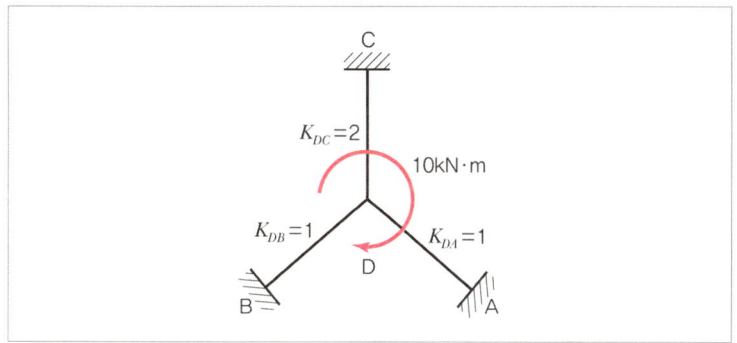

HINT 모멘트 분배법
① 분배율 $(DF) = \dfrac{k_i}{\sum k}$
② 분배모멘트 $(DM) = M_O \times DF_i$
③ 전달모멘트 $(CM) = DM \times \dfrac{1}{2}$

18 그림과 같은 트러스 구조물의 부정정 차수를 구하고, 안정구조인지 불안정구조인지 판별하시오.

● 23① · 14①

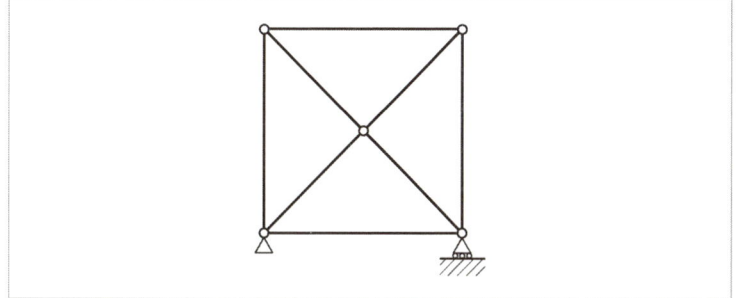

19 그림과 같은 단순보 (A)와 단순보 (B)의 최대 휨모멘트가 같을 때 집중하중 P 를 구하시오.
• 14①

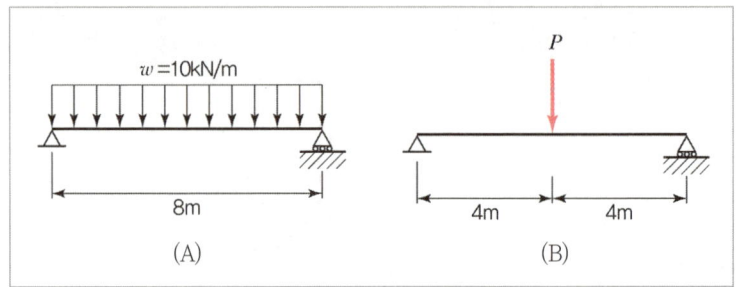

HINT 최대 휨모멘트
① 단순보+등분포하중 :
$$M_{\max} = \frac{wL^2}{8}$$
② 단순보+중앙집중하중 :
$$M_{\max} = \frac{PL}{4}$$

20 그림과 같은 캔틸레버보의 자유단 B점의 처짐이 0이 되기 위한 등분포하중의 크기를 구하시오.(단, 경간 전체의 EI는 일정)
• 14②

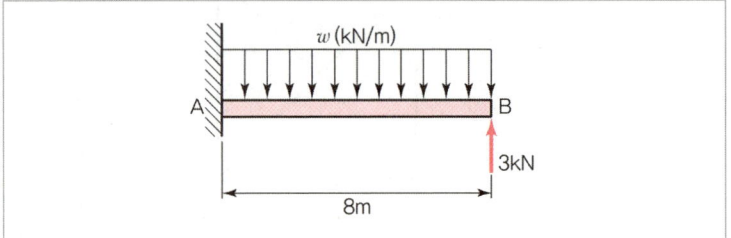

HINT 처짐 공식
캔틸레버+등분포하중
$$\theta_A = -\frac{wL^3}{6EI} \qquad y_{\max} = \frac{wL^4}{8EI}$$
캔틸레버+자유단 끝점 집중하중
$$\theta_A = -\frac{PL^2}{2EI} \qquad y_{\max} = \frac{PL^3}{3EI}$$

21 그림과 같은 라멘 구조물에 휨모멘트를 도시하시오. •21①

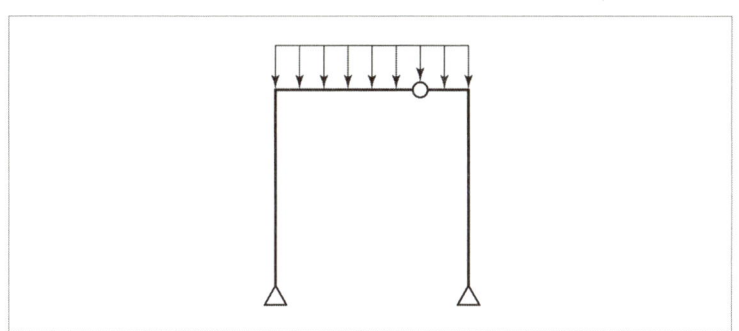

22 다음과 같은 단순보에서 A단의 처짐각을 구하시오. •22①

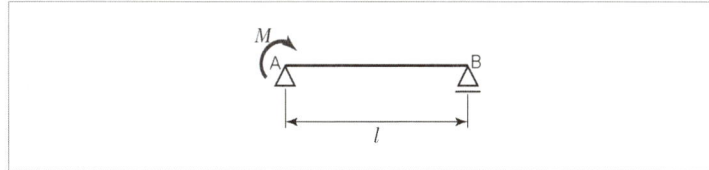

23 다음과 같은 부정정 라멘구조에서 각 점의 휨모멘트 절대값을 구하고 휨모멘트도를 작성하시오.   •22②

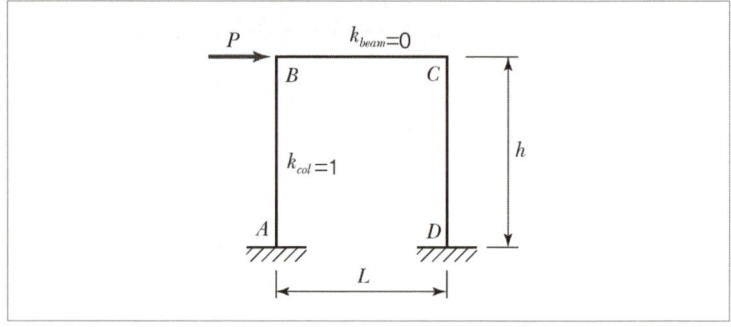

24 다음과 같은 트러스 구조물에서 U_2, L_2 부재의 부재력을 절단법으로 구하시오.   •22④

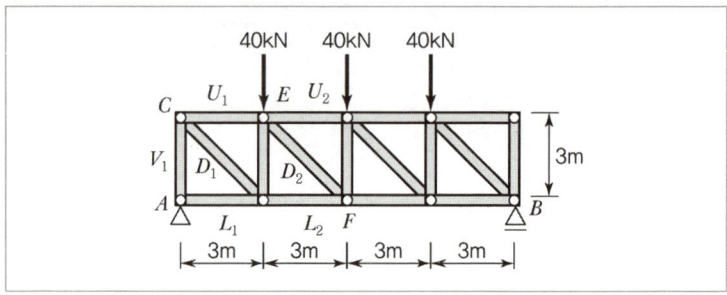

25 그림과 같은 철근콘크리트 단순보에서 계수집중하중(P_u)의 최댓값(kN)을 구하시오.(단, 보통 중량콘크리트 f_{ck}= 28MPa, f_y= 400MPa, 인장철근 단면적 A_s= 1,500mm², 휨에 대한 강도감소계수 ϕ= 0.85를 적용한다.) • 23④

26 다세대주택의 필로티 구조에서 1층과 2층의 구조가 상이하여 생기는 전이보에 대해 설명하시오. • 23②

2014~2024년 해설 및 정답

01 힘의 평형조건식

① 반력산정
$\sum H = 0 \to H_A = 0$
$\sum V = 0 \to V_A - 3 - 4 - 2 = 0$
$\therefore V_A = 9\text{kN}$
$\sum M_A = 0 \to 3 \times 3 + 4 \times 6 + 2 \times 8 + rM_A = 0$
$\therefore rM_A = -49\text{kN} \cdot \text{m}$

② 부재력 산정
C점을 기준으로 좌측에 대한 전단력(V_C), 휨모멘트(M_C)를 산정한다.
$V_C = V_A - 3 = 6\text{kN}$
$M_C = V_A \times 4 - 3 \times 1 + rM_A$
$\therefore M_C = 9 \times 4 - 3 \times 1 - 49$
$= -16\text{kN} \cdot \text{m}$

답 : $V_C = 6\text{kN}$, $M_C = -16\text{kN} \cdot \text{m}$

02 라미의 정리

$\dfrac{T_1}{\sin(90)} = \dfrac{P}{\sin(30)} \to T_1$
$= \dfrac{1}{\sin(30)} \times \sin(90)$
$= 2\text{kN}(인장)$

답 : 2kN(인장)

03 3-hinge 라멘의 반력

① 수직반력 – 힘의 평형조건식
$\sum H = 0 \to H_A + H_B = 0$
$\sum V = 0 \to V_A + V_B - P = 0$
$\sum M_A = 0 \to P \times \dfrac{L}{4} - V_B \times L = 0$
$\therefore V_B = \dfrac{PL}{4L} = \dfrac{P}{4} = 1.5\text{kN}(\uparrow)$
$\therefore V_A = \dfrac{3P}{4} = 4.5\text{kN}(\uparrow)$

② 수평반력 – E점의 휨모멘트(좌측)
$\sum BM_E = 0 \to V_A \times \dfrac{L}{2} - H_A \times h - P \times \dfrac{L}{4} = 0$
$\therefore H_A = \left(\dfrac{3PL}{8} - \dfrac{PL}{4}\right) \times \dfrac{1}{h}$
$= \dfrac{PL}{8h} = 1\text{kN}(\to)$

답 : $V_A = 4.5\text{kN}(\uparrow)$, $H_A = 1\text{kN}(\to)$

04 지점의 반력

① $\sum V = 0$
$\to V_A - 30\text{kN} = 0$
② $\sum H = 0 \to H_A = 0$
③ $\sum M = 0$
$\to -M_A - 120\text{kN} \cdot \text{m} + 30\text{kN} \times 4\text{m} = 0$

답 : $V_A = 30\text{kN}(\uparrow)$,
$\sum H = 0 \to H_A = 0$, $M_A = 0$

05 단순보 + 중앙집중하중 시 처짐각, 최대 처짐량 공식 활용

$\theta_A = -\dfrac{PL^2}{16EI} = -\dfrac{(30 \times 10^3) \times (6 \times 10^3)^2}{16 \times 206{,}000 \times 1.6 \times 10^8}$
$= -0.00205\text{rad}$
$y_{\max} = \dfrac{PL^3}{48EI} = \dfrac{(30 \times 10^3) \times (6 \times 10^3)^3}{48 \times 206{,}000 \times 1.6 \times 10^8} = 4.10\text{mm}$

답 : $\theta_A = -0.00205\text{rad}$, $y_{\max} = 4.10\text{mm}$

06 단순보 + 등분포하중 시 최대 처짐량 공식 활용

$y_{\max} = \dfrac{5wL^4}{384EI}$
$= \dfrac{5 \times (10 + 18) \times (7 \times 10^3)^4}{384 \times 205{,}000 \times 47.800 \times 10^4}$
$= 8.93\text{mm}$

답 : $y_{\max} = 8.93\text{mm}$

07 힘의 평형조건식

$\sum H = 0 \to H_A = 0$
$\sum V = 0 \to V_A - 2 \times 3 \times \dfrac{1}{2}$
$\therefore V_A = 3\text{kN}$
$\sum M_A = 0 \to 12 - \left(2 \times 3 \times \dfrac{1}{2}\right) \times 4 + rM_A$
$\therefore rM_A = 12 - 12 = 0$

답 : $H_A = 0$
$V_A = 3\text{kN}$
$rM_A = 0$

08 변형일치법

$y_C = \dfrac{5wL^4}{384EI} - \dfrac{V_C L^3}{48EI} = 0$
$\therefore V_C = \dfrac{5wL^4}{384EI} \times \dfrac{48EI}{L^3} = \dfrac{5}{8}wL$
$= \dfrac{5}{8} \times 2 \times 8 = 10\text{kN}$

힘의 평형조건에 의해
$V_A + V_C + V_B - 2 \times 8 = 0$ 이므로,
$\rightarrow V_A + V_B = 6\text{kN}$
$\therefore V_A = 3\text{kN}, V_B = 3\text{kN}$

답 : $V_A = 3\text{kN}$
$V_B = 3\text{kN}$
$V_C = 10\text{kN}$

09 힘의 평형조건식

$\sum V = 0 \rightarrow V_A + V_B = 10\text{kN}$
$\sum H = 0 \rightarrow H_A = 0$
$\sum M = 0 \rightarrow M_A = (-V_B) \times 2\text{m} + 10\text{kN} \times 3\text{m}$
$\therefore V_B = \dfrac{10 \times 3}{2} = 15\text{kN}$
$\therefore V_A = 10 - 15 = -5\text{kN}$
$A \sim B, M_x = V_A \times x = (-5) \times x$
$\therefore M_{x=0m} = 0, M_{x=2m} = -10\text{kN} \cdot \text{m}$
$B \sim C, M_x = V_A \times x + V_B(x-2)$
$\quad = (-5) \times x + 15 \times (x-2)$
$\therefore M_{x=2m} = -10\text{kN} \cdot \text{m}, M_{x=3m} = 0$

⟨S.F.D⟩

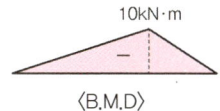
⟨B.M.D⟩

10 라미의 정리

$\dfrac{P}{\sin(30)} = \dfrac{T}{\sin(60)} = \dfrac{C}{\sin(270)}$

$\therefore T = \dfrac{5}{\sin(30)} \times \sin(60) = 5\sqrt{3}\text{kN}(인장)$

$\therefore C = \dfrac{5}{\sin(30)} \times \sin(270) = -10\text{kN}(압축)$

답 : $T = 5\sqrt{3}\text{kN}(인장)$
$C = -10\text{kN}(압축)$

11 절단법

(1) $\sum M_D = 0 \rightarrow 20 \times 8 - 5 \times 8 - 10 \times 4 + F_1 \times 4 = 0$
$F_1 = \dfrac{(-20) \times 8 + 5 \times 8 + 10 \times 4}{4} = -20\text{kN}(압축)$

(2) $\sum M_G = 0 \rightarrow 20 \times 8 - 5 \times 4 - F_3 \times 4 = 0$
$F_3 = \dfrac{20 \times 8 - 5 \times 4}{4} = 15\text{kN}(인장)$

(3) $\sum V = 0 \rightarrow 20 - 5 - 10 - F_2 \times \sin(45) = 0$
$F_2 = \dfrac{20-5-10}{\sin(45)} = 5\sqrt{2}\text{kN}(인장) = 7.07\text{kN}$

답 : $F_1 = -20\text{kN}(압축)$
$F_2 = 7.07\text{kN}(인장)$
$F_3 = 15\text{kN}(인장)$

12 전단력-모멘트 미적분관계

전단력이 0이 되는 점이 휨모멘트가 최대인 점이다. 또한 임의의 점 기준으로 좌측과 우측의 전단력도의 면적은 그 점의 휨모멘트와 같다.

따라서 C점부터 전단력도상에서 전단력이 0이 되는 점의 거리를 비율식을 통해 구하면,
$(12+4):4 = 4:x \rightarrow (12+4) \times x = 4 \times 4$
$\therefore x = \dfrac{16}{16} = 1\text{m}$

전단력이 0이 되는 점은 C점으로부터 1m 떨어져 있으므로, A점으로부터 5m 떨어진 점을 기준으로 좌측의 전단력도의 면적을 구하면 다음과 같다.

$M_{x=5m} = (4 \times 4) + \left(4 \times 1 \times \dfrac{1}{2}\right) = 18\text{kN} \cdot \text{m}$

답 : $M_{\max} = 18\text{kN} \cdot \text{m}$

13 겔버보의 해석

겔버보는 중앙 핀절점을 기준으로 좌측 캔틸레버보와 우측 단순보로 치환하여 해석한다. 우측의 단순보의 경우 작용하는 외력이 없으므로 전단력 및 휨모멘트는 발생하지 않는다.

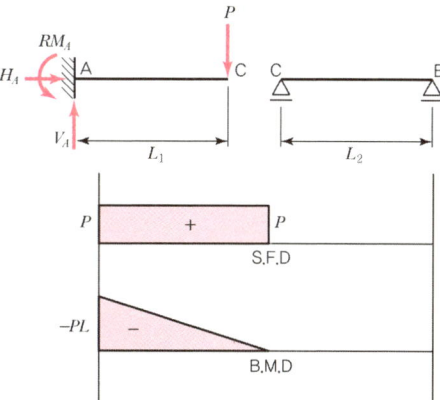

14 겔버보의 지점 반력

힌지 절점을 기준으로 좌와 우 구조물로 나눠 풀이한다.

$V_{hinge} = 30 \times 6 \times \dfrac{1}{2} = 90\text{kN}$

$V_C = 90\text{kN}(\uparrow)$

hinge 절점의 반력은 좌측 구조물로 전이되고 이 때 방향은 반대로 적용한다.

$\sum M_B = 0$

$V_A \times 6 - 40 \times 3 + 90 \times 3 = 0$

$V_A = \dfrac{120-270}{6} = -25\,\text{kN}(\downarrow)$

$V_A + V_B + V_C = 220\,\text{kN}$ 이므로

$V_B = 155\,\text{kN}(\uparrow)$

답 : $V_A = -25\,\text{kN},\ V_B = 155\,\text{kN},\ V_C = 90\,\text{kN}$

15 모멘트 분배법

$DF_{OA} = \dfrac{k_{OA}}{\sum k_i} = \dfrac{2}{2+3+4+1} = \dfrac{2}{10} = 0.2$

답 : 0.2

16 전단력과 휨모멘트의 관계

전단력이 0이 되는 점이 최대 휨모멘트가 발생하는 지점이므로,

$M_B = V_A \times 8 - 2\omega \times 4 \times 6 = 0$

$V_A = \dfrac{48}{8}\omega = 6\omega$

$A \sim C,\ S_x = V_A - 2\omega \times x = 0$

$x = \dfrac{6\omega}{2\omega} = 3\,\text{m}$

답 : 3m

17 모멘트 분배법

분배율 $DF_{DA} = \dfrac{k_{DA}}{\sum k_i} = \dfrac{1}{1+3+1} = \dfrac{1}{4} = 0.25$

분배모멘트 $M_{DA} = 10 \times 0.25 = 2.5\,\text{kN}\cdot\text{m}$

전달모멘트 $M_A = M_{DA} \times \dfrac{1}{2} = 1.25\,\text{kN}\cdot\text{m}$

답 : $1.25\,\text{kN}\cdot\text{m}$

18 부정정 차수

부정정 차수(n) = 반력 수(r) + 부재 수(m) − 2 × 절점 수(j)
$= 3 + 8 - 2 \times 5 = 1$

부정정 차수$(n) = 1$이므로, 1차 부정정 구조물이다.
여기서, 절점 수(j)는 지점을 포함한다.

답 : 1차 부정정 구조물이므로 안정구조이다.

19 최대 휨모멘트

등분포하중 $(M_{\max}) = \dfrac{wL^2}{8}$

중앙집중하중 $(M_{\max}) = \dfrac{PL}{4} \rightarrow \dfrac{wL^2}{8} = \dfrac{PL}{4}$

$\therefore P = \dfrac{wL^2}{8} \times \dfrac{4}{L} = \dfrac{wL}{2} = \dfrac{10 \times 8}{2} = 40\,\text{kN}$

답 : 40kN

20 캔틸레버보의 처짐 공식

$y_B = \dfrac{PL^3}{3EI} - \dfrac{wL^4}{8EI} = 0$

$w = \dfrac{PL^3}{3EI} \times \dfrac{8EI}{L^4} = \dfrac{8P}{3L} = \dfrac{8 \times 3}{3 \times 8} = 1\,\text{kN/m}$

답 : 1kN/m

21 모멘트도

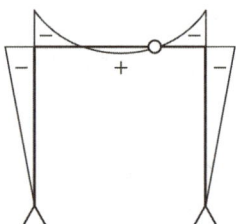

22 휨모멘트

• 처짐각법으로 풀이

$M_{AB} = k_{AB}(2\phi I_A + \phi_B + R) + C_{AB} = \phi_B + R$
$M_{BA} = k_{BA}(2\phi_B + \phi_A + R) + C_{BA} = 2\phi_B + R$

$M_{BC} = k_{BC}(2\phi_B + \phi_C + R) + C_{BC} = 0$
$M_{CB} = k_{CB}(2\phi_C + \phi_B + R) + C_{CB} = 0$

$M_{CD} = k_{CD}(2\phi_C + \phi_D + R) + C_{CD} = 2\phi_C + R$
$M_{DC} = k_{DC}(2\phi_D + \phi_C + R) + C_{DC} = \phi_C + R$

$k_{BC} = k_{CB} = 0$

$\phi_A = \phi_D = 0$

$C_{AB} = C_{BC} = C_{CD} = 0$

• 절점 평형 방정식에 따라

$\sum M_B = M_{BA} + M_{BC} = 0$

$\therefore 2\phi_B + R = 0 \quad \cdots \text{1식}$

$\sum M_C = M_{CB} + M_{CD} = 0$

$\therefore 2\phi_C + R = 0 \quad \cdots \text{2식}$

• 층방정식에 따라

$M_{AB} + M_{BA} + M_{CD} + M_{DC} + P \cdot h = 0$

$\therefore 3\phi_B + 3\phi_C + 4R = -P \cdot h \quad \cdots \text{3식}$

1~3식을 연립방정식으로 풀면,

$\phi_B = \dfrac{P \cdot h}{2},\ \phi_C = \dfrac{P \cdot h}{2},\ R = -P \cdot h$

$\therefore M_A = -\dfrac{Ph}{2},\ M_B = 0,\ M_C = 0,\ M_D = -\dfrac{Ph}{2}$

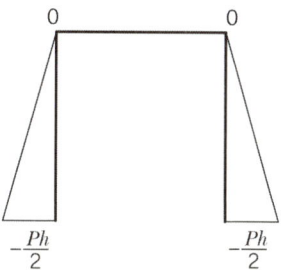

23 단순보의 처짐각

탄성곡선법(Elastic Curve Method)을 적용

$$M_x = M - \frac{M \cdot x}{l}$$

$$\theta_x = \int \frac{M_x}{EI} dx = \frac{M \cdot x}{EI} - \frac{M \cdot x^2}{2l \cdot EI} + C_1$$

$$y_x = \int \theta_x \, dx = \frac{M \cdot x^2}{2EI} - \frac{M \cdot x^3}{6l \cdot EI} + C_1 \cdot x + C_2$$

경계조건에 의해 $y_A = y_B = 0$이므로 적분상수 $C_2 = 0$

$$y_{B(x=l)} = \frac{M \cdot l^2}{2EI} - \frac{M \cdot l^2}{6EI} + C_1 \cdot l = 0$$

$$\therefore C_1 = \left(\frac{M \cdot l^2}{6EI} - \frac{M \cdot l^2}{2EI}\right) \cdot \frac{1}{l} = -\frac{M \cdot l}{3EI}$$

$$\rightarrow \theta_{A(x=0)} = \frac{M \cdot 0}{EI} - \frac{M \cdot 0}{2l \cdot EI} - \frac{M \cdot l}{3EI} = -\frac{M \cdot l}{3EI}$$

답 : $\theta_A = -\dfrac{Ml}{3EI}$

24 트러스 부재력

구하고자 하는 부재를 포함하여 3개의 부재가 절단되도록 임의의 절단선으로 트러스를 절단한다.

① 반력

$\sum H = 0 \rightarrow H_A = 0$

$\sum V = 0 \rightarrow V_A + V_B - 40 - 40 - 40 = 0$

$\therefore V_A = \dfrac{120}{2} = 60\text{kN}$

② L_2 부재 - L_2 부재를 제외한 나머지 2개의 부재가 만나는 점(E)

$\sum M_E = 0 \rightarrow V_A \times 3 - L_2 \times 3 = 0$

$\therefore L_2 = \dfrac{60 \times 3}{3} = 60\text{kN (인장)}$

③ U_2 부재 - U_2 부재를 제외한 나머지 2개의 부재가 만나는 점(F)

$\sum M_F = 0 \rightarrow V_A \times 6 - 40 \times 3 + U_2 \times 3 = 0$

$\therefore U_2 = \dfrac{-60 \times 6 + 40 \times 3}{3} = -80\text{kN (압축)}$

답 : $L_2 = 60\text{kN (인장)}$
$U_2 = -80\text{kN (압축)}$

25 계수집중하중(P_u)의 최댓값

① $a = \dfrac{A_s f_y}{\eta(0.85 f_{ck})b} = \dfrac{(1,500)(400)}{0.85(28)(300)} = 84.03\text{mm}$

$\eta = 1.0$

② $\phi M_n = \phi A_s f_y \left(d - \dfrac{a}{2}\right)$

$= (0.85)(1,500)(400)\left(500 - \dfrac{84.03}{2}\right)$

$= 233,572,350 \, \text{N} \cdot \text{mm} = 233.572 \text{kN} \cdot \text{m}$

③ $M_u = \dfrac{P_u \cdot L}{4} + \dfrac{w_u \cdot L^2}{8} = \dfrac{P_u(6)}{4} + \dfrac{(5)(6)^2}{8}$

④ $M_u \leq \phi M_n$으로부터

$\dfrac{P_u(6)}{4} + \dfrac{(5)(6)^2}{8} \leq 233.572$에서

답 : $P_u \leq 140.715 \text{kN} \cdot \text{m}$

26 전이보

상부층의 기둥이 받던 힘을 하부층의 위치가 다른 기둥이 받거나 상부층 벽체가 받던 힘을 하부층 기둥이 받아야 하는 경우 힘을 이동시킬 수 있는 구조

미듬 건축기사 실기

멘토스는 당신의 쉬운 합격을 응원합니다!

Engineer Architecture

CHAPTER 02
재료역학

CONTENTS

제1절 단면의 성질		53
제2절 재료의 성질		59

미듬 건축기사 실기

멘토스는 당신의 쉬운 합격을 응원합니다!

CHAPTER 02 재료역학

| 학 | 습 | 포 | 인 | 트 |
* 단면 1차 모멘트와 도심
* 단면 2차 반경
* 응력과 변형도 관계(Hook의 법칙)
* 이동축에 대한 단면 2차 모멘트
* 수직응력도와 전단응력도

제1절 단면의 성질

01 단면 1차 모멘트와 도심

(1) 단면 1차 모멘트(G)

단면을 세분한 미소면적 dA에 축까지의 거리 x 또는 y를 전단면에 걸쳐 적분한 것을 축에 대한 단면 1차 모멘트라 한다.

$$G_x = \int y\, dA$$

(보충) 도심축에 대한 단면 1차 모멘트

(중요) 도형의 도심축에 대한 단면 1차 모멘트는 항상 0이 된다.

① 도심축(x)에 대한 단면 1차 모멘트

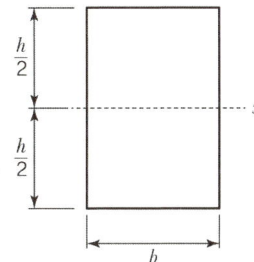

- $G_x = \int_{-\frac{h}{2}}^{\frac{h}{2}} y\, dA = \left(\frac{bh^2}{2}\right) - \left(\frac{bh^2}{2}\right) = 0$

② 이동축(x')에 대한 단면 1차 모멘트

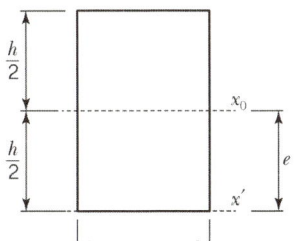

- $G_{x'} = \int_0^h (y+e)\, dA = \int_0^h y\, dA + \int_0^h e\, dA$
  $= G_x + A \cdot e$

  만약, x축이 도심(x_0)이라면 $G_x = 0$

- $G_{x'} = A \cdot e$

따라서 도심축으로부터 e 거리만큼 이동한 축에 대한 단면 1차 모멘트는 다음과 같이 산정할 수 있다.

$$G_{x'} = A \times e$$

(2) 도심

어느 도형의 한 점을 지나는 직교 좌표축에 대한 단면 1차 모멘트가 0이 되는 점을 도심이라 하며, 이것은 평면도형의 중심으로 도형의 두께나 무게와는 관계가 없다.

$$y_0 = \frac{G_x}{A}$$

$$x_0 = \frac{G_y}{A}$$

예제 01

다음과 같은 도형의 도심을 구하시오.

풀이 단면 1차 모멘트를 활용

단면 1차 모멘트를 구하기 위하여 본 도형을 사각형과 삼각형의 형태로 분할한다.

① 단면 1차 모멘트(G)
- $G_{x'1} = A_1 \times e = 40 \times 60 \times 30 = 72{,}000 \text{mm}^3$
- $G_{x'2} = A_2 \times e = \left(20 \times 60 \times \frac{1}{2}\right) \times \left(60 \times \frac{1}{3}\right) = 12{,}000 \text{mm}^3$

② 도심(y)
- $y = \dfrac{G_{x'1} + G_{x'2}}{A_1 + A_2} = \dfrac{72{,}000 + 12{,}000}{60 \times 40 + 20 \times 60 \times 0.5} = 28\text{mm}$

02 단면 2차 모멘트(I)

임의의 직교 좌표축에 대하여 단면 각 부분의 미소면적 dA에 어떤 축까지의 거리 제곱(x^2 또는 y^2)을 걸쳐 적분한 값을 단면 2차 모멘트라 한다.

$$I_x = \int y^2 \, dA$$

① 도심축(x)에 대한 단면 2차 모멘트

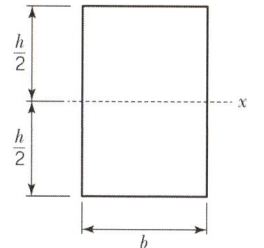

- $I_x = \int_{-\frac{h}{2}}^{\frac{h}{2}} y^2 \, dA = \dfrac{bh^3}{24} - \dfrac{-bh^3}{24} = \dfrac{bh^3}{12}$

따라서 직사각형 단면에 대한 단면 2차 모멘트는 다음과 같다.

$$I_x = \dfrac{bh^3}{12} \qquad I_y = \dfrac{hb^3}{12}$$

② 이동축(x')에 대한 단면 2차 모멘트

- $I_{x'} = \int (y+e_y)^2 \, dA = \int (y^2 + 2e_y y + e_y^2) \, dA$
  $= \int y^2 \, dA + \int 2e_y y \, dA + \int y^2 \, dA$
  $= I_x + 2e_y \int y \, dA + e_y^2 \int dA$
  $= I_x + 2e_y G_x + e_y^2 A$

만약, x축이 도심(x_0)이라면 $G_x = 0$

$I_{x'} = I_{x_o} + e_y^2 \times A$

따라서 이동축(x')에 대한 단면 2차 모멘트는 다음과 같다.

$$I_x = \dfrac{bh^3}{12} + A \times e_y^2 \qquad I_y = \dfrac{hb^3}{12} + A \times e_x^2$$

여기서, e_x, e_y는 이동축(x')부터 도심축(x_0)까지의 거리를 의미한다.

간단한 도형의 도심축에 대한 단면 2차 모멘트			
$I_x = \dfrac{bh^3}{12}$	$I_x = \dfrac{bh^3}{36}$	$I_x = \dfrac{a^4}{12}$	$I_x = \dfrac{\pi D^4}{64} = \dfrac{\pi r^3}{4}$

예제 02

그림과 같은 도형의 I_x / I_y를 구하시오. •18②

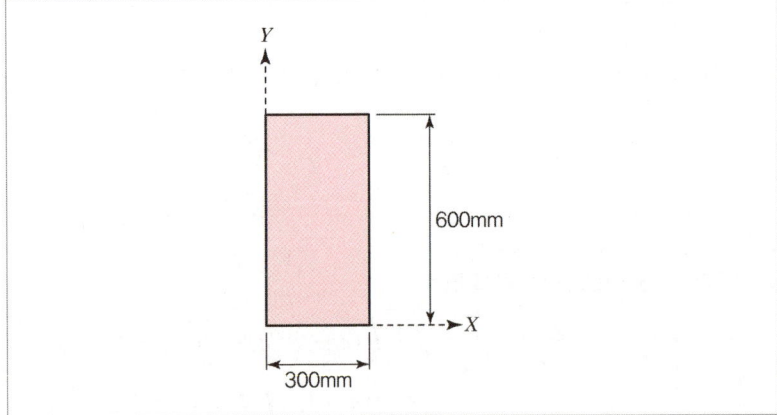

풀이 도심축에서 e_x, e_y만큼 떨어진 이동축에 대한 단면 2차 모멘트

$$I_{x'} = \frac{bh^3}{12} + A \times e_y^{\ 2}$$

$$I_{y'} = \frac{hb^3}{12} + A \times e_x^{\ 2}$$

• $\dfrac{I_{x'}}{I_{y'}} = \dfrac{\dfrac{300 \times 600^3}{12} + 300 \times 600 \times 300^2}{\dfrac{600 \times 300^3}{12} + 300 \times 600 \times 150^2} = 4$

답 : 4

03 단면계수(Z)

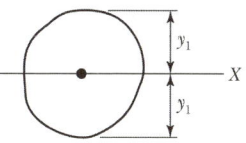

도심을 지나는 축에 대한 단면 2차 모멘트를 단면의 상·하단까지의 거리로 나눈 값을 그 축에 대한 단면계수라 한다.

① 상단에 대하여 $S_1 = \dfrac{I_x}{y_1}$ ② 하단에 대하여 $S_2 = \dfrac{I_x}{y_2}$

③ 단면의 축이 대칭이면 $y_1 = y_2 = y$이므로 $S = \dfrac{I_x}{y}$

이때 단면이 사각형인 도형에서 $y = \dfrac{h}{2}$라면 단면계수는 다음과 같다.

$$Z = \dfrac{bh^3}{12} \times \dfrac{2}{h} = \dfrac{bh^2}{6}$$

또한, 단면이 원형인 도형에서 $y = \dfrac{D}{2}$라면 단면계수는 다음과 같다.

$$Z = \dfrac{\pi D^4}{64} \times \dfrac{2}{D} = \dfrac{\pi D^3}{32}$$

예제 03

다음 그림과 같은 원형 단면에서 폭(b), 높이(h) = $2b$의 직사각형 단면을 얻기 위한 단면계수 Z를 직경 D의 함수로 표현하시오.

• 15②

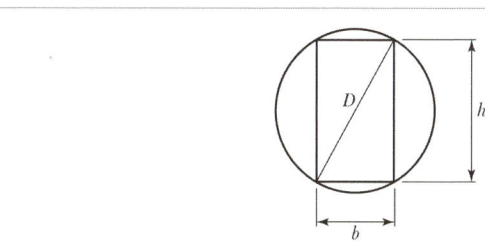

[풀이] 단면계수(Z) 공식을 활용

① 직사각형의 단면계수(Z)
주어진 조건에서 $h = 2b$이므로 직사각형 단면계수에 이를 적용하면,
$$Z = \dfrac{bh^2}{6} = \dfrac{4b^3}{6} = \dfrac{2}{3}b^3$$

② 원형의 지름(D)과 사각형 폭(B)의 관계식 - 피타고라스의 정리
$$D^2 = b^2 + h^2 = b^2 + (2b)^2 = 5b^2$$
$$b = \dfrac{D}{\sqrt{5}}$$

따라서, ②식을 ①식에 대입하면,
$$Z = \dfrac{2}{3} \times \left(\dfrac{D}{\sqrt{5}}\right)^3 = \dfrac{2}{3} \times \left(\dfrac{1}{\sqrt{5}}\right)^3 \times D^3 = 0.06 D^3$$

답 : $Z = 0.06 D^3$

04 단면 2차 반경(r)

단면의 도심축(x_0, y_0)에 대한 단면 2차 모멘트(I_x, I_y)를 단면적 A로 나눈 값의 제곱근을 말한다. 주로 장주의 좌굴계산에서 세장비에 사용된다.

$$r_{x_0} = \sqrt{\frac{I_{x_0}}{A}} \qquad r_{y_0} = \sqrt{\frac{I_{y_0}}{A}}$$

예제 04

그림과 같은 단면의 단면 2차 모멘트 $I = 64,000 \text{cm}^4$, 단면 2차 반경 $r = \dfrac{20}{\sqrt{3}}$ cm 일 때, 단면적($b \times h$)을 구하시오.

• 17④ · 23①

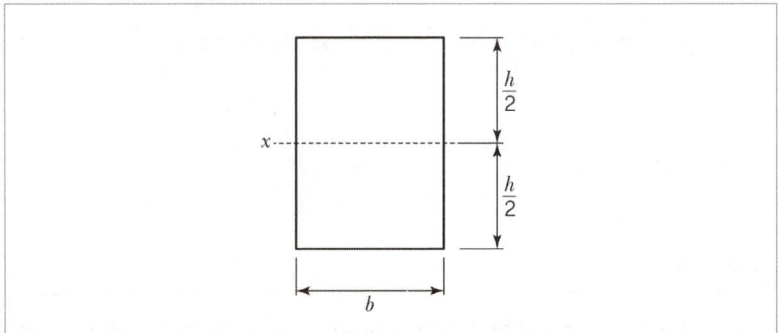

풀이 단면계수 및 단면 2차 모멘트 공식을 활용

① 단면계수(r) 공식을 통해 단면적 A를 계산

$$r = \sqrt{\frac{I_g}{A}} = \frac{20}{\sqrt{3}}$$

$$\frac{I_g}{A} = \left(\frac{20}{\sqrt{3}}\right)^2 \rightarrow A = \frac{64,000}{\left(\dfrac{20}{\sqrt{3}}\right)^2} = 480 \text{cm}^2$$

② 단면 2차 모멘트(I) 공식을 통해 폭(b), 높이(h) 계산

$$I = \frac{bh^3}{12} = \frac{A \times h^2}{12} = 64,000$$

$$\therefore h = \sqrt{64,000 \times \frac{12}{480}} = 40 \text{cm}$$

$$A = b \times h \rightarrow b = \frac{A}{h} = \frac{480}{40} = 12 \text{cm}$$

답 : $b \times h = 12 \times 40 = 480 \text{cm}^2$

제2절 재료의 성질

01 응력도(Stress)

응력이란 구조물에 외력이 작용할 때 발생하는 부재력(축방향력, 전단력, 휨모멘트)을 부재의 단위면적으로 나누어 준 값을 뜻하며 외력에 대한 부재의 내력으로 대치된다.

(1) 수직응력도(Normal Stress)

축방향력(P)에 의해 발생하는 축응력이라 하고, 인장응력($+$)과 압축응력($-$)으로 구분한다.

[축응력]

> **보충) 응력의 단위**
> 응력은 단위면적(m^2)에 작용하는 힘(N)으로써 Pa로 표기한다. 건축구조에서는 기본적으로 응력의 단위를 MPa을 사용하므로 힘은 N으로 면적은 mm^2를 사용하여 MPa로 작성한다.

$$\sigma = \frac{P}{A}$$

휨모멘트(M)에 의해 부재가 휘어지면서 중립축을 중심으로 상부에는 압축응력이 발생하고, 하부에는 인장응력이 발생하게 된다. 이러한 응력을 휨모멘트에 의한 휨응력도라 한다.

[휨응력]

$$\sigma = \frac{M}{I}y = \frac{M}{Z}$$

이러한 휨응력은 휨모멘트에 의해 동시에 발생하는 압축응력($-$)과 인장응력($+$)으로 구분할 수 있다. 따라서 수직응력도(Normal Stress) 산정 시 축응력과 휨응력을 합하여 산정한다.

$$\sigma = \frac{P}{A} \pm \frac{M}{Z}$$

이때 $\pm$ 중에 $+$를 사용하는 경우 최대 인장응력($+$)을 뜻하며, $-$를 사용하는 경우 최대 압축응력($-$)을 뜻한다.

(2) 전단응력도(Shear Stress)

부재축에 직각으로 작용하는 전단력(V)에 의해 발생하는 응력을 말한다.

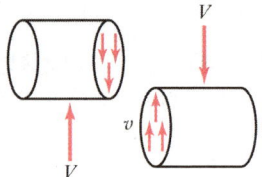

[전단응력]

$$\tau = \frac{V}{A}$$

(3) 직사각형 보에서 전단응력도

직사각형 보 부재의 전단응력도는 다음과 같이 산정할 수 있다.

$$\tau = \frac{V \cdot G'}{I \cdot b}$$

여기서, V : 구하고자 하는 지점의 전단력
G' : 구하고자 하는 지점의 외측 단면의 중립축에 대한 단면 1차 모멘트
I : 중립축에 대한 단면 2차 모멘트
b : 보의 폭

직사각형 보 부재의 전단응력도는 다음과 같은 특성을 가진다.
① 전단응력도는 중립축에서 최대, 상·하단에서 0 값을 가진다.
② 지간에 중앙에서는 0이다.
③ 중간에 곡선변화를 한다.

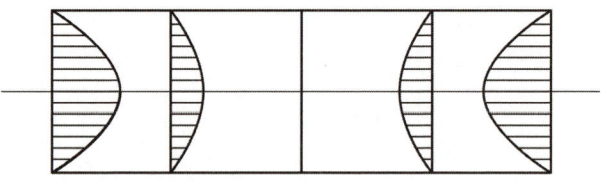

[직사각형 보의 전단응력도]

직사각형 보 부재의 최대 전단응력도는 다음과 같이 산정할 수 있다.

$$\tau_{max} = k \cdot \frac{V}{A}$$

여기서, V : 구하고자 하는 지점의 전단력
k : 단면형상에 따라 결정되는 형상계수

단면의 형상과 전단응력 분포				
평균 전단응력도 (v_{mean})	$\dfrac{V}{bh}$	$\dfrac{V}{\dfrac{\pi D^2}{4}}$	$\dfrac{V}{\dfrac{bh}{2}}$	$\dfrac{V}{\dfrac{bh}{2}}$
k	$\dfrac{3}{2}$	$\dfrac{4}{3}$	$\dfrac{3}{2}$	$\dfrac{9}{8}$

[단면의 형상에 따른 전단응력 분포와 형상계수]

02 변형도(Strain)

구조물이 외력을 받을 때 부재에는 형상과 치수가 변하게 되며 이러한 현상을 변형이라 한다. 이때 변형 전의 양과 변형량과의 비를 변형도라고 한다.

(1) 길이 방향 변형도(세로 변형도)

축방향력에 의한 변형도로서 힘이 작용한 방향에 대하여 원래의 길이에 대한 변형된 길이의 비율이며, 단위는 무명수이다.

$$\varepsilon = \frac{\Delta l}{l}$$

(2) 길이 방향 직각 변형도(가로 변형도)

$$\beta = \frac{\Delta d}{d}$$

(3) 푸아송비(Poisson's Ratio)

수직응력에 의해 발생하는 세로변형도와 가로변형도와의 비를 말한다.

$$\nu = \frac{가로\ 변형도(\beta)}{세로\ 변형도(\varepsilon)}$$

보충) 세로변형도와 가로변형도

(4) 전단변형도

전단력에 의한 변형도로 사각형 단면에 전단응력이 작용하면 각도가 변화하는데, 이 각도의 변화를 전단변형도라 하며 단위는 라디안(Radian)으로 표시한다.

$$\gamma = \frac{\Delta}{l} = \tan\theta$$

보충) 전단변형도

03 응력도와 변형도의 관계

(1) 탄성과 소성
① 탄성 : 부재가 외력을 받아 변형된 후 그 외력을 제거하면 본래의 모양으로 되돌아가는 성질을 말한다.
② 소성 : 부재가 외력을 받아 변형된 후 그 외력을 제거하여도 변형이 남게 되어 본래의 모양으로 되돌아가지 않는 것을 말하는데, 이것을 영구변형 또는 잔류변형이라 하며, 부재에 탄성한도 이상의 외력을 가할 때 나타난다.

(2) 후크의 법칙(Hooke's Law)
후크의 법칙은 용수철과 같이 탄성이 있는 물체가 외력에 의해 늘어나거나 줄어드는 등 외력과 변형의 관계를 나타낸 식으로써 구조역학에서 매우 중요한 이론 중에 하나이다. 따라서 탄성한도 내에서는 다음과 같은 식이 성립한다.

$$응력도(\sigma) = 탄성계수(E) \times 변형도(\varepsilon)$$

[응력-변형도 곡선과 탄성계수]

P: 비례한계점
E: 탄성한계점
Y: 항복점
U: 극한점
F: 파괴점

응력-변형도 곡선에서 탄성한도 내의 그래프의 기울기를 탄성계수(E)라 하며 탄성계수는 다음과 같이 산정할 수 있다.

$$탄성계수(E) = \frac{응력도(\sigma)}{변형도(\varepsilon)} = \frac{P \cdot l}{A \cdot \Delta l}$$

(3) 전단탄성계수(G)
① 탄성한도 내에서는 전단응력도와 전단변형도는 비례한다.
② 전단응력도(τ) = 전단탄성계수(G) × 변형도(γ)
③ 전단탄성계수(G) = $\dfrac{전단응력도(\tau)}{전단변형도(\gamma)} = \dfrac{V \cdot l}{A \cdot \Delta}$
④ 재질이 균질하고 등방성인 탄성체인 경우 탄성계수(E)와 전단탄성계수(G) 사이에는 다음과 같은 관계가 성립한다.

$$전단탄성계수(G) = \frac{E}{2(1+\nu)}$$

여기서, E : 탄성계수, ν : 푸아송비

예제 05

그림과 같은 단주에 1,000kN의 압축력이 작용하여 990mm로 되었다. 이때 단주의 압축응력도, 변형률(재축방향), 탄성계수를 구하시오.

• 16②

풀이 후크의 법칙을 활용

① 압축응력도(수직응력도, Normal Stress)

$$\sigma = \frac{P}{A} \pm \frac{M}{Z}$$

기둥에 작용하는 $M = 0$이므로 압축응력도는 다음과 같다.

$$\sigma = \frac{1,000 \times 10^3}{100 \times 100} = 100 \text{N/mm}^2 (\text{MPa})$$

② 변형률(재축방향, 길이방향)

$$\varepsilon = \frac{\text{변형된 길이}(\Delta l)}{\text{원래길이}(l)} = \frac{10}{1,000} = 0.01$$

③ 탄성계수

후크의 법칙 $\sigma = E \times \varepsilon$를 통해 탄성계수($E$)를 구하면

$$E = \frac{\sigma}{\varepsilon} = \frac{100}{0.01} = 10,000 \text{N/mm}^2 (\text{MPa})$$

답 : $\sigma = 100 \text{N/mm}^2 (\text{MPa})$
$\varepsilon = 0.01$
$E = 10,000 \text{N/mm}^2 (\text{MPa})$

CHAPTER 02 과년도 기출문제 2014~2024

1회독 □ 월 일
2회독 □ 월 일
3회독 □ 월 일

01 그림과 같은 무근콘크리트 보에서 하중 $P=12\text{kN}$을 가하였을 때 균열이 발생함과 동시에 파괴되었다. 이때 휨균열강도를 구하시오. • 20②

HINT 휨응력과 휨강도
부재에 휨모멘트가 작용하는 경우 휨응력은 다음과 같이 구할 수 있다. 이때, 작용하는 휨모멘트에 의해 파괴가 발생하였다면 그 때의 응력이 부재의 강도가 된다.
- $\sigma = \dfrac{M}{I}y = \dfrac{M}{Z}$

02 그림과 같은 단면의 X축에 관한 단면 2차 모멘트를 계산하시오. • 20③

HINT 이동축에 대한 단면 2차 모멘트
이동축에 대한 단면 2차 모멘트는 도심에 대한 단면 2차 모멘트에 단면적× 도심부터 이동한 축까지의 거리를 제곱을 합산하여 계산한다.
- $I_{x'} = I_g + A \times e^2$

03 그림과 같은 단면의 X축에 대한 단면 2차 모멘트를 계산하시오. • 23②

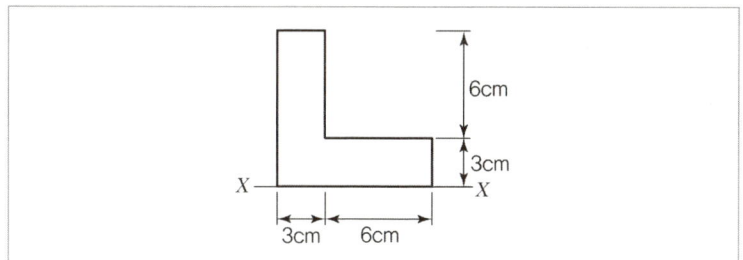

HINT X축에 대한 단면 2차 모멘트
$$I_x = \frac{bh^3}{12} + A \times e_y^2$$
$$I_x = I_{xA} + I_{xB}$$

04 다음 그림과 같은 T형보의 X축에 대한 단면 2차 모멘트를 구하시오. • 23④

HINT T형보의 X축에 대한 단면 2차 모멘트
$$I_x = \frac{bh^3}{12} + A \times e_y^2$$
$$I_x = I_{xA} + I_{xB}$$

05 다음 그림과 같은 단순보의 최대 휨응력을 구하시오.(단, 보의 자중은 무시한다.) • 19②

HINT 최대 휨응력
$$\sigma_{max} = \frac{M_{max}}{Z}$$

06 그림과 같은 도형의 도심축에 대한 I_x/I_y을 구하시오. • 18②

07 다음과 같은 독립기초에서 최대 압축응력을 구하시오. • 18②

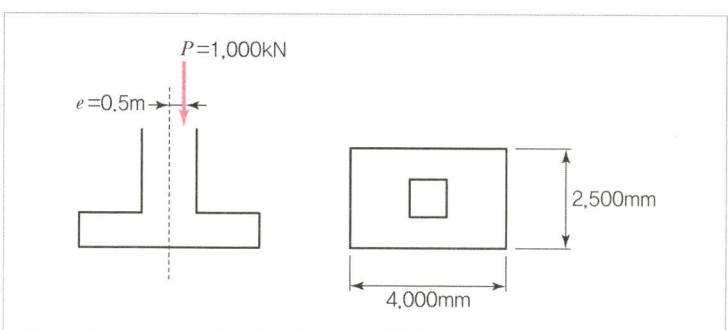

HINT Normal Stress
$$\sigma = \frac{P}{A} \pm \frac{M}{Z}$$
여기서, 압축은 −, 인장은 + 부호를 사용한다.

08 그림과 같은 단면의 단면 2차 모멘트 $I_g = 64,000 \text{cm}^4$, 단면 2차 반경 $r = \dfrac{20}{\sqrt{3}}$ cm 일 때, 단면적($b \times h$)을 구하시오. • 18④ · 23①

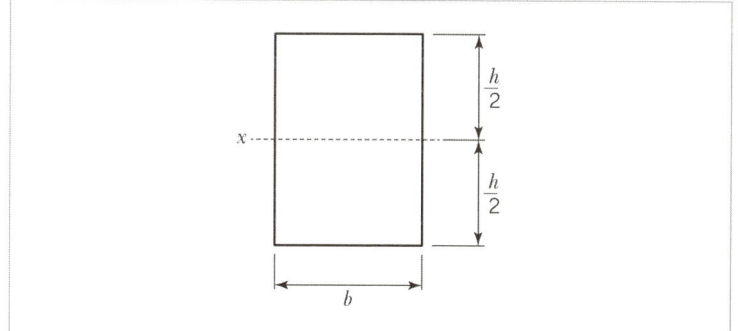

HINT 단면 2차 모멘트와 단면 2차 반경
- 단면 2차 모멘트 :
$$I_g = \frac{bh^3}{12} = \frac{A \cdot h^2}{12}$$
- 단면 2차 반경 : $r = \sqrt{\dfrac{I_x}{A}}$

09 지름이 D인 원형의 단면계수를 Z_A, 한 변의 길이가 a인 정사각형의 단면계수를 Z_B라고 할 때, $Z_A : Z_B$를 구하시오.(단, 두 재료의 단면적은 같고, Z_A를 1로 환산한 Z_B의 값으로 표현하시오.)

• 17②

(HINT) 단면계수 Z
- 사각형 : $Z = \dfrac{bh^2}{6}$
- 원형 : $Z = \dfrac{\pi D^3}{32}$

10 그림과 같은 단면 100×100mm, 길이 L = 1,000mm 각재의 1,000kN의 압축력이 작용하여 990mm로 되었다. 이때 각재의 압축응력도, 변형률, 탄성계수를 구하시오.

• 16②

입면 / 단면

(HINT) 후크의 법칙
응력은 탄성계수와 변형률에 비례한다.
$\sigma = E \cdot \varepsilon$

11 그림과 같은 단순보의 단면에 생기는 최대 전단응력도를 구하시오.(단, 보의 단면은 300×500mm)

● 22④ · 16④

HINT 최대 전단응력도
$$\tau_{\max} = k \cdot \frac{V_{\max}}{A}$$

12 다음 장방형 단면에서 각 축에 대한 단면 2차 모멘트의 비 I_x/I_y를 구하시오.

● 15①

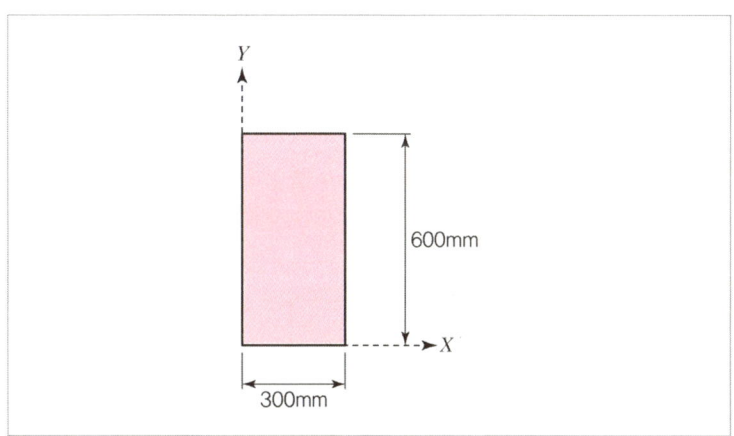

HINT 이동축에 대한 단면 2차 모멘트
이동축에 대한 단면 2차 모멘트는 도심에 대한 단면 2차 모멘트에 단면적×도심부터 이동한 축까지의 거리를 제곱을 합신하여 계산한다.
$I_{x'} = I_g + A \times e^2$

13 다음 응력-변형률 곡선의 가로축 구간과 각 점에 대해서 설명하시오.

• 22① · 15①

A : _____ B : _____ C : _____
D : _____ E : _____ F : _____
G : _____ H : _____ I : _____
J : _____ K : _____

14 다음 그림과 같은 원형 단면에서 폭 b, 높이 $h = 2b$의 직사각형 단면을 얻기 위한 단면계수 Z를 직경 D의 함수로 표현하시오.

• 15②

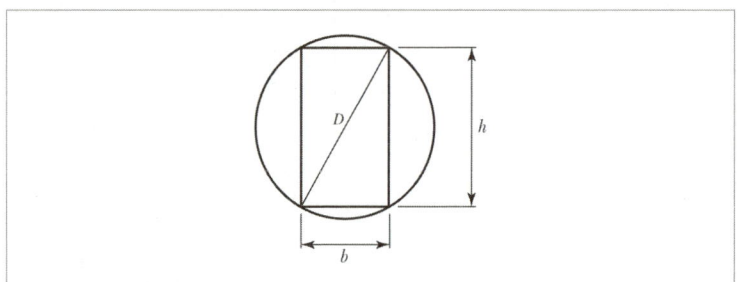

(HINT) 단면계수 Z
• 사각형 : $Z = \dfrac{bh^2}{6}$
• 원형 : $Z = \dfrac{\pi D^3}{32}$

15 다음 그림의 X축에 대한 단면 2차 모멘트를 구하시오. • 14④

HINT 이동축에 대한 단면 2차 모멘트

이동축에 대한 단면 2차 모멘트는 도심에 대한 단면 2차 모멘트에 단면적×도심부터 이동한 축까지의 거리를 제곱을 합산하여 계산한다.

$$I_{x'} = I_g + A \times e^2$$

16 다음 도형의 x축에 대한 단면 1차 모멘트(mm^3)를 계산하시오. • 24①

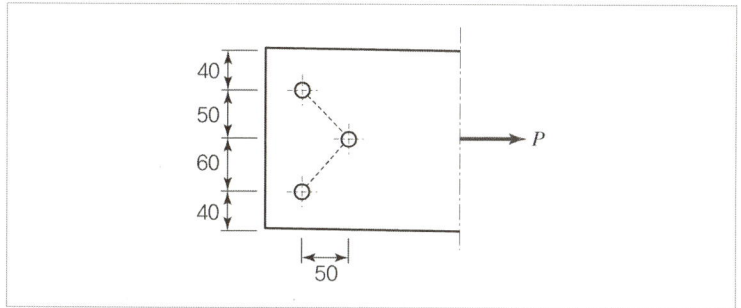

17 다음 그림과 같은 독립기초에 발생하는 최대 압축응력(MPa)을 구하시오.

●24①

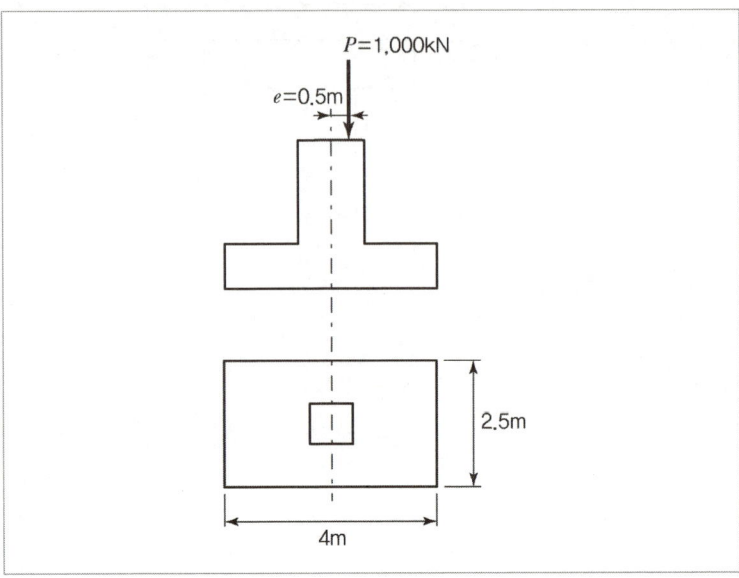

18 단위하중을 받는 용수철(Spring) 시스템의 용수철계수 k값을 구하시오.(하중 P, 길이 L, 단면적 A, 탄성계수 E)

●24②

19 그림과 같은 하중을 받는 변단면 부재의 늘어난 길이(ΔL)를 구하시오. (단, 하중 P, 길이 L, 단면적 A, 탄성계수 E) •24②

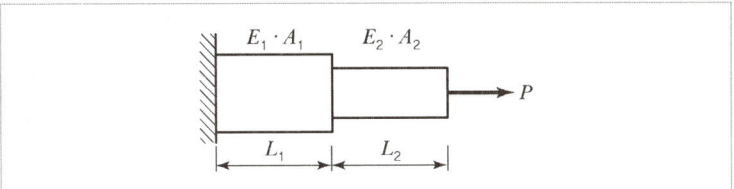

20 강재의 탄성계수 210,000MPa, 단면적 10cm², 길이 4m, 외력으로 80kN의 인장력이 작용할 때 변형량(ΔL)을 구하시오. •24③

해설 및 정답

01 휨균열강도

① 최대 휨모멘트
$$M_{max} = 12 \times 0.15 = 1.8 \text{kN} \cdot \text{m}$$

② 단면계수
$$Z = \frac{bh^2}{6} = \frac{150 \times 150^2}{6} = 562,500 \text{mm}^3$$

③ 휨강도(휨파괴계수)
$$f_r = \frac{M_{max}}{Z} = \frac{1.8 \times 10^6}{562,500} = 3.2 \text{MPa} (\text{N}/\text{mm}^2)$$

답 : 3.2MPa

02 이동축(x')에 대한 단면 2차 모멘트
$$I_{x'} = \frac{bh^3}{12} + A \times e^2$$
$$= \frac{600 \times 200^3}{12} + 200 \times 600 \times 200^2$$
$$= 5,200,000,000 \text{mm}^4$$
$$\therefore I_{x'} = 5.2 \times 10^9 \text{mm}^4$$

답 : $5.2 \times 10^9 \text{mm}^4$

03 X축에 대한 단면 2차 모멘트
$$I_x = \frac{bh^3}{12} + A \times e_y^2$$
$$I_x = I_{xA} + I_{xB}$$
$$I_x = \left[\frac{(3)(9)^3}{12} + (3 \times 9)(4.5)^2\right]$$
$$+ \left[\frac{(6)(3)^3}{12} + (6 \times 3)(1.5)^2\right]$$
$$= 783 \text{cm}^4$$

답 : 783cm^4

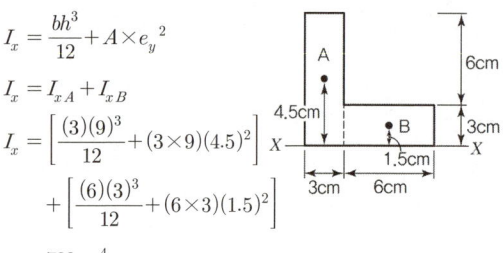

04 T형보의 X축에 대한 단면 2차 모멘트
$$I_x = \frac{bh^3}{12} + A \times e_y^2$$
$$I_x = I_{xA} + I_{xB}$$
$$= \left[\frac{10 \times 2^3}{12} + (10 \times 2) \times 4^2\right]$$
$$+ \left[\frac{4 \times 10^3}{12} + (4 \times 10) \times 2^2\right]$$
$$= 820 \text{cm}^4$$

답 : 820cm^4

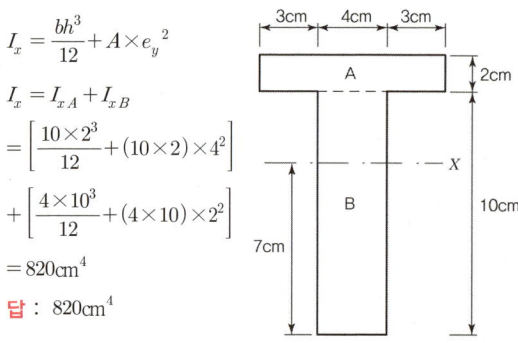

05 휨응력

① 최대 모멘트
$$M_{max} = \frac{V_A L}{2} - \frac{wL^2}{8} = \frac{wL^2}{4} - \frac{wL^2}{8}$$
$$= \frac{wL^2}{8} = \frac{30 \times 9^2}{8}$$
$$= 303.75 \text{kN} \cdot \text{m}$$

② 최대 휨응력
$$\sigma = \frac{P}{A} \pm \frac{M}{Z}$$
$$= \frac{0}{400 \times 700} \pm \frac{303.75 \times 10^6}{\frac{400 \times 700^2}{6}}$$
$$= 9.2984 \cdots \approx 9.30 \text{N}/\text{mm}^2 (\text{MPa})$$

답 : $9.30 \text{N}/\text{mm}^2 (\text{MPa})$

06 단면 2차 모멘트
$$\frac{I_x}{I_y} = \frac{\frac{300 \times 600^3}{12}}{\frac{600 \times 300^3}{12}} = 4$$

답 : 4

07 수직응력도(Normal Stress)

(1) 최대 압축응력(−)을 구해야 하므로 부호는 축응력과 휨응력 모두 − 기호를 사용한다.
(2) 편심하중에 의한 모멘트는, y축에 관한 모멘트이므로, y축에 해당하는 단면계수를 사용한다.

$$\sigma = \frac{P}{A} \pm \frac{M}{Z}$$
$$= -\frac{1,000 \times 10^3}{2,500 \times 4,000} - \frac{1,000 \times 10^3 \times 0.5 \times 10^3}{\frac{2,500 \times 4,000^2}{6}}$$
$$= -0.176 \text{MPa} (압축)$$

답 : -0.176MPa(압축)

08 단면 2차 반경과 단면 2차 모멘트

$$r = \sqrt{\frac{I_g}{A}} = \frac{20}{\sqrt{3}}$$

$$\frac{I_g}{A} = \left(\frac{20}{\sqrt{3}}\right)^2 \rightarrow A = \frac{64,000}{\left(\frac{20}{\sqrt{3}}\right)^2} = 480 \text{cm}$$

$$I = \frac{bh^3}{12} = \frac{A \times h^2}{12} = 64,000$$

$$\therefore h = \sqrt{64,000 \times \frac{12}{480}} = 40 \text{cm}$$

$$A = b \times h \rightarrow b = \frac{A}{h} = \frac{480}{40} = 12 \text{cm}$$

답 : $12 \text{cm} \times 40 \text{cm} = 480 \text{cm}^2$

09 단면계수(Z)

사각형 : $Z = \dfrac{bh^3}{12} \div \dfrac{h}{2} = \dfrac{bh^2}{6}$

원형 : $Z = \dfrac{\pi D^4}{64} \div \dfrac{D}{2} = \dfrac{\pi D^3}{32}$

※ 조건 : 두 재료의 단면적은 같다.

$\therefore a^2 = \dfrac{\pi D^2}{4} \rightarrow D = \sqrt{\dfrac{4a^2}{\pi}} = 1.128a$

$Z_A = \dfrac{\pi D^3}{32} = \dfrac{\pi(1.128a)^3}{32} = 0.141a^3$

$Z_B = \dfrac{bh^2}{6} = \dfrac{a^3}{6}$

$\therefore y = \dfrac{Z_B}{Z_A} = \dfrac{\dfrac{a^3}{6}}{0.141a^3} = \dfrac{a^3}{6 \times 0.141 a^3} = 1.182$

답 : 1.182

10 후크의 법칙

$\sigma = E \cdot \varepsilon \rightarrow \dfrac{P}{A} = E \cdot \dfrac{\Delta L}{L}$

$\therefore \sigma = \dfrac{1,000 \times 10^3}{100 \times 100} = 100 \text{N/mm}^2 \text{(MPa)}$

$\varepsilon = \dfrac{\Delta L}{L} = \dfrac{1,000 - 990}{1,000} = 0.01$

$E = \dfrac{\sigma}{\varepsilon} = \dfrac{100}{0.01} = 10,000 \text{N/mm}^2 \text{(MPa)}$

답 : $\sigma = 100\text{MPa}$
    $\varepsilon = 0.01$
    $E = 10,000\text{MPa}$

11 직사각형 단면의 최대 전단응력

(1) 최대 전단력

$V_{\max} = \dfrac{P}{2} = 100\text{kN}$

(2) 최대 전단응력

$\tau_{\max} = k \cdot \dfrac{V_{\max}}{A} = \dfrac{3}{2} \times \dfrac{100 \times 10^3}{300 \times 500}$

$= 1\text{N/mm}^2 \text{(MPa)}$

답 : $1\text{N/mm}^2 \text{(MPa)}$

12 이동축에 대한 단면 2차 모멘트

$I_{g'} = I_g + bh \times e^2$

$\dfrac{I_{x'}}{I_{y'}} = \dfrac{\dfrac{300 \times 600^3}{12} + 300 \times 600 \times 300^2}{\dfrac{600 \times 300^3}{12} + 300 \times 600 \times 150^2} = 4$

답 : 4

13 강재의 응력-변형률 곡선

A : ⑥   B : ⑧   C : ⑦
D : ②   E : ④   F : ③
G : ⑨   H : ⑩   I : ⑤
J : ⑪   K : ①

14 직사각형과 원형의 단면계수(Z)

직사각형의 단면계수(Z)

$Z = \dfrac{bh^2}{6} = \dfrac{4b^3}{6} = \dfrac{2}{3}b^3$

피타고라스의 정리에 의해서
$D^2 = b^2 + h^2 = b^2 + (2b)^2 = 5b^2$

$b = \dfrac{D}{\sqrt{5}}$

$Z = \dfrac{2}{3} \times \left(\dfrac{D}{\sqrt{5}}\right)^3 = \dfrac{2}{3} \times \left(\dfrac{1}{\sqrt{5}}\right)^3 \times D^3$

$= 0.06D^3$

답 : $6.73 \times 10^9 \text{mm}^4$

15 장방형이 아닌 도형의 단면 2차 모멘트

$I_{x'} = \Sigma I_g + A + e^2$

$= \left[\dfrac{400 \times 100^3}{12} + (400 \times 100) \times (350)^2\right]$

$\quad + \left[\dfrac{200 \times 300^3}{12} + (200 \times 300) \times (150)^2\right]$

$= 6,733,333,333 \text{mm}^4$

$= 6.73 \times 10^9 \text{mm}^4$

답 : $6.73 \times 10^9 \text{mm}^4$

16 단면 1차 모멘트

$G_g = (50 \times 100)(50) - (35 \times 80)(50) = 110,000 \text{mm}^3$

답 : $110,000 \text{mm}^3$

17 독립기초 최대 압축응력

최대 압축응력$(\sigma_{\max}) = -\dfrac{P}{A} - \dfrac{M}{Z}$

$-\dfrac{P}{A} - \dfrac{P \cdot e}{Z} = -\dfrac{1,000 \times 10^3}{2,500 \times 4,000} - \dfrac{1,000 \times 10^3 \times 500}{\dfrac{2,500 \times 4,000^2}{6}}$

$= -0.175 \text{N/mm}^2 = -0.175\text{MPa}$

답 : -0.175MPa(압축)

18 용수철(Spring) 계수

후크의 법칙에 의해 단위하중을 받는 용수철 시스템의 힘의 방정식은 다음과 같다.

$$F = k \cdot \Delta L \rightarrow k = \frac{F}{\Delta L}$$

여기서, F는 작용하는 힘(N), k는 용수철 상수(N/m), ΔL은 변형량(m)을 뜻한다.

주어진 조건에 의해 변형량을 구하면

$$\frac{P}{A} = E \cdot \frac{\Delta L}{L} \rightarrow \Delta L = \frac{P \times L}{A \times E}$$

따라서, $k = \dfrac{F \times A \times E}{P \times L}$

여기서, $F = P$는 동일하므로 정리하면 다음과 같다.

$$\therefore k = \frac{A \times E}{L}$$

답 : $k = \dfrac{A \times E}{L}$

19 변단면 부재의 늘어난 길이

(1) 후크의 법칙에 의해

$$\sigma = E \cdot \epsilon \text{로부터 } \frac{P}{A} = E \cdot \frac{\Delta L}{L}$$

$$\therefore \Delta L = \frac{PL}{EA}$$

(2) 구간별 변위

$$\Delta L_1 = \frac{PL_1}{E_1 A_1}, \quad \Delta L_2 = \frac{PL_2}{E_2 A_2}$$

(3) 전체 변위

$$\Delta L = \Delta L_1 + \Delta L_2$$
$$= \frac{PL_1}{E_1 A_1} + \frac{PL_2}{E_2 A_2}$$

답 : $\dfrac{PL_1}{E_1 A_1} + \dfrac{PL_2}{E_2 A_2}$

20 변형량

$$\Delta L = \frac{P \cdot L}{E \cdot A} = \frac{(80 \times 10^3)(4 \times 10^3)}{(210{,}000)(10 \times 10^2)} = 1.52380 \text{mm}$$

답 : 1.52380mm

Engineer Architecture

CHAPTER 03
철근콘크리트

CONTENTS

제1절 개요	79
제2절 재료의 성질	80
제3절 보의 휨해석	83
제4절 보의 휨설계	93
제5절 보의 전단설계	95
제6절 보의 처짐과 균열	99
제7절 철근의 정착과 이음	104
제8절 슬래브 설계	106
제9절 기둥설계	112
제10절 기초설계	114
제11절 벽체설계	118

미듬 건축기사 실기

멘토스는 당신의 쉬운 합격을 응원합니다!

CHAPTER 03 철근콘크리트

회독 CHECK!
1회독 □   월   일
2회독 □   월   일
3회독 □   월   일

| 학 | 습 | 포 | 인 | 트 |
* 단근보의 설계모멘트
* T형 보의 유효폭
* 띠철근 기둥의 설계축하중
* 인장철근 및 압축철근의 정착길이
* 보, 슬래브의 균열모멘트 및 장기처짐
* 기초판의 전단에 저항하는 단면 산정

제1절 개요

01 철근콘크리트의 정의

철근콘크리트(Reinforced Concrete)란 철근을 배근하고 콘크리트를 부어 일체식으로 구성한 라멘(Rahmen) 구조로서 우수한 내진구조이다.

① 철근콘크리트 구조물에서 압축 측은 콘크리트가 응력을 부담하고, 인장 측은 철근이 부담하도록 설계한다.
② 전단력에 의한 사인장 균열에 대한 보강으로 늑근(Stirrup)을 설치하여 균열을 방지한다.
③ 철근과 콘크리트는 일체가 되어서 외력이 작용하더라도 철근과 콘크리트는 빠지지 않는 저항력인 부착력 또는 부착응력이 생긴다.

[철근콘크리트 구조의 원리]

02 철근콘크리트의 성립 이유

① 알칼리성인 콘크리트 속에 매립된 철근은 녹스는 일이 없어 내구성이 좋다.
② 철근과 콘크리트의 선팽창계수가 거의 같다.($1 \times 10^{-5} = 1/100,000 = 0.00001/℃$)
③ 철근과 콘크리트의 부착강도가 커서, 일체로 외력에 작용한다.

03 철근콘크리트의 특징

(1) 장점

① 콘크리트 자체는 알칼리성이므로 철근이 녹스는 것을 방지한다.
② 콘크리트의 강력한 부착으로 철근의 좌굴을 방지한다.
③ 콘크리트는 내화, 내구적이므로 철근을 피복보호하여 내화, 내구성이 우수하다.
④ 설계, 의장이 자유롭다.
⑤ 재료 구입이 용이하고 유지관리비가 적게 든다.

> **보충** 철근과 콘크리트는 환상의 짝궁
>
> - 철은 강하지만 산소(O_2)와 결합하면 산화철로 변하는 성질이 있다. 산화가 일어나면 철의 강도가 떨어지기 때문에 산화방지대책이 필수적이다. 반면에 콘크리트는 강한 알칼리성이므로 콘크리트에 둘러싸인 철근은 이러한 산화로 부터 방지할 수 있다.
> - 서로 다른 이질재료를 하나로 사용하는 경우 가장 중요한 포인트는 바로 온도에 의한 선팽창계수이다. 서로 다른 이질재료의 선팽창계수가 다르면 온도에 따라 늘어나고 줄어드는 크기가 다르므로 시간이 지남에 따라 균열이 가고 재료가 탈락하는 등 부착에 대한 문제가 발생한다. 반면에 철근과 콘크리트는 이러한 선팽창계수가 매우 비슷하므로 온도에 의한 부착력 감소가 거의 발생하지 않는다.

(2) 단점

① 자체중량이 크다.
  ㉠ 철근콘크리트 : 24kN/m³
  ㉡ 무근콘크리트 : 23kN/m³
  ㉢ 경량콘크리트 : 16~20kN/m³
② 습식구조이므로 시공기간이 길며 거푸집 비용이 많이 든다.
③ 파괴, 철거가 곤란하다.
④ 균열 발생이 쉽고 국부적으로 파손되기 쉽다.
⑤ 전음도가 크므로 옆방이나 아래층에 영향을 미친다.

제2절 재료의 성질

01 콘크리트(Concrete)

(1) 응력 – 변형률 곡선

① 원주형 공시체를 사용하여 압축강도를 시험했을 때의 전형적인 응력 – 변형률 곡선은 아래의 그림과 같다.
② 저강도 콘크리트는 취성이 적으므로 고강도 콘크리트보다 더 큰 변형률에서 파괴되고 있다. 즉, 고강도 콘크리트일수록 취성이 강하다.
③ 일반적인 크기와 재료로 이루어진 부재의 경우 휨강도 상태에서 변형률은 대부분의 실험값이 0.0025에서 0.004 사이에 있다.
④ 휨모멘트 또는 휨모멘트와 축력을 동시에 받는 부재의 콘크리트 압축연단의 극한변형률은 콘크리트의 설계기준압축강도가 40MPa 이하인 경우에는 0.0033으로 가정하며, 40MPa을 초과할 경우에는 매 10MPa의 강도 증가에 대하여 0.0001씩 감소시킨다.

[콘크리트의 응력 – 변형률 곡선 및 탄성계수]

(2) 탄성계수

① 탄성계수 E_c는 탄성범위 내에서 변형률의 변화에 대한 응력의 변화로 정의하고, 강성의 정도, 혹은 변형에 대한 재료의 저항의 정도를 나타낸다.
② 기준에서 콘크리트의 탄성계수(E_c)는 할선탄성계수를 사용하며, 콘크리트의 단위질량 m_c의 값이 $1,450 \sim 2,500 \, \text{kg/m}^3$인 콘크리트의 탄성계수는 다음과 같다.

$$E_c = 0.077 m_c^{1.5} \sqrt[3]{f_{cm}} \text{(MPa)}$$

③ 단위질량 $m_c = 2,300 \text{kg/m}^3$인 보통골재를 사용한 콘크리트의 탄성계수는 다음과 같이 구할 수 있다.

$$E_c = 8,500 \sqrt[3]{f_{cm}} \text{(MPa)}$$

여기서, f_{cm}는 재령 28일에서 콘크리트의 평균 압축강도를 뜻하며 다음과 같이 구할 수 있다.

$$f_{cm} = f_{ck} + \Delta_f$$

여기서, Δ_f는 콘크리트의 설계기준압축강도(f_{ck})에 따라 달라지며 다음과 같다.

$f_{ck} \leq 40\text{MPa}$	$40\text{MPa} < f_{ck} < 60\text{MPa}$	$60\text{MPa} \leq f_{ck}$
$\Delta_f = 4\text{MPa}$	직선보간($\Delta_f = f_{ck} \times 0.1$)	$\Delta_f = 6\text{MPa}$

(3) 크리프

1) 정의

콘크리트에 일정한 하중을 계속 주면 하중이 증가하지 않아도 변형은 시간과 더불어 증가하는 현상을 크리프(Creep)라 한다.

2) 증가원인

① 재하 응력이 클수록
② 물시멘트비가 큰 콘크리트를 사용할수록
③ 재령이 적은 콘크리트에 재하시기가 빠를수록
④ 양생조건에 따라서는 온도가 높고 습도가 낮을수록
⑤ 부재의 경간 길이에 비해 높이가 작을수록
⑥ 양생(보양 : Curing)이 나쁠수록
⑦ 단위시멘트량이 많을수록
⑧ 체적이 작을수록
⑨ 하중지속시간 : 처음 28일 동안 전체 크리프량의 약 50%, 4개월 내에 약 80%, 2~5년 후는 거의 완료됨

02 철근

(1) 철근의 종류

① 원형철근(Round Bar) : ϕ로 표시
② 이형철근(Deformed Bar) : D로 표시

> **보충) 이형철근**
> 이형철근은 기존 원형철근에서 부착력 확보를 위해 표면에 리브와 마디를 설치한 것으로 원형철근보다 부착력이 40% 정도 크다.

[원형철근과 이형철근]

(2) 응력-변형률 곡선

A : 비례한계점
B : 탄성한계점
C : 상위항복점
C′ : 하위항복점
D : 항복중지점
E : 최고강도점
F : 파괴강도점

(a) 보통철근   (b) 고강도 철근

[철근의 응력-변형도 곡선]

1) 비례한계점(A)
응력과 변형은 비례하며 Hook의 법칙이 성립되는 구간

2) 탄성한계점(B)
탄성이 유지되는 한계이며, 이 B점까지 하중을 가하다가 제거하면 이때까지 생긴 변형은 0으로 돌아간다.

3) 항복점 및 항복강도
① 일반적으로 항복점은 하위항복점으로 C'점을 말하며 기호는 F_y로 표기한다.
② 고강도 철근에서는 항복점이 뚜렷하지 않고 인장강도에 이르기까지 완만하게 변하기 때문에 변형률이 0.2%인 점에서 초기접선에 평행하게 그은 선과 만나는 점의 응력을 항복강도 F_y로 취한다.

4) 탄성계수
철근의 탄성계수는 항복강도에 관계없이 $E_s = 200,000 \text{N}/\text{mm}^2 (\text{MPa})$을 사용한다.

(3) 철근의 피복

1) 피복두께의 정의
철근에 대한 콘크리트의 피복두께란 철근의 표면과 이것을 감싸는 콘크리트의 표면까지의 최단 거리를 말한다.

① 기둥과 보 : 보조근(띠근, 늑근)의 표면에서 측정
② 기초 : 밑창 콘크리트의 두께는 제외하고 표면에서 수근 표면까지의 거리
③ 슬래브 : 주근 표면까지의 거리

2) 피복을 하는 이유

① 내구성 확보
② 내화성 확보
③ 시공상 콘크리트 치기의 유동성 확보

표면조건	부재	철근	피복두께
옥외의 공기나 흙에 직접 접하지 않는 콘크리트	슬래브, 벽체, 장선	D35 초과	40
		D35 이하	20
	보, 기둥	모든 철근	40
	쉘, 절판	모든 철근	20

제3절 보의 휨해석

01 보의 저항모멘트

① 철근콘크리트보에 외력에 의한 모멘트가 작용하면 중립축을 중심으로 하여 축방향으로 인장응력과 압축응력이 발생한다.
② 인장응력의 합력 T와 압축응력의 합력 C 사이의 우력이 내부 저항모멘트가 되어 외부모멘트와 평형을 이룬다.
③ 외부에서 축하중이 작용하지 않는 경우 축방향 힘의 평형조건은 다음과 같다.

$$압축력(C) = 인장력(T)$$

④ 내부 저항모멘트는 아래 그림에서 C와 T 간의 거리를 jd로 하면 다음과 같다.

$$M_n = C \cdot jd$$
$$M_n = T \cdot jd$$

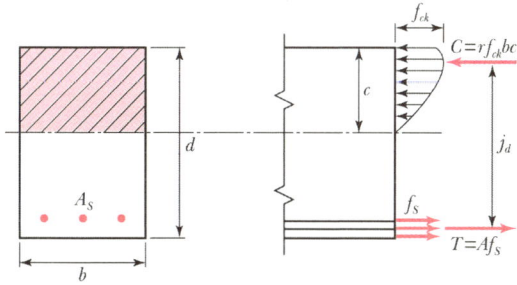

[보의 내력과 저항모멘트(M_n)]

02 등가응력블록

등가응력블록이란 실제 포물선 응력분포를 정역학적으로 등가인 직사각형 응력분포로 대치하여 해석하는 방법을 뜻한다. 이때 응력의 합력(면적합계) 및 응력의 중심이 일치되어야 한다.

(a) 단면 (b) 변형도 (c) 실제응력블록 (d) 등가응력블록

[철근콘크리트 보의 응력 – 변형률 분포]

(1) 인장력(T)

인장철근에 작용하는 인장력(T)은 다음과 같이 산정할 수 있다. 이때 인장력의 작용점은 인장철근의 단면적들의 도심과 같다.

$$T = A_s f_s$$

여기서, A_s : 인장철근 단면적의 합
f_s : 인장철근의 인장응력(= 인장철근의 항복강도, f_y)

(2) 압축력(C)

콘크리트에 작용하는 압축력(C)은 다음과 같이 산정할 수 있다. 이때 압축력의 작용점은 등가응력블록의 도심과 같다.

$$C = \eta(0.85 f_{ck}) \cdot a \cdot b$$

여기서, $0.85 f_{ck}$: 장기하중을 고려한 콘크리트 압축강도
a : 등가응력블록의 깊이
b : 보의 폭

이때 등가직사각형 응력분포의 변수 값은 다음 표의 값을 적용한다.

f_{ck}(MPa)	≤ 40	50	60	70	80	90
ε_{cu}	0.0033	0.0032	0.0031	0.0030	0.0029	0.0028
η	1.00	0.97	0.95	0.91	0.87	0.84
β_1	0.80	0.80	0.76	0.74	0.72	0.70

(3) 등가응력블록 깊이(a)

등가응력블록 깊이(a)는 다음과 같이 중립축 위치(c)에 계수(β_1)를 곱하여 산정할 수 있다.

$$a = c \cdot \beta_1$$

혹은, 압축력(C)과 인장력(T)의 관계를 통해 다음과 같이 산정할 수 있다.

$$\eta(0.85 f_{ck}) \cdot a \cdot b = A_s \cdot f_y$$

$$a = \frac{A_s f_y}{\eta(0.85 f_{ck}) b}$$

(4) 중립축 위치(c)

압축연단으로부터 중립축 위치(c)까지의 거리는 등가응력블록 깊이(a) 산정식을 통해 다음과 같이 산정할 수 있다.

$$c = \frac{a}{\beta_1}$$

03 휨재의 변형률 한계

(1) 철근의 항복변형률(ε_y)

철근이 항복할 때의 변형률(항복변형률, ε_y)은 다음과 같이 산정할 수 있다. 이때 사용 철근의 항복강도가 $f_y = 400\text{MPa}$인 경우 철근의 항복변형률은 0.002를 사용한다.

$$\varepsilon_y = \frac{f_y}{E_s} = \frac{400}{200,000} = 0.002$$

(2) 최외단 인장철근의 순인장변형률(ε_t)

공칭강도에서 계수하중에 의하여 인장철근에 생기는 변형률을 순인장변형률이라 하며, 압축연단으로부터 가장 바깥쪽에 있는 인장철근의 순인장변형률(ε_t)의 값에 따라 지배단면의 변형률 한계가 정해진다.

보충) 등가응력블록 깊이 계수(β_1)

등가응력블록 깊이 산정을 위한 계수(β_1)는 콘크리트 압축강도(f_{ck}) 28MPa을 기준으로 이를 초과하는 경우 기본 0.85에서 초과하는 1MPa당 0.007을 감소시켜 산정하였으나 2021년 2월 기준 개정으로 인하여 설계기준압축강도에 따라 정리된 값을 사용한다.

[최외단 인장철근의 순인장변형률]

최외단 인장철근의 순인장변형률은 변형률 곡선을 통해 산정할 수 있다. 변형률 곡선은 1차이므로 중립축을 기준으로 하단의 인장변형률 곡선과 상부의 압축변형률 곡선은 비례관계에 있다고 볼 수 있다. 따라서 이를 식을 통해 정리하면,

$$\varepsilon_t : (d_t - c) = \varepsilon_{cu} : c \qquad \cdots ①$$

여기서 내항과 외항은 같으므로 다음과 같이 정리할 수 있다.

$$\varepsilon_t \cdot c = (d_t - c) \cdot \varepsilon_{cu} \qquad \cdots ②$$

②식을 ε_t에 관해서 정리하면 다음과 같다.

$$\varepsilon_t = \frac{(d_t - c)}{c} \cdot \varepsilon_{cu} = \left(\frac{d_t}{c} - 1\right) \cdot \varepsilon_{cu} \qquad \cdots ③$$

여기서, 콘크리트의 극한압축변형률 ε_c는 0.0033이므로 다음과 같이 정리할 수 있다.

$$\varepsilon_t = \left(\frac{d_t}{c} - 1\right) \times 0.0033$$

(3) 휨부재의 최소 허용변형률($\varepsilon_{a,\min}$)

휨부재의 연성을 확보하기 위하여 최소 허용변형률을 0.004 또는 $2\varepsilon_y$ 중 큰 값으로 정하고 최외단 인장철근의 순인장변형률(ε_t)이 최소 허용변형률 이상이 되도록 규정하고 있다.

04 지배단면의 분류

압축 콘크리트가 극한변형률인 0.0033에 도달할 때 최외단 인장철근의 순인장변형률(ε_t)의 값에 따라 다음과 같이 분류된다.

(1) 인장지배단면

순인장변형률(ε_t)이 0.005와 $2.5\varepsilon_y$ 중 큰 값 이상인 단면

(2) 압축지배단면

순인장변형률(ε_t)이 항복변형률(ε_y) 이하인 단면

보충 휨부재의 최소 허용변형률

휨부재 설계 시 최소 허용변형률의 기준에 대하여 설명하시오. •20②

최외단 인장철근의 순인장변형률이 0.004 이상 또는 $2\varepsilon_y$ 이상

보충 지배단면의 이해

- 압축지배단면은 인장 측(철근)이 항복하기 전에 압축 측(콘크리트)이 먼저 항복하는 경우를 말한다. 이러한 경우 극한상태일 때 압축 측에서 먼저 파괴가 발생하며 콘크리트의 취성적 파괴형식이 나타난다.
- 취성파괴란 극한상태의 하중이 가해졌을 때 변형의 증가 없이 바로 파괴되는 형식을 말하며 실제 건축물에서 이러한 파괴형식은 재실자의 대피시간 확보가 어려우므로 건축구조에서는 지양하는 설계방향이다.

(3) 변화구간단면

순인장변형률(ε_t)이 항복변형률(ε_y)보다는 크고 0.005 또는 $2.5\varepsilon_y$보다는 작은 단면

[지배단면의 분류]

예제 01

그림과 같은 철근콘크리트 보에서 최외단 인장철근의 순인장변형률(ε_t)을 산정하고, 이 보의 지배단면을 구분하시오.(단, $A_s = 1,927\text{mm}^2$, $f_{ck} = 24\text{MPa}$, $f_y = 400\text{MPa}$, $E_s = 200,000\text{MPa}$)

● 12①

풀이 순인장변형률에 따른 지배단면 분류

① 최외단 철근의 순인장변형률(ε_t)

$$\varepsilon_t = \left(\frac{d_t}{c} - 1\right) \times 0.0033 = \left(\frac{450}{188.93} - 1\right) \times 0.0033 = 0.00456 \quad \cdots (3)$$

$$c = \frac{a}{\beta_1} = \frac{151.14}{0.80} = 188.93\text{mm} \quad \cdots (2)$$

$$a = \frac{A_s f_y}{\eta(0.85 f_{ck}) \cdot b} = \frac{1,927 \times 400}{0.85 \times 24 \times 250} = 151.14\text{mm} \quad \cdots (1)$$

여기서, β_1은 $f_{ck} \leq 40\text{MPa}$이므로, 0.80을 사용한다.

② 지배단면의 분류
$0.002(=\varepsilon_y) < \varepsilon_t(=0.00456) < 0.005(=2.5\varepsilon_y)$이므로 '변화구간단면'이다.

답 : $\varepsilon_t = 0.00456$ ⋯ 변화구간단면

05 지배단면에 따른 강도감소계수

지배단면에 따라 부재의 파괴형식(연성, 취성)이 정해진다. 건축구조에서는 부재의 연성설계를 권고하고 있으며 휨재를 압축지배단면으로 설계 시 취성파괴가 우려되므로 강도감소계수를 저감시켜 안전 측에 설계되도록 유도하고 있다.

보충 강도감소계수(ϕ)를 사용하는 이유

부재설계를 위한 설계강도 산정 시 공칭강도에 강도감소계수를 곱해 강도를 저감시켜 설계한다. 이러한 강도감소계수의 궁극적 목표는 '안전'이며 강도감소계수를 사용하는 세부적인 요인은 다음과 같다.

- 설계 및 시공상의 불완전성
- 재료의 품질 오차
- 구조 부재의 중요성

> **보충** 설계에 따른 강도감소계수

각 부재 설계에 따른 강도감소계수는 일반적인 경우 설계하고자 하는 부재력에 따라 다음과 같이 정리할 수 있다.
- 인장설계 : $\phi = 0.9$
- 휨설계 : $\phi = 0.85$
- 전단설계 : $\phi = 0.75$
- 압축설계 : $\phi = 0.65$

다만, 특수한 경우에 대해서는 강도감소계수를 따로 산정하여 사용하는 경우가 있으므로 주의하여야 한다.

① 압축지배단면 : $\phi = 0.65$
② 인장지배단면 : $\phi = 0.85$
③ 변화구간단면 : 직선보간

[지배단면에 따른 강도감소계수]

여기서, 변화구간단면의 경우 압축지배단면과 인장지배단면 사잇값을 직선보간하여 사용한다. 변화구간단면의 강도감소계수는 다음과 같이 비율식을 통하여 산정할 수 있다.

$(0.005 - 0.002) : (0.85 - 0.65) = (\varepsilon_t - 0.002) : (\phi - 0.65)$ ⋯ ①

①식을 정리하면 다음과 같다.
$(0.005 - 0.002) \cdot (\phi - 0.65) = (0.85 - 0.65) \cdot (\varepsilon_t - 0.002)$ ⋯ ②

여기서, ②식을 강도감소계수(ϕ)에 대해서 정리하면 다음과 같다.

$\phi - 0.65 = \dfrac{0.85 - 0.65}{0.005 - 0.002} \cdot (\varepsilon_t - 0.002)$ ⋯ ③

따라서 다음과 같이 순인장변형률(ε_t)에 따른 변화구간단면의 강도감소계수를 산정할 수 있다.

$$\phi = 0.65 + \dfrac{200}{3} \cdot (\varepsilon_t - 0.002)$$

> **보충** 강도감소계수(ϕ)

철근콘크리트 휨부재 설계 시 최외단 인장철근의 순인장 변형률(ε_t)이 0.004일 때 강도감소계수(ϕ)를 구하시오. ∙16④

$\phi = 0.65 + \dfrac{200}{3} \cdot (0.004 - 0.002)$
∴ $\phi = 0.783$

06 균형보(Balanced Beam)

균형변형률 상태란 인장철근의 응력이 설계기준 항복강도 f_y에 도달하여 그 변형률이 $\varepsilon_y(=f_y/E_s)$가 되고 동시에 압축 측 콘크리트의 변형률이 극한값인 0.0033에 도달할 때 그 단면을 균형변형률 상태에 있다고 하며, 균형변형률 상태인 보를 균형보라고 한다.

(1) 균형철근비

균형변형률 상태 보의 인장철근비(ρ)를 균형철근비(ρ_b)라고 하며, 기본적인 인장철근비는 다음과 같이 구할 수 있다.

$$\rho = \dfrac{\text{철근의 단면적}}{\text{콘크리트의 단면적}} = \dfrac{A_s}{bd}$$

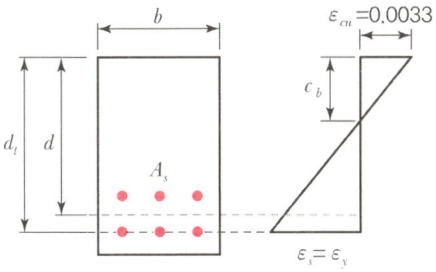

[균형철근보의 변형률 조건]

인장철근의 단면적은 보의 응력 산정에서 압축력(C)과 인장력(T)의 관계를 통해 다음과 같이 산정할 수 있다.

$$A_s = \frac{\eta(0.85f_{ck}) \cdot a_b \cdot b}{f_y} \quad \cdots ①$$

인장철근비(ρ) 산정식에 ①식을 대입하면 다음식과 같이 균형철근비(ρ_b)를 산정할 수 있다.

$$\rho_b = \frac{\eta(0.85f_{ck}) \cdot a_b \cdot b}{bd \cdot f_y} = \frac{\eta(0.85f_{ck}) \cdot a_b}{d \cdot f_y} \quad \cdots ②$$

여기서, a_b는 균형변형률 상태에서 등가응력블록 깊이이다. 따라서, a_b는 다음과 같이 산정할 수 있다.

$$a_b = \beta_1 \cdot c_b \quad \cdots ③$$

③식에서 균형변형률 상태의 중립축 위치(c_b)는 보의 변형률 곡선의 비례식을 통해 산정할 수 있다.

$$(\varepsilon_y + \varepsilon_{cu}) : d_t = \varepsilon_{cu} : c_b \quad \cdots ④$$

④식을 전개하여 c_b에 대해서 정리하면 다음과 같다.

$$c_b = \frac{\varepsilon_{cu}}{\varepsilon_{cu} + \varepsilon_y} \cdot d_t \quad \cdots ⑤$$

③식에 ⑤식을 대입하면 다음과 같다.

$$a_b = \beta_1 \cdot \frac{\varepsilon_{cu}}{\varepsilon_{cu} + \varepsilon_y} \cdot d_t \quad \cdots ⑥$$

②식에 ⑥식을 대입하면 다음과 같다.

$$\rho_b = \frac{\eta(0.85f_{ck})}{d \cdot f_y} \cdot \beta_1 \cdot \frac{\varepsilon_{cu}}{\varepsilon_{cu} + \varepsilon_y} \cdot d_t \quad \cdots ⑦$$

여기서, 콘크리트의 극한변형률(ε_{cu})은 0.0033이고, 철근의 항복변형률(ε_y)은 $\varepsilon_y = f_y/E_s$이므로 이를 ⑥식에 대입하면 다음과 같다.

$$\rho_b = \frac{0.85f_{ck}}{d \cdot f_y} \cdot \beta_1 \cdot \frac{0.0033}{0.0033 + \frac{f_y}{E_s}} \cdot d_t \quad \cdots ⑧$$

보충 보의 유효춤(d)과 최외단 인장철근의 거리(d_t)

- 보의 유효춤(d)은 압축연단부터 인장철근 단면의 도심까지의 거리이다.
- 최외단 인장철근의 거리(d_t)는 압축연단부터 최외단 인장철근의 중심 간 거리이다.

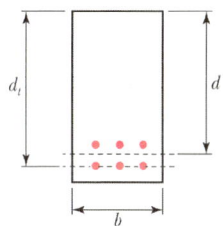

⑧식을 정리하여 다음과 같이 균형변형률 상태의 철근비를 산정할 수 있다.

$$\rho_b = \frac{\eta(0.85f_{ck})}{f_y} \cdot \beta_1 \cdot \frac{660}{660+f_y} \cdot \left(\frac{d_t}{d}\right)$$

07 최소 및 최대 철근비

보의 인장응력을 지지하는 철근이 과도하게 보강된 경우에는 콘크리트가 압축파괴 되는 취성파괴가 일어나게 된다. 보의 파괴형태로써 연성파괴형태가 바람직하기 때문에 최외단 인장철근의 순인장변형률 ε_t가 최소허용변형률($\varepsilon_{a,\min}$) 이상이 되도록 철근량을 제한할 필요가 있다.

(1) 철근비와 보의 파괴형태

보의 형태	철근비 관계	파괴형태	비고
균형 철근보	$\rho = \rho_b$	취성 파괴	
과대 철근보	$\rho > \rho_b$	취성 파괴	
과소 철근보	$\rho < \rho_b$	연성 파괴	가장 바람직하다.
최소 철근보	$\rho < \rho_{\min}$	취성 균열 파괴	

(2) 최대 철근비

최대 철근비는 과도한 보강을 통해 보 부재의 취성파괴를 막기 위한 목적으로 압축측 변형률이 극한변형률에 도달할 때 인장측 변형률이 최소허용변형률 이상이 되는 조건에 따라 다음과 같이 산정할 수 있다.(균형철근비 산정 방식과 동일)

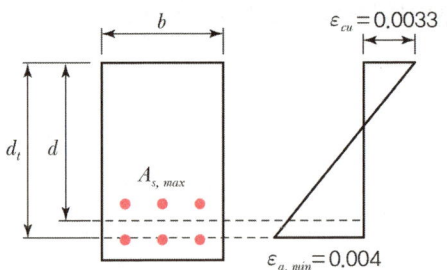

[최소 허용변형률($\varepsilon_{a,\min}$)에 따른 최대 철근량($A_{s,\max}$)]

$$A_{s,\max} = \rho_{\max} \cdot b \cdot d$$
$$\rho_{\max} = 0.85\beta_1 \left(\frac{f_{ck}}{f_y}\right)\left(\frac{d_t}{d}\right)\left(\frac{\varepsilon_{cu}}{\varepsilon_{cu}+\varepsilon_{a,\min}}\right)$$

또한, 설계기준에서는 철근의 설계기준항복강도(f_y)에 따라 균형철근비와 최대 철근비의 비로 최대 철근비를 산정할 수 있다. 철근의 설계기준항복강도가 400MPa인 경우 최대철근비와 균형철근비의 비율은 다음과 같다.

> **보충) 바람직한 보의 설계**
>
> 보의 설계에서는 철근비를 작게 하고 단면을 크게 하는 것이 부재의 연성을 증가시키면서 처짐을 줄일 수 있는 바람직한 설계방법이다. 그러나 실제 건축물 설계 시 단면을 증가시키는 경우 내부 공간이 협소해지고 시공비가 증가하기 때문에 단면을 작게 하고 철근비를 크게 하는 경우가 있으며, 이러한 경우 최대 철근비를 반드시 고려하여 휨부재의 취성파괴를 방지해야 한다.

$$\frac{\rho_{\max}}{\rho_b} = 0.726 \rightarrow \rho_{\max} = 0.726\rho_b$$

철근의 설계기준항복강도 f_y	휨부재 허용값	
	최소 허용변형률 $\varepsilon_{a,\min}$	최대 철근비 $\rho_{\max}$
300 MPa	0.004	$0.658\rho_b$
350 MPa	0.004	$0.692 f_y$
400 MPa	0.004	$0.726 f_y$
500 MPa	$0.005(=2\varepsilon_y)$	$0.699\rho_b$

(3) 최소 철근비

철근비를 너무 작게 하여 설계된 보에서 균열 단면의 휨강도(f_r)가 보에 균열을 일으키는 모멘트(M_{cr})보다 작을 경우 보가 취성 균열 파괴될 수 있으며, 사용하중상태에서도 균열이 생기는 것은 바람직하지 않으므로, 균열을 방지하기 위하여 최소한의 보강을 하여야 한다.

$$\phi M_n \geq 1.2 M_{cr}$$

단, 부재의 모든 단면에서 해석에 의해 필요한 철근량보다 1/3 이상 인장철근이 더 배치되어 다음 식을 만족하는 경우 상기 규정을 적용하지 않을 수 있다.

$$\phi M_n \geq \frac{4}{3} M_u$$

예제 02

강도설계법에 따른 다음 그림과 같은 콘크리트 단근보의 균형철근비 및 최대 철근량을 구하시오.(단, $f_{ck} = 27\text{MPa}$, $f_y = 300\text{MPa}$, $E_s = 200{,}000\text{MPa}$) • 16①

풀이 철근의 설계기준항복강도가 300MPa인 경우 최대 철근비($\rho_{\max}$)는 균형철근비(ρ_b)의 0.658배를 적용한다.

보충 최소 철근비

인장철근을 매우 적게 배근한 철근 콘크리트 단면의 휨강도는 콘크리트 휨인장강도를 이용하여 계산한 무근콘크리트 단면의 휨강도(균열모멘트)보다 낮을 수도 있다. 이러한 경우 그 보에는 급작스러운 파괴가 일어날 수 있으며, 이러한 파괴를 방지하기 위해 이전의 설계기준에서는 철근의 항복강도와 콘크리트의 압축강도를 변수로 한 두 개의 수식을 이용하여 최소철근단면적을 결정하도록 한다. 그러나 그 규정에 따라 설계된 단면들은 균열에 대한 안정률이 일정하게 확보되지 않는다. 이러한 이유로, 이 기준은 단면의 형태, 형상비, 재료의 강도에 관계없이 최소 철근량을 배치한 휨부재의 균열모멘트에 대한 안전율이 일정하도록 개정하였다.

보충 최대 철근비($\rho_{\max}$)

최대 철근비는 다음과 같은 식으로 산정할 수 있다.

$$\rho_{\max} = \frac{0.00255\beta_1}{\varepsilon_{a,\min} + 0.003}\left(\frac{f_{ck}}{f_y}\right)\left(\frac{d_t}{d}\right)$$

위 식을 사용해 계산하면 다음과 같다.

$\rho_{\max} = 0.0325$

결론적으로 최대 철근비를 구하는 공식을 활용하는 것과 균형철근비를 활용해도 같은 값이 도출된다.

① 균형철근비(ρ_b)

$$\rho_b = \frac{\eta(0.85f_{ck})}{f_y} \cdot \beta_1 \cdot \frac{660}{660+f_y} \cdot \left(\frac{d_t}{d}\right)$$

$$\rho_b = \frac{0.85 \times 27}{300} \times 0.80 \times \frac{660}{660+300} \times \left(\frac{750}{750}\right) = 0.04208$$

여기서, η와 β_1은 $f_{ck} \leq 40\text{MPa}$이므로, 각각 1.0과 0.80을 사용한다.

② 최대 철근량($A_{s,\max}$)

최대 철근량은 최대 철근비에 보의 단면적을 곱하여 산정할 수 있다.

$$A_{s,\max} = \rho_{\max} \cdot bd = 0.0277 \times 550 \times 750 = 11,426.3\text{mm}^2$$

$$\rho_{\max} = 0.658\rho_b = 0.658 \times 0.04208 = 0.0277$$

답 : 11,426.3mm^2

08 복근 장방형 보

보의 설계 시 인장 측에 배근되는 철근을 인장철근이라 하고, 압축 측에 배근되는 철근을 압축철근이라 한다. 이러한 인장철근과 압축철근이 동시에 배근되어 있는 형태의 보를 복근보라고 한다. 이러한 복근보 설계 시 다음과 같은 이점을 얻을 수 있다.

(1) 장기처짐이 감소한다

장기처짐 계산 시 압축철근비가 증가할수록 장기처짐계수가 감소하므로 장기처짐이 감소한다.

(2) 보의 연성이 증진된다

인장철근량을 A_s, 압축철근량을 $A_s{'}$이라고 하면, 등가응력블록의 깊이 $a=(A_s-A_s{'})f_y/0.85f_{ck}b$가 되므로, 등가응력블록의 깊이가 줄어들고 인장철근의 변형률이 증가하여 연성이 증진된다.

(3) 철근 조립이 편리하다

압축철근을 배근하면, 전단보강 철근의 설치와 피복두께 유지에 편리하다.

09 T형보

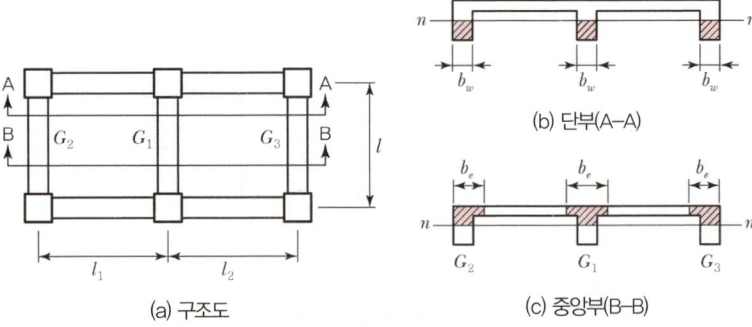

[T형보의 개념 및 유효폭]

보충) 압축철근을 사용하는 이유

보의 설계에서 보에 가해지는 소요강도(M_u)가 커지면 그에 대응하여 설계강도(ϕM_n)도 크게 하여야 하는데, 강도 f_y와 f_{ck}가 고정된 상태라면 철근비나 단면의 치수(b_d)를 크게 하는 방법밖에 없다. 그러나 어떤 건축적인 계약이나 그 외의 조건으로 단면의 크기가 제한되는 경우에는 최대 철근비가 제한되는 단순보의 인장철근비만으로는 $M_u \leq \phi M_n$을 만족시킬 수 없게 된다. 철근은 인장 측에 배근되는 것이 일반적이나 압축 측에 배근되는 철근을 압축철근이라 한다. 이러한 압축철근을 사용하면 사용된 압축철근이 지지하는 압축력만큼 인장철근이 지지하는 인장력과 평형을 이루므로 콘크리트의 압축 측과 평형을 이루는 인장철근의 철근비를 낮출 수 있고, 따라서 인장철근비를 최대 철근비 이하로 유지하면서 설계강도를 높일 수 있다.

보충) 압축철근의 역할

철근콘크리트구조 휨부재에서 압축철근의 역할과 특징을 3가지 쓰시오.
•17①

① 장기처짐의 감소
② 연성의 증진
③ 철근 조립의 편이

(1) T형보의 개념

① 단부(A-A)에서는 중립축을 기준으로 상부는 인장력, 하부는 압축력을 받게 된다.
   → 폭 b_w로 하는 장방형 보로 설계한다.
② 중앙부(B-B)에서는 중립축을 기준으로 상부는 압축력, 하부는 인장력을 받게 된다.
   → 폭 b_e로 하는 T형보로 설계한다.

(2) T형보의 유효폭

T형보의 유효폭(b_e)은 다음과 같은 3개의 식에서 작은 값을 사용한다.

1) 보의 양쪽에 슬래브가 있는 경우

① $b_e = 16h_f + b_w$
② b_e = 양쪽 슬래브의 중심거리
③ $b_e = \dfrac{l}{4}$

2) 보의 한쪽에만 슬래브가 있는 경우

① $b_e = 6h_f + b_w$
② b_e = (인접보와의 내측거리 $\times$ 1.2) + b_w
③ $b_e = \dfrac{l}{12} + b_w$

여기서, h_f : 슬래브 두께, b_w : 보의 복부 폭

> **보충** T형보의 유효폭
>
> T형보에서 압축을 받는 플랜지 부분의 유효폭을 결정할 때는 세 가지 조건에 의하여 산출된 값 중 가장 작은 값으로 결정하여야 하는데 이 세 가지 조건에 대하여 기술하시오. •11④
>
> ① $b_e = 16h_f + b_w$
> ② b_e = 양쪽 슬래브의 중심거리
> ③ $b_e = \dfrac{l}{4}$

제4절 보의 휨설계

01 단근 직사각형 보의 설계강도

단근 직사각형 보의 설계강도는 보의 저항모멘트(=공칭강도, M_n)에 강도감소계수를 곱하여 산정한다.

$$\text{설계강도}(\phi M_n) = \text{공칭강도}(M_n) \cdot \text{강도감소계수}(\phi)$$

공칭강도는 보의 압축력(C) 혹은 인장력(T)에 응력 중심 간 거리(jd)를 곱하여 산정한다.

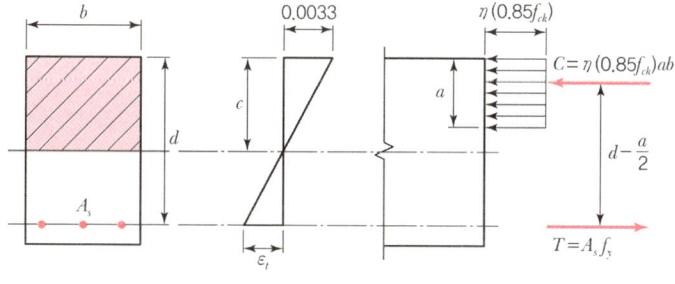

[단근 직사각형 보의 해석]

$$M_n = C \text{ or } T \cdot \left(d - \frac{a}{2}\right)$$

① 압축력(C) : $M_n = C \cdot jd = \eta(0.85f_{ck}) \cdot a \cdot b \cdot \left(d - \dfrac{a}{2}\right)$

② 인장력(T) : $M_n = T \cdot jd = A_s f_y \left(d - \dfrac{a}{2}\right)$

$$\text{설계휨강도} = \phi \times M_n$$

02 보의 설계 시 고려사항

(1) 철근의 피복

전단보강근(Stirrup)의 바깥표면에서 40mm 이상을 요구한다.

(2) 보의 단면형태

① 보의 유효춤을 크게 하면 저항 모멘트가 커지고 처짐을 줄이는 데 유리하나 층 높이를 높게 하는 단점이 있다.
② 보의 폭은 철근 배근 시 적절한 철근간격과 피복두께를 유지할 수 있도록 산정되어야 한다.
③ 보의 폭이 좁고 춤이 클 때에는 횡좌굴에 의하여 안전성이 감소되는 점도 고려되어야 한다.

(3) 철근의 크기

① 지름이 작은 철근을 사용하면 부착력 확보와 균열방지 등에 유리하나 배근과 콘크리트 타설에 어려움이 있다.
② 지름이 큰 철근을 사용하면 철근 배근과 콘크리트 타설에 유리하나, 부착면적이 감소하고 응력이 집중되는 단점이 있다.
③ 보의 주근은 지름 12mm 이상 또는 D13 이상의 철근을 사용하도록 규정하고 있다.

(4) 철근의 배근간격

① 1단 배근에서의 순간격
  ㉠ 공칭지름 d_b 이상
  ㉡ 25mm 이상
  ㉢ 굵은골재 최대 치수(G)의 4/3배 이상

② 2단 이상 배근
  ㉠ 단 사이의 순간격은 25mm 이상
  ㉡ 상단철근은 하단철근 바로 위에 배근

03 각종 보의 철근배근

철근은 인장력에 저항하므로 부재의 인장 측에 철근을 배근한다. 각종 보의 철근배근 형태는 다음과 같다.

[각종 보의 철근배근]

제5절 보의 전단 설계

01 사인장 균열

순수 전단력이 작용하는 부재에는 전단력의 방향과 45°의 경사방향으로 인장응력이 생기고 이와 직교하여 압축응력이 발생한다. 이러한 45° 경사방향의 인장응력을 사인장응력이라고 하며 경사방향으로 균열을 일으키는 주요인이 되고 있다.

[단순보의 응력궤적 및 균열형태]

02 보의 전단강도

(1) 소요 전단강도(V_u)

> **보충) 전단 위험 단면 위치**
> 보에서 최대 전단력은 받침부에 면한 지점에 생기며, 사인장균열은 받침부에서 바깥쪽으로 대개 45°의 경사각으로 발생한다. 받침부에서 거리 d 이내에 작용하는 하중은 균열에 교차되는 전단보강근에 어떠한 영향도 주지 않고 직접 하중 작용점과 받침부 사이에 형성되는 압축대에 의하여 전달되므로, 전단설계에서는 이 부분에 대한 전단응력을 고려하지 않아도 된다.

보의 전단설계 시 소요 전단강도(V_u)는 보의 유효춤 d만큼 떨어진 전단 위험 단면에서의 전단력을 사용한다.

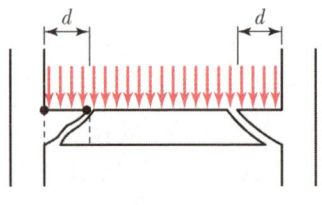

[전단 위험 단면 위치]

따라서 단순보에 등분포하중이 작용하는 경우에 대해서 소요 전단강도는 다음과 같이 산정할 수 있다.

$$V_u = \frac{wl}{2} - w \cdot d$$

(2) 기본설계 방정식

전단을 받는 단면의 설계는 다음 식을 기본으로 하여야 한다.

$$V_u \leq \phi V_n = \phi(V_c + V_s)$$

여기서, V_c : 콘크리트에 의한 전단강도
V_s : 전단 보강근에 의한 전단강도
V_n : 부재의 공칭 전단강도

(3) 콘크리트의 전단강도

보 부재의 전단설계 시 콘크리트가 부담하는 전단강도(V_c)는 다음과 같이 산정할 수 있다.

$$V_c = \frac{1}{6} \lambda \sqrt{f_{ck}}\, b_w d$$

여기서, λ : 경량콘크리트 계수

(4) 전단 보강 철근의 전단강도

전단 보강 철근의 전단강도(V_s)는 전단 기본설계방정식을 통해서 다음과 같이 산정할 수 있다.

$$V_s = \frac{V_u}{\phi} - V_c$$

여기서, 강도감소계수(ϕ) : 0.75

산정된 전단 보강 철근의 전단강도를 통해서 다음과 같이 전단 철근의 간격을 산정할 수 있다.

$$s = \frac{A_v f_s d}{V_s}$$

여기서, A_v : 전단 보강 철근의 단면적 ($a_1 \times 2$)
f_s : 뚫림전단파괴시 전단철근에 작용하는 응력 ($f_s - 0.5 f_{yt}$)
d : 보의 유효춤

> **보충** 경량콘크리트 계수(λ)
>
> 경량콘크리트 계수는 기준에 따라 다음과 같이 산정한다.
> ① 전경량콘크리트 : $\lambda = 0.75$
> ② 모래경량콘크리트 : $\lambda = 0.85$
> ③ 보통중량콘크리트 : $\lambda = 1.0$

(5) 전단철근의 간격

① 소요 전단강도 $V_u < \frac{1}{2}\phi V_c$ 인 경우 … 전단보강근 필요 없음

② $\frac{1}{2}\phi V_c < V_u \leq \phi V_c$ 인 경우 … 최소 전단보강근 사용

　㉠ $s = \dfrac{A_v f_{yt}}{0.35 b_w}$

　㉡ $s = d/2$ or $s = 600\mathrm{mm}$ 중 가장 작은 값

③ 전단 보강 철근의 전단강도 $V_s \leq 2V_c$ 인 경우

　㉠ $s = \dfrac{A_v f_s d}{V_s}$

　㉡ $s = d/2$ or $s = 600\mathrm{mm}$

　㉢ $s = \dfrac{A_v f_{yt}}{0.35 b_w}$ 중 가장 작은 값

④ $2V_c < V_s \leq V_{s,\max}$ 인 경우

　㉠ $s = \dfrac{A_v f_s d}{V_s}$

　㉡ $s = d/4$ or $s = 300\mathrm{mm}$

　㉢ $s = \dfrac{A_v f_{yt}}{0.35 b_w}$ 중 가장 작은 값

⑤ $V_{s,\max} < V_s$ 인 경우 … 단면 재수정 또는 f_{ck}를 증대시킨다.

> **보충) 전단철근의 간격**
>
> ①, ②의 경우는 작용하는 전단력이 매우 작아서 콘크리트의 전단강도 만으로 외력(전단력)에 대해서 저항할 수 있는 경우이며 이러한 경우에서는 전단보강근을 배치하지 않거나 최소 전단보강 기준만 사용하여 배근한다.
>
> ③, ④, ⑤의 경우 콘크리트의 전단강도 만으로 외력(전단력)에 대해서 저항할 수 없는 경우이며, 이러한 경우 전단 보강 철근을 사용하여야 한다. 이때 전단철근의 간격 기준은 전단 보강 철근의 전단강도를 기준으로 콘크리트의 전단강도 2배 혹은 4배와 비교하여 최소 전단철근의 간격을 산정한다.

> **보충) 최대 전단강도**
>
> V_s의 최대 한계값은 사인장균열각도의 변화를 반영하고, 전단인장파괴를 유도하며, 사인장균열폭을 억제하기 위해 제한된다.
>
> $V_{s,\max} = \dfrac{1}{5}\left(1 - \dfrac{f_{ck}}{250}\right) f_{ck} b_w d$

예제 03

다음과 같은 조건에서 전단 보강 철근을 배치하여야 되는 구간 내에서 배근되어야 할 수직스터럽(Stirrup)의 최대 간격을 구하시오.(단, 보의 유효깊이 $d = 550\mathrm{mm}$ 이다.)

• 19④

$$V_s > \frac{1}{3}\lambda\sqrt{f_{ck}} \cdot b_w \cdot d$$

풀이) 전단철근의 간격 기준을 적용

$V_s > \frac{1}{3}\lambda\sqrt{f_{ck}}\, b_w d\,(= 2V_c)$ 인 경우이므로, 최대 간격 기준은 다음과 같다.

$s = \dfrac{d}{4} = \dfrac{550}{4} = 137.5\mathrm{mm}$

$s = 300\mathrm{mm}$

두 값 중 작은 값이 최대 간격 기준이 되므로 최대 간격은 137.5mm가 적합하다.

답 : 137.5mm

제6절 보의 처짐과 균열

01 즉시처짐(탄성처짐)

즉시처짐은 휨재에 지속하중이 가해졌을 때 단기간에 나타나는 처짐량을 뜻하며, 구조물 형태 및 하중상태에 따라 탄성이론을 통하여 산정할 수 있다. 일반적인 조건에 대한 즉시처짐은 다음과 같이 구할 수 있다.

① 등분포하중을 받는 단순보의 중앙부 최대 처짐

$$\Delta = \frac{5wl^4}{384EI}$$

② 등분포하중을 받는 양단고정보의 중앙부 처짐

$$\Delta = \frac{wl^4}{384EI}$$

02 장기처짐

휨재의 크리프와 건조수축에 의한 추가 장기처짐은 지속하중에 의해 생긴 즉시 처짐에 다음의 계수를 곱하여 구한다.

$$장기처짐 = 단기처짐(\Delta) \times 장기처짐계수(\lambda)$$

여기서, 장기처짐계수는 다음과 같이 산정할 수 있다.

$$\lambda = \frac{T}{1+50\rho'}$$

여기서, ρ' : 압축철근비, T : 시간경과계수

3개월	6개월	12개월	5년 이상
1.0	1.2	1.4	2.0

> **보충** 총처짐
>
> 총처짐은 휨재에 지속하중이 가해졌을 때 즉시 나타나는 탄성처짐과 장기처짐의 합산을 말한다.

03 총처짐 = 탄성처짐 + 장기처짐

예제 04

인장철근만 배근된 철근콘크리트 직사각형 단순보에 순간처짐이 5mm 발생하고 5년 이상 지속하중이 작용하는 경우 총처짐량을 구하시오.(단, 시간경과계수(T) = 2.0) •18④

풀이 총처짐 = 즉시처짐(= 순간처짐) + 장기처짐
① 즉시처짐 = 5mm
② 장기처짐 = 즉시처짐 × 장기처짐계수(λ) = 5 × 2 = 10mm
   여기서, 장기처짐계수(λ)는 다음과 같이 산정한다. 다만, 문제의 조건 중에서 압축철근이 배근되지 않고 인장철근만 배근되어 있기 때문에 압축철근비(ρ')는 0을 대입한다.

$$\lambda = \frac{T}{1+50\rho'} = \frac{2.0}{1+50\times 0} = 2$$

③ 총처짐 = 5 + 10 = 15mm

답 : 15mm

04 처짐제한

(1) 처짐을 계산하지 않는 경우의 보 또는 1방향 슬래브의 최소 두께

부재	최소 두께			
	캔틸레버	단순지지	1단 연속	양단 연속
• 1방향 슬래브	$l/10$	$l/20$	$l/24$	$l/28$
• 보 • 리브가 있는 1방향 슬래브	$l/8$	$l/16$	$l/18.5$	$l/21$

※ 큰 처짐에 의해 손상되기 쉬운 칸막이 벽이나 기타 구조물을 지지 또는 부착하지 않는 부재

보충 리브가 있는 1방향 슬래브
리브(Rib)란 늑근을 의미하며 전단보강철근을 뜻한다. 기본적으로 슬래브에는 전단보강철근을 배근하지 않지만 전단보강철근이 배근된 슬래브의 경우 전단보강철근이 배근된 보와 동일하다고 보고 설계한다.

(2) 최대 허용 처짐

부재의 형태	고려해야 할 처짐	처짐한계
과도한 처짐에 의해 손상되기 쉬운 비구조 요소를 지지 또는 부착하지 않은 평지붕구조	활하중 L에 의한 순간처짐	$l/180$
과도한 처짐에 의해 손상되기 쉬운 비구조 요소를 지지 또는 부착하지 않은 바닥구조	활하중 L에 의한 순간처짐	$l/360$
과도한 처짐에 의해 손상되기 쉬운 비구조 요소를 지지 또는 부착한 지붕 또는 바닥구조	전체 처짐 중에서 비구조 요소가 부착된 후에 발생하는 처짐부분(모든 지속하중에 의한 장기처짐과 추가적인 활하중에 의한 순간처짐의 합)	$l/480$
과도한 처짐에 의해 손상될 염려가 없는 비구조 요소를 지지 또는 부착한 지붕 또는 바닥구조		$l/240$

05 균열

(1) 균열모멘트(M_{cr})

보에 작용하는 휨모멘트가 일정한 크기 이상으로 증가하면 보의 인장 측에 균열을 일으키는데, 이때의 모멘트를 균열모멘트(Cracking Moment)라 한다. 보의 폭이 b이고, 춤이 h인 장방형보의 균열모멘트는 다음과 같이 계산된다.

$$M_{cr} = f_r \times Z = 0.63\lambda\sqrt{f_{ck}} \cdot \frac{bh^2}{6}$$

여기서, f_r : 콘크리트의 파괴계수($= 0.63\lambda\sqrt{f_{ck}}$)
Z : 탄성단면계수

(2) 보 및 1방향 슬래브의 휨철근 배치

보의 휨균열을 제어하기 위하여 휨철근 배치에 대한 설계기준을 따라야 하며 휨 인장철근은 부재단면의 최대 휨 인장영역 내에 배치되어야 한다. 콘크리트 인장연단에 가장 가까이에 배치되는 철근의 중심 간격 s는 다음 두 식 중 작은 값 이하로 하도록 규정하고 있다.

$$s = 375\left(\frac{k_{cr}}{f_s}\right) - 2.5c_c \qquad s = 300\left(\frac{k_{cr}}{f_s}\right)$$

여기서, k_{cr} : 노출도계수(건조환경 = 280, 기타 환경 = 210)
f_s : 사용하중 상태에서 최외단 인장철근의 응력($= \frac{2}{3}f_y$)
c_c : 인장철근이나 긴장재의 표면과 콘크리트 표면 사이의 최소 두께

예제 05

폭 $b = 400\text{mm}$인 보에 $3-\text{D}22(f_y = 400\text{MPa})$를 배근할 경우 균열제어 측면에서 철근의 배치 간격의 적합 여부를 검토하시오.(단, $k_{cr} = 210$, 철근의 응력은 근사값($2/3f_y$) 사용, 순피복두께는 40mm, 스터럽은 D10 사용) •16①

풀이 보의 휨균열을 제어하기 위한 휨철근 간격 기준

① 보의 휨균열 제어를 위한 휨철근 배치 간격 기준
$$s_{\max} = 375\left(\frac{k_{cr}}{f_s}\right) - 2.5c_c = 375 \times \left(\frac{210}{\frac{2}{3} \times 400}\right) - 2.5 \times 50 = 170.31\text{mm}$$
$$s_{\max} = 300\left(\frac{k_{cr}}{f_s}\right) = 236.25\text{mm}$$

② 배근된 철근의 중심간격 $s(3-\text{D}22)$
$$s = \frac{400 - 2 \times (40 + 10) - 22}{2} = 139\text{mm}$$

$s(= 139\text{mm}) < s_{\max}(170.31\text{mm})$이므로 적합하다.

답 : 적합

보충 콘크리트의 파괴계수

철근콘크리트구조에서 균열모멘트를 구하기 위한 콘크리트 파괴계수를 구하시오.(단, 모래경량콘크리트 사용, $f_{ck} = 21\text{MPa}$) •19②

$f_r = 0.63\lambda\sqrt{f_{ck}}$
$\quad = 0.63 \times 0.85 \times \sqrt{21}$
$\quad = 2.45\text{MPa}$

여기서, 경량콘크리트계수(λ)는 다음과 같다.
① 보통중량콘크리트 : 1.0
② 모래경량콘크리트 : 0.85
③ 전경량콘크리트   : 0.75

보충 순피복두께(c_c)

- 피복두께(c)는 콘크리트 표면부터 전단보강근 혹은 인장철근의 표면까지의 거리를 뜻한다.
- 순피복두께(c_c)는 전단보강근을 제외한 순수 인장철근과 콘크리트 표면까지의 거리를 뜻한다.

보충 실제 배근된 철근의 중심 간격

실제 배근되어 있는 배근간격은 다음과 같이 보의 폭(b)에 피복두께(c)와 스터럽의 지름(d_s) 그리고 하나의 인장철근 지름(d_b)을 공제한 것에 인장철근의 개수(n)-1로 산정할 수 있다.

$$s = \frac{b - 2 \times (c + d_s) - d_b}{n - 1}$$
$$= \frac{400 - 2 \times (40 + 10) - 22}{3 - 1}$$
$$= 139\text{mm}$$

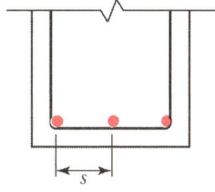

제7절 철근의 정착과 이음

01 정착

(1) 정착 일반

철근의 정착길이(Development Length)는 콘크리트에 묻혀 있는 철근이 힘을 받을 때 뽑히거나 변형이 생기는 일 없이 항복강도에 이르게 하는 최소한의 묻힘길이를 말하며 l_d로 표시한다.

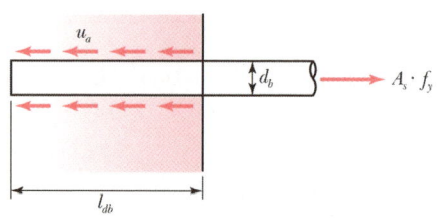

[철근의 정착]

(2) 인장 이형철근 및 이형철선의 정착

인장을 받는 이형철근의 정착길이(l_d)는 기본적으로 다음과 같이 산정할 수 있다.

$$l_d = \frac{0.9 d_b f_y}{\lambda \sqrt{f_{ck}}} \cdot \frac{\alpha \beta \gamma}{\left(\dfrac{c + K_{tr}}{d_b} \right)}$$

여기서, 보정계수 α, β, γ, λ는 다음과 같이 구한다.

① α : 수평철근의 위치계수
  ㉠ 상부 철근 : 1.3
  ㉡ 기타 철근 : 1.0

② β : 에폭시 도막계수
  ㉠ 도막되지 않은 순수철근 : 1.0
  ㉡ 기타 에폭시 도막철근 또는 철선 : 1.2

③ γ : 철근 또는 철선의 크기 계수
  ㉠ D19 이하의 철근 또는 이형철선 : 0.8
  ㉡ D22 이상의 철근 : 1.0

④ 경량콘크리트 계수
  ㉠ f_{sp}가 주어지지 않은 경량콘크리트 : 1.3
  ㉡ f_{sp}가 주어진 경량콘크리트 : $\dfrac{\sqrt{f_{ck}}}{1.76 f_{sp}} \geq 1.0$
  ㉢ 보통중량 콘크리트 : 1.0

또한, $\left(\dfrac{c + K_{tr}}{d_b} \right)$는 콘크리트의 쪼갬 인장강도 이외에 쪼갬 부착파괴에 대한 부재의 저항 성능을 나타내는 식으로, 다음과 같은 조건일 경우 1.5로 적용하여 사용할 수 있다.

① 정착되거나 이음이 되는 철근의 순간격이 철근 직경 이상
② 순 피복두께가 철근 직경 이상
③ l_b 사이의 횡보강근이나 띠철근은 최소철근면적 기준 이상

$$l_d = \frac{0.9 d_b f_y}{\lambda \sqrt{f_{ck}}} \cdot \frac{\alpha \beta \gamma}{1.5} = \frac{0.6 d_b f_y}{\lambda \sqrt{f_{ck}}} \cdot \alpha \beta \gamma$$

여기서, $\dfrac{0.6 d_b f_y}{\lambda \sqrt{f_{ck}}}$: 기본정착길이(l_{db})

$\alpha,\ \beta,\ \gamma,\ \lambda$: 보정계수

(3) 압축철근의 정착길이

압축철근은 정착된 철근의 부착 및 정착철근 끝부분의 지압에 의하여 압축력을 콘크리트에 전달한다. 압축력을 받는 경우 균열 발생의 가능성이 적고 콘크리트의 지압효과 때문에 인장정착보다 짧은 정착길이가 가능하다.

① 압축 이형철근 및 이형철선의 정착길이 l_d는 아래 식의 기본정착길이 l_{db}에 적용 가능한 모든 보정계수를 곱하여 구하여야 한다. 이렇게 구한 정착길이 l_d는 항상 200mm 이상이어야 한다.

② 압축 이형철근 및 이형철선의 기본정착길이는 다음 식에 의해 구해야 한다.

$$l_{db} = \frac{0.25 d_b f_y}{\lambda \sqrt{f_{ck}}}$$

③ 압축에 대한 보정계수는 다음과 같다.

　㉠ 해석 결과 요구되는 철근량을 초과하여 배근한 경우 : $\left(\dfrac{\text{소요}\ A_s}{\text{배근}\ A_s}\right)$

　㉡ 지름이 6mm 이상인 나선철근으로 100mm 이하의 간격으로 둘러싸인 철근 : 0.75

(4) 표준갈고리 철근의 정착길이

단부에 표준갈고리가 있는 인장 이형철근 정착길이 l_{dh}는 아래 식의 기본정착길이 l_{hb}에 적용 가능한 모든 보정계수를 곱하여 산정한다. 그러나 이렇게 구한 정착길이 l_{dh}는 항상 $8d_b$ 이상 또는 150mm 이상이어야 한다.

$$l_{hb} = \frac{0.24 d_b f_y}{\lambda \sqrt{f_{ck}}}$$

구분	보정계수
① 철근의 항복강도 $f_y = 400$MPa 이외의 철근	
② 콘크리트 피복두께 • D35 이하 철근에서 갈고리 평면에 수직한 측면 피복두께가 70mm 이상인 경우 • 90° 갈고리이고, 갈고리를 넘어선 부분의 철근 피복두께가 50mm 이상인 경우	0.7
③ 띠철근 및 스터럽 • D35 이하 철근에서 갈고리를 포함한 전체 정착길이 l_{dh}구간에 $3d_b$ 이하 간격으로 띠철근 또는 스터럽이 둘러싼 경우(갈고리철근의 순 피복두께가 70mm 이하는 보정계수 사용불가)	0.8
④ 과다철근 • f_y가 되는 정착길이를 요구하지 않는 단면에서 휨철근이 소요철근량 이상 배근된 경우	$\left(\dfrac{소요 A_s}{배근 A_s}\right)$
⑤ 경량콘크리트	1.3
⑥ 에폭시 도막된 갈고리철근	1.2

(5) 정착 위치

① 기둥의 주근은 기초에 정착한다.
② 보의 주근은 기둥에, 작은 보는 큰 보에 정착한다.
③ 지중보(기초보)의 주근은 기초 또는 기둥에 정착한다.
④ 벽 철근은 기둥, 보 또는 슬래브에 정착한다.
⑤ 슬래브 철근은 보 또는 벽체에 정착한다.

예제 06

철근콘크리트 보의 춤이 700mm이고, 부모멘트를 받는 상부단면에 HD25 철근이 배근되어 있을 때, 인장철근의 정착길이를 구하시오.(단, $f_{ck} = 25$MPa, $f_y = 400$MPa, 철근의 순간격과 피복두께는 철근직경 이상, 상부철근 보정계수는 1.3, 도막되지 않은 철근, 보통중량콘크리트를 사용)

• 19①

풀이 인장이형철근의 정착길이 l_d

인장이형철근의 정착길이는 다음과 같이 산정할 수 있다.

$$l_d = \frac{0.9 d_b f_y}{\lambda \sqrt{f_{ck}}} \cdot \frac{\alpha\beta\gamma}{\left(\dfrac{c+K_{tr}}{d_b}\right)}$$

여기서, 철근의 순간격과 피복두께는 철근직경 이상이므로 주어진 조건에 따라 $\left(\dfrac{c+K_{tr}}{d_b}\right) = 1.5$를 적용하면 다음과 같이 구할 수 있다.

$$l_d = \frac{0.6 d_b f_y}{\lambda \sqrt{f_{ck}}} \cdot \alpha\beta\gamma = \frac{0.6 \times 25 \times 400}{1.0 \times \sqrt{25}} \times 1.3 \times 1.0 \times 1.0 = 1,560\text{mm}$$

여기서, 수평철근의 위치 계수 $\alpha = 1.3$
에폭시 도막 계수 $\beta = 1.0$
철근의 크기 계수 $\gamma = 1.0$
경량콘크리트 계수 $\lambda = 1.0$

답 : 1,560mm

02 이음

(1) 이음 일반

① D35를 초과하는 철근은 겹침이음할 수 없다. 다만, 압축겹침이음을 하는 경우에는 D35를 초과하는 철근의 겹침이음을 허용한다.
② 휨부재에서 서로 직접 접촉되지 않게 겹침이음된 철근은 횡방향으로 소요 겹침이음길이의 1/5 또는 150mm 중 작은 값 이상 떨어지지 않아야 한다.
③ 용접이음은 용접용 철근을 사용해야 하며 철근의 설계기준항복강도 f_y의 125% 이상을 발휘할 수 있는 완전용접이어야 한다.
④ 기계적 이음은 철근의 설계기준항복강도 f_y의 125% 이상을 발휘할 수 있는 완전 기계적 이음이어야 한다.

(2) 인장 이형철근 및 이형철선의 이음

① 겹침이음에서 A급 이음과 B급 이음은 다음과 같이 분류된다.
   ㉠ A급 이음
      배근된 철근량이 이음부 전체 구간에서 해석결과 요구되는 소요철근량의 2배 이상이고 소요 겹침이음길이 내 겹침이음된 철근량이 전체 철근량의 1/2 이하인 경우
   ㉡ B급 이음 : ㉠항에 해당되지 않는 경우

② 인장을 받는 이형철근 및 이형철선의 겹침이음길이는 A급, B급으로 분류하며 다음 값 이상으로 하여야 한다. 그러나 300mm 이상이어야 한다.
   ㉠ A급 이음 : l_d 이상
   ㉡ B급 이음 : $1.3l_d$ 이상
   여기서, l_d는 인장 이형철근의 정착길이이다.

보충 인장이형철근의 겹침이음길이

인장이형철근의 겹침이음길이에 대하여 설명하시오. • 20①
- A급 이음 : l_d 또한 300mm 이상
- B급 이음 : $1.3l_d$ 또한 300mm 이상

제8절 슬래브 설계

01 보 – 슬래브 구조

슬래브가 보에 지지되는 구조로서 지지상태 또는 각 변의 길이 비(β)에 따라 1방향 슬래브와 2방향 슬래브로 구분된다.

$$\text{One-way Slab}: \beta = \frac{\text{장변}(l_2)}{\text{단변}(l_1)} > 2$$

$$\text{Two-way Slab}: \beta = \frac{\text{장변}(l_2)}{\text{단변}(l_1)} \leq 2$$

(1) 1방향 슬래브(One-way Slab)

1) 구조 상세

1방향 슬래브의 두께는 다음 표를 따라야 하며, 최소 100mm 이상으로 하여야 한다.

슬래브 두께	• 100mm 이상	• 과다한 처짐을 방지
주근간격	• 최대 휨모멘트가 일어나는 단면 슬래브 두께의 2배 이하, 300mm 이하 • 기타 단면의 경우 슬래브 두께의 3배 이하, 450mm 이하	• 정철근 : + 휨모멘트를 받는 인장철근 • 부철근 : − 휨모멘트를 받는 인장철근
배력근	• 슬래브 두께의 5배 이하, 450mm 이하	• 배력근 철근비 참고

배력근 철근비
(온도철근 및
건조수축)
	• 최소 철근비 $\rho_{min} = 0.0014$ 이상 또한 다음 값 이상
	① f_y가 400MPa 이하의 이형철근 또는 용접철망 사용 시
	  → 0.002
	② 0.0035의 항복 변형률에서 측정한 철근의 항복강도 f_y가
	  400MPa을 초과하는 경우 → $0.002 \times \dfrac{400}{f_y}$	

부재	최소 두께			
	캔틸레버	단순지지	1단 연속	양단 연속
• 1방향 슬래브	$l/10$	$l/20$	$l/24$	$l/28$
• 보 • 리브가 있는 1방향 슬래브	$l/8$	$l/16$	$l/18.5$	$l/21$

보충) 배력근(부근)

철근콘크리트 슬래브에서 주근과 직각 방향으로 배치하는 철근, 일반적인 슬래브에서 장변 방향에 해당한다. 주근의 위치를 확보하고, 직각 방향으로도 응력을 전달하는 구실을 한다.

보충) 슬래브 주근의 최대 간격

1방향 슬래브 위험단면에서의 주근 최대간격에 대하여 서술하시오.
• 20②

슬래브 두께의 2배 이하, 300mm 이하

2) 1방향 슬래브의 설계 강도

슬래브의 해석은 단위 폭 1m를 가지는 장방형보로 해석한다. 철근비가 균형철근비보다 작은 경우 슬래브의 설계강도는 다음과 같다.

$$\phi M_n = \phi A_s f_y \left(d - \frac{a}{2} \right)$$

여기서, A_s : 단위폭 1m에 배근되는 철근량
d : 슬래브의 유효춤(슬래브 두께 − 피복두께 − 주근직경/2)
ϕ : 강도감소계수($= 0.85$)

단위폭 1m에 배근되는 철근량은 다음과 같다.

$$A_s = bd \cdot \rho = 1,000 \cdot d \cdot \rho \; (\mathrm{mm}^2)$$

여기서, b : 단위폭 1m, ρ : 철근비

단위폭 1m에 배근되는 철근 개수는 다음과 같다.

$$n = \frac{A_s}{a_1}$$

여기서, a_1 : 철근 1개의 단면적(직경이 다른 철근을 혼용하는 경우 평균값 사용)

예제 07

1방향 슬래브에서 슬래브 두께가 250mm일 때, 건조수축 및 온도에 대한 철근량과 D13 ($a_1 = 127\mathrm{mm}^2$) 철근을 배근할 때 철근의 필요 개수를 구하시오.(단, $f_y = 400\mathrm{MPa}$)

•20③

풀이 슬래브의 해석은 단위폭 1m를 가지는 장방형 보로 해석한다.
슬래브 설계 시 건조수축 및 온도에 대한 최소철근비는 다음과 같다.

① 0.0014 이상
② $f_y \leq 400\mathrm{MPa}$ 인 이형철근의 경우 : 0.002
③ 0.0035의 항복 변형률에서 측정한 철근의 항복강도 f_y가 400MPa을 초과하는 경우

$$\to 0.002 \times \frac{400}{f_y}$$

$\therefore \rho_{\min} = 0.002$

④ 철근량 $A_s = bd \cdot \rho = 1,000 \cdot 250 \cdot 0.002 = 500\mathrm{mm}^2$

⑤ 필요 철근 개수 $n = \dfrac{A_s}{a_1} = \dfrac{500}{127} = 3.937 \approx 4\mathrm{EA}$

답 : $A_s = 500\mathrm{mm}^2 \qquad n = 4\mathrm{EA}$

(2) 2방향 슬래브(Two-way Slab)

1) 기본사항

① 슬래브 설계에서는 슬래브의 모멘트가 기둥선에 집중되는 현상을 고려하기 위하여 주열대(Column Strip)와 중간대(Middle Strip)로 나누어 구조 해석한다.
② 주열대(Column Strip)란 기둥 중심선에서 양측으로 $l_x/4$와 $l_y/4$ 중에서 작은 값을 폭으로 갖는 설계대로 정의되며, 만일 보가 있는 경우에는 그 보는 주열대에 포함된다.
③ 중간대(Middle Strip)는 2개의 주열대 사이에 구획된 설계대로 정의된다.

[주열대 및 중간대]

2) 직접설계법

직접설계법은 기본적으로 슬래브를 얇은 보로서 기둥과 함께 연결된 골조의 일부로 해석한 실용설계법이라고 할 수 있다. 따라서 직접설계법을 적용하기 위해서는 다음 조건이 만족되어야 한다. 즉, 직접설계법은 다음 조건을 만족하는 슬래브에만 설계가 가능하다. 이 조건에 맞지 않는 슬래브는 등가골조법이 적용되어야 한다.

① 각 방향으로 3경간 이상 연속되어야 한다.
② 직사각형 슬래브로, 긴 변이 짧은 변의 2배 이하이어야 한다.
③ 각 방향으로 연속한 받침부 중심부 경간 길이의 차이는 긴 경간의 1/3 이하이어야 한다.
④ 기둥은 어떠한 축에서도 연속되는 기둥 중심선에서 경간길이의 10% 이상 벗어나서는 안 된다.
⑤ 모든 하중은 등분포된 연직하중으로 활하중은 고정하중의 2배 이하이어야 한다.
⑥ 보가 모든 변에서 슬래브 판을 지지할 경우, 직교하는 두 방향에서 보의 상대강성 $\dfrac{a_1 l_2^{\,2}}{a_2 l_2^{\,2}}$는 0.2 이상, 5.0 이하이어야 한다.

02 플랫 슬래브(무량판 구조)

플랫 슬래브는 평 바닥판 구조 또는 무량판 구조라 하며 보 없이(외부보를 제외) 바닥판만으로 구성하고 그 하중은 직접 기둥에 전달하는 구조이다.

(1) 장점 및 단점

장점	① 구조가 간단하여 철근배근, 조립 및 콘크리트 공사가 용이하다. ② 공사비(재료비, 인건비)가 저렴하다. ③ 실내(보가 없으므로)공간 이용률이 높다. ④ 층고를 낮출 수 있다. ⑤ 배관설비(방화용 스프링클러 등)의 설치가 용이하다.
단점	① 고정하중(바닥판이 두꺼워짐)이 증대한다. ② 뼈대의 강성에 난점이 있다. ③ 구조계산이 다소 복잡하다. ④ 큰 집중하중을 받는 곳은 부적당하며 슬래브가 진동하기 쉽다. ⑤ 철근 및 콘크리트량이 보통 슬래브에 비해 많이 든다.

(2) 뚫림전단(Punching Shear) 또는 2방향전단(Two-way Shear)

① 플랫 슬래브와 같이 보 없이 기둥에 지지되는 구조나 기초판 같이 기둥을 지지하는 구조에서 집중하중의 작용에 의해 기둥 주위에 슬래브의 하부로부터 경사지게 균열이 발생하여 구멍이 뚫리는 형태의 전단파괴를 말한다.

② 기둥에 면한 슬래브 밑면에서 파괴면이 형성되어 윗 방향으로 경사지게 발전하는 형태이며, 이때 파괴면의 수평에 대한 경사각 θ는 콘크리트의 강도나 철근 보강에 따라 $20 \sim 45°$ 정도이다.

③ 2방향 전단의 위험단면은 기둥 주변으로부터 $d/2$만큼 떨어져 슬래브에 수직한 면이다.

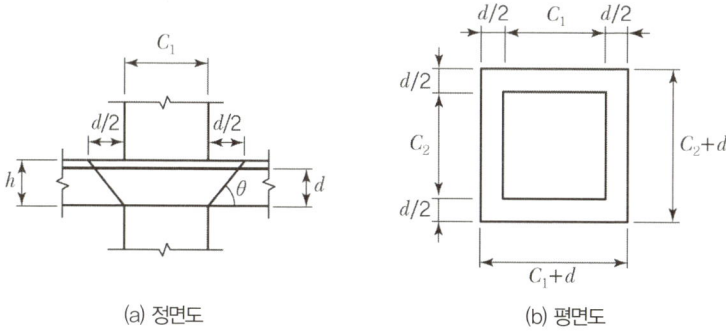

(a) 정면도   (b) 평면도

(3) 구조제한

① 슬래브 두께 t는 180mm 이상으로 한다. 다만, 지붕 슬래브는 일반 슬래브의 구조제한에 따를 수 있다.

② 기둥의 단면 최소 치수 D는 다음 중 큰 값으로 한다.
   ㉠ 기둥 중심거리 l_x, l_y의 1/20 이상
   ㉡ 300mm 이상
   ㉢ 층고 H의 1/15 이상

③ 주두에는 보통 주두와 지판을 붙인다. 다만, 슬래브에 대한 경사가 45° 이하의 주두부분은 응력분담을 하지 않는 것으로 한다.
  ㉠ 지판의 길이 : 각 방향 받침부 중심 간 경간의 1/6 이상 연장
  ㉡ 지판의 두께 : 슬래브 두께의 1/4 이상

④ 특별한 응력해석이나 또는 실험에 의하여 확인된 슬래브의 경우에는 위의 구조제한을 따르지 않을 수 있다.

예제 08

그림과 같은 플랫 슬래브 지판(드롭 패널)의 최소 크기와 두께를 산정하시오.(단, 슬래브 두께는 200mm)   • 11④

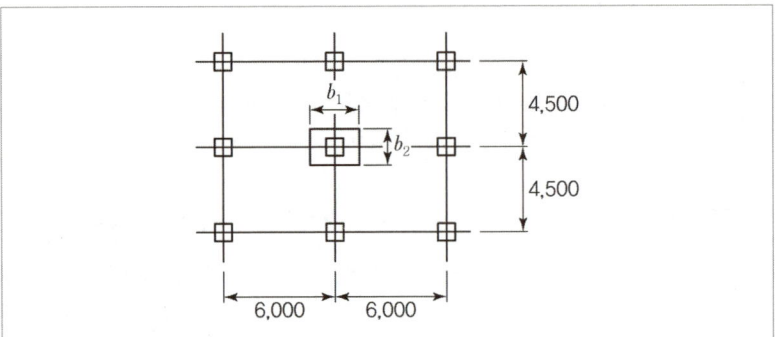

풀이 지판의 길이 및 최소 두께는 다음과 같은 규정에 따른다.
• 지판의 길이 : 각 방향 받침부 중심 간 경간의 1/6 이상 연장
• 지판의 두께 : 슬래브 두께의 1/4 이상

① 지판의 길이

$$b_1 = \frac{6,000}{6} = 1,000 \text{mm}$$

양쪽으로 연장해야 하므로, $b_1 = 1,000 \times 2 = 2,000 \text{mm}$

$$b_2 = \frac{4,500}{6} = 750 \text{mm}$$

양쪽으로 연장해야 하므로, $b_2 = 750 \times 2 = 1,500 \text{mm}$

∴ $b_1 \times b_2 = 2,000 \times 1,500$

② 지판의 최소 두께

$$h_{\min} = t_s/4 = \frac{200}{4} = 50 \text{mm}$$

답 : $b_1 \times b_2 = 2,000 \text{mm} \times 1,500 \text{mm}$ $h_{\min} = 50 \text{mm}$

03 기타 슬래브

(1) 장선 슬래브(Ribbed Slab, Joist Slab)

등간격으로 분할된 장선(Joist)과 슬래브가 일체로 된 구조로 그 양단은 보에 또는 벽체에 지지된다. 슬래브는 장선에 지지되고 그 두께는 상당히 얇게 할 수 있다.

[장선 슬래브]

(2) 워플 플랫 슬래브(Waffle Flat Slab)

워플 플랫 슬래브는 장선 슬래브의 장선을 직교하여 구성한 우물반자 형태로 된 2방향 장선 슬래브 구조이며, 보통 슬래브 구조보다 기둥의 스팬을 더 크게 할 수 있고 작은 돔형의 거푸집(워플 거푸집)이 사용된다.

[워플 플랫 슬래브]

(3) 중공 슬래브(Void Slab)

슬래브에 원통형의 구멍(中空部)을 뚫은 것으로 마치 I자형의 작은 보를 늘어놓은 것과 같은 것으로 설비배관에 유리한 일종의 장선 슬래브 구조이다.

[중공 슬래브]

제9절 기둥설계

01 구조 제한

구분		띠(철근)기둥	나선(철근)기둥
주근	개수	① 직사각형, 원형 띠기둥은 4개 이상 ② 삼각형 띠기둥은 3개 이상	6개 이상
	간격	① 40mm 이상, 150mm 이하 ② 철근 지름의 1.5배 이상 ③ 굵은골재 최대치수의 4/3배 이상	좌동
	철근 지름	주근지름 D16 이상	좌동
	철근비	① 최소 1% ② 최대 8%	좌동
띠철근 (나선철근)	철근 지름	① 주근 D32 이하 : D10 이상 ② 주근 D35 이상 : D13 이상	9mm 이상 (기둥단부에서 1.5회 여분으로 감는다.)
	간격 (작은 값)	① 주근 지름의 16배 이하 ② 띠철근 지름의 48배 이하 ③ 기둥의 최소폭 이하	① 최소 25mm 이상 ② 최대 75mm 이하

> **보충) 띠철근 및 나선철근의 사용 목적**
> - 주근의 좌굴방지
> - 전단력에 저항
> - 주근의 위치 확보
> - 콘크리트의 구속효과로 기둥의 연성증진

> **보충) 띠철근의 최대 수직간격**
> 기둥 크기가 400×300이고 8-D22의 수직철근이 배근되어 있는 철근콘크리트 띠철근 기둥의 최대 수직간격을 구하시오. •21②
> 띠철근 기둥의 최대 수직간격은 다음 중 가장 작은값으로 한다.
> ① 주근 지름의 16배 이하 (= 352mm)
> ② 띠철근 지름의 48배 이하 (= 480mm)
> ③ 기둥의 최소폭 이하(= 300mm)

02 단주의 설계강도

(1) 최대 축하중

세장비의 영향을 고려하지 않아도 되는 단주에 중심 축하중이 작용할 때 기둥이 지지할 수 있는 최대 축하중은 다음과 같다.

$$P_0 = 0.85 f_{ck} \cdot (A_g - A_{st}) + f_y A_{st}$$

여기서, A_g : 기둥의 전단면적(mm^2)
A_{st} : 철근의 전단면적(mm^2)

위 식에서 f_{ck}를 0.85배 저감하는 이유는 장기하중에 대한 콘크리트의 압축강도는 단기하중에 측정되는 표준 압축강도 f_{ck}에 85% 정도임을 의미한다.

(2) 최대 설계축하중

실제의 설계에 있어서 기둥열의 맞춤이나 철근배근에서의 시공오차 등으로 편심이 불가피하게 되고, 이에 따른 모멘트는 기둥의 축하중 지지능력을 감소시키므로 규준에서는 최대 설계축하중을 다음과 같이 제한하고 있다.

1) 띠철근 기둥

$$\phi P_n = 0.8\phi[0.85f_{ck} \cdot (A_g - A_{st}) + f_y A_{st}]$$

여기서, 0.8 : 편심하중을 고려한 계수
ϕ : 강도감소계수($= 0.65$)

2) 나선철근 기둥

$$\phi P_n = 0.85\phi[0.85f_{ck} \cdot (A_g - A_{st}) + f_y A_{st}]$$

여기서, 0.85 : 편심하중을 고려한 계수
ϕ : 강도감소계수($= 0.70$)

> **보충) 띠철근과 나선철근**
>
> 띠철근 기둥은 콘크리트 심부의 파괴 및 주철근의 좌굴을 동반한 취성파괴가 나타나는 반면에 나선철근 기둥은 콘크리트의 피복박리 후에 나선철근에 의한 구속효과, 심부 콘크리트의 강도분담으로 급격한 파괴를 일으키지 않고 오히려 나선철근이 항복하여 파괴를 일으킬 때까지 큰 변형이 발생하여 더 큰 연성이 확보된다. 따라서 나선철근이 띠철근에 비하여 연성이 크므로 강도감소폭이 작다.

예제 09

다음과 같은 조건의 철근콘크리트 띠철근 기둥의 설계축하중을 구하시오.

[조건] $f_{ck} = 24\text{MPa}$, $f_y = 400\text{MPa}$, 8-HD22, HD22 한 개의 단면적은 387mm^2, 강도감소계수 $\phi = 0.65$

풀이) 띠철근 기둥의 최대 설계축하중(ϕP_n)

$\phi P_n = 0.8\phi[0.85f_{ck} \cdot (A_g - A_{st}) + f_y A_{st}]$
$= 0.8 \times 0.65 \times [0.85 \times 24 \times (500 \times 500 - 387 \times 8) + 400 \times 387 \times 8]$
$= 3,263,125\text{N} = 3,263.13\text{kN}$

띠철근 기둥이므로 다음과 같이 적용
㉠ 강도감소계수 : 0.65
㉡ 편심을 고려한 계수 : 0.8

답 : $3,263.13\text{kN}$

제10절 기초설계

01 기본사항

(1) 기초에 작용하는 토압

① 기초하부의 토압의 분포는 지반의 형태와 기초의 지반에 대한 상대 강성에 영향을 받는다.
② 점토질 지반은 주변에서 증가하는 형태이며, 사질토 지반의 경우에는 기초 중심에서 증가하는 형태이나, 실제 설계에서는 토압이 등분포로 작용한다고 가정하여 설계한다.

(a) 진흙   (b) 모래   (c) 가정 압력

[기초에 작용하는 토압의 분포]

(2) 기초판 크기

① 기초의 크기를 결정하는 기본 원리는 기초로부터 지반에 전달되는 하중의 면적당 크기가 허용지내력 이하로 유지되어야 한다는 것이다.
② 기초설계에서 기초판의 크기 결정은 허용응력설계법에 의한다.
③ 다음 식으로 계산되는 값 중 큰 값으로 결정한다.

$$A = \frac{(D+D_b+D_s)+L}{q_a}$$

$$A = \frac{0.75[(D+D_b+D_s)+L+W(\text{or } E)]}{q_a}$$

여기서, D_b : 기초의 자중, D_s : 상재하중, D : 고정하중, L : 적재하중
W or E : 풍하중 또는 지진하중

> **보충** 기초판 크기의 결정
> 기초판 크기의 원칙은 하중의 면적당 크기가 허용지내력 이하로 설계한다. 이때 하중은 하중계수를 적용하지 않은 실제 하중을 사용하여야 한다.

(3) 허용 지내력

지반		허용지내력 $q_a (\text{kN/m}^2)$
경암	화강암, 섬록암, 편마암, 안산암 등의 화성암 및 굳은 연암 등의 암반	4,000
연암	판암, 편암 등의 수성암의 암반	2,000
	혈암, 토단반 등의 암반	1,000
자갈		300
자갈과 모래의 혼합물		200
모래 섞인 점토 또는 롬토		150
모래 또는 점토		100

(4) 설계용 토압

기초설계용 토압 q_u는 작용하중에 하중계수를 곱한 값들을 기초면적으로 나눈 다음 식 중 큰 값으로 한다.

$$q_u = \frac{1.2D + 1.6L}{A}$$

$$q_u = \frac{1.2D + 1.0L + 1.3W(\text{or } E)}{A}$$

02 독립기초의 설계

(1) 독립기초의 철근 배근

1) 1방향 배근 기초판
1방향으로 배근된 기초판에서 전 인장철근은 산정한 최대 모멘트에 대하여 안전하도록 산출하여 그 기초면 전체에 균등하게 배근한다.

2) 2방향 배근 기초판
2방향으로 배근된 기초판에서 전 인장철근은 산정한 최대 모멘트에 대하여 안전하도록 산출하며 이때의 각 방향 철근 배근은 다음에 따른다.
① 정방형 기초판에서는 각 방향에 대하여 기초 전폭에 균등히 배근한다.
② 장방형 기초판
  ㉠ 장변방향 철근은 그 기초폭(단변) 전장에 균등히 배근한다.
  ㉡ 단변방향 철근은 우선 아래 식에서 산출한 철근량을 유효 배근폭(B) 내에 균등하게 배근하고 유효폭 이외의 부분은 나머지 철근량을 균등히 배근한다.

$$\text{유효배근폭 내의 철근량}(A_s') = \left(\frac{2}{\beta+1}\right) \cdot \text{단변 방향의 전체철근량}(A_s)$$

여기서, β : 변장비$\left(= \dfrac{\text{장변}}{\text{단변}}\right)$

예제 10

강도 설계법에서 기초판의 크기가 2m × 3m일 때 단변 방향으로의 소요 전체 철근량이 $3,000\text{mm}^2$이다. 유효폭 내에 배근하여야 할 철근량을 구하시오. •15④

풀이 유효배근폭 내의 철근량(A_s')

$$\text{유효배근폭 내의 철근량}(A_s') = \left(\frac{2}{\beta+1}\right) \cdot \text{단변 방향의 전체철근량}(A_s)$$
$$= \left(\frac{2}{1.5+1}\right) \times 3,000 = 2,400\text{mm}^2$$

여기서, 변장비(β)는 다음과 같다.
$\beta = \dfrac{3}{2} = 1.5$

답 : $2,400\text{mm}^2$

(2) 기초판의 전단

1) 1방향 전단

1방향 전단에 의한 파괴는 보나 1방향 슬래브의 경우와 유사하게 기둥면에서 기초판의 유효춤 d 만큼 떨어진 위치에서 발생한다. 기초판의 1방향 전단에 대한 설계는 일반 보의 전단검토와 동일한 규준을 적용한다.

2) 2방향 전단

2방향 전단에 의한 기초판의 파괴는 기둥의 4면 주위에 토압에 의한 뚫림 전단 거동에 의해 파괴될 수 있다. 2방향 전단에 대한 설계전단강도(ϕV_c)는 다음과 같이 산정한다.

$$\phi V_c = \phi \frac{1}{6}\left(1 + \frac{2}{\beta_c}\right)\sqrt{f_{ck}}\, b_0 d$$

여기서, β_c : 기둥단면의 변장비($= \dfrac{c_2}{c_1}$)

ϕ : 강도감소계수($= 0.75$)

b_0 : 위험단면의 둘레길이

여기서, 2방향 전단에 의한 위험단면은 각 기둥면에서 $d/2$ 만큼 떨어진 위치에서 발생한다. 위험단면에서의 둘레길이는 다음과 같이 산정한다.

$$b_0 = 2(c_1 + d) + 2(c_2 + d)$$

> **보충** 2방향 전단에 대한 위험단면의 둘레의 길이
>
> KDS 14 20 22(4.11.1 전단 설계 단면)
> 2방향 전단에 대한 위험단면의 둘레의 길이는 최소로 되어야 하나 집중하중, 반력구역, 기둥, 기둥머리 또는 지판 등의 경계로부터 $d/2$ 보다 가까이 위치시킬 필요는 없다.

(a) 1방향 전단   (b) 2방향 전단

[기초판의 전단에 대한 부담면적과 위험단면]

예제 11

독립기초의 2방향 전단(Punching Shear) 응력산정을 위한 저항면적을 구하시오. • 18①

풀이 저항면적(A) = $b_0 \times d$

① 위험단면의 둘레의 길이(b_0)

위험단면의 위치는 기둥 경계로부터 d/2보다 가까이 위치시킬 필요가 없다. 따라서, 기둥면으로부터 $0.5d$만큼 떨어진 위치를 사용한다.

$b_x = 0.5d + 500 + 0.5d = 500 + 1.0d$
$b_y = 0.5d + 500 + 0.5d = 500 + 1.0d$

여기서, $b_x = b_y$이고, 둘레의 변은 모두 4개이므로 다음과 같이 산정한다.

$b_0 = 4(500 + 1.0d) = 4(500 + 1.0 \times 600) = 4,400 \text{mm}$

② 저항면적(A)

$A = b_0 \times d = 4,400 \times 600 = 2,640,000 \text{mm}^2 = 26,400 \text{cm}^2$

답 : $26,400 \text{cm}^2$

제11절 벽체설계

01 벽체 구분

(1) 벽체의 기능에 따른 분류

① 공간을 구분하기 위한 간막이벽
② 자중 및 풍하중과 같은 횡력을 감당하는 외부 장막벽
③ 횡력에 대한 건물의 안전성을 높이기 위하여 골조 사이에 채워진 벽
④ 연직하중 및 면외 모멘트를 받는 내력벽
⑤ 연직하중 및 벽체 평면 내에 가해지는 풍하중이나 지진하중 등에 의한 면 내 전단력과 면 내 모멘트를 감당하는 전단벽

(2) 벽체에 작용하는 하중

① 지붕이나 각 층 바닥 슬래브 또는 벽체에 의하여 지지된 보로부터 전달되는 연직력
② 풍하중, 수압, 토압 등에 의한 수직벽체에 가해지는 면외 횡력
③ 풍하중이나 지진력 등에 의하여 가해지는 면내 횡력

02 최소 철근비

(1) 최소 수직철근비

① $f_y \geq$ 400MPa이고 D16 이하의 이형철근 혹은 ϕ16 이하의 용접철망 : 0.0012
② 기타의 경우 : 0.0015

(2) 최소 수평철근비

① $f_y \geq$ 400MPa이고 D16 이하의 이형철근 혹은 D16 이하의 용접철망 :

$0.002 \times \dfrac{400}{f_y}$ (단, 이 철근비의 계산에서 f_y는 500MPa을 초과할 수 없다.)

② 기타의 경우 : 0.0025

(3) 배근간격 제한

① 수직, 수평철근의 배근간격 : 벽두께의 3배 이하 혹은 450mm 이하
② 두께 250mm 이상의 벽체의 배근(지하실 외벽을 제외한) : 각 방향으로 벽면에 평행하게 복배근(2단배근)

03 벽체의 최소 두께

① 벽체의 최소 두께는 실용설계법으로 설계하는 경우 내력벽의 수직 또는 수평 지점 간 거리 중에서 작은 값의 1/25 이상, 또한 100mm 이상이어야 한다.
② 지하실 외벽 및 기초 벽체의 두께는 200mm 이상으로 하여야 한다.
③ 내력벽을 압축재 설계방법으로 설계하는 경우에는 벽체의 최소 두께 적용을 받지 않는다.
④ 비내력벽의 최소 두께는 100mm 이상이어야 하고, 또한 이를 수평으로 지지하고 있는 부재 간 최소 거리의 1/30 이상 되어야 한다.

04 벽체의 최대 설계축하중

벽체의 최대 설계축하중(ϕP_{nw})은 다음과 같이 산정할 수 있다.

$$\phi P_{nw} = \phi 0.55 f_{ck} A_g \left[1 - \left(\frac{k\, l_c}{32h}\right)^2\right]$$

여기서, ϕ : 강도감소계수($= 0.65$)
0.55 : 편심하중을 고려한 계수
A_g : 저항면적(유효벽길이(b_e) × 벽두께(h))
$1 - \left(\frac{k\, l_c}{32h}\right)^2$: 세장효과를 고려한 함수

예제 12

철근콘크리트 벽체의 설계축하중(ϕP_{nw})을 계산하시오.　　•19②

- 유효벽길이 $b_s = 2{,}000 \mathrm{mm}$
- 벽두께 $h = 200 \mathrm{mm}$
- 벽높이 $l_c = 3{,}200 \mathrm{mm}$
- $0.55\phi \cdot f_{ck} \cdot A_g \cdot \left[1 - \left(\dfrac{k \cdot l_c}{32h}\right)\right]$ 식을 적용하고,
  $\phi = 0.65$, $k = 0.8$, $f_{ck} = 24\mathrm{MPa}$, $f_y = 400\mathrm{MPa}$을 적용한다.

풀이 콘크리트 벽체의 설계축하중(ϕP_{nw})
　　콘크리트 벽체의 저항면적은 다음과 같이 산정할 수 있다.
　　저항면적(A_g) $= b_e \times h = 2{,}000 \times 200 = 400{,}000 \mathrm{mm}^2$
　　이 외 조건은 모두 문제에서 주어졌으므로, 식에 대입하여 풀이하면

$$\begin{aligned}\phi P_{nw} &= \phi 0.55 f_{ck} A_g \left[1 - \left(\frac{k\, l_c}{32h}\right)^2\right] \\ &= 0.65 \times 0.55 \times 24 \times 400{,}000 \times \left[1 - \left(\frac{0.8 \times 3{,}200}{32 \times 200}\right)^2\right] \\ &= 2{,}882{,}880 \mathrm{N} = 2{,}882.88 \mathrm{kN}\end{aligned}$$

답 : $2{,}882.88 \mathrm{kN}$

CHAPTER 03 과년도 기출문제 2014~2024

HINT 콘크리트 탄성계수와 탄성계수비
① 보통골재를 사용한 콘크리트의 탄성계수
$E_c = 8,500 \sqrt[3]{f_{cm}}$ (MPa)
② 탄성계수비
$n = \dfrac{E_s}{E_c}$

01 강도설계법에서 보통골재를 사용한 콘크리트의 압축강도(f_{ck})가 24MPa이고, 철근의 탄성계수(E_s)가 200,000MPa, 항복강도(f_y)가 400MPa일 때 콘크리트의 탄성계수(E_c)와 탄성계수비를 구하시오.(단, 재령 28일에서 콘크리트의 평균 압축강도 $f_{cm} = f_{ck} + 4$) • 20⑤

HINT 균열모멘트
$M_{cr} = f_r \times Z = 0.63\lambda \sqrt{f_{ck}} \cdot \dfrac{bh^2}{6}$

02 300mm×600mm의 단면을 가지는 보에서 외력에 의해 휨균열을 일으키는 균열모멘트(M_{cr})를 구하시오.(단, 보통중량콘크리트, $f_{ck} = 30$MPa, $f_y = 400$MPa, $A_s = 2,000$mm^2) • 20⑤

03 다음과 같은 조건에서 T형보의 유효폭(b_e)을 구하시오. • 20⑤

- 보 경간(l) : 6,000mm
- 슬래브 두께(h_f) : 200mm
- 슬래브 길이 : 3,000mm
- 보의 복부폭(b_w) : 300mm

HINT T형보의 유효폭
T형보의 유효폭은 다음 값 중 가장 작은 값을 사용한다.
① 보 경간의 1/4
② 슬래브 두께의 16배에 복부 폭을 더한 값
③ 양측 슬래브의 중심 간 거리

04 양단 연속인 T형보의 유효폭 산정 기준을 적으시오. • 23①

05 D22의 철근을 사용하는 압축철근의 기본정착길이를 구하시오.
(단, $f_{ck} = 24\text{MPa}$, $f_y = 400\text{MPa}$) • 20④

HINT 압축철근의 기본정착길이
$$l_{db} = \frac{0.25 d_b f_y}{\sqrt{f_{ck}}}$$

06 2m×4m 독립기초 설계 시 단변방향 소정폭에 배근되는 유효철근량을 구하시오.(단, 단변방향 전체 철근량 $A_s = 4{,}800\text{mm}^2$) • 20④

HINT 독립기초 설계 시 유효철근량
$$A_s' = \left(\frac{2}{\beta+1}\right) \cdot A_s$$

07 다음과 같은 철근콘크리트 보에서 중립축 거리(C)가 250mm일 때 강도감소계수(ϕ)를 구하시오. • 20③

HINT 단면분류에 따른 강도감소계수
① $\varepsilon_t \leq 0.002$
  압축지배단면($\phi = 0.65$)
② $0.002 < \varepsilon_t < 0.005$
  변화구간단면
③ $0.005 \leq \varepsilon_t$
  인장지배단면($\phi = 0.85$)

08 1방향 슬래브에서 슬래브 두께가 250mm 일 때, 건조수축 및 온도에 대한 철근량과 D13($a_1 = 127\text{mm}^2$) 철근을 배근할 때 철근의 필요 개수를 구하시오.

● 20③

> **HINT** 1방향 슬래브의 설계
> 1방향 슬래브는 단위 폭 1m에 대해 보 설계와 동일한 방법으로 설계한다. 이때 건조수축 및 온도조절에 대한 최소 철근비는 일반적인 경우 0.002를 사용한다.

09 다음 조건의 철근콘크리트 띠철근 기둥의 설계축하중을 구하시오. ● 19①

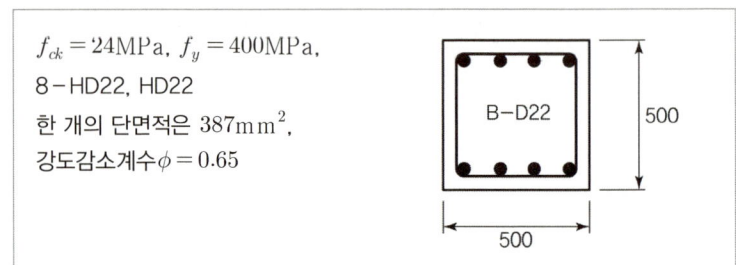

$f_{ck} = 24\text{MPa}, f_y = 400\text{MPa},$
8-HD22, HD22
한 개의 단면적은 387mm^2,
강도감소계수 $\phi = 0.65$

> **HINT** 기둥의 설계축하중
> - $0.85 f_{ck} \cdot (A_g - A_{st})$: 콘크리트의 설계축하중
> - $A_s f_y$: 철근의 설계축하중
> - 0.8 : 편심에 대한 영향을 고려한 계수 (나선 : 0.85)
> - ϕ : 강도감소계수(띠철근 : 0.65, 나선철근 : 0.7)

10 철근콘크리트 보의 춤이 700mm이고, 부모멘트를 받는 상부단면에 HD25철근이 배근되어 있을 때, 철근의 인장정착길이(l_d)를 구하시오.(단, $f_{ck} = 25\text{MPa}, f_y = 400\text{MPa}$, 철근의 순간격과 피복두께는 철근직경 이상이고, 상부철근 보정계수는 1.3을 적용하며, 도막되지 않은 철근, 보통중량콘크리트 사용)

● 19①

> **HINT** 인장이형철근의 정착길이
> $l_d = $ 기본정착길이(l_{db}) × 보정계수
> $l_d = \dfrac{0.6 d_b f_y}{\lambda \sqrt{f_{ck}}} \cdot \alpha\beta\gamma$
> 여기서, α : 수평철근의 위치계수
> β : 에폭시 도막계수
> γ : 철근 또는 철선의 크기 계수
> λ : 경량콘크리트 계수

11 큰 처짐에 의하여 손상되기 쉬운 칸막이벽이나 기타 구조물을 지지 또는 부착하지 않은 부재의 경우, 다음 표에서 정한 최소두께를 적용하여야 한다. 표의 ( ) 안에 알맞은 숫자를 써 넣으시오.(단, 표의 값은 보통중량콘크리트와 설계기준항복강도 400MPa의 철근을 사용한 부재에 대한 값임) ●22② · 19①

단순지지된 1방향 슬래브	L/( )
1단 연속된 보	L/( )
양단 연속된 리브가 있는 1방향 슬래브	L/( )

HINT 리브(늑근)
리브는 늑근을 의미한다. 늑근이 있는 슬래브는 보의 기준과 동일하게 적용한다.

12 철근콘크리트구조에서 균열모멘트(M_{cr})를 구하기 위한 콘크리트의 파괴계수 f_r을 구하시오.(단, 모래경량콘크리트 사용, $f_{ck} = 21\text{MPa}$) ●19②

HINT 경량콘크리트 계수 λ
① 보통중량콘크리트 : 1.0
② 모래경량콘크리트 : 0.85
③ 전경량콘크리트 : 0.75

13 철근콘크리트 벽체의 설계축하중(ϕP_{nw})을 계산하시오. ●19②

- 유효벽길이 $b_s = 2,000\text{mm}$
- 벽두께 $h = 200\text{mm}$
- 벽높이 $l_c = 3,200\text{mm}$
- $0.55\phi \cdot f_{ck} \cdot A_g \cdot \left[1 - \left(\dfrac{k \cdot l_c}{32h}\right)^2\right]$ 식을 적용하고,
  $\phi = 0.65,\ i = 0.8,\ f_{ck} = 24\text{MPa},\ f_y = 400\text{MPa}$을 적용한다.

HINT 콘크리트 벽체의 저항면적 (A_g)
A_g = 유효벽길이(b_e) × 벽두께(h)

14 다음 빈칸에 들어갈 수치를 쓰시오. •24②·19②

$f_{ck} \leq 40\text{MPa}$	$40\text{MPa} < f_{ck} \leq 60\text{MPa}$	$f_{ck} \geq 60\text{MPa}$
$\Delta f = ($ ① $)$	$\Delta f = $ 직선 보간	$\Delta f = ($ ② $)$

HINT 수직스터럽의 최대 간격 기준

① $V_u \leq \dfrac{1}{2}\phi V_c$: 전단보강 불필요

② $\dfrac{1}{2}\phi V_c < V_u \leq \phi V_c$:
   $d/2$ or 600mm

③ $0 < V_s \leq \dfrac{1}{3}\sqrt{f_{ck}}\,b_w d$:
   $d/2$ or 600mm

④ $\dfrac{1}{3}\sqrt{f_{ck}}\,b_w d < V_s \leq$
   $\dfrac{2}{3}\sqrt{f_{ck}}\,b_w d$: $d/4$ or 300mm

15 다음과 같은 조건일 때 전단보강철근을 배치하여야 되는 구간 내에서 배근되어야 할 수직스터럽의 최대 간격을 구하시오.(단, 보의 유효깊이 $d=550$mm 이다.) •19④

$$V_s > \dfrac{1}{3}\lambda\sqrt{f_{ck}}\,b_w d$$

HINT 변장비(β)

변장비(β) = $\dfrac{\text{장변}}{\text{단변}}$

16 철근콘크리트 구조의 1방향 슬래브와 2방향 슬래브를 구분하는 기준에 대해 설명하시오. •19④

17 독립기초의 2방향 전단(Punching Shear) 응력산정을 위한 저항면적을 구하시오. • 18①

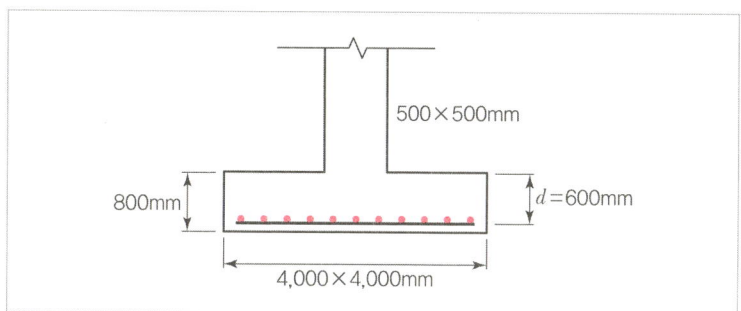

> **HINT** 2방향 전단의 저항면적
> A_g = 위험단면의 둘레의 길이(b_0)
>   × 유효춤(d)

18 인장이형철근의 정착길이를 다음과 같은 식으로 계산할 때, α, β, γ, λ가 의미하는 바를 쓰시오. • 18②

$$l_d = \frac{0.9 d_b \cdot f_y}{\lambda \sqrt{f_{ck}}} \times \frac{\alpha \cdot \beta \cdot \gamma}{\left(\dfrac{c + K_{tr}}{d_b}\right)}$$

19 인장철근만 배근된 철근콘크리트 직사각형 단순보에 순간처짐이 5mm 발생, 5년 이상 지속하중이 작용할 경우 총처짐량을 구하시오. • 18④

> **HINT** 총처짐
> 총처짐 = 단기처짐 + 장기처짐

20 그림과 같은 철근콘크리트 보에서 최외단 인장철근의 순인장변형률(ε_t)을 산정하고, 이 보의 지배단면을 구분하시오.(단, $A_S = 1,927\text{mm}^2$, $f_{ck} = 24\text{MPa}$, $f_y = 400\text{MPa}$, $E_S = 200,000\text{MPa}$)

• 18④

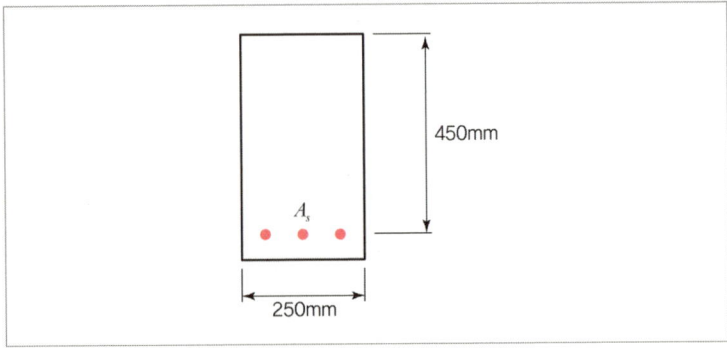

HINT 휨을 받는 부재의 변형률 한계
• 압축지배단면 : $\varepsilon_t \leq \varepsilon_y$
• 변화구간단면 :
  $\varepsilon_y < \varepsilon_t < 0.005$ or $2.5\varepsilon_y$
• 1인장지배단면 :
  $\varepsilon_t \geq 0.005$ or $2.5\varepsilon_y$

HINT 인장이형철근의 정착길이
$l_d = $ 기본정착길이(l_{db}) × 보정계수

$l_d = \dfrac{0.6 d_b f_y}{\lambda \sqrt{f_{ck}}} \cdot \alpha\beta\gamma$

여기서, α : 수평철근의 위치계수
β : 에폭시 도막계수
γ : 철근 또는 철선의 크기 계수
λ : 경량콘크리트 계수

21 $f_{ck} = 30\text{MPa}$, $f_y = 400\text{MPa}$, D22(공칭지름 22.2mm)인 인장이형철근의 기본정착길이(l_{db})를 구하시오.(단, 경량콘크리트 계수 $\lambda = 1$)

• 17①

22 그림과 같은 철근콘크리트 복근보의 즉시처짐이 20mm인 경우 5년 후에 예상되는 장기처짐을 포함한 총처짐량을 구하시오.(단, 시간재령계수 = 2.0)

• 17①

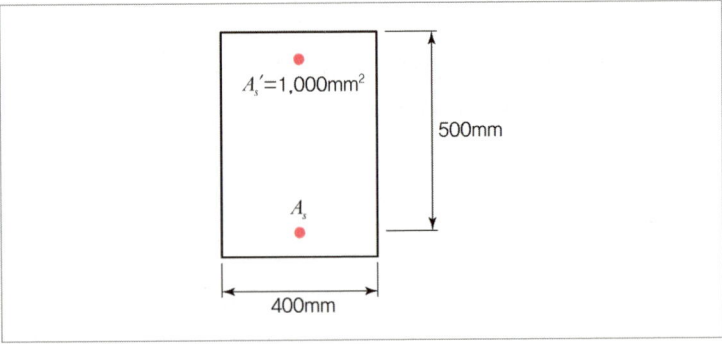

HINT 복근보의 장기처짐
장기처짐량을 산정하기 위한 장기처짐계수는 다음과 같이 산정한다. 이때 압축철근비(ρ')에 따라 장기처짐계수는 감소한다.

장기처짐계수(λ) = $\dfrac{T}{1 + 50\rho'}$

23 철근콘크리트 휨부재 설계 시 최외단 인장철근의 순인장 변형률이 0.004일 경우 강도감소계수를 구하시오.(단, $f_y = 400\text{MPa}$)   •16④

HINT 휨을 받는 부재의 변형률 한계
① 압축지배단면 : $\varepsilon_t \leq \varepsilon_y$
② 변화구간단면 :
   $\varepsilon_y < \varepsilon_t < 0.005$ or $2.5\varepsilon_y$
③ 인장지배단면 :
   $\varepsilon_t \geq 0.005$ or $2.5\varepsilon_y$

24 다음 그림과 같은 보의 전단설계에서 전단철근의 간격을 구하시오.
(단, $V_s = 265\text{kN}$, $f_y = 400\text{MPa}$)   •15①

HINT 전단보강근의 간격(s)
전단보강근(스터럽)의 간격은 다음 중 작은 값을 사용한다.
① $s = \dfrac{A_v f_y d}{V_s}$
② $s = \dfrac{d}{2}$
③ $s = 600\text{mm}$

25 그림과 같은 보의 최외단 인장철근의 순인장변형률을 산정하고 강도감소계수를 구하시오.(단, $A_s = 2,100\text{mm}^2$, $f_{ck} = 24\text{MPa}$, $f_y = 400\text{MPa}$, $E_s = 200,000\text{MPa}$)
• 15①

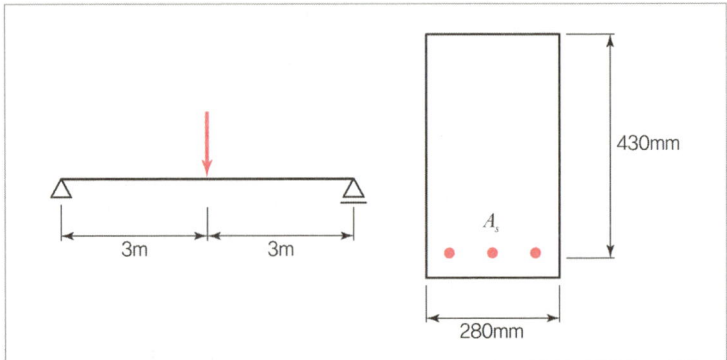

HINT 단면분류에 따른 강도감소계수
① $\varepsilon_t \leq 0.002$
  압축지배단면($\phi = 0.65$)
② $0.002 < \varepsilon_t < 0.005$
  변화구간단면
③ $0.005 \leq \varepsilon_t$
  인장지배단면($\phi = 0.85$)

26 스팬 6m인 단순보에 $w_D = 15\text{kN/m}$, $w_L = 12\text{kN/m}$가 작용하는 경우, 보의 전단설계를 위한 최대 전단력 V_u는 얼마인가?(단, 보의 단면 $b_w \times d = 300\text{mm} \times 500\text{mm}$)
• 15④

HINT 전단설계 시 전단위험단면
보의 전단설계 시 전단위험 위치의 소요전단력(V_u)은 지점으로부터 유효춤 d만큼 떨어진 위치의 전단력을 사용한다.

27 다음 지문의 괄호에 알맞은 답을 적으시오.

• 21④

> 압축연단 콘크리트가 가정된 극한변형률에 도달할 때 최외단 인장철근의 순인장변형률 ε_t가 (①)의 인장지배변형률 한계 이상인 단면을 인장지배단면이라고 한다. 다만, 철근의 항복강도가 400MPa를 초과하는 경우에는 인장지배변형률 한계를 철근 항복변형률의 (②)배로 한다. 순인장변형률 ε_t가 압축지배변형률 한계와 인장지배변형률 한계 사이인 단면은 (③)이라고 한다.

① _____ ② _____
③ _____

28 다음 그림과 같은 보-슬래브 구조평면을 보고 다음 물음에 답하시오.

• 21④

(1) 구조평면에서 큰보와 작은보를 구분하고 정의를 적으시오.

(2) 그림과 같은 보-슬래브 구조의 변장비를 구하시오.

(3) 보-슬래브 구조의 유형을 구분하시오.

29 400×300 철근콘크리트 띠철근 기둥의 설계축하중을 구하시오.
(단, $A_{st} = 3,096\,\mathrm{mm}^2$, $f_{ck} = 27\,\mathrm{MPa}$, $f_y = 400\,\mathrm{MPa}$)

30 다음 용어에 대하여 설명하시오.

가. 공칭강도 :

나. 설계강도 :

31 철근콘크리트 보의 춤이 700mm이고, 부모멘트를 받는 상부단면에 HD25철근이 배근되어 있을 때, 철근의 인장정착길이를 구하시오.(단, $f_{ck} = 25\,\mathrm{MPa}$, $f_y = 400\,\mathrm{MPa}$, 철근의 순간격과 피복두께는 철근직경 이상, 상부철근 보정계수는 1.3, 도막되지 않은 철근, 보통중량콘크리트를 사용)

32 다음 괄호에 알맞은 답안을 적으시오.

> 비합성 압축부재의 축방향 주철근 단면적은 전체 단면적 A_g의 (A) 배 이상, (B)배 이하로 하여야 한다. 축방향 주철근이 겹침이음되는 경우의 철근비는 (C)를 초과하지 않도록 하여야 한다.

A :   B :
C :

33 그림과 같은 보의 설계전단강도를 구하시오.(단, 보통중량콘크리트, f_{ck} = 24MPa, f_{yt} = 400MPa, D10 공칭단면적 a_1 = 71.33mm²) • 22④

34 구조물에 작용하는 고정하중이 $M_D = 150\,\text{kN}\cdot\text{m}$, $V_D = 120\,\text{kN}$ 이고 활하중이 $M_L = 130\,\text{kN}\cdot\text{m}$, $V_L = 110\,\text{kN}$ 일 때, 소요공칭휨강도(M_n) 및 소요공칭전단강도(V_n)를 산정하시오.(단, 휨강도감소계수 = 0.85, 전단강도 감소계수 = 0.75를 사용) • 22④

35 다음은 콘크리트 휨 및 압축 설계기준에 대한 내용이다. 괄호 안을 채워 넣으시오. • 24①

> 프리스트레스를 가하지 않은 휨부재는 공칭강도 상태에서 순인장변형률 ϵ_t 가 휨부재의 최소 허용변형률 이상이어야 한다. 휨부재의 최소 허용변형률은 철근의 항복강도가 400MPa이하인 경우 (   )로 하며, 철근의 항복강도가 400MPa을 초과하는 경우 철근 항복변형률의 (   )배로 한다.

36 그림과 같은 철근콘크리트 보의 균열모멘트(M_{cr})의 값을 계산하시오.(단, 보통중량콘크리트를 사용하였으며, f_{ck} = 30MPa, f_y = 400MPa이다.) • 24①

37 다음은 지진력저항시스템에 대한 설계계수이다. 빈칸을 채우시오. • 24③

기본 지진력저항시스템	설계계수		
	반응수정계수 R	시스템초과강도계수 Ω_0	변위증폭계수 C_d
내력벽 시스템			
a. 철근콘크리트 특수전단벽	5	2.5	가
b. 철근콘크리트 보통전단벽	나	2.5	4
c. 철근보강 조적전단벽	2.5	다	1.5
d. 무보강 조적전단벽	라	2.5	1.5

가. _____ 나. _____

다. _____ 라. _____

38 내진설계 동적해석방법 3가지를 쓰시오. • 24③

　　가.
　　나.
　　다.

39 다음이 설명하는 구조의 명칭을 쓰시오. • 24③

> 건물과 지면 사이에 면진장치(적층고무 또는 미끄럼받이 등)를 설치하여 지진에 의한 진동이 구조물에 전달되지 않도록 하는 구조

2014~2024년 해설 및 정답

01 콘크리트의 탄성계수

① 콘크리트의 탄성계수
$$E_c = 8,500\sqrt[3]{f_{cm}} \text{ (MPa)}$$
$$= 8,500\sqrt[3]{24+4} = 25,811 \text{MPa}$$

② 탄성계수비
$$n = \frac{E_s}{E_c} = \frac{200,000}{25,811} = 7.75$$

답 : $E_c = 25,811 \text{MPa}$ $n = 7.75$

02 균열모멘트(M_{cr})

$$M_{cr} = f_r \times Z = 0.63\lambda\sqrt{f_{ck}} \cdot \frac{bh^2}{6}$$
$$= 0.63 \times 1.0 \times \sqrt{30} \times \frac{300 \times 600^2}{6}$$
$$= 62,111,738.02 \text{N} \cdot \text{mm}$$
$$= 62.11 \text{kN} \cdot \text{m}$$

답 : $62.11 \text{kN} \cdot \text{m}$

03 T형보의 유효폭

T형보의 유효폭은 다음 값 중 가장 작은 값을 사용한다.
① 보 경간의 1/4
② 슬래브 두께의 16배에 복부폭을 더한 값
③ 양측 슬래브의 중심 간 거리

$$\frac{l}{4} = \frac{6,000}{4} = 1,500 \text{mm}$$
$$16h_f + b_w = 16 \times 200 + 300 = 3,500 \text{mm}$$
$$3,000 + 300 = 3,300 \text{mm}$$

답 : $1,500 \text{mm}$

04 T형보의 유효폭 산정 기준

T형보의 유효폭은 다음 값 중 가장 작은 값을 사용한다.
① 보 경간의 $L/4$
② $16h_f + b_w$
③ 양측 슬래브의 중심 간 거리

05 압축철근의 기본정착길이(l_{db})

$$l_{db} = \frac{0.25d_b f_y}{\sqrt{f_{ck}}} = \frac{0.25 \times 22 \times 400}{\sqrt{24}}$$
$$= 449.07 \text{mm}$$

답 : 449.07mm

06 독립기초의 유효철근량

$$\text{변장비}(\beta) = \frac{\text{장변}}{\text{단변}} = \frac{4}{2} = 2$$
$$A_s{'} = \left(\frac{2}{\beta+1}\right) \cdot A_s = \left(\frac{2}{2+1}\right) \times 4,800$$
$$= 3,200 \text{mm}^2$$

답 : $3,200 \text{mm}^2$

07 강도감소계수(ϕ)

① 최외단 인장철근의 순인장변형률(ε_t)
$$\varepsilon_t = \frac{d_t - c}{c} \cdot 0.0033$$
$$= \frac{550 - 250}{250} \times 0.0033 = 0.00396$$
$$0.002 < \varepsilon_t < 0.005 \text{이므로 변화구간단면}$$

② 변화구간단면의 강도감소계수
$$\phi = 0.65 + (\varepsilon_t - 0.002) \cdot \frac{200}{3}$$
$$= 0.781$$

답 : 0.781

08 건조수축 및 온도에 대한 철근비($\rho_{\min}$)

$f_y \leq 400\text{MPa}$인 이형철근을 사용하므로,
$$\rho_{\min} = 0.002$$
$$A_s = 1,000 \times 250 \times 0.002 = 500 \text{mm}^2$$
$$n = \frac{A_s}{a_1} = \frac{500}{127} = 3.937 ≒ 4\text{EA}$$

답 : 1m당 4개의 D13을 배근

09 띠철근 기둥의 설계축하중(ϕP_n)

$$\phi P_n = 0.8\phi[0.85f_{ck} \cdot (A_g - A_{st}) + A_s f_y]$$
$$= 0.8 \times 0.65[0.85 \times 24 \times (500 \times 500 - 8 \times 387)$$
$$+ (8 \times 387 \times 400)]$$
$$= 3,263,125 \text{N} = 3,263.13 \text{kN}$$

답 : $3,263.13 \text{kN}$

10 인장이형철근의 정착길이(l_d)

철근의 순간격(S), 순피복두께(C_c)≥철근의 직경(d_b)
→ (부착강도 지수) $\dfrac{c + K_{tr}}{d_b} = 1.5$

$$l_d = \frac{0.9d_b f_y}{\lambda\sqrt{f_{ck}}} \cdot \frac{\alpha\beta\gamma}{\left(\dfrac{c+k_{tr}}{d_b}\right)} = \frac{0.9d_b f_y}{1.5\lambda\sqrt{f_{ck}}} \cdot \alpha\beta\gamma$$

$$\therefore l_d = \frac{0.6d_b f_y}{\lambda\sqrt{f_{ck}}} \cdot \alpha\beta\gamma = \frac{0.6 \times 25 \times 400}{1.0\sqrt{25}} \times 1.3 \times 1.0 \times 1.0$$
$$= 1,560 \text{mm}$$

답 : $1,560 \text{mm}$

11 처짐을 계산하지 않은 경우의 보 또는 1방향 슬래브의 최소 두께

단순지지된 1방향 슬래브	L/(20)
1단 연속된 보	L/(18.5)
양단 연속된 리브가 있는 1방향 슬래브	L/(21)

12 콘크리트 파괴계수(f_r)

$$M_{cr} = f_r \cdot Z = 0.63\lambda\sqrt{f_{ck}} \cdot \frac{bh^2}{6}$$

$$\therefore f_r = 0.63 \times 0.85 \times \sqrt{f_{ck}}$$
$$= 2.45\text{MPa}$$

답 : $2.45\text{N/mm}^2\,(\text{MPa})$

13 철근콘크리트 벽체의 설계축하중

저항면적(A_g) = 유효벽길이(b_e) × 벽두께(h)

$\therefore A_g = 2,000 \times 200 = 4 \times 10^5 \text{mm}^2$

$\phi P_{nw} = 0.55 \times 0.65 \times 24 \times 4 \times 10^5 \times \left[1 - \left(\frac{0.8 \times 3,200}{32 \times 200}\right)^2\right]$
$= 2,882,880\,\text{N} = 2,882.88\,\text{kN}$

답 : 2,882.88kN

14 재령 28일 콘크리트 평균 압축강도(f_{cm})

f_{cm} : 재령 28일에서 콘크리트의 평균 압축강도
$f_{ck} \leq 40\text{MPa} \to 4\text{MPa}$
$f_{ck} \geq 60\text{MPa} \to 6\text{MPa}$

답 : ① 4MPa, ② 6MPa

15 철근콘크리트 보의 전단설계

※ 철근콘크리트의 전단철근의 최대간격 기준

(1) $V_u \leq \frac{1}{2}\phi V_c$: 전단보강 불필요

(2) $\frac{1}{2}\phi V_c < V_u \leq \phi V_c$: 최소전단보강 기준 적용
    $d/2$ or 600mm

(3) $0 < V_s \leq \frac{1}{3}\sqrt{f_{ck}}\,b_w d$: $d/2$ or 600mm

(4) $\frac{1}{3}\sqrt{f_{ck}}\,b_w d < V_s \leq \frac{2}{3}\sqrt{f_{ck}}\,b_w d$: $d/4$ or 300mm

(5) 단면 재수정 또는 f_{ck} 증가

$\therefore s_{max} = \frac{550}{4}$ or 300mm = 137.5mm

답 : 137.5mm

16 변장비(β)

(1) 1방향 슬래브(1-Way Slab) : $\beta = \frac{장변}{단변} > 2$

(2) 2방향 슬래브(2-Way Slab) : $\beta = \frac{장변}{단변} \leq 2$

17 2방향 전단의 저항면적

① 위험단면둘레길이(b_0)
$b_0 = 2(c_1 + 1.0d) + 2(c_2 + 1.0d)$
$= 4(c + 1.0d)$
$\therefore b_0 = 4 \times (500 + 1.0 \times 600)$
$= 4,400\,\text{mm}$

② 저항면적($b_0 \times d$)
$b_0 \times d = 4,400 \times 600$
$= 2,640,000\,\text{mm}^2$
$= 26,400\,\text{cm}^2$

18 인장이형철근의 정착길이의 보정계수

① λ : 경량콘크리트계수(보통중량콘크리트 1.0)
② α : 수평철근의 위치계수(상부근 : 1.3, 기타철근 : 1.0)
③ β : 에폭시 도막계수(순수철근 : 1.0)
④ γ : 철근 또는 철선의 크기 계수

19 총처짐 = 단기처짐 + 장기처짐

장기처짐계수(λ) = $\frac{\xi}{1 + 50\rho'}$

$= \frac{2.0}{1 + 50 \times (0)} = 2.0$

장기처짐 = $5 \times 2.0 = 10\text{mm}$
총처짐 = $5\text{mm} + 10\text{mm} = 15\text{mm}$

답 : 15mm

20 최외단 인장철근의 순인장변형률에 따른 지배단면 분류

(1) 등가응력블록의 깊이 : $0.85 f_{ck}\,ab = A_s f_y$

$\therefore a = \frac{A_s f_y}{\eta(0.85 f_{ck})} = \frac{1,927 \times 400}{0.85 \times 24 \times 250} = 151.14\,\text{mm}$

(2) 등가응력블록 깊이 계수 :
$f_{ck} \leq 40$이므로 $\beta_1 = 0.80$

(3) 중립축 거리 : $c = \frac{a}{\beta_1} = \frac{151.14}{0.80} = 188.925\,\text{mm}$

(4) 순인장변형률 :
$\varepsilon_t = 0.0033 \times \left(\frac{d_t}{c} - 1\right) = 0.0033 \times \left(\frac{450}{188.925} - 1\right)$
$= 0.00456$

(5) 지배단면의 분류 : $0.002 < \varepsilon_t (= 0.00456) < 0.005$
이므로, 변화구간단면

답 : $\varepsilon_t = 0.00456$ 변화구간단면

21 인장이형철근의 기본정착길이(l_{db})

$$l_{db} = \frac{0.6 d_b f_y}{\lambda \sqrt{f_{ck}}} = \frac{0.6 \times 22.2 \times 400}{1.0 \times \sqrt{30}} = 972.76\text{mm}$$

답 : 972.76mm

22 총처짐

(1) 압축철근비(ρ') = $\frac{A_s'}{bd} = \frac{1,000}{400 \times 500} = 0.005$

(2) 장기처짐계수(λ) = $\frac{T}{1+50\rho'} = \frac{2}{1+50 \times 0.005} = 1.6$

(3) 장기처짐 = 단기처짐 × 장기처짐계수
   = 20 × 1.6 = 32mm

(4) 총처짐 = 단기처짐 + 장기처짐 = 20 + 32 = 52mm

답 : 52mm

23 변화구간단면의 강도감소계수(ϕ)

$0.002 < \varepsilon_t < 0.005$ → 변화구간단면

$\phi = 0.65 + (\varepsilon_t - 0.002) \cdot \frac{200}{3}$

∴ $\phi = 0.65 + (0.004 - 0.002) \times \frac{200}{3} = 0.783$

답 : 0.783

24 전단보강근(스터럽)의 간격(s)

다음 중 작은 값을 사용한다.

$s = \frac{A_v f_y d}{V_s} = \frac{2 \times 127 \times 400 \times 450}{265 \times 10^3} = 172.5\text{mm}$

$s = \frac{d}{2} = 225\text{mm}$

$s = 600\text{mm}$

답 : 172.5mm

25 지배단면분류에 따른 강도감소계수

(1) 최외단 인장철근의 순인장변형률

$\varepsilon_t = 0.0033 \times \frac{(d_t - c)}{c} = 0.00442$

$c = \frac{a}{\beta_1} = \frac{147.06}{0.80} = 183.825\text{mm}$,

$f_{ck} \leq 40$이므로 $\beta_1 = 0.80$

$a = \frac{A_s f_y}{\eta(0.85 f_{ck})b} = \frac{2,100 \times 400}{0.85 \times 24 \times 280} = 147.06\text{mm}$

여기서, β_1은 f_{ck}가 28MPa을 초과하는 매 1MPa당 0.007씩 감소시킨다. 단, 0.65보다 작지 아니하다.

(2) 강도감소계수

$0.002 < \varepsilon_t (= 0.00442) < 0.005$이므로 변화구간단면,

∴ $\phi = 0.65 + (0.00442 - 0.002) \times \frac{200}{3} = 0.813$

답 : 변화구간단면 $\phi = 0.813$

26 보의 전단설계를 위한 최대전단력

(1) 계수하중 $w_u = 1.2 \times 15 + 1.6 \times 12 = 37.2\text{kN/m}$

(2) 최대 전단력 $V_{\max} = \frac{w_u L}{2} = 111.6\text{kN}$

(3) 위험단면 위치의 전단력
$S_x = V_A - w_u \times x$
→ $V_{\max} - w_u \times d = 111.6 - 37.2 \times 0.5 = 93.0\text{kN}$

답 : 93.0kN

27 ① 0.005
② 2.5
③ 변화구간단면

28 (1) 큰보 : 기둥과 기둥을 연결하는 보
작은보 : 보와 보를 연결하는 보
(2) 2.125
(3) 1방향 슬래브

29 설계축하중

$\phi P_n = 0.8\phi[0.85 f_{ck}(A_g - A_{st}) + f_y A_{st}]$
$= 0.8 \times 0.65 \times [0.85 \times 27 \times (400 \times 300 - 3,096)$
$+ 400 \times 3,096] \times 10^{-3}$
$= 2,039.1\text{kN}$

답 : 2,039.1kN

30 공칭강도와 설계강도

가. 공칭강도 : 재료 자체가 지니는 강도. 재료의 저항강도

나. 설계강도 : 공칭강도에 강도감소계수를 곱한 값. 강도감소계수는 하중의 불확실성, 설계 및 시공상의 불완전성, 재료의 품질 오차와 같은 부재의 기본강도에 대한 감소율을 고려한 값이다.

31 철근의 인장정착길이

- 수평철근의 위치계수 $\alpha = 1.3$
- 에폭시 도막 계수 $\beta = 1.0$
- 철근의 크기 계수 $\gamma = 1.0$
- 경량콘크리트 계수 $\lambda = 1.0$
- 철근의 순간격과 피복두께는 철근직경 이상이므로,

$$l_d = \frac{0.6 d_b f_y}{\lambda \sqrt{f_{ck}}} \cdot \alpha\beta\gamma = \frac{0.6 \times 25 \times 400}{1.0 \times \sqrt{25}} \times 1.3 \times 1.0 \times 1.0$$
$$= 1,560 \text{mm}$$

답 : 1,560mm

32 주철근 단면적

A : 0.01
B : 0.08
C : 0.04

33 보의 설계전단강도

① 콘크리트의 전단강도
$$V_c = \frac{1}{6}\lambda \sqrt{f_{ck}}\, b_w d = \frac{1}{6} \times 1.0 \times \sqrt{24} \times 300 \times 550$$
$$= 134,722 \text{N}$$

② 전단보강근의 전단강도
$$V_s = \frac{A_v f_{yt} d}{s} = \frac{(2 \times 71.33) \times 400 \times 550}{150} = 209,235 \text{N}$$

③ 설계전단강도
$$\phi V_n = \phi(V_c + V_s) = 0.75(134,722 + 209,235)$$
$$= 257,968 \text{N} = 257.97 \text{kN}$$

답 : 257.97kN

34 소요공칭휨강도 및 소요공칭전단강도 산정

① 소요공칭휨강도(M_n)
$$M_u = 1.2 \times 150 + 1.6 \times 130 = 388 \text{kN} \cdot \text{m}$$
$$M_u = \phi M_n \rightarrow M_n = \frac{M_u}{\phi} = \frac{388}{0.85} = 456.47 \text{kN} \cdot \text{m}$$

② 소요공칭전단강도(V_n)
$$V_u = 1.2 \times 120 + 1.6 \times 110 = 320 \text{kN}$$
$$V_u = \phi V_n \rightarrow V_n = \frac{V_u}{\phi} = \frac{320}{0.75} = 426.67 \text{kN}$$

답 : 257.97kN

35 탄성계수비 보간

① 4MPa
② 6MPa

36 보-균열 모멘트

$$M_{cr} = f_r \times Z = 0.63\lambda \sqrt{f_{ck}} \cdot \frac{bh^2}{6}$$
$$= 0.63 \times 1 \times \sqrt{(30)} \times \frac{300 \times 600^2}{6}$$
$$= 62,111,783 \text{N} \cdot \text{mm} = 62.111 \text{kN} \cdot \text{m}$$

답 : 62.111kN·m

37 지진력저항시스템에 대한 설계계수

기본 지진력저항시스템	반응 수정 계수 R	시스템 초과강도 계수 Ω_0	변위 증폭 계수 C_d
내력벽 시스템			
a. 철근콘크리트 특수전단벽	5	2.5	가
b. 철근콘크리트 보통전단벽	나	2.5	4
c. 철근보강 조적 전단벽	2.5	다	1.5
d. 무보강 조적 전단벽	라	2.5	1.5

가. 5   나. 4   다. 2.5   라. 1.5

38 건축물 내진설계기준 (KDS 41 17 00; 7.3 동적해석법)

가. 응답스펙트럼해석
나. 선형 시간이력해석
다. 비선형 시간이력해석

39 내진설계 종류

면진구조

미듬 건축기사 실기

멘토스는 당신의 쉬운 합격을 응원합니다!

Engineer Architecture

CHAPTER 04
강구조

CONTENTS

제1절 강구조	141
제2절 접합	147
제3절 인장재	157
제4절 압축재	160

미듬 건축기사 실기

멘토스는 당신의 쉬운 합격을 응원합니다!

CHAPTER 04 강구조

|학|습|포|인|트|
* 재료의 성질과 단면형상의 표기방법
* 고력볼트 접합부의 설계미끄럼강도와 설계전단강도
* 용접접합부의 유효단면적과 설계강도
* 인장재의 순단면적
* 좌굴의 이해와 탄성좌굴하중
* 판폭두께비와 국부좌굴

제1절 강구조

01 강구조(철골구조)의 정의

강구조란 건물의 뼈대를 강재 및 각종 형강을 볼트, 고력볼트, 용접 등의 접합방법으로 조립하거나 또는 단일형강을 사용하여 구성하는 구조 또는 건축물을 말한다.

장점	① 강도가 커서 구조체의 자중을 가볍게 할 수 있다. ② 큰 스팬의 구조물이나 고층 구조물에 적합하다. ③ 인성이 커서 변형에 유리하고, 소성변형 능력이 우수하다. ④ 균질도가 높아 신뢰할 수 있다. ⑤ 정밀도가 높은 구조물을 얻을 수 있다. ⑥ 기존 구조물의 증축, 보수에 유리하다.
단점	① 열에 대하여 약하며 고온에서 강도 저하나 변형되기 쉽다. ② 일반적 강재는 녹슬기 쉽다. ③ 압축력에 대하여 부재가 세장하므로 변형, 좌굴이 생기기 쉽다. ④ 접합점을 용접하는 외에는 일체화로 보기 어렵다.

02 화학적 조성에 따른 강재의 분류

(1) 탄소강

① 가격이 저렴하고 성질이 비교적 우수해 가장 널리 사용되는 강재이다.
② 탄소량이 증가하면 강도는 증가하지만 인성은 감소한다.
③ 인성과 용접성에 나쁜 영향을 미치는 인과 황을 억제해야 한다.

(2) 합금강

① 탄소강의 단점을 보완하기 위해 합금원소를 첨가시킨 강재로 구조용 합금강과 공구용으로 구별된다.
② 합금원소로서 몰리브덴, 바나듐 등을 사용하여 탄소강에 비해 고강도를 얻으면서 인성의 감소를 억제시킨 강재이다.

(3) 열처리강

① 담금질(Quenching)과 뜨임(Tempering)의 열처리를 통하여 얻어진 고강도 강재를 말한다.
② 담금질은 강을 가열한 후 급랭하여 강의 조직을 변화시켜 강재의 강도와 경도를 증가시키는 작업이다.
③ 뜨임은 담금질에 의해 생긴 강의 조직 변화를 안정화시키고, 잔류응력을 감소시킬 목적으로 적당한 온도로 가열 후 서서히 냉각시키는 작업이다.

(4) TMCP강(Thermo Mechanical Control Process Steels)

① 압연과정 중 열처리 공정을 동시에 수행함으로써 압연온도와 냉각조건을 제어하여 높은 강도와 인성을 갖는 저탄소당량의 제어 열처리강을 말한다.
② 용접성과 내진성이 뛰어난 극후판의 고강도, 고성능 강재로서 소성변형 능력이 우수하여 초고층 건물과 장대교량 적용에 적합하다.
③ 판두께 40mm 이상의 후판인 경우라도 항복강도의 저하가 없고, 용접성이 우수하다.

> **보충) TMCP강**
> TMCP강 및 SN강의 구조적 특성을 간단히 설명하시오. •20①
> • SN강 : 건축물 내진성능을 확보하기 위하여 만든 건축구조용 압연강
> • TMCP강 : 구조물의 고층화, 대형화, 장 스팬화에 대응하기 위한 용접성과 내진성이 뛰어난 극후판의 고강도·고성능 강재

03 재료의 성질

(1) 응력-변형률 곡선

1) 비례한도(A점)
변형도가 응력에 비례하는 구간으로 후크(Hook)의 법칙이 성립되는 구간이다.

2) 탄성한도(B점)
외력을 제거하면 변형이 O점으로 복귀한다.

3) 소성구간
응력의 증가 없이 변형이 증가하는 구간이다.

4) 변형도 경화구간(D-E 구간)
C′에서 D점까지 소성흐름을 일으키고 이 점부터 다시 인장에 대한 저항이 회복되어 응력도가 상승하는 구간을 말한다.

5) 인장강도(E점)
인장응력이 최대가 되는 점을 말한다.

6) 탄성계수(Elastic Modulus)

응력과 변형도의 곡선에서 OB의 기울기를 영계수(Young's Modulus)라 하며 보통 E로 표시하는데, 재료의 성질에 따라 일정한 정수로 나타내며 그 강재의 성질을 판단하는 데 중요한 자료로 쓰인다.

7) 연성(Ductility)

재료가 하중을 받아 항복 후 파괴에 이르기까지 소성 변형할 수 있는 능력을 말하며 연신율과 단면수축률로 판별한다.

8) 인성(Thoughness)

재료가 변형에너지를 흡수할 수 있는 능력을 말한다.

9) 항복비(Yield Strength Ratio)

강재가 항복에서 파단에 이르기까지를 나타내는 기계적 성질의 지표로서, 인장강도(F_u)에 대한 항복강도(F_y)의 비이다.

> **보충** 항복비
> 강재의 항복비를 설명하시오. •19②
> 인장강도에 대한 항복강도의 비

10) 피로(Fatigue)

반복하중 작용 시 항복강도 이하의 범위에서 부재가 파괴되는 현상을 말한다.

(2) 구조용 강재의 정수

구조용 강재의 재료정수는 일반적으로 다음 표에 따른다.

재료	탄성계수 $E(\text{N/mm}^2)$	전단탄성계수 $G(\text{N/mm}^2)$	푸아송비 v	선팽창계수 α
강재	210,000	81,000	0.3	0.000012

(3) 구조용 강재의 명칭 및 재료 강도

1) SS 강재(Steel for Structures, 일반구조용 압연강재)

2) SM 강재(Steel for Marine, 용접구조용 압연강재)

① SM 490A에서 마지막 A는 충격흡수에너지에 대한 강재의 품질을 의미한다.
② A, B, C 순으로 A보다는 C가 충격특성이 향상되는 고품질의 강재이다.

3) SN 강재(Steel for New Structures, 건축구조용 압연강재)

① 건축물의 내진성능을 확보하기 위하여 항복점의 상한치 제한, 불순물의 엄격한 제한, 용접성 및 냉간가공성을 향상시키고, 공칭치수를 엄격히 제한하여 철저한 품질관리가 이루어지도록 한 강재이다.
② A, B, C재의 사용구분은 다음과 같다.
 ㉠ A : 소성변형 성능을 기대하지 않는 부위에 사용하는 강재
 ㉡ B : 광범위하게 일반 구조 부위에 사용하는 강재
 ㉢ C : 용접 가공 시를 포함하여 판 두께 방향으로 큰 인장력을 받는 부재에 사용하는 강재

보충 강재의 호칭법
S M 275 A
- 충격흡수에너지에 대한 강재의 품질
- 강종의 항복강도 f_y
- 제품의 형상이나 용도 및 강종
- Steel

> **보충) 강재의 호칭법 개정사항**
>
> 강재의 호칭 중 재료강도의 경우 2019년에 개정되었으며 기존에는 인장강도를 사용하였으나 개정 후에는 재료의 항복강도를 표시한다.
>
> 예) SS400 → SS275

4) 구조용 강재의 재료강도(MPa)

구조용 강재의 재료강도는 강구조 설계 일반사항(KDS 14 30 05)에 따라 KS에 명시된 재료 강도값을 사용한다.

강도	판두께	SS235	SS275	SS275 SMA275	SS315	SM355 SMA355	SM420
F_y	16mm 이하	235	275	275	315	355	420
	16mm 초과 40mm 이하	225	265	265	305	345	410
	40mm 초과 75mm 이하	205	245	255	295	335	400
	75mm 초과 100mm 이하	205	245	245	295	325	390
	100mm 초과 200mm 이하	195	235	235	275	305	380
F_u		330	410	410	490	490	520

(4) 바우싱거 효과(Bauschinger Effect)

재료의 탄성한도를 초과한 소성변형을 경험한 강재가 반대방향의 하중에 의해 비례한도가 감소하는 현상을 말한다.

(5) 라멜라 티어링(Lamellar Tearing)

두께가 얇은 판에 수직인 하중이 작용하면 변형의 집중현상과 적은 연성능력으로 인하여 발생하는 취성파괴를 말한다. 주요 원인 중의 하나는 용접 후에 부재에 일어나는 수축현상이 있을 수 있으며, 이것은 용접 상세를 합리적으로 계획함으로써 줄일 수 있다.

04 강재의 종류와 표기법

(1) 일반 형강

① L형강(Angle) : 등변과 부등변으로 구별된다.
② I형강(I-Beam) : 단면형은 H형강과 비슷하나 Flange 두께가 지지부와 선단부가 다르며 Flange 선단부가 곡면으로 되어 있다.
③ H형강(Wide Flange Shape) : 좌굴과 휨에 대하여 유리한 단면으로 Flange 두께가 일정하고 단면성능도 우수하며 접합 등의 시공성이 우수하다.
④ ㄷ형강(Channel) : 휨재로 쓰일 때 비틀림현상에 주의해야 한다. 단면성능은 떨어지지만 접합 시공성이 우수하여 가새 등에 많이 사용된다.

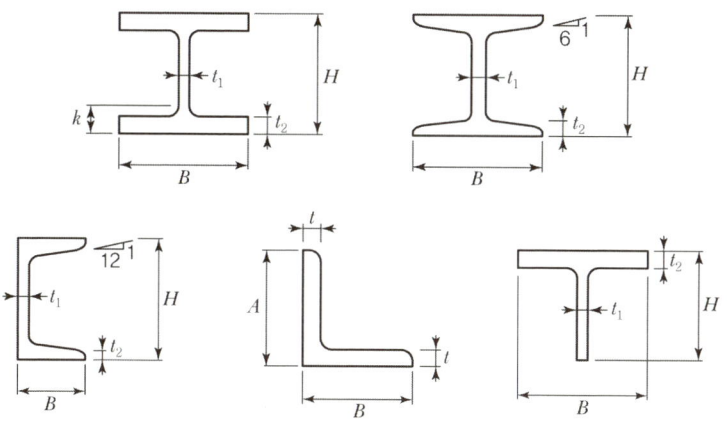

[압연 강재의 단면형상과 표시방법(단위 : mm)]

(2) 강판

너비 125mm 이상의 판으로서 두께 3mm 이하를 박판강, 두께 3~6mm를 중판강, 두께 6mm 이상을 후판강이라 한다.

(3) 평강(Flat Bar)

두께가 3mm 이상의 판으로서 폭이 125mm 미만의 것을 평강이라 하고 125mm 이상의 것을 강판(Plate)이라 한다.

(4) 봉강(Steel Bar)

압연에 의한 봉상의 강재로서 둥근 강은 ϕ 이형강은 D로 표시한다.

(5) 강관(Pipe) 및 각형강관

좌굴과 비틀림에 대하여 유리한 단면으로 폐쇄된 것은 부식에 대하여 강하다.

(6) 경량형강

판두께를 얇게(1.6mm, 2.3mm, 3.2mm) 하여 단면성능을 좋게 한 것이며 비교적 하중이 작은 구조물에 사용하면 경제적이다.

05 전단중심(Shear Center)

① ㄷ형강과 같이 하중의 작용선에 대하여 대칭면을 가지지 않는 부재는 작용하중이 중심을 통과하는 경우에도 휨과 함께 비틀림 변형을 한다.
② 전단중심이란 하중의 작용선이 단면의 어느 특정한 지점을 지날 때에는 부재가 순수 휨 상태(Pure Bending)를 유지하며 비틀림을 일으키지 않는데 이 점을 전단중심(SC)이라 한다.

> **보충) 전단중심**
> 철골구조에서 보의 비틀림이 발생하지 않고 휨 변형만 생기는 위치에 대해서 설명하시오. •20⑤
> 전단중심(Shear Center)

㉠ 2축대칭 단면의 전단중심(SC)은 도심(G)과 일치한다.

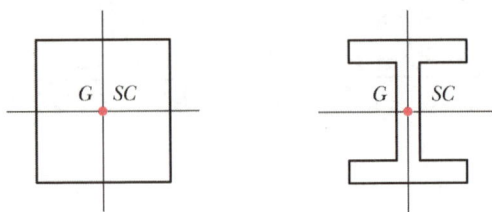

㉡ 1축대칭 단면의 전단중심(SC)은 그 대칭축 선상에 있다.

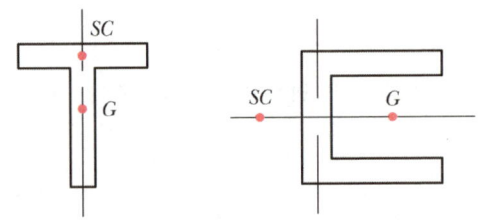

06 한계상태설계법

한계상태설계법(Limit State Design)은 구조물이 모든 계수하중 조합에 대하여 어떠한 작용 한계상태도 초과하지 않도록 구조물을 설계하는 방법으로 다음 두 가지가 있다.

(1) 강도 한계상태(Strength Limit State)

① 구조물의 예상 수명기간 내에 발생 가능한 최대하중에 대해서 구조적으로 안전성을 확보하도록 하는 상태를 말한다.
② 강도한계상태를 초과하게 되면 전체적으로 파괴되거나 부분적으로 파괴에 이르게 됨을 의미한다.
③ 골조의 불안정성, 기둥의 좌굴, 보의 횡좌굴, 접합부 파괴, 인장부재의 전단면 항복, 피로파괴, 취성파괴 등이 이에 해당된다.

(2) 사용성 한계상태(Serviceability Limit State)

① 사용하중상태에서 구조물의 성능과 관계되며, 구조물이 바로 파괴에 이르지는 않으나 구조물의 기능이나 성능이 저하되었음을 의미한다.
② 이 경우 모든 하중조합에 사용되는 하중계수는 1.0으로 한다. 단, 지진하중에 대한 하중계수는 0.7을 사용한다.
③ 부재의 과다한 탄성변형, 부재의 과다한 잔류변형, 바닥재의 진동, 장기변형 등이 이에 해당된다.

보충) 강도 한계상태와 사용성 한계상태

강도 한계상태에 대한 설계 시 설계하중은 하중계수를 곱한 값을 사용한다. 다만, 처짐, 진동, 균열 등 사용성 한계상태에 대한 설계 시에는 설계하중에 하중계수를 적용하지 않는다.

보충) 사용성 한계상태

사용성 한계상태를 간단히 설명하시오.　•19④
균열, 과다처짐, 진동, 철근의 부식, 콘크리트 표면의 손상 등 구조기능의 저하로 사용상 부적합한 상태

제2절 접합

01 볼트 접합

(1) 개요

① 볼트를 조이는 것만으로 접합이 가능하므로 시공이 간단하다.
② 진동, 충격 또는 반복하중을 받으면 접합부에 큰 변형이 생기게 되고 볼트가 느슨해져서 너트가 풀리는 원인이 된다.
③ 주요한 건물의 접합부에는 거의 사용하지 않는다.
④ 볼트 및 고력볼트를 접합하는 경우에는 1개의 볼트만을 사용하지 않고 반드시 2개 이상의 볼트로 체결한다.
⑤ 모든 접합부는 존재응력과 상관없이 반드시 45kN 이상 지지하도록 설계해야 한다.

(2) 접합 용어

① 게이지 라인 : 볼트의 중심선을 연결하는 선
② 게이지(Gauge) : 게이지라인과 게이지라인의 거리
③ 피치(Pitch) : 볼트 중심 사이의 간격
④ 연단거리 : 게이지라인상의 마지막 볼트의 중심에서 부재 끝까지의 응력방향의 거리
⑤ 측단거리 : 게이지라인상의 마지막 볼트의 중심에서 부재 끝까지의 응력직각방향의 거리

[볼트 접합 시 용어]

(3) 접합 형식과 파괴 형식

1) 전단접합 : 볼트의 축단면에 전단력으로 저항하는 접합
2) 인장접합 : 볼트가 인장력으로 저항하는 접합

[볼트 접합의 파괴형식]

02 고력볼트 접합

(1) 구조적 이점

고력볼트접합은 고력볼트를 강력히 조여 볼트에 도입되는 축력을 응력전달에 이용함으로써 큰 힘을 전달할 수 있고 접합부의 강성이 높으며, 다음과 같은 구조적 이점이 있다.

① 강한 조임력으로 너트의 풀림이 생기지 않는다.
② 응력방향이 바뀌더라도 혼란이 일어나지 않는다.
③ 응력집중이 적으므로 반복응력에 대해서 강하며 피로강도가 높다.
④ 유효단면적당 응력이 적게 전달된다.

(a) 고력볼트세트 각부의 명칭   (b) 응력전달기구

[고력볼트의 각부 명칭 및 응력전달]

(2) 일반사항

1) 고력볼트의 기계적 성질

기계적 성질에 의한 고력볼트의 등급	인장시험			
	항복내력(MPa)	인장강도(MPa)	연신율(%)	단면수축률(%)
F8T	640 이상	800~1,000	16 이상	45 이상
F10T	900 이상	1,000~1,200	14 이상	40 이상
F13T	1,170 이상	1,300~1,500	12 이상	35 이상

2) 고력볼트의 구멍직경

고력볼트 접합 시 고력볼트의 직경과 구멍의 직경이 동일한 경우 볼트의 삽입이 불편하고, 시공성이 매우 떨어지기 때문에 고력볼트 직경에 일정 크기만큼 여유를 두고 천공한다.

고력볼트의 직경	표준구멍의 직경	대형구멍의 직경	단슬롯구멍	장슬롯구멍
M16	18	20	18×22	18×40
M20	22	24	22×26	22×50
M22	24	28	24×30	24×55
M24	27	30	27×32	27×60
M27	30	35	30×37	30×67
M30	33	38	33×40	33×75

3) 표준볼트장력과 설계볼트장력

고력볼트의 설계볼트장력은 미끄럼강도를 구할 때 사용되며, 표준볼트장력은 설계볼트장력에 10% 할증하여 현장에서 체결할 때 도입해야 할 볼트장력이다.

볼트의 등급	볼트의 호칭	공칭단면적 (mm²)	설계볼트장력 T_0(kN)	표준볼트장력 $1.1\,T_0$(kN)
F8T	M16	201	84	93
	M20	314	132	146
	M22	380	160	176
	M24	453	190	209
F10T	M16	201	106	117
	M20	314	165	182
	M22	380	200	220
	M24	453	237	261
F13T	M16	201	137	151
	M20	314	214	236
	M22	380	259	285
	M24	453	308	339

> **보충) 설계볼트장력과 표준볼트장력**
>
> 철골공사에서 활용되는 표준볼트장력을 설계볼트장력과 비교하여 설명하시오. •13①
>
> 설계볼트장력은 고력볼트의 미끄럼강도를 구할 때 사용되며, 표준볼트장력은 설계볼트장력에 10% 할증하여 현장에서 체결할 때 도입해야 하는 볼트장력이다.

(3) 접합 형식

1) 인장접합
① 고력볼트를 체결할 때의 부재 간 압축력을 이용하여 응력을 전달시킨다.
② 인장외력이 고력볼트의 조임력에 가까워지게 되면 접합된 부재가 분리(이간)되기 시작하면서 접합부의 강성이 저하된다.

2) 마찰접합(전단접합)
① 고력볼트의 강력한 체결력에 의해 부재 간의 마찰력을 이용하는 접합형식이다.
② 응력이 부재 간의 마찰력을 초과하게 되면 미끄럼 현상이 일어나게 되는데, 이때의 마찰계수를 미끄럼계수라고 한다.

3) 지압접합(전단접합)
① 부재 간에 발생하는 마찰력과 볼트축의 전단력 및 부재의 지압력을 동시에 발생시켜 응력을 부담하는 접합방법이다.
② 종래의 마찰접합과 비교하여 볼트 자체의 고강도성을 유효하게 이용하고자 하는 접합이기 때문에 종국 내력이 볼트의 전단내력에 의해 결정되는 이음부의 접합으로 주로 이용된다.

(4) 접합부의 내력산정

1) 설계인장강도 및 설계전단강도

밀착조임 또는 전인장조임된 고장력볼트의 설계인장강도 또는 설계전단강도는 인장파단과 전단파단의 한계상태에 대하여 다음과 같이 산정한다.

$$\text{설계인장강도 } \phi R_n = \phi F_{nt} A_b$$
$$\text{설계전단강도 } \phi R_n = \phi F_{nv} A_b$$

여기서, ϕ : 저항계수($=0.75$)
F_{nt} : 볼트의 공칭인장강도($=0.75F_u\,(\text{N/mm}^2)$)
F_{nv} : 볼트의 공칭전단강도($=0.5F_u\,(\text{N/mm}^2)$ 나사부 불포함)
 ($=0.4F_u\,(\text{N/mm}^2)$ 나사부 포함)
A_b : 볼트의 단면적($=\pi d^2/4\,(\text{mm}^2)$)

예제 01

다음과 같은 단순 인장접합부에서 강도한계상태에 대한 고력볼트의 설계전단강도(kN)를 구하시오.(단, 그림의 단위는 mm, 강재의 재질은 SS275, 고력볼트 M22(F10T), 공칭전단강도 $F_{nv}=500\text{N/mm}^2$, 나사부가 전단면에 포함되지 않는 경우, 표준구멍 사용) •13①

[풀이] 고력볼트의 설계전단강도(ϕR_n)

$$\phi R_n = \phi F_{nv} A_b = 0.75 \times 500 \times \frac{\pi \times 22^2}{4} = 142.5\text{kN}$$

따라서 고력볼트 1개의 설계전단강도는 142.5kN이다. 고력볼트가 총 4개이므로 주어진 조건에 대한 고력볼트의 설계전단강도는 다음과 같다.
$\phi R_n = 142.5 \times 4 = 570\text{kN}$

답 : 570kN

2) 설계미끄럼강도

마찰접합에서 설계강도는 다음과 같이 설계미끄럼강도를 통해서 산성한다.

$$\phi R_n = \phi \mu h_f T_0 N_s$$

여기서, ϕ : 저항계수(표준구멍인 경우$=1.0$)
μ : 미끄럼계수(페인트칠하지 않은 블라스트 청소된 마찰면$=0.5$)
h_f : 필러계수(일반적인 경우$=1.0$)
T_0 : 표준볼트장력(kN)
N_s : 전단면의 수

[보충] 설계미끄럼강도 산정 시 저항계수

설계미끄럼강도에서 저항계수는 다음 조건에 따라 산정한다.
① 표준구멍 : 1.0
② 대형구멍 또는 단슬롯구멍 : 0.85
③ 장슬롯구멍 : 0.75

예제 02

다음 그림과 같은 경우 마찰접합에 의한 설계미끄럼강도를 계산하시오.(단, 강재의 재질은 SS275, 고력볼트는 M22(F10T), 설계볼트 장력 $T_0 = 200$kN, 표준구멍) • 15④

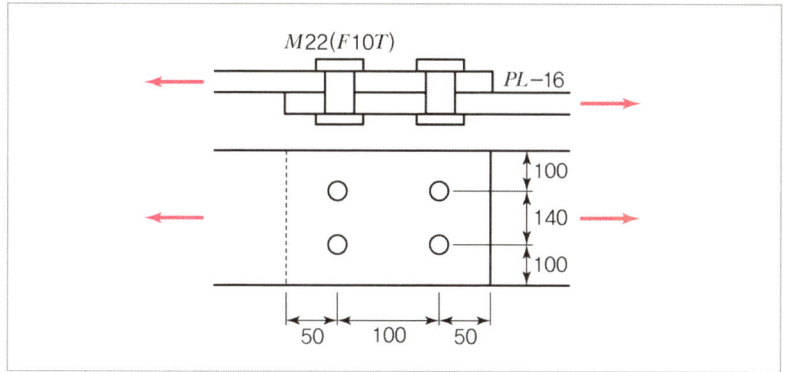

풀이 고력볼트의 설계미끄럼강도

① 고력볼트 1개의 설계미끄럼강도

$$\phi R_n = \phi \mu h_f T_0 N_s = 1.0 \times 0.5 \times 1.0 \times 200 \times 1 = 100 \text{kN}$$

표준구멍 및 주어진 조건이 없는 일반적인 경우이므로
- 저항계수 $\phi = 1.0$, 필러계수 $h_f = 1.0$, 미끄럼계수 $\mu = 0.5$
- 부재 2개를 고력볼트 접합한 경우이므로 전단면의 수는 1이다.

② 고력볼트 4개의 설계미끄럼강도

$$\phi R_n = 100 \times 4 = 400 \text{kN}$$

답 : 400kN

3) 설계지압강도

강도한계상태의 마찰접합 및 지압접합에서 고장력볼트와 접합부재의 구멍이 지압상태가 되는 경우, 이 시점에서 고장력볼트 구멍에 대한 지압강도를 검토하여야 한다. 그동안 마찰접합만을 사용하였으나, 건축구조기준의 개정에 따라 지압접합을 허용하였으며, 마찰접합에서도 지압접합 관련 강도를 검토하여야 한다.

① 표준구멍, 대형구멍, 단슬롯구멍의 모든 방향에 대한 지압력 또는 장슬롯구멍의 방향에 평행하게 지압력을 받을 경우

㉠ 사용하중상태에서 볼트구멍의 변형이 설계에 고려될 경우

$$\phi R_n = \phi 1.2 L_c t F_u \; (\leq 2.4 dt F_u)$$

㉡ 사용하중상태에서 볼트구멍의 변형이 설계에 고려되지 않을 경우

$$\phi R_n = \phi 1.5 L_c t F_u \; (\leq 3.0 dt F_u)$$

② 장슬롯구멍의 방향에 수직방향으로 지압력을 받을 경우

$$\phi R_n = \phi 1.0 L_c t F_u \, (\leq 2.0 dt F_u)$$

여기서, ϕ : 저항계수($= 0.75$)
L_c : 볼트구멍의 하중방향 순간격(mm)
t : 피접합재의 두께(mm)
d : 고장력볼트의 공칭직경(mm)

03 용접 접합

(1) 맞댐용접(Groove Welding)

1) 개요

① 한쪽 또는 양쪽 부재의 끝을 용접이 양호하게 되도록 끝단면을 비스듬히 절단하여 용접하는 방법이다.
② 부재의 끝을 절단해낸 것을 홈 또는 개선(Groove)이라 한다.
③ 홈의 깊이에 따라 완전 용입용접과 부분 용입용접이 있다.

[맞댐용접의 각부 명칭과 홈 단면 형식]

2) 유효단면적(A_w)

맞댐용접에서 유효단면적 A_w는 다음과 같이 산정한다.

$$A_w = 유효목두께(a) \times 용접길이(l_e)$$

① 유효목두께(a)는 접합판 중 얇은 쪽 판두께로 한다.
② 부분 용입용접의 유효목두께는 $2\sqrt{t}\,(\mathrm{mm})$ 이상으로 한다. 다만, t는 두꺼운 쪽 판두께이다.
③ 유효길이(l_e)는 접합되는 부분의 폭으로 한다.

(a) 그루브 용접 유효목두께   (b) 그루브 용접유효길이

[맞댐용접의 유효목두께와 용접유효길이]

(2) 필릿 용접(Fillet Welding)

1) 개요

① 모재에 홈(Groove) 등의 사전가공을 하지 않고 모재와 모재의 교선을 따라서 삼각형 모양으로 용접한다.
② 필릿용접은 종국적으로 용접부에 대해 전단에 의해 파단되므로 대부분이 용접 유효단면적에 대해 전단응력으로 설계된다.
③ 필릿용접은 구조물의 접합부에 상당히 많이 사용되는 방법으로서 비용도 상대적으로 저렴하다.

2) 유효단면적(A_w)

필릿용접에서 유효단면적은 다음과 같이 산정한다. 이때 유효목두께(a)는 용접루트로부터 용접표면까지의 최단거리로 한다. 이음면이 직각인 경우에는 필릿사이즈(s)의 0.7배로 한다. 또한, 필릿용접의 유효길이(l_e)는 필릿용접의 총길이(l)에서 2배의 필릿사이즈(s)를 공제한 값으로 하여야 한다.

$$A_w = 유효목두께(a) \times 용접길이(l_e) = 0.7s \times (l-2s)$$

(a) 필릿 용접 유효목두께   (b) 필릿 용접유효길이

[필릿용접의 유효목두께와 유효길이]

3) 제한사항

① 필릿용접의 최소 필릿 사이즈는 다음 표를 따른다.

접합부의 얇은 쪽 모재두께(mm)	필릿용접의 최소 필릿 사이즈(mm)
$t \leq 6$	3
$6 < t \leq 13$	5
$13 < t \leq 19$	6
$19 < t$	8

② 필릿용접의 최대사이즈는 다음과 같다.
  ㉠ $t < 6\text{mm}$ 일 때, $s = t$
  ㉡ $t \geq 6\text{mm}$ 일 때, $s = t - 2\text{mm}$
③ 응력을 전달하는 단속필릿용접 이음부의 길이는 필릿사이즈의 10배 이상 또한 30mm 이상을 원칙으로 한다.
④ 강도를 기반으로 하여 설계되는 필릿용접의 최소길이는 공칭용접사이즈의 4배 이상으로 해야 한다. 또는 유효용접사이즈는 그 용접길이의 1/4 이하가 되어야 한다.

(3) 설계강도

용접부의 설계강도 ϕR_n은 모재의 인장파단, 전단파단 한계상태에 의한 강도와 용접재의 파단한계상태 강도 중 작은 값으로 한다.

1) 모재 강도

$$R_n = F_{BM} A_{BM}$$

여기서, A_{BM} : 모재의 단면적(mm^2)
F_{BM} : 모재의 공칭강도(N/mm^2)

2) 용접재 강도

$$R_n = F_w A_w$$

여기서, A_w : 용접유효면적(mm^2)
F_w : 용접재의 공칭강도(N/mm^2)

① 필릿용접의 저항계수 및 공칭강도
  용접구분에 따른 모재강도와 용접재강도 및 저항계수는 건축구조기준에 따른다. 여기서, 필릿용접인 경우는 다음 표와 같다.

용접구분	하중유형 및 방향	적용재료	저항계수	공칭강도
필릿용접	용접선에 평행한 전단	모재		인장재의 설계강도에 따른다.
		용접재	$\phi = 0.75$	$F_w = 0.6 F_{uw}$

② 용접재의 요구강도

모재 강종	적용 가능 용접재료	용접재 인장강도(F_{uw})
인장강도 400N/mm²급 연강	KS D 7004 연강용 피복아크용접봉	420
인장강도 490N/mm²급 고장력강	KS D 7006 고장력강용 피복아크 용접봉	490, 520
인장강도 400N/mm²급 연강	KS D 7104 연강 및 고장력강용 아크용접플럭스코어선	420
인장강도 490N/mm²급 고장력강		490, 540
인장강도 400N/mm²급 연강	KS D 7025 연강 및 고장력강용 아크용접솔리드와이어	420
인장강도 490N/mm²급 고장력강		490

예제 03

SS235($F_{uw} = 420$MPa 용접재 사용)를 사용한 그림과 같은 모살용접 부위의 설계강도(ϕR_n)를 구하시오.

• 17④

풀이 필릿용접의 설계강도(ϕR_n)

① 용접부 설계강도 : $\phi R_n = \phi F_w A_w = 0.75 \times 0.6 F_{uw} \times 0.7s \times (l-2s)$
$= 0.75 \times 0.6 \times 420 \times 0.7 \times 12 \times (200-2 \times 12) \times 10^{-3}$
$= 279.42$ kN

② 용접면이 2면이므로, $\phi R_n = 279.42 \times 2 = 558.84$ kN

답 : 558.84kN

예제 04

다음 조건에서 용접유효길이(l_e)를 산정하시오. • 17②, 23④

- SM355($F_{uw} = 490\text{MPa}$ 용접재 사용)
- 필릿치수 $s = 5\text{mm}$
- 하중 : 고정하중 20kN, 활하중 30kN

풀이 필릿용접에서의 용접유효길이(l_e)

① 계수하중 : 계수하중은 연직하중에 대한 하중계수를 적용하여 산정된 값 중 큰 값을 사용
$$P_u = 1.2D + 1.6L = 72\text{kN}$$
$$P_u = 1.4D = 28\text{kN}$$

② 소요용접길이 : 계수하중에 대한 최소 용접길이를 산정하기 위하여 $P_u = \phi R_n$을 적용하면, 다음과 같이 식을 정리할 수 있다.
$$P_u = \phi F'_w A_w = \phi 0.6 F'_{uw} \times 0.7s \times l_e$$
$$l_e = \frac{P_u}{\phi 0.6 F_{uw} \cdot 0.7s} = \frac{72 \times 10^3}{0.75 \times 0.6 \times 490 \times 0.7 \times 5} = 93.29\text{mm}$$

답 : 93.29mm

04 보-기둥 접합

(1) 단순접합(전단접합)

① 접합부가 보의 회전에 대한 저항력을 전혀 가지지 않는다.
② 기둥에는 전단력만 전달하고 휨모멘트는 전달하지 않는다.
③ 접합이 간단하므로 시공비와 재료비가 절약된다.
④ 수직하중에 의한 보가 부담하는 휨모멘트가 커서 보의 경제성이 줄어든다.
⑤ 수평하중에 의한 휨모멘트를 보가 부담하지 아니하여 골조의 강성을 줄이는 단점이 있다.

[보-기둥 전단접합]

(2) 강접합(모멘트접합)

① 완전한 휨모멘트 저항능력을 갖추고 있어 기둥 또는 기둥의 모멘트를 보에 분배시킨다.
② 시공이 복잡하고 재료비용이 많이 든다.
③ 수평하중에 의한 휨모멘트를 보가 같이 부담하므로 고층골조에서 유리하다.

④ 수직하중 작용 시 보의 휨모멘트의 균형을 잡게 하므로 보의 단면을 줄일 수 있는 것이 장점이다.

[보-기둥 강접합]

제3절 인장재

01 순단면적

순단면적이란 인장재 접합부의 연결재 구멍에 의한 결손부분을 고려한 단면적으로서 구멍의 배열상태에 따라 파단이 일어나는 형태가 달라진다.

(1) 정렬 배치인 경우

$$A_n = A_g - n d t$$

여기서, n : 인장력에 의한 파단선상에 있는 구멍의 수
d : 모재 구멍의 직경(mm), t : 부재의 두께(mm)

(2) 엇모 배치인 경우

$$A_n = A_g - n d t + \sum \frac{s^2}{4g} t$$

여기서, s : 인접한 2개의 구멍의 응력방향 중심간격(mm)
g : 모재의 게이지선 사이의 응력 수직방향 중심간격(mm)

(a) 정렬 배치   (b) 엇모 배치

[인장재의 파단선]

02 유효 순단면적

① 인장재의 한 변만이 접합에 사용된 경우에는 접합의 중심이 인장재의 중심과 일치하지 않게 되어 편심에 의한 영향이 발생하게 된다.
② 이러한 경우 응력의 흐름을 살펴보면 인장력은 먼저 접합에 사용된 면을 통해 전단응력의 형태로 점차 전체 단면으로 전달되게 된다.
③ 이때 접합에 사용된 면은 전체가 인장력을 받게 되나 접합에 사용되지 않은 면에는 인장력이 불균등하게 생기게 되는데, 이러한 현상을 시어래그(Shear Lag)라 한다.

[유효 순단면적]

④ 하중이 연결재로부터 I, H형강 또는 이러한 형강으로부터 절단된 구조용 T형강의 전체 단면이 아닌 일부 단면요소에 패스너나 용접에 의해 전달될 때에는 이러한 시어래그의 영향을 고려하기 위해 유효 순단면적 A_e를 사용한다.

$$A_e = UA_n$$

여기서, U : 전단지연계수

$$U = 1 - \frac{\overline{x}}{l}$$

예제 05

다음과 같은 인장재의 순단면적을 구하시오.(단, 판재의 두께는 10mm이며, 구멍크기는 22mm이다.)

• 18②

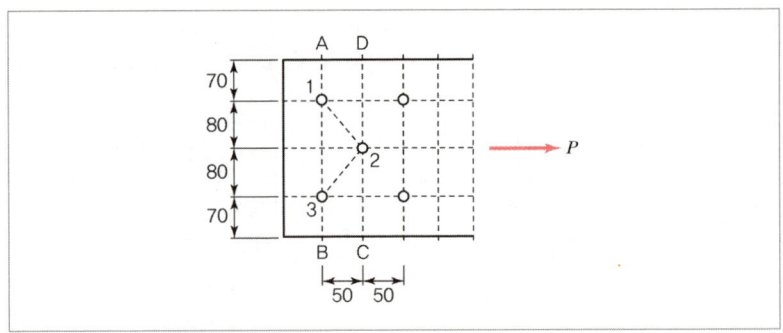

[풀이] 엇모배치에 대한 순단면적(A_n)

예상 가능한 파단선에서 엇모배치가 있으므로 A-1-3-B 파단선과 A-1-2-3-B에 해당하는 파단선에 대한 순단면적을 고려하여, 두 값 중 작은 값을 사용한다.

① A-1-3-B 파단선(정렬배치)
$$A_n = A_g - ndt = 300 \times 10 - 2 \times 22 \times 10 = 2,560 \text{mm}^2$$

② A-1-2-3-B 파단선(엇모배치)
$$A_n = A_g - ndt + \sum \frac{s^2}{4g}t$$
$$= 300 \times 10 - 3 \times 22 \times 10 + \frac{50^2}{4 \times 80} \times 10 + \frac{50^2}{4 \times 80} \times 10$$
$$= 2,496.25 \text{mm}^2$$

답 : $2,496.25 \text{mm}^2$

03 인장재의 설계

(1) 기본식

$$\text{설계인장강도} \geq \text{소요인장강도}$$
$$\phi_t P_n = \phi_t F_y A_g$$

(2) 설계인장강도 $\phi_t P_n$의 산정

인장재의 설계인장강도 $\phi_t P_n$는 다음과 같은 두 가지 한계상태에 관한 강도값 중 작은 값으로 결정된다.

1) 총단면의 항복 한계상태

$$\phi_t P_n = \phi_t F_y A_g$$

여기서, ϕ_t : 저항계수($=0.9$)

2) 유효 순단면의 파단 한계상태

$$\phi_t P_n = \phi_t F_u A_e$$

여기서, ϕ_t : 저항계수($=0.75$)
F_y : 항복강도(N/mm^2)
F_u : 인장강도(N/mm^2)
A_e : 유효 순단면적(mm^2)
A_g : 부재의 총단면적(mm^2)

제4절 압축재

01 부재의 좌굴

(1) 압축재의 좌굴(Buckling)

① 단면이 작고 길이가 긴 세장한 압축재가 작용하는 압축력이 증가함에 따라 길이가 짧아지면서 갑자기 휘어지는 현상을 좌굴(Buckling)이라 하고, 이러한 변화를 일으키는 하중을 좌굴하중(Buckling Load)이라 한다.
② 좌굴현상은 압축재의 설계에서 가장 중요한 요소로서 이러한 좌굴현상은 부재의 내력을 감소시키므로, 다른 부재에 비하여 구조해석과 설계를 복잡하게 만든다.

(2) 보의 횡좌굴(Lateral Buckling)

① 보에서 발생하는 좌굴현상으로, 보에 휨모멘트가 작용하면 단면 위쪽에는 압축력을 받게 되며, 압축 측의 플랜지는 강축 휨방향으로는 웨브에 구속되어 좌굴하지 않지만 약축 휨방향, 즉 보의 가로방향(횡방향)에 대해서 좌굴하는 현상을 횡좌굴이라 한다.
② 단면 아래쪽의 플랜지는 좌굴하지 않으므로 원위치에 머물려고 하게 되고, 따라서 보는 비틀림이 발생하게 되며 이러한 이유로 횡좌굴을 횡비틀림 좌굴이라고도 한다.
③ 이러한 횡좌굴을 방지하기 위해서는 압축플랜지가 가로방향으로 나오지 못하도록 보의 약축 방향으로 횡보강 가새를 써서 보강한다.

(3) 판 요소의 국부좌굴(Local Buckling)

① 단일형강이나 조립재에 관계없이 거의 모든 압축재는 판요소로 이루어져 있으며, 이러한 판요소는 두께에 비하여 폭이 넓을 경우 부재 전체가 좌굴하기 전에 국부적으로 좌굴할 가능성을 내포하고 있다.
② 이와 같이 부재의 구성재 일부가 먼저 좌굴하는 현상을 국부좌굴이라 한다.
③ 철골구조의 설계에서는 이러한 국부좌굴에 의한 부재내력 감소의 위험성을 배제하기 위하여 다음과 같은 방법을 쓰고 있다.
  ㉠ 대부분의 구조용 형강은 일정한 한도의 폭·두께비 이내에 있도록 제조하여 부재 전체가 좌굴하기 전에 국부좌굴이 발생하지 않도록 하고 있다.
  ㉡ 경량형강과 같은 부재에서 폭두께비가 정해진 한도를 넘는 경우 그 부분의 단면을 무시하고 응력계산을 한다.
  ㉢ 조립재에서 폭·두께비가 정해진 한도를 넘는 경우 국부좌굴에 대한 안전을 검토하고 스티프너(Stiffener) 등으로 보강한다.

(a) 기둥의 좌굴 (b) 보의 횡좌굴 (c) 국부좌굴

[부재의 좌굴현상]

02 강재단면의 분류

(1) 판요소의 폭두께비

1) 비구속 판요소의 판폭두께비(= 플랜지, Flange)

$$\lambda_f = \frac{\frac{B}{2}}{t_f} = \frac{b}{t_f}$$

여기서, B : 플랜지의 폭(mm)
t_f : 플랜지의 두께(mm)

2) 구속 판요소의 판폭두께비(= 웨브, Web)

① 압연 H형강(필릿 반지름 r이 존재)

$$\lambda_w = \frac{H - 2(t_f + r)}{t_w} = \frac{h}{t_w}$$

② 용접 H형강

$$\lambda_w = \frac{H - 2t_f}{t_w} = \frac{h}{t_w}$$

여기서, H : 보의 전체 춤(mm)
t_f : 웨브의 두께(mm)
r : 웨브 필릿의 반지름(mm)

(2) 판폭두께비에 따른 강재 단면의 분류

압축재는 구성하는 판이 너무 얇아지면 부재좌굴 이외에 국부좌굴이 발생하여 부재의 압축내력을 저하시킨다. 따라서 압축재의 판폭 두께비에 따라 단면을 다음 표와 같이 콤팩트, 비콤팩트, 세장판요소 단면으로 분류한다.

콤팩트 단면	단면의 플랜지들은 웨브에 연속적으로 연결되고, 그 단면의 압축요소의 판폭 두께비 λ가 λ_p를 초과하지 않는 단면($\lambda \leq \lambda_p$)
비콤팩트 단면	한 개나 그 이상의 요소들의 판폭 두께비 λ가 λ_p를 초과하고 λ_r을 초과하지 않는 단면($\lambda_p < \lambda \leq \lambda_r$)
세장판요소 단면	판폭 두께비 λ가 λ_r을 초과하는 단면($\lambda > \lambda_r$), 즉 국부좌굴이 발생하는 단면

여기서, λ_p : 콤팩트 단면의 한계판폭 두께비
λ_r : 비콤팩트 단면의 한계판폭 두께비

예제 06

$H-400 \times 200 \times 8 \times 13\,(r=16\mathrm{mm})$인 H형강의 플랜지와 웨브의 판폭두께비를 구하시오.

• 20③

풀이 판요소의 판폭두께비(λ)

① 플랜지
$$\lambda_f = \frac{\frac{B}{2}}{t_f} = \frac{\frac{200}{2}}{13} = 7.69$$

② 웨브
$$\lambda_w = \frac{H-2(t_f+r)}{t_w} = \frac{400-2(13+16)}{8} = 42.75$$

답 : $\lambda_f = 7.69$　　$\lambda_w = 42.75$

03 유효좌굴길이와 세장비

(1) 유효좌굴길이

유효좌굴길이란 부재가 좌굴을 일으킬 때 양단지지 조건에 따라 실제 발생하는 좌굴길이를 뜻한다.

지지상태	양단 핀	양단 고정	1단 핀 타단 고정	1단 자유 타단 고정
좌굴형태				
유효좌굴길이	$1.0l$	$0.5l$	$0.7l$	$2.0l$
좌굴 하중비	1	4	2	1/4

예제 07

그림과 같이 기둥의 재질과 단면 크기가 모두 같은 4개의 장주의 좌굴길이를 쓰시오.

• 12①

풀이 유효좌굴길이(KL)
① 1단고정 타단 핀 : $K = 0.7 \rightarrow 0.7 \times 2L = 1.4L$
② 양단고정 : $K = 0.5 \rightarrow 0.5 \times 4L = 2.0L$
③ 1단고정 타단 자유 : $K = 2.0 \rightarrow 2.0 \times L = 2.0L$
④ 양단 핀 : $K = 1.0 \rightarrow 1.0 \times 0.5L = 0.5L$

(2) 탄성좌굴하중

장주는 부재가 좌굴하기 때문에 단면에 균일한 응력도는 일어나지 않는다. 단주에서 산정된 파괴하중보다 작은 하중을 받으면서도 좌굴하게 되는데, 이와 같은 하중을 좌굴하중이라 하며, 다음과 같이 산정할 수 있다.

$$P_{cr} = \frac{\pi^2 EI}{(KL)^2}$$

여기서, K : 유효좌굴길이 계수
L : 횡지지되지 않은 부재의 길이
E : 강재의 탄성계수
I : 단면 2차 모멘트

예제 08

1단 자유, 타단고정 길이 2.5m인 압축력을 받는 기둥의 탄성좌굴하중을 구하시오. (단, $I = 783,000 \text{mm}^4$, $E = 205,000 \text{MPa}$)

• 15②

풀이 탄성좌굴하중(P_{cr})
탄성좌굴하중(=오일러 좌굴하중)은 다음과 같은 식을 통해 산정한다.
여기서, 경계조건(Boundary Condition)이 1단 자유, 타단 고정이므로 유효좌굴길이 계수 K는 2.0을 적용한다.

$$P_{cr} = \frac{\pi^2 EI}{(KL)^2} = \frac{\pi^2 \times 205,000 \times 783,000}{(2.0 \times 2,500)^2} = 63,304.55 \text{N} = 63.30 \text{kN}$$

답 : 63.30kN

(3) 탄성좌굴응력과 세장비

탄성좌굴응력은 탄성좌굴하중을 단면적으로 나눈 것으로 다음과 같이 산정할 수 있다.

$$F_{cr} = \frac{P_{cr}}{A}$$

상단의 식에 탄성좌굴하중 P_{cr}을 대입하면 다음과 같다.

$$F_{cr} = \frac{1}{A} \cdot \frac{\pi^2 EI}{(KL)^2} = \frac{\pi^2 EI}{A \cdot (KL)^2} \quad \cdots \text{①}$$

여기서, $\dfrac{I}{A}$는 단면 2차 반경 r의 제곱을 의미하므로 다음과 같이 변환할 수 있다.

$$F_{cr} = \dfrac{\pi^2 E}{(KL)^2} \cdot r^2 = \dfrac{\pi^2 E}{\left(\dfrac{KL}{r}\right)^2} \qquad \cdots ②$$

②식에서 $\dfrac{KL}{r}$을 세장비라고 하며, λ 표기한다. 따라서 세장비로 변환하여 식을 정리하면,

$$F_{cr} = \dfrac{\pi^2 E}{(\dfrac{KL}{r})^2} = \dfrac{\pi^2 E}{\lambda^2}$$

따라서 탄성좌굴응력은 세장비가 커지면 커질수록 감소한다. 탄성좌굴응력이 작다는 것은 좌굴이 쉽게 발생한다는 의미와 같으므로 압축재 설계 시 세장비는 중요한 지표가 된다.

CHAPTER 04 과년도 기출문제 2014~2024

01 H–400×200×8×13($r=16mm$)인 부재의 플랜지와 웨브의 판폭두께비를 구하시오.

• 20③

(HINT) 판폭두께비
① $\lambda_f = \dfrac{\dfrac{B}{2}}{t_f} = b/t_f$
② $\lambda_w = \dfrac{H-2(t_f+r)}{t_w} = h/t_w$

02 다음 그림과 같은 L형강의 순단면적을 구하시오.

• 20②

(HINT) L형강의 판폭두께비
① $A_n = A_g - ndt$
② $A_g = (B+H-t) \times t$

03 강구조 부재에서 비틀림이 생기지 않고 휨변형만 유발하는 위치를 전단중심 (Shear Center)이라 한다. 다음 형강들에 대하여 전단중심의 위치를 각 단면에 표기하시오.

• 19①

(HINT)
① 2축대칭 단면의 전단중심(SC)은 도심(G)과 일치한다.
② 1축대칭 단면의 전단중심(SC)은 그 대칭축 선상에 있다.

04 그림과 같은 비틀림 모멘트(T)가 작용하는 원형 강관의 비틀림 전단응력(τ_t)을 기호로 표현하시오.

• 23②

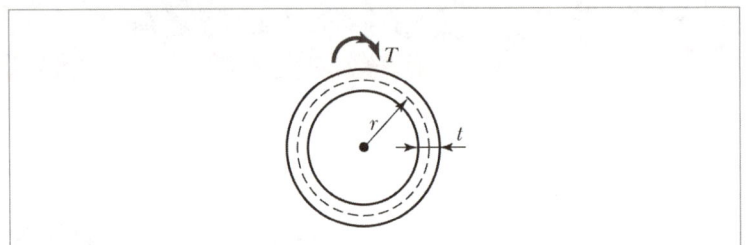

05 그림과 같이 기둥의 재질과 단면 크기가 모두 같은 4개의 장주의 좌굴길이를 쓰시오.

• 23② · 19②

(HINT) **유효좌굴길이 계수**
양단고정 : $K=0.5$
한단고정 타단회전 : $K=0.7$
양단회전 : $K=1.0$
한단고정 타단자유 : $K=2.0$

06 다음과 같은 인장재의 순단면적을 구하시오.(단, 판재의 두께는 10mm이며, 구멍크기는 22mm이다.)

• 18②

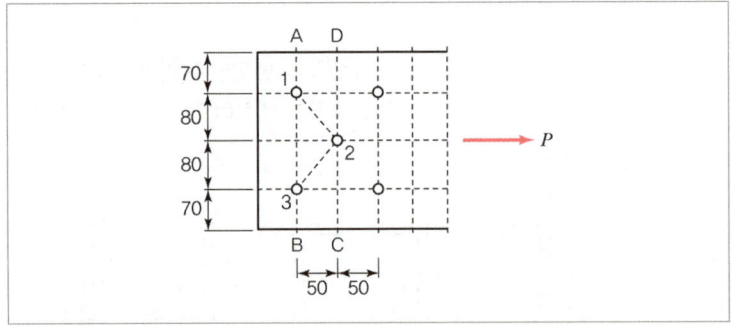

(HINT) **인장재의 순단면적**
① 직렬배치
   $A_n = A_g - ndt$
② 엇모배치
   $A_n = A_g - ndt + \sum \dfrac{s^2}{4g} t$

07 그림과 같은 각형기둥의 양단 핀으로 지지되었을 때, 약축에 대한 세장비가 150이 되기 위해 필요한 기둥의 길이(m)를 구하시오. • 18④

(HINT) 세장비
$\lambda = \dfrac{kL}{r}$

08 양단 고정의 지름 100mm, 길이 3m인 원형 강봉의 세장비(λ)를 구하시오. • 23④

(HINT) 세장비
$\lambda = \dfrac{kL}{r}$

09 단순 인장접합부의 강도한계상태에 따른 고력볼트의 설계전단강도를 구하시오.(단, 강재의 재질은 SS275, 고력볼트 F10T−M22, 공칭전단강도 $F_{nv} = 450 \text{N/mm}^2$) • 17①

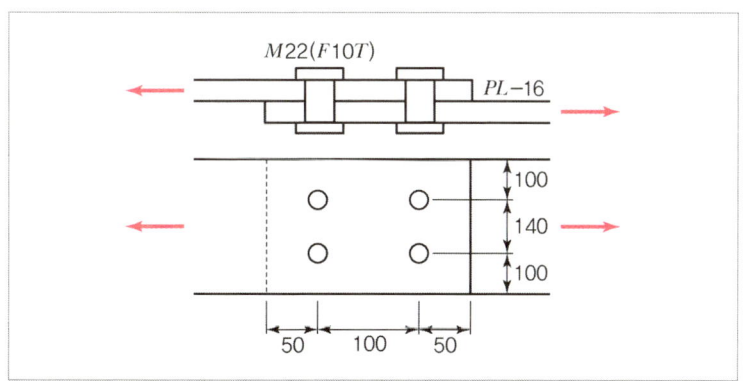

(HINT) 고력볼트의 설계전단강도
$\phi R_n = \phi(F_n A_b N_s) \times n_b$

10 다음 그림과 같은 인장재의 순단면적을 구하시오.(단, 사용볼트는 M20(F10T, 표준구멍))

• 23①

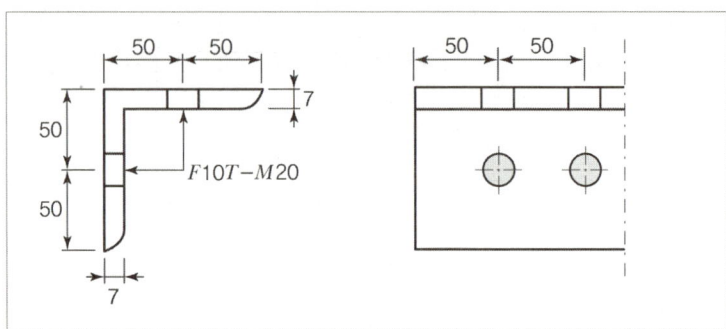

HINT 인장재의 순단면적
$A_n = A_g - ndt$

11 다음 조건에서 용접유효길이(l_e)를 산출하시오.

• 23④ · 17②

- SM355(용접재의 강도 : $F_{nw} = 490\text{MPa}$)
- 필릿치수 $s = 5\text{mm}$
- 하중 : 고정하중 20kN, 활하중 30kN

HINT 용접유효길이(l_e)
최소 용접유효길이의 산정은 설계강도와 소요강도가 같다는 조건을 통해서 산정한다.
설계강도(ϕR_n)=소요강도(P_u)

12 SS235($F_{nw} = 420\text{MPa}$)를 사용한 그림과 같은 모살용접 부위의 설계강도를 구하시오.

• 17④

HINT 모살용접의 설계강도
$\phi R_n = \phi F_w A_w$
$\quad = 0.75 \times (0.6 F_{nw})$
$\quad\quad \times (0.7s \times l - 2s)$

13 다음 그림과 같은 경우 마찰접합에 의한 설계미끄럼 강도를 계산하시오. (단, SS235, 고력볼트 M22(F10T), 설계볼트 장력 $T_0 = 200\text{kN}$, 표준 구멍)

• 15④

HINT 고력볼트의 설계미끄럼강도
$\phi R_n = \phi \cdot \mu \cdot h_f \cdot T_0 \cdot N_s$

14 그림과 같이 전단력 $V_u = 450\text{kN}$을 받는 고력볼트로 접합된 큰보와 작은보의 접합부의 사용성 한계상태에 대한 설계미끄럼강도를 계산하여 볼트 개수가 적절한지 검토하시오.(단, 고력볼트 M22(F10T), 설계볼트 장력 $T_0 = 200\text{kN}$, 표준 구멍)

• 14③

HINT 고력볼트의 설계검토
$\phi R_n \geq V_u$ ⋯ 적합
$\phi R_n < V_u$ ⋯ 부적합

15 다음 그림에서 제시하는 볼트 접합의 파괴형태 명칭을 쓰시오. • 14④

16 강재의 항복비를 설명하시오. • 22①

17 한계상태설계법에서 사용성 한계에 대하여 설명하시오. • 22①

18 한계상태설계법으로 구조물을 설계하는 경우 하중조합으로 소요강도를 산정해야 한다. 이때, 지진하중에 대한 하중계수는 얼마인가? •23①

19 다음 그림을 보고 유효좌굴길이계수가 큰 순서대로 적으시오. •22①

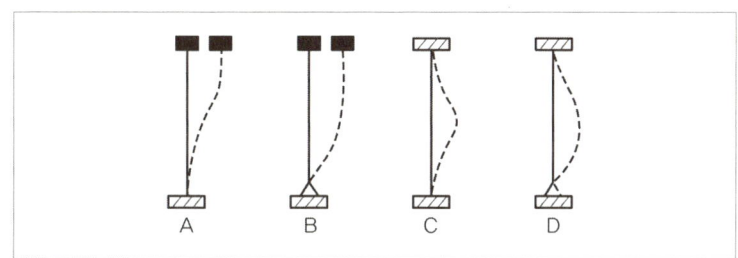

20 H형강 H-200×200×8×12의 설계인장강도를 산정하시오.(단, 항복강도 $F_y = = 325\,\mathrm{MPa}$, $A_g = 5,620\,\mathrm{mm}^2$ •22②

21 그림과 같은 기둥의 세장비를 구하시오.

22 다음은 내진설계의 종류이다. 각 구조의 개념을 간단하게 설명하시오.

가. 내진구조 :

나. 제진구조 :

다. 면진구조 :

23 그림과 같은 인장부재의 순단면적을 구하시오.(단, 판재의 두께는 10mm이며, 구멍크기는 22mm)

• 24②

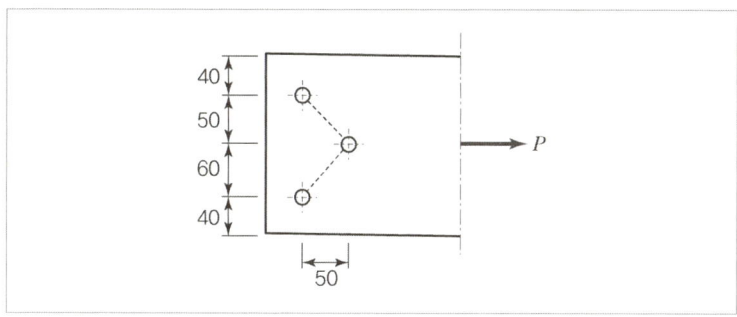

24 단순인장접합부의 사용성 한계상태에 대한 고장력볼트의 설계미끄럼강도를 구하시오.(단, 계산의 단순화를 위해 전단과 지압에 관한 안전검토는 생략, 강재는 SS275, 고장력볼트는 M22(F10T 표준구멍), 필러를 사용하지 않는 경우이며, 설계볼트장력 200kN, 미끄럼계수=0.5, 설계미끄럼강도 식 $\phi R_n = \phi \cdot \mu \cdot h_f \cdot T_o \cdot N_s$을 적용)

• 24③

해설 및 정답 (2014~2024년)

01 판폭두께비

$$\lambda_f = \frac{\frac{B}{2}}{t_f} = \frac{100}{13} = 7.69$$

$$\lambda_w = \frac{H-2(t_f-r)}{t_w} = \frac{400-2(13+16)}{8} = 42.75$$

답 : $\lambda_f = 7.69$ $\lambda_w = 42.75$

02 L형강의 순단면적

$$A_g = (200-7) \times 7 = 1{,}351\,mm^2$$
$$A_n = A_g - ndt = 1{,}351 - 2 \times 22 \times 7 = 1{,}043\,mm^2$$

답 : $1{,}043\,mm^2$

03 다양한 형강들의 전단중심

04 비틀림 전단응력

$$\tau_t = \frac{T}{2t \cdot A_m} = \frac{T}{2t \cdot \pi r^2}$$

05 유효좌굴길이계수 K

- 양단고정 : $K=0.5$
- 한단고정 타단회전 : $K=0.7$
- 양단회전 : $K=1.0$
- 한단고정 타단자유 : $K=2.0$

① $0.7 \times 2L = 1.4L$
② $0.5 \times 4L = 2.0L$
③ $2.0 \times L = 2.0L$
④ $1.0 \times 0.5L = 0.5L$

답 : ① 1.4L ② 2.0L ③ 2.0L ④ 0.5L

06 인장재의 순단면적

$$A_n = A_g - n \cdot d \cdot t + \sum \frac{s^2}{4g} t$$

(1) $(A-1-2-3-B)$ $A_n = 3{,}000 - 3 \times 22 \times 10$
$$+ \left(\frac{50^2}{4 \times 80} \times 10\right) + \left(\frac{50^2}{4 \times 80} \times 10\right)$$
$$= 2{,}496.25\,mm^2$$

(2) $(A-1-3-B)$ $A_n = 3{,}000 - 2 \times 22 \times 10$
$$= 2{,}560\,mm^2$$

작은 값을 사용해야 하므로
$A_n = 2{,}496.25\,mm^2$

답 : $2{,}496.25\,mm^2$

07 세장비

$$\lambda = \frac{kL}{r} = \frac{kL}{\sqrt{\frac{I_y}{A}}} = 150$$

양단이 핀이므로 $k = 1.0$

$$\therefore L = 150 \times \sqrt{\frac{I_y}{A}} = 150 \times \sqrt{\frac{\frac{200 \times 150^3}{12}}{150 \times 200}}$$
$$= 6{,}495.19\,mm = 6.50\,m$$

답 : 6.50m

08 원형 강봉의 세장비(λ)

세장비 $\lambda = \frac{kL}{r}$

① 양단 고정 : $k = 0.5$
② 단면 2차 반경

$$r = \sqrt{\frac{I}{A}} = \sqrt{\frac{\frac{\pi \times D^4}{64}}{\frac{\pi \times D^2}{4}}} = \sqrt{\frac{D^2}{16}} = \frac{D}{4} = 25\,mm$$

$$\therefore \lambda = \frac{kL}{r} = \frac{0.5 \times 3 \times 10^3}{25} = 60$$

답 : 60

09 고력볼트의 설계전단강도

$$\phi R_n = \phi(F_{nv} A_b N_s) \times n_b$$

$$\therefore \phi R_n = 0.75 \times 450 \times \frac{\pi \times 22^2}{4} \times 1 \times 4$$
$$= 513{,}179\,N$$
$$= 513.18\,kN$$

답 : 513.18kN

10 인장재의 순단면적

$$A_n = A_g - ndt$$

1) $A_g = (100 + 100 - 7) \times 7 = 1{,}351\,mm^2$
2) $A_n = A_g - ndt$
$$= 1{,}351 - 2 \times 22 \times 7 = 1{,}043\,mm^2$$

답 : $1{,}043\,mm^2$

11 용접유효길이(l_e)

① 계수하중 : $P_u = 1.2P_D + 1.6P_L = 72\text{kN}$

② $\phi R_n = \phi F_w A_w$
$= 0.75 \times (0.6F_{nw}) \times (a \times L_e) \geq P_u (= 72\text{kN})$

$l_e = \dfrac{72 \times 10^3}{0.75 \times 0.6 F_{nw} \times 0.7s}$

$= \dfrac{72 \times 10^3}{0.75 \times 0.6 \times 490 \times 3.5}$

∴ $l_e = 93.29\text{mm}$

답 : 93.29mm

12 모살용접의 설계강도

$\phi R_n = \phi F_w A_w$
$= 0.75 \times (0.6F_{nw}) \times (0.7s \times l - 2s)$
$= 0.75 \times (0.6 \times 420) \times (0.7 \times 12)$
$\quad \times (200 - 12 \times 2) \times 2면$

∴ $\phi R_n = 558,835.2\text{N} = 558.84\text{kN}$

답 : 558.84kN

13 고력볼트의 설계미끄럼강도

$\phi R_n = \phi \cdot \mu \cdot h_f \cdot T_0 \cdot N_s$
$= 1.0 \times 0.5 \times 1.0 \times 200 \times 1$
$= 100\text{kN}$

고력볼트가 4개이므로 $100 \times 4 = 400\text{kN}$

답 : 400kN

14 고력볼트의 설계미끄럼강도

(1) 고력볼트 1개의 설계미끄럼강도

$\phi R_n = \phi \cdot \mu \cdot h_f \cdot T_0 \cdot N_s$
$= 1.0 \times 0.5 \times 1.0 \times 200 \times 1$
$= 100\text{kN}$

고력볼트가 5개이므로 $100 \times 5 = 500\text{kN}$

(2) 적합 여부 검토

$\phi R_n (= 500\text{kN}) \geq V_u (= 450\text{kN})$ 이므로 적합

답 : 적합

15 볼트 접합의 파괴형태

① 1면 전단파괴
② 2면 전단파괴
③ 볼트 인장파괴

16 강재의 항복비

인장강도에 대한 항복강도의 비

17 한계상태설계법의 사용성 한계

하중계수가 1.0인 사용하중상태 하에서 건물의 기능, 외관, 유지관리, 내구성 및 사용자의 편리함을 일정한 기준 이상이 되도록 확보하도록 하는 것으로 대체적으로 구조물의 변형 및 진동에 관한 설계가 이에 포함된다.

18 지진하중에 대한 하중계수

답 : 1.0E

〈참고자료〉 KDS 41 12 00 건축물 설계하중

강도설계법 또는 한계상태설계법으로 구조물을 설계하는 경우에는 다음의 하중조합으로 소요강도를 구하여야 한다.

$1.4(D+F)$ (1.7-1)
$1.2(D+F+T)+1.6L+0.5(L_r$ 또는 S 또는 $R)$ (1.7-2)
$1.2D+1.6(L_r$ 또는 S 또는 $R)+(1.0L$ 또는 $0.5W)$ (1.7-3)
$1.2D+1.0W+1.0L+0.5(L_r$ 또는 S 또는 $R)$ (1.7-4)
$1.2D+1.0E+1.0L+0.2S$ (1.7-5)
$0.9D+1.0W$ (1.7-6)
$0.9D+1.0E$ (1.7-7)

19 유효좌굴길이 계수

A : $K = 1.0$
B : $K = 2.0$
C : $K = 0.5$
D : $K = 0.7$

답 : B → A → D → C

20 설계인장강도

$\phi_t P_n = 0.9 \times F_y A_g = 0.9 \times 325 \times 5,620 \times 10^{-3}$
$= 1,643.85\text{kN}$

답 : 1,643.85kN

21 기둥의 세장비

$\lambda = \dfrac{KL}{r} = \dfrac{KL}{\sqrt{\dfrac{I}{A}}} = \dfrac{2 \times 3,000}{\sqrt{\dfrac{\left(\dfrac{600 \times 600^2}{12}\right)}{600 \times 600}}} = 34.641$

답 : 34.641

22 내진설계의 종류

가. 내진구조 : 강도설계법에 근거하여 지진하중(횡력)에 대하여 건축물의 모든 부재가 요구강도 이상이 되도록 설계하는 방법

나. 제진구조 : 건축물에 제진장치 등을 설치하여 건축물의 고유진동주기를 제어하여 지진하중을 감소시키는 방법

다. 면진구조 : 건물과 지면 사이에 면진장치(적층고무 또는 미끄럼받이 등)를 설치하여 지진에 의한 진동이 구조물에 전달되지 않도록 하는 방법

23 인장부재의 순단면적

$$A_n = A_g - n \cdot d \cdot t + \sum \frac{s^2}{4g} \cdot t$$

$$A_g = (40+50+60+40) \times 10 = 1,900\,\text{mm}^2$$

여기서, $n = 3$
$d = 22$
$t = 10$

$$A_n = 1,900 - 3 \times 22 \times 10 + \left(\frac{50^2}{4 \times 50} \times 10\right) + \left(\frac{50^2}{4 \times 60} \times 10\right)$$

$$= 1446.3\,\text{mm}^2$$

답 : $1446.3\,\text{mm}^2$

24 고력볼트의 설계미끄럼강도

① 고력볼트 1개의 설계미끄럼강도
$$\phi R_n = \phi \mu h_f T_0 N_s = 1.0 \times 0.5 \times 1.0 \times 200 \times 1 = 100\,\text{kN}$$
표준구멍 및 주어진 조건이 없는 일반적인 경우이므로
- $\phi = 1.0$, 미끄럼계수 $\mu = 0.5$,
  필러계수 $h_f = 1.0$
- 부재 2개를 고력볼트 접합한 경우이므로 전단면의 수는 1이다.

② 고력볼트 4개의 설계미끄럼강도
$$\phi R_n = 100 \times 4 = 400\,\text{kN}$$

답 : $400\,\text{kN}$

2025 건축기사 실기시험 완벽대비
미듬 건축기사 실기 1·2

발행일 | 2023. 2. 1   초판 발행
　　　　 2025. 2. 20 개정2판 발행

편저자 | 임근재 · 김진우
펴낸이 | 홍성근

펴낸곳 | 멘토스
등록번호 | 제2022-000194호
주　소 | 경기도 고양시 일산동구 무궁화로 43-33
T E L | 031) 994-3434
도서 문의 및 기타 문의 | mentors_easy@naver.com

이 책의 무단 복제 및 이용을 금합니다.
파본 및 낙장은 구매하신 곳에서 교환해 드립니다.

정가 : 44,000원
ISBN 979-11-93772-03-4 13540